M. ten Bosch

Berechnung der Maschinenelemente

Reprint

Springer-Verlag

Berlin · Heidelberg · New York · Tokyo · 1983

ISBN-13:978-3-642-80623-0   e-ISBN-13:978-3-642-80622-3
DOI: 10.1007/978-3-642-80622-3

CIP-Kurztitelaufnahme der Deutschen Bibliothek:

TenBosch, Maurits: Berechnung der Maschinenelemente/von M.ten Bosch.-
3., erg. Aufl. d. „Vorlesungen über Maschinenelemente", Berichtigter
Neudr., [3. Nachdr.], Reprint [d.Ausg.] 1953. – Berlin; Heidelberg;
New York: Springer, 1983.

Das Werk ist urheberrechtlich geschützt. Die dadurch begründeten Rechte, insbesondere die der
Übersetzung, des Nachdrucks, der Entnahme von Abbildungen, der Funksendung, der Wiedergabe
auf fotomechanischem oder ähnlichem Wege und der Speicherung in Datenverarbeitungsanlagen
bleiben, auch bei nur auszugsweiser Verwendung, vorbehalten.
Die Vergütungsansprüche des § 54, Abs. 2 UrhG werden durch die „Verwertungsgesellschaft Wort",
München, wahrgenommen.
© 1940 and 1951 by Springer-Verlag oHG Berlin/Göttingen/Heidelberg
Softcover reprint of the hardcover 3rd edition 1951   Library of Congress Catalog Card Number 73-163740.

Reprographischer Nachdruck: Weihert-Druck GmbH, Darmstadt
Einband: Konrad Triltsch, Graphischer Betrieb, Würzburg
2060/3014-5 4 3

Berechnung der Maschinenelemente

von

Dipl.-Ing. M. ten Bosch †
Professor an der Eidgenössischen Technischen Hochschule Zürich

Dritte, ergänzte Auflage
der „Vorlesungen über Maschinenelemente"
Berichtigter Neudruck

Mit 926 Textabbildungen

Springer-Verlag
Berlin/Göttingen/Heidelberg
1953

Vorwort zur zweiten Auflage.

Obschon der Begriff „Maschinenelemente" durch Konstruktionsteile, die in gleicher oder ähnlicher Form bei einer Reihe von Maschinen vorkommen, nicht genau umschrieben ist, macht die Abgrenzung des Lehrgebietes im allgemeinen keine Schwierigkeiten. Es ist nach oben begrenzt durch die Maschinengetriebe und durch die vielen Zweige des Maschinen- und Apparatebaues. Auch die zweifellos gleich wichtigen Elemente der Feinmechanik müssen getrennt behandelt werden[1].

Das so umgrenzte Gebiet ist aber immer noch sehr umfangreich und umfaßt Probleme, die durch ihre Vielseitigkeit überraschen. Man muß sich daran gewöhnen, unter „Maschinenelemente" nicht etwas einfaches, elementares oder leicht verständliches zu verstehen. Schrauben, Wellen, Lager, Drahtseile, Kupplungen, Schweißverbindungen, Zahnräder usw. sind Bauteile, die der Berechnung oft schwer zugänglich sind.

Die elementare Festigkeitslehre (die als bekannt vorausgesetzt wird) befaßt sich nur mit der Berechnung von prismatischen Stäben in großer Entfernung von den Kraftangriffstellen. Sie muß bei den oft verwickelten Formen der Maschinenteile bei jeder Querschnittsänderung und in der Nähe des Kraftangriffes (der Befestigung) versagen, also gerade dort wo erfahrungsgemäß die Brüche meistens auftreten. Bei der Berechnung der Maschinenteile treten vielfach Probleme auf, die weit außerhalb der Kenntnisse liegen, die im dritten Studiensemester der Technischen Hochschulen vorausgesetzt werden dürfen. Die Hertzschen Gleichungen z. B. bilden die Grundlagen für die Berechnung der Wälzlager und der Zahnräder; bei Schrumpfverbindungen liegen die Beanspruchungen im plastischen Gebiet; bei Zahnrädern bilden die Geräusche (als Folge der auftretenden Schwingungen) besondere Schwierigkeiten. Bei Schweißverbindungen spielen die Wärmespannungen eine ausschlaggebende Rolle. Die Konstruktion eines guten Abschlußventiles setzt Kenntnisse der Potentialströmung voraus, die Berechnung der Lagererwärmung Kenntnisse der Wärmeleitung und des Wärmeüberganges usw.

Selbstverständlich kann man diese Vielheit der Probleme in der für den Unterricht der Maschinenelemente üblichen Zeit niemals vollständig behandeln. Die Probleme müssen deshalb weitgehend vereinfacht werden. Daß diese Vereinfachung bisher viel zu weit getrieben wurde, hat man im letzten Jahrzehnt bei der Lösung neuer Aufgaben (z. B. des Leichtbaues) deutlich erfahren; die bisher gebräuchlichen Berechnungsmethoden haben vollständig versagt. Das war vorauszusehen. Im Vorwort der ersten Auflage schrieb ich deshalb:

Bei der raschen Entwicklung des Maschinenbaues und infolge der zunehmenden Spezialisierung werden die Technischen Hochschulen den Unterricht in mancher Beziehung anders gestalten und namentlich den „Elementen" mehr Aufmerksamkeit schenken müssen.

Diesen Gedanken muß ich auch jetzt wieder unterstreichen. In Deutschland hat sich seither ein Fachausschuß für Maschinenelemente beim Verein Deutscher Ingenieure gebildet, in welchem (neben Professoren) namhafte Vertreter der Industrie mitwirken. Dieser Ausschuß hat von Oktober 1933 bis August 1934 einige „Arbeitsblätter" als neue Grundlage für die Berechnung der Maschinenteile herausgegeben, das weitere Erscheinen aber (nach der Maschinenelementen-Tagung in Aachen, 1935) wieder eingestellt, weil es sich herausgestellt hat, daß die eigentlichen Grundlagen zur Zeit noch keineswegs geklärt sind. Gewiß ein besonders für die Wissenschaft aber auch für die Praxis recht betrübliches Ergebnis.

Nach dieser Feststellung mag es gewagt erscheinen heute ein Lehrbuch herauszugeben, das sich fast ausschließlich mit den Grundlagen für die Berechnung der Maschinenteile befaßt. Andererseits ist eine kritische Auseinandersetzung mit den grundlegenden Problemen für den technischen Nachwuchs erst recht notwendig.

„Vorlesungen" machen keinen Anspruch auf Vollständigkeit; sie beschränken sich auf das grundsätzlich Wichtige und richten sich nach der vorhandenen Zeit. Das ist zu bedenken, wenn dieses oder jenes vermißt oder zu kurz behandelt wird. Ein Schrifttum-Verzeichnis, das besonders die Veröffentlichungen der letzten 10 Jahre berücksichtigt, muß über solche und andere

---

[1] Richter und Voss: Elemente der Feinmechanik, 2. Aufl. Berlin: VDI-Verlag 1938.

Lücken hinweghelfen. Es macht das Buch auch als Nachschlagewerk für den praktisch tätigen Ingenieur geeignet und ermöglicht eine Vertiefung in die einzelnen Teilaufgaben. Fertige Rezepte und Faustformeln, die sowohl bei den Studenten als auch in der Praxis gleich beliebt sind, wird man in diesem Buch nicht finden. Ich war vielmehr bestrebt die neuesten Forschungen zu berücksichtigen und zu selbständigem Denken anzuregen. Der stark belastete Student findet allerdings nur selten die erforderliche Zeit zur selbständigen Verarbeitung des Stoffes. Ich hoffe deshalb, daß er auch in der Praxis aus diesen „Vorlesungen" noch Nutzen ziehen wird.

Bei aller Wertschätzung der Berechnung darf nie vergessen werden, daß diese nur ein notwendiges (oft recht einseitiges) Hilfsmittel ist, während das Endziel in der Formgebung und Herstellung liegt, also ein konstruktives und werkstattechnisches Problem ist. Die konstruktive Aufgabe besteht darin, für gegebene Verhältnisse die einfachste und in jeder Beziehung beste Lösung zu finden. Das Abwägen der Vor- und Nachteile der verschiedenen Lösungsmöglichkeiten ist eine vielseitige und verantwortungsvolle Aufgabe, die hohe Anforderungen an den Konstrukteur stellt.

Ich danke meinen Assistenten für das Zeichnen der Abbildungen und für das Lesen der Korrekturen. Besonderen Dank schulde ich allen Firmen, die mich durch Überlassung von Druckstöcken in so freundlicher Weise unterstützt haben.

Zürich, Ende März 1940.

ten Bosch.

Vorwort zur dritten Auflage.

Seit dem Erscheinen der zweiten Auflage, die so schnell vergriffen war, sind 10 Jahre verflossen. In diesem Zeitraum haben fast alle Elemente sich weiter entwickelt. Die Neuauflage weist deshalb in fast allen Abschnitten Ergänzungen auf, so daß man von einer vollständigen Neubearbeitung sprechen muß. Äußerlich ist dies schon am Titel „Berechnung der Maschinenelemente" ersichtlich.

Diese Titeländerung soll darauf hinweisen, daß der behandelte Stoff an vielen Stellen außerhalb des Rahmens der üblichen „Vorlesungen" liegt.

Zürich, Januar 1950.

ten Bosch.

Nachwort.

Herr Professor ten Bosch ist am 12. Februar 1950 während der Drucklegung dieser dritten Auflage gestorben. Die Druckbogen des Buches lagen zu jenem Zeitpunkt sämtlich vor, ein Teil bereits im Reindruck. Die letzte Durchsicht und Druckfertigungserklärung der noch nicht gedruckten Bogen hat Herr Professor Albert Leyer, Eidgenössische Technische Hochschule, Zürich, freundlichst besorgt, dem Frau M. ten Bosch und der Verlag hierfür zu aufrichtigem Dank verpflichtet sind.

Berlin, im März 1951.

Springer-Verlag.

Inhaltsverzeichnis.

Einleitung.

	Seite
Formulierung der konstruktiven Aufgabe	1

Betriebssicherheit S. 1. — Die werkstattgerechte Formgebung S. 2. — Wirtschaftlichkeit (Anwendungsbeispiel) S. 7.

Die Grundnormen ... 10

Normzahlen S. 10. — Passungen S. 11. — Das internationale ISO-Passungs-System S. 13.

1. Angewandte Festigkeitslehre.

11. Die Voraussetzungen der Festigkeitslehre und ihre praktische Bedeutung ... 17

Kräfte von Null bis P allmählich steigend S. 17. — Normal- und Schubspannungen S. 17. — Prinzip von de St. Venant S. 18. — Homogene und isotrope Körper S. 18. — Werkstoff besteht aus einzelnen Fasern S. 18. — Ursprünglich spannungsfreier Zustand S. 18. — Längs- und Querdehnung S. 18. — Das Hookesche Gesetz S. 19. — Zusammenhang der Stoffwerte E, G und m S. 19. — Proportionalitäts-Elastizitäts- und Streckgrenzen S. 19. — Ihre Abhängigkeit von Form und Größe des Querschnittes S. 20. — Zahlentafel 11.1: E-Werte bei 15° C S. 21. — Bruchdehnung (Einfluß der Stablänge) S. 21. — Kleine Formänderungen S. 21. — Prismatische Stäbe S. 21.

111. Der Satz von Castigliano ... 22

Formänderungsarbeit S. 22. — Prinzip der virtuellen Arbeit S. 23. — Die Querschnitte bleiben eben S. 23.

12. Spannungen und Formänderungen in prismatischen Stäben ... 23

Das Superpositionsgesetz S. 24.

121. Einzelkraft wirkt in Richtung der geraden Stabachse (Zug- resp. Druckbeanspruchung) . 24

Längenänderung S. 24. — Formänderungsarbeit S. 24. — Plötzliche Belastung S. 24. — Einfluß des Eigengewichtes S. 24. — Wirkung der Fliehkräfte S. 25.

122. Die Kräfte wirken in einer Ebene, die durch die Stabachse geht (Biegung) ... 25

1221. Biegung gerader Stäbe ... 25

Definition der Querkraft und des Biegemomentes S. 26. — Vernachlässigung der Querkraft S. 26. — Querschnitte symmetrisch zur Kraftebene S. 26. — Biegegleichung S. 26. — Trägheits- und Widerstandsmoment S. 27. — Querschnitte nicht symmetrisch zur Kraftebene S. 27. — Anwendung auf Gußeisen S. 28. — Zweckmäßige Querschnittsformen (Leichtbau) S. 28. — Gleichung der elastischen Linie S. 29. — Zahlenbeispiel 1221.1: Berechnung der größten Durchbiegung S. 30. — Formänderungsarbeit S. 30. — Zahlentafel 1221.1: Einige Belastungsfälle S. 32. — Rollendes Lastenpaar S. 34.

1222. Biegung stark gekrümmter Stäbe ... 35

Berechnung der Spannung S. 35. — Zahlentafel 1. λ-Werte für Rechteck S. 36. — Zahlentafel 2. λ-Werte für Kreis S. 36. — Zahlentafel 3. Z-Werte für einfache Querschnittsformen S. 37. — Berechnung der Formänderung S. 37. — Formänderungsarbeit S. 38. — Formänderung dünnwandiger gekrümmter Rohre (Zahlentafel 4. k-Werte S. 39. — Zahlentafel 5. Formänderungen eines kreisförmigen Trägers für verschiedene Belastungen S. 40. — Zahlenbeispiel 1: Berechnung eines Kolbenringes S. 41.

1223. Einfluß der Querkraft Q ... 43

Gleichheit der zugeordneten Schubspannungen S. 43. — Schubspannungen sind am Querschnittsumfang tangential gerichtet S. 43. — Verteilung der Schubspannungen in rechteckigen, kreisförmigen und I-Querschnitten S. 45. — Zusätzliche Formänderung S. 45. — Anwendungsbeispiel 1: Formänderung eines kurzen Zapfens S. 46.

1224. Stäbe mit veränderlichem Querschnitt ... 47

Träger gleicher Biegespannung S. 47.

123. Kräftepaar wirkt in einer Ebene senkrecht zur Stabachse. (Verdrehung.) ... 48

Der kreisförmige Querschnitt S. 48. — Andere Querschnittsformen S. 49.

124. Zusammengesetzte Beanspruchungen ... 52

Räumliche Kraftwirkung S. 52. — Der räumliche Spannungszustand S. 53. — Der ebene Spannungszustand S. 53. — Ebene Formänderungen S. 55. — Anwendungsbeispiel 124 1. Berechnung des Fundamentes eines freistehenden Drehkranes S. 56.

125. Statische unbestimmte Konstruktionen ... 56

Satz vom Minimum der Formänderungsarbeit S. 56. — Anwendungsbeispiel 125 1. S. 57. — Satz von Maxwell über die Gegenseitigkeit der Verschiebungen S. 58. — Clapeyronsche Momentengleichung S. 60. — Anwendungsbeispiele S. 61.

126. Wärmespannungen ... 67

Gerade Stäbe S. 67. — Ebene Wand S. 67. — Rohrleitungen S. 69. — Teilweise behinderte Wärmedehnung S. 71.

Inhaltsverzeichnis.

	Seite
13. Zulässige Spannungen	72
131. Bruchhypothesen	73
Vergleich der Bruchhypothesen	77
132. Lage der Grenzkurve bei Wechsellast	79

Einfluß der Temperatur S. 82. — Thermische Behandlung S. 82. — Spannungszustand S. 82. — Frequenz S. 82. — Oberfläche S. 82. — Größe und Form des Körpers S. 84. — Einfluß der Zeit S. 85.

  133. Genormte Werkstoffe 86

Auswahl des Werkstoffes S. 86. — Die Härte S. 87. — Statische Festigkeitswerte unlegierter Stähle S. 88. — Statische Festigkeitswerte legierter Stähle S. 89. — Warmstreckgrenze unlegierter Stähle S. 90. — Dauerstandfestigkeit legierter Stähle S. 90. — Festigkeitswerte von Gußeisen und Stahlguß S. 91. — Festigkeitswerte von Nichteisen-Metalle, gewalzt S. 91. — Festigkeitswerte von Aluminium-Knetlegierungen S. 91. — Festigkeitswerte von Rotguß und Messingguß S. 92. — Festigkeitswerte einiger Aluminium-Sandguß-Legierungen S. 92.

  134. Anleitung zur Wahl der zulässigen Spannung 92

14. Der ringsum symmetrisch belastete Drehkörper 93

Definitionen S. 94. — Dünnwandige Hohlzylinder S. 94. — Wirkung der Fliehkräfte S. 95. — Ableitung der allgemeinen Gleichung S. 95.

  141. Dickwandige Zylinder unter Druck 97

Spezialfall 1: Nur Innendruck S. 97. — Spezialfall 2: Nur Außendruck S. 100. — Zylinder für sehr hohe Drücke S. 100.

  142. Dickwandige Zylinder unter Wirkung der Fliehkraft 101

Allgemeine Gleichung für die Scheibe S. 101. — Volle Scheibe S. 101. — Durchlochte Scheibe S. 102. — Allgemeine Gleichung für den breiten Zylinder S. 102. — Scheibe mit veränderlicher Breite S. 103. — Scheibe gleicher Festigkeit S. 103.

  143. Die Kreisplatte 104

Verschiedene Belastungsfälle S. 105—112. — Zahlenbeispiel 1: Berechnung eines Niederdruckkolbens S. 112. — Zahlenbeispiel 2: Berechnung eines Ventilringes S. 114.

15. Erweiterte Festigkeitslehre 114

  151. Die Airysche Spannungsfunktion für ebene Probleme 114

Spannungsgleichungen in rechtwinkligen Koordinaten S. 114. — Spannungsgleichungen in Polarkoordinaten S. 115. — Symmetrische Beanspruchungen S. 115. — Zahlenbeispiel 151.1: Anwendung auf gekrümmte Stäbe S. 116. — Anwendung auf keilförmige Stäbe S. 117.

  152. Beanspruchung einer Druckfläche 119

Der unendlich große Drehkörper mit Einzellast P S. 119. — Gleichmäßig verteilte Belastung S. 121. — Halbkugelförmige Belastung S. 121. — Die allgemeinen Gleichungen von H. Hertz S. 125. — Berührung zweier Zylinder längs einer Erzeugenden S. 127.

  153. Nicht-symmetrische Belastungen 129

Der kreisförmig gekrümmte, prismatische Stab S. 129. — Der durchlochte Stab S. 129.

  154. Das Torsionsproblem 130
  155. Körper auf nachgiebiger Unterlage 131

16. Formgebungselemente 134

Arbeitsvermögen des Stabes S. 135. — Das Spannungsfeld S. 136. — Das Grundgesetz der Kerbwirkung S. 137. — Ebene Kerbe — räumliche Kerbe S. 138. — Stabecke S. 139.

17. Plastische Verformungen 140

18. Stabilitätsprobleme 142

  181. Stäbe 142
  182. Dünnwandige Rohre 146
  183. Biegebeanspruchungen 147
  184. Schwach gewölbte Böden 148
  185. Schraubenfedern 149

2. Verbindungen.

21. Vernietungen 150

  211. Berechnung 151

Abscheren des Nietschaftes S. 151. — Lochleibungsdruck S. 152. — Berechnung des Bleches S. 153. — Anordnung mehrerer Niete S. 153. — Die kleinste Nietteilung S. 154. — Zahlenbeispiel 211.1: Flacheisenstoß S. 154.

  212. Eisenkonstruktionen 155

Allgemeine Regeln S. 155. — Zahlenbeispiel 212.1: Profileisenstoß S. 155. — Vollwandträger S. 156. — Zahlenbeispiel 2: Stehblechstoß S. 157. — Gurtwinkel - Vernietung S. 158. — Knickgefahr S. 158. — Fachwerkträger S. 158. — Durchbiegung S. 160. — Anwendungsbeispiel 3 S. 161.

  213. Leichtmetall-Vernietung 161
  214. Dampfkessel-Vernietung 161

22. Keilverbindungen 162

	Seite
23. Verschraubungen	165
231. Gewinde	165
232. Schraubensorten	167
233. Muttersicherungen	169
234. Vorspannkraft V	172
Beanspruchung auf Zug S. 172. — Beanspruchung auf Biegung S. 173. — Beanspruchung auf Abscheren S. 173. — Zusammengesetzte Beanspruchung S. 173. — Nicht-parallele Grenzflächen S. 174. — Größe der Vorspannkraft V S. 174.	
235. Gesamtkraft im Betrieb	175
Einheitskräfte S. 175. — Zusätzliche Betriebskraft V S. 177.	
236. Erhöhung der Haltbarkeit einer Schraubenverbindung	178
Zügige Beanspruchung S. 178. — Wechsellast S. 179. — Leichtbau S. 181. — Stoßweise Beanspruchung S. 181.	
237. Hohe Betriebstemperaturen	183
238. Verbindungen mit mehreren Schrauben	183
24. Preßsitze	184
Längspreßsitze S. 184. — Querpreßsitze (Zahlenbeispiele) S. 184. — Kerbstifte S. 187. — Einwalzen von Rohren S. 187.	
25. Schweißverbindungen	188
26. Federn	191
261. Zug- und Druckfedern	192
Ringfedern S. 192. — Gummifedern S. 192.	
262. Biegefedern	192
Blattfedern S. 192. — Gewundene Biegefedern S. 195. — Tellerfedern S. 195.	
263. Drehfedern	196
Zahlenbeispiel 263.1: Berechnung einer Ventilfeder S. 197.	
264. Parallel- und Hintereinanderschaltung von Federn	198

3. Wellen.

31. Gerade Wellen	199
311. Festigkeit	199
Formziffer für Biegung S. 200. — Formziffer für Verdrehung S. 202. — Formziffer für befestigte Teile S. 203. — Oberflächendrücken S. 204. — Wahl der zulässigen Spannung S. 204. — Zahlenbeispiel 311.1: Eisenbahnradachse S. 205.	
312. Formänderung	207
Konstruktion der elastischen Linie einer statisch bestimmten Generatorwelle, ohne und mit Berücksichtigung der versteifenden Wirkung des Ankers S. 208. — Mehrfach gelagerte Wellen S. 210. — Formänderung durch Verdrehung S. 213.	
313. Normung der Wellenenden	214
314. Keilwellen	214
32. Kupplungen	214
321. Feste Kupplungen	215
322. Nachgiebige Kupplungen	216
323. Ausrückbare Kupplungen	217
Reibkupplungen s. Abschnitt 64.	
33. Kurbelwellen	217
331. Festigkeit des Armes	217
332. Formänderung des Armes	219
Kraft P wirkt in der Kröpfungsebene S. 219. — Kraft P wirkt senkrecht zur Kröpfungsebene S. 220.	
333. Mehrfach gelagerte und mehrfach gekröpfte Wellen	221
Statisch bestimmt S. 221. — Statisch unbestimmt S. 221.	
34. Kritische Drehzahlen	227
341. Kritische Schwingungen einer Einzelmasse	228
Eigenfrequenz der Welle S. 231.	
342. Berechnung der Eigenfrequenz einer glatten Welle	232
343. Kritische Drehzahl einer beliebig belasteten und abgesetzten Welle	233
344. Theorie der Auswuchtmaschine (gedämpfte Schwingungen)	235
345. Verdrehschwingungen	236

4. Gleitlager.

41. Gebräuchliche Lagerkonstruktionen	241
411. Reibung	241
412. Die Schmiermittel	242
413. Schmiermethoden	244
414. Formgebung der Lager	248

Inhaltsverzeichnis.

	Seite
42. Berechnungsgrundlagen	253

Erwärmung S. 253. — Formänderung/Einlaufen S. 253. — Das Newtonsche Abkühlungsgesetz S. 254. — Lagertemperatur in Beharrung S. 255. — Bisherige Berechnungsverfahren S. 255. — Wärmeleitung S. 256. — Künstliche Kühlung S. 258.

43. Theorie dre flüssigen Reibung ... 258
  431. Geradlinig bewegte Gleitfläche ... 258
    Die Grundgleichungen S. 258. — Parallele Gleitflächen S. 260. — Tragfähige Ölschicht S. 262. — Die geneigte Platte S. 264. — Der parabolische Halbzylinder S. 265. — Der parabolische Vollzylinder S. 266. — Die zweckmäßigste Spaltform S. 267. — Kolbenreibung S. 272. — Einfluß der Fliehkräfte S. 272.
  432. Lager mit Laufsitzspiel ... 272
    Die Grundgleichungen S. 272. — Ein- und Austrittstelle des Öles S. 279.
  433. Eintuschierte Lagerschalen ... 280
  434. Lager mit Zitronenspiel ... 281
    Schmierung vertikaler Zapfen ... 284
  435. Gleitflächen mit schlechter Schmierung ... 285
  436. Veränderliche Zähigkeit des Öles ... 286
44. Endliche Breite der Gleitfläche ... 287
  Die Grundgleichung S. 287. — Überblick über die Lösungen S. 287. — Eine einfache Näherungslösung S. 289. — Lager mit Laufsitzspiel S. 289. — Ebene Gleitflächen S. 290. — Die günstigste Breite der Gleitfläche S. 290. — Die Lage des Zapfens S. 291.
45. Misch- und Grenzreibung ... 291
  Mischreibung S. 292. — Grenzreibung S. 293. — Reibung und Verschleiß S. 294.
46. Vergleich der Theorie mit der Erfahrung ... 295
  Die Reibzahl ... 295
47. Berechnung der Gleitlager ... 298

5. Wälzlager.

51. Lagerarten ... 302
52. Tragfähigkeit und Lebensdauer ... 305
  Theoretische Grundlagen S. 305. — Experimentelle Bestimmung S. 309.
53. Einbauregeln ... 316
  Allgemeine Regeln S. 316. — Befestigung der Laufringe S. 319. — Passungen S. 321. — Die Bedeutung des Lagerspieles S. 324. — Zusammenbau S. 327.
54. Reibung und Schmierung ... 328

6. Reibtriebe zur Übertragung der Drehbewegung.

61. Reibräder ... 332
62. Riementrieb ... 334
  621. Anordnung ... 334
    Hauptbedingung für den richtigen Lauf S. 334. — Ausrückbare Riementriebe S. 335. — Wendegetriebe S. 336. — Stufenscheiben S. 336.
  622. Riemenwerkstoffe ... 337
  623. Berechnung ... 339
    Grenzbedingung für die Verhütung des Gleitens S. 339. — Schlupfverlust (Drehzahlverhältnis) S. 340. — Einfluß der Fliehkräfte S. 341. — Grundgleichung für die Berechnung S. 342. — Erzeugung der Riemenspannung S. 342. — Grenzen der Belastungsfähigkeit S. 343. — Lebensdauer eines Lederriemens S. 344. — Reibzahl von Leder auf Eisen S. 345. — Wirkungsgrad S. 347. — Anleitung zur Berechnung von Riementrieben S. 347. — Berechnung der Keilriemen. Ausgeführte Riementriebe (Zahlenbeispiele) S. 348.
  624. Festigkeit der Scheiben ... 350
63. Seiltrieb ... 353
  631. Windwerke ... 353
    Feste Rolle S. 353. — Lose Lastrolle S. 354. — Lose Treibrolle S. 354. — Rollenzüge S. 354. — Trommelwinden S. 355. — Treibscheiben S. 356.
  632. Drahtseile ... 357
    6321. Aufbau und Normen ... 357
    6322. Festigkeitseigenschaften des Werkstoffes ... 359
    6323. Betriebsbeanspruchung ... 360
    6324. Krümmung von Tragseilen ... 364
    6325. Mittel zur Erhöhung der Lebensdauer ... 365
    6326. Berechnung ... 368
    6327. Das Ähnlichkeitsprinzip ... 369
    6328. Biegewiderstand ... 371
64. Reibkupplungen ... 372

Inhaltsverzeichnis. IX

Seite
65. Mechanische Bremsen 374
   651. Sperrwerke 375
   652. Handbremsen 375
       Backenbremse S. 375. — Bandbremse S. 377.
   653. Selbsttätige Bremsen 378
       Lastdruckbremse S. 378. — Fliehkraft-(Schleuder-)bremse S. 379.

7. Zahnräder.

71. Stirnräder für parallele Wellen 381
   711. Das allgemeine Verzahnungsgesetz 381
   712. Evolventenverzahnung 384
       Eigenschaften der Evolvente S. 384. — Zahlentafel 712.1. Zahlenwerte der Evolvente-Funktion S. 385. — Überdeckung S. 387. — Zahlenbeispiel 712.1 S. 388.
   713. Berechnung der Zähne auf Festigkeit 389
   714. Berechnung der Zähne auf Abnutzung 395
       Größte Flächenpressung S. 395. — Grübchenbildung S. 397. — Gleitende Reibung S. 399.
   715. Erwärmung der Zahnräder 401
   716. Bekämpfung der Zahnradgeräusche 403
       Akustische Grundlagen. S. 403. — Entstehung der Geräusche S. 404. — Schrägverzahnung S. 406. — Zahlenbeispiel 716.1 S. 408.
   717. Herstellung der Normverzahnung 408
       Mechanische Erzeugung S. 408. — Das Hobeln oder Stoßen der Zähne S. 409. — Das Abwälzverfahren S. 411. — Das Schleifen der Zähne S. 412. — Grenzzähnezahl für Unterschnittfreiheit S. 413.
   718. Günstigste Zahnformen (korrigierte Verzahnung) 414
       Herstellung „korrigierter" Verzahnung S. 414. — Günstigste Zahnformen S. 417.
   719. Anleitung zur Berechnung der Zahnräder 420
72. Räder für nicht parallele Wellen 422
73. Formgebung und Anordnung der Räder 424
74. Umlaufgetriebe 427
   Der Wirkungsgrad von Planetengetrieben S. 429.
75. Schneckentrieb 434
   751. Verzahnung 434
   752. Herstellung 435
   753. Wirkungsgrad 435
   754. Berechnung 437
76. Kettentrieb 441

8. Maschinengetriebe.

81. Einführung 444
82. Das gerade Schubkurbelgetriebe 448
   821. Kolbenkräfte 448
   822. Kolbenwege 450
   823. Geschwindigkeiten 451
   824. Beschleunigungen 451
   825. Drehmoment 452
   826. Massenkräfte 453
   827. Gleichförmigkeit des Ganges 455
   828. Schwungräder 455
   829. Ausgleich der Massenwirkungen 455
83. Schubstangen und Kreuzköpfe 457
   Offene Köpfe S. 457. — Geschlossene Köpfe S. 459. — Kreuzköpfe S. 460. — Der Schmiervorgang S. 461. — Der Schaft S. 462.
84. An- und Auslauf von Maschinen 463
   Berechnung der Anfahrzeit und der größten Beanspruchung S. 463. — Maschinencharakteristik S. 463. — Bewegungsgleichungen S. 463. — Reduzierte Masse eines Triebwerkes S. 464. — Der Asynchron-Drehstrommotor S. 465. — Anwendungsbeispiel 84.1 S. 466.
85. Erwärmung bei aussetzendem Betrieb 468
86. Einrücken von Reibkupplungen 470

9. Rohrleitungen.

91. Normen 472
   Nennweiten (Zahlentabelle 1) S. 472. — Druckstufen (Zahlentabelle 2) S. 472. — Schmelzgeschweißte Stahlrohre (Zahlentabelle 3) S. 474. — Nahtlose Stahlrohre (Zahlentabelle 4) S. 474. — Gußeiserne Flansche (Zahlentabelle 5) S. 475. — Stahlguß-Flansche (Zahlentabelle 6) S. 475. — Randabstand e für Gußflansche (Zahlentabelle 7) S. 475. — Grenze für die Verwendung von Gußrohren (Zahlentabelle 8) S. 476. — Lose Flanschen (Zahlentabelle 9) S. 477.
   Flanschverbindungen 476
       a) Fester Flansch S. 476. — b) Vorgeschweißter Flansch S. 477. — c) Walzflansch S. 477. — d) Loser Flansch S. 478.

		Seite
92. Theoretische Grundlagen		478
921. Die Energiegleichung idealer Flüssigkeiten		478
922. Ausfluß aus Gefäßen		478
923. Laminarströmung in Rohren		479
Kritische Geschwindigkeit S. 480.		
924. Turbulente Strömung		480
925. Das Ähnlichkeitsprinzip		481
Kennzahlen *Re* und *Eu* S. 482. — Schleichende Bewegung (Kennzahl *Gü*) S. 482. — Wellenbewegung (Kennzahl) *Fr.* S. 483.		
926. Laminarströmung in Spalten		483
93. Versuchswerte		484
931. Ausflußzahlen		484
932. Druckverlust in glatten Rohren bei turbulenter Strömung		485
933. Geschwindigkeitsverteilung		486
934. Prandtlsche Grenzschicht		487
935. Druckverlust in rauhen Rohren		488
936. Querschnittsänderungen		489
Impulssatz S. 489. — Erweiterungsverlust S. 490.		
937. Richtungsänderungen		491
938. Absperrorgane		492
Hähne S. 492. — Ventile S. 493. — Schieber S. 493. — Klappen S. 493.		
94. Berechnung der Rohrleitungen		495
Zahlenbeispiel 94.1 S. 495. — Zahlenbeispiel 2 S. 496.		
941. Wirtschaftlicher Rohrdurchmesser		497
942. Die äquivalente Düse		498
Zahlenbeispiel 3, S. 498.		
943. Verzweigte Leitungen		498
Reguliermittel S. 499.		
95. Berechnung der Flanschverbindungen		500
951. Der lose Flansch		500
952. Der feste Flansch		502
953. Wärmespannungen		503
96. Dichtungen		505
961. Die zu verbindenden Teile sind relativ in Ruhe		506
962. Schleifende, geschmierte Dichtungen		507
Filzringe S. 507. — Stopfbüchsen S. 508. — Federnde Dichtungsringe S. 508. — Ledermanschetten S. 509.		
963. Berührungsfreie Dichtungen		509
Der glatte Spalt S. 509		
964. Labyrinthe		510
Schrifttum		511

Einleitung.

Formulierung der konstruktiven Aufgabe.

Es ist Aufgabe des Konstrukteurs die Bestandteile irgendeiner Maschine oder eines Apparates möglichst genau dem Gebrauchszweck anzupassen. Für eine zweckentsprechende Konstruktion müssen demnach die Betriebsbedingungen zuverlässig bekannt sein. Der Konstrukteur darf z. B. nicht einfach irgendein Lager oder Zahnrad konstruieren, sondern muß ein Lager, resp. Rad entwerfen, das für die vorgeschriebenen Betriebsbedingungen am besten geeignet ist. Die Schwierigkeit liegt darin, daß unter „Betriebsbedingungen" die verschiedenartigsten Einflüsse zusammengefaßt sind. So muß man von einer in Steinbrüchen verwendeten Gesteinbohrmaschine selbstverständlich voraussetzen, daß sie bei dem rohen Betrieb immer gebrauchsfähig bleibt und z. B. beim Herunterfallen keinen erheblichen Schaden erleidet.

Die Formen des gleichen Maschinenteiles wechseln demnach mit dem Gebrauchszweck. Eine Maschine, die in Bergwerken oder in staubhaltigen Betrieben durch ungelernte Arbeiter bedient werden soll, ist unter anderen Gesichtspunkten zu entwerfen, als wenn sie in sauberen Maschinensälen bei sorgfältigster Wartung durch angelerntes Personal verwendet wird. Ein Motor sieht ganz anders aus, wenn er als stationäre Maschine, als Schiffs-, Automobil- oder als Flugzeugmotor verwendet wird, auch wenn in allen Fällen die Motorstärke gleich bliebe. Eine Exportmaschine wird manchmal in Einzelheiten anders durchkonstruiert werden müssen, um die Transport- und Reparaturmöglichkeiten in abgelegenen Gegenden zu berücksichtigen. In anderen Fällen verlangt der Gebrauchszweck wieder eine möglichst geräuschlose Maschine usw.

Beim Unterricht in den Maschinenelementen kann es sich naturgemäß nur darum handeln, die allgemeinen Gesichtspunkte bei der Berechnung und beim Entwurf zu behandeln. Die endgültige Formgebung ist nur von Fall zu Fall und in Anlehnung an die Erfahrung möglich. Darum ist und bleibt der Maschinenbau eine Erfahrungswissenschaft. Es ist noch nicht sehr lange her, daß der Nachdruck dabei auf Erfahrung lag und die Wissenschaft eine ganz bescheidene Rolle spielte. Doch auch der begabteste Mensch vermöchte nur wenig auszurichten, wenn er nicht auf dem Erfahrungsschatz anderer, und namentlich dem von vergangenen Geschlechtern ererbten, aufbauen könnte. Diese in vielen Jahrhunderten gesammelten Erfahrungen sind in den theoretischen Wissenschaften (Physik, Mechanik, Technologie) zweckmäßig geordnet, und bilden auch das Fundament des Maschinenbaues. Es wird vielleicht auffallen, daß die Mathematik hierbei nicht genannt wurde. Für uns Ingenieure ist die Mathematik weniger eine Wissenschaft als ein Werkzeug und zwar ein unentbehrliches Werkzeug. Wir müssen nur lernen dieses Werkzeug richtig zu benützen, dann werden wir die größte Freude und auch den größten Nutzen daran haben. Die Mathematik trägt weniger zu neuen Erkenntnissen bei, als daß sie unsere Kenntnisse in einer anderen, für den praktischen Gebrauch geeigneteren Form bringt, indem sie z. B. aus der Differentialgleichung die anschaulichere Lösung ableitet.

Die Betriebssicherheit der Maschine erfordert zunächst, daß die Einzelteile während des Betriebes weder brechen oder eine schädlich große Formänderung erleiden, noch sich zu stark erwärmen oder abnutzen. Der Unterricht in den Maschinenelementen befaßt sich hauptsächlich mit solchen Berechnungen, womit aber nur ein Teil der konstruktiven Aufgabe gelöst wird.

Bei diesen Berechnungen muß man voraussetzen, daß die wirkenden Kräfte nach Größe, Angriffspunkt, Richtung und zeitlichem Verlauf genau bekannt seien. Das trifft nur in den seltensten Fällen zu. Man denke z. B. an die Größe der durch Böen verursachten Windkräfte auf die Eisenkonstruktionen von freistehenden Kranen oder auf die Tragflächen von Flugzeugen, an die Stöße, die bei allen Fahrzeugen auftreten und abhängig sind von der (veränderlichen) Beschaffenheit der Fahrbahn und von der Fahrgeschwindigkeit, an die zusätzlichen Kräfte, die bei Zahnradübertragungen auftreten usw. Die unbedingte Betriebssicherheit setzt voraus, daß der Konstrukteur immer die ungünstigsten Betriebsbedingungen bei der Berechnung berücksichtigt.

Nur auf Grund langer Erfahrung gelingt es die wirklich auftretenden Kraftwirkungen richtig abzuschätzen. E. Lehr[1] hat deshalb mit Recht vorgeschlagen, die bei den verschiedenen Maschinen tatsächlich auftretenden Kräfte durch dynamische Dehnungsmessungen im Betrieb systematisch zu gewinnen. Die Aufgabe ist mit solchen Messungen aber nur zum Teil gelöst, denn die Kraftwirkung kann (z. B. durch Milderung der Schwingungen oder durch andere konstruktive Maßnahmen) in vielen Fällen bedeutend vermindert werden[2]. Aber auch wenn die Kräfte und damit die Spannungen genau bekannt wären, so versagen heute noch unsere Kenntnisse bei der Beantwortung der Frage, ob der Werkstoff diese Beanspruchungen unter den vorliegenden Betriebsbedingungen gerade noch ertragen kann, ohne daß Bruchgefahr eintritt.

Der Maschinenbau kann deshalb nicht zu den „exakten" Wissenschaften gerechnet werden; es ist auch durchaus verständlich, daß er anfänglich eine reine „Erfahrungs"-Wissenschaft war, welche die Abmessungen der Teile ausschließlich auf Grund bewährter Ausführungen festlegte. Sie sammelte Erfahrungswerte und Rezepte, beantwortete also nur die Frage „Wie wird es gemacht" und kümmerte sich wenig um das „Warum"? Diese Methode war bei der anfänglich langsamen Entwicklung des Maschinenbaues recht brauchbar; sie muß aber bei der Lösung neuer Aufgaben naturgemäß versagen, weil die „Erfahrung" fehlt. Der Ingenieur sucht dann durch Versuche die notwendigen Erfahrungen zu sammeln. Die „systematische Empirie" ist oft unerläßlich, kennzeichnet aber eine Vorstufe der Wissenschaft und kommt (wenn überhaupt) nur sehr mühsam zum Ziel. Man erkennt dies deutlich z. B. an der Meteorologie, an der experimentellen Bestimmung des Druckverlustes in Rohrleitungen (praktische Hydraulik), der Reibzahlen (seit Coulomb), der zulässigen Spannungen usw.

Das Bestreben des modernen Maschinenbaus ist, die auftretenden Spannungen und Formänderungen auf wissenschaftlicher Grundlage (wenn auch nur näherungsweise) zu berechnen.

Die werkstattgerechte Formgebung[3]. Durch die Festigkeitsrechnung werden nur die Abmessungen der gefährdetsten Querschnitte festgelegt; die weitere Formgebung erfolgt nach anderen Gesichtspunkten, wie einfache Bauart, billige Bearbeitung usw. Eine gesunde und allgemein gültige Grundlage für die Gestaltung ist zweifellos das Bestreben an Werkstoff und Gewicht zu sparen (Leichtbau[4]). Zunächst muß man sich vom Gedanken befreien, daß schwer = gut ist und daß Leichtbau immer eine Verteuerung oder eine Verminderung der Lebensdauer (Verschlechterung) mit sich bringt. Man zahlt heute noch viele Maschinen mit einem Einheitspreis je kg, als ob das Gewicht das Wertvollste an einer Maschine wäre!

Der Leichtbau wirft viele neue und interessante Probleme auf, wie Stabilität der Konstruktion, Schwingungen, Schallübertragung usw. Insbesondere wird dadurch der Konstruktionsunterricht betroffen, denn es darf sich nicht mehr darum handeln die „bewährten" Standardformen nachzuahmen, sondern es sind grundsätzlich neue Lösungen zu suchen. Die konstruktive Formgebung (die eine schöpferische und künstlerische Tätigkeit ist) muß systematisch gelehrt und geübt werden. Das ist eine überaus schwierige Aufgabe für die Technischen Hochschulen; ihre zweckmäßige Lösung ist aber für die Industrie von großer Bedeutung. Eine besondere Förderung hat der Leichtbau durch die hochentwickelte Schweißtechnik erfahren.

Der Konstrukteur muß für die Maschinenteile solche Formen wählen, die mit vorhandenen Werkstatteinrichtungen und Werkzeugmaschinen billig hergestellt und bearbeitet werden können.

Die werkstattgerechte Formgebung kann im wesentlichen nur bei den Konstruktionsübungen berücksichtigt werden, die nur dann erfolgreich durchzuführen sind, wenn Vorlesungen über Formgebung durch Gießen, Schweißen, über Metallbearbeitung durch spanabhebende Werkzeuge und Werkzeugmaschinen, verbunden mit besonderen Übungen über die zweckmäßige Formgebung und Bearbeitung von Maschinenteilen vorangegangen sind.

Die Konstruktion von Gußteilen verlangt insbesondere die Berücksichtigung des Schwindens, d. i. das Kleinerwerden gegenüber dem Modell. Das Schwindmaß, d. i. die lineare Verkleinerung, beträgt für Grauguß 0,7—1%, für Stahl- und Hartguß bis 2%. Die hohe Gießtemperatur des Stahles und seine starke Schwindung begünstigen die Lunkerbildung weit mehr als bei Gußeisen. Das Metall erstarrt nicht gleichmäßig über den ganzen Querschnitt, sondern lagenweise von der Außenseite her. Durch die Abkühlung wird das Volumen verkleinert; kann kein flüssiges Metall mehr nachfließen, so entstehen Hohlräume (Lunker, Abb. 1). Der Lunker

---

[1] L. 1.
[2] Einige wertvolle Untersuchungen in dieser Richtung liegen schon vor (vgl. L. 1321.2, 5 u. 8).
[3] L. 3 bis 7. [4] L. 8 bis 18.

läßt sich nicht vermeiden; er muß aber immer dorthin verlegt werden, wo er nicht schadet, also in den Trichter oder in den verlorenen Kopf, die nachträglich entfernt werden. Je größer die kühlende Oberfläche im Verhältnis zum Querschnitt ist, um so rascher wird der betreffende Teil eines Gußstückes erstarren. Lunker entstehen deshalb immer in großen Querschnitten (Abb. 2a).

Soll das Rad nach Abb. 2b aus Stahl lunkerfrei gegossen werden, so muß der verlorene Kopf sowohl auf die ganze Breite des Kranzes als auch der Nabe aufgesetzt werden. Der Kopf wird nach der Linie xx abgeschnitten; das übrigbleibende Material muß in der Dreherei beseitigt werden. Durch Umbildung des Rades nach Abb. 2c kann

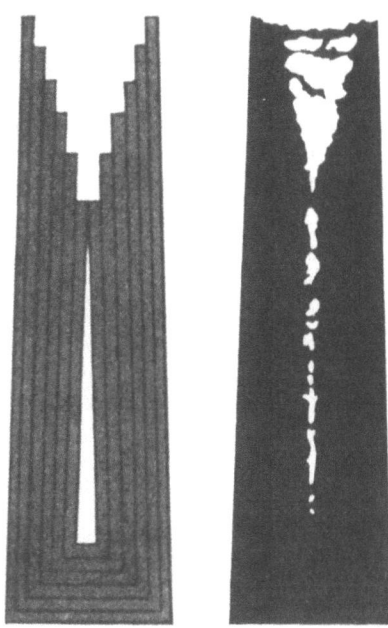

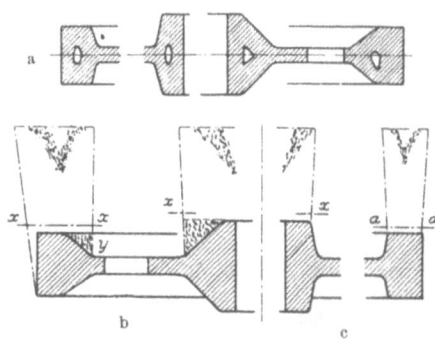

Abb. 1. Erstarrung eines Gußstückes in einer nach oben verjüngten Form (aus Lischka. L. 3).

Abb. 2. a bis c (aus Lischka).
a Lunkerbildung in starken Querschnitten,
b Ungünstige Formgebung, weil die Entfernung des verlorenen Kopfes viel Arbeit verursacht,
c Zweckmäßige Formgebung.

die Dreharbeit wegfallen; das Stück wird wesentlich billiger. Der verlorene Kopf muß also immer so angebracht werden, daß seine Entfernung leicht möglich ist.

Der Konstrukteur muß die Formen so entwerfen, daß das Metall im Trichter und im verlorenen Kopf am längsten flüssig bleibt und daß es am Nachfließen nicht durch Querschnittsverminderung verhindert wird. Er soll scharfe Übergänge, bei denen sich Werkstoff anhäuft, vermeiden (Abb. 3). Besondere Beachtung verdienen Verstärkungen infolge der Bearbeitungszugabe (Abb. 4).

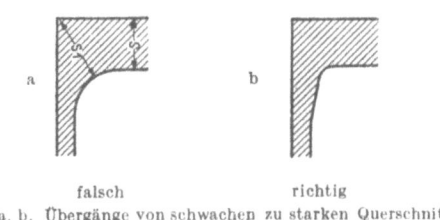

Abb. 3a, b. Übergänge von schwachen zu starken Querschnitten (aus Volk. L. 2).

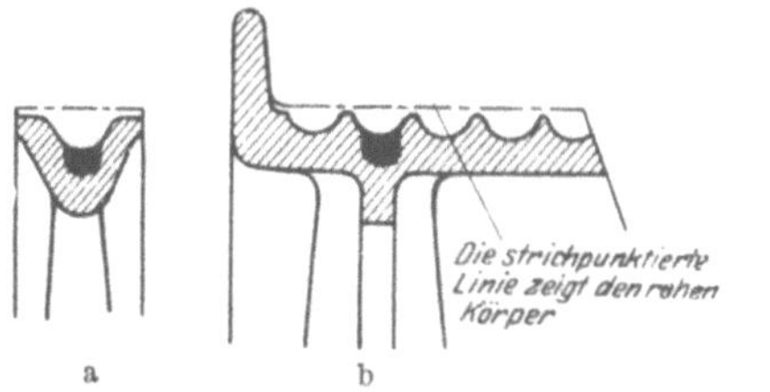

Abb. 4 a, b. Lunkerbildung infolge Materialzugabe für die Bearbeitung (aus Lischka).

Die Abkühlung der einzelnen Teile eines Gußstückes ist abhängig vom Verhältnis Volumen/Oberfläche und deshalb im allgemeinen für die verschiedenen Teile des Stückes ungleich. Da alle Körper sich mit abnehmender Temperatur zusammenziehen, sollten die verschiedenen Teile, die bei Beginn der Abkühlung gleiche Länge hatten, nun verschiedene Längen erhalten. Da sie aber miteinander verbunden sind, müssen sie sich auf eine gemeinsame Länge einigen. Geschieht dies bei Temperaturen, bei denen das Metall noch bildsam ist, so sind die Formänderungen plastisch und der Ausgleich geht ohne Spannungen vor sich. Findet der Vorgang aber bei tieferen Temperaturen statt, so stellen sich „Gußspannungen" ein, unter deren Einfluß das Gußstück sich verzieht oder reißt. Gußspannungen sind kaum vollständig zu vermeiden. Durch geeignete Querschnittsabmessungen und Formgebung kann der Konstrukteur dafür sorgen, daß alle Teile sich möglichst gleichmäßig abkühlen. Alles was zur Vermeidung von Lunkern nützt, hilft auch die Spannungen vermindern. Namentlich das Auftreffen von Rippen auf Wandflächen führt zu Stoffanhäufung und begünstigt die Rißbildung. Man kann deshalb nicht ein-

4　Einleitung.

dringlich genug auf die Forderung hinweisen, daß Rippen erheblich schwächer sein müssen als die benachbarten Wände. Namentlich das Gießen von Stahl in Formen (Stahlguß) ist wegen des doppelt so großen Schwindmaßes mit bedeutenden Schwierigkeiten verbunden.

Neben diesen gießtechnischen Regeln sind noch einige formtechnische Bedingungen zu beachten. Es ist wohl selbstverständlich, daß für die Modelle nur einfache, möglichst geradlinige Formen oder Drehkörperformen zu wählen sind (Abb. 5). Auch die Kerne müssen einfach sein und sollten ohne Kernstützen sicher gelagert werden können; Kernstützen verteuern die Herstellung und machen den Guß porös.

Rippenguß ist meist billiger als Hohlguß, weil sich bei ihm Kerne leichter vermeiden lassen (Abb. 6). Für staubreiche Betriebe (z. B. bei Vermahlungsmaschinen) ist wegen der Staubanhäufung in den Ecken und wegen der evtl. damit verbundenen Explosionsgefahr meistens Hohl-

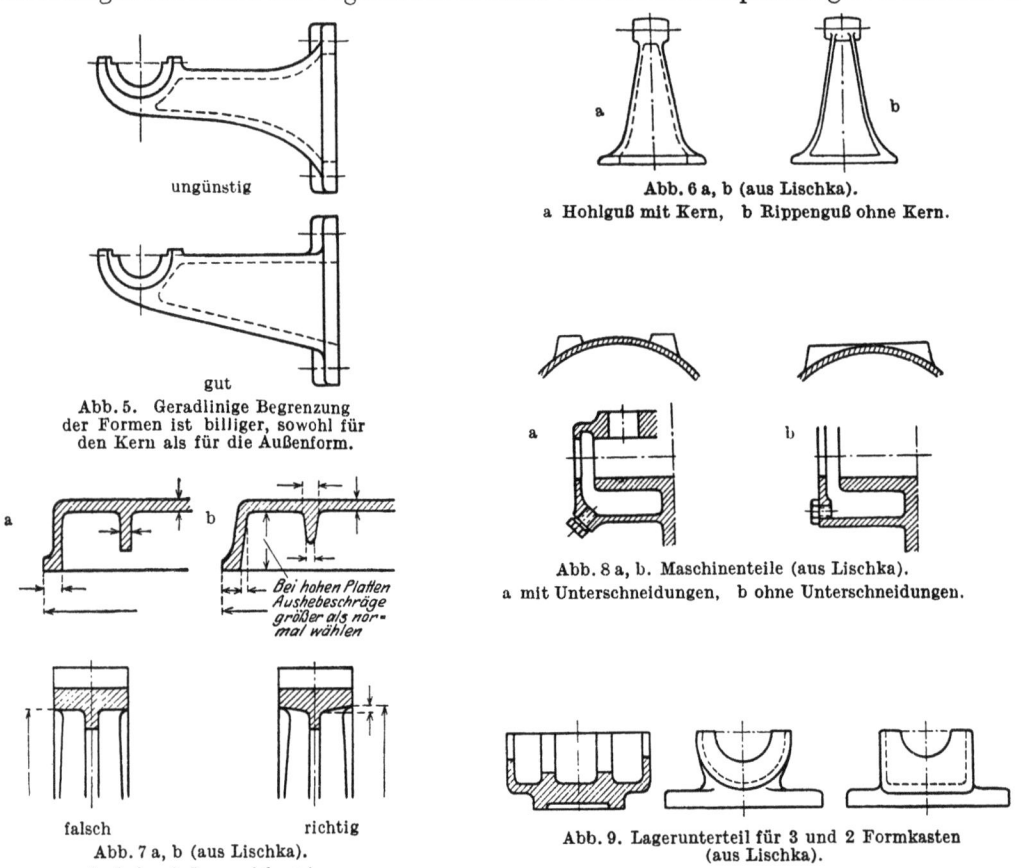

guß mit glatter Oberfläche dem Rippenguß vorzuziehen. Rippenguß ist bei Torsionsbeanspruchung auch ungeeignet (vgl. Abschn. 123).

Die Kernmasse und die Kerneisen müssen leicht entfernt werden können. Liegt der Kern nicht frei, so müssen besondere Kernlöcher vorgesehen werden, die nachträglich durch Kernstopfen verschlossen werden.

Bei allen Gußstücken muß auf die Möglichkeit zum Ausheben des Modells geachtet werden. Deshalb sind immer Aushebeschrägen vorzusehen (Abb. 7), die um so größer sein müssen, je tiefer das Modell in den Kasten eingreift.

Unterschneidungen in der Form sind zu vermeiden, weil sie entweder einen besonderen Kern (Abb. 8) oder eine Teilung des Modells erfordern (Abb. 9).

Augen und Rippen sind so anzusetzen, daß sie mit dem Modell herausgezogen werden können.

Kleine Teile von verwickelter Form sind nicht aus einem Stück mit großen Teilen zu gießen, sondern aufzuschrauben, da dadurch das Einformen erleichtert und Ausschuß vermieden wird (Abb. 10).

Fast jede Maschinenfabrik hat ihre eigene Gießerei; Hartguß-, Weichguß-, Spritzguß- und Stahlgußteile werden in Spezialgießereien hergestellt. Die Maschinenfabrik muß solche Teile, sowie meist auch Schmiedestücke von auswärts beziehen und wird dadurch abhängig von der

Lieferzeit der Spezialfirmen. Wenn es sich um Herstellung in Serien handelt, so kann sie sich durch Anlegung eines Vorrates zum Teil wieder unabhängig machen. Bei Einzelanfertigung dagegen kann die Lieferung solcher Teile oft so verzögert werden (namentlich in Zeiten guter Beschäftigung), daß die Fabrik ihrerseits die versprochene Lieferzeit nicht einhalten kann. Die Bedeutung kurzer Lieferzeiten für den kaufmännischen Erfolg einer Fabrik ist so groß, daß der Konstrukteur in solchen Fällen auf die Lieferung von auswärts verzichten und eine andere Lösung suchen muß.

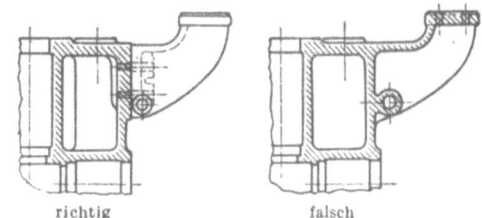

Abb. 10. Schwache Nebenteile trennen und besonders befestigen (aus Riedler).

In den letzten Jahren wird Gußeisen immer mehr durch Stahlkonstruktionen in geschweißter Ausführung ersetzt. Erhebliche Gewichts-, Fracht- und Zollersparnisse, Erhöhung der Festigkeit, Unabhängigkeit von oft kostspieligen Modellen und Kürzung der Lieferzeit sind die Hauptvorteile dieser Umstellung (Abb. 11 und 12). Sie stellt den Konstrukteur vor neue und oft recht schwierige Formgebungsprobleme[1], denn es kann sich dabei keinesfalls darum handeln, die bewährten Gußformen auf Stahl zu übertragen. Der Gußeisenbau ist durch die Technologie des Formens und Gießens begründet; der Stahlbau dagegen ist durch die Anforderungen der Schweißtechnik bedingt und erfordert ganz andere Bauformen und Gestaltungen. Das Schweißen ist eine Kunst, nicht nur vom handwerklichen, sondern auch vom konstruktiven Standpunkt aus. In der Beherrschung der Schrumpfspannungen stehen wir noch am Anfang der Entwicklung.

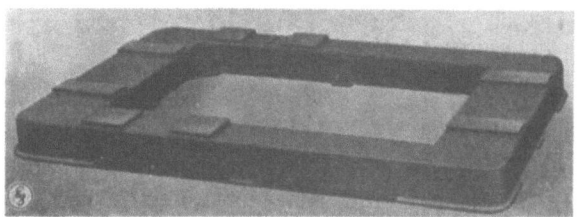

Abb. 11. Geschweißte Stahlplatte.

Für die Bearbeitung und für den Zusammenbau gilt als erste Regel, daß jede Handarbeit als viel zu teuer zu vermeiden ist, und daß die Bearbeitung auf vorhandenen Werkzeugmaschinen erfolgen muß. Dadurch ist z. B. der größte Drehdurchmesser oder die größte Hobelbreite eingeschränkt. Der Konstrukteur soll aber auch die vorhandenen Werkzeuge berücksichtigen, z. B. für Abrundungen, Normalfräser für die Zahnradbearbeitung.

Schmiedearbeiten sind als Handarbeit recht teuer. Schon das Warmmachen eines größeren Werkstückes erfordert viel Zeit und ist kostspielig. Es ist oft billiger, die Form aus einem vollen Stück auf Werkzeugmaschinen herauszuarbeiten, als vorzuschmieden. Das Schmieden kann auch oft durch Auf- und Anschweißen von Teilen ersetzt werden. Wenn die Schmiedearbeit nicht vermieden werden kann, so müssen immer einfache, geradlinig begrenzte Formen gewählt werden.

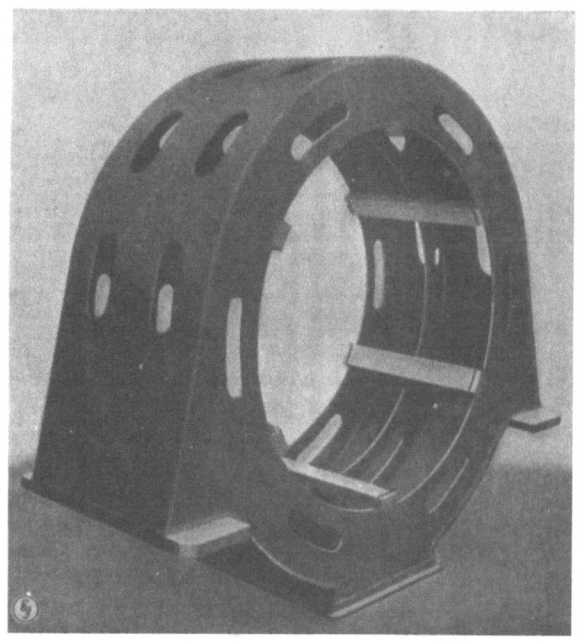

Abb. 12. Geschweißte Gehäuse einer elektrischen Maschine (Siemens-Schuckertwerke).

Für Serienarbeit kommen „Gesenke" in Frage, denn bei Massenherstellung sind Preßteile meist billiger als Gußstücke.

Als weitere Regel gilt, daß die Bearbeitung auf die unbedingt notwendigen Flächen zu beschränken ist. Die Bearbeitung einzelner Teile, damit die Maschine „glänzt", gehört zur Ver-

---

[1] L. 18.

gangenheit. Abb. 13 zeigt eine Flanschverbindung, bei der der Rand c vorsteht, um die Bearbeitung zu ersparen. Die Sitzflächen für die Muttern werden bei a angefräßt; dies setzt voraus, daß die Stellen für den Fräskopf oder Senker zugänglich sind (Abb. 13a).

Sehr oft ist nicht das eigentliche Spanabheben der teuerste Teil der Bearbeitung, sondern das Aufspannen, namentlich bei ungünstiger Form (Abb. 14). Besondere Aufspannvorrichtungen sind nur bei Serienherstellung wirtschaftlich, sobald die Kosten der Vorrichtung durch Ersparnis an Aufspannzeit gedeckt werden. Der Konstrukteur kann aber immer dafür sorgen, daß rasch und genau aufgespannt werden kann. Hierher gehört z. B. das Anbringen

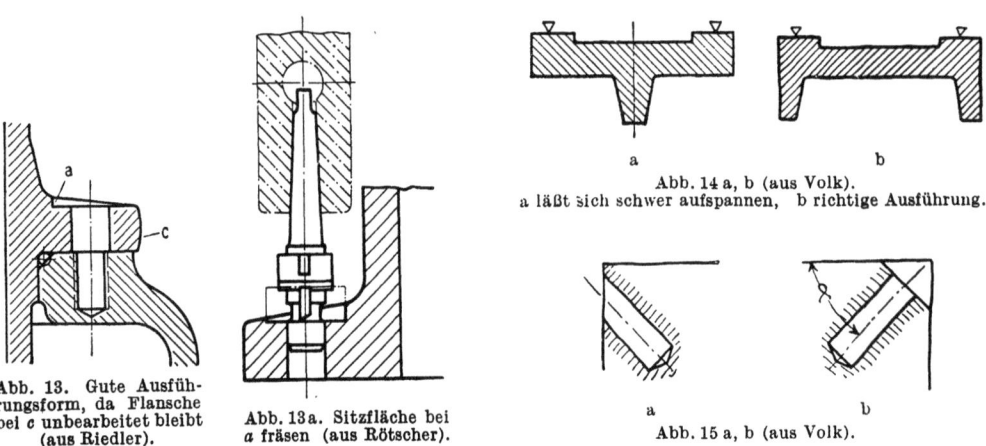

Abb. 13. Gute Ausführungsform, da Flansche bei c unbearbeitet bleibt (aus Riedler).

Abb. 13a. Sitzfläche bei a fräsen (aus Rötscher).

Abb. 14 a, b (aus Volk). a läßt sich schwer aufspannen, b richtige Ausführung.

Abb. 15 a, b (aus Volk).

von Vorsprüngen (Nasen), um unhandliche Stücke bequem anfassen und transportieren zu können, oder das Vorsehen von Löchern zum Durchstecken von Spannschrauben, oder auch das Anbringen besonderer Aufspannteile (Füße), die nach der Bearbeitung entfernt werden.

Die Bearbeitung soll möglichst ohne Umspannen und immer senkrecht oder parallel zur Aufspannfläche erfolgen. Jede schräge Bearbeitung erfordert ein schräges Aufspannen des Werk-

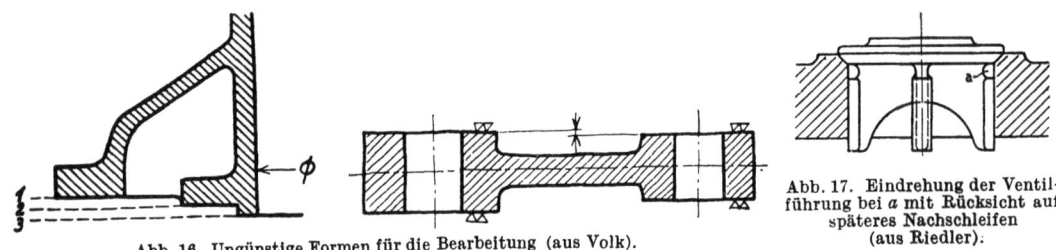

Abb. 16. Ungünstige Formen für die Bearbeitung (aus Volk).

Abb. 17. Eindrehung der Ventilführung bei a mit Rücksicht auf späteres Nachschleifen (aus Riedler).

stückes, was stets zeitraubend und kostspielig ist. Gebohrte Löcher nach Abb. 15a lassen sich nicht herstellen; damit das Loch vorgekörnt und der Bohrer gut angesetzt werden kann, ist eine Abflachung vorzusehen (Abb. 15b).

Arbeitsflächen, die in gleicher Richtung verlaufen, sollen möglichst in einer Ebene liegen, um ein gemeinsames Bearbeiten (Drehen, Hobeln) zu gestatten (Abb. 16).

Stets ist darauf zu achten, daß für den Auslauf des Werkzeuges genügend Platz vorhanden ist.

Damit die Teile beim Zusammenbau ohne Nacharbeit richtig zusammenpassen, müssen „Zentrierungen" (Abb. 13) oder Paßstifte vorgesehen werden (Abb. 22.11). Gewinde ist nie so genau hergestellt, daß es als Zentrierung dienen kann.

Jedes mehrfache Passen ist zu vermeiden. Soll das Rad in Abb. 18 auf der Kegelfläche festsitzen, dann darf es nicht gleichzeitig seitlich aufliegen.

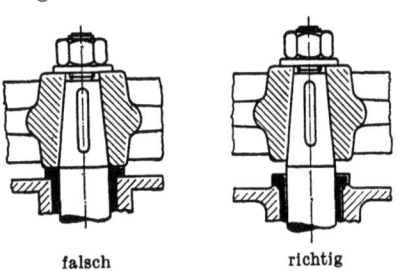

falsch   richtig

Abb. 18. Mehrfaches Passen vermeiden. (aus Riedler).

Die Formen des gleichen Maschinenteiles wechseln mit der vorhandenen Bearbeitungsmöglichkeit, die in einer kleinen Maschinenfabrik bescheidener ist als bei den gut fundierten Weltfirmen. Der Konstrukteur muß auch andere Formen wählen, wenn die Maschine in großen Serien oder auf Spezialmaschinen hergestellt werden kann, als wenn es sich um eine Einzelausführung handelt.

Der Ingenieur sollte so konstruieren, daß hohe Betriebssicherheit mit möglichst geringen Kosten an Werkstoff und Löhnen erreicht wird. Für eine erfolgreiche Tätigkeit des Konstrukteurs ist es deshalb auch nützlich, daß er Einsicht in die Selbstkostenberechnung seiner Konstruktionen erhält. Er sieht daraus, welche Faktoren die Herstellung besonders verteuern und ist dann in der Lage, an der richtigen Stelle Verbesserungen anzubringen. In Zweifelsfällen muß er immer bedenken, daß die Betriebssicherheit wichtiger ist als eine Verbilligung der Herstellung, denn schon eine einmalige Reparatur (mit der damit verbundenen Betriebsstörung) kann wesentlich größere Kosten verursachen als eine etwas kräftigere Konstruktion.

Wirtschaftlichkeit. Die Aufgabe des Konstrukteurs ist mit der zweckmäßigen Lösung der aufgezählten Bedingungen noch nicht erfüllt. Die richtig berechnete und billig hergestellte Maschine muß verkauft werden. Die Lebensfähigkeit der Fabrik hängt nun davon ab, daß beim Verkauf Gewinn erzielt wird. Maschinen werden im allgemeinen nur gekauft, wenn der Käufer daraus einen Nutzen zieht, ohne Rücksicht auf die Selbstkosten des Herstellers. Der Käufer ist nur dann gewillt, den geforderten Preis zu bezahlen, wenn er damit wirtschaftliche Vorteile erreichen kann. Er kauft eine Werkzeugmaschine nur, um seine Maschinen billiger bearbeiten zu können, oder eine Transportanlage um seine Transportkosten zu verkleinern usw. Der Fabrikant (und damit der Konstrukteur) muß also darüber unterrichtet sein, was seine Maschinen anderen wert ist; die hergestellte Maschine muß also wirtschaftlich sein.

Die grundlegenden Bedingungen zur Beurteilung der Wirtschaftlichkeit sind recht einfach; ihre richtige Beurteilung setzt aber genaue Kenntnisse der tatsächlichen Betriebsbedingungen voraus. Wenn man eine Maschine kauft, so kennt man ihren Preis ab Werk; zu ihm sind noch Verpackungs-, Transport-, Fundament- und Montagekosten, sowie der Preis für Reserveteile hinzuzurechnen um die Gesamtanschaffungskosten am Aufstellungsort zu erhalten. Werden zur Anschaffung von Maschinen fremde Gelder (Obligationen) aufgenommen, so müssen diese verzinst werden. Die Verzinsung darf nicht davon abhängig sein, ob in dem Unternehmen etwas verdient wird, so daß die Kapitalkosten als Unkosten zu betrachten sind. Die Aufnahme fremder Gelder verteuert also die Herstellung und sollte, wenn immer möglich, vermieden werden.

Jede Maschine verliert durch Abnützung und durch andere Ursachen an Wert. In einem gut geleiteten Unternehmen muß eine Maschine, die aus irgendeinem Grunde nicht mehr gebraucht wird, abgeschrieben sein. Das angelegte Kapital muß dann zurückbezahlt werden oder soll zur Anschaffung neuer Maschinen wieder zur Verfügung stehen.

Die Bedeutung der Entwertung wird dadurch erhöht, daß sie schwer im voraus zu bestimmen ist. Die Entwertung tritt auch ohne Abnützung durch den Gebrauch schon durch das Altern allein ein. Sie ist also, im Gegensatz zu den Löhnen, auch bei Nichtgebrauch unvermeidlich. Die Gebrauchsdauer (Lebensdauer) der Maschinen ist sehr verschieden. Gegen eine plötzliche Entwertung durch Maschinenbruch kann man sich durch Versicherung schützen, aber auch bedeutende Umwälzungen in der Bauart können eine sehr rasche Entwertung zur Folge haben. Während man von einer Dampfmaschine mit vollem Recht erwarten kann, daß sie nach 20 Jahren noch betriebsfähig ist, wäre es sicher unklug gewesen, wenn jemand, der vor 20 Jahren ein Automobil gekauft hat, darauf gerechnet hätte, heute noch damit zu fahren. Ebenso liegen die Verhältnisse bei Werkzeugmaschinen und bei vielen anderen Maschinen, die noch in lebhafter Entwicklung begriffen sind (Flugzeuge), und die durch eingetretene Verbesserungen in kurzer Zeit fast wertlos werden können. Ein vorsichtiger Industrieller tut gut, die Lebensdauer seiner Maschinen nicht zu hoch zu schätzen.

Wird die Lebensdauer einer Maschine oder Anlage z. B. auf 10 Jahre geschätzt, so müssen jährlich 10% des Anschaffungswertes (oder des Anschaffungswertes weniger Alteisenwert) abgeschrieben werden. Es ist oft gebräuchlich (aber unrichtig), jeweils 10% des Buchwertes abzuschreiben, da dann am Ende des zehnten Jahres die Anlage immer noch mit 35% des Anschaffungswertes statt mit 0% zu Buch steht.

Zu der Verzinsung und Abschreibung des Anlagekapitals A muß jährlich noch ein bestimmter Betrag für den Unterhalt der Anlage gerechnet werden. Ist p der Prozentsatz, mit dem jährlich für Zins, Amortisation und Unterhalt zu rechnen ist, so müssen bei 300 Arbeitstagen im Jahre täglich $\frac{p \cdot A}{100 \cdot 300}$ RM (bzw. Franken) dafür aufgebracht werden, und zwar unabhängig davon, ob die Maschine benützt wird oder nicht. Diese Kosten nennt man die Besitzkosten. Wird die Maschine nur eine Stunde täglich oder 300 Stunden im Jahr verwendet, so muß die eine durchschnittliche tägliche Betriebsstunde mit dem vollen Betrag von $\frac{p \cdot A}{30000}$ RM belastet werden.

Einleitung.

Die Betriebsbedingungen der Maschinen sind recht verschieden. Bei den Kraftmaschinen liegen die Verhältnisse meist einfach; sie haben die Aufgabe, die potentielle Energie des Wassers bzw. die chemische Energie des Brennstoffes mit möglichst hohem Wirkungsgrad in mechanische Energie umzuformen. Der Wirkungsgrad ist aber von der Belastung der Maschine abhängig. Sobald diese in weiten Grenzen schwankt, wie es z. B. in einer elektrischen Zentrale zur Deckung der Spitzenleistung vorkommt, ist weniger der höchste Wirkungsgrad bei der normalen Belastung, sondern der mittlere Wirkungsgrad innerhalb der Belastungsgrenzen für die Beurteilung der Wirtschaftlichkeit der Maschine maßgebend. Die Wirkungsgradkurve sollte dann einen von der Belastung möglichst unabhängigen Verlauf haben. Diese selbstverständliche Forderung wird oft (z. B. bei der Wahl des Kesselsystems) übersehen. Verwickelter werden die Überlegungen, wenn neben dem Kraftverbrauch auch Bedarf an Wärme vorhanden ist, oder wenn die Kraftanlage fahrbar sein muß (Lokomotive).

Ganz anders liegen die Verhältnisse bei vielen Arbeitsmaschinen (Vermahlungs-, Sortier-, Werkzeugmaschinen usw.). Dort tritt der Kraftverbrauch gegenüber anderen Faktoren stark zurück. Es wird z. B. verlangt, daß das Mahlprodukt genügend fein und gleichmäßig ausfällt, oder daß die gleiche Maschine die verschiedensten Rohstoffe gleich gut vermahlen soll usw.

Da hier nur wenig Kenntnis des Maschinenbaues vorausgesetzt werden kann, seien die wirtschaftlichen Betrachtungen auf die einfachen Verhältnisse beschränkt, wie sie bei Hebezeugen und Transportanlagen vorliegen. Bei solchen Anlagen müssen die Transportkosten ein Minimum werden. In Abschnitt (94)[1] wird der wirtschaftlichste Durchmesser einer Rohrleitung berechnet.

Anwendungsbeispiel. Unter welchen Verhältnissen ist die Anschaffung neuer Hebezeuge mit elektrischem Antrieb wirtschaftlicher als die Weiterverwendung abgeschriebener Handhebezeuge?

Die vielen Handhebezeuge an Bahnhöfen lassen vermuten, daß die Frage nicht ohne weiteres zugunsten des elektrischen Antriebes beantwortet werden kann.

Ein Elektroflaschenzug für eine Tragkraft $L = 1000$ kg (bzw. 5000 kg) kostet ab Werk 1800 RM (bzw. 3200 RM) und fertig installiert z. B. $A = 2500$ RM (4000 RM). Wenn 25% für Verzinsung, Abschreibung und Unterhalt, unabhängig von der Benützungsdauer angenommen wird, so sind die täglichen Besitzkosten $\frac{25 A}{30000} = 2{,}10$ RM (3,33 RM). Für den abgeschriebenen Handflaschenzug sind natürlich keine Besitzkosten mehr in Rechnung zu setzen.

Die Dauerleistung eines Arbeiters beträgt höchstens 8 kgm/s. Mit einem guten Handflaschenzug (Wirkungsgrad $\eta = 80\%$) kann er die Last L mit einer Geschwindigkeit von v m/min heben, die aus der Energiegleichung $\frac{L}{\eta} \cdot \frac{v}{60} = 8$ kgm/s folgt, und die für $L = 1000$ (5000) kg sonach 0,385 (0,077) m/min beträgt.

Der Elektrozug mit einem Motor von 1,4 (5) PS hebt die Last mit einer Geschwindigkeit von 5 (3,4) m/min, also 13 (44) mal so schnell. Nun besteht die Tätigkeit des Verladens nicht nur aus Lastheben, sondern die Last muß zuerst angebunden, dann hochgehoben, gedreht oder gefahren und nachher wieder gesenkt und gelöst werden. Wenn die Last 13 (44) mal so schnell gehoben wird, so werden wir nicht gleichviel schneller verladen, sondern weniger, und zwar abhängig von der Zeit des Anbindens und Lösens der Last, von der Hubhöhe, vom Transportweg usw.

Nehmen wir für einen bestimmten Fall an, daß die Kürzung der Verladezeit nur $^1/_4$ der Kürzung der Hubzeit beträgt, so müßte, wenn der Elektrozug eine Stunde in Betrieb ist, der Handflaschenzug $^{13}/_4$ ($^{44}/_4$) Stunden in Betrieb sein. Wir ersparen demnach mit dem Elektrozug $^{13}/_4 - 1 = 2{,}25$ ($^{44}/_4 - 1 = 10$) Betriebsstunden zu 1 RM Stundenlohn, abzüglich die Kosten des elektrischen Stromes. Wenn 1 PSh (d. i. 1 PS während einer Stunde) 0,12 RM kostet, so betragen die Stromkosten für $L = 1000$ kg $1{,}4 \cdot 0{,}12 = 0{,}17$ RM und für $L = 5000$ kg Tragkraft $5 \cdot 0{,}12 = 0{,}60$ RM, so daß die Ersparnisse $2{,}25 - 0{,}17 = 2{,}08$ RM bzw. $10 - 0{,}60 = 9{,}40$ RM für jede Betriebsstunde des Elektrozuges betragen.

Sobald die Ersparnisse die Besitzkosten überschreiten, wird die Anschaffung wirtschaftlich. Aus Abb. 19 folgt, daß der elektrische Antrieb schon bei sehr kurzer Betriebsdauer wirtschaftlich ist.

Bei diesem Vergleich ist folgendes zu beachten: Der Wirkungsgrad der Handflaschenzüge ist meist viel kleiner als 80% und die Durchschnittsleistung eines Arbeiters ist oft nur ein kleiner Bruchteil der angenommenen 8 kgm/s. Dadurch sind die Verhältnisse für den Handflaschenzug zu günstig dargestellt. Anderseits hebt der Elektrozug alle Lasten mit der gleichen Geschwindigkeit; er wird für die größte Tragkraft gekauft und meist durch viel kleinere Lasten beansprucht.

---

[1] Bei den Hinweisen wird „Abschnitt" durch „Abschn." gekürzt, also (Abschn. 94) geschrieben.

Beim Handflaschenzug dagegen können kleine Lasten mit größerer Geschwindigkeit gehoben werden als größere. Dadurch verschiebt sich die Wirtschaftlichkeit wieder etwas zugunsten der Handhebezeuge. Für den Flaschenzug ist der angenommene Ansatz von 25% für Verzinsung, Amortisation und Unterhalt viel zu wenig; solche kleine Neuanschaffungen werden in einem Jahr vollständig abgeschrieben. Es bestehen aber keine grundsätzlichen Schwierigkeiten, diese Faktoren genauer zu berücksichtigen.

Bei diesem Vergleich sind auch die weiteren Ersparnisse nicht berücksichtigt, die durch die schnellere Verladung erzielt werden können. Dient z. B. der Flaschenzug dazu, Kisten auf ein Automobil zu verladen, so steht dieses so lange, bis der Wagen beladen ist. Während dieser Zeit laufen auch die Besitzkosten des Automobils; seine eigentliche Tätigkeit, d. i. das Verfahren der Last wird dadurch stark verkürzt, so daß beim langsamen Verladen durch den Handflaschenzug evtl. die Anschaffung eines zweiten Automobils erforderlich wird. Ähnlich liegen die Verhältnisse beim Be- und Entladen von Eisenbahnwagen. Nach den Statistiken beträgt die durchschnittliche Laufzeit eines Güterwagens nur drei Stunden täglich; sie kann in erster Linie durch Abkürzung des Aufenthaltes beim Be- und Entladen gesteigert werden. Noch viel wichtiger ist die Kürzung der Liegezeiten beim Schiffsverkehr, weil die Besitzkosten der großen Schiffe eine unvergleichlich größere Rolle spielen als die eigentlichen Verladekosten.

Nicht immer liegen die Verhältnisse so klar. Wenn z. B. die Frage geprüft werden soll, ob für einen Kran im Maschinenhaus eines Elektrizitätswerkes elektrischer oder Handantrieb wirtschaftlicher ist, so wird man unter Berücksichtigung des Umstandes, daß dieser Kran nur ganz ausnahmsweise (z. B. bei Reparaturen) verwendet wird, sich für Handantrieb entscheiden. Sollte es aber vorkommen, daß eine Reparatur während der eigentlichen Betriebszeit der Maschine durchgeführt werden muß, so können durch Abkürzung der Reparaturzeit so große Ersparnisse erzielt werden, daß die Mehrkosten des elektrischen Antriebes gar keine Rolle spielen. In ähnlicher Weise wird durch eine Betriebsstörung (z. B. infolge Bruch oder Abnützung eines Maschinenteiles) die Rentabilitätsrechnung vollständig geändert, weil durch den erzwungenen Stillstand weit größerer Schaden entsteht, als eine etwas sorgfältigere Konstruktion der Maschine gekostet hätte.

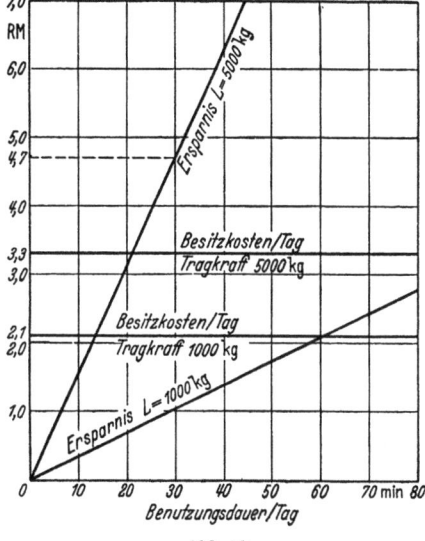

Abb. 19.

Aus den Vergleichsrechnungen folgt weiter, daß die menschliche Arbeitskraft im Verhältnis zur elektrischen Energie außerordentlich teuer ist. Für die Dauerleistung eines guten Arbeiters (8 kgm/s ≈ $\frac{1}{9}$ PS) muß 1 RM Stundenlohn bezahlt werden, so daß 1 PSh 9 RM kostet! Wenn man für elektrische Energie diesen hohen Preis bezahlen müßte, so würde jeder (als selbstverständlich) von den Maschinen den allerhöchsten Wirkungsgrad verlangen. Um so unbegreiflicher ist es, daß auch Ingenieure den Wirkungsgrad von Handhebezeugen oft als nebensächlich betrachten (z. B. bei Schraubenhebeböcken, Abschn. 233). Es gilt daher die Regel: Für Maschinen mit Handbetrieb ist höchster Wirkungsgrad anzustreben (z. B. durch Verwendung von Kugellagern).

Wie das Zahlenbeispiel zeigt, spielen die Stromkosten bei der Beurteilung der Wirtschaftlichkeit des elektrischen Antriebes von Hebezeugen eine untergeordnete Rolle. Deshalb ist es praktisch wichtig, zu untersuchen, ob ein billiger Elektrozug mit schlechtem Wirkungsgrad oder ein teurer mit gutem Wirkungsgrad wirtschaftlicher ist. Die Beantwortung dieser und ähnlicher Fragen hat für den Konstrukteur große praktische Bedeutung; er lernt daraus, wie und was er konstruieren soll. Solche wirtschaftlichen Fragen gehören unbedingt zu den wichtigsten Grundlagen (Elementen) der Konstruktion und spielen z. B. auch bei der Festlegung der zulässigen Spannungen eine Rolle (vgl. Abschn. 623, Riemenberechnung).

Die Berechnung besteht nur in seltenen Fällen in der Lösung einer Anzahl Gleichungen. Meist ist die Anzahl der Gleichungen kleiner als die Zahl der Unbekannten, so daß immer unendlich viele Lösungen möglich sind und einzelne Faktoren „beliebig" gewählt werden dürfen. Jede Wahl gibt eine mathematisch richtige Lösung der gestellten Aufgabe, aber nur wenige sind praktisch brauchbar, und nur diese kommen für den Ingenieur in Frage. Um diese rasch herauszufinden, geht der erfahrene Konstrukteur immer so vor, daß er zuerst eine ihm brauchbar erscheinende Lösung nach freiem Ermessen, aber maßstäblich, skizziert und dann erst nachrechnet, ob seine Annahme auch den Anforderungen in bezug auf Festigkeit, Formänderung, Abnützung usw. genügt. Da sämtliche Abmessungen dabei festliegen, sind solche Nachrechnungen immer wesentlich einfacher und rascher durchzuführen als die Vorausberechnung mit den vielen Unbekannten.

Auch der Anfänger soll sich diese Methode zu eigen machen. Nur auf diese Weise bildet er systematisch das sog. ,,technische Gefühl", mit dem der erfahrene Ingenieur in oft erstaunlicher Weise, ohne Rechnung, die richtigen Abmessungen schätzt. Es ist dabei nützlich, daß er die Kräfte nicht nur als Zahlenwerte betrachtet, sondern sich deren Größe zu veranschaulichen sucht, z. B. durch Vergleich mit dem Gewicht eines Menschen (70—80 kg) oder eines Eisenbahnwagens (10—15 t). Es mag anfänglich recht schwierig erscheinen, eine ,,brauchbare" Lösung zu entwerfen, aber es ist auch ziemlich gleichgültig, ob diese erste Annahme sich nachträglich als vollständig unbrauchbar herausstellt, denn die Nachrechnung zeigt sofort, wo der Fehler liegt und wie es besser zu machen ist. Der Entwurf geht der Rechnung voraus. Bei aller Wertschätzung der Rechnung darf nie vergessen werden, daß diese nur ein notwendiges (oft recht einseitiges) Hilfsmittel ist, während das Endziel in der Formgebung und Herstellung liegt, also ein konstruktives und werkstattechnisches Problem ist. Die konstruktive Aufgabe besteht darin, für gegebene Verhältnisse die einfachste und in jeder Beziehung beste Lösung zu finden. Das Abwägen der Vor- und Nachteile der verschiedenen Lösungsmöglichkeiten ist eine vielseitige und verantwortungsvolle Aufgabe, die hohe Anforderungen an den Konstrukteur stellt. Bei der überragenden Bedeutung der konstruktiven Formgebung, scheint es fast unbegreiflich, daß eine systematische Konstruktionslehre heute noch vollständig fehlt.

Die Grundnormen.

Die Organisation jedes modernen technischen Betriebes beruht auf einer weitgehenden Arbeitsteilung. Die ,,Spezialisierung" der Arbeit ist wirtschaftlich notwendig, weil bei öfterer Wiederholung die gleiche Arbeit viel rascher, also billiger, ausgeführt wird. Sie führt zur Massenherstellung auf vollständig automatischen Maschinen. So werden Bleche, Rohre, Walzprofile, Schrauben, Niete, Kugellager, Schmierringe, ja ganze Maschinen, wie Elektromotoren, Zentrifugalpumpen, Automobile usw. heute als Marktware hergestellt und sind ab Lager lieferbar. Wie groß der damit erreichbare Erfolg ist, erkennt man z. B. daraus, daß bei Einzelausführung ein Automobil das Zehnfache und mehr kosten würde als bei Massenherstellung.

Die notwendige Vorbedingung für die Herstellung einer großen Anzahl genau gleicher Teile ist eine strenge Normung. Die Normung schafft in erster Linie Ordnung, indem Gegenstände mit unter sich unwesentlichen Abweichungen zusammengefaßt, und die Größenabstufungen systematisch festgelegt werden[1]. Im Konstruktionsbüro wird das jedesmalige Aufzeichnen genormter Teile erspart. Die Herstellung auf Spezialmaschinen erhöht den Genauigkeitsgrad, so daß der Verbraucher als weiteren Vorteil neben dem niedrigen Preis noch die Möglichkeit erhält, Ersatzteile zu kaufen, die ohne Nacharbeit austauschbar sind.

Die Bedeutung der Normung anerkennend, haben sich in allen Industrieländern Normenkommissionen gebildet, in denen namhafte Vertreter der Industrie mitwirken. Wenn das Ziel die Herstellung zu verbilligen, klar vor Augen gehalten wird, so hat die zeitraubende und mühselige Kleinarbeit dieser Kommissionen große wirtschaftliche Bedeutung. Ihr Endziel ist die Festlegung internationaler Normen. (ISA = International Federation of the National Standardizing Associations. Nach dem Krieg ersetzt durch: ISO = International Organization for Standardization.) Periodisch erscheinende Veröffentlichungen unterrichten über den jeweiligen Stand der Normung[2]. Jedermann sollte die einmal festgelegten Normen beachten und verwenden und so zum wirtschaftlichen Erfolg der Normungsarbeit beitragen.

Normzahlen[3]. Fast gleichzeitig mit der Inangriffnahme der Normen ist die Notwendigkeit erkannt worden, den Aufbau der Reihen gleichartiger Normteile in eine gesetzmäßige Form zu bringen. Aus der unendlich großen Anzahl von rationalen und irrationalen Zahlen sollten eine beschränkte Anzahl herausgegriffen werden, die sich als besonders zweckmäßig in der Verwendung

---

[1] So war es durch Normung z. B. möglich, die Anzahl der Riemenscheibenmodelle von 3600 auf 600 zu verkleinern.

[2] Normblattverzeichnis DIN, Beuth-Verlag G.m.b.H., Berlin SW, Beuthstr. 8 und Normblattverzeichnis VSM.-Normalienbureau, Zürich, General-Wille-Str. 4.

[3] L. 19, 20.

erweisen. Unser Zahlensystem (eine arithmetische Reihe) ist für die Aufstellung technischer Modellreihen ungeeignet. An diese „bevorzugten" Zahlen sind eine Reihe von Anforderungen zu stellen. So sollen nicht nur lineare Größen (1. Potenz), sondern auch Flächen (2. Potenz), Volumen, Widerstandsmomente (3. Potenz), Trägheitsmomente (4. Potenz) dadurch gleichmäßig abgestuft werden.

Am zweckmäßigsten ist die geometrische Reihe mit konstantem Stufensprung; die Zahlen dieser Reihen haben auch die wünschenswerte Eigenschaft, daß sie bei allen mit ihnen ausgeführten Rechenoperationen stets wiederkehren. Die größte Schwierigkeit war die Festlegung des Stufensprunges; aus wirtschaftlichen Gründen kommt man auch mit einer einzigen Stufung nicht aus. Nach langen Beratungen hat man international folgende Normzahlen festgelegt.

Normzahlen sind die gerundeten Werte geometrischer Reihen mit den Faktoren $\sqrt[5]{10}=1{,}6$ (5er Reihe), $\sqrt[10]{10}=1{,}25$ (10er Reihe), $\sqrt[20]{10}=1{,}12$ (20er Reihe) und $\sqrt[40]{10}=1{,}06$ (40er Reihe).

Bei der geometrischen Stufung genügt es, die Zahlen in einem Intervall von 1 bis 10 festzulegen, die dann mit irgendwelchen ganzzahligen positiven oder negativen Potenzen von 10 multipliziert werden können. Die Normzahlen sollen verwendet werden:

1. Für die Aufstellung von Typenreihen, z. B. Papierformate, Drehzahlen, Geschwindigkeiten, Drücke, Leistungen usw.,

2. wenn möglich für Konstruktionsmaße (Riemenscheiben, Handräder, Anschlußmaße, Achshöhen von Maschinen usw. Da viele Normblätter (z. B. Wellendurchmesser) schon festgelegt sind, ist zur Zeit eine weitergehende Verwendung der Normzahlen sehr erschwert. Bei jeder Revision der Normblätter ist die Verwendung der Normzahlen ins Auge zu fassen, damit diese im Laufe der Zeit ihre grundlegende Bedeutung erreichen. Sie können zu einem einheitlichen Maßsystem (an Stelle des metrischen und des englischen) im Maschinenbau führen.

Zahlentafel 1. Normzahlen.

$\sqrt[5]{10}$	$\sqrt[10]{10}$	$\sqrt[20]{10}$	$\sqrt[40]{10}$
1	1	1	1
			1,06
		1,12	1,12
			1,18
	1,25	1,25	1,25
			1,32
		1,4	1,4
			1,5
1,6	1,6	1,6	1,6
			1,7
		1,8	1,8
			1,9
	2	2	2
			2,12
		2,24	2,24
			2,36
2,5	2,5	2,5	2,5
			2,65
		2,8	2,8
			3
	3,15	3,15	3,15
			3,35
		3,55	3,55
			3,75
4	4	4	4
			4,25
		4,5	4,5
			4,75
	5	5	5
			5,3
		5,6	5,6
			6
6,3	6,3	6,3	6,3
			6,7
		7,1	7,1
			7,5
	8	8	8
			8,5
		9	9
			9,5
10	10	10	10

Passungen[1] Beim Zusammenbau einer Maschine müssen verschiedene Teile in einer bestimmten Weise zusammenpassen; so sollen z. B. Wellen mehr oder weniger leicht in einem Lager laufen oder es sollen Zapfen in eine Bohrung verschiebbar oder gelenkig passen oder auch fest sitzen. Für alle diese Passungen gab die Zeichnung früher nur ein Maß, das sog. Nennmaß, und dazu die Bearbeitungsangabe. Mit diesen Angaben kann aber der Dreher weder die Bohrung noch die Welle so herstellen, wie es die Wirkungsweise der Maschine erfordert. Er sollte außerdem noch wissen, wie Zapfen und Bohrung zusammenpassen müssen. Man hat dazu verschiedene Benennungen (Sitze genannt) eingeführt, und unterscheidet:

1. Laufsitz für Zapfen, die in einer Bohrung laufen sollen, und zwar weiter, leichter oder enger Laufsitz je nach der für den Verwendungszweck erforderlichen Größe des Spieles.

2. Gleitsitz für Teile, die von Hand und betriebsmäßig verschiebbar sein sollen, z. B. Reitstockpinole im Reitstock.

3. Schiebesitz für Teile, die unter leichtem Druck zusammengefügt oder auseinander genommen werden, z. B. Zentriersitze, Paßschrauben.

4. Haftsitz für Teile, die gegenseitig festsitzen sollen, doch ohne erheblichen Kraftaufwand, z. B. mit Blei- oder Holzhammer zusammengefügt werden, wie Kugellagerinnenringe, Schwungradnaben; sie sind gegen Verdrehen zu sichern.

---

[1] L. 21 bis 30.

5. **Treib- oder Festsitz** für Teile, die mit einer gewissen Spannung festsitzen, aber auch gegen Verdrehen zu sichern sind.

6. **Preßsitz** für fest aufgepreßte Teile.

Die gewünschte Passung zwischen Zapfen und Bohrung kann durch einen geübten Arbeiter nach mehrfachem Probieren und Nachschleifen des Zapfens hergestellt werden. In dieser Weise erreicht man aber niemals oder nur zufällig, daß z. B. ein nachträglich erforderliches Lager **ohne Nacharbeit** zu einer früher gelieferten Welle paßt. Diese Einzelherstellung ist außerdem sehr teuer. Das war der Zustand, wie er vor etwa 30 Jahren allgemein im Maschinenbau herrschte.

Die Gütererzeugung ist heute meist **räumlich** und **zeitlich getrennt**. Als selbstverständlich gilt dabei die Forderung von Erzeuger und Verbraucher, daß die Teile einer Maschine (ohne Nacharbeit) zusammenpassen und daß jedes **Stück austauschbar** ist.

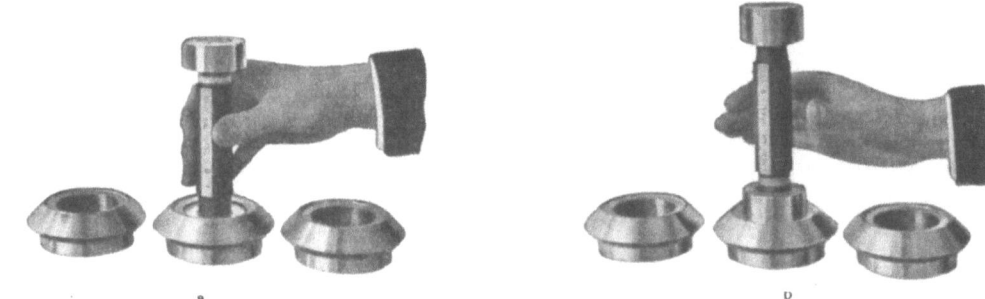

Abb. 20 a, b. Lehren von Bohrungen.
a Die Gutseite des Kaliberdornes muß sich leicht in die Bohrung einführen lassen.
b Die Ausschußseite darf nicht in die Bohrung hineingehen, sie darf höchstens anfassen (anschnäbeln).

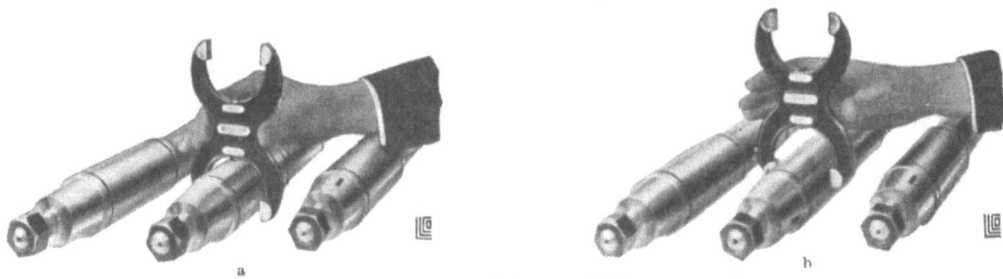

Abb. 21 a, b. Lehren von Wellen.
a Die (größere) Gutseite der Rachenlehre muß über die Welle bequem hinübergehen.
b Die Ausschußseite darf nur anschnäbeln.

Um die Entwicklung zu verstehen, muß von der Tatsache ausgegangen werden, daß es werkstatttechnisch unmöglich ist, irgendein Maß (z. B. ein Bolzen von 50 mm Durchmesser) mathematisch genau (50,0000 mm) einzuhalten. Das ist auch nicht notwendig; damit der Zapfen brauchbar ist, sollten die Abweichungen vom Nennmaß nur innerhalb praktisch zulässiger Grenzen bleiben, die je nach dem Verwendungszweck mehr oder weniger eng gezogen werden können. Man wird z. B. den Bolzen für irgendeinen Verwendungszweck noch brauchen können, wenn sein Durchmesser zwischen 49,95 und 50,05 mm liegt. Die Abweichung zwischen Größt- und Kleinstmaß wird „Toleranz" genannt, und auf diese Abweichung kommt es bei der Beurteilung der Brauchbarkeit des Bolzens an. Um sie zu messen, verwendet man sog. **Grenzlehren** (Abb. 20 und 21); das Werkstück ist brauchbar, wenn es kleiner als die größere und größer als die kleinere der beiden zusammengehörenden Grenzlehren ist. Diese Überlegungen gelten nicht nur für Bolzendurchmesser und Bohrungen, sondern in gleicher Weise auch für Längen und für irgendwelche andere Maße an einem Maschinenteil. Das Meßverfahren muß natürlich genauer sein als die Werkstücktoleranz. Eine **Toleranz** kann an einem Teil für sich vorgeschrieben werden, ohne Beziehung auf andere Teile (z. B. Blechdicke eines Gehäuses, Länge einer Handkurbel usw.). Eine **Passung** entsteht erst, wenn zwei Teile mit bestimmtem Spiel oder Übermaß zusammenkommen.

Will man zwei Teile, z. B. Welle und Bohrung, in vorgeschriebener Weise zusammenpassen, so kann entweder die Bohrung oder die Welle angepaßt werden. Für die genaue Herstellung einer Bohrung sind verschiedene Werkzeuge (Bohrer, Vorreibahle, Präzisionsreibahle) erforderlich, während alle Durchmesser des Bolzens mit dem gleichen Werkzeug (Schleifscheibe) hergestellt werden können. Aus wirtschaftlichen Gründen liegt es demnach nahe, für alle Paßarten die Bohrungen gleich groß herzustellen und die Unterschiede in die Bolzenabmessungen zu verlegen. Das ist das System der Einheitsbohrung (EB).

In vereinzelten Fällen ist die Anwendung des Systems der Einheitsbohrung mit einigen Schwierigkeiten verbunden. Bei einer Transmissionswelle z. B. sollen die Lager Laufsitz, die Riemenscheiben Schiebesitz und die Kupplungen Haftsitz aufweisen. Die dadurch bedingten Abweichungen im Durchmesser müßten nach dem System der Einheitsbohrung an der Welle angebracht werden. Ähnlich liegen die Verhältnisse bei Gelenkbolzen (Abb. 22). Es ist naheliegend und in solchen Fällen üblich, die Welle unverändert zu halten und die Bohrungen mit den verschiedenen Abmaßen auszuführen (System der Einheitswelle, EW).

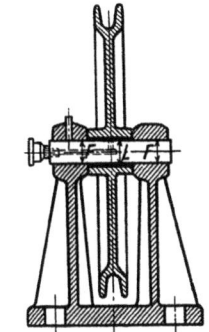

Abb. 22. Gelenkbolzen. System der Einheitswelle.

Um das Werkzeugkonto einzuschränken, sind „Normaldurchmesser" festgelegt, für welche die Grenzlehren im Handel erhältlich sind; sie stimmen heute noch nicht genau mit den Normzahlen überein.

Das internationale (ISO-) Passungssystem. Bei einer Passung liegt sowohl der Durchmesser des Zapfens als auch der Bohrung zwischen je zwei bestimmten Grenzen (Abb. 23), also innerhalb eines rechteckigen Toleranzfeldes, dessen Höhe die Größe der zulässigen Toleranz, also die Qualität der Ausführung angibt.

Die erste Grundlage dieses Systems ist die einheitliche Bezugstemperatur. Alle Körper dehnen sich bei Erwärmung aus; die Ausdehnung von Stahl beträgt z.B. 0,011—0,012 mm/m °C, was bei einer Länge von 100 mm und einem Temperaturunterschied von 15° C eine Längenänderung von 0,0165—0,018 mm ausmacht, so daß dadurch z. B. Gleitsitz in Laufsitz übergehen kann. Man muß deshalb sorgfältig darauf achten, daß die Temperatur der Lehre möglichst mit der Temperatur des Werkstückes übereinstimmt. Meßlehre oder Werkstück dürfen demnach nicht der direkten Wirkung der Sonne ausgesetzt werden.

Man hat lange darüber beraten, auf welche Temperatur man die Maße der Lehren beziehen sollte. Unser ganzes Meßwesen bezieht sich auf das Pariser Urmeter, das seine genaue Länge bei 0° C hat; die Einheit ist das Millimeter (mm); der 1000. Teil eines Millimeters ist das Mikron (μ). Dieser Urmaßstab besitzt manche Nachteile:

Er ist nur einmal vorhanden; auch seine Nachbildungen in jedem Lande bestehen in einer einzigen Ausführung. Die Urmaße einer Werkstatt können deshalb erst auf einem großen Umwege von dem Urmeter abgeleitet und auch nachgeprüft werden. Jeder Umweg bedeutet eine Fehlerquelle.

Die Herstellung austauschbarer Teile erfordert ein Urmaß, das unveränderlich ist und in jedem entsprechend eingerichteten Laboratorium verfügbar ist. Ein solches Urmaß gibt die Wellenlänge des Lichtes. Inter-

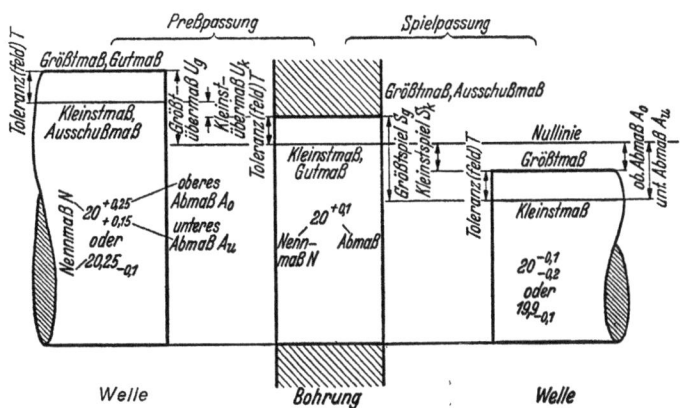

Abb. 23. Toleranzen von Welle und Bohrung (aus Leinweber, L. 21).

national ist festgelegt: die Spektrallinie „Cadmium rot" hat (unter bestimmten, im einzelnen genau festgelegten physikalischen Bedingungen) eine Wellenlänge von $643,84696 \cdot 10^{-9}$ m, das sind rd. $0,64\,\mu$.

Haben zwei Stichmaße bei 0° C dieselbe Länge, so werden sie infolge der verschiedenen Ausdehnung des Werkstoffes bei der Werkstattemperatur schon nicht mehr gleich lang sein. Zwei Körper mit diesen beiden Stichmaßen gemessen sind daher weder bei 0° C noch bei 20° C genau gleich groß. Heute gilt deshalb allgemein (in Abweichung vom Pariser Urmeter) 20° C (68° F) als normale Bezugstemperatur, weil dann bei der mittleren Werkstattemperatur Urmaß, Lehren und Werkstücke übereinstimmen.

Die Herstellungskosten steigen aber progressiv mit der gewünschten Genauigkeit, so daß die Toleranzen nie kleiner gewählt werden sollten, als für den richtigen Zusammenbau und für den

14 Einleitung.

Betrieb der Maschine erforderlich ist. Man kann in erster Annäherung etwa sagen, daß das Produkt aus Herstellungskosten und Toleranz konstant ist. Man muß deshalb verschiedene Gütegrade der Ausführung festlegen. Das ISO-Toleranzsystem hat 16 Gütegrade (Qualitäten), von denen die vier ersten hauptsächlich für Lehren bestimmt sind. Die Qualitäten 5 bis 11 sind für Passungen vorgesehen, während die Qualitäten 12 bis 16 gröbere Toleranzen darstellen, wie sie z. B. für Fräsen, Ziehen, Walzen usw. in Betracht kommen.

Die Größe der zulässigen Toleranz nimmt mit wachsendem Nennmaß zu; erfahrungsgemäß proportional $\sqrt[3]{D}$. Man hat deshalb eine neue Maßeinheit (von veränderlicher Größe) eingeführt, die internationale Toleranzeinheit (IT):

$$i = 1 \text{ IT } (\mu) = 0{,}45 \sqrt[3]{D_{mm}} + 0{,}001 \, D_{mm}.$$

Das zweite Glied, das nur bei großen Durchmessern zur Geltung kommt, trägt der Tatsache Rechnung, daß Meßfehler, die auf Temperaturunterschiede und Elastizität der Lehre zurückzuführen sind, proportional mit dem Durchmesser wachsen.

Die Toleranz wird nicht stetig, sondern stufenweise geändert (Zahlentafel 2).

Durch Multiplikation der i-Werte mit den Normzahlen der 5er Reihe werden die sog. Grundtoleranzen in den 16 Qualitäten festgelegt (Zahlentafel 2).

Zahlentafel 2. ISO-Grundtoleranzen. Werte in $\mu = 1/1000$ mm.

Qualität	Toleranz in i	Nennmaßbereich mm über											
		1 bis 3	3 bis 6	6 bis 10	10 bis 18	18 bis 30	30 bis 50	50 bis 80	80 bis 120	120 bis 180	180 bis 250	250 bis 315	315 bis 400	400 bis 500
5	7	5	5	6	8	9	11	13	15	18	20	23	25	27
6	10	7	8	9	11	13	16	19	22	25	29	32	36	40
7	16	9	12	15	18	21	25	30	35	40	46	52	57	63
8	25	14	18	22	27	33	39	46	54	63	72	81	89	97
9	40	25	30	36	43	52	62	74	87	100	115	130	140	155
10	64	40	48	58	70	84	100	120	140	160	185	210	230	250
11	100	60	75	90	110	130	160	190	220	250	290	320	360	400

Im ISO-Toleranzsystem wird die Lage eines Toleranzfeldes zur Null-Linie (die dem Nennmaß entspricht) durch einen Buchstaben (von A bis Z resp. a bis z) gekennzeichnet. Die großen Buchstaben gelten für die Bohrungen, die kleinen für Wellen. Der Sitz ist durch die relative Lage der Toleranzfelder von Bohrung und Welle gekennzeichnet.

Wellen	Bohrungen		
a—g	A—G	Laufsitz	Spielsitze
h (OA = Nullinie)	H (UA = Nullinie)	Gleitsitz	
j	J	Schiebesitz	Ruhesitze
k	K	Haftsitz	
m, n	M, N	Festsitz	Übermaß
p—z (ohne q, v, y)	P—Z	Preßsitz	

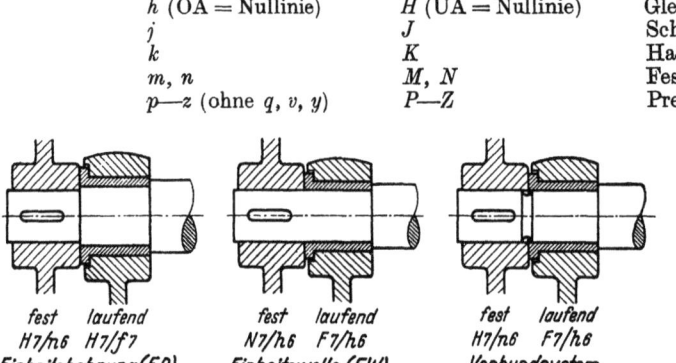

Abb. 24. Verschiedene Passungsmöglichkeit beim ISO-System.

Der Zusammenhang zwischen der Lage der Toleranzfelder von Welle und Bohrung ist dadurch gegeben, daß sie spiegelbildlich in bezug auf die Null-Linie liegen. So bezeichnet z. B. $H7$ eine Bohrung der 7. Qualität, deren unteres Abmaß (UA) an der Nullinie liegt; $e8$ ist eine Welle der 8. Qualität mit etwas kleinerem Durchmesser. Zusammen bilden beide einen (engen) Laufsitz, der durch $H7/e8$ gekennzeichnet wird, da bei Sitzkombinationen stets die Bohrung zuerst zu schreiben ist. Normalerweise werden Wellen mit einer Bohrung der nächst gröberen Qualität kombiniert, mit Ausnahme der weiten Laufsitze (vgl. Zahlentafel 3). Der genau gleiche Sitz kann auch mit $E8/h7$ erreicht werden.

Früher ist viel darüber geschrieben worden, ob man zwei Passungssysteme (EB und EW) brauche und ob es nicht zweckmäßiger wäre, sich auf eines der beiden zu vereinigen um die Zahl der Werkzeuge und Lehren zu vermindern. Die Praxis hat gezeigt, daß beide Systeme ihre Berechtigung haben (Abb. 24).

Grundnormen.

Zahlentafel 3. Gebräuchliche Sitze für Einheitsbohrung (vgl. Abb. 25).

Durchmesserbereich			30—50 mm		50—80 mm		80—120 mm		120—180 mm		
			30—40	40—50	50—65	65—80	80—100	100—120	120—140	140—160	160—180
Einheitsbohrung $H7$			$+25\,\mu$ / 0		$+30\,\mu$ / 0		$+35\,\mu$ / 0		$+40\,\mu$ / 0		
Preßsitz	plastisch...	$u6$ OA UA	$+76/+60$ 56^1	$+86/+70$ 66	$+106/+87$ 82	$+121/+102$ 96	$+146/+124$ 118	$+166/+144$ 138	$+195/+170$ 162	$+215/+190$ 182	$+235/+210$ 202
	etwa $1\,‰$..	$t6$ OA UA	$+64/+48$ 44	$+70/+54$ 50	$+85/+66$ 60	$+94/+75$ 70	$+113/+91$ 84	$+126/+104$ 98	$+147/+122$ 114	$+159/+134$ 126	$+171/+146$ 138
		$s6$ OA UA	$+59/+43$ 38	$+59/+43$ 38	$+72/+53$ 48	$+78/+59$ 54	$+93/+71$ 64	$+101/+79$ 72	$+117/+92$ 84	$+125/+100$ 92	$+133/+108$ 100
		$r6$ OA UA	$+50/+34$ 30	$+50/+34$ 30	$+60/+41$ 36	$+62/+43$ 38	$+73/+51$ 44	$+76/+54$ 48	$+88/+63$ 56	$+90/+65$ 58	$+93/+68$ 60
Treibsitz		$p6$ OA UA	$+42/+26$ 22		$+51/+32$ 26		$+59/+37$ 30		$+68/+43$ 36		
Festsitz[2]		$m6$ OA UA	$+25/+9$ 4		$+30/+11$ 6		$+35/+13$ 7		$+40/+15$ 8		
Haftsitz		$k6$ OA UA	$+18/+2$ 2		$+21/+2$ 4		$+25/+3$ 4		$+28/+3$ 5		
Schiebesitz		$j6$ OA UA	$+11/-5$ 10		$+12/-7$ 12		$+13/-9$ 16		$+14/-11$ 18		
Gleitsitz		$h6$ OA UA	$0/-16$ 20		$0/-19$ 24		$0/-22$ 28		$0/-25$ 32		
Laufsitze	eng. Laufsitz	$g6$ OA UA	$-9/-25$ 30		$-10/-29$ 34		$-12/-34$ 40		$-14/-39$ 46		
		$f7$ OA UA	$-25/-50$ 50		$-30/-60$ 60		$-36/-71$ 71		$-43/-83$ 83		
	Laufsitz...	$e8$ OA UA	$-50/-89$ 82		$-60/-106$ 98		$-72/-126$ 116		$-85/-148$ 136		
		$d8$ OA UA	$-80/-119$ 112		$-100/-146$ 138		$-120/-174$ 164		$-145/-208$ 196		
	weit. Laufsitz	$c8$ UA OA	$-120/-159$ 152	$-130/-169$ 162	$-140/-186$ 178	$-150/-196$ 188	$-170/-224$ 214	$-180/-234$ 224	$-200/-263$ 252	$-210/-273$ 262	$-230/-293$ 282
	weit. Laufsitz	$b8$ UA OA	$-170/-209$ 202	$-180/-219$ 212	$-190/-236$ 228	$-200/-246$ 238	$-220/-274$ 265	$-240/-294$ 285	$-260/-323$ 312	$-280/-343$ 332	$-310/-373$ 362
	weit. Laufsitz	$a9$ UA OA	$-310/-372$ 354	$-320/-382$ 364	$-340/-414$ 392	$-360/-434$ 412	$-380/-467$ 441	$-410/-497$ 471	$-460/-560$ 530	$-520/-620$ 590	$-580/-680$ 650

Wie aus Abb. 25 hervorgeht, ist die Bedingung für eine vollständige Austauschbarkeit der Teile, so daß irgendeine Welle mit irgendeiner Bohrung in der gewünschten Weise zusammenpaßt, nicht erfüllt, denn die einzelnen Toleranzfelder überdecken sich teilweise.

Vollständige Austauschbarkeit wäre nur durch eine wesentliche Verfeinerung der Toleranzen erreichbar, was eine bedeutende Verteuerung der Herstellung zur Folge hätte. Man hilft sich deshalb durch „Aussuchen". Paßt z. B. ein Bolzen nicht in der gewünschten Weise mit einer vorhandenen Bohrung zusammen, so wählt man aus dem Vorrat einen anderen Bolzen, der höchstwahrscheinlich wohl den richtigen Sitz ergibt. Man kann aber auch systematisch Bohrungen und Bolzen nach der Größe sortieren (z. B. durch Verwendung feinerer Grenzlehren) und dann kleinere Bolzen und kleinere Bohrungen jeweils zusammenpassen.

Ein typisches Beispiel der systematischen Sortierung findet man bei der Herstellung von Kugellagern. Die Kugeln werden aus zylindrischen Scheiben (kalt oder warm) gepreßt, dann vorgeschliffen, gehärtet und zuletzt fertiggeschliffen und poliert. Wenn die Oberfläche genügend poliert ist, wird man aus wirtschaftlichen Gründen die Kugeln nicht noch weiter bearbeiten, auch wenn sie noch etwas zu groß sind. Ebenso wird man Kugeln, die zwar das richtige Maß erreicht haben, aber noch keine genügende Hochglanzpolitur aufweisen, nicht als „Ausschuß"

---

[1] Die dritte Zahl in jedem Feld ist das mittlere Gesamtspiel (resp. Übermaß) in μ, gerundet auf ganze μ.

[2] Gegen Verdrehung sichern.

behandeln, sondern weiter polieren. Deshalb sind die fertigpolierten Kugeln verschieden groß. Da in einem Kugellager nur genau gleich große Kugeln verwendet werden können, werden diese sortiert. Die Kugelsortiermaschine besteht im wesentlichen aus zwei schräg und geneigt gestellten Leisten, auf welchen die Kugeln laufen. Ist der Leistenabstand gleich ihrem Durchmesser, so fallen sie durch und werden in verschiedenen Kästen aufgefangen. Das Spiel wird fünf- bis neunmal wiederholt, und so erhält man Kugeln, die sich im Durchmesser nur um 0,001 bis 0,002 mm unterscheiden. Die Kugeln in einem Kasten sind unter sich im Kugellager austauschbar, aber die Kugeln verschiedener Kästen können unter sich Abweichungen bis 0,02 mm aufweisen. Einzelne Kugeln können demnach niemals nachgeliefert werden.

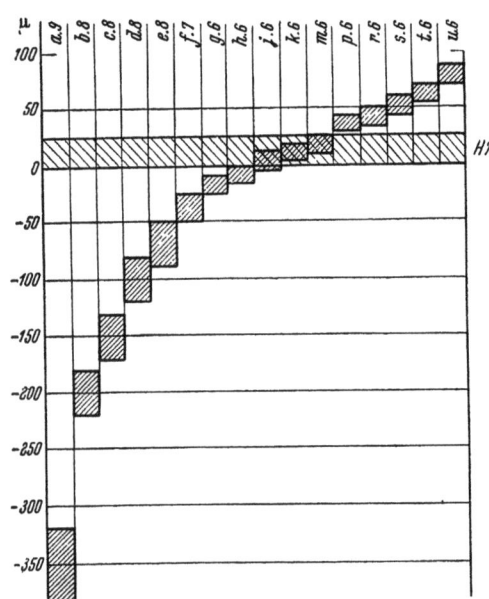

Abb. 25. Gebräuchliche Sitze für $d = 30-50$ mm.

Infolge der Toleranzen für Welle und Bohrung ist die Passung verschieden, ob z. B. die größtzulässige Bohrung mit der kleinstzulässigen Welle oder die kleinste Bohrung mit der größten Welle kombiniert wird. Der Schiebesitz $H7/j6$ (Abb. 25) kann z. B. für die Befestigung von Riemenscheiben, Kupplungen, Zahnrädern auf die Wellenenden von Elektromotoren dienen. Bei größter Bohrung und kleinster Welle (Spiel 30 μ im Durchmesserbereich 30—50 mm) kann die Scheibe von Hand leicht aufgeschoben werden. Bei den Mittelwerten des Toleranzbereiches (Spiel 9,5 μ) kann die Scheibe in leicht eingefettetem Zustande von Hand mit leichtem Druck, aber ohne Schlag aufgesetzt werden. Bei einem Übermaß von 9 (max 15 μ) beträgt der Aufpreßdruck 1000 (max 1600) kg. Nach mehrmaligem Auf- und Abpressen fällt der Auf- = Abpreßdruck auf etwa 840 kg infolge Glättung der Oberflächen.

Die Frage, wie oft die Grenzfälle einer Passung auftreten, oder welche die häufigste Passung sei, ist eine Aufgabe der Wahrscheinlichkeitsrechnung. Das Fertigmaß eines Werkstückes (Bolzen oder Bohrung) hängt von einer großen Anzahl Faktoren ab, wie Maschineneinstellung, Werkzeugbeschaffenheit, Geschicklichkeit und augenblickliche körperliche und geistige Verfassung des Arbeiters, seine Aufmerksamkeit usw. Unter der Voraussetzung, daß keiner dieser Einflüsse vorherrscht, gilt das Gaußsche Fehlergesetz, nach welchem das Fertigmaß sich um einen häufigsten Mittelwert gruppiert. Die Wahrscheinlichkeit dieses Mittelwertes wird vergrößert, wenn der Arbeiter systematisch nach der Mitte des Toleranzfeldes arbeitet, und wenn dieses Bestreben gegen andere Einflüsse vorherrscht. Aus diesem Grunde kann man in der Praxis erfahrungsgemäß mit hoher Wahrscheinlichkeit mit einer einheitlichen mittleren Passung rechnen, weil bis zu 80% aller Fertigmaße innerhalb der halben Toleranz liegen.

Über die Wahl der Laufsitze siehe (Abschn. 47, S. 300), Kugellagersitze (Abschn. 53, S. 325), Preßsitze (Abschn. 24), Keile (Abschn. 22).

1. Angewandte Festigkeitslehre.

11. Die Voraussetzungen der Festigkeitslehre und ihre praktische Bedeutung.

Auch eine sog. „exakte" Lösung (eines technischen Problems) geht von verschiedenen Voraussetzungen aus, die zum Teil von der Wirklichkeit erheblich abweichen. Eine mathematisch richtige Lösung braucht deshalb noch nicht unbedingt und zuverlässig mit der Wirklichkeit übereinzustimmen. Die Annäherung an die Wirklichkeit wird um so größer, je mehr Einflüsse rechnerisch richtig erfaßt werden können. Die Rechenarbeit steigt aber vielfach progressiv mit der erstrebten Genauigkeit. Die geforderte Wirtschaftlichkeit seiner Konstruktionen zwingt den Ingenieur dazu, die Probleme zu vereinfachen um Näherungslösungen zu erhalten, die in kurzer Zeit durchgeführt werden können. Nur in Ausnahmefällen kann die Maschine eine Preiserhöhung infolge erhöhter Rechenarbeit ertragen. Der Ingenieur muß deshalb (unter Außerachtlassung alles Unwesentlichen) die Auswahl der in Rechnung zu stellenden Annahmen so treffen, daß die Rechenarbeit und die erreichte Annäherung an die Wirklichkeit in einem vernünftigen Verhältnis zu dem Verwendungszweck des Konstruktionsteiles steht. Er verwendet daher bei Zahlenrechnungen ausschließlich den Rechenschieber.

In den letzten Jahren haben verschiedene Forscher wertvolle Beiträge geliefert zur vertieften Erkenntnis der Faktoren, welche die Festigkeit der Maschinenteile beeinflussen. Immer deutlicher zeigt es sich, daß die gebräuchliche „elementare" Festigkeitslehre als Grundlage für die Berechnung versagt und naturgemäß versagen muß. Je tiefer man in die einzelnen Aufgaben eindringt, um so deutlicher erkennt man, daß die Größtzahl der praktisch wichtigsten Grundlagen des Maschinenbaus zur Zeit noch gar nicht geklärt sind. Man spricht und schreibt von einer „Krise in der Festigkeitslehre" und rüttelt an dem mathematisch festgefügten und in sich geschlossenen Aufbau der Elastizitätstheorie. Das ganze wissenschaftliche Fundament für die Berechnung der Maschinenteile scheint zu wanken und wenig tragfähig (sumpfig) zu sein.

Der Konstrukteur steht deshalb den Ergebnissen der Elastizitätstheorie oft mit Mißtrauen gegenüber und stützt sich wieder mehr auf die Erfahrung (den Versuch). Allgemein hört man auch aus der Praxis den Ruf nach einer „wirklichkeitsgetreuen" Berechnung der Maschinenteile. Dieser Ruf ist nicht neu; schon Prof. C. von Bach war immer bestrebt die Berechnung mit der Erfahrung in Übereinstimmung zu bringen. Die Theorie kann nur so lange gültig sein, als ihre Voraussetzungen praktisch erfüllt sind.

Die Festigkeitsrechnung geht von der Voraussetzung aus, daß die Kräfte, die auf den Körper wirken, allmählich von Null bis zum Höchstwert P steigen, den Körper dadurch (ohne Schwingungen zu erzeugen) verformen, jedoch nicht groß genug sind diesen zu zerbrechen. Nach vollendeter Formänderung halten sich die Kräfte an dem Körper das Gleichgewicht.

Gleichgewicht ist immer vorhanden, wenn der Körper in Ruhe oder in gleichförmiger Bewegung ist. Bei einem beliebig bewegten Körper (z. B. beim Anlauf und Bremsen von Maschinen) kann durch das Anbringen der d'Alembertschen Massenkräfte das statische Gleichgewicht hergestellt werden.

Bei den Formänderungen entstehen zwischen den Molekülen innere Kräfte, die man als Flächenkräfte auffaßt; der innere Aufbau (Molekularstruktur) des Stoffes wird also nicht berücksichtigt, was fast immer zulässig ist, da die Kristalle sehr klein sind und Millionen in 1 cm³ gehen. Die Kraft je Flächeneinheit wird Spannung genannt (kg/mm²). Die Spannungen, die an irgendeiner Stelle des Körpers wirken, ändern sich von Punkt zu Punkt; sie sind im allgemeinen schräg zur Fläche gerichtet und können in zwei Richtungen zerlegt werden, normal zur Fläche (Normalspannungen σ) und in der Fläche liegend (Schubspannungen τ).

Das ganze Spannungsbild (Spannungsfeld), das durch die Oberfläche des Körpers begrenzt ist, kann durch Spannungslinien (Trajektorien) wiedergegeben werden, deren Richtung in jedem Punkt mit der Richtung der dort herrschenden (Normal- oder Schub-) Spannung übereinstimmt.

Es ist gebräuchlich, die Kräfte durch Pfeile darzustellen, die in einem Punkt angreifen. Für die Festigkeitsrechnung ist diese vereinfachte Darstellung der Kraftwirkung nur mit einer (praktisch sehr wichtigen) Einschränkung zulässig, denn endliche Kräfte würden im Angriffspunkt (also in einer unendlich kleinen Fläche) immer unendlich große Spannungen erzeugen, die der Werkstoff nicht ertragen kann. In der Festigkeitslehre muß also vorausgesetzt werden, daß die Kraft auf eine endliche Fläche wirkt; der Pfeil stellt dann die Resultierende dieser Teilkräfte dar. Die Spannungsberechnung muß also vollständig versagen in der unmittelbaren Nähe der Angriffstelle einer als Pfeil dargestellten Kraft. Mit dieser Einschränkung ist (nach dem Prinzip von de Saint Venant) die vereinfachte Darstellung der Kraftwirkung auch in der Festigkeitslehre zulässig. Dieses Prinzip lautet:

Wirkt an einem ausgedehnten Körper, innerhalb eines eng begrenzten Bezirks, eine äußere Kraft, so kann diese durch eine andere gleichwertige Kraftverteilung ersetzt werden (die natürlich den Gleichgewichtsbedingungen auch genügen muß), und wodurch nur in der unmittelbaren Nähe des Bezirkes allein, geänderte Spannungen und Dehnungen hervorgerufen werden.

Vom Werkstoff des Körpers wird vorausgesetzt, daß er homogen und isotrop ist, d. h. daß er das Volumen stetig erfüllt und in allen Punkten und Richtungen gleiches Verhalten zeigt. Die Metallographie zeigt deutlich, daß wir es keineswegs mit homogenen, aus einzelnen Molekülen aufgebauten Körpern zu tun haben, sondern daß die Metalle in festem Zustand ein Haufwerk von kristallinen Molekulargruppen sind, die wirr durcheinander liegen und durch Wärmebehandlung eine Umwandlung erfahren können (Ferrit, Perlit, Zementit, Martensit). Alle Kristalle sind aber anisotrop; sie haben an einzelnen Stellen eine große Kohäsion, an anderen dagegen überhaupt keinen Zusammenhalt; die Bedingung der Homogenität ist deshalb nicht erfüllt. Wenn die Werkstoffe auch nicht vollständig isotrop sind, so sind sie doch quasi-isotrop, denn die einzelnen Kristalle treten nicht besonders hervor, weil sie im Verhältnis zum Stabquerschnitt meist äußerst klein sind. In der technischen Festigkeitslehre müssen wir uns mit dem Begriff des homogenen und isotropen Körpers abfinden, denn es wird wohl kaum je eine andere, ebenso einfache Grundlage gefunden werden, die dem tatsächlichen Verhalten der Baustoffe besser entspricht. Manche Erscheinungen weisen aber deutlich auf die Inhomogenität des Werkstoffes hin.

Die „elementare" Festigkeitslehre vereinfacht den Aufbau der Körper noch weiter, indem angenommen wird, daß der Werkstoff aus einzelnen, dünnen Fasern besteht, die sich gegenseitig nicht beeinflussen, d. h. keine Kräfte senkrecht zur Faserrichtung übertragen[1]. Dieses vereinfachte Bild stimmt natürlich nicht mit der Wirklichkeit überein, ist aber (wie Theorie und Erfahrung zeigen) für prismatische Stäbe durchaus zulässig und hat den großen Vorteil, die Spannungsberechnung erheblich zu vereinfachen.

Die Theorie setzt voraus, daß der Körper ursprünglich spannungsfrei ist. Durch die Behandlung des Werkstoffes (Härten) oder durch Formgebung (Gießen, Schweißen) oder auch durch Bearbeitung (Walzen, Ziehen, Spanabheben) können bedeutende Anfangsspannungen (Eigenspannungen) auftreten, deren Größe nicht leicht zu bestimmen ist.

Zur Spannungsberechnung geht man von der allgemeinen Überlegung aus, daß nicht nur der ganze Körper, sondern auch jedes beliebig daraus abgetrennte Stück im Gleichgewicht ist, wenn die an der Trennfläche wirkenden Spannungen daran als äußere Kräfte angebracht werden.

Aus den Gleichgewichtsbedingungen für den abgetrennten Teil können Beziehungen zwischen den Spannungen und den äußeren Kräften abgeleitet werden, die aber zur Berechnung der Spannungen nicht ausreichen, weil nicht bekannt ist, wie diese auf der Trennfläche verteilt sind. Jede angenommene Spannungsverteilung, die den Gleichgewichtsbedingungen genügt, ist eine mögliche Lösung des Problems. Die Statik allein reicht zur Spannungsberechnung nicht aus; die Aufgabe ist statisch unbestimmt. Um die Spannungsverteilung zu berechnen, müssen die Formänderungen des Körpers berücksichtigt werden.

Die Normalspannung σ ruft eine Längenänderung hervor; wenn ds die ursprüngliche Länge in der Richtung der Spannung σ ist und Δds die Längenänderung, so wird $\Delta ds/ds = \varepsilon$ die Dehnung (in der Richtung von σ) genannt. Die Erfahrung (Beobachtung) zeigt, daß die Zugspannung nicht nur eine Dehnung, sondern infolge des allseitigen Zusammenhanges des Werkstoffes gleichzeitig senkrecht zur Dehnung auch Querkontraktionen ε_q hervorruft (Abb. 11.1) die der Normalspannung σ proportional sind, und zwar ist:

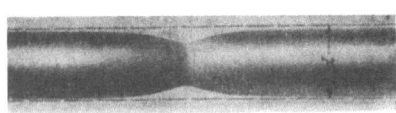

Abb. 11.1. Querkontraktion (aus Graf).

$$\frac{\varepsilon}{-\varepsilon_q} = m \quad \text{oder} \quad -\frac{\varepsilon_q}{\varepsilon} = 1/m = \nu. \tag{11.1}$$

---
[1] L.: 11.10.

11. Die Voraussetzungen der Festigkeitslehre.

Die Poissonsche Zahl m (resp. die Querzahl v) hängt vom Werkstoff ab. Sie nimmt mit zunehmender Temperatur langsam ab und nähert sich gegen die Schmelztemperatur dem unteren Grenzwert 2 für plastische Verformung. Für Stahl bei Zimmertemperatur ist es gebräuchlich $m = 10/3$ zu setzen. Die Schubspannung τ verursacht eine Winkeländerung γ.

Zwischen den Spannungen und den Formänderungen, die beide durch die äußeren Kräfte verursacht werden, muß ein Zusammenhang vorhanden sein. Das Hookesche Gesetz[1] (das allen Festigkeitsrechnungen zugrunde liegt) sagt nun aus, daß die Spannungen den Formänderungen proportional sind:

$$\sigma = \varepsilon E \quad \text{und} \quad \tau = \gamma G. \qquad (2/3)[2]$$

In diesen Gleichungen sind E und G Proportionalitätsfaktoren, also vom Material abhängige Erfahrungszahlen; da ε und γ dimensionslose Größen sind, haben E (Spannungsmodul) und G (Schubmodul) die Dimension einer Spannung.

Die drei Stoffwerte E, G und m sind nicht unabhängig voneinander; für isotrope Körper ist

$$G = \frac{m}{2(m+1)} E. \quad \text{Für } m = 10/3 \text{ (Stahl) ist } G = 0{,}385\, E. \qquad (4)$$

Das Hookesche Gesetz, richtiger die Hypothese des englischen Physikers Hooke, wurde bis etwa gegen 1890 als ein allgemein gültiges Naturgesetz angesehen. Professor C. von Bach (Stuttgart) hat zuerst experimentell festgestellt, daß diese Annahme nur für wenige Baustoffe und innerhalb enger Grenzen gültig ist. Seither hat man in den Materialprüfanstalten ausgedehnte Versuche durchgeführt, um den wirklichen Zusammenhang zwischen Spannungen und Formänderungen zu erforschen.

Wird ein Flußeisenstab in einer Materialprüfmaschine eingespannt, welche die Linie der Längenänderungen selbsttätig aufzeichnet, so erhalten wir etwa das in Abb. 2 dargestellte Bild. Die Gestalt der Kurve ändert sich nicht, wenn an Stelle der Kräfte die Spannungen $\sigma = P/f$ und an Stelle der Längenänderungen die Dehnungen $\varepsilon = \Delta l / l$ aufgetragen werden. Wie daraus ersichtlich, nehmen die Dehnungen tatsächlich anfänglich geradlinig mit den Spannungen zu, bis zur sog. Proportionalitätsgrenze[3] (σ_p). Dann biegt die Linie etwas ab, bis zur Streck-, Fließ- oder Plastizitätsgrenze, wo die Dehnungen sehr rasch zunehmen, ohne Zunahme (oft sogar bei Abnahme) der Belastung. Wird die Belastung weiter fortgesetzt, so findet schließlich ein Zerreißen des Stabes nach vorheriger Einschnürung statt. Die maximale Spannung (K_z oder σ_B) wird Bruchfestigkeit genannt.

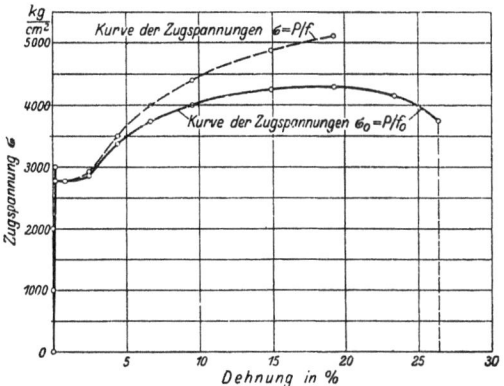

Abb. 2. Spannungs-Dehnungslinie für Weichen Stahl (aus Nadai, Werkstoffe). f_0 = ursprünglicher, f = tatsächlicher Querschnitt.

Für homogene und isotrope Werkstoffe ist zu erwarten, daß diese Stoffwerte unabhängig von der Größe und von der Form des Querschnittes sind. Versuche mit reinem Aluminiumblech (hart) von 2 und 5 mm Dicke ergaben z. B. folgende Werte:

$$s = 2 \text{ mm}, \quad K_z = 16{,}5 \text{ kg/mm}^2, \quad \delta_{10} = 2{,}5\%, \quad \sigma_s = 15{,}9 \text{ kg/mm}^2.$$
$$ 5 \phantom{\text{ mm},} \quad 13{,}8 \phantom{\text{ kg/mm}^2,} \quad \phantom{\delta_{10} = } 3{,}5 \quad 13{,}4$$

---

[1] Hooke hat das Gesetz im Jahre 1660 gefunden, aber erst 1676 unter dem Anagramm ceiiinossstuv (ut tensio sic vis) und 1678 in seinem Buch veröffentlicht.

[2] Prof. C. v. Bach hat $1/E = \alpha$, die Dehnungszahl, und $\beta = 1/G$ (Schubzahl), als Proportionalitätsfaktoren vorgeschlagen. Sein Sohn (Prof. Julius Bach, Chemnitz) tritt ebenfalls lebhaft für die „anschaulichere" Dehnungszahl ein (Masch.-Konstr.-Betr.-Techn. 63 [1930] H. 8), die darauf beruht, daß die Dehnungen um so größer werden, je größer α ist; α ist demnach ein Maß für die Elastizität des Werkstoffes ($\varepsilon = \alpha \cdot \sigma$). Der umgekehrte Begriff $E = 1/\alpha$ ist ein Maß für die Starrheit und sagt aus, daß die Spannungen um so größer werden, je größer E ist. Deshalb der Name „Spannungsmodul"; die Bezeichnung Elastizitätsmodul (die fast immer gebraucht wird) ist irreführend, weil darunter ebenfalls ein Maß für die Elastizität verstanden werden könnte, was nicht der Fall ist. Auch Starrheits- oder Steifigkeitsmodul ist vorgeschlagen worden; man kann auch einfach „E-Wert" sagen. Beide Begriffe α und E sind aber gleich anschaulich und auch gleichberechtigt; die Dehnungszahl α bei Betrachtung der Formänderungen, der Spannungsmodul E bei der Berechnung der Spannungen.

[3] L. 11. 1, 2, 3.

Der Unterschied läßt sich durch die Änderung der Festigkeitseigenschaften der äußeren Schichten beim Kaltwalzen, also durch Inhomogenität erklären.

P. Oberhofer und W. Poensgen[1] haben gußeiserne Probestäbe von verschiedenem Durchmesser untersucht, wobei äußerste Sorgfalt darauf verwendet wurde, daß die Zusammensetzung des Eisens in allen Fällen die gleiche war. Das Ergebnis ist in Abb. 3 dargestellt und zeigt eine sehr starke Abnahme der Zugfestigkeit mit dem Stabdurchmesser. Auch diese Erscheinung läßt sich durch die Inhomogenität des Stabmaterials erklären. Die eingeschlossenen Graphitplättchen machen sich bei den kleinen Querschnitten nämlich sehr stark bemerkbar.

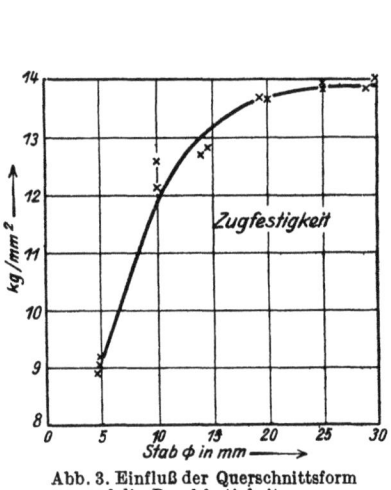

Abb. 3. Einfluß der Querschnittsform auf die Bruchfestigkeit von Gußeisen.

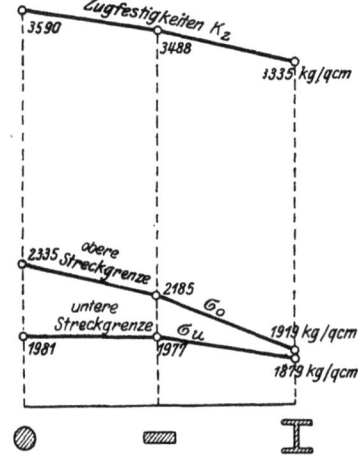

Abb. 4. Einfluß der Querschnittsform auf die Bruchfestigkeit von Schmiedeeisen (aus Bach-Baumann).

Versuche von v. Bach (Abb. 4) zeigten, daß selbst beim homogenen Flußeisen die Festigkeitseigenschaften (Streckgrenze, Bruchfestigkeit) von der Querschnittsform abhängen. Die oberen Streckgrenzen für Rundeisen und I-Eisen weichen um $\frac{2335-1919}{1919} \times 100 = 22\%$ voneinander ab. Diese Abweichungen lassen sich durch die gegenseitige Beeinflussung der einzelnen Fasern erklären. An der Gleichung $\sigma = P/f$ ändert sich nichts, wenn P von einem Stab von 10 cm² oder von 1000 Stäben zu je 1 mm² getragen wird, da f in beiden Fällen gleich 10 cm² ist. In Wirklichkeit ist dennoch ein Unterschied vorhanden, denn die 1000 Stäbe von je 1 mm² können sich unabhängig voneinander zusammenziehen; sie werden, wenn sie sich vorher gerade berührten, die Berührung infolge der Querkontraktion aufgeben. Die einzelnen Fasern des Stabes von 10 cm² besitzen diese Unabhängigkeit nicht, d. h. sie wirken senkrecht zur Stabachse aufeinander ein. Diese Einwirkung ist verschieden, je nach der Form des Querschnittes, und zwar um so kräftiger, je kleiner der Umfang im Vergleich zur Querschnittsfläche ist, z. B. beim Kreis intensiver als beim I-Profil. Der Spannungszustand ist also, genau gesehen, auch beim einfachen Zugversuch nicht einachsig (in der Richtung der Faser), sondern räumlich[2].

Aus Abb. 2 folgt, daß die auf Grund der Hookeschen Annahme berechneten Spannungen niemals bis zur Bruchfestigkeit gelten. Der Flächeninhalt der Schaulinie stellt die zur Formänderung (resp. Bruch) aufgewandte Arbeit, das Arbeitsvermögen $\mathfrak{A}$ des Baustoffes dar, bezogen auf die Volumeneinheit.

Für Beanspruchungen innerhalb der Proportionalitätsgrenze sind die Formänderungen klein. Die Festigkeitsrechnung muß immer kleine Formänderungen voraussetzen, damit die Kräftezerlegung am verformten Teil durch die am unverformten ersetzt werden darf und damit der Querschnitt sich bei der Verformung weder nach Größe noch nach Form ändert[3]. Man vernachlässigt also bei der Festigkeitsrechnung, daß z. B. die Querschnittsfläche des Zugstabes infolge der Querkontraktion, kleiner wird und bezieht die Spannung auf den ursprünglichen Querschnitt f_0. Für die technologische Untersuchung der Werkstoffeigenschaften dagegen muß die Querschnittsänderung unbedingt berücksichtigt werden (Abb. 2).

Die Proportionalitätsfaktoren E (Zahlentafel 11.1) und G sind durch die verwickelte Kraftwirkung der Moleküle bedingt und müssen experimentell bestimmt werden. Die Genauigkeit der gemessenen Werte ist nicht groß, Fehler kleiner als 1 bis 2%. Nicht nur die chemische Zusammensetzung des Werkstoffes, sondern auch der Umstand ob er gegossen, gezogen, gehärtet oder kalt bearbeitet ist, hat einen erheblichen Einfluß auf E. Mit zunehmender Temperatur nimmt E stetig ab; für Stahl ist: $E_{t°} = E_{20°}\left[1 - \left(\frac{t}{940}\right)^2\right]$.

---

[1] L. 11.4.   [2] L. 11.10.   [3] L. 11.5.

11. Die Voraussetzungen der Festigkeitslehre.

Zahlentafel 11.1. E-Werte in kg/mm² bei 15° C.

Iridium	52 700	Duralumin ..	6500—8000	Elfenbein ...	900
Korund ...	52 000	Glas.....	4700—8200	Sandstein...	800
Topas	29 000	Zinn.....	4500	Eis......	300
Stahl.....	21 500	Marmor ...	3000	Paraffin....	170
Platin	16 500	Beton* ...	2000—3500	Wachs	50
Kupfer	12 000	Granit....	2400	Kautschuk ..	0,02—0,8
Gold.....	9 000	Blei.....	1500	Gelatine ...	0,02
Gußeisen ...	8—14 000	Holz.....	500—1250		

* Hütte, Bd. 1 (27. Aufl., 1941) S. 167, Tafel 32.

Die Bruchdehnung $\delta = 100 \frac{\Delta l}{l}$ (in Abb. 2 etwa 26%) gilt als Maß für die Zähigkeit des Werkstoffes. Wie die Beobachtung zeigt, tritt kurz vor der Bruchgrenze eine starke örtliche Einschnürung des Stabes ein, die mit einer verhältnismäßig großen Dehnung an dieser Stelle verbunden ist. Die Bruchdehnung setzt sich also aus der Dehnung des ganzen Stabes und aus der Dehnung an der Einschnürung zusammen, und ist demnach von der ursprünglichen Länge abhängig. Um allgemeingültige Vergleichswerte zu erhalten, verwendet man Normalstäbe. Früher waren dafür Rundstäbe mit einer Länge $l = 10\,d$ gebräuchlich, die für viele Zwecke zu teuer (hochwertige Stähle) oder unmöglich sind (Unfälle). Darum gehört zu dem Wert δ immer die Angabe der Länge[1].

Nicht alle Baustoffe zeigen ein ähnliches Verhalten zwischen Spannungen und Dehnungen wie Flußeisen. Man unterscheidet zwei Gruppen: Zähe, die sich ähnlich wie Flußeisen, und spröde, die sich etwa wie Gußeisen verhalten (Abb. 5). Diese haben keine so ausgesprochene Streckgrenze und auch viel kleinere Dehnungen bis zum Bruch.

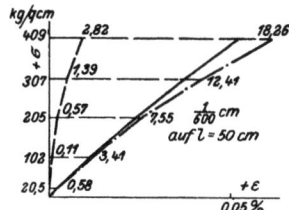

Abb. 5. Spannungs-Dehnungslinie für Gußeisen (aus Bach-Baumann, Festigkeitseigenschaften).

Die Streckgrenze ist aber ein praktisch sehr wichtiger Begriff, denn es ist ja klar, daß die Materialien in Maschinen jedenfalls nicht bis zur Streckgrenze beansprucht werden dürfen, da sonst große bleibende Formänderungen auftreten. Es ist daher in der Praxis üblich, allgemein von einer Streckgrenze zu sprechen, die dadurch festgelegt ist, daß die Dehnung einen bestimmten Betrag erreicht. Das Maß dieser Dehnung ist dann willkürlich[2]; so nimmt z. B. Krupp eine Dehnung von 0,3% ($\varepsilon_s = 0{,}003$) als Streckgrenze an.

Für Gußeisen gilt das Hookesche Gesetz nicht, das darf nicht vergessen werden, wenn Festigkeitsrechnungen an gußeisernen Körpern durchgeführt werden. Die Poissonsche Zahl ist nicht konstant und größer als für Flußeisen; $m = 5$ bis 9. Man hat versucht, das Hookesche Gesetz durch eine andere Beziehung zwischen Spannung und Dehnung zu ersetzen, die bis zur Bruchgrenze gültig bleibt. Aus diesem Wunsche ist das Potenzgesetz entstanden: $\sigma^n = \varepsilon E$, das namentlich für spröde Werkstoffe, gute Übereinstimmung mit der Erfahrung zeigt. Nun hat aber eine solche Beziehung nur dann praktischen Wert, wenn die Werte E und n für ein und dasselbe Material auch wirklich unveränderliche Stoffwerte sind. Wie genaue Untersuchungen zeigen, ist das jedoch nicht der Fall, so daß die Praxis kein Interesse hat, dieses verwickeltere Gesetz als Grundlage für die Rechnungen zu wählen. Man kann aber immer (mit mehr oder weniger Genauigkeit) Teilstrecken einer Kurve durch eine Gerade ersetzen und so den E-Wert innerhalb bestimmter Spannungsgrenzen festlegen. Er ist dann eine veränderliche

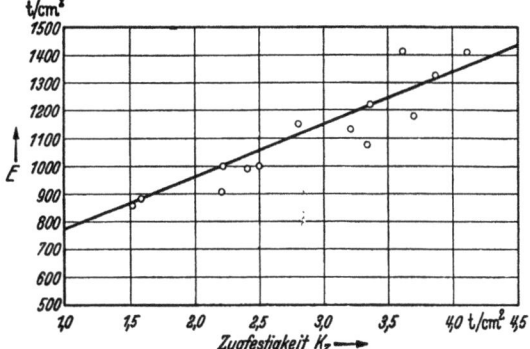

Abb. 6. E-Wert für Gußeisen in Abhängigkeit von K_z. (Diskussionsbericht Nr. 37 der EMPA, Zürich 1928).

vom Spannungszustand abhängige Größe, die außerdem noch von der Gußqualität abhängt (Abb. 6), z. B. für Gußeisen: $E = 8000$ bis 14000 kg/mm².

Die Elastizitätstheorie setzt stillschweigend auch vollkommen elastische Formänderungen voraus, d. h. der Stab soll nach der Entlastung wieder seine ursprüngliche Länge annehmen. Belasten wir einen Flußeisenstab und einen Gußeisenstab so, daß die Belastung stufenweise

---

[1] $\delta_{5d} \approx 1{:}25\ \delta_{10d}$ (L. 11.6).   [2] L. 11.7.

gesteigert, vor jeder Steigerung aber wieder Null wird, so wird man finden, daß bei Flußeisen bis zu einer bestimmten Belastung (Elastizitätsgrenze), von vollkommener Elastizität gesprochen werden kann, während Gußeisen (Abb. 5) auch für kleine Belastungen nicht vollkommen elastisch ist. Man kann nun wieder einen, zunächst beliebigen, Punkt annehmen, wo die bleibenden Formänderungen so klein sind, daß sie als praktisch zulässig anzusehen sind. Die Spannung, die zu dieser Dehnung gehört, wird dann auch als Elastizitätsgrenze bezeichnet. Wie aus dieser Definition hervorgeht, ist die Elastizitätsgrenze dann nicht nur durch die Natur der Materialien bestimmt, sondern durch die Empfindlichkeit der Meßinstrumente oder durch die eigentlich beliebige Annahme einer kleinen, zulässigen, bleibenden Formänderung. Nach Festsetzung des Internationalen Materialprüfkongresses (Brüssel 1906) darf die bleibende Formänderung an der Elastizitätsgrenze 0,001% betragen. Dieser Wert ist aber für die Praxis viel zu klein; Krupp bezeichnet als Elastizitätsgrenze diejenige Spannung, bei der die bleibende Dehnung 0,03% erreicht, also zehnmal so klein ist als die ähnlich definierte Streckgrenze.[1]

Nach der gegebenen Definition hat jeder Werkstoff seine Elastizitätsgrenze, während z. B. Gußeisen keine Proportionalitätsgrenze hat. Wenn man (wie es oft geschieht) von der Elastizitäts- oder Proportionalitätsgrenze spricht, so ist das in dieser allgemeinen Form jedenfalls nicht richtig; nur für Stahl fallen beide Grenzwerte nahezu zusammen.

11.1. Der Satz von Castigliano.

Formänderungsarbeit. Der Ingenieur interessiert sich in vielen Fällen weniger für das ganze Spannungsfeld oder für die Formänderung an jeder Stelle der Stabachse, sondern es genügt ihm die größten (gefährlichsten) Spannungen und Formänderungen zu kennen, die bei seiner Konstruktion auftreten. Dadurch kann die Berechnung oft erheblich vereinfacht werden. Bei der Berechnung der Formänderungen bietet dann der Satz von Castigliano bedeutende Vorteile. Auf einen Körper, der anfänglich spannungslos ist, wirken beliebige von Null an wachsende Kräfte.

$$Q_1, Q_2, \ldots Q_i, \ldots Q_n$$

die den Körper verformen und dadurch eine Formänderungsarbeit $\mathfrak{A}$ leisten. Nennen wir die Verschiebungen der Angriffspunkte in den Richtungen der Kräfte

$$q_1, q_2, \ldots q_i, \ldots q_n$$

dann sagt der Satz von Castigliano:

$$q_i = \frac{\partial \mathfrak{A}}{\partial Q_i}. \tag{5}$$

Die Verschiebung des Angriffspunktes einer Kraft in Richtung der Kraft ist gleich der *partiellen* Ableitung der Formänderungsarbeit nach dieser Kraft.

Beweis: Nachdem die Formänderung stattgefunden hat, läßt man die Kraft Q_i noch um den Betrag dQ_i zunehmen, wodurch sich die Angriffspunkte der Kräfte verschieben. Die hierbei verrichtete Arbeit hat die Größe $d\mathfrak{A} = \frac{\partial \mathfrak{A}}{\partial Q_i} dQ_i$*, so daß die gesamte Formänderungsarbeit nun

$$\mathfrak{A} + \frac{\partial \mathfrak{A}}{\partial Q_i} dQ_i$$

ist. Derselbe Formänderungszustand kann noch in einer anderen Weise erreicht werden. Man läßt zuerst die Kraft dQ_i allein wirken. Dabei wird eine Arbeit verrichtet, die unendlich klein zweiter Ordnung ist, und gegenüber den anderen Formänderungsarbeiten vernachlässigt werden kann. Nun bringen wir wieder die Kräfte $Q_1, Q_2, \ldots Q_i, \ldots Q_n$ an, von Null an wachsend, wobei die verrichtete Arbeit wieder gleich $\mathfrak{A}$ ist. Während diese Kräfte wachsen, bleibt die Kraft dQ_i beständig wirksam, und der Angriffspunkt dieser Kraft wird also um die Strecke q_i verschoben.

---

* Die Formänderungsarbeit $\mathfrak{A}$ ist von allen Kräften Q abhängig, oder $\mathfrak{A}$ = Funktion $(Q_1, Q_2, \ldots Q_i, \ldots Q_n)$
Nach den Regeln der Mathematik ist dann die Ableitung

$$\frac{d\mathfrak{A}}{dQ_i} = \frac{\partial \mathfrak{A}}{\partial Q_1} \cdot \frac{dQ_1}{dQ_i} + \ldots + \frac{\partial \mathfrak{A}}{\partial Q_i} \cdot \frac{dQ_i}{dQ_i} + \ldots + \frac{\partial \mathfrak{A}}{\partial Q_n} \cdot \frac{dQ_n}{dQ_i}.$$

Nun sind alle Kräfte voneinander unabhängig, so daß $\frac{dQ_1}{dQ_i} = 0 = \frac{dQ_n}{dQ_i}$, mit Ausnahme von $\frac{dQ_i}{dQ_i} = 1$. Damit wird

$$d\mathfrak{A} = \frac{\partial \mathfrak{A}}{\partial Q_i} dQ_i.$$

---

[1] L. 11.1.

Die totale Formänderungsarbeit ist nun

$$\mathfrak{A} + q_i dQ_i.$$

Da in beiden Fällen der Endzustand derselbe ist, muß $\mathfrak{A} + \dfrac{\partial \mathfrak{A}}{\partial Q_i} dQ_i = \mathfrak{A} + q_i dQ_i$

oder
$$q_i = \frac{\partial \mathfrak{A}}{\partial Q_i} \text{ (q. e. d.) sein.}$$

In ähnlicher Weise läßt sich beweisen, daß die Verdrehung durch ein Moment gleich der partiellen Ableitung der Formänderungsarbeit nach dem Momente ist, also:

$$\gamma_i = \frac{\partial \mathfrak{A}}{\partial M_i} \tag{6}$$

Das Prinzip der virtuellen Arbeit gehört zu den bekanntesten Sätzen der Statik und sagt aus, daß Kräfte, die alle an einem Punkte oder an einem starren Körper angreifen, sich das Gleichgewicht halten, wenn für jede virtuelle Verschiebung, die den vorgeschriebenen Bedingungen genügt, die algebraische Summe der Arbeiten aller Kräfte gleich Null ist:

$$\Sigma (P \cdot \delta s) = 0.$$

Dieser Satz gilt auch für den elastischen Körper, da jeder davon abgetrennte Teil im Gleichgewicht ist, wenn an der Trennfläche die inneren Spannungen als äußere Kräfte angebracht werden. Diese inneren Spannungen leisten aber bei der elastischen Formänderung eine Arbeit, die Formänderungsarbeit $\delta \mathfrak{A}$, d. i. die Änderung (Variation) der Formänderungsarbeit infolge irgendeiner möglichen (virtuellen, aber nur sehr kleinen) Verschiebung. Das Prinzip lautet dann:

$$\int \sigma \cdot df \cdot \delta s = \delta \mathfrak{A}$$

und gilt wieder für jede (nur sehr kleine) Verschiebung, welche den Bedingungen genügt. Man kann aus den vielen möglichen Verschiebungen auch solche wählen, bei denen die Angriffspunkte aller äußeren Kräfte überhaupt keine Verschiebungen erfahren, also reine Formänderungen des Körpers. Dann vereinfacht sich das Prinzip zu

$$\delta \mathfrak{A} = 0. \tag{7}$$

Diese Gleichung kann dazu benutzt werden, um daraus die Gestalt der elastischen Linie des Körpers abzuleiten, und sagt aus: Die wahre Gestalt der elastischen Linie folgt aus der Bedingung, daß beim Übergang von irgendeiner Nachbarlinie die Formänderungsarbeit zu einem Extremum wird. Soll aber die Gleichgewichtslage stabil sein, so muß $\mathfrak{A}$ ein Minimum (also $\delta^2 \mathfrak{A}$ positiv) werden, damit stets Arbeit äußerer Kräfte geleistet werden muß, um die Gleichgewichtslage zu stören, also: **Für die wirkliche Gestaltsänderung ist die Formänderungsarbeit ein Minimum.** (Prinzip des kleinsten Zwanges.)

Es ist gebräuchlich über die Formänderung des Körpers eine andere, einfachere Aussage zu machen, indem auf Grund der Beobachtungen festgestellt wird, daß ursprünglich ebene Querschnitte bei der Formänderung eben bleiben. Es läßt sich auch nachweisen, daß die Querschnitte nur dann eben bleiben können, wenn die Formänderungen durch die Schubspannungen gegenüber denen durch die Normalspannungen vernachlässigt werden dürfen. Die Voraussetzung, daß die Querschnitte eben bleiben ist bei Zug- und Biegebeanspruchung des prismatischen Stabes fast immer zulässig; sie versagt aber (mit Ausnahme des Kreisquerschnittes) bei Verdrehungsbeanspruchung (vgl. Abschn. 123).

Das Ebenbleiben der Querschnitte ist als allgemeine Grundlage für die Formänderung auch unabhängig von der Gültigkeit des Hookeschen Gesetzes. Es gilt, wie C. von Bach durch sorgfältige Versuche nachgewiesen hat, auch für Gußeisen. Ja sogar im plastischen Gebiet wird das Ebenbleiben der Querschnitte durch Biegeversuche von Eugen Meyer[1] bestätigt.

12. Spannungen und Formänderungen in prismatischen Stäben.

Die „elementare" Festigkeitslehre gestattet die Berechnung der Spannungen und der Formänderungen für folgende drei einfache Belastungsfälle des Stabes:

1. Eine Einzelkraft wirkt in der Richtung der geraden Stab- (Schwer-) achse. (Zug- resp. Druckbeanspruchung. Abschn. 121.)

2. Die Kräfte wirken in einer Ebene, die durch die Stabachse geht und stehen senkrecht zur Stabachse. (Biegung. Abschn. 122.)

---

[1] L. 11.8.

24   12. Spannungen und Formänderungen in prismatischen Stäben.

3. Die Kräfte wirken in einer Ebene, senkrecht zur Stabachse und bilden ein Kräftepaar. (Verdrehung. Abschn. 123.)

Der allgemeine Fall, daß auf einen Stab beliebig gerichtete Kräfte wirken, läßt sich immer durch Übereinanderlagerung (Superposition) dieser drei Grundfälle lösen (Abschn. 124).

Superpositionsgesetz. Erfährt ein Körper unter dem Einfluß irgendeiner Belastung eine elastische Formänderung und verursacht eine zweite Belastung (die von der ersten völlig verschieden sein kann), ebenfalls nur elastische Formänderungen, so überlagern sich beim Zusammenwirken beider Belastungen die Formänderungen und Spannungen ungestört.

Die Superposition, die meist als Erfahrungstatsache bezeichnet wird, ist eine Eigenschaft der linearen Differentialgleichungen mit homogenen Randbedingungen; sie gilt bei vollkommen elastischen Formänderungen nur innerhalb des Hookeschen Gesetzes.

121. Einzelkraft wirkt genau in Richtung der geraden Stabachse (Zug- resp. Druckbeanspruchung).

Wenn wir genügend weit von den Kraftangriffsstellen (Kopf oder Auge, Abb. 121.1) entfernt bleiben, folgt aus der Bedingung, daß die ursprünglich ebenen Querschnitte senkrecht zur Stabachse eben bleiben, in Verbindung mit dem Hookeschen Gesetz, daß die Spannungen in dem prismatischen Stab gleichmäßig über dem Querschnitt verteilt sind:

$$\sigma = P/f. \tag{121.1}$$

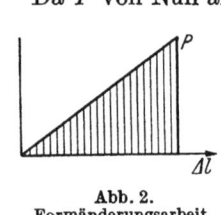

Die Verlängerung Δl der ursprünglichen Stablänge l folgt aus der Definition der Dehnung in Verbindung mit dem Hookeschen Gesetz zu

$$\Delta l = \varepsilon l = \frac{\sigma}{E} l = \frac{P \cdot l}{f \cdot E}. \tag{2}$$

Druckbeanspruchung kann, solange keine Knickgefahr vorhanden ist, als eine Umkehrung des Zugversuches betrachtet werden. Die Druckspannungen werden negativ, $\sigma = \frac{-P}{f}$ und auch die Dehnungen sind entgegengesetzt gerichtet. Die Spannungsdehnungslinie wird also einfach ins negative Gebiet verlängert; man spricht von der Quetschgrenze an Stelle der Fließgrenze.

Da P von Null an stetig zunimmt, ist die Formänderungsarbeit (Abb. 2)

$$\mathfrak{A} = \frac{P \cdot \Delta l}{2} = \frac{P^2}{2fE} \cdot l = \frac{\sigma^2}{2E} f \cdot l = \frac{\sigma^2}{2E} V, \tag{3}$$

worin $V = f \cdot l$ das Stabvolumen ist.

Nach dem Satz von Castigliano ist die Längenänderung:

$$\Delta l = \frac{\partial \mathfrak{A}}{\partial P} = \frac{\partial}{\partial P}\left(\frac{P^2}{2f \cdot E} \cdot l\right) = \frac{Pl}{f \cdot E}$$

Abb. 121.1. Zugversuch.   Abb. 2. Formänderungsarbeit für Zug.

in Übereinstimmung mit Gl. (2).

Wird der Stab plötzlich (ohne Stoß) der Einwirkung der ganzen Kraft P ausgesetzt, so treten größere Spannungen auf. Nennen wir die maximale Verlängerung in diesem Fall Δl_d, dann ist die Arbeit der Kraft P gleich $P \cdot \Delta l_d$. Zunächst sieht man leicht ein, daß $\Delta l_d > \Delta l$ für die allmählich gesteigerte Kraft P sein muß, denn wenn die elastische Formänderung Δl erreicht ist, hat P die Arbeit $P \cdot \Delta l$ geleistet, die nach den früheren Untersuchungen doppelt so groß ist wie die bei dieser Formänderung aufgespeicherte potentielle Energie. Die andere Hälfte muß sich daher in kinetischer Energie der Massen umgesetzt haben, wodurch Schwingungen um die Gleichgewichtslage entstehen, die erfahrungsgemäß rasch ausklingen. Wie groß müßte eine allmählich aufgebrachte Last P' sein, um die gleiche Verlängerung Δl_d hervorzubringen? Das folgt aus dem Vergleich der Arbeiten:

$$P' \frac{\Delta l_d}{2} = P \cdot \Delta l_d \quad \text{oder} \quad P' = 2P.$$

Beim plötzlichen Aufbringen der Last wird der Stab doppelt so stark beansprucht, als wenn er dieselbe Last im Gleichgewichtszustande trägt.

Da die Formänderungsarbeit dem Quadrat der Spannung proportional ist, wird sie bei plötzlicher Belastung viermal so groß als bei statischer Belastung:

$$\mathfrak{A}_d = 4 \cdot \frac{\sigma^2}{2E} \cdot V.$$

Bei sehr langen Stäben (Drahtseilen) ist auch das Eigengewicht zu berücksichtigen. Bei Förderseilen, die mit 20 t am Ende belastet sind, kann das Seilgewicht 15 t betragen und darf

dann sicher nicht mehr vernachlässigt werden. Die größte Zugspannung ist dann:
$$\sigma_{max} = (P + G)/f \qquad (4)$$
und die totale Verlängerung, aus der Superposition von P und G:
$$\Delta l = \frac{Pl}{fE} + \frac{Gl}{2fE} = \frac{l}{fE}\left(P + \frac{G}{2}\right). \qquad (5)$$

Wirkung der Fliehkräfte. Der Stab drehe sich nun mit der Winkelgeschwindigkeit ω (Abb. 3). Die Fliehkraft, die den Querschnitt im Abstande x vom Stabende auf Zug beansprucht ist $m_x r_x \omega^2$, worin $m_x = xf\gamma/g$ die Masse und $r_x = (r_i + l - x/2)$ der Schwerpunktsradius des abgetrennten Teiles ist. Die Spannung in dem Schnitt x
$$\sigma_x = \frac{\gamma}{g}\omega^2\left(r_i + l - \frac{x}{2}\right)x$$
wird im prismatischen Teil des Stabes am größten für $x = l$:
$$\sigma_{max} = \frac{\gamma l}{g}\left(r_i + \frac{l}{2}\right)\omega^2. \qquad (6)$$

Die Verlängerung Δdx der Strecke dx folgt aus:
$$\frac{\Delta dx}{dx} = \varepsilon = \frac{\sigma_x}{E} \quad \text{zu} \quad \Delta dx = \frac{\sigma_x}{E}dx$$
und die totale Verlängerung
$$\Delta l = \int_0^l \frac{\sigma_x}{E}dx = \frac{1}{E}\frac{\gamma\omega^2}{g}\int_0^l\left(r_i + l - \frac{x}{2}\right)x\,dx = \frac{\gamma\omega^2 l^2}{gE}\left(\frac{r_i}{2} + \frac{l}{3}\right). \qquad (7)$$

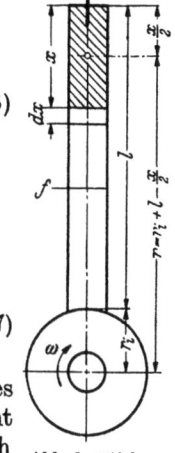

Abb. 3. Wirkung der Fliehkräfte.

Diese Gleichungen werden z. B. verwendet für die Berechnung der Arme eines Schwungrades oder von Propellerflügeln. Der Arm- resp. Flügelquerschnitt nimmt aber nach außen hin ab, so daß die Aufgabe dann am zweckmäßigsten graphisch gelöst wird[1]. Man vergißt aber dabei, daß diese Gleichungen nur für den prismatischen Stab gültig sind und die Bruchgefahr bei verjüngten Stäben stark unterschätzen. Schon bei der einfachen Zugbeanspruchung zeigt die Überlegung, daß, wenn die einzelnen Querschnitte bei einem verjüngten Stab eben bleiben, also die Dehnungen der einzelnen Fasern gleich sind, die Spannungen dann nicht mehr gleichmäßig über den Querschnitt verteilt sein können (vgl. Abschn. 151). Außerdem treten gleichzeitig Schubspannungen auf, so daß die elementare Festigkeitslehre nicht in der Lage ist, in solchen Fällen die wirklich auftretenden Beanspruchungen mit der erforderlichen Genauigkeit zu berechnen.

122. Die Kräfte wirken in einer Ebene, die durch die Stabachse geht. (Biegung.)

1221. Biegung gerader Stäbe. Der beidseitig unterstützte Stab (Abb. 1221.1) wird sich unter der Wirkung dieser Kräfte, die beliebig zur Stabachse gerichtet sein können, verformen und zwar so, daß die oberen Fasern verkürzt (Spannungen negativ) und die unteren gedehnt werden (Spannungen positiv). Irgendwo muß also in jedem Querschnitt eine Stelle vorhanden sein, wo die Spannung gleich Null wird. Die Verbindungslinie dieser Stellen heißt **neutrale Faserschicht**; die gebogene Stabachse wird **elastische Linie** genannt.

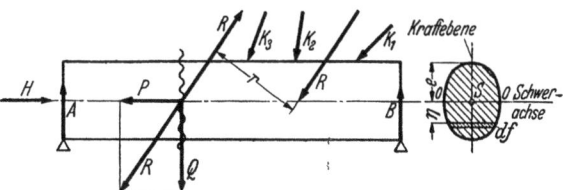

Abb. 1221.1. Biegung gerader Stäbe.

Wir schneiden den Stab nun in zwei Teile durch einen ebenen Schnitt, senkrecht zur Stabachse. Da der Stab vor dem Zerschneiden im Gleichgewicht war, so ist jeder Teil nach dem Zerschneiden wieder im Gleichgewicht, sofern die inneren Spannungen als äußere Kräfte an der Trennfläche angebracht werden. Wenden wir darauf die Gleichgewichtsbedingungen an, so muß 1. die Summe der Kräfte und 2. die Summe der Momente gleich Null sein.

Die äußeren Kräfte auf einer Seite des Schnittes, einschließlich der Reaktion B, können wir (nach der Lehre der Statik) immer zusammenfassen durch eine durch den Schwerpunkt des Schnittes gehende Resultierende R und durch ein Kräftepaar mit dem Momente $M = R \cdot r$. Die Kraft R kann weiter in zwei Komponenten zerlegt werden, wovon die eine in der Schnittebene

---
[1] L. 121.1.

12. Spannungen und Formänderungen in prismatischen Stäben.

wirkt und Querkraft, Scherkraft oder Schubkraft genannt wird. Die Wirkung der anderen senkrecht zur Schnittebene wirkenden Komponente P, die den Stab auf Zug- resp. Druck beansprucht, ist in (Abschn. 121) schon behandelt und kann jetzt weggelassen werden. Wir nehmen also an, daß die äußeren Kräfte senkrecht zur Stabachse wirken. Das Moment M wird Biegemoment genannt.

Die Querkraft ist also gleich der Resultierenden sämtlicher Kräfte auf einer Seite des Schnittes, und das Biegemoment = Summe der Momente sämtlicher Kräfte, ebenfalls auf einer Seite des Schnittes. Bei diesen Definitionen liegt der Nachdruck auf dem Wort „sämtliche", wobei zu den äußeren Kräften immer auch die Reaktionen zu rechnen sind. Es ist natürlich gleichgültig, auf welcher Seite des Schnittes die Summe genommen wird, da der Stab sich im Gleichgewicht befindet. Der Ingenieur muß (aus wirtschaftlichen Gründen) immer zuerst überlegen, von welcher Seite die Berechnung von Q und M am raschesten zum Ziel führt, und diese Werte immer von der „bequemsten" Seite des Schnittes aus berechnen.

Zwischen Biegemoment M und Querkraft Q besteht eine einfache Beziehung: Legen wir nämlich einen unendlich benachbarten Schnitt, so muß Q um den kleinen Betrag dx parallel zu sich verschoben werden. Dabei tritt ein Kräftepaar Qdx auf, das die Änderung des Momentes darstellt, also $dM = Qdx$, oder

$$Q = \frac{dM}{dx}. \tag{1221.1}$$

Bei der zweiten Gleichgewichtsbedingung genügt es nicht, daß das statische Moment des aus den Spannungen gebildeten Kräftepaares der Größe nach gleich dem Biegemomente M sei, sondern beide Kräftepaare müssen auch in derselben Ebene liegen, welche Ebene — nach der Voraussetzung — durch die Stabachse geht. Wenn der Querschnitt des Stabes symmetrisch in bezug auf die Kraftebene oder zentrisch symmetrisch in bezug auf den Schwerpunkt (Z-Querschnitt) ist, so ist diese Bedingung immer erfüllt. Die weiteren Betrachtungen beschränken sich also darauf, daß die Kräfte in einer Symmetrieebene wirken.

Die nächste Vereinfachung, die wir machen, ist, daß die Schubkraft Q zunächst vernachlässigt wird, d. h., wir vernachlässigen die in der Trennungsebene liegenden Schubspannungen. Dadurch sind alle Spannungen parallel, nämlich senkrecht zur Schnittebene gerichtet, und die Gleichgewichtsbedingungen vereinfachen sich zu:

a) $\int_f \sigma df = 0$ und   b) $\int_f \sigma \eta df = M$,

wenn mit σ die Spannung im Flächenelement df in der Entfernung η von der Stabachse bezeichnet wird. Zur Integration dieser Gleichungen sollte die Spannungsverteilung über die Querschnittsfläche bekannt sein.

Da der ursprünglich ebene Querschnitt nach der Formänderung eben geblieben ist, sind die Dehnungen proportional mit den Entfernungen von der neutralen Faserschicht. Setzen wir

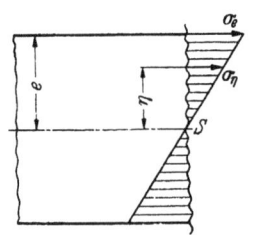

Abb. 2. Biegespannungen in einem geraden Stab.

weiter die Gültigkeit des Hookeschen Gesetzes voraus, und daß E für den ganzen Querschnitt, d. h. sowohl für die Druck- als die Zugseite den gleichen Wert hat, dann folgt daraus, daß auch die Spannungen der Entfernung von der neutralen Faserschicht proportional sind, also $\sigma = \sigma_e \eta / e$, worin e die größte Entfernung von der neutralen Faserschicht und σ_e die darin auftretende Spannung ist (Abb. 2).

Diese letzte Voraussetzung schließt Gußeisen aus den Festigkeitsrechnungen aus, und wenn Versuche zeigen, daß für kleine Biegungen die Querschnitte auch hier eben bleiben, dann folgt daraus, daß für Gußeisen der Spannungsverlauf nicht geradlinig sein kann (vgl. S. 28).

Führt man die Beziehung $\sigma = \sigma_e \eta / e$ in die Gleichgewichtsbedingungen ein, so wird:

a) $\int \sigma_e \frac{\eta}{e} df = \frac{\sigma_e}{e} \int \eta df = 0$,   oder $\int \eta df = 0$,

d. i. die Schwerpunktsbedingung, aus welcher folgt, daß die neutrale Faserschicht mit der Schwerachse zusammenfällt

b) $\frac{\sigma_e}{e} \int \eta^2 df = M$.

$\int \eta^2 df = J$ wird das Flächenträgheitsmoment [cm^4] des Querschnittes in bezug auf die Biegeachse OO, und $J/e = W$ das Widerstandsmoment [cm^3] genannt. Die Gleichung:

$$\sigma_e = \frac{M}{J} e = \frac{M}{W} \quad \text{oder} \quad M = \frac{J}{e} \cdot \sigma_e \tag{2}$$

nennt man die Biegegleichung.

Für den Kreisquerschnitt (Abb. 3) ist:
$$J = \frac{\pi}{64} d^4 \quad \text{und} \quad W = \frac{\pi}{32} d^3 \approx 0{,}1 d^3 \qquad (3)$$

Für den Kreisring ist:
$$J = \frac{\pi}{64}(D^4 - d^4), \quad W = \frac{\pi}{32}(D^4 - d^4)/D \qquad (4)$$

und bei kleinen Wandstärken: $s = \tfrac{1}{2}(D - d)$ und $d_m = \tfrac{1}{2}(D + d)$ wird:
$$W \approx 0{,}78\, s\, d_m^2 . \qquad (5)$$

Für den Rechteckquerschnitt (Abb. 4) ist:
$$J = \tfrac{1}{12} b h^3 \quad \text{und} \quad W = \tfrac{1}{6} b h^2 . \qquad (6)$$

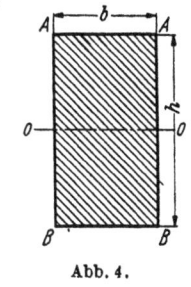

Abb. 3.   Abb. 4.

Für andere Querschnittsformen s. Hütte, Bd. I (27. Aufl. 1941) S. 658 bis 660 und für Normalprofile S. 1013—24.

Aus Gl. (2) folgt, daß die größte Biegespannung (von welcher die Sicherheit der Konstruktion abhängt) an der Stelle des größten Biegemomentes auftritt, da für den prismatischen Stab $W =$ konstant ist. Der Konstrukteur zeichnet deshalb in erster Linie den Verlauf der Momente längs der Stabachse auf, d. i. die sog. Momentenfläche (vgl. Zahlentafel 1221.1). Zur Konstruktion der Momentenfläche (und der Querkraftfläche) reichen die auf S. 26 gegebenen Definitionen vollständig aus. Verwickelte Belastungen werden immer auf bekannte, einfache Fälle zurückgeführt und dann superponiert.

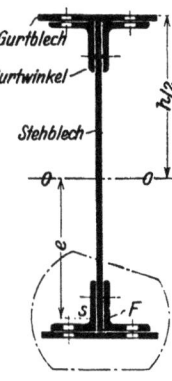

Abb. 5. Zweckmäßige Querschnittsform für Biegung.

Kreisquerschnitte nützen den Werkstoff sehr schlecht aus, da die größten (höchstzulässigen) Spannungen nur in zwei Punkten A und B auftreten; bei Rechteckquerschnitten werden nur die äußersten Faserschichten AA und BB voll ausgenützt. Der Konstrukteur sollte bei Biegebeanspruchungen unbedingt zweckmäßigere Querschnittsformen wählen, das sind solche, die möglichst viel Werkstoff in großer Entfernung von der neutralen Faserschicht aufweisen, also z. B. Blechträger (Abb. 5). Die Aufgabe ist meist so gestellt, daß zu einem berechneten Widerstandsmoment (W cm^3) ein passender Querschnitt zu wählen ist. Die Schwierigkeit der Aufgabe liegt darin, daß unendlich viele Lösungen der Aufgabe möglich sind. Wenn F die Fläche der angenieteten Teile ist, die durch ein dünnes Stehblech miteinander verbunden sind, so setzt sich das Trägheitsmoment aus zwei Teilen zusammen:
$$J = 2 J_f + J_{\text{steg}},$$

worin $J_f = J_s + F e^2$, wenn e die Entfernung des Schwerpunktes der Fläche von der Biegeachse und J_s das Trägheitsmoment der Fläche F in bezug auf ihre eigene Schwerachse ist. Nun ist J_s klein im Verhältnis zu $F \cdot e^2$. Um eine einfache und übersichtliche Rechnung zu erhalten, vernachlässigen wir zunächst sowohl J_{steg} als J_s, und nehmen dafür $e = h/2$, also etwas zu groß.

Dann ist
$$J \approx 2 F \left(\frac{h}{2}\right)^2 = \frac{F h^2}{2} \quad \text{und} \quad W = \frac{J}{\tfrac{1}{2} h} = F \cdot h . \qquad (7)$$

Wir können nun F oder h beliebig wählen, wodurch die Aufgabe sehr vereinfacht ist, um so mehr als h meist schon durch die zulässige Durchbiegung eingeschränkt ist. Nach Annahme der Abmessungen muß natürlich eine genauere Kontrollrechnung folgen[1]

Für unregelmäßige, gegossene Querschnitte führt am schnellsten ein rechnerisch-zeichnerisches Verfahren zum Ziel[2].

Die Theorie setzt symmetrische Querschnitte voraus, und daß die Kräfte in einer Symmetrieebene wirken. Wie wichtig diese Voraussetzung für die Brauchbarkeit der Biegegleichung ist, zeigt folgender Versuch von C. v. Bach: Ein NP [30 wird durch in der Schwerpunktsebene wirkende Kräfte so beansprucht, daß das Biegemoment für den mittleren Teil CD des Trägers konstant $= P \cdot a = 145000$ kg $\cdot$ cm ist (Abb. 6). Für diesen Teil sind dann die Schubkräfte gleich Null. Mit $W = J/e = 7975/15 = 532$ cm^3 wäre eine gleichmäßige Spannung

---

[1] Das Taschenbuch „Hütte" enthält in Bd. III, Abschnitt Brückenbau Zahlentafeln für die Berechnung von Blechträgern und im Abschnitt Eisenbahnwesen die Trägheits- und Widerstandsmomente von Schienen.
[2] Hütte I (27. Aufl. 1941) S. 351 oder Rötscher, Z. VDI 80 (1936) 1351—54.

28   12. Spannungen und Formänderungen in prismatischen Stäben.

von ± 273 kg/cm² $= 2{,}73$ kg/mm² zu erwarten, während die aus den gemessenen Dehnungen berechneten Spannungen in

Punkt 1   2   3   4
$\sigma = -5{,}18$ $+1{,}04$ $+4{,}56$ $-0{,}16$ kg/mm²

betrugen, so daß z. B. in Punkt 2 sogar Zugspannungen auftraten, wo nach der Theorie große Druckspannungen vermutet werden. Für unsymmetrische Belastungen versagt also die Theorie vollständig, weil die Querschnitte nicht eben bleiben können. Der Konstrukteur wird deshalb unsymmetrische Belastungen vermeiden, namentlich bei spröden Körpern (Guß-

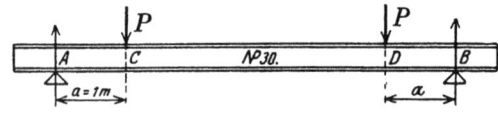
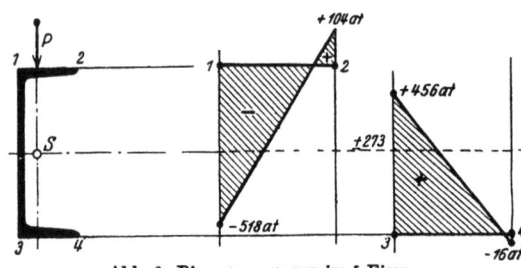

Abb. 6. Biegespannungen im [-Eisen.

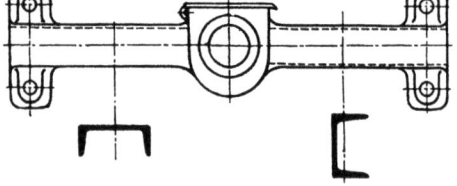

Abb. 7. Lagerbügel.

eisen). Der Lagerbügel (Abb. 7 rechts) ist demnach unzweckmäßig konstruiert, während die linke Querschnittsform für Biegung günstiger ist. Für Torsion sind beide Querschnittsformen ungünstig (vgl. Abschn. 123), so daß der etwas teuere Hohlguß zu wählen ist.

Für Gußeisen gilt die Biegegleichung (2) nicht, da das Hookesche Gesetz nicht gültig ist. Bei kleinen Formänderungen bleiben die ursprünglich ebenen Querschnitte auch bei Gußeisen eben, d. h. die Dehnungen wachsen proportional mit der Entfernung von der Nullachse. Da die Spannungen mit den Dehnungen nicht proportional sind, erhalten wir einen gekrümmten Spannungsverlauf. Die Nullachse geht auch nicht mehr durch den Schwerpunkt, da $\int \sigma df = 0$ nicht mehr in die Schwerpunktsbedingung $\int \eta df = 0$ übergeht; sie wird nach der Druckseite verschoben. Weil die Spannungen weniger rasch zunehmen als die Dehnungen, erhält der Spannungsverlauf die in Abb. 8 eingetragene Form. Die Spannungen in der Nähe der Schwerpunktsachse tragen nun um so mehr zur Übertragung des Biegemomentes bei, je mehr Material dort ist, z. B. für den Kreisquerschnitt mehr als für I. Wenn wir nun die Spannungen nach der Biegegleichung (2) rechnen (Linie ZOD), so folgt aus der Abbildung, daß die Zugspannung in der äußersten Faserschicht größer berechnet wird als die tatsächlich dort auftretende Spannung ist. Das ist eine äußerst wichtige Schlußfolgerung, denn da die größte Zugspannung die Tragfähigkeit des Balkens einschränkt, so folgt daraus, daß die übliche (hier falsche) Biegegleichung die Tragfähigkeit unterschätzt. Darin liegt eine Sicherheit, von der

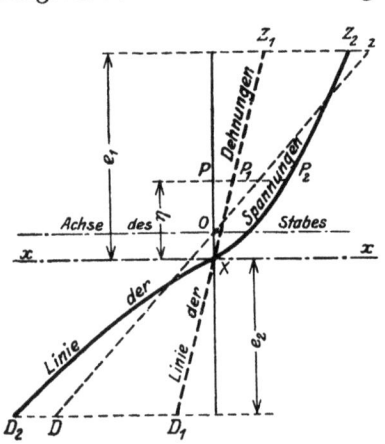

Abb. 8. Biegungsspannungen in einem gußeisernen Stab (aus Bach-Baumann).[1]
Z = Zug, D = Druck.

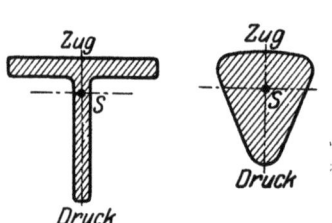

Abb. 9.
Günstige Querschnittsformen für Gußeisen.

man gerne Gebrauch macht und die bei der Wahl der zulässigen Biegespannung wieder etwas ausgeglichen werden kann. Die Unterschätzung ist um so größer, je mehr Werkstoff in der Nähe der Schwerachse liegt.

Da die zulässige Druckspannung für Gußeisen 3- bis 4mal so groß ist als die zulässige Zugspannung, so gibt man Gußteilen, die auf Biegung beansprucht werden, mit Vorteil die in Abb. 9 dargestellte Querschnittsform. Wechselt aber das Biegemoment im Betrieb die Richtung, so kommen auch für Gußeisen nur Querschnitte in Frage, die symmetrisch zur Biegeachse sind.

---

[1] L. 1221.1.

Zur Berechnung der Formänderung betrachten wir ein Körperelement von der Länge dx (Abb. 10). Die Dehnung der äußersten Faserschicht ist:

$$\varepsilon = \frac{\Delta dx}{dx} = \frac{e\,d\varphi}{\varrho\,d\varphi} = \frac{e}{\varrho} \quad \text{und die Spannung} \quad \sigma_e = \varepsilon E = \frac{eE}{\varrho}. \tag{8}$$

Den Wert von σ aus der Biegegleichung (2) eingesetzt, wird für kleine Durchbiegungen:

$$\frac{1}{\varrho} = \pm y''\,[1+(y')^2]^{-3/2} \approx \pm \frac{d^2y}{dx^2} = \frac{M}{JE}, \tag{9}[1]$$

d. i. die Gleichung der elastischen Linie. Wird der Stab kreisförmig gebogen ($\varrho = $ konst. $= D/2$), so folgt daraus mit der Biegegleichung und mit $e = \delta/2$ gleich der halben Dicke des Stabes:

$$\sigma_e = \frac{M}{J} \cdot \frac{\delta}{2} = \frac{\delta}{D} E. \tag{10}$$

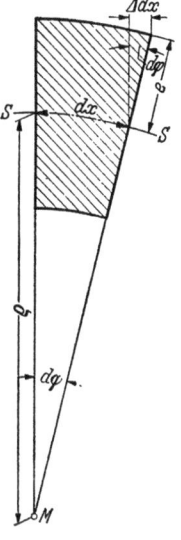

Abb. 10. Formänderung.

Die Differentialgleichung der elastischen Linie ist nur dann leicht zu integrieren, wenn M/J eine einfache Funktion von x ist. In anderen Fällen führt die graphische Methode von Mohr rasch zum Ziel. Mohr vergleicht die Gleichung der elastischen Linie mit der Gleichung der Seillinie. Die Seillinie ist die Gleichgewichtslage eines vollkommen biegsamen Seiles, welches in zwei Punkten befestigt und nach einem bestimmten Gesetze belastet ist; p ist die Ordinate der Belastungskurve, und H der Horizontalzug.

Schneiden wir das Seil an irgendeiner Stelle A_1 und an der tiefsten Stelle durch, und bringen dort die Seilkraft S und H (Abb. 11) an, so ist das geschnittene Seil wieder im Gleichgewicht. Die Gleichgewichtsbedingungen lauten:

$$H = S \cos \alpha \quad \text{und} \quad \int_0^{A_1} p\,dx = S \sin \alpha$$

oder

$$\frac{S \sin \alpha}{S \cos \alpha} = \frac{\int p\,dx}{H} = \operatorname{tg} \alpha = \frac{dy}{dx}. \tag{11}$$

Durch nochmalige Differentiation nach x erhält man:

$$\frac{d^2 y}{d x^2} = \frac{p}{H}, \tag{12}[2]$$

d. i. die Gleichung der Seillinie, die in bekannter Weise aus dem Kräfte- und Seilpolygon konstruiert werden kann. Diese Gleichung wird identisch mit der Gleichung der elastischen Linie, wenn $p = M$ und $H = JE$

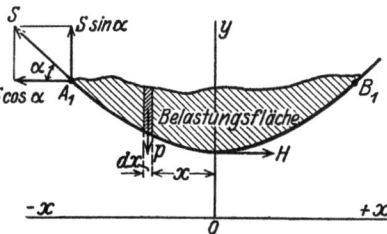

Abb. 11. Zur Gleichung der Seilkurve.

ist. Satz von Mohr: Man kann die elastische Linie eines auf Biegung beanspruchten Körpers als eine Seillinie betrachten, deren Belastungsfläche mit der Momentenfläche übereinstimmt und deren Poldistanz $= JE$ ist.

Ist nun J veränderlich, so müßte man bei der Konstruktion der Seillinie jedesmal die Poldistanz ändern. Das ist umständlich; deshalb formen wir die Gleichung der elastischen Linie etwas um, indem Zähler und Nenner mit dem beliebigen Faktor J_0 multipliziert wird:

$$\frac{d^2 y}{dx^2} = \frac{M}{J_x E} = \frac{M J_0/J_x}{J_0 E}. \tag{13}$$

Die Gl. (9) und (13) werden nun wieder identisch, wenn $p = M \cdot J_0/J_x$ ist, d. h. wenn die Momente im Verhältnis J_0/J_x verzerrt aufgezeichnet werden (verzerrte Momentenfläche)[3].

Eine kleine Schwierigkeit besteht darin, die „wirkliche" Größe der Durchbiegung und des Neigungswinkels in den Auflagerstellen aus der konstruierten elastischen Linie zu entnehmen. Diese erhält man durch folgende Überlegung, wobei zu beachten ist, daß der Polabstand $H = JE$ die gleiche Dimension wie der Inhalt der verzerrten Momentenfläche hat, nämlich kg·cm². Würde man beide Größen im Polygon im gleichen Maßstab zeichnen, so erhielte man die elastische Linie in der natürlichen Lage, was unzweckmäßig wäre, da diese nur sehr wenig von einer Geraden ab-

---

[1] Für die genaue, nicht vereinfachte Lösung, siehe L. 1221.2.
[2] Beide Gleichungen gelten unter der Annahme, daß die Durchbiegungen klein sind, weil $ds = dx$ gesetzt ist.
[3] Die graphische Konstruktion der Momentenfläche, wenn mehrere Kräfte auf den Balken wirken, wird hier als bekannt vorausgesetzt (vgl. z. B. Taschenbuch „Hütte", Bd. I, 27. Aufl., S. 323).

weicht. Nimmt man dagegen für den Polabstand nur einen Bruchteil von JE, z. B. $H = JE/1000$, so erscheinen die Durchbiegungen 1000 fach vergrößert. Ist der Längenmaßstab z. B. 1:50, so findet man den Biegepfeil der konstruierten elastischen Linie im Maßstab 1000/50, also 20 fach vergrößert (Anwendungsbeispiele in Abschn. 31).

Aus der Gleichgewichtsbedingung der Seillinie (11) folgt mit $H = JE$:

$$A_1 = S \sin \alpha = \frac{H}{\cos \alpha} \cdot \sin \alpha = H \operatorname{tg} \alpha = JE \operatorname{tg} \alpha, \qquad (14)$$

wenn A_1 die Auflagerreaktion eines mit der Momentenfläche belasteten Trägers $A_1 B_1$ ist. Die Stelle der größten Durchbiegung liegt dort, wo die Querkraft der Momentenfläche gleich Null wird.

Zahlenbeispiel 1221.1. Wo tritt die größte Durchbiegung auf bei einem auf zwei Stützen frei gelagerten Träger mit Einzellast (Belastungsfall 4, Zahlentafel 1221.1)? Wie groß ist die größte Durchbiegung und die Neigung bei der Auflagestelle A?

Man berechnet zuerst die Auflagerreaktion A_1 eines mit der dreieckigen Momentenfläche belasteten Trägers. Aus der Momentengleichung in bezug auf B_1

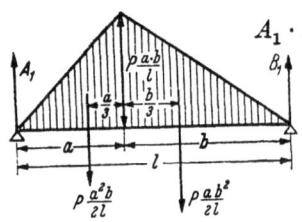

Abb. 12. Zur Berechnung der Stelle der größten Durchbiegung.

$$A_1 \cdot l = \frac{Pa^2b}{2l}\left(\frac{a}{3}+b\right) + \frac{Pab^2}{2l} \cdot \frac{2}{3} b \quad \text{folgt} \quad A_1 = \frac{Pab}{2l^2} \cdot \frac{(a+b)(a+2b)}{3}.$$

Die Querkraft dieses Trägers wird zu Null, wenn

$$A_1 = \frac{Pab}{l} \cdot \frac{x}{a} \cdot \frac{x}{2} = \frac{Pab}{2l} \cdot \frac{a+2b}{3}$$

ist, also für $x_1 = a \sqrt{\dfrac{a+2b}{3a}}$.

Diese Gleichung ist nur gültig so lange $x_1 < a$, also $b < a$ ist. Für $b > a$ ist: $x_2 = b \sqrt{\dfrac{b+2a}{3b}}$.

Denkt man den Träger nun an der Stelle der größten Durchbiegung eingespannt und durch die Reaktion A belastet, so folgt sofort aus Belastungsfall 1, Zahlentafel 1221.1:

$$\alpha_A = \frac{P\frac{b}{l} \cdot x_1^2}{2JE} = \frac{Pab(a+2b)}{6JEl} \quad \text{und} \quad f_{\max} = \frac{P\frac{b}{l} \cdot x_1^3}{3JE} = \frac{Pba^3}{3JEl} \sqrt{\left(\frac{a+2b}{3a}\right)^3}.$$

Formänderungsarbeit. Da die Querkraft Q zunächst vernachlässigt wird, treten bei der Biegebeanspruchung nur Normalspannungen auf. Für ein unendlich kleines Volumenelement $dV = df \cdot dx$ ist die Formänderungsarbeit gleich $\dfrac{\sigma^2}{2E} dV$ Gl. (121.3) Mit $\sigma = \dfrac{M}{J} \cdot \eta$ Gl. (2) wird

$$d^2 \mathfrak{A} = \frac{M^2}{2J^2E} \eta^2 df \cdot dx.$$

Durch Integration über die ganze Querschnittsfläche f, bei welcher M, E und J als unveränderlich vor das Integralzeichen gesetzt werden, erhält man: $d\mathfrak{A} = \dfrac{M^2}{2J^2E} dx \int_f \eta^2 df = \dfrac{M^2}{2JE} dx$ und durch Integration über die Länge l:

$$\mathfrak{A} = \int_0^l \frac{M^2}{2JE} dx = \frac{1}{2JE} \int_0^l M^2 dx. \qquad (15)$$

Die Formänderungsarbeit eines auf Biegung beanspruchten prismatischen Stabes ($J =$ konstant) hängt bei gegebener Querschnittsform nur vom Verlauf der Momentenfläche ab.

Aus dem Satz von Castigliano (S. 22) kann die Verschiebung q_i oder die Winkeländerung γ_i an jeder Stelle berechnet werden, wo eine Kraft, resp. ein Moment wirkt. Dabei ist zu beachten, daß die Zahlenrechnung erheblich vereinfacht wird, wenn die Differentiation $\partial \mathfrak{A}/\partial Q_i$ resp. $\partial \mathfrak{A}/\partial M_i$ unter dem Integralzeichen durchgeführt wird; also zuerst Differenzieren und dann Integrieren.

$$f = \frac{\partial \mathfrak{A}}{\partial Q_i} = \frac{1}{JE} \int_0^l M_x \frac{\partial M_x}{\partial Q_i} dx. \qquad (16)$$

Für den einseitig eingespannten Stab mit einer Einzellast P am Ende (Belastungsfall 1, Zahlentafel 1221.1) ist $M_x = Px$, $\partial M_x / \partial P = x$ und

$$f = \frac{1}{JE} \int_0^l P x^2 dx = \frac{P l^3}{3 JE}.$$

Sehr oft ist es aber notwendig die Formänderungen an Stellen zu berechnen, wo keine Kraft (resp. kein Moment) wirkt. In solchen Fällen führt man eine fiktive Kraft ($X = 0$) resp. ein fiktives Moment ($M_0 = 0$) ein. Will man z. B. die Winkeländerung des Stabendes in Belastungsfall 1 (Zahlentafel 1) berechnen, so ist $\alpha = \frac{1}{JE} \int_0^l \left[M_x \frac{\partial M_x}{\partial M_0} \right]_{M_0 = 0} dx$.

Aus $M_x = M_0 + Px$ folgt $\frac{\partial M_x}{\partial M_0} = 1$ und $\alpha = \frac{1}{JE} \int_0^l (M_0 + Px) dx \Big|_{M_0 = 0} = \frac{1}{JE} \int_0^l Px\, dx = \frac{P l^2}{2 JE}$.

Die Hilfsgröße $M_0 = 0$ wird also schon vor der Integration gestrichen und dient ausschließlich zur Berechnung von $\partial M_x / \partial M_0$. Bei der Berechnung ist zu beachten, daß durch Einführung der Kraft X (resp. des Momentes M_0) auch die Reaktionen eine Änderung erfahren. Bei symmetrischer Belastung (Fall 8, Zahlentafel 1) ist es vorteilhaft eine Integrationsgrenze in die Mitte zu legen, weil die Tangente dort unverändert bleibt.

In dieser Weise sind die in Zahlentafel 1 zusammengestellten Formänderungen berechnet.

Es gibt noch eine zweite Methode die Formänderung an einer Stelle zu berechnen, wo keine Kraft resp. kein Moment wirkt. In irgendeinem Punkt des Stabes können bei beliebig gerichteter Kraftwirkung immer die Normalkraft P (als Summe der normalen Komponenten der verschiedenen Kräfte Q) und das Biegemoment (als Summe der einzelnen Momente) berechnet werden (Abb. 13), nämlich

$$P = \Sigma Q_i \cos \gamma_i \quad \text{und} \quad M = \Sigma Q_i a_i.$$

Die Summenbildung erstreckt sich selbstverständlich nur auf einer Seite des Querschnittes. Für eine bestimmte Kraft Q_i im Punkte i wirkend ist dann

$$\frac{\partial P}{\partial Q_i} = \cos \gamma_i \quad \text{und} \quad \frac{\partial M}{\partial Q_i} = a_i. \tag{17}$$

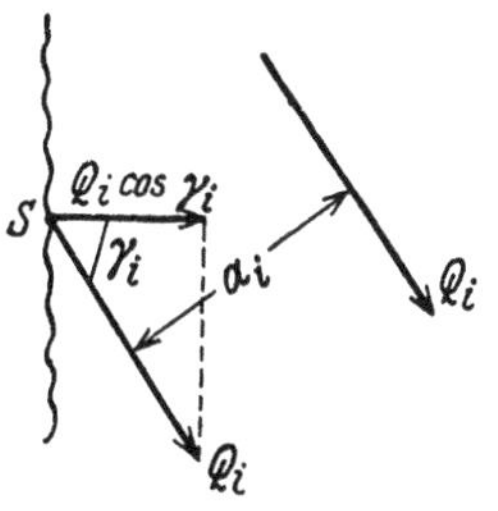

Denken wir nun alle Belastungen weg und lassen am Stab im Punkte i und in der Richtung der dort wirkenden Kraft Q_i nur eine Einzelkraft wirken. Für einen beliebigen Schnitt nennen wir die Normalkraft und das Biegemoment, die durch diese *Einzelkraft = Krafteinheit* entstehen, $\overline{P}$ und $\overline{M}$, so ist

Abb. 13.

$$\overline{P} = \cos \gamma_i = \frac{\partial P}{\partial Q_i} \quad \text{und} \quad \overline{M} = a_i = \frac{\partial M}{\partial Q_i}. \tag{18}$$

Die Formänderung an der Stelle i und in der Richtung von Q_i ist nach dem Satz von Castigliano:

$$q_i = \frac{\partial \mathfrak{A}}{\partial Q_i} = \int_0^l \frac{P \cdot \frac{\partial P}{\partial Q_i}}{fE} dx + \int_0^l \frac{M \cdot \frac{\partial M}{\partial Q_i}}{JE} dx = \int_0^l \frac{P \overline{P} dx}{fE} + \int_0^l \frac{M \overline{M} dx}{JE}. \tag{19}$$

Diese Gleichung ist auch gültig, wenn $Q_i = 0$ ist; sie gilt also für jede Stelle des Stabes. Von dieser Gleichung wird z. B. mit Vorteil Gebrauch gemacht bei der Berechnung der Formänderung von Fachwerkträgern (Zahlenbeispiel 212.3)

Da die Formänderungen (f resp. α) umgekehrt proportional mit $J \cdot E$ sind, und E_{stahl} rd. 2,5 mal so groß als $E_{\text{guß}}$ ist, wird der Stahlbau bei gleicher Steifigkeit immer viel leichter als die Gußform. Außerdem sind bei Stahl dünnere Wandstärken möglich, die bei Guß oft aus gießereitechnischen Gründen festgelegt sind; man kann also bei Stahl günstigere (leichtere) **Querschnittsformen** wählen.

12. Spannungen und Formänderungen in prismatischen Stäben.

Zahlentafel 1221.1. Einige Belastungsfälle[1].

1	Freiträger mit Einzellast — Querkräfte — Biegemomente		$M_x = P \cdot x;\ Q = P.$ $M_{max} = M_A = P \cdot l.$ $\operatorname{tg}\alpha = \dfrac{1}{JE}\int_0^l P x \cdot dx = \dfrac{Pl^2}{2JE}.$ $f = \dfrac{1}{JE}\int_0^l P \cdot x^2\, dx = \dfrac{Pl^3}{3JE}.$ $\mathfrak{A} = \dfrac{iF}{2E}\int_0^l \sigma_{max}^2 \dfrac{x^2}{l^2}\,dx = \dfrac{i}{6E}\sigma_{max}^2 \cdot V.$
2	Freiträger mit Einzelmoment — Querkräfte — Biegemomente		$M = \text{konst.};\ Q = 0$ $\varrho = \text{konst.}:$ Elastische Linie = Kreis $\operatorname{tg}\alpha = \dfrac{1}{JE}\int_0^l M\,dx = \dfrac{Ml}{JE}$ $f = \dfrac{1}{JE}\int_0^l M x\,dx = \dfrac{Ml^2}{2JE}$ $\mathfrak{A} = \dfrac{i}{2E}\sigma_{max}^2 \cdot V$
3	Freiträger mit gleichmäßig verteilter Belastung — Querkräfte — Biegemomente		$M_x = \dfrac{px^2}{2};\ Q_x = px$ NB. Parabelkonstruktion nach der Tangentenmethode. Hütte, Bd. I, S. 143. $M_{max} = \dfrac{pl^2}{2}.$ $\operatorname{tg}\alpha = \dfrac{1}{JE}\int_0^l \dfrac{px^2}{2}\,dx = \dfrac{pl^3}{6JE}.$ $f = \dfrac{1}{JE}\int_0^l \dfrac{px^3}{2}\,dx = \dfrac{pl^4}{8JE}.$
4	Zwei Stützen Einzellast beliebig — Querkräfte — Biegemomente		Für $x = 0$ bis a: $M_x = P\dfrac{b}{l}x;\ Q_x = P\dfrac{b}{l}$ $= 0$ bis b: $M_x = P\dfrac{a}{l}x;\ Q_x = P\dfrac{a}{l}$ $M_{max} = Aa = P\dfrac{ab}{l}$, kommt immer im Querschnitt der Kraft vor. $f_p = \dfrac{1}{JE}\left[\int_0^a P \cdot \dfrac{b^2}{l^2} x^2\,dx + \int_0^b P\dfrac{a^2}{l^2} x^2\,dx\right]$ $= \dfrac{P}{3JE}\dfrac{a^2 b^2}{l}.$

NB. Bei der Integration über das ganze Stabvolumen wird immer der bequemste Weg gewählt, also hier rechts von P von 0 bis b und links von P von 0 bis a.

---

[1] Ausführliche Zusammenstellung im Taschenbuch „Hütte", 27. Aufl., Bd. I (1941), S. 665—672. Die Momenten- und Querkraftfläche für zusammengesetzte Belastungen bestimmt man am einfachsten durch Superposition.

1221. Biegung gerader Stäbe.

Zahlentafel 1221.1 (Fortsetzung).

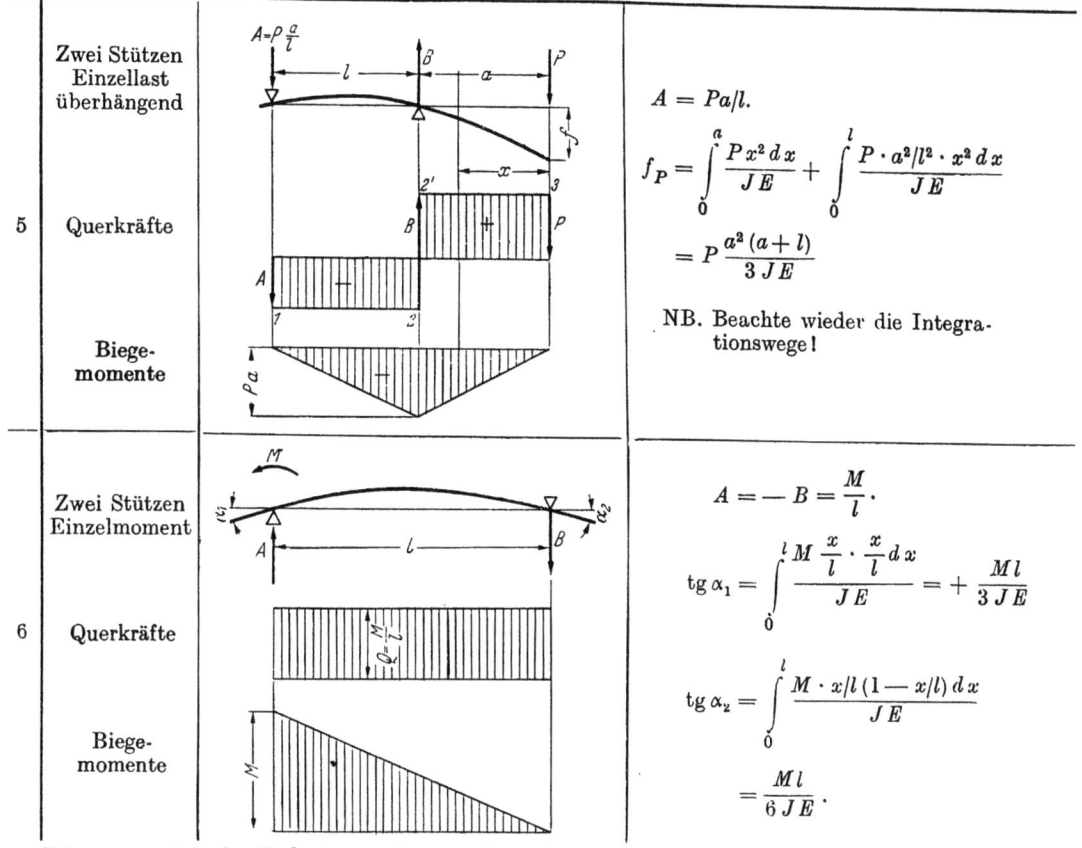

5. Zwei Stützen Einzellast überhängend — Querkräfte — Biegemomente

$A = Pa/l.$

$$f_P = \int_0^a \frac{P x^2 \, dx}{JE} + \int_0^l \frac{P \cdot a^2/l^2 \cdot x^2 \, dx}{JE}$$

$$= P \frac{a^2(a+l)}{3 JE}$$

NB. Beachte wieder die Integrationswege!

6. Zwei Stützen Einzelmoment — Querkräfte — Biegemomente

$A = -B = \dfrac{M}{l}.$

$$\operatorname{tg} \alpha_1 = \int_0^l \frac{M \frac{x}{l} \cdot \frac{x}{l} \, dx}{JE} = +\frac{Ml}{3JE}$$

$$\operatorname{tg} \alpha_2 = \int_0^l \frac{M \cdot x/l \,(1 - x/l)\, dx}{JE}$$

$$= \frac{Ml}{6 JE}.$$

Die symmetrische Belastung eines auf zwei Stützen gelagerten Balkens kann auf Fall 1, resp. 3 zurückgeführt werden, indem der halbe Balken in der Mitte als eingespannt betrachtet wird.

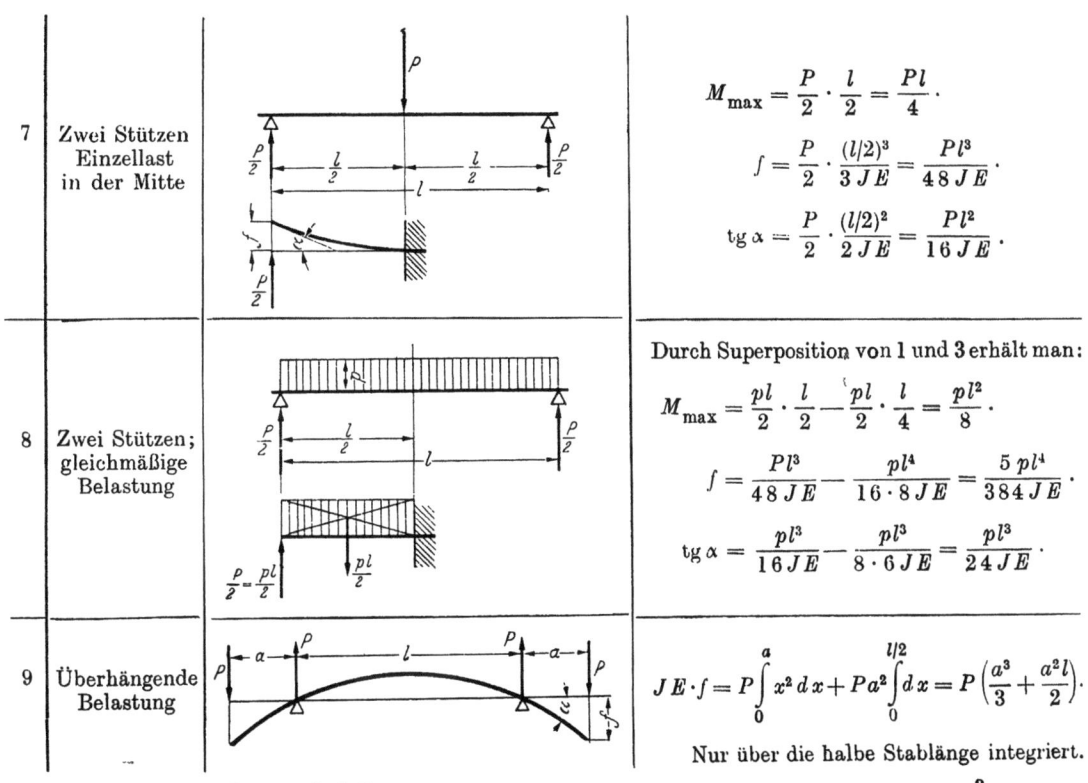

7. Zwei Stützen Einzellast in der Mitte

$M_{\max} = \dfrac{P}{2} \cdot \dfrac{l}{2} = \dfrac{Pl}{4}.$

$f = \dfrac{P}{2} \cdot \dfrac{(l/2)^3}{3 JE} = \dfrac{Pl^3}{48 JE}.$

$\operatorname{tg} \alpha = \dfrac{P}{2} \cdot \dfrac{(l/2)^2}{2 JE} = \dfrac{Pl^2}{16 JE}.$

8. Zwei Stützen; gleichmäßige Belastung

Durch Superposition von 1 und 3 erhält man:

$M_{\max} = \dfrac{pl}{2} \cdot \dfrac{l}{2} - \dfrac{pl}{2} \cdot \dfrac{l}{4} = \dfrac{pl^2}{8}.$

$f = \dfrac{Pl^3}{48 JE} - \dfrac{pl^4}{16 \cdot 8 JE} = \dfrac{5 pl^4}{384 JE}.$

$\operatorname{tg} \alpha = \dfrac{pl^3}{16 JE} - \dfrac{pl^3}{8 \cdot 6 JE} = \dfrac{pl^3}{24 JE}.$

9. Überhängende Belastung

$$JE \cdot f = P \int_0^a x^2 \, dx + Pa^2 \int_0^{l/2} dx = P\left(\frac{a^3}{3} + \frac{a^2 l}{2}\right).$$

Nur über die halbe Stablänge integriert.

Für manche Betrachtungen, insbesondere bei stoßweiser Beanspruchung und bei Federn (Abschn. 26) ist die gesamte Formänderungsarbeit, die der Stab aufnehmen kann, von Bedeutung. Führt man in die Gleichung für die Formänderungsarbeit für ein Volumenelement $d^2\mathfrak{A} = \frac{\sigma^2}{2E} df \cdot dx$, die geradlinige Spannungsverteilung bei Biegung $\sigma = \sigma_e \cdot \eta/e$ ein, so ist

$$\mathfrak{A} = \int_0^l \frac{\sigma_e^2}{2Ee^2} dx \int \eta^2 df = \int_0^l \frac{\sigma_e^2 \cdot J}{2Ee^2} dx. \tag{20}$$

Setzt man $J = i \cdot f \cdot e^2$ (f = Querschnittsfläche), so ist i eine nur von der Querschnittsform abhängige Zahl.

Für das Rechteck ist: $J = bh^3/12 = i \cdot bh \cdot (h/2)^2$, also $i = 1/3$, (21)

für den Kreis: $J = \pi d^4/64 = i \cdot \pi(d/2)^2 \cdot (d/2)^2$ und $i = 1/4$, und (22)

für den Kreisring ist: $\dfrac{J}{f} = \dfrac{\frac{\pi}{64}(D^4 - d^4)}{\frac{\pi}{4}(D^2 - d^2)} = \dfrac{1}{16}(D^2 + d^2) = i \cdot e^2 = i \cdot \dfrac{D^2}{4}$, also $i = (1 + d^2/D^2)/4$.

Für $d/D = 0{,}1$ (dickwandiges Rohr) ist $i \approx 1/4$ und für $d/D = 0{,}9$ (dünnwandiges Rohr) $i \approx 0{,}45$. Für I ist (vgl. Gl. 7) $J \approx f \cdot e^2 = i \cdot f \cdot e^2$, also $i \approx 1$. Beachte, daß f hier der Flächeninhalt **einer** Gurthälfte bedeutet.

Mit $J = ife^2$ wird
$$\mathfrak{A} = \frac{if}{2E} \int_0^l \sigma_e^2 \cdot dx. \tag{23}$$

Daraus folgt, daß für einen bestimmten Werkstoff (σ_e) und bei gleichem Werkstoffverbrauch ($f \cdot l$) der I-Querschnitt die größte und der Kreis die kleinste Formänderungsarbeit bei Biegung aufnehmen kann.

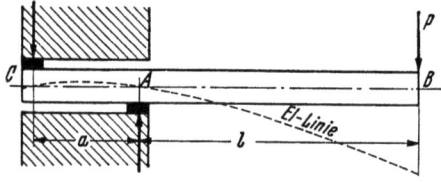

Abb. 14. Einspannung.

Die üblichen Bedingungen der „freien" Unterstützung in den Punkten A, B, resp. der „Einspannung" sind idealisierte, mathematische Begriffe, die aber technisch nicht zu verwirklichen sind. Wellen werden z. B. durch breite Gleitlager gestützt, so daß bei großen Durchbiegungen dort auch Momente auftreten können (vgl. S. 18); ebenso bei festgeschraubten Trägern. Wenn das größte Biegemoment bei einer Kraftangriffstelle auftritt, so darf der Konstrukteur nicht vergessen, daß die Festigkeitslehre bei einer Pfeilspitze versagt (S. 18) und daß die Kraftwirkung dort durch eine andere Darstellung ersetzt werden sollte, die mit der Wirklichkeit besser übereinstimmt. Wird bei Pos. 4 (Zahlentafel 1221.1) die Einzellast P gleichmäßig auf eine kleine Fläche verteilt, so wird die Spitze der dreieckigen Momentenfläche durch eine Parabel etwas abgerundet und das maximale Biegemoment etwas kleiner. Eine Einspannung (die dadurch gekennzeichnet ist, daß dort die Tangente an der elastischen Linie in Richtung und Höhelage unverändert bleibt) könnte man etwa nach Abb. 14 verwirklicht denken. Das eingespannte Ende wird dabei durch zwei von entgegengesetzten Seiten wirkende (unbewegliche und nichtzusammendrückbare) Auflager gestützt. Die Kraftwirkung ist dann ähnlich wie bei Pos. 4 der Zahlentafel 1221.1. Wie aus Zahlenbeispiel 1 hervorgeht, fällt die Stelle der extremalen Durchbiegung (d. i. der horizontalen Tangente) nur für $l = a$ (Abb. 14), mit dem Punkte A zusammen. In allen anderen Fällen ist A keine mathematische Einspannstelle und die elastische Linie sieht auch ganz anders aus, während das größte Biegemoment (bei statisch bestimmter Lagerung) keine Änderung erfährt.

Bei einem rollenden Lastenpaar (Fahrzeug, Kranlaufkatze, Abb. 15a) ändert sich sowohl die Querkraft- als auch die Momentenfläche mit der Stellung der Last. Für den Konstrukteur ist es nun wichtig die Höchstwerte der Querkraft und des Momentes zu kennen, die in irgendeinem Querschnitt auftreten können. Es ist dabei zweckmäßig, die (unbekannten) Raddrücke P_1 und P_2 zu der resultierenden Last L zu vereinigen, die in der Entfernung $2e = P_2 \cdot a/L$ von P_1 angreift. Die Auflagerkraft A folgt aus der Momentengleichung in bezug auf B zu:

$$A = \frac{L}{l}(l - 2e - x).$$

Für jeden Wert von x ist die Querkraft $Q_x = A = \dfrac{L}{l}(l - 2e - x)$

Das ist die Gleichung einer Geraden, die für $x = 0$ den Wert $Q_0 = \frac{L}{l}(l - 2e)$ hat und für $x = l - 2e$ zu Null wird (Abb. 15b).

Bei jeder Stellung x des rollenden Lastenpaares treten die größten Biegemomente dort auf, wo die Räder stehen, denn die Momentenfläche ist durch gerade Linien begrenzt. An der Stelle x ist das Biegemoment

$$M_x = A \cdot x = \frac{L}{l}(l - 2e - x)x.$$

Das ist die Gleichung einer Parabel; für $x = 0$ und für $x = l - 2e$ wird $M_x = 0$. Der Größtwert des Momentes für $x = \frac{1}{2}(l - 2e)$ ist:

$$M_{\max} = \frac{L}{l}\left(\frac{l-2e}{2}\right)^2. \qquad (24)$$

Die Parabel (maximale Momentenfläche genannt) wird nach der Tangentenmethode konstruiert (Abb. 15c).

1222. Biegung stark gekrümmter Stäbe. Die äußeren Kräfte, die in der Symmetrieebene wirken, aber beliebig zur gekrümmten Stabachse gerichtet sind, lassen sich — auf einer Seite eines beliebigen Schnittes — durch ein Kräftepaar mit dem Momente M und eine Normalkraft P (im Schwerpunkte des Querschnittes angreifend) ersetzen, wenn die Querkraft Q wieder vernachlässigt wird (Abb. 1222.1). Die neutrale Faserschicht fällt nicht mit der Schwerpunktsachse zusammen.

Die Normalkraft P ist positiv, wenn Zug, negativ, wenn Druckbeanspruchung auftritt. Das Biegemoment M ist positiv, wenn es die Krümmung vermehrt, negativ, wenn es die Krümmung vermindert. Der Abstand η von der Faserschicht bis zur Schwerpunktsachse ist positiv auf der konvexen Seite der Stabachse, negativ auf der konkaven Seite.

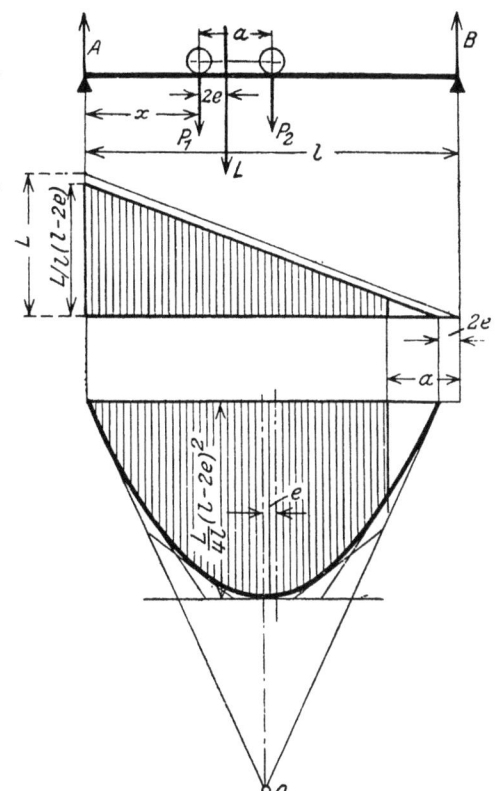

Abb. 15. a Rollendes Lastenpaar. b Max. Querkraftfläche. c Max. Momentenfläche.

Weiter setzen wir wieder kleine Formänderungen voraus, so daß die Entfernung von der ursprünglichen Schwerachse gleich der Entfernung von der verformten ist, und daß die ursprünglich ebenen Querschnitte nach der Formänderung eben geblieben sind.

Betrachten wir ein Balkenelement, begrenzt durch zwei Querschnitte in der Entfernung $ds = r d\varphi$, in der Stabachse gemessen, dann ändert sich die Länge ds bei der Formänderung um den Betrag Δds, so daß die Dehnung $\varepsilon_0 = \frac{\Delta ds}{ds}$ und die Spannung in der Stabachse $\sigma_0 = \varepsilon_0 E$ ist. Eine Faserschicht in der Entfernung η von der Stabachse hat die ursprüngliche Länge $ds' = (r + \eta)d\varphi = r d\varphi + \eta d\varphi = ds + \eta d\varphi$ und ändert sich bei der Verformung um den Betrag $\Delta ds'$. Da die Querschnitte eben bleiben, folgt aus der Abb. 1222.1

$$\Delta ds' = \Delta ds + \eta \Delta d\varphi.$$

Die Dehnung ist:

$$\varepsilon = \frac{\Delta ds'}{ds'} = \frac{\Delta ds + \eta \Delta d\varphi}{ds \cdot \frac{r+\eta}{r}} = \frac{\Delta ds}{ds \cdot \frac{r+\eta}{r}} + \frac{\eta \Delta d\varphi}{r d\varphi \cdot \frac{r+\eta}{r}} = \varepsilon_0 \frac{r}{r+\eta} +$$

$$+ \frac{\Delta d\varphi}{d\varphi} \cdot \frac{\eta}{r+\eta} + \varepsilon_0 \left(\frac{\eta}{r+\eta} - \frac{\eta}{r+\eta}\right)$$

und die Spannung (nach dem Hookeschen Gesetz):

$$\sigma = \varepsilon E = E\left\{\varepsilon_0 + \frac{\eta}{r+\eta}\left(\frac{\Delta d\varphi}{d\varphi} - \varepsilon_0\right)\right\}. \qquad (1222.1)$$

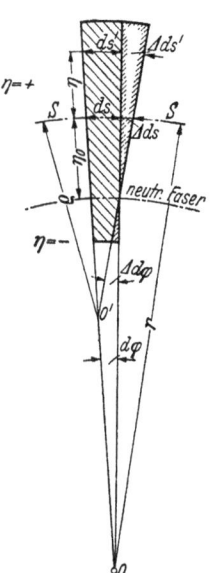

Abb. 1222.1. Biegung stark gekrümmter Stäbe.

12. Spannungen und Formänderungen in prismatischen Stäben.

Sie ist bestimmt, sobald die Werte ε_0 und $\frac{\Delta d\varphi}{d\varphi}$ bekannt sind, die aus den Gleichgewichtsbedingungen:

$$1. \quad \int \sigma df = P = E \int \left\{ \varepsilon_0 + \frac{\eta}{r+\eta}\left(\frac{\Delta d\varphi}{d\varphi} - \varepsilon_0\right)\right\} df, \qquad (2)$$

$$2. \quad \int \sigma \eta df = M = E \int \left\{ \varepsilon_0 \eta + \frac{\eta^2}{r+\eta}\left(\frac{\Delta d\varphi}{d\varphi} - \varepsilon_0\right)\right\} df \qquad (3)$$

folgen. Bei der Integration über die Querschnittsfläche sind ε_0 und $\frac{\Delta d\varphi}{d\varphi}$ konstant. Nun ist:

$$\int \varepsilon_0 df = \varepsilon_0 f \quad \text{und} \quad \int \frac{\eta}{r+\eta} df = -\lambda \cdot f,$$

worin λ ein noch unbekannter Zahlenfaktor ist, abhängig von der Querschnittsform,

$$\int \varepsilon_0 \eta df = \varepsilon_0 \int \eta df = 0 \quad \text{(Schwerpunktsbedingung) und}$$

$$\int \frac{\eta^2}{r+\eta} df = \int \left(\frac{r\eta + \eta^2}{r+\eta} - \frac{r\eta}{r+\eta}\right) df = \int \eta df - r \int \frac{\eta}{r+\eta} df = \lambda f \cdot r.$$

Setzen wir diese Werte der Integrale ein, so wird:

$$1. \quad P = E\left\{\varepsilon_0 f - \left(\frac{\Delta d\varphi}{d\varphi} - \varepsilon_0\right) f \cdot \lambda\right\} \quad \text{und} \quad 2. \quad M = Efr\lambda\left(\frac{\Delta d\varphi}{d\varphi} - \varepsilon_0\right).$$

Aus diesen Gleichungen folgt:

$$\frac{\Delta d\varphi}{d\varphi} - \varepsilon_0 = \frac{M}{fr\lambda E} \quad \text{und} \quad \varepsilon_0 = \frac{1}{fE}\left(P + \frac{M}{r}\right) = \frac{P_0}{fE}. \qquad (4 \text{ u. } 5)$$

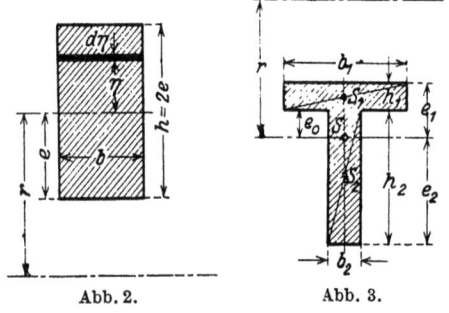

Abb. 2.   Abb. 3.
Zur Berechnung der
λ-Werte.

Die Spannung σ mit $P_0 = P + \frac{M}{r}$:

$$\sigma = \frac{P_0}{f} + \frac{M}{fr\lambda} \cdot \frac{\eta}{r+\eta} \qquad (6)$$

zeigt einen hyperbolischen Verlauf. Für die Stabachse ($\eta = 0$) ist

$$\sigma_0 = P_0/f. \qquad (7)$$

Der Faktor $\lambda = -\frac{1}{f} \int \frac{\eta}{r+\eta} df$ kann für einfache Querschnittsformen berechnet werden: z. B. ist für ein Rechteck (Abb. 2):

$$\lambda = -1 + \frac{r}{2e} \ln \frac{r+e}{r-e}. \qquad (8)$$

Zahlentafel 1222.1. λ-Werte für Rechteck.

Für $\frac{e}{r} =$ 0,1	0,2	0,3	0,4	0,5	0,6	0,7	0,8	0,9	0,95
$\lambda =$ 0,003354	0,01366	0,0317	0,0591	0,0986	0,1552	0,2390	0,3733	0,6358	0,92819

Für zusammengesetzte Querschnitte folgt aus der Eigenschaft des bestimmten Integrals:

$$\lambda f = \lambda_1 f_1 \pm \lambda_2 f_2 \pm \lambda_3 f_3 \pm \cdots$$

z. B. für Abb. 3:

$$\lambda f = -b_1 h_1 + rb_1 \ln \frac{r-e_0}{r-e_1} - b_2 h_2 + rb_2 \ln \frac{r+e_2}{r-e_0}, \qquad (9)$$

wobei die Grenzen genau zu beachten sind.

Für den Kreisquerschnitt ist[1] $\lambda = \operatorname{tg}^2 \omega$, mit $\sin 2\omega = e/r$.

Zahlentafel 2. λ-Werte für Kreis.

Für $\frac{e}{r} =$ 0,1	0,2	0,3	0,4	0,5	0,6	0,7	0,8	0,9	0,95
$\lambda =$ 0,0025126	0,010205	0,0236	0,0436	0,0718	0,1111	0,1668	0,2500	0,3929	0,5241

Diese Werte gelten auch für die Ellipse, wenn e die Halbachse in der Kraftebene ist.

---
[1] L. 1222.1.

Der kleine Faktor λ kommt im Nenner der Spannungsgleichung vor und sollte deshalb recht genau berechnet werden. Für praktische Anwendung ist folgende Umrechnung zweckmäßig. Aus der Definition $\int_f \frac{\eta^2}{r+\eta} df = \lambda f \cdot r$ folgt

$$\lambda f r^2 = \int_f \frac{\eta^2 df}{1 + \eta/r} = Z, \tag{10}$$

worin Z die Dimension eines Trägheitsmomentes hat. Durch Reihenentwicklung erhält man:

$$Z = \int \eta^2 \left(1 - \frac{\eta}{r} + \frac{\eta^2}{r^2} - \cdots\right) df = J - \frac{1}{r} \int \eta^3 df + \frac{1}{r^2} \int \eta^4 df - \frac{1}{r^3} \int \eta^5 df \cdots.$$

Die Rechnung vereinfacht sich, wenn die Biegeachse auch eine Symmetrieachse ist. Dann liefern zwei Flächenelemente df, die auf verschiedener Seite der Biegeachse, in der Entfernung η, liegen (Abb. 4), Beiträge $+\eta^3 df$ und $-\eta^3 df$, die sich gegenseitig aufheben. Für zur Biegeachse symmetrische Querschnitte ist:

$$Z = J + \frac{1}{r^2} \int \eta^4 df + \frac{1}{r^4} \int \eta^6 df + \cdots$$

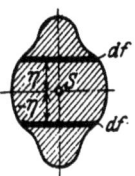

Abb. 4.

... also immer größer als J.

Für das Rechteck ist:

$$Z = J \left\{ 1 + \frac{3}{5}\left(\frac{h}{2r}\right)^2 + \frac{3}{7}\left(\frac{h}{2r}\right)^4 + \frac{3}{9}\left(\frac{h}{2r}\right)^6 + \cdots \right\}.$$

Für den Kreisquerschnitt mit dem Durchmesser $d = 2e$:

$$Z = J \left\{ 1 + \frac{3}{6}\left(\frac{e}{r}\right)^2 + \frac{3 \cdot 5}{6 \cdot 8}\left(\frac{e}{r}\right)^4 + \frac{3 \cdot 5 \cdot 7}{6 \cdot 8 \cdot 10}\left(\frac{e}{r}\right)^6 + \cdots \right\}.$$

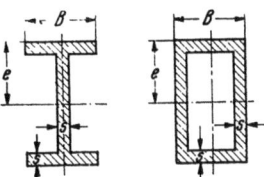

$s/h = 0{,}1$ $s/h = 0{,}06$
Abb. 5. $B/h = 0{,}6$. $h = 2e$
Zu Zahlentafel 3.

Zahlentafel 3. Z-Werte für einfache Querschnittsformen.

Für $\frac{e}{r} =$	0,1	0,2	0,25	0,3	0,4	0,5	0,6	0,7	0,8
Z Rechteck	1,0062	1,0245	1,04	1,06	1,108	1,183	1,293	1,46	1,76 J
Z Kreis	1,0050	1,0205	1,0314	1,0489	1,090	1,149	1,234	1,306	1,56 J
Z (Abb. 5)	1,011	1,031	1,05	1,083	1,140	1,239	1,390	1,636	2,05 J

Aus der Zahlentafel folgt, daß für $e/r < 0{,}3$, $Z \sim J$ ist. Ist die Biegeachse keine Symmetrieachse des Querschnittes, fallen also die negativen Glieder bei der Reihenentwicklung nicht weg, so kann auch für etwas größere Werte als $e/r = 0{,}3$, $Z = J$ gesetzt werden.

Für beliebig begrenzte Querschnitte, die aber immer symmetrisch zur Kraftebene sein müssen, kann Z graphisch bestimmt werden. Man kann aus dem gegebenen Querschnitt eine Fläche ableiten, deren planimetrisch bestimmten Inhalt gleich Z ist. Mit $df = b d\eta$ wird

$$Z = \int \frac{r}{r+\eta} \eta^2 df = \int \frac{br}{r+\eta} \eta^2 d\eta.$$

Die Spannungsgleichung (6) kann durch Einführung von Z auch so geschrieben werden:

$$\sigma = \frac{P_0}{f} + \frac{M}{Z} \cdot \frac{\eta}{1 + \frac{\eta}{r}} \approx \frac{P_0}{f} + \frac{M}{J} \cdot \frac{\eta}{1 + \frac{\eta}{r}}. \tag{11}$$

Die weitere Vereinfachung mit $r = \infty$ führt zu der Gleichung für gerade Stäbe:

$$\sigma = \frac{P}{f} + \frac{M}{J} \eta \tag{11a}$$

und verursacht Fehler, die um so größer sind, je stärker der Stab gekrümmt ist.

Das erste Glied der Gl. (11) kann oft gegenüber dem zweiten vernachlässigt werden. Nennen wir $r_a = r + e$ und $r_i = r - e$, so sind die Spannungen in den äußersten Fasern:

$$\sigma_a = + \frac{M}{W_a} \cdot \frac{r}{r_a} \quad \text{resp.} \quad \sigma_i = - \frac{M}{W_i} \cdot \frac{r}{r_i} \tag{12}$$

Mit diesen Gleichungen ist die Berechnung eines gekrümmten Trägers ebenso einfach geworden,

12. Spannungen und Formänderungen in prismatischen Stäben.

wie die Berechnung eines geraden Stabes; nur ist das Vorzeichen von M zu berücksichtigen. Für $r_i = 0$, wird σ_i unendlich groß.

Da die Schubspannungen vernachlässigt werden, wirkt auf ein unendlich kleines Volumenelement $df \cdot ds'$ nur die Normalspannung σ. Die Formänderungsarbeit für dieses Element ist deshalb mit $ds' = \dfrac{r+\eta}{r} ds$,

$$d^2\mathfrak{A} = \frac{\sigma^2}{2E} dV = \frac{\sigma^2}{2E} ds' \cdot df \quad \text{und} \quad d\mathfrak{A} = \frac{ds}{2E} \int \sigma^2 \frac{r+\eta}{r} \cdot df.$$

Den Wert von σ aus Gl. (1) einsetzen,

$$d\mathfrak{A} = \frac{ds}{2E} \int \left(\frac{P_0}{f} + \frac{M}{Z} \frac{r\eta}{r+\eta}\right)^2 \frac{r+\eta}{r} \cdot df = \frac{ds}{2E} \int \left\{\frac{P_0^2}{f^2} + \frac{M^2}{Z^2} \frac{r^2\eta^2}{(r+\eta)^2} + 2\frac{P_0}{f} \cdot \frac{M}{Z} \frac{r\eta}{r+\eta}\right\} \frac{r+\eta}{r} df$$

$$= \frac{ds}{2E}\left\{\frac{P_0^2}{f^2}\int\left(1+\frac{\eta}{r}\right)df + \frac{M^2 r}{Z^2}\int\frac{\eta^2}{r+\eta}df + 2\frac{P_0}{f}\cdot\frac{M}{Z}\int\eta\, df\right\} = \frac{ds}{2E}\left\{\frac{P_0^2}{f} + \frac{M^2}{Z}\right\}$$

und integriert, wird

$$\mathfrak{A} = \int_0^l \frac{P_0^2}{2fE} ds + \int_0^l \frac{M^2}{2ZE} ds. \tag{13}$$

Wenn mit ϱ der Krümmungsradius nach der Formänderung bezeichnet wird, dann ist (wenn ε_0 gegenüber $\dfrac{\Delta d\varphi}{d\varphi}$ vernachlässigt wird) die Länge der verformten Stabachse gleich $ds = \varrho\,(d\varphi + \Delta\,d\varphi)$ und

$$\frac{r}{\varrho} = 1 + \frac{\Delta d\varphi}{d\varphi} \quad \text{und} \quad \frac{1}{\varrho} = \frac{1}{r} + \frac{M}{ZE} \approx \frac{1}{r} + \frac{M}{JE}. \tag{14}$$

Diese Gleichung, die aussagt, daß die Stabachse sich um den gleichen Betrag mehr krümmt, als ein ursprünglich gerader Stab, läßt sich leicht im Gedächtnis einprägen; sie reicht aber nicht aus, um die verformte Stabachse genau aufzuzeichnen. Es genügt aber dazu noch die größte Verschiebung resp. Winkeländerung nach Castigliano

$$\frac{\partial \mathfrak{A}}{\partial Q_i} = \int_0^l \frac{P_0 \cdot \dfrac{\partial P_0}{\partial Q_i}}{fE} ds + \int_0^l \frac{M \cdot \dfrac{\partial M}{\partial Q_i}}{ZE} ds = q_i \quad \text{resp.} \quad \frac{\partial \mathfrak{A}}{\partial M_0} = \int_0^l \frac{P_0 \cdot \dfrac{\partial P_0}{\partial M_0}}{fE} ds + \int_0^l \frac{M \cdot \dfrac{\partial M}{\partial M_0}}{ZE} ds = \gamma \tag{15}$$

zu berechnen. Die ersten Glieder dieser Gleichungen (Formänderungen infolge Beanspruchung durch Zug resp. Druck) dürfen in vielen Fällen gegenüber den zweiten Gliedern (Formänderungen infolge Biegung) vernachlässigt werden. Man erkennt das von Fall zu Fall leicht durch die Umformung: $Z \approx J = i \cdot f \cdot e^2$.

In Zahlentafel 5 sind diese für verschiedene Belastungen eines kreisförmigen Trägers zusammengestellt. Für andere Belastungen können die Formänderungen daraus durch einfache Superposition berechnet werden.

A. Bantlin[1] hat durch sorgfältige Messungen die wirklichen Formänderungen mit den berechneten verglichen und gefunden, daß für einen Stab mit rechteckigem Querschnitt, sowie für ein Gußrohr von 200 mm lichte Weite und $s = 18$ mm Wandstärke, Rechnung und Versuch sehr gut übereinstimmen. Beim dünnwandigen Stahlrohr von 202 mm Innendurchmesser und $s = 6{,}75$ mm Wandstärke dagegen war die gemessene größte Durchbiegung 4,9 mal so groß als die berechnete. Bantlin vermutete die Ursache der großen Formänderungen in der großen Anzahl Wellen und Falten, die das gebogene Stahlrohr auf der Druckseite aufwies. Th. Kármán[2] hat aber nachgewiesen, daß die großen Abweichungen zwischen Theorie und Versuch eine ganz andere Ursache haben.

Die Biegetheorie setzt voraus, daß der Querschnitt des Stabes bei der Biegung unverändert bleibt. Wenn aber ein ursprünglich krummer Stab gebogen wird, so liefern die Zug- und Druckspannungen radiale Resultierende (Abb. 6), die die äußeren Fasern gegen die neutrale Achse

---

[1] L. 1222.3. [2] L. 1222.4.

1222. Biegung stark gekrümmter Stäbe.

zusammenzudrücken versuchen. Bei dünnwandigen Rohren tritt dadurch eine Abplattung des Querschnittes ein, wodurch die Dehnung vermindert wird. Beträgt die Abplattung $aa_1 = \delta$, so ist die Dehnung

$$\varepsilon = \frac{a_1 b_1 - ab}{ab} = \frac{a_1 e_1 + e_1 b_1 - ab}{ab}.$$

Nun ist $a_1 e_1 = (R + r - \delta) d\varphi$, $e_1 b_1 = (r + \xi) \Delta d\varphi$ und $ab = (R + r) d\varphi$.
Mit diesen Werten wird

$$\varepsilon = \frac{(r + \xi) \Delta d\varphi}{(R + r) d\varphi} - \frac{\delta}{R + r}. \tag{16}$$

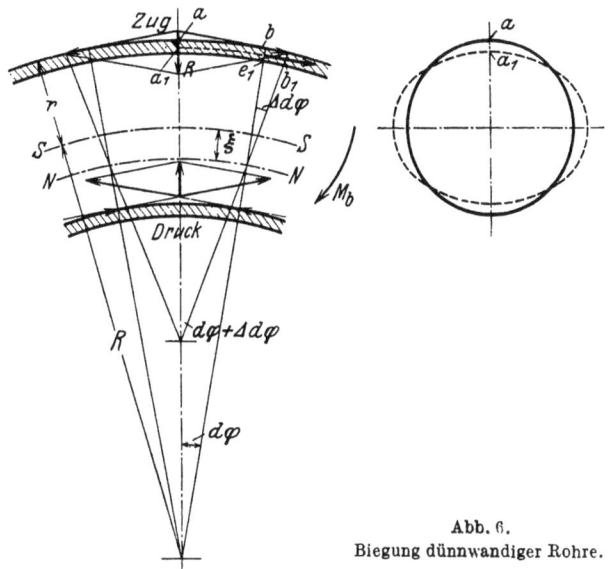

Abb. 6.
Biegung dünnwandiger Rohre.

Das erste Glied dieser Gleichung gibt die Dehnung der äußeren Faserschicht nach der gebräuchlichen Biegungstheorie. Das zweite Glied gibt die Abnahme der Dehnung infolge der Abplattung des Querschnittes. Ist z. B. $\delta = 0,5$ mm und $R + r = 700$ mm, so entspricht das einer Abnahme der Spannung von

$$\frac{\delta}{R + r} E = \frac{0,5}{700} \cdot 2\,100\,000 = 1500 \text{ at!}$$

Die kleine Abplattung des Querschnittes verursacht demnach eine wesentliche Entlastung der äußersten Fasern, die nach der Biegungstheorie die größten Zug- und Druckspannungen zu übertragen hätten. Da aber die Gleichgewichtsbedingung $M = \int \sigma \eta \, df$ bestehen bleibt, so müssen die anderen Fasern mehr gespannt werden.

Das Ergebnis der theoretischen Untersuchung von v. Kármán ist, daß die Formänderung dünnwandiger Rohre aus der Gl. (15) berechnet werden kann, wenn an Stelle von Z resp. J der Wert $k \cdot J$ eingeführt wird. Der Faktor k, der nur vom Verhältnis $s \cdot R/r^2$ abhängt, kann aus Zahlentafel 4 entnommen werden.

Zahlentafel 4.
k-Werte zur Berechnung der Formänderung dünnwandiger, gekrümmter Rohre.

Für $s \cdot R/r^2 =$	0,1	0,2	0,3	0,4	0,5	1,0	1,5	2	3
ist $k =$	0,06	0,11	0,18	0,24	0,31	0,59	0,757	0,845	0,926

Die gemessenen Formänderungen[1] zeigen 10—20% Abweichung von den berechneten Werten, was durch einige Vernachlässigungen bei der Rechnung zu erklären ist.

Neuere Untersuchungen[2] bestätigen die Brauchbarkeit der k-Werte für die Berechnung der Formänderung, zeigen aber, daß es aussichtslos ist die Kármánschen Ansätze auch für die Spannungsberechnung zu verwenden. Die Spannungsverteilung ist ganz anders als bei der Biegung dickwandiger Rohre. Sie hängt besonders für Kennzahlen sR/r^2 kleiner als 3 nicht mehr von dieser Kennzahl ab[3], sondern von den beiden Faktoren R/r und s/r. Der Bruch tritt in der scheinbar neutralen Faserschicht der Hauptbiegung auf. Die Querspannung an der Innenwand an dieser Stelle σ_i/σ_0 (mit $\sigma_0 = M/W$) ist als größte Spannung ausschlaggebend für die Bruchgefahr. Ihre Größe ist aus Abb. 7 zu entnehmen[3].

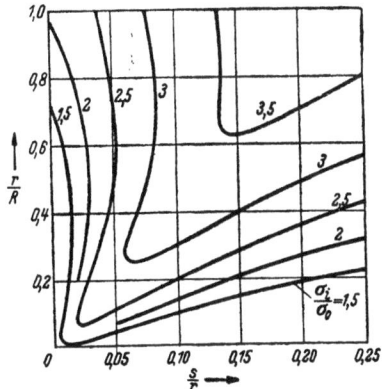

Abb. 7. Die Querspannung σ_i/σ_0 in der scheinbar neutralen Faserschicht ist oft die Höchstspannung im Rohrkrümmer.

[1] L. 1222.3 u. 13.   [2] L. 1222.7—14.   [3] L. 1222.10.

40 12. Spannungen und Formänderungen in prismatischen Stäben.

Zahlentafel 5.
Formänderungen eines kreisförmigen Trägers für verschiedene Belastungen.

1. Einzelkraft parallel zur X-Achse bei Winkel β.

Für $\varphi > \beta$: $M = \pm Pr(\sin\varphi - \sin\beta)$ und $P_0 = \mp P\sin\beta$.

Für $\varphi = 0$ bis α: $\delta_x = \dfrac{Pr^3}{ZE}\left[\dfrac{1}{4}(\sin 2\beta - \sin 2\alpha) + \dfrac{1}{2}(\alpha - \beta) + \sin\beta(\cos\alpha - \cos\beta)\right]$

$\delta_y = -\dfrac{Pr(\alpha-\beta)}{fE}\sin\beta + \dfrac{Pr^3}{ZE}\left[-\cos\alpha - \dfrac{1}{2}\sin^2\alpha - \sin\beta(\alpha - \sin\alpha - \beta + \dfrac{1}{2}\sin\beta) + \cos\beta\right]$

$\gamma = -\dfrac{P(\alpha-\beta)}{fE}\sin\beta + \dfrac{Pr^2}{ZE}[-\cos\alpha - (\alpha-\beta)\sin\beta + \cos\beta]$.

Für $\beta = 0$: $\delta_x = \dfrac{Pr^3}{ZE}\left(\dfrac{\alpha}{2} - \dfrac{\sin 2\alpha}{4}\right)$

$\delta_y = \dfrac{Pr^3}{ZE}\left(1 - \dfrac{1}{2}\sin^2\alpha - \cos\alpha\right)$

$\gamma = \dfrac{Pr^2}{ZE}(1 - \cos\alpha)$.

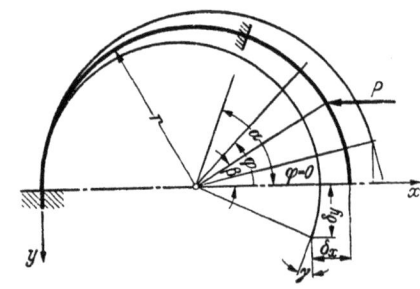

2. Einzelkraft parallel zur y-Achse bei Winkel β.

Für $\varphi > \beta$: $M = \pm Pr(\cos\beta - \cos\varphi)$ $P_0 = \pm P\cos\beta$.

Für $\varphi = 0$ bis α:

$\delta_y = \dfrac{Pr(\alpha-\beta)}{fE}\cos\beta + \dfrac{Pr^3}{ZE}\left[\cos\beta(\alpha - \sin\alpha - \beta + \sin\beta) + \dfrac{1}{4}(\sin 2\alpha - \sin 2\beta) + \dfrac{1}{2}(\alpha-\beta) - \sin\alpha + \sin\beta\right]$

$\delta_x = \dfrac{Pr^3}{ZE}\left(-\cos\beta\cos\alpha - \dfrac{1}{2}\sin^2\alpha + \cos^2\beta + \dfrac{1}{2}\sin^2\beta\right)$

$\gamma = \dfrac{P(\alpha-\beta)}{fE}\cos\beta + \dfrac{Pr^2}{ZE}[\cos\beta(\alpha-\beta) - \sin\alpha + \sin\beta]$

$\beta = 0$: $\delta_x = -\dfrac{Pr^3}{ZE}\left(\cos\alpha + \dfrac{\sin^2\alpha}{2} - 1\right)$

$\delta_y = \dfrac{Pr}{fE}\alpha + \dfrac{Pr^3}{ZE}\left(\dfrac{3}{2}\alpha - 2\sin\alpha + \dfrac{1}{4}\sin 2\alpha\right)$

$\gamma = \dfrac{P}{fE}\alpha + \dfrac{Pr^2}{ZE}(\alpha - \sin\alpha)$.

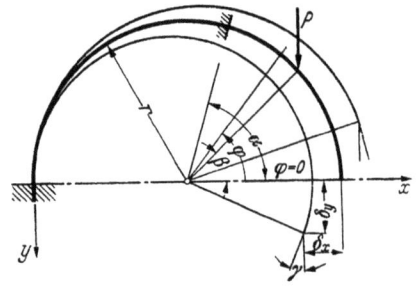

3. Moment bei Winkel β.    $M = \pm M_0$; $P_0 = \pm \dfrac{M_0}{r}$.

Für $\varphi = 0$ bis α: $\gamma = \dfrac{M_0(\alpha-\beta)}{rfE} + \dfrac{M_0 r(\alpha-\beta)}{ZE}$.

$\delta_x = \dfrac{M_0 r^2}{ZE}(-\cos\alpha + \cos\beta)$.

$\delta_y = \dfrac{M_0(\alpha-\beta)}{fE} + \dfrac{M_0 r^2}{ZE}(\alpha - \sin\alpha - \beta + \sin\beta)$.

Für $\beta = 0$: $\delta_x = -\dfrac{M_0 r^2}{ZE}(\cos\alpha - 1)$; $\gamma = \dfrac{M_0}{E}\left(\dfrac{1}{rf} + \dfrac{r}{Z}\right)\alpha$.

$\delta_y = \dfrac{M_0}{fE}\alpha + \dfrac{M_0 r^2}{ZE}(\alpha - \sin\alpha)$.

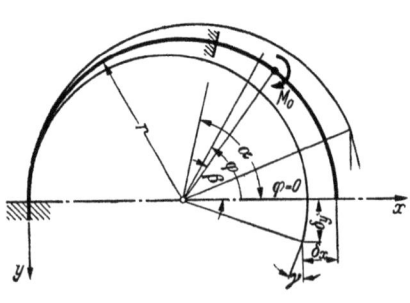

4. Gleichmäßige Außen- oder Innenbelastung.

$M = \pm pr^2(1 - \cos\varphi); \quad P_0 = 0.$

$\varphi = 0$ bis α: $\delta_x = \dfrac{pr^4}{ZE}\left(1 - \cos\alpha - \dfrac{1}{2}\sin^2\alpha\right),$

$\delta_y = \dfrac{pr^4}{ZE}\left(\dfrac{3}{2}\alpha - 2\sin\alpha + \dfrac{1}{4}\sin 2\alpha\right),$

$\gamma = \dfrac{pr^3}{ZE}(\alpha - \sin\alpha).$

$\varphi = 0$ bis $\dfrac{\pi}{2}$: $\delta_x = +\dfrac{pr^4}{2ZE}; \quad \delta_y = +\dfrac{pr^4}{ZE}\left(\dfrac{3\pi}{4} - 2\right);$

$\gamma = +\dfrac{pr^3}{ZE}\left(\dfrac{\pi}{2} - 1\right).$

$\varphi = 0$ bis π: $\delta_x = +\dfrac{2pr^4}{ZE}; \quad \delta_y = +\dfrac{3\pi pr^4}{2ZE}; \quad \gamma = +\dfrac{\pi pr^3}{ZE}.$

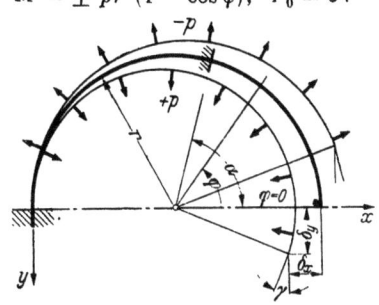

5. Belastung durch Eigengewicht.

$M = \pm gr^2\varphi\left(\dfrac{\sin\varphi}{\varphi} - \cos\varphi\right) \quad P_0 = \pm gr\sin\varphi.$

$\varphi = 0$ bis α: $\delta_x = \dfrac{gr^4}{ZE}\left[\dfrac{\alpha}{2} - \dfrac{1}{4}\sin 2\alpha - \dfrac{1}{8}(\sin 2\alpha - 2\alpha\cos 2\alpha)\right]$

$\delta_y = \dfrac{gr^2}{fE}(1 - \cos\alpha) + \dfrac{gr^4}{ZE}\left(\dfrac{15}{8} - 2\cos\alpha - \dfrac{1}{2}\sin^2\alpha - \alpha\sin\alpha + \dfrac{\alpha}{4}\sin 2\alpha + \dfrac{\alpha^2}{4} + \dfrac{1}{8}\cos 2\alpha\right)$

$\gamma = \dfrac{gr}{fE}(1 - \cos\alpha) + \dfrac{gr^3}{ZE}(2 - 2\cos\alpha - \alpha\sin\alpha)$

$\varphi = 0$ bis $\dfrac{\pi}{2}$: $\qquad\qquad \varphi = 0$ bis π:

$\delta_x = +\dfrac{\pi gr^4}{8ZE}; \qquad\qquad \delta_x = +\dfrac{3\pi gr^4}{4ZE};$

$\delta_y = +\dfrac{gr^2}{E}\left[\dfrac{1}{f} + \dfrac{r^2}{16Z}(20 - 8\pi + \pi^2)\right] \quad \delta_y = +\dfrac{gr^2}{E}\left[\dfrac{2}{f} + \dfrac{r^2}{4Z}(16 + \pi^2)\right];$

$\gamma = +\dfrac{gr}{E}\left[\dfrac{1}{f} + \dfrac{r^2}{2Z}(4 - \pi)\right] \qquad \gamma = +\dfrac{2gr}{E}\left(\dfrac{1}{f} + \dfrac{2r^2}{Z}\right).$

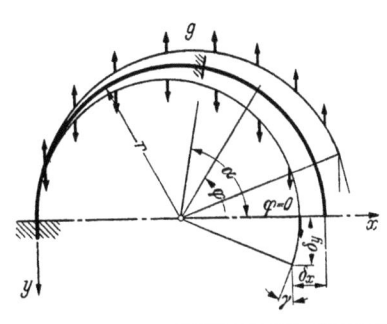

NB. Bei den Anwendungen sind die Vorzeichen der Verschiebungen und Verdrehungen sorgfältig zu beachten; sie sind immer positiv in der Richtung der Kräfte, resp. Momente.

Zahlenbeispiel 1. Kolbenringe (Abb. 8) dienen zur Abdichtung des Kolbens und müssen zu diesem Zweck mit einer gleichmäßigen Pressung p an die Zylinderwand anliegen. Bei der Berechnung der größten Spannung aus Gl. (11) kann, da $h/2r = 1/30$ bis $1/20$ ist, $Z = J$ gesetzt werden. Für den gefährlichsten Querschnitt AB ist $P = p \cdot b \cdot D$ als Druckkraft negativ. Das Biegemoment $M_b = P(D-h)/2$ vermehrt die Krümmung, ist also positiv, so daß

$$P_0 = P + M_b/r = -p \cdot b \cdot D + p \cdot b \cdot D = 0.$$

Wenn $r = D/2$ gesetzt wird, ist die größte Spannung nach Gl. (12)

$$\sigma_b = 6 \cdot M_b/bh^2 < 12\, p\left(\dfrac{r}{h}\right)^2 \tag{a}$$

Die in der Literatur angegebenen Werte von p, die zum einwandfreien Abdichten erforderlich sind, weichen sehr stark voneinander ab. Wenn als zulässige Spannung für Gußeisen 1200 at angenommen wird[1], so folgt aus dieser Gleichung, daß

für $p = 0,5$ at $r/h = 14$ und für $p = 1$ at $r/h = 10$

sein sollte, damit die zulässige Spannung nicht überschritten wird. Da die Ringe meist mit

---

[1] In der Literatur (z. B. Dubbel: Ölmaschinen) wird $\sigma_{max} = 800$ bis 1200 at für Gußeisen angegeben. Die Kolbenringe werden aus hochwertigem Grauguß, am besten im Einzelguß hergestellt; die Biegefestigkeit beträgt dann $50-60$ kg/mm², gegenüber $35-45$ kg/mm² für in Sand gegossene Büchsen oder für Schleuderguß

12. Spannungen und Formänderungen in prismatischen Stäben.

$r/h = 10$ bis 15 ausgeführt werden, ertragen sie dauernd keine wesentlich höhere Pressung als etwa $= 0{,}5$ bis 1 at, die, wenn der Ring überall gleichmäßig anliegt, zur Dichtung ausreichend ist.

Die Stoßstelle (das Schloß des Ringes) wird meist abgeschrägt oder auch als Überlappung ausgebildet (Abb. 9). Die Länge a, die aus dem ungespannten Ring herausgeschnitten werden muß, damit er sich unter dem gleichmäßigen Druck gerade schließt, folgt aus Zahlentafel 5 Pos. 4 zu

$$a/2 = \frac{3\pi}{2} \cdot \frac{pbr^4}{JE}. \qquad (b)$$

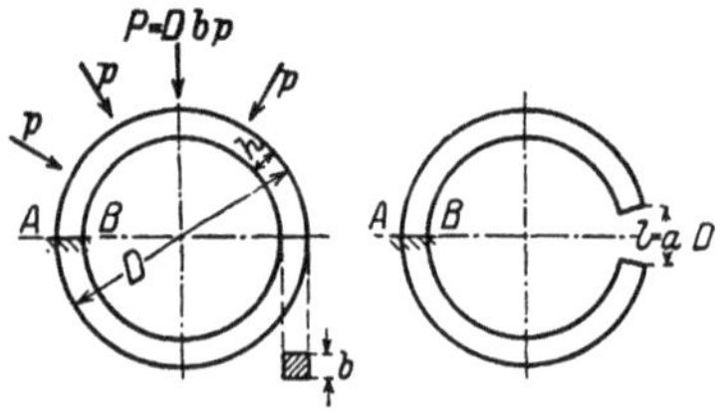

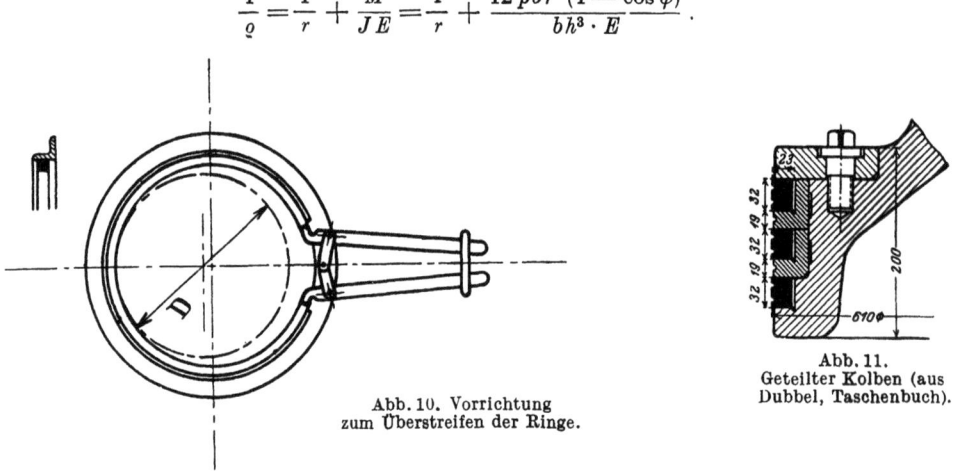

Abb. 8. Zur Berechnung der Kolbenringe.

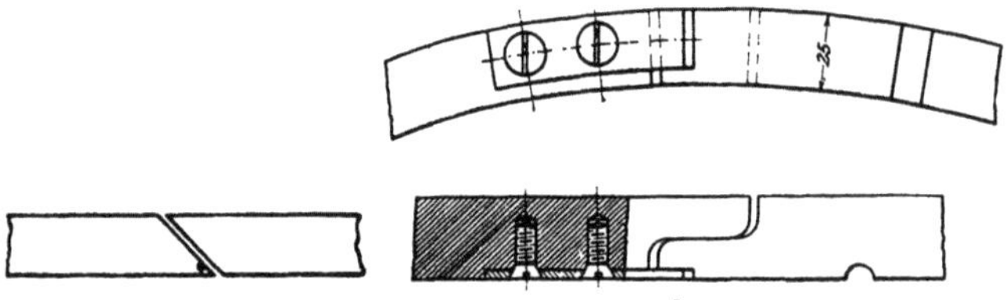

Abb. 9. Schloß des Ringes. a abgeschrägt, b überlappt.

Die Ringe müssen nun so hergestellt werden, daß sie tatsächlich mit der gleichmäßigen Pressung p am Umfange aufliegen. In der Praxis gibt es dafür verschiedene Verfahren.

Stark verbreitet ist das Verfahren, bei dem die nötige Spannung nach dem Aufschneiden des Ringes durch Hämmern der Innenfläche erreicht wird, wobei die Schläge nach den Ringenden zu, an Stärke abnehmen. Es hängt hier also wesentlich von der Übung und Geschicklichkeit des Arbeiters ab, ob die gleichmäßige Pressung erreicht wird.

Die Form des ungespannten Ringes läßt sich aber aus dem Krümmungsradius nach Gl. (14) eindeutig bestimmen, denn es ist:

$$\frac{1}{\varrho} = \frac{1}{r} + \frac{M}{JE} = \frac{1}{r} + \frac{12\,pbr^2(1-\cos\varphi)}{bh^3 \cdot E}.$$

Abb. 10. Vorrichtung zum Überstreifen der Ringe.

Abb. 11. Geteilter Kolben (aus Dubbel, Taschenbuch).

Durch graphische Integration kann daraus die Form des ungespannten Ringes bestimmt werden, nach welcher eine Schablone zur Herstellung der Ringe angefertigt werden kann. Die Überlegenheit so hergestellter Ringe (Bennet-Ringe[1]) gegenüber den gehämmerten ist durch zahlreiche Versuche nachgewiesen. Bei einem Versuch an einer Heißdampf-Verbund-Schnellzuglokomotive der Schwedischen Staatsbahnen war nach einer Versuchsdauer von 80 000 km die Abnützung des Zylinders:

mit Bennet-Ringen		mit gehämmerten Ringen	
horizontal	vertikal	horizontal	vertikal
0,01 mm	0,01 mm	0,01 mm	0,15 mm

Die größte Beanspruchung des Ringes entsteht aber beim Überstreifen über den Kolben. Nach Gl. (14) ist $\frac{1}{\varrho} - \frac{1}{r_0} = \frac{M}{JE} = \frac{2\sigma}{Eh}$, worin $r_0 \approx r - h/2$ der Krümmungsradius des ungespannten Ringes, und r der Kolbenradius ist. Zum Überstreifen muß der Krümmungsradius ϱ

---

[1] L. 1222.15 u. 16

mindestens gleich $r + h/2$ sein, so daß

$$\frac{1}{r+h/2} - \frac{1}{r-h/2} = \pm \frac{2\sigma_{ü}}{E \cdot h} \approx \frac{h}{r^2} \text{ ist, und } \sigma_{ü} = \frac{E}{2}\left(\frac{h}{r}\right)^2 \quad \text{(c)}$$

folgt. Mit $r/h = 10$ und $E = 800000$ kg/cm² wird $\sigma = 4000$ kg/cm². Diese Spannung liegt nahe an der Bruchgrenze von Gußeisen, so daß das Einbringen der Ringe mit der größten Sorgfalt geschehen muß, weil sie sonst zerbrechen. Die Vorrichtung nach Abb. 10 verhindert ein zu starkes Aufspreizen der Ringe und damit eine übergroße Beanspruchung.

Um die Überbeanspruchung der Ringe zu vermeiden, wird der Kolben mehrteilig ausgeführt (Abb. 11), so daß die Ringe seitlich eingeführt werden können.

Federformen (Abb. 12/13), wie sie bei Reibkupplungen vorkommen, werden in ähnlicher Weise berechnet, so lange es sich um prismatische Stäbe handelt.

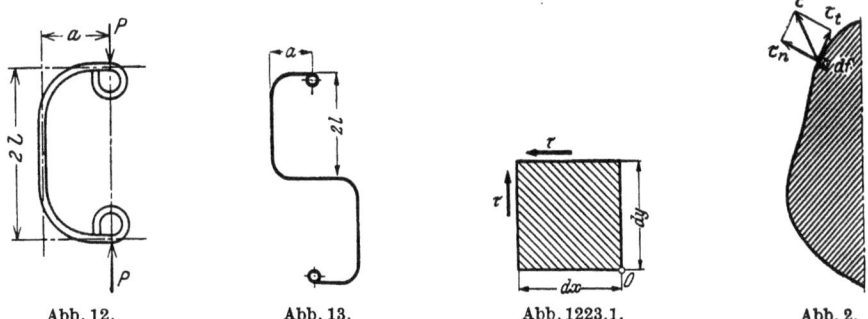

Abb. 12.　　Abb. 13.　　Abb. 1223.1.　　Abb. 2.

1223. Einfluß der Querkraft Q. Um die Bedeutung der Querkräfte beurteilen zu können, müssen noch die dadurch verursachten Spannungen und Formänderungen berechnet werden. Die Gleichgewichtsbedingung in der Richtung von Q liefert die eine Gleichung:

$$Q = \int \tau_{xy} df^*, \quad (1223.1)$$

worin noch unbekannt ist, wie die Schubspannungen über die Querschnittsfläche verteilt sind. Um diese Spannungsverteilung zu beurteilen, müßten wieder die dadurch verursachten Formänderungen bekannt sein. Diese sind bei Schubbeanspruchungen viel schwieriger zu überblicken und zweifellos auch viel verwickelter als bei der Beanspruchung durch Normalspannungen.

Von den Schubspannungen kennen wir den allgemeinen Satz der Gleichheit der zugeordneten Schubspannungen, der aussagt, daß die Schubspannungen in zwei zueinander senkrechten Schnitten gleich groß und entgegengesetzt gerichtet sind; sie treten immer paarweise auf. Der Beweis dieses Satzes folgt aus den Gleichgewichtsbedingungen an einem Parallelepiped (Momentengleichung in bezug auf 0, Abb. 1223.1). Aus diesem Satz läßt sich ein weiterer, ganz allgemeiner Satz über die Schubspannungen ableiten. Betrachten wir an einem beliebig begrenzten Querschnitt eine am Rande liegende Fläche df (Abb. 2). Nehmen wir an, daß die Schubspannung dort beliebig gerichtet sei, so läßt sie sich immer in zwei Richtungen zerlegen, von denen die eine in die Richtung der Umrißlinie fällt, τ_t, und die andere senkrecht dazu steht, τ_n. Jeder dieser beiden Komponenten läßt sich eine gleich große zugeordnete Schubspannung gegenüberstellen. An einem unendlich kleinen Parallelepiped, von dem df eine Seitenfläche bildet, würde jedoch die der Komponente τ_n zugeordnete Schubspannung an einer zur freien Staboberfläche gehörigen Seitenfläche angreifen. Da aber dort nichts mehr angrenzt, was eine Kraft übertragen könnte, muß τ_n zu Null werden, um das Gleichgewicht gegen Drehen herbeizuführen. Daraus folgt:

Am Querschnittsumfang sind die Schubspannungen tangential gerichtet.

Da über die Schubspannungsverteilung in der Querschnittsebene weiter nichts positives ausgesagt werden kann, versucht man es mit den zugeordneten Schubspannungen. Legt man an einer beliebigen Stelle in der Entfernung η von der neutralen Faserschicht einen Schnitt (Abb. 3) so sind die dort auftretenden horizontalen Schubspannungen gleich den an dieser Stelle in dem Querschnitt auftretenden Schubspannungen. Von diesen horizontalen Schubspannungen wird nun angenommen, daß sie gleichmäßig über die Breite verteilt sind. Das ist eine Annahme (Hypothese), deren Richtigkeit aber gar nicht nachgewiesen ist. Die genaue Lösung des Problems für einen rechteckigen Querschnitt[1] zeigt dann auch, daß sie nicht zutrifft.

---

* Bei dieser Bezeichnung stimmt der erste Zeiger mit der Richtung der Normalen des Flächenelementes überein, die zweite zeigt die Richtung an, in der die Schubspannung zu nehmen ist.

[1] L. 1223.1.

12. Spannungen und Formänderungen in prismatischen Stäben.

Damit wäre die vertikale Komponente der in dem Querschnitt wirkenden Schubspannung bestimmt. Die am Umfange tangential gerichteten Schubspannungen schneiden die Symmetrieachse im Punkte C. Ein beliebiger Punkt B der Faserschicht AA erfährt eine Schubspannung, die ebenfalls nach dem Punkt C der Z-Achse gerichtet ist. Auch diese Annahme ist zwar nicht sicher begründet, aber sie ist die einfachste, die man machen kann. Die größte Schubspannung tritt dann am Umfang auf und ist:

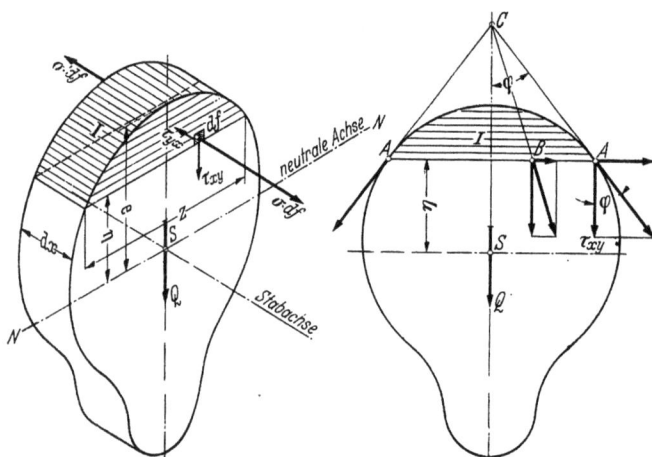

Abb. 3. Schubspannungen im gebogenen Stab.

$$\tau = \frac{\tau_{xy}}{\cos \varphi}. \qquad (2)$$

Wenn an den Schnittflächen die Spannungen angebracht werden, muß der abgeschnittene Teil I im Gleichgewicht sein. An der Stirnfläche x greifen die Normalspannungen σ an, deren Summe $= \int\limits_{\eta}^{e} \sigma df$ ist. In der um dx entfernten Stirnfläche wirken die Normalspannungen, deren Summe $= \int\limits_{\eta}^{e} \sigma' df$ ist, und in der horizontalen Grenzfläche die Schubspannungen τ_{yx} mit der Summe $\tau_{yx} dx \cdot z$, wenn z die Stabbreite in der Entfernung η ist. Die Gleichgewichtsbedingung in horizontaler Richtung liefert die Gleichung:

$$\tau_{yx} dx \cdot z = \int\limits_{\eta}^{e} \sigma' df - \int\limits_{\eta=z}^{e} \sigma df.$$

Diese Kräfte haben nicht den gleichen Angriffspunkt, weil der Körper noch auf Biegung beansprucht wird. Da die Normalspannungen proportional mit der Entfernung von der neutralen Faserschicht zunehmen, wird:

$$\tau_{yx} dx \cdot z = \frac{\sigma'_{\max}}{e} \int\limits_{\eta=y}^{\eta=e} \eta df - \frac{\sigma_{\max}}{e} \int\limits_{\eta=y}^{\eta=e} \eta df.$$

$\int\limits_{\eta=y}^{\eta=e} \eta df = S_y$ ist das statische Moment des abgeschnittenen Teiles in bezug auf die Schwerpunktsachse des Querschnittes. Da wir einen prismatischen Körper vorausgesetzt haben, ist S_y für den ganzen Träger konstant und $z \tau_{yx} dx = \frac{S_y}{e} (\sigma'_{\max} - \sigma_{\max})$.

Da nach der Biegegleichung $\sigma_e = \frac{M}{J} e$ und $\sigma'_e = \frac{M + dM}{J} e$ ist, wird mit $Q = \frac{dM}{dx}$

$$\tau_{yx} dx \cdot z = \frac{S_y}{e} \cdot \frac{e}{J} (M + dM - M) = \frac{S_y}{J} dM$$

und
$$\tau_{yx} = \frac{S_y}{J} \cdot \frac{Q}{z}. \qquad (3)$$

S_y ist Null für $y = e$ und am größten für $y =$ Null; die Schubspannung wird in der neutralen Faserschicht am größten und ist in den äußersten Fasern gleich Null.

Gl. (3) gilt natürlich nicht in der Nähe der Kraftangriffsstelle.

a) **Für den rechteckigen Querschnitt** ist (Abb. 4):

$$J = \frac{1}{12} bh^3. \quad S_y = \frac{b}{2}\left(\frac{h^2}{4} - y^2\right) \quad \text{und}$$

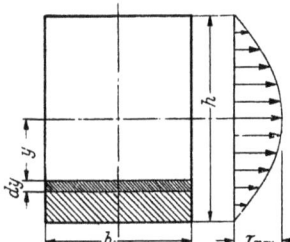

Abb. 4. Schubspannungen in einem rechteckigen Querschnitt, in genügender Entfernung von der Kraftangriffsstelle.

$$\tau_{xy} = \tau = \frac{Q}{b} \cdot \frac{\frac{b}{2}\left(\frac{h^2}{4} - y^2\right)}{\frac{1}{12} bh^3} = \frac{6Q}{bh^3}\left(\frac{h^2}{4} - y^2\right). \qquad (4)$$

1223. Einfluß der Querkraft Q.

Das ist die Gleichung einer Parabel, deren Scheitel auf der neutralen Achse des Querschnittes liegt.

$$\tau_{max} = \frac{3}{2} \frac{Q}{bh}. \tag{5}$$

Die Lösung von Timoshenko[1] zeigt, daß die Schubspannungen nicht gleichmäßig über den Querschnitt verteilt sind; ihre Größtwerte τ'_{max} treten in den Endpunkten der neutralen Faserschicht auf, und zwar ist $\tau'_{max} = \alpha \tau_{max}$;

für b/h . . . 0,5   1   2   4
ist α 1,03 1,13 1,4 2

b) Für den Kreisquerschnitt (Abb. 5) ist: $J = \frac{\pi}{4} r^4$.

Mit $z = 2r \cos\varphi$, $\eta = r \sin\varphi$ und $d\eta = r \cos\varphi \, d\varphi$, wird

$$S_y = \int_\eta^e \eta \, df = 2r^3 \int_\varphi^{\pi/2} \cos^2\varphi \sin\varphi \, d\varphi = \frac{2}{3} r^3 \cos^3\varphi$$

und damit

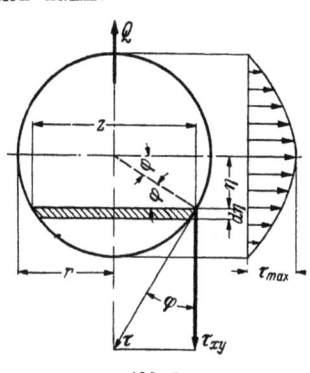

Abb. 5.

$$\tau_{xy} = \frac{Q \cdot \frac{2}{3} r^3 \cos^3\varphi}{\frac{\pi}{4} r^4 \, 2r \cos\varphi} = \frac{4}{3} \frac{Q}{\pi r^2} \cos^2\varphi. \tag{6}$$

Nach Gl. (2) ist:

$$\tau = \frac{\tau_{xy}}{\cos\varphi} = \frac{4}{3} \frac{Q}{\pi r^2} \cos\varphi \tag{7}$$

und

$$\tau_{max} = \frac{4}{3} \cdot \frac{Q}{f}. \tag{8}$$

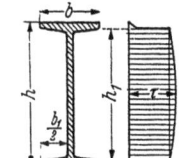

Abb. 6.

c) Für einen I-Querschnitt (Abb. 6) kann man die Querschnittsfläche als die Differenz zweier Rechtecke bh und $b_1 h_1$ auffassen. Wenn auch infolge der plötzlichen Änderung der Breite die Voraussetzungen der Theorie nicht genau erfüllt sind, erhält man als angenäherten Wert der Schubspannung in einem Schnitt durch den Flansch:

$$\tau = \frac{Q}{J} \cdot \frac{1}{2} \left(\frac{h^2}{4} - y^2 \right). \tag{9}$$

Für einen Schnitt durch den Steg ist:

$$\tau = \frac{Q}{J} \frac{1}{b - b_1} \left\{ \left(\frac{h^2}{4} - y^2 \right) \frac{b}{2} - \left(\frac{h_1^2}{4} - y^2 \right) \frac{b_1}{2} \right\}. \tag{10}$$

Die beiden Gleichungen von τ werden durch Parabeln dargestellt, von welchen die letztere sehr flach ist, da das konstante Glied überwiegt. Aus der Abbildung ist zu entnehmen, daß die Schubspannung in einem I-Querschnitt fast gleichmäßig über die Steghöhe verteilt ist.

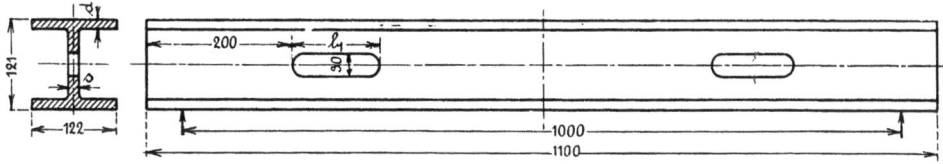

Abb. 7. Bedeutung der Schubspannungen (aus Bach-Baumann).

Da in der neutralen Faserschicht die Biegespannung zu Null wird, könnte man glauben, dort ohne Schaden Material auf eine gewisse Strecke herausnehmen zu dürfen. Das Anbringen von Schlitzen oder Löchern verhindert dort aber die stetige Übertragung der Schubspannungen, die in der neutralen Achse gerade am größten sind. Man kann sich von der Größe der Schwächung durch folgende Überlegung ein Bild machen: Wäre die Trennung in der neutralen Achse auf die ganze Stablänge durchgeführt, so könnte jede Stabhälfte für sich frei durchbiegen. Dabei ändert sich aber das Widerstandsmoment des Trägers wesentlich. Bei den von C. Pfleiderer[2] unter-

---

[1] L. 1223.1.   [2] L. 1223.2.

suchten gußeisernen Trägern (Abb. 7) war $J = 1100$ cm^4 und $W = 184$ cm^3. Für die durch den Schlitz getrennten zwei Querschnittshälften: $W_1 = 2 \cdot 16 = 32$ cm^3. Die größte Biegungsspannung müßte also auf das Fünffache steigen; C. Pfleiderer hat bei seinen Versuchen auch Spannungserhöhungen von dieser Größenordnung gefunden.

Die Schubspannungen haben auch zur Folge, daß die elastische Linie sich etwas ändert. Zwei benachbarte Schnitte erfahren eine Senkung $d\zeta$, wodurch Q eine Arbeit $\tfrac{1}{2} Q d\zeta$ geleistet hat, die gleich der Deformationsarbeit durch die Schubspannungen sein muß

$$dx \int_F \frac{\tau^2}{2G} df = \frac{1}{2} \cdot Q_x d\zeta,$$

$$\zeta = \frac{1}{G} \int_0^l \frac{dx}{Q_x} \int_F \tau^2 df. \tag{11}$$

Für einen rechteckigen Querschnitt ist $df = b\,dy$ und (nach Gl. 4) $\tau = \dfrac{6Q}{bh^3}\left(\dfrac{h^2}{4} - y^2\right)$, also:

$$\int \tau^2 df = \frac{36\,bQ^2}{b^2 h^6} \int_{-\frac{h}{2}}^{+\frac{h}{2}} \left(\frac{h^2}{4} - y^2\right)^2 dy = \frac{6}{5} \frac{Q^2}{bh}. \tag{12}$$

Für den Belastungsfall 1 (Zahlentafel 1221.1) z. B. ist Q unabhängig von x gleich P, und

$$\zeta = \frac{1}{G} \int_0^l \frac{6}{5} \frac{P}{bh} dx = \frac{6\,Pl}{5\,bh \cdot G}. \tag{13}*$$

Die Durchbiegung f, aus der Gleichung der elastischen Linie bestimmt, war $f = \dfrac{Pl^3}{3JE} = \dfrac{4\,Pl^3}{bh^3 E}$, so daß die totale Durchbiegung mit $G = 0{,}385\,E$ (Gl. 11.4):

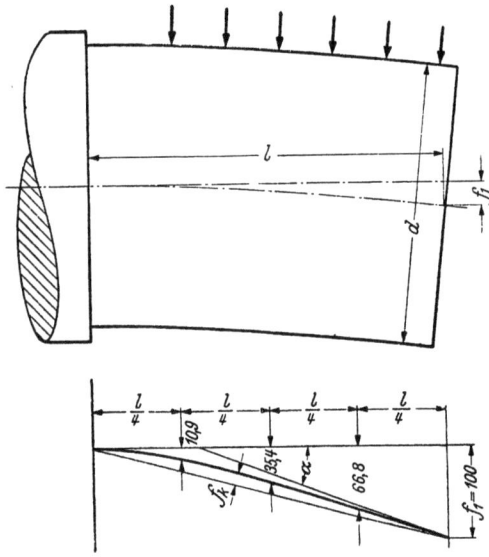

Abb. 8. Formänderung eines Zapfens.

$$f_t = \frac{Pl}{bhE} \left\{ \frac{4\,l^2}{h^2} + 3{,}1 \right\} \tag{14}$$

ist. Für $l = 5h$ verursachte die Vernachlässigung der Scherkraft einen Fehler von 3,1%. Für $l = h$ dagegen beträgt der Fehler fast 80%. Für I-Träger, bei welchen die Schubspannungen gleichmäßig über den Querschnitt verteilt sind, ist der Einfluß von τ etwa 25% größer. Bei der genauen Bestimmung der Formänderung von Zapfen muß die Schubkraft jedenfalls berücksichtigt werden.

Anwendungsbeispiel 1223.1. Wie groß ist die größte Formänderung eines einseitig eingespannten runden Trägers bei gleichmäßiger Belastung (Abb. 8)?

Die Durchbiegung durch die Normalspannungen allein ist nach Zahlentafel 1221.1 Pos. 3 mit $J = \dfrac{\pi}{64} d^4$

$$f_1 = \frac{pl^4}{8JE} \approx \frac{2{,}5\,pl^4}{Ed^4}. \tag{a}$$

Die Verbindung der beiden Endpunkte der elastischen Linie (Abb. 8) gibt die mittlere Schrägstellung des Wellenzapfens, während die größte Wölbung durch f_k dargestellt ist. Aus der Konstruktion der elastischen Linie folgt:

$$f_k = 0{,}145\,f_1 \approx 0{,}4\,\frac{pl^4}{Ed^4}. \tag{b}$$

---

* In der Nähe der Kraftangriffstelle und der Einspannung sind die Schubspannungen annähernd gleichmäßig über den Querschnitt verteilt. Mit $\tau = Q/F$ und $Q = P = $ konstant (Belastungsfall 1) ist

$$\zeta = \frac{1}{G} \int_0^l \frac{dx}{Q} \int_F \frac{Q^2}{F^2} df = \frac{P}{F \cdot G} \int_0^l dx = \frac{Pl}{F \cdot G}, \tag{13a}$$

also etwas kleiner als nach Gl. 13.

Die zusätzliche Senkung ζ folgt aus Gl. 11, wenn τ die Komponente der Schubspannung in der Q-Richtung ist. Für den kreisförmigen Querschnitt ist

$$\eta = r\sin\varphi, \quad d\eta = r\cos\varphi\, d\varphi, \quad df = 2r\cos\varphi\, d\eta = 2r^2\cos^2\varphi\, d\varphi \quad \text{und} \quad \tau_{xy} = \frac{4}{3}\frac{Q}{\pi r^2}\cos^2\varphi \quad \text{(Gl. 7)}.$$

Damit wird:
$$\int_{Fl}\tau_{xy}^2\, df = 4\left(\frac{4}{3}\right)^2\frac{Q^2}{(\pi r^2)^2}\cdot r^2\int_0^{\pi/2}\cos^6\varphi\, d\varphi.$$

Das bestimmte Integral[1] hat den Wert $\dfrac{1\cdot 3\cdot 5}{2\cdot 4\cdot 6}\cdot\dfrac{\pi}{2}$, so daß $\zeta = \dfrac{1}{G}\cdot\dfrac{5}{9\pi r^2}\int_0^l Q\, dx$ ist.

Für einen gleichmäßig belasteten Balken ist die Querkraft $Q = p\cdot x$, und mit $G = 0{,}385\, E$:

$$\zeta = \frac{1}{G}\cdot\frac{5}{9\pi r^2}\cdot\frac{pl^2}{2} = \frac{5}{3{,}465\, E}\cdot\frac{pl^2}{2\pi r^2}. \tag{c}$$

Die totale Durchbiegung mit Berücksichtigung der Scherkraft wird:

$$f_t = f_1 + \zeta = \frac{p\cdot l^2}{2\pi r^2 E}\left(\frac{l^2}{r^2} + 1{,}45\right). \tag{d}$$

Für $l = d$ ist f_t 36% größer als bei Vernachlässigung der Querkräfte. Für $l = 2d$ beträgt der Fehler immer noch 9%. Der Balken stellt sich demnach bedeutend schräger, und auch die Krümmung ist größer als die Gl. (b) ergibt. Rechnet man mit der einfachen und in der Nähe der Kraftangriffstellen und der Einspannung eher zutreffenden Annahme, daß die Schubspannungen gleichmäßig verteilt sind, also $\tau = Q/F$ ist, so wird $\zeta = \dfrac{pl^2}{2F\cdot G}$, also $^9/_5$ mal so groß wie nach Gl. (c). Man kann ungefähr setzen:

$$f_k' = \beta\,\frac{pl^4}{E\cdot d^4} \quad \text{mit} \quad \begin{array}{l}\beta = 0{,}37 \quad 0{,}45 \quad 0{,}62 \quad 1 \\ \text{für} \quad l/d = \infty \quad 2 \quad 1 \quad 0{,}5\end{array} \tag{e}$$

1224. Stäbe mit veränderlichem Querschnitt. Bei einem prismatischen Stab tritt die größte Biegespannung nur im Querschnitt des größten Momentes auf und dort nur in den äußersten Fasern. Alle anderen Querschnitte werden weniger beansprucht und dürfen deshalb schwächer gemacht werden. Eine bessere Werkstoffausnützung erhält man, wenn in allen Querschnitten die maximale Biegespannungen gleich groß werden (Träger gleicher Biegespannung)[2].

Es ist aber zu beachten, daß wir bisher prismatische Stäbe mit unveränderlichen Querschnitten vorausgesetzt haben. Die Berechnung der Spannungen bei veränderlichen Querschnitten ist nur bei einfachen Formen möglich und zeigt z. B. bei keilförmigen Trägern (vgl. Abschn. 151), daß die Biegespannungen mit ausreichender Genauigkeit auch für veränderliche Querschnitte nach der elementaren Theorie berechnet werden dürfen. Die Schubspannungen dagegen erhalten einen ganz anderen Verlauf und ihre Vernachlässigung bedeutet bei veränderlichen Querschnitten eine grobe Unterschätzung der Bruchgefahr.

Für Belastungsfall 1, Zahlentafel 1221.1, ist zum Beispiel:

$$M_x = Px \quad \text{und} \quad \sigma_{\max} = \frac{M_x}{J_x}e_x = \frac{Pe_x}{J_x}\cdot x; \tag{1224.1}$$

soll $\sigma_{\max}$ konstant sein, so muß $\dfrac{Pe_x}{J_x}x$ konstant werden. Diese eine Gleichung mit den beiden Unbekannten J_x und e_x reicht zur eindeutigen Bestimmung des Körpers nicht aus. Wir können irgendeine weitere beliebige Bedingung über den Querschnitt annehmen, z. B. Rechteck mit unveränderlicher Höhe h. Dann ist

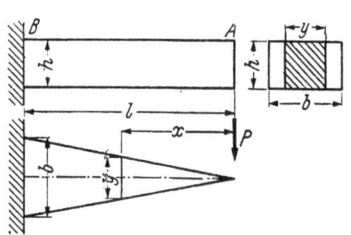

Abb. 1224.1. Körper gleicher Biegespannung (aus Winkel).

$$J = \frac{1}{12}b_x h^3, \quad \text{und} \quad \frac{6Px}{b_x h^2} = \text{konstant}, \tag{2}$$

d. h. b muß mit x proportional sein (Abb. 1224.1).

---

[1] L. 1223.3.
[2] Im Schrifttum meist Körper gleicher Biegefestigkeit genannt; diese Bezeichnung ist irreführend. Nur die größten Biegespannungen in den verschiedenen Schnitten sind gleich groß. Die Schubspannungen dagegen hängen von der Gestalt des Körpers ab und können z. B. für keilförmige Körper berechnet werden (Abschn. 151).

48   12. Spannungen und Formänderungen in prismatischen Stäben.

Da die Spannungen in den einzelnen Querschnitten größer werden als für den prismatischen Träger, sind die Durchbiegungen natürlich auch größer. Körper gleicher Biegespannung dürfen nur dann gewählt werden, wenn die Durchbiegung groß werden darf (z. B. bei Federn).

Mit der Bedingung $\sigma_{\max} = \frac{M_x}{J_x} e_x =$ konst., wird die Formänderungsarbeit für Körper gleicher Biegespannung Gl. (1221.15): $\mathfrak{A} = \int \frac{M_x^2}{2 J_x E} dx = \frac{\sigma_{\max}^2}{2E} \int \frac{J_x}{e_x^2} dx$ und mit $J_x = i f_x e_x^2$:

$$\mathfrak{A} = \frac{\sigma_{\max}^2}{2E} \int i f_x dx = \frac{\sigma_{\max}^2}{2E} i \int dV = \frac{\sigma_{\max}^2}{2E} i \cdot V, \tag{3}$$

d. h. die Formänderungsarbeit eines Körpers gleicher Biegespannung von bestimmter Querschnittsform ist unabhängig von der Art der Unterstützung und der Belastung.

Die Bedingung, daß alle Querschnitte gleich große Biegespannungen erfahren, ist praktisch nie genau zu erfüllen, da in den Momentennullpunkten die Spannung immer gleich Null wird.

123. Kräftepaar wirkt in einer Ebene senkrecht zur Stabachse. (Verdrehung.)

Der kreisförmige Querschnitt ist besonders einfach, weil dann zu erwarten ist, daß alle Punkte, die vorher in einer Querschnittsebene lagen auch nach der Verdrehung noch in einer zur Stabachse senkrechten Ebene liegen. Der Symmetrie wegen könnte der Kreisquerschnitt kaum nach irgendeiner Richtung eine besondere Abweichung zeigen (vgl. Abb. 123.1). Je zwei in gleichen Abständen aufeinanderfolgende Querschnitte verdrehen sich immer gleichviel gegeneinander. Wenn $d\varphi$ die Verdrehung für eine Länge dx ist, so ist $d\varphi/dx = \vartheta$ der verhältnismäßige Verdrehungswinkel, d. i. der Verdrehungswinkel je Längeneinheit. Schneiden wir ein Stabelement von der Länge dx heraus (Abb. 2) und wählen im Innern eine Faser AB in der Entfernung ϱ vom Mittelpunkt, dann ist die Verschiebung $AC = \varrho d\varphi$. Aber AC ist auch gleich γdx, so daß durch Gleichsetzen beider Werte $\gamma = \varrho \frac{d\varphi}{dx} = \varrho \vartheta$ wird. Da, nach dem Hookeschen Gesetze, die Spannungen mit den Verschiebungen proportional sind, ist

$$\tau = G\gamma = G\varrho\vartheta, \tag{123.1}$$

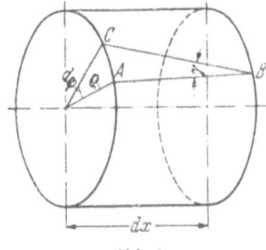

Abb. 123.1. Verdrehung eines runden Stabes.   Abb. 2.

worin G der **Schubmodul** ist. Die Schubspannung τ steht senkrecht zum Radius, weil die elastische Verschiebung in diesem Sinne erfolgt, und ist proportional mit ϱ:

$$\tau = \tau_{\max} \frac{\varrho}{r}. \tag{2}$$

Nach der Gleichgewichtsbedingung muß die Summe der Momente der Spannungen gleich und entgegengesetzt dem Drehmomente sein. Auf ein Flächenelement $df = 2\pi\varrho d\varrho$ wirkt die Schubspannung τ, so daß

$$M_d = \int_0^r \tau \cdot df \cdot \varrho = \frac{\tau_{\max}}{r} \int_0^r \varrho^2 df = \tau_{\max} \cdot \frac{J_p}{r} = \tau_{\max} \cdot W_p \tag{3}$$

ist, wenn mit $J_p = \int_0^{d/2} \varrho^2 df = \frac{\pi}{32} d^4$ das **polare Flächenträgheitsmoment** und mit W_p das polare Widerstandsmoment des Querschnittes bezeichnet wird. Die größte Schubspannung ist

$$\tau_{max} = \frac{M_d}{\frac{\pi}{16}d^3} \approx \frac{5 M_d}{d^3} \qquad (4)$$

und der Verdrehungswinkel aus Gl. (1):

$$\vartheta = \frac{\tau_{max}}{G r} = \frac{M_d}{J_p \cdot G}. \qquad (5)$$

Die Gleichungen für die Berechnung der größten Spannung (3/4) und der Formänderung (5) haben also für Verdrehung den gleichen Aufbau wie die entsprechenden Gl. (1221.2 u. 9) für Biegung.

Für eine Hohlwelle mit den Radien r_i und r_a wird

$$M_d = 2\pi \frac{\tau_{max}}{r_a} \int_{r_i}^{r_a} \varrho^3 d\varrho = \frac{2\pi \tau_{max}}{r_a} \cdot \frac{r_a^4 - r_i^4}{4} = \frac{\pi (d_a^4 - d_i^4)}{16 d_a} \tau_{max}$$

$$= \frac{\pi}{16} \frac{(d_a^2 + d_i^2)(d_a + d_i)(d_a - d_i)}{d_a} \tau_{max} \approx \frac{\pi}{2} \cdot d_m^2 \cdot s \cdot \tau_{max}, \qquad (6)$$

worin d_m der mittlere Durchmesser und s die Wandstärke der Hohlwelle ist.

Für die Berechnung der Abmessungen ist das größte Drehmoment maßgebend. Um einen Überblick über die Beanspruchung zu erhalten, kann man die Drehmomente in ähnlicher Weise längs der Stabachse auftragen, wie wir es bei der Biegemomentenfläche getan haben. Abb. 3 zeigt eine Welle, die nur zwischen den Riemenscheiben 1 und 2 ein Drehmoment überträgt; Abb. 4 eine Welle, bei der die Antriebsscheibe in der Mitte liegt, und das Drehmoment nach beiden Seiten abgegeben wird.

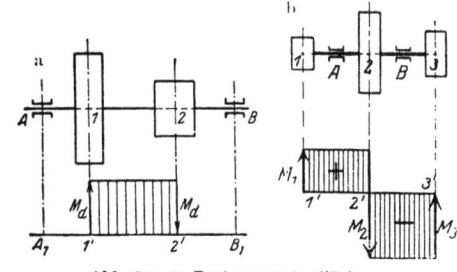

Abb. 3 u. 4. Drehmomentenfläche (aus Winkel).

Hat der Stab einen allmählich veränderlichen kreisförmigen Querschnitt, so muß der Verdrehungswinkel für ein Längenelement dx: $d\varphi = \vartheta dx = \frac{M_d}{J_p \cdot G} dx$, über die totale Länge summiert werden, um den Verdrehungswinkel

$$\varphi = \frac{1}{G} \int_0^l \frac{M_d}{J_p} dx$$

zu erhalten, welche Gleichung immer graphisch integriert werden kann.

Für alle anderen Querschnittsformen gelten keine so einfachen Beziehungen, weil die Voraussetzung, daß die Querschnitte eben bleiben, nicht erfüllbar ist. Das erkennt man sofort, wenn man z. B. einen Stab von quadratischem Querschnitt betrachtet (Abb. 5). Würde sich dieser wie der Kreiszylinder verformen, so müßte jeder Punkt des Querschnittes gegenüber dem unendlich benachbarten einen kleinen Kreisbogen beschreiben, der senkrecht zu dem vom Mittelpunkt des Quadrates nach ihm gezogenen Halbmesser steht. Die dadurch erzeugte Schubspannungsverteilung verstößt gegen die wichtige Randbedingung, daß die Schubspannungen am Umfang des Querschnittes tangential gerichtet sind, also keine Komponente senkrecht dazu haben dürfen. Daher kommt es, daß sich keine allgemeine für alle Querschnittsformen verwendbare Lösung der Verdrehungsaufgabe angeben läßt. Für jede Querschnittsform muß wieder eine neue Lösung gesucht werden[1].

Wenn alle Querschnitte bei der Verdrehung eben bleiben würden (nach der alten Theorie von Navier), so wäre für alle Querschnittsformen $J_t = J_p$. Zwei gleichlange Stäbe, der eine rund mit 20 mm ⌀, der andere rechteckig 37 × 3,7 mm (Abb. 6), welche das gleiche polare Trägheitsmoment haben, müßten dann durch das gleiche Drehmoment M_d um den gleichen Winkel verdreht werden. Jedermann kann den Versuch z. B. mit Holzstäben machen und finden, daß das Rechteck um einen vielfach größeren Winkel verdreht wird. Das Ebenbleiben der Quer-

---

[1] L. 123.1—4.

schnitte gibt demnach keinesfalls eine brauchbare Näherungslösung! Nachdem de Saint Venant die erste genaue Lösung gefunden hat, wurde das Problem für alle Querschnitte gelöst.

Es ist gebräuchlich für die Berechnung der Spannung und der Formänderung bei allen Querschnittsformen, ähnliche Gleichungen wie für den Kreisquerschnitt zu verwenden:

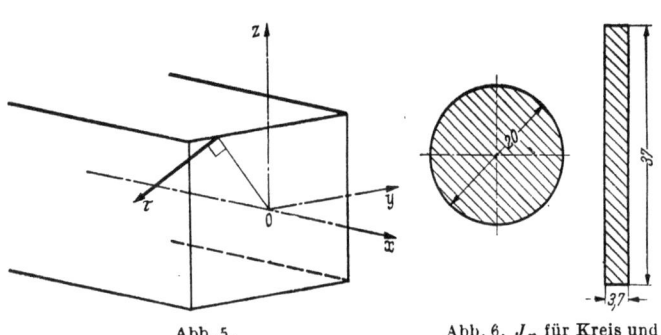

$$\tau_{max} = \frac{M_d}{W_t} \quad \text{resp.} \quad \vartheta = \frac{M_d}{J_t \cdot G} \qquad (7)$$

Man nennt W_t das Widerstandsmoment gegen Verdrehung. $J_t G$ ist ein Maß für die Drehsteifigkeit des Stabes, so wie JE ein Maß für die Biegesteifigkeit war. Für den Kreisquerschnitt ist $J_t = J_p$ und $W_t = W_p$; für andere Querschnittsformen können J_t und W_t aus Zahlentafel 123.1 entnommen werden.

Abb. 5.

Abb. 6. J_p für Kreis und Rechteck gleich groß.

Die größte Schwierigkeit für den Konstrukteur bei der Beurteilung der Tragfähigkeit eines Querschnittes gegenüber Torsionsbeanspruchung liegt darin, daß er sich im allgemeinen kein klares Bild über die Spannungsverteilung machen kann. Sobald dies möglich wäre, würde er auch die Tragfähigkeit besser beurteilen können.

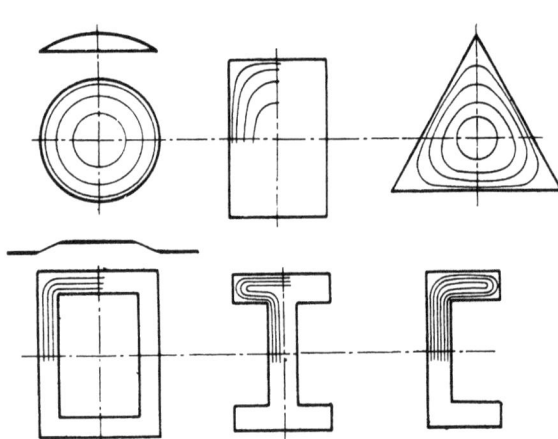

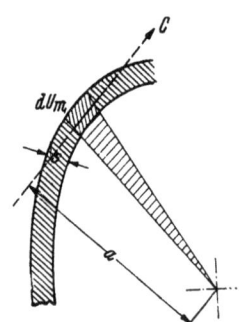

Es gibt nun ein einfaches Hilfsmittel, von Prof. L. Prandtl (Göttingen) vorgeschlagen, um die Spannungsverteilung anschaulicher zu machen:

Abb. 7. Niveaulinien bei verschiedenen Querschnittsformen.

Abb. 8. Beliebiger Ringquerschnitt, s = konstant.

Man denke sich aus einem Blech ein Loch ausgeschnitten, von der Gestalt des Querschnittes, für den die Torsionsbeanspruchung beurteilt werden soll, und über dem Loch eine Membran gespannt. Eine Membran ist eine Haut, die gar keine Biegungssteifigkeit hat, z. B. eine Seifenhaut. Wenn auf beiden Seiten der Haut der Druck gleich groß ist, so bleibt die Haut eben. Wenn wir aber den Druck auf der einen Seite erhöhen, so wölbt sich die Haut, und das Gefälle des Hügels entspricht an jeder Stelle der Größe der dort auftretenden Schubspannung.

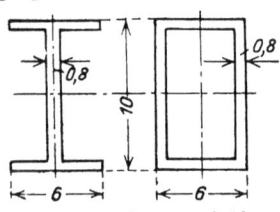

Abb. 9. Für Biegung beide Querschnitte gleichwertig. Für Verdrehung I-Querschnitt ungeeignet.

Der Beweis für diese Analogie liegt darin, daß beide Probleme auf die gleichen Differentialgleichungen zurückzuführen sind[1]. Man kann in die Querschnitte die Niveaulinien leicht einzeichnen und danach die Spannungsverteilung beurteilen (Abb. 7).

Man erkennt daraus, daß die Schubspannungen in ausspringenden Ecken (beim Rechteck, Dreieck) klein sind, also nur wenig zur Erhöhung der Festigkeit des Querschnittes beitragen. Profileisen verhalten sich bei Verdrehung ähnlich wie schmale Rechtecke von der Breite s und einer Höhe h gleich der gestreckten Höhe des Profils. Für

---

[1] Für den Beweis s. Abschn. 154.

123. Kräftepaar wirkt in einer Ebene senkrecht zur Stabachse.

Zahlentafel 123.1. Verdrehung.

	Querschnitt	Spannung	Verdrehungswinkel ϑ
1	Kreis, $d_a = 2r_a$, τ_{max}	$M_d \approx \frac{1}{5} d^3 \tau_{max}$	$\tau_{max} = r_a G \vartheta$ $\vartheta = \dfrac{M_d}{J_p G}$
2	Kreisring, r_i, r_a, s, τ_{max}	$M_d = \dfrac{\pi}{16} \dfrac{d_a^4 - d_i^4}{d_a} \tau_{max}$ $\approx 1{,}6\, d_m^2\, s\, \tau_{max}$ (wenn s klein ist)	$\tau_{max} = r_a G \vartheta$ $\vartheta = \dfrac{M_d}{J_p G}$
3	Ellipse, $b:a = n > 1$, τ_{max}	$M_d \approx \frac{1}{5} a^2 b\, \tau_{max}$	$\tau_{max} = \dfrac{n^2}{n^2+1} a G \vartheta$
4	Rechteck, $h:b = n \geq 1$, τ_{max}	$M_d = \psi\, h b^2 \tau_{max}$ | $n=$ | 1 | 2 | 4 | 10 | >10 | |---|---|---|---|---|---| | $\psi=$ | 0,209 | 0,245 | 0,282 | 0,312 | 0,33 | Näherungswert: $\psi = \dfrac{2}{9} \quad\quad \dfrac{1}{3}$	$\tau_{max} = \psi_1 b G \vartheta$. $\quad \vartheta = \psi_2 \dfrac{M_d}{h b^3 G}$ | $n=$ | 1 | 1,5 | 2 | 3 | |---|---|---|---|---| | $\psi_1 =$ | 0,675 | 0,85 | 0,927 | 0,985 | | $\psi_2 =$ | 7,09 | 5,08 | 4,37 | 3,80 |
5	L-, T-, +-, [-, I-Profile $l_1 > 4s$; $l_2 > 4s$; Abrundungsradien $= s$	$M_d \approx \frac{1}{3} \cdot l_t\, s^2 \tau_{max}$ L: $l_t = l_1 + l_2 - 1{,}6\, s$ T: $l_t = l_1 + l_2 - 0{,}9\, s$ +: $l_t = l_1 + l_2 - 0{,}15\, s$ [: $l_t = 2\, l_1 + l_2 - 2{,}6\, s$ I: $l_t = 2\, l_1 + l_2 - 1{,}2\, s$	$\tau_{max} \approx s G \vartheta$. τ_{max} in den Punkten der Begrenzungslinie, mit Ausnahme der Enden. In den Abrundungen wird τ etwa 60% größer [1]. $\vartheta = \dfrac{M_d}{\frac{1}{3} l_t s^3 G}$
6	[- und I-Profil, $r = s_f$, s_s, s_f, l_1, l_2	$M_d \approx \dfrac{1}{3} \dfrac{l_{t_1} s_f^3 + l_{t_2} s_s^3}{s_f} \tau_{max}$ [: $l_{t_1} = 2\, l_1 - s_f$ $\quad l_{t_2} = l_2 - 1{,}6\, s_f$ I: $l_{t_1} = 2\, l_1 - 1{,}26\, s_f$ $\quad l_{t_2} = l_2 - 1{,}67\, s_f + 1{,}76\, s_s$	$\tau_{max} \approx s G \vartheta$
7	Beliebiger Ring von unveränderlicher Breite s.	$M_d \approx 2 F_m \cdot s \cdot \tau_m$ $F_m = \dfrac{F_a + F_i}{2} =$ mittl. Fläche $U_m = \dfrac{U_a + U_i}{2} =$ mittl. Umfang	$\tau_m = 2 \dfrac{F_m}{U_m} G \cdot \vartheta$ $\vartheta \approx \dfrac{M_d}{4 F_m^2 s G}$

Anm.: Abb. unter Pos. 5 bis 7 aus C. Weber: Drehungsfestigkeit (VDI-Forschungsheft Nr. 249) L 123.1.
[1] L 123.3.

einen beliebig geformten Ring von unveränderlicher Breite s (Pos. 7, Zahlentafel 123.1) ist die Schubspannung über den ganzen Querschnitt praktisch konstant. Solche Querschnitte sind deshalb gegenüber Verdrehung besonders wirksam. Die Größe der Schubspannung folgt aus der Bedingung, daß das Drehmoment M_d gleich der Summe der Drehmomente der einzelnen Schubspannungen in bezug auf den Schwerpunkt des Querschnittes sein muß. Für die geschlossene Ringfläche ist also $M_d = \tau \cdot s \int dU_m \cdot a$ (Abb. 8). Da $a \cdot dU_m$ gleich dem doppelten Inhalt des schmalen Dreiecks, also gleich $2\,dF_m$ ist, wird

$$M_d = 2 F_m s \tau. \tag{8}$$

Wie stark man sich irren kann, wenn man allgemein annehmen wollte, daß auch für Torsion das Material möglichst weit von der Achse angeordnet werden sollte, zeigt folgender Vergleich: Die Querschnitte 1 und 2 (Abb. 9) sind für Biegung fast gleichwertig. Für Torsion ist für Querschnitt 1:

$$M_d = \frac{1}{3} l_t s^2 \tau_{max}, \quad l_t = 2 \cdot 6 + 10 - 1{,}2 \cdot 0{,}8 = 21 \text{ cm}, \quad \text{und} \quad \tau_{max} = \frac{M_d}{\frac{1}{3} \cdot 21 \cdot 0{,}64} = \frac{M_d}{4{,}48} \text{ at.}$$

Für Querschnitt 2: $M_d = 2 F_m \cdot s \cdot \tau_{max} = 2 \dfrac{6 \cdot 10 + 4{,}4 \cdot 8{,}4}{2} \cdot 0{,}8\, \tau_{max}$ und $\tau_{max} = \dfrac{M_d}{77{,}6}$.

Die Torsionsspannung ist also für den ersten Querschnitt $\frac{77{,}6}{4{,}48} = 17$ mal so groß als für Querschnitt 2. Wird die Wand des Hohlrechteckes aber an irgendeiner Stelle unterbrochen (durchbohrt), so sinkt die Festigkeit des Querschnittes 2 (gegenüber Verdrehung) auf den kleinen Wert von Querschnitt 1!

Für die durch Keilbahn geschwächte Welle s. Abschn. 154 und 312.

Die Formänderungsarbeit ist für alle Querschnittsformen gleich Moment mal halben Verdrehungswinkel, also

$$\mathfrak{A} = M_d \cdot \vartheta \cdot l/2. \tag{9}$$

Die Werte von M_d und ϑ können für den Kreisquerschnitt aus den Gl. (3 und 5) und für andere Querschnittsformen aus Zahlentafel 123.1 entnommen werden. Für den Kreisquerschnitt ist mit $V = f \cdot l = \pi/4 \cdot d^2 \cdot l$

$$\mathfrak{A} = \frac{\tau_{max}^2}{4 G} \cdot V. \tag{10}$$

124. Zusammengesetzte Beanspruchungen.

Jede räumliche Kraftwirkung kann auf eine Überlagerung der drei grundlegenden Belastungsfälle 121 (Zug, Druck), 122 (Biegung) und 123 (Verdrehung) zurückgeführt werden. Wirkt auf den prismatischen Körper (Abb. 124.1) eine beliebige Kraft P, so kann diese immer in zwei Komponenten P_z und P_{xy} zerlegt werden, indem durch die Kraft eine Ebene senkrecht zur XY-Ebene (die durch die Stabachse geht) gelegt wird. Durch Überbringung dieser beiden Komponenten nach der Schwerachse SS' des Stabes, erhalten wir folgende Beanspruchungen:

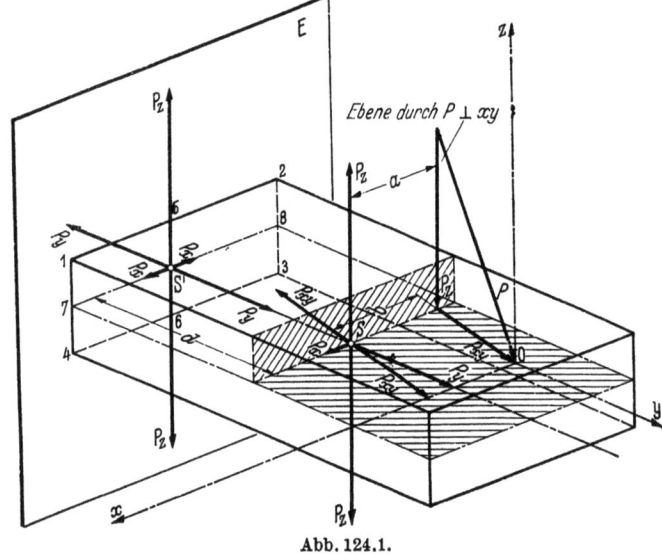

Abb. 124.1.

1. Ein Drehmoment $P_z \cdot a$, in einer Ebene senkrecht zur Stabachse wirkend;

2. eine Kraft P_z in S;

3. ein Moment $P_{xy} \cdot b$ in einer Ebene wirkend, die durch die Stabachse geht, den Stab also verbiegt;

4. eine Einzelkraft P_{xy} in S, welche in den Komponenten P_x und P_y zerlegt werden kann, die beide in der XY-Ebene wirken.

124. Zusammengesetzte Beanspruchungen.

Wollen wir z. B. die Beanspruchungen in der Einspannstelle E berechnen, so erhalten wir:

1. eine Torsionsbeanspruchung durch das Moment $P_z \cdot a$, das in den Punkten 5, 6 die größte Torsionsspannung $\tau_{\max} = M_d/\psi h b^2$ und in 7, 8 $\tau'_{\max} = M_d/\psi b h^2$ erzeugt;
2. die in S wirkende Kraft P_z beansprucht den Einspannquerschnitt auf Biegung; 7—8 ist die neutrale Faserschicht, die größten Biegespannungen treten in 1—2 und 3—4 auf. Die in der Einspannebene noch wirkende Querkraft P_x wird meistens vernachlässigt;
3. das Moment $P_{xy} \cdot b$, das in der XY-Ebene wirkt, beansprucht den Stab auch auf Biegung, mit 5—6 als neutrale Faserschicht und den größten Biegespannungen in den Fasern 1—4 und 2—3;
4. die Komponente P_y in der Stabachse wirkend beansprucht den Stab auf Zug, gleichmäßig über den Querschnitt verteilt. Die Kraft P_x (in der XY-Ebene) erzeugt nochmals Biegung mit 5—6 als neutrale Faserschicht. Die in S' wirkende Querkraft P_x wird wieder vernachlässigt.

Der räumliche Spannungszustand. Wir leiten zunächst die Gleichgewichtsbedingungen der Kräfte ab, die an einem (an der Stelle x, y, z herausgeschnittenen) Würfel mit den Seitenlängen dx, dy und dz wirken (Abb. 2). Von den Spannungskomponenten sind zur X-Achse parallel: die Normalspannung σ_x und die Schubspannungen τ_{yx} und τ_{zx}. Aus dem Satz der zugeordneten Schubspannungen (vgl. S. 43) folgt:

$$\tau_{xy} = \tau_{yx} = \tau_z, \quad \tau_{xz} = \tau_{zx} = \tau_y \quad \text{und} \quad \tau_{zy} = \tau_{yz} = \tau_x.$$

Es gibt somit nur drei voneinander verschiedene Schubspannungen.

Bei der Bildung der Komponentensumme in der X-Richtung ist jede dieser Spannungen mit der Fläche zu multiplizieren, auf die bezw. in der sie wirkt. Dabei ist zu beachten, daß die gleichbezeichneten Beiträge, die von zwei parallelen Seitenflächen stammen, sich um ein Differential voneinander unterscheiden. Unter der Annahme, daß im Element keine Massenkräfte wirken, lautet die Gleichgewichtsbedingung in der X-Richtung:

$$\left(\sigma_x + \frac{\partial \sigma_x}{\partial x}dx\right)dy\,dz - \sigma_x\,dy\,dz + \left(\tau_z + \frac{\partial \tau_z}{\partial y}dy\right)dz\,dx - \tau_z\,dz\,dx + \left(\tau_y + \frac{\partial \tau_y}{\partial z}dz\right)dx\,dy - \tau_y\,dx\,dy = 0.$$

Sie liefert die erste der drei Gleichungen

$$\frac{\partial \sigma_x}{\partial x} + \frac{\partial \tau_z}{\partial y} + \frac{\partial \tau_y}{\partial z} = 0, \quad \frac{\partial \sigma_y}{\partial y} + \frac{\partial \tau_x}{\partial z} + \frac{\partial \tau_z}{\partial x} = 0 \quad \text{und} \quad \frac{\partial \sigma_z}{\partial z} + \frac{\partial \tau_y}{\partial x} + \frac{\partial \tau_x}{\partial y} = 0, \qquad (124.1, 2 \text{ u. } 3)$$

deren folgende durch zyklische Vertauschung der Zeiger x, y und z aus der ersten hervorgehen.

Bei der Gestaltänderung erfahren die Koordinaten x, y, z Änderungen ξ, η, ζ, die als unendlich klein angesehen werden dürfen. Eine kleine Strecke dx erfährt die Änderung $d\xi$, so daß

$$\varepsilon_x = \frac{\partial \xi}{\partial x} \quad \text{ebenso} \quad \varepsilon_y = \frac{\partial \eta}{\partial y} \quad \text{und} \quad \varepsilon_z = \frac{\partial \zeta}{\partial z} \qquad (4, 5 \text{ u. } 6)$$

ist. Die Strecken dx und dy, die vor der Formänderung rechtwinklig zueinander standen, erfahren (durch die Schubspannungen) eine Winkeländerung γ_{xy} (Abb. 3).

$$\gamma_{xy} = \frac{\partial \eta}{\partial x} + \frac{\partial \xi}{\partial y}, \quad \text{ebenso} \quad \gamma_{yz} = \frac{\partial \zeta}{\partial y} + \frac{\partial \eta}{\partial z} \quad \text{und} \quad \gamma_{zx} = \frac{\partial \xi}{\partial z} + \frac{\partial \zeta}{\partial x}. \qquad (7, 8 \text{ u. } 9)$$

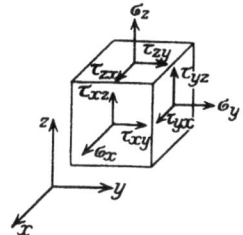

Abb. 2. Der räumliche Spannungszustand.

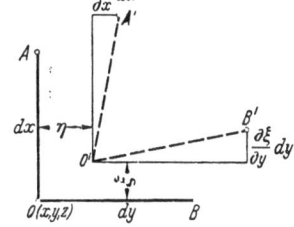

Abb. 3. Winkeländerungen.

Aus dem Hookeschen Gesetz für den isotropen Körper folgen die sechs Gleichungen:

$$\left.\begin{array}{ll} E\varepsilon_x = \sigma_x - \dfrac{1}{m}(\sigma_y + \sigma_z), & \tau_z = G\gamma_{xy} \\[4pt] E\varepsilon_y = \sigma_y - \dfrac{1}{m}(\sigma_z + \sigma_x), & \tau_x = G\gamma_{yz} \\[4pt] E\varepsilon_z = \sigma_z - \dfrac{1}{m}(\sigma_x + \sigma_y), & \tau_y = G\gamma_{zx} \end{array}\right\} \quad (10)$$

und durch Addition die räumliche Dehnung:

$$e = \varepsilon_x + \varepsilon_y + \varepsilon_z = \frac{m-2}{mE}(\sigma_x + \sigma_y + \sigma_z). \qquad (11)$$

Durch Auflösen der Gl. (10) nach den Spannungen erhält man:

$$\sigma_x = 2G\left(\frac{\partial \xi}{\partial x} + \frac{e}{m-2}\right), \quad \sigma_y = 2G\left(\frac{\partial \eta}{\partial y} + \frac{e}{m-2}\right) \quad \text{und} \quad \sigma_z = 2G\left(\frac{\partial \zeta}{\partial z} + \frac{e}{m-2}\right). \qquad (12)$$

Der ebene Spannungszustand, der dadurch gekennzeichnet ist, daß alle Spannungen in einer Ebene wirken, hat (wie wir später sehen werden) eine große praktische Bedeutung.

54 12. Spannungen und Formänderungen in prismatischen Stäben.

Die Gleichgewichtsbedingungen (1 bis 3) vereinfachen sich dann mit $\sigma_z = 0$, $\tau_y = \tau_x = 0$ und $\tau_z = \tau$ zu:

$$\frac{\partial \sigma_x}{\partial x} + \frac{\partial \tau}{\partial y} = 0 \quad \text{und} \quad \frac{\partial \sigma_y}{\partial y} + \frac{\partial \tau}{\partial x} = 0 \,. \tag{13.a, b}$$

Die Gestaltänderung ist durch die Dehnungen

$$\varepsilon_x = \partial \xi / \partial x \quad \text{und} \quad \varepsilon_y = \partial \eta / \partial y \tag{14.a, b}$$

und durch die Winkeländerung

$$\gamma_{xy} = \gamma = \frac{\partial \eta}{\partial x} + \frac{\partial \xi}{\partial y} \tag{15}$$

gekennzeichnet. Die Gl. (10) gehen mit dem G-Wert aus Gl. (11.4) über in

$$\varepsilon_x E = \sigma_x - \sigma_y/m \,, \quad \varepsilon_y E = \sigma_y - \sigma_x/m \quad \text{und} \quad \gamma = \frac{\tau}{G} = \frac{2(m+1)}{mE}\tau \,. \tag{16a, b, c}$$

Nach den Spannungen aufgelöst, erhält man das Hookesche Gesetz für ebene Spannungszustände:

$$\sigma_x = E'(\varepsilon_x + \varepsilon_y/m) \quad \text{und} \quad \sigma_y = E'(\varepsilon_y + \varepsilon_x/m) \tag{17}$$

mit der Abkürzung

$$E' = \frac{m^2}{m^2 - 1} E \tag{18}$$

als E-Wert bei behinderter Querkontraktion; für Stahl ($m = 10/3$) ist $E' = 1{,}1\,E$.

Betrachtet man ein rechtwinkliges Volumenelement (Abb. 4) auf dessen Kathetenflächen nur die Normalspannungen σ_1 und σ_2 wirken, so können die Spannungen σ_φ und τ_φ in der Hypothenusenfläche df aus der Bedingung berechnet werden, daß das aus dem Körper herausgeschnittene Volumenelement in Gleichgewicht sein muß.

In der X-Richtung wirken die Kräfte: $\sigma_1 df \sin\varphi$, $-\tau_\varphi \cos\varphi\, df$ und $-\sigma_\varphi \sin\varphi\, df$
und in der Y-Richtung: $\sigma_2 df \cos\varphi$, $\tau_\varphi \sin\varphi\, df$ und $-\sigma_\varphi \cos\varphi\, df$.

Die Gleichgewichtsbedingungen in beiden Richtungen liefern die Gleichungen:

$$\sigma_1 \sin\varphi - \tau_\varphi \cos\varphi - \sigma_\varphi \sin\varphi = 0, \quad \text{und}$$
$$\sigma_2 \cos\varphi + \tau_\varphi \sin\varphi - \sigma_\varphi \cos\varphi = 0$$

und daraus die Spannungen:

$$\sigma_\varphi = \frac{\sigma_1 + \sigma_2}{2} - \frac{\sigma_1 - \sigma_2}{2} \cos 2\varphi \tag{19}$$

$$\tau_\varphi = \frac{\sigma_1 - \sigma_2}{2} \sin 2\varphi \,. \tag{20}$$

Die Schubspannung wird am größten für $\sin 2\varphi = 1$, also für $\varphi = 45°$.

$$\tau_{\max} = \frac{\sigma_1 - \sigma_2}{2} \,. \tag{21}$$

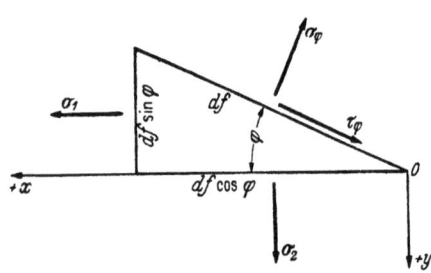

Abb. 4. Der ebene Spannungszustand.

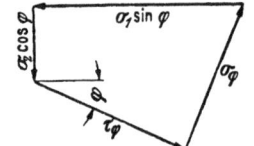

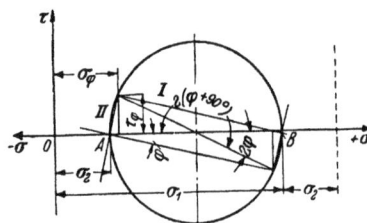

Abb. 5. Spannungskreis.

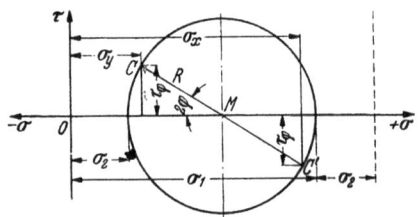

Abb. 6. Spannung in zwei zueinander senkrechten Schnitten.

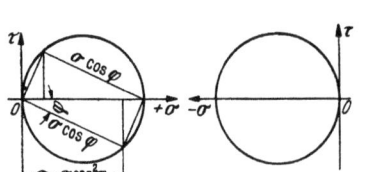

Abb. 7. Zug-, Druck- resp. Biegebeanspruchung.

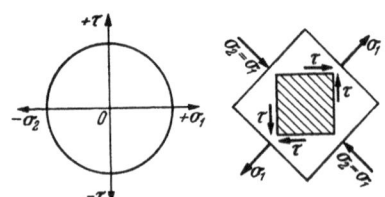

Abb. 8. Reine Schubbeanspruchung.

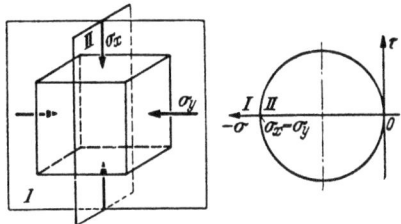

Abb. 9. Umschlingung (Würfel auf 4 Seiten gedrückt, während zwei unbelastet bleiben).

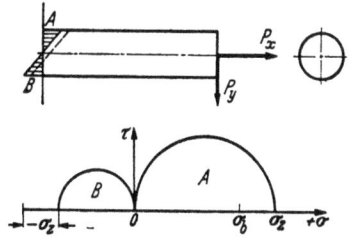

Abb. 10. Zug- und Biegung.

Trägt man auf einer Abszissenachse vom Ursprung 0 die beiden Spannungen $\sigma_2 = OA$ und $\sigma_1 = OB$ unter Berücksichtigung der Vorzeichen ab (Abb. 6); schlägt dann über AB als Durchmesser einen Kreis, so stellt dieser Kreis den ebenen Spannungszustand dar. Um die Spannung in einem Schnitt unter dem Winkel φ zu bestimmen, zieht man vom Mittelpunkt M (Abb. 6) die Linie MC, die den Winkel 2φ mit der Abszissenachse einschließt; die Koordinaten von C geben die Spannungen σ_φ und τ_φ. Der Beweis liegt in der Figur selbst; der Mittelpunkt M hat die Abszisse $\frac{\sigma_1 + \sigma_2}{2}$ und der Radius ist gleich $\frac{\sigma_1 - \sigma_2}{2}$. Noch etwas anschaulicher erhält man die Spannung in einem Schnitt unter dem Winkel φ zur σ_2-Richtung und senkrecht dazu, wenn diese beiden Winkel von A aus

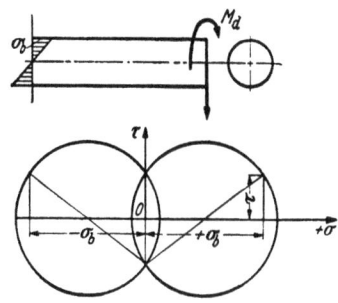

Abb. 11. Biegung und Verdrehung.
NB. Die Scher- oder Stanzbeanspruchung wird durch den gleichen Kreis (Druckseite) klargestellt.

aufgetragen werden. Aus der Abbildung ist auch der Satz der zugeordneten Schubspannungen (in den Punkten C und C') deutlich ersichtlich. Wenn die Hauptspannungen σ_1 und σ_2 nicht bekannt sind, so sind Durchmesser und Lage des Kreises durch die Spannungen σ_x, σ_y und τ_φ in zwei zueinander senkrechten Schnitten (Abb. 6) immer eindeutig bestimmt. Die maximale Schubspannung ist:

$$\tau_{\max} = R = \sqrt{\left(\frac{\sigma_x - \sigma_y}{2}\right)^2 - \tau_\varphi^2}. \tag{22}$$

Um den Spannungszustand zu zeichnen, müssen die Spannungen in zwei beliebigen, aber zueinander senkrechten Schnitten bekannt sein; diese beiden Punkte (C und C', Abb. 6) liegen auf einem Durchmesser des Spannungskreises. Sind diese Spannungen bekannt, so findet man die Richtungen der Hauptspannungen aus der Gleichung:

$$\operatorname{tg} 2\varphi_1 = \pm \frac{2\tau}{\sigma_x - \sigma_y} \tag{23a}$$

und der Hauptschubspannungen aus:

$$\operatorname{tg} 2\varphi_2 = \pm \frac{\sigma_x - \sigma_y}{2\tau}. \tag{23b}$$

Für φ gleich konstant sind das die Gleichungen der Isoklinen.

In den Abb. 7—11 sind einige oft vorkommende Spannungszustände dargestellt.

Ebene Formänderungen sind dadurch gekennzeichnet, daß alle Punkte, die im unverzerrten Zustande z. B. auf einer zur XY-Ebene parallelen Ebene sich befunden haben, auch nach der Verzerrung auf einer solchen liegen. Es ist also $\zeta = 0$ und die Verschiebungen ξ und η nur noch Funktionen von x und y. Von den Spannungen verschwinden τ_y und τ_x, so daß mit $\tau_z = \tau$ aus den Gleichgewichtsbedingungen (1, 2, 3) folgt:

$$\frac{\partial \sigma_x}{\partial x} + \frac{\partial \tau}{\partial y} = 0 \quad \text{und} \quad \frac{\partial \sigma_y}{\partial y} + \frac{\partial \tau}{\partial x} = 0. \tag{24}$$

Das sind die gleichen Gleichungen wie für ebene Spannungszustände.

Weiter folgt aus Gl. (10): $E\varepsilon_z = \sigma_z - \dfrac{\sigma_x + \sigma_y}{m} = 0$, oder

$$\sigma_z = \frac{\sigma_x + \sigma_y}{m} = 0{,}3\,(\sigma_x + \sigma_y). \tag{25}$$

Anwendungsbeispiel 124.1. Berechnung des Fundamentes eines freistehenden Drehkrans. Die Kräfte (Abb. 12)

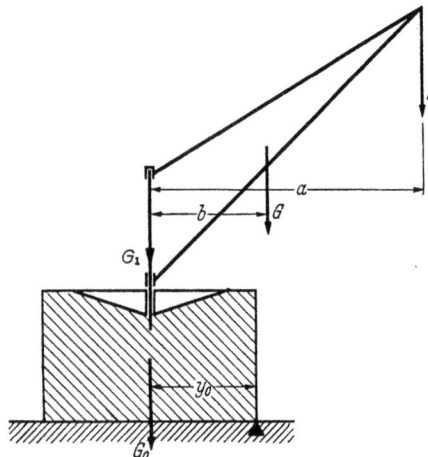

Abb. 12. (Anwendungsbeispiel 124.1.)

L = Last an der Spitze des Auslegers wirkend (Hebelarm a),
G = Gewicht des drehbaren Auslegers, am Hebelarm b wirkend,
G_1 = Gewicht der feststehenden Kranteile in der Mittellinie der Säule,
G_0 = Fundamentgewicht

können immer zu einer Resultierenden

$$S = L + G + G_1 + G_0$$

vereinigt werden, deren Entfernung a_s von der Drehachse aus der Gleichung

$$L \cdot a + G \cdot b = S \cdot a_s$$

berechnet werden kann. Der Boden ist erstens durch die Kraft S in der Schwerachse wirkend gleichmäßig auf Druck beansprucht:

$$\sigma_d = -S/f$$

und zweitens infolge des Biegemomentes $S \cdot a_s$ durch eine geradlinig verteilte Pressung mit den Extremalwerten

$$\sigma_b = \mp S \cdot a_s / W$$

wenn angenommen wird, daß für den Boden das Hookesche Gesetz gültig ist. Beide gleichgerichtete Normalspannungen können addiert werden; die größte Kantenpressung $-\sigma_d + \sigma_b$ darf einen von den Bodenverhältnissen abhängigen Grenzwert (etwa 2—2,5 kg/cm²) nicht überschreiten. Da das Erdreich keine Zugspannungen aufnehmen kann, muß auch die kleinste Flächenpressung $\sigma_d - \sigma_b$ positiv bleiben.

Für ein quadratisches Fundament ist:

$$\sigma_d = \frac{S}{4 y_0^2} \quad \text{und} \quad \sigma_b = \mp \frac{6 S a_s}{8 y_0^3}.$$

Geht man von den Grenzwerten:

$$\sigma_d - \sigma_b = 0 = \frac{S}{4 y_0^2}\left(1 - \frac{6 a_s}{2 y_0}\right) \quad \text{und} \quad \sigma_d + \sigma_b = p_{\text{zul}} = \frac{S}{4 y_0^2}\left(1 + \frac{6 a_s}{2 y_0}\right) \text{ aus, so ist}$$

$$y_0 = 3 a_s \quad \text{und} \quad p_{\text{zul}} = 2 \sigma_d.$$

Die Standsicherheit erfordert, daß das Kippmoment $L(a - y_0) + G(b - y_0)$ kleiner als das Stabilitätsmoment $(G_0 + G_1) y_0$ ist.

125. Statisch unbestimmte Konstruktionen

sind solche, bei denen die Gleichgewichtsbedingungen zur Berechnung der Reaktionen nicht ausreichen und die Formänderungen berücksichtigt werden müssen. Bei der Lösung solcher Probleme geht man am zweckmäßigsten von der Formänderungsarbeit aus.

Satz vom Minimum der Formänderungsarbeit. Dem allgemeinen Satz von Castigliano

$$q_i = \frac{\partial \mathfrak{A}}{\partial Q_i} \quad \text{resp.} \quad \gamma_i = \frac{\partial \mathfrak{A}}{\partial M_i} \quad \quad (11.5 \text{ resp. } 6)$$

schließt sich ein zweiter an, der durch eine einfache Schlußfolgerung daraus abgeleitet wird. Ist nämlich unter den Kräften eine (Q_0 resp. M_0), von der wir wissen, daß ihr Angriffspunkt keine Verschiebung (resp. keine Verdrehung) erfährt, so muß

$$\frac{\partial \mathfrak{A}}{\partial Q_0} = 0 \quad \text{resp.} \quad \frac{\partial \mathfrak{A}}{\partial M_0} = 0 \quad \quad (125.1 \text{ resp. } 2)$$

sein. Damit erhalten wir eine Gleichung, die zur Bestimmung dieser Kräfte (resp. Momente) benutzt werden kann; solche Kräfte sind die Auflagereaktionen und die Einspannmomente. Die Gleichung sagt aus: **Die statisch unbestimmten Größen machen die Formänderungsarbeit zu einem Minimum.**

125. Statisch unbestimmte Konstruktionen.

Es läßt sich nämlich nachweisen, daß ein Minimum und kein Maximum vorliegt. Allgemein ist die Formänderungsarbeit bei einem auf Biegung beanspruchten Körper:

$$\mathfrak{A} = \int \frac{P_0^2}{2fE} ds + \int \frac{M^2}{2ZE} ds$$

und

$$\frac{\partial \mathfrak{A}}{\partial Q_i} = \int \frac{P_0}{fE} \frac{\partial P_0}{\partial Q_i} ds + \int \frac{M}{ZE} \frac{\partial M}{\partial Q_i} ds = 0,$$

$$\frac{\partial^2 \mathfrak{A}}{\partial Q_i^2} = \int \frac{P_0}{fE} \frac{\partial^2 P_0}{\partial Q_i^2} ds + \int \frac{1}{fE} \left(\frac{\partial P_0}{\partial Q_i}\right)^2 ds + \int \frac{M}{ZE} \frac{\partial^2 M}{\partial Q_i^2} ds + \int \frac{1}{ZE} \left(\frac{\partial M}{\partial Q_i}\right)^2 ds.$$

Da P_0 und M lineare Funktionen von Q_i sind, werden die zweiten Differentialquotienten zu Null, so daß

$$\frac{\partial^2 \mathfrak{A}}{\partial Q_i^2} = \int \frac{1}{fE} \left(\frac{\partial P_0}{\partial Q_i}\right)^2 ds + \int \frac{1}{ZE} \left(\frac{\partial M}{\partial Q_i}\right)^2 ds > 0. \tag{3}$$

Dieser Ausdruck ist sicher immer positiv, so daß $\mathfrak{A}$ ein Minimum wird.

Anwendungsbeispiel 125.1. Die Gleichgewichtsbedingungen des in Abb. 125.1 skizzierten Trägers:

$$A + B = p \cdot l \quad \text{und} \quad B \cdot l - \frac{pl^2}{2} + M_0 = 0$$

geben zwei Gleichungen mit den drei Unbekannten, A, B und M_0. Nach dem Satz von Castigliano erhält man die drei gleichwertigen Gleichungen:

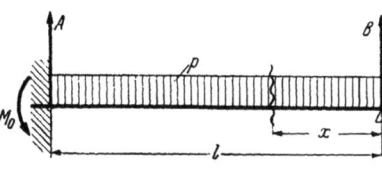

Abb. 125.1.

1. Balken in B unterstützt: $\dfrac{\partial \mathfrak{A}}{\partial B} = \int\limits_0^l M_x \cdot \dfrac{\partial M_x}{\partial B} dx = 0$,

2. Balken in A eingespannt: $\dfrac{\partial \mathfrak{A}}{\partial M_0} = \int\limits_0^l M_x \cdot \dfrac{\partial M_x}{\partial M_0} dx = 0$,

und 3. Balken in A unterstützt: $\dfrac{\partial \mathfrak{A}}{\partial A} = \int\limits_0^l M_x \cdot \dfrac{\partial M_x}{\partial A} dx = 0$.

Es ist grundsätzlich gleichgültig, welche der drei Gleichungen wir wählen; sie unterscheiden sich nur durch die partielle Ableitung des Momentes nach der statisch unbestimmten Größe.

1. $M_x = Bx - p\dfrac{x^2}{2}$; $\dfrac{\partial M_x}{\partial B} = x$ und $\int\limits_0^l \left(Bx - p\dfrac{x^2}{2}\right) x\, dx = B\dfrac{l^3}{3} - \dfrac{pl^4}{8} = 0$, woraus $B = \dfrac{3}{8} pl$

und (mit der zweiten Gleichgewichtsbedingung) $M_0 = -\dfrac{pl^2}{8}$.

2. Um $\dfrac{\partial M_x}{\partial M_0}$ zu berechnen, muß in der Gleichung $M_x = Bx - \dfrac{px^2}{2}$, die zweite Gleichgewichtsbedingung $Bl = \dfrac{pl^2}{2} - M_0$ eingesetzt werden. Daraus folgt dann: $\dfrac{\partial M_x}{\partial M_0} = -\dfrac{x}{l}$.

3. $M_x = (pl - A)x - \dfrac{px^2}{2}$; $\dfrac{\partial M_x}{\partial A} = -x$. Die drei Gleichungen führen also zum gleichen Ergebnis.

Die Neigung in B ist $\alpha = \mathrm{tg}\, \alpha = \left(\dfrac{\partial \mathfrak{A}}{\partial M_B}\right)_{M_B = 0}$.

$$\alpha = \frac{1}{JE} \int\limits_0^l \left(Bx - \frac{px^2}{2}\right) \cdot dx = \frac{1}{JE} \left(\frac{3}{16} pl^3 - \frac{1}{6} pl^3\right) = \frac{1}{48} \cdot \frac{pl^3}{JE}.$$

Die Momentenfläche konstruiert man am einfachsten aus der Superposition eines beidseitig frei gelagerten und gleichmäßig belasteten Balkens mit einer einseitigen Belastung durch M_0.

In ähnlicher Weise können die statisch unbestimmten Träger in Zahlentafel 125.1 berechnet werden.

Wenn viele Kräfte auftreten, und das Trägheitsmoment veränderlich ist, müssen bei der Anwendung des Satzes von Castigliano sehr viele Teilintegrale berechnet werden, was jedenfalls zeitraubend ist. Wenn das Trägheitsmoment sich nicht nach einer einfachen mathematischen

12. Spannungen und Formänderungen in prismatischen Stäben.

Gleichung ändert, kann die Integration außerdem große Schwierigkeiten bereiten. Unter solchen Umständen, die meist bei mehrfach gestützten und beliebig belasteten Wellen mit veränderlichen Durchmessern vorliegen (Abschn. 312), macht man mit Vorteil von einer graphischen Methode Gebrauch, die aus dem Satze von Maxwell abgeleitet wird.

Satz von Maxwell über die Gegenseitigkeit der Verschiebungen. Ein Körper sei fest unterstützt, so daß bei der Formänderung die Reaktionen keine Arbeit leisten. Auf den Körper wirken in den Punkten *1* und *2* zwei beliebige, von Null an stetig zunehmende Kräfte. Dann ist die Formänderungsarbeit: $\mathfrak{A} = Q_1 \frac{q_1}{2} + Q_2 \frac{q_2}{2}$, worin q_1 und q_2 sowohl von Q_1 als Q_2 abhängen.

Aus $\frac{\partial \mathfrak{A}}{\partial Q_1} = q_1 = \frac{q_1}{2} + \frac{Q_1}{2} \frac{\partial q_1}{\partial Q_1} + \frac{Q_2}{2} \frac{\partial q_2}{\partial Q_1}$ folgt $q_1 = Q_1 \frac{\partial q_1}{\partial Q_1} + Q_2 \frac{\partial q_2}{\partial Q_1}$.

Zahlentafel 125.1. Statisch unbestimmte Träger.

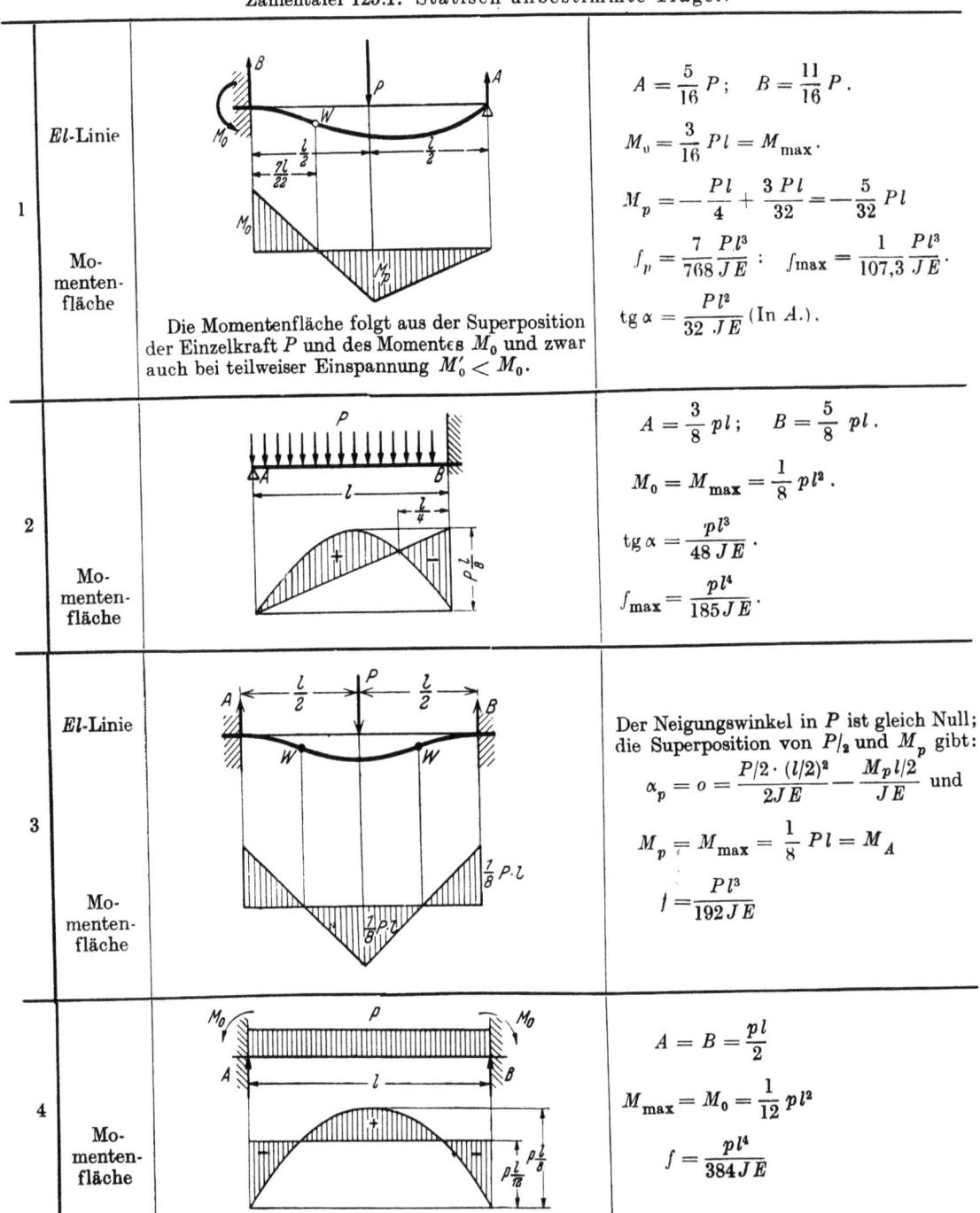

125. Statisch unbestimmte Konstruktionen.

Für den Fall, daß nur Q_2 allein wirkt, d. h. $Q_1 = 0$ ist, wird für Punkt *1*, da $q_2 = \frac{\partial \mathfrak{A}}{\partial Q_2}$ ist:

$$q_{1,2} = Q_2 \frac{\partial q_2}{\partial Q_1} = Q_2 \frac{\partial^2 \mathfrak{A}}{\partial Q_1 \cdot \partial Q_2}.$$

In ähnlicher Weise finden wir: $q_2 = Q_1 \dfrac{\partial q_1}{\partial Q_2} + Q_2 \dfrac{\partial q_2}{\partial Q_2}$

und wenn Q_1 allein wirkt, d. h. $Q_2 = 0$ ist, wird für Punkt *2*:

$$q_{2,1} = Q_1 \frac{\partial q_1}{\partial Q_2} = Q_1 \frac{\partial^2 \mathfrak{A}}{\partial Q_1 \cdot \partial Q_2}.$$

Daraus folgt:

$$\frac{q_{2,1}}{Q_1} = \frac{q_{1,2}}{Q_2} \quad \text{oder} \quad q_{1,2} Q_1 = q_{2,1} Q_2. \tag{4}$$

Satz: Die virtuelle Arbeit der Kraft Q_1 für die Verschiebung des Angriffspunktes *1*, hervorgebracht durch Q_2, ist gleich der virtuellen Arbeit der Kraft Q_2 für die Verschiebung des Angriffspunktes *2*, hervorgebracht durch Q_1.

Wenn *s* irgendeine Verschiebung des Angriffspunktes ist, die aber gar nicht zu bestehen braucht (virtuelle Verschiebung), ist das Produkt $Q \cdot q$ die virtuelle Arbeit der Kraft Q (Abb. 2).

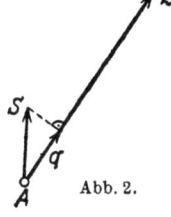
Abb. 2.

Bei einer in drei Punkten gestützten Welle kann die Reaktion auch durch einfache Superposition bestimmt werden. Wenn C bekannt wäre, dann hätten wir einen statisch bestimmten Träger AB, so belastet durch die Kräfte P_1, P_2 und C —, daß die Durchbiegung in C zu Null würde. Wir denken uns nun die Stütze C weg und bestimmen zuerst die Durchbiegung in C, wenn P_1 allein wirkt. Da innerhalb des Hookeschen Gesetzes die Durchbiegungen mit den Kräften proportional sind, können wir auch die Krafteinheit (1 t oder 1 kg) als Belastung nehmen, und die elastische Linie dafür konstruieren (nach Mohr) (Abb. 3a). Dann ist in C die Durchbiegung $P_1 y_1$. In ähnlicher Weise finden wir die Durchbiegung in C, wenn P_2 allein wirkt, zu $P_2 y_2$, und wenn — C allein wirkt, zu $-C y_c$. Da nach der Voraussetzung die gesamte Durchbiegung in C zu Null wird, muß

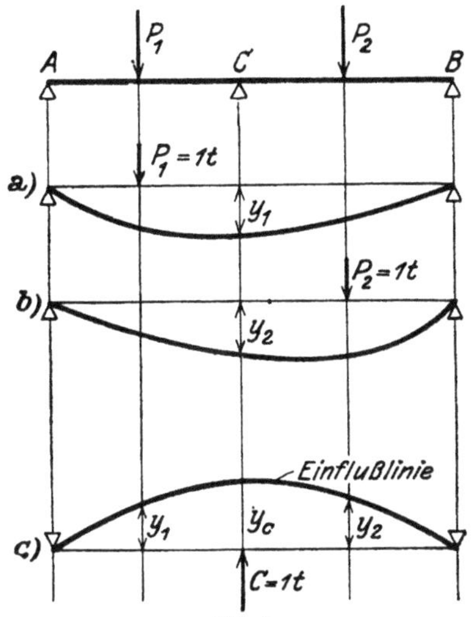

$$P_1 y_1 + P_2 y_2 - C y_c = 0 \tag{5}$$

sein. Das ist eine Gleichung zur Bestimmung von C. Dazu war es allerdings notwendig, drei elastische Linien zu konstruieren, was umständlich ist. Nun folgt aber aus dem Satze von Maxwell, daß die Durchbiegungen y_1 und y_2 auch aus der Abb. 3c zu entnehmen sind. Wir brauchen demnach die beiden ersten elastischen Linien nicht zu zeichnen, sondern nur die Linie für

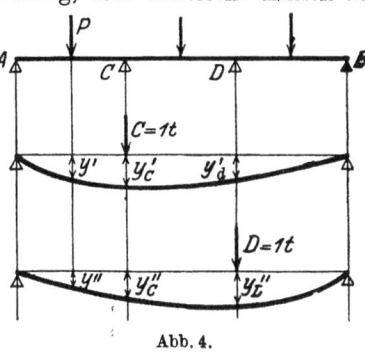
Abb. 4.

Abb. 3.

$C = 1$. Diese Linie nennt man die Einflußlinie.

Diese Methode führt immer rasch zum Ziel, wieviel Kräfte auch auf die Welle wirken. Wir brauchen nur die Summe Py, unter Berücksichtigung der Vorzeichen, zu bestimmen, und

$$\sum Py - C y_c = 0 \tag{6}$$

zu setzen. Der Maßstab, in welchem die Einflußlinie konstruiert wird, spielt bei der Ermittlung von C aus dieser Gleichung keine Rolle.

Liegen die drei Lager nicht in einer Linie, sondern ist das Mittellager C um $-f$ mm nach oben, oder um $+f$ mm nach unten verschoben, so liefert die Gleichung

$$\sum Py - C y_c = \pm f \tag{7}$$

sofort die gesuchte Reaktion C. Hier muß aber der Maßstab der Einflußlinie berücksichtigt werden.

12. Spannungen und Formänderungen in prismatischen Stäben.

Hat die Welle zwei oder mehr Mittellager, so ist die Einflußlinie für jede Mittelstütze zu konstruieren. Wir erhalten dann immer so viele Gleichungen ersten Grades als Mittelstützen vorhanden sind (Abb. 4):

$$\sum P y' - C y'_c - D y'_d = 0, \quad \sum P y'' - C y''_c - D y''_d = 0. \tag{8}$$

Die Reaktionen sind damit eindeutig bestimmt.

Wenn das Trägheitsmoment konstant und der Träger vielfach unterstützt ist, macht man oft mit Vorteil Gebrauch von der

Clapeyronsche Momentengleichung. Die Methode beruht darauf, daß die Biegungslinien für zwei aufeinander folgende Öffnungen im gemeinsamen Stützpunkt die gleiche Tangente haben müssen (Abb. 5). Dabei ist zu beachten, daß die Tangente der r-ten Öffnung entgegengesetzt gerichtet ist zur Tangente der $(r+1)$-ten Öffnung.

$$\varphi = -\varphi'.$$

Es hat sich dabei als zweckmäßig herausgestellt, als Unbekannte des Problems nicht die Auflagerreaktionen, sondern die Momente in den Schnitten durch die Stützpunkte (die Stützenmomente) zu wählen. Wir denken uns den Träger in den Stützpunkten zerschnitten, und die dort wirkenden Spannungen durch äußere Kräfte ersetzt. Dadurch ist jede Öffnung auf einen einfachen Balken zurückgeführt, für den sofort (durch Superposition) die Momentenflächen gezeichnet werden können. Daraus folgt folgende allgemeine

Regel: Wir heben die Kontinuität auf, und zeichnen die Momentenflächen des nicht kontinuierlichen Trägers für die einzelnen Öffnungen, die M_0-Fläche. Die wirkliche Momentenfläche wird dann durch die Verbindungslinie der Stützenmomente abgetrennt.

Abb. 5. Konstruktion der Momentenfläche mehrfach gelagerter Träger (aus Winkel).

Ohne weiteren Beweis für die allgemeine Gültigkeit leitet man daraus ein Näherungsverfahren für die Berechnung mehrfach gestützter Träger ab, indem man annimmt, daß die Stützenmomente niemals größer werden können als das größte Moment der M_0-Fläche. Wenn man also die einzelnen Teile als freiaufliegend betrachtet, so rechnen wir zu sicher.

Jeder statisch unbestimmte Träger mit konstantem Trägheitsmoment darf **für die Festigkeitsrechnung** als in den einzelnen Stützen frei aufliegend betrachtet werden. Selbstverständlich gibt diese Methode niemals die richtige Lage des größten Biegemomentes an, und sie darf deshalb auch nicht verwendet werden, um die Formänderungen der Welle zu bestimmen.

Aus der Momentenfläche läßt sich der Neigungswinkel in dem Stützpunkte bestimmen:

$$J E \operatorname{tg} \varphi = B_1, \tag{1221.14}$$

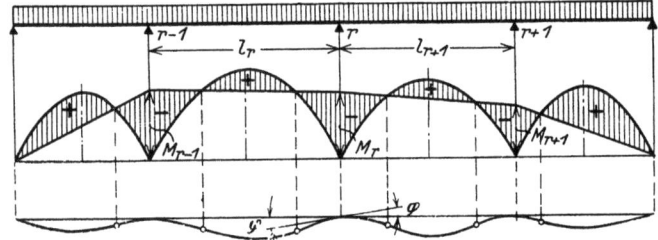

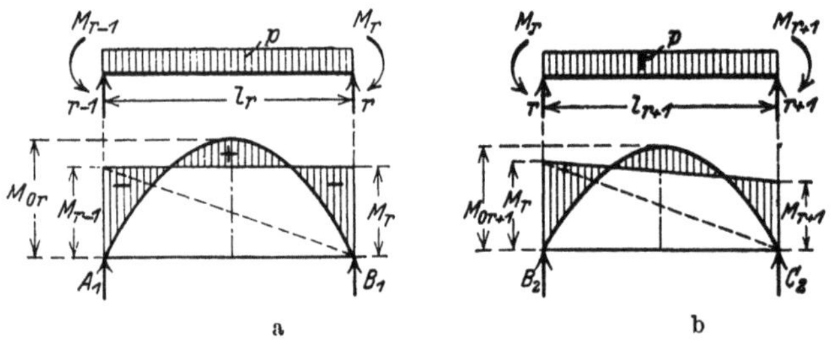

Abb. 6. Zur Bestimmung der Neigungswinkel an den Auflagerstellen (aus Winkel).

worin B_1 der Auflagerdruck des mit der Momentenfläche belasteten Trägers $A_1 B_1$ ist. Ohne Berücksichtigung des Vorzeichens der verschiedenen Momente folgt aus Abb. 6:

$$B_1 = \frac{L_r}{l_r} + \frac{M_{r-1}}{2} \cdot \frac{l_r}{3} + \frac{M_r}{2} \cdot \frac{2}{3} l_r,$$

worin L_r das statische Moment der M_0-Momentenfläche der r-ten Öffnung in bezug auf den linken Stützpunkt ist, so daß

$$\operatorname{tg} \varphi = \frac{L_r}{l_r J E} + \frac{M_{r-1} l_r}{6 J E} + \frac{M_r l_r}{3 J E}.$$

Ebenso finden wir für die $(r+1)$-te Öffnung:

$$\operatorname{tg} \varphi' = \frac{R_{r+1}}{l_{r+1} J E} + \frac{M_{r+1} l_{r+1}}{6 J E} + \frac{M_r l_{r+1}}{3 J E}.$$

Hierin ist R_{r+1} das statische Moment der M_0-Momentenfläche der $(r+1)$-ten Öffnung in bezug auf den rechten Stützpunkt.

Durch Einsetzen dieser Werte in die Gleichung $\varphi = -\varphi'$ erhalten wir:

$$M_{r-1} l_r + 2 M_r (l_r + l_{r+1}) + M_{r+1} l_{r+1} = -6\left(\frac{L_r}{l_r} + \frac{R_{r+1}}{l_{r+1}}\right) \quad (9)$$

d. i. die Dreimomentengleichung von Clapeyron. Bei n Öffnungen erhalten wir $n-2$ solcher Gleichungen, und wenn der Balken an den Enden frei aufliegt, ist $M_1 = M_n = 0$. Die Clapeyronschen Gleichungen reichen also vollständig aus, um die Stützenmomente zu bestimmen. Diese Berechnungsmethoden gelten unter der ausdrücklichen Voraussetzung, daß keine Verschiebung in den Auflagerstellen eintritt, also für starre Lagerung.

Anwendungsbeispiele. Bei allen statisch unbestimmten Problemen ist zu beachten, daß ihre Berechnung von der Voraussetzung ausgeht, daß die Formänderung ausschließlich durch die bekannten äußeren Kräfte erfolgt. Haben wir z. B. einen auf drei Stützen gelagerten Dampfkessel (Abb. 7), so können die Auflagerreaktionen A,

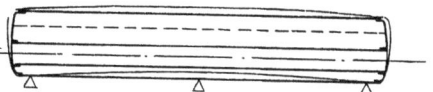

Abb. 7. Formänderung infolge ungleichmäßiger Erwärmung.

B und C nach den angegebenen Methoden berechnet werden. Wird nun der Kessel in Betrieb gesetzt (geheizt), so erwärmt sich das Wasser und damit die verschiedenen Teile des Mantels ungleichmäßig; die obere Kesselhälfte kann bis zu 100° C wärmer werden als die untere. Der Kessel muß sich infolge der verschiedenen Ausdehnung verziehen, was zur Folge hat, daß er, trotz der dreifachen Lagerung, dann nur auf zwei Stützen ruhen kann. In solchen Fällen gilt als Konstruktionsregel den Körper nur zweifach, also statisch bestimmt zu lagern, um Überlastungen der Stützen nach der Inbetriebsetzung zu vermeiden.

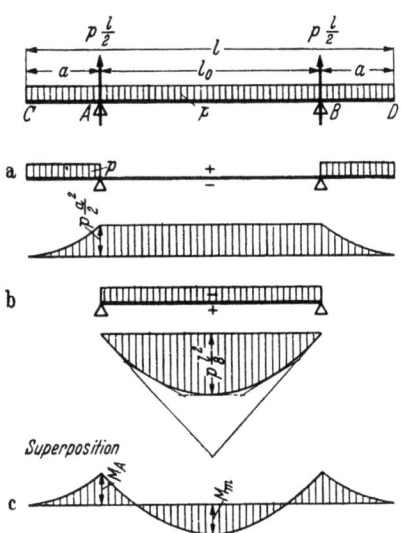

Abb. 8. Günstigste Stützweite.

Man kann auch sehr lange Körper auf zwei Stützen, ohne große Biegemomente günstig lagern, wenn die Stützweite l_0 zweckmäßig gewählt wird (Abb. 8). Die Momentenfläche c findet man durch Superposition der Teilbelastungen a und b. Die Biegebeanspruchungen werden am günstigsten, wenn das Stützmoment M_A

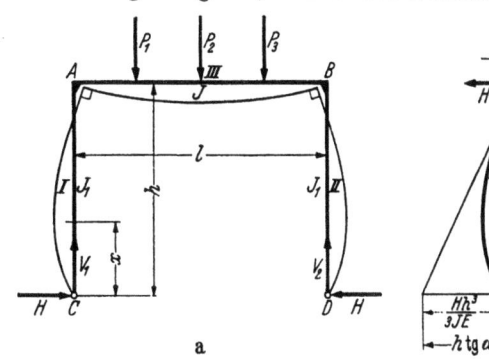

Abb. 9a. Krangerüst, fahrbar.

gleich dem Moment M_m in der Trägermitte ist, also für

$$p \cdot a^2/2 = p \cdot l_0^2/8 - p \cdot a^2/2 \quad \text{oder für} \quad a^2 = l_0^2/8,$$

d. h. für $a = 0{,}3535\, l_0 = 0{,}207\, l$. Das größte Biegemoment $p \cdot a^2/2 = 0{,}0215\, p \cdot l^2$ ist nur rd. ein Sechstel des Momentes, das auftreten würde, wenn der Kessel an den beiden Enden unterstützt würde.

Anwendungsbeispiel 2. Berechnung eines fahrbaren Krangerüstes (Bockkran, Abb. 9). Der Träger III sei beliebig belastet und in A und B starr (d. h. ohne Winkeländerung) mit den Stützen I und II verbunden. C und D sind feste Drehpunkte, da die Laufräder auf dem Schienenkopf frei drehbar und durch den Spurkranz gegen seitliche Verschiebung gesichert sind; es treten dort also vertikale und horizontale Reaktionen auf. Die vertikalen Reaktionen V_1 und V_2 können aus den Gleichgewichtsbedingungen berechnet werden, während die horizontale Reaktion H von der Formänderung des Trägers abhängt und aus dem Satz von Castigliano:

$$\frac{\partial \mathfrak{A}}{\partial H} = 0 = \int \frac{P \frac{\partial P}{\partial H} dx}{f \cdot E} + \int \frac{M \frac{\partial M}{\partial H} dx}{JE}$$

berechnet werden kann, wobei über das ganze Stabvolumen, also über die drei Stäbe I, II und III integriert werden muß. Dabei darf das erste Glied dieser Gleichung (das sind die Formänderungen durch die Längskräfte) gegenüber dem zweiten Glied (das sind die Verformungen durch Biegung) vernachlässigt werden.

Für die Stäbe I und II ist $M = H \cdot x$, $\dfrac{\partial M}{\partial H} = x$ und $\dfrac{1}{J_1 E} \int_0^h M \cdot \dfrac{\partial M}{\partial H} dx = \dfrac{H}{J_1 E} \int_0^h x^2 dx = \dfrac{H h^3}{3 J_1 E}$.

Für Stab III ist das Biegemoment an einer beliebigen Stelle x: $M = -H \cdot h + M_x$

und
$$\frac{\partial M}{\partial H} = -h,$$
worin M_x das Biegemoment für den bei A und B frei aufliegenden Träger ist.

$$\frac{1}{JE} \int_0^l M \frac{\partial M}{\partial H} dx = \frac{1}{JE} \int_0^l -(-H \cdot h + M_x) h\, dx = \frac{H h^2}{JE} \cdot l - \frac{h}{JE} \int_0^l M_x dx.$$

Nach dem Satz von Castigliano muß also: $\dfrac{2 H h^3}{3 J_1 E} + \dfrac{H h^2}{JE} \cdot l - \dfrac{h}{JE} \int_0^l M_x dx = 0$ sein, wobei $\int_0^l M_x dx$ der Inhalt der bekannten Momentenfläche für den frei aufliegenden Stab III ist.

Daraus folgt: $H = \dfrac{\int_0^l M_x dx}{h \cdot l + \dfrac{2}{3} h^2 \cdot \dfrac{J}{J_1}}$. Damit die Spurkranzreibung nicht zu groß wird, sollte H klein sein.

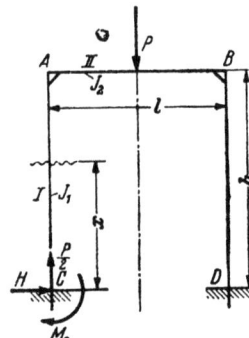

Abb. 9b.
Krangerüst, eingespannt.

Werden die Kranfüße fest eingespannt (Abb. 9b), so ist die Aufgabe zweifach statisch unbestimmt (M_0 und H). Die fehlenden Gleichungen folgen aus den Randbedingungen, daß sowohl die horizontale Verschiebung als auch die Winkeländerung in den Stützpunkten C und D gleich Null sind.

Wirkt nur eine Einzelkraft P in der Mitte des Querträgers, so kann (aus Symmetriegründen) die Integration über die halbe Stablänge durchgeführt werden. Für Stab I ist:

$$M_x = H \cdot x - M_0, \quad \frac{\partial M_x}{\partial H} = x \text{ und } \frac{\partial M_x}{\partial M_0} = -1 \text{ und}$$

für Stab II: $M_x = H \cdot h - M_0 - \dfrac{P}{2} \cdot x$, $\dfrac{\partial M_x}{\partial H} = h$, $\dfrac{\partial M_x}{\partial M_0} = -1$.

a) Verschiebung in der H-Richtung $= 0$:

$$\int \frac{M_x \frac{\partial M_x}{\partial H}}{JE} dx = 0 = \frac{1}{J_1 E_1} \int_0^h (H \cdot x - M_0) x\, dx + \frac{1}{J_2 E_2} \int_0^{l/2} \left(H \cdot h - M_0 - \frac{P \cdot x}{2}\right) h\, dx$$

$$= \frac{H h^3}{3 J_1 E_1} - \frac{M_0 h^2}{2 J_1 E_1} + \frac{H h^2 l}{2 J_2 E_2} - \frac{M_0 h l}{2 J_2 E_2} - \frac{P h l^2}{16 J_2 E_2}$$

$$= \frac{H \cdot h}{3} \cdot \frac{h J_2 E_2}{l J_1 E_1} - \frac{M_0}{2} \cdot \frac{h J_2 E_2}{l J_1 E_1} + \frac{H \cdot h}{2} - \frac{M_0}{2} - \frac{P \cdot l}{16} = 0.$$

Setzt man zur Abkürzung $\dfrac{h J_2 E_2}{l J_1 E_1} = B$, so wird:

$$H \cdot h \left(\frac{B}{3} + \frac{1}{2}\right) - M_0 \left(\frac{B+1}{2}\right) = \frac{Pl}{16}. \tag{a}$$

b) Die Stützen sind fest eingespannt:

$$\int \frac{M_x \frac{\partial M_x}{\partial M_0}}{JE} dx = 0 = \frac{1}{J_1 E_1} \int_0^h (H \cdot x - M_0) dx - \frac{1}{J_2 E_2} \int_0^{l/2} \left(H \cdot h - M_0 - \frac{P x}{2}\right) dx$$

$$= \frac{H h^2}{2 J_1 E_1} + \frac{M_0 \cdot h}{J_1 E_1} + \frac{H h l}{2 J_2 E_2} - \frac{M_0 l}{2 J_2 E_2} - \frac{P l^2}{16 J_2 E_2} = 0 \text{ und mit } E_1 = E_2 = E:$$

$$\frac{H h}{2}(B+1) - M_0 \left(B + \frac{1}{2}\right) = \frac{P \cdot l}{16}. \tag{b}$$

Aus der Gleichsetzung von a und b folgt:

$$H \cdot h \left(\frac{B}{3} + \frac{1}{2} - \frac{B+1}{2}\right) = M_0 \left(\frac{B+1}{2} - \frac{2B+1}{2}\right)$$

oder $\qquad H \cdot h = 3 M_0 \quad$ und aus b: $\quad M_0 = \dfrac{P \cdot l}{8(B+2)}$.

Anwendungsbeispiel 3. Beim Reibradgetriebe (Abb. 10) wird der Anpreßdruck durch die Spannung in einem geschlossenen Ring erzeugt, so daß die Lager entlastet sind. Wird die treibende Rolle in Pfeilrichtung gedreht, so bleibt die getriebene Rolle zunächst in Ruhe, weil die Vorspannung des Ringes zur Übertragung des Drehmomentes nicht ausreicht. Der Ring wird dadurch bei F etwas gehoben, und die Berührungspunkte fallen nun in eine Sehne des Ringes. Die Folge ist, daß die Anpressung der Rollen sich selbsttätig vergrößert, und zwar so

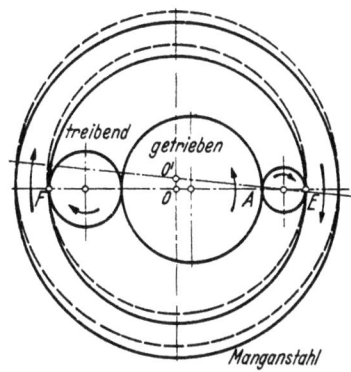
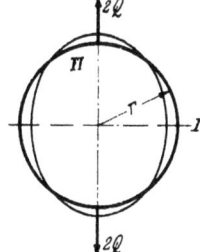
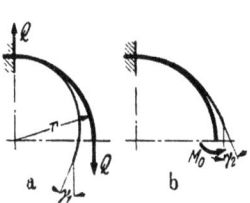

Abb. 10. Berechnung des Spannringes zum Reibradgetriebe.

lange, bis sie zur Übertragung der in Frage kommenden Leistung genügt. Die Kraft, mit der der Ring die drei Rollen zusammenpreßt, ist beschränkt durch die Stärke des Ringes.

Wenn von der kleinen Abweichung der Verbindungslinie EF von der Mittellinie des Ringes abgesehen wird, so liegt eine symmetrische Belastung vor, so daß die Untersuchung auf $1/4$-Kreis beschränkt werden kann. Das statisch unbestimmte Moment M_0 erhält man aus der Bedingung, daß im Querschnitt I — aus Symmetriegründen — die Verdrehung gleich Null ist, also nach dem Satz von Castigliano $\dfrac{\partial \mathfrak{A}}{\partial M_0} = 0$ wird. Durch Zerlegung in zwei Teilaufgaben a und b findet man aus der Zahlentafel 1222.5, S. 40 die Verdrehung des Querschnittes I infolge der Kraft Q:

a) Pos. 2, $a = \dfrac{\pi}{2}$: $\gamma_1 = \dfrac{Q}{E}\left[\dfrac{\pi}{2F} + \dfrac{r^2}{Z}\left(\dfrac{\pi}{2} - 1\right)\right]$

und infolge des unbekannten Momentes M_0:

b) Pos. 3, $a = \dfrac{\pi}{2}$: $\gamma_2 = \dfrac{M_0}{E} \cdot \dfrac{\pi}{2}\left(\dfrac{1}{rF} + \dfrac{r}{Z}\right)$.

$\dfrac{e}{r}$	λ	$\dfrac{2}{(1+\lambda)\pi}$	M_0
0,1	0,00335	0,634	$-0{,}366\,Qr$
0,2	0,01366	0,628	$-0{,}372\,Qr$
0,4	0,0591	0,601	$-0{,}399\,Qr$
0,8	0,3733	0,464	$-0{,}536\,Qr$

Da die totale Verdrehung gleich Null, also $\gamma_1 = -\gamma_2$ ist, erhält man nach einfacher Umformung:

$$M_0 = -Q \cdot r \left(1 - \frac{2}{\pi(\lambda+1)}\right).$$

Für den rechteckigen Ringquerschnitt sind die Werte M_0 in der obenstehenden Zahlentafel zusammengestellt. Vernachlässigen wir die Formänderungen der Normalkräfte gegenüber den Biegungen, dann ist $M_0 = Q \cdot r (1 - 2/\pi) = 0{,}363\,Q \cdot r$, welche Vernachlässigung für $e/r < 1/5$ zulässig ist (größter Fehler 3%). Mit diesen Werten von M_0 können die Spannungen nach Gl. (1222.6) berechnet werden.

Anwendungsbeispiel 4. Für ein Kettenglied nach Abb. 11 findet man durch Zerlegung in drei Teilaufgaben (von denen die beiden ersten schon im Beispiel 3 berechnet sind) mit

$$\gamma_3 = \frac{M_0}{JE} \cdot d \quad (\text{da } a = d \text{ ist}),$$

aus $\gamma_1 + \gamma_2 + \gamma_3 = 0$: $\quad M_0 = Q \cdot r \dfrac{-1 + \dfrac{\pi}{2}(1+\lambda)}{\dfrac{\pi}{2}(1+\lambda) + \dfrac{df r \lambda}{J}}$.

Für die Rundeisenkette ist $f = \pi e^2$, $J = \frac{\pi}{4} e^4$, $\frac{f}{J} = \frac{4}{e^2}$ und $e/r = 0{,}4$, so daß nach Zahlentafel 1222.2, S. 36: $\lambda = 0{,}0436$ ist. Mit diesen Zahlenwerten wird:

$$M_0 = 0{,}255\, Q \cdot r\,.$$

Im Schnitt I ist $M = -M_0$ (Krümmung wird vermindert) und $P_0 = P - \dfrac{M_0}{r} = 0{,}745\, Q$.

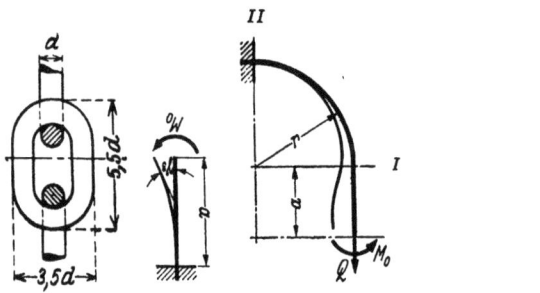

Abb. 11. Schlingkettenglied.

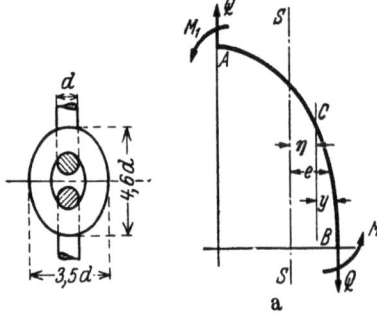

Abb. 12. Lastkettenglied.

Die größten Spannungen sind dort nach Gl. (1222.10) für

$$\eta = +e, \quad \sigma_a = \frac{Q}{f}\left(0{,}745 - \frac{0{,}255}{0{,}0436} \cdot \frac{+e}{3{,}5\,e}\right) = -0{,}926\,\frac{Q}{f}\,.$$

$$\eta = -e, \quad \sigma_i = \frac{Q}{f}\left(0{,}745 - \frac{0{,}255}{0{,}0436} \cdot \frac{-e}{1{,}5\,e}\right) = 4{,}629\,\frac{Q}{f}\,.$$

Im Schnitt II ist $M = -M_0 + Q \cdot r = 0{,}745\, Q \cdot r$ und $P_0 = 0{,}745\, Q$.

Die Spannungen sind: für $\eta = +e$: $\sigma_a = \dfrac{Q}{f}\left(0{,}745 + \dfrac{0{,}745}{0{,}0436} \cdot \dfrac{+e}{3{,}5\,e}\right) = 5{,}627\,\dfrac{Q}{f}$

und für $\eta = -e$: $\sigma_i = \dfrac{Q}{f}\left(0{,}745 + \dfrac{0{,}745}{0{,}0436} \cdot \dfrac{-e}{1{,}5\,e}\right) = -10{,}65\,\dfrac{Q}{f}\,.$

Anwendungsbeispiel 5. Ist die Mittellinie des Kettengliedes beliebig gekrümmt (Abb. 12), dann müssen die Integrale graphisch gelöst werden. Vernachlässigen wir die Formänderungen durch P_0, so folgt aus dem Satz von Castigliano:

$$\int_B^A M \cdot \frac{\partial M}{\partial M_0}\, ds = 0\,.$$

Mit $M = -M_0 + Q \cdot y$ und $\partial M/\partial M_0 = -1$ muß $\displaystyle\int_B^A (Q \cdot y - M_0)\, ds = 0$ oder $M_0 = Q \dfrac{\displaystyle\int_B^A y\, ds}{\displaystyle\int_B^A ds}$

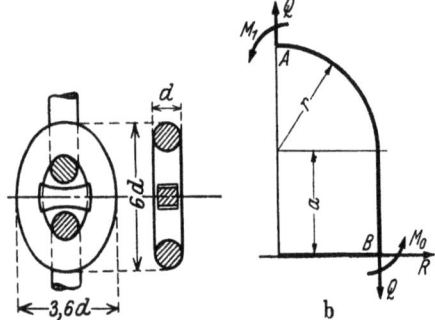

Abb. 13. Ankerkettenglied.

sein. Ist SS die den Kräften Q parallele Schwerachse des Bogens BA, im Abstande e von B, so wird einfach $M_0 = Q \cdot e$. Die Längenänderung δ des Kettengliedes in der Richtung der Kraft Q ist

$$\delta = \frac{\partial \mathfrak{A}}{\partial Q} = \frac{2}{ZE}\int_B^A M \cdot \frac{\partial M}{\partial Q}\, ds\,.$$

Nun ist $M = -Q(e-y) = -Q \cdot \eta$
und $\partial M/\partial Q = -\eta$, so daß

$$\delta = \frac{2Q}{ZE}\int_B^A \eta^2\, ds$$

ist. Setzt man $\int \eta^2 ds = T$, das Trägheitsmoment des Bogens BA in bezug auf die Schwerachse, so ist $\delta = 2Q \cdot T/ZE$. Die Lage der Schwerachse SS und das Trägheitsmoment T findet man am einfachsten zeichnerisch mit Hilfe von Seilpolygonen (vgl. z. B. Taschenbuch Hütte, Bd. I).

Anwendungsbeispiel 6. Für die Schiffskette mit Steg (Abb. 13) kommt die Stegkraft R als neue statisch unbestimmte Größe hinzu. Für die Berechnung wird die Kettenform, wie in Abb. 13b skizziert, vereinfacht. Die beiden Gleichungen zur Berechnung von M und R lauten dann:

Winkeländerung γ in $B = 0$ und Verschiebung in Richtung von R ist $\delta = \dfrac{R \cdot r}{F_S E}$.

Anwendungsbeispiel 7. Ein Kreisring mit dem mittleren Radius r wird durch n, regelmäßig am Umfang verteilte, radiale Kräfte P beansprucht (Abb. 14a).

Aus Symmetriegründen kann die Untersuchung auf einen Sektor mit dem Zentriwinkel $2\alpha = 2\pi/n$ begrenzt werden. An den Trennflächen (Abb. 14b) wirken die Zugkräfte Z_0 und die Momente M_0; Querkräfte wirken dort (aus Symmetriegründen) nicht.

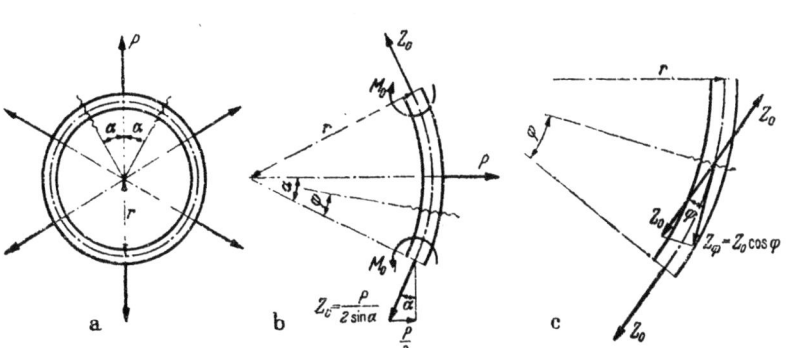

Abb. 14a—c. Zum Anwendungsbeispiel 7.

Die Gleichgewichtsbedingung der am Segment wirkenden Kräfte gibt die Gleichung:

$$P = 2 Z_0 \sin \alpha. \tag{a}$$

In einem Schnitt unter dem Winkel φ ist die Normalkraft:

$$Z_\varphi = Z_0 \cos \varphi = \frac{P}{2 \sin \alpha} \cos \varphi \tag{b}$$

und das Biegemoment:

$$M_\varphi = -M_0 + Z_0 r (1 - \cos \varphi) = -M_0 + \frac{P \cdot r}{2 \sin \alpha}(1 - \cos \varphi). \tag{c}$$

Aus Symmetriegründen tritt an den Grenzflächen keine Winkeländerung auf. Wird das erste Glied der Gleichung wieder vernachlässigt, dann ist:

$$\frac{\partial \mathfrak{A}}{\partial M_0} = 0 = \frac{2}{ZE} \int_0^\alpha M_\varphi \cdot \frac{\partial M_\varphi}{\partial M_0} r\, d\varphi = \frac{2}{ZE} \int_0^\alpha \left[-M_0 + \frac{P \cdot r}{2 \sin \alpha}(1 - \cos \varphi)\right](-1)\, r\, d\varphi$$

oder $\qquad M_0 \alpha - \dfrac{P \cdot r \cdot \alpha}{2 \sin \alpha} + \dfrac{P \cdot r}{2} = 0,$

also $\qquad M_0 = \dfrac{P \cdot r}{2}\left(\dfrac{1}{\sin \alpha} - \dfrac{1}{\alpha}\right) \quad$ und $\quad M_\varphi = -\dfrac{P \cdot r}{2}\left(\dfrac{\cos \varphi}{\sin \alpha} - \dfrac{1}{\alpha}\right).$ (d)

Das Biegemoment wird am größten für $\varphi = \alpha$:

$$M_{max} = M_\alpha = -\frac{P \cdot r}{2}\left(\operatorname{ctg} \alpha - \frac{1}{\alpha}\right). \tag{e}$$

Mit der gleichen Vereinfachung ist die radiale Verschiebung δ der Kraft P:

$$\delta = \frac{2}{ZE}\int_0^\alpha M_\varphi \frac{\partial M_\varphi}{\partial P} r\, d\varphi = \frac{2 P r^3}{4 ZE}\int_0^\alpha \left(\frac{\cos \varphi}{\sin \alpha} - \frac{1}{\alpha}\right)^2 d\varphi = \frac{P r^3}{4 ZE}\left(\operatorname{ctg} \alpha + \frac{\alpha}{\sin^2 \alpha} - \frac{2}{\alpha}\right). \tag{f}$$

Für $2\alpha =$	90°	60°	45°	36°	30°	22,5°
ist $\dfrac{1}{4}\left(\operatorname{ctg}\alpha + \dfrac{\alpha}{\sin^2\alpha} - \dfrac{2}{\alpha}\right) =$	0,006079	0,001681	0,0006925	0,0003503	0,0002011	0,0000836
$\dfrac{1}{2}\left(\operatorname{ctg}\alpha - \dfrac{1}{\alpha}\right) =$	0,137	0,089	0,0665	0,053	0,0445	0,0335

Auch der geschlossene Schubstangenkopf kann als statisch unbestimmter, stark gekrümmter Träger berechnet werden. Die größte Schwierigkeit besteht dabei in der Festlegung der Rand-

12. Spannungen und Formänderungen in prismatischen Stäben.

bedingungen, die natürlich in Übereinstimmung mit der Wirklichkeit gewählt werden müssen[1]. Das einfache Auge (Abb. 15a) kann z. B. in DD als eingespannt betrachtet werden; infolge der symmetrischen Verformung bleibt die Tangente im Scheitelquerschnitt unverändert. Der Bolzen drückt gegen die Innenfläche AB des Auges mit einer Kraft, die von B nach A abnimmt. Da die Kraftverteilung von der Formänderung des Auges abhängt und deshalb zunächst

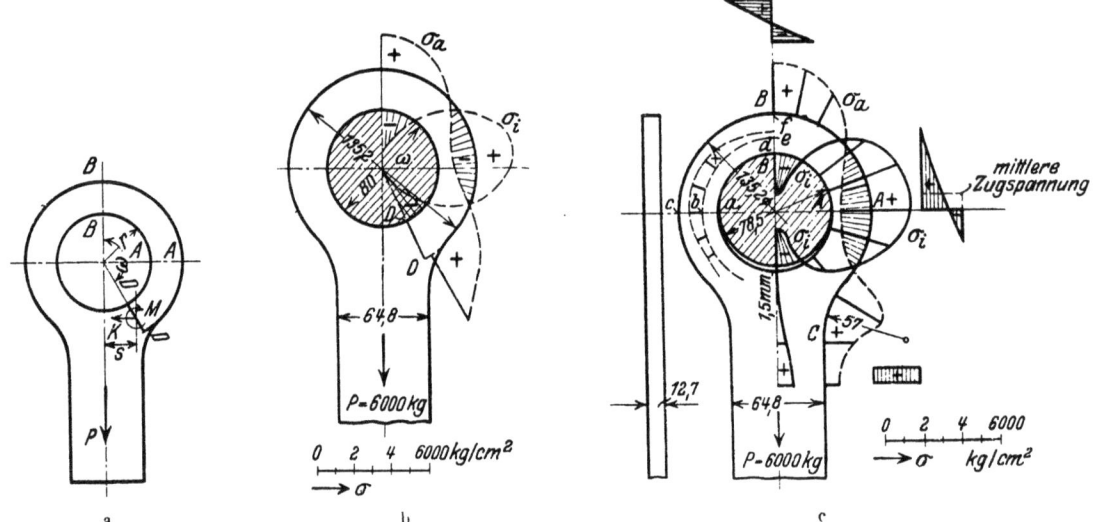

Abb. 15. Spannungsverteilung in einem Auge (a); b) berechnet; c) aus Dehnungsmessungen bestimmt.

nur geschätzt werden kann, wird (zur Vereinfachung der Rechnung) entweder eine über den Durchmesser gleichmäßig verteilte Belastung oder eine in B konzentrierte Einzelkraft angenommen. Die unter der Voraussetzung einer gleichmäßig verteilten Belastung (von Dr. Mathar[2]) berechneten Spannungen sind in Abb. 15b eingetragen und mit den tatsächlich auftretenden (aus den beobachteten Formänderungen berechneten) verglichen (Abb. 15c). Die Berechnung

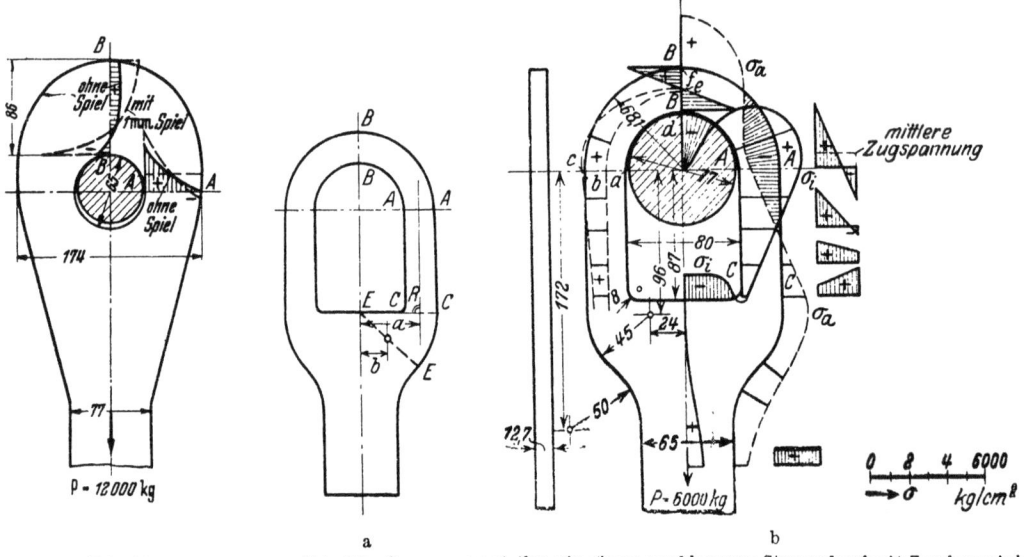

Abb. 16.   Abb. 17. Spannungsverteilung in einem geschlossenen Stangenkopf mit Zapfenspiel (nach Messungen von J. Mathar).

setzt voraus, daß die Formänderung des Auges durch den Zapfen nicht behindert wird; der Zapfen muß also mit genügendem Spiel ausgeführt werden. Diese Voraussetzung ist in Wirklichkeit nur dann erfüllt, wenn die berechneten Formänderungen innerhalb des Zapfenspieles liegen. Unter dieser Voraussetzung ist die Übereinstimmung zwischen Rechnung und Versuch befriedigend. Diese Kopfform kommt nicht nur bei der Schubstange, sondern auch bei

---

[1] L. 125.1 bis 11.   [2] L. 125.5.

Brückenstäben und anderen Eisenkonstruktionen vor. Der Bolzen verhindert dann die freie Verformung des Kopfes, was zur Folge hat, daß die Beanspruchungen viel kleiner werden.

Bei der üblichen kreisförmigen Kopfform tritt die größte Spannung im Wangenquerschnitt AA auf. Durch Vergrößerung des Scheitelquerschnittes BB und durch einen sanften Übergang vom Auge zum Schaft (Abb. 16) wird die Mittellinie des Stabes in AA etwas weniger gekrümmt; die Dauerhaltbarkeit wird dadurch erhöht.

Ähnliche Schwierigkeiten treten auch bei der Berechnung der Kopfform nach Abb. 17 auf. A. Watzinger[1] berechnet z. B. die Spannungen unter der (nicht zutreffenden) Annahme, daß der Schwerpunkt des Schnittes EE sich frei verschieben kann, während Matsumura[2] richtig voraussetzt, daß nur die Entfernung b konstant bleibt, so daß im Schwerpunkt des Schnittes EE noch eine horizontale Kraft wirken muß.

126. Wärmespannungen.

Gerade Stäbe. Unter dem Einfluß der Wärme erfährt der Stab eine Längenänderung:

$$\Delta l = \beta l (t - t_0),$$

worin β die lineare Ausdehnungszahl (für Stahl $\beta = 0{,}0000115 = 11{,}5 \cdot 10^{-6}$ 1/°C), l die ursprüngliche Länge, t die erhöhte, und t_0 die ursprüngliche Stabtemperatur ist. Werden die Endpunkte des Stabes so festgehalten, daß er sich bei der Erwärmung nicht ausdehnen kann, so treten Wärmespannungen auf:

$$\sigma = -\frac{\Delta l}{l} E = -\beta E (t - t_0). \tag{126.1}$$

Für $E = 21\,500$ kg/mm² und $\beta = 0{,}0000115$ 1/°C wird $\sigma = -0{,}25$ kg/mm² für 1°C Temperaturerhöhung.

Praktische Bedeutung erhalten diese Spannungen z. B. bei Drahtseilen oder elektrischen Leitungen, die zwischen zwei Festpunkten gespannt sind und (im Sommer montiert) bei scharfer Kälte und Schneelast vielfach höher beansprucht werden.

Zahlentafel 126.1. Längenänderungen in mm verschiedener Rohrbauwerkstoffe von je 1 m Länge bei $t_0 = 0°$ bei der Erwärmung auf $t°$ C (aus Arch. Wärmewirtsch. 1937, S. 251).

Temperatur $t°C$	Mo-Cu-C-St.	Sicromal C-St. Jzett-St.	Cr-Mo-St.	Cu-Mo-St.
100	1,11	1,12	1,19	1,30
200	2,30	2,45	2,60	2,80
300	3,60	3,85	4,10	4,40
400	5,00	5,30	5,70	6,10
500	6,55	6,95	7,40	7,85
600	8,15	8,60	9,20	9,90

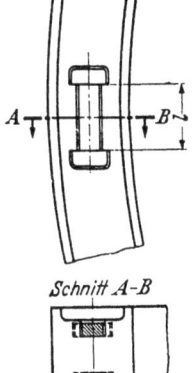

Abb. 126.1.

Zahlenbeispiel 126.1. Soll beim Schrumpfband (Abb. 126.1), das zur Verbindung zweier Radhälften dient, die Elastizitätsgrenze σ_{el} nicht überschritten werden, so folgt die durch die Abkühlung (oder durch das Aufpressen) erzwungene Längenänderung λ aus dem Hookeschen Gesetz:

$$\varepsilon = \frac{\lambda}{l} = \frac{\sigma_{el}}{E}.$$

Mit $\sigma_{el} = 15$ kg/mm² und $E = 21\,000$ kg/mm² wird $\lambda/l = 1/1400$ oder für $l = 140$ mm ist $\lambda = 0{,}1$ mm.

Man erkennt daraus, daß Schrumpfverbindungen eine sehr große Genauigkeit bei der Herstellung erfordern, denn wäre bei der Ausführung $\lambda = 0{,}2$ mm, so würde $\sigma = 30$ kg/mm² betragen, d. h. es müßten bleibende Formänderungen auftreten.

Die Schrumpfbänder müssen bei der Drehung des Rades außerdem noch die Fliehkraft einer Radhälfte übertragen. Die Gesamtspannung durch Aufschrumpfen und durch die Fliehkraft muß unterhalb der Elastizitätsgrenze bleiben; das Schrumpfmaß λ/l also wesentlich kleiner als $1/1400$ sein.

Ebene Wand. Der Temperaturverlauf wird als bekannt vorausgesetzt (Abb. 2); er kann nach der Lehre der Wärmeleitung von Fall zu Fall berechnet werden.

Eine Faserschicht in der Entfernung x habe die Temperatur t; die dadurch mögliche Verlängerung gegenüber der Grenzfaserschicht mit der Temperatur t_1 wäre $l\beta(t-t_1)$. Wenn die

---
[1] L. 125.2. [2] L. 125.3.

12. Spannungen und Formänderungen in prismatischen Stäben.

wirkliche Längenänderung aller Fasern infolge des Zusammenhanges der einzelnen Fasern und der Grenzbedingungen $\Delta l =$ konstant ist, so wird die mögliche Verlängerung um den Betrag

$$\Delta l' = l \beta (t - t_1) - \Delta l$$

zurückgedrückt, wodurch eine Spannung entsteht:

$$\sigma = -E \frac{\Delta l'}{l} = E \{\varepsilon - \beta (t - t_1)\}. \quad (2)$$

Aus der Gleichgewichtsbedingung in der Richtung der Spannungen folgt, wenn an den Endflächen keine äußeren Kräfte wirken:

$$\int \sigma df = 0 = E \int \{\varepsilon - \beta (t - t_1)\} df,$$

worin $\quad df = b\,dx,$

oder $\quad \dfrac{1}{b \cdot E} \int_0^\delta \sigma df = \varepsilon \delta - \beta \int_0^\delta t\,dx + \beta t_1 \int_0^\delta dx = 0$

und: $\quad \varepsilon = \dfrac{\beta}{\delta} \int_0^\delta t\,dx - \beta t_1. \quad (3)$

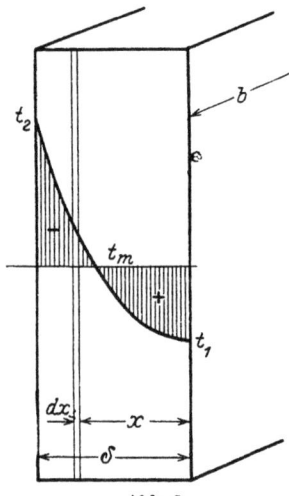

Abb. 2.

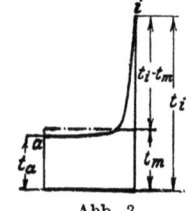

Abb. 3.
Wärmespannungen bei plötzlicher Temperaturänderung (nach Winkel).

Da $\dfrac{1}{\delta} \int_0^\delta t \cdot dx = t_m$ die mittlere Wandtemperatur ist, wird $\varepsilon = \beta (t_m - t_1)$ und mit Gl. (2)

$$\sigma = E \beta (t_m - t). \quad (4)$$

Der Spannungsverlauf kann also aus dem Temperaturverlauf sofort abgelesen werden.

Bei der Ableitung dieser Gleichung war vorausgesetzt, daß alle Fasern die gleiche Länge behalten, also gerade bleiben. Kann die Wand sich aber frei ausdehnen, so wird sie sich krümmen, da die wärmeren Schichten sich mehr ausdehnen als die kälteren.

Wenn eine freie ebene Platte so erwärmt wird, daß die Temperatur von der einen Seite zur anderen linear abfällt (also im stationären Zustand der Wärmeleitung), so wölbt sie sich zu einer Kugelfläche. Die Krümmung dieser Kugelfläche ist:

$$\frac{1}{\varrho} = \frac{\beta (t_2 - t_1)}{\delta} = \beta \frac{\Delta t}{\delta}.$$

Die Platte bleibt dabei völlig spannungsfrei. Ist nun der Temperaturverlauf nicht linear, so entstehen Wärmespannungen, die proportional sind dem Unterschied zwischen der wirklichen Temperatur und der Temperatur, welche bei linearer Verteilung dieselbe Krümmung ergeben würde. Die Dehnung einer Faser ist:

$$\Delta l' = l \beta (t - t_1) - \Delta l_1 - l \frac{x}{\varrho}$$

und die zugehörige Spannung:

$$\sigma = E \left[\varepsilon_1 + \frac{x}{\varrho} - \beta (t - t_1)\right].$$

Sollen an den Endflächen keine Kräfte und keine Momente wirken, so sind die Gleichgewichtsbedingungen:

$$\frac{1}{E} \int \sigma df = 0 = \varepsilon_1 \delta + \frac{\delta^2}{2 \varrho} - \beta \int_0^\delta t\,dx + \beta t_1 \delta \qquad \text{(Kräfte)}.$$

$$\frac{1}{E} \int \sigma \cdot x df = 0 = \varepsilon_1 \frac{\delta^2}{2} + \frac{\delta^3}{3 \varrho} - \beta \int_0^\delta t x\,dx + \beta t_1 \frac{\delta^2}{2} \qquad \text{(Momente)}.$$

Mit ε_1 aus der Kräftegleichung und $\dfrac{\delta}{\varrho} = \beta \cdot \Delta \cdot t$ folgt daraus:

$$\varepsilon_1 = \beta (t - t_m) - \frac{1}{2} \beta \Delta t.$$

126. Wärmespannungen.

Die Spannung wird dann:

$$\sigma = E(\beta \cdot t_m - t) + \beta \Delta t \left(\frac{x}{\delta} - \frac{1}{2}\right). \tag{5}$$

Die für die ebene Platte abgeleiteten Gleichungen gelten auch für ein **dünnwandiges Rohr**. Besonders gefährlich sind **plötzliche** Temperaturänderungen in schlechten Wärmeleitern, da die mittlere Temperatur dann wenig von der ursprünglichen Temperatur abweicht, und dadurch $t - t_m$ groß wird (Abb. 3).

Auch für die **zweidimensionalen** Wärmedehnungen lassen sich die Wärmespannungen leicht berechnen, wenn durch die Randbedingung wieder festgelegt ist, daß alle Fasern bei der Erwärmung gleich lang bleiben. Man braucht dann nach Gl. (2) nur in den Spannungsgleichungen für die ebene Platte ε durch $\varepsilon - \beta \vartheta$ zu ersetzen, worin $\vartheta = t - t_1$ ist.

Aus Gl. (124.18) folgt mit Gl. (11.4):

$$\sigma_x = \frac{mE}{m^2-1}(m\varepsilon_x + \varepsilon_y) = \frac{2G}{m-1}(m\varepsilon_x + \varepsilon_y) = 2G\left(\varepsilon_x + \frac{\varepsilon_x + \varepsilon_y}{m-1}\right).$$

Die Wärmespannungen werden also:

$$\sigma_x = 2G\left(\varepsilon_x + \frac{\varepsilon_x + \varepsilon_y}{m-1} - \frac{m+1}{m-1}\beta\vartheta\right) \quad \text{und} \quad \sigma_y = 2G\left(\varepsilon_y + \frac{\varepsilon_x + \varepsilon_y}{m-1} - \frac{m+1}{m-1}\beta\vartheta\right).$$

Die Gleichgewichtsbedingungen in den X- und Y-Richtungen liefern die Gleichungen[1]

$$b\int_0^\delta \sigma_x dz = 0 \quad \text{und} \quad l\int_0^\delta \sigma_y dz = 0.$$

Setzt man darin die Werte von σ_x und σ_y ein, und integriert, so erhält man:

$$\varepsilon_x + \frac{\varepsilon_x + \varepsilon_y}{m-1} - \frac{m+1}{m-1} \cdot \frac{\beta}{\delta}\int_0^\delta \vartheta dz = 0.$$

Da $\frac{1}{\delta}\int_0^\delta \vartheta dz = \vartheta_m$ ist, wird

$$\sigma_x = 2G\frac{m+1}{m-1}\beta(\vartheta_m - \vartheta) \quad \text{und} \quad \sigma_y = 2G\frac{m+1}{m-1}\beta(\vartheta_m - \vartheta). \tag{6}$$

Diese Gleichungen gelten auch für dickwandige Rohre, wenn $\vartheta_m = \frac{1}{f}\int \vartheta df$ gesetzt wird, worin $df = 2\pi r dr$ ist.

Rohrleitungen. Die Berechnung der Wärmespannungen ist immer ein statisch unbestimmtes Problem, bei welchem die Randbedingungen (Einspannung, Führung oder freie Drehbarkeit) einen

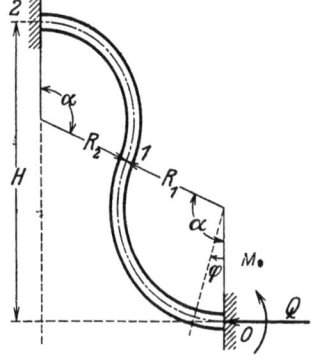

Abb. 4. Expansionsbogen.   Abb. 5.

bedeutenden Einfluß auf die Formänderungen und damit auf die Spannungen haben. Auch ohne Berechnung kann man sofort die wichtige Schlußfolgerung ziehen, daß überall dort, wo große Wärmedehnungen auftreten (Kesselbau, Dampfleitungen), eine möglichst nachgiebige Befestigung (Aufhängung) anzustreben ist.

Anwendungsbeispiel 2. Berechnung eines Expansionsbogens (Abb. 4), der an den Enden a und b so befestigt ist, daß dort nur ein Moment M_0 und eine Längskraft Q, aber keine Querkraft auftreten kann. Infolge der symmetrischen Formänderung kann die Untersuchung auf den halben Bogen beschränkt werden (Abb. 5). Bei der Berechnung dürfen wieder Zug- resp. Druckbeanspruchungen gegenüber der Biegung vernachlässigt werden. Nach dem Satz von Castigliano muß also

$$\frac{\partial \mathfrak{A}}{\partial M_0} = 0 \quad \text{und} \quad \frac{\partial \mathfrak{A}}{\partial Q} = \frac{\delta}{2}$$

---

[1] Die Z-Richtung entspricht hier der X-Richtung in Abb. 2.

12. Spannungen und Formänderungen in prismatischen Stäben.

sein. Für die Strecke 0 bis 1 ist $M_\varphi = M_0 - Q R_1 (1 - \cos\varphi)$,

$$\frac{\partial M_\varphi}{\partial M_0} = 1 \quad \text{und} \quad \frac{\partial M_\varphi}{\partial Q} = -R_1 (1 - \cos\varphi).$$

Das Moment M_0 ist positiv einzusetzen, weil bei der gezeichneten Drehrichtung die Krümmung vermehrt wird

$$\frac{\partial \mathfrak{A}}{\partial M_0} = \frac{1}{JE}\int_0^\alpha [M_0 - Q R_1 (1 - \cos\varphi)] R_1 d\varphi = \frac{R_1}{JE}[M_0\alpha - Q R_1(\alpha - \sin\alpha)].$$

Die Strecke 1 bis 2 ist entgegengesetzt gekrümmt, also $M_\varphi = -M_0 + Q[H - R_2(1-\cos\varphi)]$,

$$\frac{\partial M_\varphi}{\partial M_0} = -1 \quad \text{und} \quad \frac{\partial M_\varphi}{\partial Q} = H - R_2(1-\cos\varphi).$$

$$\frac{\partial \mathfrak{A}}{\partial M_0} = -\frac{1}{JE}\int_\alpha^0 (-M_0 + QH - QR_2 + QR_2\cos\varphi) R_2 d\varphi = \frac{R_2}{JE}[M_0\alpha - QH\alpha + QR_2\alpha - QR_2\sin\alpha].$$

Aus $\frac{\partial \mathfrak{A}}{\partial M_0} = 0$ folgt: $(R_1 + R_2) \cdot M_0 \alpha = Q[H R_2 \alpha - (R_2^2 - R_1^2)(\alpha - \sin\alpha)]$

oder $\quad M_0 = Q\left[H \frac{R_2}{R_1 + R_2} - (R_2 - R_1)\frac{\alpha - \sin\alpha}{\alpha}\right].$

Nun ist $H = (R_1 + R_2)(1 - \cos\alpha)$. Setzt man $\frac{R_1}{R_2} = n$, dann wird $R_2 = \frac{H}{(1+n)(1-\cos\alpha)}$ und $R_1 = \frac{H \cdot n}{(1+n)(1-\cos\alpha)}$. Damit wird

$$M_0 = QH\left[\frac{1}{1+n} - \frac{1-n}{1+n}\cdot\frac{\alpha-\sin\alpha}{\alpha(1-\cos\alpha)}\right] = fQH. \tag{a}$$

Für $R_1 = R_2$ ist $n = 1$ und

$$M_0 = \frac{QH}{2} \tag{b}$$

unabhängig von α. Für andere Werte von n und α ist der Klammerausdruck praktisch ebenfalls unabhängig von α und hängt nur wenig von n ab, so daß Gl. (b) mit einer Genauigkeit von mindestens 10% für alle eingespannten Ausgleichrohre verwendet werden kann.

Für die Strecke 0 bis 1 ist

$$\frac{\partial \mathfrak{A}}{\partial Q} = \frac{1}{JE}\int_0^\alpha M \frac{\partial M}{\partial Q} R_1 d\varphi = \frac{-1}{JE}\int_0^\alpha [M_0 - QR_1(1-\cos\varphi)] R_1^2 (1-\cos\varphi) d\varphi$$

$$= -\frac{R_1^2}{JE}[M_0(\alpha - \sin\alpha) - QR_1(\tfrac{3}{2}\alpha - 2\sin\alpha + \tfrac{1}{4}\sin 2\alpha)]^*.$$

Für die Strecke 1 bis 2 ist

$$\frac{\partial \mathfrak{A}}{\partial Q} = \frac{1}{JE}\int_\alpha^0 [-M_0 + QH - QR_2 + QR_2\cos\varphi][H - R_2(1-\cos\varphi)] R_2 d\varphi$$

$$= -\frac{R_2}{JE}[M_0(H\alpha - R_2\alpha + R_2\sin\alpha)$$
$$- Q(H^2\alpha + \tfrac{3}{2}R_2^2\alpha - 2HR_2\alpha + 2HR_2\sin\alpha - 2R_2^2\sin\alpha + \tfrac{1}{4}R_2^2\sin 2\alpha)].$$

Da für die gesamte Strecke (von 0 bis 2), $\frac{\partial \mathfrak{A}}{\partial Q} = \frac{\delta}{2}$ ist, so wird

$$-\frac{JE\delta}{2} = M_0\{R_1^2(\alpha - \sin\alpha) + R_2(H\alpha - R_2\alpha + R_2\sin\alpha)\}$$
$$- Q\{R_2 H^2\alpha + \tfrac{3}{2}R_2^3\alpha - 2HR_2^2\alpha + 2HR_2^2\sin\alpha - 2R_2^3\sin\alpha + \tfrac{1}{4}R_2^3\sin 2\alpha\}$$
$$+ (\tfrac{3}{2}R_1^3\alpha - 2R_1^3\sin\alpha + \tfrac{1}{4}R_1^3\sin 2\alpha)\} \cdot Q$$
$$= M_0\{(R_1^2 - R_2^2)(\alpha - \sin\alpha) + R_2 H\alpha\}$$
$$- Q\left\{\left(\tfrac{3}{2}\alpha - 2\sin\alpha + \tfrac{1}{4}\sin 2\alpha\right)(R_2^3 - R_1^3) + \alpha H R_2\left(H - 2R_2\frac{\alpha - \sin\alpha}{\alpha}\right)\right\}. \tag{c}$$

---

* $\int_0^\alpha (1 - \cos\varphi)^2 d\varphi = \alpha - 2\sin\alpha + \tfrac{1}{4}\sin 2\alpha + \tfrac{\alpha}{2}.$

126. Wärmespannungen.

Setzt man wieder $R_1 = R_2 = R$ und $\alpha = 90°$, so wird mit $M_0 = Q \cdot H/2$

$$JE \cdot \delta = QH^3/2{,}54 \quad \text{oder} \quad Q = 2{,}54 \, \delta \, JE/H^3. \tag{d}$$

Für stark gekrümmte, dünnwandige Rohre muß das Ovalwerden des Querschnittes durch Einführen des Faktors k (vgl. S. 39) berücksichtigt werden.

Man kann aus dieser Untersuchung die allgemeine Schlußfolgerung ziehen, daß Q, M_0 und damit die Beanspruchungen im Rohr klein werden, wenn H groß gewählt wird und zwar muß H um so größer sein, je höher die Betriebstemperatur ist.

Teilweise behinderte Wärmedehnung. Bisher wurde vorausgesetzt, daß die Wärmedehnung durch einen starren Körper vollständig verhindert werde. In vielen Fällen, insbesondere bei den Wärmeaustauschapparaten, entstehen Wärmespannungen infolge verschiedener Ausdehnung zweier elastischer Körper. Nehmen wir z. B. einen Vorwärmer, dessen Rohre (von der Länge l_1) bei einer Temperatur ϑ_1 ohne Vorspannung montiert wurden, und dessen Mantel im Betrieb eine Temperaturerhöhung $\Theta_M = \vartheta_M - \vartheta_1$ erfährt, während die Temperaturerhöhung der Rohre $\Theta_R = \vartheta_R - \vartheta_1$ kleiner als Θ_M sein soll. Die Wärmedehnung des Mantels $\Delta l_M = \beta_M \Theta_M l_1$ wird durch die geringere Dehnung der Rohre $\Delta l_R \beta_R \Theta_R l_1$ behindert, so daß der Mantel auf Druck und die Rohre auf Zug beansprucht

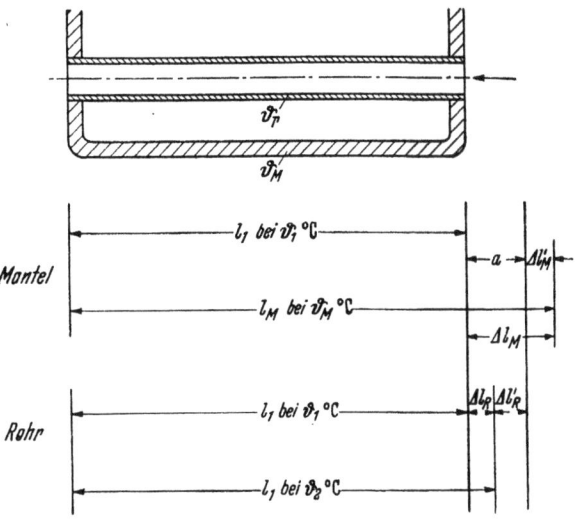

Abb. 6. Teilweise behinderte Wärmedehnung.

werden. Durch die Druckbeanspruchung wird der Mantel kürzer (um den Betrag $\Delta l'_M$), die Rohre durch die Zugbeanspruchung länger (um $\Delta l'_R$). Rohr und Mantel haben im Betrieb aber die gleiche Länge, so daß (vgl. Abb. 6):

$$a = \Delta l_M - \Delta l'_M = \Delta l_R + \Delta l'_R \tag{7}$$

sein muß. Außerdem ist die Druckkraft im Mantel P_M gleich der Gesamtzugkraft P_R in den Rohren. Da $P_M = \sigma_M \cdot f_M$ ist, während die Spannung (nach dem Hookeschen Gesetz) aus der Dehnung berechnet werden kann:

$$\varepsilon_M = \frac{\Delta l'_M}{l_M} = \frac{\Delta l_M - a}{l_M} = \frac{\beta_M \Theta_M l_1}{l_M \approx l_1} - \frac{a}{l_1} \approx \beta_M \Theta_M - \frac{a}{l_1} = \frac{\sigma_M}{E_M}. \tag{8}$$

wird

$$P_M = f_M \cdot E_M \left(\beta_M \Theta_M - \frac{a}{l_1}\right) = \sigma_M \cdot f_M. \tag{9}$$

Analog ist für die Rohre, wenn alle gleich viel tragen (starre Böden):

$$\varepsilon_R \approx \frac{\Delta l'_R}{l_1} = \frac{a}{l_1} - \beta_R \Theta_R \tag{10}$$

und

$$P_R = f_R \cdot E_R \left(\frac{a}{l_1} - \beta_R \Theta_R\right) = \sigma_R f_R. \tag{11}$$

Aus $P_M = P_R$ mit $\frac{a}{l_1}$ aus den Gl. (9) resp. (11) folgen die Spannungen:

$$\sigma_M = \frac{f_R E_R (\beta_M \Theta_m - \beta_R \Theta_R)}{E_M f_M + E_R f_R} E_M$$

und

$$\sigma_R = \frac{f_M E_M (\beta_M \Theta_M - \beta_R \Theta_R)}{E_M f_M + E_R f_R} E_R$$

$$\Biggr\} \tag{12}$$

die unabhängig von l_1 sind. Sind Mantel und Rohre aus dem gleichen Werkstoff hergestellt, ist also $\beta_M = \beta_R = \beta$ und $E_M = E_R = E$, so vereinfachen sich diese Gleichungen mit $\vartheta_M - \vartheta_R = \Delta \vartheta$ zu:

$$\sigma_M = \frac{f_R}{f_R + f_M} \cdot E \cdot \Delta \vartheta \beta \quad \text{und} \quad \sigma_R = \frac{f_M}{f_R + f_M} \cdot E \cdot \Delta \vartheta \beta. \tag{13}$$

Wird der Mantel als starr vorausgesetzt ($f_M = \infty$), so ist $\sigma_M = 0$ und $\sigma_R = \beta \cdot E \cdot \Delta \vartheta$. (Gl. 1)

Zahlenbeispiel 3.

$E_M = 2 \cdot 10^6$ kg/cm², $\beta_M = 12 \cdot 10^{-6}$ °C^{-1}, $f_M = \pi \cdot D_M \cdot s = \pi \cdot 80 \cdot 0{,}8 = 200$ cm².

E_R (Kupfer) $= 10^6$ kg/cm², $\beta_R = 17 \cdot 10^{-6}$ °C^{-1}; für 270 Rohre 30/35 ist

$f_R = 270 \cdot \dfrac{\pi}{4}(3{,}5^2 - 3^2) = 270 \cdot 2{,}54 = 686$ cm².

$\vartheta_M = 130°$ C, $\vartheta_R = 80°$ C, $\vartheta_1 = 20°$ C.

$\sigma_R = \dfrac{200 \cdot 2 \cdot 10^{-6}(12 \cdot 10^{-6} \cdot 110 - 17 \cdot 10^{-6} \cdot 60) \cdot 10^6}{200 \cdot 2 \cdot 10^6 + 686 \cdot 10^6} = \dfrac{400 \cdot 300}{1086} = 110$ kg/cm².

13. Zulässige Spannungen.

Mit den abgeleiteten Beziehungen ist es möglich die Spannungen in prismatischen Körpern zu berechnen. Für den Konstrukteur tritt nun die wichtige Frage auf, welche Spannungen für seine Konstruktionen zulässig sind? Die Beurteilung der zulässigen Spannungen geschah anfänglich rein empirisch. Man wußte (auf Grund der Erfahrung) wie die Maschinenteile bemessen sein mußten, damit unter den gegebenen Verhältnissen ein Bruch sicher vermieden wird. Bei der späteren Entwicklung der Berechnungsmethoden stellte man fest, welcher Wert der Beanspruchung in der angewandten Rechnungsformel diesen Abmessungen entspricht und bezeichnete diesen Betrag als „zulässige" Beanspruchung für den betreffenden Fall. Schließlich setzte man diesen Wert in Beziehung zur Bruchfestigkeit K_z des Werkstoffes und nannte das Verhältnis $S = K_z/\sigma_{zul}$ „Sicherheitsgrad". Auch heute geht man in manchen Fällen noch in gleicher Weise vor, wie z. B. bei den Dampfkesselnormen, bei der Berechnung der Drahtseile usw. Diese Methode ist einfach, gibt aber niemals einen Einblick in die „wirkliche" Sicherheit.

Diese durch C. von Bach gesammelten Erfahrungswerte waren wertvoll und praktisch brauchbar. Man kann sie leider auf die heutigen Verhältnisse im Maschinenbau nicht ohne weiteres übertragen, weil diese z. T. ganz andere sind, als die bei welchen die Erfahrungswerte gesammelt wurden. Durch den Leichtbau, durch die wesentlich höheren Drehzahlen und auch durch den viel schärferen Konkurrenzkampf ist der Konstrukteur gezwungen, die zulässige Grenze immer höher zu wählen. Dadurch sind die Mängel dieser Berechnungsmethode offensichtlich geworden. Infolge Qualitätsverbesserung und vertiefter Kenntnis der Eigenschaften der Baustoffe ist eine Höherlegung der Grenzen oft zulässig. Bei einzelnen Maschinenteilen dagegen ist eine 20- bis 30fache „Sicherheit" noch ungenügend um den Bruch zu verhindern. Man kann sagen, daß, je höher die Sicherheitszahl gewählt werden muß, um so kleiner ist unser Wissen über die tatsächlich auftretenden Beanspruchungen. Aus wirtschaftlichen Gründen können die zulässigen Spannungen heute nicht mehr von Fall zu Fall durch den Versuch bestimmt werden, sondern es sind (wenn möglich) allgemeingültige Richtlinien dafür aufzustellen.

Hier sind zunächst die Fälle auszuscheiden, bei denen nicht die Spannung selbst, sondern die damit verbundene Formänderung für die Brauchbarkeit der Konstruktion ausschlaggebend ist. Ein typisches Beispiel ist die Werkzeugmaschine, die nur dann für genaue Bearbeitung brauchbar ist, wenn ihre wichtigsten Teile überhaupt keine Formänderungen erleiden. Die Neigung der Wellen in den Lagerstellen darf nicht zu groß werden, weil die Lager sonst heißlaufen (vgl. Abschn. 31 und 41). Auch bei den Eisenkonstruktionen (Krantträger Abschn. 212) wird die zulässige Spannung durch die vorgeschriebene zulässige Formänderung eingeschränkt. Alle diese Fälle, sowie auch die Beschränkung der Spannung mit Rücksicht auf die Abnützung (Zahnräder, Abschn. 714) scheiden natürlich bei der Festlegung der Spannungsgrenze aus Festigkeitsgründen aus. Zulässige Spannung und zulässige Formänderung sind aber nicht unabhängig voneinander. Durch geeignete Wahl der Querschnittsform ist es möglich für beide gleichzeitig die Höchstgrenze zu erreichen. Für den einseitig eingespannten Träger (Zahlentafel 1221.1, Pos. 1) z. B. ist $f_{zul} = Pl^3/3JE$ und $M = P \cdot l$, so daß mit $\sigma_{zul} = M \cdot h/2J$ ($h =$ Trägerhöhe)

$$\frac{f_{zul}}{l} = \frac{M}{J} \cdot \frac{l}{3E} = \frac{2}{3} \frac{\sigma_{zul}}{E} \cdot \frac{l}{h} \tag{13.1}$$

wird. Mit den vorgeschriebenen Werten von σ_{zul} und f_{zul} ist die Trägerhöhe h eindeutig festgelegt.

Wenn wir dem Konstrukteur bessere Grundlagen geben wollen, damit er in der Lage sei für jeden Fall die richtige Wahl der „höchstzulässigen" Grenze zu treffen, dann kann es sich niemals darum handeln, die Zahlenwerte von C. von Bach einfach durch andere zu ersetzen, sondern der Begriff der Zulässigkeit muß wesentlich vertieft und erweitert werden. Wir müssen uns deshalb zuerst mit der Bruchursache befassen.

131. Bruchhypothesen.

Der Bruch eines Körpers beginnt dort, wo die günstigsten Bedingungen dafür vorliegen. Die Frage, welche Größe für die Bruchgefahr unmittelbar entscheidend ist, kann nur auf Grund der Erfahrung beantwortet werden. Trotz der zahlreichen Versuche in den Werkstoff-Prüfanstalten fehlen dazu auch heute noch gesicherte Erfahrungsgrundlagen. Man hat so ziemlich alle Möglichkeiten herangezogen, die dabei eine Rolle spielen.

Aus dem bekannten einfachen statischen Zugversuch folgt, daß der Bruch oder eine große bleibende Formänderung nach Überschreiten eines Höchstwertes der Normalspannung eintritt. Das ist die maximale Hauptspannungshypothese (Lamé, Clapeyron), die aussagt, daß die größte Normalspannung kleiner als ein Grenzwert sein muß. Als Grenzwert kann die Bruchfestigkeit K_z, die Streckgrenze σ_s oder auch die Elastizitätsgrenze σ_e eingesetzt werden, je nach dem man den Bruch, eine unzulässig große Formänderung oder auch kleine, bleibende Formänderungen vermeiden will. Diese älteste Bruchhypothese kann aber manche Erscheinung, die vor dem Bruch oder vor merkbaren Formänderungen eintritt, nicht erklären, z. B. die Fließfiguren, die etwa unter 45° zur Stabachse geneigt sind (Abb. 131.1). Diese Erscheinung führt zur Untersuchung der in der schrägen Richtung auftretenden Spannungen, was am einfachsten mit Hilfe des Spannungskreises

Abb. 131.1. Fließfiguren (aus Winkel).

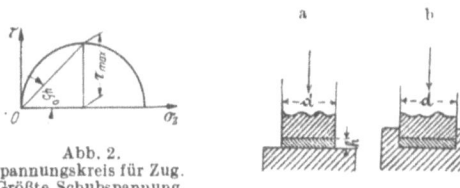

Abb. 2.
Spannungskreis für Zug.
Größte Schubspannung
unter 45°.

Abb. 3 aus Bach-Baumann.

erfolgt. Aus Abb. 2 geht hervor, daß die Schubspannung τ bei $\varphi = 45°$, d. i. in der Richtung der Fließlinien einen Höchstwert $= \sigma_z/2$ erreicht. Aus dieser Überlegung hat Coulomb schon im Jahre 1780 die Auffassung abgeleitet, daß es bei allen Stoffen, die ähnliche Fließfiguren zeigen, nicht die größte Normalspannung ist, die selbst unmittelbar eine Beschädigung oder den Bruch herbeiführt, sondern die (nur halb so große) Schubspannung (maximale Schubspannungshypothese). Für den einfachen Zugversuch, d. i. für den einachsigen Spannungszustand, sind beide Hypothesen gleichwertig.

Eine andere Erfahrungstatsache, welche die größte Hauptspannungshypothese nicht erklären kann, ist folgende: Beim Druckversuch (Abb. 3a) wird die Bleiplatte bei einer Spannung von —125 at herausgequetscht, während bei der Anordnung nach Abb. 3b bedeutend höhere Druckspannungen ohne Bruchgefahr zulässig sind. Diese Beobachtungen führten zu einer neuen Hypothese (Mariotte, Poncelet), nach welcher die größte (positive) Dehnung als Bruchursache anzusehen sei. Durch de St. Venant, Grashof, C. von Bach hat die Dehnungshypothese als Grundlage für die Festigkeitsrechnungen im Maschinenbau eine weite Verbreitung gefunden. Sie geht von der einfachen, physikalischen Vorstellung aus, daß die Bruchursache in der Überschreitung eines gewissen Maßes der Entfernung der Einzelteilchen zu suchen ist (Trennungsbruch). Für die einachsige Beanspruchung sind Dehnungs- und Hauptspannungshypothese identisch, weil (nach dem Hookeschen Gesetz) Spannungen und Dehnungen proportional sind. Für den räumlichen Spannungszustand trifft dies aber nicht zu.

Beim Druckversuch b in Abb. 3 ist die Gesamtdehnung kleiner als im Fall a und dadurch wird die Bruchfestigkeit erhöht.

Wenn die Dehnung ε nun als Maß für die Beanspruchung gilt, so ist das Rechnen mit dieser kleinen Größe doch unbequem. Darum vergleicht man den Spannungszustand, dessen Zulässigkeit untersucht werden soll, mit der einachsigen Zug- oder Druckbelastung, deren Dehnung gleich der gesamten Dehnung des untersuchten Spannungszustandes ist. Man rechnet dann nicht mit der **Dehnung** selbst, sondern nach Gl. (124.10) mit dem Wert $\varepsilon_x E = \sigma_x - (\sigma_y + \sigma_z)/m = \sigma_{\text{red}}$, der als reduzierte Spannung bezeichnet wird. Auch die Dehnungshypothese stimmt mit verschiedenen Beobachtungen nicht überein. Mohr hat z. B. (1899) auf den Widerspruch hingewiesen, daß nach dieser Hypothese die Zugfestigkeit eines jeden Werkstoffes sich zur Druckfestigkeit verhalten müßte, wie die Querkontraktion zur Längsdehnung, also wie $m = 10/3$, was nicht zutrifft. Für reine Schubbeanspruchung (Abb. 124.8) ist $\sigma_1 = +\tau$ und $\sigma_2 = -\tau$; wird nun τ so gewählt, daß die Anstrengung des Werkstoffes gerade an der zulässigen Grenze liegt, so müßte nach der Dehnungshypothese $\sigma_{red} = \dfrac{m+1}{m}\tau = \sigma_{zul}$, oder mit $m = 10/3$, $\tau_{zul} = \dfrac{m}{m+1}\sigma_{zul} = 0{,}77\,\sigma_{zul}$ sein. Die zahlreichen Versuche ergeben aber $\tau_{zul} = 0{,}57\,\sigma_{zul}$.

Wenn die größte Dehnung als Bruchursache anzusehen wäre, müßte auch die Umschlingungsfestigkeit (Abb. 124.9) größer ausfallen, als die einfache Druckfestigkeit, weil beim Umschlingungsversuch die reduzierte Spannung: $\varepsilon_x E = \sigma_x - \dfrac{1}{m}\sigma_y$, kleiner ist als beim Druckversuch: $\varepsilon_x E = \sigma_x$. Nach den Versuchen von A. Föppl (München) ist die Umschlingungsfestigkeit aber ebenso groß wie die Druckfestigkeit.

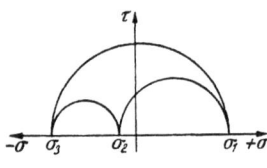

Abb. 4. Der räumliche Spannungszustand.

Diese Widersprüche werden durch die Bruchhypothese von Mohr[1] vermieden. Im allgemeinen ist der Spannungszustand räumlich (mit den drei Hauptspannungen σ_1, σ_2 und σ_3) und kann durch die drei Hauptkreise dargestellt werden (Abb. 4). Setzt man voraus, daß die Bruchgefahr von der Normalspannung σ (Trennung) und der Schubspannung τ (Schiebung) abhängt, die in einem Flächenelement übertragen werden, so treten die günstigsten Bedingungen für den Bruch in solchen Schnitten auf, in denen σ oder τ oder beide zusammen in irgendeiner Verbindung den größten vorkommenden Wert erreichen. Aus der Abbildung ist nun ersichtlich, daß dies der Fall ist für die Punkte die auf dem größten der drei Kreise liegen. Mohr schließt daraus, daß es auf die mittlere Hauptspannung σ_3 überhaupt nicht ankommt und daß die Bruchgefahr in jener Hauptebene liegt, die durch die algebraisch größte und kleinste Hauptspannung gelegt ist. Die Hypothese hat also den Vorteil, daß bei der Untersuchung der Bruchgefahr nur „ebene" Spannungszustände zu berücksichtigen sind, die durch Kreise eindeutig und anschaulich darstellbar sind.

Diese Annahme erklärt z. B. schon die Übereinstimmung der Umschließungs- und Druckfestigkeit; für Druckbeanspruchung ist: $\sigma_1 = -p,\quad \sigma_2 = 0,\quad \sigma_3 = 0$, und für die Umschlingung: $\sigma_1 = -p,\quad \sigma_2 = -p,\quad \sigma_3 = 0$; die mittlere Hauptspannung σ_3 spielt eben keine Rolle.

Versuche zur Prüfung dieser Hypothese wurden von Guest[2], v. Kármán[3], R. Böker[4] durchgeführt, welche alle zugunsten der Mohrschen Hypothese ausfielen; Versuche von Lode[5] sowie von Roš und Eichinger[6] zeigten jedoch einen Einfluß der mittleren Hauptspannung auf die Bruchgefahr. Die Frage ist aber auch durch die neuesten Versuche noch nicht endgültig geklärt, da die Bruchgefahr nicht nur von den örtlichen Spannungen, sondern in hohem Maße auch vom Spannungsfeld in der unmittelbaren Nähe abhängt (vgl. S. 75).

Im übrigen ist die Mohrsche Hypothese sehr allgemein und vorsichtig abgefaßt. Man denke sich die Kreise aller Spannungszustände, die an der Elastizitäts- (oder Bruch-)Grenze liegen in dem gleichen σ, τ-Koordinatensystem aufgetragen. Dann läßt sich eine Grenzkurve G ziehen

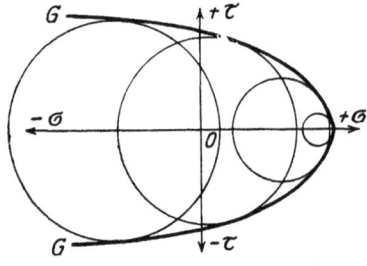

Abb. 5. Grenzkurve nach der Bruchhypothese von Mohr.

(Abb. 5), die alle diese Kreise einhüllt. Wollen wir die Bruchgefahr vermeiden, so muß der Spannungszustand innerhalb dieser Grenzkurve liegen. Über die Gestalt der Grenzkurve sagt die Mohrsche Hypothese nichts aus; es ist Aufgabe der experimentellen Forschung diese näher zu bestimmen, wobei die Grenzkurve für verschiedene Werkstoffe auch verschieden ausfallen kann, und zwar nicht nur in den absoluten Werten, sondern auch dem Charakter nach.

Diese allgemeine Fassung der Hypothese hat den Vorteil, daß sie sich den jeweiligen Versuchsergebnissen gut anpassen kann. Aber solange die Gestalt der Grenzkurve nicht bekannt ist, kann der Ingenieur wenig damit anfangen, und das ist wohl der Hauptgrund, weshalb die Mohrsche Hypothese in Ingenieurkreisen zunächst keine Verbreitung gefunden hat.

Für jene Spannungszustände, die zwischen der einfachen Zug- und Druckbeanspruchung liegen und mit denen der Ingenieur bei den praktischen Anwendungen gewöhnlich zu tun hat, kann die Grenzkurve in erster Annäherung durch die Gerade ersetzt werden, welche den

---

[1] L. 131.1.   [2] L. 131.2.   [3] L. 131.3.   [4] L. 131.4.   [5] L. 131.11.   [6] L. 131.8.

Zug- und Druckkreis berührt (Abb. 6). Für solche Werkstoffe, die gleich große Zug- und Druckspannungen ertragen (z. B. Stahl), liegen dann die Verhältnisse besonders einfach, indem die Grenzlinie parallel zur σ-Achse liegt. Wird in der Abbildung noch der Spannungskreis für reine Schubbeanspruchung eingetragen (Mittelpunkt in 0), so folgt daraus, daß $\tau_{zul} = \frac{1}{2}\sigma_{zul}$, was besser mit den Versuchen übereinstimmt als bei der Dehnungshypothese. Aber auch für alle Spannungszustände, die zwischen Zug- und Druckbeanspruchung liegen, kann dann die einfache Bedingung für die Bruchgefahr aufgestellt werden, daß die größte Schubspannung eine festgelegte Grenze nicht überschreiten darf. In diesem Fall ist die Mohrsche Hypothese identisch mit der viel älteren Hypothese von Coulomb. Da τ_{max} gleich der halben Differenz der beiden Hauptspannungen ist (Gl. 124.21), kommt es auf das gleiche hinaus, wenn man sagt, daß die Differenz der beiden Hauptspannungen eine bestimmte Grenze nicht überschreiten darf. In dieser Form, als „Maximum Stress-Difference Theory" oder auch als „Guest law", ist diese Hypothese in der englischen Literatur verbreitet.

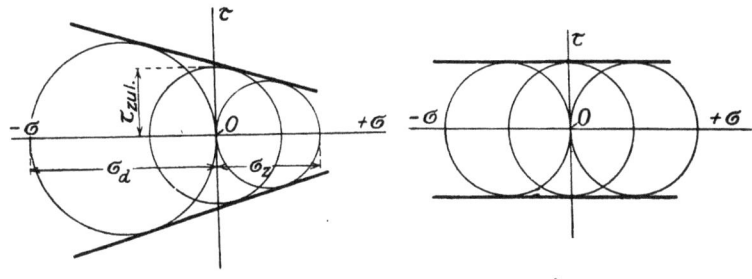

Abb. 6. Angenäherte Grenzkurve. a für spröde, b für zähe Werkstoffe.

Die Hypothese von Mohr hat den Nachteil, daß sie nicht aus allgemeinen physikalischen Gesichtspunkten abgeleitet ist; sie ist also kein Naturgesetz. Eine andere, allgemeinere, Hypothese von Griffith lautet: „Da unmittelbar vor dem Überschreiten der Elastizitätsgrenze ein labiles Gleichgewicht herrscht, so muß hier das allgemeine mechanische Kriterium gelten, daß die potentielle Energie (Formänderungsarbeit) ein Maximum sein muß".

Für den räumlichen Spannungszustand ist die spezifische Formänderungsarbeit:

$$\mathfrak{A}_v = \tfrac{1}{2}(\sigma_1\varepsilon_1 + \sigma_2\varepsilon_2 + \sigma_3\varepsilon_3).$$

Ersetzt man hierin die Dehnungen durch die Spannungen, mit Hilfe der Gleichungen:

$$E\varepsilon_1 = \sigma_1 - \frac{\sigma_2+\sigma_3}{m}, \quad E\varepsilon_2 = \sigma_2 - \frac{\sigma_3+\sigma_1}{m}, \quad \text{und} \quad E\varepsilon_3 = \sigma_3 - \frac{\sigma_1+\sigma_2}{m},$$

so erhält man:

$$\mathfrak{A}_v = \frac{1}{2E}\left\{\sigma_1^2 + \sigma_2^2 + \sigma_3^2 - \frac{2}{m}(\sigma_1\sigma_2 + \sigma_2\sigma_3 + \sigma_3\sigma_1)\right\}. \tag{131.1}$$

Dieser Wert dürfte nach der obigen Labilitätsbedingung einen Grenzwert nicht überschreiten. (Hypothese von Beltrani und von Haigh.) Die gesamte, in Form von elastischer Energie bis zur Erreichung einer Elastizitätsgrenze aufgespeicherte Arbeit kann aber keine Bedeutung haben, weil aus den Versuchen unter hohem statischem Druck hervorgeht, daß in den Körpern sehr große Mengen elastischer Energie sich aufspeichern lassen, ohne daß Brüche oder bleibende Formänderungen aufzutreten brauchen[1]. Berechnet man nun die Arbeit, die zur Veränderung des Rauminhaltes verbraucht wird, nämlich: $\frac{\sigma_1+\sigma_2+\sigma_3}{3} \cdot \frac{\varepsilon_1+\varepsilon_2+\varepsilon_3}{2}$*, und setzt die Werte von ε_1, ε_2 und ε_3 ein, so wird diese Arbeit gleich $\frac{1-\frac{2}{m}}{6E}(\sigma_1+\sigma_2+\sigma_3)^2$. Zieht man diese von der Arbeit $\mathfrak{A}$ ab, so bleibt der Teil übrig, der für die Gestaltänderung aufzuwenden ist, nämlich:

$$\mathfrak{A}_v' = \frac{m+1}{3mE}\{\sigma_1^2 + \sigma_2^2 + \sigma_3^2 - (\sigma_1\sigma_2 + \sigma_2\sigma_3 + \sigma_3\sigma_1)\}$$

$$\mathfrak{A}_v' = \frac{m+1}{6mE}\{(\sigma_1-\sigma_2)^2 + (\sigma_2-\sigma_3)^2 + (\sigma_3-\sigma_1)^2\} = \frac{1}{3G}(\tau_1^2 + \tau_2^2 + \tau_3^2). \tag{2}$$

---

[1] Prof. Ljungberg (Stockholm) hat diese Hypothese etwas allgemeiner gestaltet, indem er sie bis zur Bruchgrenze erweitert. Er hat durch Versuche nachgewiesen, daß die Arbeit je Volumeneinheit zur Herbeiführung des Bruches konstant sei, unabhängig davon, ob die Belastung ruhend oder wechselnd sei. (Vgl. Prof. Dr.-Ing. Durrer, Z. VDI 73 (1929) 830—32.)

* Das Volumen $dx \cdot dy \cdot dz$ wird nach der Formänderung $dx(1+\varepsilon_1)dy(1+\varepsilon_2)dz(1+\varepsilon_3) = dx \cdot dy \cdot dz$ $(1+\varepsilon_1+\varepsilon_2+\varepsilon_3)$, und die mittlere Spannung ist $\frac{\sigma_1+\sigma_2+\sigma_3}{3}$.

In der Form, daß der Klammerausdruck einen bestimmten Grenzwert nicht überschreiten darf, ist die Hypothese zuerst von M. T. Huber[1] vorgeschlagen worden; später und unabhängig davon durch Hencky[2] und R. von Mises[3]. Sie steht für zähe Werkstoffe mit den neueren Versuchen in besserer Übereinstimmung als die Schubspannungshypothese.

Man rechnet mit dieser Bruchhypothese wieder durch Vergleich mit dem bekannten einfachen Zugversuch ($\sigma_1 = \sigma_0$, $\sigma_2 = \sigma_3 = 0$), für welchen

$$\mathfrak{A}'_v = \frac{m+1}{3mE}\sigma_0^2 \tag{3}$$

ist. Durch Gleichsetzen erhält man die Vergleichspannung σ_0, die an der zulässigen Grenze liegt:

$$(\sigma_1 - \sigma_2)^2 + (\sigma_2 - \sigma_3)^2 + (\sigma_3 - \sigma_1)^2 = 2\sigma_0^2 . \tag{4}$$

Für reine Schubbeanspruchung (Abb. 124.8, S. 54) ist $\sigma_1 = +\tau$, $\sigma_2 = -\tau$ und

$$\mathfrak{A}'_v = \frac{m+1}{mE}\tau^2 . \tag{5}$$

Wenn in beiden Fällen (Zugversuch und reine Schubbeanspruchung) bis zur zulässigen Grenze gegangen wird, so muß

$$\frac{m+1}{3mE}\sigma_{zul}^2 = \frac{m+1}{mE}\tau_{zul}^2 \quad \text{oder} \quad \tau_{zul} = \frac{\sigma_{zul}}{\sqrt{3}} = 0{,}578\,\sigma_{zul}$$

sein, was mit zahlreichen Versuchen übereinstimmt.

Die Bedingungsgleichung (2) besteht außerdem ausschließlich aus quadratischen Gliedern, d. h. durch Umkehrung der Vorzeichen der Spannungen ändert sich der Grenzwert nicht. Die Bruchgefahr müßte deshalb für Zug- und Druckbeanspruchung gleich groß sein, was z. B. für Stahl zutrifft, für Gußeisen aber nicht. Sie gibt auch für allseitigen Zug den gleichen Grenzwert

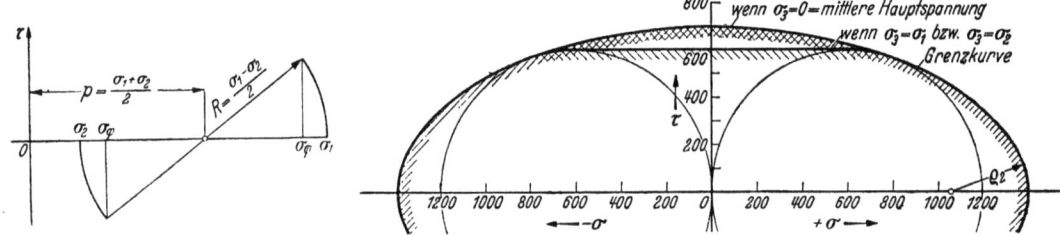

Abb. 7. Gleichung des Mohrschen Kreises.   Abb. 8. Hüllkurve G der Mohrschen Hypothese.

wie für allseitigen Druck, in Widerspruch mit der Erfahrung, die zeigt, daß für Körper unter allseitigem Druck keine Bruchgefahr besteht, während alle Körper bei allseitigem Zug zerstört werden.

Man kann aus der Hypothese, daß die Gestaltänderungsenergie als Bruchursache anzusehen ist, die Form der Grenzkurve G bei der Mohrschen Hypothese berechnen. Die Gleichung des Mohrschen Kreises lautet (Abb. 7):

$$\sigma_\varphi = p \pm \sqrt{R^2 - \tau^2} \quad \text{oder} \quad (\sigma_\varphi - p)^2 = R^2 - \tau^2 . \tag{6}$$

Die Gestaltänderungs-Energie für ebene Spannungszustände ($\sigma_3 = 0$), folgt aus Gl. (3):

$$\sigma_1^2 + \sigma_2^2 - \sigma_1\sigma_2 = \sigma_0^2 = (\sigma_1 - \sigma_2)^2 + \sigma_1\sigma_2 . \tag{7}$$

Aus der Abbildung folgt: $\sigma_1 = p + R$, $\sigma_2 = p - R$ und $\sigma_1 \cdot \sigma_2 = p^2 - R^2$.

In Gl. (7) eingesetzt $\sigma_0^2 = 4R^2 + (p+R)(p-R)$ oder $R^2 = \dfrac{\sigma_0^2 - p^2}{3}$.

In Gl. (6) eingesetzt, findet man die Kreise, die an der Grenze liegen ($\sigma_\varphi = \sigma$ gesetzt):

$$(\sigma - p)^2 = \frac{\sigma_0^2 - p^2}{3} - \tau^2 \quad \text{resp.} \quad F(\sigma, \tau, p) = 0 .$$

Die Gleichung der Hüllkurve erhält man durch Eliminierung von p aus den Gleichungen

$$\frac{\partial F(\sigma, \tau, p)}{\partial p} = 0 \quad \text{und} \quad F(\sigma, \tau, p) = 0 .$$

$$\frac{\partial F}{\partial p} = -2(\sigma - p) + \frac{2p}{3} = 0 = -2\sigma + \frac{8}{3}p , \quad \text{ergo} \quad p = \frac{3}{4}\sigma \text{ in } F(\sigma, \tau, p) \text{ eingesetzt:}$$

$$\frac{1}{16}\sigma^2 = \frac{\sigma_0^2 - \frac{9}{16}\sigma^2}{3} - \tau^2 \quad \text{oder} \quad \tau^2 + \frac{\sigma^2}{4} - \frac{\sigma_0^2}{3} = 0 \quad \text{(Gleichung der Hüllkurve).} \tag{8}$$

---

[1] L. 131.12, S. 49.   [2] L. 131.10.   [3] L. 131.9.

Sie ist eine Ellipse mit den Halbaxen: $\frac{\sigma_0}{\sqrt{3}} = 0{,}577\,\sigma_0$ und $\frac{2\sigma}{\sqrt{3}} = 1{,}154\,\sigma_0$, gültig, solange $\sigma_3 = 0$, die mittlere Hauptspannung ist also, wenn

$$\sigma_1 = +\quad \text{und} \quad \sigma_2 = -, \text{ resp. } 0 \text{ ist.}$$

Für $\sigma_3 = \sigma_2$ ist die gestaltändernde Energie $(\sigma_1 - \sigma_2) = \sigma_0 = 2R$.

In Gl. (6) eingesetzt:
$$(\sigma - p)^2 - \frac{\sigma_0^2}{4} + \tau^2 \text{ resp. } F(\sigma, \tau, p) = 0.$$

$$\frac{\partial F}{\partial p} = -2(\sigma - p) = 0 \quad \text{oder} \quad \sigma = p.$$

In $F(\sigma, \tau, p)$ einsetzen: $\tau = \frac{\sigma_0}{2} = $ konstant (die Hüllkurve ist eine Gerade).

Aber auch die Theorie der Gestaltänderungsenergie, die heute oft bevorzugt wird, kann nicht als allgemein gültig angesehen werden. Alle bisherigen Hypothesen gehen davon aus, daß irgendeine Größe (Normalspannung, Schubspannung, Spannungskreis, Gestaltänderungsenergie usw.) an einer bestimmten Stelle einen festen Grenzwert nicht überschreiten darf. Es ist eigentlich schwer vorstellbar, daß der Bruch nur in einem Punkte entstehen kann; die bekannten Fließfiguren (Abb. 1) z. B. entstehen plötzlich in einem weiten Gebiet. Die Versuche von A. Thum und F. Wunderlich[1] zeigen deutlich, daß die Fließgrenze keinen eindeutig festgelegten Wert hat, sondern abhängig ist von der Art der Beanspruchung, resp. vom Spannungsfeld. Der Werkstoff kann in einem Punkte nur dann gleiten, wenn auch die Umgebung nachgibt. Je größer die Kräfte sind, die den übrigen Teil am Fließen hindern, um so höher liegt die Fließgrenze. Die Fließgrenze in den Randfasern eines gebogenen Stabes wird durch die Querschnittsform beeinflußt. Stäbe mit quadratischem Querschnitt z. B. zeigen, auf eine Fläche gelegt, eine um 36—45%; auf eine Kante gelegt, eine um 74—83% höhere Streckgrenze als ein glatter, auf Zug beanspruchter Stab aus dem gleichen Werkstoff. Auch Versuche mit anderen Querschnittsformen zeigten, daß sich die Biege-Streckgrenze in den Randfasern um so mehr erhöht, je mehr sich der Werkstoff um die neutrale Faser anhäuft. Ähnlich liegen die Verhältnisse bei Verdrehbeanspruchung. Dieser Formeinfluß wurde auch bei der Dauerfestigkeit nachgewiesen. Alle diese Versuchsergebnisse beweisen, daß die bisherigen Theorien der Bruchgefahr bei ungleichmäßiger Spannungsverteilung noch unvollständig sind, weil die Werkstoffe schichtenweise gleiten. Zur Beurteilung der Bruchgefahr muß demnach unbedingt das Spannungsfeld in der unmittelbaren Nähe der gefährdeten Stelle herangezogen werden. Bei den Versuchen, die zur Stützung der Gestaltänderungshypothese herangezogen werden, hat man die Bruchgefahr der gleichmäßigen Zug- resp. Druckbeanspruchung mit ungleichmäßigen Spannungsverteilungen (Verdrehung, Rohr unter Innendruck usw.) verglichen, was nicht zulässig ist. Diese Hypothese ist jedenfalls noch nicht mit ausreichender Sicherheit durch die Erfahrung bestätigt.

In den letzten Jahren hat noch eine andere Erscheinung erhöhte praktische Bedeutung erlangt: Bei ungleichmäßiger Spannungsverteilung ist die Festigkeit nicht mehr als Werkstoffkonstante anzusehen, sondern sie ist abhängig von der Querschnittsgröße. Dieser Größeneinfluß ist erheblich, denn nach den bisher vorliegenden Ergebnissen nähert sich die Dauerfestigkeit bei zunehmendem Stabdurchmesser einem Grenzwert, der nur 55—60% der Dauerfestigkeit der gebräuchlichen Probestäbe von 7,5—10 mm Durchmesser ist (Abb. 132.14). Es liegen schon verschiedene Ansätze zur Erklärung dieser Erscheinung vor[2]. Es scheint, daß das Hookesche Gesetz (auch beim Dauerversuch) nicht bis zur Spannungsspitze gültig bleibt, sondern daß in einer Randzone ein Spannungsabbau einsetzt, deren stützende Wirkung von der Steilheit des Spannungsgefälles abhängt. v. Philip[3] stellt eine neue Hypothese für die Berechnung dieser Zone auf, deren Brauchbarkeit durch Vergleich mit den Versuchsergebnissen nachgewiesen wird.

Vergleich der Bruchhypothesen für ebene Spannungszustände. Die mittlere Hauptspannung wird Null oder gleich einer der beiden anderen.

1. Max.-Hauptspannung: σ_1 resp. σ_2 kleiner als einen Grenzwert k. Grenzfläche = Quadrat (Abb. 9).

---

[1] L. 131.13. [2] L. 1326.1—5. [3] L. 1326.4.

2. Max.-Dehnung: $\sigma_{red} = \sigma_1 - \frac{\sigma_2}{m} \lessgtr k$ resp. $\sigma_2 - \frac{\sigma_1}{m} \lessgtr k$, das sind Geraden mit den Neigungen m und $1/m$ (Abb. 10).

3. Max.-Schubspannung, resp. Mohr, wenn die Grenzkurve zwischen Zug- und Druckbeanspruchung parallel zur σ-Achse liegt (Abb. 11). $\tau_{max} = \frac{\sigma_1 - \sigma_2}{2} \lessgtr k/2$ resp. $\sigma_1 - \sigma_2 = k$.

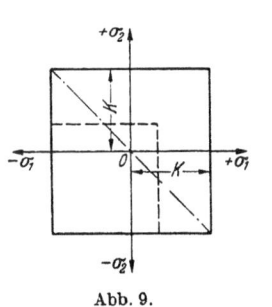 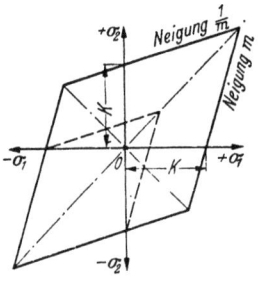 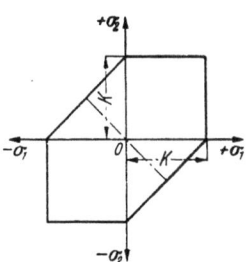

Abb. 9.
——— für Stahl $k_z = k_d$
- - - - für Gußeisen $k_z < k_d$
—·—·— reine Schubbeanspruchung ($\sigma_1 = -\sigma_2$).

Abb. 10.
——— für $k_z = k_d$
- - - - für $k_z < k_d$.

Abb. 11.

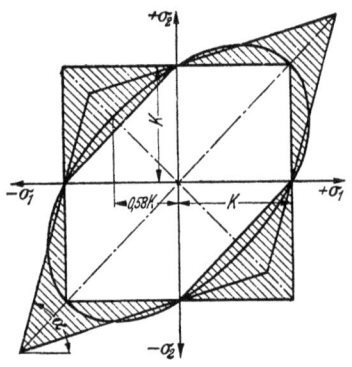

Abb. 12. Vergleich der Bruchhypothesen.

a) Haben σ_1 und σ_2 verschiedene Vorzeichen, so wird $\sigma_1 + \sigma_2 = k$, d. h. die Grenzfläche ist durch Geraden unter 45° begrenzt.

b) Haben σ_1 und σ_2 gleiche Vorzeichen, so ist $\sigma_3 = 0$ die kleinste Hauptspannung, also σ_1 resp. $\sigma_2 = k$, wie bei der maximalen Hauptspannungshypothese.

4. Gestaltänderungsenergie. Für ebene Spannungszustände ist:

$$(\sigma_1 - \sigma_2)^2 + \sigma_2^2 + \sigma_1^2 \leq 2k^2 \text{ oder } \sigma_1^2 + \sigma_2^2 - \sigma_1\sigma_2 \leq k^2,$$

d. i. die Gleichung einer Ellipse (Abb. 12) mit den Halbachsen $a = k\sqrt{2}$ und $b = k\sqrt{2/3}$ unter 45° geneigt zu den σ_1 und σ_2-Achsen. Aus dem in dieser Abbildung durchgeführten Vergleich geht deutlich hervor, daß die in der Literatur noch vielfach verwendete Dehnungshypothese die Bruchgefahr stark unterschätzt.

Zusammenfassend ist festzustellen, daß zur Zeit leider noch keine allgemein gültige Erklärung der Bruchursache bekannt ist und in absehbarer Zeit auch nicht zu erwarten ist. Dennoch sollte der Ingenieur die Frage der Bruchgefahr klar übersehen können, um auch bei hohen Beanspruchungen volle Sicherheit der Konstruktion gewährleisten zu können. Er muß deshalb zunächst aus den vorliegenden Bruchhypothesen die für seine Zwecke geeignetste wählen. Gestützt darauf, daß

1. es noch nicht mit ausreichender Sicherheit durch Versuche nachgewiesen ist, daß die Hypothese der Gestaltänderungsenergie der Mohrschen Hypothese überlegen ist;

2. die Hypothese der Gestaltänderungsenergie für Werkstoffe mit stark verschiedenen Festigkeitswerten für Zug und Druck versagt;

3. die Bruchhypothese von Mohr, infolge ihrer allgemeinen Fassung sich den jeweiligen neuen Forschungen am besten anpassen kann;

4. diese Bruchhypothese die Bruchgefahr gegenüber allen anderen Hypothesen am engsten einschränkt (vgl. Abb. 12), also die sicherste Hypothese ist und sich nur wenig von der Hypothese der Gestaltänderung unterscheidet;

5. die Versuche von Kirmser[1] für überlagerte Umlaufbiege- und Verdrehwechselbelastungen die Auffassung bestätigen, daß die Bruchgefahr von der wirksamen Schubspannung abhängt;

6. das Rechnen mit dieser Hypothese auch die für praktische Zwecke erforderliche Einfachheit und Übersichtlichkeit aufweist,

entscheide ich mich für die Bruchhypothese von Mohr als Grundlage für alle Festigkeitsrechnungen.

---
[1] L. 131.28, S. 17.

132. Lage der Grenzkurve bei Wechsellast.

Zur Festlegung der Grenzkurve müssen die Festigkeitseigenschaften der Werkstoffe bekannt sein. Aus dem einfachen Zugversuch kann die Bruchfestigkeit K_z eines Werkstoffes zuverlässig bestimmt werden. Auf Grund der Erfahrung weiß man aber schon lange, daß der Bruch durch viel kleinere Belastungen (Kräfte, Spannungen) herbeigeführt werden kann, wenn man diese nur öfter anbringt und wieder entfernt. Die Maschinenteile unterliegen fast ausnahmslos einer solchen wechselnden Beanspruchung; ruhende Belastung kommt streng genommen nur durch das Eigengewicht vor.

Die Vorausbestimmung der Bruchgefahr wird weiter dadurch erschwert, daß die Eigenschaften des Werkstoffes sich bei der Beanspruchung ändern können. Besonders interessant ist folgender Versuch von O. Lasche (AEG) (Abb. 132.1 u. 2). Bei der erstmaligen Belastung eines normalen Probestabes entstand an der Stelle x die örtliche Einschnürung. Der Versuch wurde nun abgebrochen und der Stab über seine volle Meßlänge auf den an der Einschnürstelle entstandenen Durchmesser abgedreht und wiederum belastet, bis er sich von neuem kräftig einschnürte. Diese Prüfung wurde fünfmal wiederholt und zeigte durch das Wandern der Stelle der Einschnürung über die ganze Stablänge, daß das Material durch das Recken nicht zerstört, sondern im Gegenteil fester wurde. Abb. 2 zeigt in dem obersten Linienzug das Ansteigen der Festigkeit des Materials; die mittlere Linie gibt die Spannung, auf den ursprünglichen Querschnitt bezogen.

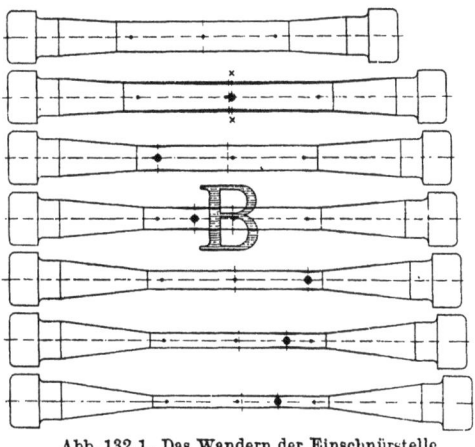

Abb. 132.1. Das Wandern der Einschnürstelle (aus Lasche-Kieser, Konstruktion u. Material).

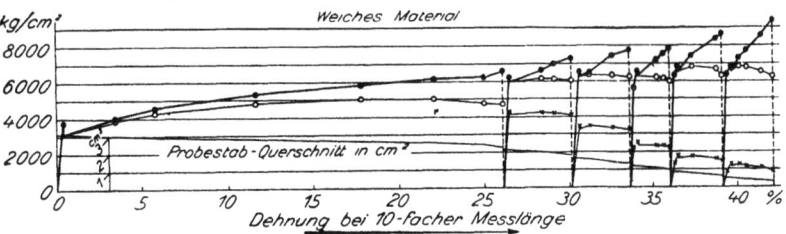

Abb. 2. Zerreißfestigkeit eines Probestabes „B", der nach mehrfach erfolgter Einschnürung jeweils wieder nachgedreht wurde (Lasche-Kieser).

Die Tatsache, daß der Werkstoff durch Beanspruchung oberhalb der Streckgrenze fester, aber auch spröder wird, ist altbekannt; bei der Kaltbearbeitung (Drahtziehen) macht man wiederholt davon Gebrauch. Die Festigkeitseigenschaften beim Eintreten eines Bruches sind demnach abhängig von der ganzen Vorgeschichte der Beanspruchungen. Daraus erkennt man die großen, fast unüberwindlichen Schwierigkeiten, die bei der Beurteilung der Bruchgefahr auftreten.

Deshalb sind auch Dauerversuche mit allmählich gesteigerten Belastungen nicht geeignet, die Dauerfestigkeit der Werkstoffe zu bestimmen, da bei einer solchen Versuchsdurchführung eine sehr erhebliche „Trainierwirkung" auftreten kann. Die so gefundenen Dauerfestigkeitszahlen liegen (besonders bei Kohlenstoffstählen niedriger Festigkeit) etwa um 20—30% zu hoch.

F. Wöhler hat zuerst (1866) die Bruchfestigkeit von Eisenbahnachsen bei Dauerbeanspruchung durch Versuche bestimmt und dabei drei Belastungsfälle unterschieden:
1. ruhende Belastung (Dauerstandfestigkeit);
2. schwellende Belastung, von O bis P (Ursprungsfestigkeit) und
3. Wechselbelastung, von $-P$ bis $+P$ (Wechselfestigkeit).

Die Dauerfestigkeit im Belastungsfall 3 stimmte ungefähr mit der Lage der Elastizitätsgrenze überein, die in dieser Weise viel zuverlässiger zu bestimmen ist als durch die früher gegebenen Definitionen. Auf Grund seiner Versuche stellte er fest, daß die zulässigen Spannungen sich in diesen drei Fällen verhalten wie 3 : 2 : 1.

Versuche über wiederholte Beanspruchung sind seither in großer Zahl durchgeführt worden, ohne daß man bis heute zu einem abgeschlossenen Ergebnis gekommen ist. Beim statischen Zugversuch, wie bei allen Gewaltbrüchen (Schlagzerreiß- und Kerbschlagversuch) bricht der Probekörper an der schwächsten Stelle auf einmal unter Dehnung und Einschnürung. Bei Wechselbeanspruchungen (Dauerbruch) wird der Werkstoff an der schwächsten Stelle zuerst zermürbt,

13. Zulässige Spannungen.

worauf ein kleiner Anriß entsteht, der allmählich fortschreitet und schließlich (nach einigen Millionen Lastwechsel) zur Trennung führt, ohne vorherige Verformung der umliegenden Werkstoffteilchen. Der Dauerbruch erinnert an einen Trennungsbruch bei spröden Werkstoffen; man erkennt dabei deutlich zwei Zonen, die glatte Dauerbruchzone von der Anrißstelle ausgehend und die meist körnige Restbruchzone (Gewaltbruch), wenn der noch nicht getrennte Querschnitt die Last nicht mehr übertragen kann. Die Größe der Restbruchfläche ist maßgebend für die Größe der Überbeanspruchung. Abb. 3 zeigt die Spannungs-Dehnungslinie einer Stahlsorte beim einfachen Zugversuch; Abb. 4 den Verlauf der Bruchspannungen bei Wechselbelastung in Abhängigkeit der Lastwechselzahl (Wöhlerlinie) und zwar bis 10^7 Lastwechsel. Wird der Versuch noch weiter fortgesetzt (Abb. 5 bis $2 \cdot 10^8$ Wechsel) so zeigt sich, daß die Bruchspannung immer kleiner wird, so daß die Frage auftritt, ob es überhaupt eine Spannung gibt, die der Werkstoff dauernd aushält. Infolge der unvermeidlichen Streuung bilden die Versuchsergebnisse einen Punkthaufen, ein Streufeld, das durch eine obere und eine untere

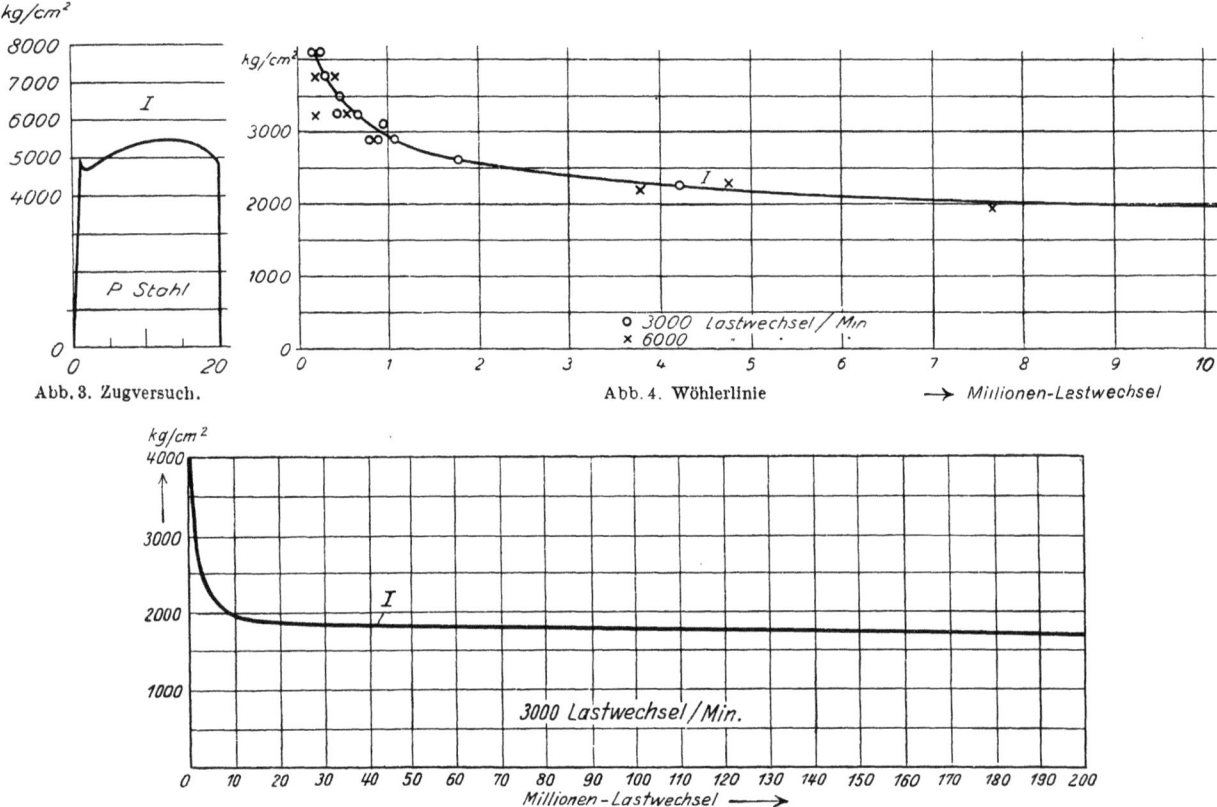

Abb. 3. Zugversuch. Abb. 4. Wöhlerlinie

Abb. 5. Wöhlerlinie bis $2 \cdot 10^8$ Lastwechsel der gleichen Stahlsorte (aus Lasche-Kieser).

Grenzlinie eingerahmt werden kann. Deshalb ist es schwer festzustellen, ob die Kurve wirklich asymptotisch verläuft. Die Wöhlerlinie ist die untere Linie des Streufeldes.

Wenn aber das Diagramm im logarithmischen Maßstab aufgetragen wird (Abb. 6), erkennt man viel leichter, daß tatsächlich eine untere Grenze vorhanden ist. Eine Turbinenwelle, die 3000 Umdrehungen in der Minute macht, erfährt 180000 Belastungswechsel in der Stunde oder rd. $540 \cdot 10^6$ im Jahr. Die Drehzahl von 3000/min wird heute schon in vielen Fällen bedeutend überschritten (10000 bis 30000/min), so daß der Maschinenbau tatsächlich ein praktisches Interesse hat an Versuchen mit sehr hoher Lastwechselzahl.

Nicht alle Metalle zeigen einen so einfachen Verlauf der Wöhlerlinie, wie z. B. Abb. 7 für Duralumin zeigt, wo scheinbar gar keine Grenze für die Dauerwechselfestigkeit vorliegt. Es ist vielfach die irrtümliche Ansicht verbreitet, daß Maschinenteile, die einige Millionen Lastwechsel ertragen ohne zu Bruch zu gehen, überhaupt nicht mehr brechen können. Das ist, wie die Wöhlerkurve zeigt, bei den Leichtmetallen (Flugzeuge), keineswegs der Fall, wo besondere Vorsicht bei der Wahl der zulässigen Belastung notwendig ist, insbesondere bei langer Lebensdauer.

Wiederholt hat man versucht, die Dauerfestigkeit aus dem einfachen Zugversuch abzuleiten. **Die Dauerfestigkeit eines Werkstoffes steht aber in keinem festen Verhältnis**

132. Lage der Grenzkurve bei Wechsellast:

zur statischen Zugfestigkeit K_z. So ist z. B. die Biegewechselfestigkeit σ_{wb} für Stahl gleich 0,4 bis 0,6 K_z und für Nichteisenmetalle $\sigma_{wb} = 0{,}20$ bis $0{,}5\ K_z$ [1].

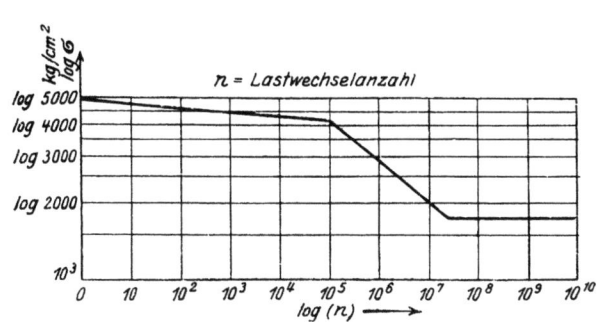

Abb. 6. Wöhlerlinie für St 50 im logarithmischen Maßstab.

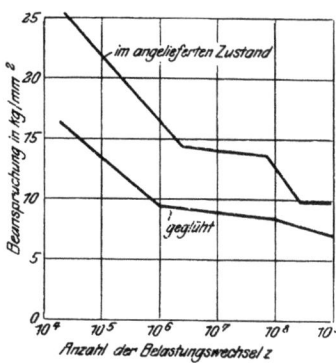

Abb. 7. Wöhlerlinie für Duralumin (Werkstoffausschuß VDE).

Der Bruchversuch ist deshalb wohl geeignet ein Material zu kennzeichnen (Werkstoffprüfung), aber nicht um die zulässigen Belastungen für den Maschinenbau festzulegen.

Zur eindeutigen Verständigung hat der Fachausschuß für Maschinenelemente beim VDI folgende Fachausdrücke festgelegt:

1. Unter einer „wechselnden Beanspruchung" versteht man jede Beanspruchung, die zwischen zwei Grenzwerten (obere, resp. untere Grenzspannung, σ_o, τ_o resp. σ_u, τ_u) in einem bestimmten Rhythmus pendelt (Abb. 8), der bei Maschinenteilen meist in einem einfachen Verhältnis zur Drehzahl der Maschine steht. Die Art des zeitlichen Verlaufs — im Idealfall sinusförmig — ist dabei von untergeordneter Bedeutung. Das Leben eines Maschinenteiles ist im allgemeinen nicht so monoton, daß es durch eine einfache harmonische Schwingung mit konstanter Lastamplitude (Abb. 8) befriedigend beschrieben werden könnte. In Wirklichkeit schwanken die Beanspruchungen mehr oder weniger stark und die einzelnen Laststufen kommen mit stark verschiedener Häufigkeit und in fast regelloser Reihenfolge vor. Durch statistische Erhebungen sollten dafür einwandfreie, zahlenmäßige Unterlagen gesammelt werden [2].

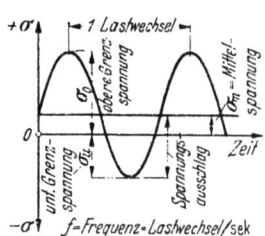

Abb. 8.

2. Der arithmetische Mittelwert von oberer und unterer Grenzspannung heißt Mittelspannung (σ_m, τ_m); die halbe Differenz der Grenzwerte heißt Spannungsausschlag (σ_a, τ_a).

3. Eine volle Periode des Spannungsverlaufes heißt ein Lastwechsel; die Anzahl der Lastwechsel in einer Sekunde, Frequenz.

4. Die Wöhlerkurve (Abb. 5) wird aus wirtschaftlichen Gründen an irgendeiner Stelle abgebrochen, die als Grenzwechselzahl bezeichnet wird. Sie beträgt bei Stahl 5 bis $10 \cdot 10^6$, bei Leichtmetallen 30 bis $50 \cdot 10^6$ Lastwechsel, was nicht immer ausreicht (Abb. 7).

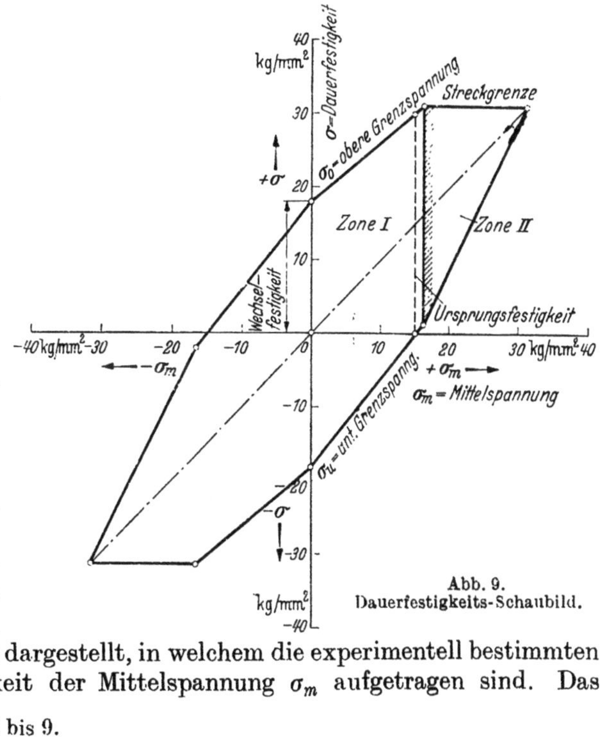

5. Die Dauerfestigkeit eines Werkstoffes (σ_D, τ_D) ist diejenige wechselnde Beanspruchung, die beliebig lange ertragen wird. Sie wird in einem Schaubild (Abb. 9) dargestellt, in welchem die experimentell bestimmten Grenzspannungen (σ_o, σ_u) in Abhängigkeit der Mittelspannung σ_m aufgetragen sind. Das

Abb. 9. Dauerfestigkeits-Schaubild.

---
[1] L. 132:1, Abschn. A. 4.   [2] L. 1321. 1 bis 9.

Schaubild wird bei der Streckgrenze abgebrochen, weil die Beanspruchung oft so gewählt wird, daß plastische Formänderungen vermieden werden.

Die Grenzlinie verläuft nahezu geradlinig; ihr Schnittpunkt mit der Streckgrenze teilt das Schaubild in zwei Zonen. Zone I ist für den Maschinenbau ausschlaggebend und gibt einen Dauerbruch ohne plastische Verformung; Zone II mit plastischer Verformung kommt bei Eisenbau (und auch bei Schrumpfverbindungen, Federn u. a.) in Betracht.

Die Dauerfestigkeit ist keine eindeutige, den Werkstoff kennzeichnende Zahl, sondern von einer Anzahl Faktoren abhängig, deren Einfluß noch wenig erforscht ist.

1. Temperatur[1]. Die Dauerfestigkeitsversuche werden meist bei Zimmertemperatur durchgeführt, während die Werkstoffe in zahlreichen Maschinen und Apparaten ganz anderen Temperaturen ausgesetzt sind: Brücken, Eisenbahnschienen, Kältemaschinen bis —30° C, Gasverflüssigungsanlagen bis —200° C und tiefer, im Dampfüberhitzer kommen Temperaturen bis +600° C vor, bei Automobilmotoren befinden sich die Ventilteller oft in rotglühendem Zustand. Der Konstrukteur muß deshalb auch das Verhalten der Materialien bei anderen Temperaturen kennen. In Abb. 10 sind die Festigkeitswerte von weichem Stahl in Abhängigkeit von der Temperatur dargestellt.

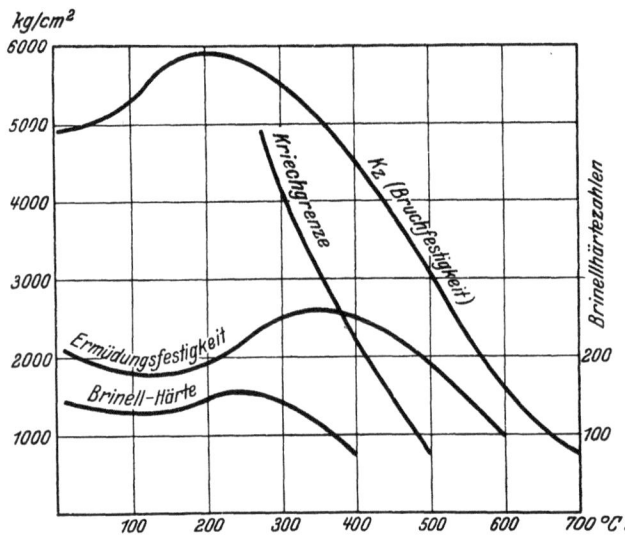

Abb. 10. Festigkeitswerte von St C 24 in Abhängigkeit von der Temperatur (nach Versuchen von H. J. Tapsell und W. J. Clenshain, Engg. Res. spec. Report 1, 1927).

2. Thermische Behandlung des Werkstoffes (Ausglühen, Härten, Abschrecken, Vergüten usw.). Abb. 11 zeigt als Beispiel, welchen Einfluß nur die Veränderung der Anlaßtemperatur auf die statischen Festigkeitswerte einer Stahlsorte haben kann. Auch durch kalte Vorbehandlung des Werkstoffes können die Festigkeitswerte beeinflußt werden (vgl. Abb. 2). Die Dauerfestigkeit eines Werkstoffes kann sich demnach im Laufe der Zeit ändern und zwar ist diese Änderung von der Beanspruchung des Werkstoffes abhängig; sie ist für verschiedene Werkstoffe verschieden. Im allgemeinen kann von der Verfestigung zäher Werkstoffe abgesehen werden, da diese nur bei erheblichem Überschreiten der Streckgrenze auftritt und im normalen Betrieb der Maschine nicht vorkommen sollte. Diese Vernachlässigung bildet eine stille Reserve für ausnahmsweise auftretende höhere Belastungen als der Rechnung zugrunde gelegt wurde (Schienenstöße, Böen). Bei Edelstahl und Gußeisen tritt keine Verfestigung auf.

3. Spannungszustand[2]. Die Dauerfestigkeit eines Werkstoffes ist unter sonst gleichen Verhältnissen nicht eindeutig durch den Spannungskreis an der gefährdeten Stelle bestimmt, sondern sie ist auch abhängig vom Spannungszustand der umgebenden Teilchen (vgl. S. 77). Das vollständige Dauerfestigkeitsschaubild eines Werkstoffes müßte deshalb die Kurven der Grenzspannungen für die einfachen Belastungsfälle, Zug-, Druck-, Biege- und Drehbeanspruchung enthalten.

Aus den vom Fachausschuß für Maschinenelemente beim VDI zusammengestellten Werten kann mit praktisch ausreichender Genauigkeit die Erfahrungstatsache abgeleitet werden, daß für die genormten Stahlsorten und für Rundstäbe bis etwa 20 mm Durchmesser

$$\sigma_{wz} = 0{,}72\,\sigma_{wb} \quad \text{und} \quad \tau_w = 0{,}58\,\sigma_{wb} \tag{132.1}$$

ist. Dadurch wird es möglich, die Dauerfestigkeits-Schaubilder zu vereinfachen und auf die am zuverlässigsten bekannten Biegefestigkeitswerte zu beschränken (Abb. 15/16).

4. Frequenz. Die Dauerfestigkeit scheint praktisch unabhängig von der Frequenz zu sein.

5. Oberfläche. Die Dauerfestigkeit ist in hohem Maße abhängig von der Oberflächenbeschaffenheit[3] des Werkstückes und von der Korrosion (Abb. 12). Dieser Einfluß ist namentlich bei den hochwertigen Stahlsorten am größten; Edelstähle sollten deshalb nie an Stellen mit großer Korrosionsgefahr verwendet werden (landwirtschaftliche Maschinen, Meerschiffe usw.). Die billigsten Baustoffe St 37—40 und Gußeisen sind fast unempfindlich gegen Korrosion.

---

[1] L. 1322.1—7.   [2] L. 1323.1—4.   [3] L. 1325.1 bis 9.

Der Ingenieur ist meist geneigt, sich die Oberfläche eines Körpers als ein zweidimensionales geometrisches Gebilde vorzustellen. Die Oberflächen wirklicher Körper sind dünne, räumliche Gebilde von bestimmter Form und besonderen Eigenschaften, die für den Ingenieur von großer praktischer Bedeutung sind. Nicht nur die Dauerfestigkeit, sondern auch die Reibung, Korrosion, die Strömung an Wänden, Passungen, Wärmeübergang durch Strahlung, Leitung und Konvektion usw. hängen alle von der Feingestalt der Oberfläche ab. Der Ingenieur sollte deshalb den Vorgängen an den Grenzflächen die größte Beachtung schenken.

Man kann die technischen Oberflächen, je nach ihrer Unregelmäßigkeit, nach Rauheitsklassen unterteilen. „Unregelmäßigkeit" ist hier der senkrechte Abstand H der höchsten und niedrigsten Punkte der Profilkurven der Oberfläche.

1. Rohe Oberflächen von gegossenen oder geschmiedeten Teilen; $H = 1$ bis 2 mm.
2. Geschruppte Flächen, bei denen die Bearbeitungsriefen deutlich sichtbar und fühlbar sind; $H = 0,2$ bis 2 mm.

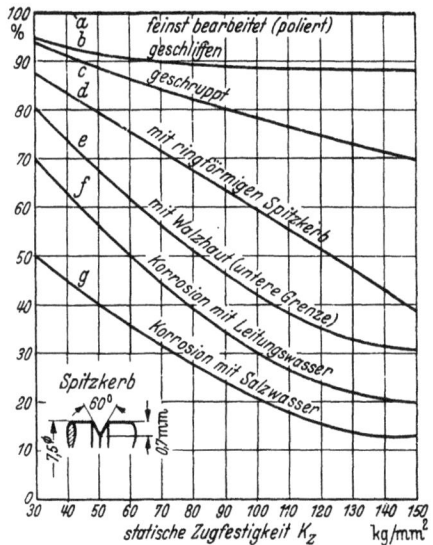

Abb. 12. Einfluß der Oberflächenbeschaffenheit auf die Dauerbiegefestigkeit.

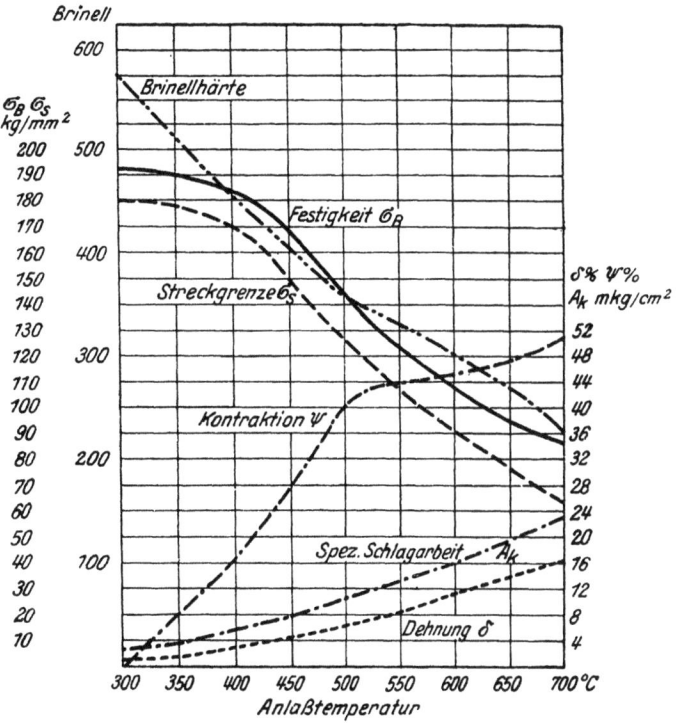

Abb. 11. Mangan-Silicium-Stahl (0,8 C; 1,18 Mn; 1,24 Si) gehärtet bei 820° C und in Öl bei verschiedenen Temperaturen angelassen.

3. Geschlichtete Flächen, bei denen die Riefen noch mit bloßem Auge erkennbar sind; $H = 0,05$ bis 0,2 mm.
4. Feingeschlichtet oder geschliffen; $H = 10$ bis $5\,\mu$.
5. Feinstgeschliffene Flächen zeigen schon einen ausgesprochenen Glanz; $H = 5\,\mu$ bis $0,5\,\mu$.
6. Normalgeläppt[1] und poliert; $H < 1\,\mu$.
7. Hochglanzpoliert; $H < 0,5\,\mu$.

Über das Verhalten der Stähle bei überlagerter wechselnder Biege- und Verdrehbeanspruchung sind, vor allem aus versuchstechnischen Gründen[2], in der Literatur nur wenig Angaben enthalten. Aus den Versuchen geht aber folgende, für den Konstrukteur wichtige Schlußfolgerung hervor:

Die elliptische Abhängigkeit der Schubspannung von der gleichzeitig wirkenden Normalspannung (siehe Abb. 131, 8) und damit die Bruchhypothese, daß die Gestaltsänderung-Energie als Bruchursache anzusehen ist, werden für glatte Stäbe durch die vorliegenden Versuche bestätigt.

Bei Körpern, die eine mechanische Bearbeitung, sei es eine spanabhebende oder eine spanlose durchgemacht haben, ist das Gefüge bis zu einer gewissen Tiefe gestört und von den tieferen Schichten deutlich verschieden (Abb. 13). Diesen Bereich nennt Schmaltz die „innere Grenzschicht" des Körpers. Daß dies grundsätzlich so sein muß, ergibt sich aus der Tatsache, daß sowohl die spanlose Formgebung als auch die Spanabhebung plastische Ver-

---
[1] Läppen ist ein Feinstschleifen zur Erzeugung höchster Oberflächengüte und geometrischer Form.
[2] L 1323.1—4.

formungen sind, die naturgemäß nicht unmittelbar an der neu entstandenen Oberfläche haltmachen. Die Beurteilung der Oberflächenbeschaffenheit setzt also die Kenntnis voraus, durch welchen Bearbeitungsvorgang eine bestimmte Oberfläche zustande gekommen ist. Zum Beispiel geben eine mit feinem Drehstahl hergestellte flache runde Rille, eine eingeschliffene und polierte, und schließlich eine durch Walzen oder Drücken hergestellte Rille keineswegs dieselben Festigkeitswerte, auch wenn sie anscheinend das gleiche Profil haben.

Bei der zerspanenden Verformung reicht die innere Grenzschicht bis etwa um den Betrag der früheren Spanstärke in die Tiefe des Werkstoffes hinab und ist bei den feinsten Bearbeitungen (wie Läppen und Polieren) von der Größenordnung von 0,01 mm. Innerhalb dieser Grenzschicht findet man deutliche Spuren von Kornzertrümmerungen, welche die Festigkeitseigenschaften beeinflussen. Der so unerwünschte Einfluß der Oberflächenbeschaffenheit läßt sich zum Teil auch durch die Inhomogenität des Werkstoffes in der Grenzschicht erklären.

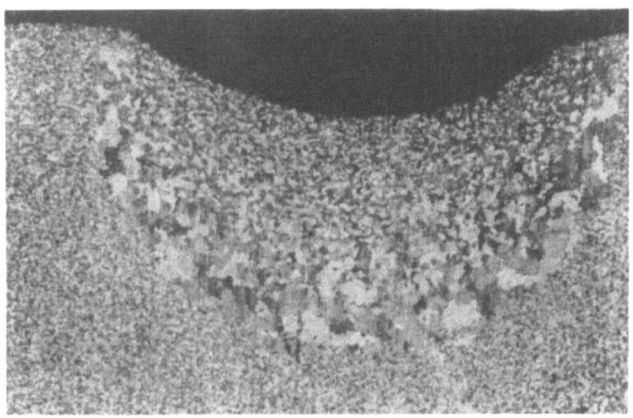

Abb. 13. Ausbildung der inneren Grenzschicht im reinen Eisen, welches der Brinelldruckprobe unterworfen war (aus Schmaltz).

Man weiß aus Versuchen mit Federstahl (S. 191), daß die Festigkeit durch Abschleifen der Oberflächenschicht bedeutend erhöht wird. Der Grund für die Festigkeitsverminderung durch die Oberflächenschicht dürfte einerseits in kleinen Rissen und sonstigen Beschädigungen der Oberfläche zu suchen sein, anderseits in einer während der Wärmebehandlung eintretenden Entkohlung. Durch chemische Analyse wurde z. B. bei einem SiMn-Stahl festgestellt, daß in der obersten Schicht von 0,157 mm Dicke ein C-Gehalt von nur 0,17% vorlag, während er sich in der zweiten Schicht von gleicher Dicke auf 0,45% erhöhte und erst in der dritten Schicht den vollen Durchschnitt von 0,54% erreichte.

Man kann die Dauerhaltbarkeit durch Oberflächendrücken[1] steigern; die feinen Risse in der Oberfläche schließen sich dabei und gleichzeitig tritt auch eine Verfestigung auf. Auch das Nitrierverfahren von Krupp steigert die Dauerhaltbarkeit. Die Teile (aus Sonderstahl) werden in einem Kasten kürzere oder längere Zeit, je nach der gewünschten Härtetiefe, der Einwirkung eines Ammoniakstroms bei 500—550° C ausgesetzt; das Gas zersetzt sich und gibt Stickstoff an die Randschichten des Werkstücks ab. Eine Abschreckung wird vermieden, so daß kein Verziehen des Teiles zu befürchten ist; die Oberfläche wird sehr hart.

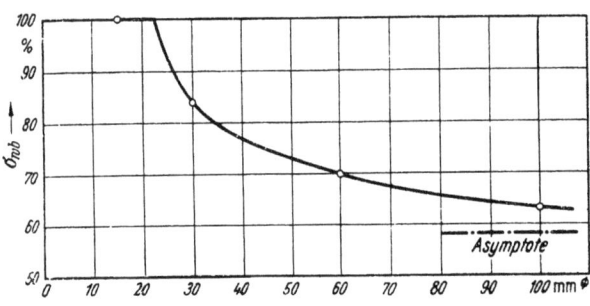

Abb. 14. Einfluß des Durchmessers des Probestabes auf die Wechselfestigkeit (Versuche von E. Lehr).

6. Größe und Form[2]. Die Dauerfestigkeit ist abhängig von der Größe und von der Form des Versuchskörpers; beide Einflüsse sind bedeutend. Nach den bisher vorliegenden Ergebnissen nähert sich die Dauerwechselfestigkeit von Rundstäben mit zunehmendem Durchmesser einem Grenzwert, der nur 55—60% der Wechselfestigkeit der gebräuchlichen Probestäbe von 7,5 bis 10 mm Durchmesser ist. Für dünne Stäbe, bis etwa 20 mm Durchmesser, ist die Wechselfestigkeit unabhängig vom Durchmesser (Abb. 14). Für Flachstäbe ist die Wechselfestigkeit etwa 15% kleiner, für die Raute (Vierkantstab mit einer Diagonale in der Ebene des Biegemomentes) rd. 15% größer als für den Rundstab.

Weniger bekannt ist die Tatsache, daß die Ursprungsfestigkeit bei Druck wesentlich höher ist als bei Zugbeanspruchung. Eingehende Versuche an gehärtetem Federstahl haben gezeigt,

---

[1] L. 1324, und 1325.   [2] L. 1326.

daß die Dauerfestigkeit auf Druck gleich der Streckgrenze ist und daß sie durch Oberflächenverletzung oder Korrosion nicht beeinflußt wird. Die Zug-Ermüdung dagegen liegt bedeutend tiefer und ist außerdem äußerst empfindlich gegen solche Einflüsse. Auch bei weicheren Stählen besteht ein erheblicher Unterschied. **Die Dauerfestigkeitschaubilder sind also nicht symmetrisch in bezug auf den Nullpunkt.**

Einfluß der Zeit. Stoßweise Beanspruchung[1]. Jeder Körper, der durch Kräfte beansprucht wird, erleidet eine Formänderung, zu deren Ausbildung eine gewisse Zeit erforderlich ist. Bis jetzt war vorausgesetzt, daß die Belastung „allmählich", d. h. so langsam gesteigert werde, daß zu jeder Zeit Gleichgewicht zwischen Kraft und Formänderung vorhanden ist. Eine solche Formänderung kann als statische bezeichnet werden. Wird nun dem Körper

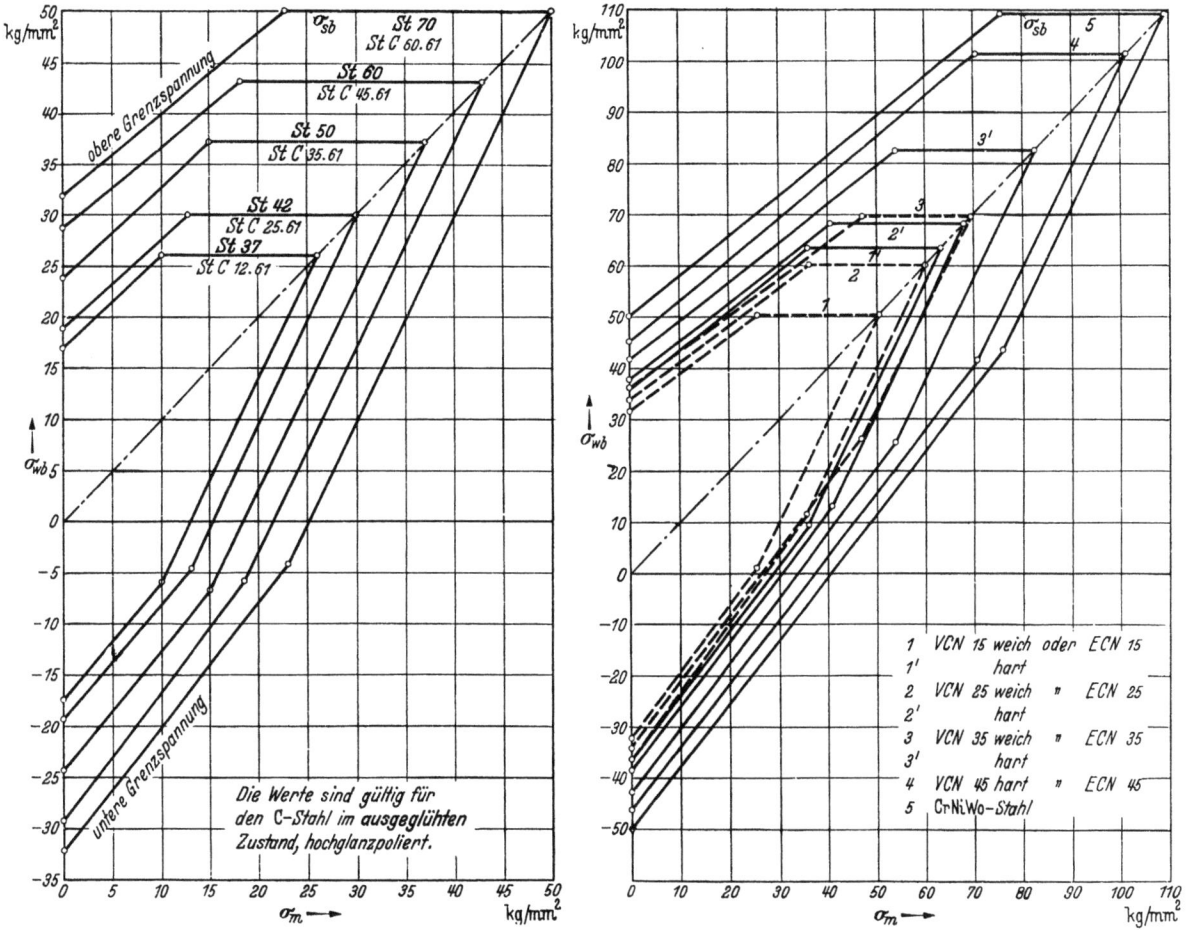

Abb. 15/16. Dauerfestigkeits-Schaubilder (für Biegung) der genormten Stähle.

zur Formänderung nicht genügend Zeit gelassen, so müssen sich ähnliche Erscheinungen bemerkbar machen, wie beim Hindern der Querkontraktion, d. h. es wird eine Erhöhung der Bruchfestigkeit eintreten.

    Flußeisen: Dauer des Versuches 2,5 min $K_z = 3925$ at
       ,, ,, ,, 75 ,,   3700 at
    Kupfer: Dauer des Versuches 2 ,,   1480 at
      ,, ,, ,, lang   820 at

Man schreibt deshalb, um brauchbare Vergleichswerte zu erhalten, bei der Materialprüfung von Leder und Textilfasern, eine bestimmte Streckgeschwindigkeit vor. Bei höheren Betriebstemperaturen hat diese Frage auch für Eisen praktische Bedeutung: die Beobachtung zeigt, daß Eisen unter dauernd wirkender Belastung schon bei ziemlich kleinen Spannungen zu „kriechen" anfängt. Die Kriechgrenze ist aus dem einfachen Zugversuch bei dieser Temperatur nicht mit Sicherheit zu bestimmen. Jedenfalls erhalten wir bei rascher Belastung eine andere Spannungs-Dehnungslinie als beim gewöhnlichen Zugversuch. Diese Frage ist namentlich

---

[1] L. 1327.1 bis 4.

86   13. Zulässige Spannungen.

wichtig bei stoßweiser Belastung, die dadurch gekennzeichnet ist, daß dem Maschinenteil plötzlich eine bestimmte Energiemenge zugeführt wird, die sich in Formänderungsarbeit umsetzt. Das Integral $P \cdot d(\Delta l)$ ist dann über die dynamische Spannungs-Dehnungslinie zu integrieren[1]. Bei einer dauernden Wiederholung der Stöße kann eine viel kleinere Stoßenergie den Stab zum Bruch bringen. Soll die Stoßenergie dauernd ertragen werden, dann darf sie den Wert der Formänderungsarbeit an der Elastizitätsgrenze nicht überschreiten.

Manche Werkstoffe sind gegen statische Beanspruchung sehr widerstandsfähig, während sie durch geringfügige Stöße zerstört werden (Hartpech). So lassen sich unverletzte Eisenbahnschienen bei einem Biegeversuch fast so weit zusammenbiegen, daß die beiden Schenkel aufeinander zu liegen kommen; beim Stoßbiegeversuch bricht die Schiene dagegen ohne große Formänderung.

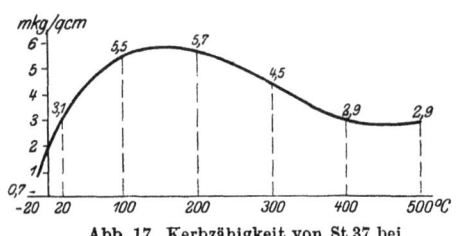

Abb. 17. Kerbzähigkeit von St 37 bei verschiedenen Temperaturen (aus Bach-Baumann).

Bei der sog. Kerbschlagprobe wird ein auf Biegung beanspruchter, scharf gekerbter Probestab durch einen einzigen Schlag zerstört. Die Schlagarbeit A, bezogen auf den Querschnitt $b \cdot h$ der Kerbstelle, also $A/b \cdot h$ (kg·m/cm²) wird Kerbzähigkeit des Werkstoffes genannt. Sie ist in hohem Maße abhängig von der Form der Kerbe, so daß eine strenge Normung der Probestäbe erforderlich ist, um brauchbare Vergleichswerte zu erhalten.

Die Kerbschlagprobe deckt neue Eigenschaften des Werkstoffes auf, die (wie z. B. die auffallend starke Abnahme der Kerbzähigkeit des sehr zähen Werkstoffes St 37 zwischen 20 und —20° C, Abb. 17) aus dem Zugversuch in keiner Weise erkennbar sind[2].

133. Genormte Werkstoffe.

Die Vielseitigkeit der Faktoren, welche die Dauerfestigkeit beeinflussen, zwingt zu einer Einschränkung. Der Konstrukteur sollte deshalb „genormte" Werkstoffe verwenden, deren Dauerfestigkeitswerte genügend genau bekannt sind. Die Werkstatt soll die Vergütungsvorschriften des Lieferanten genau beachten und einhalten.

Auswahl des Werkstoffes. Die Kenntnis der Eigenschaften der Werkstoffe, der Behandlung, der Bearbeitungs- und Verarbeitungsmöglichkeiten, sowie auch der Werkstoffprüfung vermittelt die mechanische Technologie. Diese Wissenschaft bildet daher eine wichtige Grundlage für den Maschinenbau. Ihre Bedeutung wächst mit der Zahl der verwendeten Werkstoffsorten und dem Umfang unserer Kenntnisse über die Faktoren, die deren Eigenschaften beeinflussen.

Bei der Behandlung der Maschinenelemente scheiden in der Frage der Werkstoffwahl alle Faktoren aus, die sich auf eine besondere Maschinengattung beziehen, wie z. B. die elektrische oder magnetische Leitfähigkeit bei elektrischen Maschinen, die Korrosionsbeständigkeit bei Kondensatoren und Pumpen, das spezifische Gewicht bei fahrbaren Maschinen usw.

Aus der überaus großen Anzahl verschiedener Werkstoffe, die fast mit jeder gewünschten Eigenschaft hergestellt und verkauft werden, kann die Maschinenfabrik aus wirtschaftlichen Gründen nur wenige, für ihren Betrieb „normale" Werkstoffe wählen und auf Lager halten. Der Konstrukteur wird sich im allgemeinen an diese Sorten halten müssen, denn es lohnt sich niemals, für vereinzelte Teile eine besondere Legierung herzustellen oder ein kleines Stück hochwertigen Spezialstahles zu kaufen.

Der Konstrukteur wird seine Wahl meist nach den Beanspruchungen treffen, die in dem Maschinenteil auftreten. Als Regel gilt dabei, daß er keinenfalls eine höhere Werkstoffqualität vorschreiben darf als unbedingt erforderlich ist, denn mit steigender Güte nehmen naturgemäß auch die Anschaffungs- und Bearbeitungskosten zu.

Bezeichnung des Werkstoffes = Buchstaben × erste × zweite Zifferngruppe. Die Buchstaben dienen zur Kennzeichnung,

z. B. St = Stahl, auf flüssigem Wege gewonnenes schmiedbares Eisen,
  Stg = Stahlguß,   Ms = Messing,
  Ge = Gußeisen,   Cu = Kupfer usw.
  Te = Temperguß,

---

[1] L. 1327.1 und 4.   [2] L. 1327.3.

133. Genormte Werkstoffe.

Die erste Ziffergruppe gibt entweder die Mindestzugfestigkeit in kg/mm² (z. B. St 50) oder den Legierungsbestandteil (z. B. St C 35 für 0,35% C) an.

Die zweite Ziffergruppe besteht immer aus zwei Zahlen; die Zehnerzahl weist für Stahl auf eine der folgenden Hauptgruppen hin.

1 Baustahl,
2 Bleche, Rohre,
3 Eisenbahnoberbaustoffe,
4 Fahrzeugbaustoffe,
5 Verschiedenes,
6 Sonderstahl,
7 Werkzeugstahl,
8 Stahlguß,
9 Gußeisen (auch Temperguß).

Die Einerzahl gibt die Untergruppe an; sie sind noch nicht für alle Hauptgruppen festgelegt.

z. B. 11 Maschinenbaustahl,
12 Formeisen, Stabeisen, Breiteisen,
13 Schraubeneisen, Nieteisen,
21 Bleche,
29 Rohre,
61 Unlegierter Einsatz- und Vergütungsstahl,
62 Ni- und Cr-Stähle.

Die in den Normen (Zahlentafel 133.1) angegebenen Festigkeitseigenschaften gelten für gut durchgeschmiedeten oder gewalzten Stahl, der vom Rohblock aus auf mindestens ein Drittel seines Querschnittes heruntergearbeitet wurde und zwar für den ausgeglühten Zustand. Die Werkstoffe können im Anlieferungszustand durch Kaltbearbeitung, Vergüten usw. ganz andere Eigenschaften aufweisen (vgl. z. B. Abschn. 232, Schraubenstahl).

Ausglühen ist ein gleichmäßiges Erhitzen auf eine Temperatur kurz oberhalb des oberen Umwandlungspunktes mit nachfolgendem Erkaltenlassen in ruhender Luft.

Härten. Unlegierter Stahl wird durch Erhitzen über seinen oberen Umwandlungspunkt und nachfolgendes Abschrecken in einer Härtungsflüssigkeit (Wasser, Öl) gehärtet. Die Härtungsfähigkeit wächst mit dem C-Gehalt; der Stahl wird durch die Härtung fester, aber auch spröder.

Einsetzen. Beim Einsetzen des Stahles wird gewöhnlich C-armer Stahl umgeben von kohlenstoffabgebenden Mitteln in der Nähe des oberen Umwandlungspunktes so lange geglüht, bis der Kohlenstoff bis zur gewünschten Höhe seines Gehaltes und bis zur beabsichtigten Tiefe in den Stahl eingedrungen ist. Härtet man alsdann den Stahl durch Abschrecken aus etwa 750° C, so wird nur die mit Kohle angereicherte Außenhaut hart. Je kleiner der C-Gehalt, um so zäher bleibt der Kern nach dem Abschrecken, aber um so höher ist im allgemeinen auch der Preis.

Vergüten. Das Vergüten erfolgt durch Härten mit nachfolgendem Wiedererwärmen (Anlassen) des Stahles bis höchstens auf die Temperatur des unteren Umwandlungspunktes. Die Zähigkeit (vor allem die Kerbzähigkeit) nimmt zu. Durch das Vergüten tritt eine Kornverfeinerung ein. Die in der Zahlentafel unter „vergütet" angeführten Werte werden durch Abschrecken von 30—50° C oberhalb des oberen Umwandlungspunktes mit nachfolgendem Anlassen bis auf etwa 600° C erreicht. Gewöhnlich wird weniger hoch angelassen und die erreichbaren Zahlenwerte sind dann andere; insbesondere liegen die Werte der Streckgrenze und der Zugfestigkeit höher (Abb. 132.11).

Die Härte ist eine für die praktische Verwendung des Werkstoffes sehr wichtige Eigenschaft. Härte im Sinne des täglichen Lebens ist ein schwer zu bestimmender Begriff, der sich einer genauen mathematischen Erfassung entzieht. Man nennt denjenigen von zwei Körpern den härteren, der dem Eindringen eines dritten Körpers den größeren Widerstand entgegensetzt. Wichtig ist dabei, daß nur bleibende Formänderungen beobachtet werden, also die Elastizitätsgrenze überschritten wird; die Festigkeitslehre reicht deshalb zur genaueren Beschreibung des Härtebegriffes nicht aus. Die älteste Unterscheidung erfolgte nach dem Ritzverfahren, das aber ungenau ist, denn man kann mit einem scharf zugespitzten Körper selbst einen etwas härteren Stoff ritzen. Um zu einem genaueren Härtemaß zu gelangen, muß eine Vereinbarung über die geometrische Gestalt der Körper getroffen werden. Der schwedische Ingenieur Brinell, der die Härteprüfung in die Praxis eingeführt hat, drückt eine harte Chromstahlkugel auf die Metallplatte, deren Härte man untersuchen will. Als Härtezahl (Brinellhärte H_B) gilt die auf 1 mm² der Eindruckfläche kommende Last. Der Versuch ist an einer blanken ebenen Fläche auszuführen; die Belastung soll stoßfrei während 15 sec gleichmäßig gesteigert und dann 30 sec auf ihrem Enddruck belassen werden. Die Erfahrung hat gezeigt, daß die Härtezahl bei gleicher Belastung mit zunehmendem Kugeldurchmesser kleiner wird. Deshalb sind Kugeldurchmesser und Prüflast durch Normen (DIN 1605) festgelegt:

13. Zulässige Spannungen.

Plattendicke mm	Kugeldurchmesser D mm	Belastung P in kg für		
		Gußeisen und Stahl	Kupfer Messing	weichere Metalle
über 6	10	3000	1000	250
von 6 bis 3	5	750	260	62,5
unter 3	2,5	187,5	62,5	15,5

Die Prüfung mit $D = 10$ mm, $P = 3000$ kg und 30 sec Belastungsdauer (Regelversuch) wird durch $H \cdot 10/3000/30$ gekennzeichnet.

Die Erfahrung hat weiter gezeigt, daß zwischen Brinellhärte und Zugfestigkeit von Stählen ein enger Zusammenhang besteht.

Zahlentafel 133.1. Statische Festigkeitswerte* von Stahl, unlegiert.

Bezeichnung	Reinheit	Zustand	Mittlere Analyse (nicht bindend)	Zugfestigkeit $K_z = \sigma_B$ kg/mm²	Dehnung² δ_{10} %	Brinellhärte H kg/mm²	Kerbzähigkeit kgm/cm²	Eigenschaften	Verwendung
St 00 11 12 21 29	A		Ohne Angaben von mechanischen Eigenschaften					weder kalt- noch rotbrüchig	Handelsware nur für untergeordnete Zwecke
St 34 11 12 13 29	B		$C = 0,12$	34—42 34—42 34—42 34—45	25 25—18³ 25—18³ 20			leicht bearbeitbar feuerschweißbar Zahlentafel 3	Baustahl Formeisen Nieteisen Rohre
St 37 11 12 21	A			37—45	20 20—18³			schweißt nicht immer gut und zuverlässig	Baustahl Formeisen Stabeisen Breiteisen Baublech I (übliche Güte)
St 38.13	B		$C = 0,06$—0,13	38—45	20—15³				Schraubeneisen Nieteisen
St C 10.61	B	w g	$Mn < 0,5$ $Si < 0,35$	38¹ 56	25		8	Einsatzstahl	Eingesetzt für Zapfen, Bolzen, Büchsen
St 42 11 12 21	B		$C = 0,25$	42—50	20 20—16³ 20—16				Baustahl, Formeisen u. Baublech II
St C 16.61	B	w	$C = 0,10$—0,18 $Mn < 0,4$ $Si < 0,35$	42¹	23			Einsatzstahl, wenn Kern bereits hart sein darf	Eingesetzt für Zapfen, Bolzen, Büchsen
St C 25.61	B	w v	$C = 0,25$ $Mn < 0,8$ $Si < 0,35$	42—50 47—55	22 20	125—140 130—150		Vergütungsstahl	Einfluß der Temperatur Abb. 132.10
St 45.29	B			45—55	17	125—150		Zahlentafel 3	Rohre
St 50.11	B		$C = 0,35$	50—60	18	140—170	6		Wellenstahl, Hebel, Stangen, Schrauben
St 55.29	B			55—65	14			Zahlentafel 3	Rohre
St C 35.61	B	w v	$C = 0,35$ $Mn < 0,8$ $Si < 0,35$	50—60 55—65	19 18	140—170	7	Vergütungsstahl	Schrauben
St 60.11	B		$C = 0,45$	60—70	14	160—190		Härtbar Vergütungsstahl	Wellenstahl, Kolbenstangen, Steuerhebel, Keile f. höher beanspr. Teile, Paßstifte

[1] Mindestwerte. [2] Am Kurzstab $\delta_5 \approx 1,25 \delta_{10}$. [3] Je nach Probedicke.

Reinheit: A = ohne Zahlenangaben über Ph- und S-Gehalt,
B = Ph und S je <0,06%; Ph + S <0,1%.

w = weich, ausgeglüht
g = blank gezogen
v = vergütet

* Dauerfestigkeitswerte in Abb. 132.15/16.

133. Genormte Werkstoffe.

Zahlentafel 133.1 (Fortsetzung). Statische Festigkeitswerte von Stahl, unlegiert.

Bezeichnung	Reinheit	Zustand	Mittlere Analyse (nicht bindend)	Zug-festigkeit $K_z = \sigma_B$ kg/mm²	Dehnung δ_{10} %	Brinell-härte H kg/mm²	Kerb-zähigkeit kgm/cm²	Eigenschaften	Verwendung
St C 45.61	B	w / v	C = 0,45 Mn < 0,8 Si < 0,35	60—70 65—75	16 15	170—190 —230			Vergütungsstahl
St 65.29	B			65—80					Rohre
St 70.11	B		C = 0,60	70—85	10	190—230			Ritzel, Schnecken
St C 60.61	B	w / v	C = 0,60 Mn < 0,8 Si < 0,35	70—85 75—90	13 12	190—230 200—260		Hoch härtbar Bearbeitg. teuer	Vergütungsstahl

Zahlentafel 2. Statische Festigkeitswerte von Nickel- und Chromnickelstahl für mechanisch hoch beanspruchte Teile.

Bezeichnung N = Nickel C = Chrom w = weich h = hart	Geglüht		Gehärtet bzw. vergütet			Chemische Zusammensetzung in %				
	Brinell-härte H kg/mm² höchst.	Zug-festig-keit kg/mm² höchst.	Zug-festigkeit K_z kg/mm²	Streck-grenze σ_S kg/mm²	Bruch-dehnung ϑ_s %	C	Ni [1]	Cr [2]	Mn	Si höchst.
E = Einsatzstähle										
EN 15	162	55	60—80 Wasser	39—52	20—10	0,10—0,17	1,5	höchstens 0,2	höchstens 0,5	0,35
ECN 25	206	70	80—100 Öl 90—110 Wasser	42—70 Öl 67—82 Wasser	20—14 Öl 16—10 Wasser	0,10—0,17	2,5	0,75	höchstens 0,5	0,35
ECN 35	220	75	90—120 Öl	67—90	16—9	0,10—0,17	3,5	0,75	höchstens 0,5	0,35
ECN 45	240	83	120—140 Öl	90—105	14—7	0,10—0,17	4,5	1,1	höchstens 0,5	0,35
V = Vergütungsstähle										
VCN 15 w / h	206	70	65—75 75—85	42—49 52—59	24—18 22—16	0,25—0,32 über 0,32—0,40	1,5	0,5	0,4—0,8	0,35
VCN 25 w / h	220	75	70—85 80—95	49—59 56—66	20—14 16—10	0,25—0,32 über 0,32—0,40	2,5	0,75	0,4—0,8	0,35
VCN 35 w / h	235	80	75—90 90—105	56—67 67—69	20—14 16—10	0,20—0,27 über 0,27—0,35	3,5	0,75	0,4—0,8	0,35
VCN 45	265	90	100—115[3]	80—92	15—9	0,30—0,40	4,5	1,3	0,4—0,8	0,35

[1] Toleranz ± 0,25%. [2] Toleranz ± 0,2%. [3] Durch Lufthärtung, Erhöhung auf 160 kg/mm² möglich.

Für Kohlenstoffstähle ist $K_z = 0,36 H_B$ und
für Chromnickelstähle $K_z = 0,34 H_B$.

Seither haben sich auch andere Verfahren[1] eingeführt: Das Prüfverfahren von Vickers verwendet eine pyramidenförmige Spitze aus Diamant. Als Härtezahl gilt wieder die auf 1 mm² der Eindruckfläche kommende Last in kg; H_V ist praktisch unabhängig von der Prüflast. Bis zu einer Härte von 300 kg/mm² ist $H_B = H_V$. Dieses Prüfverfahren dient insbesondere zum Prüfen von Härten über 400 kg/mm², wenn an der Oberfläche keine Beschädigungen vorhanden sein dürfen und zum Prüfen der Härte bei ganz dünnen Schichten (Einsatzhärtung).

[1] Masch.-Bau, 1933. Heft 3.

13. Zulässige Spannungen.

Die Härteprüfung von Rockwell umfaßt zwei Verfahren. Die Rockwellhärte H_{Rb} (für H_B kleiner als 240 kg/mm²) wird mit einer gehärteten Stahlkugel von $1/16''$ Durchmesser bestimmt. Die Rockwellhärte H_{Rc} (für H_B größer als 240 kg/mm²) verwendet einen Diamantkegel. In beiden Fällen wird die bleibende Eindringtiefe ermittelt.

Der Zusammenhang zwischen diesen Härtezahlen ist in Abb. 133.1 dargestellt; es handelt sich hierbei um Näherungswerte.

Zu beachten ist der große Unterschied zwischen „Vergüten" und Härten. Während das Vergüten legierter Stähle auf $K_z = 120$ kg/mm² im allgemeinen die Höchstgrenze darstellt (entsprechend einer Brinellhärte $H_B = 350$ kg/mm²), hat die im Einsatz gehärtete Schicht eine Härte $H_B = 540$ kg/mm², ist also 1,54 mal so hart. Die Härteschicht muß erfahrungsgemäß eine gewisse Dicke haben (Abb. 2).

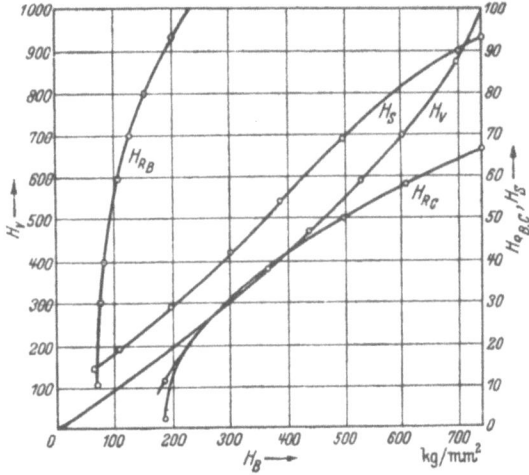

Abb. 133.1. Vergleichswerte zwischen den verschiedenen Härteprüfungen.

H_B = Brinell
H_S = Shore (Rückprall)
H_{R_c} = Rockwell (Kegel)
H_V = Vickers (Pyramide)
H_{R_B} = Rockwell (Kugel).

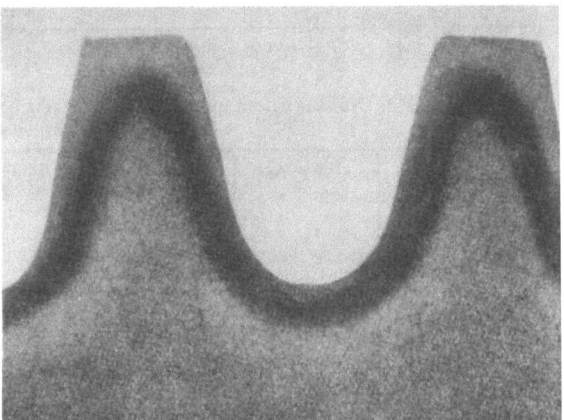

Abb. 2. Im Einsatz gehärtete Zahnflanken (aus Krupps Monatshefte).

Zahlentafel 3. Warmstreckgrenze kg/mm².

Werkstoff	100°	150°	200°	250°	300°	350°
St 34.29	22	20,5	19	17	15	13
St 45.29	25	23	21	19	17	15
St 55.29	28	25,5	23	21	19	17

Die Härte ist namentlich zur Beurteilung der Abnutzung wichtig. Wenn zwei Teile ohne ausreichende Schmierung aufeinander gleiten, so ist eine Abnutzung unvermeidlich. Der Konstrukteur verlegt diese dann auf einen möglichst einfachen Teil aus weicherem Metall, der leicht ersetzt werden kann (z. B. Lagerbüchsen).

Die Dauerstandfestigkeit der Werkstoffe, die niedriger liegt als die Zugfestigkeit, aber höher als die Streckgrenze, ist besonders bei höheren Temperaturen wichtig für die Verwendungsmöglichkeit (Zahlentafel 4).

Zahlentafel 4. Dauerstandsfestigkeitszahlen[1] in kg/mm² legierter Stähle bei Temperaturen von 350—600°.

Werkstoff	400°	450°	500°	550°	600°
Sicromal 8	26,0	21,0	15,0	8,8	4,0
Cr-Mo-St.	21,0	19,0	16,0	7,0	2,0
Cu-Mo-Co,15-St.	15,0	13,8	12,0	6,3	
Cu-Mo-St 38—45 kg/mm²	14,0	12,0	9,0	4,0	2,0
Cu-Mo-St 45—55 kg/mm²	17,0	15,0	12,0	5,0	
Stg 38.81	9,0	7,0	4,5		
Stg 45.81	13,0	11,0	9,0		
Pyknos-Stg.			10,0		

[1] Tofaute, W. und W. Ruttmann: Warmfeste Werkstoffe für Temperaturen bis zu 600° C. Wärme 60 (1937) 703—09.

Gußeisen gilt namentlich wegen des zufälligen Auftretens von Lunkern an hochbeanspruchten Stellen oft als ein wenig zuverlässiger Werkstoff. Wenn auch gut eingerichtete Gießereien in der Lage sind, einwandfreien und hochwertigen Guß herzustellen, so sollte Gußeisen doch nicht für Teile verwendet werden, die fast ausschließlich auf Zug beansprucht sind oder durch deren Bruch Menschenleben gefährdet werden können (Hebezeuge). In solchen Fällen darf die zulässige Zugspannung für Gußeisen 100 at nicht wesentlich überschreiten, während für Stahl 10 mal so große Spannungen, d. h. 10 mal so kleine Querschnitte zulässig sind.

Wird Gußeisen längere Zeit auf Temperaturen oberhalb etwa 350° C erhitzt, so tritt in seinem Gefüge eine Umwandlung ein, da das Eisenkarbid unter Ausscheidung von Graphit zerfällt.

133. Genormte Werkstoffe.

Dieser Vorgang ist mit einer Volumenzunahme verbunden; man sagt das Gußeisen wächst. Die Längenzunahme kann mehrere Prozent betragen und kälter bleibende Teile sprengen. Man verwendet deshalb für Temperaturen über 350° C immer Stahlguß.

Zahlentafel 5. Gußeisen und Stahlguß.

Bezeichnung Die erste Ziffergruppe gibt die Mindest-Zugfestigkeit in kg/mm² an	Spez. Gewicht γ kg/dm³	E kg/mm²	Biegefestigkeit K_b kg/mm²	Bruchdehnung δ_s %	Brinellhärte H kg/mm²	Streckgrenze σ_s kg/mm²	Wechselfestigkeit σ_w kg/mm²	Spez. Arbeitsvermögen $\mathfrak{A}_v$ kgm/cm³
Gußeisen:								
Maschinenguß Ge 12.91					170			
Zylinderguß Ge 14.91			28		180		7	
Ge 18.91	7,26—7,30	7000—10000	34		195			0,07—0,13
Ge 22.91			40		210			
Ge 26.91			46		225			
Stahlguß Stg 38.81				20		18		
Stg 45.81	7,85	20 500		16		22	18	7
Stg 52.81				12		25	23	

Zahlentafel 6. Nichteisen-Metalle, gewalzt.

Bezeichnung Die Zahl gibt den Cu-Gehalt an	γ kg/dm³	E kg/mm²	K_z kg/mm²	δ_s %	σ_s kg/mm²	σ_B kg/mm²	$\mathfrak{A}_v$ kgm/cm³	Verwendung
Kupfer:								
ausgeglüht	8,9		25	50	5—8	3	1,1	Blech und Stangen
kalt gezogen		11 500	39	6		25		
Messing:								
Ms 58. Hartmessing²	8,5	8 000	bis 70	bis 2	6			Stangen Drähte Bleche
Ms 60. Münzmetall								Schraubenmessing
Ms 63. Druckmessing			30	35				für Rohre
Ms 72. Schaufelmessing	8,6		25—50	35—10				für Ziehzwecke Turbinenschaufeln
Walzbronze:								
geglüht	8,73		40	50				
halbhart			50	15				Stangen Drähte Bleche
hart			60	10				
federhart			80	5				
doppelfederhart			90	2				
Oerlikoner-Bronze:								
(Stahlbronze)								
(überschmiedet)		12 000	44—56	15—25		18—30		
Elektron	1,8		26—38	2—15	15—34	6—20		Flugzeugbau Leichtmaschinenbau

Zahlentafel 7. Festigkeitseigenschaften einiger Aluminium-Knetlegierungen[1]. $\gamma = 2,75$.
* Bei 10, 20 und 60 Millionen Lastwechsel.

Legierung	Elastizitätsgrenze $\sigma_{0,02}$ kg/mm²	Streckgrenze $\sigma_{0,2}$ kg/mm²	Zugfestigkeit K_z kg/mm²	E kg/mm²	Brinellhärte H kg/mm²	Dehnung δ % $11,3\sqrt{F}$	Wechselbiegefestigkeit		
							σ_{wb} 10* kg/mm²	σ_{wb} 20* kg/mm²	σ_{wb} 60* kg/mm²
Avional 22 M ⌀ 23 mm	37,8	38,7	50,5	7240	112	15,3	19,0	17,7	15,8
Avional 411 ⌀ 22 mm	34,3	39,8	46,0	6950	135	11,9	16,0	15,3	14,4
Avional D ⌀ 35/22 mm	24,6	25,8	42,7	7050	—	22,7	17,4	16,4	15,0
Anticorodal A ⌀ 22 mm	16,4	18,0	28,2	6950	82	23,0	12,1	11,2	9,7
Anticorodal B ⌀ 22 mm	30,6	32,5	35,2	7060	110	10,4	11,8	10,8	9,3
Anticorodal B ⌀ 35/22 mm	27,0	30,2	36,8	6900	113	13,3	16,2	15,3	14,0
Peraluman	11,0	12,3	25,6	6800	55	14,0	13,5	13,0	12,3

[1] Aus Zeerleder: Technologie d. Aluminiums.

13. Zulässige Spannungen.

Zahlentafel 8. Rotguß und Messingguß.

Bezeichnung	Spez. Gewicht γ kg/dm³	E kg/mm²	Zugfestigkeit K_z kg/mm²	Bruchdehnung δ_s %	Brinellhärte H kg/mm²	Streckgrenze σ_s kg/mm²	Wechselfestigkeit σ_w kg/mm²	Spez. Arbeitsvermögen $\mathfrak{A}_v$ kgm/cm³
Rotguß: Maschinenbronze Phosphorbronze	7,8—8,2	9000	16—20 35—45	20— 6 30—10				0,23
Messingguß	8,5	8000	15	13				

Zahlentafel 9. Festigkeitswerte einiger Aluminium-Sandguß-Legierungen (1, 10, 20 Millionen Lastwechsel) aus: von Zeerleder, A.: Technologie des Aluminiums, S. 81. Leipzig 1938.

Legierung	Streckgrenze $\sigma_{0,2}$ kg/mm²	Zugfestigkeit K_z kg/mm²	Brinellhärte H kg/mm²	Dehnung δ % $11.3\sqrt{F}$	Wechselbiegefestigkeit			Bemerkungen
					$\sigma_{wb}\,1$ kg/mm²	$\sigma_{wb}\,10$ kg/mm²	$\sigma_{wb}\,20$ kg/mm²	
Anticorodal . .	12,0	15,0	65	2,0	8,7	7,0	6,7	unausgehärtet
Alufont II . . .	12	16,5	—	1,6	9,4	8,4	8,2	unausgehärtet
Alufont II . . .	22	27	85	1,5	10,1	9,1	8,9	geglüht u. abgeschreckt
Alufont II . . .	31	33	105	0,8	~11,5	8,8	8,2	geglüht u. abgeschreckt 12 Std. warmgehärtet
Alufont, hart . .	25,3	25,3	115	0	7,1	6,0	5,8	geglüht u. abgeschreckt,
Silumin α . . .	7,8	15,3	63	1,5	6,0	5,0	4,6	unveredelt

134. Anleitung zur Wahl der zulässigen Spannung[1].

Bei der Festlegung der zulässigen Spannung eines Maschinenteiles sind (wie im Abschnitt 132 erläutert) eine große Zahl von Faktoren zu berücksichtigen.

In erster Linie müssen die Kräfte, Momente und Stöße, die betriebsmäßig öfter auf dem Maschinenteil wirken, nach Größe, Richtung und zeitlichem Verlauf durch Schätzung der Betriebsbedingungen oder auf Grund der Erfahrung sorgfältig bestimmt werden. Man sollte keine Mühe (und Kosten) scheuen hier Klarheit zu schaffen, denn nur wenn die angenommenen Betriebsbeanspruchungen mit den tatsächlich auftretenden übereinstimmen, stehen Spannungsberechnung und Wahl einer zulässigen Spannung auf einer vernünftigen Grundlage. Zähe Werkstoffe werden bei vereinzelt auftretenden Überbelastungen nicht sofort brechen, bieten also eine erhöhte Sicherheit.

Erfahrungsgemäß treten Brüche häufig gerade dort auf, wo die Festigkeitslehre der prismatischen Stäbe (Abschn. 12) versagen muß, nämlich in der Nähe der Kraftangriffsstellen, sowie bei Querschnittsänderungen und sonstigen Unstetigkeiten. So wertvoll die Gesetze der elementaren Festigkeitslehre auch sind, so kommt der Konstrukteur bei der Berechnung der einfachsten Maschinenteile (Schrauben, Keile, Niete, Wellen usw.) mit dem Begriff des prismatischen Stabes nicht aus. Die konstruktiv bedingte Form dieser Teile weist vielfach Unstetigkeiten auf.

Wie bedeutend der Formeinfluß ist, geht aus folgenden einfachen Beispielen hervor. Die Dauerhaltbarkeit einer Welle mit Wellenbund sinkt etwa auf die Hälfte der Dauerfestigkeit eines glatten Stabes; die Dauerfestigkeit einer glatten Welle sinkt bei $d = 60$ resp. $d = 100$ mm Durchmesser auf 70 resp. 65% der Dauerfestigkeit eines dünnen glatten Stabes von 8—15 mm Durchmesser (Abb. 132.14). Die übliche Form der Mutterschraube (vgl. Abschn. 235) nützt nur ca. 12% der vollen Stabfestigkeit aus.

Der Einfluß der Form auf die Dauerhaltbarkeit eines Maschinenteiles läßt sich nur in einfachen Fällen, z. B. für gekrümmte Stäbe (Abschn. 1222. und S. 116), für keilförmige (S. 117/18), für durchlochte Flachstäbe (Abschn. 153) und für einfache Kerbformen (L. 16) berechnen. In allen anderen Fällen, also für fast alle Maschinenteile, ist man darauf angewiesen diesen Einfluß durch eine experimentell bestimmte Formziffer α (vgl. Abschn. 16) zu berücksichtigen. An Stelle der für prismatische Stäbe berechneten „Nennspannungen" für Zug, Biegung und Verdrehung:

$$\sigma_n = P/f \ (121.1), \quad \sigma_n = M_b/W \ (1221.2) \quad \text{und} \quad \tau_n = M_t/W_t \ (123.7)$$

treten nun die größten Spannungen:

$$\sigma_{\max} = \alpha_z \cdot \sigma_n, \quad \sigma_{\max} = \alpha_b \cdot \sigma_n \quad \text{und} \quad \tau_{\max} = \alpha_t \cdot \tau_n \ (134.1).$$

---
[1] L. 134.1—6

Theorie und Erfahrung zeigen, daß die Formziffern nicht von der Form des Maschinenteiles allein abhängen, sondern auch von anderen Faktoren, wie Nähe der Kraftangriffstelle (vgl. Abb. 16.12, S. 139), Oberflächenbeschaffenheit und Stückgröße, deren Einfluß zahlenmäßig noch nicht mit genügender Genauigkeit bekannt sind. Insofern die Ergebnisse der Theorie und der experimentellen Forschung für die Berechnung geeignet sind, werden die Formziffern bei den einzelnen Maschinenteilen besprochen.

Treten diese Größtwerte der Spannungen gleichzeitig und an der gleichen Stelle auf, so kann der Spannungskreis für den vorliegenden Belastungsfall (vgl. S. 55) gezeichnet werden[1]. Schließlich können bei der Formgebung (Gießen, Schweißen) oder bei der Bearbeitung des Maschinenteiles noch Eigenspannungen auftreten und auch Wärmespannungen bei verhinderter Wärmedehnung während des Betriebes (Abschn. 126).

Die in Abb. 132.15/16 für die genormten Stähle zusammengestellten Dauerfestigkeitswerte gelten für runde Vollstäbe von 7,5—15 mm Durchmesser, mit feinstbearbeiteter Oberfläche und bei Zimmertemperatur. Sie geben deshalb noch nicht die „zulässigen" Grenzwerte im Betrieb, weil Oberflächenbeschaffenheit, Stückgröße, Betriebstemperatur und Betriebsdauer einen bedeutenden Einfluß auf die Dauerfestigkeit haben.

Abb. 132.12 zeigt den Einfluß der Oberflächenbeschaffenheit, Abb. 132.14 den Einfluß der Stückgröße einer glatten Welle. In Zahlentafel 133.4 ist die Dauerstandfestigkeit legierter Stähle bei höheren Temperaturen zusammengestellt. Die Betriebsdauer kann zwischen ununterbrochenem Tag- und Nachtbetrieb und vereinzelte Stunden liegen.

Früher wurden die Maschinenteile so bemessen, daß ihre Dauerhaltbarkeit außerhalb des größten Spannungskreises lag, so daß keine Bruchgefahr zu erwarten war. In vielen Fällen ist diese Bemessungsregel wirtschaftlich nicht mehr tragbar. Bei den Federn (Abschn. 26), den Wälzlagern (Abschn. 52), den Drahtseilen (Abschn. 632), beim Riementrieb (Abschn. 62) und insbesondere beim Automobil- und Flugzeugbau wird bewußt mit einer beschränkten Lebensdauer gerechnet. Ausschlaggebend für die Lebensdauer ist dann die Anzahl Lastwechsel bis zum Bruch, die mit einer gewissen Unsicherheit aus der Wöhlerkurve (Abb. 132.4/6) abgelesen werden kann.

Aus dem Verlauf der Wöhlerkurve für Stahl ist aber ersichtlich, daß man zwei Grenzfälle unterscheiden kann:

Ist die Lastwechselzahl je Lebensdauer kleiner als 10^5, so ist die zulässige Spannung durch die **Streckgrenze**, ist sie größer als $2 \cdot 10^7$ durch die **Dauerfestigkeit** des Werkstoffes bestimmt. Für dazwischen liegende Betriebsbedingungen muß man interpolieren. Zu dem ersten Grenzfall gehören z. B. die wenig gebrauchten, langsam laufenden Handkrane in Werkstätten und bei Bahnhöfen; zu dem zweiten die raschlaufenden Maschinen für Kraft- oder Stahlwerke und für Verladeanlagen mit ununterbrochener Betriebsdauer.

Der Konstrukteur muß aber auch wirtschaftliche Gesichtspunkte bei der Wahl der zulässigen Spannung berücksichtigen; er wird die Spannung um so höher wählen, wenn damit bedeutende Ersparnisse erzielt werden können. Wenn bei einer Antriebsmaschine eine Störung entsteht, steht der ganze Betrieb still, wodurch in ganz kurzer Zeit weit größerer Schaden verursacht wird, als eine etwas kräftigere Konstruktion der Maschine gekostet hätte. In solchen Fällen setzt man mit Recht die Betriebssicherheit in allererste Linie. Man kann allerdings die Betriebsstörungen durch Bereithaltung von Ersatzteilen verkleinern. Wie weit man hierin in einzelnen Branchen des Maschinenbaues geht, zeigt typisch die Automobilindustrie: in jeder kleinen Ortschaft sind Ersatzteile für Autos zu haben. Je größer die Kosten für die sichere Konstruktion sind, um so vorsichtiger muß die zulässige Grenze gewählt werden. Der Ingenieur sollte so konstruieren, daß große Sicherheit mit möglichst geringen Kosten erreicht wird. Je schwerer die Folgen eines Bruches sind, um so vorsichtiger sei die Wahl der zulässigen Spannung; der Konstrukteur soll sich seiner schweren Verantwortung bewußt sein, besonders wenn Leben und Gesundheit von Menschen dabei gefährdet werden. Dasselbe gilt für die Ersetzbarkeit eines Konstruktionsteiles; wenn diese im Falle eines Versagens entweder sehr schwierig oder sehr teuer oder praktisch überhaupt nicht möglich erscheint muß er besonders vorsichtig bei der Wahl der zulässigen Spannungen sein.

14. Der ringsum symmetrisch belastete Drehkörper.

Neben der in Abschn. 12 behandelten Berechnung von stabförmigen Körpern, müssen im Maschinenbau Umdrehungskörper, wie Hohlzylinder, Scheiben, Platten, Flanschen, Schalen usw. berechnet werden.

---
[1] L. 1323. 1 bis 4.

14. Der ringsum symmetrisch belastete Drehkörper.

Definitionen. Eine Platte ist ein Körper, der durch zwei parallele ebene Flächen begrenzt und durch quer zur Mittelebene wirkende Kräfte (auf Biegung) beansprucht ist. Die durch ein System von Kräften, nur in ihrer Ebene verzerrte (nicht verbogene) Platte heißt Scheibe. Eine Scheibe in diesem Sinne ist auch der belastete Balken, dessen Dicke senkrecht zur Lastebene klein ist gegenüber der Spannweite (Länge). Auch Kreiszylinder, die entlang der Erzeugenden gleichmäßig belastet sind, gehören zu den Scheiben; sofern man von den Enden absieht erleiden sie eine ebene Formänderung. Eine Schale ist ein plattenförmiger Körper, dessen Mittelfläche im unbelasteten Zustand gewölbt ist.

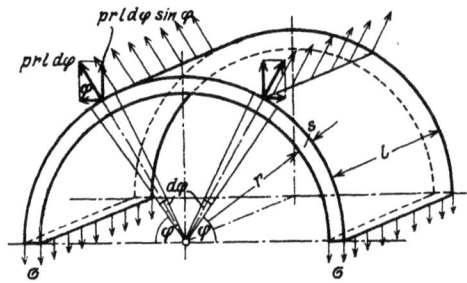

Abb. 14.1. Dünnwandiger Hohlzylinder.

Dünnwandige Hohlzylinder. Elementar ist die Berechnung von dünnwandigen Zylindern unter Druck (Abb. 14.1) solange wir annehmen dürfen, daß die Spannungen gleichmäßig über die Wandstärke verteilt sind.

Da der Druck in einer ruhenden Flüssigkeit nach allen Richtungen gleich groß ist, ist der Gesamtdruck auf die abgetrennte Zylinderhälfte gleich dem Druck auf der Mittelebene, also (mit $D = 2r$):

$$P = p \cdot l \cdot D \qquad (14.1)$$

unabhängig von der Form des Gefäßes; p ist der Überdruck in atü. Aus der Gleichgewichtsbedingung folgt dann $p \cdot l \cdot D = 2s \cdot l \cdot \sigma_t$ und

$$\sigma_t = p \cdot D / 2s \text{ (Kesselformel)}. \qquad (2)$$

Für den geschlossenen Zylinder folgt die Hauptspannung in axialer Richtung in ähnlicher Weise zu:

$$\sigma_a = \frac{\pi}{4} D^2 p / \pi D s = pD/4s; \qquad (3)$$

sie ist nur halb so groß wie in tangentialer Richtung[1]. Die dritte Hauptspannung (radial) ist am Innenrand des Zylinders gleich $-p$ at und außen gleich -1 at. Die axiale Spannung ist also die mittlere Hauptspannung. Streng genommen, gibt demnach die Kesselformel nicht die größte Beanspruchung (nach Mohr). In den Normen für die Berechnung der Wandstärken zylindrischer Kessel

$$s = \frac{pD_i}{2 \sigma_{zul}} + 0,1 \text{ cm} \qquad (4)$$

ist noch ein Zuschlag von 1 mm vorgesehen, um Abrostungen zu berücksichtigen. Die im Kesselbau zulässigen Spannungen sind durch behördliche Vorschriften festgelegt. Das Kesselblech darf keine geringere Zugfestigkeit als 34 kg/mm² und in der Regel keine größere als 51 kg/mm² haben und soll folgende Dehnungen aufweisen:

	Feuerblech			Mantelblech I			Mantelblech II		
$K_z =$	34	35	36	37—41	42	43	44	45	46—51 kg/mm²
Bruchdehnung $\delta_{10} =$	28	27	26	25	24	23	22	21	20 %.

Für Feuerblech ($K_z = 34$ bis 41 kg/mm²) darf nur mit 36 kg/mm², für Mantelblech I (40 bis 47 kg/mm²) nur mit 40 kg/mm² und für Mantelblech II (44 bis 51 kg/mm²) nur mit 44 kg/mm² gerechnet werden. Die Angabe der Grenzwerte, die um je 7 kg/mm² auseinander liegen, ist dadurch bedingt, daß bei Blechtafeln von bedeutender Größe wesentliche Unterschiede in den Festigkeitseigenschaften vorkommen können.

Der Faktor $\dfrac{\text{Bruchfestigkeit}}{\text{zulässige Spannung}}$ ist für

	Handnietung	Maschinennietung
bei Überlappung	4,75	4,5
bei Lasche	4,25	4,0

In einiger Entfernung von den durch Böden versteiften Enden, dehnt sich der Zylinder radial um den Betrag Δr; der gespannte Umfang ist $2\pi(r + \Delta r)$. Da die ursprüngliche Länge des Umfanges $= 2\pi r$ war, so hat der Ring sich um den Betrag $2\pi \Delta r$ gedehnt. Aus der Definition der Dehnung folgt, mit dem Hookeschen Gesetz: $\varepsilon = \dfrac{\Delta l}{l} = \dfrac{2\pi \Delta r}{2\pi r} = \dfrac{\sigma}{E}$ oder

$$\Delta r = \frac{\sigma_t}{E} r. \qquad (5)$$

---
[1] In kugelförmigen Gefäßen ist die tangentiale Spannung in allen Richtungen gleich $pD/4s$.

14. Der ringsum symmetrisch belastete Drehkörper.

Der Zylinder dehnt sich in radialer Richtung genau so, als ob die Spannung σ in einem radialen Stab wirken würde. Diese Gleichung kann z. B. auch für die Berechnung von Schrumpfringen (Radbandagen) verwendet werden. Diese werden in der Praxis meist mit einem Schrumpfmaß $\Delta r/r = 0{,}001$ ausgeführt; daraus folgt für Stahl die Spannung $\sigma = 21$ kg/mm².

Die gleichen Überlegungen können auch auf die Berechnung schwach gewölbter Böden angewandt werden, solange diese keine Biegesteifigkeit aufweisen, wie z. B. eine Seifenhaut, eine Membran oder Ballonhülle. Am Rande eines Flächenelementes $dy \cdot dz$ der Seifenhaut (Abb. 2) wirken die Spannungen S für die Längeneinheit, unabhängig von der Gestalt der Fläche. Die Zugkraft längs der Kante dz ($S \cdot dz$) hat eine Komponente in der X-Richtung gleich $-S dz \cdot \partial x/\partial y$, da für den kleinen Neigungswinkel φ, sin = tg gesetzt werden kann. An der gegenüberliegenden Kante wirkt die gleiche Kraft aber mit entgegengesetztem Pfeil und unter einem um $d\varphi = \dfrac{\partial^2 x}{\partial y^2} dy$ größeren Winkel. Für das Gleichgewicht in der X-Richtung kommt es daher nur auf den Unterschied $S dz \cdot \dfrac{\partial^2 x}{\partial y^2} dy$ an. In ähnlicher Weise findet man für die Kanten dy als X-Komponente: $S dy \dfrac{\partial^2 x}{\partial z^2} dz$.

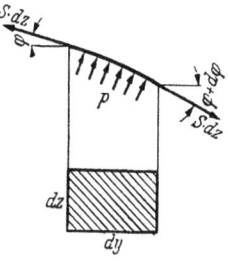

Abb. 2. Flächenelement einer Membran (Aufriß und Grundriß).

Demgegenüber wirkt der Druck p auf die Fläche $dz \cdot dy$, so daß die Gleichgewichtsbedingung lautet:

$$S \cdot dy \cdot dz \left(\frac{\partial^2 x}{\partial y^2} + \frac{\partial^2 x}{\partial z^2} \right) = p \cdot dy \, dz$$

oder

$$\frac{\partial^2 x}{\partial y^2} + \frac{\partial^2 x}{\partial z^2} = p/S . \tag{6}$$

Wirkung der Fliehkräfte. Wenn ein freischwebender Ring mit der Winkelgeschwindigkeit $\omega = \dfrac{\pi \cdot n}{30}$ gedreht wird, so dehnen die Fliehkräfte den Ring. Unter der Voraussetzung, daß die Höhe des Ringes — in radialer Richtung gemessen — klein im Verhältnis zum Radius ist, kann eine einfache Gleichung für die im Ring entstehende Spannung abgeleitet werden. Schneidet man ein unendlich schmales Element heraus (Abb. 3), so ist für dasselbe die Fliehkraft $dZ = dm\, r \omega^2$ und $dm = \dfrac{\gamma}{g} f r d\varphi$, wenn f die Querschnittsfläche des Ringes ist.

$$dZ = \frac{\gamma}{g} r^2 \omega^2 f d\varphi .$$

Aus Symmetriegründen muß der Ring sich nach allen Richtungen gleich dehnen: die Kräfte S sind also Normalkräfte. Die Gleichgewichtsbedingung in radialer Richtung lautet:

$$2 S \sin \frac{d\varphi}{2} = S d\varphi = dZ = \frac{\gamma}{g} r^2 \omega^2 f d\varphi$$

oder

$$\sigma_t = \frac{S}{f} = \frac{\gamma}{g} r^2 \omega^2 = \frac{\gamma}{g} u^2 = \sigma_u , \tag{7}$$

da die Umfangsgeschwindigkeit $u = \omega \cdot r$ ist.

Die Zugspannung hängt demnach nur vom spezifischen Gewicht des Werkstoffes und von der Umfangsgeschwindigkeit ab; sie ist an jeder Stelle des Ringes gleich groß. Die radiale Dehnung folgt aus Gl. (5).

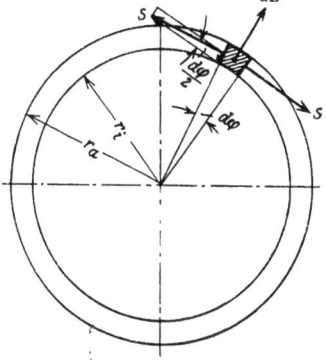

Abb. 3. Zur Berechnung der Spannungen in rotierenden Ringen.

Ableitung der allgemeinen Gleichung. Jede Meridianebene ist eine Symmetrieebene sowohl hinsichtlich der Gestalt als auch der Belastung. Es können darin deshalb keine Schubspannungen und nur die Normalspannungen σ_t übertragen werden; die Tangentialspannungen sind also Hauptspannungen. Aus den Gleichgewichtsbedingungen zwischen den auf einem Volumenelement (Abb. 4) wirkenden Kräften folgen die Beziehungen: In der Z-Richtung:

$$\left(\sigma_z + \frac{\partial \sigma_z}{\partial z} dz \right) r d\varphi \, dr - \sigma_z r d\varphi \, dr - \left(\tau + \frac{\partial \tau}{\partial r} dr \right) (r + dr) d\varphi \, dz + \tau r d\varphi \, dz = 0$$

oder

$$r \frac{\partial \sigma_z}{\partial z} - \tau - r \frac{\partial \tau}{\partial r} = 0 = r \frac{\partial \sigma_z}{\partial z} - \frac{\partial}{\partial r}(r \tau) . \tag{8}$$

In der R-Richtung:

$$\left(\sigma_r + \frac{\partial \sigma_r}{\partial r} d r\right)(r + dr)\, d\varphi dz - \sigma_r r d\varphi dz - 2\,\sigma_t dr dz \sin\frac{d\varphi}{2} - \left(\tau + \frac{\partial \tau}{\partial z} dz\right) r d\varphi dr + \tau r d\varphi dr = 0$$

oder

$$\frac{\partial}{\partial r}(r\sigma_r) - \sigma_t - r\frac{\partial \tau}{\partial z} = 0\,. \tag{9}$$

Wirkt auf das Volumenelement noch die Fliehkraft $dm \cdot r\omega^2 = \frac{\gamma}{g} r^2\omega^2 d\varphi dr \cdot dz$ so folgt aus der Gleichgewichtsbedingung in radialer Richtung:

$$\frac{\partial}{\partial r}(r \cdot \sigma_r) - \sigma_t - r\frac{\partial \tau}{\partial z} + \frac{\gamma}{g}\omega^2 r^2 = 0\,. \tag{10}$$

Die elastische Formänderung des Drehkörpers muß ebenfalls ringsum symmetrisch sein; sie wird daher durch zwei Funktionen $\zeta\,(z, r)$ und $\varrho\,(z, r)$, die die Verschiebungen irgendeines Punktes (z, r) angeben, vollständig beschrieben. Betrachten wir eine Faser $AB = ds$ (Abb. 5), so müssen, nach der Formänderung, die Punkte $A'B'$ wieder auf einem Kreis liegen. Daraus folgt die Dehnung in tangentialer Richtung:

$$\left.\begin{aligned} \varepsilon_t = \frac{\Delta ds}{ds} &= \frac{A'B' - AB}{AB} \\ &= \frac{(r+\varrho)\,d\varphi - r d\varphi}{r d\varphi} = \frac{\varrho}{r}\,. \end{aligned}\right\} \tag{11a}$$

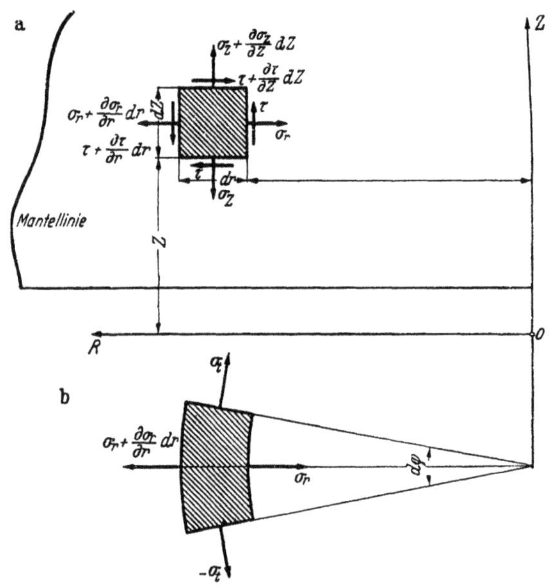

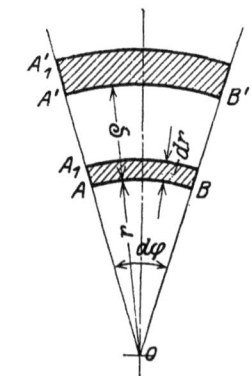

Abb. 4. Der ringsum symmetrisch belastete Drehkörper (*a* Aufriß, *b* Grundriß.)

Abb. 5. Formänderung.

Weiter bestehen die Definitionen:

$$\varepsilon_z = \frac{\partial \zeta}{\partial z}\,, \qquad \varepsilon_r = \frac{\partial \varrho}{\partial r}\,. \tag{11b, c}$$

Aus den Gl. (124.12) folgen dann die Spannungskomponenten in Polarkoordinaten:

$$\left.\begin{aligned} \sigma_z = 2\,G\left(\frac{\partial \zeta}{\partial z} + \frac{e}{m-2}\right), \quad \sigma_r = 2\,G\left(\frac{\partial \varrho}{\partial r} + \frac{e}{m-2}\right), \quad \sigma_t = 2\,G\left(\frac{\partial \zeta}{\partial r} + \frac{e}{m-2}\right) \\ \text{und} \qquad \tau = G\left(\frac{\partial \zeta}{\partial r} + \frac{\partial \varrho}{\partial z}\right) \end{aligned}\right\} \tag{12}$$

Wenn wir uns auf Kreiszylinder beschränken, die sich in der Z-Richtung vollständig gleich verformen, so fallen in den Gl. (8) und (9) resp. (10) die τ-Werte fort. Wir erhalten dann die einfachen Beziehungen:

$$r\frac{\partial \sigma_z}{\partial z} = 0\,, \tag{13}$$

d. h. σ_z ist unabhängig von z, also konstant), und:

$$\frac{\partial}{\partial r}(r \cdot \sigma_r) - \sigma_t = 0, \quad \text{oder} \quad \sigma_t - \sigma_r = r\frac{\partial \sigma_r}{\partial r} \tag{14}$$

resp.

$$\frac{\partial}{\partial r}(r \cdot \sigma_r) - \sigma_t + \frac{\gamma}{g}\omega^2 r^2 = 0\,. \tag{15}$$

141. Dickwandige Zylinder unter Druck[1].

Wegen der symmetrischen Beanspruchung bleiben die Querschnitte bei der Verformung eben. In der Z-Richtung muß also $E\varepsilon_z = \sigma_z - \dfrac{\sigma_t + \sigma_r}{m}$ konstant sein. Da σ_z konstant ist, folgt daraus:

$$\sigma_t + \sigma_r = \text{konst.} = 2A. \tag{141.1}$$

Durch Subtraktion Gl. (141.1 und 14.14) erhält man:

$$2A - 2\sigma_r = r\frac{d\sigma_r}{dr} \quad \text{oder} \quad \frac{2\,dr}{r} = \frac{d\sigma_r}{A - \sigma_r}$$

und nach Integration: $2\ln r + \ln(A - \sigma_r) = \text{konst.}$ oder $r^2(A - \sigma_r) = B$,

also
$$\sigma_r = A - \frac{B}{r^2} \quad \text{und} \quad \sigma_t = A + \frac{B}{r^2}. \tag{2}$$

Die radialen und die tangentialen Spannungen haben einen hyperbolischen Verlauf. Die Konstanten A und B sind aus den Randbedingungen zu bestimmen.

Spezialfall 1: Nur Innendruck. Dann ist:

für $r = r_i$, $\sigma_r = -p = A - \dfrac{B}{r_i^2}$ und für $r = r_a$, $\sigma_r = 0 = A - \dfrac{B}{r_a^2}$.

Daraus folgt: $\quad A = p\dfrac{r_i^2}{r_a^2 - r_i^2} \quad$ und $\quad B = Ar_a^2 = p\dfrac{r_i^2 r_a^2}{r_a^2 - r_i^2}$.

Die tangentiale Spannung:

$$\sigma_t = p\frac{r_i^2}{r_a^2 - r_i^2}\left(1 + \frac{r_a^2}{r^2}\right), \tag{3}$$

ist immer positiv. Die radiale Spannung

$$\sigma_r = p\frac{r_i^2}{r_a^2 - r_i^2}\left(1 - \frac{r_a^2}{r^2}\right) \tag{4}$$

ist immer negativ. Für $r = r_i$ und $r_a/r_i = a$ ist

$$(\sigma_t)_{\max} = p\frac{r_a^2 + r_i^2}{r_a^2 - r_i^2} = p\frac{a^2 + 1}{a^2 - 1}, \tag{5}$$

d. h.: die größte Zugspannung tritt an der inneren Wandfläche auf und ist tangential gerichtet.

Aus der Spannungsverteilung in Abb. 141.1 ist zu sehen, daß die äußeren Fasern nur wenig zur Festigkeit beitragen. Darum ist leicht zu verstehen, daß außen angebrachte Rippen wenig oder gar nichts nützen[2].

Mit den Werten von σ_r und σ_t für $r = r_i$ folgt aus Gl. (124.10) die radiale Erweiterung an der Innenseite eines offenen Zylinders ($\sigma_z = 0$, $\sigma_y = \sigma_t$, $\sigma_x = \sigma_r$):

$$\varepsilon_t E = \sigma_t - \frac{1}{m}\sigma_r = \frac{\varrho}{r_i}E = p\left|\frac{r_a^2 + r_i^2}{r_a^2 - r_i^2} + \frac{1}{m}\right|$$

$$\varepsilon_t E = p\left(\frac{a^2 + 1}{a^2 - 1} + \frac{1}{m}\right). \tag{6}$$

Diese Gleichung bildet die Grundlage für die Berechnung von Schrumpfringen (Abschnitt 24).

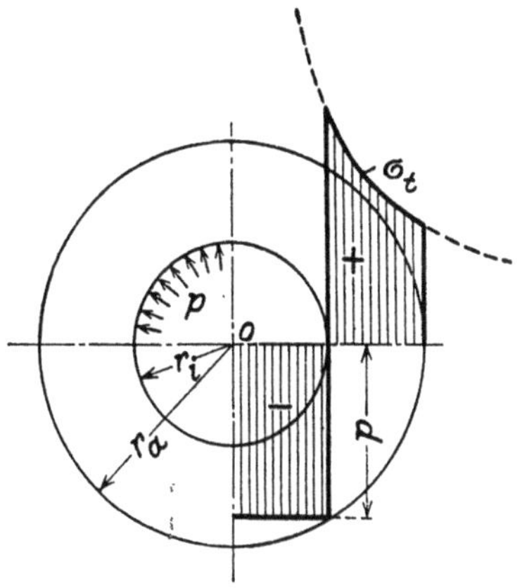

Abb. 141.1. Spannungsverteilung in dickwandigen Hohlzylindern bei Innendruck.

Je nach der Bruchhypothese, von der ausgegangen wird, erhält man verschiedene Gleichungen für die Berechnung des Hohlzylinders. Für die maximale Dehnungshypothese darf die reduzierte Spannung $\sigma_{\text{red}} = (\sigma_t - \sigma_r/m)$ den Grenzwert k nicht überschreiten. Werden die Werte von σ_t und σ_r darin eingesetzt, so erhält man $\left(\text{mit } \dfrac{r_a}{r_i} = a\right)$ für die Innenseite:

$$p\frac{r_a^2 + r_i^2}{r_a^2 - r_i^2} + \frac{p}{m} = \sigma_{\text{zul}} = k \quad \text{oder} \quad pa^2 + p = ka^2 - k - \frac{p}{m}a^2 + \frac{p}{m}, \tag{7}$$

---

[1] Für Zylinder mit exzentrischer Bohrung, siehe L. 141.6.
[2] L. 141.1.

woraus $\quad \dfrac{r_a}{r_i} = a = \sqrt{\dfrac{k + \dfrac{m-1}{m} p}{k - \dfrac{m+1}{m} p}} \quad$ und mit $\quad m = \dfrac{10}{3}: \quad a = \dfrac{r_a}{r_i} = \sqrt{\dfrac{k + 0{,}7\, p}{k - 1{,}3\, p}} \qquad (8)$

(Gleichung von Grashof).

Die „Hütte" gab seit Jahren eine andere Formel zur Berechnung dickwandiger Hohlzylinder[1], die auch von der maximalen Dehnung als Bruchgefahr ausgeht, aber voraussetzt, daß auch in der Längsrichtung Kräfte wirken, wie es z. B. bei geschlossenen Gefäßen (Sauerstoffflaschen) oder bei doppeltwirkenden Kolbenmaschinen der Fall ist. In diesem Fall ist (nach Gl. 14.3):

$$\sigma_z = \dfrac{\pi r_i^2}{\pi (r_a^2 - r_i^2)}\, p \neq 0 \quad \text{und die reduzierte Spannung:} \quad \sigma_{\text{red}} = \sigma_t - \dfrac{\sigma_z + \sigma_r}{m}.$$

Die Beanspruchung in der Längsrichtung des Zylinders hat eine Verminderung der tangentialen Dehnung zur Folge, so daß die Bruchgefahr in diesem Fall kleiner würde. Nach Einsetzen der Spannungen erhält man:

$$\dfrac{r_a}{r_i} = \sqrt{\dfrac{k + \dfrac{m-2}{m} p}{k - \dfrac{m+1}{m} p}} \quad \text{und mit} \quad m = \dfrac{10}{3}: \quad a = \dfrac{r_a}{r_i} = \sqrt{\dfrac{k + 0{,}4\, p}{k - 1{,}3\, p}} \quad (\text{Hütte}). \qquad (9)$$

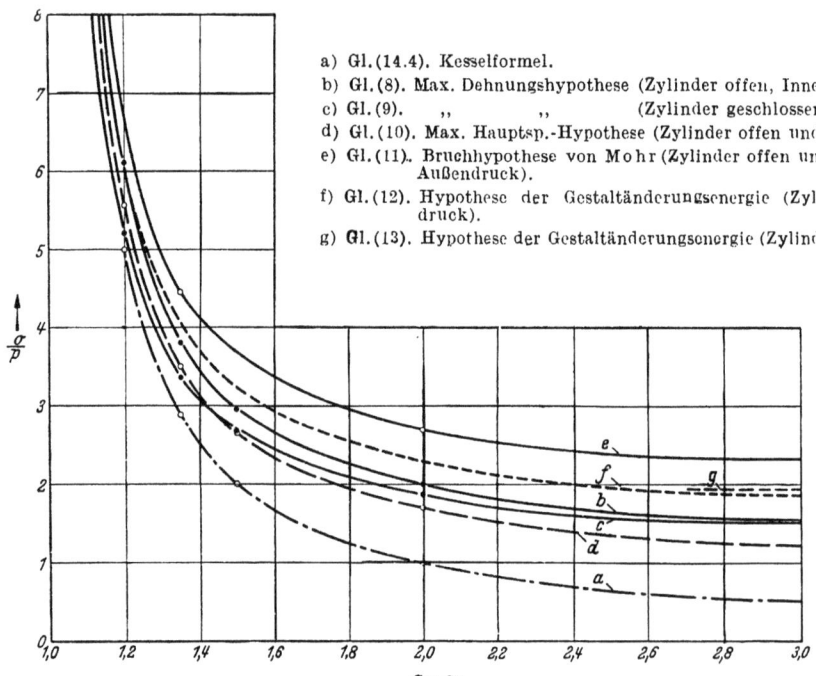

a) Gl. (14.4). Kesselformel.
b) Gl. (8). Max. Dehnungshypothese (Zylinder offen, Innendruck).
c) Gl. (9). „ „ (Zylinder geschlossen, Innendruck).
d) Gl. (10). Max. Hauptsp.-Hypothese (Zylinder offen und geschlossen, Innendruck).
e) Gl. (11). Bruchhypothese von Mohr (Zylinder offen und geschlossen, Innen- und Außendruck).
f) Gl. (12). Hypothese der Gestaltänderungsenergie (Zylinder geschlossen, Innendruck).
g) Gl. (13). Hypothese der Gestaltänderungsenergie (Zylinder offen, Innendruck).

Abb. 2. Beanspruchung dickwandiger Hohlzylinder nach den verschiedenen Bruchhypothesen.

Die maximale Hauptspannungshypothese wird in der französischen und zum Teil auch in der englischen Literatur verwendet:

$$(\sigma_t)_{\max} = p\, \dfrac{r_a^2 + r_i^2}{r_a^2 - r_i^2} = \sigma_{\text{zul}} = k,$$

$$a = \dfrac{r_a}{r_i} = \sqrt{\dfrac{k + p}{k - p}} \quad (\text{Gleichung von Lamé oder Rankine.}) \qquad (10)$$

Im allgemeinen haben wir einen räumlichen Spannungszustand mit den Hauptspannungen:

$$(\sigma_r)_i = -p, \quad (\sigma_t)_i = + p\, \dfrac{r_a^2 + r_i^2}{r_a^2 - r_i^2} \quad \text{und} \quad \sigma_z = 0 \quad \text{oder} = \dfrac{r_i^2}{r_a^2 - r_i^2}\, p.$$

---

[1] 25. Auflage Bd. 1, S. 675.

Nach der Hypothese von Mohr spielt die, algebraisch genommene, mittlere Hauptspannung σ_z keine Rolle. Die maximale Schubspannung ist:

$$\tau_{\max} = \frac{1}{2}(\sigma_t - \sigma_r) = \frac{p}{2}\left(1 + \frac{r_a^2 + r_i^2}{r_a^2 - r_i^2}\right) = p\frac{r_a^2}{r_a^2 - r_i^2} = \frac{\sigma_{zul}}{2} = \frac{k}{2} \qquad (11)$$

und

$$a = \frac{r_a}{r_i} = \sqrt{\frac{\tau}{\tau - p}}. \qquad (11a)$$

Schließlich folgt noch aus der Hypothese der Gestaltänderungsenergie:

$$A'_v = \frac{m+1}{3mE}\sigma_0^2 = \frac{m+1}{6mE}\left\{(\sigma_t - \sigma_r)^2 + (\sigma_r - \sigma_x)^2 + (\sigma_x - \sigma_t)^2\right\} \qquad (131.2/3)$$

(mit $\sigma_0 = k$) für den geschlossenen Zylinder:
$$a = \sqrt{\frac{k}{k - p\sqrt{3}}} \qquad (12)$$

und für den offenen:
$$\frac{k}{p} = \frac{\sqrt{1+3a^4}}{a^2 - 1}. \qquad (13)$$

Der Vergleich der verschiedenen Gleichungen für die Berechnung eines Hohlzylinders unter Innendruck (in Abb. 2) zeigt wie bedeutend der Einfluß der Bruchhypothese auf die Wandstärke ist.

Zahlenbeispiel 141.1. Wie dick muß die Wandstärke eines gußeisernen Preßzylinders von 400 mm Bohrung für 180 at sein, wenn (für ungleichmäßige Spannungsverteilung) die zulässige Zugspannung 3 kg/mm² und die zulässige Druckspannung 9 kg/mm² beträgt?

Allerdings gilt für Gußeisen das Hookesche Gesetz nicht, so daß die theoretische Gleichung dafür ungültig ist. Versuche von Dr. Krüger[1] haben gezeigt, daß für Gußeisen die Spannungsverteilung etwas gleichmäßiger ist, als die Theorie ergibt, so daß gußeiserne Zylinder etwas mehr Innendruck aushalten.

Die größte Beanspruchung tritt an der Innenseite auf, wo $\sigma_t = +p\cdot\frac{a^2+1}{a^2-1}$ und $\sigma_r = -p$ ist.

Der Spannungskreis kann nur gezeichnet werden, wenn a bekannt wäre, d. h. die Aufgabe muß durch Probieren gelöst werden.

z. B. $\qquad a = 2{,}2, \quad \sigma_t = 5{,}84\,p/3{,}84 = 1{,}52\,p$.

Der Mittelpunkt der Spannungskreise für alle Werte von p ist damit bestimmt; der Kreis, der die Grenzkurve berührt entspricht $p_{zul} = 150$ at.

$\qquad a = 2{,}5, \quad \sigma_t = 7{,}25\,p/5{,}25 = 1{,}38\,p \quad$ und $\quad p_{zul} = 170$ at,

$\qquad a = 3, \quad \sigma_t = 10\,p/8 = 1{,}25\,p \quad$ und $\quad p_{zul} = 185$ at (Abb. 3).

Die Wandstärke $s = r_a - r_i$ muß also für 180 at gleich $2r_i = 400$ mm sein! In diesem Fall ist es sicher zweckmäßiger, den Zylinder aus Stahlguß herzustellen[2].

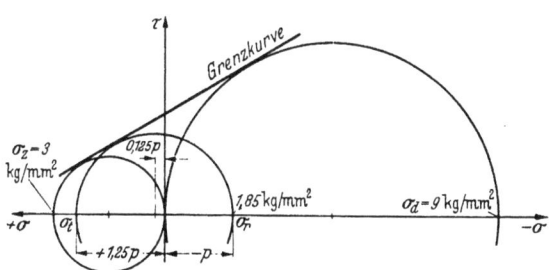

Abb. 3. Zum Zahlenbeispiel 141.1.

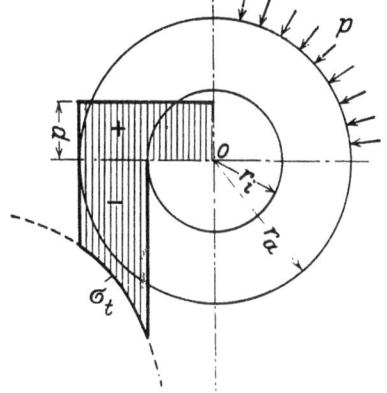

Abb. 4. Spannungsverteilung in dickwandigen Hohlzylindern bei Außendruck.

---

[1] Lit. 141.2.
[2] Gerade bei der Berechnung dickwandiger Rohre ist die Dehnungshypothese als Grundlage für die Berechnung noch weit verbreitet und besonders gefährlich (z. B. im Taschenbuch „Dubbel", 7. Aufl., 1939). In der 25. Auflage der Hütte, Bd. I, S. 676 wurde die Wandstärke dieses Zylinders mit dem viel zu hohen Wert von $\sigma_{zul} = 6$ kg/mm² zu nur 96 mm berechnet!

Auch K. Laudin gibt in seinem bekannten Lehrbuch über Maschinenelemente, 5. Aufl., 1931, Bd. I, S. 340 ein Zahlenbeispiel unter Benutzung der Dehnungshypothese und kommt zu viel zu kleinen Wandstärken.

Spezialfall 2. Nur außen Druck (Abb. 4). Die Randbedingungen lauten nun:

$$\text{für } r = r_i, \quad \sigma_r = 0 = A - \frac{B}{r_i^2} \quad \text{oder} \quad B = A r_i^2,$$

und

$$\text{für } r = r_a, \quad \sigma_r = -p = A - \frac{B}{r_a^2} = A\left(1 - \frac{r_i^2}{r_a^2}\right),$$

Mit diesen Werten von A und B wird:

$$\sigma_t = -\frac{p\, r_a^2}{r_a^2 - r_i^2}\left(1 + \frac{r_i^2}{r^2}\right) < 0 \text{ (Druck)} \quad \text{und} \quad \sigma_r = -p\frac{r_a^2}{r_a^2 - r_i^2}\left(1 - \frac{r_i^2}{r^2}\right) < 0.$$

Die größte Spannung ist die tangentiale Druckspannung an der Innenseite der Wandung. Die drei Hauptspannungen sind dort:

$$(\sigma_t)_i = -2p\frac{r_a^2}{r_a^2 - r_i^2}, \quad (\sigma_r)_i = 0, \quad \sigma_z = 0 \text{ (Zylinder offen)} \quad \text{oder} = -p\frac{r_a^2}{r_a^2 - r_i^2} \text{ (geschlossen)}.$$

Die mittlere Hauptspannung ist in beiden Fällen σ_z, so daß der Spannungskreis gezeichnet werden kann[1]. Für zähe Werkstoffe ist: $-\sigma_t = 2p\frac{r_a^2}{r_a^2 - r_i^2} = k = 2\tau_{\text{zul}}$,

woraus:

$$\frac{r_a}{r_i} = \sqrt{\frac{k}{k - 2p}} = \sqrt{\frac{\tau}{\tau - p}}. \tag{14}$$

Für eine Vollwelle, $r_i = 0$, ist $(\sigma_t)_{\max} = -2p$.

Die radiale Verkürzung ϱ an der Außenseite des offenen Zylinders ($r = r_a$, $\varrho = \varrho_a$ und $\sigma_z = 0$) folgt mit Gl. 14.11a aus: $E\frac{\varrho_a}{r_a} = E \cdot \varepsilon_t = \left(\sigma_t - \frac{\sigma_r}{m}\right)$ für $r = r_a$ zu:

$$\frac{\varrho_a}{r_a} = -\frac{p}{E}\left|\frac{r_a^2 + r_i^2}{r_a^2 - r_i^2} - \frac{1}{m}\right| = -\frac{p}{E}\left(\frac{a^2 + 1}{a^2 - 1} - \frac{1}{m}\right). \tag{15}$$

Für $r_i = 0$ (Vollwelle) ist: $\quad \frac{\varrho_a}{r_a} = -\left(1 - \frac{1}{m}\right)\frac{p}{E} = -0{,}7\frac{p}{E}. \tag{16}$

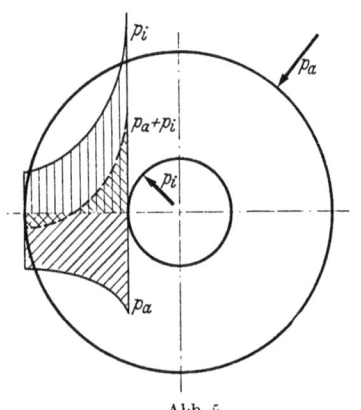

Abb. 5.

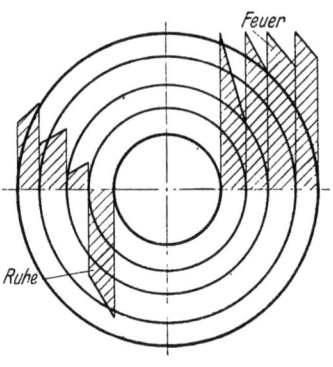

Abb. 6. Spannungen in einem aus mehreren Ringen zusammengesetzten Geschützrohr.

Zylinder für sehr hohe Drücke. Aus Gl. (11) folgt, daß für $p = \tau_{\text{zul}}$ die Wandstärke des Zylinders unendlich dick wird, so daß es unmöglich erscheint, Zylinder für noch höhere Innendrücke zu konstruieren. Für St 50 ist z. B. $\tau_{\text{zul}} = 1200$ kg/cm². Für manche Zwecke sind aber Preßzylinder für viel höhere Drücke erforderlich, die man leicht herstellen kann, wenn dafür gesorgt wird, daß der Zylinder neben dem Innendruck gleichzeitig auch von außen gepreßt wird. Dann ist:

$$\text{für } r = r_i, \quad \sigma_r = -p_i = A - \frac{B}{r_i^2},$$

$$\text{für } r = r_a, \quad \sigma_r = -p_a = A - \frac{B}{r_a^2},$$

woraus $\quad A = \frac{p_i r_i^2 - p_a r_a^2}{r_a^2 - r_i^2} \quad$ und $\quad B = \frac{(p_i - p_a) r_a^2 r_i^2}{r_a^2 - r_i^2}. \tag{17}$

---

[1] Die drei Hypothesen — maximale Dehnung für offene Zylinder, maximale Hauptspannung und maximale Schubspannung — geben hier das gleiche Resultat.

Nur für geschlossene Zylinder, unter allseitigem Außendruck, erhält man nach der Dehnungshypothese eine andere Gleichung, da die reduzierte Spannung $\sigma_{\text{red}} = \sigma_t - \frac{\sigma_r + \sigma_z}{m}$ ist, woraus $\frac{r_a}{r_i} = \sqrt{\frac{k}{k - 1{,}7\,p}}$.

Durch diese Formel („Hütte", 25. Aufl.), wird die Bruchgefahr unterschätzt.

Daraus folgt, daß für $p_i = p_a$ der Zylinder spannungsfrei wird. Meist wird der Außendruck so gewählt, daß die Beanspruchung durch Außendruck p_a allein gleich groß ist, wie wenn Innen- und Außendruck gleichzeitig wirken (Abb. 5).

Der Außendruck kann in verschiedener Weise erzeugt werden, z. B. für kleine Durchmesser durch Hindurchtreiben eines Vollzylinders mit etwas größerem Durchmesser, so daß eine plastische Verformung entsteht (vgl. Abschn. 7). Die gleiche Verformung wird erreicht, indem man den Zylinder einmal unter sehr hohen Druck setzt. Geschützrohre bestehen aus einzelnen Rohren (Abb. 6), die aufgeschrumpft werden [Abschn. 24]. Große Preßzylinder werden aus einzelnen Zylindern zusammengesetzt, die durch Zwischenräume getrennt sind, welche mit den verschiedenen Druckstufen der Preßpumpe in Verbindung stehen[1].

Wärmespannungen in Hohlzylindern[2] können für ringsum symmetrische Wärmeströmungen, bei welchen die Temperatur nur von r und nicht von φ abhängt, ebenfalls aus den Gl. (14.11/14) abgeleitet werden. Infolge der Wärmedehnungen bleiben die Querschnitte aber nicht mehr eben. Die einfachere Lösung für ebene Wände (S. 69) kann auch für dickwandige Hohlzylinder verwendet werden.

142. Dickwandige Zylinder unter Wirkung der Fliehkraft.

Hier sind zwei Fälle zu unterscheiden. Für eine schmale Scheibe kann angenommen werden, daß die axiale Spannung $\sigma_z = 0$, das Spannungsproblem also eben ist. Für sehr breite Zylinder müssen alle Querschnitte mit Ausnahme solcher in der Nähe der Zylinderenden eben bleiben; die axiale Dehnung ε_z ist dann konstant.

Für die Scheibe folgt aus den allgemeinen Gl. (124.10), da $\sigma_z = 0$, $\sigma_y = \sigma_t$ und $\sigma_x = \sigma_r$ ist,

mit Gl. (14.11a–c): $E \varepsilon_t = \sigma_t - \dfrac{\sigma_r}{m} = E \cdot \dfrac{\varrho}{r}$ und $E \varepsilon_r = \sigma_r - \dfrac{\sigma_t}{m} = E \cdot \dfrac{\partial \varrho}{\partial r}$.

Daraus ϱ eliminiert: $\sigma_r - \dfrac{\sigma_t}{m} = \dfrac{\partial}{\partial r}\left(r \sigma_t - \dfrac{r \sigma_r}{m}\right) = r \dfrac{\partial \sigma_t}{\partial r} + \sigma_t - \dfrac{\sigma_r}{m} - \dfrac{r}{m} \dfrac{\partial \sigma_r}{\partial r}$

oder $\sigma_t - \sigma_r + \dfrac{mr}{m+1} \cdot \dfrac{\partial \sigma_t}{\partial r} - \dfrac{r}{m+1} \dfrac{\partial \sigma_r}{\partial r} = 0$.

Gl. (14.15) dazu addiert und durch r dividiert:

$$\frac{m}{m+1}\left(\frac{\partial \sigma_r}{\partial r} + \frac{\partial \sigma_t}{\partial r}\right) = -\frac{\gamma}{g} r \omega^2 = \frac{m}{m+1} \frac{\partial}{\partial r}(\sigma_r + \sigma_t).$$

Integriert:

$$\sigma_r + \sigma_t = A - \frac{m+1}{2m} \frac{\gamma}{g} r^2 \omega^2 . \tag{142.1}$$

Gl. (14.15) nochmals addiert:

$$2 \sigma_r + r \frac{\partial \sigma_r}{\partial r} = A - \frac{3m+1}{2m} \frac{\gamma}{g} r^2 \omega^2 .$$

Mit r multipliziert:

$$\frac{\partial}{\partial r}(r^2 \sigma_r) = A r - \frac{3m+1}{2m} \frac{\gamma}{g} r^3 \omega^2 .$$

Integriert und durch r^2 dividieren.

$$\sigma_r = \frac{A}{2} + \frac{B}{r^2} - \frac{3m+1}{8m} \frac{\gamma}{g} r^2 \omega^2 \tag{2}$$

und mit Gl. (142.1):

$$\sigma_t = \frac{A}{2} - \frac{B}{r^2} - \frac{m+3}{8m} \frac{\gamma}{g} r^2 \omega^2 . \tag{3}$$

Die Integrationskonstanten A und B sind aus den Randbedingungen zu bestimmen.

Volle Scheibe. Da die Spannungen für $r = 0$ nicht für alle Werte von ω unendlich groß werden können, muß $B = 0$ sein. Wenn außen keine Kräfte übertragen werden, ist für $r = r_a$, $\sigma_r = 0$ und mit Gl. (2): $A = \dfrac{3m+1}{4m} \cdot \dfrac{\gamma}{g} r_a^2 \omega^2$.

Mit $m = \dfrac{10}{3}$ und $\dfrac{\gamma}{g} r_a^2 \omega^2 = \sigma_u$ wird $A = 0{,}825 \sigma_u$.

---

[1] L. 141.3 und 4. [2] L. 141.5.

14. Der ringsum symmetrisch belastete Drehkörper.

Die Spannungen: $\sigma_r = \dfrac{3m+1}{8m} \cdot \dfrac{\gamma}{g} \omega^2 (r_a^2 - r^2)$ und $\sigma_t = \left(\dfrac{3m+1}{8m} r_a^2 - \dfrac{m+3}{8m} r^2\right) \dfrac{\gamma}{g} \omega^2$

werden am größten für $r = 0$: $\sigma_{ro} = \sigma_{to} = \dfrac{3m+1}{8m} \dfrac{\gamma}{g} u^2 = 0{,}4125\, \sigma_u$. \hfill (4)

Für $r = r_a$ ist $\quad\sigma_t = \dfrac{m-1}{4m} \dfrac{\gamma}{g} u^2 = 0{,}175\, \sigma_u$ \hfill (5)

und die radiale Erweiterung

$$\frac{\varrho}{r_a} = \frac{m-1}{4mE} \cdot \frac{\gamma}{g} \cdot u^2 \qquad (6)$$

Durchlochte Scheibe. Aus den Randbedingungen, daß für $r = r_a$ und $r = r_i$, $\sigma_r = 0$ wird, weil dort keine Kräfte übertragen werden, folgen die Integrationskonstanten:

$$A = \frac{3m+1}{4m} \frac{\gamma}{g} \omega^2 (r_a^2 + r_i^2) \quad \text{und} \quad B = -\frac{3m+1}{8m} \frac{\gamma}{g} \omega^2 r_a^2 r_i^2 .$$

und damit die Spannungen: $\sigma_r = \dfrac{3m+1}{8m} \dfrac{\gamma}{g} \omega^2 \left(r_a^2 + r_i^2 - \dfrac{r_a^2 r_i^2}{r^2} - r^2\right)$ \hfill (4a)

und $\qquad\qquad\qquad \sigma_t = \dfrac{3m+1}{8m} \dfrac{\gamma}{g} \omega^2 \left(r_a^2 + r_i^2 + \dfrac{r_a^2 r_i^2}{r^2} - \dfrac{m+3}{3m+1} r^2\right)$. \hfill (5a)

Diese Gleichungen sind z. B. wichtig für die Berechnung von Schleifscheiben. Die größte Tangentialspannung tritt am Rande der Bohrung auf. Bemerkenswert ist der Fall, bei dem die zentrale Bohrung allmählich auf ein verschwindend kleines Loch zusammenschrumpft. Dann ist:

$$\sigma_t \text{ (für } r = r_i \to 0) = \frac{3m+1}{4m} \sigma_u . \qquad (7)$$

Bei einem sehr kleinen Loch wird die Spannung am Umfang der Bohrung doppelt so groß wie im Zentrum eines Vollzylinders (Gl. 4).

Der Bruch geht immer vom inneren Rand aus und verläuft radial[1], da an jeder Stelle σ_t größer als σ_r ist.

Die radiale Erweiterung ϱ der Bohrung folgt (da für $r = r_i$, $\sigma_r = 0$ ist) aus:

$$E \frac{\varrho}{r_i} = \left|\sigma_t - \frac{\sigma_r}{m}\right|_{r=r_i} = \sigma_t = \frac{3m+1}{4m} \frac{\gamma}{g} u^2 \left(1 + \frac{m-1}{3m+1} \cdot \frac{r_i^2}{r_a^2}\right)$$

zu $\qquad\qquad\qquad \dfrac{\varrho}{r_i} = \dfrac{\gamma}{g} \dfrac{u^2}{4E} \left[\dfrac{3m+1}{m} + \dfrac{m-1}{m} \dfrac{r_i^2}{r_a^2}\right]$. \hfill (8)

Diese Gleichungen gelten unter der (angenommenen) Voraussetzung, daß am Außen- und Innenrand der Scheibe in radialer Richtung keine Kräfte übertragen werden. Liegen andere Randbedingungen vor, indem am Außen- oder am Innenrand die radialen oder die tangentialen Spannungen oder die Dehnungen vorgeschrieben werden, so können die Integrationskonstanten A und B (und damit die Spannungen σ_t und σ_r) daraus immer berechnet werden[2].

Für den breiten Zylinder muß auch die axiale Spannung σ_z berücksichtigt werden. In ähnlicher Weise wie bei der Ableitung der Gl. (142.1) und (3) findet man, da in genügender Entfernung von den freien Enden $\varepsilon_z = $ konstant ist:

$$\sigma_r = \frac{A}{2} + \frac{B}{r^2} - \frac{3m-2}{8(m-1)} \cdot \frac{\gamma}{g} r^2 \omega^2 \quad \text{und} \quad \sigma_t = \frac{A}{2} - \frac{B}{r^2} - \frac{m+2}{8(m-1)} \cdot \frac{\gamma}{g} r^2 \omega^2 .$$

Mit den Randbedingungen, daß für $r = r_i$ und für $r = r_a$, $\sigma_r = 0$ ist, wird:

$$\sigma_r = \frac{3m-2}{8(m-1)} \left(r_i^2 + r_a^2 - \frac{r_i^2 r_a^2}{r^2} - r^2\right) \cdot \frac{\gamma}{g} \omega^2$$

und $\qquad\qquad \sigma_t = \dfrac{3m-2}{8(m-1)} \left(r_i^2 + r_a^2 + \dfrac{r_i^2 r_a^2}{r^2} - \dfrac{m+2}{3m-2} r^2\right) \cdot \dfrac{\gamma}{g} \omega^2$.

Die axiale Spannung folgt aus der Überlegung, daß $\int\limits_{r_i}^{r_a} 2\pi r \sigma_z\, dr = 0$ ist, da in der Achsrichtung keine Kräfte wirken. Mit $E \varepsilon_z = \sigma_z - \dfrac{\sigma_r + \sigma_t}{m} = k$ folgt daraus:

$$\sigma_z = \frac{r_a^2 + r_i^2 - 2r^2}{4(m-1)} \cdot \frac{\gamma}{g} \omega^2 .$$

---

[1] L. 142.1.   [2] L. 142.6.

142. Dickwandige Zylinder unter Wirkung der Fliehkraft.

Für den Vollzylinder und für $r = 0$ ist: $\sigma_r = \sigma_t = \dfrac{3m-2}{8(m-1)} \cdot \dfrac{\gamma}{g} u^2 = 0{,}4286\, \sigma_u$, gegenüber $0{,}4125\, \sigma_u$ bei der schmalen Scheibe. Die axiale Spannung $\sigma_z = \dfrac{r_a^2 - 2r^2}{4(m-1)} \cdot \dfrac{\gamma}{g} \omega^2$ wird für $r = 0$ und $m = 10/3$, $\sigma_{z0} = \dfrac{3}{28}\sigma_u$, also $1/4$ der radialen und tangentialen Spannung. Nach der Mohrschen Hypothese ist deshalb die Bruchgefahr des breiten Zylinders viel kleiner als der schmalen Scheibe.

Scheibe mit veränderlicher Breite. Ist die Breite der sonst symmetrischen Scheibe veränderlich, dann folgt aus dem Gleichgewicht der Kräfte an einem Volumenelement (Abb. 142.1):

$$(\sigma_r + d\sigma_r)(z + dz)(r + dr)\,d\varphi - \sigma_r z r\,d\varphi - \sigma_t\,dr\,z\,d\varphi + dZ = 0,$$

und mit $dZ = \dfrac{\gamma}{g} u^2 \cdot z\,d\varphi\,dr$:

$$\dfrac{d(r z \sigma_r)}{dr} - z\sigma_t + \dfrac{\gamma}{g} u^2 z = 0. \qquad (9)$$

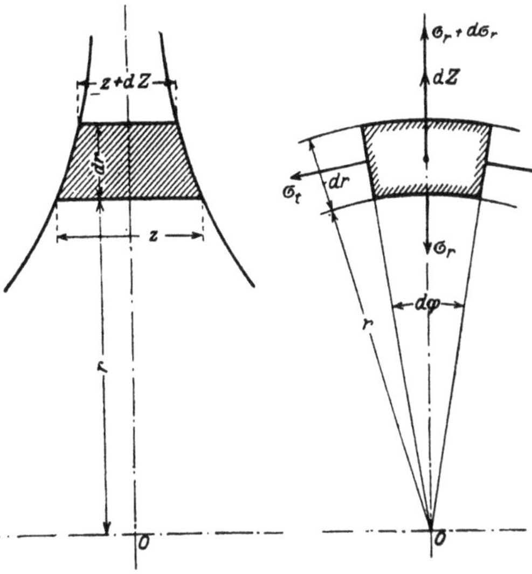

Die Scheibe mit veränderlicher Breite wird für die Berechnung nun annähernd durch eine Anzahl Ringe gleichbleibender Breite ersetzt. Für den Übergang von einem Ring zum anderen gilt die Bedingung, daß infolge des gegenseitigen Zusammenhanges die Dehnung des Innenhalbmessers des einen Ringes gleich ist der Dehnung des Außenhalbmessers des innen nächstfolgenden Ringes. Nun ist für den äußersten Ring nur die radiale Spannung am Außenrand und für den innersten Ring nur die radiale Spannung am Innenrand bekannt. Zwei von vornherein bekannte Randbedingungen sind also stets gegeben, aber nicht beide für einen und denselben Ring.

Zur Berechnung der Scheibe muß man deshalb so vorgehen, daß zunächst auch die tangentiale Spannung am Außenrand des äußersten Ringes angenommen wird. Damit lassen sich die Spannungen am Innenrand berechnen, und daraus (unter Berücksichtigung des Breitenunterschiedes beider Ringe) die Spannungen am Außenrand des nächstfolgenden Innenringes, usw. bis zur Berechnung der radialen Spannung am Innenrand des innersten Ringes, die vorgeschrieben ist. Das Verfahren muß solange wiederholt werden, bis Übereinstimmung zwischen berechneter und vorgeschriebener Spannung erreicht ist[1].

Die Scheibe gleicher Festigkeit kann dadurch gekennzeichnet werden, daß die tangentiale und die radiale Spannung überall denselben unveränderlichen Wert erhalten: $(\sigma_r = \sigma_t = \sigma = \text{konstant})$. Dadurch vereinfacht sich die Differentialgleichung (9) zu:

$$\dfrac{dz}{dr} + \dfrac{\gamma}{g} \cdot \dfrac{u^2 z}{\sigma r} = 0,$$

woraus

$$z = z_0 e^{-\tfrac{\gamma u^2}{2g\sigma}}, \qquad (10)$$

wenn z_0 die Scheibenbreite im Wellenmittel für $r = 0$ ist.

Weiter folgt aus $\varepsilon_t = \varepsilon_r = \dfrac{m-1}{mE}\sigma$, daß die Dehnung nach allen Richtungen gleich groß ist, und aus

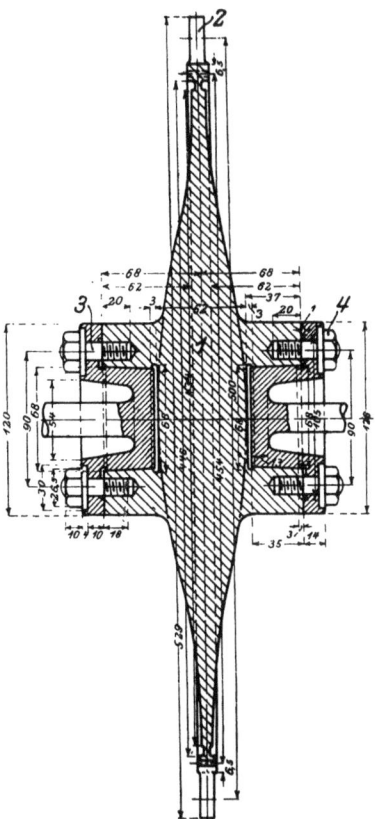

Abb. 142.1. Scheibe mit veränderlicher Breite.

Abb. 2. Rotierende Scheibe gleicher Festigkeit (aus Stodola).

---
[1] L. 142.2.

$$\varrho = \varepsilon_t \cdot r = \frac{m-1}{mE} \sigma \cdot r, \tag{11}$$

daß die radiale Erweiterung dem Abstande r proportional ist. Abb. 2 zeigt ein solches Rad gleicher Festigkeit.

Diese Gleichungen gelten nur für schlanke Scheiben, **und** für Umfangsgeschwindigkeiten kleiner als etwa 400 m/s.

143. Die Kreisplatte.

Ähnlich wie bei der Berechnung eines geraden Stabes (Abschn. 122) werden auch bei der Platte bestimmte Annahmen gemacht um die Aufgabe zu vereinfachen. Zum Begriff eines plattenförmigen Körpers gehört, daß die Dicke klein im Verhältnis zu den anderen Abmessungen in der Plattenebene, z. B. zum Durchmesser ist. Diese Einschränkung hat für die Platte die gleiche Bedeutung wie bei den Stäben, da dann die Formänderungen infolge der Schubspannungen gegenüber den Durchbiegungen vernachlässigt werden dürfen (vgl. S. 46). Die Plattendicke h muß aber dennoch genügend stark sein, denn wir setzen wieder **kleine Formänderungen** voraus[1]. Unter diesen Voraussetzungen werden Punkte einer zur Z-Achse parallelen Geraden nach der Formänderung wieder auf einer Geraden liegen, die senkrecht zur **elastischen Fläche** steht, in welche die Mittelebene übergeht.

Die Berechnung vereinfacht sich weiter erheblich, wenn die Durchbiegungen w als sehr klein im Verhältnis zur Plattendicke h angenommen werden. Ähnlich wie bei der Biegung von Stäben dürfen wir dann annehmen, daß die auf der Mittelebene gelegenen Punkte nur eine Verschiebung in der Z-Richtung erfahren, während die kleinen Verschiebungen parallel zur Plattenebene (in der R-Richtung) vernachlässigt werden.

Die ringsum symmetrisch belastete Kreisplatte wird sich auch vollständig symmetrisch verformen, so daß die Mittelebene in eine Umdrehungsfläche übergeht; die Tangentialspannungen sind dann immer Hauptspannungen (S. 93). Die Betrachtungen dürfen deshalb auf einen Meridianschnitt beschränkt werden. Ein Punkt r, z (Abb. 143.1) hat sich nach der Biegung um den kleinen Betrag ϱ parallel zur Mittelebene verschoben. Unter den skizzierten Voraussetzungen ist:

$$\varrho = z \cdot \varphi = -z \cdot dw/dr.$$

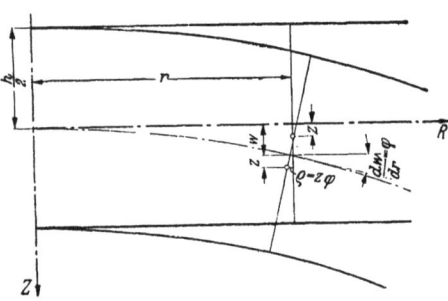

Abb. 143.1. Formänderung der Kreisplatte.

Nach den Gl. (14.11a und c) werden dann die Dehnungen:

$$\varepsilon_t = \frac{\varrho}{r} = -\frac{z}{r} dw/dr$$

und

$$\varepsilon_r = \frac{d\varrho}{dr} = -z \cdot \frac{d^2w}{dr^2}.$$

Setzt man diese Werte in die Spannungsgleichungen (124.17) ein, wobei die X-Achse in radialer und die Y-Achse in tangentialer Richtung gelegt werden, so ist:

$$\sigma_r = E'(\varepsilon_r + \varepsilon_t/m) = z \cdot E' \left(\frac{d^2w}{dr^2} + \frac{1}{r \cdot m} \cdot \frac{dw}{dr} \right) \tag{143.1}$$

und

$$\sigma_t = E'(\varepsilon_t + \varepsilon_r/m) = z \cdot E' \left(\frac{1}{r} \frac{dw}{dr} + \frac{1}{m} \cdot \frac{d^2w}{dr^2} \right). \tag{2}$$

Die Biegespannungen σ_r und σ_t sind (wie bei der Biegung gerader Stäbe) proportional mit der Entfernung von der (neutralen) Mittelebene. Integriert über die Querschnittsfläche bilden sie die Biegemomente:

$$m_r = \int_{-h/2}^{h/2} \sigma_r z \, dz \quad \text{und} \quad m_t = \int_{-h/2}^{h/2} \sigma_t z \, dz \quad [\text{kg} \cdot \text{cm/cm}] \tag{3}$$

für die Breite 1 radial, resp. am Umfang des Kreisbogens gemessen.

Nach ausgeführter Integration erhält man:

$$m_r = N \left(\frac{d^2w}{dr^2} + \frac{1}{r \cdot m} \cdot \frac{dw}{dr} \right) \quad \text{und} \quad m_t = N \left(\frac{1}{r} \cdot \frac{dw}{dr} + \frac{1}{m} \cdot \frac{d^2w}{dr^2} \right). \tag{4}$$

---

[1] Die Theorie der Kreisplatten bei großen Durchbiegungen in L. 143.1 § 35—38, L. 143.3 Abschnitt 9 und L. 143.4, 5.

143. Die Kreisplatte.

Die Abkürzung:
$$E' \int_{-h/2}^{h/2} z^2 dz = \frac{h^3 E'}{12} = J_1 E' = N \quad (5)$$

wird „Plattensteifigkeit" genannt. Die Querkraft je Längeneinheit des Kreisumfanges (Abb. 2) ist

$$Q = \frac{P + \pi r^2 \cdot p}{2 \pi r} = \frac{P}{2 \pi r} + \frac{pr}{2} \; [\text{kg/cm}]. \quad (6)$$

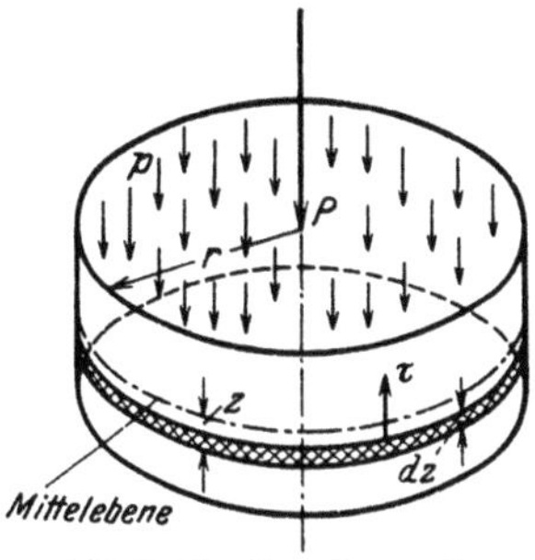

Für die symmetrisch belastete Kreisplatte sind die Schubspannungen in der R-Richtung (Abb. 14.4) gleich Null. Auf ein Volumenelement (mit der Höhe $dz = h$) wirken dann in der RZ-Ebene: die Momente $m_r \, r \, d\varphi$, $(m_r + dm_r)(r + dr) \, d\varphi$ (von den beiden Querkräften) $Q r \, d\varphi$, dr und schließlich die beiden Komponenten von $m_t \, dr$, nämlich $2 \, m_t \, dr \, \sin d\varphi/2 = m_t \, dr \, d\varphi$. Die Gleichgewichtsbedingung in der RZ-Ebene gibt dann:

$$m_r + r \frac{dm_r}{dr} - m_t - r \cdot Q = 0. \quad (7)$$

Abb. 2. Zur Berechnung der Querkraft Q.

Mit den Werten von m_r, m_t und Q aus den Gl. (4), (5) und (6) lautet die Differentialgleichung der Meridiankurve, wenn die Plattensteifigkeit N unabhängig von r (also $h = $ konst.) ist [1]:

$$\frac{d^3w}{dr^3} + \frac{1}{r} \frac{d^2w}{dr^2} - \frac{1}{r^2} \frac{dw}{dr} = \frac{d^3w}{dr^3} + \frac{d}{dr}\left(\frac{1}{r} \cdot \frac{dw}{dr}\right) = \frac{1}{2N}\left(pr + \frac{P}{\pi r}\right) = \frac{Q}{N}. \quad (8)$$

Die erste Integration gibt:

$$\frac{d^2w}{dr^2} + \frac{1}{r} \frac{dw}{dr} = \frac{1}{2N}\left(p\frac{r^2}{2} + \frac{P}{\pi} \ln r + c\right).$$

Mit $\dfrac{d^2w}{dr^2} + \dfrac{1}{r} \dfrac{dw}{dr} = \dfrac{1}{r} \dfrac{d}{dr}\left(r \cdot \dfrac{dw}{dr}\right)$ gibt die nochmalige Integration[*]:

$$\frac{dw}{dr} = \frac{1}{2N}\left[\frac{pr^3}{8} + \frac{Pr}{2\pi}\left(\ln r - \frac{1}{2}\right) + c\frac{r}{2} + \frac{d}{r}\right]. \quad (9)$$

Wieder integriert:

$$w = \frac{1}{2N}\left[\frac{pr^4}{32} + \frac{Pr^2}{4\pi}(\ln r - 1) + c\frac{r^2}{4} + d \ln r + e\right]. \quad (10)$$

Das ist die Gleichung der Meridiankurve der Mittelfläche. Die Integrationskonstanten c, d und e sind von Fall zu Fall aus den Randbedingungen zu bestimmen.

In den meisten Fällen liegt die Platte am Umfang so auf, daß für $r = r_a$, $w = 0$ ist, d. h.:

$$0 = \frac{pr_a^4}{32} + \frac{Pr_a^2}{4\pi}(\ln r_a - 1) + c\frac{r_a^2}{4} + d \ln r_a + e \quad \text{und}$$

$$w = \frac{1}{2N}\left[\frac{p}{32}(r^4 - r_a^4) + \frac{P}{4\pi}(r^2 \ln r - r_a^2 \ln r_a) + \frac{c - \dfrac{P}{\pi}}{4}(r^2 - r_a^2) + d \ln \frac{r}{r_a}\right]. \quad (10a)$$

Für die volle Platte muß aus Symmetriegründen für $r = 0$, $dw/dr = 0$ sein, d. h. mit Gl. (9):

$$\left|\frac{P}{2\pi} r^2 \ln r\right|_{r=0} = -d = 0.$$

Im übrigen ist es vorteilhaft, die allgemeine Aufgabe in den Teilaufgaben: gleichmäßige Belastung p resp. konzentrierte Ringlast P zu zerlegen, die von Fall zu Fall superponiert werden können.

Fall 1. Volle, gleichmäßig belastete Platte, am Rande frei aufliegend (Abb. 3). Die Gleichung der Meridiankurve lautet dann ($d = 0$, $P = 0$):

$$w = \frac{1}{2N}\left[p\frac{r^4 - r_a^4}{32} + \frac{c}{4}(r^2 - r_a^2)\right]. \quad (11)$$

---

[1] Kreisplatte mit veränderlicher Dicke: L. 143.3. S. 284—287, L. 143, 6 und 7.

[*] $\int r \ln r \, dr = \int \underbrace{\ln r}_{u} \cdot \underbrace{r \, dr}_{dv} = \frac{r^2}{2} \ln r - \int \frac{r^2}{2} \cdot \frac{dr}{r} = \frac{r^2}{2} \ln r - \frac{r^2}{4}.$

106   14. Der ringsum symmetrisch belastete Drehkörper.

Für die frei aufliegende Platte ist die radiale Spannung am Rande σ_r (für $r=r_a$) $=0$, also mit Gl. (143.1), da $E' \cdot z \neq 0$ ist: $m\dfrac{d^2w}{dr^2} + \dfrac{1}{r}\dfrac{dw}{dr} = 0$.

Aus Gl. (11) folgt: $\dfrac{1}{r}\dfrac{dw}{dr} = \dfrac{1}{2N}\left[\dfrac{r^2}{8}p + \dfrac{c}{2}\right]$ und $\dfrac{d^2w}{dr^2} = \dfrac{1}{2N}\left[\dfrac{3r^2}{8}p + \dfrac{c}{2}\right]$,

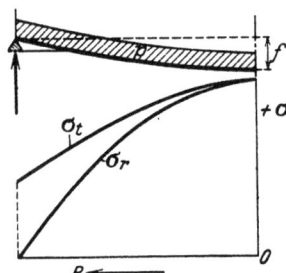

Abb. 3. Gleichmäßig belastet, frei aufliegend.

sodann für $r = r_a$: $\dfrac{3}{8}mr^2p + \dfrac{c}{2}m + \dfrac{r^2}{8}p + \dfrac{c}{2} = 0$

oder
$$c = -\dfrac{1}{4}\cdot\dfrac{3m+1}{m+1}r_a^2 p \qquad (12)$$

sein muß. Die größte Durchbiegung (für $r=0$) folgt dann aus Gl. (11) mit N aus Gl. (5) zu:

$$f = \dfrac{3}{16}\cdot\dfrac{5m+1}{m+1}\cdot\dfrac{pr_a^4}{E'h^3} = 0{,}70\,\dfrac{pr_a^4}{Eh^3} \text{ (für } m = 10/3\text{)}. \qquad (13)$$

Die größten Spannungen (für $z = \pm h/2$) folgen aus Gl. (1) mit

$$\dfrac{dw}{dr} = \dfrac{1}{2N}\left[\dfrac{pr^3}{8} + \dfrac{c}{2}r\right] \text{ und } \dfrac{d^2w}{dr^2} = \dfrac{1}{2N}\left[\dfrac{3pr^2}{8} + \dfrac{c}{2}\right] \text{ zu}$$

$$\sigma_r = \pm\dfrac{E'\cdot h}{2}\cdot\dfrac{6}{E'h^3}\left(\dfrac{1}{8}\cdot\dfrac{3m+1}{m}r^2p + \dfrac{c}{2}\cdot\dfrac{m+1}{m}\right) = \pm\dfrac{3}{h^2}\left(\dfrac{3m+1}{8m}r^2p + \dfrac{c}{2}\cdot\dfrac{m+1}{m}\right)$$

und
$$\sigma_t = \pm\dfrac{3}{h^2}\left(\dfrac{m+3}{8m}r^2p + \dfrac{c}{2}\cdot\dfrac{m+1}{m}\right),$$

oder mit c aus Gl. (12)
$$\sigma_r = \pm\dfrac{3}{8}\cdot\dfrac{3m+1}{m}(r^2 - r_a^2)\cdot\dfrac{p}{h^2}$$

und
$$\sigma_t = \pm\dfrac{3}{8}\left(\dfrac{3+m}{m}r^2 - \dfrac{3m+1}{m}r_a^2\right)\dfrac{p}{h^2}.$$

Beide Spannungen werden am größten für $r = 0$

$$\left|\sigma_t\right|_{\max} = \left|\sigma_r\right|_{\max} = \dfrac{3}{8}\cdot\dfrac{3m+1}{m}\cdot\dfrac{pr_a^2}{h^2} = 1{,}24\,p\,\dfrac{r_a^2}{h^2}. \qquad (14)$$

Fall 2. Für die eingespannte, gleichmäßig belastete, volle Platte (Abb. 4) muß für $r = r_a$, $dw/dr = 0$ sein, also: $c = -\tfrac{1}{4}r_a^2 p$. In ähnlicher Weise wie bei Fall 1 findet man:

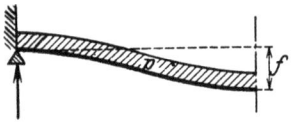

$$f = 0{,}17\,\dfrac{pr_a^4}{Eh^3},$$

$$\sigma_r = \pm\dfrac{3}{8}\cdot\dfrac{m+1}{m}\cdot\dfrac{p}{h^2}\left(\dfrac{3m+1}{m+1}r^2 - r_a^2\right),$$

und
$$\sigma_t = \mp\dfrac{3}{8}\cdot\dfrac{m+1}{m}\cdot\dfrac{p}{h^2}\left(\dfrac{m+3}{m+1}r^2 - r_a^2\right).$$

Die größte Spannung ist σ_r für $r = r_a$ $\sigma_{\max} = \pm\,0{,}75\,\dfrac{pr_a^2}{h^2}$.

In der Plattenmitte ist: $\sigma_r = \sigma_t = \pm\,0{,}49\,\dfrac{r_a^2}{h^2}p$.

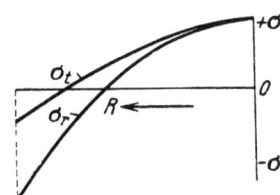

Abb. 4. Gleichmäßig belastet, eingespannt.

Fall 3[1]. **Konzentrierte Ringlast P, frei aufliegend.** Neben der gleichmäßigen Belastung p durch Flüssigkeitsdruck, kommt im Maschinenbau auch eine ringförmige Belastung P (z. B. durch eine Schraubenverbindung) vor (Abb. 5). Es sind zwei Zonen zu unterscheiden. Für die äußere (Ringzone) bleibt Gl. (10a) gültig, mit $p = 0$. Wenn die Durchbiegungen vom Rande der Ringlast an gemessen werden, so ist für $r = r_i$, $w_2 = 0$ und

$$w_2 = \dfrac{1}{2N}\left[\dfrac{P}{4\pi}(r^2\ln r - r_i^2\ln r_i) + \left(\dfrac{c_2}{4} - \dfrac{P}{4\pi}\right)(r^2 - r_i^2) + d\ln\dfrac{r}{r_i}\right]. \qquad (15)$$

Die unbelastete innere Zone der Platte wird nur auf Biegung beansprucht durch Momente, die von der Ringzone auf sie ausgeübt werden. Gl. (10) lautet dann, da $p = 0$ und $P = 0$ ist:

$$w_1 = \left(c_1\dfrac{r^2}{4} + e\right)\dfrac{1}{2N}. \qquad (16)$$

---
[1] L. 143.9.

143. Die Kreisplatte.

Da die Senkungen vom inneren Rand des belasteten Ringes aus gemessen werden, so ist für $r = r_i$, $w_1 = 0$ und

$$w_1 = \frac{c_1}{8N}(r^2 - r_i^2).\qquad(17)$$

Das ist die Gleichung eines Kreises; die unbelastete innere Zone wölbt sich demnach nach einer Kugelfläche. Die Randbedingungen sind folgende:

Da die Mittelflächen der inneren und äußeren Zone stetig ineinander übergehen, so muß die Neigung $\frac{dw}{dr}$ der Meridiankurve der Mittelfläche für $r = r_i$ in beiden Zonen gleich sein, also

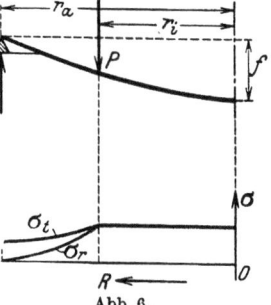
Abb. 6.
Kreisplatte mit Ringlast P.

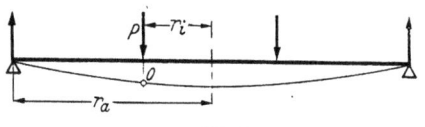
Abb. 5.

a) für $r = r_i$ ist $\quad\dfrac{dw_1}{dr} = \dfrac{dw_2}{dr}$.

Die Spannungen in jedem Punkt der Übergangsstelle aus der äußeren in der inneren Zone ($r = r_i$ und z beliebig) müssen gleich groß sein:

b) für $r = r_i$ ist $\quad |\sigma_r|_I = |\sigma_r|_{II}\quad$ und $\quad|\sigma_t|_I = |\sigma_t|_{II}$.

Für die innere Zone (I) folgt aus Gl. (1) und (17):

$$\sigma_r = \sigma_t = \frac{c_1}{4N}\cdot z\cdot\frac{m+1}{m}E'.\qquad(18)$$

Für $r = r_i$ muß deshalb $|\sigma_r|_{II} = |\sigma_t|_{II}$ sein. Aus Gl. (1) folgt:

$$\frac{d^2 w_2}{dr^2} + \frac{1}{r_i\cdot m}\frac{dw_2}{dr} = \frac{1}{r_i}\cdot\frac{dw_2}{dr} + \frac{d^2 w_2}{m\cdot dr^2}\quad\text{oder}\quad\frac{d^2 w_2}{dr^2} = \frac{1}{r_i}\cdot\frac{dw_2}{dr}.$$

Mit Gl. (15) erhält man nach einfacher Zwischenrechnung:

$$d = \frac{P r_i^2}{4\pi}.\qquad(19)$$

Aus der Randbedingung (a) folgt: $\dfrac{c_1}{2}r_i = \dfrac{P}{4\pi}(r_i + 2r_i\ln r_i) + \left(\dfrac{c_2}{4} - \dfrac{P}{4\pi}\right)2r_i + \dfrac{P}{4\pi}r_i$

oder $\qquad c_1 = \dfrac{P}{\pi}\ln r_i + c_2.\qquad(20)$

Für die frei aufliegende Platte muß für $r = r_a$, $\sigma_r = 0$ sein; also folgt aus Gleichung (1):

$$0 = \frac{Pm}{4\pi}(3 + 2\ln r_a) + \left(\frac{c_2}{4} - \frac{P}{4\pi}\right)\cdot 2m - \frac{Pm}{4\pi}\cdot\frac{r_i^2}{r_a^2} + \frac{P}{4\pi}(1 + 2\ln r_a) + \left(\frac{c_2}{4} - \frac{P}{4\pi}\right)\cdot 2 + \frac{P}{4\pi}\frac{r_i^2}{r_a^2}$$

woraus $\qquad c_2 = -\dfrac{P}{2\pi}\left[\dfrac{m-1}{m+1}\left(1 - \dfrac{r_i^2}{r_a^2}\right) + 2\ln r_a\right]\qquad$ (21 a)

und mit Gl (20): $\qquad c_1 = -\dfrac{P}{2\pi}\left[\dfrac{m-1}{m+1}\left(1 - \dfrac{r_i^2}{r_a^2}\right) + 2\ln\dfrac{r_a}{r_i}\right].\qquad$ (21 b)

Da für die äußere Zone die größte Durchbiegung (für $r = r_a$) gleich w_a und für die innere Zone (für $r = 0$) w_0 ist, so ist die größte Durchbiegung $f = w_a + w_0$,

$$f = \frac{3}{4\pi}\cdot\frac{Pr_a^2}{E'h^3}\left\{\frac{3m+1}{m+1}\left(1 - \frac{r_i^2}{r_a^2}\right) - \frac{r_i^2}{r_a^2}\ln\frac{r_a^2}{r_i^2}\right\} = \gamma_3\frac{Pr_a^2}{Eh^3}.\qquad(22)$$

Innerhalb der inneren Zone sind die radialen und tangentialen Spannungen gleich groß:

$$\sigma_{\max} = \frac{3(m+1)}{2m}\cdot\frac{c_1}{h^2} = \varphi_3\frac{P}{h^2}.\qquad(23)$$

Die Spannungsberechnung versagt für Einzellast in der Plattenmitte ($r_i = 0$), auch wenn man sie auf eine kleine Kreisfläche verteilt, da in diesem Falle σ_z nicht mehr gegenüber σ_r und σ_t vernachlässigt werden darf[1].

Für $r_i/r_a =$	0,8	$^2/_3$	$^1/_2$	$^1/_3$	$^1/_5$	$^1/_{10}$	0
ist γ_3	0,136	0,228	0,338	0,436	0,501	0,535	0,55
und φ_3	0,198	0,337	0,544	0,822	1,196	1,591	—

---
[1] Lösung dieser Aufgabe in L. 143.8.

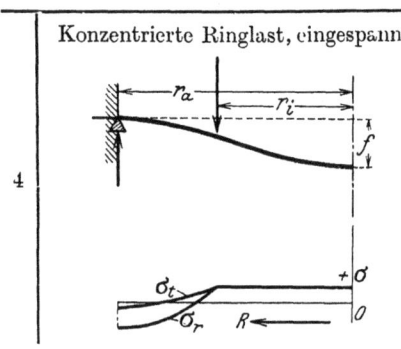

Konzentrierte Ringlast, eingespannt

$$f = \gamma_4 \frac{P r_a^2}{E h^3} \text{ (für } m = 10/3\text{).}$$

Für $r_a > 3{,}13\, r_i$: $\sigma_{\max} = \varphi_{4a} \cdot \dfrac{P}{h^2}$ (innere Zone).

$r_a < 3{,}13\, r_i$: $\sigma_{\max} = \varphi_{4b} \cdot \dfrac{P}{h^2}$ (für $r = r_a$)

r_i/r_a	0,8	²/₃	¹/₂	¹/₃	¹/₅	¹/₁₀
γ_4	0,010	0,042	0,087	0,140	0,180	0,205
φ_{4a}	0,025	0,074	0,202	0,42	0,70	1,12
φ_{4b}	0,178	0,266	0,357	0,42	0,46	0,47

Pos. 5 bis 9 gelochte Platte, konzentrierte Ringlast[1].

Für die gelochte Platte gilt als Randbedingung, daß für den inneren Lochrand die radialen Spannungen für alle Werte von z gleich Null werden.

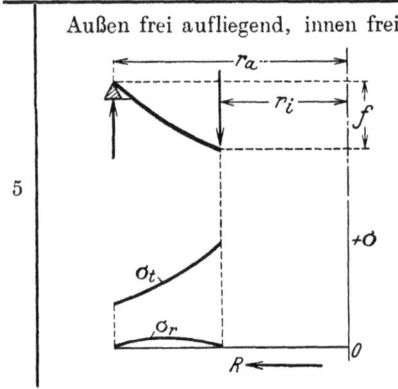

Außen frei aufliegend, innen frei

$$f = \gamma_5 \frac{P r_a^2}{E h^3} \text{ (für } m = 10/3\text{).}$$

$\sigma_{\max} = \sigma_t$ für $r = r_i = \varphi_5 \dfrac{P}{h^2}$.

r_i/r_a	0,8	²/₃	¹/₂	¹/₃	¹/₅	¹/₁₀
γ_5	0,34	0,52	0,67	0,73	0,70	0,632
φ_5	1,10	1,26	1,48	1,88	2,41	3,22
φ_5'	1,07	1,19	1,43	1,91	2,86	5,25

Durch eine kleine zentrische Bohrung wird die tangentiale Spannung gegenüber der vollen Platte doppelt so groß.

Die Berechnung läßt sich (ohne Einbuße der Genauigkeit) erheblich vereinfachen, wenn die Meridianfläche so schwach gekrümmt ist, daß die Mantelfläche praktisch in einen Konus übergeht, also durch eine gerade Mantellinie begrenzt wird[2]. Da dann $dw/dr =$ konst. und $d^2w/dr^2 = 0$ ist, vereinfachen sich die allgemeinen Gl. (1) zu:

$$\sigma_t = \frac{z E'}{r} \cdot \frac{dw}{dr} \quad \text{und} \quad \sigma_r = \frac{z E'}{r \cdot m} \cdot \frac{dw}{dr}. \tag{24/25}$$

In diesem Fall ist die tangentiale Spannung also immer m mal so groß als die radiale. Aus Gl. (8) erhält man die konstante, mittlere Neigung der Mantellinie:

$$-dw/dr = \frac{P}{2\pi N} r_m = \frac{P}{4\pi N}(r_a + r_i) \tag{26}$$

und aus Gl. (24) mit N aus Gl. (5) die größte Spannung für $z = \pm h/2$:

$$\sigma_{\max} = \sigma_{ti} = \pm \frac{P}{h^2} \cdot \frac{3}{2\pi}\left(1 + \frac{r_a}{r_i}\right) = \varphi_5' \frac{P}{h^2}. \tag{27}$$

Aus dem Vergleich der Zahlenwerte φ_5 und φ_5' geht hervor, daß die Vereinfachung für $r_i/r_a > 1/3$ durchaus zulässig ist.

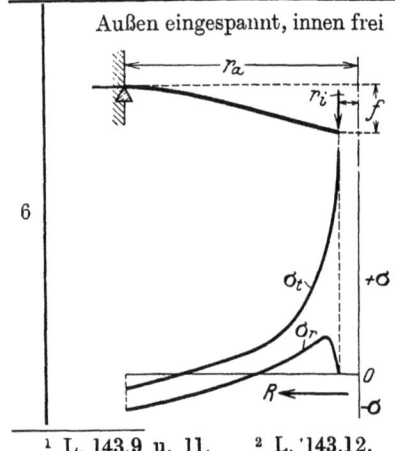

Außen eingespannt, innen frei

Die größte Durchbiegung ist:

$$f = \gamma_6 \frac{P r_a^2}{E h^3}.$$

Bei verhältnismäßig kleiner Bohrung erfolgt die größte Beanspruchung am inneren Lochrand durch σ_t: $\sigma_{\max} = \varphi_{6a} \dfrac{P}{h^2}$.

Für $r_i/r_a > 0{,}37$ tritt die größte Beanspruchung als radiale Spannung am äußeren Umfang auf: $\sigma_{\max} = \varphi_{6b} \dfrac{P}{h^2}$.

r_i/r_a	0,8	²/₃	¹/₂	¹/₃	¹/₅	¹/₁₀
γ_6	0,005	0,024	0,081	0,172	0,238	0,249
φ_{6a}	0,038	0,095	0,242	0,665	1,345	2,51
φ_{6b}	0,196	0,327	0,463	0,532	0,531	0,507

[1] L. 143.9 u. 11. [2] L. 143.12.

143. Die Kreisplatte.

7	Innen eingespannt, außen frei 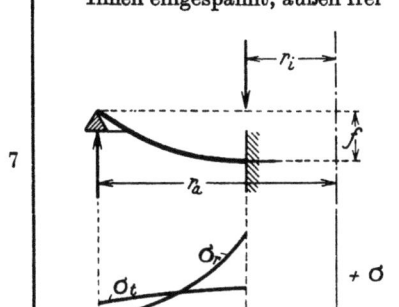	Die größte Durchbiegung ist: $$f = \gamma_7 \cdot \frac{P r_a^2}{E h^3}$$ Die größte Spannung ist σ_r für $r = r_i$: $\sigma_{\max} = \varphi_7 \frac{P}{h^2}$.

r_i/r_a	0,8	$^2/_3$	$^1/_2$	$^1/_3$	$^1/_5$	$^1/_{10}$
γ_7	0,005	0,025	0,088	0,21	0,35	0,468
φ_7	0,227	0,428	0,753	1,205	1,745	2,48

8	Außen fest eingespannt, innen beweglich eingespannt 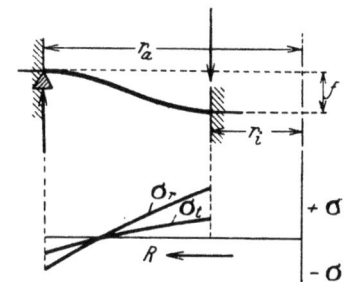	Die größte Durchbiegung ist: $$f = \gamma_8 \frac{P r_a^2}{E h^3}$$

r_i/r_a	0,8	$^2/_3$	$^1/_2$	$^1/_3$	$^1/_5$	$^1/_{10}$
γ_8	0,0013	0,0064	0,024	0,012	0,114	0,168
φ_{8a}	0,115	0,22	0,405	0,703	1,13	1,81
φ_{8b}	0,110	0,183	0,267	0,348	0,411	0,457

Die größte Spannung ist σ_r für $r = r_i$: $\sigma_{\max} = \varphi_{8a} \frac{P}{h^2}$.

Die größte Spannung am äußeren Rand ist: $(\sigma_r)_a = \varphi_{8b} \frac{P}{h^2}$.

9 Außen gestützt, innen frei beweglich, überhängend

$\sigma_{\max} = \sigma_t$ für $r = r_0$

$$\sigma_{\max} = \frac{3P}{2\pi h^2} \cdot \frac{m-1}{m} \left[\frac{m+1}{m-1} \ln \frac{r_a^2}{r_i^2} + \frac{r_a^2 - r_i^2}{R^2} \right] \frac{R^2}{R^2 - r_0^2}.$$

Dieser Belastungsfall liegt z. B. vor bei der losen Flanschverbindung Abb. 91.10/12.

Die Ableitung dieser Gleichung (die für die Berechnung der losen Flanschverbindung, Abb. 91.10/12, praktische Bedeutung hat, ist umständlich, weil der Ring aus drei Zonen besteht [eine äußere, mittlere und innere Zone]). Für jede dieser Zonen ist die Berechnung von drei zusammen also neun Integrationskonstanten aus den Randbedingungen notwendig. Waters[1] hat zur Vereinfachung der Berechnung vorgeschlagen, die Belastung von Pos. 9 durch die rechnerisch einfachere nach Pos. 5 zu ersetzen unter der Voraussetzung daß die verbiegenden Momente gleich groß bleiben, also

$$P(r_a - r_i) = P'(R - r_0) \tag{28}$$

ist. Nimmt man als weitere Vereinfachung eine gerade Mantellinie an, so erhält man die sehr einfache Gleichung:

$$\sigma_{\max} = (\sigma_t)_i = \frac{3(1 + R/r_0)}{2\pi} \cdot \frac{P'}{h^2} = \varphi_5' \cdot \frac{P'}{h^2}. \tag{27a}$$

Da die drei Lösungen bekannt sind, kann man die Zulässigkeit der vorgeschlagenen Vereinfachungen von Fall zu Fall leicht nachprüfen. Nimmt man $R/r_a = 1,2$, $r_i/r_a = 0,8$ und $r_0/r_a = 0,6$, so wird nach Gl. (28) $P' = P/3$.

Nach Pos. 9 wird $\sigma_{\max} = 0{,}481\ P/h^2$

Nach Pos. 5 (mit $R/r_0 = 2$): $\sigma_{\max} = 1{,}48\ P'/h^2 = 0{,}493\ P/h^2$

und für die gerade Mantellinie: $\sigma_{\max} = 1{,}43\ P'/h^2 = 0{,}477\ P/h^2$.

Die Fehler der beiden Vereinfachungen heben sich also gegenseitig auf.

---
[1] L. 143.13.

110   14. Der ringsum symmetrisch belastete Drehkörper.

Pos. 10 bis 18 gelochte Platte, gleichmäßig belastet.

10

Außen gestützt, innen frei

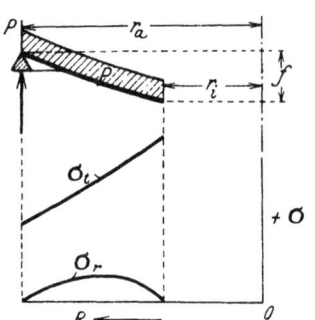

Die größte Durchbiehung ist:
$$f = \gamma_{10} \frac{p r_a^4}{E h^3}$$

Die größte Spannung ist σ_t für $r = r_i$: $\sigma_{\max} = \varphi_{10} \frac{p}{h^2} r_a^2$.

r_i/r_a	0,8	²/₃	¹/₂	¹/₃	¹/₅	¹/₁₀
γ_{10}	0,184	0,414	0,664	0,824	0,813	0,748
φ_{10}	0,592	0,976	1,44	1,88	2,19	2,39

11

Außen eingespannt, innen frei

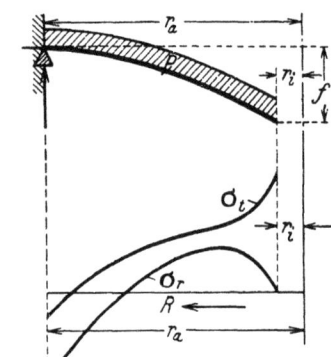

Die größte Durchbiegung ist:
$$f = \gamma_{11} \frac{p r_a^4}{E h^3}.$$

Die größte Spannung ist σ_r für $r = r_a$: $\sigma_{\max} = \varphi_{11a} \frac{p r_a^2}{h^2}$.

Für $r = r_i$ ist $\sigma_t = \varphi_{11b} \frac{p r_a^2}{h^2}$.

r_i/r_a	0,8	²/₃	¹/₂	¹/₃	¹/₅	¹/₁₀
γ_{11}	0,002	0,014	0,058	0,130	0,176	0,182
φ_{11a}	0,104	0,260	0,480	0,656	0,729	0,746
φ_{11b}	0,016	0,044	0,163	0,406	0,672	0,870

12

Innen eingespannt, außen frei aufliegend

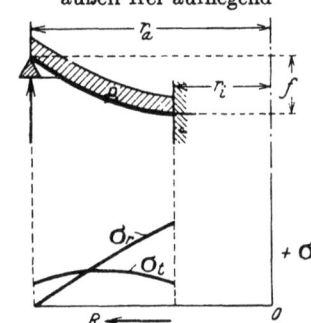

Die größte Durchbiegung ist:
$$f = \gamma_{12} \frac{p r_a^4}{E h^3}$$

Die größte Spannung ist σ_r für $r = r_i$: $\sigma_{\max} = \varphi_{12} \frac{p r_a^2}{h^2}$.

r_i/r_a	0,8	²/₃	¹/₂	¹/₃	¹/₅	¹/₁₀
γ_{12}	0,0034	0,031	0,125	0,291	0,492	0,628
φ_{12}	0,122	0,336	0,74	1,21	1,59	1,81

13

Innen und außen eingespannt, außen gestützt

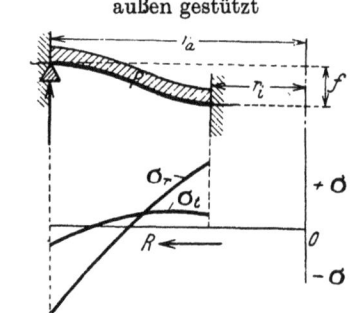

Die größte Durchbiegung ist:
$$f = \gamma_{13} \frac{p r_a^4}{E h^3}.$$

$$\sigma_{\max} = \sigma_r \text{ (für } r = r_a) = \varphi_{13a} \frac{p r_a^2}{h^2}.$$

Am inneren Umfang ist $\sigma_i = \varphi_{13b} \frac{p r_a^2}{h^2}$.

r_i/r_a	0,8	²/₃	¹/₂	¹/₃	¹/₅	¹/₁₀
γ_{13}	0,0003	0,005	0,023	0,063	0,112	0,149
φ_{13a}	0,062	0,172	0,350	0,55	0,68	0,72
φ_{13b}	0,042	0,112	0,240	0,45	0,60	0,68

Wenn die Platte innen statt außen gestützt wird, so lautet die Gleichgewichtsbedingung für die Kräfte in axialer Richtung

$$2\pi r \int_{-h/2}^{h/2} \tau \, dz + \pi p (r_a^2 - r^2) = 0. \tag{29}$$

143. Die Kreisplatte.

In ähnlicher Weise, wie bei der Ableitung der Gl. (10) folgt daraus:

$$w = \left[-\frac{p}{32} r^4 + \frac{p r_a^2}{4} r^2 (\ln r - 1) + \frac{c}{4} r^2 + d \ln r + e \right] \frac{1}{2N}. \tag{30}$$

14

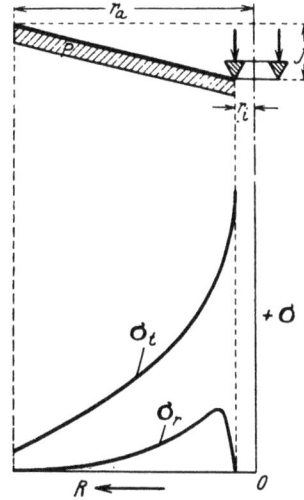

Innen unterstützt, außen frei beweglich

Die größte Durchbiegung ist:

$$f = \gamma_{14} \frac{p r_a^4}{E \cdot h^3}$$

Die größte Spannung ist σ_t für $r = r_i$: $\sigma_{\max} = \varphi_{14} \frac{r_a^2}{h^2} p$.

r_i/r_a	0,8	2/3	1/2	1/3	1/5	1/10
γ_{14}	0,202	0,491	0,902	1,22	1,31	1,22
φ_{14}	0,66	1,19	2,04	3,34	5,10	7,63

15

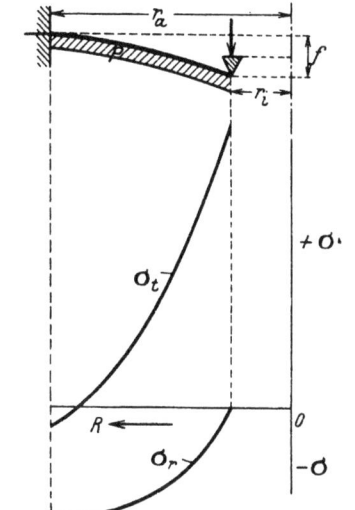

Innen unterstützt, außen eingespannt

Die größte Durchbiegung ist:

$$f = \gamma_{15} \frac{p r_a^4}{E \cdot h^3}$$

Für kleine Bohrungen $\left(\dfrac{r_i}{r_a} < 0{,}45\right)$ ist die größte Spannung σ_t für $r = r_i$: $\sigma_{\max} = \varphi_{15a} \dfrac{p r_a^2}{h^2}$.

Für große Bohrungen $\left(\dfrac{r_i}{r_a} > 0{,}45\right)$ ist die größte Spannung etwas größer als σ_r für $r = r_a$: $\sigma_{\max} > \varphi_{15b} \dfrac{p r_a^2}{h^2}$.

r_i/r_a	0,8	2/3	1/2	1/3	1/5	1/10
γ_{15}	0,004	0,028	0,133	0,351	0,541	0,593
φ_{15a}	0,015	0,115	0,46	1,46	3,28	5,96
φ_{15b}	0,125	0,295	0,58	0,85	0,87	0,82

16

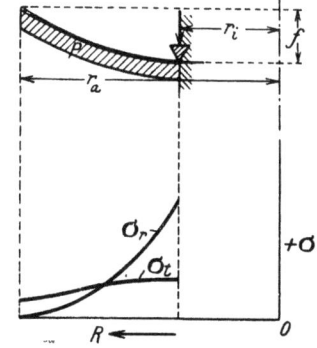

Innen eingespannt, außen frei

Die größte Durchbiegung ist:

$$f = \gamma_{16} \frac{p r_a^4}{E \cdot h^3}$$

Die größte Spannung ist σ_r für $r = r_i$: $\sigma_{\max} = \varphi_{16} \dfrac{p r_a^2}{h^2}$.

r_i/r_a	0,8	2/3	1/2	1/3	1/5	1/10
γ_{16}	0,0023	0,018	0,094	0,293	0,564	0,827
φ_{16}	0,135	0,410	1,04	2,15	3,69	5,82

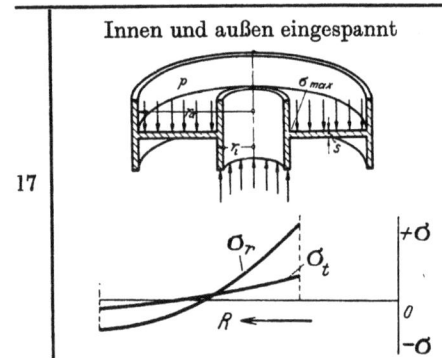

Innen und außen eingespannt

17

Die größte Durchbiegung ist:
$$f = \gamma_{17} \frac{p r_a^4}{E \cdot h^3}$$

Die größte Spannung ist σ_r für $r = r_i$: $\sigma_{\max} = \varphi_{17} \frac{p r_a^2}{h^2}$.

r_i/r_a	0,8	$^2/_3$	$^1/_2$	$^1/_3$	$^1/_5$	$^1/_{10}$
γ_{17}	0,0008	0,0062	0,033	0,110	0,234	0,375
φ_{17}	0,090	0,273	0,71	1,54	2,80	4,70

Fall 18. Schon bei der Berechnung von prismatischen Stäben (S. 34) wurde darauf hingewiesen, daß die „freie Unterstützung" und die „vollkommene Einspannung" zwei Grenzfälle sind, zwischen denen die Wirklichkeit zu liegen pflegt. Das gleiche gilt auch für die Plattenberechnung. Wenn das Befestigungsmoment bekannt ist (z. B. bei einer Schraubenverbindung), so erfolgt die Berechnung der Spannung und der Formänderung durch Überlagerung der Momente m_a (am äußeren) resp. m_i (am inneren Rand). Wirken auf die Kreisplatte nur die Momente m_a resp. m_i kg·cm je cm Umfang (also $P = 0$ und $p = 0$) (Abb. 7), so vereinfacht sich die allgemeine Gl. (10) zu:

$$w = \frac{1}{2N}\left(c\,\frac{r^2}{4} + d \ln r + e\right). \tag{31}$$

Aus Gl. (9) folgen mit $dw/dr = \frac{1}{2N}\left(c\,\frac{r}{2} + \frac{d}{r}\right)$ und $\frac{d^2 w}{dr^2} = \frac{1}{2N}\left(\frac{c}{2} - \frac{d}{r^2}\right)$

die Spannungen

$$\sigma_r = -\frac{E'z}{2N}\left(\frac{m+1}{m}\cdot\frac{c}{2} - \frac{m-1}{m}\cdot\frac{d}{r^2}\right) \quad\text{und}\quad \sigma_t = -\frac{E'z}{2N}\left(\frac{m+1}{m}\cdot\frac{c}{2} + \frac{m-1}{m}\cdot\frac{d}{r^2}\right). \tag{32}$$

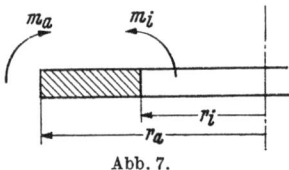

Abb. 7.

Wird die Platte innen oder außen unterstützt, so ist $w = 0$ für $r = r_i$ oder r_a. Aus den Gleichgewichtsbedingungen:

$$m_i = \int_{-h/2}^{h/2} \sigma_{r_i} z\,dz \quad\text{und}\quad m_a = \int_{-h/2}^{h/2} \sigma_{r_a} z\,dz \quad [\text{kg}\cdot\text{cm/cm}]$$

folgt:

$$m_i = \frac{m+1}{2m}\cdot\frac{c}{2} - \frac{m-1}{2m}\frac{d}{r_i^2} \quad\text{und}\quad m_a = \frac{m+1}{2m}\cdot\frac{c}{2} - \frac{m-1}{2m}\cdot\frac{d}{r_a^2} \tag{33/4}$$

und daraus:

$$c = \frac{4m}{m+1}\cdot\frac{r_a^2\cdot m_a - r_i^2\cdot m_i}{r_a^2 - r_i^2} \quad\text{und}\quad d = \frac{2m}{m-1}\cdot\frac{r_a^2\cdot r_i^2(m_a - m_i)}{r_a^2 - r_i^2} \tag{35/6}$$

Diese Lösung enthält auch die Spezialfälle $m_i = 0$ resp. $m_a = 0$.

Wird die Platte innen eingespannt (Abb. 8), dann ist

$$(dw/dr)_{r=r_i} = c\,\frac{r_i}{2} + \frac{d}{r_i} = 0 \quad\text{oder}\quad c = -2d/r_i^2. \tag{37}$$

Aus Gl. (34) folgt dann:

$$d = -\frac{2 m_a \cdot r_i^2}{\left(\dfrac{m+1}{m} + \dfrac{r_i^2}{r_a^2}\cdot\dfrac{m-1}{m}\right)} \tag{38}$$

Abb. 8.

Bei der Plattenberechnung ist die eine Hauptspannung σ_z immer gleich Null oder sie wird als klein vernachlässigt. Wenn die beiden anderen Hauptspannungen σ_r und σ_t gleiches Vorzeichen haben (und das ist fast immer der Fall), so ist nur die größere der beiden maßgebend.

Zahlenbeispiel 143.1[1]**.** Der Niederdruckkolben aus Stahlguß einer Lokomotive (Abb. 9) ist beim Anfahren mit $p = 6{,}5$ kg/cm² belastet. Wie groß ist die größte Beanspruchung?

---

[1] L. 143.10.

143. Die Kreisplatte.

Doppelwandige Kolben ohne Versteifungsrippen sind statisch unbestimmt. Bei der Stärke des Kranzes, in dem die Kolbenringe liegen, und der Nabe kann angenommen werden, daß die beiden Böden außen und innen vollkommen eingespannt sind. Wenn der äußere Kranz als starr angesehen wird, so ist die Durchbiegung am äußeren Umfang für die beiden Böden gleich groß, $w_I = w_{II}$.

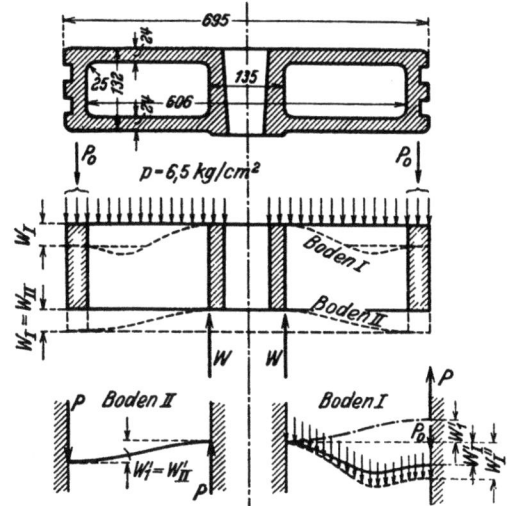
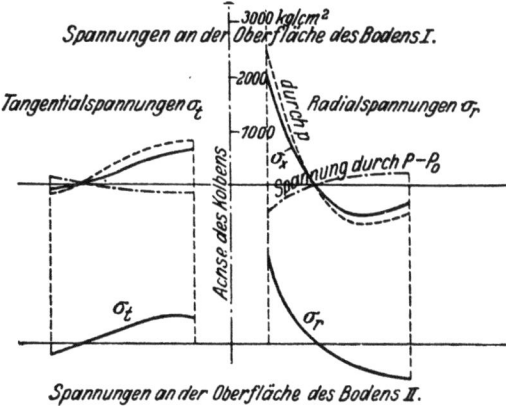

Abb. 9. Niederdruckkolben. Zahlenbeispiel 1.

Der untere Boden II ist durch die am äußeren Umfang konzentrierte Ringlast P belastet, so daß (nach Fall 8) die größte Durchbiegung $w_{II} = \gamma_8 \dfrac{P}{E} \cdot \dfrac{r_a^2}{h^3}$ ist. Mit $r_i/r_a = 135/606 = 0,223$ folgt aus der graphischen Interpolation: $\gamma_8 = 0,0105$ und (mit $h = 2,4$ cm):

$$w_{II} = 6,98 \frac{P}{E}.$$

Auf den oberen Boden I wirkt die Ringlast $P_0 = \dfrac{\pi}{4} \cdot (69,5^2 - 60,6^2) \, 6,5 = 5970$ kg, der Gegendruck des unteren Bodens P und die gleichmäßige Belastung p.

Die Durchbiegung des Bodens I unter der Ringlast $P - P_0$ ist (Fall 8):

$$w_I' = 6,98 \frac{P - P_0}{E}.$$

Die Durchbiegung des Bodens unter der gleichmäßigen Belastung p folgt aus Fall 17:

$$w_I'' = \gamma_{17} \frac{p}{E} \cdot \frac{r_a^4}{h^3}.$$

Für $r_i/r_a = 0,223$ folgt aus der graphischen Interpolation: $\gamma_{17} = 0,21$ und $w_I'' = 12700 \dfrac{p}{E}$.

Aus $w_I = w_{II}$ folgt: $\quad 6,98 \dfrac{P}{E} = 12700 \dfrac{p}{E} - 6,98 \dfrac{P - P_0}{E}$.

Mit $P_0 = 5970$ kg und $p = 6,5$ at, wird $P = 8900$ kg. Die größte Spannung für Boden I für $r = r_i$

$$\sigma_{\max} = \varphi_{17} p \frac{r_a^2}{h^2} + \varphi_{8a} \frac{P - P_0}{h^2}$$

und mit den φ-Werten für $r_i/r_a = 0,223$ aus der Zahlentafel:

$$\sigma_{\max} = 2,52 \frac{6,5 \cdot 918,1}{5,76} - 1,05 \frac{2930}{5,76} = 2075 \text{ kg/cm}^2.$$

Durch Einziehen von Rippen wird der Kolben wesentlich widerstandsfähiger, da sich beide Scheiben nun gleich durchbiegen müssen. Die Rippen müssen dazu aber so stark sein, daß sie die auftretenden Schubspannungen übertragen können. Solche Kolben können dann so berechnet werden, als ob jede Platte die halbe Belastung trüge. Bei der Übertragung großer Schubspannungen sind die Aussparungen in den Rippen sehr gefährlich (vgl. S. 45). Der Bruch des Kolbens geht deshalb meist durch die Aussparungen[1].

---

[1] L. 143.14.

Zahlenbeispiel 2[1]. Der Ventilring von 4 mm Dicke einer Gebläsemaschine (Abb. 10) ist durch den Winddruck mit $p = 0{,}5$ at gleichmäßig belastet. Wie groß ist die größte Beanspruchung, wenn von der zusätzlichen Beanspruchung durch stoßweises Schließen abgesehen wird?

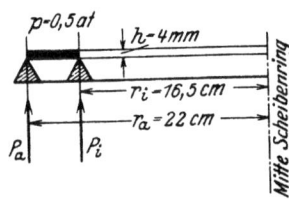

Abb. 10. Ventilring.

P_a sei der Druck des Ventilringes gegen die äußere Sitzfläche, P_i gegen die innere, dann ist die Gesamtbelastung $P = P_a + P_i$. Die Aufgabe ist wieder statisch unbestimmt, weil P_a und P_i von den Formänderungen des Ringes abhängig sind. Wenn der Ring am äußeren Umfang gestützt gedacht wird, so muß die Durchbiegung f unter dem Einfluß der gleichmäßigen Belastung p und der Ringlast P_i zu Null werden.

Unter der Einwirkung der Kraft P_i (Fall 5) ist für $\dfrac{r_i}{r_a} = \dfrac{16{,}5}{22} = 0{,}75$, $\gamma_5 = 0{,}43$ und $\varphi_5 = 1{,}15$, also $f = 0{,}43 \dfrac{P r_a^2}{E h^3}$.

Unter der gleichmäßigen Belastung p (Fall 10) ist für $r_i/r_a = 0{,}75$: $\gamma_{10} = 0{,}28$ und $\varphi_{10} = 0{,}76$ also $f = 0{,}76 \dfrac{p r_a^4}{E h^3}$.

Durch Gleichsetzen der beiden Werte von f erhält man $P_i = 157$ kg und damit

$$P_a = \pi (r_a^2 - r_i^2) \cdot 0{,}5 - 157 = 176 \text{ kg.}$$

Die größte Beanspruchung (am Innenrand) durch p ist: $\sigma_i = \varphi_{10} \dfrac{p \cdot r_a^2}{h^2} = 1150$ kg/cm²

und durch P_i: $\sigma_t = \varphi_5 \dfrac{P_i}{h^2} = -1125$ kg/cm². Resultierende Spannung = 25 kg/cm².

15. Erweiterte Festigkeitslehre.

151. Die Airysche Spannungsfunktion für ebene Probleme.

Die Berechnung der Spannungen ist bei ebenen Problemen, bei allmählichen Querschnittsänderungen und für einfache Formen, wie Keil (S. 117—18) und durchlochten Stab (Abschn. 153) möglich.

An einigen Beispielen soll gezeigt werden, daß die einfache, elementare Festigkeitslehre viele praktisch wichtige Probleme mit ausreichender Genauigkeit löst, so daß der Konstrukteur dann kein Interesse daran hat, von einer strengeren aber viel umständlicheren Theorie auszugehen. Anderseits folgt aus der Spannungsberechnung bei keilförmigen Trägern, daß die elementare Theorie die Bruchgefahr besonders bei Querschnittsänderungen bedeutend unterschätzt, so daß die Verwendung der einfachen Gleichungen für die Konstruktion eine erhebliche Gefahr bedeutet.

Spannungsgleichungen in rechtwinkligen Koordinaten. Wenn keine Massenkräfte wirken, so gelten sowohl für ebene Spannungen als auch für ebene Formänderungen die Beziehungen:

$$\frac{\partial \sigma_x}{\partial x} + \frac{\partial \tau}{\partial y} = 0 \quad \text{und} \quad \frac{\partial \sigma_y}{\partial y} + \frac{\partial \tau}{\partial x} = 0. \qquad (124.13\text{a, b u. } 24)$$

Diese beiden Gleichungen zwischen den drei unbekannten Spannungen σ_x, σ_y und τ können dadurch erfüllt werden, daß man sie den zweiten Differentialquotienten einer beliebigen Funktion $V(x, y)$ in folgender Weise gleichsetzt:

$$\sigma_x = \frac{\partial^2 V}{\partial y^2}, \quad \sigma_y = \frac{\partial^2 V}{\partial x^2} \quad \text{und} \quad \tau = -\frac{\partial^2 V}{\partial x \cdot \partial y}, \qquad (151.1\text{a, b, c})$$

wie man sich durch Einsetzen leicht überzeugt. Die Funktion V wird nach ihrem Entdecker die Airysche Spannungsfunktion genannt. Die drei Formänderungen

$$\varepsilon_x = \frac{\partial \xi}{\partial x}, \; \varepsilon_y = \frac{\partial \eta}{\partial y} \quad \text{und} \quad \gamma = \frac{\partial \eta}{\partial x} + \frac{\partial \xi}{\partial y} \quad [\text{Gl. } (124.4, 5 \text{ u. } 7)]$$

sind in den beiden Verschiebungen ξ und η der Koordinaten x und y ausgedrückt und können deshalb nicht voneinander unabhängig sein. Man erkennt leicht, daß

$$\frac{\partial^2 \varepsilon_x}{\partial y^2} + \frac{\partial^2 \varepsilon_y}{\partial x^2} = \frac{\partial^2 \gamma}{\partial x \partial y} \qquad (2)$$

---
[1] L. 143.9, S. 678.

151. Die Airysche Spannungsfunktion für ebene Probleme.

ist; d. i. die sog. Verträglichkeitsbedingung (Kompatibilität). Führt man darin die bekannten Beziehungen zwischen Spannungen und Dehnungen Gl. (124.16a, b, c) ein; so erhält man:

$$\frac{\partial^2}{\partial y^2}\left(\sigma_x - \frac{\sigma_y}{m}\right) + \frac{\partial^2}{\partial x^2}\left(\sigma_y - \frac{\sigma_x}{m}\right) = \frac{2(m+1)}{m}\frac{\partial^2 \tau}{\partial x \partial y}. \tag{3}$$

Differenziert man Gl. (124.13a) nach x und Gl. (124.13b) nach y, und addiert beide, so findet man die Beziehung:

$$2\frac{\partial^2 \tau}{\partial x \partial y} = -\left(\frac{\partial^2 \sigma_x}{\partial x^2} + \frac{\partial^2 \sigma_y}{\partial y^2}\right).$$

In Gl. (3) eingesetzt, lautet die neue Form der Kompatibilitätsbedingung:

$$\left(\frac{\partial^2}{\partial x^2} + \frac{\partial^2}{\partial y^2}\right)(\sigma_x + \sigma_y) = 0$$

und mit den Spannungsgleichungen (1)

$$\left(\frac{\partial^2}{\partial x^2} + \frac{\partial^2}{\partial y^2}\right)\left(\frac{\partial^2 V}{\partial x^2} + \frac{\partial^2 V}{\partial y^2}\right) = \left(\frac{\partial^2}{\partial x^2} + \frac{\partial^2}{\partial y^2}\right)^2 V = \Delta^2 V = 0. \tag{4}$$

Damit ist die gesuchte Bedingungsgleichung für V gefunden; sie ist eine partielle Differentialgleichung vierter Ordnung mit der allgemeinen Lösung:

$$V = f_1(x + iy) + f_2(x - iy) + (x^2 + y^2)[f_3(x + iy) + f_4(x - iy)] \tag{5}$$

worin f_1 bis f_4 beliebige Funktionen sind. Sowohl der reelle Teil $\Phi(x, y)$ als auch der imaginäre Teil $i\psi(x, y)$ von V genügt für sich als Lösung der Differentialgleichung. Die Funktionen Φ und ψ stehen senkrecht zueinander. Die Schwierigkeit der Lösung einer bestimmten Aufgabe besteht darin, die allgemeine Lösung den vorgeschriebenen Randbedingungen anzupassen. Man geht dabei meistens so vor, daß man eine Lösung wählt und dann die daraus folgenden Randbedingungen berechnet.

Spannungsgleichungen in Polarkoordinaten. Für viele Aufgaben ist es zweckmäßig, die Lösung der allgemeinen Gl. (5) in Polarkoordinaten umzuformen, indem die Spannungen mit σ_t, σ_r statt mit σ_x, σ_y bezeichnet werden; Gl. (1) lautet nun:

$$\sigma_r = \frac{\partial^2 V}{\partial t^2} \qquad \sigma_t = \frac{\partial^2 V}{\partial r^2} \quad \text{und} \quad \tau = -\frac{\partial^2 V}{\partial r \partial t}, \tag{6}$$

worin $V = $ Funktion (r, φ) ist. Eine partielle Differentiation nach r hat den Sinn, daß an der Richtung t (d. h. am Winkel φ) nichts geändert werden soll. Der Ausdruck für σ_t ändert sich also nicht, wenn die R- und X-Achse zusammenfallen. Die erste Ableitung nach t gibt:

$$\frac{\partial V}{\partial t} = \frac{\partial V}{\partial \varphi} \cdot \frac{d\varphi}{dt} = \frac{1}{r} \cdot \frac{\partial V}{\partial \varphi}.$$

Bei der zweiten Ableitung muß berücksichtigt werden, daß dem Fortschreiten in tangentialer Richtung um dt nicht nur eine Winkeländerung $d\varphi$, sondern zugleich eine Änderung von r um dr entspricht (vgl. Abb. 151.1), also

$$\sigma_r = \frac{\partial^2 V}{\partial t^2} = \frac{1}{r^2}\frac{\partial^2 V}{\partial \varphi^2} + \frac{1}{r}\frac{\partial V}{\partial r} \tag{7}$$

und

$$\tau = -\frac{\partial^2 V}{\partial r \partial t} = -\frac{\partial}{\partial r}\left(\frac{1}{r} \cdot \frac{\partial V}{\partial \varphi}\right) = -\frac{1}{r}\frac{\partial^2 V}{\partial r \partial \varphi} + \frac{1}{r^2} \cdot \frac{\partial V}{\partial \varphi}. \tag{8}$$

Die allgemeine Gleichung $\Delta^2 V = 0$ lautet also voll ausgeschrieben:

$$\left(\frac{\partial^2}{\partial r^2} + \frac{1}{r^2} \cdot \frac{\partial^2}{\partial \varphi^2} + \frac{1}{r}\frac{\partial}{\partial r}\right)\left(\frac{\partial^2 V}{\partial r^2} + \frac{1}{r^2}\frac{\partial^2 V}{\partial \varphi^2} + \frac{1}{r}\frac{\partial V}{\partial r}\right) = 0. \tag{9}$$

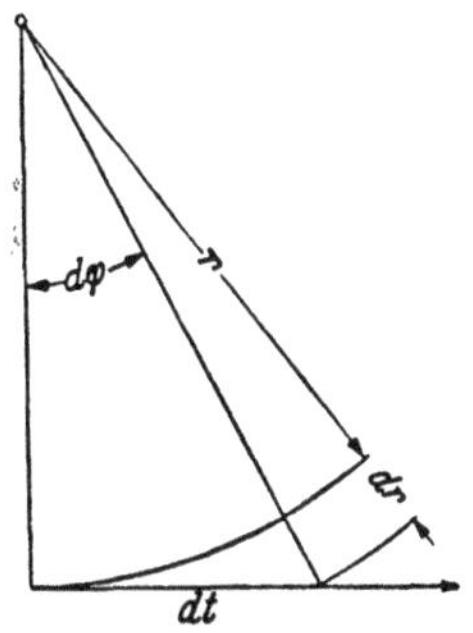

Für symmetrische Beanspruchungen (unabhängig von φ) ist $V = $ Funktion (r), $\frac{\partial}{\partial r} = \frac{d}{dr}$

und

$$\left(\frac{d^2}{dr^2} + \frac{1}{r}\frac{d}{dr}\right)\left(\frac{d^2 V}{dr^2} + \frac{1}{r} \cdot \frac{dV}{dr}\right) = 0. \tag{9a}$$

Abb. 151.1.

Durch Einführung von $r = e^z$ kann diese Gleichung auf eine lineare Differentialgleichung mit konstanten Koeffizienten zurückgeführt werden. In dieser Weise erhält man die allgemeine Lösung:

$$V = A \ln r + B r^2 \ln r + C r^2 + D, \tag{10}$$

116 15. Erweiterte Festigkeitslehre.

mit den Spannungen: $\tau = 0$,

$$\sigma_t = \frac{\partial^2 V}{\partial r^2} = -A/r^2 + 3B + 2B \ln r + 2C \tag{11}$$

und

$$\sigma_r = \frac{1}{r}\frac{\partial V}{\partial r} = A/r^2 + B + 2B \ln r + 2C. \tag{12}$$

Für eine nicht durchlochte zylindrische Scheibe werden A und B gleich Null, da sonst für $r=0$ immer unendlich große Spannungen auftreten würden. Die Spannungsverteilung

$$\sigma_r = \sigma_t = 2C,$$

gibt dann eine gleichmäßige Zug- resp. Druckbeanspruchung unabhängig von r. Für $B=0$ wird:

$$\sigma_t = -A/r^2 + 2C \quad \text{und} \quad \sigma_r = A/r^2 + 2C, \tag{141.2}$$

d. i. die Lösung für einen Hohlzylinder unter Druck (Abschn. 141).

Anwendungsbeispiel 151.1. Ein kreisförmig gekrümmter, prismatischer Stab mit rechteckigem Querschnitt wird an beiden Enden durch Kräftepaare M beansprucht, die in einer Ebene wirken, die durch die Stabachse geht (Abb. 2). Das Biegemoment ist also in allen Querschnitten gleichgroß (unabhängig von φ). Man kann auch annehmen, daß die Spannungsverteilung in allen radialen Querschnitten gleich ist. Es handelt sich dann um eine symmetrische Beanspruchung, mit der allgemeinen Lösung nach Gl. 10.

Bezeichnet man den kleinsten und den größten Radius mit r_i und r_a, so lauten die Randbedingungen:

a) Auf die konvexe und auf die konkave Randfläche des Stabes wirken keine Normalkräfte, also für $r = r_i$ und für $r = r_a$ ist $\sigma_r = 0$.

b) Auf die Endflächen wirken keine Tangentialkräfte: $\int_{r_i}^{r_a} \sigma_t \, dr = 0$.

c) Die Normalspannungen in den Endflächen bilden ein Kräftepaar: $\int_{r_i}^{r_a} \sigma_t \, r \cdot dr = -M$.

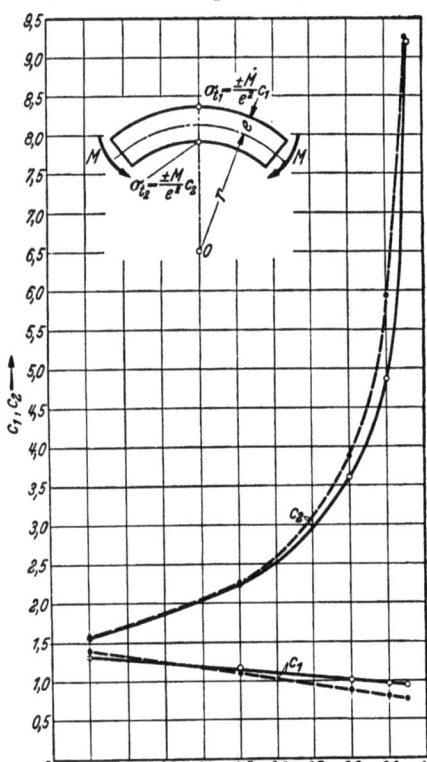

Abb. 2. Reine Biegung eines gekrümmten Stabes. Vergleich der genauen Theorie (—) mit der elementaren Lösung (···).

Aus der ersten Randbedingung folgt mit Hilfe der allgemeinen Lösung Gl. (10):

$$A/r_i^2 + B(1 + 2\ln r_i) + 2C = 0$$

und $\quad A/r_a^2 + B(1 + 2\ln r_a) + 2C = 0$. (a)

Die zweite Randbedingung: $\int_{r_i}^{r_a}\sigma_t dr = 0 = \int_{r_i}^{r_a} \frac{d^2 V}{dr^2} dr$

$= \left|\frac{\partial V}{\partial r}\right|_{r_i}^{r_a} = 0$ gibt mit Gl. (6) die Bedingung:

$$[A/r_a + B r_a(1 + 2\ln r_a) + 2C r_a]$$
$$- [A/r_i + B r_i(1 + 2\ln r_i) + 2C r_i] = 0$$

welche schon durch die Gl. (a) erfüllt ist. Die dritte Randbedingung:

$\int_{r_i}^{r_a}\sigma_t r dr = \int_{r_i}^{r_a} \frac{d^2 V}{dr^2} r dr = M$ gibt durch partielle Integration: $M = \left|\frac{dV}{dr}\right|_{r_i}^{r_a} - \int_{r_i}^{r_a}\frac{dV}{dr}dr.$

Aus der zweiten Randbedingung folgte, daß das erste Glied der rechten Seite gleich Null ist, so daß

$$-M = |V|_{r_i}^{r_a} = A \ln \frac{r_a}{r_i} + B(r_a^2 \ln r_a - r_i^2 \ln r_i)$$
$$+ C(r_a^2 - r_i^2) \tag{c}$$

ist. Durch die Gl. (a) und (c) sind die Konstanten A, B und C eindeutig bestimmt und damit auch die Spannungen σ_r und σ_t. Das Ergebnis ist:

151. Die Airysche Spannungsfunktion für ebene Probleme.

$$\sigma_r = -\frac{4M}{N}\left\{\frac{r_a^2 r_i^2}{r^2}\ln\frac{r_a}{r_i} + r_a^2\ln\frac{r}{r_a} + r_i^2\ln\frac{r_i}{r}\right\} \tag{13}$$

$$\sigma_t = -\frac{4M}{N}\left\{-\frac{r_a^2 r_i^2}{r^2}\ln\frac{r_a}{r_i} + r_a^2\ln\frac{r}{r_a} + r_i^2\ln\frac{r_i}{r} + r_a^2 - r_i^2\right\} \tag{14}$$

mit $\qquad N = (r_a^2 - r_i^2)^2 - 4 r_a^2 r_i^2 \left(\ln\frac{r_a}{r_i}\right)^2.$

Aus Gl. (1222.6) folgt nach der Biegetheorie, mit $P = 0$, $b = 1$ und $f = 2e$ (für den rechteckigen Querschnitt) und für $\eta = \pm e$:

$$\sigma_t = \frac{M}{e^2}\cdot\frac{1}{2}\left\{\frac{e}{r} \pm \frac{(e/r)^2}{\lambda(1 \pm e/r)}\right\} = \frac{M}{e^2} f(e/r).$$

Setzt man für $\eta = +e$, $f(e/r) = C_1$ und für $\eta = -e$, $f(e/r) = -C_2$, so ist

$$\sigma_{t1} = C_1 \frac{M}{e^2} \quad \text{und} \quad \sigma_{t2} = -C_2 \frac{M}{e^2}.$$

Nach der genauen Lösung Gl. (14) ist für $r_x = r_a$:

$$\sigma_{t1} = -4M\,\frac{r_a^2 - r_i^2 - 2r_i^2\ln r_a/r_i}{(r_a^2 - r_i^2)^2 - 4 r_a^2 r_i^2 \ln(r_a/r_i)^2}.$$

Setzt man $r_i = r - e$, $r_a = r + e$ und damit $r_a^2 - r_i^2 = 4er$ und $r_a r_i = r^2 - e^2$ in dieser Gleichung ein, so ist

$$\sigma_{t1} = -\frac{M}{e^2}\cdot\frac{4\frac{e}{r} - 2\left(1 - \frac{e}{r}\right)^2 \ln\frac{1+e/r}{1-e/r}}{4 - \left(\frac{r}{e}\right)^2\left[1 - \left(\frac{e}{r}\right)^2\right]^2 \ln\left(\frac{1+e/r}{1-e/r}\right)^2} = C_1\frac{M}{e^2}.$$

Ebenso findet man $\sigma_{t_2} = -C_2 \frac{M}{e^2}$.

In Abb. 2 ist die genaue Lösung mit der elementaren verglichen; es folgt daraus, daß die einfachere, elementare Lösung für den praktischen Gebrauch vollständig ausreicht.

Anwendung auf keilförmige Stäbe. Die Belastung durch eine Kraft P_1 kg je cm Breite im Nullpunkt des Koordinatensystems (Abb. 3) führt zu der einfachen Lösung:

$$V = -k\cdot P_1 r\varphi \sin\varphi. \tag{15}$$

Die Richtigkeit der Lösung wird bewiesen durch den Nachweis, daß alle Randbedingungen dadurch erfüllt werden. Aus

$$\frac{\partial V}{\partial r} = -kP_1\varphi\sin\varphi \quad \text{folgt:} \quad \frac{\partial^2 V}{\partial r^2} = \sigma_t = 0 \quad \text{für alle Werte von } \varphi.$$

Aus $\quad\dfrac{\partial V}{\partial \varphi} = -kP_1 r(\varphi\cos\varphi + \sin\varphi) \quad$ folgt: $\quad \tau = \dfrac{\partial}{\partial r}\left(\dfrac{1}{r}\cdot\dfrac{\partial V}{\partial \varphi}\right) = 0 \quad$ für alle Werte von φ,

und aus $\qquad \dfrac{\partial^2 V}{\partial \varphi^2} = -kP_1 r(-\varphi\sin\varphi + \cos\varphi + \cos\varphi),$

$$\left.\begin{aligned}\sigma_r &= \frac{1}{r}\cdot\frac{\partial V}{\partial r} + \frac{1}{r^2}\cdot\frac{\partial^2 V}{\partial \varphi^2} \\ &= -\frac{2kP_1}{r}\cdot\cos\varphi.\end{aligned}\right\} \tag{16}$$

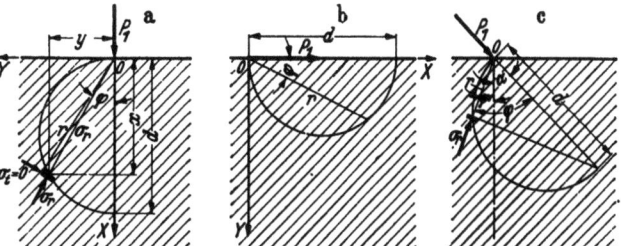

Abb. 3. Belastung durch Einzelkraft (X-Richtung = Kraftrichtung).

Das ist die Gleichung von Boussinesq. Ziehen wir einen Kreis mit beliebigem Durchmesser d, dessen Mittelpunkt auf der X-Achse (Kraftrichtung) liegt und die Y-Achse in 0 berührt, so ist für jeden Punkt des Kreises $r = d\cos\varphi$ und $\sigma_r = -2kP_1/d =$ konst., d.h. in allen Punkten des Kreises (mit Ausnahme der Kraftangriffstelle 0) ist die radiale Spannung konstant. Die Kon-

118   15. Erweiterte Festigkeitslehre.

stante k in Gl. (15) ist dadurch gegeben, daß die Summe der Komponenten in der P-Richtung gleich $-P_1$ sein muß, also

$$-P_1 = \int_{\varphi_1}^{\varphi_2} \sigma_r \cos\varphi\, r d\varphi = -2 P_1 k \int_{\varphi_1}^{\varphi_2} \cos^2\varphi\, d\varphi = -2 P_1 k \left[\frac{\varphi}{2} + \frac{\sin 2\varphi}{4}\right]_{\varphi_1}^{\varphi_2}.$$

$$k = \frac{1}{2\left(\frac{\varphi}{2} + \frac{\sin 2\varphi}{4}\right)_{\varphi_1}^{\varphi_2}}.$$

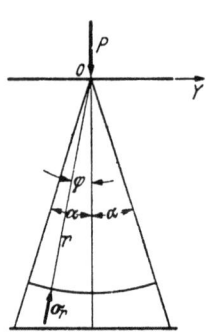

Abb. 4. Keilförmiger Träger (Druck).

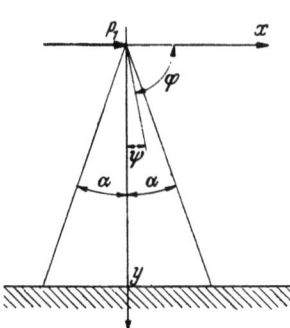

Abb. 5. Keilförmiger Träger (Biegung).

Für die Halbebene (Abb. 3a) mit den Grenzen $-\frac{\pi}{2}$ und $\frac{\pi}{2}$ ist $k = 1/\pi$: Diese Lösung gilt für jede Kraftrichtung, wenn der Winkel φ nur immer von der Kraftrichtung aus gemessen wird (vgl. Abb. 3a, b und c).

Da $\sigma_t = \tau = 0$ ist, kann die Begrenzungsebene auch keilförmig angenommen werden, weil dort keine Spannungen wirken. Für den Träger mit dem Spitzenwinkel 2α auf Zug oder Druck beansprucht (Abb. 4) ist

$$k = \frac{1}{2(\alpha + \frac{1}{2}\sin 2\alpha)} \qquad (17)$$

und für Biegebeanspruchung (Abb. 5)

$$K = \frac{1}{2(\alpha - \frac{1}{2}\sin 2\alpha)}. \qquad (18)$$

Zahlentafel 151.1. Zur Berechnung keilförmiger Träger, belastet durch Einzelkraft.

Für $\alpha =$	5°	10°	15°	20°	25°	30°	35°	40°	45°
$1/k$	0,1741	0,3455	0,5118	0,6705	0,8193	0,9566	1,0808	1,1905	1,2854
$1/K$	0,0005	0,0035	0,0118	0,0277	0,0533	0,0906	0,1440	0,2057	0,2854
Für $\alpha =$	50°	55°	60°	65°	70°	75°	80°	85°	90°
$1/k$	1,3651	1,4298	1,4802	1,5175	1,5431	1,5590	1,5673	1,5703	1,5708
$1/K$	0,3803	0,4900	0,6142	0,7515	0,9003	1,0590	1,2253	1,3967	1,5708

Die Belastung durch ein Moment M im Nullpunkt des Koordinatensystems führt zur Lösung:
$$V = k \cdot M(\varphi + \sin\varphi \cos\varphi). \qquad (19)$$

Es ist dann:
$$\sigma_t = 0, \quad \tau = 0 \quad \text{und} \quad \sigma_r = -\frac{2kM}{r^2}\sin 2\varphi. \qquad (20)$$

Aus der Bedingung, daß $2\int_0^\alpha \sigma_r r d\varphi \cdot r \sin\varphi = -M$ ist, folgt

$$k = \frac{3}{8\sin^3\alpha} \quad \text{und für } \alpha = \frac{\pi}{2}, \quad k = 3/8. \qquad (21)$$

Zahlentafel 15.2. Zur Berechnung keilförmiger Träger, belastet durch ein Moment.

Für $\alpha =$	5°	10°	15°	20°	25°	30°	35°	40°	45°
ist $k =$	559	71,9	21,6	9,37	4,99	3,0	1,99	1,41	1,06
$\alpha =$	50°	55°	60°	65°	70°	75°	80°	85°	90°
$k =$	0,833	0,682	0,578	0,506	0,453	0,417	0,394	0,380	0,375

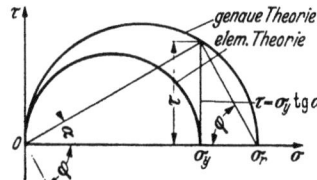

Abb. 6. Die elementare Theorie unterschätzt die Bruchgefahr von keilförmigen Trägern.

Gl. (16) liefert mit dem k-Wert aus Gl. (18)

$$\sigma_r = -\frac{P_1 \cos\varphi}{r(\alpha - \frac{1}{2}\sin 2\alpha)} \qquad (22)$$

die genaue Lösung für die Biegung eines keilförmigen Stabes durch eine Einzelkraft, unter der Voraussetzung, daß auch an der Einspannstelle die durch Gl. (16) vorgeschriebenen Spannungen herrschen. Legt man nun (wie es bei der elementaren Festigkeitslehre gebräuchlich ist) einen ebenen Schnitt senkrecht zur Stabachse, so folgen aus dem Spannungskreis (Abb. 124.5), mit $\sigma_1 = \sigma_r$ und $\sigma_2 = \sigma_t = 0$, die Spannungen:

$$\sigma_x = \sigma_r \sin^2\psi, \quad \sigma_y = \sigma_r \cos^2\psi \quad \text{und} \quad \tau = \sigma_r \sin\psi \cos\psi. \qquad (23)$$

In diesen Gleichungen ist $\psi = 90 - \varphi$, der Winkel zwischen Stabachse und radialer Richtung. Die elementare Theorie (Abschn. 1221) berücksichtigt nur die größte Normalspannung in der äußersten Faserschicht, also $(\sigma_y)_\alpha$ für $\psi = \alpha$. Um den Vergleich mit der einfachen Biegegleichung 1221.2 durchführen zu können, muß die Gleichung für σ_y etwas umgeformt werden.

$$(\sigma_y)_\alpha = \pm \frac{P_1 \sin\alpha \cos^2\alpha}{r\left(\alpha - \dfrac{\sin 2\alpha}{2}\right)} = \pm \frac{6 R_1 y}{h^2} \cdot \frac{h^2 \sin\alpha \cos^2\alpha}{6 r y \left(\alpha - \dfrac{\sin 2\alpha}{2}\right)}. \tag{24}$$

Nach der elementaren Theorie ist die Biegespannung $\sigma_e = M_b/W = \pm \dfrac{6 R_1 \cdot y}{h^2}$. Aus $h/r = 2\sin\alpha$ und $h/y = 2\,\mathrm{tg}\,\alpha$ folgt $h^2/r \cdot y = 4 \cdot \dfrac{\sin^2\alpha \, h^2}{\cos\alpha}$. Für kleine Winkel (etwa bis 12°) ist $\left(\alpha - \dfrac{\sin 2\alpha}{2}\right) \approx \tfrac{2}{3}\alpha^3$. Mit diesen Werten wird:

$$(\sigma_y)_\alpha = \sigma_e \left(\frac{\sin\alpha}{\alpha}\right)^3 \cos\alpha \approx \sigma_e. \tag{25}$$

Für schwach keilförmige Stäbe kann demnach die größte Normalspannung recht gut mit Hilfe der elementaren Festigkeitslehre berechnet werden. Die gleiche Schlußfolgerung gilt auch für den gekrümmten Stab, wie z. B. die Versuche von Böttcher[1] zeigen. Abweichend von der elementaren Theorie treten aber in den äußersten Fasern gleichzeitig noch Schubspannungen auf.

$$\tau = \sigma_r \sin\alpha \cos\alpha = \frac{P_1 \sin^2\alpha \cos\alpha}{r\left(\alpha - \dfrac{\sin 2\alpha}{2}\right)} = \frac{3 P_1 \sin^2\alpha \cos\alpha}{2 r \alpha^3} = \frac{3 P_1}{h}\left(\frac{\sin\alpha}{\alpha}\right)^3 \cos\alpha \approx 3\frac{P_1}{h}. \tag{26}$$

Die Schubspannung in der äußersten Faserschicht eines schwach keilförmigen Stabes ist demnach doppelt so groß wie die Schubspannung, welche beim prismatischen Stab in der Stabachse auftritt Gl.(1223.5). Wie stark die einfache Biegegleichung (1221.2) die Bruchgefahr für nicht-prismatische Stäbe unterschätzt, zeigt der Vergleich der Spannungskreise in beiden Fällen (Abb. 6). Man nennt das Verhältnis

$$\frac{\text{wirklich auftretende größte Spannung}}{\text{als prismatischer Stab berechnete Spannung}} = \alpha_k$$

die „Formziffer" (vgl. Abschn. 16). Für den konischen Stab auf Biegung beansprucht ist $\alpha_k \approx \sigma_y/\sigma_r$; für $\alpha = 15$ resp. 30° ist $\alpha_k \leq 1{,}09$ resp. $1{,}35$.

152. Die Beanspruchung in einer Druckfläche[2].

Der unendlich große Drehkörper mit Einzellast P. Ein Körper von sehr großer Ausdehnung wird durch eine horizontale Ebene begrenzt (Abb. 152.1). Im Koordinatenanfangspunkt O wirkt eine Einzelkraft P senkrecht zur Oberfläche. In der sehr weit von O entfernten und deshalb auch sehr ausgedehnten Stützfläche wirken noch die Auflagerkräfte. Unter der Voraussetzung, daß die Stützung axial-symmetrisch erfolgt, kann dieser Belastungsfall als ein unendlich großer Umdrehungskörper mit ringsum symmetrischer Belastung (Abschn. 14) aufgefaßt werden. Boussinesq[3] hat hierfür die elastischen Verschiebungen ζ und ϱ in relativ großer Entfernung von O berechnet. Mit $u = \sqrt{r^2 + z^2}$ ist:

$$\zeta = \frac{P}{4\pi G}\left(\frac{2(m-1)}{m \cdot u} + \frac{z^2}{u^3}\right) \tag{152.1}$$

und

$$\varrho = \frac{P}{4\pi G}\left(\frac{r \cdot z}{u^3} - \frac{m-2}{m} \cdot \frac{r}{u^2 + uz}\right). \tag{2}$$

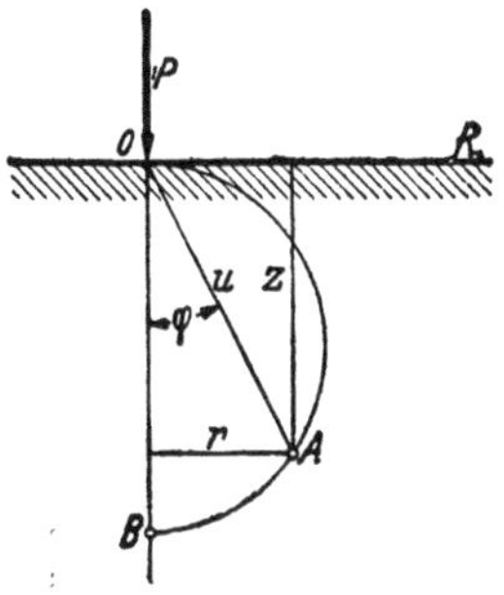

Abb. 152.1. Der unendlich große Drehkörper mit Einzellast.

Um die Richtigkeit dieser Lösung zu beweisen, berechnet man zuerst [nach den Gl. (14.11 b/c)] die Dehnungen:

$$\varepsilon_z = \frac{\partial\zeta}{\partial z} = \frac{P}{4\pi G}\left[\frac{2(m-1)}{m}\left(-\frac{z}{u^3}\right) + \frac{2z}{u^3} - \frac{3z^3}{u^5}\right] = \frac{P}{4\pi G}\left(\frac{2z}{mu^3} - \frac{3z^3}{u^5}\right),$$

und

$$\varepsilon_r = \frac{\partial\varrho}{\partial r} = \frac{P}{4\pi G}\left[\frac{z}{u^3} - \frac{3zr^2}{u^5} - \frac{m-2}{mu^2(u+z)^2}\left(z^2 - r^2 + uz - \frac{zr^2}{u}\right)\right]$$

und mit $\varepsilon_t = \varrho/r$ [Gl. (14.11a)] die räumliche Dehnung

$$e = -\frac{P}{4\pi G} \cdot \frac{2(m-2)}{mu^3} \cdot z.$$

---
[1] L. 1222.2. [2] L. 152. [3] Boussinesq: C. r. Soc. Biol., Paris 114 (1892) 1510.

Setzt man diese Werte in den Gl. (14.12) ein, so erhält man (da $z/u = \cos\varphi$ und $r/u = \sin\varphi$ ist) die Spannungen:

$$\sigma_z = -\frac{3P}{2\pi} \cdot \frac{z^3}{u^5} = -\frac{3P}{2\pi u^2} \cos^3\varphi \qquad (3)$$

$$\sigma_r = \frac{P}{2\pi}\left(\frac{m-2}{m} \cdot \frac{1}{u(u+z)} - \frac{3zr^2}{u^5}\right) = \frac{P}{2\pi u^2}\left(\frac{m-2}{m} \cdot \frac{1}{1+\cos\varphi} - 3\cos\varphi \sin^2\varphi\right) \qquad (4)$$

$$\sigma_t = \frac{P}{2\pi} \cdot \frac{m-2}{m}\left(\frac{z}{u^3} - \frac{1}{u(u+z)}\right) = \frac{P}{2\pi u^2} \cdot \frac{m-2}{m}\left(\cos\varphi - \frac{1}{1+\cos\varphi}\right). \qquad (5)$$

Die Schubspannung ist:

$$\tau = G\left(\frac{\partial\xi}{\partial r} + \frac{\partial\varrho}{\partial z}\right) = \frac{3P}{2\pi} \cdot \frac{z^2 r}{u^5} = \frac{3P}{2\pi u^2} \cos^2\varphi \sin\varphi. \qquad (6)$$

Alle Spannungskomponenten nehmen in der Richtung φ mit dem Quadrate der Entfernung u vom Ursprung ab. Ist $z=0$ (Grenzebene) oder sehr klein im Verhältnis zu u, dann ist:

$$\sigma_r = -\sigma_t = \frac{P}{2\pi} \cdot \frac{m-2}{mu^2} \qquad (7)$$

mit Ausnahme für die unmittelbare Nähe der Kraftangriffstelle $u \to 0$.

Aus diesen Spannungsgleichungen folgt, daß die horizontale Oberfläche des Körpers ($z=0$) frei von Lasten ist (für $z=0$ verschwinden sowohl σ_z als τ), mit Ausnahme der Kraftangriffstelle $u=0$. Auch für $u=\infty$ verschwinden alle Spannungskomponenten, schließlich zeigt eine einfache Rechnung, daß die Spannungsgleichungen auch den allgemeinen Gleichgewichtsbedingungen [Gl. (14.8/9)] genügen. Damit ist bewiesen, daß die Gl. (1 u. 2) von Boussinesq für alle Stellen des Körpers (die genügend weit von der Kraftangriffstelle entfernt sind) eine strenge Lösung der Aufgabe bilden. Für eine beliebige horizontale Ebene parallel zur Oberfläche ($z=s$) ist

$$\int \sigma_z df = 2\pi \int_0^\infty \sigma_z r\, dr = -3Ps^3 \int_0^\infty \frac{r\, dr}{(s^2+r^2)^{5/2}} = -\frac{3}{2} Ps^3 \int_0^\infty \frac{d(r^2+s^2)}{(r^2+s^2)^{-3/2}} = -P,$$

unabhängig vom Abstande s, also auch für $s=0$. Damit ist der Beweis erbracht, daß der Boussinesqsche Ansatz auch für die Kraftangriffstelle gültig bleibt, gleichgültig wie die Last P dort verteilt ist.

Für praktische Anwendungen ist gerade die Spannungsverteilung in der Nähe der Kraftangriffstelle von der größten Bedeutung. Man findet sie mit Hilfe der Gl. (3/6) für die Einzellast P durch Summierung der auf unendlich kleine Flächen $r \cdot d\alpha \cdot dr$ wirkenden Teilbelastungen $p \cdot r \cdot d\alpha \cdot dr$. Die Berechnung wird auf symmetrische Belastungen: $p = F(r)$, unabhängig von α beschränkt. Aus den Gl. (3/5) folgen dann die Teilspannungen in einem Punkte A der Symmetrieachse, infolge der unendlich kleinen Belastung $p \cdot r \cdot d\alpha \cdot dr$ zu:

$$d^2\sigma_z = -\frac{3pr\, d\alpha\, dr}{2\pi} z^3/u^5 \qquad (8)$$

$$d^2\sigma_r = \frac{pr\, d\alpha\, dr}{2\pi}\left[\frac{m-2}{m} \cdot \frac{1}{u(u+z)} - \frac{3zr^2}{u^5}\right] \qquad (9)$$

$$d^2\sigma_t = \frac{pr\, d\alpha\, dr}{2\pi}\left[-\frac{m-2}{m} \cdot \frac{1}{u(u+z)} + \frac{m-2}{m} \cdot \frac{z}{u^3}\right]. \qquad (10)$$

Alle Schubspannungsanteile $d\tau$ heben sich für die symmetrische Belastung gegenseitig auf; in der Z-Achse (und senkrecht dazu) treten keine Schubspannungen auf.

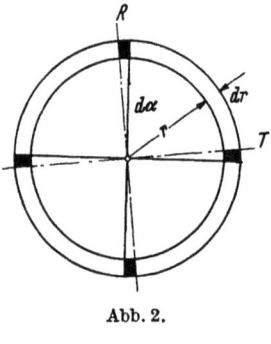

Abb. 2.

Die Integration über $d\alpha$ von 0 bis 2π gibt als Teilspannung einer Ringlast von der Breite dr für einen Punkt der Z-Achse:

$$d\sigma_z = 3pr\, dr z^3/u^5. \qquad (11)$$

Bei der Berechnung der Teilspannungen $d\sigma_r$ und $d\sigma_t$ durch die gleiche Ringlast, betrachtet man am zweckmäßigsten vier Flächenelemente $r\, d\alpha\, dr$ (Abb. 2), die sich auf zwei senkrecht zueinander stehenden Durchmessern gegenüber liegen. Die Lasten der beiden Flächenelemente auf der R-Achse erzeugen in A eine Spannung $d^2\sigma_r$, die nach Gl. (9) und gleichzeitig eine Spannung $d^2\sigma_t$, die nach Gl. (10) berechnet werden kann. Die beiden gleich großen auf der T-Achse liegenden Flächenelemente erzeugen in A ebenfalls Spannungen in der R- und T-Richtung, die aber um 90° gedreht sind, so daß $d^2\sigma_r$ aus Gl. (9) und $d^2\sigma_t$ aus Gl. (10) zu berechnen sind. Bei der Summierung der vier Teillasten ist zu beachten, daß die ersten Glieder der beiden Gl. (9)

152. Die Beanspruchung in einer Druckfläche.

und (10) gleich groß und entgegengesetzt gerichtet sind, sich bei der Summierung also aufheben. Zur Berechnung von $d\sigma_r$ und $d\sigma_t$ sind demnach nur die zweiten Glieder der beiden Gleichungen zu addieren. Für die ganze Ringlast, d.h. von $\alpha = 0$ bis $\pi/2$ summiert, ist:

$$d\sigma_r = d\sigma_t = \frac{pr\,dr}{2}\left[-3\frac{zr^2}{u^5} + \frac{m-2}{m}\cdot\frac{z}{u^3}\right]. \tag{12}$$

Die Spannungen σ_z und $\sigma_r = \sigma_t$ erhält man durch Summierung aller Ringlasten von $r = 0$ bis $r = a$.

Für eine gleichmäßig verteilte Belastung ist im Punkte A der Symmetrieachse:

$$\sigma_z = 3\,pz^3\int_0^a \frac{r\,dr}{(z^2+r^2)^{5/2}} = -\left|\frac{pz^3}{(z^2+r^2)^{3/2}}\right|_0^a = p\left[1 - \left(\frac{1}{1+(a/z)^2}\right)^{3/2}\right]. \tag{13}$$

Die Abnahme des Druckes mit der Tiefe z ist in Abb. 3 dargestellt.

Die halbkugelförmige Belastung der Druckfläche (Abb. 4). Diese Belastung ist vorhanden, wenn ein Rotationsparaboloid gegen eine Platte gepreßt wird. Die Scheitelgleichung der Parabel:

$$z = r^2/2\,R \tag{14}$$

(R = Krümmungsradius im Scheitelpunkt) kann für eine kleine Berührungsfläche fast jede andere Meridiankurve ersetzen. Der weitere Verlauf der Kurve außerhalb der Druckfläche, also die eigentliche Form des Druckkörpers, hat dann keinen Einfluß mehr auf die Beanspruchung der Druckfläche. Man kann die Richtigkeit der angenommenen Druckverteilung:

$$p = p_0\sqrt{1-(r/a)^2} \tag{15}$$

(a = Radius der Druckfläche) am einfachsten dadurch nachweisen, daß die daraus berechneten, verformten Oberflächen der beiden Körper in der Druckfläche zusammenfallen müssen.

Auf ein Flächenelement df der Druckfläche wirkt die Kraft $p \cdot df$. Die dadurch verursachte Senkung $d^2\zeta$ in irgendeinem Punkte A der Druckfläche folgt aus Gl. (1):

$$d^2\zeta = \frac{m-1}{2\,\pi mG}\cdot\frac{p\,df}{e},$$

da für die Druckfläche $z = 0$ ist und die Entfernung zwischen A und dem Flächenelement mit e bezeichnet wird. Die noch unbestimmt gelassene Form des Elementes df wird so gewählt,

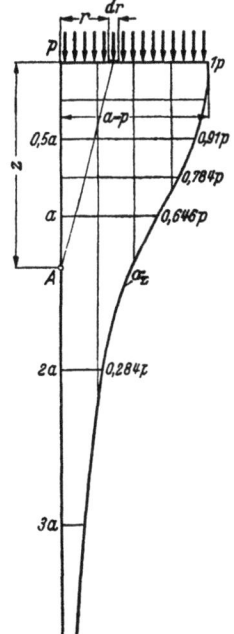
Abb. 3. Abnahme des Druckes mit der Tiefe z bei gleichmäßig verteilter Belastung p.

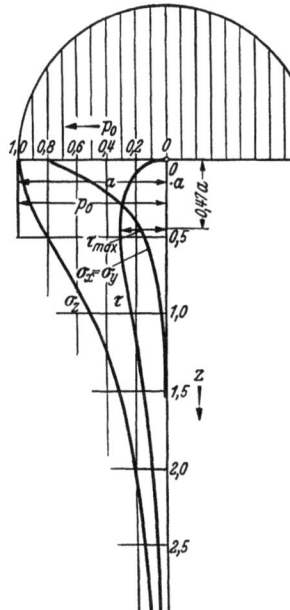
Abb. 4. Spannungsverlauf unterhalb einer halbkugelförmigen Belastung.

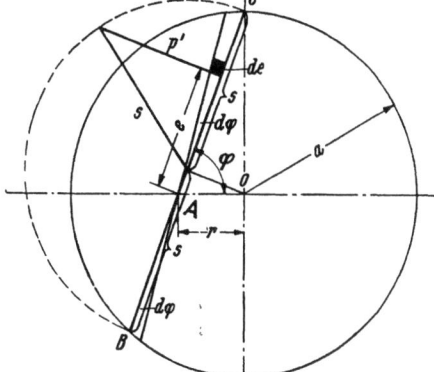
Abb. 5. Zur Berechnung der Formänderung der Druckflächen.

daß die Integration über die ganze Druckfläche am einfachsten durchgeführt werden kann. Aus Abb. 5 folgt $df = e\,d\varphi \cdot de$. Bei der Summierung über alle Flächenteilchen df zwischen den beiden durch A gezogenen Strahlen bleibt $d\varphi$ konstant:

$$d\zeta = \frac{m-1}{2\,\pi mG}\int_B^C p\,de.$$

Die Integration ist über die ganze Sehne BC durchzuführen. Eine senkrechte Ebene durch diese Sehne schneidet die halbkugelförmige Belastungsfläche nach einem Halbkreis, die in der Abbildung in umgeklappter Lage (gestrichelt) dargestellt ist. Die Ordinate p' bildet ein Maß für den Druck p in gleichem Verhältnis, wie der Radius a ein Maß für p_0 ist, also:

$$p/p' = p_0/a \quad \text{und} \quad \int_B^C p\,de = \frac{p_0}{a}\int_B^C p'\,de = \frac{p_0}{2a}\pi s^2. \quad \text{Da } s^2 = a^2 - r^2 \sin^2\varphi \text{ ist, wird}$$

$$\zeta = \frac{m-1}{4mG} \cdot \frac{p_0}{a}\int_0^\pi (a^2 - r^2 \sin^2\varphi)\,d\varphi = \frac{m-1}{4mG} \cdot \pi p_0 \left(a - \frac{r^2}{2a}\right).$$

Die größte Einsenkung in der Mitte der Druckfläche ($r=0$) ist doppelt so groß wie am Rande ($r=a$). Aus der Gesamtkraft

$$P = \int p\,df = p_0 \int_0^a \sqrt{1 - \frac{r^2}{a^2}} \cdot 2\pi r\,dr = \frac{2}{3}\pi a^2 p_0$$

folgt

$$p_0 = \frac{3}{2} \cdot \frac{P}{\pi a^2} \tag{16}$$

und damit

$$\zeta = \frac{3(m-1)}{8mG} \cdot \frac{P}{a^2}\left(a - \frac{r^2}{2a}\right). \tag{17}$$

Bei den praktischen Anwendungen ist zu beachten, daß diese Gleichung (streng genommen) nur für den unendlich großen Halbraum gilt. Sie bleibt aber mit sehr guter Annäherung auch gültig für Körper, deren Dicke groß ist im Verhältnis zum Radius a der Druckfläche. Sie gilt solange die Druckfläche kreisförmig ist, also für alle Umdrehungskörper mit parabolischer Mantellinie, aber auch für zwei Zylinder mit gleichem Durchmesser, die sich senkrecht kreuzen.

Da an den beiden zusammengepreßten Körpern dieselbe Lastverteilung angreift, nur in entgegengesetzter Richtung, gilt Gl. (17) ohne weiteres für die Verschiebungen ζ_1 und ζ_2 der beiden Körper. Die Abplattung δ, d. i. der Betrag, um welchen beide Körper sich gegenseitig verschieben müssen, damit sie nach vollzogener Formänderung wieder berühren, setzt sich aus vier Teilen zusammen:

$$\delta = z_1 + z_2 + \zeta_1 + \zeta_2 = \frac{r^2}{2R_1} + \frac{r^2}{2R_2} + \frac{3P}{2a^2}\left(a - \frac{r^2}{2a}\right)\left(\frac{m_1-1}{4m_1G_1} + \frac{m_2-1}{4m_2G_2}\right), \tag{18}$$

wobei angenommen ist, daß die Werkstoffe der beiden Körper verschieden sind. Diese Abplattung muß nun unabhängig von r sein, damit die beiden Körper sich auf der ganzen Druckfläche berühren. Nach Gl. (18) ist das nur dann der Fall, wenn z mit r^2 proportional, die Mantellinie also eine Parabel ist; was zu beweisen war. Dann ist:

$$\frac{1}{2R_1} + \frac{1}{2R_2} = \frac{3P}{4a^3}\left(\frac{m_1-1}{4m_1G_1} + \frac{m_2-1}{4m_2G_2}\right) = \frac{1}{2R} \tag{19}$$

mit der Abkürzung:

$$\frac{1}{R_1} + \frac{1}{R_2} = \frac{1}{R} \tag{20}$$

und

$$\delta = \frac{3P}{2a}\left(\frac{m_1-1}{4m_1G_1} + \frac{m_2-1}{4m_2G_2}\right) = \frac{a^2}{R}. \tag{21}$$

Aus Gl. (17) folgt weiter, daß die verformte Mantellinie (innerhalb der Druckfläche) wieder eine Parabel ist; im Scheitelpunkt ist die Krümmung:

$$\frac{1}{\varrho} = \frac{d^2\zeta}{dr^2} = \frac{3(m-1)}{8mG} \cdot \frac{P}{a^3}.$$

Vergleicht man diese Krümmung mit der ursprünglichen $1/R$ aus Gl. (19), mit $m_1 = m_2 = m$ und $G_1 = G_2 = G$, so folgt: $1/\varrho = 1/2R$, d. h. die Krümmung ist nach der Verformung nur noch halb so groß.

Diese Gleichung gibt einen Einblick über die Formänderung der parabolischen Druckfläche. Sind beide Körper Kugeln gleicher Größe, so ist die Druckfläche eben. Im allgemeinen ist die Druckfläche gekrümmt.

Führt man den Wert von G aus Gl. (11.4) und von E' aus Gl. (124.18) in Gl. (21) ein und setzt:

$$\frac{1}{2}\left(\frac{1}{E_1'} + \frac{1}{E_2'}\right) = \frac{1}{E'} \tag{22}$$

so wird

$$\delta = \frac{3P}{4a}\left(\frac{1}{E_1'} + \frac{1}{E_2'}\right) = \frac{a^2}{R} = \frac{3P}{2aE'}.$$

152. Die Beanspruchung in einer Druckfläche.

Aus dieser Doppelgleichung folgt:

$$a = 1{,}145 \sqrt[3]{\frac{PR}{E'}} \quad \text{und} \quad \delta = 1{,}31 \sqrt[3]{\frac{P^2}{E'^2 R}} \qquad (23\text{a, b})$$

und mit Gl. (16):
$$p_0 = 0{,}365 \sqrt[3]{\frac{P E'^2}{R^2}}. \qquad (23\text{c})$$

Setzt man noch für zwei Stahlkörper $m_1 = m_2 = 10/3$, also $E' = 1{,}1 E$, so erhält man die in der Literatur allgemein verwendeten Gleichungen:

$$a = 1{,}11 \sqrt[3]{\frac{PR}{E}}, \quad \delta = 1{,}23 \sqrt[3]{\frac{P^2}{E^2 R}} \quad \text{und} \quad p_0 = 0{,}388 \sqrt[3]{P \frac{E^2}{R^2}}; \qquad (24\text{a, b, c})$$

sie gelten auch für zwei Kugeln, solange die Mantellinie als Parabel aufgefaßt werden darf, also nur für **kleine** Druckflächen.

Wohl bei keiner Beanspruchungsweise kommt die Bedeutung der Bruchhypothese für die Beurteilung der Bruchgefahr so deutlich zum Ausdruck, wie bei der Beanspruchung in einer kleinen Druckfläche. Wie hoch dürfte z. B. eine Kugel von 20 mm Durchmesser aus Chromstahl ($K_z = 200$ kg/mm²) beim Druck gegen eine Platte aus dem gleichen Werkstoff belastet werden? Wenn die größte Normalspannung ausschlaggebend für die Bruchgefahr wäre, so müßte p_0 kleiner als p_{zul} sein. Aus Gl. (24c) folgt mit $E = 18700$ kg/mm² und $R = 10$ mm:

$$p_0 = 59 \sqrt[3]{P} < p_{\text{zul}}.$$

Bei $P = 64$ kg hätte $p_0 = 236$ kg/mm² die Bruchfestigkeit des Werkstoffes schon überschritten! Jedermann kann sich durch einen einfachen Versuch leicht davon überzeugen, daß bei dieser Belastung niemals von einer Bruchgefahr gesprochen werden kann. Erfahrungsgemäß trägt die Kugel von 20 mm Durchmesser etwa 2500 kg bevor die erste Zerstörung eintritt. Nach der Mohrschen Bruchhypothese (S. 74) muß eben der ganze, räumliche Spannungszustand bei der Beurteilung der Bruchgefahr berücksichtigt werden.

Aus Gl. (11) folgt, mit der Belastung p aus Gl. (15); für einen Punkt der Z-Achse:

$$\sigma_z = -3 p_0 \int_0^a \frac{z^3 \sqrt{1 - r^2/a^2}}{(z^2 + r^2)^{5/2}} r \, dr = -p_0 \frac{a^2}{z^2 + a^2} \qquad (25)^1$$

und aus Gl. (12):

$$\sigma_r = \sigma_t = -\frac{3 p_0}{2} \int_0^a \frac{z r^3 \sqrt{1 - r^2/a^2}}{(z^2 + r^2)^{5/2}} \, dr + \frac{m-2}{2m} p_0 \int_0^a \frac{z r \sqrt{1 - r^2/a^2}}{(z^2 + r^2)^{3/2}} \, dr$$

$$= -\frac{m+1}{m} p_0 \left(1 - \frac{z}{a} \arctan \frac{a}{z} \right) + \frac{p_0}{2} \cdot \frac{a^2}{z^2 + a^2}. \qquad (26)^1$$

Der Verlauf dieser Spannungen ist in Abb. 4 dargestellt. Für die Mitte der Druckfläche ($z = 0$) ist

$$\sigma_z = -p_0$$

und
$$\sigma_r = \sigma_t = -\frac{m+2}{2m} p_0 = -0{,}8 p_0. \qquad (27)$$

Zur Berechnung der Spannungen σ_r und σ_t am Rande der Druckfläche betrachtet man zwei in bezug auf den Durchmesser OC symmetrisch liegenden Punkte A der Druckfläche (Abb. 6). Die Spannungsanteile $d^2\sigma_r$ und $d^2\sigma_t$, die durch diese Belastungen im Umfangspunkt C in der Richtung AC und senkrecht dazu entstehen, können aus Gl. (10) berechnet werden. Gesucht sind aber die Spannungsanteile in der R- und T-Richtung, die aus dem Spannungskreis in diesem Punkte [Gl. (124.19)] folgen. Beachtet man weiter, daß nach Gl. (9, 10) für $z = 0$, $\sigma_r = -\sigma_t$ ist, so ist für die beiden Lastpunkte A der Spannungsanteil in C:

$$d^2\sigma_r = \frac{m-2}{m} \cdot \frac{p \, e \, d\alpha \, de}{\pi} \cdot \frac{1}{e^2} \cos 2\alpha = -d^2\sigma_t.$$

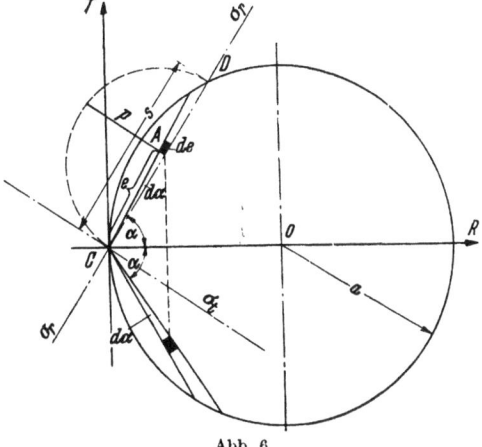

Abb. 6.

---

[1] Die Integration erfolgt durch Einführung der neuen Veränderlichen $q = z^2 (z^2 + r^2)$. L. 152.2. (1936) S. 214/15.

Summieren wir zunächst über den konstanten Winkel $d\alpha$, so wird mit der vorhandenen Druckverteilung $p = \frac{p_0}{a}\sqrt{e(s-e)}$ (vgl. Abb. 6):

$$d\sigma_r = \frac{m-2}{\pi m}\cos 2\alpha\, d\alpha \, \frac{p_0}{a}\int_0^s \frac{\sqrt{e(s-e)}}{e}\, de = -d\sigma_t$$

$$= \frac{m-2}{2m}\cdot \frac{p_0}{a}\cdot s \cos 2\alpha\, d\alpha = \frac{m-2}{m} p_0 \cos\alpha \cos 2\alpha\, d\alpha,$$

da $s = 2a\cos\alpha$ ist. Die Integration über $d\alpha$ von 0 bis $\pi/2$ gibt (mit $m = 10/3$):

$$\sigma_r = -\sigma_t = -\frac{m-2}{3m} p_0 = -0{,}133\, p_0. \tag{28)[1]}$$

Untersucht man nun die Bruchgefahr[2] nach der Mohrschen Hypothese, so ist für die Mitte der Druckfläche: $\tau_{\max} = \frac{\sigma_1-\sigma_2}{2} = 0{,}1\, p_0$; am Rande der Druckfläche ist $\tau_{\max} = \frac{0{,}133 + 0{,}133}{2} p_0 = 0{,}133\, p_0$. Die Bruchgefahr ist am größten in der Symmetrieachse, für $z = 0{,}47\, a$ unterhalb der Oberfläche, denn dort ist:

$$\sigma_1 = 0{,}8\, p_0, \quad \sigma_2 = \sigma_3 = 0{,}18\, p_0 \quad \text{und} \quad \tau_{\max} = 0{,}31\, p_0. \tag{28a}$$

Der Verlauf der maximalen Schubspannungen unterhalb der Druckfläche ist in Abb. 7 skizziert. Die abgeleiteten Beziehungen (bekannt als die Hertzschen Gleichungen[3]) bilden die Grundlage für die Berechnung von vielen Maschinenteilen (z. B. der Wälzlager, Abschn. 5). Neben den allgemein gebräuchlichen Voraussetzungen von homogenen, isotropen, vollkommen elastischen Körpern, die dem Hookeschen Gesetz folgen setzt die Theorie (wie wir gesehen haben) noch voraus, daß die Körper sich in einem sehr kleinen Teil ihrer Oberflächen berühren, und daß die Druckfläche vollkommen glatt sei, da angenommen wird, daß dort keine Schubspannungen auftreten. Dr. Raynfeld[4] hat durch photoelastische Untersuchungen bei der Berührung zweier Walzen experimentell nachgewiesen, daß diese letzte Annahme nicht zutrifft.

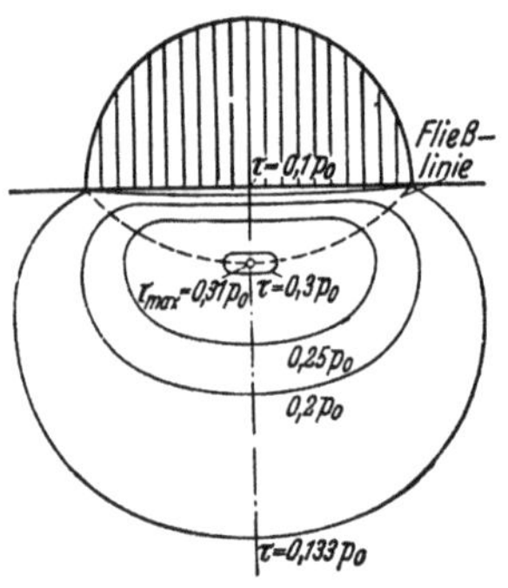

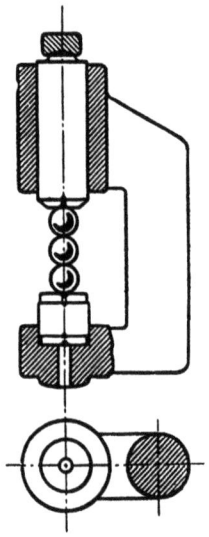

Abb. 8. Versuchseinrichtung von Stribeck.

Versuche zur Prüfung der Gültigkeit der Hertzschen Gleichungen, insbesondere durch Nachmessen der Größe des Halbmessers a der Druckfläche, gaben innerhalb der Elastizitätsgrenze eine gute Übereinstimmung mit der Theorie. In Übereinstimmung mit der Theorie beobachtete Stribeck[5] (schon vor 1900), daß der erste Sprung am Rande der Druckfläche auftritt. Dieser hochfeine Riß kann nur nachgewiesen werden, wenn die Druckfläche mit verdünnter Säure geätzt wird. Bei seiner Versuchsanordnung (Abb. 8) war $\Sigma\varrho = 2/d + 2/d = 4/d$ und die Sprunglast $P_s = 5{,}5$ bis $7{,}0\, d^2_{mm}$. Mit diesen Werten folgt aus Gl. (24c):

Abb. 7. Verlauf von $\tau_{\max}$ unterhalb der Druckfläche.

$$\tau_{\max} = 0{,}133 \cdot 0{,}388 \sqrt[3]{18700^2 \cdot 4^2} \sqrt[3]{P_s/d^2} = 165 \text{ bis } 180 \text{ kg/mm}^2.$$

Dieser Wert liegt höher als beim einachsigen Zugversuch ($\tau_{\max} = K_z/2 = 100 \text{ kg/mm}^2$), weil das Spannungsfeld nicht gleichmäßig ist.

Befindet sich ein Wälzlager (oder ein Paar Zahnflanken) in Betrieb, so zeigt sich als erste Zerstörung ein Abblättern der obersten Schicht der Laufbahn, die sog. Schälung. Der Verlauf der maximalen Schubspannungen unterhalb der Druckfläche (Abb. 7) erklärt, wie der Dauerbruch von der Stelle der größten Beanspruchung allmählich nach der Oberfläche fortschreitet und so die Schälung ermöglicht. Versuche über die statische Belastungsfähigkeit von Kugeln[6] führten zum bemerkenswerten Ergebnis, daß die ersten Anzeichen bleibender Formänderung

---

[1] $\int_0^s \sqrt{\frac{s-e}{e}}\, de = \left|\sqrt{e(s-e)} - s\arcsin\sqrt{1-\frac{e}{s}}\right|_0^s = \frac{\pi}{2} s$ und $\int_0^{\pi/2} \cos\alpha \cos 2\alpha\, d\alpha = \frac{1}{3}.$

[2] Prof. N. M. Belajef (Petersburg) hat schon im Jahre 1917 nachgewiesen, daß die Bruchgefahr nicht am Rande der Druckfläche am größten ist. L. 152.3. S. 344.

[3] L. 152.1. [4] L. 152.4. [5] L. 152.5. [6] L. 152.6.

152. Die Beanspruchung in einer Druckfläche.

bei verschiedenen Kugeldurchmessern d nicht allein von den Spannungen abhängen, die sich nach den Hertzschen Formeln berechnen lassen (τ_{max}), sondern auch vom Durchmesser d der Kugel. Als Gesetzmäßigkeit fand man mit großer Genauigkeit, daß der Übergang vom elastischen in den plastischen Zustand eintritt, wenn das Produkt $p_0\sqrt[3]{d}$ einen konstanten Grenzwert überschreitet. Je kleiner die Kugel, um so größer darf τ_{max} sein; die Belastungsfähigkeit steigt demnach mit abnehmendem Kugeldurchmesser (vgl. auch S. 84). Man weiß, daß das ganze Spannungsfeld an der gefährdeten Stelle zur Beurteilung der Bruchgefahr herangezogen werden muß und daß, je steiler der Spannungsverlauf ist, um so kleiner wird die Bruchgefahr.

Die allgemeinen Gleichungen von H. Hertz. Die X- und Y-Achsen (Abb. 9) liegen wieder in der gemeinsamen Tangentialebene in der Berührungsstelle, die Z-Achse senkrecht dazu. Haben beide Körper in der XZ- und YZ-Ebene verschiedene Krümmungen (wie es z. B. bei den Wälzlagern Abb. 10 der Fall ist), so wird die Druckfläche eine Ellipse mit den Halbachsen a und b. Die Berechnung kann in der Richtung der beiden Hauptachsen in ähnlicher Weise wie bisher durchgeführt werden. Das Ergebnis der Rechnung ist, wenn $\sqrt[3]{\dfrac{3(m^2-1)}{m^2}}$ (für $m=10/3$) $=1{,}4$ eingesetzt wird:

$$a = 1{,}4\,\mu \sqrt[3]{\dfrac{P}{E\,\Sigma\varrho}} \quad \text{und} \quad b = 1{,}4\,\nu \sqrt[3]{\dfrac{P}{E\,\Sigma\varrho}}. \tag{29}$$

In diesen Gleichungen ist

$$\Sigma\varrho = \varrho_{11} + \varrho_{12} + \varrho_{21} + \varrho_{22} \tag{30}$$

gleich der Summe der vier Hauptkrümmungen an der Berührungsstelle (Krümmung = 1/Krümmungsradius).

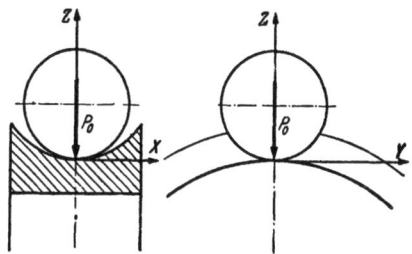

Abb. 9. Koordinaten-System.

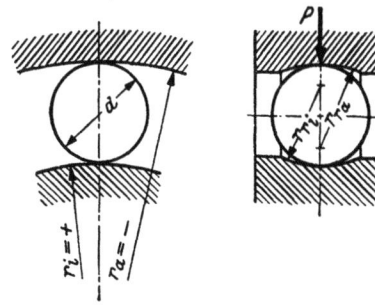

Abb. 10. Hauptkrümmungen.

Index 1 an erster Stelle bezieht sich auf den Wälzkörper, und gilt
    an zweiter Stelle für Krümmungen in der Ebene des Rollkreises.

Index 2 an erster Stelle bezieht sich auf die Laufbahn und gilt
    an zweiter Stelle für Krümmungen in der Ebene senkrecht zum Rollkreis.

Eine Krümmung, deren Mittelpunkt nach dem Innern des Körpers zu gelegen ist, wird positiv gerechnet (z. B. Vollkugel); die übrigen (z. B. Hohlkugel) sind negativ. Für ein Querkugellager z. B. ist

$r\ =1/\varrho_{11}=1/\varrho_{12}=$ Kugelradius,
$r_a=-1/\varrho_{21}=$ Laufradius des Außenringes,
$r_i=1/\varrho_{21}=$ „   „   Innenringes,
$r_{ra}=-1/\varrho_{22}=$ Rillenhalbmesser des Außenringes,
$r_{ri}=-1/\varrho_{22}=$ „   „   Innenringes.

μ und ν sind Zahlenfaktoren, die von den Hilfswinkeln τ und ε abhängen.

$$\mu = \sqrt[3]{\dfrac{K(\varepsilon)-E(\varepsilon)}{\dfrac{\pi}{4}\cdot\sin^2\varepsilon\cdot(1-\cos\tau)}} \quad \text{und} \quad \nu = \sqrt[3]{\dfrac{E(\varepsilon)\cdot\cos\varepsilon - K(\varepsilon)\cdot\cos^3\varepsilon}{\dfrac{\pi}{4}\cdot\sin^2\varepsilon\cdot(1+\cos\tau)}} \tag{31}$$

worin:
$$\cos\varepsilon = \dfrac{\text{kleine Achse}}{\text{große Achse}} = b/a = \nu/\mu = e \tag{32}$$

$K(\varepsilon)$ ist das mit dem Modul $\sin \varepsilon$ gebildete vollständige elliptische Integral erster Ordnung[1].
$E(\varepsilon)$ ist das mit dem gleichen Modul gebildete vollständige elliptische Integral zweiter Ordnung[1].

$$\cos \tau = \frac{\sqrt{(\varrho_{11}-\varrho_{12})^2 + 2(\varrho_{11}-\varrho_{12})(\varrho_{21}-\varrho_{22})\cos 2\omega + (\varrho_{21}-\varrho_{22})^2}}{\Sigma \varrho} = \frac{E(\varepsilon)\cdot(1+\cos^2\varepsilon) - 2K(\varepsilon)\cos^2\varepsilon}{E \sin^2 \varepsilon} \quad (33)$$

ω ist der Winkel, den die mit den Indizes 11 und 21 gekennzeichneten Normalebenen miteinander bilden.

Für Wälzlager fallen beide Ebenen zusammen, $\omega = 0$. Dann ist

$$\cos \tau = \frac{\varrho_{11} - \varrho_{12} + \varrho_{21} - \varrho_{22}}{\Sigma \varrho}. \quad (34)$$

Für Kugellager ist $\varrho_{11} = \varrho_{12}$ und

$$\cos \tau = \frac{\varrho_{21} - \varrho_{22}}{\Sigma \varrho}. \quad (34a)$$

Die Beziehungen zwischen μ, ν und τ können aus Zahlentafel 152.1 entnommen werden.

Zahlentafel 152.1. Werte von μ und ν in Abhängigkeit vom Hilfswinkel τ.

$\cos \tau$	0	0,400	0,500	0,600	0,700	0,750	0,800	0,850	0,900	0,925	0,950	0,975	0,997
μ	1	1,35	1,48	1,66	1,91	2,07	2,295	2,57	3,06	3,50	4,14	5,22	12,8
ν	1	0,769	0,718	0,664	0,608	0,577	0,545	0,509	0,462	0,432	0,395	0,352	0,223
$\mu \nu^2$	1	0,804	0,763	0,731	0,706	0,693	0,682	0,667	0,653	0,650	0,647	0,645	0,636

Die Spannungen innerhalb der Druckfläche, längs der b-Achse sind, wenn $e < 1$ und $\gamma = y/b$ ist (vgl. Abb. 11):

$$\left. \begin{aligned} \sigma_x &= -\frac{3P}{2\pi ab}\left[\frac{m-2}{m}\cdot\frac{e}{1-e^2}\left(1 - \frac{e\gamma}{\sqrt{1-e^2}}\operatorname{arc tg}\frac{\gamma\sqrt{1-e^2}}{e+\sqrt{1-\gamma^2}} - e\sqrt{1-\gamma^2}\right) + \frac{2}{m}\sqrt{1-\gamma^2}\right] \\ \sigma_y &= -\frac{3P}{2\pi ab}\left[\frac{m-2}{m}\cdot\frac{e}{1-e^2}\left(1 - \frac{e\gamma}{\sqrt{1-e^2}}\operatorname{arc tg}\frac{\gamma\sqrt{1-e^2}}{e+\sqrt{1-\gamma^2}} - e\sqrt{1-\gamma^2}\right) - \sqrt{1-\gamma^2}\right] \\ \sigma_z &= -\frac{3P}{2\pi ab}\sqrt{1-\gamma^2} = p_0\sqrt{1-\gamma^2}, \text{ d. i. die halbkreisförmige Belastung [Gl. (16)],} \end{aligned} \right\} \quad (35)^2$$

und längs der a-Achse, wenn $e = \frac{a}{b} > 1$ und $\gamma = \frac{x}{a}$ ist:

$$\left. \begin{aligned} \sigma_x &= -\frac{3P}{2\pi ab}\left[\frac{m-2}{m}\cdot\frac{e}{e^2-1}\left(e\sqrt{1-\gamma^2} + \frac{e\gamma}{\sqrt{e^2-1}}\ln\frac{e\gamma+\sqrt{e^2-1}}{\sqrt{(e^2-1)(1-\gamma^2)}+\gamma} - 1\right) + \frac{2}{m}\sqrt{1-\gamma^2}\right] \\ \sigma_y &= -\frac{3P}{2\pi ab}\left[\frac{m-2}{m}\cdot\frac{e}{e^2-1}\left(e\sqrt{1-\gamma^2} + \frac{e\gamma}{\sqrt{e^2-1}}\ln\frac{e\gamma+\sqrt{e^2-1}}{\sqrt{(e^2-1)(1-\gamma^2)}+\gamma} - 1\right) - \sqrt{1-\gamma^2}\right] \\ \sigma_z &= -\frac{3P}{2\pi ab}\sqrt{1-\gamma^2} = p_0\sqrt{1-\gamma^2}. \end{aligned} \right\} \quad (36)^2$$

Der Zahlenwert $\mu \cdot \nu$, der bei der Spannungsberechnung vorkommt, kann aus Abb. 12 abgelesen werden.

Die Zusammendrückung ist:
$$\delta = \frac{3P}{\pi}\frac{m^2-1}{m^2 E}\cdot\frac{K(\varepsilon)}{a}. \quad (37)$$

In der Mitte der Druckfläche ist $\gamma = 0$,

$$\sigma_z = -\frac{3P}{2\pi ab} = p_0, \quad \sigma_x = \frac{2+em}{m(1+e)}p_0 \quad \text{und} \quad \sigma_y = \frac{2e+m}{m(1+e)}p_0. \quad (38)$$

---

[1] Zahlentafeln der Elliptischen Funktionen in Jahnke und Emde: Funktionstafeln. Leipzig und Berlin: Teubner 1933. Auszugsweise im Taschenbuch Hütte, Bd. I, 27. Aufl. S. 58.

[2] L. 152.6.

152. Die Beanspruchung in einer Druckfläche.

Am Rande der Druckfläche ($\gamma = 1$) ist in Richtung der b-Achse ($e < 1$)

$$\sigma_x = \frac{m-2}{m} \cdot \frac{e}{1-e^2}\left(1 - \frac{e}{\sqrt{1-e^2}} \operatorname{arc\,tg} \frac{\sqrt{1-e^2}}{e}\right) p_0 = -\sigma_y \qquad (39)^1$$

und in Richtung der a-Achse ($e > 1$).

$$\sigma_x = \frac{m-2}{m} \cdot \frac{e}{e^2-1}\left(\frac{e}{2\sqrt{e^2-1}} \ln \frac{e+\sqrt{e^2-1}}{e-\sqrt{e^2-1}} - 1\right) p_0 = -\sigma_y. \qquad (40)$$

Für die Zusammendrückung zweier Kugeln mit den Radien r_1 und r_2 (Abb. 13) ist die Druckfläche kreisförmig, also $a = b$ also $\cos \varepsilon = 1$ und $\varepsilon = 0$.

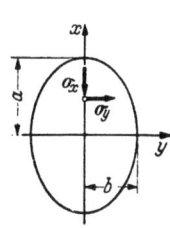

Abb. 11. Elliptische Druckfläche.

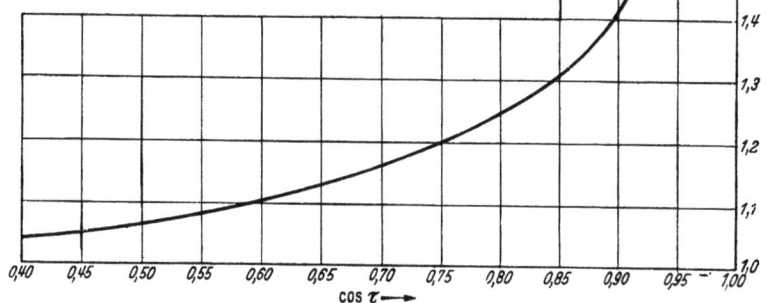

Abb. 12. $\mu \cdot \nu$ in Abhängigkeit von $\cos \tau$.

$$r_1 = 1/\varrho_{11} = 1/\varrho_{12}, \quad r_2 = 1/\varrho_{21} = 1/\varrho_{22}, \quad \Sigma \varrho = 2\left(\frac{1}{r_1} + \frac{1}{r_2}\right) = \frac{2}{r}.$$

$$\cos \tau = \frac{\dfrac{1}{r_1} - \dfrac{1}{r_1} + \dfrac{1}{r_2} - \dfrac{1}{r_2}}{\Sigma \varrho} = 0$$

und nach Zahlentafel 1: $\mu = \nu = 1$. Der Radius der Druckfläche folgt aus Gl. (29) zu:

$$a = b = \frac{1{,}4}{\sqrt[3]{2}} \sqrt[3]{\frac{Pr}{E}} = 1{,}11 \sqrt[3]{\frac{Pr}{E}}. \qquad (24\text{a})$$

Die Abplattung wird nach Gl. (37) mit $m = 10/3$:

$$\delta = \frac{3 \cdot 91}{\pi \cdot 100 E} \cdot \frac{P_0 K(\varepsilon)}{1{,}11 \sqrt[3]{P_0 r/E}} = 1{,}23 \sqrt[3]{\frac{P^2}{E^2 r}}. \qquad (24\text{b})^2$$

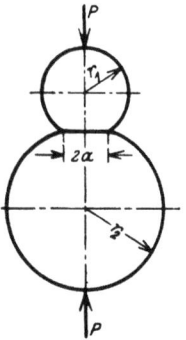

Abb. 13. Berührung zweier Kugeln.

Berührung zweier Zylinder längs einer Erzeugenden. Werden zwei Zylinder mit den Krümmungsradien r_1 und r_2 (Abb. 14) an der Berührungsstelle längs der gemeinsamen Erzeugenden durch die Kraft P_1 je Breiteneinheit aufeinander gepreßt, so bildet sich in jeder Ebene senkrecht zu den Zylinderachsen (die nicht zu nahe an den Zylinderenden gelegen ist) ein ebener Formänderungszustand aus ($\varepsilon_x = 0$). Die Druckfläche ist dann ein Rechteck mit der schmalen Seite $2a$. Für die freien Zylinderenden dagegen ist ein ebener Spannungszustand vorhanden ($\sigma_x = 0$). H. Hertz betrachtet diese Belastung als Grenzfall der elliptischen Druckfläche, von der die eine Achse unendlich groß wird; die größte Druckspannung p_0 für die elliptische und für die rechteckige Druckfläche müssen dabei aber gleich groß sein. Aus der halbkreisförmigen Belastung über die a-Seite (das ist die kleine Seite) des Rechteckes

$$P_1 = \frac{\pi \cdot a \cdot p}{2} \text{ folgt:} \qquad p_0 = \frac{2 P_1}{\pi a} \qquad (41)$$

Für die elliptische Druckfläche war: $p_0 = \dfrac{3 P}{2 \pi a b} = \dfrac{3 P}{2 \pi a^2} \cdot \dfrac{\nu}{\mu}$.

---

[1] Für eine kreisförmige Druckfläche ($e = 1$) folgt aus der Reihenentwicklung:

$$\operatorname{arc\,tg} x = x - \frac{x^3}{3} + \frac{x^5}{5} - \frac{x^7}{7} + \ldots; \quad \operatorname{arc\,tg} \frac{\sqrt{1-e^2}}{e} = \frac{\sqrt{1-e^2}}{e} - \frac{(1-e^2)^{3/2}}{3 e^3} + \frac{(1-e^2)^{5/2}}{5 e^5} - \ldots$$

$$\frac{m \sigma_x}{p_0 (m-2)} = \frac{e}{1-e^2} - \frac{e^2}{(1-e^2)^{3/2}} \left[\frac{(1-e^2)^{1/2}}{e} - \frac{(1-e^2)^{3/2}}{3 e^3} + \frac{(1-e^2)^{5/2}}{5 e^5} - \ldots\right] = +\frac{1}{3} e - \frac{(1-e^2)}{5 e^3} + \ldots = \frac{1}{3}$$

und $\sigma_x = -\sigma_y = \dfrac{m-2}{3 m} p_0 = 0{,}133 \, p_0$ [Gl. (28)].

[2] Nach Taschenbuch „Hütte", Bd. I (27. Aufl.), S. 58 ist für $\varepsilon = 0$, $K(\varepsilon) = \pi/2$.

Durch Gleichsetzen erhält man $\left(\text{mit } \frac{\nu}{\mu} = \frac{a}{b}\right)$ die Bedingung: $P = \frac{4\mu}{3\nu} P_1 a$. Setzt man sie in Gl. (29) für die kleine Achse der Ellipse ein, so wird:

$$a^3 = \frac{3(m^2-1)}{m^2} \nu^3 \frac{P}{E\Sigma\varrho} = \frac{4(m^2-1)}{m^2} \nu^2 \cdot \mu \frac{P_1 a}{E\Sigma\varrho}$$

und
$$a = 2\sqrt{\frac{m^2-1}{m^2} \mu \nu^2} \sqrt{\frac{P_1}{E\Sigma\varrho}}.$$

Für zwei Zylinder ist $\cos\tau = 1$; der Zahlenfaktor $\nu^2\mu$ nähert sich den Wert 0,64 (wie aus Zahlentafel 1 folgt). Mit diesem Wert und mit $m = 10/3$ wird:

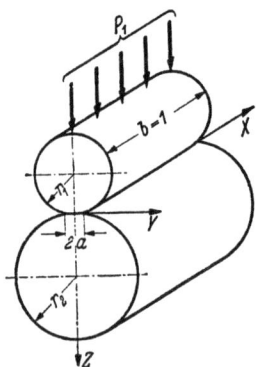

$$a = 1{,}52 \sqrt{\frac{P_1}{E\Sigma\varrho}} \qquad (42)$$

und mit Gl. (41):

$$p_0 = 0{,}418 \sqrt{P_1 E \Sigma\varrho}. \qquad (43)$$

Die Berechnung der Zusammendrückung δ aus Gl. (37) gibt mit $K(\varepsilon) = \infty$ für $\varepsilon = \pi/2$ den unbestimmten Wert ∞/∞. L. Föppl[1] gibt für die Zusammendrückung einer Walze (mit dem Durchmesser d) zwischen zwei Platten die Näherungsgleichung:

$$\delta = \frac{4 P_1}{\pi E'}\left(\frac{1}{3} + \ln\frac{d}{a}\right).$$

Nach Versuchen von H. Bochmann[2] kann man für kleine Meßdrücke setzen:

$$\delta \text{ (in } \mu\text{)} = 0{,}923\, P_1 \sqrt{d} \quad (P_1 \text{ in kg/mm, } d \text{ in mm}).$$

Abb. 14. Berührung zweier Zylinder.

Für den Grenzwert $\varrho \to \infty$ folgt aus den Gl. (35), daß für jede Stelle der Druckfläche

$$\sigma_y = \sigma_z = p_0 \sqrt{1-\gamma^2} \qquad \text{und} \qquad \sigma_x = \frac{2 p_0}{m}\sqrt{1-\gamma^2} = 0{,}6\, \sigma_z$$

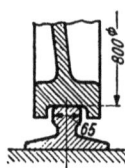

Abb. 15.

ist. Die größte Beanspruchung (in der Mitte der Druckfläche) ist für die freien Zylinderenden ($\sigma_x = 0$), $\tau_{max} = p_0/2$, während in genügender Entfernung davon (ebene Formänderung) $\tau_{max} = (1-0{,}6)\, p_0/2 = 0{,}2\, p_0$ ist. Es ist deshalb zweckmäßig die Zylinderenden etwas abzurunden; so tragen z. B. die Schienen (Abb. 15) nicht auf der vollen Schienenbreite. Die Untersuchung der Beanspruchung unterhalb der Druckfläche geht wieder von Gl. (151.16) aus. Eine unendlich kleine Kraft $p \cdot dy$ in der Entfernung u von der Z-Achse (Abb. 16) erzeugt in einem beliebigen Punkt A unterhalb der Druckfläche $\left(\text{mit } k = \frac{1}{\pi}\right)$ und $\varphi = 90° - \alpha\right)$ die radiale Spannung:

$$d\sigma_r = -\frac{2}{\pi} \cdot \frac{p\, dy}{r} \sin\alpha = -\frac{2 p}{\pi}\, d\alpha,$$

da $dy = r \cdot d\alpha/\sin\alpha$ ist. Aus dem Spannungskreis folgt die Spannung in der Z-Richtung:

$$d\sigma_z = -\frac{2}{\pi}\, p \sin^2\alpha\, d\alpha.$$

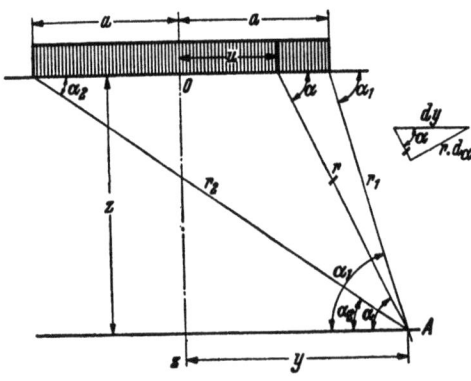

Abb. 16. Gleichmäßige Belastung.

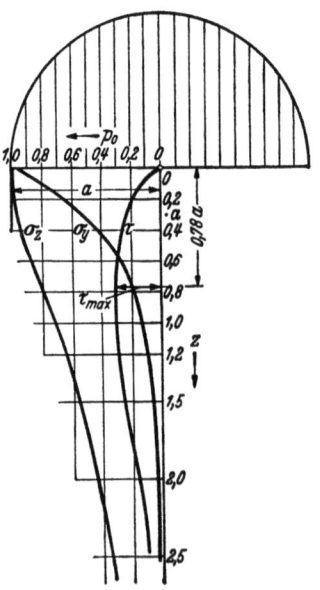

Abb. 17. Spannungs-Verteilung bei halbkreisförmiger Belastung.

[1] L. 152.7. [2] L. 152.9.

Integriert man für eine gleichmäßige Belastung von α_2 bis α_1 (Abb. 16), so wird

$$\sigma_z = -\frac{p}{\pi}\left[\alpha_1 - \alpha_2 - \frac{1}{2}(\sin 2\alpha_1 - \sin 2\alpha_2)\right] \tag{44}$$

$$\sigma_y = -\frac{p}{\pi}\left[\alpha_1 - \alpha_2 + \frac{1}{2}(\sin 2\alpha_1 - \sin 2\alpha_2)\right] \tag{45}$$

$$\tau = \frac{p}{\pi}(\cos 2\alpha_1 - \cos 2\alpha_2). \tag{46}$$

Für eine halbkreisförmige Belastung ist das Ergebnis der Integration[1] in Abb. 17 dargestellt; die größte Beanspruchung tritt in einer Tiefe $z = 0{,}78\,a$ unterhalb der Druckfläche auf, mit $\tau_{max} = 0{,}304\,p_0$, in Übereinstimmung mit den Versuchen von L. Föppl.

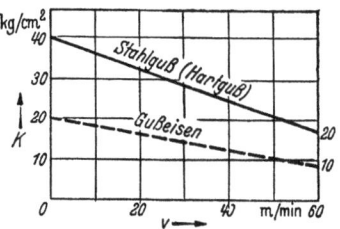

Abb. 18. Zulässige Belastungen für Laufkranräder.

Diese Gleichungen bilden die Grundlage nicht nur für die Berechnung der Zylinder-Rollenlager, sondern auch der Reibräder (Abschn. 61), der Zahnräder (Abschn. 714) und für die Berechnung der Beanspruchung zwischen Rad und Schiene (resp. Straße). Im letzten Fall ist $r_2 = \infty$, so daß mit dem Raddurchmesser $D = 2\,r_1$

$$P/bD = k = \frac{1}{2E}\left(\frac{p_0}{0{,}418}\right)^2 \text{kg/cm}^2 \tag{47}$$

wird. Im Kranbau war es gebräuchlich für Stahl auf Stahl $k = 20$ bis 40 kg/cm² (je nach Fahrgeschwindigkeit, resp. Stoßwirkung) einzusetzen (Abb. 18), entsprechend Werten von p_0 von 3800—5500 kg/cm², die für die weichen Kranschienen sicher als Höchstwerte gelten. Wenn in der „Hütte" (26. Aufl., Bd. 2, S. 862) nun empfohlen wird $k < 60$ kg/cm², so ist bei fahrenden Kranen eine sehr rasche Abnutzung zu erwarten, was durch die Erfahrung bestätigt wird.

153. Nicht-symmetrische Belastungen[2].

Eine allgemeine Lösung für von φ abhängige Belastungen lautet:

$$V = (\alpha r^{n+2} + \beta r^{-n+2} + \gamma r^n + \delta r^{-n})\sin n\varphi, \tag{153.1}[3]$$

worin n alle positive, ganzen Zahlen größer als 1 sind. Für $n = 1$ ist

$$V = (\alpha r^3 + \beta r \ln r + \gamma r + \delta/r)\sin\varphi \tag{2}$$

und die Spannungen sind [gemäß Gl. (151.6) und (7)]:

$$\sigma_r = \left(2\alpha r + \frac{\beta}{r} - \frac{2\delta}{r^3}\right)\sin\varphi, \quad \sigma_t = \left(6\alpha r + \frac{\beta}{r} + \frac{2\delta}{r^3}\right)\sin\varphi \quad \text{und} \quad \tau = -\left(2\alpha r + \frac{\beta}{r} - \frac{2\delta}{r^3}\right)\cos\varphi.$$

Verfügen wir über die drei Konstanten α, β und δ beim Ringsektor so, daß der für τ und σ_r gleiche Klammerausdruck für $r = r_a$ und für $r = r_i$ verschwindet, indem

$$2\alpha r_a + \frac{\beta}{r_a} - \frac{2\delta}{r_a^3} = 0 \quad \text{und} \quad 2\alpha r_i + \frac{\beta}{r_i} - \frac{2\delta}{r_i^3} = 0$$

gesetzt wird, so kommen wir auf den Fall der Biegung eines gekrümmten Stabes, dessen gekrümmte Seitenflächen unbelastet sind (Abb. 153.1). Der Vergleich mit der elementaren Lösung zeigt wieder die Brauchbarkeit der einfachen Theorie des gekrümmten Stabes für die Berechnung der größten Spannungen[4].

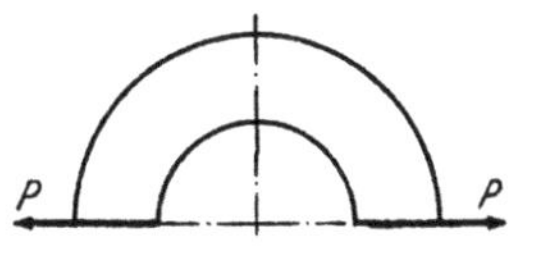

Eine andere, praktisch sehr wichtige Aufgabe ist die Berechnung der Spannungen in einem durchlochten Stab. Für einen unendlich breiten Stab (Abb. 2) lautet die Lösung:

Abb. 153.1. Kreisförmig gekrümmter Stab.

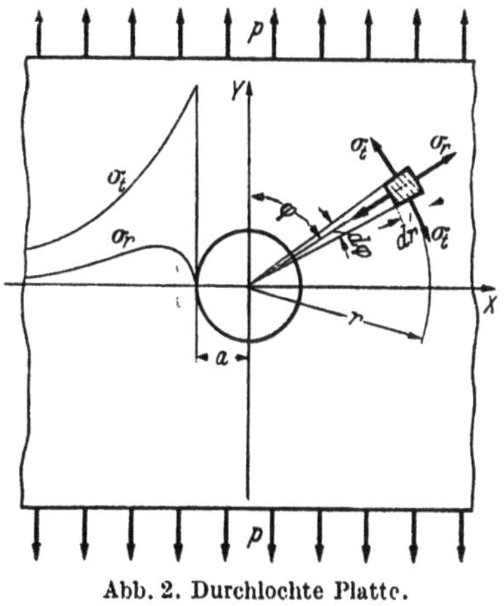

Abb. 2. Durchlochte Platte.

$$V = \frac{p}{4}\left(r^2 - 2a^2\ln r - \frac{(r^2 - a^2)^2}{r^2}\cos 2\varphi\right) \tag{3}$$

---

[1] L. 152.3, S. 350 und L. 152.2. [2] L. 153. [3] L. 153.7, S. 89. [4] Vgl. z. B. L. 152.3, S. 70.

ten Bosch, Maschinenelemente. 3. Aufl.

mit den Spannungen:

$$\left.\begin{aligned}\sigma_r &= \frac{1}{r^2}\cdot\frac{\partial^2 V}{\partial\varphi^2} + \frac{1}{r}\frac{\partial V}{\partial r} = \frac{p}{2}\left[1 - \frac{a^2}{r^2} + \left(1 - 4\frac{a^2}{r^2} + 3\frac{a^4}{r^4}\right)\cos 2\varphi\right] \\ \sigma_t &= \frac{\partial^2 V}{\partial r^2} = \frac{p}{2}\left[1 + \frac{a^2}{r^2} - \left(1 + 3\frac{a^4}{r^4}\right)\cos 2\varphi\right] \\ \tau &= -\frac{\partial}{\partial r}\left(\frac{1}{r}\frac{\partial V}{\partial\varphi}\right) = \frac{p}{2}\left[-1 - 2\frac{a^2}{r^2} + 3\frac{a^4}{r^4}\right]\sin 2\varphi\,.\end{aligned}\right\} \quad (4)$$

Für $\varphi = \pi/2$ folgt daraus die einfache Lösung für die Spannungen in der X-Achse:

$$\sigma_r = \frac{3}{2}p\left(\frac{a^2}{r^2} - \frac{a^4}{r^4}\right), \quad \sigma_t = \frac{p}{2}\left(2 + \frac{a^2}{r^2} + 3\frac{a^4}{r^4}\right) \quad \text{und} \quad \tau = 0\,. \quad (5)$$

Für $r = a$ (am Lochrand) ist $\sigma_t = 3\,p$.

Bei endlicher Breite sind diese Gleichungen nicht mehr streng gültig. Leon und Wilheim haben eine Näherungslösung abgeleitet, welche darauf begründet ist, daß in einiger Entfernung vom Lochrande (etwa $r/a > 3$) die Spannungen sich nicht mehr wesentlich ändern.

154. Das Torsionsproblem[1].

Die Formänderung erfolgt nur durch die in den Endquerschnitten angreifenden Kräftepaare, während die Mantelfläche frei von äußeren Kräften bleibt. Es treten demnach nur Schubspannungen auf ($\sigma_x = \sigma_y = \sigma_z = 0$). Aus Gl. (124.11) folgt dann $e = 0$, d. h. reine Verdrehung erfolgt ohne jede Änderung des Rauminhaltes.

Die X-Achse sei die Drehachse; wir betrachten nur die im Querschnitt des Stabes wirkenden Schubspannungen[2] τ_y und τ_z, sowie die zugeordneten Schubspannungen zwischen den Fasern. Die andere Schubspannung, die daneben noch auftreten könnte, also die Schubspannung zwischen den Fasern, soweit sie quer zur Stabachse gerichtet ist, wird vernachlässigt, also $\tau_x = 0$ gesetzt. Aus den Gleichgewichtsbedingungen (124.1, 2, 3) in den X-, Y- und Z-Richtungen folgen dann die Beziehungen (Abb. 154.1):

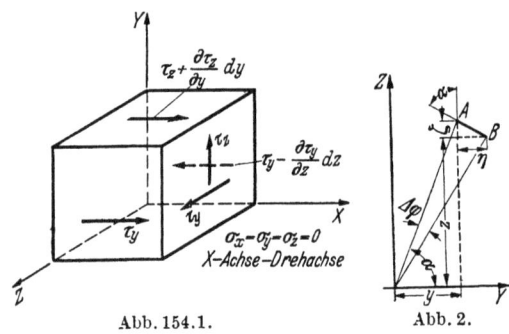

Abb. 154.1.   Abb. 2.

$$\frac{\partial \tau_z}{\partial y} + \frac{\partial \tau_y}{\partial z} = 0\,. \quad (154.1)$$

$$\frac{\partial \tau_z}{\partial x} = 0 \quad \text{und} \quad \frac{\partial \tau_y}{\partial x} = 0\,.$$

Die erste Gleichung wird durch jede Spannungsfunktion $F(z, y)$ erfüllt, wenn

$$\tau_z = -\frac{\partial F}{\partial z} \quad \text{und} \quad \tau_y = \frac{\partial F}{\partial y} \text{ ist.} \quad (2)$$

Die beiden anderen Gleichungen sagen nur aus, daß in jedem Querschnitt dieselbe Spannungsverteilung herrscht. Von grundlegender Bedeutung ist ferner die Bedingung, daß am Rande des Querschnittes die Schubspannungen tangential gerichtet sind: $\tau_y/\tau_z = dz/dy$ gleich der jeweiligen Neigung der Randkurve.

Betrachten wir wieder die Formänderungen, so liegen für alle Querschnitte (die von den Stabenden genügend weit entfernt sind) die gleichen Bedingungen vor. Jeder Querschnitt führt eine Drehung gegenüber dem benachbarten aus (die zu den Verschiebungen η und ζ, Abb. 2 führen) und wird außerdem (durch die Schubspannung in der Längsrichtung der Fasern) noch gekrümmt (Verschiebung ξ). Der beliebige Punkt A des Querschnittes beschreibt einen Kreisbogen $AB = r \cdot \Delta\varphi$. Der kleine Winkel $\Delta\varphi$ ist proportional dem Abstande des Querschnittes vom Anfangsquerschnitt des prismatischen Stabes, also: $\Delta\varphi = \vartheta \cdot x$, worin ϑ der verhältnismäßige Verdrehwinkel ist. Aus Abb. 2 folgen dann die Verschiebungskomponenten:

$$\eta = \vartheta x \cdot r \sin\alpha = \vartheta x \cdot z \quad \text{und} \quad \zeta = -\vartheta x \cdot r \cos\alpha = -\vartheta x \cdot y\,. \quad (3)$$

Da $\sigma_x = \sigma_y = \sigma_z = 0$ ist, folgt aus den Gl. (124.12):

$$\frac{\partial \xi}{\partial x} = 0, \quad \frac{\partial \eta}{\partial y} = 0 \quad \text{und} \quad \frac{\partial \zeta}{\partial z} = 0\,; \quad (4)$$

---

[1] Ausführlich und für Ingenieure leicht verständlich ist die Theorie der Verdrehung erläutert in A. und L. Föppl: Drang und Zwang. Bd. II, Abschn. 6.

[2] $\tau_x = \tau_{zy} = \tau_{yz}, \quad \tau_y = \tau_{xz} = \tau_{zx}, \quad \tau_z = \tau_{xy} = \tau_{yx}$.

und aus den allgemeinen Beziehungen für die Verdrehungen (142.10 u. 9) mit Gl. (3):

$$\tau_y = G\left(\frac{\partial \xi}{\partial z} - \vartheta y\right) \quad \text{und} \quad \tau_z = G\left(\frac{\partial \xi}{\partial y} + \vartheta z\right).$$

Durch Differentiation erhält man

$$\frac{\partial \tau_y}{\partial y} = G\left(\frac{\partial^2 \xi}{\partial z \partial y} - \vartheta\right) \quad \text{und} \quad \frac{\partial \tau_z}{\partial z} = G\left(\frac{\partial^2 \xi}{\partial y \partial z} + \vartheta\right)$$

und durch Subtraktion

$$\frac{\partial \tau_y}{\partial y} - \frac{\partial \tau_z}{\partial z} = -2 G \vartheta, \tag{5}$$

oder auch mit Gl. (2):

$$\frac{\partial^2 F}{\partial y^2} + \frac{\partial^2 F}{\partial z^2} = -2 G \vartheta. \tag{6}$$

Diese Differentialgleichung hat eine große Ähnlichkeit mit der Differentialgleichung einer vollkommen biegsamen Membrane (Seifenhaut), nämlich:

$$\frac{\partial^2 x}{\partial y^2} + \frac{\partial^2 x}{\partial z^2} = -p/S. \tag{14.6}$$

Setzt man $F = k \cdot x$, wobei k ein Maßstabfaktor ist mit der Dimension einer Spannung und wählt man bei der Seifenhaut p so, daß $2 G \vartheta = k p/S$ ist, so stimmen beide Differentialgleichungen vollständig überein. Aus Gl. (2) folgt, daß die Schubspannungen proportional dem Gefälle der Seifenhaut an der betreffenden Stelle sind.

Die allgemeine Lösung der Differentialgleichung (6) lautet:

$$F = 2 G \vartheta \left(\frac{y^2}{4} + \frac{z^2}{4}\right) + f_1(y + iz) + f_2(y - iz). \tag{7}$$

Für den Kreisquerschnitt ist z. B. $F = 2 G \vartheta \left(\frac{y^2}{4} + \frac{z^2}{4}\right)$. Mit $r^2 = y^2 + z^2$ folgt daraus die bekannte Beziehung:

$$\tau = \frac{\partial F}{\partial r} = G \cdot \vartheta \cdot r. \tag{123.1}$$

Ziemlich einfach ist auch noch die Näherungslösung[1] für den Kreisquerschnitt mit Halbkreisrille (Abb. 3). Die größte Spannung tritt im Punkte P auf und ist

$$\tau_{\max} = G \cdot \vartheta (2 r_1 - r_2). \tag{8}$$

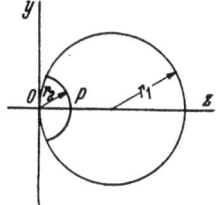

Abb. 3.
Durch Kreisrillegeschwächte Welle.

Bei sehr kleinen Werten von r_2 unterscheidet sich das Drehmoment (für den Verdrehungswinkel ϑ) nur wenig vom Moment des rillenfreien Querschnittes. Im Punkte P aber entsteht nach Gl. (8) eine örtliche Spannungserhöhung bis auf das Doppelte! Dasselbe gilt für alle Querschnittformen mit kleinen Halbkreisrillen. Bei scharfer Einkerbung am Umfang treten theoretisch unendlich große Spannungen auf.

155. Körper auf nachgiebiger Unterlage[2].

Bei der Berechnung von Balken und Platten wurde vorausgesetzt, daß die Auflagerstellen starr seien, also bei der Belastung keine Formänderung erleiden. Diese Annahme ist bei statisch bestimmter Lagerung durchaus zulässig, weil die größten Beanspruchungen und Formänderungen des Balkens (oder der Platte) durch die immer vorhandenen (kleinen) Verformungen der Auflagerstellen nicht beeinflußt werden. Bei statisch unbestimmter Lagerung dagegen müssen die Beanspruchungen aus den Formänderungen berechnet werden; die Vernachlässigung der Verformungen der Stützen ist dann um so weniger zulässig, je starrer der Körper im Verhältnis zur Stützung ist. Bei der Berechnung einer mehrfach gelagerten Kurbelwelle von Flugmotoren z. B. darf das Motorgehäuse nicht mehr als starr vorausgesetzt werden. Die in die Kiesbettung gelagerte Querschwelle bei den Eisenbahnschienen, und die Fundamentplatte sind bekannte Beispiele der Lagerung auf nachgiebiger Unterlage.

Bei der Berechnung solcher Probleme nimmt man an, daß die Formänderung y der nachgiebigen Unterlage an jeder Stelle dem dort wirkenden Druck p proportional ist:

$$p = k \cdot y \quad [\text{kg/cm}]. \tag{155.1}$$

---
[1] L. 165. [2] L. 155.

Zur Berechnung der Formänderung eines auf Biegung beanspruchten Stabes geht man von der bekannten Gleichung der elastischen Linie aus:

$$y'' = -M/JE. \qquad (1221.9)$$

Durch zweimalige Differentiation ($J =$ konst.) folgt daraus

$$JE y'''' = -d^2M/dx^2 = -dQ/dx, \qquad (2)$$

da die Querkraft $Q = dM/dx$ ist. Für ein Stabelement dx (Abb. 155.1) lautet die Gleichgewichtsbedingung in vertikaler Richtung:

$$dQ/dx = p = k \cdot y.$$

In Gl. (2) eingesetzt erhält man die Differentialgleichung:

$$JE y'''' = -k \cdot y \qquad (3)$$

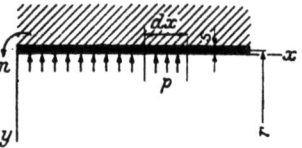

Abb. 155.1. Dünnwandiges Rohr auf nachgiebiger Unterlage.

mit der allgemeinen Lösung:

$$y = (A \cdot \cos \beta x + B \cdot \sin \beta x) \cdot e^{\beta x} + (C \cdot \cos \beta x + D \cdot \sin \beta x) \cdot e^{-\beta x}, \qquad (4)$$

und mit

$$\beta = \sqrt[4]{\frac{k}{4JE}} \quad [1/\text{cm}]. \qquad (5)$$

Man überzeugt sich leicht von der Richtigkeit dieser Lösung durch Ausführung der Differentiationen und Einsetzen in Gl. (3).

$$y' = \frac{dy}{dx} = \beta [A e^{\beta x} (\cos \beta x - \sin \beta x) + B e^{\beta x} (\sin \beta x + \cos \beta x)$$
$$- C e^{-\beta x} (\cos \beta x + \sin \beta x) + D e^{-\beta x} (-\sin \beta x + \cos \beta x)]. \qquad (6)$$

$$y'' = \beta^2 [-2 A e^{\beta x} \sin \beta x + 2 B e^{\beta x} \cos \beta x + 2 C e^{-\beta x} \sin \beta x - 2 D e^{-\beta x} \cos \beta x]. \qquad (7)$$

$$y''' = \beta^3 [-2 A e^{\beta x} (\sin \beta x + \cos \beta x) + 2 B e^{\beta x} (\cos \beta x - \sin \beta x)$$
$$+ 2 C e^{-\beta x} (-\sin \beta x + \cos \beta x) + 2 D e^{-\beta x} (\cos \beta x + \sin \beta x)]. \qquad (8)$$

$$y'''' = -4 \beta^4 [e^{\beta x} (A \cos \beta x + B \sin \beta x) + e^{-\beta x} (C \cos \beta x + D \sin \beta x)]. \qquad (9)$$

Die vier Integrationskonstanten A, B, C und D müssen von Fall zu Fall aus den Randbedingungen berechnet werden. Am einfachsten wird die Lösung, wenn für $x = \infty$,

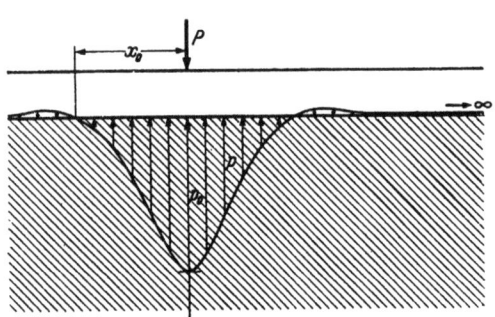

Abb. 2. Langer Balken mit Einzellast auf nachgiebiger Unterlage.

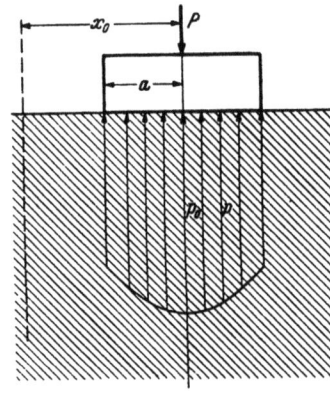

Abb. 3. Kurzer Balken mit Einzellast auf nachgiebiger Unterlage.

$y = 0$ und $y' = 0$ sind. Da $e^{\beta x}$ mit zunehmendem x immer größer wird, kann diese Randbedingung nur erfüllt werden, wenn $A = B = 0$, also

$$y = e^{-\beta x} (C \cos \beta x + D \sin \beta x) \qquad (10)$$

ist. Die Lösung vereinfacht sich weiter, wenn die Belastung symmetrisch in bezug auf $x = 0$ ist, oder (was mathematisch das gleiche ist) wenn der Stab in $x = 0$ eingespannt, also $(y')_0 = 0$ ist. Aus Gl. (6) folgt, daß dann $C = D$ sein muß, und mit Gl. (1):

$$p = k \cdot C \cdot e^{-\beta x} (\cos \beta x + \sin \beta x) = p_0 e^{-\beta x} (\cos \beta x + \sin \beta x), \qquad (11)$$

da für $x = 0$, $p_0 = k \cdot C$ ist. Der Druck p wird zu Null für $\cos \beta x = -\sin \beta x$, also für

$$\beta x_0 = \frac{3}{4} \pi. \qquad (12)$$

Der Druckverlauf ist in Abb. 2 dargestellt. Wenn die Unterlage mit dem Balken festverschraubt ist, oder diesen beidseitig satt berührt, gilt Gl. (11) für die ganze Stablänge. Praktisch kann jeder Stab, dessen Länge größer als $2 x_0$ ist, als unendlich lang bezeichnet werden.

155. Körper auf nachgiebiger Unterlage.

Die größte Belastung p_0 (kg/cm) folgt aus der Gleichgewichtsbedingung[1]:

$$\int_0^\infty p\,dx = P/2 = p_0 \int_0^\infty e^{-\beta x}(\cos\beta x + \sin\beta x)\,dx = p_0\left[-\frac{e^{-\beta x}\cos\beta x}{\beta}\right]_0^\infty = \frac{p_0}{\beta}$$

oder $\qquad\qquad\qquad\qquad\qquad p_0 = \beta P/2.$ (13)

Eine viel gleichmäßigere Druckverteilung (die oft erwünscht ist) erhält man bei endlicher Stablänge, sobald a kleiner als x_0 ist (Abb. 3). Die Druckverteilung ist um so gleichmäßiger, je größer x_0/a ist. Für das freie Stabende ($x=a$) ist $M=0$ (also $y''=0$) und $Q=0$ (also $y'''=0$). Die Zahlenrechnung wird aber einfacher, wenn der Nullpunkt an das freie Stabende verlegt wird.

Ist das Trägheitsmoment des Stabes nicht mehr konstant, so ist die Integration der Gl. (2) bedeutend schwieriger. Da die elastische Linie eines ursprünglich geraden Stabes (nach Mohr, S. 29) immer aus der Belastungsfläche (durch Konstruktion der Seilkurve) abgeleitet werden kann, so kann Gl. (2) auch immer graphisch gelöst werden. Die durch diese Gleichung zum Ausdruck gebrachte Bedingung, kommt nur darauf hinaus, eine Belastungsfläche zu suchen, deren elastische Linie der Belastungsfläche ähnlich ist. Man nimmt also eine (mögliche) Belastungsfläche an, konstruiert daraus die elastische Linie, die durch schrittweise Annäherung dazu gebracht werden muß, daß sie der angenommenen Belastungsfläche proportional wird.

Eine besonders einfache Lösung erhält man, wenn J_x proportional M_x gewählt wird. Die Gleichung der elastischen Linie lautet dann:

$$y'' = -M_x/J_x E = -c \qquad (14)$$

mit der Lösung

$$y = -c\cdot x^2/2 + A x + B. \qquad (15)$$

Da für $x=0$, $y'=0$ und $p=p_0$ ist, wird $A=0$, $p_0 = k\cdot B$ und [mit Gl. (1)]:

$$p = k\cdot y = p_0 - ckx^2/2 \quad \text{(eine Parabel)} \qquad (16)$$

und

$$\int_0^a p\,dx = P/2 = \int_0^a (p_0 - ckx^2/2)\,dx = p_0\,a - \frac{ck}{6}a^3$$

oder $\qquad\qquad\qquad\qquad p_0 = \dfrac{P}{2a} + \dfrac{cka^2}{6}.$ (17)

Die praktische Bedeutung dieser Berechnungen wird leider erheblich eingeschränkt durch die Tatsache, daß der Faktor k nur ausnahmsweise berechnet werden kann, und deshalb von Fall zu Fall durch Versuche bestimmt werden muß.

Eine für den Maschinenbau wichtige Anwendung dieser Theorie ist die Berechnung der Formänderung und der Beanspruchung dünnwandiger Hohlzylinder (Rohre) bei ringsum symmetrischer Belastung. Wirkt z. B. am freien Ende eines langen Rohres (Abb. 2) ein Moment m kg·cm je cm Rohrumfang, so kann der Faktor k aus der elastischen Verformung des Rohres berechnet werden. Bei ringsum symmetrischer Belastung ist die radiale Verschiebung allgemein:

$$\triangle r = y = \sigma_t \cdot r/E. \qquad (14.5)$$

Schneidet man aus dem Rohr einen Streifen von der mittleren Breite 1 cm, der Länge 1 cm und der Dicke gleich der Wandstärke s des Rohres, so haben die darauf wirkenden tangentialen Kräfte in radialer Richtung eine Komponente:

$$p = \frac{\sigma_t\cdot s}{r} = \frac{E\cdot s}{r^2}\cdot y = k\cdot y, \qquad (14.2\text{ u. }5)$$

so daß $\qquad\qquad\qquad\qquad k = E\cdot s/r^2$ (18)

ist. Mit $\qquad\qquad\qquad\qquad \beta = \sqrt[4]{\dfrac{k}{4 J_1 E'}}$

worin $\qquad\qquad\qquad\qquad E' = \dfrac{m^2 E}{m^2-1}$ (124.18)

nun der E-Wert bei verhinderter Querkontraktion und $J_1 = s^3/12$ ist, wird

$$\beta = \sqrt[4]{\frac{3(m^2-1)}{m^2}\cdot\frac{1}{r^2 s^2}} = \frac{1{,}285}{\sqrt{r\cdot s}} \quad (\text{für } m=10/3). \qquad (19)$$

---
[1] Mit Hilfe der Integrale im Taschenbuch Hütte, Bd. 1.

134 16. Formgebungselemente.

Die Randbedingungen können sehr verschieden sein, je nachdem an den Enden ein Moment m, oder eine radiale Kraft A (je cm Umfang) wirkt, oder dort bestimmte Formänderungen (Neigung der elastischen Linie y', oder radiale Verschiebung y) vorgeschrieben werden.

Für ein langes Rohr (oder für Rohrlängen a größer als $\frac{1}{\beta} \cdot \frac{3\pi}{4}$), wenn für $x = \infty$, $y = 0$ und $y' = 0$ sind, gilt Gl. (10). Setzt man für $x = 0$, $y = 0$, so wird $C = 0$ und
$$y = D e^{-\beta x} \sin \beta x . \qquad (20)$$
Wirken nun in $x = 0$ das Moment m und die Kraft A, so folgt aus Gl. (7):
$$y_0'' = -2 D \beta^2 = -\frac{m}{J_1 E'},$$
und aus Gl. (8):
$$y_0''' = 2 D \beta^3 = \frac{-A}{J_1 E'},$$
also:
$$A = -\beta m \qquad (21)$$
und
$$y = \frac{m e^{-\beta x}}{2 \beta^2 J_1 E'} \sin \beta x . \qquad (22)$$
Aus Gl. (6) folgt:
$$(y')_0 = \frac{m}{2 \beta J_1 E'} = \frac{6m}{\beta E' s^3} . \qquad (23)$$

Diese Gleichungen werden in Abschn. 952 verwendet bei der Berechnung der festen Flansche.

16. Formgebungselemente.

Bei plötzlichen Querschnitts- und Richtungsänderungen, wie sie bei Maschinenteilen oft auftreten, ist man darauf angewiesen, die notwendigen Unterlagen für die Berechnung auf dem Versuchswege zu beschaffen und zwar durch Feindehnungsmessungen oder durch spannungsoptische Untersuchungen, deren Ergebnisse leider wenig übereinstimmen[1]. Bruchversuche mit spröden Körpern (z. B. Gips) sind wenig zuverlässig, da sie stark streuen. Für den Konstrukteur ist es am wichtigsten, die größte Spannung zu kennen, die dabei auftritt. E. Lehr[2] hat (im Auftrag des VDI) die vorliegenden Versuche auf Grund folgender Überlegung umgearbeitet: Man geht von den einfachen Gleichungen für die Berechnung der Spannungen in geraden, prismatischen Stäben aus und bezeichnet diese Spannungen σ_n (nach Thum) als Nennspannungen[3], z. B.: für Zug, resp. Druck $\sigma_n = P/f$, für Biegung $\sigma_n = M/W$, für Verdrehung $\tau_n = M_d/W_t$.

Die wirklich auftretenden, größten Spannungen σ sind aus den Versuchen bekannt. Das Verhältnis $\sigma/\sigma_n = \alpha_k$ (Formziffer, Spannungs- oder Kerbziffer genannt) wurde berechnet und übersichtlich graphisch dargestellt. Diese Definition erfordert bei jeder Formziffer die Angabe der zugehörigen Nennspannung.

Anfänglich hat man die Bedeutung der „Kerbwirkung" für den Maschinenbau stark unterschätzt, da Versuche zeigten, daß die Bruchfestigkeit K_z von zähen Werkstoffen dadurch erhöht wird, und zwar um so mehr, je schärfer die Kerbe, d. h. je kürzer die Eindrehung ist

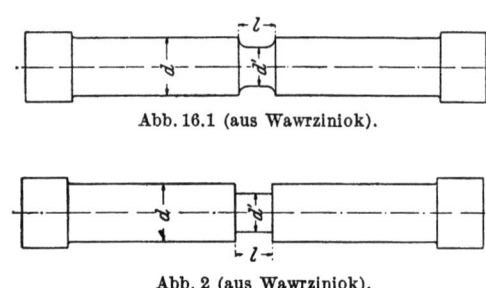

Abb. 16.1 (aus Wawrziniok).

Abb. 2 (aus Wawrziniok).

Zahlentafel 16.1.

l cm	K_z at	l cm	K_z at
5	6220	5	6200
2	6840	2	6510
1	8840	1	7160
0,5	9320	0,5	7890
		0,2	8680
Ecken abgerundet Abb. 16.1		Ecken scharf Abb. 2	

(Zahlentafel 16.1). Diese zunächst überraschende Tatsache läßt sich durch die Beeinflussung der einzelnen Fasern erklären. Für alle Querschnitte mit $d = 3$ cm ist $\sigma = \frac{4P}{\pi \cdot 3^2}$, und für alle Querschnitte mit $d' = 2$ cm, $\sigma' = \frac{4P}{\pi \cdot 2^2}$. An der Übergangsstelle sollte also eine plötzliche Spannungsänderung eintreten, was praktisch unmöglich ist; deshalb entsteht eine starke gegenseitige Einwirkung an der Stelle der Unstetigkeit. Durch die Eindrehung (Kerbe) wird die freie

---
[1] L. 16.3, Abb. 1 und 7. [2] L. 16.1. [3] Besser wäre „Vergleichsspannung".

16. Formgebungselemente.

Kontraktion verhindert; es ist als ob dort ringsum Zugkräfte auftreten würden. Aus dem gleichen Grunde hat ein Gewindestab (eine Schraube) beim Zerreißversuch eine höhere Festigkeit als ein glatter Stab vom Kerndurchmesser, wie Bach[1] schon 1880 durch Versuche nachgewiesen hat. Während kurz vor dem Bruch die Zugspannung bei zähen Werkstoffen annähernd gleichmäßig über den Querschnitt verteilt ist, wird die Bruchgefahr durch das Auftreten der Querspannungen verhindert, was aus den Spannungskreisen in Abb. 3 deutlich ersichtlich ist.

Das Arbeitsvermögen des Stabes wird durch die Kerbung bedeutend geschwächt, wie folgendes Zahlenbeispiel zeigt: Nehmen wir zwei Stäbe a und b (Abb. 4), die beide in dem gefährlichsten Querschnitt bis zur zulässigen Grenze σ_z beansprucht sind. Für den vollen Stab a ist:

$$\mathfrak{A}_a = V \frac{\sigma^2}{2E} = \frac{\pi}{4} \cdot 10^2 \cdot 50 \cdot \frac{\sigma_z^2}{2E} = \frac{\pi}{4} \frac{\sigma_z^2}{2E} \cdot 5000 \quad \text{kg} \cdot \text{cm} .$$

Für den eingekerbten b:

$$\mathfrak{A}_b = \frac{\pi}{4} \cdot 10^2 \cdot 48 \frac{(0{,}64\,\sigma_z)^2}{2E} + \frac{\pi}{4} \cdot 8^2 \cdot 2 \frac{\sigma_z^2}{2E} \approx 2100 \frac{\sigma_z^2}{2E} \cdot \frac{\pi}{4} , \quad \mathfrak{A}_a : \mathfrak{A}_b = 1 : 0{,}420 .$$

Die eingekerbte Form ist also bei stoßweiser Belastung bedeutend mehr gefährdet. So beansprucht sind z. B. die Ventilspindeln der Motoren (Abb. 5); die Ausführung nach Abb. 6 gibt in dieser Hinsicht eine bessere Lösung. Eine ausgesprochene stoßweise Beanspruchung tritt z. B. auch bei der Schwungradpresse auf (Abb. 61.2).

Zum richtigen Verständnis aller Maschinenelemente ist es unerläßlich immer daran zu denken, daß es sich um Teile einer Maschine handelt. Eine Maschine ist ein Getriebe[2], besteht also aus bewegten Teilen. Bei jeder Bewegung treten Massenkräfte auf, die (auch bei sorgfältiger Auswuchtung) Erschütterungen verursachen können (vgl. Abschn. 34). Durch Handauflegen erkennt man deutlich den Pulsschlag der Maschine.

Wenn es bei der Berechnung der Maschinenteile auch gebräuchlich ist vom Beharrungszustand auszugehen, so handelt es sich immer um Schwingungen um eine Gleichgewichtslage, aber nicht um Ruhe.

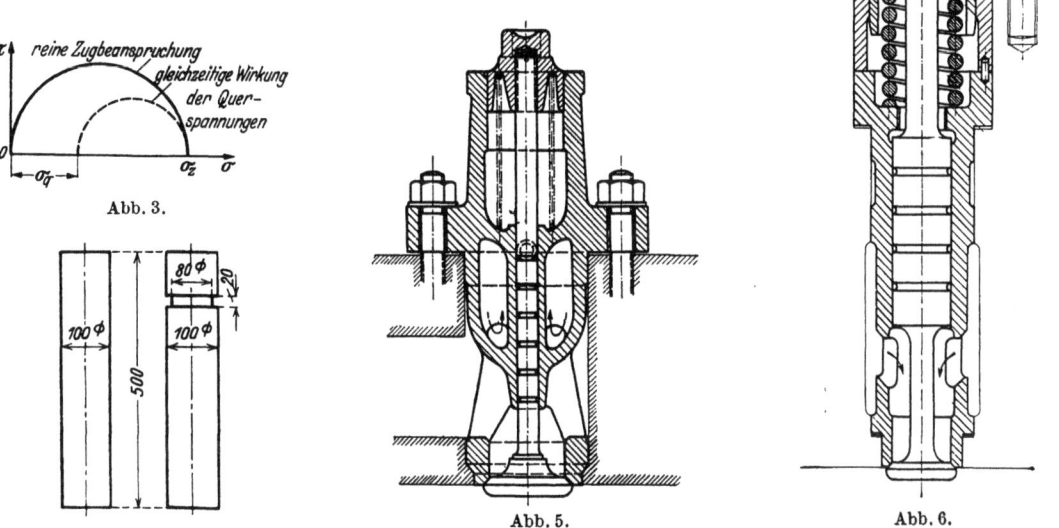

Abb. 3.

Abb. 4.

Abb. 5.

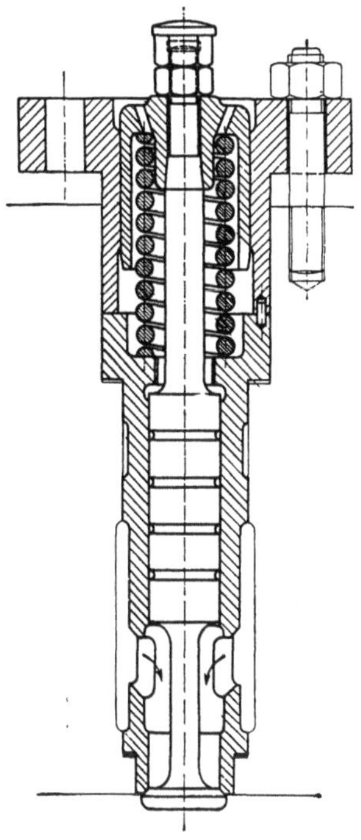

Abb. 6.

Abb. 5 und 6. Ventilspindel (aus Güldner, Verbrennungskraftmaschinen).

Nicht nur bei Stoßbelastungen, sondern bei jeder Wechsellast wird der Körper dauernd verformt und muß jedesmal eine bestimmte Formänderungsarbeit aufnehmen. Der Konstrukteur sollte deshalb ganz allgemein die Formgebung der Maschinenteile so wählen, daß diese eine große Formänderungsarbeit aufnehmen können, ohne örtliche Überschreitung der zulässigen Spannung.

---

[1] Bach, C.: Notiz über Festigkeit von Schrauben. Z. VDI 24 1880), S. 285.
[2] Vgl. Abschn. 8.

136   16. Formgebungselemente.

Das Spannungsfeld. Ein Spannungsfeld gibt den Spannungszustand eines Körpers durch Spannungslinien wieder, deren Richtung in jedem Punkt mit der Richtung der dort herrschenden Normal- oder Schubspannung übereinstimmt. Solange keine Querschnittsänderungen vorhanden sind, verlaufen die Spannungslinien parallel. Durch jede Querschnittsänderung entsteht eine Ablenkung des geradlinigen Kraftflusses, die mit ihren weiteren Folgeerscheinungen Kerbwirkung (zweckmäßiger Formwirkung) genannt wird. Die Spannungslinien, die zunächst nur die Richtung der Spannungstensoren angeben, können so verteilt werden, daß nach der Faradayschen Darstellung ihre Dichte der Größe der Spannungen proportional ist (Kraftröhre). Es läßt sich dann sofort erkennen, daß die Zusammendrängung von Spannungslinien nach dem Kerbgrund zu, die ungleichmäßige Spannungsverteilung hervorruft. Aus dem Maß der Zusammendrängung läßt sich die Größe der Spannungserhöhung (Formziffer) qualitativ abschätzen.

Diese vereinfachte Darstellung setzt voraus, daß der Kraftfluß durch die Hauptspannungslinien allein eindeutig dargestellt werden kann (einachsiger Spannungszustand), was nur in Ausnahmefällen zutrifft[1].

Nur bei der Verdrehbeanspruchung ist auch eine quantitative Übereinstimmung vorhanden, weil die Differentialgleichungen für Verdrehung und für die Geschwindigkeitsverteilung der Potentialströmung ähnlich sind.

Wird z. B. ein einfach gekerbter Flachstab auf Zug beansprucht, so werden die Spannungslinien etwa den in Abb. 7a dargestellten Verlauf haben. Bei wiederholter Kerbung (Abb. 7b)

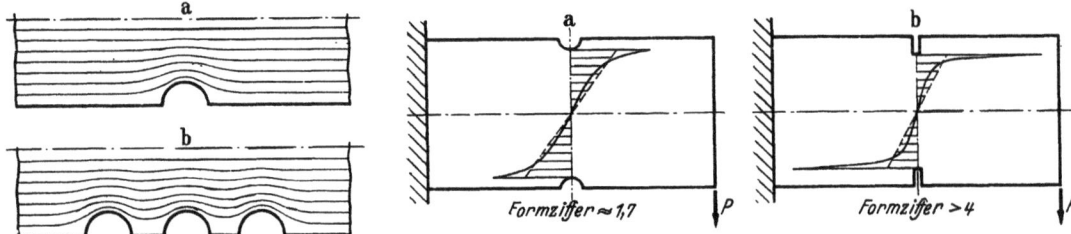

Abb. 7.
a Spannungslinien bei einfacher Kerbung.
b Entlastungskerben.

Abb. 8. Kerbwirkung bei Biegung.

mit gleichem Abrundungshalbmesser und bei gleicher Kerbtiefe werden die Spannungslinien weniger abgebogen, die Spannungserhöhung ist demnach geringer als bei der Einzelkerbe. Hierin liegt die praktische Bedeutung von Entlastungskerben[2]. In Abb. 8 ist die Kerbwirkung bei Biegebeanspruchung skizziert.

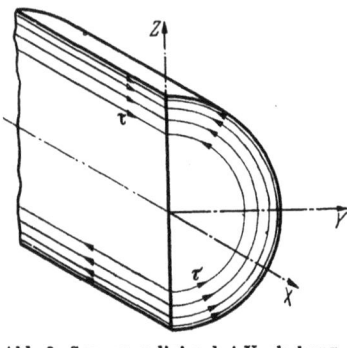

Abb. 9. Spannungslinien bei Verdrehung.

Die Spannungslinien bei Verdrehung eines zylindrischen Stabes sind in Abb. 9 dargestellt. Sie treten nicht nur im Querschnitt, sondern (nach dem Satz der zugeordneten Schubspannungen), ebenso im Längsschnitt auf. Diese letztere Darstellung ist bei der Beurteilung von plötzlichen Querschnittsänderungen besonders zweckmäßig. Die äußersten Spannungslinien fallen mit den Umrißlinien des Längsschnittes zusammen (Abb. 10), weil die Schubspannung an keiner Stelle eine Komponente haben darf, die senkrecht zur Umrißlinie stehen würde, wenn die Mantelfläche des Stabes frei von äußeren Kräften ist. Weder im Querschnitt noch im Längsschnitt treten Normalspannungen auf.

Trägt man zunächst für die glatten Wellenstücke die Spannungslinien wieder so ein, daß jede Röhre den gleichen Anteil des Drehmomentes $\Delta M = M_d/n$ überträgt und alle Röhren um den gleichen Winkel je Längeneinheit sich verdrehen, damit der Zusammenhang bestehen bleibt, so folgt aus

$$\vartheta = \frac{M_d}{J_p G} = \text{konstant},\qquad(123.5)$$

daß J_p für jede Röhre $= J_{p\,tot}/n$ sein muß. Für die innerste Röhre mit dem Radius r_1 ist

$$J_{p1}/J_{pt} = M_1/M_d = 1/n = r_1^4/R^4,\quad \text{also}\quad r_1 = R\sqrt[4]{1/n}\,.$$

---
[1] L. 16.4.   [2] L. 16.9

Für die zweite Röhre mit dem Außenradius r_2 ist

$$J_{p2}/J_{pt} = 1/n = \frac{r_2^4 - r_1^4}{R^4} = \frac{r_2^4 - R^4/n}{R^4}, \quad \text{also} \quad r_2 = R\sqrt[4]{2/n},$$

usw. Auch der totale Verdrehungswinkel $\Delta\varphi$ kann in eine Anzahl gleiche Teile geteilt werden, deren Entfernung Δl aus der Gleichung

$$\Delta\varphi = \frac{\vartheta l}{m} = \vartheta \cdot \Delta l \tag{16.1}$$

berechnet werden kann. In Abb. 10 sind einige Linien gleicher Verdrehung eingezeichnet; sie verlaufen parallel und stehen senkrecht zu den Schubspannungslinien. Ihr Abstand ist im dünnen Wellenteil kleiner als im dicken, und zwar muß beim gleichen Verdrehungswinkel

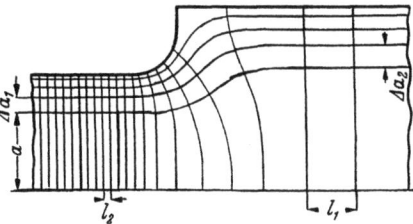

Abb. 10. Spannungs- und Verdrehungslinien bei abgesetzten Wellen.

$$\frac{l_1}{l_2} = \frac{J_{p2t}}{J_{p1t}} = \frac{d^4}{D^4}$$

sein. An der Kerbstelle kann man zunächst die Spannungslinien mit guter Annäherung nach dem Gefühl zeichnen und senkrecht dazu die Linien gleicher Verdrehung.

Die Schubspannung τ folgt aus der Beziehung:

$$\tau = \Delta M/W_p. \tag{2}$$

Setzt man die veränderliche Breite des ringförmigen Spaltes

$$r_{i+1} - r_i = \Delta a,$$

und den mittleren Radius der Röhre

$$a = \frac{r_{i+1} + r_i}{2},$$

so ist $J_p = 2\pi a \cdot \Delta a \cdot a^2$ und $W_p = 2\pi a^2 \Delta a$, so daß

$$\tau = \frac{\Delta M}{2\Delta a} \cdot \frac{1}{\pi a^2} \tag{3}$$

ist. Auf Grund dieser einfachen Beziehung kann man (wenn die Spannungslinien richtig gezeichnet sind) an jeder Stelle die Schubspannung berechnen. Aus

$$\Delta\varphi = \frac{\Delta M}{J_p G}\Delta l = \frac{\Delta M}{2\pi a^3 \Delta a G}\Delta l$$

folgt

$$\frac{\Delta a}{\Delta l} = \frac{\Delta M}{\Delta\varphi} \cdot \frac{1}{2\pi a^3 G}. \tag{4}$$

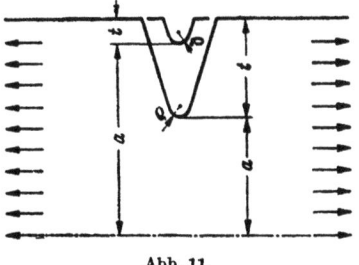

Abb. 11.

Mit Hilfe dieser Beziehung kann man die Spannungslinien und die Linien gleicher Verdrehung planmäßig verbessern. Das ist das (allerdings etwas zeitraubende) Verfahren, das Willers[1] zuerst anwandte um die Spannungserhöhung in den Hohlkehlen abgesetzter Wellen und in Ringnuten mit halbkreisförmigem Querschnitt zu berechnen. Im Anschluß an die Untersuchung von Willers hat R. Sonntag[2] analytische Näherungslösungen aufgestellt mit Spannungsfunktionen, die den Randbedingungen genügen. Sie stimmen für die in der Praxis üblichen Rundungen mit seinen Versuchen und mit den Ergebnissen von Willers gut überein; der Fehler beträgt im Durchschnitt weniger als 5%. Schroffe Übergänge ($\varrho \to 0$), die offensichtlich eine Gefahr für die Konstruktion bedeuten und deshalb leicht zu vermeiden sind, liegen außerhalb des Geltungsbereiches dieser Gleichungen. Sie werden bei der Berechnung der abgesetzten Wellen (Abschn. 311) verwendet.

Das Grundgesetz der Kerbwirkung. Aus dem Verlauf der Spannungslinien geht das allgemeine Gesetz hervor, daß die Ablenkung und die dadurch bewirkte Zusammendrängung (Spannungserhöhung) unmittelbar nur durch den Teil der Körperoberfläche wesentlich beeinflußt wird, die in der unmittelbaren Nähe der Kerbe liegt. Die Form der Bauteile in großer Entfernung davon ist für die Spannungserhöhung nicht mehr maßgebend. Die Spannungserhöhung ist um so größer, je schärfer die Ablenkung (Kerbe) ist.

Aus diesem Gesetz folgt z. B., daß für Rundkerben (Abb. 11) in erster Linie die Krümmung des Kerbgrundes maßgebend ist, während der Flankenwinkel nur untergeordnete Bedeutung

---

[1] L. 16.4. [2] L. 16.5.

hat. Die Formziffer der flachen Kerbe (t klein) hängt nur von t/ϱ ab; die der tiefen Kerbe (a sehr klein) nur von a/ϱ. Im Übergangsgebiet ist die Formziffer

$$\alpha_k = F\,(t/\varrho \text{ und } a/\varrho)\,.$$

Diese Überlegungen gelten nur, solange keine plastische Formänderungen auftreten. Bei höherer Belastung gleichen sich die Spannungsspitzen bei zähen Werkstoffen etwas aus; bei spröden Stoffen (z. B. Glas) dagegen wird der Stab sofort an der höchst belasteten Stelle einreißen. Der Dauerbruch tritt also im allgemeinen nicht bei einer Nennspannung σ_D/α_k ein, sondern erst bei einer höheren Beanspruchung, die vom plastischen Verhalten des Werkstoffes abhängt. Zahlreiche Dauerversuche haben dies auch bewiesen.

Für den Konstrukteur ist demnach nicht so sehr die Formzahl α_k, sondern die sog. ,,Kerbwirkungszahl"

$$\beta_k = \frac{\text{Dauerfestigkeit des glatten Prüfstabes}}{\text{Dauerhaltbarkeit beim untersuchten Formgebungselement}}$$

als Grundlage für seine Berechnungen wichtig. Unter ,,Dauerhaltbarkeit" ist dann die Nennspannung zu verstehen, die an der Dauergrenze liegt. Die Kerbwirkungszahl entzieht sich aber der Rechnung; sie kann zur Zeit nur experimentell bestimmt werden. Man begibt sich dabei also ausschließlich auf das Gebiet der ,,systematischen Empirie", von dem wir wissen, daß dort keine endgültige Aufklärung zu erwarten ist solange die wissenschaftliche Führung fehlt.

Der Werkstoff ist um so empfindlicher gegen die Kerbwirkung, je größer der Unterschied zwischen α_k und β_k ist. Von der Überlegung ausgehend, daß nur die über 1 liegenden Beträge von α_k und β_k ein Maß für die Spannungserhöhung geben, hat A. Thum das Verhältnis

$$\eta = \frac{\beta_k - 1}{\alpha_k - 1} \tag{5}$$

die ,,Empfindlichkeitsziffer" des Werkstoffes genannt. Die Frage, ob η für jeden Werkstoff einen konstanten Wert hat, oder ob die Kerbform und der Verlauf der Spannungen in der Umgebung der Spannungsspitze diesen Wert wesentlich beeinflußt, ist noch nicht geklärt. L. Föppl[1] weist nach, daß $\beta_k/\alpha_k = 1 - C$ ist, worin C, die ,,elastische Zähigkeitsziffer" des Werkstoffes zwanglos aus der Bedingung folgt, daß die berechnete Spannung auf das ,,verformte" Element bezogen werden sollte und nicht (wie allgemein gebräuchlich) auf das ursprüngliche. Es scheint also β_k/α_k eine geeignetere Werkstoffkonstante zu sein als η. Versuche über die Größe von β_k und η liegen nur für vereinzelte Formgebungselemente vor und werden dort besprochen.

Mathematisch recht hübsche Lösungen hat H. Neuber in seinem Buche ,,Kerbspannungslehre"[2] gegeben. Die schwierigste Forderung bei der Spannungsberechnung ist die Erfüllung der Randbedingungen, daß bei der lastfreien Kerboberfläche die Spannungen dort verschwinden müssen. Da die Oberfläche im allgemeinen gekrümmt ist, läßt sich diese Bedingung durch Einführung von krummlinigen Koordinaten leichter erfüllen. Aber auch die Kerbspannungslehre muß von der Annahme ausgehen, daß die Unstetigkeit (Kerbe) in genügender Entfernung von den Kraftangriffstellen liegt, eine Voraussetzung, die bei den Maschinenteilen nur selten zutrifft und deren Nichterfüllung (wie Abb. 12 zeigt) eine Erhöhung der größten Spannung in der Kerbe zur Folge hat.

In der Praxis muß man sich also mit den experimentell gefundenen ,,Formziffern" behelfen, die leider keine einfachen Zahlen sind, sondern Funktionen von vielen Veränderlichen, wie z. B. Form und Abmessungen des Stabes und der Kerbe, Art der Kraftwirkung (Zug, Biegung, Verdrehung, eben oder räumlich), Werkstoff (spröde oder zähe), Rauheit der Oberfläche, u. a. m. Versuche, die den Einfluß dieser Faktoren (einzeln und zusammenwirkend) zahlenmäßig eindeutig bestimmen, liegen zur Zeit noch nicht vor. Es ist auch verständlich, daß die Versuchsergebnisse oft stark streuen, wenn einzelne Faktoren bei den Versuchen nicht genau gleich sind.

Die Ergebnisse der Theorie und der experimentellen Forschung werden (insofern sie für die Berechnung geeignet sind) bei den einzelnen Maschinenteilen besprochen.

Ebene Kerbe — räumliche Kerbe. Konstruiert man die Spannungslinien für einfache Zug- oder Biegebeanspruchung bei ebenen und bei räumlichen Spannungszuständen, so erkennt man, daß grundsätzlich wenig Unterschied im Verlauf der Spannungslinie vorhanden ist. Beurteilt man weiter mit Hilfe der ,,Kraftröhre" die Größe der auftretenden Spannungen, so kann man feststellen, daß sie bei gleicher Kerbform bei räumlicher Kerbwirkung etwas kleiner wird als bei ebenen Spannungszuständen. Zu dem gleichen Ergebnis kommt W. Kuntze[3] auf Grund

---

[1] L. 11.5. [2] L. 16.3. [3] L. 16.10.

16. Formgebungselemente.

einer einfachen Näherungsrechnung. Aus den umfangreichen Berechnungen von Neuber folgt, daß die Formziffer für Rundkerbe etwa 10% kleiner ist als für Flachkerben.

Versuchsergebnisse über die praktisch wichtigen, in Konstruktionsteilen am häufigsten vorkommenden, Rundkerben liegen nur wenige vor (vgl. Abschn. 31).

Stabecke. C. von Bach[1] hat schon darauf hingewiesen, daß solche Formelemente als stark gekrümmte Träger zu berechnen seien und dafür eine auf Versuchen gestützte Näherungsgleichung angegeben. Die Formziffer (bezogen auf die Nennspannung bei dem geraden Stab) scheint deshalb nicht zweckmäßig gewählt, was besonders aus Abb. 12a ersichtlich ist, da dort die Nennspannung (nach dem Vorschlag von Lehr) an einer Stelle auftritt, die mit dem Bruchquerschnitt in keinem logischen Zusammenhang steht. Viel zweckmäßiger ist es, die größte Spannung σ_0 aus der Gleichung für den gekrümmten Stab (1222.11) zu berechnen, und diese mit der gemessenen Spannung zu vergleichen. Für das Stabeck ohne

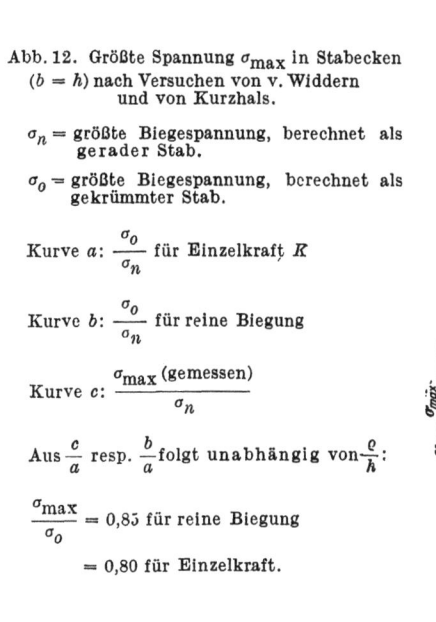

Abb. 12. Größte Spannung σ_{max} in Stabecken ($b = h$) nach Versuchen von v. Widdern und von Kurzhals.

σ_n = größte Biegespannung, berechnet als gerader Stab.

σ_0 = größte Biegespannung, berechnet als gekrümmter Stab.

Kurve a: $\dfrac{\sigma_0}{\sigma_n}$ für Einzelkraft K

Kurve b: $\dfrac{\sigma_0}{\sigma_n}$ für reine Biegung

Kurve c: $\dfrac{\sigma_{max} \text{ (gemessen)}}{\sigma_n}$

Aus $\dfrac{c}{a}$ resp. $\dfrac{b}{a}$ folgt unabhängig von $\dfrac{\varrho}{h}$:

$\dfrac{\sigma_{max}}{\sigma_0} = 0{,}85$ für reine Biegung

$\phantom{\dfrac{\sigma_{max}}{\sigma_0}} = 0{,}80$ für Einzelkraft.

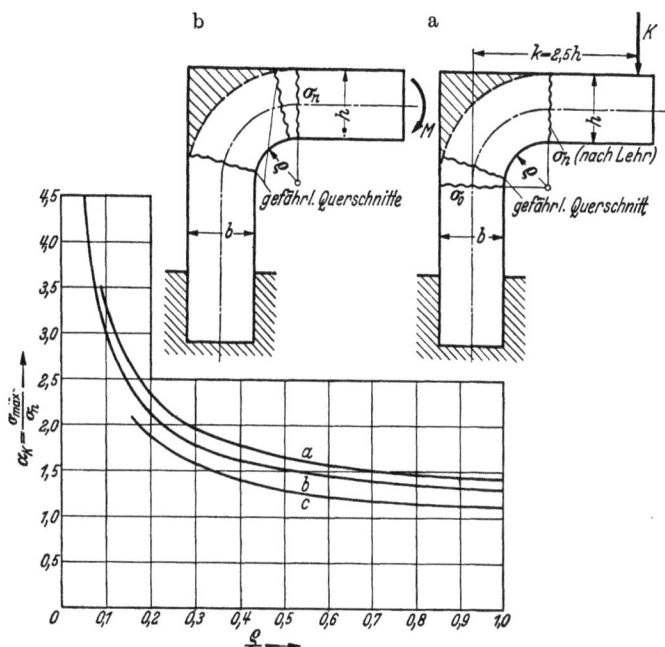

Querschnittsänderung ist der Vergleich in Abb. 12 für reine Biegebeanspruchung durchgeführt. Die Abbildung zeigt, daß

$$\sigma_{max} = 0{,}85\,\sigma_0 \qquad (6)$$

ist, und zwar unabhängig vom Krümmungsverhältnis ϱ/h. Für Stabecken mit veränderlichen Querschnitten ($b = 4\,h$ und $b = 2\,h$) liegen nur wenige Versuchswerte von Kettenacher vor, aus denen hervorgeht, daß diese einfache Beziehung auch für veränderliche Querschnitte (b/h) verwendet werden darf. Wie stark die Ergebnisse der einzelnen spannungsoptischen Messungen streuen, zeigt die Zusammenstellung von A. Thum und W. Bautz[2]. Die verschiedenen Formziffern liegen also zur Zeit noch nicht mit der gewünschten Genauigkeit fest.

Der Vergleich ist in Abb. 12 weiter für Biegung durch eine Einzelkraft durchgeführt. Er zeigt, daß für Stäbe mit unveränderlichen Querschnitten

$$\sigma_{max} = 0{,}8\,\sigma_0 \qquad (7)$$

ist und zwar wieder unabhängig vom Krümmungsverhältnis ϱ/h. Für Stäbe mit veränderlichen Querschnitten ($b = 4\,h$ und $b = 2\,h$) scheint die Formziffer α_k für genügend große Entfernung der Ecke von der Kraftangriffstelle auch konstant zu sein, und zwar ist für

$b/h =$	1	2	4
$\alpha_k =$	0,8	1	1,35

Für kleine Werte von a/h, d. h. für die Spannungsberechnung in der Nähe der Kraftangriffstelle versagt Gl. (1222.1) der elementaren Festigkeitslehre. Legt man sie dennoch der Berechnung der

---

[1] L. 16.11.   [2] L. 16.6

Formziffer zugrunde, so folgt aus Abb. 13, daß α_k mit abnehmendem Wert von a/h rasch zunimmt. Für $b/h = 4$ und a/h kleiner als 3 ist

$$\alpha_k = 2 \sqrt[3]{h/a} \,. \tag{8}$$

Die Feststellung, daß die Formziffer stark von der Nähe der Kraftangriff- und Befestigungsstellen abhängt, zeigt wie vorsichtig man bei der Übertragung von Versuchsergebnissen auf andere Verhältnisse sein muß.

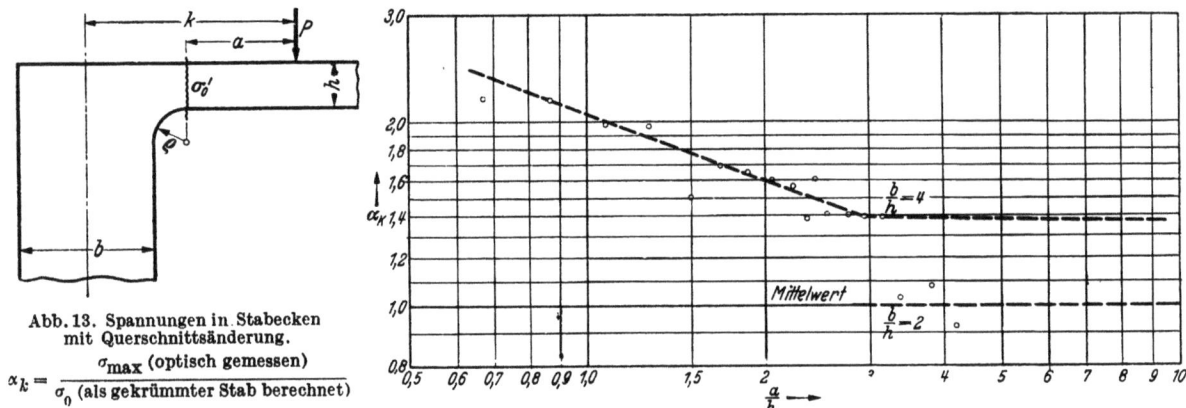

Abb. 13. Spannungen in Stabecken mit Querschnittsänderung.

$$\alpha_k = \frac{\sigma_{max} \text{ (optisch gemessen)}}{\sigma_0 \text{ (als gekrümmter Stab berechnet)}}$$

Die Spannungsberechnung nach der Gleichung für den gekrümmten Stab gibt für $\varrho = 0$ immer unendlich große Spannungen; d. h. der Stab aus sprödem Werkstoff müßte dann auch bei der kleinsten Kraftwirkung zerbrechen, was im Widerspruch steht mit der Erfahrung. Bach empfiehlt, für $\varrho = 0$ einen Wert $\varrho' = 1/15$ bis $1/20\,h$ in die Rechnung einzusetzen. Die Spannungslinien werden in der scharfen Ecke immer eine endliche Krümmung haben.

17. Plastische Verformungen.

Bei der Berechnung der Maschinenteile geht man im allgemeinen davon aus, daß keine bleibende Formänderungen auftreten. Die Spannungen bleiben deshalb unterhalb der Elastizitätsgrenze und innerhalb des Geltungsbereiches des Hookeschen Gesetzes. Aus der Bearbeitung durch spanlose Formgebung (Ziehen, Pressen usw. Vgl. auch die Versuche von Lasche, S. 79) weiß man, daß eine Beanspruchung oberhalb der Streckgrenze durchaus zulässig ist, solange diese nur vereinzelt auftritt. Auch konstruktiv hat man schon seit vielen Jahren solche Beanspruchungen oberhalb der Streckgrenze zugelassen, z. B. bei der Herstellung von Preßzylindern, beim Schleudern der Turbinenscheiben und in neuerer Zeit bei der Herstellung von Schrumpfverbindungen.

Es soll hier nur der allereinfachste Fall der plastischen Verformung betrachtet werden, bei dem die Änderungen der Gestalt des Körpers noch verhältnismäßig klein sind, aber bereits so groß, daß die elastischen Formänderungen gegenüber den bleibenden vernachlässigt werden dürfen.

In einem beliebigen Punkt der plastischen Masse sollen die Seitenflächen eines kleinen Würfels mit den Hauptspannungsebenen zusammenfallen. Über die Formänderungen können dann folgende Aussagen gemacht werden:

1. Die Hauptdehnungsrichtungen fallen mit den Hauptspannungen zusammen.
2. Bei der plastischen Verformung ändert sich der Rauminhalt nicht:

$$\varepsilon_1 + \varepsilon_2 + \varepsilon_3 = 0 \,. \tag{17.1}$$

3. Eine bildsame Masse verformt sich bei reiner Zug- resp. Druckbeanspruchung

$(\sigma_1 = \pm \sigma, \ \sigma_2 = \sigma_3 = 0)$ so, daß $\varepsilon_2 = \varepsilon_3 = -\frac{1}{2}\varepsilon_1$ ist.

Bei reiner Schubbeanspruchung ($\sigma_1 = \sigma$, $\sigma_2 = 0$ und $\sigma_3 = -\sigma$) ist

$$\varepsilon_1 = -\varepsilon_3 \quad \text{und} \quad \varepsilon_2 = 0 \,.$$

Bei diesen Grundfällen entsprechen σ und ε ähnlich gelegenen Mohrschen Kreisen. Man darf deshalb allgemein als Fließregel annehmen: **Die Figur der drei Hauptspannungskreise in der $\sigma\tau$-Ebene ist stets ähnlich zur Figur der drei Hauptdehnungskreise in der $\varepsilon\gamma$-Ebene.**

17. Plastische Verformungen.

Eine der wichtigsten Anwendungen ist die plastische Verformung eines dickwandigen Rohres als Preßzylinder oder als Schrumpfverbindung[1]. Für die plastische Verformung gelten die gleichen geometrischen Beziehungen, wie im elastischen Gebiet, nämlich:

$$\varepsilon_z = \frac{\delta \zeta}{\delta z}, \qquad \varepsilon_r = \frac{\delta \varrho}{\delta r} \quad \text{und} \quad \varepsilon_t = \frac{\varrho}{r}. \qquad (14.11\,\text{a, b, c})$$

Wir beschränken uns auf den beidseitig eingespannten Zylinder, also $\varepsilon_z = 0$. Aus dem konstanten Rauminhalt bei der plastischen Verformung folgt dann

$$\varepsilon_r = -\varepsilon_t,$$

d. h. die beiden Hauptdehnungskreise haben gleiche Halbmesser. Nach Einsetzen der Werte für ε_r und ε_t

$$\frac{d\varrho}{dr} + \frac{\varrho}{r} = 0 = \frac{1}{r}\frac{d}{dr}(\varrho \cdot r)$$

und integriert

$$\varrho = c/r,$$

wo c eine Integrationskonstante ist. Aus der Ähnlichkeitsbedingung des Fließvorganges müssen auch die entsprechenden Hauptspannungskreise gleich sein, also

$$\sigma_z = \tfrac{1}{2}(\sigma_r + \sigma_t). \qquad (2)$$

Nach der Hypothese der Gestaltsänderungsenergie (Abschn. 131) lautet die allgemeine Fließbedingung

$$(\sigma_t - \sigma_r)^2 + (\sigma_r - \sigma_z)^2 + (\sigma_z - \sigma_t)^2 = 2\,\sigma_0^2, \qquad (131.4)$$

wo σ_0 die Fließgrenze für Zug ist. Da nun

$$\sigma_r - \sigma_z = \sigma_r - \frac{\sigma_r + \sigma_t}{2} = \frac{\sigma_r - \sigma_t}{2} \quad \text{und} \quad \sigma_z - \sigma_t = \frac{\sigma_r + \sigma_t}{2} - \sigma_t = \frac{\sigma_r - \sigma_t}{2}$$

ist, nimmt die Fließbedingung die einfachere Gestalt

$$\sigma_t - \sigma_r = \pm \frac{2\,\sigma_0}{\sqrt{3}}$$

an. Eine zweite Gleichung zur Berechnung der unbekannten Spannungen σ_r und σ_t bietet die Gleichgewichtsbedingung [Gl. (14.14)]:

$$\sigma_t - \sigma_r = r\frac{d\sigma_r}{dr} = \pm \frac{2\,\sigma_0}{\sqrt{3}}.$$

Aus der Integration folgt:

$$\sigma_r = C_1 \pm \frac{2\,\sigma_0}{\sqrt{3}} \ln r. \qquad (3)$$

Die Integrationskonstante C_1 folgt aus der Randbedingung. Soll sich der ganze Zylinder plastisch verformen und ist für $r = r_a$, $\sigma_r = 0$. Dann ist

$$C_1 = \pm \frac{2\,\sigma_0}{\sqrt{3}} \ln r_a.$$

Somit sind die Spannungen im Rohr:

$$\sigma_r = \pm \frac{2\,\sigma_0}{\sqrt{3}} \ln \frac{r}{r_a}, \quad \sigma_t = \pm \frac{2\,\sigma_0}{\sqrt{3}}\left(\ln \frac{r}{r_a} + 1\right) \quad \text{und} \quad \sigma_z = \pm \frac{2\,\sigma_0}{\sqrt{3}}\left(\ln \frac{r}{r_a} + \tfrac{1}{2}\right). \qquad (4)$$

Steht das Rohr unter Innendruck p, so muß das Plus-Zeichen genommen werden. Für $r = r_i$ ist dann:

$$\sigma_r = -p = \frac{2\,\sigma_0}{\sqrt{3}} \ln \frac{r_i}{r_a}$$

Unter einem Druck

$$p = \frac{2\,\sigma_0}{\sqrt{3}} \ln \frac{r_a}{r_i} \qquad (5)$$

wird ein dickwandiges Rohr in seinem Querschnitt bis zur äußeren Oberfläche fließen.

Ist der plastische Zustand noch nicht bis zur äußeren Oberfläche $r = r_a$ des Rohres, sondern nur in einem ringförmigen Fließgebiet bis zum Halbmesser $r = r_x$ vorgedrungen, dann treten im äußeren Ringgebiet elastische Formänderungen auf.

---
[1] L. 17.6.

Im plastischen Gebiet: $r_i < r < r_x$ sind die Spannungen

$$\sigma_r = C_1 + \frac{2\sigma_0}{\sqrt{3}} \ln r, \quad \sigma_t = C_1 + \frac{2\sigma_0}{\sqrt{3}}(\ln r + 1) \quad \text{und} \quad \sigma_z = C_1 + \frac{2\sigma_0}{\sqrt{3}}(\ln r + \tfrac{1}{2}) \tag{6}$$

und die radiale Verschiebung $\varrho = c/r$.

Für $r = r_i$ ist $\sigma_r = -p$ und

$$C_1 = -p - \frac{2\sigma_0}{\sqrt{3}} \ln r_i.$$

An der äußeren Grenze des plastischen Gebietes $r = r_x$ ist

$$\sigma_r = -p + \frac{2\sigma_0}{\sqrt{3}} \ln \frac{r_x}{r_i}.$$

18. Stabilitätsprobleme.

Die Stabilitätsprobleme erhalten besonders durch den Leichtbau eine erhöhte praktische Bedeutung. Wie auf S. 23 erläutert, ist die Gleichgewichtslage bei elastischen Formänderungen dadurch gekennzeichnet, daß $\delta\mathfrak{A} = 0$ ist. Die Gleichgewichtslage ist sicher (stabil), wenn $\delta^2\mathfrak{A}$ positiv, unsicher (labil) wenn $\delta^2\mathfrak{A}$ negativ ist. Stabilitätsprobleme sind demnach Aufgaben der Variationsrechnung und können hier nicht behandelt werden. Nur das Ergebnis einiger einfachen Probleme, die für den Maschineningenieur von praktischer Bedeutung sind, ist kurz zusammengefaßt.

181. Stäbe.

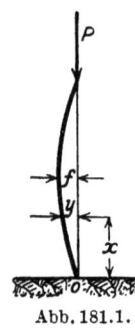

Abb. 181.1.

Ein homogener Stab mit genau gerader und vertikaler Achse, auf den eine genau zentrische Kraft wirkt, müßte eigentlich nur auf Druck beansprucht werden und nicht nach irgendeiner Seite ausbiegen. Das Gleichgewicht des belasteten Stabes ist aber labil und wird durch die kleinste Abweichung gestört, so daß immer eine Ausbiegung zu erwarten ist, wenn die Belastung genügend groß und die Länge des Stabes im Verhältnis zu den Querschnittsabmessungen nicht zu klein ist. Die zum Ausbiegen erforderliche Belastung heißt Knicklast. Der Stab sei an beiden Enden frei drehbar gelagert (Abb. 181.1). In einem Querschnitt im Abstande x vom unteren Ende O sei y die Durchbiegung der Stabachse. Das Biegungsmoment ist $P \cdot y$, und die Gleichung der elastischen Linie:

$$\frac{d^2 y}{d x^2} = -\frac{P}{JE} y = -k^2 y, \tag{181.1}[1]$$

wenn zur Abkürzung $\frac{P}{JE} = k^2$ gesetzt wird. Die allgemeine Lösung dieser Differentialgleichung lautet:

$$y = C_1 \sin kx + C_2 \cos kx.$$

In O, für $x = 0$, ist $y = 0$, also $C_2 = 0$; daher: $y = C_1 \sin kx$. Den größten Wert f erreicht y für $\sin kx = 1$; dann wird $y = f = C_1$ und $y = f \sin kx$.

Da der obere Endpunkt des Stabes sich auf der X-Achse befindet, so ist für $x = l$, $y = 0$ $= f \sin kl$. Das ist nur möglich, für $\sin kl = 0$, d. h. für $k = 0, \frac{\pi}{l}, \frac{2\pi}{l} \ldots \frac{n\pi}{l}$, worin n eine beliebige ganze positive Zahl sein kann. Die elastische Linie hat also die Form einer Sinuslinie:

$$y = f \sin \frac{n\pi}{l} x,$$

Damit sie entsteht, muß $k = \sqrt{\frac{P}{JE}} = \frac{n\pi}{l}$ sein, oder $P = \left(\frac{n\pi}{l}\right)^2 JE$.

---
[1] Diese Gleichung gilt nur für kleine Durchbiegungen. Für die Untersuchung der Stabilität müßte von der ungekürzten Gleichung:

$$\frac{1}{\varrho} = \frac{y''}{(1-y'^2)^{3/2}} = -Py/JE \tag{1221.9 S. 29}$$

ausgegangen werden. Mit der Lösung von Schneider (L. 181.1)

$$f = 4\sqrt{\frac{JE}{P}} \cdot \sqrt{A - \frac{9}{4}A^2 + \frac{31}{8}A^3 - \frac{185}{32}A^4 + \cdots}$$

worin $A = \frac{l}{\pi}\sqrt{\frac{JE}{P}} - 1$ ist. Für $P < P_k$ ist A negativ und f imaginär. Nur für $P > P_k$ sind reelle Ausbiegungen möglich.

181. Stäbe.

Die Knickkraft wird am kleinsten für $n = 1$,
$$P_k = \frac{\pi^2}{l^2} J E. \tag{2}$$
d. i. die Eulersche Knickgleichung.

Wenn der Stab sich frei nach allen Richtungen biegen kann, so wird die Stabachse sich in eine Richtung ausbiegen, für welche das Trägheitsmoment des Stabquerschnittes am kleinsten ist.

Ist das Trägheitsmoment des Stabes veränderlich (abhängig von x), so kann Gl. (1) graphisch integriert werden. Ändert sich J parabolisch mit x, mit dem Größtwert J_m in der Mitte des Stabes und J_0 an den beiden Enden (z. B. bei langen Schubstangen) so wird:

$$P_k = A \frac{\pi^2}{l^2} J_m E$$

worin für $J_0/J_m = 0$ $0{,}2$ $0{,}4$ $0{,}6$ $0{,}8$ 1
$A = 0{,}81$ $0{,}86$ $0{,}90$ $0{,}94$ $0{,}97$ 1 ist.

In ähnlicher Weise kann auch für andere Belastungsfälle die Eulersche Knicklast P_k berechnet werden. Es ist meist gebräuchlich, für alle Fälle die gleiche Knickformel anzuwenden, und dafür die freie Knicklänge l_0 einzuführen, d. i. die Entfernung zweier aufeinander folgenden Wendepunkte der elastischen Linie. Dieses Zwischenstück kann dann als frei drehbarer Stab aufgefaßt werden. Bei den Anwendungen ist wieder zu beachten, daß eine ,,Einspannung'' praktisch sehr schwer zu verwirklichen ist. Für örtlich geschwächte Querschnitte, siehe L. 181.2.

$$P_k = \frac{\pi^2}{l_0^2} J E. \tag{3}$$

Zahlentafel 181.1. Verschiedene Knickfälle.

Ein Stabende eingespannt, das andere frei beweglich	Frei drehbarer Stab	Ein Stabende eingespannt, das andere frei in der Achse geführt	Beidseitig eingespannt
$l_0 = 2\,l$	$l_0 = l$	$l_0 = 0{,}7\,l$	$l_0 = 0{,}5\,l$

(Aus Winkel.)

Man kann diese Gleichung auch aus der Annahme ableiten, daß die Kraft P in einer kleinen Entfernung e von der Stabachse wirkt (Abb. 2). Für kleine Durchbiegungen ist dann das Biegemoment

$$M_x = P(e + f - y) = -P \cdot z \quad \text{(also} \quad -z = e + f - y) \tag{4}$$

und die Gleichung der elastischen Linie:

$$y'' = -\frac{P \cdot z}{J \cdot E} = -\beta^2 z \quad \text{(also } \beta^2 = P/JE) \tag{5}$$

und
$$z'' - \beta^2 z = 0. \tag{6}$$

Aus der allgemeinen Lösung:

$$z = C_1 \cos \beta x + C_2 \sin \beta x \quad \text{oder} \quad y = C_1 \cos \beta x + C_2 \sin \beta x + e + f$$

folgt mit den Randbedingungen, daß für $x = 0$:

$$y = 0, \quad \text{also} \quad C_1 = -(e + f) \quad \text{und} \quad y' = 0, \quad \text{also} \quad C_2 = 0,$$

die Gleichung: $\quad y = (e + f)(1 - \cos \beta x) \tag{7}$

Da für $x = l$, $y = f$ ist, folgt daraus:

$$f = \frac{e(1 - \cos \beta l)}{\cos \beta l}, \quad e + f = \frac{e}{\cos \beta l} \quad \text{und} \quad y = \frac{e(1 - \cos \beta x)}{\cos \beta l}.$$

18. Stabilitätsprobleme.

Für $\cos \beta l = 0$, also für $\beta \cdot l = \pi/2$ wird $y =$ unendlich groß, unabhängig von e und

$$P_k = \frac{\pi^2}{4 l^2} \cdot J \cdot E = \frac{\pi^2 J E}{l_0^2}. \tag{3}$$

Diese Ableitung der Eulerschen Knickgleichung läßt vermuten, daß bei einem Stab mit vollkommen gerader Achse, die sich mit der Kraftwirkungslinie mathematisch genau deckt, keine Knickgefahr vorhanden wäre. J. Pirkl[1] weist nach, daß auch unter diesen idealen Voraussetzungen der Knickvorgang aus dem Verhalten des Kleingefüges des Werkstoffes abgeleitet werden kann.

Oft ist die Energiemethode[2] von Nutzen, die keine genaue Kenntnis der elastischen Linie erfordert. Erteilt man den zentrisch belasteten Stab (Abb. 3) eine kleine seitliche Ablenkung, so ist die aufgespeicherte Formänderungsarbeit des gebogenen Stabes

$$\mathfrak{A} = \int_0^l \frac{M^2}{2 J E} dx. \tag{8}$$

Während der Auslenkung senkt sich der Angriffspunkt der Kraft P um den Betrag δ, wobei die Kraft P gleich groß bleibt und die Arbeit leistet:

$$A = P \cdot \delta. \tag{9}$$

Solange P kleiner als die Knickkraft P_k ist, kehrt der Stab nach Wegnahme der auslenkenden Kraft in seine gerade Form zurück ($\mathfrak{A} > A$). Für $\mathfrak{A} \leq A$ knickt der abgelenkte Stab aus.

Die vertikale Senkung δ von P folgt aus:

$$d\delta = ds - dx = \sqrt{dx^2 + dy^2} - dx = dx\sqrt{1 + y'^2} - dx = dx \left[1 + \frac{y'^2}{2} + \ldots \right] - dx$$

zu

$$d\delta \approx \frac{1}{2}(y')^2. \tag{10}$$

Nimmt man an, daß die elastische Linie in erster Annäherung eine Parabel ist:

$$y/f = x^2/l^2 \quad \text{und} \quad y' = 2 f \cdot x/l^2, \tag{11}$$

so wird

$$\delta = \frac{1}{2} \int_0^l (y')^2 \cdot dx = \frac{1}{2} \cdot \frac{4 f^2}{l^4} \int_0^l x^2 dx = \frac{2 f^2}{3 l} \tag{12}$$

und

$$A = 2 P f^2 / 3 l. \tag{13}$$

Die Formänderungsarbeit (potentielle Energie) ist

$$\mathfrak{A} = \frac{M^2 \cdot dx}{2 J E}. \quad \text{Mit } M = P(f - y) = P \cdot f (1 - y/f) \text{ wird}$$

$$\mathfrak{A} = \frac{P^2 f^2}{2 J E} \int_0^l \left(1 - \frac{2 x^2}{l^2} + \frac{x^4}{l^4} \right) dx = \frac{P^2 f^2}{2 J E} \left(l - \frac{2 l}{3} + \frac{l}{5} \right) = \frac{P^2 f^2}{2 J E} \cdot \frac{8}{15} l = \frac{4}{15} \cdot \frac{P^2 f^2 l}{J E}. \tag{14}$$

Durch Gleichsetzen $A = \mathfrak{A}$ erhält man:

$$P_k = 2{,}5 \frac{J E}{l^2} \tag{15}$$

gegenüber $P_k = \frac{\pi^2}{4} \cdot \frac{J E}{l^2} = 2{,}47 J E/l^2$ nach Belastungsfall (Zahlentafel 1).

Geltungsbereich der Eulerschen Gleichungen[3]: Man nennt das Verhältnis

$$\frac{\text{Freie Knicklänge } l_0}{\text{Trägheitsradius } i} = \lambda *,$$

die Schlankheit des Stabes. Die Knickspannung, d. i. die Spannung an der Knickgrenze, wird damit:

$$\sigma_k = \frac{P_k}{f} = \frac{\pi^2}{l_0^2} \cdot \frac{J}{f} E = \frac{\pi^2}{l_0^2} i^2 E = \frac{\pi^2}{\lambda^2} E.$$

---

[1] L. 181.7 [2] L. 143.1 § 101. [3] L. 181.3 und 5.
* Das Trägheitsmoment wird oft in der Form $J = f \cdot i^2$ geschrieben; der Faktor i wird dann als „Trägheitsradius" bezeichnet.

181. Stäbe.

Da wir bei der Ableitung der Eulerschen Gleichung von der allgemeinen Biegegleichung ausgegangen sind, gelten die Schlußfolgerungen nur innerhalb des Hookeschen Gesetzes, also solange $\sigma_k \leq \sigma_p$ ist. Die Eulersche Formel ist also nur gültig für

$$\lambda \gtrless \pi \sqrt{\frac{E}{\sigma_p}}. \tag{16}$$

Für St 37 mit $\sigma_p = 2200$ at wird $\lambda = 100$, für St 60 mit $\sigma_p = 2500$ at wird $\lambda = 93$.
Für Federstahl mit $\sigma_p = 6000$ at wird $\lambda = 60$ und für Gußeisen wird $\lambda = 80$.

Für kreisförmige Querschnitte muß, da $i = \sqrt{\frac{J}{f}} = d/4$ ist, l_0 größer als rd. 25 mal den Durchmesser des zylindrischen Stabes aus Stahl sein. Für Duralumin z. B. ist $E = 700\,000$ bis $750\,000$ kg/cm² und bei einer Proportionalitätsgrenze $\sigma_p = 2000$ kg/cm² liegt die Grenze für die Verwendung der Eulerschen Formel schon bei $l_0/i > 59$.

Für kleinere Schlankheitsgrade hat L. von Tetmajer auf Grund ausgedehnter Versuche an der Eidg. Materialprüfanstalt in Zürich folgende empirische Formel aufgestellt:

$$\sigma_k = c_0 - c_1 \lambda + c_2 \lambda^2.$$

		c_0	c_1	c_2
Für Flußeisen	ist	$c_0 = 3100$ at	$c_1 = 11{,}4$	$c_2 = 0$
„ Stahl	„	$c_0 = 3200$ at	$c_1 = 11{,}6$	$c_2 = 0$
„ Gußeisen	„	$c_0 = 7760$ at	$c_1 = 120$	$c_2 = 0{,}53$
„ Holz	„	$c_0 = 293$ at	$c_1 = 1{,}94$	$c_2 = 0$

Die Eulersche Knicklast, resp. die Knickspannung nach Tetmajer darf natürlich niemals erreicht werden, sondern man schreibt eine 3,5- bis 5fache Sicherheit gegen Ausknicken vor.

Bei Eisenkonstruktionen ist das sog. ω-Verfahren für die Berechnung der Druckstäbe vorgeschrieben, nach welchem die größte Randspannung $\omega \cdot P/f$ kleiner als die zulässige Zugspannung sein muß. Die Knickzahl ω ist abhängig von der Schlankheit des Stabes und vom Werkstoff und kann in folgender Weise (z. B. für St 37) berechnet werden.

Für sehr kurze Stäbe, etwa bis $\lambda = 60$ wird die Knickspannung, das ist die Spannung bei der ein Stab ausknickt, gleich der Streckgrenze des Werkstoffes (für St 37 ist $\sigma_z = 24$ kg/mm²) gesetzt. Im Gültigkeitsbereich der Eulerschen Gleichung (Schlankheit größer als 100) verläuft die Knickspannung σ_k nach der Eulerlinie $\left(\sigma_k = \frac{\pi^2 E}{\lambda^2}\right)$.

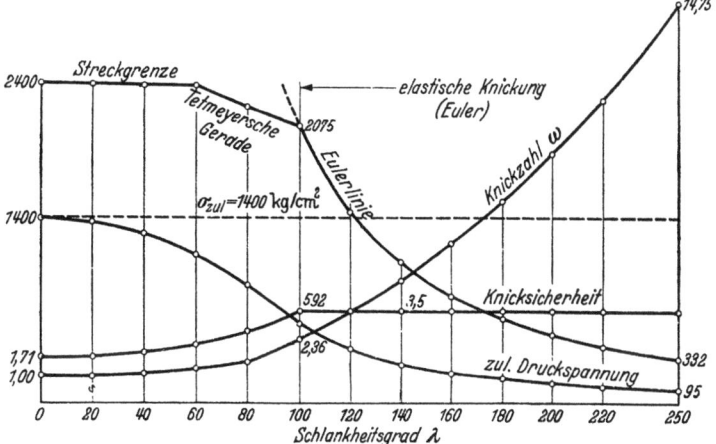

Abb. 4. Knickung gerader Stäbe (für St. 37).

Von $\lambda = 60$ bis $\lambda = 100$ wird die Knickspannung als verbindende Gerade (nach Tetmajer) angenommen. Bei der Berechnung der zulässigen Druckspannung wird im Gültigkeitsbereich der Eulerschen Gleichung von der Knicksicherheit ν ausgegangen, für welche $\nu = 3{,}5$ vorgeschrieben ist, also $\sigma_{d\,zul} = \sigma_k/\nu$. Für reine Druckbeanspruchung ($\lambda = 0$) ist $\sigma_{d\,zul}$ gleich der Elastizitätsgrenze des Werkstoffes (für St 37, $\sigma_e = 14$ kg/mm²) festgelegt. Der Übergang zwischen $\lambda = 0$ und $\lambda = 100$ erfolgt durch eine Parabel, die für $\lambda = 0$ eine horizontale Tangente hat. Aus dem so festgelegten Verlauf von $\sigma_{d\,zul}$ kann nachträglich die Knicksicherheit ν berechnet werden ($\nu = \sigma_k/\sigma_{d\,zul}$). Die Knickzahlen ω ergeben sich dann aus $\sigma_e/\sigma_{d\,zul}$.

Nachdem die Knickzahlen ω so berechnet worden sind (Zahlentafel 2), können Druckstäbe genau wie Zugstäbe berechnet werden nach der Gleichung:

$$\frac{\text{Stabkraft } P \times \text{Knickzahl } \omega}{\text{Querschnitt } F} < \sigma_e.$$

Hierin liegt der praktische Vorteil dieses Berechnungsverfahrens.

146   18. Stabilitätsprobleme.

Zahlentafel 2. Knickzahlen ω für St 37 (Eisenkonstruktion).

$\lambda =$	0	10	20	30	40	50	60	70	80	90
$\omega =$	1	1,01	1,02	1,05	1,10	1,17	1,26	1,39	1,59	1,88
$\lambda =$	100	110	120	130	140	150	160	170	180	190
$\omega =$	2,36	2,86	3,41	4,0	4,64	5,32	6,06	6,84	7,65	8,56

182. Dünnwandige Rohre.

Wird ein Rohr in der Richtung seiner Achse gedrückt, so treten bei nicht zu kleiner Länge des Rohres wellenförmige Wülste auf, die sich zuerst in der Nähe der Rohrenden bilden (Abb. 182.1). Diese Erscheinung läßt sich am leichtesten so veranschaulichen, daß man das Rohr der Länge nach in einzelne Streifen zerlegt denkt, auf die je ein Teil der Druckkraft wirkt und die somit das Bestreben zum Ausknicken haben. Die Knickgefahr ist in der Nähe der Rohrenden am größten, da die Stirnflächen eine größere Nachgiebigkeit haben.

Im Gültigkeitsbereich des Hookeschen Gesetzes tritt Ausbeulen[1] auf, wenn die gleichförmige Randbelastung des Rohres den kritischen Wert

$$p_k = \frac{sE'}{r\sqrt{3}}$$

erreicht. Der Hohlzylinder knickt nach Gl. (181.3) wie ein Stab aus, wenn

$$P_k = \frac{\pi^2}{l_0^2} JE \quad \text{oder} \quad p_k = \frac{\pi^2}{l_0^2} r^2 E$$

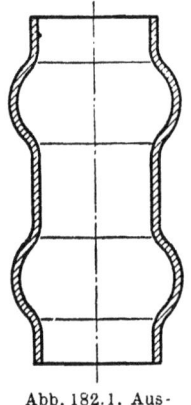

Abb. 182.1. Ausbeulen eines Rohres.

ist. Aus diesen beiden Gleichungen folgt (mit $m = 10/3$), daß ein dünnwandiges Rohr auf Ausbeulen resp. Knicken zu berechnen ist, je nachdem s/r kleiner resp. größer als $15,5\,(r/l)^2$ ist. Diese Frage ist beim Leichtbau (Flugzeugbau) wieder aktuell.

Wenn dünnwandige Rohre durch äußeren Druck beansprucht werden, dann entsteht die Gefahr einer Einbeulung. Dieser Fall

Abb. 2. Eingebeultes Flammrohr (aus Rötscher).

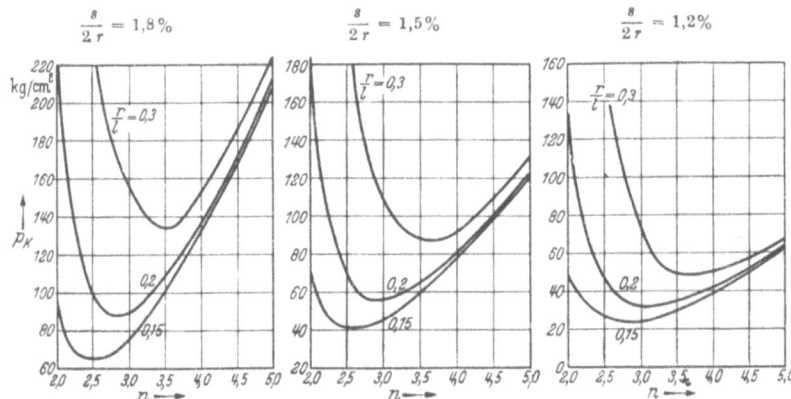

Abb. 3. Einbeuldrücke dünnwandiger Rohre.

liegt bei allen Vakuumleitungen und bei den Flammrohren von Dampfkesseln vor (Abb. 2). Auch beim Kesselkörper ist Einbeulungsgefahr vorhanden, wenn das Wasser sich vollständig abkühlt.

Den Einbeulungsdruck p eines allseitig von außen gedrückten kreisförmigen Hohlzylinders, der an seinen Enden wie ein Flammrohr befestigt ist, hat R. von Mises[2] nach der Elastizitätstheorie dünner Schalen berechnet. Er findet

---
[1] L. 182.1—2   [2] L. 182.1

182. Dünnwandige Rohre.

$$p_k = \frac{E \cdot s/r}{(n^2-1)\left(1+\frac{n^2 l^2}{\pi^2 r^2}\right)^2} + 0{,}09\, E \left(n^2 - 1 + \frac{2n^2-1{,}3}{1+\frac{n^2 l^2}{\pi^2 r^2}}\right)\frac{s^3}{r^3}\, \text{kg/cm}^2. \qquad (182.1)$$

In dieser Gleichung ist r der innere Radius des Rohres, s die Wandstärke, l die Rohrlänge, resp. die Entfernung zweier wirksamen Versteifungen und n die Anzahl Wellen am Kreisumfang, die bei der Einbeulung entstehen. Die Gleichung ist (mit $E = 2 \cdot 10^6$ kg/cm²) in Abb. 3 dargestellt und zeigt einen Kleinstwert für p_k, für welchen die Knickgefahr beginnt. Interessant ist, daß bei den Versuchen von Siebel und Schwaigerer[1] das Rohr ($r/l = 0{,}2$ und $s/2r = 1{,}8\%$) unter **Wasserdruck nur an einer Stelle** des Umfangs einbeulte, während sich bei Preßluft **vier gleichmäßig am Umfang verteilte Wellen** zeigten. In Zahlentafel 182.1 sind diese Versuchsergebnisse mit Gl. (182.1) verglichen. Die Übereinstimmung ist in einzelnen Fällen mit $p_{\min}$ gut, in anderen mit $p_{n=4}$ besser. Der Knickdruck hängt stark von den Verhältnissen $s/2r$ und r/l ab, die bei den Versuchen sehr genau einzuhalten sind.

Zahlentafel 182.1.

r/l	$s/2r$ %	Knickdruck p_k gemessen	nach Gl.(182.1) p_{min}	$p_{n=4}$
0,3	1,2	46	47	50
	1,5	72	86	90
	1,8	91	134	154
0,2	1,2	42,5	32	42
	1,5	74	56	80
	1,8	82	88	137
0,15	1,2	34	24	38
	1,5	54	42	77
	1,8	87	65	132

Für ein unendlich langes Rohr geht Gl. (182.1) mit $n = 2$ über in:

$$p_k = 0{,}27\, E\, (s/r)^3. \qquad (2)$$

Die Versuche zeigen eine lineare Abhängigkeit von der Unrundheit ovaler Rohre, die aber nicht sehr bedeutend ist. Bezeichnet man

$$\eta = 100\, \frac{r_{\max} - r_{\min}}{r_{\max} + r_{\min}}$$

als Maß für die Unrundheit, so ist

$$p_k \sim p_{ko}\, (1 - 0{,}1\, \eta). \qquad (3)$$

Gl. (182.1) gilt (wie die Eulersche) nur innerhalb des Hookeschen Gesetzes. Beim Überschreiten der Proportionalitätsgrenze [die für ein rundes, unendlich langes Rohr aus der Kesselformel (14.2) berechnet werden kann] kann die Knickgefahr in ähnlicher Weise wie beim ω-Verfahren für gerade Stäbe beurteilt werden.

183. Biegebeanspruchungen.

Bei jedem auf Biegung beanspruchten Träger tritt mit den Druckspannungen auch die Gefahr des Ausknickens auf, indem die ursprünglich gerade Stabachse im Druckteil ausbiegt. Wenn der Träger nicht durch die gesamte Konstruktion (z. B. beim Deckenträger durch die Deckenfüllung oder im Brückenbau durch die Windverbände) gegen seitliches Ausbiegen gesichert ist (4- bis 5fache Sicherheit), so müssen besondere Vorkehrungen gegen Ausknicken des Druckgurtes getroffen werden. Die Stabilität des auf Biegung beanspruchten Trägers ist für einfache Belastungsfälle von L. Prandtl[2] (für den Rechteckquerschnitt) und von Timoshenko[3] (für I-Träger) gelöst worden. F. Stüssi[4] hat ein neues Verfahren für beliebige Belastung und Auflagerung entwickelt. Die folgende elementare aber anschauliche Betrachtung des Problems hat für den Anfänger auch heute noch einen gewissen Wert.

Die Druckkraft N_x, die an einer Stelle x des Trägers wirkt, ist

$$N_x = \int_0^e \sigma \eta\, df = \frac{\sigma-e}{e} \int_0^e \eta\, df = \frac{\sigma-e}{e} \cdot S = \frac{M_x}{J} S. \qquad (183.1)$$

S ist das statische Moment der Querschnittshälfte, J das Trägheitsmoment des ganzen Querschnittes, beide in bezug auf die neutrale Achse.

---

[1] L. 182.3. [2] L. 183.1. [3] L. 181.4. [4] L. 183.2.

148   18. Stabilitätsprobleme.

Die Druckkraft ändert sich demnach von Ort zu Ort wie das Biegemoment und ist in den Auflagestellen des Trägers gleich Null. Diese Stellen haben demnach keine Neigung zum Ausbiegen, d. h. sie wirken bei Knickbeanspruchung ähnlich wie Einspannstellen. In diesem Fall ist die freie Knicklänge $l_0 = l/2$ und der Mittelwert N der Druckkraft für diese Länge:

$$N = \frac{1}{l/2} \int_{x=1/4 l}^{x=3/4 l} N_x \, dx = \frac{2}{l} \int_{1/4 l}^{3/4 l} \frac{M_x S}{J} \, dx.$$

Wenn S/J für die ganze Strecke konstant ist, so ist

$$N = \frac{2}{l} \cdot \frac{S}{J} \int_{1/4 l}^{3/4 l} M_x \, dx.$$ Dieser Wert kann direkt aus der Momentenfläche als Mittelwert bestimmt werden (Abb. 183.1). Bei einem verjüngten Träger muß zuerst die verzerrte Momentenfläche $M_x \frac{S_x}{J_x}$ gezeichnet und daraus dann der Mittelwert entnommen werden. Die praktische Zulässigkeit dieser Annahme wird durch Versuche von J. E. Brix[1] bestätigt.

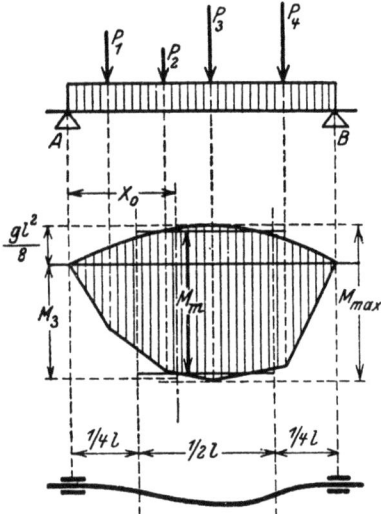

Abb. 183.1. Ausknickung eines auf Biegung beanspruchten Trägers.

184. Schwach gewölbte Böden.

Das Ergebnis einer Untersuchung von C. B. Biezeno[2] mit einer in der Zylinderachse konzentrierten Einzellast P kann kurz so zusammengefaßt werden, daß die mit der Durchschlagskraft P gebildete dimensionslose Größe PR/Eh^3 nur vom Verhältnis a/h abhängt, also

$$\frac{P \cdot R}{E \cdot h^3} = \text{Funktion } (a/h) \tag{184.1}$$

ist, welche Funktion (nach der Berechnung von Biezeno) in Abb. 184.1 dargestellt ist. Diese Lösung kann allerdings nicht ohne weiteres auf den praktisch wichtigeren Fall einer gleichmäßigen Belastung des Bodens übertragen werden. Die mathematische Lösung dieser Aufgabe ist durchaus möglich und sicher nicht schwieriger als bei der Einzelbelastung; sie erfordert aber immerhin einen bedeutenden Zeitaufwand und ist (soweit mir bekannt) zur Zeit noch nicht durchgeführt.

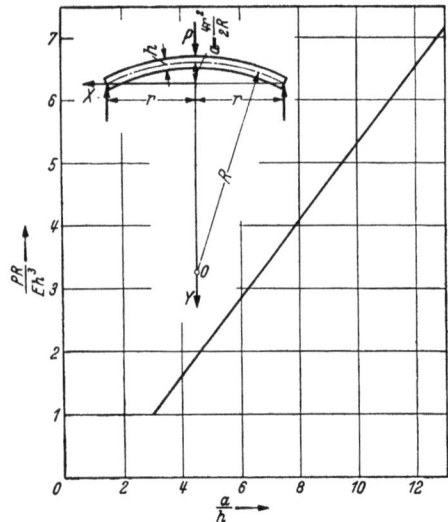

Abb. 184.1. Durchschlagkraft schwach gewölbter Böden.

Da aber die Formänderung des Körpers ausschlaggebend für die Stabilität ist, kann man die umständliche, genaue Berechnung umgehen, indem (mit für die Praxis ausreichender Genauigkeit) die Stabilität der gleichmäßig verteilten Belastung verglichen wird mit der Stabilität einer Einzellast bei gleicher Durchbiegung in der Plattenmitte. Die Durchbiegung schwach gekrümmter Böden läßt sich in einfacher Weise aus den bekannten Durchbiegungen ebener Platten berechnen, da die Mittellinie des gekrümmten Bodens sich um den gleichen Betrag mehr krümmt, als eine ursprünglich ebene Platte und analog wie bei gekrümmten Stäben [vgl. Gl. (1222.14)].

Die Durchbiegung infolge einer Einzellast P ist

$$f = 0{,}55 \, P \cdot r^2 / E h^3 \qquad (143.22 \text{ mit } \gamma_3 = 0{,}55)$$

und für die gleichmäßig verteilte Belastung p

$$f = 0{,}70 \, p \cdot r^4 / E h^3. \tag{143.13}$$

---

[1] L. 183.3. [2] L. 184.1

Bei gleicher Gesamtbelastung $P = \pi r^2 p$ ist die Durchbiegung f bei gleichmäßig verteilter Belastung kleiner als bei Einzellast, so daß auch die Knickgefahr kleiner ist. Man findet die für die Stabilität „gleichwertige" Belastung P_g aus der Beziehung:

$$0{,}55\, P \cdot r^2/E h^3 = 0{,}70\, p \cdot r^4/E h^3 = 0{,}70\, P_g r^2/\pi E h^3$$

zu
$$P_g = 2{,}45\, P\,, \qquad (2)$$

Mit dieser Gleichung kann die Knickgefahr bei gleichmäßiger Belastung beurteilt werden. Damit sind aber noch lange nicht alle Schwierigkeiten überwunden, denn bei allen Stabilitätsproblemen spielen hauptsächlich die Randbedingungen eine entscheidende Rolle, wie z. B. die vier einfachen Knickfälle eines geraden Stabes deutlich zeigen. Die bei der Berechnung vorausgesetzte freie Auflage der Platte kommt praktisch nur selten vor, da immer mit (oft unbekannten) Einspannmomenten gerechnet werden muß.

185. Schraubenfedern.

Druckbeanspruchte Schraubenfedern unterliegen, ähnlich wie gerade Stäbe, der Gefahr des seitlichen Ausknickens, L. 185 und L. 26.1, S. 95—98.

2. Verbindungen.
21. Vernietungen.

Um eine Verbindung durch Nietung herzustellen, steckt man in die genau übereinander liegenden Löcher der beiden glatt aufeinander liegenden Teile ein Niet[1] und staucht den herausragenden Teil des schwach konischen Schaftes durch Hämmern oder durch Pressen zu einem Schließkopf zusammen (Abb. 21.1). Die Niete kommen mit Setzkopf und mit folgenden genormten Durchmessern in den Handel:

Durchmesser	10	13	16	19	22	25	28	31	34	37	40	43	mm,
ausreichendes Spiel			0,3	0,4	0,5	0,6	0,7	0,8	0,8	1	1	1	mm.

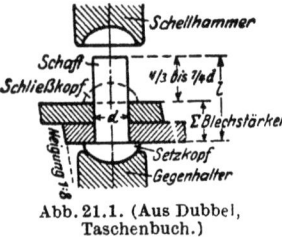

Abb. 21.1. (Aus Dubbel, Taschenbuch.)

Nach den Normen wird der Lochdurchmesser 1 mm größer als der Nietdurchmesser gemacht. Dieses Spiel ist im allgemeinen zu groß; es sollte nicht größer sein als notwendig, um den warmen vom Hammerschlag gereinigten Nietschaft mit dem Hammer eben noch einführen zu können. Dazu reicht das oben angegebene Spiel aus. Die Nietlöcher sollen gebohrt und mit der Reibahle nachgearbeitet werden. Das früher gebräuchliche Stanzen der Löcher ist billiger, doch leidet das Material bei dieser rohen Arbeitsmethode stark; es wird spröde und rissig.

Das glühende Eisen des Nietschaftes verhält sich beim Stauchen des Kopfes ähnlich wie eine zähe Flüssigkeit; der in axialer Richtung ausgeübte Druck wird nach der Seite hin fortgepflanzt, so daß die Lochwand durch inneren Druck beansprucht wird. Gleichzeitig erfährt sie eine starke Erhitzung, durch welche Wärmespannungen entstehen[2]. Diese zusätzlichen Beanspruchungen werden bei der Berechnung außer acht gelassen.

Die Nietverbindung ist nur durch Abschlagen der Köpfe zu lösen, weshalb die Verbindung als nicht lösbar bezeichnet wird.

Die Schaftlänge l ist gleich der Summe der Blechstärken plus $1\frac{1}{3}$ bis $1\frac{3}{4}$ Nietdurchmesser, je nachdem die Vernietung durch Maschine oder von Hand hergestellt wird; sie endet handelsüblich immer auf 2, 4, 6, 8 oder 0 mm.

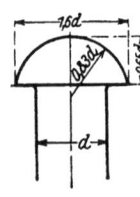

Abb. 2. Halbrundniet für Eisenbau.

Die Kopfform ist genormt und je nach dem Verwendungszweck verschieden. Man unterscheidet Halbrundniete für Kesselbau (DIN 123) und für Eisenbau (DIN 124 und Abb. 21.2), Halbversenkniete (DIN 301), Senkniete (DIN 302) und Linsensenkniete (DIN 303). Zwischen Nietschaft und Kopf ist eine kleine Abrundung vorhanden, so daß die Nietlöcher abgegratet werden müssen.

Als Werkstoff wird weicher Stahl (St 34) verwendet, in vereinzelten Fällen Nickelstahl (bei Eisenkonstruktionen) oder Kupfer (für geringe Kräfte) und Aluminium (für Flugzeugbau). Kaltnietung ist nur bis etwa 8 mm Nietdurchmesser möglich.

Das übliche in Abb. 1 skizzierte Herstellungsverfahren verlangt, daß die Verbindung von beiden Seiten zugänglich ist. Im Flugzeugbau ist das nicht immer möglich. Die Sprengnietung[3] ist ein neues Nietverfahren, bei dem der Schließkopf durch Aufweitung des vorstehenden hohlen und mit Sprengstoff gefüllten Nietschaftes gebildet wird. Nach dem Einführen des Nietes in das Loch wird von der Setzkopfseite aus durch elektrische Erwärmung die hochbrisante Sprengladung (bei 130° C) zur Explosion gebracht.

---

[1] Das Wort Niete wird nach Duden männlich, weiblich und sächlich gebraucht. Der Normenausschuß der Deutschen Industrie (NDI) hat sich für das Niet entschieden.

[2] L. 211.2.

[3] L. 211.1.

211. Berechnung.

Die Zerstörung der Nietverbindung kann herbeigeführt werden (Abb. 211.1):

a) durch Abscheren des Nietschaftes,

b) durch zu große Beanspruchung der Nietwandung auf Druck (Lochleibungsdruck). Das Loch wird zunächst unrund, bis schließlich die Blechkante aufreißt oder das Blechstück abgeschert wird,

c) durch Zerreißen des Bleches an der durch das Loch geschwächten Stelle.

Abscheren des Nietschaftes. Der auf Abscheren beanspruchte Querschnitt liegt in der unmittelbaren Nähe der Kraft P; die Schubspannungen[1] sind annähernd gleichmäßig über diesen Schnitt verteilt (vgl. S. 46):

$$\tau = \frac{P}{f}. \qquad (211.1)$$

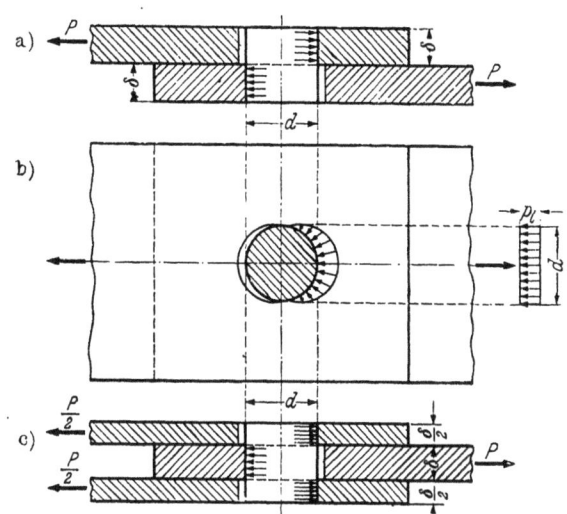

Abb. 211.1. Zur Berechnung der Vernietung.

Diese Schubspannung muß jedenfalls unterhalb der zulässigen Grenze bleiben, die für das weiche Nietmaterial höchstens bei $\tau = 600$ at liegt, so daß $\frac{P}{f} < 600$ at sein sollte. Auf Grund der Erfahrung halten die Nietverbindungen ohne schädliche Folgen aber doppelt so viel aus.

Das im heißen Zustand eingezogene Niet preßt beim Erkalten die Bleche fest zusammen, wodurch im Nietschaft Zugspannungen entstehen. Durch diese und durch die Abkühlung tritt Querkontraktion ein, so daß der Nietschaft selbst dann, wenn er sich in heißem Zustand an die Lochwand angelegt hätte, diese nach dem Erkalten nicht mehr berühren kann. Solange also kein Gleiten der Platten gegeneinander stattgefunden hat, werden keine Scherkräfte auf den Nietschaft übertragen. Das Gleiten wird durch die Reibung verhindert; es muß also $P < \mu Q$ sein, wenn Q die Zugkraft im Nietschaft ist. Die Kraft Q ist durch die Elastizitätsgrenze des Nietmaterials begrenzt, sie kann aber fast Null werden, wenn die Bleche nicht satt aufliegen. Auch die Nietlänge spielt dabei eine Rolle; lange Niete sitzen fester als kurze[2].

Für eine gute Nietverbindung muß also die Reibung möglichst groß werden. Gute Anpaßarbeit und Verstemmen der Kanten (Abb. 2) und Köpfe sind darum wichtig. Die Nietpressen haben deshalb meist einen den Nietstempel umschließenden Blechschließer (Abb. 3) der vor dem Nietstempel aufsetzt und die Bleche fest zusammendrückt. Aber auch die Temperatur bei Beendigung des Nietens ist für eine gute Nietverbindung wichtig. Sie darf nicht zu hoch sein, damit die Nietköpfe dem Bestreben der Platten, auseinander zu gehen, nicht nach-

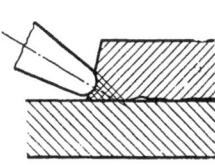
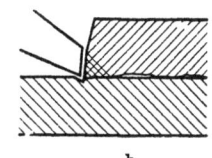

a   b

Abb. 2 (aus Rötscher). a Richtiges, b Fehlerhaftes Verstemmen von Blechen. Das Einkerben ist zu vermeiden.

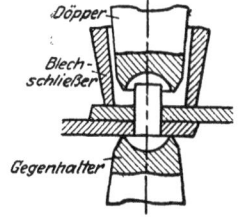

Abb. 3. Blechschließer zum Anpressen der Bleche (aus Pockrandt, Mech. Techn.).

geben können. Nachdem der Kopf geformt ist, muß der Stempel der Nietmaschine noch einige Zeit (10—15 sec) auf den geformten Kopf pressen. Durch Kühlung des Nietstempels läßt sich

---

[1] L. 211.3.
[2] L. 211.4.

21. Vernietungen.

diese Zeit vermindern und damit die Anzahl der Niete, die in einer Stunde geschlagen werden können, vermehren.

Aus den Versuchen [1] geht aber hervor, daß schon bei Belastungen unterhalb der Betriebskraft P deutlich wahrnehmbare Verschiebungen der vernieteten Teile auftreten. Die Kraft P wird also doch zum Teil (durch die Reibkraft R geschwächt) auf den Nietschaft übertragen. Nimmt man wieder an, daß die Scherspannungen sich gleichmäßig über den Schaftquerschnitt f verteilen, so ist die mittlere Scherspannung

$$\tau_m = \frac{P-R}{f} \tag{2}$$

Da die Reibkraft (abhängig von der Sorgfalt der Herstellung und von der Rauheit der Oberflächen) doch nicht zuverlässig berechnet werden kann, läßt man sie weg und wählt dafür den zulässigen Wert $\tau = P/f$ (nach Gl. 1) entsprechend höher. Diese Vereinfachung der Rechnungsmethode ist zulässig, weil die Grenze doch auf Grund der Erfahrung festgelegt wird.

Überall dort, wo die Reibkraft klein ist (wie z. B. bei Verschraubungen) oder wo die Reibung durch die Betriebskräfte (z. B. durch Erschütterungen) verkleinert wird, liegt der zulässige τ-Wert wesentlich niedriger. Kleine betriebsmäßig auftretende Zugbelastungen des (schon beim Schlagen hoch beanspruchten) Nietschaftes, müssen zur Lockerung der Nietverbindung führen.

Werden mehrere Bleche miteinander verbunden, so verteilt sich die Kraft P über mehrere Nietquerschnitte. Abb. 1c zeigt eine zweischnittige Nietverbindung (Laschenvernietung), bei der $P = 2f \cdot \tau_{zul}$ ist.

Lochleibungsdruck. Die Kraft P (Abb. 1b) erzeugt einen ungleichmäßig über die halbe Nietschaftsoberfläche $\frac{\pi d}{2} \cdot \delta$ verteilten Druck. Um die Rechnung einfacher zu gestalten, nimmt man an, daß der Lochleibungsdruck p_l gleichmäßig über die projizierte Umfangsfläche $\delta \cdot d$ verteilt sei, und setzt:

$$P = p_l \cdot \delta \cdot d . \tag{3}$$

Diese Vereinfachung ist durchaus zulässig, weil der Grenzwert von p_l auf Grund der Erfahrung festgelegt wird, und zwar ist

$$p_l = 2\tau = 1500 \text{ bis } 2000 \text{ at.} \tag{4}$$

Diese Flächenpressung ist außerordentlich hoch, sie liegt jedenfalls schon oberhalb der Elastizitätsgrenze. Sie ist bei Nietverbindungen nur deshalb zulässig, weil durch die hemmende Wirkung der Reibung die wirklich auftretende Pressung viel kleiner ist.

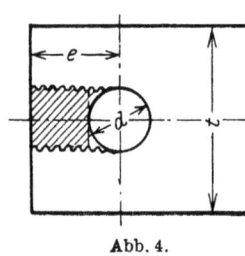

Abb. 4.

Will man die Festigkeit des Nietschaftes gegen Abscheren und gleichzeitig auch den Lochleibungsdruck bis zur zulässigen Grenze ausnützen (wie es auch am wirtschaftlichsten wäre), so müßte für die einschnittige Verbindung (Abb. 1a)

$$P = \frac{\pi}{4} d^2 \tau = 2\tau\delta d \text{ sein, oder } \delta = \frac{\pi}{8} d \approx 0{,}4\, d$$

und für die zweischnittige Verbindung (Abb. 1c)

$$P = 2 \cdot \frac{\pi}{4} d^2 \tau = 2\tau\delta d \text{ oder } \delta \approx 0{,}8\, d .$$

Die gebräuchlichste Blechstärke δ bei Eisenkonstruktionen ist für

$d =$	13	16	19	22	25	28	31	34	mm
$\delta =$	5—6	7—8	9—10	11—13	14—16	17—20	21—24	25—29	mm

Beide Festigkeitsbedingungen (Abscheren des Nietschaftes und Lochleibungsdruck) sind demnach nicht immer gleichzeitig bis zur zulässigen Grenze erfüllt, so daß bei der Berechnung der Vernietung sowohl die Zulässigkeit der Schubspannung τ als die der Flächenpressung nachgeprüft werden muß.

Die Nietverbindung kann auch durch das Aufreißen der Blechkante (Abb. 4) zerstört werden. Auf Grund der Erfahrung macht man bei Eisenkonstruktionen $e = 1{,}5\, d$.

---

[1] L. 211.5 u. 6.

211. Berechnung.

Berechnung des Bleches. Durch die Kräfte P (Abb. 1a, b) wird das Blech auf Zug beansprucht. Es ist in der Praxis die Annahme gebräuchlich, daß die Zugspannungen sich gleichmäßig über den gelochten Stabquerschnitt verteilen. Dann ist die mittlere Zugspannung (mit t = Blechbreite)

$$\sigma_z = \frac{P}{(t-d)\,\delta}.$$

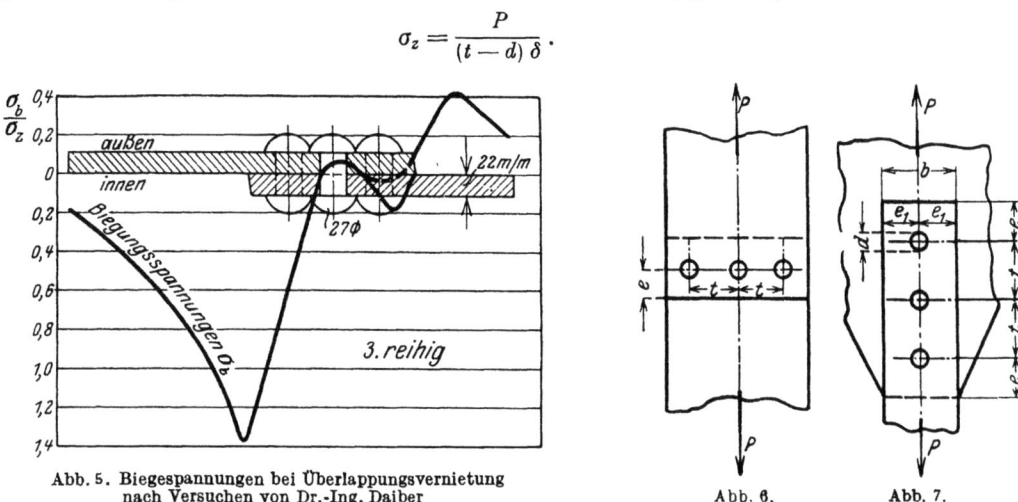

Abb. 5. Biegespannungen bei Überlappungsvernietung nach Versuchen von Dr.-Ing. Daiber

Abb. 6. Abb. 7.

In Wirklichkeit ist die Spannungsverteilung derart ungleichmäßig, daß die größte Zugspannung etwa zweimal so groß als die so berechnete ist[1].

Bei der Überlappvernietung (Abb. 1a) tritt außerdem noch eine Biegespannung σ_b auf, die durch die Reibung verkleinert wird, und nach den Versuchen von Dr.-Ing. Daiber[2] (Abb. 5) mit der Blechdicke zunimmt. Deshalb gilt die Regel:

„Überlappungsvernietung ist nach Möglichkeit zu vermeiden."

Anordnung mehrerer Niete. Wenn mehrere Niete zur Übertragung der Kraft P erforderlich sind, so können diese nach Abb. 6 nebeneinander oder nach Abb. 7 hintereinander angeordnet werden. Es ist gebräuchlich, für die Rechnung in beiden Fällen anzunehmen, daß alle Niete gleichviel tragen. Bei der Anordnung nach Abb. 6 wird dies praktisch wohl genügend genau zutreffen, wenn die Niete symmetrisch zur Stabachse angeordnet werden. Bei hintereinander liegenden Nieten (Abb. 7) dagegen trifft diese Voraussetzung nicht zu und man berücksichtigt das ungleichmäßige Tragen der Niete dadurch, daß die zulässige Schubspannung bei mehrreihiger Vernietung niedriger gewählt wird.

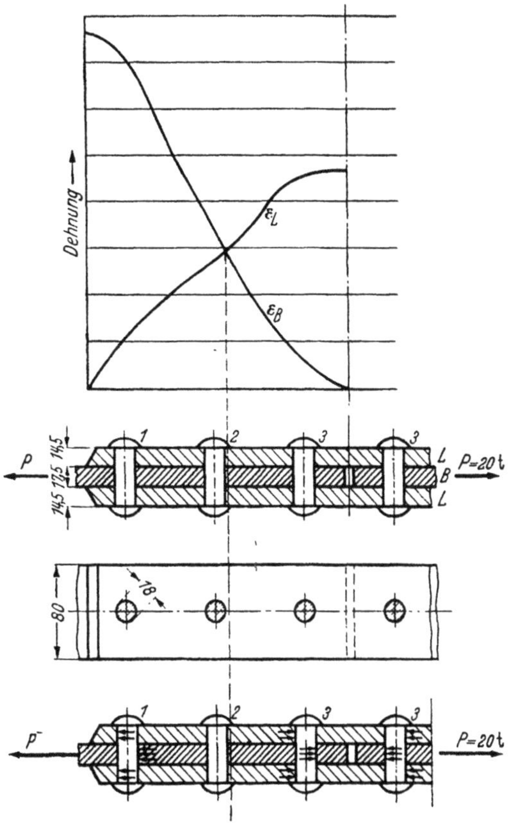

Durch folgende Überlegung kann man sich ein ungefähres Bild über die Verteilung der Kraft auf die einzelnen Niete machen. Die Niete sollen die gegenseitige Verschiebung der vernieteten Teile verhindern. Ohne Verschiebung also keine Kraftübertragung und (innerhalb des Hookeschen Gesetzes) sind die Kräfte den Verschiebungen proportional. Sowohl für das Blech als für die Lasche sind die Dehnungen am freien Ende gleich Null und in der Mitte der Lasche oder im Blech können die Dehnungen aus $\varepsilon = \sigma/E$ berechnet werden. Der Verlauf zwischen den beiden Punkten (Abb. 8) ist nicht genauer bekannt und hauptsächlich von der Reibung zwischen

Abb. 8.

---
[1] L. 211.7. [2] L. 211.8.

21. Vernietungen.

den Blechen abhängig. Der Unterschied in den Dehnungen von Blech und Lasche ist ein Maß für die durch die Niete übertragene Kraft. Es ist demnach immer eine Querschnittsebene vorhanden, in der sich Blech und Lasche gleich dehnen; ihre Lage ist hauptsächlich abhängig vom Verhältnis der Dicken von Blech und Lasche. In dieser „neutralen" Ebene können die Niete keine Querkraft übertragen; sie tragen aber immerhin zur Erhöhung der Reibung bei. Versuche des Schweiz. Vereins von Dampfkesselbesitzern bestätigen die Richtigkeit dieser Überlegungen; sie zeigten auch, daß die Dehnungen parallel zur Kraftrichtung nicht gleich sind[1].

Die kleinste Nietteilung, d. i. die Entfernung t_{min} zweier Niete ist durch die Herstellung der Nietköpfe bedingt (Abb. 9). Ist D_1 der Kopfdurchmesser und D_2 der Durchmesser des Setzhammers oder Döppers, so ist $t_{min} = \frac{1}{2}(D_1 + D_2)$. Die größte Nietteilung t_{max} wird im Kesselbau dadurch bestimmt, daß die Verbindung dicht sein muß:

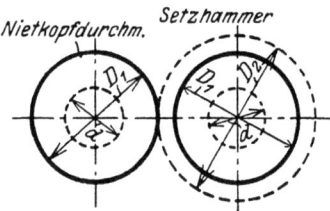

Abb. 9. Kleinste Nietteilung.

	t_{min}	t_{max}
Kesselbau	2,2—2,6 d	3,5 d
Eisenbau	2,5—3,5 d	5—8 d

Zahlenbeispiel 211.1. Es ist der Stoß eines Flacheisens zu berechnen und zu zeichnen, wenn die Verbindung eine Zugkraft von 20000 kg übertragen soll.

Die erste Schwierigkeit tritt schon auf bei der Wahl eines geeigneten Flacheisens. Es handelt sich um einen durchlochten Stab mit ungleichmäßiger Spannungsverteilung in dem gefährlichen Querschnitt. Bei der Vernietung wird allerdings die ungleichmäßige Verteilung durch die Reibung etwas gemildert, so daß mit einer zulässigen Zugspannung von etwa 1000 at gerechnet werden kann, wenn diese als gleichmäßig über den gelochten Querschnitt verteilt angenommen wird. Schätzen wir damit die Zugspannung im vollen Stabquerschnitt zu 750 at, so ergibt sich der Querschnitt des Flacheisens aus der Gleichung:

$$f = \frac{20\,000}{750} \quad zu \approx 26 \text{ cm}^2.$$

Man kann also ein Flacheisen von 200 · 13 mm wählen. Damit wird der Nietdurchmesser $d = 22$ mm, und die kleinste Nietteilung $t_{min} \approx 3d$ kann zu 60 mm angenommen werden. Da $e = 1,5 d$ ist, können auf die Breite von 200 mm drei Niete angeordnet werden, wie sich aus der Gleichung $(a-1) \cdot 60 + 2 \cdot 1,5 d \approx 200$ ergibt, wenn a die Anzahl der Niete bedeutet.

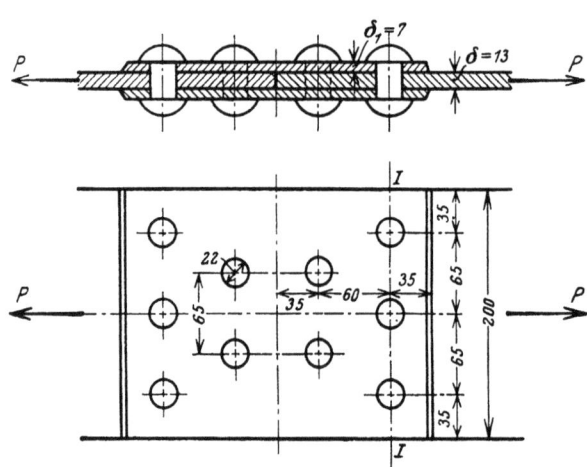

Abb. 10. Stoß eines Flacheisens.

Da die Niete womöglich versetzt hintereinander und symmetrisch zur Stabachse anzuordnen sind und da die Zahl der Nietreihen tunlichst nicht größer als zwei gemacht werden sollte, erhalten wir die in Abb. 10 gezeichnete Anordnung. Um Biegespannungen zu vermeiden, wählen wir Laschenvernietung mit einer Laschendicke von $\delta_1 \approx \frac{1}{2} \delta = 7$ mm. Da nun alle Abmessungen festliegen, ist eine Nachrechnung auf Festigkeit leicht durchzuführen. Wenn alle Niete gleichviel tragen, was hier durchaus möglich ist, so folgt die Schubspannung im Nietschaft aus der Gleichung:

$$\tau = \frac{20\,000}{2 \cdot 5 \cdot \frac{\pi}{4} \cdot 2,2^2} \approx 550 \text{ at,}$$

und der Lochleibungsdruck aus: $p_l = \dfrac{20\,000}{5 \cdot 2,2 \cdot 1,3} = 1400$ at.

Die größte Zugspannung im Blech (im Schnitt I—I) $\sigma_z = \dfrac{20\,000}{(20 - 3 \cdot 2,2) \cdot 1,3} = 1150$ kg/cm² ist ziemlich hoch.

Je nach den Anforderungen, die an eine Nietverbindung gestellt werden, unterscheidet man:

---
[1] L. 211.9 bis 12.

feste Vernietung (Eisenkonstruktionen),
feste und dichte Vernietung (Dampfkessel), oder
dichte Vernietung (Behälter).

212. Eisenkonstruktionen [1].

Allgemeine Regeln. Für Eisenkonstruktionen werden „Normalprofile" verwendet, deren gebräuchlichste Querschnittsformen in Abb. 1 dargestellt sind. Der Abstand w von der Winkelkante bis zur Lochmitte wird „Wurzelmaß" genannt; er ist,

wenn die Schenkelbreite b auf 0 ausgeht, $w = b/2 + 5$ mm, und
,, ,, ,, b ,, 5 ,, $w = b/2 + 2{,}5$ mm.

Ist die Breite b größer als $4\,d$, so sind die Niete versetzt anzuordnen (Abb. 2), wobei

$e_1 = 1{,}5\,d$, $w = e_1 + 5$ bis 10 mm, und $t > 2{,}5\,d$ ist.

Bei Profileisen, wo die Niete in zwei zueinander senkrechten Ebenen anzuordnen sind, müssen folgende Regeln beachtet werden:

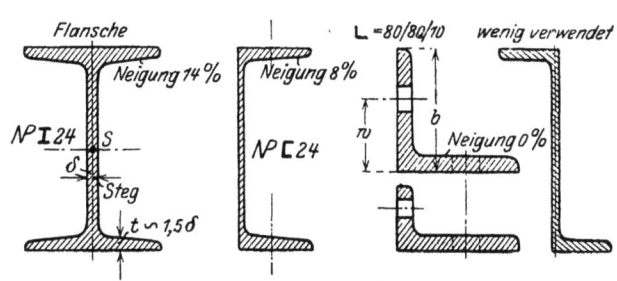

Abb. 212.1. Gebräuchlichste Normalprofile.

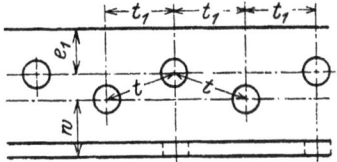

Abb. 2. Versetzt angeordnete Niete.

1. Jeder einzelne Teil des Profilquerschnittes ist mit so viel Nieten anzuschließen, wie der auf ihn entfallende Anteil der Gesamtkraft erfordert. Genau ist diese Regel wohl selten zu erfüllen, doch ist es durchaus unzulässig, den ganzen Querschnitt eines Profileisens auszunützen, wenn nur eine Seite desselben vernietet wird. In allen Fällen, wo von dieser Regel abgewichen wird, handelt es sich um sehr geringe Belastung der Stäbe. So werden z. B. auf Knickung berechnete Stäbe aus L-Eisen meist nur in einer Fläche angenietet, da die Knickkraft nur einen Bruchteil der Kraft ausmacht, die der volle Querschnitt auf Druck zu tragen vermag.

2. Die Niete müssen in den beiden Ebenen um die halbe Teilung gegeneinander versetzt sein, damit die Köpfe gut geschlagen werden können.

Zahlenbeispiel 212.1. Ein auf Zug beanspruchtes [NP 18 überträgt die Kraft auf ein Anschlußblech. Wie ist die Verbindung herzustellen?

Da die Eisenstärke des Profils zwischen 8 mm (Steg) und 11 mm (Flansche) liegt, wird als Dicke des Anschlußbleches 10 mm gewählt. Der Nietdurchmesser beträgt $d = 22$ (evtl. 19 mm). Nach der Profiltabelle hat [NP 18 eine Fläche von 28 cm². Wenn eine Zugspannung von 1000 at zugelassen wird, so ist die Kraft, die die Nietverbindung übertragen kann, $P = 28\,000$ kg.

Die Stegfläche ist $18{,}0 \cdot 0{,}8 = 14{,}4$ cm², abzüglich zwei Nietlöcher à $2{,}2 \cdot 0{,}8$ gibt $10{,}8$ cm².

Die Fläche der beiden Flanschen $2 \cdot 6{,}2 \cdot 1{,}1$ cm², abzüglich Nietlöcher $2 \cdot 2{,}2 \cdot 1{,}1$, gibt $2 \cdot 4{,}4$ cm². Die Stegfläche verhält sich zur Flanschfläche ungefähr wie $5:2$; in diesem Verhältnis müssen die Niete verteilt werden. Man zeichnet zuerst eine mögliche Lösung auf,

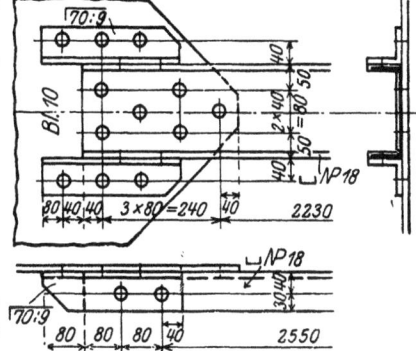

Abb. 3. Profileisen-Stoss. (Aus Geusen.)

z. B. im Steg fünf Niete und in jedem Flansch zwei Niete und kontrolliert dann, ob diese Lösung den Festigkeitsanforderungen genügt:

Abscheren des Nietschaftes $\tau = \dfrac{28\,000}{9 \cdot \dfrac{\pi}{4} 2{,}2^2} = 820$ at.

Dieser Wert ist vielleicht etwas zu hoch für mehrreihige Vernietung, da in Wirklichkeit nicht alle Niete gleichviel tragen. Deshalb zehn Niete wählen, sechs im Steg und je zwei in den Flanschen (Abb. 3), dann wird die Schubspannung:

---
[1] L. 212.

$$\tau = \frac{28\,000}{10 \cdot \frac{\pi}{4} \cdot 2{,}2^2} = 735 \text{ at (zulässig)}.$$

Der Steg überträgt $\frac{10{,}8}{19{,}6} \cdot 28\,000 \approx 15\,000$ kg und jede Flansche 6500 kg. Für den Steg ist der Lochleibungsdruck $p_l = \frac{15\,000}{6 \cdot 0{,}8 \cdot 2{,}2} = 1420$ at (zulässig) und für den Flansch, wenn das darin angenietete Winkeleisen 9 mm dick ist: $p_l = \frac{6500}{2 \cdot 2{,}2 \cdot 0{,}9} \approx 1600$ at. Dieser Wert ist wieder etwas zu hoch, so daß zu empfehlen ist, das nächstdickere Winkeleisenprofil 70/70/11 mm zu wählen.

Vollwandträger. Wenn die Kraft P außerhalb des Schwerpunktes der Nietverbindung angreift (Abb. 4), so hat jedes der z vorhandenen Niete außer der Kraft P/z noch eine durch das Moment $P \cdot p$ erzeugte Zusatzkraft aufzunehmen. Da man mit hinreichender Genauigkeit annehmen kann, daß diese Zusatzkraft mit den Formänderungen, d. i. mit dem Abstande des Niets von der neutralen Faserschicht $n-n$ wächst, so folgt aus der Gleichgewichtsbedingung:

$$M_b = H_1 e_1 + H_2 e_2 + H_3 e_3 + \cdots + H_{\max} e_{\max}.$$

Mit $H_1 = H_{\max} \frac{e_1}{e_{\max}}$, $H_2 = H_{\max} \frac{e_2}{e_{\max}}$ usw. wird

$$M_b = \frac{H_{\max}}{e_{\max}}(e_1^2 + e_2^2 + e_3^2 + \cdots + e_{\max}^2) = \frac{H_{\max}}{e_{\max}} \Sigma e^2$$

oder

$$H_{\max} = \frac{M_b \, e_{\max}}{\Sigma e^2}. \tag{212.1}$$

Wenn die Teilung der Niete gleich groß ist, so ist für die einreihige Vernietung (Abb. 5a)

$$\Sigma e^2 = t^2 \{1^2 + 3^2 + 5^2 + \cdots + (n-1)^2\} = t^2 \cdot \frac{n(n^2-1)}{6}.$$

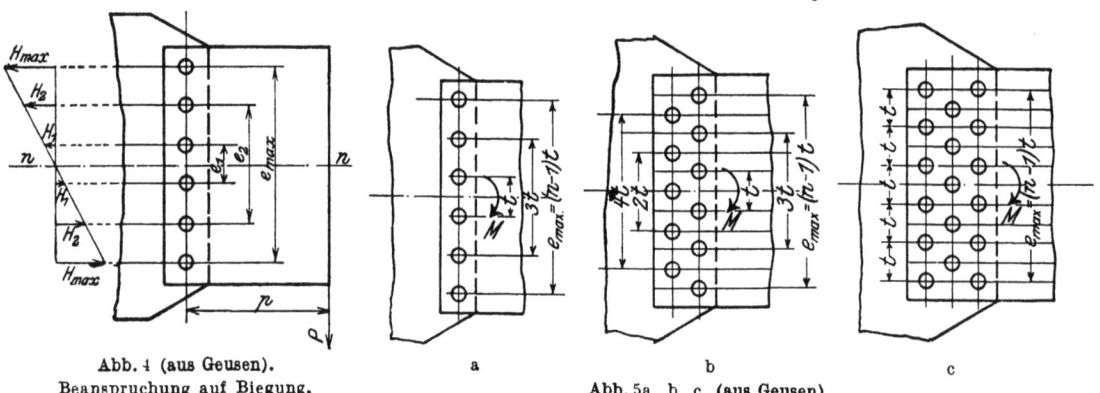

Abb. 4 (aus Geusen). Beanspruchung auf Biegung. Abb. 5a, b, c. (aus Geusen).

Da $e_{\max} = (n-1)t$ oder $t = \frac{e_{\max}}{n-1}$ ist, wird $\Sigma e^2 = \frac{e_{\max}^2}{(n-1)^2} \cdot \frac{n(n^2-1)}{6} = e_{\max}^2 \frac{n(n+1)}{6(n-1)}$

und

$$H_{\max} = \frac{M_b}{e_{\max}} \cdot \frac{6(n-1)}{n(n+1)}. \tag{2}$$

Für die zweireihige Vernietung (Abb. 5b) wird, wenn n die Nietzahl in der ersten Reihe ist, $z = 2n-1$, und

$$\Sigma e^2 = t^2 \{1^2 + 2^2 + 3^2 + \cdots + (n-1)^2\} = t^2 \frac{n(n-1)(2n-1)}{6}$$

und damit

$$H_{\max} = \frac{M_b}{e_{\max}} \cdot \frac{6(n-1)}{n(2n-1)}, \tag{3}$$

Für die dreireihige Vernietung (Abb. 5c) erhält man durch Superposition der Fälle a) und b):

$$H_{\max} = \frac{M_b}{e_{\max}} \cdot \frac{2(n-1)}{n^2}, \tag{4}$$

wenn n wieder die Nietzahl in der ersten Reihe ist.

Die größte auf ein Niet wirkende Kraft R ist

$$R = \sqrt{\left(\frac{P}{z}\right)^2 + H_{max}^2}. \tag{5}$$

In vielen Fällen kann $\dfrac{P}{z}$ gegenüber H_{max} vernachlässigt werden.

Bei einem auf Biegung beanspruchten Vollwandträger wird das Stehblech aus einzelnen Blechtafeln zusammengesetzt. Die Stoßstellen müssen dann Biegemomente übertragen, deren Größe je nach dem Belastungsfall aus der Momentenfläche entnommen werden können.

Zahlenbeispiel 2. Der Stehblechstoß eines Blechträgers ist zu berechnen, wenn das größte Biegemoment an der Stoßstelle 68 tm beträgt.

Man zeichnet zuerst irgendeine mögliche Vernietung auf, z. B. das Stehblech mit zwei Laschen 600·8 und die Winkeleisen mit je zwei Laschen 90·8 (Abb. 6), so daß alle Abmessungen bekannt sind, man braucht durch Nachrechnungen nur zu kontrollieren, ob der Entwurf den Festigkeitsbedingungen genügt.

Das Biegemoment von 68 tm wird durch das Widerstandsmoment des ganzen Trägers aufgenommen, während die Laschenverbindung nur den Teil des Momentes zu übertragen braucht, der durch das Stehblech aufgenommen wird. Aus der Biegegleichung:

$$\sigma = M \frac{e}{J_{total}} = M \frac{e}{J_{Stehbl} + J_{Laschen} + J_{Winkel}}$$

folgt, daß das Stehblech ein Biegemoment $M_b = M \cdot \dfrac{J_{Stehbl}}{J_{total}}$ übertragen kann.

$$J_{Stehblech} = \frac{1}{12} \cdot 1{,}2 \cdot 80^3 \qquad\qquad = \quad 51\,200 \text{ cm}^4$$

$$J_{Laschen} \approx f \cdot c^2 = 4 \cdot 25 \cdot 1{,}2 \cdot 41{,}2^2 = 204\,000 \text{ cm}^4$$

$$J_{Winkel} \approx 4 \cdot 19{,}2 \,(40 - 2{,}9)^2 \qquad = \quad 105\,600 \text{ cm}^4$$

$$J_{total} = 360\,800 \text{ cm}^4$$

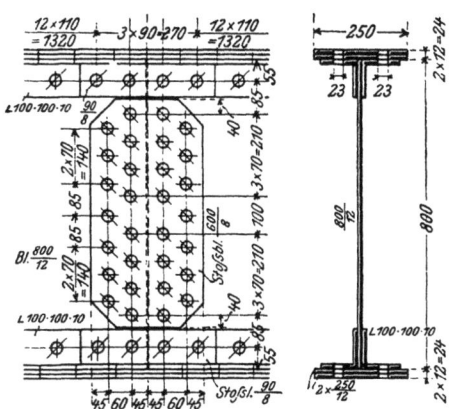

Abb. 6. Stehblechvernietung.

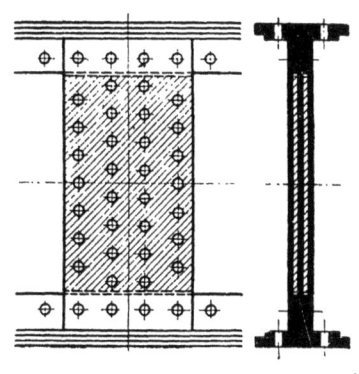

Abb. 7.

so daß $M_b = \dfrac{512}{3608} \cdot 68 = 9{,}68 \text{ tm} = 968\,000 \text{ kg} \cdot \text{cm}$ ist.

Mit den in die Abbildung eingeschriebenen Maßen wird

$$\Sigma e^2 = 2 \cdot 69^2 + 52^2 + 45^2 + 38^2 + 31^2 + 24^2 + 17^2 + 10^2 = 17621 \text{ cm}^2$$

und nach Gl. (212.1) mit $e_{max} = 69$ cm

$$H_{max} = 968\,000 \cdot \frac{69}{17\,621} = 3800 \text{ kg}.$$

Wenn die Scherkraft Q vernachlässigt werden kann, wird die Schubspannung im Nietschaft:

$$\tau = \frac{3800}{2 \cdot \frac{\pi}{4} \cdot 2{,}2^2} = 510 \text{ at} \quad \text{(zulässig)}$$

und der Lochleibungsdruck: $p_l = \dfrac{3800}{2{,}2 \cdot 1{,}2} = 1450$ at (zulässig).

158　21. Vernietungen.

An Stelle von zwei verschiedenen Laschen kann auch eine über die Winkeleisen durchgehende Lasche mit darunterliegendem „Futterblech" angeordnet werden (Abb. 7).

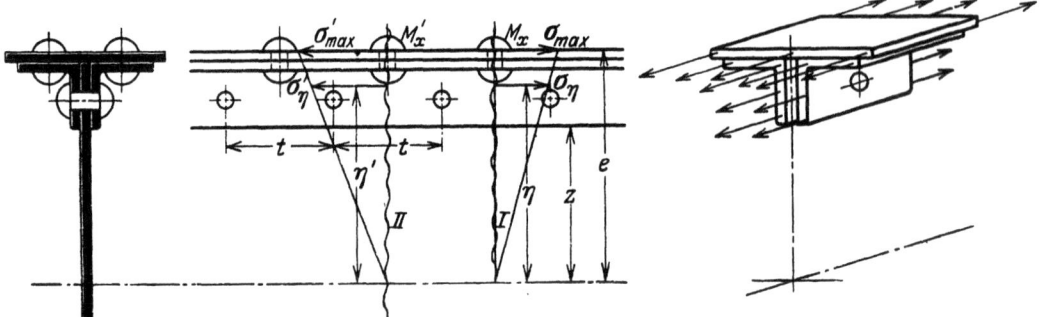

Abb. 8. Zur Berechnung der Gurtwinkelvernietung.

Gurtwinkelvernietung. Um die Kraft zu berechnen, die ein Niet übertragen muß, schneiden wir aus dem Träger ein Stück heraus (Abb. 8) und bringen an den Schnittflächen die Spannungen an, die proportional mit der Entfernung von der neutralen Faserschicht zunehmen. Die Differenz der an den Schnittflächen des angenieteten Teiles wirkenden Kräfte muß das Niet auf das Stehblech übertragen.

Im Schnitt I wirkt die Kraft $\int_{\eta=z}^{\eta=e} \sigma_\eta \, df = \frac{M_x}{J} \int_z^e \eta \, df = \frac{M_x}{J} S_y$ im Schnitt II die Kraft

$\int_{\eta=z}^{\eta=e} \sigma_\eta \, df = \frac{M'_x}{J} S_y$, wenn mit $S_y = \int_{\eta=z}^{\eta=e} \eta \, df$ das statische Moment des angenieteten Teiles

in bezug auf die Biegeachse bezeichnet wird; J ist das Trägheitsmoment der ganzen Querschnittsfläche. Das dazwischenliegende Niet überträgt dann die Kraft

$$H = \frac{S_y}{J} (M_x - M'_x) = \frac{S_y}{J} \Delta M.$$

Da bei einem auf Biegung beanspruchten Stab die Querkraft $Q = \frac{dM}{dx} \approx \frac{\Delta M}{t}$ ist, so wird

$$H = \frac{S_y}{J} Q \cdot t. \tag{6}$$

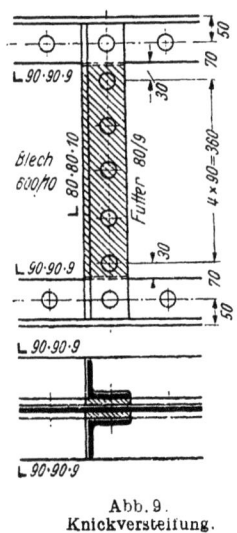

Abb. 9. Knickversteifung.

Die Kraft H wird dort am größten, wo Q am größten ist, d. i. an den Auflagerstellen. Die Nietteilung wird aber über die ganze Trägerlänge gleich gehalten.

Knickgefahr. Betreffend Knickgefahr der Druckseite des gebogenen Vollwandträgers siehe (Abschn. 183).

Infolge der im Verhältnis zu seiner Höhe sehr geringen Dicke des Stegbleches ist noch eine zweite Knickgefahr vorhanden, namentlich dort, wo Einzellasten wirken. An diesen Stellen, mindestens aber in Abständen von je 1—1,2 m, ist deshalb das Stehblech durch aufgenietete Profileisen zu versteifen. Die Profileisen sind so zu bestimmen, daß sie für sich knicksicher sind (Abb. 9).

Fachwerkträger. Ein Fachwerk ist ein Gebilde aus einzelnen geraden Stäben, die in ihren Endpunkten, den sog. Knotenpunkten, miteinander verbunden sind. Die Fachwerke werden in ebene und räumliche eingeteilt. Das einfachste ebene Fachwerk ist das Dreieck mit drei Knotenpunkten und drei Stäben. Zum Anschluß eines neuen Knotenpunktes sind zwei nicht in derselben Linie liegende neue Stäbe erforderlich und ausreichend. Ein ebenes Fachwerk mit n Knotenpunkten ist daher durch $3 + 2(n-3) = 2n - 3$ Stäbe bestimmt (Abb. 10a).

Wirken die Lasten nur in den Knotenpunkten des Fachwerkes, so wird jeder Stab entweder nur auf Zug oder nur auf Druck beansprucht. Greifen dagegen auch zwischen den Knotenpunkten Lasten an (wie z. B. bei einem Kranträger), so tritt noch eine Biegebeanspruchung hinzu.

Die Stabkräfte werden unter der Voraussetzung berechnet, daß alle Stäbe in den Knotenpunkten durch reibungslose (frei drehbare) Gelenke miteinander verbunden sind. Die gemäß dieser Annahme in den einzelnen Stäben erzeugten Spannungen nennt man die **Hauptspannungen**. Da die Verbindung in Wirklichkeit durch feste Vernietung mit mindestens zwei bis drei Nieten in jedem Knotenpunkt erfolgt, so ist freie Drehbarkeit der Stabenden nicht möglich. Es tritt eine Einspannung der Stäbe in den Knotenpunkten ein; die dadurch in den Stäben erzeugten zusätzlichen Biegespannungen werden **Nebenspannungen** genannt. Die Größe dieser Nebenspannungen wächst in erster Linie mit der Stabbreite, so daß folgende Regel gilt:

Die Breite der Stäbe in der Ebene des Fachwerkes soll nur so groß gewählt werden, wie die Rücksicht auf ordnungsgemäße Vernietung und die erforderliche Knicksicherheit verlangen.

Für die Gurtungen, die als am stärksten beanspruchten Teile in den Knotenpunkten durchgehen, genügt eine Stabbreite

$$b = 0{,}01 \text{ bis } 0{,}0075 \text{ mal Spannweite.}$$

Bei den Füllungsstäben ist die Querschnittsform des einen Stabes von den anderen unabhängig. Sie werden durch besondere **Knotenbleche** angeschlossen.

Die größten Gurtkräfte (O im Ober- resp. U im Untergurt) können sofort aus der maximalen Momentenfläche berechnet werden (Abb. 10b), denn legen wir den Schnitt I—I, so muß (da Gleichgewicht vorhanden ist) die Summe der Momente in bezug auf den Knotenpunkt I gleich Null sein, d. h. (mit $h =$ Trägerhöhe):

$$O \cdot h = M_I. \qquad (7)$$

Ebenso folgt aus dem Schnitt II—II:

$$U \cdot h = M_{II}. \qquad (7\text{a})$$

Die größten in den Füllungsstäben auftretenden Kräfte folgen aus dem Diagramm der maximalen Querkräfte (Abb. 10c). Wenn das Stabgewicht jeweils in den Knotenpunkten konzentriert gedacht wird, so verlaufen die Schubkräfte, herrührend vom Eisengewicht, beim Fachwerkträger treppenförmig.

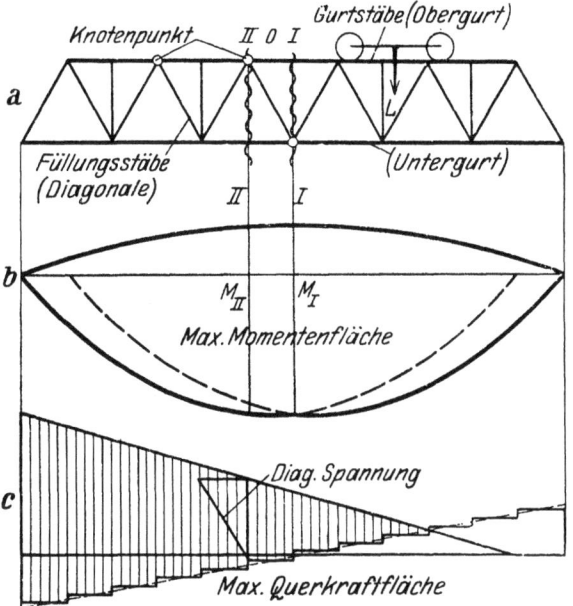

Abb. 10. Fachwerkträger.

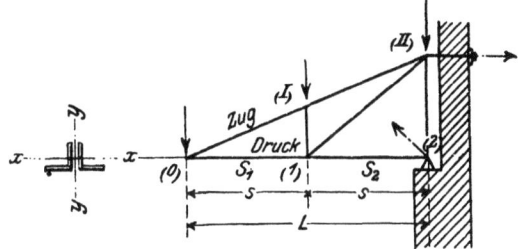

Abb. 11 (aus Geusen).

Bei der Berechnung auf Knickung ist als freie Knicklänge die theoretische Stablänge, d. h. die Entfernung der beiden Knotenpunkte zu nehmen, unter der Voraussetzung, daß diese Punkte nicht nur in der Fachwerkebene, sondern auch senkrecht dazu hinreichend gegen Ausknicken gesichert sind. Ein Beispiel ungenügender Sicherung bildet der Knotenpunkt 1 in Abb. 11; die freie Knicklänge ist hier $s_1 + s_2$ mit der mittleren Knickkraft $\frac{1}{2}(S_1 + S_2)$.

Bei der Ausbildung der Knotenpunkte sind folgende Regeln zu beachten:

1. Die Schwerpunkte der Querschnitte sämtlicher Stäbe müssen in einer Ebene (der Fachwerkebene) liegen. Aus dieser Bedingung folgt die Notwendigkeit, alle Stabquerschnitte symmetrisch zu dieser Ebene auszubilden. Geschieht das nicht, so werden die Nebenspannungen durch die dann auftretenden Drehmomente vergrößert.

2. Die Schwerachsen von sämtlichen an einem Knotenpunkt zusammentreffenden Stäbe müssen sich in einem und demselben Punkt (dem Knotenpunkt) schneiden, denn sonst sind die Stabkräfte nicht im Gleichgewicht; sie bilden ein Moment, das zusätzliche Spannungen erzeugt. Die Richtungslinie der Stabkraft geht nämlich durch den Schwerpunkt des Querschnittes, als Folge der Annahme einer gleichmäßigen Spannungsverteilung über den Querschnitt. Nur bei wenig beanspruchten Stäben darf man von dieser Regel abweichen.

160   21. Vernietungen.

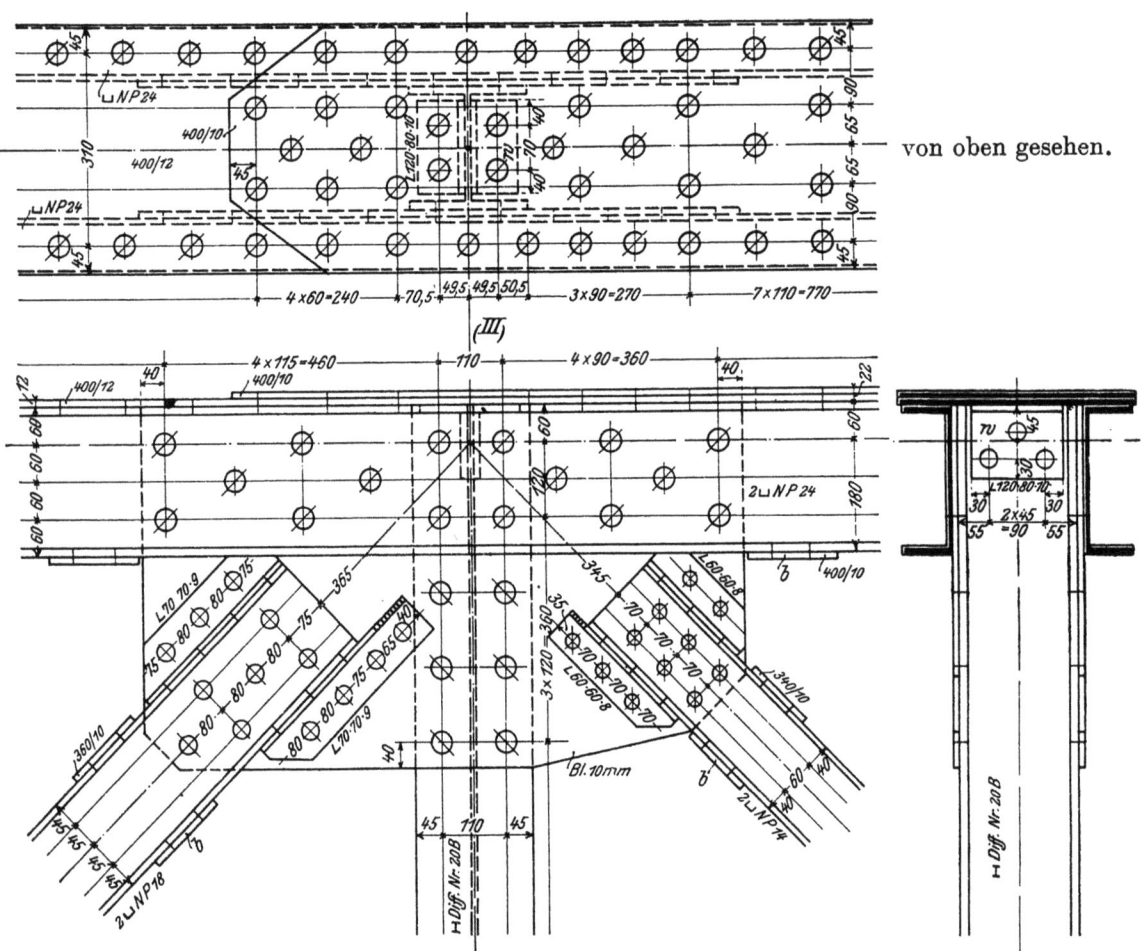

von oben gesehen.

Abb. 12. Knotenpunkt eines Fachwerkträgers (aus Geusen).

3. Sämtliche Ecken des Knotenbleches müssen durch die Fachwerkstäbe verdeckt sein oder mit den Kanten derselben zusammenfallen (Abb. 12).

Durchbiegung. Um die Senkung irgendeines Punktes des Fachwerkträgers zu bestimmen, geht man am zweckmäßigsten von dem Satze von Castigliano aus. Greifen die äußeren Kräfte nur in den Knotenpunkten des Fachwerkes an, so treten in den einzelnen Stäben nur Zug- oder Druckkräfte S auf. In diesem Fall ist die Formänderungsarbeit: $\mathfrak{A} = \sum \dfrac{S^2}{2fE} s$, wenn s die Stablänge ist, und:

$$q_i = \frac{\partial \mathfrak{A}}{\partial Q_i} = \sum \frac{S s \dfrac{\partial S}{\partial Q_i}}{fE}.$$

Nun ist (S. 31) $\dfrac{\partial S}{\partial Q_i} = \overline{S}$ [kg/kg], gleich der Stabkraft, die durch die in dem Punkte i in der Richtung Q_i angreifenden Krafteinheit erzeugt wird. Damit wird:

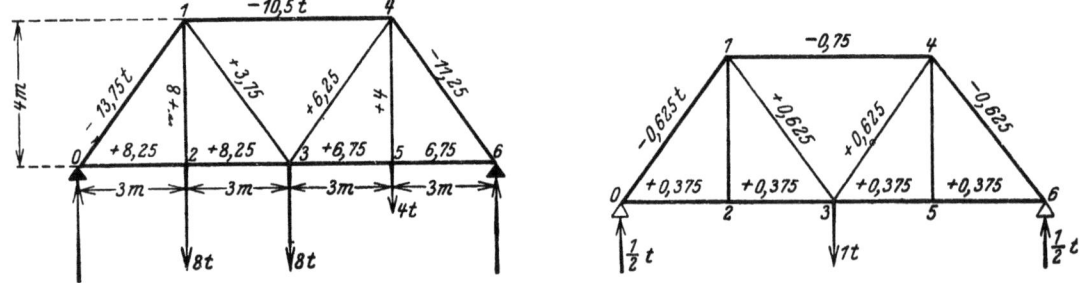

Abb. 13/14. Zur Berechnung der Durchbiegung eines Fachwerkträgers.

$$q_i = \frac{1}{E} \sum \frac{S s \bar{S}}{f}. \tag{8}$$

Die Kräfte S und $\bar{S}$ können aus dem Cremonaplan oder nach der Ritterschen Momentenmethode berechnet werden. Die Gl. (8) gilt unverändert, wenn $Q_i = 0$ ist, d. h. wenn die Verschiebung eines Punktes bestimmt werden soll, in dem keine Kraft wirkt.

Anwendungsbeispiel 3. Es ist die Senkung q_3 des Knotenpunktes 3 des in Abb. 13 dargestellten statisch bestimmten Fachwerkträgers zu bestimmen.

Die Stabspannungen, die unter der Wirkung der äußeren Kräfte entstehen, sind in dieser Abbildung eingetragen. Abb. 14 gibt diejenigen Kräfte $\bar{S}$, die entstehen, wenn im Knotenpunkt 3 nach der Richtung der gesuchten Verschiebung (d. i. im vorliegenden Fall senkrecht) eine Last von 1 t angreift. Die den einzelnen Stäben entsprechenden Produkte $\sum \frac{Ss\bar{S}}{f}$ sind in der Zahlentafel zusammengestellt. Die Durchbiegung q_3 ist dann, mit $E = 2200$ t/cm²:

Stab	S Tonnen	s cm	f cm²	$\bar{S}$	$\frac{Ss\bar{S}}{f}$
0—1	−13,75	500	30	−0,625	143
0—2	+ 8,25	300	15	+0,375	62
1—2	+ 8,0	400	10	0	0
1—4	−10,50	600	20	−0,750	236
1—3	+ 3,75	500	10	+0,625	117
2—3	+ 8,25	300	15	+0,375	62
3—4	+ 6,25	500	10	+0,625	195
3—5	+ 6,75	300	15	+0,375	51
4—5	+ 4,00	400	10	0	0
4—6	−11,25	500	30	−0,625	117
5—6	+ 6,75	300	15	+0,375	51

$$\sum \frac{Ss\bar{S}}{f} = 1034 \text{ t/cm}$$

$$q_3 = \frac{1}{E} \sum \frac{Ss\bar{S}}{f} = \frac{1034}{2200} \approx 0,5 \text{ cm}.$$

213. Leichtmetall-Vernietung[1].

Die Vernietung von Aluminiumlegierungen (Duralumin, Avional) erfolgt kalt. Die Niete werden kurz vor dem Schlagen sorgfältig geglüht (bei 500—550° C), um eine größere Verformbarkeit zu erhalten. Der Nietschaft füllt das Loch vollständig aus; die Klemmwirkung des kalt geschlagenen Nietes ist unbedeutend, so daß keine Kraftübertragung durch Reibung erfolgt. Die Streckgrenze des Werkstoffes liegt für die Zugbeanspruchung des Bleches bei 27 kg/mm², für das Abscheren des Nietschaftes bei 18 kg/mm² und für den Lochleibungsdruck bei 41 kg/mm². Im allgemeinen sollte eine 2- bis 2,5fache Sicherheit gegenüber diesen Grenzen bei den Konstruktionen eingehalten werden. Im Flugzeugbau wird diese Bedingung nicht erfüllt, weil bei dieser Sicherheit die Konstruktion zu schwer wird. Das liegt wohl hauptsächlich daran, daß der Festigkeitsrechnung sehr ungünstige Belastungen zugrunde gelegt werden müssen, die im normalen Betrieb nicht auftreten. Man läßt dann dort Belastungen zu, welche die Streckgrenze überschreiten.

214. Dampfkessel-Vernietung.

Die Berechnung der Spannungen in Kesselwandungen ist aus Abschn. 14 zu entnehmen. Wenn der Kessel nicht aus einem Stück hergestellt ist, sondern einzelne Bleche durch Niete verbunden sind (Abb. 214.1), so wird die Querschnittsfläche der Nähte durch die Nietlöcher geschwächt im Verhältnis $\varphi = (t-d)/t$ (Güteverhältnis genannt, d = Nietdurchmesser, t = Teilung). Das Blech muß deshalb entsprechend dicker sein, nämlich:

$$s = \frac{p \cdot D}{2 \varphi \cdot \sigma_{zul}} + 0,1 \text{ [cm]}. \tag{14.4}$$

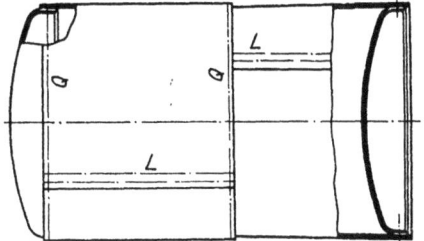

Abb. 214.1. Kessel mit Längs- und Quernähten (aus Rötscher).

Für die Längsnähte wird man (um zusätzliche Biegespannungen zu vermeiden) keine Überlappungsvernietung wählen. Bei den nur halb so hoch beanspruchten Quernähten dagegen können sie zugelassen werden.

Da einreihige Vernietungen nicht gut dicht zu halten sind, werden sie im Dampfkesselbau nicht verwendet. Dreireihige Überlappung ist wegen der großen Biegespannungen (Abb. 211.5) nicht zu empfehlen. Die mit Rücksicht auf ein gutes Dichthalten gebräuchlichen Abmessungen der Vernietungen sind in Zahlentafel 1 eingetragen. Weil das Verhältnis s/d immer groß ist, bleibt der Lochleibungsdruck stets unter den zulässigen Grenzen.

---

[1] L. 213.1—4.

Zahlentafel 214.1. Dampfkesselvernietung.

	Überlappt	Laschen	
Nietreihen	2	2	3
Nietdurchm. cm	$d = \sqrt{5s} - 0,4$	$d = \sqrt{5s} - 0,6$	$d = \sqrt{5s} - 0,7$
	$e = 1,5 d$	$e = 1,5 d$	$e = 1,5 d$
	$e_1 = 0,6 t$	$e_1 = 0,5 t$	$e_1 = e_2 = {}^3/_8 t$
Teilung cm	$t = 2,6 d + 1$ cm	$t = 3,5 d + 1$ cm	$t = 6d + 1$ cm
Niete/Teilung	2	2	5 resp. 6
$\varphi = \dfrac{t-d}{t}$	0,66—0,68	0,75—0,77	0,84
τ_{zul} at	550—650	2 (475—575)	2 (450—550)
Für Werte pD bis	2000	3000	4600 $\left[\dfrac{\text{kg}}{\text{cm}^2}\cdot\text{cm}\right]$

[1] Aus Dubbel: Taschenbuch.

22. Keilverbindungen.

Keile werden dort verwendet, wo schnelles Lösen und doch genaues Passen, oder wo Nachstellbarkeit erforderlich ist. Die Wirkungsweise beruht auf der schwachen Neigung der Keilfläche Ohne Reibung stehen die Reaktionen senkrecht zu den Gleitflächen (Abb. 22.1a) und aus der Gleichgewichtsbedingung in horizontaler Richtung folgt:

$$K = Q \operatorname{tg} \alpha . \quad (1)$$

Je kleiner α ist, um so größer wird Q. Der „Anzug" des Keiles ($\operatorname{tg} \alpha$) ist je nach dem Verwendungszweck verschieden. Die Wirkung der Reibung kann in einfachster Weise dadurch berücksichtigt werden, daß die Reaktionen R_1 und R_2 dann unter dem Reibwinkel ϱ gegen die Flächennormale und in Richtung der Bewegung wirken. Es ist dann (Abb. 1b)

$$K = Q \operatorname{tg}(\alpha + \varrho) + Q \operatorname{tg} \varrho . \quad (2)$$

Zum Lösen des Keils ist eine Kraft

$$K' = Q \operatorname{tg}(\alpha - \varrho) - Q \operatorname{tg} \varrho \quad (2a)$$

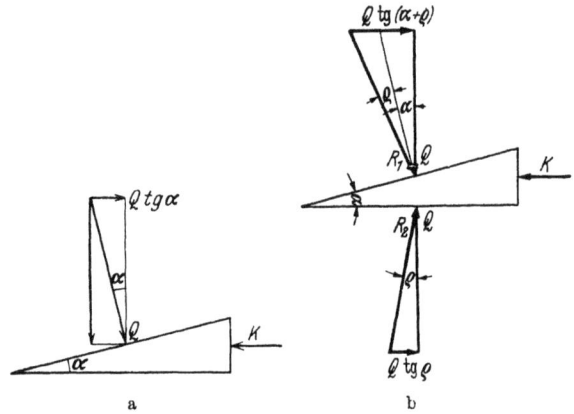

Abb. 22.1. Kraftwirkung. a ohne, b mit Reibung.

erforderlich. Damit der Keil unter dem Einfluß von Q nicht herausgleitet, d. h. selbstsperrend wirkt, muß

$$\operatorname{tg}(\alpha - \varrho) - \operatorname{tg} \varrho < 0 \quad \text{oder} \quad \alpha - \varrho < \varrho, \quad \text{d. h.} \quad \alpha < 2\varrho \quad (3)$$

sein, denn dann wird K' negativ. Selbsthemmung ist vorhanden, wenn der Spitzenwinkel des Keiles kleiner als der doppelte Reibwinkel ist.

22. Keilverbindungen.

Längskeile dienen zur Befestigung von Kupplungen, Zahnrädern, Riemenscheiben usw. auf Wellen; sie verspannen die Welle gegen den Maschinenteil (Abb. 2). Man unterscheidet: Hohlkeile (Abb. 3a), Flachkeile (Abb. 3b) und Nutenkeile (Treibkeile) (Abb. 3c).

Der Anzug der Längskeile ist immer $^1/_{100}$; die Querschnittsabmessungen sind durch Normen festgelegt. Beim Hohlkeil wird die Nabe bzw. die Welle nur durch die Reibung zwischen Welle und Keil mitgenommen. Das Reibmoment $\mu Q d$ muß deshalb größer sein als das Drehmoment, das übertragen werden soll. Die Welle kann ein Drehmoment $M_d = 0{,}2\, d^3 \tau$ kg · cm (Gl. 123.4) übertragen, so daß mit $\tau = 200$ at und $\mu = 0{,}1$:

$$0{,}2\, d^3 \tau = 40\, d^3 < 0{,}1\, Q d$$

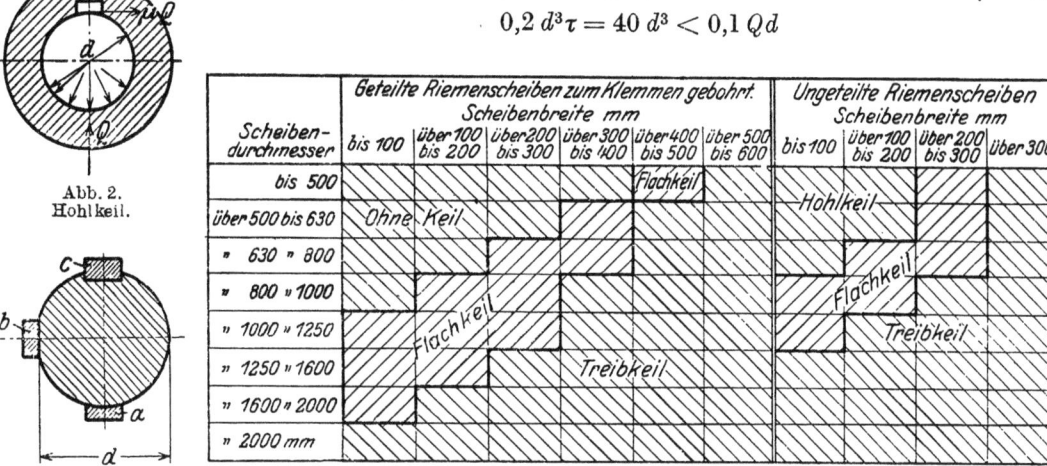

Abb. 2. Hohlkeil.

Abb. 3.

Abb. 4. Verwendungsgebiete der Keilarten (nach DIN).

sein sollte. Abgesehen davon, daß Naben so große Kräfte nicht ertragen können (für $d = 10$ cm wäre z. B. $Q > 40000$ kg), ist die Größe von Q durch die zulässige Flächenpressung zwischen Keil und Keilbahn (beim Einschlagen des Keiles) eingeschränkt. Außerdem ist Q von der meist kleinen Kraft P abhängig, mit der der Keil eingeschlagen ($Q < 100\, P$) oder sonst befestigt wird (z. B. durch Klemmschrauben). Aus diesen Überlegungen folgt, daß ein Hohlkeil das Drehmoment einer voll beanspruchten Welle nicht übertragen kann. Das ist z. B. zu beachten beim Einzelantrieb von Maschinen (Elektromotoren, Hauptantriebscheiben einer Transmission usw.). Hohlkeile sind dagegen sehr gut geeignet für die Befestigung von Riemenscheiben auf Transmissionen, weil diese Befestigung keine besondere Bearbeitung erfordert. — In ähnlicher Weise kann für geteilte Riemenscheiben, die für Aufklemmen gebohrt werden, das übertragbare Drehmoment berechnet werden.

Auch beim Flachkeil erfolgt die Mitnahme durch Reibung. Hier können aber etwas größere Drehmomente zugelassen werden, denn reicht die erzeugte Pressung zur Übertragung des Drehmomentes nicht aus, so verdreht sich die Welle gegenüber dem Keil und erzeugt dadurch eine größere Pressung. Die Grenze, bis zu welcher die Flachkeile für die Befestigung von Riemenscheiben auf Transmissionen verwendet werden können, ist durch den Normenausschuß auf Grund der Erfahrung festgelegt (Abb. 4).

Für größere Drehmomente werden Nutenkeile (Treibkeile) verwendet. Die Mitnahme erfolgt durch die

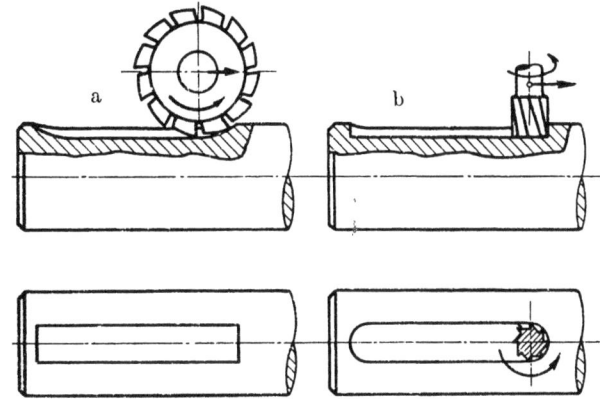

Abb. 5. Fräsen von Keilnuten (aus Rötscher). a Scheibenfräser, b Fingerfräser.

Seitenflächen, für die große Flächenpressungen zulässig sind, weil keine Relativbewegung stattfindet. Die Keilnuten werden gefräst (Abb. 5). Die Anwendung der Fingerfräser ist vorteilhaft, weil der Einlegekeil nicht mehr durch Verstiftung gesichert werden muß, wie dies bei der offenen Scheibenfräsernute mit dem verhältnismäßig großen Nutenauslauf der Fall ist, welche bei Verdrehbeanspruchung von Vorteil sein kann. Bei stoßweisem Betrieb und wechselnder Drehrichtung werden zwei um 120° versetzte Nutenkeile verwendet, um Dreipunktauflage zu erreichen.

Eine vorzügliche Befestigung bilden die sog. Tangentialkeile (Abb. 6), die Nabe und Welle in tangentialer Richtung verspannen.

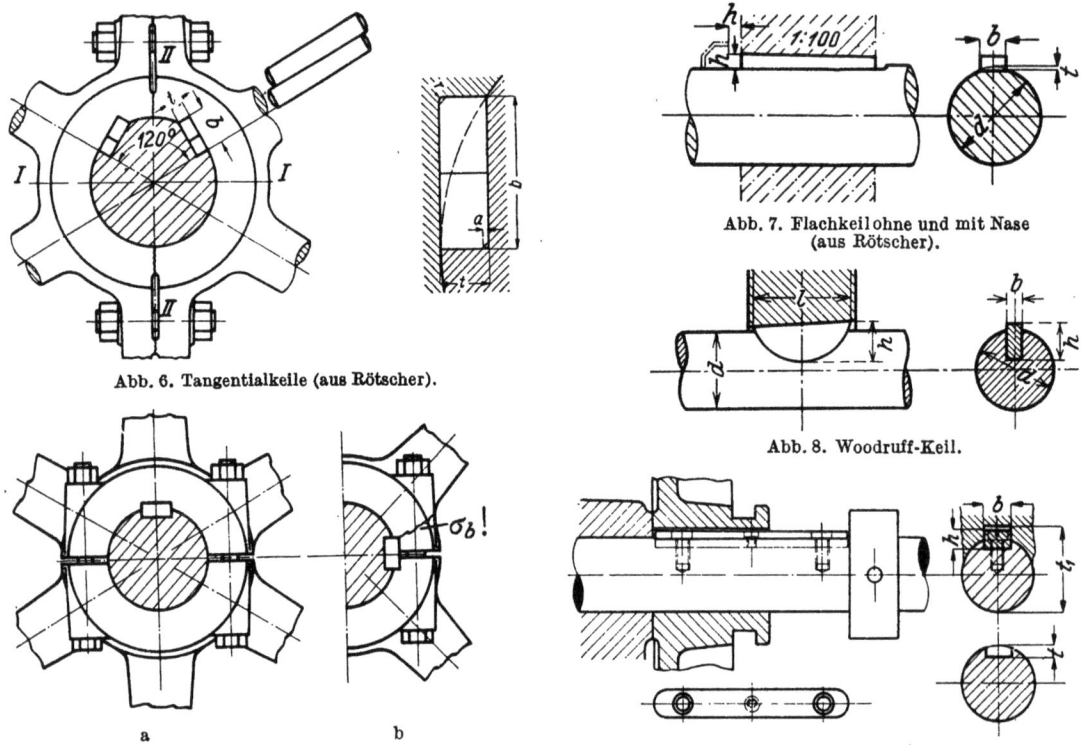

Abb. 6. Tangentialkeile (aus Rötscher).

Abb. 7. Flachkeil ohne und mit Nase (aus Rötscher).

Abb. 8. Woodruff-Keil.

Abb. 9. Führungsfeder (aus Rötscher).

Abb. 10. Keilanordnung bei geteilten Naben (aus Rötscher).

Nasenkeile (Abb. 7) werden da angeordnet, wo man einen Ansatz (die Nase) braucht, um den Keil wieder herausziehen zu können. Die vorstehende Nase erhöht die Unfallsgefahr. Nasenkeile sollten deshalb nur für die Befestigung von solchen Teilen verwendet werden, die in geschlossenen Gehäusen laufen oder sonst eingekapselt werden.

Im Automobilbau und bei Werkzeugmaschinen findet der Woodruff-Keil (Abb. 8) viel Verwendung. Er stellt sich von selbst nach der Neigung der Nute in der Nabe ein, hat aber eine erhebliche Schwächung der Welle zur Folge.

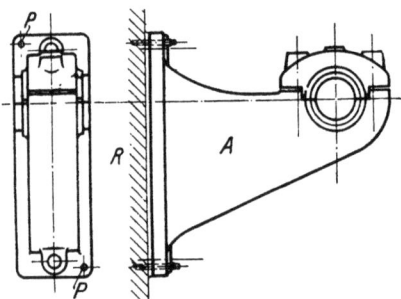

Abb. 11. Paßstifte zur Fixierung eines Lagers (aus Rötscher).

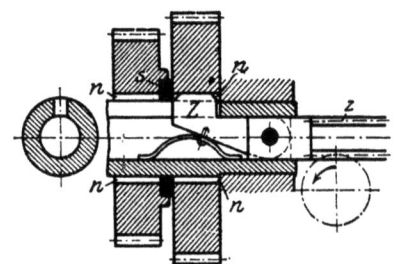

Abb. 12. Ziehkeil (aus Coenen, El. d. Werkzeugmasch.). Siehe auch Abb. 73.9.

Nur Führungselement, ohne Verspannungswirkung, sind die Längsfedern (auch Paßfeder genannt)[1] (Abb. 9). Die Paßfeder hat in den letzten Jahren auch als Befestigungselement eine zunehmende Bedeutung erreicht; sie bietet verschiedene Vorteile:

1. Die geneigte Tragfläche in der Nabe wird überflüssig, was eine Verbilligung in der Herstellung bedeutet.

---

[1] Manchmal wird die Bezeichnung Federkeil verwendet (z. B. in den Schweizer Normen); sie ist unzutreffend, da keine Keilwirkung vorhanden ist.

2. Infolge des Fehlens der Verspannung tritt auch keine zusätzliche Beanspruchung auf und außerdem wird dadurch genauer Rundlauf erreicht.

Die Paßfeder wird nach den Schweizer Normen als normales Befestigungselement für Kupplungen, Riemenscheiben und Zahnräder auf Elektromotorwellen vorgeschrieben; sie ist auch besonders vorteilhaft bei Wälzlagerkonstruktionen, wo Schläge beim Aufkeilen nicht zulässig sind. Die Paßfeder soll das Drehmoment durch ihre Seiten übertragen und auf der ganzen Länge eingepaßt werden. Als Toleranz für den gezogenen Keilstahl (Breite und Höhe) wird $h\,9$ angegeben; für die Nuten eignen sich dann $H\,9$ (Breite) resp. $H\,10$ (Höhe). Paßfedern sind auch bei geteilten Naben zu verwenden (Abb. 10a), da durch festes Einschlagen eines Keiles die Verbindungsschrauben übermäßig stark beansprucht werden. Den Keil in die Trennfläche anzuordnen (Abb. 10b) ist nicht zweckmäßig.

Kegelstifte (Rundkeile) haben eine Kegelneigung von 1:50; sie dienen hauptsächlich dazu, zwei Teile in der gegenseitigen Lage festzuhalten (Prisonstift, Abb. 11). Der Kegelstift muß sehr genau eingepaßt werden, damit er auf der ganzen Länge gleichmäßig aufliegt; das Loch wird durch eine konische Reibahle ausgerieben.

Der Ziehkeil (Abb. 12) wird bei Wechselgetrieben verwendet. Die Ziehkeilwelle ist durchbohrt und auf einer Seite geschlitzt. Durch diesen Schlitz geht die Nase des Ziehkeils Z in die Nuten der Zahnräder. In der Bohrung kann eine Rundzahnstange z verschoben werden, an deren Ende der Ziehkeil drehbar befestigt ist. Zwischen den Rädern befinden sich Scheiben s, die den Ziehkeil zurückdrängen, wenn er von einem Rad zum andern geschoben wird.

23. Verschraubungen.

Die Schraubenlinie entsteht durch die Aufwickelung einer geneigten Geraden auf einen Kreiszylinder (Abb. 23.1). Je nach der Richtung, in der aufgewickelt wird, entsteht eine rechtsgängige (nach rechts steigende) oder linksgängige Schraubenlinie. Die Entfernung AA zweier Schraubenlinien heißt Ganghöhe oder Steigung; der Winkel α wird Steigungswinkel genannt.

231. Gewinde.

Läßt man an Stelle eines Punktes A z. B. ein Dreieck efg auf dem Zylindermantel vorrücken, so daß die Punkte e und g gleiche Schraubenlinien beschreiben mit der Steigung $eg = h$, so entsteht eine scharfgängige Schraube (Abb. 231.1+2). Statt des Dreiecks kann auch ein Rechteck auf den Zylinder aufgewickelt

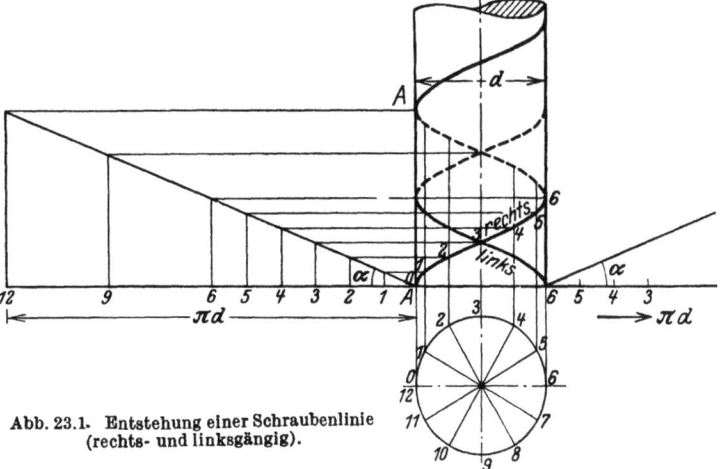

Abb. 23.1. Entstehung einer Schraubenlinie (rechts- und linksgängig).

werden, dann entsteht die flachgängige Schraube (Abb. 3). Die Figur (Dreieck, Rechteck, Trapez usw.), die zur Erzeugung der Schraube dient, nennt man das Profil.

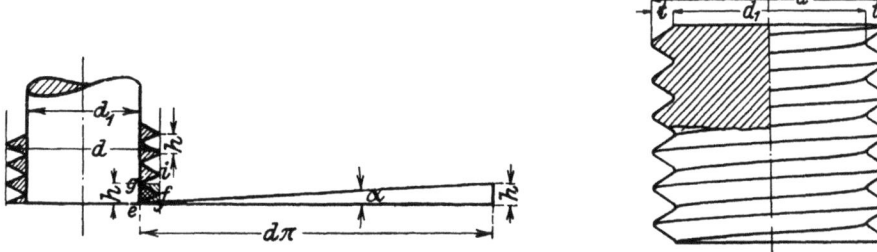

Abb. 231.1+2. Scharfgängiges Gewinde (aus Leuckert-Hiller und Rötscher).

Besteht das Profil einer Schraube aus einer einzigen Figur (Rechteck, Dreieck), so heißt die Schraube eingängig. Mehrgängige Schrauben entstehen durch die gleichzeitige Aufwickelung von mehreren gleichen Profilen (Abb. 4).

Der Steigungswinkel ist bei der Schraube für Innen- und Außendurchmesser verschieden (Abb. 5). Für die Berechnung wird der mittlere Steigungswinkel α eingeführt.

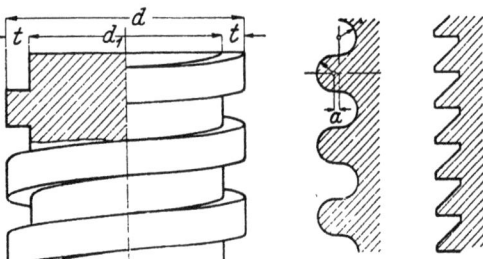

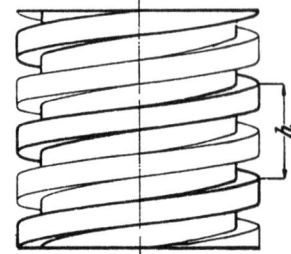

Abb. 3. Flach-, Rund- und Sägengewinde (aus Rötscher).

Abb. 4. Doppelgängige Schraube (aus Rötscher).

Schrauben werden immer paarweise verwendet. Bei einem Teil (Bolzen genannt) liegt das Gewinde auf dem Mantel eines Vollzylinders; beim andern (Mutterschraube oder kurz Mutter genannt) liegt das Gewinde mit dem gleichen Profil und mit der gleichen Steigung auf dem Innenmantel eines Hohlzylinders, so daß Bolzen und Mutter zusammenpassen.

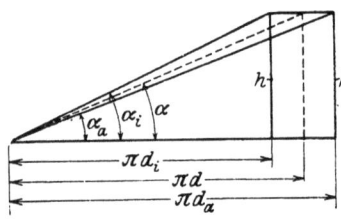

Abb. 5. Mittlere Steigungswinkel.

Die Schraube dient nicht nur zur Verbindung von Maschinenteilen, sondern auch zur Übertragung der Bewegung (Bewegungsschraube). Wird die Mutter festgehalten, so führt der Bolzen mit der Drehung gleichzeitig eine Parallelverschiebung aus (Schraubenwinde). Wird der Bolzen gedreht und die Mutter gegen Drehung gesichert, so erfährt die Mutter eine Parallelverschiebung. (Abb. 6 und beim Absperrventil Abschn. 938.)

In den Anfängen des Maschinenbaues wählte jeder Fabrikant Profil und Steigungswinkel der Schrauben nach eigenem Gutdünken, so daß die einzelnen Gewinde nicht zusammenpaßten. Der erste, der hier Ordnung schaffte, war der Engländer Whitworth (etwa 1845). Er verwendete für alle Schrauben das gleiche Profil, nämlich ein gleichschenkliges Dreieck mit 55° Spitzenwinkel und auf $1/_6$ der Höhe abgerundet (Abb. 7). Weiter normte er die Schraubendurchmesser (in englischem Zollmaß[1]), den Steigungswinkel durch die Anzahl Gänge auf $1''^e$ und stellte die Schrauben als austauschbare Handelsware her. Dieses System bürgerte sich rasch ein; es besteht heute noch in unveränderter Form. Seine Normungsbestrebungen wurden vielfach nachgeahmt, z. B. in Amerika durch Sellers, in Frankreich (nach Einführung des metrischen Systems), in Deutschland usw. Wie viele verschiedene Gewindesysteme dadurch entstanden, kann in dem großen Werk von Prof. Berndt[2] nachgelesen werden.

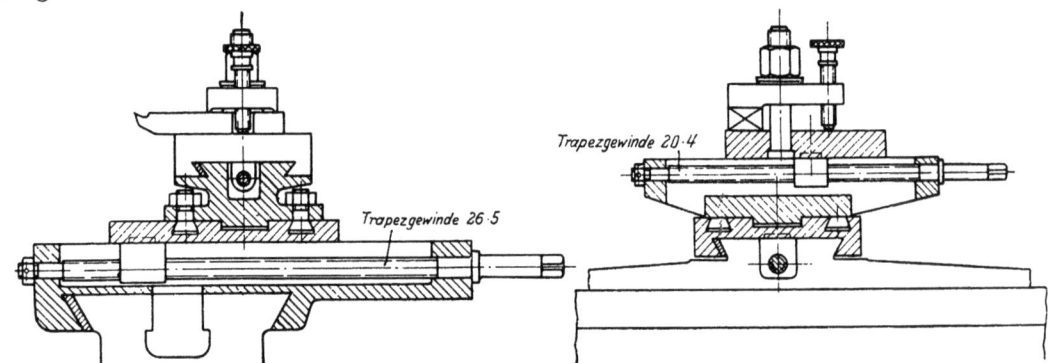

Abb. 6. Bewegungsschraube. Werkzeugschlitten einer Drehbank (aus Rötscher).

Wiederholt sind Versuche gemacht worden, die Gewindesysteme zu vereinheitlichen, was schließlich (1897) zum internationalen Kongreß in Zürich führte. Als Maßsystem wurde dort das metrische angenommen, und als Schraubenprofil ein gleichseitiges Dreieck mit auf $1/_8$ der Höhe geradlinig abgeschnittener Spitze (Abb. 8). Außerdem wurde ein Spitzenspiel a festgelegt, weil dadurch die Herstellung verbilligt wurde. Es ist nämlich eine unnötige Er-

---

[1] 1 englischer Zoll = $1''^e$ = 25,40095 mm.
[2] L. 231.1.

schwerung der Herstellung, wenn verlangt wird, daß das Gewinde sowohl in den Spitzen als in den Flanken genau aufliegt. Das SI-Gewinde (Systeme International) ist aber nie so international geworden wie sein Namen vermuten ließe. Wirtschaftliche Gründe, wie die großen Kosten für die Anschaffung neuer Schneidwerkzeuge, Ersatzlieferungen, Erschwerung der Ausfuhr usw. stehen der Vereinheitlichung hemmend gegenüber. Bei den neuesten Normungsbestrebungen (1923) ist nur dadurch eine Einigung möglich geworden, daß zwei Systeme (das Whitworth-Gewinde und das metrische Gewinde) als gleichberechtigt angenommen wurden.

Heute sind wieder Bestrebungen im Gange um zu einem einheitlichen Gewinde zu kommen.

Das normale (metrische oder Whitworth-) Gewinde ist für verschiedene Konstruktionszwecke, z. B. für dünnwandige Rohre (Gasrohre) zu grob. Man hat deshalb noch verschiedene, feinere Gewinde eingeführt, die sog. Fein- oder Rohrgewinde. Die Bezeichnung des Rohrgewindes (Zahlentafel 231.1) geht meist noch vom lichten Durchmesser des Gasrohres in englischen Zollen aus, seltener (wie die neuesten Normen vorschreiben) vom Außendurchmesser des Gewindes.

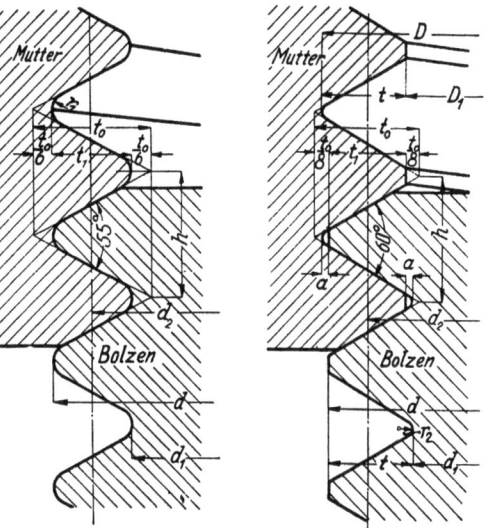

Abb. 7. Original-Whitworth-Gewinde (aus Rötscher).   Abb. 8. Metrisches Gewinde (aus Rötscher).

d_1 = Kerndurchmesser, d = Außendurchmesser, d_2 = Schaftdurchmesser.

Zahlentafel 231.1 Gasrohrgewinde (Whitworth).

Nenndurchmesser (handelsüblich)		Gewindedurchmesser (Lehrdurchm.)	Kerndurchmesser	Flankendurchmesser	Gangzahl auf		Gewindetiefe	Nutzbare Gewindelänge	Nennweite der Armaturen
engl. Zoll	mm*	d	d_1	d_2	1 engl. Zoll z	127 mm Länge z_1	t_1	l_1 max.	
G 1/8	5—10	9,728	8,566	9,147	28	140	0,58	8	6
G 1/4	8—13	13,157	11,445	12,301	19	95	0,86	9	8
G 3/8	12—17	16,662	14,950	15,806	19	95	0,86	11	10
G 1/2	15—21	20,955	18,631	19,793	14	70	1,16	14	13
G 3/4	20—27	26,441	24,117	25,279	14	70	1,16	16	20
G 1	26—34	33,249	30,291	31,770	11	55	1,48	19	25
G 1 1/4	33—42	41,910	38,952	40,431	11	55	1,48	21	32
G 1 1/2	40—49	47,803	44,845	46,324	11	55	1,48	21	40
G 1 3/4	45—55	53,746	50,788	52,267	11	55	1,48	24	—
G 2	50—60	59,614	56,656	58,135	11	55	1,48	24	50
G (2 1/4)	60—70	65,710	62,752	64,231	11	55	1,48	27	60
G 2 1/2	66—76	75,184	72,226	73,705	11	55	1,48	27	70
G 3	80—90	87,884	84,926	86,405	11	55	1,48	30	80

* Die Angabe des Nenndurchmessers in zwei Millimeterzahlen ist besonders in Frankreich handelsüblich. Die erste Zahl entspricht ungefähr dem inneren, die zweite Zahl dem äußeren Rohrdurchmesser.

232. Schraubensorten.

Die Schrauben werden entweder blank aus Sechskanteisen auf Automaten hergestellt oder schwarz mit warm angestauchten Köpfen. Als Werkstoff dient hauptsächlich St 38.13 oder für bessere Qualität St C 35.61. Durch die Kaltreckung der Stangen sind die Festigkeitseigenschaften im Anlieferungszustand (abweichend von Zahlentafel 133.1) etwa folgende[1]:

St 38.13, $K_z = 58$ kg/mm², $\lambda_5 = 12$ %, $H = 185$ kg/mm²,
St C 35.61, $= 76$ kg/mm², $\lambda_5 = 7{,}7$ %, $H = 230$ kg/mm².

Es wäre deshalb eine nützliche Aufgabe der Normenkommissionen, eine Mindeststreckgrenze der normalen Schrauben festzulegen.

Die Normung der Schrauben soll sich nicht auf die Gewindeabmessungen beschränken, sondern auch die Gewindetoleranzen und die Oberflächenbeschaffenheit umfassen.

---

[1] L. 234.7. Versuche EMPA. Zürich.

23. Verschraubungen.

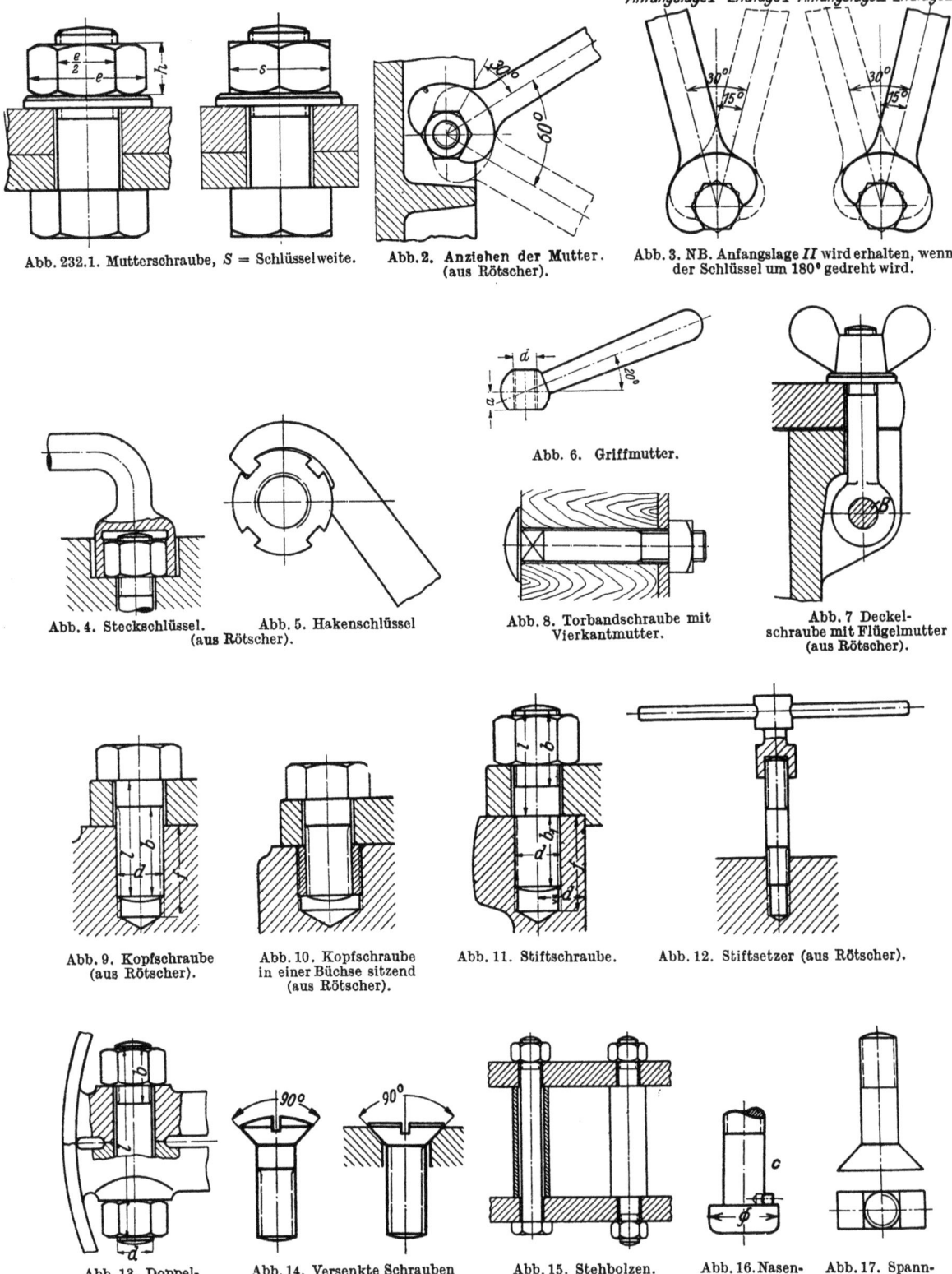

Abb. 232.1. Mutterschraube, S = Schlüsselweite.

Abb. 2. Anziehen der Mutter. (aus Rötscher).

Abb. 3. NB. Anfangslage II wird erhalten, wenn der Schlüssel um 180° gedreht wird.

Abb. 4. Steckschlüssel.

Abb. 5. Hakenschlüssel (aus Rötscher).

Abb. 6. Griffmutter.

Abb. 8. Torbandschraube mit Vierkantmutter.

Abb. 7 Deckelschraube mit Flügelmutter (aus Rötscher).

Abb. 9. Kopfschraube (aus Rötscher).

Abb. 10. Kopfschraube in einer Büchse sitzend (aus Rötscher).

Abb. 11. Stiftschraube.

Abb. 12. Stiftsetzer (aus Rötscher).

Abb. 13. Doppelmutterschraube (aus Rötscher).

Abb. 14. Versenkte Schrauben (aus Rötscher).

Abb. 15. Stehbolzen.

Abb. 16. Nasenschraube (aus Leuckert-Hiller).

Abb. 17. Spannschraube für Werkzeugmaschinen.

Wenn man von einer Schraube ohne nähere Bezeichnung spricht, so meint man die Mutterschraube (Abb. 232.1). Zum Anziehen der Muttern dienen Schlüssel, meist als Doppelschlüssel mit zwei aufeinander folgenden Maulweiten ausgeführt. Ist der Griff unter 30° geneigt oder

gerade geführt, so verlangt eine Sechskantmutter zum Anziehen einen Schlüsselschlag von 60°
(Abb. 2). Versetzt man dagegen den Hebelarm um 15 oder 45° (wie die Normen vorschreiben),
so genügt zum Anziehen ein Winkel von 30° und ein nachfolgendes Umlegen des Schlüssels
(Abb. 3). Muttern, die oft angezogen werden, sollte man härten (Einsatzhärtung), um eine
Beschädigung der Kanten zu vermeiden.

Versenkt sitzende Muttern werden mit einem Steckschlüssel (Abb. 4) angezogen. Wo
der Raum für den Normalschlüssel fehlt und es sich um Muttern handelt, die nur verhältnismäßig
leicht angezogen werden (wie z. B. bei Kugellagerbefestigung), führt man Mutter und Schlüssel
nach Abb. 5 aus. Für Verbindungen, die oft gelöst werden müssen (wie Deckelschrauben bei
Kochpfannen und Vakuumbehältern, oder Spannschrauben bei Werkzeugmaschinen) verwendet
man Griffmuttern oder Flügelmuttern (Abb. 6 und 7). Kleinere Muttern für untergeordnete
Zwecke werden, weil billiger, vierkantig ausgeführt (Abb. 8).

Bei der Kopfschraube (Abb. 9) sitzt die Mutter
in einem Konstruktionsteil (meist aus Gußeisen). Bei
häufigem Lösen leiert sich das Muttergewinde leicht aus,
so daß der ganze Maschinenteil ersetzt oder eine Büchse
eingesetzt werden muß (Abb. 10). Deshalb werden Kopf-

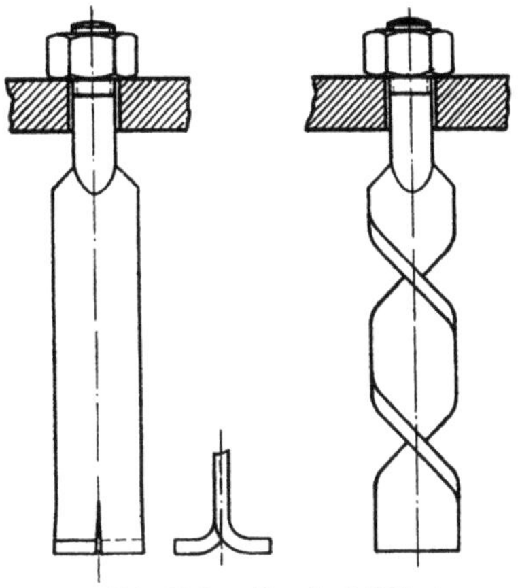

Abb. 18 (aus Leuckert-Hiller). 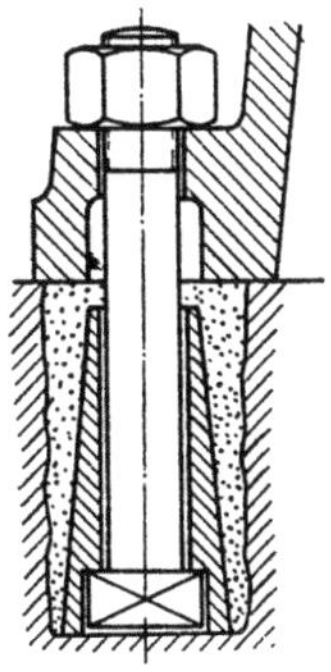 Abb. 19 (aus Rötscher). 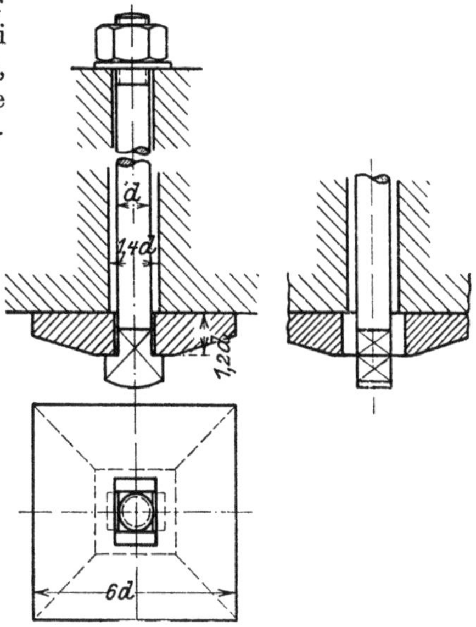 Abb. 20 (aus Leuckert-Hiller).
Abb. 18 bis 20. Gebräuchliche Fundamentschrauben.

schrauben meist nur als Stellschrauben oder als Abdrückschrauben verwendet, oder für
Verbindungen, die nur selten gelöst werden. Viel besser ist die Verbindung durch Stiftschraube
(Abb. 11). Das Einsetzen des Stiftes kann durch zwei aufeinanderliegende Muttern oder auch
durch einen Stiftsetzer (Abb. 12) erfolgen.

Ist auf keiner Seite der zu verbindenden Teile Raum zum Einbringen der Schraube, wie z. B.
bei der zweiteiligen Riemenscheibe (Abb. 13), so setzt man auf beide Seiten Muttern.

Wenn vorstehende Köpfe nicht zulässig sind, werden versenkte Schrauben verwendet
(Abb. 14). Stehbolzen dienen dazu, zwei Maschinenteile in einer bestimmten Entfernung
zu halten (Abb. 15). Um das Mitdrehen des Kopfes beim Anziehen der Mutter zu verhindern,
wird oft eine „Nase" angebracht (Abb. 16). Bei Lagern verwendet man Hammerschrauben
(Abb. 414.19); bei Werkzeugmaschinen werden für die Befestigung des Werkstückes besondere
Spannschrauben verwendet (Abb. 17).

Fundamentschrauben (Abb. 18 bis 20) werden in Aussparungen des Fundamentes eingesetzt, die nachher mit Zement vergossen werden.

233. Muttersicherungen[1].

Eine Schraubenverbindung wird im allgemeinen so beansprucht, daß die zu verbindenden
Teile durch das Anziehen der Mutter zunächst vorgespannt werden. Im Betrieb der
Maschine (zu welcher die Verbindung gehört) treten dann zusätzliche Betriebskräfte P
hinzu, die von der Art der Maschine abhängen und deren Größe nicht immer leicht zu überblicken ist.

---

[1] L. 233.1 — 4.

Bei der Flanschverbindung einer Rohrleitung mit dem Innendurchmesser d cm und einem Innendruck p (kg/cm²) ist die (ruhende) Betriebskraft $P = \frac{4}{\pi} d^2 \cdot p$ kg. Auch zwangsverformungen (z. B. durch Wärmedehnungen) sind bei den Betriebskräften zu berücksichtigen. Bei fast allen Maschinen und Fahrzeugen treten im Betrieb Erschütterungen auf; beim Schubstangenkopf (S. 181) wirken die Betriebskräfte oft schlagartig

Man erwartet nun, daß die vorgespannte Schrauben-Verbindung sich während des Betriebes nicht lockert.

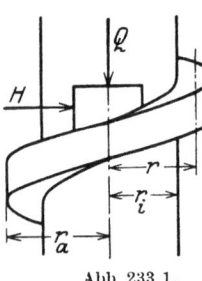

Abb. 233.1.

Das Drehen einer mit Q kg belasteten Mutter im Schraubengewinde entspricht der Bewegung einer Last auf einer geneigten Ebene, deren Neigungswinkel gleich dem mittleren Steigungswinkel α der Schraube ist (Abb. 233.1). Um die Last Q zu heben (die Schraube anzuziehen) ist eine horizontale Kraft H erforderlich, die (ohne Reibung zwischen Mutter und Bolzengewinde)

$$H = Q \operatorname{tg} \alpha \tag{233.1}$$

und mit Berücksichtigung der Reibung (Abb. 22.1):

$$H = Q \operatorname{tg}(\alpha + \varrho)$$

beträgt. Das Senken (Lösen der Mutter) erfordert eine Kraft:

$$H = Q \operatorname{tg}(\alpha - \varrho).$$

Die Kraft H wird bei der Schraube durch ein Drehmoment $M_d = H \cdot r$ erzeugt, so daß für die flachgängige Schraube

$$M_d = Q r \operatorname{tg}(\alpha \pm \varrho) \tag{2}$$

ist. Beim scharfgängigen Gewinde (Abb. 2) kann die Belastung Q auf zwei symmetrisch liegende Teilstücke der Mutter wirkend gedacht werden, auf welche die Normalkräfte von je $\frac{1}{2} \frac{Q}{\cos \beta/2}$ kg wirken, so daß die Reibung bei der scharfgängigen Schraube im Verhältnis $\frac{1}{\cos \beta/2}$ im Vergleich zur flachgängigen erhöht wird. Führt man die Keilreibzahl $\mu' = \frac{\mu}{\cos \beta/2} = \operatorname{tg} \varrho'$ ein, so ist für die scharfgängige Schraube:

$$M_d = Q \cdot r \operatorname{tg}(\alpha \pm \varrho'). \tag{3}$$

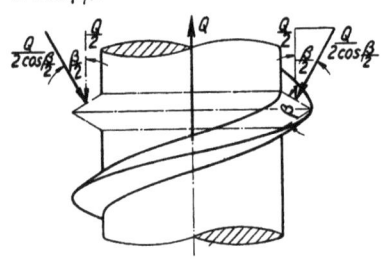

Für Whitworth- (resp. metrisches) Gewinde ist $\beta = 55°$ (resp. 60°) und $\mu' = 1{,}12$ (resp. $1{,}15$) $\cdot \mu$. Der Steigungswinkel der normalen Befestigungsschrauben liegt im Mittel bei 2°30'. Die Reibzahl μ' hängt von der Genauigkeit und von der Sorgfalt der Gewindeherstellung, von der Oberflächengüte, von der Schmierung usw. ab. Aus allen Versuchen folgt deshalb auch eine sehr starke Streuung des Drehmomentes M_d. Die Reibzahl nimmt mit zunehmender Gewindegröße ab und ist praktisch unabhängig vom Werkstoff und von der Gewindeart (metrisch oder Whitworth). Nach den Versuchen von N. Theophanopoulos[1] sind die häufigsten Reibwerte für

	M 12	M 16	M 20
$\mu' =$	0,23	0,215	0,183
$\varrho' =$	13°	12,5°	10,5°

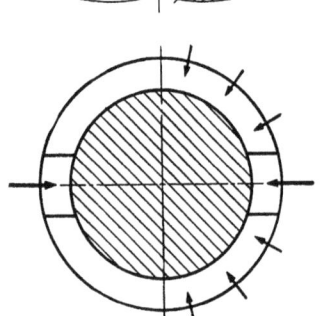

Abb. 2. Kraftwirkung an scharfgängigen Schrauben (aus Rötscher).

Für Überschlagrechnungen kann $\operatorname{tg}(\alpha + \varrho') = 0{,}25$ gesetzt werden.

Der Wirkungsgrad einer Schraube ist

$$\eta = \frac{\operatorname{tg} \alpha}{\operatorname{tg}(\alpha + \varrho')}. \tag{4}$$

Für die Grenze der Selbsthemmung ($\alpha = \varrho'$) wird mit

$$\operatorname{tg}(\alpha + \varrho') = 0{,}25 \quad \text{und} \quad \operatorname{tg} 2\varrho' = \frac{2 \operatorname{tg} \varrho'}{1 - \operatorname{tg}^2 \varrho'},$$

der Wirkungsgrad der Schraube $\eta = \frac{1 - \operatorname{tg}^2 \varrho'}{2}$ kleiner als 50%; für die normale Befestigungsschraube ($\alpha = 2°30'$) ist $\eta = 17{,}6\%$!

---
[1] L. 234.9.

233. Muttersicherungen.

Die an und für sich notwendige Eigenschaft der Selbsthemmung von Befestigungsschrauben ist mit einem bedeutenden Aufwand an Reibarbeit beim Anziehen verbunden.

Die bei den normalen Befestigungsschrauben vorhandene Selbsthemmung ($\varrho' \approx 5\alpha$) bietet, wie die Erfahrung zeigt, noch keine genügende Sicherheit gegen Lockerung der Verbindung, insbesondere dann nicht, wenn Erschütterungen auftreten. Die Schraube muß gegen Lockerung der Verbindung besonders gesichert werden. Dazu gibt es folgende Mittel:

1. Man beseitige die Erschütterungs u r s a c h e n durch sorgfältigen Ausgleich aller bewegten Massen (Abschn. 34 und 829). Diese Möglichkeit versagt, wenn die Erschütterungsursache außerhalb der Maschine liegt, wie z. B. die Unebenheiten der Fahrbahn bei allen Fahrzeugen. Durch federnde Unterlage kann bei den Erschütterungen das Abheben der Mutter verhindert oder gemildert werden.

Die Federringe (Abb. 3) werden aus hochwertigem Federstahl hergestellt ($K_z = 150/160$ kg je mm², gehärtet). Sie erleiden schon bei kleinen Belastungen an den höchstbeanspruchten Stellen p l a s t i s c h e Verformungen. Die Federkraft geht beim Flachdrücken der Ringe

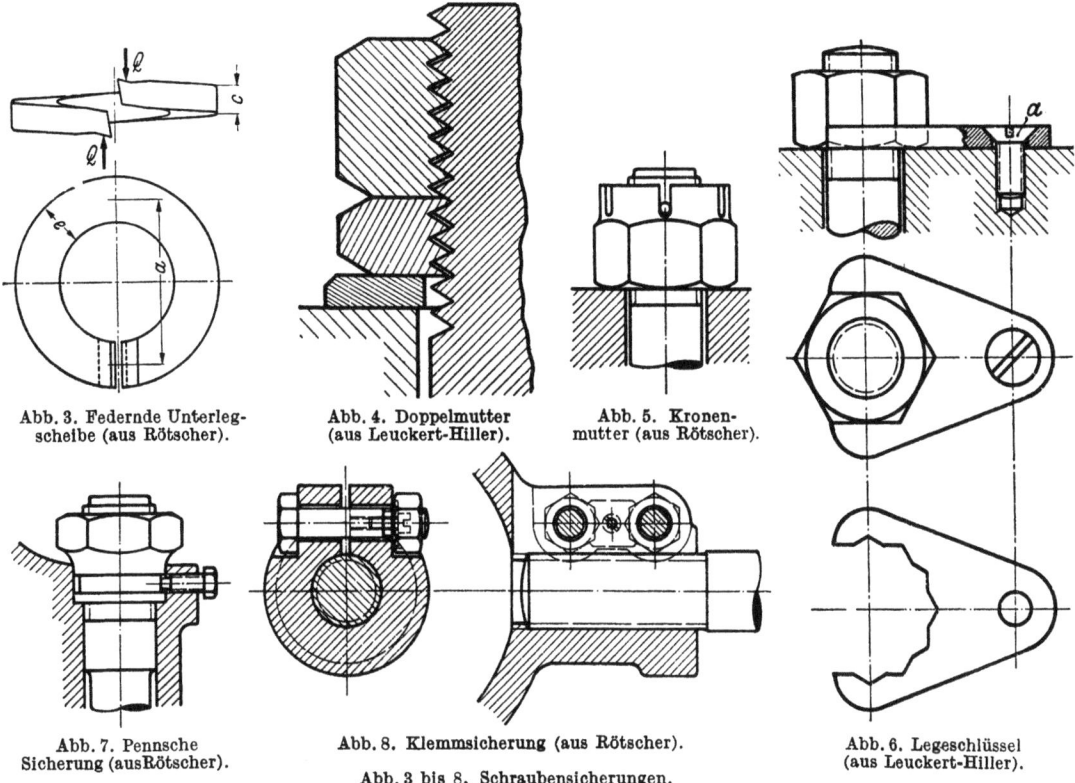

Abb. 3. Federnde Unterlegscheibe (aus Rötscher).

Abb. 4. Doppelmutter (aus Leuckert-Hiller).

Abb. 5. Kronenmutter (aus Rötscher).

Abb. 7. Pennsche Sicherung (aus Rötscher).

Abb. 8. Klemmsicherung (aus Rötscher).

Abb. 6. Legeschlüssel (aus Leuckert-Hiller).

Abb. 3 bis 8. Schraubensicherungen.

nicht vollständig verloren, ist aber klein im Verhältnis zur normalen Schraubenbelastung. Solche Federringe sind deshalb wenig wirksam.

2. Man verhindere die ungewollte Drehung zwischen Mutter- und Bolzen-Gewinde,
   a) durch V e r k l e i n e r u n g d e s S t e i g u n g s w i n k e l s α, bei Verwendung von F e i n g e w i n d e ($\varrho' \approx 8\alpha$),
   b) durch V e r g r ö ß e r u n g d e s S p i t z e n w i n k e l s β ($β > 90°$), $N = \dfrac{V/2}{\cos β/2}$ (cos 30° = 0,866, cos 60° = 0,5),
   c) durch G e g e n m u t t e r, die kräftig gegen die erste verspannt wird (Abb. 4). Die beiden Muttern werden oft verschieden hoch gemacht; da nur die obere Mutter allein trägt, muß diese die normale Höhe erhalten,
   d) durch K r o n e n m u t t e r (Abb. 5) oder bei größeren Durchmessern durch L e g e s c h l ü s s e l (Abb. 6). Die Schwierigkeit liegt darin, daß die Mutter (nach dem Lösen der Verbindung) nie mehr die g e n a u gleiche Lage in bezug auf den Bolzen einnimmt.

Bei Schubstangenköpfen ist die Pennsche Sicherung stark verbreitet (Abb. 7). Für die Befestigung der Kolbenstange im Kreuzkopf verwendet man auch wohl eine geschlitzte Mutter mit Klemmschrauben (Abb. 8), die ihrerseits wieder durch Legeschlüssel gesichert werden.

172   23. Verschraubungen.

Bei solchen mehrfachen Sicherungen darf man nicht vergessen, daß die Schraube eine **leicht lösbare** Verbindung bleiben muß. Keine der vorgeschlagenen „Mutter"-Sicherungen kann vollständig befriedigen.

3. Auf Grund der vorliegenden Untersuchungen muß man annehmen, daß die Abnahme der Vorspannkraft nicht durch ein Abdrehen der Mutter unter Last eingeleitet wird, sondern durch Verformen der Rauheiten aller im Eingriff stehenden Oberflächen und der Gewindekämme. Eine solche Lockerung kann durch die gebräuchlichen Muttersicherungen (Abb. 3—8) nicht vermieden werden. Die Abnahme der Vorspannkraft einer mit Gegenmutter gesicherten Verbindung unterscheidet sich nicht von der ungesicherten Verbindung.

Das wirksamste Mittel dagegen ist die sorgfältige Bearbeitung aller (im Eingriff stehenden) Oberflächen. **Das regelmäßige Nachziehen der Mutter, das anfangs in kürzeren, später in längeren Abschnitten erfolgen kann, ist unvermeidlich.**

Bei gleichen Beanspruchungen zeigen Schrauben mit gewalztem Gewinde (Rauheit $4 \div 5\,\mu$) einen geringeren Spannungsabfall im Betrieb als solche mit geschnittenem Gewinde (Rauheit $22—37\,\mu$). Während bei gewalztem Gewinde ein Einfluß des Werkstoffes (St 38.13 oder St C 35.61) nicht beobachtet werden konnte, ist die Rauheit beim härteren Gewinde aus St C 35.61 größer als bei St 38.13. Bei vergüteten Schrauben der üblichen Herstellungsart (Gewindewalzen und nachträglich vergüten) wird der günstige Einfluß des Walzens durch die mit der Wärmebehandlung verbundene Verzunderung der Oberfläche aufgehoben.

Auch die Rauheit und die Anzahl der Teilfugen der Verbindung beeinflussen die Abnahme der Vorspannung erheblich. Je größer die Zahl der Teilfugen ist, um so größere Sorgfalt ist auf die Bearbeitung und auf die Härte der Oberfläche zu verwenden. Außerdem muß von der Verbindung Beanspruchungen senkrecht zur Schraubenachse (durch Schraubenentlastung), ferngehalten werden, da diese zu einem außerordentlich großen Spannungsabfall führen, wenn die auftretenden Bewegungen in Größe und Richtung ständig wechseln.

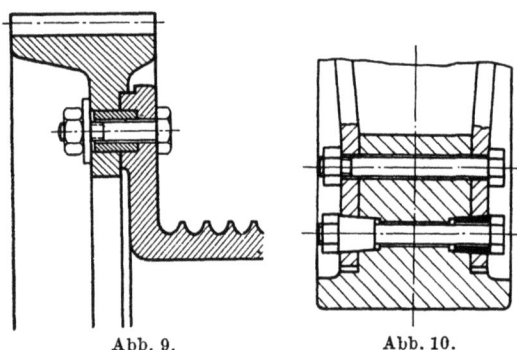

Abb. 9.
Schraubenentlastung durch geschlitzte Hülsen aus Federstahl.

Abb. 10.
Schraubenentlastung durch konische Büchsen.

Die einfachste Entlastung scheint eine genau eingepaßte Schraube (Paßschraube) zu sein. Wirklich genau, ohne Spiel in das Loch passende Schrauben sind sehr teuer in der Herstellung; etwas billiger sind Schrauben mit konischem Schaft, die nachgezogen werden können. Meist sieht man eine besondere Entlastung der Schrauben vor, und schlägt z. B. konische Stifte (Prisonstifte) ein (Abb. 22.11) oder verwendet Entlastungsringe (Abb. 9), die auch durch konische Büchsen ersetzt werden können (Abb. 10). Zweckmäßig erscheinen auch geschlitzte Hülsen aus Federstahl, die im Handel erhältlich sind und keine genaue Einpassung erfordern. In sehr vielen Fällen ist es auch möglich, die einzelnen Teile gegeneinander so abzustützen, daß kein Verschieben eintreten kann, d. h. man entlastet die Schrauben durch entsprechende Formgebung der Teile. Beim zweiteiligen Lager (Abschn. 414) oder beim Zylinderdeckel geschieht dies durch die Zentrierung (Abb. 96.1, 2). Für die weitere Untersuchung darf also angenommen werden, daß die Betriebskräfte in der Richtung der Schraubenachse wirken.

234. Vorspannkraft V.

Die schwächste Stelle der Schraube ist im Kernquerschnitt zu suchen, der durch die Vorspannkraft V auf Zug beansprucht wird. Wenn wir von der Kerbwirkung im Gewinde absehen, so kann die Nennspannung σ im Kernquerschnitt (mit dem Durchmesser d_1) aus der Gleichung

$$V = \frac{\pi}{4} d_1^2 \sigma_n \qquad (234.1)$$

berechnet werden. Der Kerndurchmesser d_1 der Schraube kann nur mit Hilfe von Spezialmikrometern gemessen werden. Die Befestigungsschrauben werden nach dem Außendurchmesser d bezeichnet; es ist deshalb zweckmäßig, den Kerndurchmesser durch den Außendurchmesser zu ersetzen.

$$V = \frac{\pi}{4} \left(\frac{d_1}{d}\right)^2 d^2 \sigma \,.$$

234. Vorspannkraft V.

Mit dem Wert $\left(\frac{d_1}{d}\right)^2 = 0{,}63$ für genormte Schrauben, wird $V = \frac{\pi}{4} \cdot 0{,}63\, d^2 \sigma \approx 0{,}5\, d^2 \sigma$. (1a)

Die vorausgesetzte gleichmäßige Spannungsverteilung im Kernquerschnitt ist infolge der Kerbwirkung (Abschn. 16) nicht vorhanden. Die Spannungserhöhung im Kerbgrund hängt von der Größe der Abrundung und von der Gewindetiefe ab. Infolge der günstigeren Krümmungsverhältnisse ist (wie die Erfahrung zeigt) das Whitworth-Gewinde dem metrischen bei Dauerbeanspruchung überlegen.

Neben den Zugspannungen treten im Gewindegrund noch Spannungen auf infolge der Verbiegung der Gewindegänge (Abb. 234.1). Das Gewinde sei so sorgfältig hergestellt, daß eine vollkommene Flankenauflage bei allen Gängen der unbelasteten Schraube vorhanden ist. Die Vorspannkraft V dehnt den auf Zug beanspruchten Bolzen, während die Mutter auf Druck beansprucht wird. Die Belastungen der einzelnen Gewindegänge können (unter vereinfachende Voraussetzungen) als mehrfach statisch unbestimmtes Problem, aus den Formänderungen ermittelt werden[1]. Der größte Teil der Vorspannkraft muß immer durch den ersten tragenden Gewindegang gehen (etwa 40%), wobei die Anzahl der Gänge in der Mutter keinen wesentlichen Einfluß hat. Gibt der erste Gang infolge der elastischen Verformung etwas nach, so wird der folgende mehr zum Tragen herangezogen. Bei den zähen Werkstoffen von Bolzen und Mutter (St 38.13) werden beim Zerreißversuch, vor der Zerstörung des Gewindes, fast alle Gänge der Mutter tragen.

Die Beanspruchungen, die beim Vorspannen der Schraube auftreten, können (unter der nicht zutreffenden Voraussetzung, daß die elementare Festigkeitslehre hier gültig wäre) annähernd berechnet werden, wenn man annimmt, daß der erste, tragende Gewindegang mit $V_1 = 0{,}4\, V$ auf den ganzen Umfang gleichmäßig belastet wird. Aus der Biegegleichung für den prismatischen Stab (Abb. 1) folgt:

$$0{,}4 \cdot V \cdot x = \tfrac{1}{6} \pi d_1 \cdot h^2 \cdot \sigma_b;$$

h ist die Höhe des gefährdeten Querschnittes. Mit den in den Normen (VSM 12 003) festgelegten Abmessungen:

$t_2 = 0{,}65\, h$, $x = 0{,}375\, h$ und $d_1 = 6{,}3\, h$ (für $M.16$ bis $M.20$) wird

$$\sigma_b \approx 1{,}5\, \sigma_n .$$ (2)

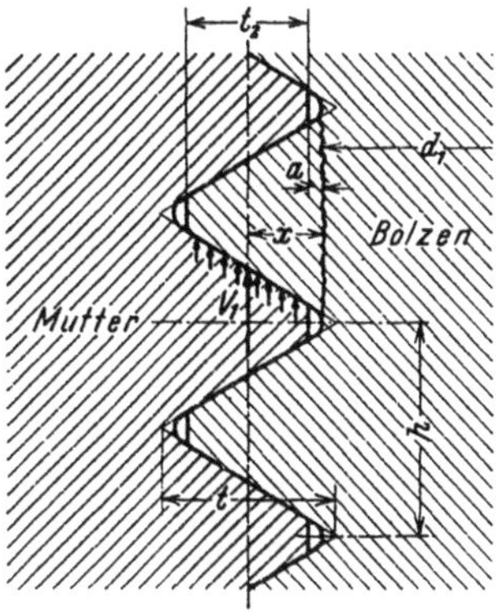

Nimmt man weiter an, daß die gleichzeitig auftretenden Scherspannungen τ_s gleichmäßig über diesen Querschnitt verteilt sind, so ist:

$$0{,}4\, V = 0{,}4\, \frac{\pi}{4} d_1^2 \cdot \sigma_n = \pi d_1 \cdot h \cdot \tau_s$$

Abb. 234.1.
Metrisches Gewinde:
$t_2 = 0{,}65\, h$, $a = 0{,}05\, h$, $t = 0{,}866\, h$,
$x = \frac{t_2}{2} + a = 0{,}375\, h.$

oder mit den genormten Abmessungen:

$$\tau_s = 0{,}65\, \sigma_n .$$ (3)

Je feiner das Gewinde ist, d. h. je größer d_1/t wird, um so größer ist auch die Gefahr, daß das Gewinde zerstört wird. Zerreißversuche[2] haben nachgewiesen, daß für das normale Gewinde die $0{,}8\, d$ hohe Mutter stets ausreichend ist, da der Bolzen eher zerreißt als daß das Gewinde zerstört wird.

Neben der Zug-, Biege- und Scherbeanspruchung wirkt beim Anziehen der Mutter noch das Drehmoment nach Gl. (233.3). Mit dem Mittelwert $\operatorname{tg}(\varkappa + \varrho')_m = 0{,}25$ und $r_m = 0{,}55\, d_1$ wird $M_d = 0{,}137\, V \cdot d_1$ und die dadurch erzeugte Torsionsspannung im Kernquerschnitt:

$$\tau = \frac{0{,}137\, V\, d_1}{\pi d_1^3/16} = \frac{0{,}55\, V}{\pi d_1^2/4} = 0{,}55\, \sigma_n$$ (4)

Auch nach dem Wirken des Schlüsseldrehmomentes bleiben in der angezogenen Schraube, infolge der Reibung, Drehmomente zurück.

Wenn die Schub- und Normalspannungen gleichzeitig und an der gleichen Stelle auftreten, folgt die größte Beanspruchung aus dem Spannungskreis. Setzt man:

$$\sigma_n + \sigma_b = 2{,}5\, \sigma_n = \sigma_t \text{ und } \tau = 0{,}55\, \sigma_n .$$ (5 u. 6)

so ist:
$$\tau_{\max} = \frac{1}{2}\sqrt{\sigma^2 + 4\tau^2}$$ (124.22)

und die gleichwertige Vergleichs-Normalspannung

$$\sigma_v = 2\,\tau_{\max} \approx 2{,}6\, \sigma_n .$$

---
[1] L. 234. 1 bis 4.   [2] L. 234.6—8.

Infolge der Kraftwirkung in der Nähe der Unstetigkeit, muß noch die Formziffer α_f berücksichtigt werden:

$$\sigma_{\max} = 3{,}5 \cdot \sigma_n \cdot \alpha_f. \qquad (8)$$

Jehle[1] hat im Axialschnitt einer 2″-Schraube aus Glas, spannungsoptisch die sehr hohe Formziffer von 8,2 (bezogen auf die Nennspannung σ_n) gemessen. Bezieht man die Formziffer auf die Vergleichsspannung σ_v, so ist

$$\alpha_f = 8{,}2/2{,}6 = 3{,}2 \qquad (9)$$

Diese hohe Spannungsspitze wird durch plastische Verformung teilweise ausgeglichen.

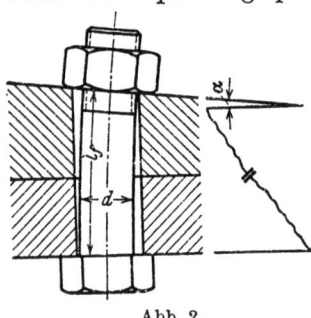

Abb. 2.

Sind die Begrenzungsflächen der zu verbindenden Teile nicht genau parallel, so wird die Schraube beim Anziehen der Mutter **zusätzlich noch auf Biegung beansprucht** (Abb. 2) durch ein Moment, das für die freie Bolzenlänge l_f konstant ist. Liegt die Mutter nach der Verformung wieder auf der ganzen Fläche auf (was für kleine Formänderungen angenommen werden darf), so biegt der Bolzen sich um den Winkel α. Die elastische Linie des Bolzens ist ein Kreisbogen mit dem Krümmungsradius $\varrho = l_f/\alpha$.

Aus $\quad \dfrac{\delta}{D} E = \sigma_b = \dfrac{d}{2\varrho} E = d E \alpha/2 l_f \qquad (10)$

folgt mit $\alpha = 1/250$, $d = 20$ mm, $l_f = 60$ mm und $E = 2 \cdot 10^4$ kg/mm² $= \sigma_b = \dfrac{20 \cdot 2 \cdot 10^4}{250 \cdot 2 \cdot 60}$
$=$ rd. 13 kg/mm² (zusätzlich)!

Gleichung 10 gibt zu große Biegespannungen, da ein Teil des Neigungswinkels durch das stets vorhandene Flankenspiel und durch örtliche, plastische Verformungen ausgeglichen wird. Aus dieser Berechnung erkennt man aber wieder die große Bedeutung einer sorgfältigen Bearbeitung der Trennflächen, und die Notwendigkeit (z. B. beim ⌶-Eisen, Abb. 3) entsprechende Bearbeitung und Unterlegscheiben vorzusehen.

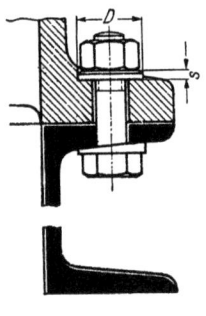

Abb. 3.

Besondere Beachtung verdient die große Neigung bei der losen Flanschverbindung (Abb. 91.11 bis 13), bei welcher wiederholt Schraubenbrüche auftreten.

Die Schraube kann nur deshalb die große und vielseitige Beanspruchung ertragen, weil die Vorspannkraft eine wenig oft wechselnde Belastung ist.

Wie groß ist nun die Vorspannkraft V? Beim Anziehen der Mutter ist nicht allein das Drehmoment M_d, sondern auch das Reibmoment zwischen Mutter und Unterlage zu überwinden. Die Reibkraft $\mu \cdot V$ wirkt dabei an einem Hebelarm, der gleich dem mittleren Radius der Auflagefläche der Mutter ist. Dieses Reibmoment kann für die blanke Schraube ungefähr gleich $0{,}5\,M_d$ gesetzt werden. Das Gesamtmoment, das beim Anziehen der Mutter überwunden werden muß, ist also:

$$M_t = 1{,}5\,M_d = 1{,}5 \cdot 0{,}137\,V d_1 = 0{,}2\,V d_1 . \qquad (11)$$

Infolge der unsicheren Reibwerte zeigten auch die Messungen bei gleichem Anzugsmoment erhebliche Schwankungen der Vorspannkraft V. Sie zeigten weiter, daß auch bei der gleichen Schraube (aus St 38.13) das Verhältnis M_t/V bei oftmaligem Lösen und Wiederanziehen zunimmt und sich (unter Schwankungen) einem Grenzwert nähert, der bei 50maliger doppelt und bei 200maliger Belastung 2,5mal so groß ist wie beim ersten Anziehen. Die Reibung nimmt also beträchtlich zu, was durch örtliche Fressungen erklärt werden kann. Durch starkes Ölen läßt sich die Zunahme der Reibung etwas verkleinern. Bei hochfesten Schrauben wurde das Gegenteil beobachtet; hier findet anscheinend ein Glätten der Oberflächen statt, durch welches die Vorspannung nach öfterem Anziehen und Lösen einen größeren Wert erreicht. Ebenso verhielten sich Schrauben aus Duralumin ($K_z = 50$ kg/mm²) und Stahlschrauben mit $K_z = 50/60$ kg/mm² in gefettetem Zustand.

Der Monteur übt beim Anziehen der Mutter die Kraft H an einem mittleren Hebelarm $l = nd$ des genormten Schlüssels aus, der für M 12 gleich 16 d und für M 24 gleich 12 d ist. Aus der Gleichung $M_t = H \cdot n \cdot d = 0{,}2\,V \cdot 0{,}8\,d$ folgt

$$V = 100\,H \text{ (für } M\,12\text{) bis } 75\,H \text{ (für } M\,24\text{)} . \qquad (12)$$

Mit der mäßigen Kraft $H = 10$ kg wird also (nur wenig abhängig vom Schraubendurchmesser) eine Vorspannkraft $V = 1000$ kg erreicht, die [nach Gl. (1a)] in einer ½″-Schraube eine Nenn-

---
[1] L. 234.5.

spannung σ_n von rd. 1200 kg/cm² hervorruft, die beim Werkstoff St 38.13 nahe an der Elastizitätsgrenze liegt. Die wirkliche Handkraft H streut beim gleichen Arbeiter und für verschiedene Arbeiter erheblich; sie hängt auch von der Größe der Schraube ab, da kleine Schrauben erfahrungsgemäß auch mit kleineren Kräften angezogen werden. Nach den Versuchen von Theophanopoulos[1] schwankte H für M 12 zwischen 21 und 57 kg (häufigster Wert 27 kg) und für M 24 zwischen 33 und 66 kg (häufigster Wert 41 kg). Kleine Schrauben werden also schon beim Anziehen leicht überbeansprucht. Es war deshalb früher im Maschinenbau üblich, Schrauben, die unter Belastung angezogen werden, nicht kleiner als $^5/_8''$ zu wählen. Diese Regel wird heute (aus wirtschaftlichen Gründen) nicht mehr eingehalten; in den Rohrnormen z. B. sind auch $^1/_2''$-Verbindungsschrauben vorgesehen.

235. Gesamtkraft im Betrieb.

Zu den großen Beanspruchungen durch die Vorspannkraft treten noch die Betriebskräfte P. Da die Verbindungsschraube mit Spiel im Loch sitzt, kann sie keine Kräfte senkrecht zur Schraubenachse übertragen. Sie wird deshalb von der Kraftwirkung in dieser Richtung entlastet (vgl. S. 172); die Betriebskräfte wirken dann ausschließlich in Richtung der Schraubenachse.

Ein Teil der Schrauben dient zum Befestigen von Teilen untergeordneter Wichtigkeit und erfährt im Betrieb nur geringe zusätzliche Beanspruchungen. Solche Schrauben werden der billigen Massenherstellung der Normschrauben entnommen. Im Maschinenbau, insbesondere aber beim Leichtbau (Flugzeugbau) kommen vielfach hochbelastete Schrauben vor, bei denen eine sorgfältige Abschätzung der höchsten Beanspruchungen im Betrieb unerläßlich ist.

Die mit dem Schraubenschlüssel erzeugte Vorspannkraft V bewirkt eine Längung λ_v in der Schraube und gleichzeitig eine Stauchung δ_v der verspannten Teile. Unterhalb der Proportionalitätsgrenze sind die Formänderungen den Kräften proportional, so daß sie durch die Dreiecke ABC und ABD (Abb. 235.1) dargestellt werden können, und

$$V = C_1 \lambda_v = C_2 \delta_v. \tag{235,1}$$

C_1 und C_2 sind die Kräfte für die Einheit der Formänderung; sie werden deshalb „Einheitskräfte" genannt[2]. Bei der Berechnung von C_1 kann die Schraube in zwei Teile, Gewinde

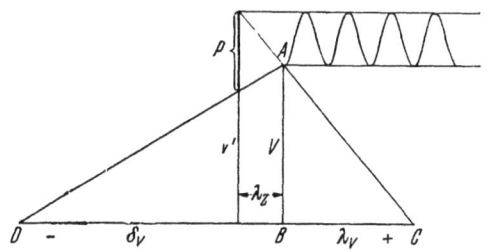

Abb. 235.1.
Formänderungsdreiecke für eine Schraubenverbindung.

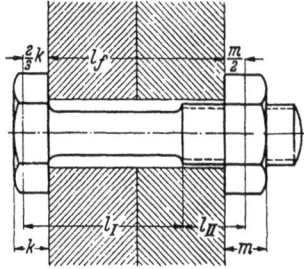

Abb. 2.

(Index g) und Schaft (Index s) zerlegt werden. Für jeden Teil gilt dann: $\lambda_v = V \cdot l/f \cdot E$ und für die ganze Schraube:

$$\lambda_v = \frac{V}{E}\left(\frac{l_g}{f_g} + \frac{l_s}{f_s}\right).$$

Aus Gl. 1 folgt dann
$$\frac{1}{C_1} = \frac{\lambda_v}{V} = \frac{1}{E}\left(\frac{l_g}{f_g} + \frac{l_s}{f_s}\right). \tag{2}$$

f_g ist aus dem Flankendurchmesser d_2 (vgl. Abb. 231.7 u. 8) zu berechnen.

Die versuchsmäßige Nachprüfung der Gleichung 2 (durch F. Debus[3]) zeigte eine sehr gute Übereinstimmung zwischen Rechnung und Versuch, wenn für C_1 95% des berechneten Wertes eingesetzt wird.

Deutler[4] gibt folgende empirische Formel für Normschrauben (die einen konstanten Schaftquerschnitt haben):
$$\frac{1}{C_1} = \frac{1}{E}\sum\frac{l_x}{f_x} = \frac{1}{E}\left(\frac{l_I}{f_s} + \frac{l_{II}}{f_k}\right).$$

Hierin bedeuten f_s und f_k den Schaft- und den Kernquerschnitt, während l_I und l_{II} die in Abb. 2 dargestellten Teillängen sind.

---

[1] L. 234.9. [2] Es wird dafür auch die unklare Bezeichnung „Federkonstante" verwendet.
[3] L. 235.6. [4] L. 234.13.

176   23. Verschraubungen.

Führt man noch die Größe $A = \dfrac{l_f}{l_I \dfrac{f_k}{f_s} + l_{II}}$ ein, so wird $C_1 = E \cdot \dfrac{f_k}{l_f} \cdot A$. (3)

Für Normschrauben ist $A \approx 1$ und
$$C_1 = E \cdot f_k / l_f. \qquad (3\mathrm{a})$$

Für ist $f_k =$	**M** 12	14	16	20	22	**M** 24	
	71,8	98,9	137	214,5	270	309	mm²
und für ist $f_k =$		1/2″	5/8″	3/4″	7/8″	1″e	
		78,4	131	196	272	357	mm²

Mit diesen Werten kann C_1 in einfacher Weise aus Gl. 3a berechnet werden. **Für normale Schrauben ist $C_1 = 5$ bis $8 \cdot 10^4$ kg/mm.**

Für die Berechnung von C_2 wird (nach Bach) angenommen, daß sich unter der Wirkung der Vorspannkraft V zwei Einflußkegel zwischen Schraubenkopf und Mutterauflage bilden (vgl. Abb. 3), deren Mantellinien unter 45° verlaufen. Nur diese Kegel beteiligen sich an der elastischen Verformung. Mit den Bezeichnungen in Abb. 4 folgt die Verkürzung δ_v aus der Integration:

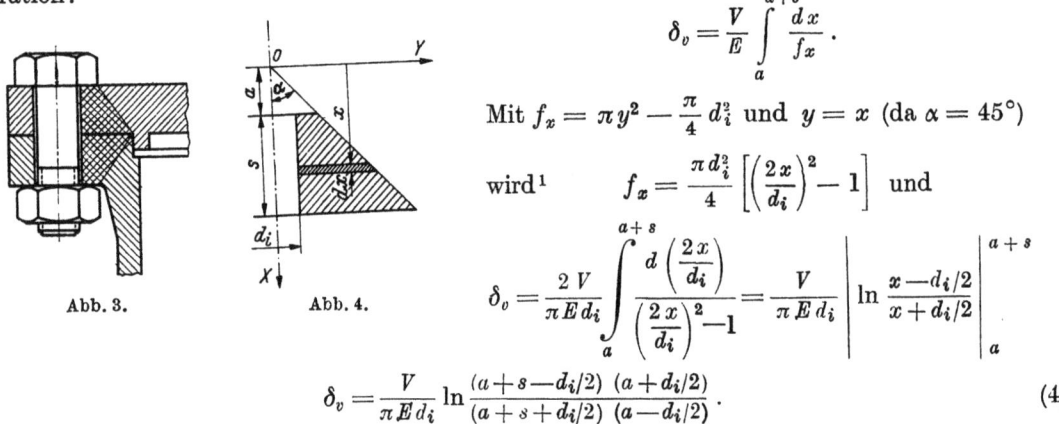

Abb. 3. Abb. 4.

$$\delta_v = \frac{V}{E} \int_a^{a+s} \frac{dx}{f_x}.$$

Mit $f_x = \pi y^2 - \dfrac{\pi}{4} d_i^2$ und $y = x$ (da $\alpha = 45°$)

wird[1] $\quad f_x = \dfrac{\pi d_i^2}{4}\left[\left(\dfrac{2x}{d_i}\right)^2 - 1\right]$ und

$$\delta_v = \frac{2V}{\pi E d_i} \int_a^{a+s} \frac{d\left(\dfrac{2x}{d_i}\right)}{\left(\dfrac{2x}{d_i}\right)^2 - 1} = \frac{V}{\pi E d_i} \left| \ln \frac{x - d_i/2}{x + d_i/2} \right|_a^{a+s}$$

$$\delta_v = \frac{V}{\pi E d_i} \ln \frac{(a+s-d_i/2)(a+d_i/2)}{(a+s+d_i/2)(a-d_i/2)}. \qquad (4)$$

Für die bei den glatten Rohrflanschen üblichen Abmessungen (vgl. Abb. 91.6 und Zahlentafel 91.5 u. 6) kann (ohne Dichtung):

$$\delta_v = \frac{0{,}26 \, V}{E \cdot d_i} \qquad (5)$$

gesetzt werden. Bei den Rohrflanschen nach Abb. 91.5, 6 u. 7 muß auch die Verbiegung der Flansche berücksichtigt werden (vgl. Abschn. 143, Pos. 5 für lose Flansche).

Für zwei parallele Flansche ohne Dichtung und Biegung ist je nach Werkstoff (Gußeisen oder Stahl) $C_2 \approx 2$ bis $4 \cdot 10^5$ kg/mm. Bei einer Vorspannkraft $V = 1000$ kg ist

$$\lambda_v = V/C_1 \approx \frac{1000}{5 \text{ bis } 8 \cdot 10^4} = 0{,}0125 \text{ bis } 0{,}02 \text{ mm}$$

und $\qquad \delta_v = V/C_2 \approx \dfrac{1000}{2 \text{ bis } 4 \cdot 10^5} = 0{,}0025 \text{ bis } 0{,}005 \text{ mm}.$

Die Rauheit[2] von geschnittenem Gewinde liegt etwa zwischen 22 und 37 μ und von gerolltem Gewinde bei 4 bis 5 μ. Die elastischen Verformungen λ_v und δ_v sind also von der Größenordnung der Unebenheiten der Trennflächen. Es scheint deshalb in allen wichtigen Fällen zweckmäßig die Einheitskräfte der Verbindung von Fall zu Fall durch Versuche zu bestimmen.

Eine durch den Betrieb (z. B. durch den Druck im Rohr) bedingte Zugkraft P, die auf die vorgespannte Verbindung wirkt, verlängert die Schraube weiter um den Betrag λ_z. Um das gleiche Maß können sich die verspannten Teile wieder ausdehnen; sie stehen deshalb nicht mehr unter der Vorspannung V, sondern üben nur noch eine Kraft V' aus, die man aus dem Dreieck für die Verkürzung $\delta_v - \lambda_z$ erhält. Aus der Gleichgewichtsbedingung:

$$P_z + V = P + V' \qquad (6)$$

---

[1] Zwecks Umformung auf das bekannte Integral: $\int \dfrac{dx}{x^2 - 1}$ [2] L. 235.17.

235. Gesamtkraft im Betrieb.

folgt
$$P = P_z + (V - V') = C_1 \lambda_z + C_2 \lambda_z = (C_1 + C_2) \lambda_z \qquad (7)$$

und die zusätzliche Belastung der Schraube:

$$P_z = C_1 \lambda_z = \frac{C_1}{C_1 + C_2} \cdot P. \qquad (8)$$

Die relative Verminderung der Vorspannkraft

$$\frac{V - V'}{V} = \frac{C_2 \lambda_z}{C_2 \delta_v} = \lambda_z / \delta_v \qquad (9)$$

ist um so größer, je kleiner δ_v, also je kleiner die Vorspannkraft V ist. Die Schraube wird also nicht durch die volle Betriebskraft P, sondern durch den Bruchteil $C_1/(C_1 + C_2)$ davon zusätzlich beansprucht (vgl. Abb. 1). Dieser Bruchteil ist um so kleiner, je kleiner C_1, also je dehnbarer die Schraube ist.

Sollen die Flansche bei einer Rohrverbindung im Betrieb noch genügend dicht halten, so muß λ_z/δ_v klein, also die Dichtung sehr elastisch sein. Das hat aber zur Folge, daß die Schraube dann durch einen relativ großen Bruchteil von P zusätzlich beansprucht wird.

Die Kraft V' wird zu Null für $\lambda_z = \delta_v$; aus Gl. 6 folgt dann, daß die größte Betriebskraft, die in der Schraube wirken kann,

$$P_{\max} = V + P_z = V(1 + C_1/C_2) \qquad (10)$$

ist. Die graphische Konstruktion (Abb. 1) gibt einen einfachen und klaren Überblick über den Zusammenhang zwischen den Kräften V, P, P_z und V'.

Es ist in der Praxis gebräuchlich, bei der Berechnung der Schrauben nur die Betriebsbelastung allein zu berücksichtigen. So schreiben z. B. die Rohrnormen die in Abb. 5 dargestellten zulässigen Spannungen für Wasser vor; für Gase und Dämpfe (bis 300° C) gelten 80% und für Heißdampf (bis 400° C) 64% dieser Werte, wodurch die Wärmespannungen berücksichtigt werden. Diese Zahlenwerte beruhen auf langjähriger Erfahrung, geben aber kein richtiges Bild über die tatsächlichen Beanspruchungen, die infolge der Vorspannung viel größer sind. Diese könnten aus den vorhergehenden Überlegungen berechnet werden, wenn die Einheitskräfte der Verbindung bekannt sind. Die starke Abnahme der zulässigen Spannung für kleine Schrauben ist begründet, weil diese durch die Vorspannung relativ viel stärker beansprucht werden.

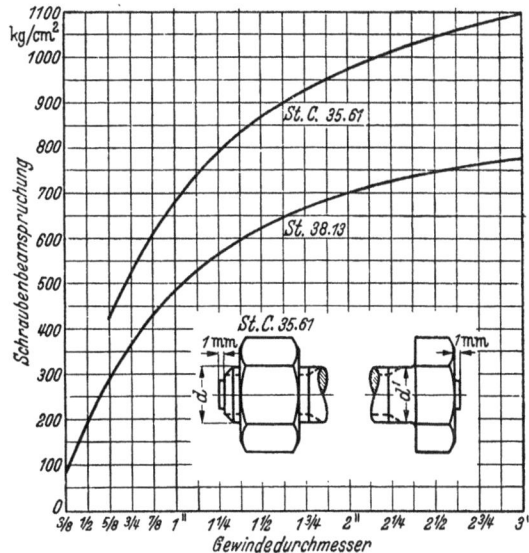

Abb. 5.
Zulässige Schraubenbelastung (nach den Rohrnormen).

Ist die Betriebskraft eine von Null bis P wechselnde Zugkraft, dann erfährt die Schraube eine zwischen der Vorspannkraft V und der Höchstlast $V + P_z$ wechselnde Belastung (Abb. 1).

Die Gleichungen 6 bis 10 bleiben nur solange gültig, als die gedrückten Teile sich nicht lösen, also so lange λ_z kleiner als δ_v ist. Nach vollständiger Entlastung (λ_z größer als δ_v) ist $P_z = P$ und erreicht $P_{\max}$ den Wert von Gl. 10. Infolge des unvermeidlichen Flankenspieles geht die Wechsellast schon bei $\lambda_z = \delta_v$ in eine schlagartige Beanspruchung über, die viel gefährlicher ist als die Wechsellast.

Die Vorspannkraft V sollte deshalb immer so groß gewählt werden, daß keine Schlagarbeit auftreten kann.

Eine zuverlässige Vorausberechnung der größten Schraubenkraft $P_{\max}$ und der Wechsellast P_z auf Grund der skizzierten Überlegungen kann in der Praxis nur in seltenen Fällen erreicht werden, da plastische Verformungen auftreten. Dennoch sind diese Betrachtungen für den Konstrukteur aufschlußreich und wichtig. Er kann daraus erkennen, was günstig und was schädlich für die Schraubenverbindung ist.

Diese Betrachtungen gelten auch für Fundamentschrauben, die zur Aufnahme der Betriebserschütterungen eine große Dehnbarkeit haben sollten.

236. Erhöhung der Haltbarkeit einer Verschraubung.

Unter H a l t b a r k e i t ist die auf den Kernquerschnitt bezogene Nennspannung verstanden, welche die Verbindung gerade erträgt, ohne zu große bleibende Verformung oder ohne zu brechen. Sie ist verschieden bei überwiegend in einer Richtung wirkender (zügiger) Belastung (z. B. bei Rohrleitungen unter Druck), bei Wechsellast und bei Schlagbelastung.

Jede Verschraubung sollte von der Kraftwirkung senkrecht zur Schraubenachse entlastet werden.

Die Haltbarkeit einer Verschraubung setzt voraus, daß die Verbindung sich während des Betriebes nicht lockert, und die Schraube nicht so oft nachgezogen werden muß.

Das wirksamste Mittel dagegen ist der genaue Zusammenbau der parallelen Flächen und die sorgfältige Bearbeitung aller im Eingriff stehenden Oberflächen.

Weiter sollte die relative Verminderung der Vorspannkraft im Betrieb

$$\frac{V-V'}{V} = \frac{\lambda_z}{\delta_v} \qquad (235.9)$$

klein bleiben. Die Vorspannkraft V selbst ist durch die Streckgrenze des Werkstoffes begrenzt; man sollte nicht höher gehen als $^2/_3$ der Streckgrenze des Werkstoffes.

Damit die Verbindung auch im Betrieb dicht bleibt, sollte V' nicht kleiner als die doppelte Betriebskraft werden. Leider sind die Vorausberechnungen der Formänderungen λ_z und δ_v sehr unsicher und zuverlässig nur durch Versuche zu bestimmen.

Diese Bemerkungen gelten für jede Belastungsart. Bei zügiger Belastung gilt als Grenzbedingung, daß

$$P_{\max} = V + P_z \qquad (235.10)$$

75 bis 80% der Streckgrenze bei der Betriebstemperatur oder (bei höheren Temperaturen) von der Kriechgrenze des Werkstoffes nicht überschreiten darf. Bei dieser Einschränkung ist die zusätzliche Verdrehbeanspruchung beim Anziehen der Schraube berücksichtigt.

B e i z ü g i g e r B e l a s t u n g sind folgende Grenzbedingungen zu beachten. Erstens darf $P_{\max}$ (nach Gl. 235.10) die Streckgrenze des Werkstoffes bei der Betriebstemperatur nicht überschreiten. Zweitens muß die relative Verminderung der Vorspannkraft (nach Gl. 235.9) klein sein, damit die Verbindung dicht bleibt und die Schraube nicht zu oft nachgezogen werden muß.

Bei kleinem Schraubendurchmesser wird die zügige Haltbarkeit manchmal schon bei der Montage (durch Abwürgen) überschritten. Für solche Beanspruchungen ist vorzugsweise St C 35.61 zu verwenden (vgl. Abb. 235.5).

Die Dauerhaltbarkeit eines Maschinenteiles wird im allgemeinen hauptsächlich durch den Werkstoff, durch die Formgebung und durch die Oberflächenbeschaffenheit beeinflußt. Zum Verständnis der bei den Schrauben auftretenden Probleme ist es aber unbedingt notwendig die Verbindung als Ganzes und nicht die Maschinenelemente (Schraube, Mutter und die zu verbindenden Teile) einzeln zu betrachten (Abb. 235.3).

Wie groß der Formeinfluß bei der Schraube ist zeigt Abb. 236.1. Die Dauerhaltbarkeit einer normalen (betriebsmäßig geschnittenen) Durchsteck-Schraube ist nur etwa 12% der Wechselfestigkeit des prismatischen Stabes!

Sie ist praktisch u n a b h ä n g i g v o n d e r Z u g f e s t i g k e i t des Werkstoffes. Diese Unabhängigkeit ist eine Folge der scharfen Kerbwirkung und der hohen Kerbempfindlichkeit der hochwertigen Werkstoffe.

Das Ziel der Forschung ist nun durch geeignete Formgebung (bei gleichem Werkstoff) die Dauerhaltbarkeit der Schraube bedeutend zu erhöhen und (wenn möglich) die Dauerfestigkeit des prismatischen Stabes zu erreichen.

236. Erhöhung der Haltbarkeit einer Verschraubung.

Die Dauerhaltbarkeit hängt hauptsächlich vom Spannungsausschlag ab, und ist (solange die untere Spannungsgrenze positiv bleibt) fast unabhängig von der Mittelspannung (Abb. 236.1).

Der Spannungsausschlag bei Wechsellast kann durch größere Dehnbarkeit der Schraube (Dehnschraube) vermindert werden (Abb. 2, 3 u. 4). Diese erwünschte größere Dehnung kann erreicht werden, wenn $C_1 = F \cdot E/l$ klein ist, also a) durch lange Schrauben (evtl. durch Hülsen-Unterlagen, Abb. 235.2) und b) durch Schaftabdrehen oder Ausbohren, und durch langes Gewinde, Abb. 237.1). Die Überlegenheit der Dehnschraube gegenüber der starren Normschraube liegt darin, daß ihr Arbeitsvermögen (vgl. Abschn. 16) bedeutend größer ist.

Wird die untere Grenzspannung gleich Null, so geht die Wechsellast in Schlagarbeit über; die Dauerhaltbarkeit der Schraube nimmt dann rasch ab. Der im Betrieb auftretende (und fast unvermeidliche) Abfall der Vorspannkraft V wirkt deshalb den Bestrebungen zur Steigerung der Dauerhaltbarkeit entgegen; er ist also immer schädlich.

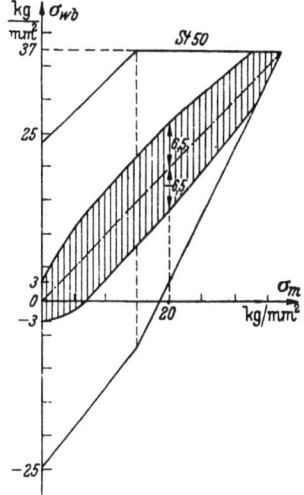

Abb. 236.1.
Dauerhaltbarkeit einer Schraube.

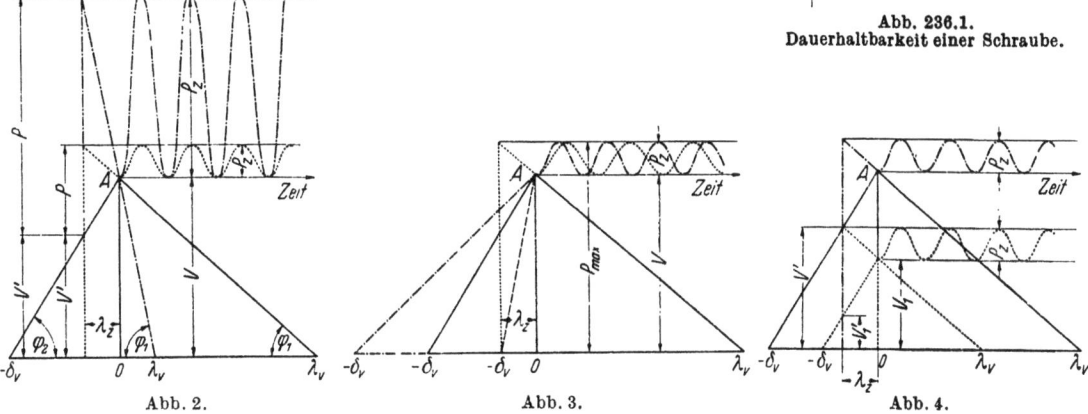

Abb. 2.   Abb. 3.   Abb. 4.
Abb. 2—4. Formänderungsdreiecke für eine Verschraubung.

Aus den Formänderungsdreiecken (Abb. 2 bis 4) folgt, daß bei gleicher Betriebsverformung λ_z:

a) die Wechsellast P_z um so kleiner, je kleiner φ_1, also je elastischer die Schraube ist (Abb. 2),

b) die Größe von P_z unabhängig von δ_v, solange δ_v größer als λ_z ist (Abb. 3).

Die Abnahme der Vorspannkraft, z. B. infolge Glättung der Oberflächen, ist immer schädlich.

c) P_z unabhängig ist von der Vorspannung V, solange V' noch größer ist als Null (Abb. 4).

Eine genügend große Vorspannkraft V ist für die Dauerhaltbarkeit der Verbindung von großer Bedeutung. Sie darf daher bei wichtigen Schrauben des Leichtbaues nicht mehr dem Gutdünken des Monteurs überlassen bleiben, sondern muß einen genau meßbaren Betrag erreichen. Die Geräte, welche das an der Mutter angreifende Moment messen oder begrenzen, sind (wegen der Unsicherheit der Reibzahl) dazu ungeeignet. Etwas zuverlässiger läßt sich die Vorspannung V nur aus der elastischen Verlängerung des Bolzens ermitteln, wenn glatte, gut tragende Belastungsflächen vorhanden sind. Man rechnet etwa mit einer Vorspannkraft V entsprechend 60 bis 70% der Streckgrenze des Werkstoffes.

Die Dauerhaltbarkeit kann durch zweckmäßigere Formgebung (abweichend von den Normen) bedeutend erhöht werden. Erfahrungsgemäß hat die normale Durchsteckschraube drei Schwachstellen. Nach Versuchen der MPA Darmstadt (A. Thum) treten

a) etwa 15% aller Brüche am Schraubenkopf,
b) ,,   20% ,,   ,,   im Gewindeauslauf und
c) 65% an der Kraftangriffsstelle der Mutter

180   23. Verschraubungen.

(Abb. 5) auf, nach einer Lastwechselzahl, die meist größer als $50 - 150 \cdot 10^6$ war. Es zeigte sich dabei, daß die genormte Abrundung zwischen Schaft und Kopf von $0,05\,d$ zu scharf ist und mit mindestens $0,1\,d$ ausgeführt werden sollte. Der Gewindeauslauf, das ist die Stelle an der das Gewinde in den Schaft übergeht, hat nach DIN 76 bei blanken Schrauben einen vorgeschriebenen Winkel von $22,5°$. Um Brüche an dieser Stelle zu vermeiden, sollte der Auslaufwinkel $15°$ nicht überschreiten. Die günstigsten Verhältnisse am Gewindeauslauf wurden bei der Gewinderille (Abb. 6) erreicht, bei einer Rillenlänge von mindestens $0,5\,d$.

Die Hauptgefahr für die Dauerfestigkeit der Schraube liegt demnach in den ersten tragenden Gewindegängen der Mutter. Die Kerbwirkung im Gewindegrund kann gemildert werden, wenn die Abrundung so groß gewählt wird, wie es die genormten Gewindetoleranzen zulassen. Staedel fand bei seinen Versuchen mit $M\,10 \times 65$ Schrauben bei einer Vergrößerung der Abrundung von 0,1 auf 0,2 mm eine Steigerung der Dauerschlagarbeit um 65%!

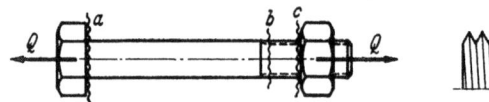
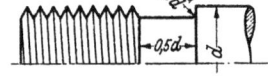

Abb. 5. Schraubenbrüche bei a, b und c.   Abb. 6. Gewinderille.

Die gleiche Wirkung können auch örtliche Verbesserungen des Werkstoffes (Kaltrollen des Gewindegrundes, Einsatzhärten, Nitrieren) und Feinstbearbeitung (Schleifen und Polieren des Gewindegrundes) haben. Auch alle Bestrebungen, eine gleichmäßigere Verteilung der eingeleiteten Kraft auf sämtliche Gewindegänge zu erreichen, erhöhen die Dauerhaltbarkeit der Schraube.

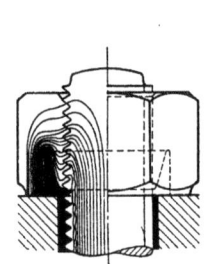
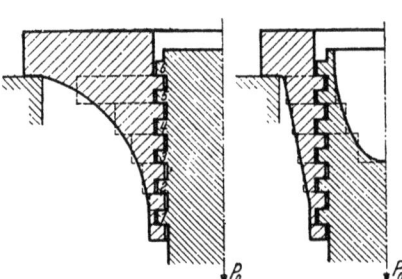
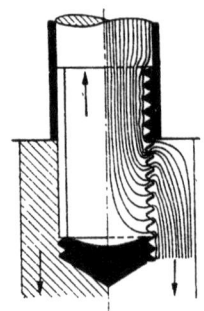

Abb. 7. Mutterform mit Entlastungskerbe (nach A. Thum).   Abb. 8. Hängemutter (nach Maduschka).   Abb. 10. Kraftfluß bei Kopfschrauben.

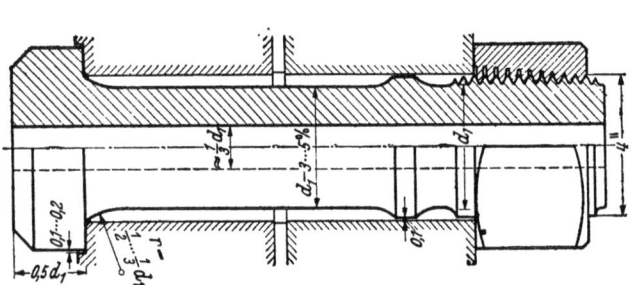
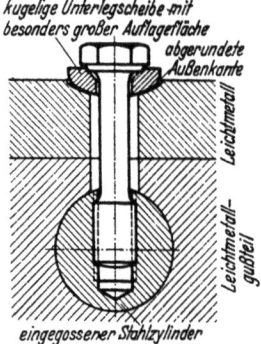

Abb. 9. Vierzöllige Pleuelschraube (nach Solt) für 50 t Tragkraft. Bolzen St 38.13, Mutter St 60.11.   Abb. 11. Stiftschraube.

Abb. 7 zeigt z. B. eine Mutter mit Entlastungskerbe nach dem Vorschlag von A. Thum; Abb. 8 die Hängemutter nach Maduschka[1]. Solt[2] hat Muttern mit hinterdrehtem Gewinde (Abb. 9) vorgeschlagen; die Hinterdrehung ist so berechnet, daß alle Gänge durch elastische Verformung gleichmäßig tragen. Mit Rücksicht auf die Herstellungskosten dürfte diese Konstruktion allerdings nur für große Durchmesser (etwa von 2″ an) zur Anwendung kommen.

---
[1] L. 234.2.   [2] L. 234.1.

236. Erhöhung der Haltbarkeit einer Verschraubung.

Eine einfache Verbesserungsmöglichkeit besteht darin, die übliche Druckmutter durch eine Zugmutter zu ersetzen. So ist z. B. die Kopfschraube der Durchsteckschraube (Mutterschraube) überlegen. Die gleichgerichteten Formänderungen in den Gängen des Gewindeloches und des Bolzens, und die daraus folgende nur schwach umgelenkte Führung des Kraftflusses beim Stiftende der Kopfschraube (Abb. 10) bedingen ihre bedeutend höhere Dauerfestigkeit gegenüber der Mutterschraube.

Bei mehrfachem Demontieren in Gußeisen und in Leichtmetall ist die Lockerung des Gewindes besonders zu beachten (Abb. 11).

Im Leichtbau und besonders im Flugzeugbau verwendet man Schrauben aus hochwertigem, vergütetem Stahl mit $K_z = 90$—135 kg/mm². Durch ein Verkleinern der Schlüsselweite auf die nächst kleinere Größe können z. B. bei Flanschverbindungen der Außendurchmesser und die Flanschdicke verkleinert werden. Dadurch wird außerdem die Biegebeanspruchung bei schiefer Auflage vermindert. Nachteilig ist, daß bei verringerter Schlüsselweite kleinere Durchgangslöcher für den Bolzen, also engere Toleranzen erforderlich sind. Das Aufweiten der Mutter kann durch hohe Streckgrenze des Mutterwerkstoffes vermieden werden. Unter $M\,14$ kann auch die Mutterhöhe noch kleiner als $0{,}8\,d$ gewählt werden; über $M\,14$ kann der Bolzen zwecks Gewichtsersparnis durchlocht werden. Infolge ihres geringen Kopfdurchmessers bieten Kopfschrauben mit Innensechs- oder -vierkant gute Möglichkeiten Gewicht und Werkstoff einzusparen, sowie Schraubenköpfe zu versenken (Abb. 12).

Die Mutter verhält sich ähnlich wie ein dickwandiges Rohr unter einem in Richtung Auflagefläche zunehmenden Innendruck. Bei zähem Werkstoff tritt neben der Verformung der Gewindegänge auch ein Aufweiten an der Auflagestelle auf; bei sprödem Werkstoff kann die Mutter durch Aufplatzen zerstört werden.

Durch Verwendung hochwertiger Schrauben werden die Konstruktionen kleiner und leichter. Die Mehrkosten der Schrauben werden dadurch mehr als ausgeglichen.

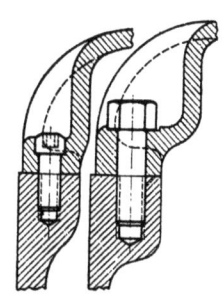

Abb. 12. Raum- und Werkstoffersparnis durch Anwenden von Innenkantschrauben.

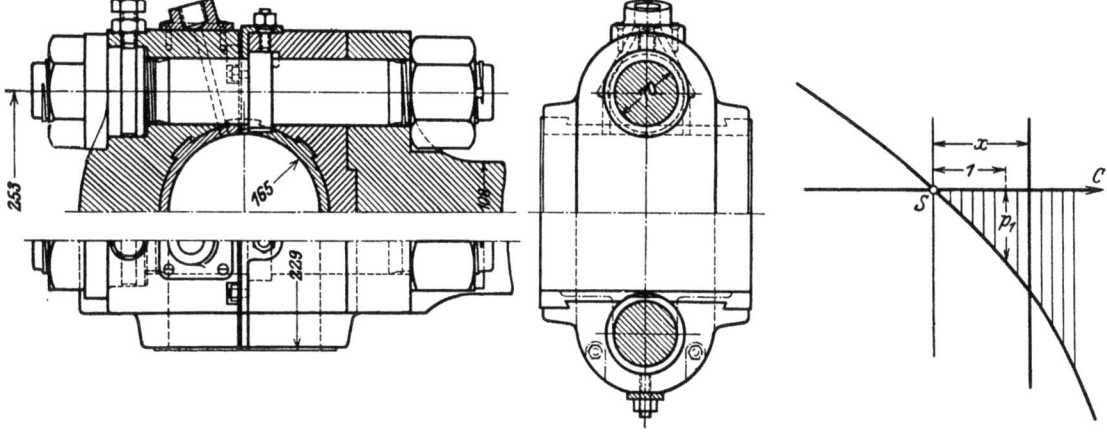

Abb. 13. Offener Schubstangenkopf (aus Frey, Schubstangen). Abb. 14.

Stoßweise Beanspruchung. Zu den Schraubenverbindungen, die dem Ingenieur am meisten Sorgen gemacht haben, gehören die Schubstangenschrauben, die „bei 20facher Sicherheit" gelegentlich noch brechen. Diese Tatsache weist darauf hin, daß die Rechnungsgrundlage, d. i. die einfache Zugbeanspruchung durch die größte Stangenkraft, sehr weit von den wirklichen Schraubenbeanspruchungen abweichen muß. Die Beanspruchung der Schubstangenschrauben (Abb. 13) ist deshalb so gefährlich, weil die Stangenkraft S innerhalb einer halben Kurbeldrehung ihre Richtung wechselt (Abschn. 82). Der Zapfen liegt demnach zuerst an der einen und nachher an der anderen Schalenhälfte an. Da bewegliche Zapfen ohne Lagerspiel praktisch unmöglich sind, so muß der Zapfen innerhalb des Lagerspieles hin- und herwandern. Würde das Lager mit mangelhafter Schmierung laufen, so müßte bei jedem Druckwechsel ein starker Stoß auftreten.

Es sei c die Geschwindigkeit des Kreuzkopfzapfens im Punkte S (Abb. 14), wo die Kolbenkraft gleich Null ist. Wird der Verlauf der Kolbenkraft in der unmittelbaren Nähe des

Druckwechsels als geradlinig angenommen, so ist im Abstande x von S die Kolbenkraft gleich Fp_1x, wenn die Kolbenfläche mit F bezeichnet wird. Diese Kraft dient nun, unter Vernachlässigung der Kolben- und Stopfbüchsenreibung, ausschließlich zur Beschleunigung der sich (innerhalb des Lagerspiels) frei bewegenden Massen m_1 des Kolbens, der Kolbenstange, des Kreuzkopfes usw. Die Beschleunigung der Relativbewegung ist deshalb

$$b = \frac{p_1 F x}{m_1} = \frac{P_1 x}{m_1}, \qquad (236.1)$$

wobei die Dimensionen zu beachten, also P_1 in kg/m, x in m, m_1 in kg·s²/m und t in sec einzusetzen sind.

Daraus folgt die Relativgeschwindigkeit $\quad w = \int b\,dt = \int \frac{P_1 x}{m_1} dt$. \hfill (2)

Nun ist — die augenblickliche Kolbengeschwindigkeit c als konstant angenommen — der von S aus gemessene Kolbenweg $x = ct$, so daß

$$w = \int \frac{P_1 ct}{m_1} dt = \frac{P_1 c}{m_1} \int t\,dt = \frac{P_1 c t^2}{2 m_1} \quad [\text{m/s}] \qquad (3)$$

ist. Damit wird der Weg s für die Relativbewegung

$$s = \int w\,dt = \frac{P_1 c}{2 m_1} \int t^2\,dt = \frac{P_1 c t^3}{6 m_1} \quad [\text{m}]$$

und die zum Durchlaufen des Lagerspiels s erforderliche Zeit

$$t = \sqrt[3]{\frac{6 s m_1}{P_1 c}} \quad [\text{sec}]. \qquad (4)$$

Die Endgeschwindigkeit der Relativbewegung $w_{\max}$ ist deshalb:

$$w_{\max} = \frac{P_1 c}{2 m_1} \sqrt[3]{\frac{36 s^2 m_1^2}{P_1^2 c^2}} = \sqrt[3]{\frac{9 s^2 P_1 c}{2 m_1}}. \qquad (5)$$

Mit dieser Geschwindigkeit trifft der Zapfen gegen die Lagerschale. Die Stoßenergie

$$A = \frac{m_1}{2} w_{\max}^2 \quad [\text{kg·m}] \qquad (6)$$

wird dabei in Formänderungsarbeit der Stange, namentlich aber der Verbindungsschrauben umgesetzt. Wenn $V = 2fl$ das Volumen der beiden gleichmäßig durch die Spannung σ auf Zug beanspruchten Schraubenteile ist, so ist:

$$A = \frac{\sigma^2}{2E} V = \frac{\sigma^2}{E} f \cdot l \quad [\text{kg·m}].$$

Die beim Stoß auftretende Spannung σ ist (wenn A in kgm, E in kg/cm² und $f \cdot l$ in cm³ eingesetzt werden):

$$\sigma = \sqrt{\frac{100\,A E}{f \cdot l}} \quad [\text{kg/cm}^2]. \qquad (7)$$

Die Stöße haben schon wiederholt Schraubenbrüche zur Folge gehabt. Damit die Spannung σ klein bleibt, sollte das Volumen $f \cdot l$ groß sein. Die Spannung σ sollte demnach nicht nur im Gewindekern, sondern über eine möglichst große Länge l wirken. Der Bolzen wird deshalb entweder so ausgebohrt, daß sein Ringquerschnitt etwas kleiner als der Kernquerschnitt ist (Abb. 15) oder der äußere Durchmesser wird auf Kerndurchmesser abgedreht. (Dehnschraube.)

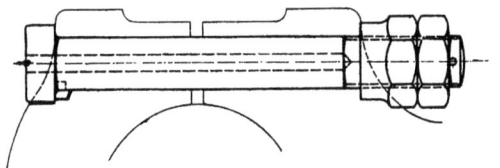

Abb. 15 (aus Güldner).

Durch die elastischen Formänderungen des Deckels und der Verbindungsschrauben wird das Lagerspiel s vergrößert. Der Deckel ist demnach recht kräftig (starr) auszuführen, indem die Entfernung der Schrauben von der Stangenmittellinie so klein wie möglich gemacht wird und runde Köpfe mit kleinem Kopfdurchmesser ($D = 1{,}35 d + 4$ mm) gewählt werden.

Beim Kurbelzapfen wirkt der Druckwechsel noch etwas ungünstiger. Erst nachdem der Stoß im Kreuzkopf beendet ist, beginnt das Durcheilen des Spielraumes zwischen Lagerschale und Kurbelzapfen. Die zur Beschleunigung dienende Kolbenkraft ist jetzt auch größer. Experimentelle Untersuchungen von H. Polster[1] haben die Bedeutung der Stoßdämpfung durch die Schmierung klargelegt. Bei der mangelhaften Tropfölschmierung war der Stoß mehr als 20mal kräftiger als bei Druckölschmierung.

237. Hohe Betriebstemperaturen[2].

In der Praxis treten an Verschraubungen für Heißdampfleitungen u. a. häufig Schwierigkeiten durch „Fressen" auf, indem man die Verbindung nach einer gewissen Betriebszeit nicht mehr lösen kann, ohne sie zu zerstören. Das Festfressen scheint von der Dauer der Erwärmung, von der Höhe der Temperatur, von der Flächenpressung (Vorspannung) und von den Werkstoffen von Mutter und Bolzen abzuhängen. Es erfolgt erst beim Lösen der Verbindung unter Spannung; metallisch blanke Oberflächen werden dabei unter Druck verschweißt.

Die Freßstellen im Gewinde liegen immer in den meist belasteten Gänge der Mutter; die Mutter wird deshalb zweckmäßig höher als normal, etwa $h = 1,5\,d$ gemacht. Bei der Mehrzahl der Versuche verhinderte ein großer Unterschied zwischen der Festigkeit der Mutter und des Bolzens die Neigung zum Fressen, ohne jedoch volle Sicherheit dagegen zu gewähren. Gehärtete Muttern ließen sich in allen Fällen lösen. Als gutes Mittel gegen Fressen erwies sich das Eintauchen des Gewindes in eine Phosphatlösung (Phosphatieren).

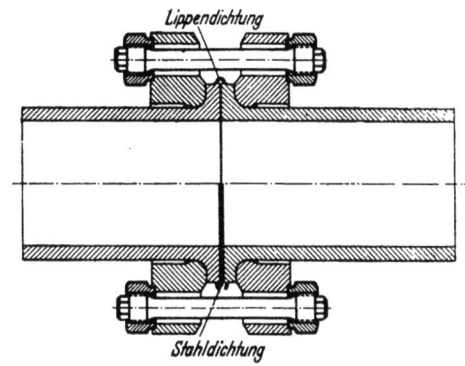

Abb. 237.1. Hochdruck-Flanschverbindung mit Dehnschrauben.

In jeder Rohrleitung oder jedem Gefäß besteht zwischen Innenwand (die mit heißem Dampf oder heißer Flüssigkeit in Berührung steht) und der Außenfläche ein Temperaturgefälle, das um so geringer ist, je besser die äußere Oberfläche isoliert wird. Nach Messungen an Heißdampfrohrleitungen[3] kann die Rohrwand bis zu 165° C wärmer sein als die Flanschverbindungsschrauben. Der dadurch verursachte Ausdehnungsunterschied muß durch die (elastische) Verformung von Flansch und Schraube ausgeglichen werden. Zusätzliche Verformungen (und Beanspruchungen) von erheblicher Größe können auch durch die Wärmedehnung bei gekrümmten Leitungen (vgl. Abschn. 126) entstehen. Eine richtig gestaltete Hochdruckflanschverbindung (mit langen Dehnschrauben) zeigt Abb. 237.1.

238. Verbindungen mit mehreren Schrauben.

Wenn eine Schraube zur Übertragung der Kraft nicht ausreicht, oder wenn aus anderen Gründen mehrere Schrauben für die Verbindung notwendig sind (z. B. zum Dichthalten einer Flanschverbindung), so ist es empfehlenswert, die Gesamtbelastung auf möglichst viele Schrauben zu verteilen. Die Verbindung läßt sich kleiner gestalten, man spart an Gewicht und die Biegebeanspruchung (die nicht immer zu vermeiden ist) wird kleiner. Als Konstruktionsregel gilt: nur eine Schraubensorte für die Verbindung zu verwenden. Dies bezieht sich nicht nur auf den Durchmesser der Schrauben, sondern auch auf ihre Länge. Die Beachtung dieser Regel ist bei stoßweiser Beanspruchung unbedingt erforderlich.

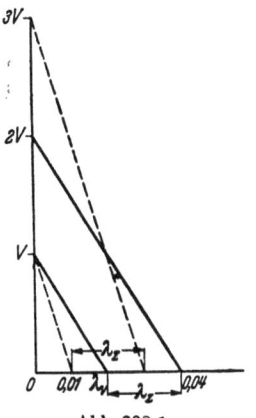

Abb. 238.1. Zum Zahlenbeispiel 238.1.

Zahlenbeispiel 238.1. Der Deckel eines Zylinders sei mit 16 Schrauben von 22 mm Durchmesser befestigt, nämlich 15 Mutterschrauben mit 80 mm und einer Stiftschraube mit 40 mm freier Bolzenlänge. Bei einer Vorspannung von 1500 kg ist jede Schraube mit einer Nennspannung

$$\sigma_n = \frac{1500}{\pi\,d_i^2/4} = \frac{1500}{2,7} \approx 560 \text{ at}$$

---

[1] L. 235.11. [2] L. 237. [3] L. 237.3.

im Kern beansprucht. Dabei erfahren die Mutterschrauben eine Längenänderung

$$\lambda = \frac{\sigma}{E} l = \frac{560 \cdot 80}{2\,200\,000} = 0{,}02 \text{ mm}$$

und die Stiftschraube eine solche von 0,01 mm. Hebt sich der Flansch infolge des Betriebsdruckes gleichmäßig um 0,02 mm, so steigt die Belastung der Mutterschrauben um 100% und die der Stiftschraube auf 300% (Abb. 238.1), letztere wird also übermäßig beansprucht und kann reißen bzw. der Deckel kann an dieser Stelle ausbrechen. Kann man die Stiftschraube nicht vermeiden, dann muß man **überall** Stiftschrauben nehmen.

Wenn die Kraft durch mehrere Schrauben übertragen werden muß, so nimmt man immer an, daß alle Schrauben gleich viel tragen. Die gleichmäßige Verteilung wird aber niemals zutreffen, wenn die Schrauben ungleich weit vom Angriffspunkt der Kraft entfernt liegen, wie es z. B. bei rechteckigen oder unrunden Flanschverbindungen der Fall ist.

24. Preßsitze.

Mit der Normung der Passungen ist der Ausdruck „Preßsitz" als Bezeichnung für das ganze Gebiet der Spannungssitze eingeführt worden. Preßsitze sollen Kräfte zwischen zwei Teilen (z. B. Welle und Nabe) allein durch die Reibung in den Sitzflächen übertragen, ohne besondere Sicherung gegen Verschiebung oder Verdrehen. Dieses Haften wird dadurch erreicht, daß Welle und Nabe vor dem Zusammenbau einen geringen Durchmesserunterschied aufweisen.

Die konstruktive Bedeutung der Preßsitze liegt in dem Fortfall besonderer Übertragungsmittel (Keile, Stifte usw.); sie werden auch bei stoßweiser Beanspruchung (z. B. Antrieb von Walzwerken) empfohlen. Einfache Schrumpfverbindungen, das Schrumpfband und die Radbandage sind auf S. 67 und 95 erläutert worden. Die Preßsitze können in verschiedener Weise hergestellt werden.

Bei den **Längspreßsitzen** werden Nabe und Welle im Kaltverfahren durch in der Längsrichtung wirkende mechanische Kräfte ineinander gepreßt. Bei den **Querpreßsitzen** werden beide Teile auf verschiedene Temperaturen gebracht und kräftefrei ineinander geschoben (Schrumpfsitz). Letztere sind in der Herstellung einfacher (da Pressen entbehrlich) und haben den Vorteil, daß die Oberflächenrauheit in der Verbindung von bleibender aktiver Wirkung ist. Bei gleichen Übermaßen lassen Quersitze größere Haftkräfte erwarten als Längspreßsitze.

Die Berechnung der Preßsitze geht von der Überlegung aus, daß die Pressung p sich gleichmäßig über die ganze Oberfläche verteilt. Solche ringförmige Schrumpfverbindungen sind demnach wie dickwandige Rohre zu berechnen (Abschn. 141 und 142). Beim Schrumpfring trifft die dort gemachte Voraussetzung, daß der Zylinder unendlich lang ist, nicht zu. Die genaue Berechnung[1] hat aber gezeigt, daß die größte Beanspruchung in sehr geringem Maße von der Breite des Ringkörpers abhängt, so daß die Näherungsrechnung, unter Vernachlässigung der endlichen Ringbreite, praktisch durchaus zulässig ist.

Bei der Schrumpfung wird die Welle um den Betrag ϱ_1 zusammengepreßt und der Ring um den Betrag ϱ_2 gedehnt, so daß der Unterschied zwischen Welle und Bohrung (das Schrumpfmaß) $\varrho = \varrho_1 + \varrho_2$ beträgt. Die radiale Erweiterung ϱ_2 der Bohrung folgt (mit $r_a/r_i = a$) aus:

$$\frac{\varrho_2}{r_i} E_2 = p \left\{ \frac{a^2 + 1}{a^2 - 1} + \frac{1}{m} \right\} \tag{141.6}$$

und die radiale Verkürzung der hohlen resp. vollen Welle aus:

$$\frac{\varrho_1}{r_i} E_1 = p \left(\frac{a^2 + 1}{a^2 - 1} - \frac{1}{m} \right) \text{ resp. } \frac{\varrho_1}{r_i} E_1 = p \left(1 - \frac{1}{m} \right). \tag{141.15 resp. 16}$$

Wenn Welle und Nabe aus dem gleichen Werkstoff hergestellt sind ($E_1 = E_2 = E$), ist für die volle Welle:

$$\frac{\varrho_1 + \varrho_2}{r_i} = \frac{\varrho}{r_i} = \frac{p}{E} \cdot \frac{2 r_a^2}{r_a^2 - r_i^2} = \frac{2p}{E} \cdot \frac{a^2}{a^2 - 1}. \tag{24.1}$$

Die im Ring entstehende größte Schubspannung ist:

$$\tau_{\max} = p \frac{r_a^2}{r_a^2 - r_i^2} = p \frac{a^2}{a^2 - 1}. \tag{141.11}$$

---

[1] Jänicke: Schweiz. Bauztg. 1927, 3. Sept., S. 127.

24. Preßsitze.

Aus Gl. (24.1) und (141.11) folgt:

$$\frac{\varrho}{r_i} = 2\,\tau_{\max}/E, \tag{2}$$

genau wie beim dünnwandigen Rohr (Gl. 14.5). Der Auf- resp. Abpreßdruck ist

$$P = p \cdot \pi\,d_i \cdot b \cdot \mu \quad [\text{kg}] \tag{3}$$

oder mit p aus Gl. (141.11) und $\tau_{\max}$ aus Gl. (2):

$$P = \mu\,\pi\,\frac{a^2-1}{a^2}\,b \cdot d_i \cdot \tau_{\max} = \mu\,\pi \cdot b \cdot \frac{a^2-1}{a^2} \cdot E \cdot \varrho. \tag{4}$$

Der Aufpreßdruck ist demnach proportional mit der Sitzbreite b. Die Vorschrift der Eisenbahnverwaltungen[1], daß der Aufpreßdruck je cm Wellendurchmesser einen bestimmten Grenzwert (4—6,5 t/cm bei Stahlrädern, 2,5—4 t/cm bei Gußrädern) nicht überschreiten darf, ist deshalb nur für Naben mit b = konst. und a = konst. brauchbar.

Für Wellenstahl St 50.11 mit

$$\tau_{\max} = 1100\,\text{kg/cm}^2$$

folgt aus Gl. (2): $\varrho/r_i < 0{,}001$, entsprechend dem in der Praxis meist gebräuchlichen Wert.

Die Versuche von S. Werth[2] und von N. Wassileff[3] bestätigen Gl. (4) mit einer kleinen Korrektur, indem der Aufpreßdruck nicht mit ϱ, sondern mit $(\varrho + 0{,}005\,\text{mm})$ proportional ist, was wohl durch die Unebenheiten der Flächen erklärt werden kann. Sie bestätigen auch die früheren Erfahrungen, daß die Haftkraft bei Längspreßsitzen durch das Schmiermittel sehr stark beeinflußt wird (Abb. 24.1).

Bei geometrisch ähnlichen Preßsitzen ist die größte Beanspruchung nur vom Verhältnis ϱ/r_i abhängig (Gl. 2) und nicht vom Durchmesser. Man könnte also ϱ/r_i für alle Durchmesser konstant annehmen. Mit Rücksicht auf die wirtschaftliche Herstellung müssen jedoch bei kleinen Durchmessern die Toleranzen relativ größer gehalten werden, da sonst die Herstellung erheblich verteuert würde. Auch spielt die Oberflächenbeschaffenheit bei kleinen Durchmessern eine größere Rolle als bei den großen. Diese Überlegungen führen dazu, die Übermaße ϱ/r_i in $^0/_{00}$ mit abnehmendem Durchmesser zunehmen zu lassen.

Das Drehmoment, das ein Preßsitz übertragen kann, folgt daraus, daß die Umfangskraft kleiner als die Reibkraft[4] sein muß. Wenn Welle und Nabe auf der ganzen Fläche $\pi \cdot d \cdot b$ mit der Pressung p at zusammengepreßt werden, so ist die Reibungskraft $R = \mu\,\pi\,d\,b\,p$, so daß

$$\xi P_u \lessgtr \mu\,\pi\,d\,b\,p$$

sein muß.

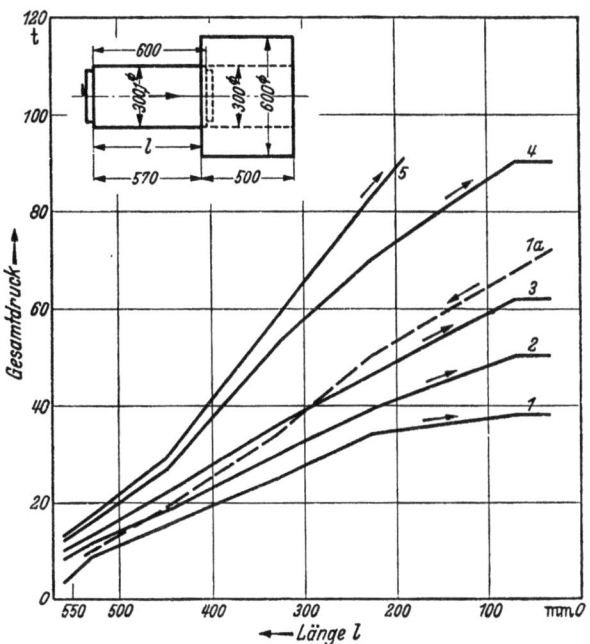

Abb. 24.1. Einfluß des Schmiermittels auf den Aufpreßdruck nach Versuchen von BBC. (Obering. Streiff).
Kurve 1. Talg (aufpressen), 1a (abpressen).
  ,,   2. ½ Talg und ½ Leinöl.
  ,,   3. ¼ ,,   ,, ¾ ,,
  ,,   4. Vaseline.
  ,,   5. Mineralöl.

Auch Kurbelzapfen werden oft durch Schrumpfung befestigt (Abb. 331.2). Reicht die Schrumpfung zur Übertragung des Drehmomentes nicht aus, so müssen Abscherbolzen eingesetzt werden. Die Zapfen werden dann mit „Festsitz" und nicht mit „Preßsitz" eingesetzt.

Zahlenbeispiel 24.1. Wie groß darf die Schrumpfung beim Einpressen von Wellen in Hartgußwalzen sein?

---

[1] Hütte, 26. Aufl. Bd. 3, S. 988.
[2] L. 24.2.   [3] L. 24.3.   [4] L. 24.4, 5.

Mit den in Abb. 2 eingetragenen Maßen folgt aus den Gl. (141.15 u. 16) und (141.6)

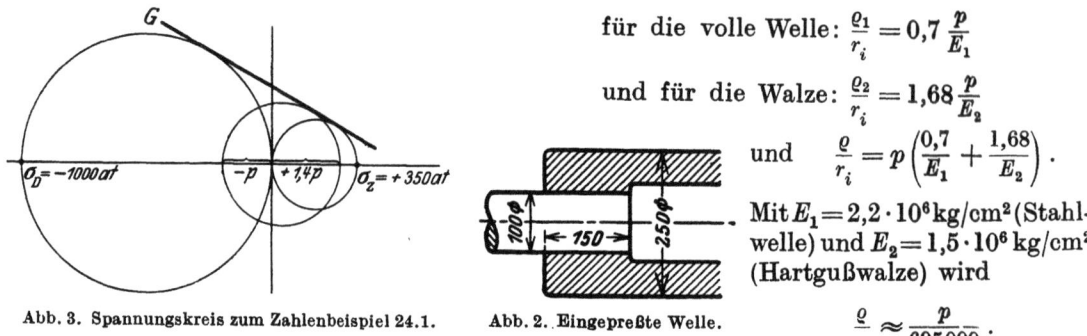

für die volle Welle: $\frac{\varrho_1}{r_i} = 0{,}7\,\frac{p}{E_1}$

und für die Walze: $\frac{\varrho_2}{r_i} = 1{,}68\,\frac{p}{E_2}$

und $\quad \frac{\varrho}{r_i} = p\left(\frac{0{,}7}{E_1} + \frac{1{,}68}{E_2}\right)$.

Mit $E_1 = 2{,}2 \cdot 10^6\,\text{kg/cm}^2$ (Stahlwelle) und $E_2 = 1{,}5 \cdot 10^6\,\text{kg/cm}^2$ (Hartgußwalze) wird

$$\frac{\varrho}{r_i} \approx \frac{p}{695\,000}\,.$$

Abb. 3. Spannungskreis zum Zahlenbeispiel 24.1. Abb. 2. Eingepreßte Welle.

Der höchstzulässige Wert von p ist durch die Festigkeit des Materials (hier Gußeisen) festgelegt. Die größte Tangentialspannung, die am Innenrand der Bohrung auftritt, ist nach Gl. (141.5):

$$(\sigma_t)_\text{max} = p\,\frac{a^2+1}{a^2-1} = \frac{7{,}25}{5{,}25}\,p = 1{,}38\,p$$

und die dort wirkende radiale Spannung:

$$\sigma_r = -p\,.$$

Weil die Schubspannungen an der betrachteten Stelle gleich Null sind, kann der Spannungszustand durch den Spannungskreis in Abb. 24.3 dargestellt werden. Nehmen wir an, daß für Gußeisen die zulässige Spannung für Zug $= 350$ at und für Druck $= 1000$ at ist, so liegt der Spannungszustand ungefähr an der zulässigen Grenze, wenn $p = 200$ at ist. Damit wird

$$2\varrho = \frac{100 \cdot 200}{695\,000} = 0{,}029\,\text{mm}.$$

Hätte man $\frac{\varrho}{r_i} = 0{,}001$ gewählt, so würde $p = 695$ at betragen und die Walze würde zerreißen.

Zahlenbeispiel 24.2[1]. Der Radstern des Läufers eines großen Drehstromgenerators ist aus Stahlguß hergestellt und hat $2 \cdot 6$ Arme (Abb. 4). Um die bei einem so großen Stück unvermeidlichen Gußspannungen zu verkleinern, ist die Nabe an drei Stellen gesprengt und durch Schrumpfringe zusammengehalten. Während des Betriebes entsteht durch Fliehkraft und Magnetkräfte in jedem Arm eine zusätzliche Zugkraft von 50 t. Die Schrumpfverbindung wird somit durch die am Umfang des Ringes wirkende gleichmäßige Pressung p_1

$$p_1 = \frac{12 \cdot 50000}{2 \cdot \pi \cdot 68 \cdot 7{,}5} = 188\,\text{at}$$

zusätzlich belastet. Das Schrumpfmaß 2ϱ wurde nach der Faustregel $2\varrho = 0{,}001\,D$ festgelegt.

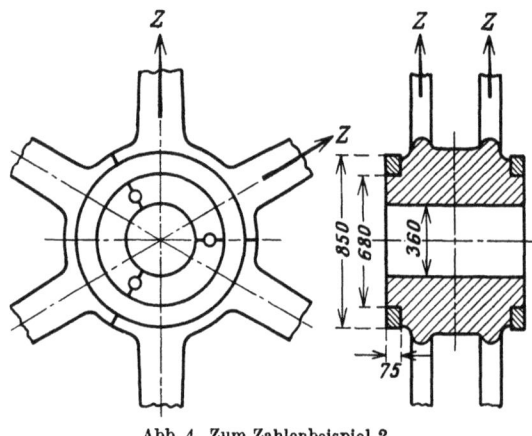

Da für das Stahlgußrad und für den Stahlring $E_1 = E_2 = E = 2\,150\,000$ at gesetzt werden kann, folgt die bei der Schrumpfung erzeugte Flächenpressung aus der Gl. (1) für $r_a/r_i = 85/68 = 1{,}25$ zu $p = 387$ at. Vor der Aufschrumpfung der Ringe wird die Welle in die Nabe eingeführt; die Nabe also als voller Körper angesehen.

Während des Betriebes wird durch die zusätzliche Pressung von 188 at der Ring weiter gedehnt. Der innere Radius des Ringes erfährt eine zusätzliche radiale Erweiterung, wenn die Elastizitätsgrenze nicht überschritten wird:

$$\frac{\varrho_2'}{r_i} = \frac{188}{E}\left(\frac{a^2+1}{a^2-1} + \frac{1}{m}\right) = 0{,}425 \cdot 10^{-3},$$

Abb. 4. Zum Zahlenbeispiel 2.

die 43% des Schrumpfmaßes beträgt, und die vorhandene radiale Zusammendrückung der Nabe und Welle teilweise aufhebt; die Verbindung also lockert.

---
[1] L. 24.6.

Die größte Spannung im Ring ist, nach Gl. (141.11) mit $p = 387 + 188 = 575$ at: $\tau_{max} = p \dfrac{r_a^2}{r_a^2 - r_i^2} = 1600$ at, und liegt oberhalb der Elastizitätsgrenze, so daß eine bleibende Formänderung der Verbindung auftreten muß. Während des Betriebes trat auch ein deutlich wahrnehmbares Klopfen ein. Durch Aufbringen von dickeren und breiteren Ringen kann die Verbindung verbessert werden.

Kerbstifte[1]. Dieses neue Verbindungselement gestattet eine recht vielseitige Anwendung als Ersatz für Keil, Niet, Schraube und Kegelstift (Abb. 6 und 7).

Der Kerbstift ist ein zylindrischer Stift, in dessen Umfang drei um 120° versetzte Kerben eingepreßt (nicht eingeschnitten) werden (Abb. 5a). Dadurch wird Material verdrängt und es entstehen „Kerbwulste". Der Stift wird in ein ebenfalls zylindrisches Loch eingeschlagen, dessen Durchmesser dem Durchmesser des ungekerbten Stiftes entspricht. Beim Einschlagen werden

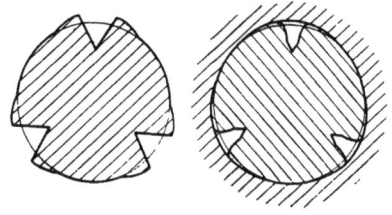

Abb. 5. Querschnitt des Kerbstiftes. a vor, b nach dem Einschlagen (Prinzipskizze).

die Kerben verformt (Abb. 5b), der Stift legt sich mit hoher Pressung an die Lochwand an und sitzt sehr fest. Verbindungen durch Kerbstifte sind also auch Schrumpfverbindungen. Durch die Anwendung von drei Kerben zentriert er sich von selbst im Bohrloch. Die Verformungen der Kerben sind zum größten Teil elastisch (federnd), denn die Erfahrung hat gezeigt, daß der gleiche Kerbstift rd. 25 mal wiederverwendet werden kann. Der Kerbstift ist wesentlich billiger als der Kegelstift. Außerdem erspart er Lohn- und Werkzeugkosten, weil das Ausreiben des Loches vollständig wegfällt, so daß der Kerbstift den Kegelstift vorteilhaft ersetzt.

Der Kerbstift besitzt noch einen weiteren Vorteil. Beim festsitzenden Kegelstift bewirkt eine kleine Verschiebung von 2—3 mm in der Längsachse des Stiftes vollständiges Aufheben des Anpressungsdruckes. Beim Kerbstift dagegen haben zehnmal größere Verschiebungen noch keine Lösung der Federwirkung zur Folge. Diese Eigenschaft (Rüttelfestigkeit genannt) ist dort sehr wichtig, wo Erschütterungen und Stöße auftreten.

Der Kegelstift verlangt außerdem eine genaue Paßarbeit, ist deshalb ziemlich teuer und für die Verwendung bei beliebig austauschbaren Teilen wenig geeignet.

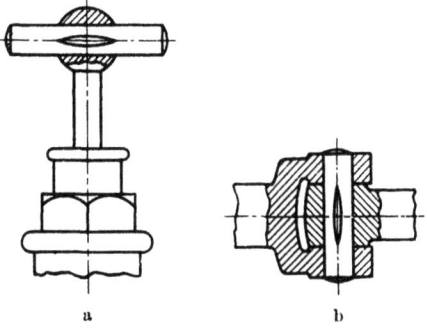

Abb. 6. a Knebel. b Gelenkbolzen.

Das Einwalzen von Rohren ist beim Kesselbau, bei Kondensatoren usw. gebräuchlich und stellt eine Schrumpfverbindung dar. Die Rohrenden werden durch Auswalzen gewaltsam erweitert, so daß bleibende Formänderungen und Zugspannungen oberhalb der Fließgrenze im Rohr auftreten ($\sigma_1 > + 2200$ at für St 37). Das Rohr wird dabei mit einem Druck p an die Oberfläche der Bohrung gepreßt. Die Größe dieses Druckes ist dadurch begrenzt, daß als resultierende Spannung die Elastizitätsgrenze des Rohrmaterials ($\sigma_e = -1500$ at) dauernd nicht überschritten werden kann. Da es sich dabei immer um dünnwandige Rohre handelt, kann die Beanspruchung nach der Kesselformel $\sigma = \dfrac{pd}{2\delta}$ berechnet werden,

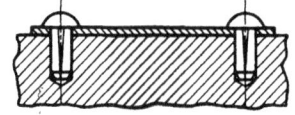

Abb. 7. Kerbnägel zur Befestigung von Firmaschildern.

worin d der Rohrdurchmesser und δ die Rohrwandstärke ist. Zur Berechnung des äußeren Druckes p muß in dieser Gleichung diejenige Spannung σ eingesetzt werden, die mit der vom Aufwalzen herrührenden Zugspannung von 2200 at die resultierende Druckspannung von 1500 at erzeugt, d. i. $\sigma = 2200 + 1500 = 3700$ at. Damit wird

$$p = 7400\,\delta/d \text{ at.} \tag{5}$$

Im allgemeinen wird nur ein Bruchteil $1/n$ der Oberfläche wirklich angepaßt. Er ist um so größer, je sorgfältiger das Einwalzen durchgeführt wird. Die theoretische Abstreifkraft, d. i. die

---

[1] Kerb-Konus G. m. b. H. in Dresden.

Kraft, welche auf Grund dieser Überlegungen zur Lösung der Verbindung, d. h. zur Überwindung der Reibung erforderlich ist, wird

$$P_{max} = \frac{1}{n} \mu \pi d s p \text{ kg},$$

worin s die Dicke der Rohrplatte und μ die Reibzahl zwischen Rohr und Platte ist. Setzt man den Wert von p aus Gl. (5) darin ein, so erhält man:

$$P_{max} = \frac{7400}{n} \pi \mu s \delta \text{ kg}. \tag{6}$$

Die Versuche von Dr.-Ing. E. Siebel[1] bestätigen die Richtigkeit dieser Überlegungen (Abb. 8). Er fand als Ergebnis seiner Untersuchungen, daß die Abstreifkraft 35 kg je mm² Stützfläche beträgt, wenn mit Stützfläche die Fläche $2 \cdot s \cdot \delta$ bezeichnet wird. Der Proportionalitätsfaktor $\frac{7400}{n} \pi \mu$ in Gl. (6) ist nach diesen Versuchen gleich 7000.

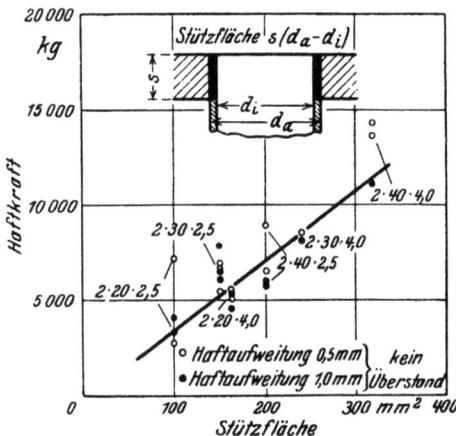

Abb. 8. Haftkraft nach den Versuchen von E. Siebel.

Für sorgfältig eingewälzte Rohre kann demnach $n = 1$ und $\mu = 0,3$ gesetzt werden. Die Versuche wurden mit Rohren von 83,7 mm äußerem Durchmesser und Wandstärken von 2,5 resp. 4 mm,

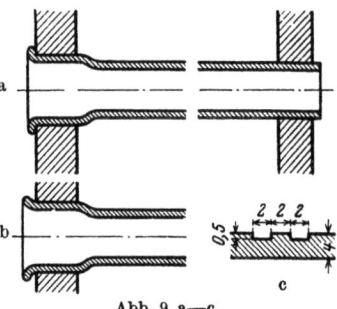

Abb. 9 a—c.

sowie mit Rohrplattendicken s von 2,3 und 4 cm durchgeführt. Abpreßversuche bei 350° C ergaben weiter, daß die Haftfestigkeit der Verbindungen nicht geringer, sondern meist sogar noch höher als bei 20° C war. Bei ungleichmäßiger Erwärmung (z. B. Rohrflansch für Heißdampfleitungen) lockert sich die Schrumpfverbindung.

Die zulässige Beanspruchung muß natürlich kleiner als P_{max} bleiben; man rechnet mit einer vier- bis fünffachen Sicherheit gegen Abstreifen. Durch Umbördeln (Abb. 9a) oder durch kegelförmige Erweiterung der vorstehenden Rohrenden (Abb. 9b), oder durch Eindrehen von Rillen in die Rohrwand (Abb. 9c) kann die Abstreifkraft vergrößert werden.

25. Schweißverbindungen.

Durch Schweißen werden Teile aus gleichem oder gleichartigem Metall derart zu einem Ganzen vereinigt, daß die Molekeln der Berührungsflächen durch Kohäsion aneinander haften.

Rein metallische Berührung an der Schweißstelle ist also erste Vorbedingung für das Gelingen der Schweißung. Fremde Stoffe, wie Oxyde oder Schlacken, verhindern die Verbindung durch Kohäsion; sie haften nur infolge der Adhäsion. Die Oxydation muß also entweder verhindert oder die vorhandenen Oxyde müssen aufgelöst und unschädlich gemacht werden. Das letztere erreicht man durch Anwendung von Schweißpulvern (Borax, Kolophonium, Blutlaugensalz usw.), die eine leichtflüssige Schlacke bilden. Außer der metallischen Berührung ist noch ein Druck notwendig, um die Molekeln so nahe zusammenzubringen, daß die Kohäsionskräfte wirksam werden. Das Schweißen gelingt nur bei einer bestimmten Temperatur, der Schweißtemperatur, die mit dem Kohlenstoffgehalt des Stahles wechselt.

Bei der Schmelzschweißung werden die zu verbindenden Flächen geschmolzen, und zwar entweder mit einer Gasstichflamme (autogene Schweißung) oder durch einen Lichtbogen. Die Schweißstelle wird durch das flüssige Metall des Schweißdrahtes (oder der Elektrode) ausgefüllt. Weil die Verbindung der Molekeln in flüssigem Zustande erfolgt, ist kein äußerer Druck notwendig. Zur Aufnahme des Verbindungsmetalles muß die Schweißstelle entsprechend vorbereitet

---
[1] L. 24.7, 8.

25. Schweißverbindungen.

werden (Abb. 2 u. 3). Die Güte der Schweißstelle ist bei der Schmelzschweißung fast ausschließlich von der Zusammensetzung des Schweißdrahtes (oder der Elektroden) abhängig. Der Vorgang der Lichtbogenschweißung ist aber keine einfache Werkstoffübertragung, sondern mehr ein Verhüttungsvorgang, bei dem Flußmittel, Schlacken, Zusatzstoffe, freiwerdende Gase usw. eine bedeutende Rolle spielen. Die Elektroden werden deshalb umhüllt und geben dem Endprodukt die gewollten Eigenschaften. Auf diese Weise kann auch das früher gebräuchliche Ausglühen und Hämmern der Schweißnaht vermieden werden. Die richtige Wahl der geeigneten Elektroden ist eine wichtige Voraussetzung für das Gelingen einer guten Schweißverbindung.

Die Güte der Verbindung ist auch in hohem Maße von der Geschicklichkeit und Zuverlässigkeit des Arbeiters abhängig. Es war daher begreiflich, daß Schweißverbindungen während längerer Zeit mit Mißtrauen betrachtet wurden. Heute ist man in der Lage zuverlässige Schweißverbindungen herzustellen, so daß die Schweißung im Maschinenbau eine noch immer zunehmende Verwendung findet.

Bei der elektrischen Widerstandsschweißung werden die Teile durch den hindurchgeleiteten Strom (bis 100 000 Ampere und Spannungen von rd. 10 Volt) erwärmt. Sie hat als Punktschweißung eine große Verbreitung gefunden. Die zu verschweißenden Teile werden zwischen zwei stiftförmigen Elektroden (Abb. 25.1) an eng begrenzten Stellen auf Schweißhitze erwärmt und dann durch Anpressen einer Elektrode verschweißt. Durch Nebeneinandersetzen solcher Schweißpunkte (enger oder weiter, geradlinig oder zickzackförmig) entsteht eine nietähnliche Verbindung.

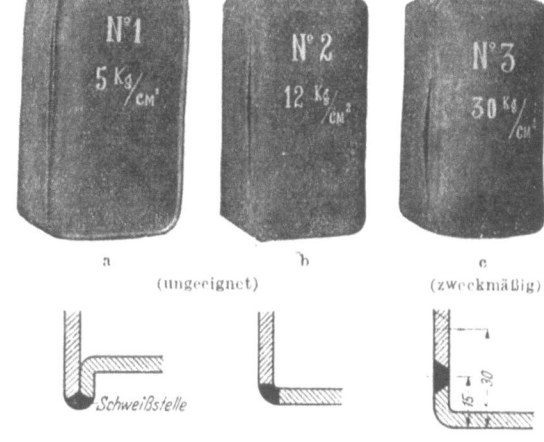

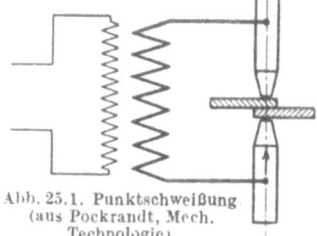

Abb. 25.1. Punktschweißung (aus Pockrandt, Mech. Technologie)

Abb. 2. a ungeeignet. Naht reißt bei 5 kg/cm² Innendruck. b ungeeignet. Naht reißt bei 12 at. Innendruck, c zweckmäßig. Naht reißt bei 30 at. Innendruck (nach Versuchen von Brown, Boveri & Co., Baden).

Wenn bei stark beanspruchten Schweißstellen oft Mißerfolge auftreten, so ist daran zum größten Teil der Konstrukteur schuld. Er sollte auch bei Schweißverbindungen die allgemeine Konstruktionsregel beachten: nur so zu entwerfen, daß eine klare und eindeutige Festigkeitsrechnung möglich ist. Die Anordnung von Schweißnähten an Stellen, wo durch Formänderungen unberechenbare Spannungen auftreten können, ist immer unrichtig. Aus dieser Überlegung heraus hätte man auch ohne Versuch sofort sagen können, daß die Schweißung nach Abb. 2c die beste sein muß. Wenn diese allgemeine Regel mehr beachtet würde, gäbe es sicher weniger Klagen über das Versagen von Schweißverbindungen.

Die Schweißeigenschaften der Stähle sind recht verschieden. Während die niedrig gekohlten (St 37 bis 45) auch gegen größere Abweichungen von den günstigsten Schweißbedingungen unempfindlich sind, verlangen die höher gekohlten und auch die legierten Stähle in ziemlich engen Grenzen einzuhaltende Schweißvorschriften um gesunde Eigenschaften der Nahtzone (Gefüge, Zähigkeit, Rißfreiheit) zu erhalten. Die Verwendung solcher Stähle setzt also eingehende Kenntnisse über die günstigsten Schweißbedingungen und eine genaue Kontrolle über deren Einhaltung voraus.

Die Dauerfestigkeit von Schweißverbindungen ist auch abhängig von der Formgebung; unter diesen Begriff fallen nicht nur die augenfällig in Erscheinung tretende Gestalt des Bauteiles mit seinen unstetigen Übergängen, sondern alle den gleichmäßigen Spannungsfluß störenden Einflüsse, wie zufällige Oberflächenverletzungen oder Ungleichmäßigkeiten und innere Fehlstellen (Poren, Schweißfehler, usw.).

Es ist deshalb verständlich, daß durch Wegarbeiten der vorstehenden Raupe und ein Gleichhalten des durchlaufenden Querschnittes gute Ergebnisse erzielt werden können.

Berechnung. Bei den Schweißkonstruktionen kann es sich nur selten darum handeln, die wirklich auftretenden Spannungen genau zu berechnen, denn sie werden nicht nur durch die äußeren Kräfte, sondern auch durch Quer- und Längsschrumpfungen der Nähte beeinflußt. Man muß sich in der Praxis mit einfachen Näherungsrechnungen begnügen, die dann durch die Wahl oder die Vorschrift einer „zulässigen" Spannung ausgeglichen werden.

Bei den Stumpf- oder Stoßnähten (Abb. 3) ist der Spannungsverlauf bei Zug-, Druck- oder Biegebeanspruchung klar; bei guter Schweißung reißt eher das Blech als die etwas verdickte Naht. Man unterscheidet V- und X-Nähte; letztere für dickere Bleche.

Stumpfnähte unter 45° zur Zugrichtung erhöhen die Festigkeit. Bei schief verlaufender Naht trifft auf den einzelnen Querschnitt nur ein kleiner Teil der Schweißnaht, wodurch ein anfälliger Schweißfehler weit weniger ins Gewicht fällt als wenn sich alle Fehlerstellen wie bei querliegender Naht in einem Querschnitt befinden.

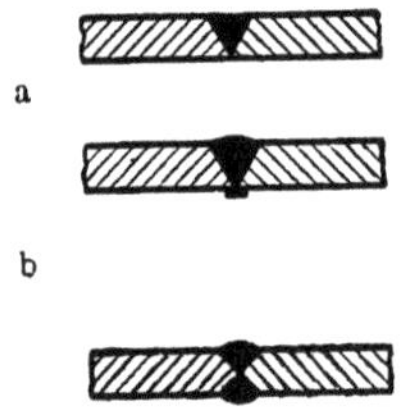

Abb. 4. Stirnnaht.

Abb. 3. Stumpfnähte.
a V-Naht, ohne und mit Wurzelschweißung.
b X-Naht.

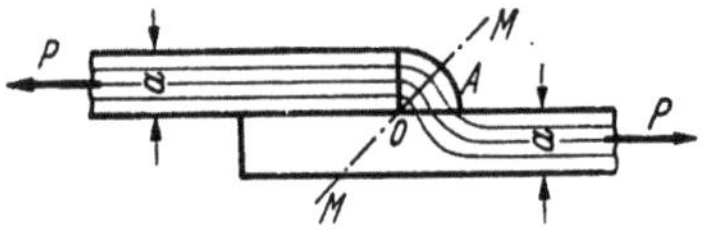

Abb. 6. Kehlnähte.
a Überwölbt ($\sigma'_w = 11$ kg/mm²).
b flach. c hohl ($\sigma'_w = 14$ kg/mm²).

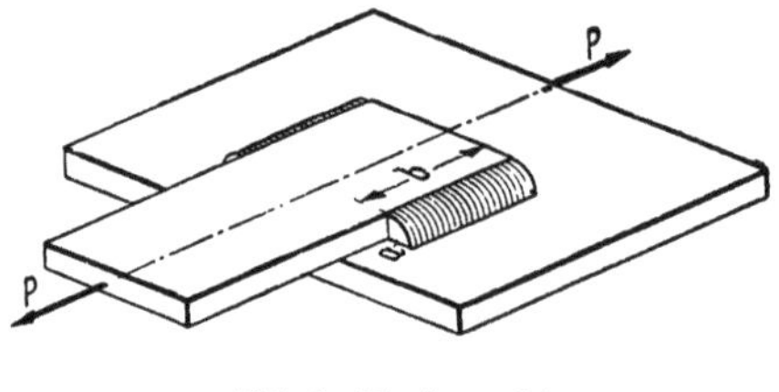

Abb. 5. Flankennaht.

Bei V-Nähten verbleiben oft Kerben, wenn die Wurzeln der Nähte nicht oder nicht sorgfältig nachgeschweißt werden.

Verbindungen mit Flankenkehlnähten (Abb. 5) können beim statischen Zugversuch (auch bei mittelmäßiger Ausführung) dasselbe leisten wie gut ausgeführte Stumpfnähte. Die Kräfte, die vom Anschlußblech in das Flacheisen seitlich einfließen, müssen in der Zugrichtung umgeleitet werden. Bei dieser schroffen Umlenkung entstehen (ähnlich wie beim Bolzen- und Muttergewinde) starke Spannungserhöhungen. Die Bruchgefahr beginnt deshalb immer an dieser Stelle, d. h. am Beginn der Schweißnaht.

Bei den Stirnnähten (Abb. 4) tritt immer Biegebeanspruchung auf. Photoelastische Untersuchungen haben aber gezeigt, daß die Beanspruchung symmetrisch in bezug auf MM ist. Die Stirnnähte können deshalb mit guter Annäherung auf Zug berechnet werden. Durch die Zugkraft $P = P_1 \cdot b$ (b = Nahtlänge) entsteht dann die Spannung

$$\sigma = P_1/OA \approx P_1/0{,}7\,a\,.$$

Flankennähte (Abb. 5) werden auf Biegung und Abscheren beansprucht. Man nimmt bei der Berechnung an, daß die Schubspannung gleichmäßig über den Querschnitt verteilt sei

$$\tau = P/F = P_1/a = \sigma_{zul}/2\,.$$

Die Flankennaht darf also nur mit 5/7 der Kraft einer Stirnnaht beansprucht werden.

Kehlnähte (Abb. 6) werden überwölbt, flach oder hohl ausgeführt und sowohl auf Zug als auch auf Biegung be-

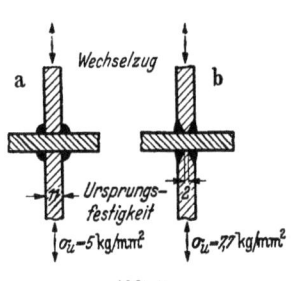

Abb. 7.

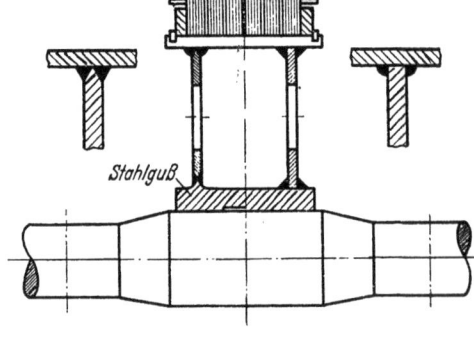

Abb. 8. Rotorkonstruktion.

ansprucht. Nach den Versuchen von O. Graf ist die Ursprungsfestigkeit bei Dauerbeanspruchung durch Zugkräfte bei der Ausführung nach Abb. 7b mit zugespitzten Kanten (hauptsächlich Zugspannungen) mehr als 50% größer als bei der üblichen Ausführung nach Abb. 7a (vorwiegend Biegung). Abb. 8 zeigt links die verbesserte Schweißkonstruktion eines Rotors. Bei Wechselbiegung ist (nach den Versuchen von A. Thum) die Hohlnaht der überwölbten Naht weit überlegen.

26. Federn.

Alle Körper sind in gewissem Grade federnd, weil sie unter der Einwirkung der Kräfte elastische Formänderungen erleiden. Federn nennt man solche Maschinenteile, die durch die Belastung große Formänderungen ohne schädliche Beanspruchung erfahren.

Federnde Verbindungen werden verwendet, wenn eine große Stoßenergie aufgenommen werden muß, z. B. bei Eisenbahnwagen, Automobilen, Kupplungen usw. Die durch einen Stoß übertragene Kraft ist um so kleiner, je größer die dadurch bedingte Formänderung der Feder ist. Federnde Verbindungen werden auch zur Aufspeicherung von Energie und zur Erzielung einer zwangläufigen Bewegung von Maschinenteilen verwendet (z. B. bei Ventilen, Nockensteuerungen usw.). Das Federproblem ist hauptsächlich auch ein Schwingungsproblem. Hier wird nur die Berechnung der Spannungen und der Formänderungen behandelt. Für einfache Fälle können die Eigenschwingungszahlen der Feder nach den Angaben im (Abschn. 34) berechnet werden.

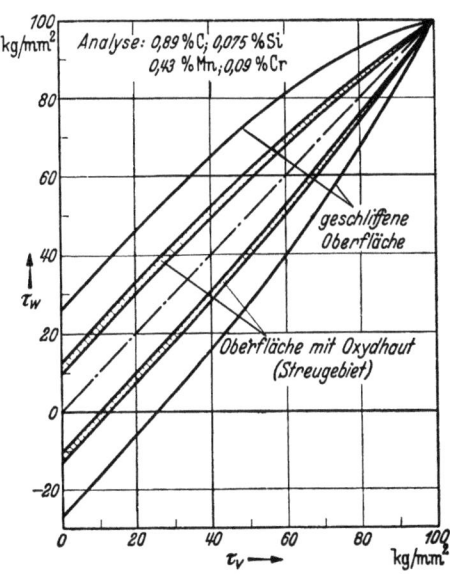

Abb. 26.1. Dauerfestigkeitsschaubild eines Kohlenstoffstahles[1], gehärtet bei 740° (Öl), angelassen auf 450°C
$K_z \approx 150$ kg/mm².
Verdrehungs-Streckgrenze $\tau_s = 100$ kg/mm².

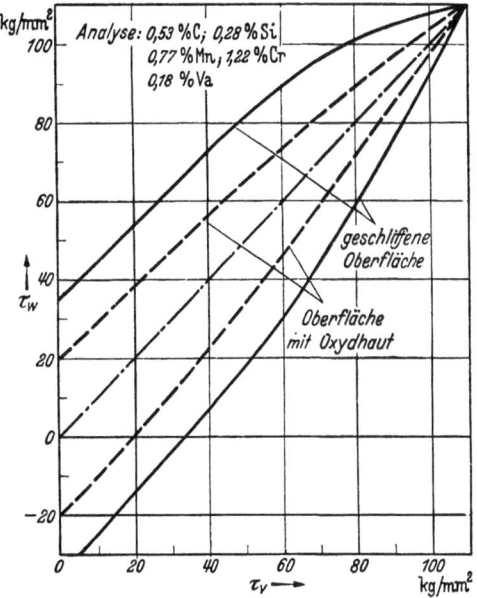

Abb. 2. Dauerfestigkeitsschaubild eines Chrom-Vanadiumstahles[1], gehärtet bei 840° (Öl), angelassen auf 420° C.
$K_z = 150$ kg/mm². $\tau_s = 110$ kg/mm².

Der Werkstoff ist hochwertiger Stahl, dessen Dauerfestigkeit in Abb. 26.1, 2 dargestellt ist. Gewöhnlich wählt man für die Darstellung der Schaubilder eine Form, bei der auf die Abszissenachse die Mittelspannung (aus oberer und unterer Grenzspannung) aufgetragen wird (Abb. 132.15/16, S. 85). Da aber die Federn vorgespannt werden und sich die Schwingungsbeanspruchung schwellend über die Vorspannung lagert, ist es zweckmäßiger die Vorspannung τ_v als Abzissenachse zu nehmen. Aus dem Verlauf der Schaubilder ergibt sich, daß die obere Grenzspannung τ_0 fast parallel zur 45°-Linie verläuft. Für nicht zu hohe Vorspannungen τ_v ist demnach nur die Schwingweite für die Dauerfestigkeit maßgebend. Die Dauerfestigkeit kann erheblich gesteigert werden, wenn man die oberste Schicht des Federdrahtes nach der Wärmebehandlung etwa 0,5 mm im Durchmesser abschleift, wobei auf guten Polierschliff geachtet werden muß. Die Federn müssen dann kalt gewickelt werden. Der Grund für die Festigkeitsverminderung durch die Oberflächenschicht liegt einerseits in kleinen Rissen oder sonstigen Beschädigungen, anderseits in einer während der Wärmebehandlung auftretenden Entkohlung.

Zur Untersuchung der Beschädigungen in der Oberfläche wird folgendes Verfahren angewandt: Der Draht wird in einem elektrolytischen Bad mit Natriumkarbonatlösung bei einer Stromdichte von 9300 Ampère/cm²

---

[1] L. 26.3.

gereinigt, dann 12 Stunden in Ammoniak-Chloridlösung gelegt, hierauf 12 Stunden der Einwirkung der Luft ausgesetzt. Die feinsten Haarrisse zeichnen sich dann als Roststreifen ab. Es dürfte sich empfehlen, besonders hochbeanspruchte Ventilfedern in dieser Weise zu prüfen, bevor sie dem Betrieb übergeben werden.

Für die Herstellung bequemer ist es die Federn im Einsatz zu härten oder aus nitriertem Stahl herzustellen. Wie die Erfahrung zeigt, hängen die Festigkeitseigenschaften der kalt gezogenen Drähte auch vom Drahtdurchmesser ab. Man setzt (für d kleiner als etwa 20 mm):

$$\tau = \tau_0 (1 - 0{,}187 \sqrt[3]{d_{mm}})$$

worin τ_0 die zulässige Torsionspannung für sehr dünne Drähte ist.

In den Schaubildern 26.1 und 26.2 ist der zulässige S c h u b spannungsausschlag eingetragen; der zulässige B i e g e spannungsausschlag folgt aus der Gleichung: $\tau_{zul} \approx 0{,}58\, \sigma_{wb}$ (vgl. Gl. 132.1, S. 82).

Die durch die Formänderung aufgespeicherte Energie ist bei

Zug- resp. Druckbeanspruchung $\quad \mathfrak{A}_z = \dfrac{\sigma^2}{2E} \cdot V,$ \hfill (121.3)

Biegung gleicher Festigkeit $\quad \mathfrak{A}_b = \dfrac{\sigma^2}{6E} \cdot V,$ \hfill (1224.3 mit $i = 1/3$ für Kreis)

Verdrehung (Kreisquerschnitt) $\quad \mathfrak{A}_t = \dfrac{\tau^2}{4G} \cdot V.$ \hfill (123.10)

Mit $\tau_{zul} = 0{,}5\, \sigma_{zul}$ und $G = \dfrac{mE}{2(m+1)} = 5/13\, E$, ist $\mathfrak{A}_t = \dfrac{\sigma^2}{6{,}15 E}\, V$.

Bei gleicher Stoßarbeit $\mathfrak{A}$ und bei gleichem Werkstoff (σ_{zul}) gibt die auf Zug oder Druck beanspruchte Feder das kleinste Werkstoffvolumen. Jedes Tragseil ist eine Zugfeder.

261. Zug- und Druckfedern.

Die gute Werkstoffausnützung dieser Federart wird bei der Ringfeder[1] verwertet. Diese besteht aus einzelnen Außen- und Innenringen, die mit Doppelkegelflächen ineinandergreifen (Abb. 261.1). Bei Belastung in der Längsrichtung der Feder werden die Innenringe radial zusammengedrückt, die Außenringe gedehnt. Die Feder kann nur soweit zusammengeschoben werden, bis die benachbarten Stirnflächen aufeinander stoßen, so daß eine Überlastung ausgeschlossen ist.

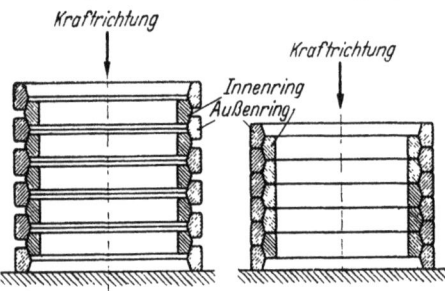

Abb. 261.1. Ringfeder.

Die radiale Belastung der Ringe wird aus der achsialen Federkraft in ähnlicher Weise berechnet wie bei Keilen. Die Spannung in den meist dünnwandigen Ringen folgt aus der Kesselformel. Der Einfluß der Reibung ist sehr groß. Um Selbsthemmung der Feder zu vermeiden muß der Kegelwinkel mit der Federachse größer als der Reibwinkel sein. Bei einem Kegelwinkel von 15° wird etwa zwei Drittel der Stoßarbeit durch Reibung vernichtet. Die Ringfeder ist demnach eine ausgezeichnete Pufferfeder. Im Dauerbetrieb muß deshalb für die Ableitung der erzeugten Wärme durch Luft- oder Ölkühlung gesorgt werden. Die Ringfeder wird bei Flugzeugen als Federbein verwendet[2].

Gummifedern[3] finden eine zunehmende Verwendung bei der Aufstellung von Maschinen. Bis etwa 12 kg/cm² Druckspannung gilt auch für Gummi das Hookesche Gesetz. Luft wird hauptsächlich bei den Fahrzeugreifen als Federung verwendet.

262. Biegefedern.

Blattfedern. Um bei geringem Werkstoffverbrauch eine große Formänderungsarbeit aufspeichern zu können, wird ein Körper gleicher Biegespannung mit rechteckigem Querschnitt verwendet. Die Form eines Körpers gleicher Biegespannung ist durch die Gleichung

$\sigma_{max} = \dfrac{M_x}{J_x} e_x =$ konstant festgelegt (S. 47). Für rechteckige Querschnitte ist $J_x/e_x = \dfrac{1}{6} b_x h_x^2$.

---

[1] L. 261.1.   [2] L. 261.2.   [3] L. 261.3–10.

262. Biegefedern.

Wenn der Körper in zwei Punkten unterstützt und in der Mitte durch eine Einzelkraft P belastet wird, so ist: $M_x = \dfrac{P}{2} x$, und $\sigma_{max} = \dfrac{6 P x}{2 b_x h_x^2} =$ konstant, so daß

$$b_x h_x^2 = K \cdot x \qquad (262.1)$$

sein muß. Diese Gleichung mit zwei Unbekannten reicht zur eindeutigen Bestimmung des Körpers gleicher Biegespannung nicht aus, so daß irgendeine weitere, beliebige Bedingung aufgestellt werden kann, z. B. $h_x =$ konst., dann ist $b_x = k_1 x$ (Abb. 262.1) oder $b_x =$ konst., dann ist $h_x^2 = k_2 x$ (Abb. 2). Bei der praktischen Ausführung kann die Feder natürlich nicht in eine Spitze auslaufen, sondern sie muß eine endliche Breite an den Enden erhalten (Abb. 3; die oben festgelegte Beziehung $b_x = k_1 x$ trifft dann nicht mehr zu.

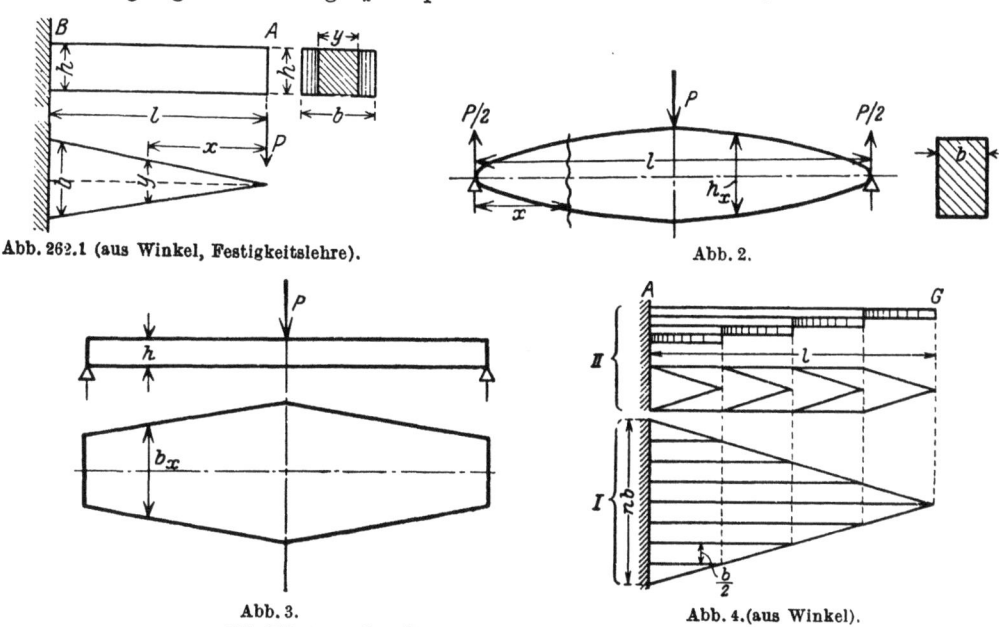

Abb. 262.1 (aus Winkel, Festigkeitslehre).   Abb. 2.

Abb. 3.   Abb. 4. (aus Winkel).

Abb. 262. 1—4. Grundformen gleicher Biegespannung für Blattfedern.

Bei großer Formänderungsarbeit wird die Breite b_x sehr groß (Abb. 4). Wenn man aber die Dreieckfeder I in eine gerade Anzahl ($2n$) gleich breiter Streifen von der Breite $b/2$ zerschneidet und diese Streifen so zusammenfügt, daß sie den Körper II bilden, so erhält man ein Blattfederwerk, das dieselbe Tragfähigkeit hat wie die Dreieckfeder, wenn dafür gesorgt wird, daß die einzelnen Blätter bei der Biegung frei (also ohne Reibung) übereinander gleiten, aber sich nicht voneinander entfernen können.

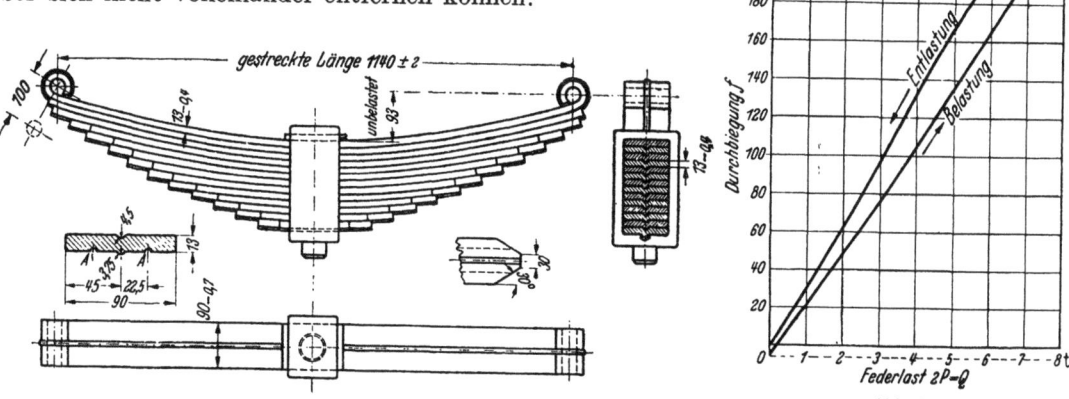

5. Güterwagenfeder der Deutschen Reichsbahn (aus Groß).   Abb. 6. Kennlinie einer verrosteten Wagenfeder.

Diese Überlegungen gelten auch, wenn die einzelnen Blätter verschieden dick sind; für die Berechnung der Biegespannung ist einfach die Summe der Widerstandsmomente der einzelnen Blätter einzusetzen. Solche geschichtete Blattfedern kommen hauptsächlich bei Eisenbahnwagen (Abb. 5) und bei Kraftwagen vor. Dehnungsmessungen an Eisenbahnfedern (mit

ten Bosch, Maschinenelemente. 3. Aufl.

sechs gleichdicken Blättern) und mit einer Kraftwagenfeder (mit elf teilweise verschieden dicken Blättern) ergaben eine recht gute Übereinstimmung der gemessenen mit den berechneten Spannungen[1], obschon erhebliche Reibkräfte zu überwinden sind. Abb. 6 zeigt, daß Belastungs- und Entlastungslinie der Blattfeder nicht zusammenfallen, sondern infolge der Reibung eine Schleife bilden. Da die Reibung bei der Be- und Entlastung gleich groß ist, liegt die Kennlinie für die reibungsfreie Feder genau in der Mitte.

Die Tragfedern der Schienenfahrzeuge werden in ihrer Mitte durch einen Bund aus weichem Stahl zusammengehalten (Abb. 5), der unter dem allseitigen Druck einer hydraulischen Presse warm aufgeschrumpft wird. Die einzelnen Blätter haben einen gerippten Querschnitt (DIN 1570). Die auf die Druckseite zu legende Rippe greift mit etwas Spiel in die Rille des folgenden Blattes ein und sichert die einzelnen Blätter gegen Querverschiebungen. Das Trägheitsmoment des gerippten Querschnittes ist etwa $2^{1}/_{2}\%$ größer als beim Rechteck; die Widerstandsmomente sind praktisch gleich groß.

Aus der Gleichung der elastischen Linie für kleine Durchbiegungen[2]:

$$\frac{d^2y}{dx^2} \approx \frac{M_x}{J_x E} = \frac{1}{\varrho} \tag{1221.9}$$

und aus der Biegegleichung: $M_x = \frac{J_x}{e_x}\sigma_{\max}$ (1221.2)

folgt

$$\frac{1}{\varrho} = \frac{d^2 y}{dx^2} = \frac{2\,\sigma_{\max}}{h \cdot E}, \tag{2}$$

d. h. die elastische Linie ist für ein Körper gleicher Biegespannung immer ein Kreisbogen, wenn $h = $ konstant ist (Dreieckfeder, auch geschichtet). Durch Integration erhält man:

$$y = \frac{2\,\sigma_{\max}}{h \cdot E} \frac{x^2}{2} + C_1 x + C_2.$$

Die Integrationskonstanten C_1 und C_2 werden gleich Null, wenn der Koordinatenanfangspunkt in die Mitte der beidseitig frei drehbar gelagerten Feder verlegt wird, weil dort sowohl dx/dy als x gleich Null wird. Die größte Durchbiegung f erhält man für $x = l/2$:

$$f = \frac{\sigma_{\max}}{E} \cdot \frac{l^2}{4\,h}. \tag{3}$$

Die geschichtete Dreieckfeder läßt sich genau nicht ausführen, da das freie Federende eine endliche Breite haben muß; man wählt deshalb die Trapezform (Abb. 3). Die Abweichung vom Dreieck kann durch Einführung eines Beiwertes K berücksichtigt werden[3]:

$$f = K \frac{\sigma_{\max}}{E} \cdot \frac{l^2}{4\,h}. \tag{4}$$

Für $b'/b = $	0	0,2	0,4	0,6	0,8	1
ist $K = $	1	0,88	0,80	0,75	0,7	$^2/_3$

worin b'/b das Verhältnis der kleinsten zur größten Blattbreite ist.

Zahlenbeispiel 262.1. Die Tragfeder eines Eisenbahnwagens ist bei leerem Wagen mit $P_1 = 3575$ kg und bei vollbesetztem Wagen mit $P_2 = 5575$ kg belastet. Die zulässige Höchstspannung ist zu 70 kg/mm², die zulässige Federung $f_n = f_2 - f_1$ zu 54 mm und die größte Federbreite $b = 12$ cm (DIN 1570) vorgeschrieben. Welche Abmessungen erhält die Feder?

Die Normen lassen bei 12 cm Breite 1,3 und 1,6 cm Dicke h zu. Der Konstrukteur wird $h = 16$ mm wählen um eine kleinere Blattzahl (n) zu erhalten. Aus Gl. (4) folgt

$$f_2 = K \cdot \frac{70}{2 \cdot 10^4} \cdot \frac{l^2}{4 \cdot 16}. \tag{a}$$

Der unbekannte Wert f_2 kann (mit $P_n = P_2 - P_1$) aus der Gleichung

$$P_2/P_n = f_2/f_n \quad \text{zu} \quad f_2 = f_n \cdot P_2/P_n \tag{b}$$

berechnet werden, so daß aus Gl. (a): $54 \cdot \frac{5575}{2000} = K \cdot \frac{70}{8 \cdot 10^4} \cdot \frac{l^2}{16}$

mit dem gewählten Wert $K = 0{,}84$ für $b'/b = 0{,}3$ die Federlänge $l = 181$ cm folgt. Für die Dauerfestigkeit der Feder ist nicht die obere Grenzspannung $\sigma_2 = 70$ kg/mm², sondern der

---

[1] L. 262.1.
[2] Bei den Federn sind die Formänderungen im allgemeinen nicht klein. Die Integration der nicht vereinfachten Differentialgleichung zeigt aber, daß die genauen Werte der Durchbiegung und der größten Spannung selbst bei sehr großen Formänderungen nur um wenige Prozent kleiner sind als nach der elementaren Theorie (L. 26.1, S. 132).
[3] L. 262.2.

262. Biegefedern.

Spannungsausschlag σ_n maßgebend. Aus $P_2/P_n = \sigma_2/\sigma_n = 5575/2000$ folgt $\sigma_n = 25$ und $\sigma_1 = 45$ kg/mm². Nach Abb. 26.1 entspricht das eine etwa 1,7fache Sicherheit für diese Stahlsorte mit Oxydhaut.

Aus der Biegegleichung: $\sigma_{max} = \dfrac{M_{max}}{W_{max}} = \dfrac{P \cdot l/4}{n b h^2/6}$ folgt weiter:

$$P = \frac{2}{3} \sigma_{max} \frac{b h^2}{l} n \quad \text{oder} \quad 5575 = \frac{2}{3} \times 7000 \times \frac{12 \cdot 1,6^2}{181} n \text{ und } n = 7,04 .$$

Da die Blattzahl eine ganze Zahl sein muß, wählt man $n = 7$ und muß gleichzeitig um die vorgeschriebene Spannung nicht zu überschreiten die Federlänge, z. B. auf $l = 180$ cm kürzen.

Gewundene Biegefedern sind Stäbe von meist rechteckigem oder kreisförmigem Querschnitt, deren Mittellinie nach irgendeiner räumlichen oder ebenen Kurve gekrümmt ist. Die vorherrschenden Ausführungsformen sind die nach der archimedischen Spirale in einer Ebene gekrümmte und die zylindrische Schraubenfeder. Wird auf die Federspindel das Drehmoment M_d ausgeübt, so dreht sie sich gegen den Biegewiderstand der Feder um den Winkel $\Delta \varphi$.

Die ebene Spiralfeder (Abb. 7) wird durch die Kraft P auf Biegung beansprucht durch das Moment $P \cdot x$. Solange die Banddicke der stark gekrümmten Feder klein im Verhältnis zum Krümmungsradius ist, so darf $Z = J$ gesetzt werden.

Nach dem Satz von Castigliano (S. 22) ist:

$$\Delta \varphi = \frac{\partial \mathfrak{A}}{\partial m_x} = \frac{P}{JE} \int x \, ds ,$$

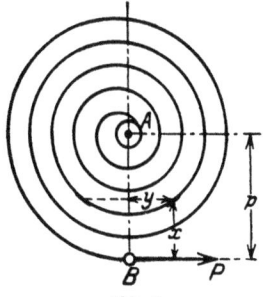

Abb. 7.
Ebene Spiralfeder (aus Winkel).

worin $\int x \, ds$ das statische Moment der Mittellinie in bezug auf die Richtungslinie der Kraft P ist, d. h. gleich der Länge l der Mittellinie mal dem Abstand des Schwerpunktes. Der Schwerpunkt der Mittellinie fällt mit dem Mittelpunkt der Feder zusammen, so daß $\int \bar{x} \, ds = l \cdot p$ ist. Damit wird

$$\Delta \varphi = \frac{P \cdot p \cdot l}{JE} . \tag{5}$$

Die aufgespeicherte Formänderungsarbeit ist $\mathfrak{A} = M_{max} \dfrac{\Delta \varphi}{2} = \dfrac{(Pp)^2 l}{2 JE}$. Führen wir die größte Spannung $\sigma_{max} = \dfrac{2 P p}{J} e$ ein, die in der äußersten Windung diametral gegenüber B auftritt, so ist:

$$\mathfrak{A} = \frac{\sigma_{max}^2 J}{8 e^2 E} l . \tag{6}$$

Für den Rechteckquerschnitt, der günstiger ist als der Kreisquerschnitt, ist $e = h/2, J = \tfrac{1}{12} b h^3$ und

$$\mathfrak{A} = \frac{\sigma_{max}^2 b \cdot h \cdot l}{24 E} = \frac{\sigma_{max}^2}{24 E} V , \tag{7}$$

wenn mit $V = b \cdot l \cdot h$ das Federvolumen bezeichnet wird. Daraus folgt, daß die Formänderungsarbeit nur vom Volumen der Feder abhängig ist und nicht von der Zusammensetzung des Volumens aus den drei Faktoren l, b und h. Die Anzahl Windungen ist demnach gleichgültig, wenn nur darauf geachtet wird, daß die einzelnen Gänge sich nicht berühren; die Feder also „frei atmen" kann.

Sind beide Enden der Feder fest eingespannt, so kann die Feder eine viermal so große Formänderungsarbeit aufnehmen; eine wirklich feste Einspannung ist aber nicht so leicht zu erreichen.

Die gleiche Berechnungsweise gilt für die auf Biegung beanspruchte zylindrische Schraubenfeder.

Tellerfedern. Die flache Kegelschale (Abb. 8) ist eine sehr kräftige Feder in einem verhältnismäßig kleinen Raum. Zur Vergrößerung der Federung f werden mehrere Tellerpaare (die mit ihren Außenkreisen gegeneinander gelegt und durch ein Rohr geführt werden) zu einer Säule vereinigt.

Abb. 8. Tellerfeder.

Versuche von E. Lehr[1] und H. Granacher haben gezeigt, daß die **schwach geneigte Kegelschale** (bis zu einer Neigung von 6°) für die Berechnung der größten Spannung

---
[1] L. 26.1, S. 65/70.

und der Federung mit guter Annäherung durch die ebene Kreisplatte ersetzt werden darf (Abschn. 143, Fall 5). Der Spannungsverlauf dagegen wird durch diese Näherungsrechnung nicht richtig erfaßt. Die genaue Theorie der Kegelschale von Meißner-Dubois[1] gibt eine zuverlässigere Grundlage für die Berechnung; sie ist aber in der Anwendung recht zeitraubend. Wie Almen[2] und László gezeigt haben, gibt die Theorie der Kreisplatte auch bei im Verhältnis zur Schalendicke großen Formänderungen, Durchbiegungen, die gut mit den Messungen übereinstimmen.

263. Drehfedern.

Ein schraubenförmig gewickelter Draht werde durch zwei Kräfte P, deren Richtung mit der Zylinderachse zusammenfällt, entweder auseinander gezogen oder zusammengepreßt (Schraubenfeder, Abb. 263.1). Schneidet man die Feder an irgendeiner Stelle durch, so müssen die dort übertragenen Spannungen mit der äußeren Kraft P im Gleichgewicht stehen. Bei der Verlegung der Kraft P in den Schwerpunkt des Querschnittes tritt ein Kräftepaar $P \cdot r$ auf. Wenn die Steigung der Schraubenlinie gering ist (was bei fast allen praktischen Ausführungen der Fall ist), so steht die Ebene des Kräftepaares fast senkrecht zur Schraubenlinie, der Draht mit dem Durchmesser a wird dann nur auf Verdrehung beansprucht. Es entsteht eine größte Spannung (im gerade gedachten Draht).

$$\tau = \frac{16 Pr}{\pi d^3} \approx \frac{5 P \cdot r}{d^3}. \qquad (263.1)$$

Die Streckung oder die Zusammendrückung der Feder folgt aus dem Verdrehungswinkel ϑ. Durch die Verdrehung eines Längenelementes ds der Feder, gemessen längs der Schraubenlinie (Abb. 2) um den Winkel ϑds, entsteht eine vertikale Verschiebung

$$df = r\vartheta ds = r^2 \vartheta d\varphi$$

der Kraft P. Die totale Streckung bzw. Zusammendrückung der Feder erhält man durch die Summierung der Teilverschiebungen über die ganze Federlänge entsprechend dem Winkel $2\pi i$, wenn mit i die Anzahl der Windungen bezeichnet wird.

$$f = \int_0^{2\pi i} r^2 \vartheta d\varphi.$$

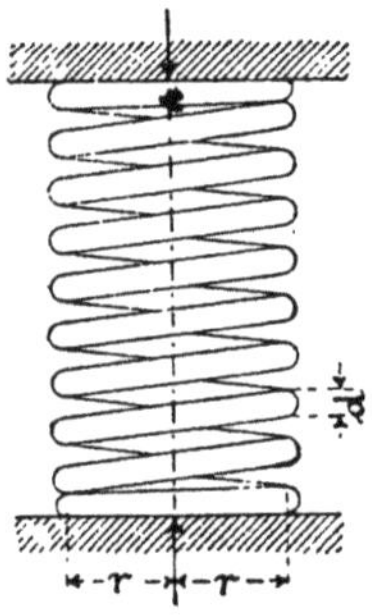

Infolge der verschiedenen Formen der Endwindungen (Befestigungen) ist es oft nicht leicht, die Zahl i der wirksamen (federnden) Windungen genau zu wählen, denn i ist keine ganze Zahl.

Abb. 263.1. Schraubenfeder (aus Winkel).

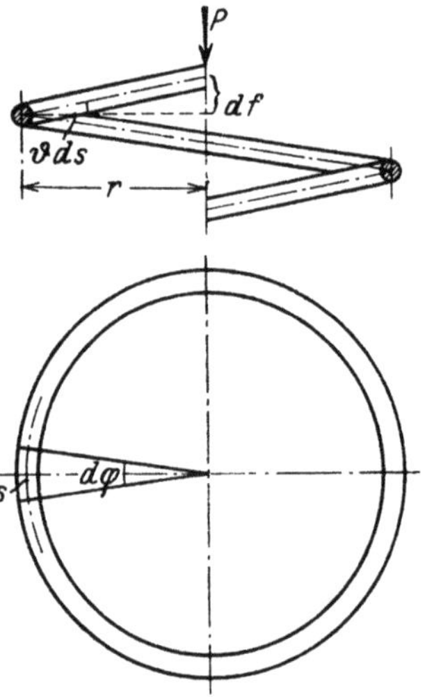

Abb. 2.

Die Werte von ϑ sind für die gebräuchlichsten Querschnittsformen aus Zahlentafel 123.1 zu entnehmen. Für den kreisförmigen Querschnitt ist $\vartheta = M_d/J_p G$.

Wenn $r =$ konst. ist, wird $\qquad f = \frac{P \cdot r \cdot r^2}{G \cdot J_p} \int_0^{2\pi \cdot i} d\varphi = \frac{64 P r^3}{G d^4} i;\qquad (2)$

und nach Einführung von τ aus Gl. (1): $\qquad f = \frac{4\pi i \tau r^2}{G \cdot d}. \qquad (3)$

Die Formänderungsarbeit der Feder ist $\qquad \mathfrak{A} = \frac{\tau^2}{4G} \cdot V. \qquad (123.10)$

Für rechteckige Querschnitte und für kegelförmig gewundene Federn wird auf die Literatur verwiesen.

Diese übliche, vereinfachte Berechnungsweise ist hauptsächlich wegen der Vernachlässigung der Federsteigung ungenau. Die Torsionsspannungen sind dann nicht mehr zentrisch symmetrisch über den Querschnitt verteilt, sondern sie verlaufen in nicht konzentrischen Kreisen. Ist die Schraubenlinie steilgängig, so treten zu der Torsionsbeanspruchung noch Biegespannungen

---
[1] L. 262.4. [2] L. 262.5.

263. Drehfedern.

hinzu. Die exakte Lösung von O. Göhner[1], welche zeigt, daß die Vereinfachungen von E. Honegger[2] und von A. M. Wahl[3] durchaus zulässig sind, kann durch Einführung eines Faktors K auf die übliche Lösung zurückgeführt werden:

$$\tau_{max} = K \cdot \frac{M_d}{W_t}. \qquad (4)$$

Der Verdrehungswinkel ϑ und der Federweg f nach Gl. (3) werden durch die geänderte Verteilung der Torsionsspannungen nur unwesentlich beeinflußt, so daß

$$f = \frac{4 \pi i \tau_{max} r^2}{G \cdot d \cdot K} \qquad (5)$$

ist. Die Korrekturfaktoren K_1 (für kreisförmige) und K_2 (für quadratische Querschnitte) sind in den Abb. 3 u. 4 (nach Bergsträßer[4]) eingetragen. Sie zeigen, daß die Torsionspannung für kleine Werte von $2\,r/a$ etwa 60% größer wird als aus der üblichen Gl. (1) folgt. Die Formänderung dagegen wird durch die Krümmung nur unwesentlich beeinflußt. Für rechteckige Querschnitte hat G. Liesecke[5] Diagramme aufgestellt.

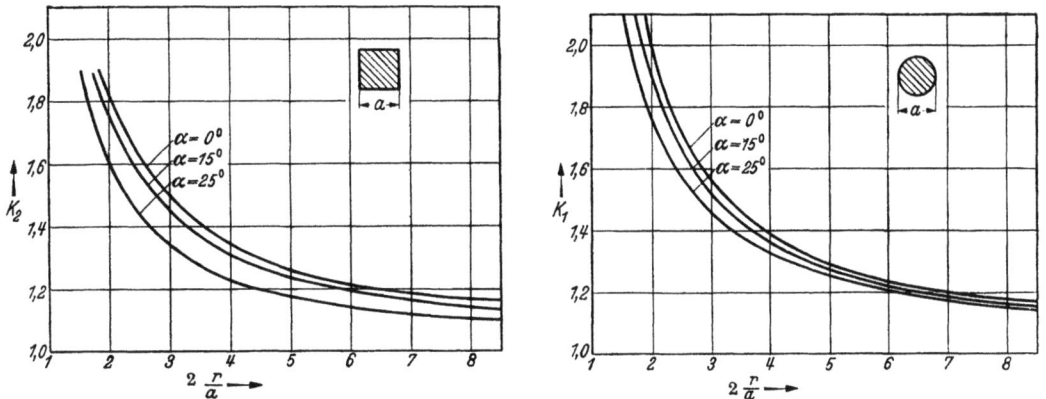

Abb. 3 und 4 Korrekturfaktoren K zur Berechnung von τ_{max} in Schraubenfedern. Steigungswinkel $= \alpha$, Mittlerer Krümmungsradius $= r$, Drahtstärke $= a$.

Im allgemeinen ist die maximale Federkraft P gegeben, während (z. B. bei Ventilfedern) der Federweg durch den Nockenhub h vorgeschrieben sein kann. Der mittlere Windungsdurchmesser $2\,r$ hängt von dem vorhandenen Platz ab; der Drahtdurchmesser a ist genormt. Das Verhältnis $2\,r/a$ darf nicht zu klein sein, damit K resp. τ_{max} nicht zu groß wird. Drahtdurchmesser a und Gesamtwindungszahl i_t sind noch durch die Bedingung verknüpft, daß die einzelnen Windungen sich bei der größten Zusammendrückung noch nicht berühren dürfen. Es ist auch zweckmäßig die Feder nicht vollständig zu entspannen; sie erhält eine (beliebig wählbare) Vorspannung τ_v. Mit den angenommenen Werten wird τ_{max} berechnet und ihre Zulässigkeit schließlich an Hand eines Dauerfestigkeitsschaubildes (Abb. 26.1, 2) beurteilt.

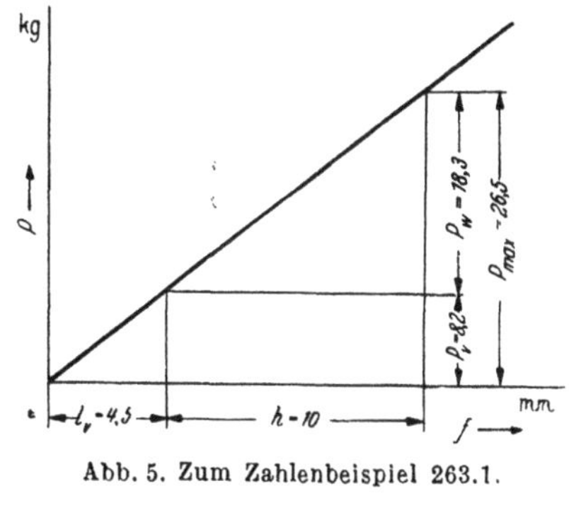

Zahlenbeispiel 263.1. Berechnung einer Ventilfeder für $P_{max} = 26{,}5$ kg bei einem Nockenhub $h = 10$ mm. Mit dem angenommenen Windungsdurchmesser $2\,r = 24{,}4$ mm und einem Drahtdurchmesser $a = 3{,}5$ mm, wird $2\,r/a = 7$ und (nach Abb. 4) $K_1 = 1{,}2$. Mit P_{max} und einer angenommenen Vorspannlänge $l_v = 4{,}5$ mm, kann die Federkennlinie (Abb. 5) gezeichnet und daraus Vorspannkraft P_v und Hubwechselkraft P_w berechnet werden.

$P_v = 26{,}5 \times 4{,}5/14{,}5 = 8{,}2$ kg und $P_w = 26{,}5 - 8{,}2 = 18{,}3$ kg (Abb. 5).

Abb. 5. Zum Zahlenbeispiel 263.1.

Aus Gl. (4) folgt $\qquad \tau_{max} = 1{,}2 \cdot \dfrac{26{,}5 \cdot 12{,}2 \cdot 16}{\pi \cdot 3{,}5^3} = 46$ kg/mm².

Die Hubwechselspannung ist $46 \times 18{,}3/26{,}5 = 31{,}7$ kg/mm², während nach dem Dauerfestigkeitsschaubild (für den besten Federstahl) $\tau_w = 50$ kg/mm² zulässig, also eine 50/31,7

---

[1] L. 263.1a.   [2] L. 263.2.   [3] L. 263.3.   [4] L. 263.4.   [5] L. 263.5.

198 26. Federn.

= 1,6fache Sicherheit vorhanden ist. Aus Gl. (2) folgt mit $f = 14{,}5$ mm die Zahl der federnden Windungen:
$$i = \frac{8000 \cdot 3{,}5^4 \cdot 14{,}5}{64 \cdot 26{,}5 \cdot 12{,}2^3} = 5{,}7.$$

Die zur Herstellung der Feder notwendige ungespannte Länge l_t hat auf die Berechnung keinen Einfluß. Nimmt man $l_t = 45{,}5$ mm und zählt zu den federnden Windungen noch die beiden Endwindungen, also $i_t = i + 2$, so folgt der Zwischenraum z im gespannten Zustand aus der Gleichung:
$$l_t = i_t \cdot a + f + z = 45{,}5 = 7{,}7 \times 3{,}5 + 14{,}5 + z,$$
zu $z = 4$ mm.

264. Parallel- und Hintereinanderschaltung von Federn.

Es kommt vielfach vor, daß eine Kraft gleichzeitig auf mehrere Teile wirkt. Die Berechnung der Formänderungen, resp. der Teilkräfte auf die einzelnen Teile, erfolgt dann am einfachsten in folgender Weise. Als Maß für die Starrheit der Feder, dient die Einheitskraft C, das ist die Kraft in kg (oder das Moment in kg·cm) für die Einheit der Formänderung.

Für Zugbeanspruchung ist $C = P/\lambda$ oder $P = C \cdot \lambda$
Für Biegung . . . . $C = P/y$,, $P = C \cdot y$
Für Verdrehung . . . . . $C = M_d/\gamma$,, $M_d = C \cdot \gamma$

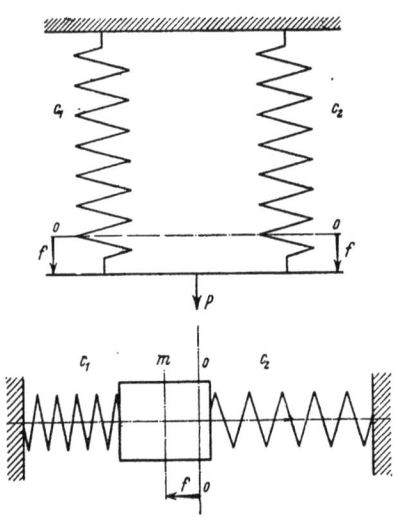

Abb. 264.1. Parallelschaltung von Federn (gleiche Formänderung).

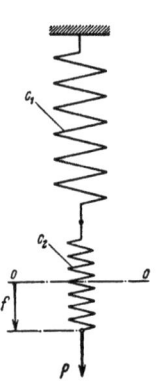

Abb. 2. Hintereinanderschaltung von Federn (gleiche Kraft).

Bei Parallelschaltung (Abb. 264.1) sind die Formänderungen der einzelnen Körper gleich groß.

Da $\lambda = \dfrac{P_1}{C_1} = \dfrac{P_2}{C_2}$

und
$$P = P_1 + P_2 = C\lambda$$

ist, muß $C_1\lambda + C_2\lambda = C\lambda$, also
$$C = C_1 + C_2 \qquad (264.1)$$

sein. Bei Hintereinanderschaltung sind die Einzelteile durch die gleiche Kraft beansprucht (Abb. 2). Aus $P = C\lambda$ und $\lambda_1 + \lambda_2 = \lambda$ folgt
$$\frac{P}{C_1} + \frac{P}{C_2} = \frac{P}{C}$$
oder
$$\frac{1}{C_1} + \frac{1}{C_2} = \frac{1}{C}. \qquad (2)$$

3. Wellen.
31. Gerade Wellen.

Wellen sind zylindrisch gedrehte Körper. Kalt gezogene Wellen verziehen sich, wenn Keilbahnen eingefräst werden. Nach Versuchen von Bach war

eine kalt gezogene Welle 50·3420 um 3,1 mm krumm nach Einfräsen der Nute.
,, ,, ,, ,, ,, 70·3420 ,, 1,3 ,, ,, ,, ,, ,, ,,
,, gedrehte ,, 70·3420 ,, 0,37 ,, ,, ,, ,, ,, ,,

Auch die gedrehte Welle verzieht sich etwas, so daß es als praktische Regel gilt, den letzten Schlichtspan nach dem Einfräsen der Nute abzunehmen. Kaltgezogene Wellen darf man nur dort verwenden, wo die Riemenscheiben durch Klemmen oder mit Hohlkeilen befestigt werden.

Hohle Wellen mit dünner Wandstärke (Rohrwellen) eignen sich besonders für große Lagerentfernungen (z. B. für Transportschnecken) und überall dort, wo Gewichtsersparnis notwendig ist. Das Ausbohren auf $d_i = 0,5\, d_a$ verringert das Widerstandsmoment nur um rd. 6%, das Gewicht dagegen um 25%.

Zum Stützen der Welle dienen die Lager; der im Lager ruhende Wellenteil wird Zapfen genannt. Je nachdem die Welle in der Quer- oder in der Längsrichtung gestützt wird, unterscheidet man: Querlager (Traglager, Radiallager) und

Längslager (Spurlager, Drucklager, Stützlager, Axiallager).

Wenn Zapfen und Lagerkörper sich direkt berühren, spricht man von Gleitlagern, in Gegenüberstellung zu den Wälzlagern, bei denen die Auflagerkräfte durch eine Reihe von Kugeln oder Rollen übertragen werden.

311. Festigkeit.

Für volle runde Wellen folgt die Biegespannung σ_b aus der Gleichung:
$$M_b = 0{,}1\, d^3 \sigma_b, \tag{311.1}$$
die Torsionsspannung τ aus:
$$M_d = \tfrac{1}{5} d^3 \tau. \tag{2}$$

Das Drehmoment wird aus der Bedingung berechnet, daß die Welle N PS resp. kW bei n Uml./min übertragen soll. Nun ist

Leistung = Drehmoment × Winkelgeschwindigkeit

und die Winkelgeschwindigkeit $\omega = \frac{\pi n}{30}$. Da 1 PS = 75 mkg/s und 1 kW = 102 mkg/s ist, wird

$$7500\, N_{\text{PS}} \text{ kgcm/s} = M_d \cdot \frac{\pi n}{30} = 10\,200\, N_{\text{kW}} \text{ und}$$

$$M_d = \frac{7500 \cdot 30}{\pi} \cdot \frac{N_{\text{PS}}}{n} = 71\,620\, \frac{N_{\text{PS}}}{n} = 97\,310\, \frac{N_{\text{kW}}}{n}\, [\text{kg} \cdot \text{cm}]. \tag{3}$$

Mit Hilfe der Momentenfläche für Biegung und Verdrehung läßt sich der Verlauf der Momente über die Welle leicht überblicken. Bei gleichzeitigem Auftreten von Torsion und Biegung an der gleichen Stelle der Welle tritt in der äußersten Faser eine maximale Schubspannung auf:

$$\tau_{\max} = \tfrac{1}{2} \sqrt{\sigma_b^2 + 4\tau^2}, \tag{4}$$

die für den zähen Wellenstahl, nach der Mohrschen Bruchhypothese, als Maß der Beanspruchung gilt, vorausgesetzt, daß die angenommenen Momente mit den im Betrieb tatsächlich auftretenden übereinstimmen. Bei Propellerwellen kommt noch eine Zug-, resp. Druckspannung (σ_z resp. σ_d) hinzu; dann ist

$$\tau_{\max} = \tfrac{1}{2} \sqrt{(\sigma_z + \sigma_b)^2 + 4\tau^2} \quad \text{resp.} \quad \tfrac{1}{2} \sqrt{(\sigma_d + \sigma_b)^2 + 4\tau^2}. \tag{5}$$

Durch die Ablenkung des Kraftflusses (Abschn. 16) in den Übergangsstellen abgesetzter Wellen treten örtlich begrenzte Spannungserhöhungen auf, die um so größer sind je schärfer

200   31. Gerade Wellen.

die Ablenkung, also das Verhältnis ϱ/d (Abb. 311.1) ist. Die Spannungserhöhungen sind verschieden groß, je nachdem die Beanspruchung durch Zug-, Biege- oder Verdrehkräfte erfolgt; sie lassen sich mit der elementaren Festigkeitslehre **nicht** berechnen. Die Spannungserhöhungen werden durch die Nähe der Kraftangriffstelle (durch Lager oder aufgesetzte Teile) zusätzlich beeinflußt. Zähe Wellenstähle sind weniger kerbempfindlich als spröde.

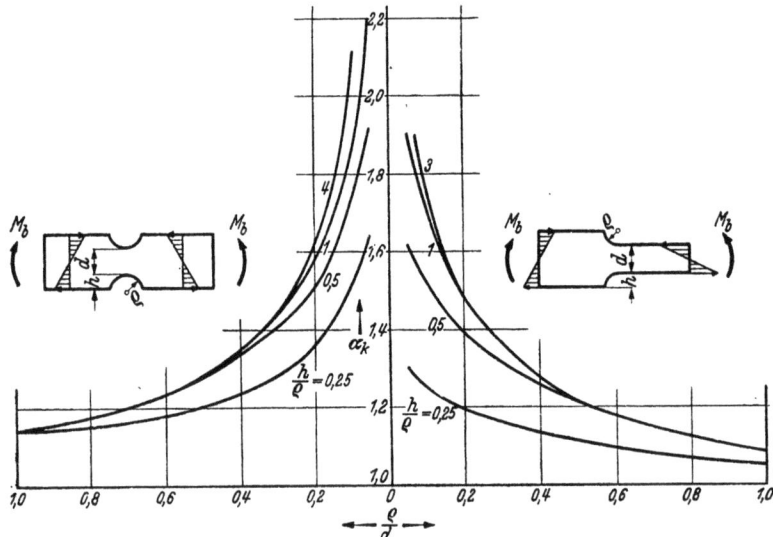

Abb. 311.1. Formziffer α_k für Biegung von Flachstäben (nach Frocht[1]).

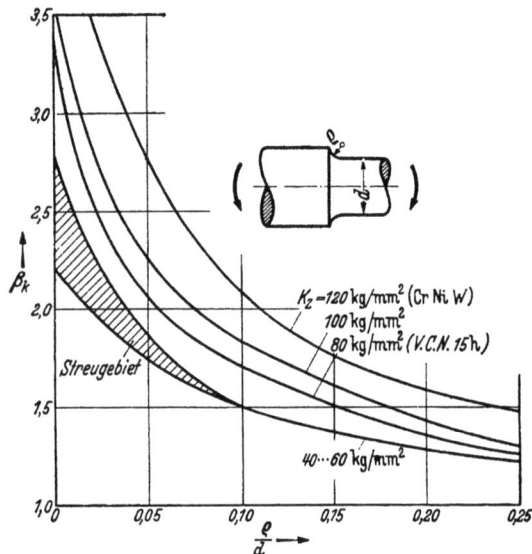

Abb. 2. Kerbwirkungszahlen β_k für Biegung abgesetzter Wellen (nach Lehr).

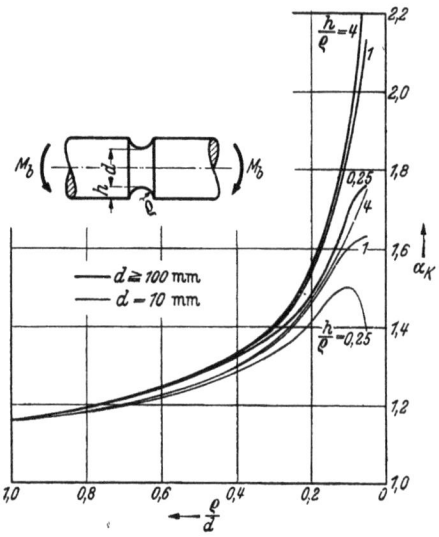

Abb. 3. Formziffer α_k für Biegung (nach Neuber).

Formziffer für Biegung[1]. Für Flachstäbe mit kreisförmiger Rundung, beansprucht durch Biegemomente, die in genügender Entfernung der Kerbstelle wirken, sind die auf Grund photoelastischer Untersuchungen gefundenen Formziffern, nach einer Zusammenstellung der Unterkommission für Werkstoffbeanspruchung bei der Am. Soc. Mech. Engs, in Abb. 311.1 dargestellt Sie stimmen gut überein mit den theoretischen Werten von Neuber, nach welchen auch eine Abhängigkeit von den Stababmessungen vorhanden ist, insbesondere für d kleiner als 10 mm.

Die Voraussetzung, daß das biegende Moment in genügender Entfernung von der Kerbstelle wirkt, trifft bei den Wellen nicht zu, da die biegende Kraft fast immer in der unmittelbaren Nähe der Kerbstelle angreift und dadurch die Formziffer erhöht (Abb. 16.12, Seite 139).

---
[1] L. 3111.

Wendet man die Formziffern in Abb. 311.1 auch bei der räumlichen Rundkerbe an, so liegt darin eine um 5—10% erhöhte Sicherheit (vgl. Abschn. 16). Bei den zähen Wellenstählen kann auch eine kleine Verfestigung erwartet werden. Nimmt man nun an, daß beide entgegengesetzt gerichteten Einflüsse (Kraftwirkung in Kerbnähe und Spannungsabflachung bei zähen Werkstoffen und bei räumlicher Kerbe) sich ausgleichen (was zu optimistisch ist), so können die in Abb. 311.1 dargestellten Formziffern auch als Kerbwirkungszahlen β_k der abgesetzten Wellen gelten. Sie stimmen für $h/\varrho = 1$ mit den von E. Lehr auf Grund von Versuchen vorgeschlagenen Werten gut überein (Abb. 2).

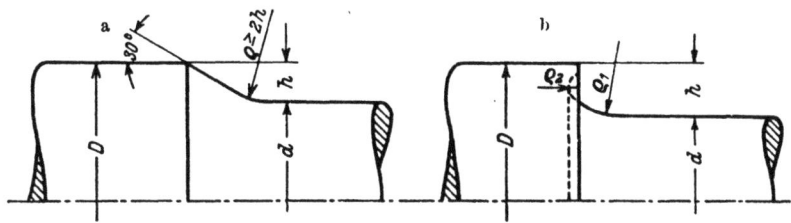

Abb. 4a, b. Freie Übergänge.
a) $\varrho/h > 2$. b) $\varrho_1/\varrho_2 > 4$ für hochbeanspruchte Wellen.

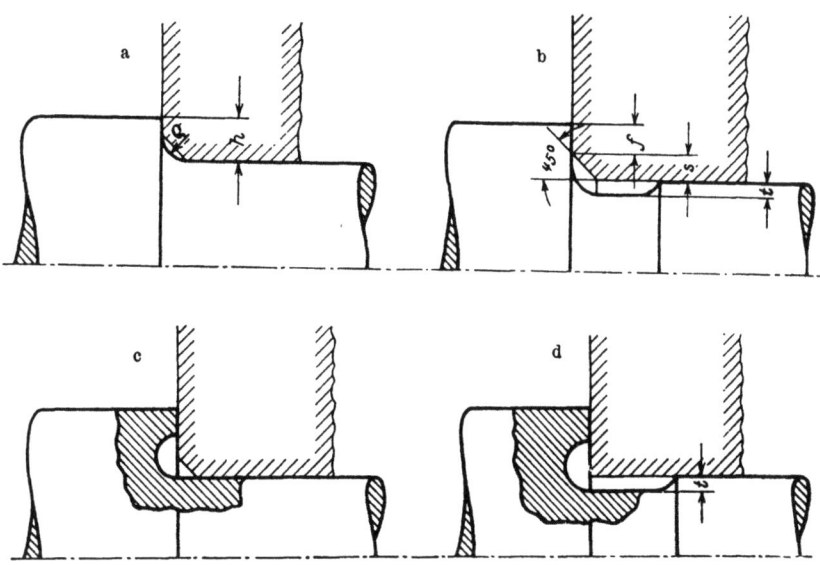

Abb. 5a, b. Anschlag-Radien für Kupplungen, Riemenscheiben usw.
Falls diese Ausführungen nicht zulässig sind, Ausführung nach Abb. 5c u. d. $t = 0{,}5$ bis $0{,}8$ mm.

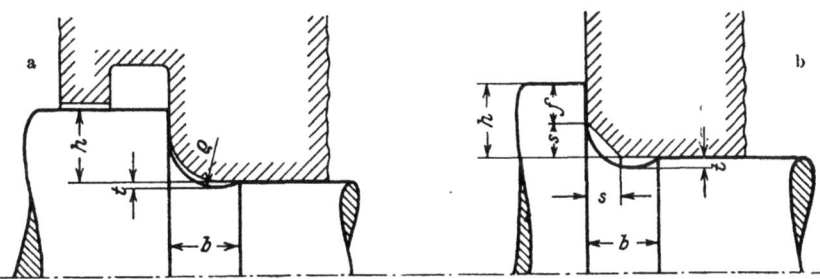

Abb. 6a, b. Schulter-Radien für Gleit- und Wälzlager, zwecks Aufnahme des axialen Druckes.

Als konstruktive Regel gilt: Alle Rundungen sind sehr glatt zu bearbeiten (zu schleifen und zu polieren). Bei Biegebeanspruchung und ϱ/d größer als 0,4 ist die Formziffer α_k kleiner als 1,3 bis 1,35 (Abb. 1 u. 3) und fast unabhängig von h/ϱ. Besondere Vorsicht erfordert der Kraftangriff in Kerbnähe.

Solche groben Abrundungen sind aber bei vielen Wellen nicht möglich. Wenn genügend Platz vorhanden ist, scheint der schwachkonische Übergang am besten; bei einem Neigungswinkel $\alpha = 15°$ (30°) ist die Formziffer $\alpha_k = 1{,}09$ (1,35), vgl. S. 119. Günstige Formziffern können auch erreicht werden, wenn man von der kreisförmigen Rundung abgeht.

Das VSM-Normalienbureau hat sich der Ausbildung des Überganges am Wellenbund besonders angenommen und Normen für die Kerbformen aufgestellt (VSM 15006). Man unterscheidet:

1. **Freie Übergänge**, die nicht als Anschlag oder Schulter dienen. Die Normen schreiben hierfür ϱ/h größer als 2 vor (Abb. 4a) ohne Rücksicht auf das Verhältnis ϱ/d. Für hochbeanspruchte Wellen ist die günstigere, aus zwei Radien im Verhältnis ϱ_1/ϱ_2 größer als 4 bestehende, Form (Abb. 4b) vorzuziehen; solche Rundungen sind allerdings schwieriger herzustellen.

Etwas einfacher ist es, die Ellipse durch zwei Krümmungen (Abb. 4b) zu ersetzen.

2. **Anschläge für festsitzende Teile** (ohne Druck), wie Kupplungen, Riemenscheiben usw. Zur Ausführung genügend großer Radien sind für die kleinen Absätze Hinterdrehungen ($t = 0{,}5$ bis 0,8 mm, Abb. 5b) auszuführen, die gleichzeitig als Radienschutz beim Schleifen der Welle dienen. An der Nabe ist eine Abschrägung (45°, Eckmaß s) vorzusehen. Ist diese nicht zulässig, dann Ausführung nach Abb. 5c oder 5d).

3. **Schulter für Gleit- oder Wälzlager**, zwecks Aufnahme des axialen Druckes (Abb. 6a, b).

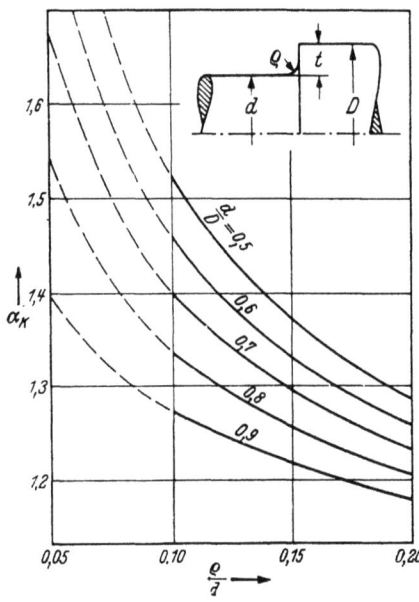

Abb. 7. Formziffern α_k für kreisförmige Abrundung.

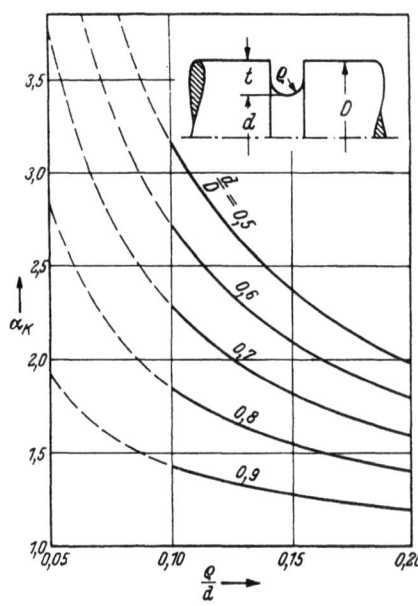

Abb. 8. Formziffern α_k für Welle mit schlitzförmiger Eindrehung.

Formziffer für Verdrehung[1]. Die aus der Näherungslösung von R. Sonntag[2] (Abschn. 16) abgeleiteten Formziffern α_k für abgesetzte resp. eingedrehte Wellen sind (bezogen auf die Nennspannung $\tau_n = M_d / \frac{d^3}{5}$ und $\tau_{max} = \alpha_k \cdot \tau_n$) aus den folgenden Gleichungen zu berechnen:

a) Für kreisförmige Abrundung (Abb. 7):

$$\alpha_k = \frac{1}{D}\left[\frac{3(d+2\varrho)(d+4\varrho)}{2(d+6\varrho)} + \frac{(D-d-2\varrho)(d+12\varrho)}{12\varrho}\right]. \qquad (6)$$

Für $D - d = 2\varrho$ ist $\alpha_k = \dfrac{3(1+2\varrho/D)}{2(1+4\varrho/D)}$. \hfill (6a)

b) Für Welle mit schlitzförmiger Eindrehung (Abb. 8):

$$\alpha_k = \frac{\dfrac{(d+2\varrho)^2}{\varrho} \cdot \dfrac{(D-d)}{2} + (d+2\varrho)^2 + 2\varrho(D-d-2\varrho)}{D(d+4\varrho)}. \qquad (7)$$

Für $D - d = 2\varrho$ ist $\alpha_k = \dfrac{2}{1+2\varrho/D}$. \hfill (7a)

---

[1] L. 3112. [2] L. 16.5.

Die Gleichungen gelten **nicht** für schroffe Übergänge und insbesondere nicht für $\varrho = 0$; für diesen Grenzwert wird $\alpha_k = \infty$. Für sehr kleine Werte von ϱ und für $D = d + 2\varrho$, also für sehr kleine Querschnittsänderungen (Abb. 7) oder Eindrehungen (Abb. 8) wird die tatsächlich auftretende größte Spannung sehr groß.

Sorgfältig durchgeführte Feindehnungsmessungen von A. Weigand[1] ergaben eine ausreichende Übereinstimmung mit den Näherungsgleichungen von R. Sonntag nur in dem Intervall:

$$0{,}1 \leq \varrho/d \leq 0{,}25 \quad \text{und} \quad 0{,}5 \leq d/D \leq 0{,}9.$$

Für kleinere Werte von ϱ/d geben die Versuche der MPA Darmstadt[2] (Prof. Thum) wertvolle Anhaltspunkte über die Größe von α_k. Diese Versuche liegen für abgesetzte Wellen etwas höher als die aus Drehschwingungsversuchen (Abb. 9) abgeleiteten Kerbwirkungszahlen β_k von W. Herold[3]. Aus den gleichen Überlegungen wie bei Biegung ist es empfehlenswert bei der Berechnung der Wellen aus zähem Stahl die α_k-Werte zu verwenden.

Die günstigste Gestalt der Hohlkehle bei verdrehbeanspruchten Wellen haben H. Deutler und A. Havers[4] untersucht. Sie empfehlen an Stelle des kreisförmigen einen elliptischen Übergang mit allmählich zunehmendem Radius, der allerdings schwieriger herzustellen ist (Abb. 10).

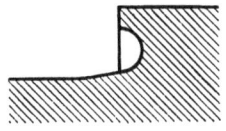

Abb. 9. Drehschwingungsversuche an abgesetzten Wellen (nach Herold). Abb. 10. Günstige Gestalt der Hohlkehle.

Formziffer für befestigte Teile[5] (Nabenwirkung). An Hinweisen auf die gefährliche Wirkung von zusätzlichen Kräften an Einspannstellen, aufgekeilten oder aufgeschrumpften Naben usw. (z. B. bei den Eisenbahnachsen) hat es nicht gefehlt. A. Thum und F. Wunderlich haben wohl zuerst diese Frage durch systematische Versuche geklärt und gefunden, daß an einer Einspannstelle die Dauerhaltbarkeit im Durchschnitt auf die Hälfte der Dauerhaltbarkeit des glatten Stabes sinken kann. Drei Hauptfaktoren spielen dabei eine Rolle:

1. die Spannungserhöhung durch Kerbwirkung,
2. die Spannungserhöhung durch den Preßsitz (Abschn. 24) oder durch Keilwirkung und
3. die Reiboxydation.

Keilbahnen bilden eine unstetige Querschnittsänderung, die beim Scheibenfräser (Auslaufkeil, Abb. 22.5a) weniger scharf ist als bei den Fingerfräsernuten (Abb. 22.5b), die in der Praxis oft bevorzugt werden, da die Einlegefeder dann nicht mehr durch Verstiftung gesichert werden muß. Nach Versuche der MPA. Darmstadt (A. Thum) an 14—18 mm dicken Stäben wird die Dauerfestigkeit durch die Keilverbindung in folgender Weise geschwächt[6]:

Glatter Stab (St 50.11) . . . . $\sigma_{wb} = 24{,}5\ \text{kg/mm}^2$
Auslaufkeilnut ohne Keil und Nabe . . . . $= 19{,}5$,,
Paßfederkeilnut ohne Keil und Nabe . . . . $= 14{,}5$,,
Einspannwirkung der Nabe, ohne Keilnut und Keil . . $= 13{,}0$,,
Einspannwirkung mit Keilnut und Keil . . . . . . $= 9{,}5$ bis $10{,}5\ \text{kg/mm}^2$.

Die Einspannwirkung ist also bei Keilverbindungen von überragendem Einfluß. Es ist demnach durchaus gerechtfertigt Paßfedern vorzuziehen, wenn das Drehmoment ohne Keilwirkung, also lediglich durch die Seitenflächen übertragen werden kann (z. B. bei Kupplungen, Riemenscheiben oder Zahnräder auf Motorwellen usw.).

Die genaue Berechnung des Widerstandsmomentes gegen Verdrehung einer durch die Keilbahn geschwächten Welle stößt auf große Schwierigkeiten, weil die Randbedingung für die

---

[1] L. 3112. [2] L. 16.6. [3] L. 3112. [4] L. 3112. [5] 3113.1
[6] Maschinenelemente-Tagung Aachen 1936, S. 29. Berlin: VDI-Verlag.

scharfe Keilnute mathematisch schwer zu erfassen ist. In der Praxis ist es gebräuchlich die durch die Keilbahn geschwächte Welle durch eine volle Welle mit dem Radius

$$a = \tfrac{1}{2}(d-t) \qquad (8)$$

zu ersetzen[1] (d ist der ungeschwächte Wellendurchmesser, t die Tiefe der Keilnute). Man erkennt die Brauchbarkeit dieser Ersatzwelle aus der Wölbung einer Seifenhaut (vgl. S. 131). Die größte Nennspannung der Ersatzwelle ist dann (nach der elementaren Theorie)

$$\tau_n = 2\, M_d / \pi\, a^3 \, . \qquad (9)$$

Diese Gleichung berücksichtigt aber in keiner Weise die (örtlich begrenzten) Spannungserhöhungen in den Ecken der Keilnute, die allerdings beim zähen Wellenstahl zum Teil wieder abgebaut werden.

Aus der Näherungsrechnung von R. Sonntag[2] (die in den scharfen Ecken der Keilnute nicht mehr gültig ist) folgt für die durch Halbrundkerbe geschwächte Welle (Abschn. 154) die größte Spannung

$$\tau_{\max} = \tau'_n \cdot \alpha'_k \, . \qquad (10)$$

In den scharfen Ecken einer Keilbahn ist die Formziffer α'_k sicher viel größer als 2.

Oberflächendrücken. Ähnlich wie die Dauerfestigkeit glatter Wellen durch Oberflächendrücken erhöht werden kann (S. 84), kann auch die Kerbwirkung abgesetzter Wellen dadurch bedeutend gemildert werden. Das Kaltwalzen der Oberfläche stellt nach den bisherigen Untersuchungen das beste Mittel zur Steigerung der Dauerhaltbarkeit von Kerbstellen dar und übertrifft in Wirkung die konstruktiven Maßnahmen. Die festigkeitssteigernde Wirkung beruht darauf, daß durch das Kaltwalzen günstige Druckvorspannungen und eine prägepolierte Oberfläche erzeugt werden. Sie ist abhängig vom Rollendruck (Abb. 11 und 12) und kann so bedeutend sein, daß der Bruch nicht mehr an der Kerbstelle, sondern im glatten Teil der Welle auftritt.

Abb. 11. Kaltverformen einer Hohlkehle mit Profilrolle.

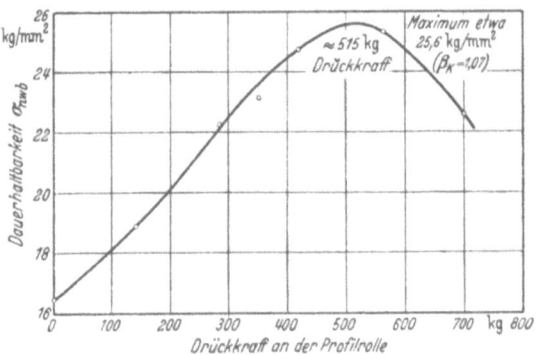

Abb. 12. Steigerung der Dauerhaltbarkeit durch Kaltwalzen der Bundübergänge (St C 35.61, $\sigma_{wb} = 27{,}5$ kg/mm²).

Wahl der zulässigen Spannung. Bei der Festlegung der zulässigen Spannung sind (wie im Abschn. 132 erläutert) eine große Zahl von Faktoren zu berücksichtigen; Abschn. 134 gibt eine Anleitung für den einzuschlagenden Weg.

Vorzugsweise verwendet man zähe Werkstoffe (St 50 oder St 60, im Leichtbau auch legierte Stähle), die bei vereinzelt auftretenden Überlastungen nicht sofort brechen, sondern sich verfestigen (Abb. 132.1).

In erster Linie sollten die Kräfte, Momente, Stöße, die betriebsmäßig öfter auftreten, durch Schätzung der Betriebsbedingungen sorgfältig festgestellt werden. Die Betriebsbedingungen der Maschinen sind aber so grundverschieden, daß Richtlinien nur von Fall zu Fall aufgestellt werden können. Ausschlaggebend für die Berechnung ist die Anzahl Lastwechsel je Lebensdauer. Ist sie kleiner als 10^5, so kann die Streckgrenze als zulässige Spannung angenommen werden, ist sie größer als $2 \cdot 10^7$, so ist sie durch die Dauerfestigkeit des Werkstoffes (Abb. 132.15/16) festgelegt.

---

[1] Diese Berechnungsweise wird z. B. auch durch E. vom Ende: Festigkeit genuteter Wellen, Forsch. 6 (1935) 206—08 empfohlen.
[2] L. 16.5.

311. Festigkeit.

Beschränken wir uns auf diesen zweiten Fall, so wird die Bruchgefahr vorwiegend durch den größten Ausschlag der Wechselspannung bestimmt; die Mittelspannung hat nur einen geringen Einfluß.

Die Biegespannung wechselt bei jeder halben Umdrehung der Welle das Vorzeichen, ist bei drehenden Wellen also immer eine Wechselspannung. Die Torsionsspannung wechselt mit dem Drehmoment, das z. B. bei Kolbenmaschinen (Abschn. 8) periodisch veränderlich und bei rotierenden Maschinen (Turbinen, Generatoren, Zentrifugalpumpen u. a. m.) fast unveränderlich ist. Raschlaufende Zahnräder geben immer ein rasch wechselndes Drehmoment (vgl. Abschn. 713 u. 716); die raschen Schwingungen der Zähne werden aber nicht auf die Welle (und den damit verbundenen Teilen) übertragen.

Was den Einfluß der Form und der Oberflächenbeschaffenheit anbelangt, so sind die Wellen fast immer abgesetzt; verschiedene Teile (Kupplungen, Riemenscheiben, Zahnräder) sind darauf mit Keilen befestigt. An allen diesen Stellen treten Spannungserhöhungen auf, deren Größe zahlenmäßig nicht zuverlässig bekannt ist. Die Kraftwirkung (Lager) liegt in der Nähe dieser Kerbstellen. Insbesondere weiß man nicht wie groß die Formziffern sind beim gleichzeitigen Auftreten dieser Faktoren. Bei der üblichen guten Ausführung mit nicht zu kleinen Rundungen muß mindestens mit einer Formziffer $\alpha_k = 2$ gerechnet werden. Vom Einfluß der Korrosion wird abgesehen.

Die Dauerfestigkeitswerte (Abb. 132.15/16) gelten nur für Biegung dünner Stäbe. Für Torsionsbeanspruchung sind diese Werte mit 0,58 zu multiplizieren; für Wellen von 50 mm Durchmesser und mehr gelten nur 70—65% dieser Werte. Die zulässige Spannung $\tau_{\max}$ ist also höchstens

$$\overset{\tau}{\tau_{\max}} < 0{,}58 \times \overset{d}{(0{,}7 \text{ bis } 0{,}65)}\, \sigma_{wb} \times \overset{\alpha_k}{0{,}5} \times \overset{\text{Zuschlag}}{0{,}7} \approx 0{,}12 \cdot \sigma_{wb}.$$

Die Faktoren 0,5 und 0,7 gelten für die Formziffer $\alpha_k = 2$ mit einem Zuschlag für Kraftwirkung (Lager oder Keile) in Nähe der Kerbstelle.

Für St 50 (resp. St 60) ist $\sigma_{wb} = 24$ resp. 29 kg/mm^2, so daß $\tau_{\max}$ kleiner als 3,0 resp. 3,5 kg/mm^2 sein muß. Bei sehr sorgfältiger Ausführung (Oberflächendrücken und Glätten) sind höhere Werte zulässig.

Zahlenbeispiel 311.1. Berechnung einer Eisenbahnradachse[1] (D-Zug-Drehgestell). Leergewicht des abgefederten Teils des Wagens = 43 Tonnen, Nutzlast = 12 Tonnen, so daß zwei Drehgestelle = 4 Achsen 55 Tonnen tragen und $Q = 55/4 = 13{,}75$ Tonnen je Achse ist.

Zuerst müssen die Kräfte nach Größe und zeitlichem Verlauf durch Schätzung der ungünstigsten Betriebsbedingungen (oder auf Grund von Erfahrungen) bestimmt werden. Veraltet ist natürlich die Berechnungsvorschrift I der Bahnverwaltungen[2], die nur das stillstehende Wagengewicht berücksichtigt. Die im Wagenlauf auftretenden, ungünstigsten Betriebsbedingungen entstehen beim Durchfahren von Kurven; sie setzen sich zusammen aus den vertikalen Schienenstößen und den horizontal wirkenden Fliehkräften. Sie sind abhängig von der Fahrgeschwindigkeit, vom Kurvenradius und von der Sorgfalt der Verlegung und des Unterhaltes des Unterbaues.

Die Berechnungsvorschrift II[2] schreibt (ohne weitere Begründung) eine vertikale Stoßkraft $2P = 1{,}5\,Q$ je Achse und eine horizontal wirkende Fliehkraft $H = 0{,}2\,Q$ je Achse (vgl. Abb. 13a. Die Fliehkraft wird also als Bruchteil x des bekannten Wagengewichtes angenommen. Aus $m \cdot v^2/r = x \cdot m \cdot g$ folgt $x = v^2/r \cdot g$. Mit $v = 80$ km/h $= 22{,}2$ m/s und $r = 250$ m wird $x = 0{,}2$. Die Vorschrift $H = 0{,}2\,Q$ je Achse scheint vorsichtig gewählt zu sein und enthält wohl einen Zuschlag für das stoßweise Auftreten der Kraft, da eine Kurve mit $r = 250$ m nicht mit einer Geschwindigkeit von 80 km/h durchfahren wird. Der Schwerpunkt des Wagens liegt 1,5 m über Achsmitte (Abb. 13b). Laut Vorschrift darf nun σ_{zul} zu 1200 kg/cm^2 für St 50 angenommen werden, gegenüber 455 resp. 555 kg/cm^2 nach Vorschrift I. Die Wahl dieser zulässigen Grenze stimmt mit der Regel überein, daß für Wechselbeanspruchungen $\sigma_{zul} = 50\%$ der Elastizitätsgrenze betragen darf (vgl. Abb. 132.15/16) (Elastizitätsgrenze = Dauerwechselfestigkeit).

Auf die Achse wirken nun die folgenden in Abb. 13b eingezeichneten Kräfte:
1. in A und B die vertikalen Kräfte $P = 0{,}75\,Q = 10312$ kg, vom Wagengewicht einschließlich Stoßzuschlag herrührend, die
2. in C und D gleichgroße aber entgegengesetzt gerichtete Reaktionen hervorrufen;

---

[1] Kühnel, R.: Achsbrüche von Eisenbahnfahrzeugen und ihre Ursachen. F. C. Glaser oder Glasers Ann. 1932, S. 29 und 41. Berlin SW 68.
[2] Hütte III, 26. Aufl., S. 987.

3. die horizontale, im Schwerpunkt S des Wagens wirkende Kraft H wird (nach der Achsmitte verschoben) durch die Lagerung der Welle in der Längsrichtung aufgenommen. Eine gleich große Kraft H wirkt zwischen Spurkranz und Schiene in C. Bei der Verschiebung der Kraft nach der Achsmitte tritt ein Kräftepaar $H \times 150$ cm auf, das durch die in A und B wirkenden vertikalen Kräfte $H_1 = H \cdot 150/195{,}6 = 2{,}11$ t aufgenommen wird. Durch die horizontale Kraft H ändern sich aber auch die Raddrücke in C und D um den Betrag $H_2 = H \cdot (150 + 50)/150 = 3{,}667$ t. Es wirkt also in C die Reaktionskraft $P + H_2 = 10{,}312 + 3{,}667 = 13{,}98$ t und in D die Reaktionskraft $P - H_2 = 6{,}645$ t.

Mit Hilfe dieser in Abb. 13c eingetragenen Kräfte kann die Momentenfläche (Abb. 13d) konstruiert werden, wobei zu beachten ist, daß im Punkte C das Moment $H \cdot 50$ sprungweise hinzutritt. Es ist also: $M_c = 12\,422 \cdot 22{,}8 = 283\,000$ kg·cm, $M_c' = 283\,000 + 2750 \cdot 50 = 420\,750$ kg·cm und $M_d = 8202 \cdot 22{,}8 = 187\,000$ kg·cm.

Der Nabendurchmesser in C folgt dann aus der Gleichung $420\,750 = 0{,}1\, d^3 \cdot 1200$, zu $d = 152$ mm (Ausführung 155 mm) und für den Schenkel, aus $(P + H_2) \cdot 10 = 12\,422 \cdot 10 = 0{,}1\, d^3 \cdot 1200$, zu $d =$ rd. 100 mm (Ausführung 115 mm).

Wenn nach dieser scheinbar gut begründeten Berechnung, mit nur halber Ausnützung der Dauerfestigkeit des Werkstoffes, dennoch gelegentlich Achsbrüche auftreten[1], so müssen noch andere, wichtige Faktoren vorhanden sein, welche die Bruchgefahr erheblich beeinflussen. Solche Einflüsse sind die Kerbwirkung in der Hohlkehle des Schenkels (die durch Vorschrift eines Abrundungsverhältnisses ϱ/d berücksichtigt werden kann) und die zusätzliche Beanspruchung durch die aufgepreßten Räder. Bei dem gebräuchlichen Schrumpfmaß $\varrho/r_i = 0{,}001$ (Abschn. 24) und $a = r_a/r_i = 2$, wird die gleichmäßige Flächenpressung zwischen Nabe und Welle 825 kg/cm². Wenn die Biegespannung unverändert bleiben würde,

Abb. 13. Berechnung einer Wagenachse.

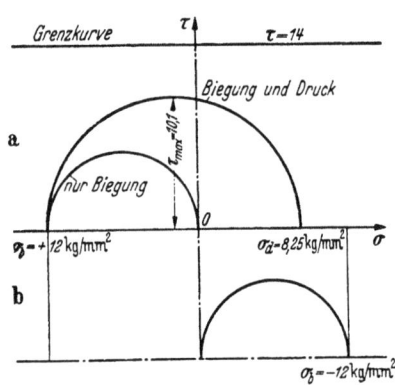

Abb. 14. Grenzkurve und Spannungskreis (Zahlenbeispiel 311.1).

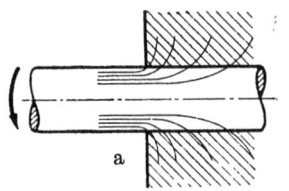 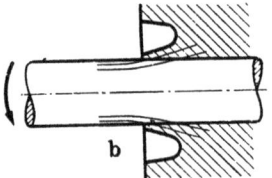

Abb. 15. Kraftfluß in einem eingespannten Stab a ohne, b mit hinterdrehter Einspannung.

ändert sich der gefährlichste Spannungskreis bedeutend, wie Abb. 14a für die Zugfasern der Welle zeigt. Nach einer halben Umdrehung (für die Druckfasern der Welle) liegt der gefährlichste Spannungskreis, wie in Abb. 14b gezeichnet.

---

[1] Kühnel.

Die größte Schubspannung (welche die Bruchgefahr kennzeichnet) wechselt also zwischen +10,1 kg/mm² (auf der Zugseite) und —6 kg/mm² (auf der Druckseite); die Mittelspannung τ_m ist rd. 2 kg/mm². Die Lage der Grenzkurve für glatte, dünne Stäbe und 10^6 Lastwechsel kann aus Abb. 132.15/16 (für St 50) entnommen werden; die obere Grenzspannung ist bei dieser Mittelspannung gleich $\tau_{zul} = 14$ kg/mm². Für die Achse von 150 mm Durchmesser kann bei der üblichen Bearbeitung und bei Berücksichtigung der Korrosionsgefahr (vgl. Abb. 132.12 u. 14.) höchstens mit 60% dieses Wertes gerechnet werden, also mit $\tau_{zul} = 0{,}6 \times 14 = 8{,}4$ kg/mm². Die Sicherheit gegenüber Dauerbruch ist 8,4/10,1, also **kleiner als 1!** Eine stille Reserve liegt in der Wahrscheinlichkeit, daß die angenommenen Kräfte (Stoßfaktor und Fliehkraftwirkung) als Höchstwerte gelten, die im Durchschnitt nicht sehr oft auftreten.

Auch ist zu beachten, daß eine zuverlässige Berechnung der Biegespannung an der Bruchstelle bei der Nabe (d. i. bei der Kraftangriffstelle) überhaupt unmöglich erscheint. Die Umlenkung der Kraftlinien am Nabenanfang (Abb. 15a) hat die Bedeutung einer scharfen Kerbe. Man könnte die Einspannwirkung mildern, wenn man den Einspanndruck langsam nach dem Innern der Nabe zunehmen läßt, indem die Welle nach innen um einige Hundertstel Millimeter dicker gemacht wird als am Ende des Nabensitzes, oder auch die Nabe entsprechend bearbeitet oder ausgebildet wird (Abb. 15b); die Kraftlinien erhalten dann einen günstigeren Verlauf[1].

312. Formänderung.

Konstruktion der elastischen Linie. Zuerst wird die Welle maßstäblich mit den darauf wirkenden Kräften gezeichnet (Abb. 312.1). Aus dem Kräfte- und Seilpolygon folgt die Momentenfläche und auch die Größe der Auflagerreaktionen. Zur Kontrolle der Genauigkeit der Zeichnung ist es zweckmäßig eine Auflagerreaktion und einen Punkt der Momentenfläche auch noch analytisch zu berechnen. Aus der Momentengleichung in bezug auf B folgt:

$$A = \frac{141 \cdot 2{,}137 + 141 \cdot 1{,}457 + 204 \cdot 1{,}276 + 340 \cdot 1{,}071 + 340 \cdot 0{,}79 + 204 \cdot 0{,}5}{2{,}507} = 600 \text{ kg}.$$

Das Biegemoment an der Stelle 4 ist:

$$M_4 = 600 \cdot 1{,}436 - 141(1{,}066 + 0{,}386) - 204 \cdot 0{,}205 = 615 \text{ mkg}.$$

Das Gewicht der Welle wird gleichmäßig über die totale Länge verteilt ($p = G/l$) und gibt eine zusätzliche, parabelförmige Momentenfläche (mit dem Höchstwert $pl^2/8$), die mit der Momentenfläche der äußeren Kräfte graphisch superponiert wird.

Zur Bestimmung der verzerrten Momentenfläche (vgl. S. 29) sind diese Momente mit J_0/J_x zu multiplizieren, wobei der beliebige Wert J_0 so gewählt werden muß, daß die Berechnung der Flächeninhalte genügend genau erfolgen kann. Die verzerrte Momentenfläche wird wieder in einzelne Teile zerlegt, deren Flächeninhalte und Schwerpunkte bestimmt werden müssen. Der Flächeninhalt jedes Teilstückes wird als eine im Schwerpunkt angreifende Kraft aufgefaßt (Zahlentafel 312.2). Mit diesen Kräften wird ein neues Kräfte- und Seilpolygon gezeichnet, welches (nach Mohr) aus Tangenten der elastischen Linie besteht. Die genaue Lage der größten Durchbiegung liegt dort, wo die Querkraft dieser neuen Belastungsfläche zu Null wird. Man zieht im Kräftepolygon (Abb. 312.1b) den Strahl parallel zur Schlußlinie (aus Bild c) und findet so die Reaktionen A'' und B''. Der Punkt $Q = 0$, d. i. die Lage der größten Durchbiegung liegt (wie aus dem Kräftepolygon ersichtlich) im Feld 5'' und zwar so, daß rd. drei Viertel dieser Fläche links des Punktes liegt.

Die wirkliche Größe der Durchbiegung und die Neigung in den Lagerstellen folgt aus der elastischen Linie unter Berücksichtigung der Verzerrung (vgl. S. 30).

$$\text{z. B.} \quad \text{tg}\, \alpha_1 = \frac{A''}{J_0 E} = \frac{9{,}91 \cdot 100}{5{,}63 \cdot 10^5} = 0{,}00174 \,.$$

Dabei ist vorausgesetzt, daß die Welle sich frei durchbiegen kann und nicht durch aufgesetzte Teile an der freien Formänderung gehindert ist. Das ist bei nicht zu breiten Scheiben und Lager wohl meistens der Fall, da die Durchbiegung innerhalb des Spielraumes der Sitze bleibt. Wenn aber eine lange Trommel auf der Welle sitzt (Abb. 2), so kann diese sich nicht durchbiegen, ohne entsprechende Formänderung der Trommel. In solchen Fällen muß beim Aufzeichnen der „verzerrten" Momentenfläche an Stelle des Trägheitsmomentes der Welle das der Trommel eingesetzt werden. Eine Versteifung der Welle ist immer vorhanden, wenn Teile fest aufgepreßt

---

[1] L. 16.

31. Gerade Wellen.

oder warm aufgezogen werden. Die versteifende Wirkung des aufgepreßten Ankers in Abb. 1d ist bedeutend; die Durchbiegung wird dadurch von 1,11 mm (Bild c) auf nur 0,165 mm (Bild e) vermindert.

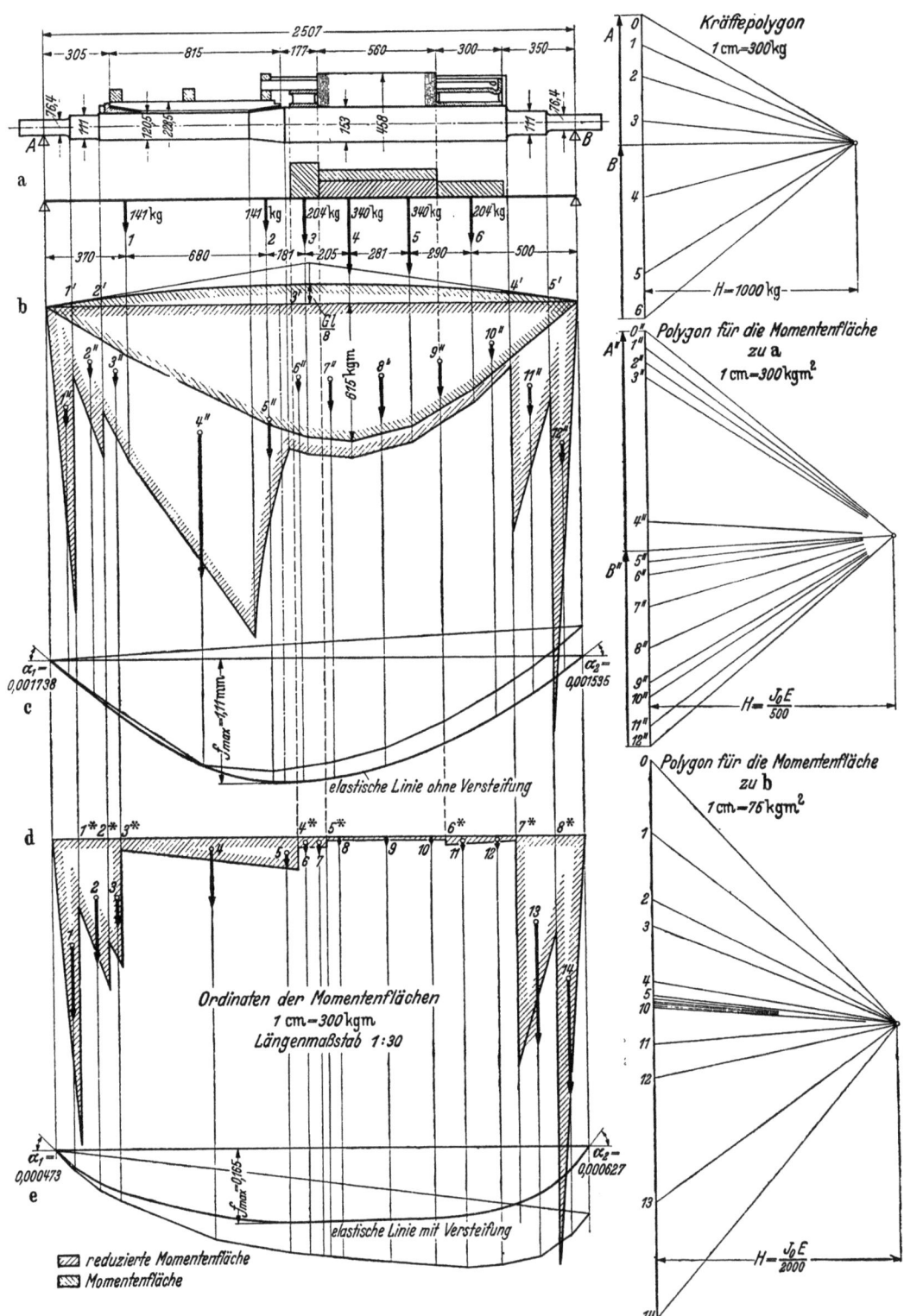

Abb. 312.1. Konstruktion der Formänderung einer Generatorwelle.
a ohne und b mit Berücksichtigung der versteifenden Wirkung des Ankers.
Gewichte: Ankerbleche 438 kg, 2 Stütztrommeln je 204 kg.
Kupferwicklung 242 kg, Kommutator 282 kg. Welle 288 kg.

312. Formänderung.

Zahlentafel 312.1 (zu Abb. 1b). Berechnung der red. Momentenfläche und Flächeninhalte.
$J_0 = 2682$ cm⁴ $J_0 E = 5{,}63 \cdot 10^5$ kg·m².

Punkt	Wellen ⌀ cm	J_x cm⁴	J_0/J_x	M_x mkg	$M_{x\,\text{red.}}$ mkg	Feld	Inhalt kgm²	Feld	Inhalt kgm²
1'	7,64	167	16,07	85	1365,95	1''	81,956	11''	136,9
	11,11	746	3,596		305,666	2''	66,751	12''	85,5
2'	11,11	746	3,596	190	683,24	3''	66,589	$\Sigma = 1865{,}770$	
	12,05	1037	2,585		491,15	4''	648,55		
3'	12,05	1037	2,585	650	1680,25	5''	174,24		
	15,3	2682	1		650	6''	59,85		
4'	15,3	2682	1	285	285	7''	141,934		
	11,11	746	3,596		1024,86	8''	186,261		
5'	11,11	746	3,596	120	431,52	9''	153,360		
	7,64	167	16,07		1928,4	10''	63,888		

Zahlentafel 2 (zu Abb. 1d, mit Versteifung).
Berechnung der reduzierten Momentenfläche und Flächeninhalte.

$J_0 = 2682$ cm⁴ $J_0 E = 5{,}63 \cdot 10^5$ kg·m² $H = \dfrac{J_0 E}{2000}$.

Punkt	Wellen ⌀ cm	J_x cm⁴	J_0/J_x	M_x mkg	$M_{x\,\text{red.}}$ mkg	Feld	Inhalt kgm²
1*	7,64	167	16,07	85	1365,95	1	81,956
	11,11	746	3,596		305,666	2	73,50
2*	11,11	746	3,596	190	798,312	3	29,62
	12,05	1037	2,585		573,87	4	63,10
3*	12,05	1037	2,585	222	607,5	5	15,469
	22,85	13 380	0,2		4,7	6	2,416
1'	22,85	13 380	0,2	270	54,0	7	2,490
2'	22,85	13 380	0,2	618,5	123,7	8	1,230
4*	22,85	13 380	0,2	660	132,0	9	2,292
	31,40	47 540	0,0565		47,29	10	0,812
3'	31,40	47 540	0,0565	680	38,42	11	41,65
5*	31,40	47 540	0,0565	685	38,702	12	36,70
	45,80	214 000	0,0125		8,562	13	136,899
4'	45,80	214 000	0,0125	695	8,687	14	128,238
5'	45,80	214 000	0,0125	620	7,750	$\Sigma = 616{,}38$	
6*	45,80	214 000	0,0125	541	6,762		
	31,40	47 540	0,0565		30,566		
6'	31,40	47 540	0,0565	413	23,334		
7*	31,40	47 540	0,0565	285	16,202		
	11,11	746	3,596		1024,86		
8*	11,11	746	3,596	120	431,52		
	7,64	167	16,07		1928,4		

NB.: Punkte mit dem Index * bedeuten Durchmessersprung.
   „   „   „   „   ' sind Kraftangriffspunkte.

31. Gerade Wellen.

Was die zulässige Formänderung anbelangt, so stellte man früher zwei Forderungen:

1. Die höchstzulässige Durchbiegung darf $1/3$ mm auf 1 m Wellenlänge nicht überschreiten, also $f/l < 1/3000$.

2. Die Neigung in den Auflagerstellen darf nicht größer sein als 0,001, oder tg $\alpha < 0,001$, damit kein Klemmen in den Lagern auftritt.

Für eine gleichmäßig belastete Welle fallen beide Forderungen zusammen, da

$$f = \frac{5}{384}\frac{pl^4}{JE} = \frac{5}{24 \cdot 16}\frac{pl^4}{JE} \quad \text{und} \quad \text{tg } \alpha = \frac{1}{24}\frac{pl^3}{JE} = 3{,}2\frac{f}{l},$$

so daß für $\dfrac{f}{l} = \dfrac{1}{3000}$ $\qquad$ tg $\alpha = \dfrac{3{,}2}{3000} \approx 0{,}001$

wird. Diese Angaben sind nur Anhaltspunkte, deren Zulässigkeit von Fall zu Fall näher untersucht werden sollte. Ein Zapfen von 100 mm Durchmesser und 200 mm Länge würde mit tg $\alpha = 0{,}001$ außen um $200 \cdot 0{,}001 = 0{,}2$ mm von der Lagerschale abstehen und

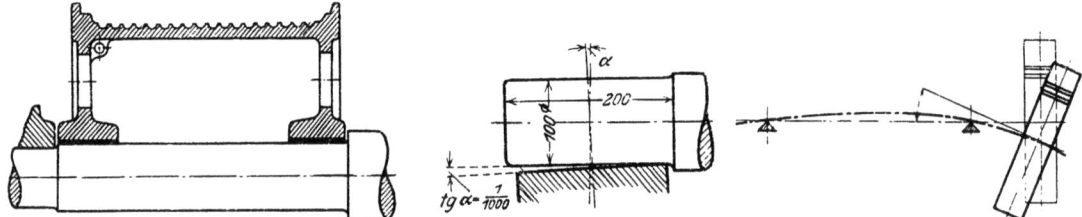

Abb. 2. Versteifung der Welle durch eine Trommel. $\qquad$ Abb. 3 und 4. Unzulässige Formänderungen der Welle.

ohne Selbsteinstellung des Lagers jedenfalls zu Heißlaufen oder Anfressen Anlaß geben. Besonders sorgfältig sind fliegend angeordnete Zahnräder zu untersuchen, da gleichmäßiges Aufliegen der Zähne verlangt werden muß.

Für Wellen, auf denen Körper sitzen, die mit geringem, radialem Spiel in Gehäusen laufen (elektrische Maschinen, Turbinenlaufräder), muß die Durchbiegung unbedingt innerhalb des vorgeschriebenen Spielraumes bleiben.

Da die Werte von E für Eisen und Stahl nur unbedeutend voneinander abweichen, so folgt aus der Gleichung der elastischen Linie $\dfrac{d^2y}{dx^2} = \dfrac{M_b}{JE}$, daß die Formänderung bei einer Welle aus hochwertigem Stahl ebenso groß ausfällt wie bei einer Welle aus gewöhnlichem SM.-Stahl. Wenn die Abmessungen durch die zulässige Formänderung festgelegt sind, so hat es keinen Sinn, hochwertige Stahlsorten zu wählen.

Mehrfach gelagerte Wellen können nach den Angaben (in Abschn. 125) berechnet werden. Wirken die Kräfte nicht alle in einer Ebene, so kann man sie immer in zwei Richtungen, horizontal und vertikal, zerlegen. Die Beanspruchungen und Formänderungen müssen dann für beide Richtungen getrennt untersucht werden, woraus dann auch die Gesamtbeanspruchung und die wirkliche Formänderung folgt.

In Abb. 5 ist die Formänderung der dreifachgelagerten Welle eines 150 PS-Elektromotors in horizontaler und in vertikaler Richtung bestimmt. Die Gesamtformänderung findet man durch geometrische Addition der Komponenten.

Transmissionswellen sind meist mehrfach gelagert; sie können in sehr verschiedener Weise belastet sein (Abb. 6). Um eine allgemeingültige Beziehung für die Lagerentfernung abzuleiten, machen wir folgende Annahmen:

1. Wir heben die Kontinuität auf, wodurch die Biegespannungen und insbesondere die Formänderungen überschätzt werden (S. 60).

2. Die unregelmäßig geformte Momentenfläche für die Einzelbelastungen ersetzen wir durch eine möglichst anschließende Parabel, der eine gleichmäßig verteilte Belastung von p kg/Längeneinheit entsprechen würde. Weiter nehmen wir $p = 3g$, wenn mit g die gleichmäßige Belastung der Welle durch das Eigengewicht bezeichnet wird. Es sind also keine schweren Riemenscheiben vorgesehen oder diese sitzen nahe an den Lagerstellen. Das größte Biegemoment ist dann (Zahlentafel 1221, Pos. 8):

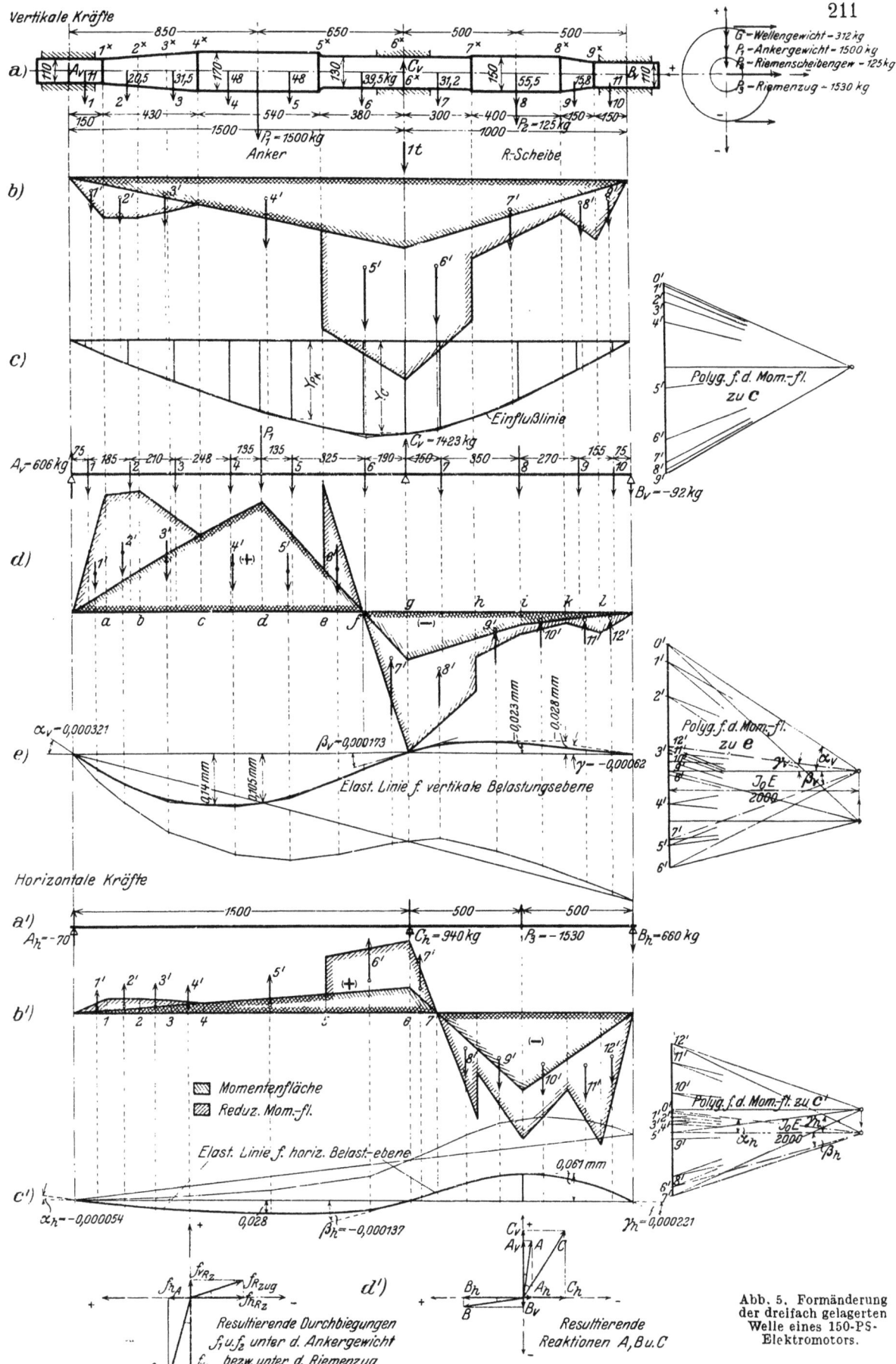

Abb. 5. Formänderung der dreifach gelagerten Welle eines 150-PS-Elektromotors.

31. Gerade Wellen.

Zahlentafel 3 (zu Abb. 5 a, b, c).

Punkt	Durchmesser cm	J_x cm⁴	$\frac{J_0}{J_x}$	M_x kgm	$M_x \frac{J_0}{J_x}$ kgm	Feld	Inhalt kg·m²
1*	11	718,7	5,71	60	342	1	25,64
2*	13	1402	2,924	120	350,8	2	49,60
3*	15	2485	1,65	176	290	3	82,8
4*	17	4100	1	226	226	4	181,1
5*	17 / 13	4100 / 1402	1 / 2,924	446	446 / 1307	5	581
6*	13	1402	2,924	600	1754	6	448
7*	13 / 15	1402 / 2485	2,924 / 1,65	422	1232 / 696	7	198
8*	15	2485	1,65	180	297	8	60,9
9*	11	718,7	5,71	90	514	9	38,6

	Punkt	y_p	P	Py	
Einflußlinie	1	0,3	11	3,3	Vertikal:
	2	1,09	20,5	22,1	$\Sigma Py = 5792,9 = 4,07\, C_v$
	3	1,85	31,5	58,2	$C_v = 1423$ kg
	4	2,68	48,0	128,6	Und mit den Gleichgewichtsbedingungen:
	5	3,10	1500	4650,0	$A_v = 606,05$ kg
	6	3,48	48	167,0	$B_v = -92,05$ kg
	7	4,10	39,5	161,9	
	8	4,07	C		
	9	3,80	31,2	118,5	Horizontal: $\Sigma Py = 1530 \cdot 2,5 = 4,07\, C_h$
	10	2,50	180,5	451,0	$C_h = 940$ kg
	11	1,75	15,8	27,6	$A_h = -70$ kg
	12	0,42	11,0	4,6	$B_h = 660$ kg

Zahlentafel 4.

	Vertikale Kräfte (Abb. 5d)					Horizontale Kräfte (Abb. 5b')					
Punkt	$\frac{J_0}{J_x}$	M_x mkg	$M_x \frac{J_0}{J_x}$ mkg	Feld	Inhalt kg·m²	Punkt	$\frac{J_0}{J_x}$	M_x kgm	$M_x \frac{J_0}{J_x}$ kgm	Feld	Inhalt kg·m²
a	5,71	90	514	1	38,55	1	5,71	10,5	60	1'	4,5
b	2,924	180	526	2	74,5	2	2,924	20,53	60,0	2'	8,6
c	1	335	335	3	123,4	3	1,65	30,56	50,4	3'	7,85
d	1	476,1	476,1	4	109,2	4	1	40,59	40,59	4'	7,01
e	1 / 2,924	187,0	187,0 / 546	5	89,5	5	1 / 2,924	78,4	78,4 / 239,4	5'	32,1
f		0		6	49,1	6	2,924	105	307,2	6'	103,8
g	2,924	−209,3	−611	7	−61,1	7		0		7'	18,14
h	2,924 / 1,65	−118	−345 / −194,7	8	−143,4	8	2,924 / 1,65	−156	−456 / −257,4	8'	−41,5
i	1,65	−55	−90,7	9	−28,54	9	1,65	−330	−545	9'	−80,24
k	1,65	−30	−49,5	10	−14,02	10	1,65	−198	−326,5	10'	−97,12
l	5,71	−16	−91,4	11	−10,56	11	5,71	−99	−565	11'	−66,75
				12	6,86					12'	−42,40

$$(M_b)_{\max} = \frac{1}{8}(g+p)l^2 = \frac{4}{8}gl^2 = \frac{1}{2} \cdot \frac{\pi}{4}d^2 \cdot \gamma l^2, \tag{312.1}$$

worin $\gamma = 0{,}00785$ kg/cm³. Setzt man noch $M_b = M_d$, dann ist:

$$\sigma_b = \frac{M_b}{0{,}1\,d^3}, \qquad \tau = \frac{M_d = M_b}{\frac{1}{5}d^3} = \frac{\sigma_b}{2}, \tag{2}$$

312. Formänderung.

und die größte Beanspruchung (nach Mohr): $\tau_{max} = \frac{1}{2}\sqrt{\sigma^2 + 4\tau^2} = \frac{\sqrt{2}}{2}\sigma_b = \frac{1}{2}\sigma_{zul}$,

woraus $\qquad 0,1\, d^3 \sigma_{zul} = 1,4 \cdot \frac{1}{2} \cdot \frac{\pi}{4} d^2 \gamma l^2$

oder mit $\sigma_{zul} = 450$ at: $\qquad \frac{l^2}{d} = 10\,400 \quad \text{und} \quad l_{cm} \approx 100\sqrt{d}.$ \hfill (3)

Will man freier in der Anordnung der Riemenscheiben sein, was von Vorteil ist, wenn später neue Maschinen von der vorhandenen Transmission angetrieben werden sollen, so geht man zweckmäßig von der zulässigen Durchbiegung

$$\frac{f}{l} = \frac{5}{384} \cdot \frac{(g+p)\,l^3}{JE} = \frac{1}{3000} \text{ aus,}$$

Mit $J = \frac{\pi}{64}d^4$ und $g + p = 4g = 4\frac{\pi}{4}d^2\gamma$ folgt daran:

$l^3 = 108\,000\, d^2 \quad \text{oder} \quad l \approx 50 \sqrt[3]{d^2}.$ \hfill (4)

Beide Formeln sind in der Praxis gebräuchlich; sie geben nur Anhaltspunkte (Zahlentafel 5), da die mögliche Lagerentfernung meist durch die örtlichen Verhältnisse (Säulen- oder Trägerentfernung, Fensterteilung usw.) bestimmt wird.

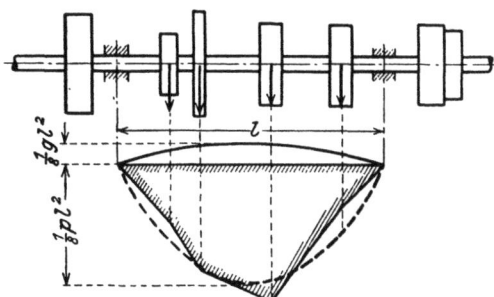

Abb. 6. Belastung einer Transmissionswelle.

Zahlentafel 5. Lagerentfernung für Transmissionswellen.

Für $d =$	4	5	6	7	8	10	12	15 cm
$l = 100\sqrt{d}$	200	220	240	260	280	300	350	370 cm
$l = 50\sqrt[3]{d^2}$	130	150	165	180	200	230	260	300 cm

Sind größere Lagerentfernungen erwünscht, so kann die Durchbiegung durch Verwendung von Rohrwellen und von Riemenscheiben aus Leichtmetall vermindert werden. Der Grenzwert für die Lagerentfernung folgt aus der Durchbiegung durch das Eigengewicht der Rohrwelle allein.

Aus $\frac{f}{l} = \frac{5\,g\,l^3}{384\,JE} < 1/3000$ folgt für Stahl $l < 37{,}2 \sqrt[3]{J/g}$,

d. h. für eine

	volle Welle		Rohrwelle	
	40 mm ⌀	39,5/44,5	70/76	100/108
muß l kleiner sein als	180	250	350	460 cm

Die Formänderung durch Verdrehung ist durch den verhältnismäßigen Verdrehungswinkel ϑ festgelegt.

$$\tau_{max} = G\,r_a\,\vartheta. \qquad (123.1)$$

Da G und τ die gleiche Dimension haben, so folgt aus der Gleichung, daß ϑ im Bogenmaß je cm Länge gemessen ist. In der Literatur findet man nun die Angabe, daß eine Verdrehung von ¼° je Meter als zulässig anzusehen ist, also

$$\vartheta < \frac{1}{4} \cdot \frac{\pi}{180} \cdot \frac{1}{100}. \qquad (5)$$

Da $\tau_{max} = \frac{M_d}{\frac{1}{5}d^3} = \frac{5 \cdot 71\,620 \frac{N_{PS}}{n}}{d^3}$ ist, folgt aus Gl. (123.1) und (5), mit $r_a = \frac{d}{2}$:

$$G\frac{d}{2} \cdot \frac{1}{400} \cdot \frac{\pi}{180} = \frac{5 \cdot 71\,620\,N}{d^3 \cdot n} \quad \text{oder mit } G = 800\,000 \text{ kg/cm}^2$$

$$d_{cm} = 12 \sqrt[4]{\frac{N_{PS}}{n}}. \qquad (6)$$

Die Einschränkung: $\vartheta < ¼°/\text{m}$ ist aber ganz willkürlich. In manchen Fällen darf ohne Schaden darüber hinausgegangen werden; in anderen dagegen ist ¼°/m schon viel zu groß.

In der Bindfadenfabrik Schaffhausen z. B. führte eine Welle von 149,1 m Länge und 122 mm Durchmesser von der Turbinenanlage am Rhein schräg unter 23° am Ufer hinauf zur Fabrik

Diese Welle übertrug jahrzehntelang eine Leistung von $N = 200$ PS bei $n = 120$ Uml./min ohne die geringste Störung. Dabei war

$$\tau_{max} = \frac{5 \cdot 71\,620 \cdot \frac{200}{120}}{12{,}2^3} = 330 \text{ at und } \vartheta = \frac{\tau_{max}}{r_a \cdot G} = \frac{330}{6{,}1 \cdot 800\,000} \cdot \frac{180}{\pi} \cdot 100 \approx 0{,}4 \text{ °/m}.$$

Die totale Verdrehung betrug demnach rd. 60°. Wenn das Drehmoment konstant bleibt, wie es hier der Fall war, so ist die Welle einfach als eine gespannte Feder aufzufassen, die gleichmäßig rotiert und dabei unter einer unveränderlichen Spannung steht. Die Sachlage ändert sich aber sofort, wenn das Drehmoment periodisch wechselt. Dann treten ebenfalls Schwankungen im Drehwinkel auf, wodurch Schwingungen entstehen, die zum Bruch führen können (Abschn. 343).

Der Verdrehungswinkel von $\frac{1}{4}$°/m ist immer zu groß, wenn von zwei Punkten einer Welle genau gleiche Verdrehungen verlangt werden müssen, z. B. beim Kranfahren (bei einseitigem Antrieb oder bei ungleichen Raddrücken könnte sonst nicht geradeaus gefahren werden) oder beim Papiervorschub einer Zeitungsdruckmaschine (die Zeilen würden sonst schräg liegen).

Die Formänderung der Welle darf demnach nicht nach Gl. (6) beurteilt werden, sondern von Fall zu Fall sollten die Folgen der Verdrehung und deren Zulässigkeit geprüft werden.

313. Normung der Wellenenden.

Die Wellenenden für Maschinen und Apparate sind genormt; die Normung umfaßt den Bereich von 6—650 mm Durchmesser. Das (billigere) zylindrische Wellenende (VSM 15270 und 15133) gilt für kleine Leistungen und Drehzahlen; das konische Ende (VSM 15271/72 und 15134/35) gibt eine viel genauere und leichter lösbare Zentrierung und dient für große Leistungen, stark wechselnde Belastung (schlagartiges Anlaufen) und für hohe Drehzahlen. Der Konus ist einheitlich 1 : 10, das Gewinde für den zugehörigen Zapfen Feingewinde B, nach VSM 12005; für Wellenenden von 14—140 mm ist noch das weitverbreitete Gasrohrgewinde (VSM 12008) beibehalten. Die Länge der Nabe ist für zylindrische und konische Ausführung gleich.

314. Keilwellen[1]

sind Wellen, die mit mehreren (2, 4, 6 oder 10) symmetrischen Keilen aus einem Stück bestehen (Abb. 314.1). Das zu übertragende Drehmoment wird dabei an mehreren symmetrisch angeordneten Stellen aufgenommen, so daß die Flächenpressung viel kleiner und auch die Beanspruchung der Welle günstiger ist. Die Keilwelle kann deshalb (namentlich in gehärtetem Zustand) ein Drehmoment übertragen, das ein Vielfaches von dem ist, das eine gewöhnliche Welle mit Keilen aufnehmen kann. Sie wird im Automobil-, Lokomotiv- und Werkzeugmaschinenbau in steigendem Maße verwendet.

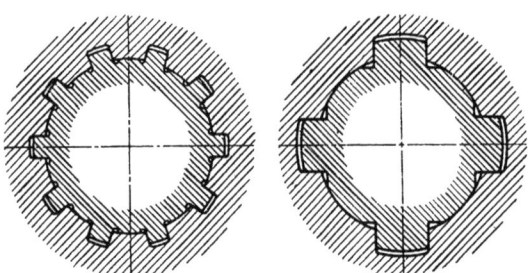

Abb. 314.1. Keilwellen.

32. Kupplungen.

Wegen der Gefahr des Verbiegens beim Transport wählt man die Wellen nicht zu lang, sondern nur 4—6 m für 30—50 mm Durchmesser und höchstens 7 m für dickere Wellen. Zwei Wellenstücke werden durch Kupplungen verbunden, die je nach dem Zwecke in:

        1. feste,   2. bewegliche,   3. ausrückbare,   4. selbsttätige

Kupplungen unterteilt werden.

Die Kupplungen sollen immer dicht neben einem Lager sitzen und so angeordnet sein, daß jedes Wellenstück mindestens in zwei Lagern ruht. Auch ist die Kupplung — von der Antriebseite gesehen — hinter dem Lager anzubringen, damit im ausgerückten Zustand die Welle betriebsfähig bleibt.

Zur Verbindung zweier Wellen von verschiedenem Durchmesser wird das Ende der stärkeren Welle abgedreht und eine dem Durchmesser der schwächeren Welle entsprechende Kupplung aufgesetzt.

---

[1] L. 314.

321. Feste Kupplungen.

Feste Kupplungen verbinden zwei Wellen starr miteinander.

a) Scheibenkupplung. Auf jedem der beiden Wellenenden sitzt, durch Keil befestigt, eine gußeiserne Scheibe (Abb. 321.1); beide sind durch Schrauben miteinander verbunden. Damit die Mittellinien der Wellen zusammenfallen, greift die eine Scheibe mit einem Ansatz (Zentrierung) in die andere ein. Damit ist der Nachteil verbunden, daß die einzelnen Wellen sich erst nach einer Längsverschiebung um die Höhe des zentrierenden Ansatzes herausnehmen lassen. Durch Anwendung eines geteilten Zwischenringes, dessen Hälften beim Abkuppeln quer zur Welle herausgenommen werden läßt sich dieser Nachteil beseitigen.

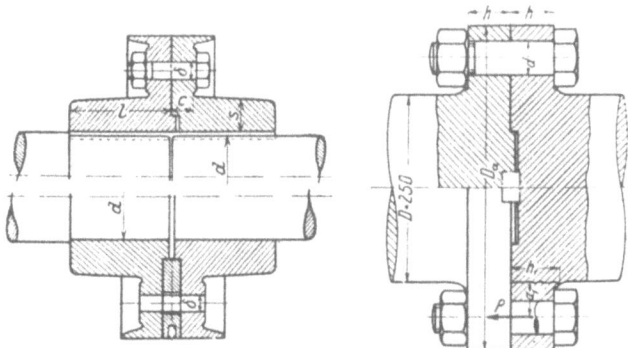

Abb. 321.1. Scheibenkupplung ohne und mit herausnehmbarer Zwischenscheibe.
$l = 1,5 d$, $s = 0,3 d + 1$ cm, $c = 1,25 \delta$.

Abb. 2. Wellenkupplung mittels angeschmiedeter Flanschen (aus Rötscher.)

Die Schrauben übertragen das Drehmoment von der einen Scheibe auf die andere, und zwar zunächst vermittelst der Reibung, indem die Scheiben stark zusammengepreßt werden. Bei Erschütterungen wird die Reibung aber teilweise aufgehoben, so daß die Schrauben das Drehmoment dann direkt übertragen müssen; darum müssen genau in die Löcher eingepaßte Schrauben verwendet werden (Paßschrauben). Zum Schutz gegen Unfälle sollte man alle vorstehenden Teile vermeiden, also Schraubenköpfe und Muttern versenken und keine Nasenkeile verwenden.

Erfahrungsgemäß verlieren die Stirnflächen der Scheiben durch das Aufkeilen die genau senkrechte Lage zur Wellenachse, so daß ein nochmaliges Abdrehen der Scheiben, nach dem Aufkeilen, erforderlich ist. Eine sehr gute, aber schwer lösbare Verbindung ist das Aufpressen der Scheiben (vgl. Schrumpfverbindungen). Darum müssen bei Verwendung von Scheibenkupplungen alle Scheiben und Räder, die auf die Wellen aufgebracht werden, zweiteilig sein, so daß diese Anordnung teuer ist. Schwere Wellen kuppelt man durch unmittelbar angeschmiedete Flansche (Abb. 2).

b) Die Schalenkupplung (Abb. 3) ist wesentlich billiger und vermeidet diese Nachteile. Zwei gußeiserne Schalen wer-

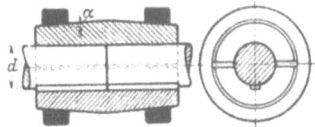

Abb. 3. Schalenkupplung (Eisenwerk Wülfel).

Abb. 4. Hülsenkupplung (aus Jellinek).

den durch Schrauben fest auf die Wellenenden geklemmt und bewirken eine genau zentrische Verbindung. Ein eingelegter Keil verhindert die gegenseitige Verdrehung der Wellenenden.

Für die Verwendung in feuchten Betrieben (Bleichereien, Färbereien, Papierfabriken) wird die Konstruktion etwas geändert, indem zwei konisch ausgedrehte, schmiedeeiserne Ringe von beiden Seiten auf die schwach konisch gedrehten Schalen aufgetrieben werden (Abb. 4). Diese sind, trotz des Rostens, leicht lösbar (Hülsenkupplung).

216   32. Kupplungen.

Für eine gute Verbindung der beiden Wellen ist es erforderlich, daß sie genau gleiche Durchmesser haben, was seit der Einführung von Toleranzen bei der Herstellung leicht möglich ist.

322. Nachgiebige Kupplungen.

Nachgiebige Kupplungen lassen eine kleine Verschiebung der Wellenenden zueinander zu, und zwar entweder in axialer oder in radialer Richtung, oder auch so, daß die Wellenmittel einen kleinen Winkel bilden können.

a) Ausdehnungskupplung (Abb. 322.1). Jede Kupplungshälfte ist mit drei Klauen versehen, die ineinander greifen. Zur Zentrierung ist ein Ring eingelegt. Der Einbau einer Ausdehnungskupplung empfiehlt sich in der Mitte von langen Wellensträngen, um die durch die Temperaturunterschiede hervorgerufenen Längenänderungen auszugleichen. Da die Längenausdehnungszahl für Stahl $= 0,000011$ [$1/°C$] ist, dehnt sich z. B. eine Welle von 20 m Länge bei 25° C Temperaturunterschied um $20000 \cdot 25 \cdot 0,000011 = 5,5$ mm. Die Klauen sollten von Zeit zu Zeit geschmiert werden, um ein leichtes Verschieben zu ermöglichen.

Abb. 322.1.
Ausdehnungskupplung (Wülfel, Hannover).

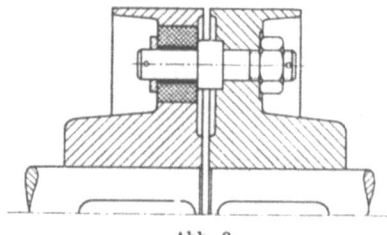

Abb. 2.
Elastische Bolzenkupplung.

b) Elastische Kupplungen[1] werden für die direkte Verbindung mit elektrischen Maschinen verwendet. Sie gestatten das Einspielen des Ankers und gleichen oft auch kleine Ungenauigkeiten in der gegenseitigen Wellenlage der zu kuppelnden Maschinen aus. Weit verbreitet ist eine Konstruktion ähnlich der der Scheibenkupplung. Elastische Bolzenkupplung (Abb. 2). Die Schrauben sitzen aber nur in der einen Kupplungshälfte fest; das andere Schraubenende trägt eine Gummihülse, die mit etwas Spiel in das entsprechende Loch der anderen Kupplungs-

Abb. 3. Babba Kupplung.

Abb. 4. Kreuzgelenkkupplung.

hälfte eingreift. In neuerer Zeit werden an Stelle der Gummihülse die bewährten Federformen verwendet. Abb. 3 zeigt die Babba-Kupplung, die sehr wenig Platz erfordert und bei der die Federn in einem vollständig geschlossenen und mit Fett gefüllten Raum untergebracht sind.

c) Die Kreuzgelenkkupplung[2] (Cardangelenk) dient zur Verbindung von Wellen, deren Achsen einen kleinen Winkel (5—8°) zueinander bilden und ist im Automobilbau gebräuchlich. Auf den

---

[1] L. 322a.   [2] L. 322b.

beiden Wellen sitzen Naben, die je zwei Zapfen tragen (Abb. 4). Die vier Zapfen sind in Bronzebüchsen gelagert und durch einen geteilten Ring zusammengehalten, worin sie kreuzweise drehbar sind. Wenn die eine Welle eine gleichförmige Bewegung hat, so erhält die zweite Welle durch die Kupplung Beschleunigungen und Verzögerungen, die um so größer werden, je größer der Ablenkungswinkel ist.

323. Ausrückbare Kupplungen.

Die Klauenkupplung ist ähnlich der Ausdehnungskupplung. Während die eine Kupplungshälfte fest aufgekeilt wird, ist die andere — auf der treibenden Welle — verschiebbar und mit einer eingedrehten Rille für den Schleifring des Ausrückbügels versehen. Das Einrücken der Kupplung ist nur im Ruhezustand möglich, wenn die Klauen sich gegenseitig in der richtigen Lage befinden. Ein bekannter Übelstand der Klauenkupplung ist, daß für das Ausrücken während des Betriebes eine große Kraft erforderlich ist. Die Verschiebungskraft ist $P = \mu N$, worin μ die Reibzahl und N die Kraft ist, mit der die zu verschiebenden Teile zusammengepreßt werden. Beim Ausrücken verschiebt sich die eine Kupplungshälfte gegen die Klauen der anderen, und außerdem längs der Führungsfeder am Wellenumfang. Die Klauenkupplung für eine Welle von 100 mm Durchmesser hat einen Durchmesser in der Klauenmitte von rd. 28 cm. Wenn das Drehmoment $M_d = \frac{1}{5} d^3 \tau$ zu 28 000 kg·cm angenommen wird, wirkt zwischen den Klauen eine Umfangskraft von $28000/14 = 2000$ kg, und am Wellenumfang eine Kraft von $28000/5 = 5600$ kg, so daß $N = 7600$ kg wird. Da die gleitenden Teile nur wenig oder gar nicht geschmiert sind, ist $\mu = 0,1$ und größer, so daß die Ausrückkraft mindestens 760 kg wird. Darum muß der Ausrücker kräftig gelagert sein und eine große Übersetzung haben. Ungefähr drei Viertel der Ausrückkraft ist erforderlich, um die Kupplungshälfte auf der Welle zu verschieben. Die Hildebrandtsche Zahnkupplung vermeidet diesen Übelstand (Abb. 323.1). Auf dem einen Wellenende ist der Kupplungsteil A, auf dem anderen der Teil B fest aufgekeilt. Beide sind mit der gleichen Anzahl Zähne versehen. Auf der Nabe des Teiles B sitzt eine verschiebbare Muffe C mit gleichviel Zähnen und mit einer eingedrehten Rille für den Schleifring. Bei ausgerückter Kupplung füllen die Zähne der Muffe stets die Zahnlücken des Teiles B aus. Beim Einrücken schieben sich die Muffenzähne auch in die Lücken des Teiles A

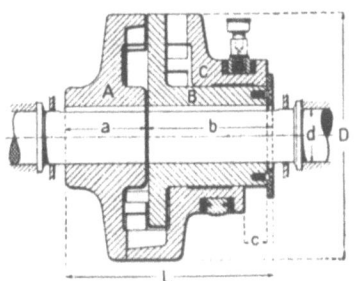

Abb. 323.1. Hildebrandtsche Zahnkupplung.

und verbinden so die beiden Teile miteinander. Da die Kupplung für die gleiche Welle meist einen größeren Durchmesser hat, wird die Ausrückkraft bedeutend kleiner. Um in ausgerücktem Zustand unnötige Reibung zu vermeiden, ist der Kupplungsteil B auf die getriebene Welle zu setzen. Viel zweckmäßiger als die Zahnkupplung ist die Reibungskupplung, die eine stillstehende Welle allmählich mit der drehenden verbindet (vgl. Abschn. 64).

33. Kurbelwellen.

331. Festigkeit des Armes.[1]

Die Beanspruchung ist je nach der Kurbelstellung verschieden. Die Stangenkraft S (Abschn. 82) kann aber immer in zwei Komponenten, radial und tangential zum Kurbelkreis, zerlegt werden. Für die in Abb. 331.1 gezeichnete Stirnkurbel verursacht die radiale Komponente R

1. eine gleichmäßige Zugbeanspruchung über den ganzen Armquerschnitt: $\sigma_z = \dfrac{R}{b \cdot h}$.

2. Biegung durch das Moment $R \cdot e$. Dadurch entsteht eine größte Zugspannung in der Linie 3 bis 5 und zwar ist dort: $\sigma_b = \dfrac{6 R \cdot e}{b h^2}$.

---

[1] L. 331.

33. Kurbelwellen.

Die tangentiale Komponente T verursacht:

1. Biegung durch das Moment $T \cdot y$. Die größte Zugspannung tritt in der Linie 4 bis 5 auf und ist
$$\sigma_b' = \frac{T \cdot y}{\frac{1}{6} h b^2}.$$

2. In der neutralen Faserschicht eine Schubspannung: $\tau = \dfrac{T}{\frac{2}{3} b \cdot h}$.

3. Verdrehung durch das Moment $T \cdot e$. Die größten Werte der Schubspannungen liegen in den Punkten 0 und 1:
$$\tau_a = \frac{T \cdot e}{\frac{2}{9} b h^2}$$
und in 6 und 7:
$$\tau_b = \frac{T \cdot e}{\frac{2}{9} h b^2}.$$

Die größte Beanspruchung (nach Mohr) folgt aus der Gleichung: $\tau_{\max} = \frac{1}{2}\sqrt{\sigma^2 + 4\tau^2}$, und ist von Stelle zu Stelle verschieden. In dieser Gleichung ist σ die an einer Stelle auftretende Normalspannung, z. B. für Punkt 1: $\sigma = \dfrac{R}{b \cdot h} + \dfrac{R \cdot e}{\frac{1}{6} b h^2}$,

und τ die an der gleichen Stelle wirkende Schubspannung: $\tau = \dfrac{T}{\frac{2}{3} b h} + \dfrac{T \cdot e}{\frac{2}{9} b h^2}$.

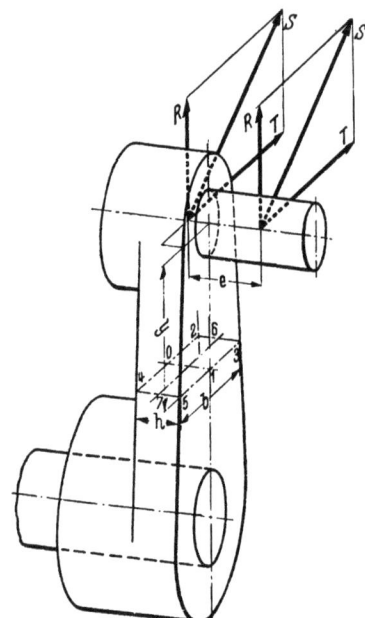

Abb. 331.1.
Beanspruchung einer Stirnkurbel.

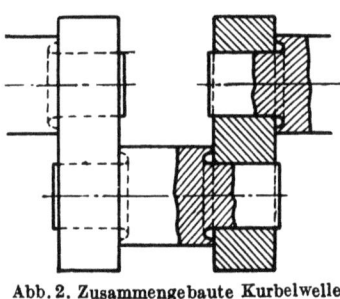

Abb. 2. Zusammengebaute Kurbelwelle (aus Dubbel, Taschenbuch).

Im allgemeinen berechnet man die Kurbelwelle nur für zwei Hauptstellungen der Stange:

a) Für die Totpunktlage; die Kräfte wirken dann in der Kröpfungsebene ($T = 0$).

b) In der Tangentialstellung; die Kräfte stehen dann senkrecht zur Kröpfungsebene ($R = 0$).

Gebräuchliche Abmessungen des Kurbelarmes sind:

$$h \approx 0{,}75\, d \quad \text{und} \quad b \approx 1{,}25 \text{ bis } 1{,}3\, d.$$

Man muß auch hier wieder beachten, daß die obenstehende Spannungsberechnung vollständig versagen muß bei den scharfen Übergängen zwischen Kurbelarm und Zapfen, resp. Welle. Auch der Kurbelzapfen ist (als Kraftangriffstelle) der Festigkeitsrechnung schwer zugänglich, so daß eigentlich nur die Spannung in der Mitte der Kurbelarme berechnet werden kann, also dort wo erfahrungsgemäß keine Bruchgefahr vorhanden ist. Dr.-Ing. J. Crumbiegel[1] hat mit Feindehnungsmessungen den wirklichen Verlauf der Biegespannungen bestimmt und in den einspringenden Ecken viel größere Spannungen gemessen, die allerdings extrapoliert werden mußten. Die Verhältnisse liegen beim Kurbelarm noch viel verwickelter als beim Stabeck (S. 139), weil hier Biegung und Verdrehung gleichzeitig wirken und die Querschnittsform sich außerdem bei den Übergängen ändert.

Die Kurbelwellen werden aus zähem SM.-Stahl geschmiedet. Zur Vermeidung der Kerbwirkung sind die Abrundungen an den Übergangsstellen mit möglichst großem Halbmesser auszuführen. Bei großen Maschinen werden die Kurbelwellen aus Einzelteilen zusammengebaut (Abb. 2), die aber weniger steif sind als einstückige Wellen. Wellen und Zapfen werden oft durchbohrt und die Bohrung für die Schmierung verwendet. In den letzten Jahren werden für kleine Maschinen vielfach gegossene Kurbelwellen verwendet, die in der Formgebung freier sind und sich einem günstigen Verlauf der Spannungslinien besser anpassen können.

---

[1] L. 331.

332. Formänderung[1] des Armes.

Die Kraft P wirkt in der Ebene der Kurbelarme (Kröpfungsebene). Der Kurbelarm CD ist dann durch ein konstantes Biegungsmoment $M_k = A \cdot a$ (Abb. 332.1a) beansprucht und biegt sich deshalb nach einem Kreisbogen vom Halbmesser ϱ, der aus der Gleichung der elastischen Linie:

$$\frac{d^2y}{dx^2} \approx \frac{1}{\varrho} = \pm \frac{M_k}{J_k E} \tag{1221.9}$$

bestimmt werden kann. Wenn angenommen wird, daß die rechten Winkel zwischen Kurbelarm Zapfen und Welle bei der Formänderung erhalten bleiben, so erfährt der Zapfen dadurch gegen die anschließende Welle eine kleine Neigung:

$$\varphi = \frac{r}{\varrho} = \frac{r M_k}{J_k E}. \tag{332.1}$$

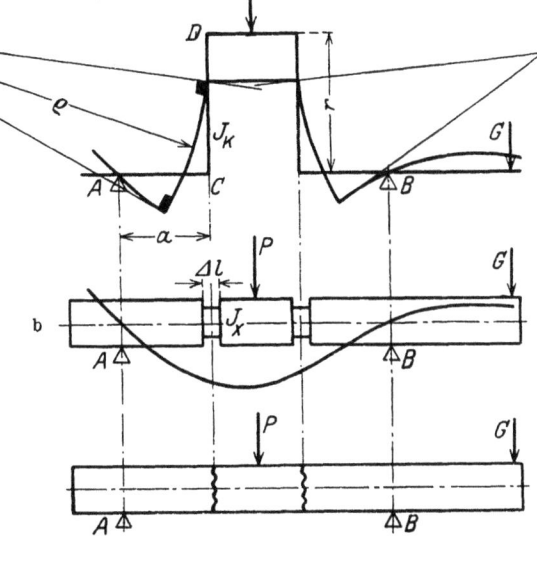

Eine gleich große Neigung des Zapfens könnte auch bei einer geraden Welle erhalten werden, wenn an Stelle des Kurbelarmes ein Stück von entsprechender Nachgiebigkeit eingeschaltet wäre (Abb. 332.1b). Die gerade Welle ist so aus der Kurbelwelle entstanden, daß der Kurbelzapfen in die Wellenmitte verschoben und der Kurbelarm durch ein elastisches Glied von der Länge Δl und dem Trägheitsmoment J_x ersetzt worden ist. Die Winkeländerung erhält man durch Integration der Gleichung der elastischen Linie, wobei angenommen wird, daß Δl so klein ist, daß das Biegemoment M_k für die Länge Δl unveränderlich bleibt.

$$\frac{dy}{dx} = \operatorname{tg} \varphi_1 \approx \varphi_1 = \int_0^{\Delta l} \frac{M_k}{J_x E} dx = \frac{M_k}{J_x E} \Delta l. \tag{2}$$

Die Winkel φ und φ_1 werden gleich, wenn:

$$\frac{r M_k}{J_k E} = \frac{M_k}{J_x E} \Delta l \quad \text{oder}$$

$$J_x = \frac{\Delta l}{r} J_k \tag{3}$$

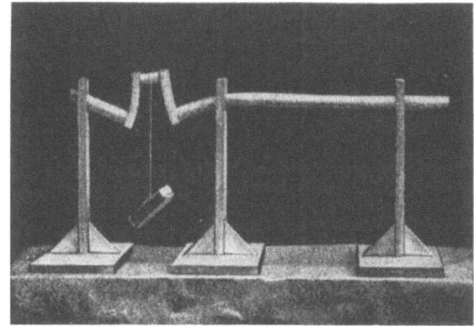

Abb. 332.1a—d. Formänderungen der Kurbelwelle, wenn die Kräfte in der Kröpfungsebene wirken (Abb. d aus Enßlin: Kurbelwellen).

ist. Die Kurbelwelle ist damit — was die Formänderung anbelangt — durch eine vollständig gleichwertige gerade Welle ersetzt, für welche die elastische Linie, nach dem Verfahren von Mohr, konstruiert werden kann.

Für das elastische Glied muß also die verzerrte Momentenfläche $\frac{J_0}{J_x} M_k$ und deren Inhalt $f = M_k \frac{J_0}{J_x} \Delta l$ bestimmt werden, um die Größe der Belastungsfläche f zu erhalten

$$f = M_k \frac{J_0}{J_x} \Delta l = M_k \frac{J_0 r}{J_k \Delta l} \Delta l = M_k \frac{J_0}{J_k} \cdot r. \tag{4}$$

Diese Fläche ist also unabhängig von Δl. Denken wir Δl unendlich schmal, so wird die Fläche f in der Senkrechten durch C zusammengedrängt und beim Aufzeichen von Kräfte- und Seilpolygon als eine in der Mittellinie des Kurbelarmes wirkende Einzellast berücksichtigt. Man begeht dabei allerdings einen kleinen Fehler, da die Formänderung der Strecke Δl zweimal berechnet wird erstens durch die Fläche f und zweitens durch die Verlängerung der Welle um Δl. Der Fehler,

---
[1] L. 332.

der auf der sicheren Seite liegt, kann (wenn gewünscht) leicht vermieden werden, wenn die Momentenfläche an den Stellen Δl unterbrochen wird.

Bei dieser Überlegung war angenommen, daß der Kurbelarm sich um die ganze Länge r der Mittellinie verbiegt. In Wirklichkeit kann sich der Arm dort, wo die Welle oder der Kurbelzapfen anschließt, nicht mehr frei verbiegen, so daß etwas kleinere Werte von r einzusetzen wären. Nur Versuche, die allerdings bis heute nicht vorliegen, können darüber entscheiden, welcher Teil von r wirksam ist. Wenn man annimmt, daß die ganze Armlänge an der Formänderung teilnimmt, so erscheinen die Verbiegungen und damit die Neigungswinkel in den Lagerstellen wieder etwas zu groß. Ein solcher Fehler liegt meist im Interesse der Rechnung.

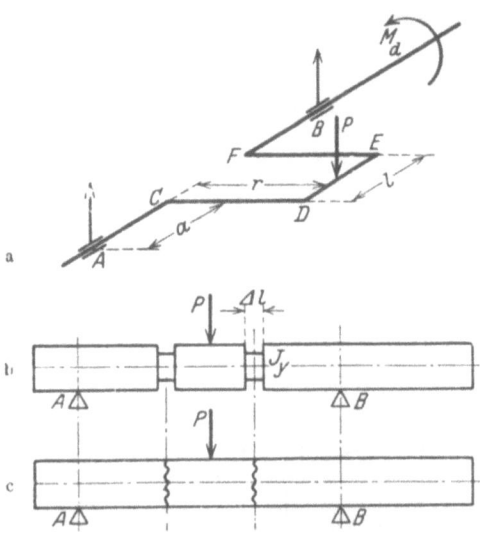

Kraft P senkrecht zur Kröpfungsebene. Damit die Welle im Gleichgewicht ist, müssen nicht nur die Reaktionen A und B, sondern auch das Drehmoment $M_d = P \cdot r$ als Reaktion angebracht werden (Abb. 2).

Welle, Zapfen und Arme werden, wenn man von dem Stück AC absieht, auf Biegung und Verdrehung beansprucht. Das Torsionsmoment $A \cdot a = M_k$ verdreht den Arm CD um den Winkel $\varphi = \vartheta \cdot r$, worin ϑ der verhältnismäßige Verdrehungswinkel ist. Für rechteckige Querschnitte ist (Zahlentafel 123.1)

$$\vartheta = \frac{M_d}{\psi \, \psi_1 \, h \, b^3 \, G} = \psi_2 \frac{M_d}{h \, b^3 \, G}.$$

Dieselbe Neigung zwischen Zapfen und Wellenstück AC kann auch bei einer geraden Welle hervorgerufen werden, wenn wieder an Stelle des Armes ein elastisches Glied mit dem Trägheitsmoment J_y und der Länge Δl eingesetzt wird.

Aus der Biegegleichung: $\dfrac{d^2 y}{d x^2} = \dfrac{M_k}{J_y E}$ folgt:

$$\frac{dy}{dx} = \operatorname{tg} \varphi_1 = \frac{M_k}{J_y E} \Delta l \approx \varphi_1.$$

Die Winkel φ und φ_1 werden gleich, wenn

$$\vartheta \cdot r = \frac{M_k}{J_y E} \Delta l \quad \text{oder} \quad J_y = \frac{M_k}{\vartheta E} \cdot \frac{\Delta l}{r}$$

ist. Dadurch ist — was die Neigung durch die Verdrehung der Arme anbelangt — die Kurbelwelle wieder auf eine gerade Welle zurückgeführt.

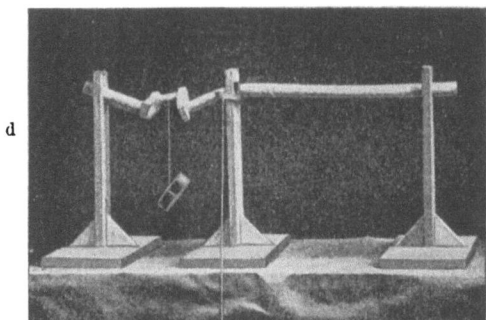

Abb. 2. Formänderungen der Kurbelwelle, wenn die Kräfte senkrecht zur Kröpfungsebene wirken (aus Enßlin: Kurbelwellen).

Auch hier kann Δl wieder unendlich schmal gedacht werden, da der Inhalt der verzerrten Momentenfläche:

$$f = M_k \frac{J_0}{J_y} \Delta l = \frac{M_k J_0}{M_k \Delta l} \vartheta E \cdot r \, \Delta l = J_0 \vartheta E r \tag{5}$$

unabhängig von Δl ist.

Die Verbiegung der Kurbelarme und die Verdrehung des Zapfens bewirken außerdem ein Heraustreten der Stücke AC und BF aus der ursprünglichen Ebene der Kurbelarme. Die elastische Linie ist nun keine stetige Kurve mehr, sondern es treten in den Stellen C und F Sprünge auf, deren Gesamtgröße mit Δ bezeichnet sei. Dadurch ändern sich auch die Neigungswinkel der elastischen Linie in den Auflagerstellen um eine kleine — oft vernachlässigbare — Größe.

1. Der Arm CD (Abb. 2a und 3) verbiegt sich durch die Kraft A, so daß die Punkte C und D um den Betrag

$$f_1 = \frac{A r^3}{3 J_k E}$$

gegenseitig verschoben werden.

2. Durch die Verdrehung des Zapfens DE um den Winkel (worin $l' \approx \dfrac{l}{2}$ die tatsächlich verdrehte Zapfenlänge ist) $\vartheta' l'$ entsteht eine Senkung des Punktes F gegenüber dem Punkte C von der Größe:

$$f_2 = \vartheta' \frac{l}{2} r \quad \text{worin} \quad \vartheta' = \frac{M_d}{J_p G} = \frac{Ar}{0{,}1\,d^4 \cdot G} \text{ ist.}$$

3. Der Arm EF wird durch das Moment $M_d = P \cdot r$ und außerdem durch die Kraft B verbogen; beide Verbiegungen wirken in entgegengesetzter Richtung. Nach den Formeln in Zahlentafel 1221.1, S. 32 ist die dadurch verursachte Senkung:

$$f_3 = \frac{P r^3}{2 J_k E} - \frac{B r^3}{3 J_k E}.$$

Der Gesamtsprung ist: $\Delta = f_1 + f_2 + f_3$.

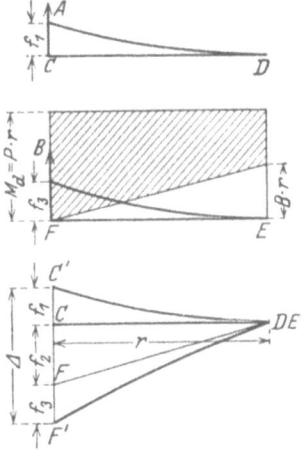

Abb. 3. Zur Berechnung der Sprünge.

333. Mehrfach gelagerte und mehrfach gekröpfte Wellen.

Jede Kröpfung kann, wie vorher abgeleitet, durch elastische Glieder ersetzt werden, so daß die Kurbelwelle immer auf eine gerade Welle zurückgeführt werden kann. Die Formänderung der Kurbelarme durch das Drehmoment M_d darf dabei nicht übersehen werden. Dieses Drehmoment, das bei mehrfach gekröpften Wellen im allgemeinen zwischen je zwei Kurbeln verschieden ist, erzeugt eine parallele Verschiebung der rechts und links der Kurbelarme liegender Wellenstücke aus der Ebene der Kröpfung heraus (Abb. 333.1).

 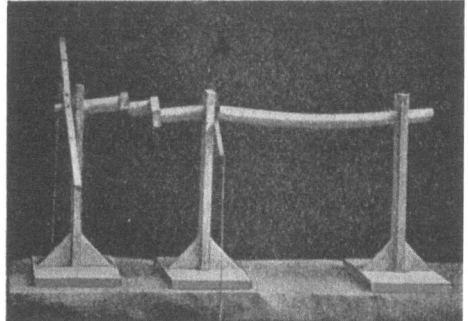

Abb. 333.1. Formänderungen der Kurbelwelle, wenn durch die Kröpfung ein Drehmoment geht (aus Enßlin).

Das Verfahren von Maxwell zur Bestimmung der statisch unbestimmten Auflagerreaktion C (Abschn. 125), ist von der Gestalt des untersuchten Trägers unabhängig, gilt demnach auch für die gekröpfte Welle. Besondere Beachtung ist jedoch notwendig, wenn durch die Kröpfung ein Drehmoment hindurch geht. Der dadurch hervorgerufene „Sprung" in der elastischen Linie sei mit Δ bezeichnet. Die Folge davon ist, daß an der Stelle des Mittellagers eine Durchbiegung Δ' entsteht, die durch eine zusätzliche Lagerreaktion C_Δ aufgehoben wird und deren Größe (Abb. 2) aus

$$C_\Delta \cdot y_c = \Delta'$$

berechnet werden kann. Dieser Mehrertrag wird berücksichtigt durch algebraische Addition des Wertes in der Maxwellschen Gleichung:

$$\Sigma P \cdot y - C y_c = \pm \Delta'. \quad (333.1)$$

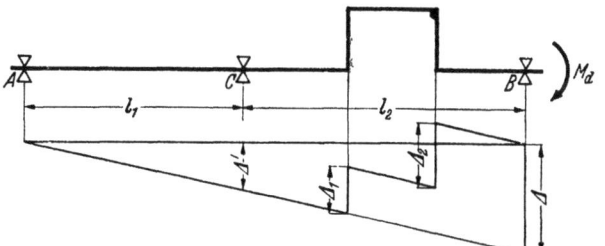

Abb. 2. Formänderung einer Kurbelwelle, wenn ein Drehmoment durch die Kröpfung geht.

Als Anwendungsbeispiel ist die Formänderung der in Abb. 3 gezeichneten dreifach gelagerten Kurbelwelle, für zwei Kurbelstellungen, untersucht worden. Zuerst muß die statisch unbestimmte Auflagerreaktion C, nach einer der in Abschn. 125 angegebenen Methoden, bestimmt werden.

Die Kräfte wirken in der Kröpfungsebene. Aus den Gleichgewichtsbedingungen erhalten wir die Gleichungen:

$$A + B + C = P, \quad \text{oder} \quad 500 + 1600 + 21200 = 23300 = A + B + C \text{ [kg]}.$$

Die Summe der Momente in bezug auf C muß gleich Null sein:

$$138 A - 0,5 \cdot 88 - 1,6 \cdot 56 = 68 B - 21,2 \cdot 34 \text{ [t} \cdot \text{cm]}.$$

Aus diesen beiden Gleichungen folgt: $A = 4,85 - 0,33 C$, und $B = 18,45 - 0,67 C$.

Kontrolle: $A + B + C = 4,85 + 18,45 = 23,300$ t.

Nach dem Satze von Castigliano muß für die ganze Welle $\dfrac{\partial \mathfrak{A}}{\partial C} = \int\limits_0^l \dfrac{M_x}{J_x E} \cdot \dfrac{\partial M_x}{\partial C} dx = 0$ sein.

Da das Trägheitsmoment der Welle veränderlich ist, formen wir die Gleichung etwas um:

$$\frac{\partial \mathfrak{A}}{\partial C} = \frac{1}{J_0 E} \int\limits_0^l M_x \frac{J_0}{J_x} \frac{\partial M_x}{\partial C} dx = 0. \tag{2}$$

Für die elastischen Glieder ist $\mathfrak{A} = \int\limits_0^{\Delta l} \dfrac{M_k^2}{2 J_x E} dx$, worin nach Gl. (332.3) $J_x = J_k \dfrac{\Delta l}{r}$ ist, so daß

$$\mathfrak{A} = \frac{M_k^2 r}{2 J_k E} \text{ wird, und } \frac{\partial \mathfrak{A}}{\partial C} = \frac{M_k \cdot r}{J_k E} \cdot \frac{\partial M_k}{\partial C} = \frac{1}{J_0 E} \cdot M_k \frac{J_0}{J_k} r \frac{\partial M_k}{\partial C}. \tag{3}$$

Um den Wert $\dfrac{\partial \mathfrak{A}}{\partial C}$ für die ganze Welle zu berechnen, wird diese in eine Anzahl Teile geteilt (Abb. 3b). Da die Summe gleich Null ist, kann der für alle Teilstrecken gemeinsame Faktor $J_0 E$ bei der Berechnung weggelassen werden.

Strecke 1, von A ausgehend, für $x = 0$ bis $x = 20$ cm.

$$M_x = A \cdot x = (4,85 - 0,33 C) x, \quad \frac{\partial M_x}{\partial C} = -0,33 x, \quad J_0 = 3217 \text{ cm}^4, \quad J = 1620 \text{ cm}^4,$$

$$\frac{\partial \mathfrak{A}}{\partial C} = \frac{J_0}{J_x} \int\limits_0^{20} (0,33 C - 4,85) 0,33 x^2 dx = 0,33 \cdot \frac{3217}{1620} (0,33 C - 4,85) \frac{20^3}{3} \qquad = 576 C - 8560.$$

Strecke 2, für $x = 20$ bis $x = 50$ cm. $\dfrac{J_0}{J_x} = 1$.

$$M_x = A x \text{ und } \frac{\partial M_x}{\partial C} = -0,33 x.$$

$$\frac{\partial \mathfrak{A}}{\partial C} = 0,33 (0,33 C - 4,85) \frac{50^3 - 20^3}{3} \qquad = 4250 C - 62 400.$$

Strecke 3, für $x = 50$ bis $x = 82$ cm; $\dfrac{J_0}{J_x} = 1$.

$$M_x = A x - 0,5 (x - 50) = 4,35 x - 0,33 C x + 25; \quad \frac{\partial M_x}{\partial C} = -0,33 x.$$

$$\frac{\partial \mathfrak{A}}{\partial C} = \int\limits_{50}^{82} (1,09 C x^2 - 1,436 x^2 + 8,25 x) dx$$

$$= (1,09 C - 1,436) \frac{82^3 - 50^3}{3} + 8,25 \frac{82^2 - 50^2}{2} \qquad = 15 480 C - 221 400.$$

Strecke 4, für $x = 82$ bis $x = 138$ cm: $\dfrac{J_0}{J_x} = 1$.

$$M_x = A x - 0,5 (x - 50) - 1,6 (x - 82)$$
$$= 2,75 x - 0,33 C x + 156,2; \quad \frac{\partial M_x}{\partial C} = -0,33 x.$$

$$\frac{\partial \mathfrak{A}}{\partial C} = \int\limits_{82}^{138} (1,09 C x^2 - 0,9075 x^2 + 51,55 x) dx$$

$$= (1,09 C - 0,9075) \frac{138^3 - 82^3}{3} + 51,5 \frac{138^2 - 82^2}{2} \qquad = 75 540 C - 946 000.$$

333. Mehrfach gelagerte und mehrfach gekröpfte Wellen.

Strecke 1', von B aus, für $x = 0$ bis $x = 34$ cm. $\frac{J_0}{J_x} = 1$.

$M_x = Bx = (18{,}45 - 0{,}67\,C)\,x; \quad \frac{\partial M_x}{\partial C} = -0{,}67\,x.$

$\frac{\partial \mathfrak{A}}{\partial C} = -\int_0^{34} (12{,}39 - 0{,}449\,C)\,x^2\,dx = -(12{,}39 - 0{,}449\,C)\frac{34^3}{3} = 5880\,C - 162\,000.$

Strecke 2', für $x = 34$ bis $x = 68$. $\frac{J_0}{J_x} = 1$.

$M_x = Bx - 21{,}2\,(x - 34) \quad \text{und} \quad \frac{\partial M_x}{\partial C} = -0{,}67\,x.$

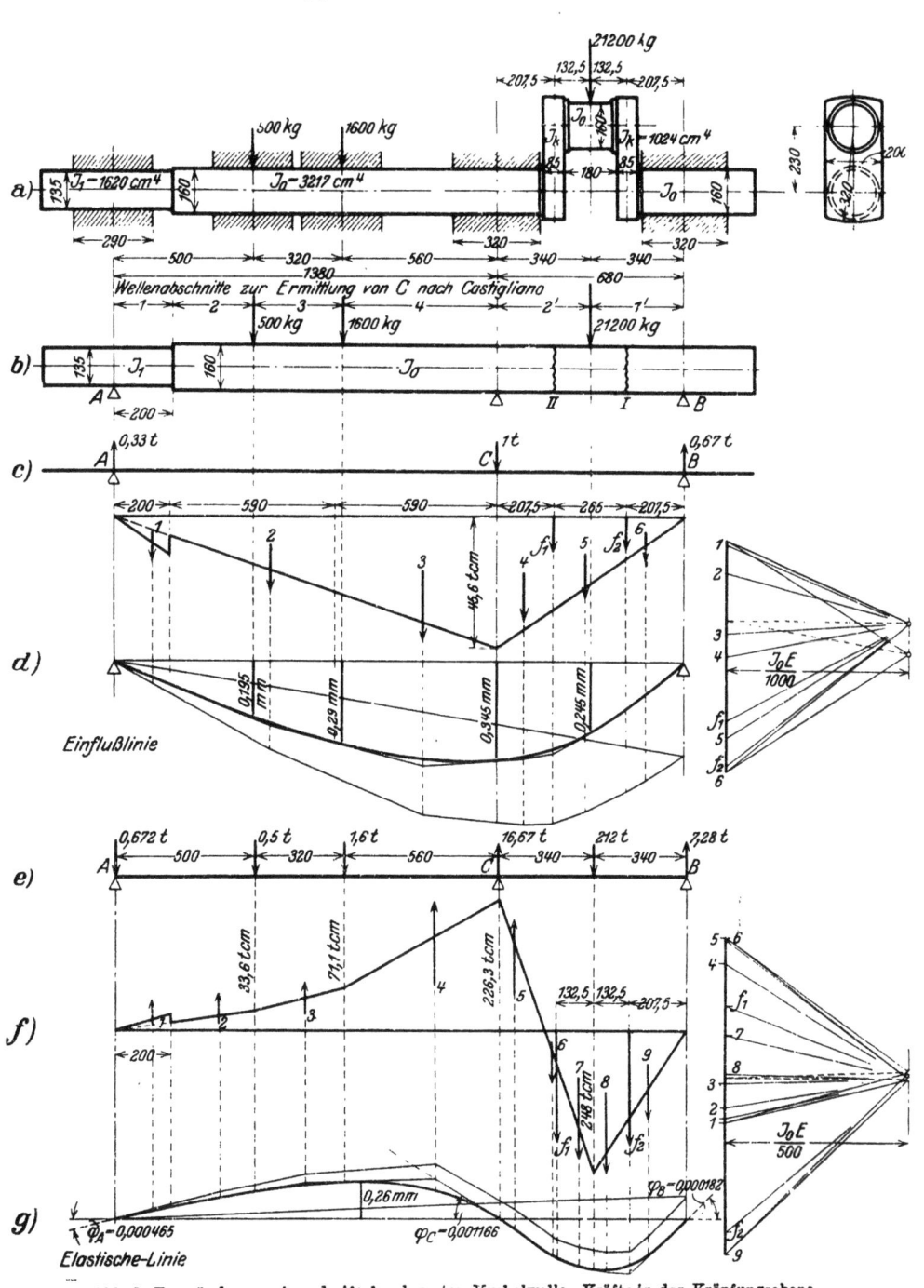

Abb. 3. Formänderung einer dreifach gelagerten Kurbelwelle. Kräfte in der Kröpfungsebene.

224 33. Kurbelwellen.

$$\frac{\partial \mathfrak{A}}{\partial C} = \int\limits_{34}^{68} (1{,}83\, x^2 + 0{,}4489\, C x^2 - 483\, x)\, dx$$

$$= (1{,}83 + 0{,}4489\, C) \frac{68^3 - 34^3}{3} - 483 \frac{68^2 - 34^2}{2} \qquad\qquad = 41\,100\, C - 669\,300.$$

Elastisches Glied I: $J_k = 1024\,\text{cm}^4$; $r = 23$ cm.

$$M_k = B \cdot 20{,}75;\quad \frac{\partial M_k}{\partial C} = -0{,}67 \cdot 20{,}75 = -13{,}9.$$

$$\frac{\partial \mathfrak{A}}{\partial C} = (0{,}67\, C - 18{,}45) \cdot 20{,}75 \cdot \frac{3217}{1024} \cdot 23 \cdot 13{,}9 \qquad\qquad = 13\,900\, C - 383\,000.$$

Elastisches Glied II: $M_k = B \cdot 47{,}25 - 13{,}25 \cdot 21{,}2$
$$= 592 = 31{,}66\, C.$$

$$\frac{\partial \mathfrak{A}}{\partial C} = (31{,}66\, C - 592) \frac{3217}{1024} \cdot 23 \cdot 31{,}66 \qquad\qquad = \underline{72\,250\, C - 1\,357\,000.}\ +$$

$$\sum \frac{\partial \mathfrak{A}}{\partial C} = 228\,936\, C - 3\,801\,996 = 0,$$

woraus $C = 16{,}60$ t. Damit wird $A = 4{,}85 - 0{,}33\, C = -0{,}64$ t und $B = 18{,}45 - 0{,}67\, C = 7{,}34$ t

Als zweite Methode zur Bestimmung der Auflagerreaktion C ist in Abb. 3c, d die Einflußlinie (für $C = 1$ t) konstruiert (vgl. S. 59).

Belastungsfläche	1	2	3	4	f_1	5	f_2	6
Inhalt . . . . cm²	132	963	2115	802	2290	603	1005	145

Die zusätzlichen Belastungen f_1 und f_2 durch die elastischen Glieder sind nach Gl. (332.4) berechnet worden. Da die drei Lager in der gleichen Höhe liegen, spielt der Maßstab der konstruierten elastischen Linie keine Rolle.

Aus der Gleichung: $\Sigma P \cdot y = C \cdot y_0$ oder $19{,}5 \cdot 0{,}5 + 29 \cdot 1{,}6 + 24{,}5 \cdot 21{,}2 = C \cdot 34{,}5$ folgt $C = 16{,}67$ t.

Um die Reaktion C mit genügender Genauigkeit zu erhalten, muß die Einflußlinie in großem Maßstab gezeichnet werden.

Nachdem C bekannt ist, kann die Momentenfläche berechnet oder konstruiert werden und daraus (nach Mohr) die elastische Linie.

Belastungsfläche	1	2	3	4	5
Inhalt . . . . cm²	−266,8	−705,6	−1675	−8325	−1835

Belastungsfläche	6	f_1	7	8	f_2	9
Inhalt . . . . cm²	143,4	4565	2062	2648	10 950	1573

Eine scharfe Kontrolle für die Richtigkeit der berechneten Reaktion C ist die Bedingung, daß die Stützpunkte der elastischen Linie in einer Linie liegen müssen.

Die Kräfte stehen senkrecht zur Kröpfungsebene (Abb. 4). Aus den Gleichgewichtsbedingungen folgt:

$$A + B + C = 12{,}2 + 0{,}92 + 0{,}285 = 13{,}405\ \text{t}$$

und

$$138\, A - 88 \cdot 0{,}285 - 56 \cdot 0{,}92 = 68\, B - 34 \cdot 12{,}2$$

oder $138\, A = 68\, B - 338{,}4$. Damit wird: $A = 2{,}785 - 0{,}33\, C$ und $B = 10{,}62 - 0{,}67\, C$.

Strecke 1, von A ausgehend, für $x = 0$ bis $x = 20$ cm.

$$M_x = A x = (2{,}785 - 0{,}33\, C)\, x;\quad \frac{\partial M_x}{\partial C} = -0{,}33\, x.$$

$$\frac{\partial \mathfrak{A}}{\partial C} = -0{,}33 \frac{3217}{1620} \int\limits_0^{20} (0{,}33\, C - 2{,}785)\, x^2\, dx = \qquad\qquad 576\, C - 4850.$$

Da der Koeffizient von C in den Reaktionen A und B gleich groß ist, wie bei Kraftwirkung in der Kröpfungsebene (S. 222), ändern sich auch die Koeffizienten von C in den Ausdrücken $\dfrac{\partial \mathfrak{A}}{\partial C}$ nicht. Es sind also nur die konstanten Glieder neu zu berechnen.

333. Mehrfach gelagerte und mehrfach gekröpfte Wellen.

Strecke 2, für $x = 20$ bis $x = 50$ cm. $\frac{J_0}{J_x} = 1$.

$$K = -0{,}33 \cdot 2{,}785 \frac{50^3 - 20^3}{3} = -35\,900; \qquad \frac{\partial \mathfrak{A}}{\partial C} = 4250\,C - 35\,900.$$

Strecke 3, für $x = 50$ bis $x = 82$ cm. $\frac{J_0}{J_x} = 1$.

$$M_x = Ax - 0{,}285\,(x-50) = (2{,}785 - 0{,}33\,C)\,x - 0{,}285\,(x-50).$$
$$K = -(2{,}785 - 0{,}285) \cdot 0{,}33 \frac{82^3 - 50^3}{3} - 2{,}85 \cdot 50 \cdot 0{,}33 \cdot \frac{82^2 - 50^2}{2}$$
$$= -127\,300; \qquad \frac{\partial \mathfrak{A}}{\partial C} = 15\,480\,C - 127\,300.$$

Strecke 4.

$$K = -(2{,}785 - 0{,}285 - 0{,}92) \cdot 0{,}33 \frac{138^3 - 82^3}{3}$$
$$- (0{,}285 \cdot 50 + 0{,}92 \cdot 82) \cdot 0{,}33 \frac{138^2 - 82^2}{2}$$
$$= -544\,500; \qquad \frac{\partial \mathfrak{A}}{\partial C} = 75\,540\,C - 544\,500.$$

Strecke 1', von B aus.

$$K = -0{,}67 \cdot 10{,}62 \cdot \frac{34^3}{3} = -93\,200; \qquad \frac{\partial \mathfrak{A}}{\partial C} = 5880\,C - 93\,200.$$

Strecke 2'.

$$K = -(10{,}62 - 12{,}2) \cdot 0{,}67 \frac{68^3 - 34^3}{3} - 12{,}2 \cdot 34 \cdot 0{,}67 \frac{68^2 - 34^2}{2}$$
$$= -385\,000; \qquad \frac{\partial \mathfrak{A}}{\partial C} = 41\,100\,C - 385\,000.$$

Die Kurbelarme werden auf Verdrehung beansprucht mit dem Moment M_k. Die Formänderungsarbeit $\mathfrak{A} = \tfrac{1}{2} M_k \cdot \vartheta \cdot r$ wird mit $\vartheta = \psi_2 \frac{M_k}{hb^3 G}$ (Zahlentafel 123.1, Pos. 4):

$$\mathfrak{A} = \frac{\psi_2}{2\,hb^3 G} M_k^2\,r \quad \text{und} \quad \frac{\partial \mathfrak{A}}{\partial C} = \frac{\psi_2}{hb^3 G} M_k \frac{\partial M_k}{\partial C}\,r.$$

Mit $G = 0{,}385\,E$ und $J_k = \tfrac{1}{12} hb^3$ wird:

$$\frac{\partial \mathfrak{A}}{\partial C} = \frac{1}{J_0 E} \cdot \frac{J_0}{J_k} \cdot \frac{\psi_2\,r}{4{,}62} M_k \frac{\partial M_k}{\partial C}.$$

Für den Arm I ist: $h = 20$ cm, $b = 8{,}5$, $\frac{h}{b} = 2{,}36$; $\psi_2 = 4{,}09$.

$M_k = (10{,}62 - 0{,}67\,C) \cdot 20{,}75$.

$$\frac{\partial \mathfrak{A}}{\partial C} = -\frac{4{,}09 \cdot 23}{4{,}62} \cdot \frac{3217}{1024} (10{,}62 - 0{,}67\,C) \cdot 20{,}75^2 \cdot 0{,}67 \qquad = 12\,370\,C - 196\,000.$$

Für den Arm II ist $M_k = 47{,}25\,(10{,}62 - 0{,}67\,C) - 13{,}25 \cdot 12{,}2$
$= 340{,}4 - 31{,}65\,C$.

$$\frac{\partial \mathfrak{A}}{\partial C} = -\frac{4{,}09 \cdot 23}{4{,}62} \cdot \frac{3217}{1024} (340{,}4 - 31{,}65\,C) \cdot 31{,}65 \qquad = 64\,100\,C - 600\,000$$

$$\sum \frac{\partial \mathfrak{A}}{\partial C} = 219\,296\,C - 2\,076\,750,$$

woraus $C = 9{,}47$ t. Damit wird $A = -0{,}341$ t und $B = 4{,}28$ t.

Für eine genaue Untersuchung sind noch die Formänderungen der Arme und des Zapfens zu berücksichtigen, wodurch Sprünge in der elastischen Linie entstehen.

Für die Biegung des Armes I ist:

$$\frac{\partial \mathfrak{A}}{\partial C} = \frac{1}{J_k E} \int_0^r M_x \frac{\partial M_x}{\partial C}\,dx = \frac{1}{J_0 E} \frac{J_0}{J_k} \int_0^r M_x \frac{\partial M_x}{\partial C}\,dx.$$

$M_x = Bx = (10{,}62 - 0{,}67\,C)\,x$.

$\frac{\partial M_x}{\partial C} = -0{,}67\,x; \quad J_k = \tfrac{1}{12} \cdot 8{,}5 \cdot 20^3 = 5700$ cm^4.

$$\frac{\partial \mathfrak{A}}{\partial C} = -\frac{J_0}{J_k} \int_0^{23} (10{,}62 - 0{,}67\,C) \cdot 0{,}67\,x^2\,dx \qquad = 1030\,C - 16\,300.$$

Für die Verdrehung des Kurbelzapfens:

$$\mathfrak{A} = \frac{1}{2} M_x \vartheta \cdot l = \frac{M_d^2 l}{2 J_p G}.$$

$$\frac{\partial \mathfrak{A}}{\partial C} = \frac{l}{J_p G} M_d \frac{\partial M_d}{\partial C} = \frac{1}{J_0 E} \cdot \frac{l \cdot J_0 E}{J_p G} M_d \frac{\partial M_d}{\partial C},$$

worin $J_p = \frac{\pi}{32} d^4 = 6450$, $l = $ Zapfenlänge $= 26,5$ cm, $G = 0,385\, E$ ist.

$$M_d = B \cdot r = (10,62 - 0,67\, C)\, r; \quad \frac{\partial M_d}{\partial C} = -0,67 \cdot 23.$$

$$\frac{\partial \mathfrak{A}}{\partial C} = \frac{26,5 \cdot 3217 \cdot 23^3 \cdot 0,67}{6450 \cdot 0,385} (10,62 - 0,67\, C) \qquad = 8170\, C - 129\,500.$$

Für die Biegung des Armes II:

$$M_x = P r - (P - B)\, x$$
$$= 12,2 \cdot 23 - (12,2 - 10,62 + 0,67\, C)\, x = 280 - 1,58 - 0,67\, C.$$

$$\frac{\partial M_x}{\partial C} = -0,67\, x.$$

$$\frac{\partial \mathfrak{A}}{\partial C} = -\frac{3217}{5700} \cdot 0,67 \left\{ 280 \cdot \frac{23^2}{2} - (1,58 + 0,67\, C) \frac{23^3}{2} \right\} \qquad = 1030\, C - 25\,500.$$

Mit Berücksichtigung dieser Glieder wird:

$$\sum \frac{\partial \mathfrak{A}}{\partial C} = 229\,526\, C - 2\,248\,050,$$

woraus $C = 9,8$ t und damit $A = -0,455$ t und $B = 4,06$ t.

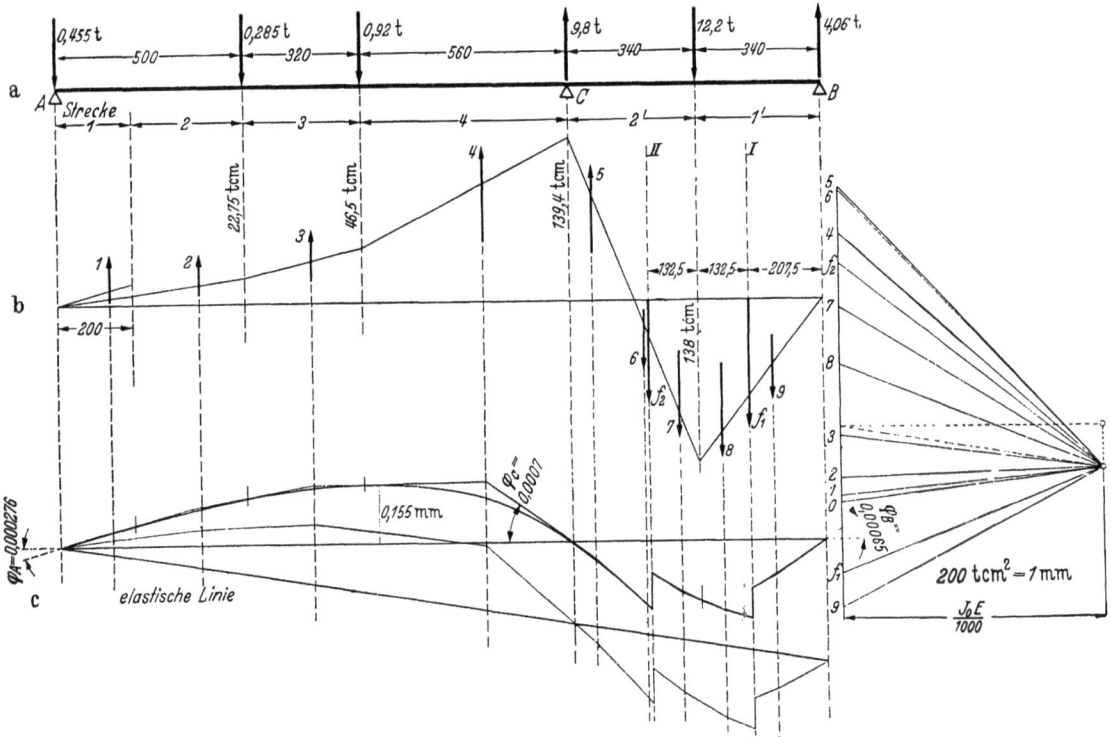

Abb. 4. Formänderung einer dreifach gelagerten Kurbelwelle. Kräfte stehen senkrecht zur Kröpfungsebene.

Für die Bestimmung der Neigungswinkel ist die Konstruktion der elastischen Linie in Abb. 4 durchgeführt, wobei wieder (als Kontrolle der Genauigkeit) die drei Punkte A, B und C in einer Linie liegen müssen.

Berechnung der Sprünge: 1. Durch Biegung des Armes I:

$$s_1 = \frac{B r^3}{3 E J_k} = \frac{4060 \cdot 12\,167}{3 \cdot 2\,200\,000 \cdot 5700} = 0,00131 \text{ cm}.$$

2. Durch Verdrehung des Kurbelzapfens:
$$s_2 = \frac{M_d \cdot l}{G \cdot J_p} \cdot r = \frac{4060 \cdot 23^2 \cdot 26,5}{850\,000 \cdot 6450} = 0,0104 \text{ cm}.$$

3. Durch Biegung des Armes II:
$$s_3 = \frac{Mr^2}{2JE} - \frac{(P-B) \cdot r^3}{3JE} = \frac{r^3}{6JE}[3P - 2(P-B)]$$
$$= \frac{23^3(12 \cdot 2 \cdot 3 - 2 \cdot 8 \cdot 14)}{6 \cdot 5700 \cdot 2200} = \frac{12\,167 \cdot 20 \cdot 32}{6 \cdot 5700 \cdot 2200} = 0,00328 \text{ cm}$$

$$\varDelta_1 = s_1 + \frac{s_2}{2} = 0,00131 + 0,0052 = 0,00651 \text{ cm}$$

$$\varDelta_2 = s_3 + \frac{s_2}{2} = 0,00328 + 0,0052 = 0,00848 \text{ cm}.$$

In Zeichnung 100 fach: $\varDelta_1 = 6,51$ mm und $\varDelta_2 = 8,48$ mm.

Bei der Berechnung der mehrfach gelagerten Kurbelwellen von Automobil- oder Flugmotoren darf keine starre Lagerung vorausgesetzt werden; die Formänderung des Motorgehäuses ist dabei zu berücksichtigen.

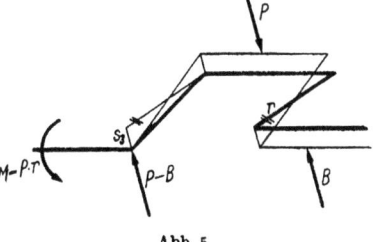

Abb. 5.

34. Kritische Drehzahlen.

Aus der Leistungsgleichung $N = P \cdot v$ folgt, daß je größer die Geschwindigkeit v wird, um so kleiner die zur Übertragung einer bestimmten Leistung erforderlichen Kräfte werden. Darum strebt der Maschinenbau nach immer höheren Drehzahlen, wofür Riedler das treffende Wort „Schnellbetrieb" geprägt hat. Welche Ersparnisse an Material und Platzbedarf damit erreicht werden können, erkennt man aus der Gegenüberstellung der 2000 PS-Dampfmaschine (mit $n = 95$) auf der Weltausstellung in Paris (1900), die bei einer Grundfläche von 7,5 $\times$ 10 m² eine Höhe von 12 m beanspruchte (das Schwungrad allein wog 40 t), und einer Dampfturbine von der gleichen Leistung, die bei $n = 1500$ Uml./min leicht auf einer Grundfläche von 1 $\times$ 2 m² untergebracht werden kann.

Abb. 34.1. Vorrichtung für die statische Auswuchtung. Trebelwerk G.m.b.H. Düsseldorf.)

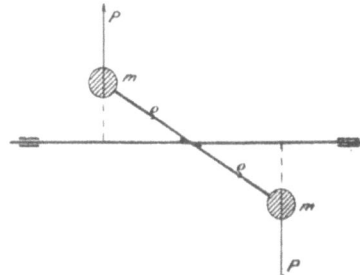

Abb. 34.2. Unausgeglichene Fliehkräfte trotz in der Achse liegendem Schwerpunkt. (Aus Stodola.)

Die größte im Betrieb befindliche Kolbendampf-Dynamo von 4700 kVA[1] hat bei $n = 83$/min ein Gesamtgewicht von 665 t oder 143 kg/kVA. Eine Turbodynamo von 20 000 kVA wiegt bei

$n =$	1000	1500	3000/min
nur	14	10	6 kg/kVA.

---
[1] O. Lasche: Konstruktion und Material im Bau von Dampfturbinen. Julius Spriner, Berlin.

Solange die Mittellinie der Welle gleichzeitig Achse der darauf sitzenden Teile ist und bleibt, ist kein Grund vorhanden zu befürchten, daß die Welle eine schädliche Formänderung durch eine hohe Drehzahl erfahren könnte. Man ist daher immer bestrebt, die umlaufenden Teile nach Möglichkeit so auszuwuchten, daß der Gesamtschwerpunkt mit der Wellenmittellinie zusammenfällt.

Auswuchtung. Die Welle mit den darauf sitzenden Teilen wird auf besonders ausgebildeten Stützen (Abb. 34.1) frei drehbar gelagert. Wenn sie bei Drehung um 360° in keiner Lage irgendeine Neigung zur Drehung zeigt, nennt man sie **statisch ausgeglichen**. Dieser Ausgleich ist aber für den vollständigen Massenausgleich drehender Teile **nicht ausreichend**. Die Fliehkräfte (Abb. 34.2) können nämlich ein Kräftepaar bilden, das um so kräftiger wird, je höher die Drehzahl ist. Es muß daher noch die Bedingung gestellt werden, daß die Momente der Fliehkräfte verschwinden. Diese sind durch zwei gleich große Massen auszugleichen, die zentrisch symmetrisch zur Stabachse und in der Ebene des Kräftepaares anzubringen sind. Die Massen können übrigens in zwei beliebigen Ebenen senkrecht zur Stabachse liegen. Die Schwierigkeit besteht nun darin, die Ebene der unausgeglichenen Fliehkräfte zu bestimmen. Dazu dient die **dynamische Auswuchtung** (Abschn. 344).

341. Kritische Schwingungen einer Einzelmasse.

Auch bei sorgfältiger Auswuchtung bleibt immer eine kleine freie Fliehkraft übrig, die mit dem Quadrat der Umfangsgeschwindigkeit steigt, also beim Übergang von 100 auf 1000 Umdrehungen den 100fachen Wert erreicht.

Eine sonst symmetrische Scheibe sei mit einem um den Betrag e exzentrisch liegenden Schwerpunkt auf einer gewichtlos gedachten, senkrechten Welle so befestigt, daß sie bei einer Biegung der Welle der ursprünglichen Lage parallel bleibt (Abb. 341.1). Bei der Drehung wird die Welle durch die Fliehkraft $F = m(y+e)\omega^2$ um einen Betrag y durchgebogen (m = Masse der Scheibe).

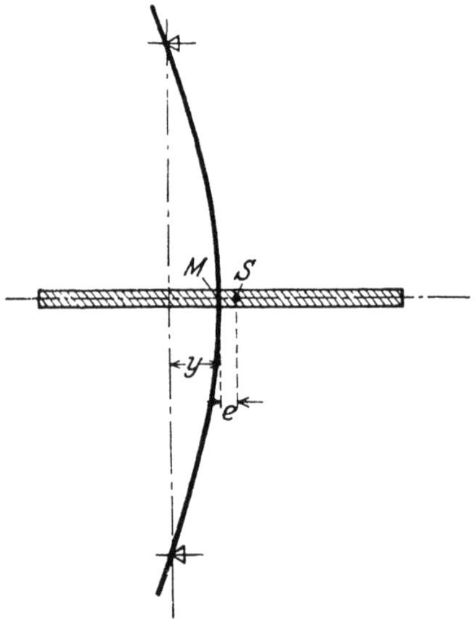

Wenn die Welle keine Biegefestigkeit hätte, würde auch die kleinste Exzentrizität e unendlich große Durchbiegungen verursachen. Die Biegespannungen beschränken aber die Durchbiegung, so daß im Beharrungszustand Gleichgewicht zwischen der Fliehkraft und den elastischen Kräften vorhanden ist, wenn von der inneren Reibung und von den Oberflächenwiderständen durch das umgebende Medium abgesehen wird. Innerhalb des Hookeschen Gesetzes ist die Kraft mit der Durchbiegung proportional:

$$P = c \cdot y,$$

worin also c die Kraft für die Einheit der Durchbiegung ist. Die Werte von c können für einfache Belastungsfälle aus Zahlentafel 1221.1 entnommen werden. So ist z. B., wenn eine Einzelkraft in der Mitte wirkt:

$$y = f = \frac{Pl^3}{48\,JE} \quad \text{und} \quad c = \frac{48\,JE}{l^3}.$$

Abb. 341.1. Schwerpunktlage unterhalb der kritischen Drehzahl. M = Mittelpunkt, S = Schwerpunkt der Scheibe.

Für abgestufte Wellen kann f und damit c in bekannter Weise aus der Konstruktion der elastischen Linie (nach Mohr) berechnet werden. Die Gleichgewichtsbedingung lautet also:

$$m(f+e)\omega^2 = cf \quad \text{oder} \quad f = \frac{m\,e\,\omega^2}{c - m\omega^2}. \tag{341.1}$$

Steigern wir die Winkelgeschwindigkeit bis $c - m\omega^2 = 0$, also

$$\omega = \omega_k = \sqrt{\frac{c}{m}} \tag{2}$$

ist, so wird $f = \infty$, d. h. die Welle müßte zerbrechen. Dieser Betrag von ω wird als **kritische Winkelgeschwindigkeit** bezeichnet, und die entsprechende Drehzahl als **kritische Drehzahl**.

Sitzt die Scheibe nicht symmetrisch, so stellt sie sich schräg und es tritt ein **Kreiselmoment** M hinzu, das aus dem Drallsatz:

$$M = \frac{d}{dt}(\Theta \cdot \omega)$$

berechnet werden kann. Bei der praktisch meist geringen Formänderung der Welle kann das Kreiselmoment vernachlässigt werden. Unter dieser Voraussetzung gilt Gl. (2) ohne weitere Einschränkung auch für beliebig angeordnete Scheibe und beliebig gelagerte Wellen. Bei gegebener Masse hängt die kritische Drehschnelle also nur von der Einheitskraft c ab. Alle Faktoren, die c beeinflussen, ändern (bei unveränderlicher Masse) auch die kritische Drehzahl. Die Voraussetzung, daß die Welle „frei drehbar" gelagert sei, ist praktisch nicht immer erfüllt, insbesondere nicht bei den großen Durchbiegungen in der Nähe der kritischen Drehzahl. An den Lagerstellen wirken dann Einspannmomente, welche die größte Durchbiegung verkleinern, die Einheitskraft c und somit die kritische Drehzahl vergrößern. Alle Faktoren, die keinen Einfluß auf c haben, können (bei unveränderlicher Masse) auch die kritische Drehzahl nicht beeinflussen. Überlagert man der Fliehkraft eine weitere konstante Kraft (z. B. Riemenzug, Zahndruck, Schwerkraft bei horizontaler Lagerung usw.) mit einer unveränderlichen Wirkung, so kann dadurch ω_k nicht geändert werden.

Zahlentafel 341.1. Eigenschwingungszahlen für eine Einzelmasse.

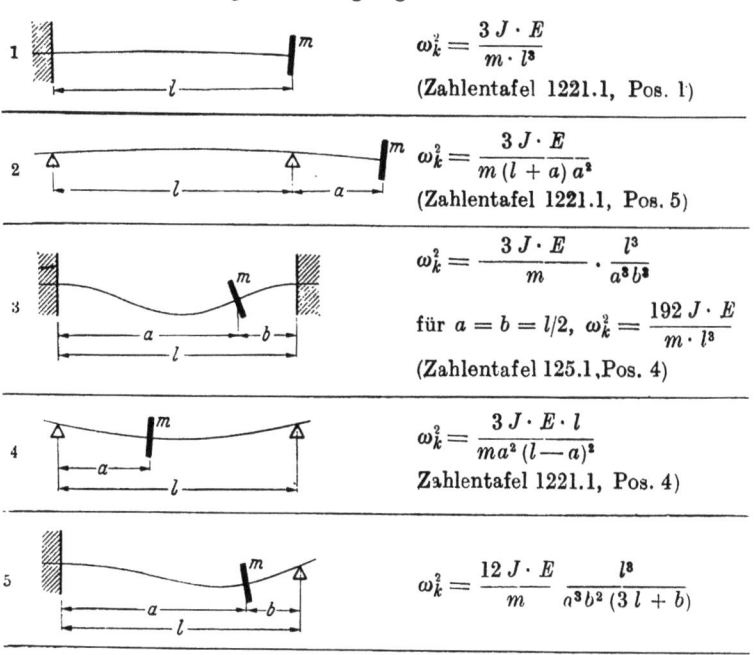

Ist z. B. die Welle horizontal gelagert, so entsteht durch das Eigengewicht der Scheibe und der Welle eine Verbiegung y_0 (Abb. 2). Die hinzutretende Fliehkraft vergrößert diese Biegung um den Betrag y, der so zu berechnen ist, als ob die Schwere nicht vorhanden wäre. Der Schwerpunkt S beschreibt einen Kreis um den ursprünglichen Wellenmittelpunkt O. Für jene von O aus gerechnete Verbiegung y bleibt die gefundene Beziehung für die kritische Drehzahl unverändert. Die Verbiegung der Welle durch das Gewicht der Scheibe beeinflußt also die kritische Drehzahl nicht. Ob die Welle horizontal, vertikal oder schief steht, die kritische Drehzahl bleibt unverändert.

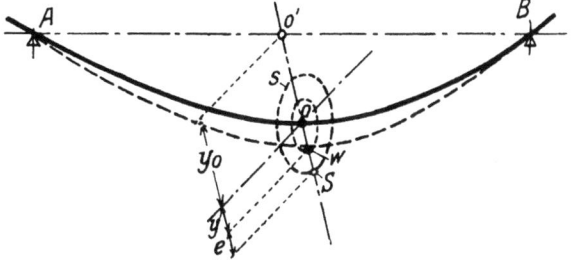

Abb. 2. Einfluß der Schwerkraft.

Bei horizontaler Aufstellung ist $G = c f_0$ oder $f_0 = \dfrac{G}{c}$. Da aber $G = mg$ und $c = m\omega_k^2$ ist, so wird

$$f_0 = \frac{mg}{m\omega_k^2} = \frac{g}{\omega_k^2} \quad \text{oder} \quad \omega_k^2 = \frac{g}{f_0}. \tag{3}$$

Bei einer neu zu berechnenden Welle, für welche die kritische Drehzahl vorgeschrieben ist, ist also auch die Durchbiegung durch das Eigengewicht schon bestimmt, unabhängig davon, welche Abmessungen die Welle erhält. Um die Durchbiegung f_0 klein zu halten, muß die kritische Winkelgeschwindigkeit groß sein; kleine kritische Drehzahlen ($n < 1000$) sind demnach praktisch unzulässig.

Wirken dagegen zusätzliche Kräfte oder Momente mit anderem Wirkungssinn als dem der Fliehkraft (z. B. magnetische Kräfte, elastische Lagerung, Kreiselmomente usw.), so ändert sich auch die kritische Drehschnelle.

Der Einfluß des magnetischen Feldes z. B. beim Rotor einer elektrischen Maschine macht sich in folgender Weise bemerkbar. Infolge der Durchbiegung der Welle ist der Luftspalt zwischen

Rotor und Gehäuse nicht mehr überall gleich groß. Der nun einseitige magnetische Zug hat Tendenz, die Welle noch mehr zu verbiegen, so daß die rückwirkende elastische Kraft kleiner wird. Ist c_1 der magnetische Zug für die Einheit der Exzentrizität, so ist

$$\omega_k = \sqrt{\frac{c-c_1}{m}}. \tag{4}$$

Bei elastischer Lagerung der Welle haben wir zwei hintereinander geschaltete Federn (vgl. Abschn. 264). Ist c_L die Einheitskraft jedes Lagers, c die Einheitskraft der Welle, so ist bei symmetrischer Anordnung der Scheibe die Einheitskraft der elastisch gelagerten Welle aus der Gleichung:

$$\frac{1}{c_E} = \frac{1}{c} + \frac{1}{2c_L} \tag{5}$$

zu berechnen. Da c_E immer kleiner als c, wird die kritische Drehzahl durch elastische Lagerung der Welle vermindert. Bei praktischen Ausführungen sind die Einheitskräfte der einzelnen Lagerkörper oft verschieden nach Größe und Richtung; dazu kommt noch die mitschwingende Masse

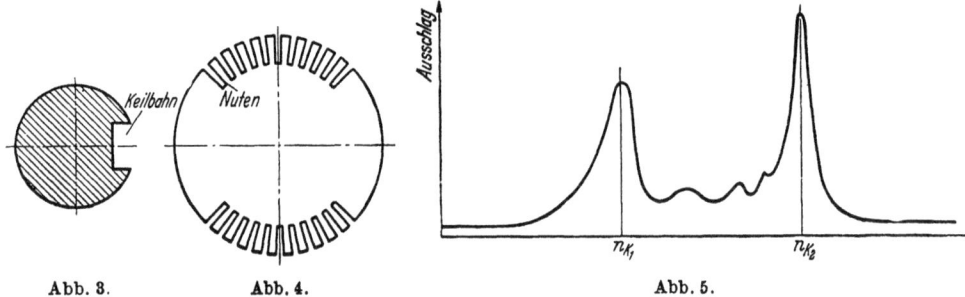

Abb. 3. Abb. 4. Abb. 5.

des Lagerkörpers. Man konstruiert die Lagerung möglichst starr. A. Stodola hat zuerst auf die kritische Unruhe hingewiesen, die durch die Nachgiebigkeit des Ölfilms im Lager hervorgerufen wird.

Die Reibung des umgebenden Mediums beeinflußt die Höhe der kritischen Drehzahl nicht; sie hat nur zur Folge, daß der größte Ausschlag endlich bleibt und um so kleiner wird, je zäher das umgebende Mittel ist (vgl. Abschn. 344), Theorie der Auswuchtmaschine.

Ist das Trägheitsmoment der Welle nicht konstant, sondern in bezug auf zwei Achsen verschieden (Abb. 3 u. 4), so treten zwei kritische Drehzahlen erster Ordnung auf (Abb. 5)[1]. Der zwischen beiden liegende Bereich ist nicht stabil.

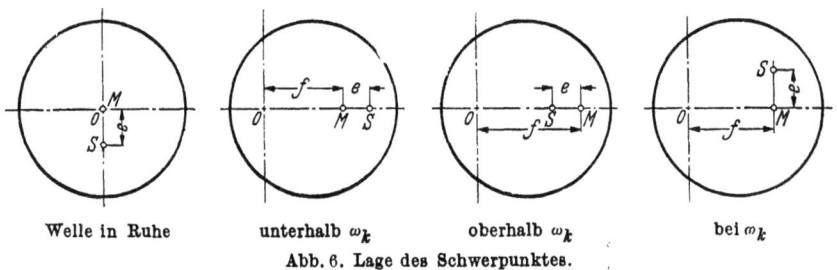

Welle in Ruhe unterhalb ω_k oberhalb ω_k bei ω_k
Abb. 6. Lage des Schwerpunktes.

Der schwedische Ingenieur de Laval war der erste, der durch praktische Versuche nachwies, daß man eine Welle auch schneller als mit der kritischen Drehzahl laufen lassen kann. Praktisch kann man die kritische Drehzahl ohne Bruchgefahr überschreiten, wenn Führungen vorhanden sind, die eine zu große Durchbiegung verhindern. Die Erfahrung und nachher auch die Theorie (durch Stodola und A. Föppl) beweisen übereinstimmend die überraschende Tatsache, daß nach Überschreiten der kritischen Drehzahl ein neuer und zwar stabiler Gleichgewichtszustand sich einstellt, bei dem der Wellenmittelpunkt M und der Schwerpunkt S ihre Lagen vertauschen (Abb. 6). Setzt man $\omega_k^2 = c/m$ in Gl. (1) ein, so wird

$$f = \frac{m\omega^2 e}{m\omega_k^2 - m\omega^2} = \frac{e}{\left(\frac{\omega_k}{\omega}\right)^2 - 1} = -\frac{e}{1 - \left(\frac{\omega_k}{\omega}\right)^2}.$$

---

[1] Trans. Amer. Soc. mech. Engrs. Bd. 50 (1928) S. 57. APM 50 — 16.

341. Kritische Schwingungen einer Einzelmasse.

Durch geeignete Wahl von $\frac{\omega_k}{\omega}$ kann f beliebig verkleinert werden, bis $f = e$. Das war der Weg, den de Laval mit seiner berühmten „biegsamen Welle" beschritten hat (Abb. 7), die bei knappstem Durchmesser eine so weite Lagerung erhielt, daß die Winkelgeschwindigkeit des Betriebes den 7fachen Wert von ω_k erreichte.

Für $e = 0$ wird die Auslenkung y bei der kritischen Drehschnelle $= 0/0$, also unbestimmt; die Bewegung ist nicht stabil. Die Exzentrizität e steht senkrecht auf OM; der Schwerpunkt eilt der größten Wellenauslenkung um $\pi/2$ voraus.

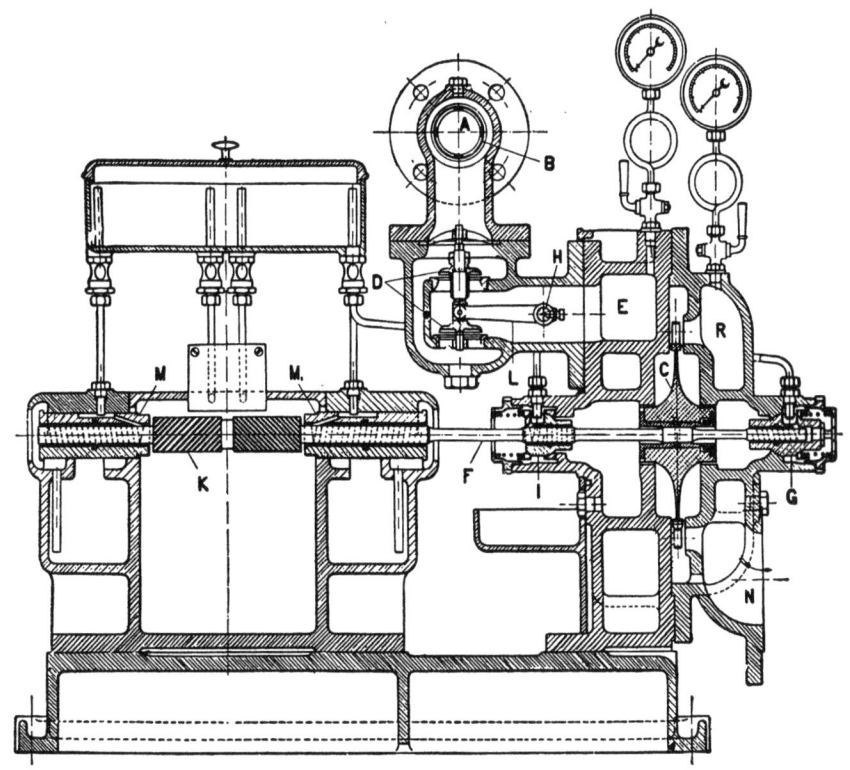

Abb. 7. Biegsame Welle (F) von de Laval (aus Stodola).

Eigenfrequenz. Erteilt man der stillstehenden Welle senkrecht zur Achse einen Stoß, so wird sie in Schwingungen geraten. Die Bewegungsgleichung dafür ist:

$$m \frac{d^2 y}{dt^2} = -P = -cy, \tag{6}$$

worin y die veränderliche Auslenkung ist. Die Lösung dieser Differentialgleichung lautet:

$$y = A \cos \omega t + B \sin \omega t. \tag{7}$$

Wird

$$\frac{d^2 y}{dt^2} = -A \omega^2 \cos \omega t - B \omega^2 \sin \omega t$$

in Gl. (6) eingesetzt, so erhält man:

$$-m \omega^2 (A \cos \omega t + B \sin \omega t) = -c (A \cos \omega t + B \sin \omega t)$$

oder

$$\omega = \sqrt{\frac{c}{m}}, \tag{8}$$

d. h. die Eigenfrequenz der Welle stimmt nach Gl. (1) mit der kritischen Drehzahl überein. Diese Berechnung der Eigenschwingungszahl gilt nicht nur für Wellen, sondern für alle elastischen Körper (Federn) und für Zug-(Druck-), Biege- und Torsionsbeanspruchung.

Zahlenbeispiel. 341.1. Wie groß ist die Eigenschwingungszahl eines Aufzugseiles von 25 m Länge bei einer Belastung von $P = 500$ kg, wenn die Querschnittsfläche der Drähte 2 cm² ist?

Aus Gl.(121.2) $\Delta l = P \cdot l / fE$ folgt die Einheitskraft des Seiles $c = f \cdot E/l$ und damit die Eigenschwingungszahl $\omega = \sqrt{c/m}$. Der E-Wert eines Drahtseiles ist nicht gleich dem E-Wert für

Stahl, sondern (infolge des nachgiebigen Hanfkernes, vgl. Abschn. 63) viel kleiner. Man rechnet mit $E = 3/8 \times 2 \cdot 10^6 = 750000$ kg/cm². Dann ist $c = 2 \times 75 \cdot 10^4/2500 = 600$ kg/cm, m = 500/981 ≈ 0,5 kg · s²/cm und $\omega_k = \sqrt{600/0{,}5} = 35/s$.

Zahlenbeispiel 2. Es soll die Eigenschwingungszahl der in Zahlenbeispiel 262.1 berechneten Wagenfeder bestimmt werden.

Aus $P_2 = f_2 \cdot P_n/f_n = c \cdot f_2$ folgt die Einheitskraft $c = P_n/f_n = 2000/5{,}4$ kg/cm. Bei vollbelastetem Wagen ist $m = 5575/981$ kg · s²/cm und damit die Eigenfrequenz:

$$\omega = \sqrt{\frac{c}{m}} = \sqrt{\frac{2000 \cdot 981}{5575 \cdot 5{,}4}} = 8/s \,.$$

Bei leerem Wagen ist $\qquad \omega = \sqrt{\dfrac{2000 \cdot 981}{3575 \cdot 5{,}4}} = 10/s.$

342. Berechnung der Eigenfrequenz einer glatten Welle.

Betrachten wir ein Stabelement dx, auf dessen Endflächen nur die Querkräfte $-Q$ und $Q + \dfrac{\partial Q}{\partial x} \cdot dx$ wirken, wenn von der Drehbewegung des Elementes unter dem Einfluß der Momente abgesehen wird. Die Masse des Stabelementes $f \cdot \varrho \, dx$ erfährt unter der Wirkung der resultierenden Kraft $\dfrac{\partial Q}{\partial x} \cdot dx$ die Beschleunigung $\dfrac{\partial^2 y}{\partial t^2}$, so daß

$$f \cdot \varrho \, \frac{\partial^2 y}{\partial t^2} = \frac{\partial Q}{\partial x}$$

ist. Aus den Gl. 1221.1 u. 9 folgt $\dfrac{\partial Q}{\partial x} = \dfrac{\partial^2 M}{\partial x^2} = -JE \dfrac{\partial^4 y}{\partial x^4}$ und

$$\frac{\partial^4 y}{\partial x^4} + \frac{f \varrho}{JE} \cdot \frac{\partial^2 y}{\partial t^2} = 0 \,. \tag{342.1}$$

In der allgemeinen Lösung dieser partiellen Differentialgleichung könnten willkürliche Funktionen eintreten, da die anfängliche Gestalt der Welle ganz willkürlich angenommen ist. Zur Auffindung einer partikulären Lösung setzt man (versuchsweise) den Ausschlag y gleich dem Produkt zweier Funktionen, von denen die eine (X) nur von x und die andere (T) nur von der Zeit t abhängt:

$$y = X(x) \cdot T(t) \,. \tag{2}$$

Da die Schwingung mit der Zeit abnimmt, wählt man zweckmäßig:

$$T(t) = e^{-i\omega t} = \cos \omega t + i \sin \omega t,$$

wobei wir uns auf den reellen Teil der Funktion beschränken:

$$y = X(x) \cdot \cos \omega t \,.$$

Mit $\dfrac{\partial^4 y}{\partial x^4} = \cos \omega t \cdot \dfrac{d^4 X}{dx^4}$ und $\dfrac{\partial^2 y}{\partial t^2} = -X \omega^2 \cos \omega t$ lautet $\left(\text{mit } \dfrac{f \cdot \varrho}{JE} \cdot \omega^2 = m^4\right)$ die Gl. (1):

$$\frac{d^4 X}{dx^4} - m^4 \cdot X = 0 \tag{3}$$

mit der allgemeinen Lösung:

$$X = C_1 \sin mx + C_2 \cos mx + C_3 e^{-mx} + C_4 e^{-mx}.$$

Die Integrationskonstanten C_1 bis C_4 folgen aus den Randbedingungen, sind also abhängig von der Lagerung der Welle, aber unabhängig von der Zeit.

Für ein eingespanntes Ende sind $y = 0$ und $y' = 0$.

An einem freien Ende gibt es kein Moment und auch keine Querkraft, so daß $y'' = -M/JE$ und $y''' = Q$ zu Null werden.

An einem gestützten Ende sind $y = 0$ und $y'' = 0$.

Für eine beidseitig frei gelagerte Welle z. B. ist für $x = 0$, $y = 0$ und $y'' = 0$, also $C_2 = C_3 = C_4 = 0$, und $x = l : C_1 \sin ml = 0$. Dies ist für beliebige Werte von C_1 der Fall, wenn

$$ml = i \cdot \pi = \beta \quad (\text{mit } i_i = 1, 2, 3, \ldots)$$

oder (mit dem bekannten Wert von m) für

$$\omega_k^2 = \frac{\beta_i^4}{l^4} \cdot \frac{J \cdot E}{f \cdot \varrho} \,. \tag{4}$$

343. Kritische Drehzahl einer beliebig belasteten und abgesetzten Welle.

Im Gegensatz zu der Belastung durch eine Einzelmasse (Zahlentafel 341.1) ergibt die stetig verteilte Masse unendlich viele kritische Drehzahlen; ω_1 ist die Grundfrequenz, ω_2, ω_3 usw. entsprechen Schwingungen höherer Ordnung. Aus der Gleichung

$$X = C_1 \sin m x = C_1 \sin \beta_i \cdot x/l$$

geht hervor, daß für jede höhere Ordnung eine neue Nullstelle (Knotenpunkt) entsteht (Abb. 342.1).

Führt man die Durchbiegung f_0 infolge des Eigengewichtes, also hier $f_0 = \frac{5}{384} \cdot \frac{p l^4}{J E}$ (Fall 8, Zahlentafel 1221.1) mit $p = f \cdot \gamma$ ein, so wird die Frequenz der Grundschwingung ($i = 1$):

$$\omega_k^2 = \frac{5 \beta^4}{384} \cdot \frac{g}{f_0} = 1{,}268 \, g/f_0 . \tag{5}$$

In ähnlicher Weise können die β_i-Werte und damit die kritischen Drehzahlen für andere Randbedingungen berechnet werden (Zahlentafel 342.1).

Für eine volle Welle folgt aus Gl. 4 mit $J = \pi d^4/64$, $f = \pi d^2/4$, $g = 7{,}85 \cdot 10^{-3}$ kg/cm³, $E = 2{,}1 \cdot 10^6$ kg/cm² und $g = 981$ cm/s² für die kritischen Drehzahlen einer beidseitig frei gelagerten Welle:

$$\omega_k = 12{,}81 \cdot 10^4 \beta_i^2 \, d/l^2 . \tag{6}$$

Für eine Rohrwelle mit $J = \frac{\pi}{64}(d_a^4 - d_i^4)$ und $f = \frac{\pi}{4}(d_a^2 - d_i^2)$ ist

$$\omega_k = 12{,}81 \cdot 10^4 \cdot \beta_i^2 \frac{\sqrt{d_a^2 + d_i^2}}{l^2} . \tag{7}$$

Setzt man $d_a^2 + d_i^2 = 2 d_m^2$, so folgt daraus, daß die kritische Drehzahl einer dünnwandigen Rohrwelle $\sqrt{2} = 1{,}41$ mal so hoch liegt als die einer vollen Welle, deren Außendurchmesser gleich dem mittleren Durchmesser der Rohrwelle ist.

Zahlentafel 342.1. Werte von β_i zur Berechnung der kritischen Drehzahlen bei gleichmäßig belasteten runden Wellen aus Gl. 6 resp. 7.

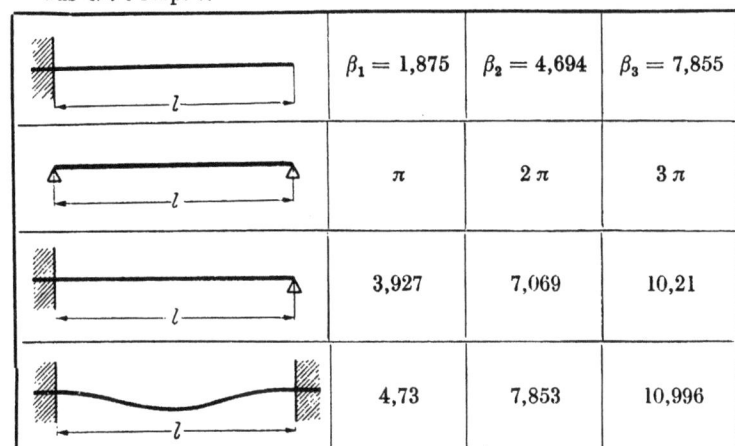

	$\beta_1 = 1{,}875$	$\beta_2 = 4{,}694$	$\beta_3 = 7{,}855$
	π	2π	3π
	3,927	7,069	10,21
	4,73	7,853	10,996

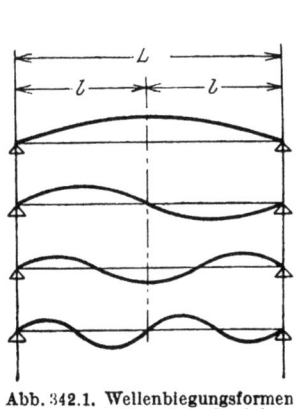

Abb. 342.1. Wellenbiegungsformen bei freier Auflage (aus Stodola).

343. Kritische Drehzahl einer beliebig belasteten und abgesetzten Welle.

Wenn mehrere Massen auf einer Welle mit veränderlichen Durchmessern angeordnet sind, wird die Berechnung der kritischen Drehzahl sehr umständlich. Die Aufgabe kann aber leicht graphisch gelöst werden. Aus der Gleichung:

$$m (y + e) \omega^2 = c \cdot y \tag{341.1}$$

folgt mit $\omega_k^2 = \frac{c}{m}$, daß für die kritische Drehzahl die Fliehkräfte mit den elastischen Kräften auch dann in Gleichgewicht sind, wenn $e = 0$ ist. Nun sind aber die Auslenkungen y nicht bekannt. Das Verfahren (von Prof. A. Stodola[1]) besteht nun darin, daß die elastische Linie der in ihren Abmessungen gegebenen Welle schätzungsweise aufgezeichnet wird. Man geht dabei zweckmäßig von der elastischen Linie der Welle in Ruhezustand infolge der Gewichtsbelastung aus. Mit einer willkürlichen Winkelgeschwindigkeit ω (z. B. gleich 100) können aus den ange-

---

[1] Stodola, A: Dampfturbinen. Berlin: Springer 1924.

nommenen Durchbiegungen y die Fliehkräfte berechnet werden. Mit Hilfe dieser Kräfte läßt sich in bekannter Weise (nach Mohr) eine elastische Linie konstruieren. Ihre Ordinaten y' werden sich von den ursprünglich angenommenen Werten unterscheiden. Man kann indessen einen davon, z. B. den in der Mitte, dessen Größe y'_m sei, mit dem ursprünglichen Wert y_m in Übereinstimmung bringen, indem statt ω eine neue Winkelgeschwindigkeit

$$\omega' = \omega \sqrt{\frac{y_m}{y'_m}}$$

angenommen wird. Ändert man alle Ordinaten in diesem Verhältnis, so müßte die so erhaltene „berichtigte", elastische Linie mit der angenommenen übereinstimmen, wenn diese die richtige wäre. In diesem Falle wäre ω' die kritische Geschwindigkeit. In Wirklichkeit werden die beiden Linien etwas voneinander abweichen, so daß das Verfahren wiederholt werden muß, indem die „berichtigte" elastische Linie als zweite Annahme gelten kann. Eine mehr als zweimalige Wiederholung ist selten erforderlich.

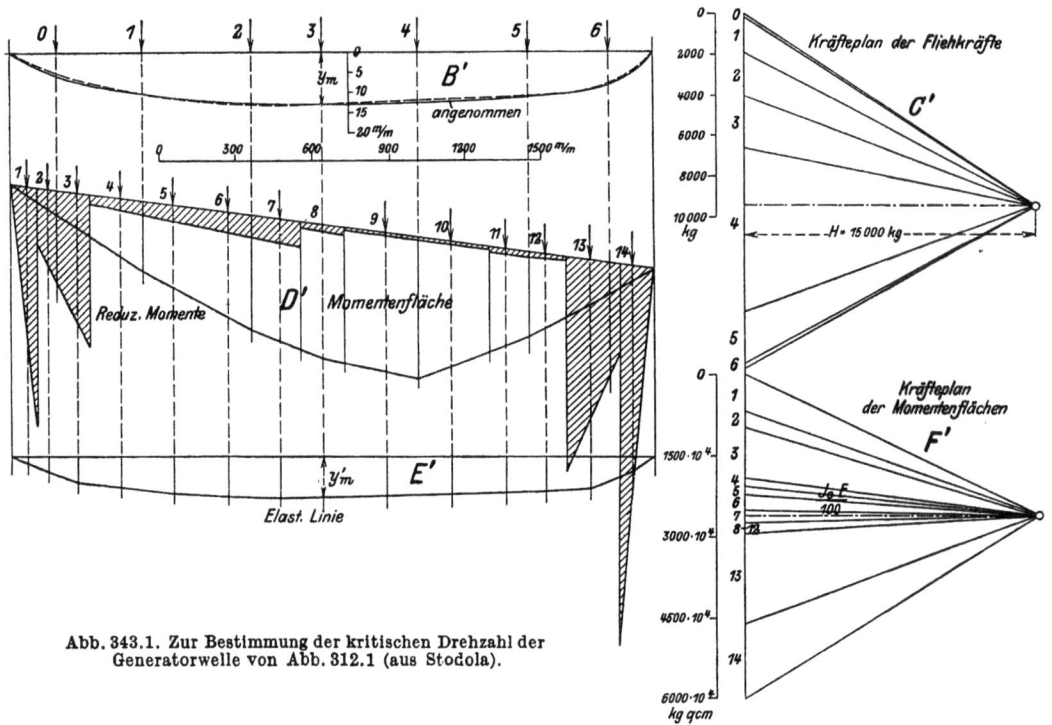

Abb. 343.1. Zur Bestimmung der kritischen Drehzahl der Generatorwelle von Abb. 312.1 (aus Stodola).

In Abb. 343.1 ist als Zahlenbeispiel die Konstruktion der kritischen Drehzahl für die Welle in Abb. 312.1 durchgeführt, und zwar unter Berücksichtigung der Versteifung durch den Anker. Dabei ist $y_m = 13{,}1$ mm und $y'_m = 1{,}5$ mm, so daß $\omega' = 100\sqrt{\frac{13{,}1}{1{,}5}} = 296$ wird und $n_k = 2820$. Die durch den Versuch bestimmte kritische Drehzahl lag zwischen $n = 2600$ und 2900, so daß tatsächlich die versteifende Wirkung des Ankers vorhanden war, denn ohne Versteifung ist $n_k = 1000$.

Für Überschlagsrechnungen ist ein abgekürztes Verfahren zur Bestimmung der kritischen Drehzahl erwünscht. Nach Gl. (341.3 und 342.5) besteht zwischen der Durchbiegung f_0 der Welle und der kritischen Drehzahl die Beziehung

$$\omega_k^2 = A \cdot g/f_0 \qquad (343.1)$$

worin $A = 1$ für eine Einzellast und $A = 1{,}2685$ für die stetig verteilte Belastung.

Bei den meisten Maschinen liegt die Belastung zwischen den beiden Grenzfällen; der Zahlenwert A wird um so größer, je gleichmäßiger die Massen verteilt sind, z. B. für mehrstufige Turbokompressoren, Zentrifugalpumpen, Gleichdruckdampfturbinen ist $A = 1{,}07 - 1{,}08$ und für turboelektrische Maschinen $A = 1{,}2$. Für die überschlagsweise Bestimmung der kritischen Drehzahl reicht also die Bestimmung der statischen Durchbiegung durch das Eigengewicht aus.

---

[1] L. 343.

Genauere Werte liefert das Verfahren von G. Kull[1], bei dem an Stelle von f_0 eine reduzierte Durchbiegung

$$f_0 = \frac{G_1 f_1^2 + G_2 f_2^2 + G_3 f_3^2 + \cdots}{G_1 f_1 + G_2 f_2 + G_3 f_3 + \cdots} = \frac{\Sigma(Gf^2)}{\Sigma(Gf)} \tag{2}$$

eingesetzt wird, wobei $f_1, f_2, f_3 \cdots$ die statische Durchbiegung unter den Gewichten $G_1, G_2, G_3 \cdots$ bedeuten. Es wird demnach:

$$\omega_k = \sqrt{\frac{g \Sigma Gf}{\Sigma Gf^2} \cdot A}. \tag{3}$$

Aus der Gl. (1) folgt weiter, daß die Durchbiegung f_0 um so größer wird, je kleiner die kritische Geschwindigkeit ω_k ist. Daraus ergibt sich, daß für alle Maschinen, die in eng anschließenden Gehäusen laufen (Zentrifugalpumpen und Gebläse, Turbinen, elektrische Generatoren und Motoren usw.) und für die die größtzulässige Durchbiegung f_0 eingeschränkt ist, hohe kritische Drehzahlen erforderlich sind und daß die Betriebsdrehzahl unterhalb der kritischen liegen muß. Läßt man z. B. eine größte Durchbiegung von 0,2 mm zu, so wird die kleinste kritische Drehzahl, unabhängig von der Wellenlänge,

$$(\omega_k)_{\min} = \sqrt{\frac{A \cdot 981}{0{,}02}} = 230 - 240 \quad \text{oder} \quad (n_k)_{\min} = 2200 - 2300/\min.$$

344. Theorie der Auswuchtmaschine (gedämpfte Schwingungen).

Die Lagerstellen werden durch Federn in einer Mittelstellung gehalten. Durch die Fliehkräfte entstehen veränderliche Auslenkungen ξ (Abb. 344.1), wodurch die Feder gespannt wird mit einer Kraft[2]

$$P = a \cdot \xi. \tag{344.1}$$

Die Fliehkräfte zerlegen wir in zwei Komponenten, horizontal und vertikal, von welchen die letzteren durch die Lager unmittelbar aufgenommen werden, während die horizontalen ein Moment $M_h = m r \omega^2 b \cos \psi$ ergeben. Durch dieses Moment wird die Achse um den Winkel φ schiefgestellt, so daß die Federn mit einem Moment

$$M_v = 2 P c = 2 a c \xi = 2 a c^2 \varphi \tag{2}$$

zurückwirken. Dazu kommt noch das Moment der Luftreibung, soweit diese durch die horizontale Schwingung verursacht wird, das der Einfachheit halber der Schwingungsgeschwindigkeit proportional gesetzt werden kann

$$M_r = R \frac{d\varphi}{dt} \tag{3}$$

Wird das Massenträgheitsmoment der Trommel, bezogen auf die durch S gehende Senkrechte mit Θ bezeichnet, so lautet die Bewegungsgleichung:

$$\Theta \frac{d^2 \varphi}{dt^2} = M_h - M_v - M_r \tag{4}$$

oder mit $\psi = \omega t$, worin ω die unveränderliche Winkelgeschwindigkeit ist.

$$\Theta \frac{d^2 \varphi}{dt^2} + R \frac{d\varphi}{dt} + 2 a c^2 \varphi = m b r \omega^2 \cos \omega t. \tag{5}$$

Von dieser bekannten Differentialgleichung ist

$$\varphi = C \cos(\omega t - \alpha) \tag{6}$$

eine Lösung[3]. Setzt man die Werte

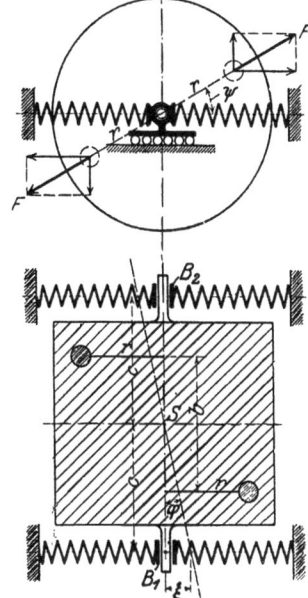

Abb. 344.1. Prinzip der Auswuchtvorrichtung (aus Stodola).

---

[1] L. 343.

[2] NB.: Mit Rücksicht auf die vorhandene Abb. **344.1** ist die Einheitskraft hier mit a statt mit c bezeichnet.

[3] Die allgemeine Lösung lautet: $\varphi = k_1 e^{\alpha t} + k_2 e^{\beta t}$. Durch Einsetzen in die Schwingungsgleichung (5) erhält man:
$$k_1 e^{\alpha t}(\alpha^2 \Theta + \alpha R + 2 a c^2) + k_2 e^{\beta t}(\beta^2 \Theta + \beta R + 2 a c^2) = 0$$
und daraus die charakteristischen Gleichungen:
$$\alpha^2 \Theta + \alpha R + 2 a c^2 = 0 \quad \text{und} \quad \beta^2 \Theta + \beta R + 2 a c^2 = 0$$
mit den Lösungen $\alpha = \beta = \frac{R}{2\Theta} \pm \sqrt{\frac{R^2}{4\Theta^2} - \frac{2 a c^2}{\Theta}}$. Nun ist $\sqrt{\frac{2 a c^2}{\Theta}} = \omega_k$ [nach Gl. (9)] die Eigenschnelle der ungedämpften Schwingung. Lehr nennt die dimensionslose Größe $D = \frac{R}{2 \Theta \omega_k}$ die Dämpfung des Systems. Nur wenn $D < 1$, erhält man eine periodische Schwingung.

$$\frac{d\varphi}{dt} = -C\omega \sin(\omega t - \alpha) \quad \text{und} \quad \frac{d^2\varphi}{dt^2} = -C\omega^2 \cos(\omega t - \alpha)$$

darin ein, so erhält man:

$$-\Theta C\omega^2 \cos(\omega t - \alpha) - RC\omega \sin(\omega t - \alpha)$$
$$+ 2ac^2 C \cos(\omega t - \alpha) = mbr\omega^2 \cos \omega t$$

oder:

$$\cos \omega t \{-\Theta C\omega^2 \cos\alpha + 2ac^2 C \cos\alpha + R\omega C \sin\alpha - mbr\omega^2\}$$
$$+ \sin \omega t \{-\Theta C\omega^2 \sin\alpha + 2ac^2 C \sin\alpha - R\omega C \cos\alpha\} = 0.$$

Damit diese Gleichung für beliebige Zeiten erfüllt ist, müssen beide Klammerausdrücke zu Null werden:

$$-\Theta C\omega^2 \cos\alpha + 2ac^2 C \cos\alpha + R\omega C \sin\alpha = mbr\omega^2$$

und

$$(-\Theta\omega^2 + 2ac^2) \sin\alpha = R\omega \cos\alpha.$$

Daraus folgt:

$$\operatorname{tg}\alpha = \frac{R\omega}{-\Theta\omega^2 + 2ac^2} \tag{7}$$

und

$$C = \frac{mbr\omega^2}{(-\Theta\omega^2 + 2ac^2)^2 + R^2\omega^2} \sqrt{(-\Theta\omega^2 + 2ac^2)^2 + R^2\omega^2}. \tag{8}$$

Das Lager erhält also eine schwingende Bewegung mit dem größten Ausschlag C, der auftritt, wenn $\cos(\omega t - \alpha) = 1$ wird, d. i. für $\omega t - \alpha = 0$ oder $\alpha = \omega t = \psi$. Der größte Ausschlag, der z. B. durch Ankreiden leicht zu bestimmen ist, fällt demnach nicht damit zusammen, daß die Ebene der Fliehkräfte mit der Ebene der Federkräfte übereinstimmt, sondern ist um den Winkel α dagegen verschoben (α = Phasenverschiebung), und zwar eilt die Ebene der Fliehkräfte um den Winkel α vor.

Besonders große Ausschläge sind zu erwarten, wenn Resonanz auftritt, d. h. wenn die Schwingungszahl mit der Eigenschwingungszahl der untersuchten Welle zusammenfällt. Die Eigenschwingungszahl ω_k folgt aus Gl. (341.2): $\omega_k^2 = a/m'$, worin m', die in den Federachsen (bei B_1 und B_2) wirkenden reduzierten Massen, durch die Gleichung $\Theta = 2m'c^2$ bestimmt sind. Für diese Schwingungszahl ist also

$$\Theta\omega^2 = 2ac^2 \tag{9}$$

und nach Gl. (7): $\operatorname{tg}\alpha = \infty$ oder $\alpha = \frac{\pi}{2}$.

Der größte Ausschlag

$$C_k = \frac{mr\omega^2 \cdot b}{R\omega} = \frac{M}{R\omega_k}, \tag{10}$$

worin $M = mr\omega^2 \cdot b$ das erregende Moment und R die dämpfende Kraft ist, bleibt auch im Falle der Resonanz endlich. Da im vorliegenden Fall das erregende Moment proportional ω^2 ist, wird der größte Ausschlag mit ω_k proportional und liegt genau um 90° hinter dem Ort, wo sich die Überwucht befindet.

In der Praxis wird die Auswuchtung meist so gemacht, daß die Lage des größten Ausschlages bei einer bestimmten Drehzahl festgelegt wird. Dann läßt man die Welle in entgegengesetzter Richtung laufen und bestimmt bei der gleichen Drehzahl wieder die Lage des größten Ausschlages. Die Gegengewichte müssen dann in der Halbierungsebene des durch die beiden Marken bestimmten Winkels liegen, den Marken in bezug auf den Drehsinn nacheilend. Die Richtigkeit dieser Methode folgt sofort aus Gl. (7), da $\alpha_1 = -\alpha_2$ ist.

Ist das erregende Moment konstant (unabhängig von ω), dann ist nach Gl. (10) C_k umgekehrt proportional mit ω_k.

345. Verdrehschwingungen [1].

Wenn das Drehmoment sich periodisch ändert (wie z. B. bei Kolbenmaschinen) und wenn die Periodenzahl mit der Eigenschwingungszahl der Welle übereinstimmt, sind wieder gefährlich große (kritische) Verdrehungen zu erwarten. Die Untersuchung ist auf die Bestimmung der Eigenschwingungszahl beschränkt; die Größe der Verdrehungen und damit der Beanspruchungen läßt sich nur dann berechnen, wenn die Kolbenkräfte und die dämpfenden Kräfte bekannt sind.

Eine Welle sei am einen Ende festgehalten, während das andere Ende eine Schwungscheibe trägt (Abb. 345.1). Wird die Schwungmasse um einen Winkel φ gedreht, so spannt sich die Welle

---

[1] L. 345.

345. Verdrehschwingungen.

wie eine Feder und sucht die Drehung rückgängig zu machen. Die Bewegungsgleichung lautet:

$$\Theta \frac{d^2\varphi}{dt^2} = -M = -c\varphi, \qquad (345.1)$$

da innerhalb des Hookeschen Gesetzes, die Verdrehung dem Drehmoment proportional ist.

Θ = polares Massenträgheitsmoment der Scheibe = $\int r^2 dm = m\varrho^2$ (kgm·s²),
r = Entfernung eines Massenteilchens dm vom Drehpunkt und
ϱ = Trägheitsradius.

Da Gleichung 1 die gleiche Form wie Gl. (341.6) hat, folgt daraus die Eigenfrequenz:

$$\omega = \sqrt{\frac{c}{\Theta}}. \qquad (2)$$

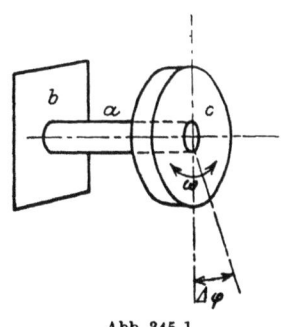

Abb. 345.1.

In der Praxis rechnet man meist nicht mit dem Trägheitsmoment, sondern mit dem sog. Schwungmoment GD^2, worin G das Scheibengewicht und D der Trägheitsdurchmesser (nicht Außendurchmesser) ist:

$$GD^2 = mg \cdot 4\varrho^2 = 4\Theta g \quad \text{oder} \quad \Theta = \frac{GD^2}{4g}. \qquad (3)$$

Man kann aber auch schreiben: $\Theta = m'R^2$, wenn mit R irgendein Halbmesser bezeichnet wird. Dann nennt man m' die auf den Radius R reduzierte Masse. Für $R=1$ wird $\Theta = m'$, d. h. das Trägheitsmoment ist gleich der auf einen Punkt in der Entfernung 1 von der Wellenmitte reduzierten Masse. Dann ist

$$\omega = \sqrt{\frac{c}{m'}}. \qquad (2a)$$

Für einen prismatischen Stab (Abb. 2) ist:

$$\Theta = \int_0^l \frac{f \cdot dx \cdot \gamma}{g} x^2 = \frac{f\gamma}{g} \cdot \frac{l^3}{3} = \frac{G}{3g} l^2 = \frac{m}{3} \cdot l^2 \qquad (4)$$

und

$$\varrho = \frac{l}{\sqrt{3}}. \qquad (5)$$

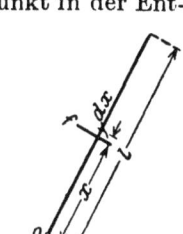

Abb. 2.

Für die Kreisscheibe mit der Breite b (Abb. 3) ist:

$$\Theta = \int_0^{r_a} \frac{2\pi r dr \cdot b\gamma}{g} r^2 = 2\pi b \frac{\gamma}{g} \frac{r_a^4}{4} = m \cdot \frac{r_a^2}{2} \qquad (6)$$

und

$$\varrho = r_a/\sqrt{2}. \qquad (7)$$

Für einen hohlen Kreiszylinder ist

$$\Theta = \frac{\pi}{2} b \frac{\gamma}{g} (r_a^4 - r_i^4) = \frac{m}{2}(r_a^2 + r_i^2). \qquad (8)$$

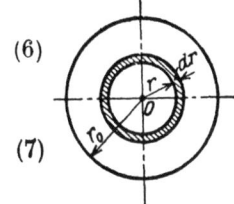

Abb. 3.

Ist $r_i = r_a/2$, so wird $\Theta_{\text{hohl}}/\Theta_{\text{voll}} = 1 - (\frac{1}{2})^4$, das Trägheitsmoment nur um etwa 6% kleiner als für den Vollzylinder. Bei der Ermittlung des Massenträgheitsmomentes von Rotationskörpern kann man also im allgemeinen Nabe und Arme ohne großen Fehler vernachlässigen oder durch einen kleinen Zuschlag berücksichtigen.

Für die Berechnung des Massenträgheitsmomentes von Zahnrädern werden die Zahnlücken ausgeglichen, indem der Kopf (bis zum Teilkreis) abgeschnitten und die übrigbleibende Lücke damit ausgefüllt gedacht wird.

Das Massenträgheitsmoment beliebig geformter Körper wird aus einem Pendelversuch durch Beobachtung der Pendeldauer bestimmt. Die Bewegungsgleichung des physikalischen Pendels (Abb. 4a) lautet wieder

$$\frac{d^2\varphi}{dt^2} = -\frac{M}{\Theta}.$$

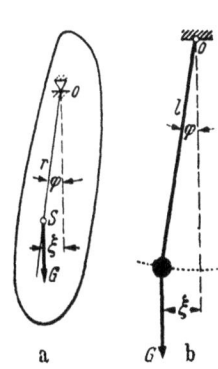

Abb. 4. a Physikalisches, b Mathematisches Pendel.

Wenn wir uns auf kleine Ausschläge beschränken, so ist das Moment

$$M = G\xi = Gr\sin\varphi \approx Gr\varphi = mgr\varphi.$$

Damit wird
$$\frac{d^2\varphi}{dt^2} = -\frac{mgr}{\Theta}\varphi.$$
Für das mathematische Pendel (Abb. 4b) mit der Bewegungsgleichung
$$\frac{d^2\varphi}{dt^2} = \frac{mgl\sin\varphi}{ml^2} \approx \frac{g}{l}\varphi$$
ist die Schwingungsdauer T bekannt:
$$T = 2\pi\sqrt{\frac{l}{g}}\ [\text{sec}].$$
Die Bewegungsgleichungen des physikalischen und des mathematischen Pendels werden identisch, wenn
$$\frac{mgr}{\Theta} = \frac{g}{l} \quad \text{oder} \quad l = \frac{\Theta}{mr}$$
ist. Man nennt l die reduzierte Pendellänge des physikalischen Pendels, dessen Schwingungsdauer
$$T = 2\pi\sqrt{\frac{l}{g}} = 2\pi\sqrt{\frac{\Theta}{mgr}}$$
ist. Daraus folgt
$$\Theta = \frac{mgr}{4\pi^2}T^2.$$
Diese Gleichung versagt aber für die Bestimmung des Trägheitsmomentes in bezug auf die Schwerpunktachse, da für diese $r=0$ ist. Allgemein gilt jedoch die Beziehung
$$\Theta_s = \Theta - mr^2$$
und damit wird:
$$(GD^2)_s = 4\Theta_s g = 4g\{\Theta - mr^2\} = 4g\left\{\frac{mgr}{4\pi^2}T^2 - mr^2\right\}. \tag{9}$$
Diese Methode gilt auch für inhomogene Körper und ist sehr genau, wenn dafür gesorgt wird, daß die Schneiden und die Unterlagen gehärtet sind.

Die Einheitskraft c in Gl. (2) ist abhängig von der Form und von den Abmessungen der Welle, oder allgemeiner des elastischen Körpers. Für eine kreisförmige Welle ist nach Gl. (123.5):
$$\varphi = \vartheta \cdot l = \frac{M_d}{J_p G} \cdot l, \quad \text{und} \quad c = \frac{J_p \cdot G}{l}. \tag{10}$$

Ein anschauliches Beispiel eines Drehschwingers enthält jede Taschenuhr in der „Unruhe". Diese besteht aus einem nahezu reibungsfrei gelagerten Schwungrad, an dessen Achse das eine Ende einer Spiralfeder befestigt ist, während das andere Ende am Gehäuse festsitzt. Die Unruhe soll genau 120 volle Schwingungen in der Minute ausführen, so daß $\omega = \frac{2\pi}{60}\cdot 120 = 12{,}56/s$ ist. Bei gegebenen Abmessungen des (genormten) Schwungrades folgt aus Gl. (10) die Konstante c und nach Wahl der ebenfalls genormten Abmessungen der rechteckigen Feder, aus Gl. (262.5) (mit $c = JE/l$) die erforderliche Federlänge l.

Trägt die Welle zwei Schwungscheiben mit den reduzierten Massen m_1' und m_2' (Abb. 5), so können beide nur gegeneinander schwingen; die Schwingungszahlen beider Massen sind also gleich:
$$\omega^2 = c_1/m_1' = c_2/m_2'.$$
Wenn beide Massen durch eine glatte Welle verbunden sind, so ist:
$$c_1 = J_p G/l_1 \quad \text{und} \quad c_2 = J_p G/l_2 = J_p G/(l - l_1)$$
so daß
$$l_1 m_1' = (l - l_1) m_2' = l m_2' - l_1 m_2'$$
oder
$$l_1 = l\frac{m_2'}{m_2' + m_1'} \tag{11}$$

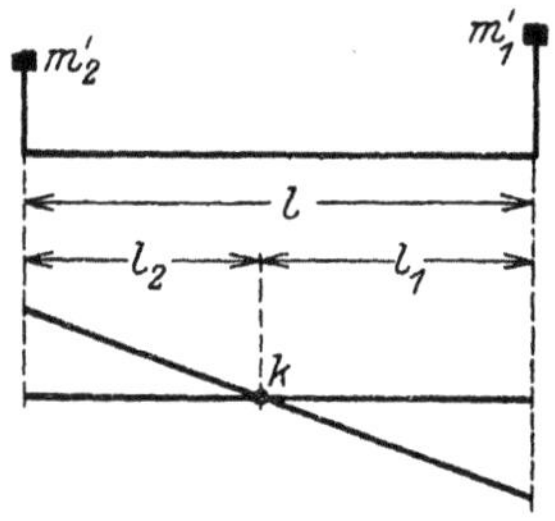

Abb. 5.

und
$$\omega = \sqrt{\frac{J_p G}{l}\cdot\frac{m_1' + m_2'}{m_1' m_2'}} = \sqrt{\frac{c}{m_0'}} \tag{12}$$
sein muß, in welcher Gleichung $c = J_p G/l$ die Einheitskraft der Verbindungswelle, und
$$\frac{1}{m_0'} = \frac{1}{m_1'} + \frac{1}{m_2'} \tag{13}$$
die „wirksame" reduzierte Masse des Systems ist. Der Punkt k der Welle (Abb. 5), der bei der Schwingung in Ruhe bleibt, nennt man den Knotenpunkt der Schwingung. Die für Dreh-

345. Verdrehschwingungen.

schwingungen abgeleitete Gl. (12) gilt natürlich auch für Biegeschwingungen zwischen zwei Massen.

Ist der Wellendurchmesser veränderlich, so kann die verjüngte oder abgesetzte Welle immer durch eine gleichwertige glatte Welle ersetzt werden (reduzierte Welle). Ein Wellenstück vom Durchmesser d und der Länge l ist mit einer Welle vom Durchmesser D_0 und der Länge L_0 gleichwertig, wenn beide durch ein gleiches Drehmoment um den gleichen Winkel verdreht werden:

$$\varphi = \frac{M_d}{J_p G} l = \frac{M_d}{J_{p0} G} L_0, \text{ so daß mit } J_p = \frac{\pi}{32} d^4 \text{ und } J_{p0} = \frac{\pi}{32} D_0^4$$

$$L_0 = \frac{D_0^4}{d^4} l \tag{14}$$

wird. Für kegelförmige Wellenabsätze wird:

$$L_0 = D_0^4 \int_0^l \frac{dl}{d^4}. \tag{15}$$

Die reduzierte Länge von Kurbelkröpfung ist genau nur auf Grund von Versuchen festzulegen.

Anwendungsbeispiel 345.1. In Abb. 6 ist die Welle eines 300 PS-Dieselmotors mit 3 unter 240° gegeneinander versetzten Kurbeln, gekuppelt mit einer Dynamomaschine, gezeichnet. Das Schwungmoment des Läufers ist $=GD_1^2=109\,700$ kg·m², so daß $m_1' = \frac{109\,700 \cdot 100^2}{4 \cdot 981}$ kgcm/s² wird; das Schwungmoment des Schwungrades $=GD_2^2=93\,000$ kg·m². Diesen Zahlen gegenüber treten die Massen der Welle und selbst der hin- und hergehenden Teile ($GD^2=950$ kg·m²) völlig zurück, so daß diese Massen durch einfache Addition ihrer Trägheitsmomente zu dem Schwungradträgheitsmoment berücksichtigt werden dürfen.

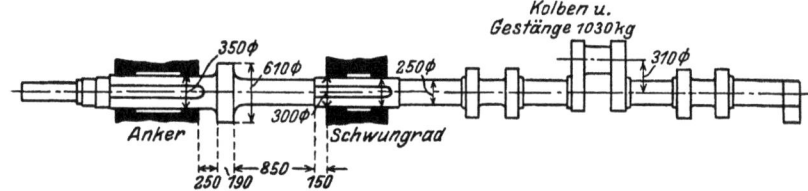

Abb. 6 Welle eines 300-PS-Dieselmotors.

Dadurch ist das ganze System genügend genau auf zwei Schwungscheiben zurückgeführt. Die Welle innerhalb der Naben kann als starr angesehen werden. Das auf eine Welle von 250 mm Durchmesser reduzierte Wellenstück 1 hat eine Länge

$$(L_0)_1 = \left(\frac{25}{35}\right)^4 \cdot 250 = 65 \text{ mm}.$$

Strecke 2 ist

$$(L_0)_2 = \left(\frac{25}{61}\right)^4 \cdot 190 = 5{,}3 \text{ mm},$$

Strecke 3 ist

$$(L_0)_3 = \left(\frac{25}{30}\right)^4 \cdot 150 = 72{,}3 \text{ mm}$$

lang, so daß die abgesetzte Welle auf eine glatte Welle von 250 mm Durchmesser und eine Länge von $65 + 5{,}3 + 850 + 72{,}3 = 993$ mm Länge zurückgeführt ist.

Damit ergibt sich nach Gl. (12) als Eigenschwingungszahl:

$$n_k = \frac{30}{\pi} \sqrt{\frac{\pi \cdot 25^4}{32} \cdot \frac{820\,000}{99{,}3} \cdot \frac{202\,700 \cdot 100^2}{4 \cdot 981} \cdot \frac{4^2 \cdot 981^2}{109\,700 \cdot 93\,000 \cdot 100^4}} \approx 474.$$

Diese Schwingungszahl fällt genügend genau mit der Anzahl der von den drei Zylindern ausgeübten Impulse ($3 \cdot 142$ bis $3 \cdot 158 = 426$ bis 474) zusammen, so daß Resonanzgefahr vorhanden ist. Die Welle ist auch nach kurzer Betriebszeit bei der Nabe des Kuppelflansches gebrochen.

Man kann die Bruchgefahr vermeiden, indem man die Eigenschwingungszahl etwa 25% über die Betriebsdrehzahl legt ($n_k = 1{,}25 \cdot 474$). Dazu muß der Wellendurchmesser statt 250 mm $\sqrt{1{,}25} \cdot 250 = $ rd. 280 mm werden.

34. Kritische Drehzahlen.

Wellenbrüche, die durch Torsionsschwingungen entstehen, sind fast immer am Verlauf der Bruchfläche leicht erkenntlich. Der erste Einriß entsteht durch zu große Schubspannungen parallel zur Stabachse (Abb. 7). Mit dem Mikroskop kann die Rißlinie zu beiden Seiten des Bruches weiter verfolgt werden. Dann schreitet der Riß unter 45° weiter fort. Durch örtliche Schwächen, z. B. Löcher, kann der Bruch auch anders ausfallen. Bei scharfen Querschnittsänderungen erfolgt der Bruch immer an der Übergangsstelle.

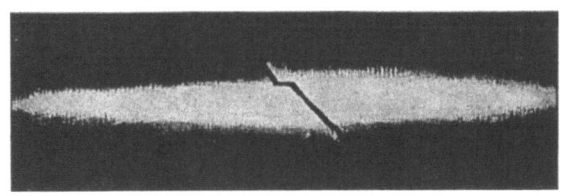

Abb. 7. Wellenbruch infolge von Drehschwingungen (aus O. Föppl).

Sind mehrere Schwungmassen vorhanden, so führt das von Gümbel[1] angegebene Verfahren am raschesten zum Ziel.

Die Resonanz-Drehschwingungen werden entweder durch Schwingungsdämpfer in Reibungswärme umgesetzt, oder es werden elastische Kupplungen eingebaut. Die Federkupplung vermindert die Eigenschwingungszahl der Welle, so daß kritische Drehzahlbereiche ins Gebiet niedriger Drehzahlen verlagert werden. Der Einbau einer Federkupplung ist deshalb oft das billigste Mittel um aus einem kritischen Drehzahlenbereich herauszukommen.

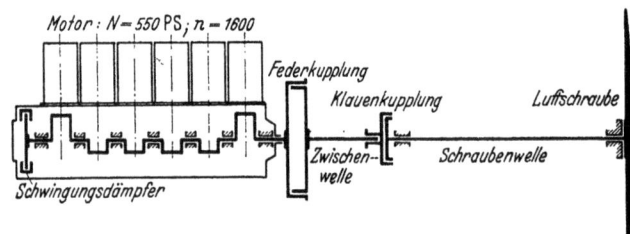

Abb. 8.

Abb. 9.

Eine besondere Schwierigkeit für die zuverlässige Berechnung der Eigenschwingungszahl liegt dann vor, wenn eine elastische Kupplung in der Welle eingebaut ist, deren Federn nachstellbar sind. Ein tragisches Beispiel dafür, wie kleine Ursachen schwerwiegende Folgen haben können, war die Amerikafahrt des Luftschiffes „Graf Zeppelin" am 16. Mai 1929, bei welcher vier der fünf Kurbelwellen brachen. Die Anordnung der Motorwelle ist in Abb. 8 skizziert, Abb. 9 zeigt den grundsätzlichen Aufbau der Federkupplung. Vor der Amerikafahrt wurden die Federn durch dickere Unterlagscheiben etwas mehr als normal gespannt, wodurch die Grundschwingung der Welle mit der Betriebsdrehzahl des Motors zusammenfiel!

[1] L. 342.1.

4. Gleitlager.
41. Gebräuchliche Lagerkonstruktionen.

411. Reibung. Man unterscheidet drei Arten der Reibung, die ganz verschiedene Dinge umfassen: 1. die trockene, 2. die flüssige und 3. die zwischen beiden liegende Grenz- und Misch- (oder halbflüssige) Reibung.

Bei der trockenen Reibung berühren sich die Oberflächen der festen Körper ohne jede Zwischenschicht eines Schmiermittels. Die Verschiebungskraft R ist dann dem Normaldruck N proportional:
$$R = \mu_0 \cdot N.$$
Die Reibzahl der trockenen Reibung μ_0 ist demnach unabhängig von der Größe der Belastung. Dieses zuerst von Coulomb (1779) aus seinen Versuchen abgeleitete Gesetz gilt, nach den sehr sorgfältig durchgeführten Untersuchungen von Ch. Jakob[1], für absolut reine, trockene und gasfreie Flächen in sehr weiten Grenzen. Bei diesen Versuchen ergab eine Vergrößerung des Flächendruckes von 0,009 auf 60 at bei Messing auf Messing oder Stahl auf Messing keine über die Fehlergrenze hinausgehende Veränderung der Reibzahl μ_0.

Die Grenzfläche zwischen einem festen Körper und der Atmosphäre darf nicht so aufgefaßt werden, daß die fest im Kristallgitter verbundenen Atome unmittelbar an frei bewegliche Gasmoleküle grenzen. Beide sind durch eine adsorbierte Luftschicht getrennt, die außerordentlich viel dichter ist als die gewöhnliche Atmosphäre und nur wenige Molekül- bzw. Atomlagen dick ist, also von der Größenordnung 10^{-7} bis 10^{-6} mm. Diese beeinflußt die Reibung zwischen festen Körpern erheblich; sie wirkt wie eine Schmierschicht. Zahlreiche Versuche zeigen, wie die Reibung nach der Entfernung der adsorbierten Schicht zunimmt. Gerlach[2] zeigte dies an einem sehr anschaulichen Versuch:

„Daß Glas glatt ist, daß zwei Stäbchen aufeinander leicht rollen, ist bekannt. Wenn ich die Glasoberfläche aber in der Bunsenflamme durch Erhitzen bis zum Erweichen von allen anhaftenden Schichten befreit habe, so rollen die Stäbchen nicht mehr aufeinander, ja ich kann sie ohne beträchtliche Kraft überhaupt nicht mehr aufeinander bewegen; ich höre wie sie dabei knirschen und sehe, daß ihre Oberfläche hierbei matt wird."

Bei Eisen- und Stahlflächen handelt es sich bei Berührung mit Luft nicht nur um eine reine Adsorptionsschicht, sondern um eine wenn auch sehr feine Oxydschicht von etwa 10 Moleküllagen, also um eine chemische Verbindung des Metalls mit dem Gase[3]. Die technischen Körper kommen praktisch auch immer mit Ölen und Fetten in Berührung.

Versuche, die trockene Reibung auf Grund der Molekularkräfte zu erklären, sind wegen der adsorbierten Schichten und wegen der Unebenheiten der Oberflächen technischer Körper, aussichtslos. Die glättesten Oberflächen sind Gebirge mit Höhenunterschieden von mehreren hundert Atomlagen; die Molekularkräfte mit einem Wirkungsbereich von etwa zwei Atomlagen können demnach nicht zur Wirkung kommen.

Die älteren Überlegungen zum Verständnis der trockenen Reibung gehen von der Vorstellung zahnartiger feiner und feinster Erhöhungen der Oberfläche aus, die sich miteinander verhaken und eine Art Gesperre bilden. Abb. 411.1 zeigt die Trennfuge zwischen einem Ring und einem mit geringem Übermaß und ohne Schmierung eingepreßten Bolzen und gibt ein gutes Beispiel für

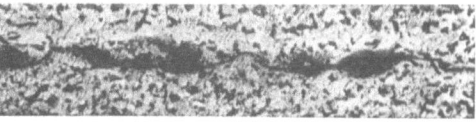

Abb. 411.1. Berührung zweier rauhen Flächen unter Druck. Vergr. 50 × (aus Schmaltz).

die geschilderte Vorstellung. Das Coulombsche Reibungsgesetz gilt, solange beim Gleiten der Körper aufeinander die Unebenheiten (Zähne) elastisch verformt werden. Die Reibzahl μ hängt deshalb hauptsächlich von der Oberflächenbeschaffenheit[4] der Gleitflächen ab.

---
[1] L. 411.2. [2] L. 411.3. [3] L. 411.5. [4] L. 411.4, Abschn. 82.

Wird die Flächenbelastung gesteigert, bis an irgendeinem Vorsprung die Elastizitätsgrenze des weicheren Stoffes überschritten wird, so treten bleibende Formänderungen auf: das Material wird geritzt und nützt sich ab (ritzende Reibung). Da die Unebenheiten ungleich hoch und in den Flächen ungleichmäßig verteilt sind, so wird im allgemeinen ein Teil der Vorsprünge elastisch, der Rest unelastisch verformt, bis der Druck so groß geworden ist, daß sämtliche Unebenheiten unelastisch deformiert werden. Für diesen Endzustand gilt das Coulombsche Gesetz wieder, natürlich mit einer höheren Reibzahl. Für den Zwischenzustand ist die Reibzahl aber von der Flächenpressung und von der Gleitgeschwindigkeit abhängig.

Das Eintreten der Abnutzung ist also bei unmittelbarer Berührung zweier gleitenden Flächen immer zu erwarten. Bei plastischen Körpern (Weißmetall) kann dadurch die Oberfläche geglättet werden; bei anderen werden die abgeriebenen Teilchen erhöhte Reibung verursachen.

Das Schrifttum über die Abnutzung[1] ist äußerst umfangreich und dennoch recht unbefriedigend. Es wird darin gewöhnlich nur die Menge des durch Abnutzung entfernten Werkstoffes bestimmt ohne Angabe der für die Abnutzung grundlegenden Oberflächenbeschaffenheit. Neben der Reiboxydation, die bei der Abnutzung eine Rolle spielt, ist auch der anscheinend neutrale Stickstoff dabei von großer Bedeutung. Versuche von Schottky und Hiltenkamp[2] haben nachgewiesen, daß bei starker Reibung unter hohem Druck eine Nitrierung zustande kommt, die den Werkstoff spröde und brüchig macht.

Die trockene Reibung ist eigentlich nur für die Haftfestigkeit von Schrumpf- und Treibsitzen ausschlaggebend. Sie kommt aber auch bei Gleitlagern nach längerer Ruhepause vor. Die Haftreibzahl war z. B. bei den Versuchen von Stribeck[3] beim Weißmetallager 0,21 bis 0,24 und beim Sellerslager mit Gußschalen nur 0,14, also ziemlich stark abhängig von den beiden Werkstoffen.

412. Die Schmiermittel dienen zur Verminderung der Reibung; man unterscheidet Öle und Fette (Starrschmiere), je nachdem sie bei Zimmertemperatur flüssig oder fest sind. Nach dem Ursprung trennt man sie weiter in pflanzliche und tierische Öle (kurz fette Öle genannt) und Mineralöle.

Bei den pflanzlichen Produkten wird das Öl aus der Saat durch Mahlen und Pressen gewonnen, Olivenöl, Erdnußöl (Arachisöl), Rizinusöl, Rüböl (aus Raps). Die tierischen Produkte gewinnt man durch Auskochen und Schmelzen (Klauenöl, Tran, Talg). Die so gewonnenen Öle müssen natürlich noch (durch Zentrifugen und Filterpressen) gereinigt und von Fettsäuren befreit werden.

Ursprünglich wurden zur Schmierung ausschließlich pflanzliche und tierische Öle und Fette verwendet. Seit 1860, nachdem die ersten Petrolquellen erbohrt wurden, hat man gelernt, aus Erdöl hervorragend geeignete Schmiermittel zu gewinnen (die Mineralöle), die die fetten Öle fast vollständig verdrängt haben. Das Roherdöl, ein Gemisch von verschiedenen Kohlenwasserstoffverbindungen, wird in den Raffinerien auf die mannigfaltigsten Produkte verarbeitet. Die Aufbereitung geschieht zunächst durch Destillation in den drei Hauptfraktionen: Rohbenzin (bis 150° C siedend), Leuchtpetrol (von 150—300° C siedend) und Petrolrückstände (Masut), über 300° C siedend. Aus den letzteren werden durch weitere fraktionierte Destillation Schmieröle verschiedener Zähigkeit gewonnen: Gasöl, Spindelöl, leichte bis schwere Maschinenöle, Zylinderöle und als letztes das natürliche Vaselin.

Die Destillate sind meist undurchsichtig, in der Draufsicht braun bis grünschwarz; die Färbung rührt von den in Öl gelösten Asphaltteilchen her. Sie enthalten auch noch sauerstoff- und schwefelhaltige Verbindungen und organische Säure. Solche Öle erleiden an der Luft und bei der Berührung mit Metallen wesentliche Änderungen (verharzen), so daß sie für dauernde Schmierung unbrauchbar sind. Darum müssen sie noch durch Schwefelsäure raffiniert werden, worauf eine Nachbehandlung mit alkalischen Mitteln (Natronlauge oder Sodalösung) folgt. Bei der Raffination entstehen nicht unbeträchtliche Verluste, wodurch der höhere Preis der Raffinate erklärt ist.

Alle physikalischen Flüssigkeiten (tropfbare und elastische) haben die Eigenschaft der Zähigkeit; diese äußert sich darin, daß in der strömenden Flüssigkeit Schubspannungen auftreten. Man nimmt an (Hypothese von Newton), daß die Schubspannungen unabhängig vom Druck, aber dem Geschwindigkeitsgefälle proportional sind:

$$\tau = \eta \frac{dw}{dy} \tag{412.1}$$

η ist die Zähigkeitszahl [kg · s/m²].

---
[1] L. 411.4 (Abschnitt 83) und L. 453   [2] L. 453.5.   [3] L. 46.1.

412. Schmiermittel.

Die Zähigkeit (Viskosität) wird in der Praxis noch selten absolut in cgs-Einheiten (Poise) oder im technischen Maßsystem gemessen ($\eta_{techn} = \eta_{cgs} \cdot 98{,}1$; $1\,cP = 10^{-4}\,kg \cdot s/m^2$), sondern man bestimmt diese mit dem Englerschen Viskosimeter als:

$$\frac{\text{Auslaufzeit von } 100\,cm^3\,\text{Öl}}{\text{Auslaufzeit von } 100\,cm^3\,\text{Wasser bei } 20°C} = E^0 = \text{Engler-Grade}.$$

Um die Umrechnung von Engler-Graden auf die absolute Zähigkeit zu ermöglichen, hat Ubbelohde eine empirische Formel (Abb. 412.1) aufgestellt, und zwar:

$$\eta\,[kg \cdot s/m^2] = \left[7{,}42 \cdot E^0 - \frac{6{,}44}{E^0}\right] \gamma \cdot 10^{-4} \qquad \gamma = \text{spez. Gewicht in } kg/dm^3. \qquad (2)$$

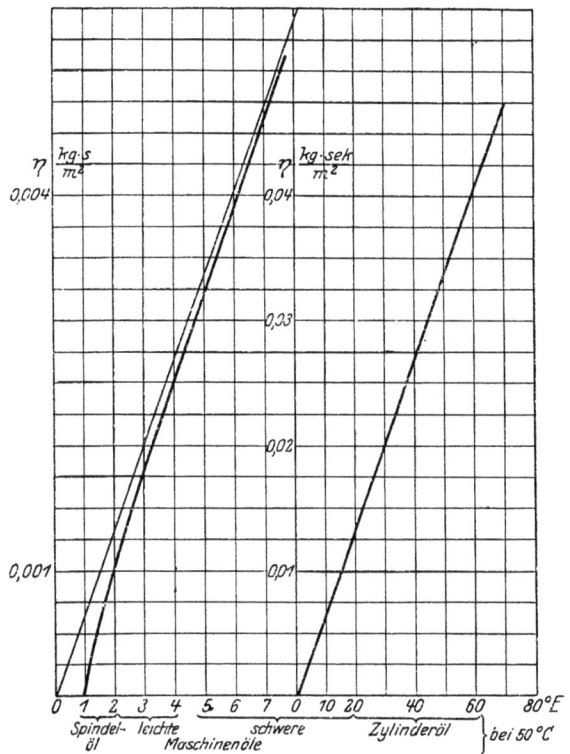

Abb. 412.1. Zusammenhang zwischen absoluter Zähigkeit und Engler-Graden.

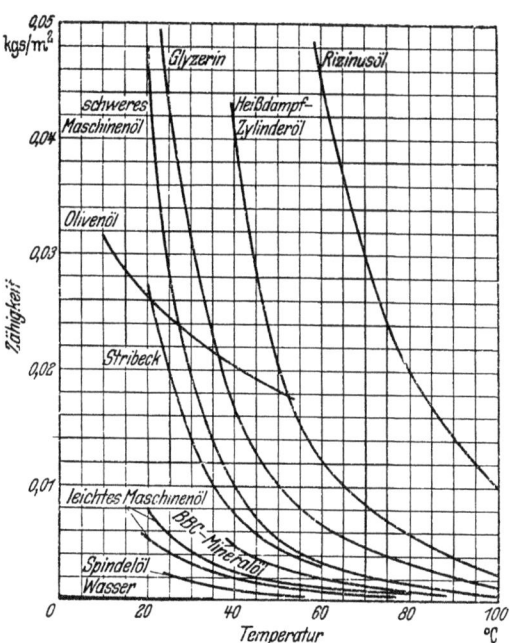

Abb. 2. Zähigkeit verschiedener Ölsorten.

Die Zähigkeit von Öl ist in hohem Maße abhängig von Temperatur (Abb. 2) und Druck. Die Temperaturabhängigkeit (für 1 at) kann in guter Annäherung durch die Potenzgleichung:

$$\eta \vartheta^b = C \qquad (3)$$

dargestellt werden, worin ϑ die Öltemperatur in °C ist und $b = 1{,}75$ bis $2{,}5$ von der Ölsorte abhängt. Für die Abhängigkeit vom Druck gilt nach Kießkalt[1] (und in Übereinstimmung mit den Versuchen von Bradfort und Vandegrift[2]) die Exponentialgleichung:

$$\eta_p = \eta_1 \cdot a^p \qquad (4)$$

mit $a = 1{,}001$ für fette Öle und $a = 1{,}0015$ bis $1{,}003$ für Mineralöle und p in kg/cm^2.

Zahlentafel 412.1. Einfluß des Druckes auf die Zähigkeit von Öl.

Für $p =$	1	10	50	100	500	1000	2000	3000 at und
$a = 1{,}0015$ ist $\frac{\eta_p}{\eta_1} =$	1	1,015	1,076	1,16	2,1	4,5	20	89
$a = 1{,}003$ ist $\frac{\eta_p}{\eta_1} =$	1	1,03	1,16	1,35	4,5	20	400	7900

Aus Zahlentafel 412.1 geht hervor, daß die Zähigkeit bis 50 at nur wenig zunimmt, während sie für hohe Drücke (über 1000 at, wie sie bei der Schmierung von Zahnrädern vorkommen können) außerordentlich rasch steigt.

---

[1] L. 412.1 u. 2.   [2] L. 412.3.

Um Öle von höherer Zähigkeit herzustellen, gibt es zwei Verfahren:

1. Durch Einblasen von Luft in fette Öle bei 70—120° C wird ein Teil der ungesättigten Fettsäuren oxydiert und ein anderer Teil tritt zu größeren Molekülgruppen zusammen, wodurch eine Steigerung der Zähflüssigkeit erreicht wird (geblasene oder kondensierte Öle).

2. Die Öle werden unter vermindertem Druck (etwa 65 mm Hg) und in einer Wasserstoffatmosphäre den Einwirkungen elektrischer Glimmentladungen ausgesetzt (Voltolisierungsverfahren). Hierdurch wird erreicht, daß die Zähigkeitskurve der Voltolöle im Vergleich zu derjenigen von Mineralölen einen wesentlich flacheren Verlauf nimmt.

Bei	20°	50°	80°	100° C
ist die Zähigkeit von Maschinenöl . . .	17	3,5	1,77	1,39° E
von Voltolöl	17	4,5	2,2	1,75° E.

Die Starrschmiere (konsistentes Fett, Staufferfett) wird durch Verrühren von Öl mit Kalkseife (zur Verdickung) hergestellt. Die Schmierwirkung muß man sich so vorstellen, daß bei Überwindung der Reibung eine Temperaturerhöhung eintritt, die das Fett zum Erweichen bringt. Der Schmelzpunkt darf also nicht zu hoch liegen, da sonst die Lager unnötig warm werden, aber auch nicht zu tief, weil dann im Sommer das Fett von selbst wegfließt. Durch richtige Wahl der Rohstoffe kann das Fett mit der für jeden Zweck gewünschten Konsistenz hergestellt werden.

Graphit[1] wird oft den Schmiermitteln zugesetzt. Er wird bergmännisch gewonnen (Ceylon) und kommt als Flockengraphit oder Pulvergraphit in verschiedenen Feinheitsgraden in den Handel. Die Reinheit (Aschengehalt) ist für die Güte maßgebend; kleine Beimengungen von Quarz wirken außerordentlich schädlich. In jüngster Zeit ist es gelungen, Graphit künstlich in sehr großer Reinheit und äußerst fein herzustellen. Die Wirkung von Graphit beruht darauf, daß er die Gleitflächen wesentlich glättet (Abb. 3) und außerdem, bei ungenügender Schmierung, das Anfressen verhindert.

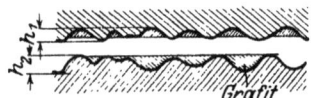

Abb. 3. Unebenheiten der Gleitflächen und glättende Wirkung von kolloidalem Graphit.

Oildag ist eine Mischung von gutem Mineralöl mit kolloidalem Kunstgraphit, der sich in so feiner Verteilung befindet, daß er schwebt. Der Graphit saugt sich in die mikroskopisch feinen Poren des Lager- und Wellenmetalles ein, und verleiht beiden Teilen die höchsterreichbare Glätte der Oberfläche. Die Welle bekommt einen schwärzlich schimmernden, harten Graphitspiegel, der auch durch Abwaschen nicht mehr entfernt werden kann. Die glättende Wirkung von Oildag ist um so größer, je rauher die Oberfläche ursprünglich war.

Pockholz oder Guajakholz (aus Westindien) wurde früher häufig bei Wasserturbinen, Pumpen und Walzwerklagern als Lagerwerkstoff verwendet. Es scheidet Harz aus, das mit Wasser eine gute Schmierfläche gibt, so daß Wasserschmierung ausreicht.

413. Schmiermethoden. Für die Fettschmierung[2] werden vielfach Staufferbüchsen (Abb. 413.1) verwendet, mit denen die Schmierung recht unregelmäßig und nur dann wirksam ist, wenn rechtzeitig, durch Nachdrehen des Deckels, etwas Fett herausgepreßt wird. Trotzdem die Schmiernuten einen Fettvorrat enthalten, schwanken die Reibzahlen stark. Auch Staufferbüchsen mit Federbelastung sind nicht besser, da bei steigender Temperatur die ganze Fettmasse auf einmal herausgepreßt wird.

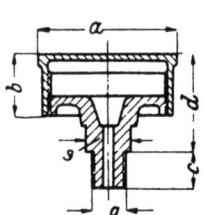

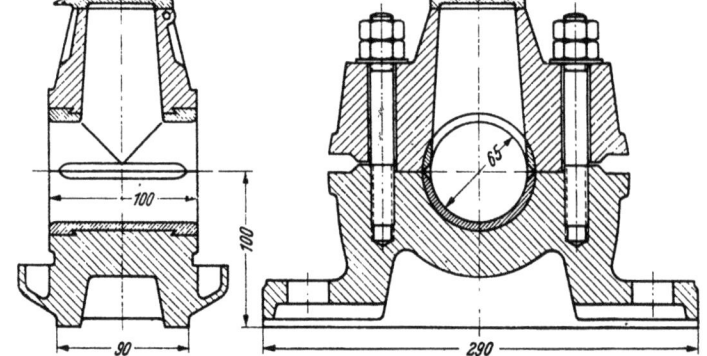

Abb. 413.1. Staufferbüchse.   Abb. 2. Fettkammerschmierung.

Fettpressen werden für Zentralschmierung mehrerer Gleitstellen (z. B. beim Laufkran) verwendet. Durch Schnecke und Schneckenrad mit Sperrklinke wird der Kolben in den Pumpenzylinder hineinbewegt. Die an jeder Gleitstelle erforderliche Fettmenge muß genau eingestellt

---

[1] L. 412.5 bis 7.   [2] L. 413.1.

werden können; Luftblasen beim Füllen der Fettpresse sind nicht immer zu vermeiden und geben dann Anlaß zu Unterbrechungen der Fettzuführung. Bedeutend besser ist die Fettkammerschmierung (Abb 2). Das Fett ruht mit einer breiten Fläche auf der Welle; wenn der Schmelzpunkt richtig gewählt ist, ist diese Schmierung auch sparsam im Gebrauch. Es sind dabei viel höhere Belastungen und Gleitgeschwindigkeiten zulässig als bei der Staufferschmierung. Diese Art Fettschmierung ist besonders geeignet für aussetzenden Betrieb (z. B. Hebezeuge im Freien), da die Gleitstellen kühl bleiben und das Fett nicht schmilzt. Der Fettvorrat kann dann für lange Zeit ausreichen.

Im allgemeinen bildet die Fettschmierung nur einen geringwertigen Ersatz für die Ölschmierung. Immerhin gibt es eine Reihe von Fällen, wo man ohne Fettschmierung nicht auskommt. Für Maschinen, die in staubhaltigen Räumen oder im Freien arbeiten, ist Fettschmierung günstig, weil das aus dem Lager austretende Fett einen Kragen bildet und Staub oder Regen den Weg in das Lager verlegt. Aus dem gleichen Grunde wird Fettschmierung auch bei Wälzlagern oft bevorzugt. Bei Lagern mit sehr hohen Belastungen und sehr langsamer Drehbewegung ist Fettschmierung oft vorteilhaft. Auch Gleitstellen mit minimalem Schmiermittelbedarf können zweckmäßig mit Fett geschmiert werden. Schließlich kommen noch bewegte Gleitstellen für Fettschmierung in Frage, wenn die Zentrifugalwirkung die Ölschmierung verhindert.

Bei der Ölschmierung unterscheidet man zwei grundverschiedene Methoden:

a) Dem Lager wird nur so wenig Öl zugeführt, wie mit Rücksicht auf das Warmlaufen noch gerade zulässig ist. Gleitstellen, die durch eine gelegentliche Zuführung von wenigen Öltropfen mit der Kanne ausreichend geschmiert werden, erhalten keine eigentlichen Schmierapparate, sondern

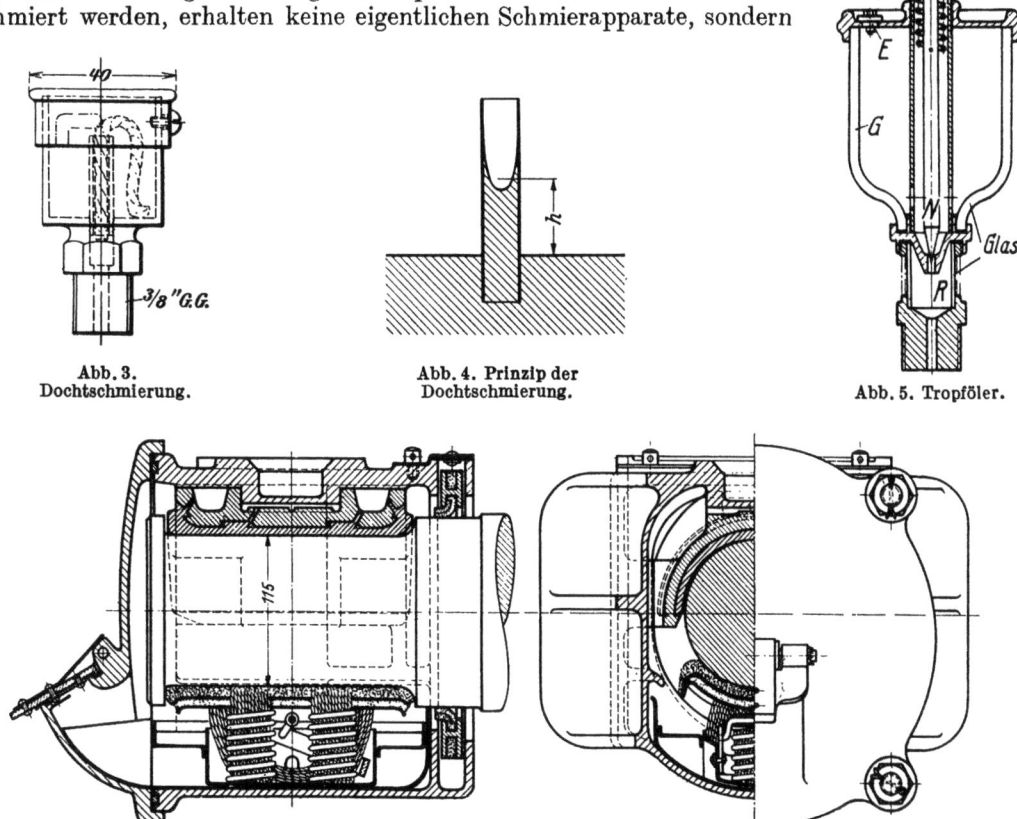

Abb. 3. Dochtschmierung.

Abb. 4. Prinzip der Dochtschmierung.

Abb. 5. Tropföler.

Abb. 6. Polsterschmierung für Eisenbahnachslager.

nur eine erweiterte Bohrung; diese sollte aber durch kleine Klappenöler gegen Eindringen von Staub geschützt werden. Sonst wird die Dochtschmierung[1] (Abb. 3) verwendet; während des Stillstandes der Maschinen muß die Ölzufuhr (durch Herausziehen des Dochtes) abgestellt werden. Das verbrauchte Öl tritt an den Endflächen des Lagers aus. Beim Tropföler (Abb. 5) kann die Ölmenge eingestellt werden, indem die Spindel durch eine Schraube gehoben oder ge-

---

[1] L. 413.2.

senkt wird. Zur Unterbrechung der Schmierung wird der Knopf der Ventilspindel umgelegt und die Ventilöffnung geschlossen. Der Dochtschmierung verwandt ist die bei Eisenbahnachsen gebräuchliche Polsterschmierung (Abb. 6), bei der ein Ölkissen durch Federn gegen den Zapfen gedrückt wird. Diese Schmierung beruht auf der Wirkung der Oberflächenspannungen σ von Flüssigkeiten, wodurch diese in einer Kapillare mit Durchmesser d aufsteigen können. Aus der Gleichgewichtsbedingung (Abb. 4) folgt, wenn ε der Neigungswinkel der Meniskus-Tangente zur Kapillarachse ist,

$$\pi d \cdot \sigma \cdot \cos \varepsilon = \frac{\pi}{4} d^2 \Delta p ,$$

oder nach Einführung des spez. Gew. γ:

$$\Delta p = h \cdot \gamma = 4 \frac{\sigma}{d} \cdot \cos \varepsilon \qquad (413.1)$$

Ein Docht besteht nun aus einer großen Anzahl solcher dünnen Kanäle.

Zahlentafel 413.1. Oberflächenspannungen.

	°C	kg/m		kg/m
Wasser . . .	18	$\sigma = 0{,}0077$	$\cos \varepsilon = 0{,}738$	$\sigma \cos \varepsilon = 0{,}0057$
Olivenöl . .	15	$= 0{,}0036$	$= 0{,}883$	$= 0{,}0032$
Mineralöl . .	18	$= 0{,}0033$	$= 0{,}756$	$= 0{,}0025$
Petrol . . .	10	$= 0{,}0030$	$= 0{,}85$	$= 0{,}0025$

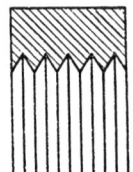

Abb. 7.
Loser Schmierring mit Rillen.

Diese Schmiermethode erfordert eine **aufmerksame** Bedienung, indem die Öler beim Anlaufen und beim Abstellen einer Maschine von Hand bedient werden müssen; sie ist fast vollständig durch die selbsttätige Schmierung ersetzt worden.

b) Dem Lager wird Öl im Überfluß zugeführt: es schwimmt im Öl. Man trägt aber Sorge, daß kein Tropfen Öl aus dem Lager verloren geht (Spülschmierung). Die Schmierung erfolgt durch Ringe oder durch Pumpen. Der lose Ring wird durch die Reibung von der drehenden Welle mitgenommen (Abb. 414.3—6), hebt das daran haftende Öl aus dem Ölbehälter und führt es der Welle zu. Die Ringe müssen genau rund sein und dürfen keine Vorsprünge haben (z. B. an den Verbindungsstellen), da sie sonst hängen bleiben. Bei kleinen Drehzahlen der Welle (im Gebiet der fast trockenen Reibung) haben Ring und Welle die gleiche Umfangsgeschwindigkeit. Bei zunehmender Drehzahl wird die Berührungsstelle zwischen Ring und Welle durch das mitgenommene Öl reichlich geschmiert, die Reibung nimmt ab und der Ring bleibt zurück. Der lose Schmierring ist auch nicht zu verwenden, wenn dauernd Erschütterungen auftreten, welche die Reibung aufheben, wie z. B. bei Eisenbahnfahrzeugen. Die Versuche von K. Müller[1] zeigten zunächst, daß die vom losen Schmierring mitgenommene Ölmenge im Mittel etwa 12mal so groß ist, als die an die Welle abgegebene Ölmenge. Alle Versuche zeigten aber, daß diese Ölmenge für die Schmierung des Lagers ausreicht. Die dem Lager zugeführte Ölmenge hängt vom Gewicht des Ringes, von der Breite und Eintauchtiefe und von der Zähigkeit des Öles ab; sie nimmt mit zunehmender Öltemperatur ab. Wenn der Schmierring innen mit schmalen und tiefen Rillen versehen wird (Abb. 7), kann die an das Lager abgegebene Ölmenge bedeutend erhöht und der Zapfen rascher gekühlt werden.

Der feste Ring (Abb. 414.1, 7—10) ist durch Federn oder durch Stellschraube mit der Welle verbunden, dreht sich zwangsläufig mit der Welle, hat deshalb unbedingte Sicherheit und fördert bedeutend mehr Öl, namentlich auch bei kleinen Drehzahlen. Die Laufflächen werden also, so lange die Welle sich dreht, selbsttätig geschmiert; mit dem Stillstand der Maschine hört auch die Schmierung auf.

Die Zahnradpumpe (Abb. 8) ist äußerst einfach in ihrem Aufbau (billig) und arbeitet doch zuverlässig. Die Förderung erfolgt der Gehäusewand entlang durch Mitnahme von Öl in den Zahnlücken. Die Berührung der Zahnräder an der Eingriffstelle bildet die Abdichtung zwischen Saug- und Druckraum. Der Hohlzapfen des oberen Zahnrades, in dessen Lücken sich Bohrungen b befinden, ist mit zwei Kammern d und e versehen. Diese Einrichtung bezweckt, dem zwischen den eingreifenden Zähnen befindlichen Öl den Weg zum Druck-, resp. Saugraum frei zu legen, da das inkompressible Öl sonst sehr starke Belastungen der Zapfen verursachen würde. Eine Schmierpumpe für hohe Drücke (Zylinderschmierung) zeigt Abb. 9. Meist sind mehrere Schmierstellen an einen Zentralapparat angeschlossen.

---

[1] L. 413.3.

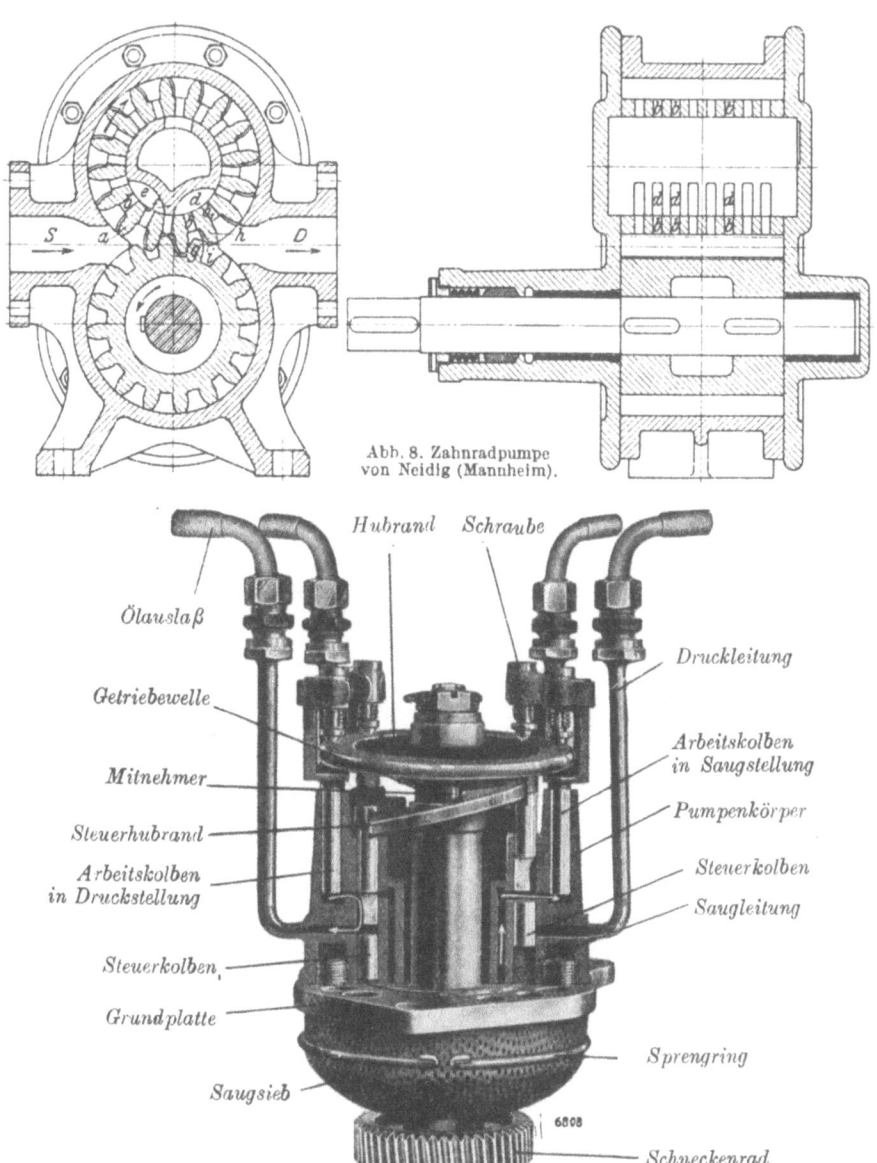

Abb. 8. Zahnradpumpe von Neidig (Mannheim).

Abb. 9. Getriebe eines Boschölers mit zwei Pumpenkörpern im Schnitt. Durch Rechtsdrehen der Verstellschraube wird der Kolbenhub und damit die Ölmenge verringert.

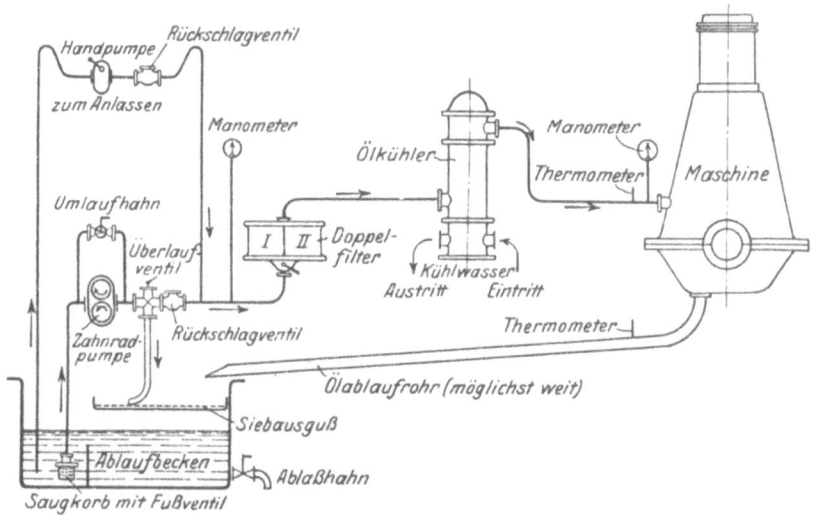

Abb. 10. Schematische Darstellung einer Druckölschmierung mit Ölkühler (aus Falz).

Ringschmierung ist für Einzel-, Drucköl für Zentralschmierung zu verwenden, sobald die natürliche Abkühlung versagt. Die ganze Betriebssicherheit der Maschinen hängt von der Zuverlässigkeit der Schmierung ab. Abb. 10 zeigt schematisch die zweckmäßige Anordnung mit Ölfilter, Ölkühler, Manometer, Thermometer usw. Für große Maschinen ist auch eine Handpumpe vorzusehen, um die Schmierung auch bei der Inbetriebsetzung zu sichern.

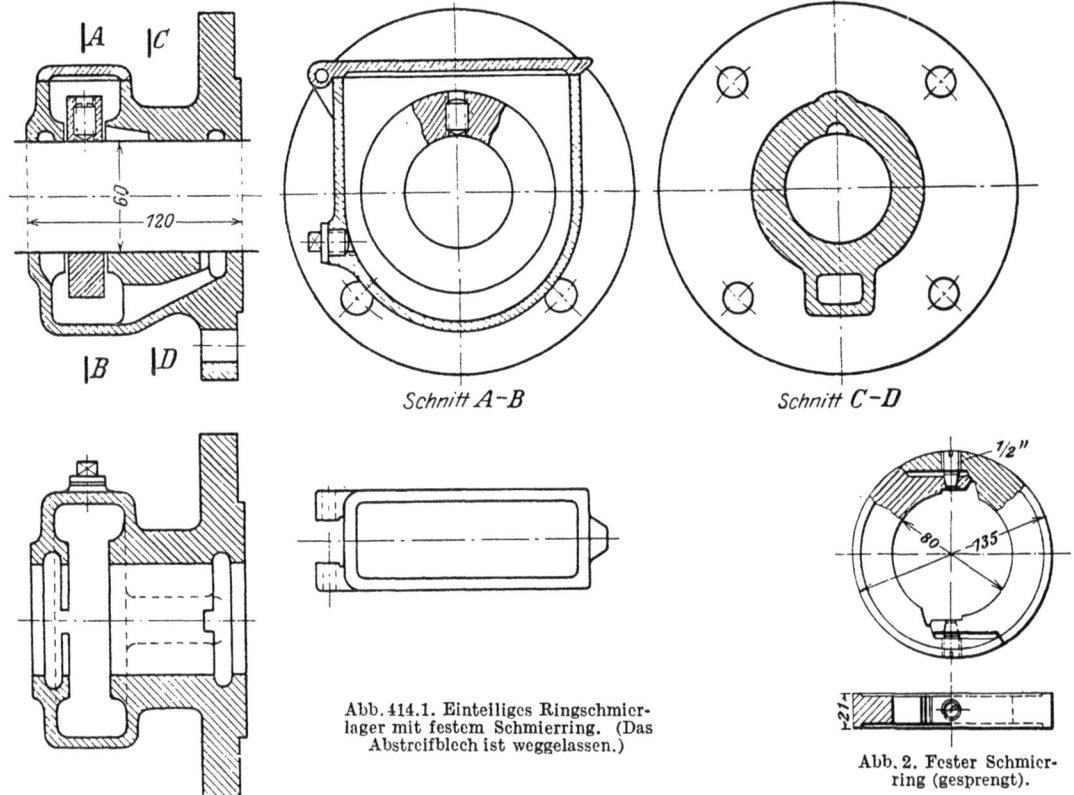

Abb. 414.1. Einteiliges Ringschmierlager mit festem Schmierring. (Das Abstreifblech ist weggelassen.)

Abb. 2. Fester Schmierring (gesprengt).

414. Formgebung der Lager. Die einfachste und billigste Ausführung ist das einteilige Lager (Abb. 414.1 u. 3). Bei allen Ringschmierlagern muß darauf geachtet werden, daß kein Tropfen Öl aus dem Lager entweichen kann. Darum sollte man keine Ölablaßschrauben vorsehen,

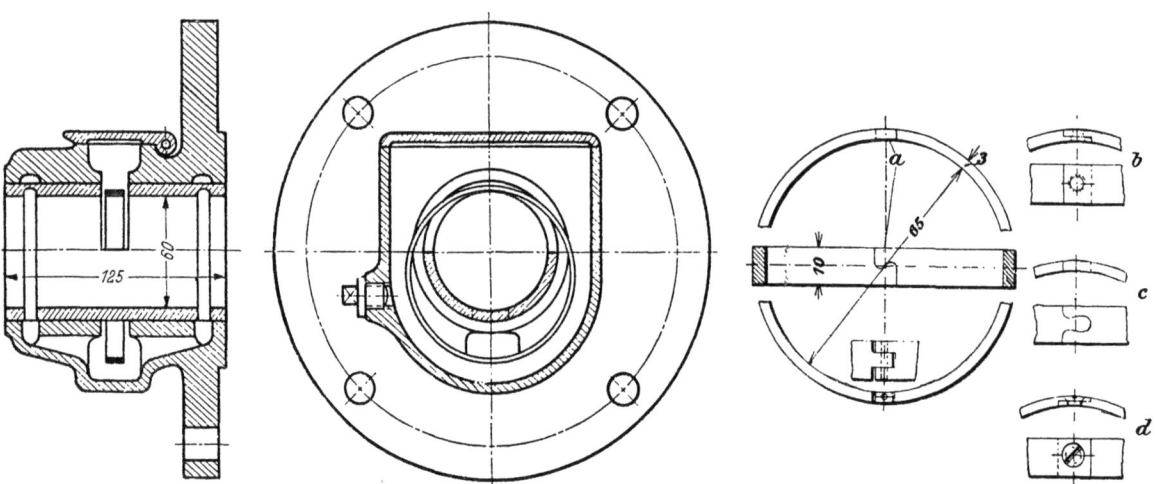

Abb. 3. Einteiliges Ringschmierlager mit losem Schmierring und Bronzebüchse.

Abb. 4. Loser Schmierring, zweiteilig mit Verbindungen.

die, wenn sie nicht sehr sorgfältig ausgeführt werden, fast immer tropfen. Dagegen sind Öffnungen zur Kontrolle des Ölstandes im Lager immer notwendig. Durch diese Öffnungen kann das Lager mittels einer Pumpe mit Öl gefüllt und auch entleert werden. Damit kein Öl der Welle entlang laufen kann, sind an den Enden der Gleitflächen scharfe Abstreichkanten anzuordnen.

Bei der Formgebung ist darauf zu achten, daß die Kerne möglichst einfache Formen erhalten und nirgends schwächer als etwa 8 mm werden. Die Gleitfläche soll mit Rücksicht auf die Wärmeableitung durch kräftige Querschnitte mit der kühlenden Oberfläche verbunden werden.

Um nach der Abnutzung nicht das ganze Lager erneuern zu müssen, wird eine auswechselbare Bronzebüchse als Lauffläche eingebaut (Abb. 3). Die Büchse wird mit Festsitz eingepaßt oder durch Schrauben gegen Verdrehung gesichert.

Einteilige Lager sind nur dann brauchbar, wenn die Welle oder die Lager von der Seite angebracht werden können. Das ist der Fall bei kleineren Maschinen, die nur zwei Lager haben (Elektromotoren, Pumpen, Ventilatoren usw.). Andernfalls müssen geteilte Lager verwendet werden, die in der Herstellung und in der Bearbeitung natürlich teurer sind. Die beiden Lagerhälften werden durch eine Paßkante in der gegenseitigen Lage genau festgehalten. Um zu verhindern, daß das Öl der Trennfläche entlang laufen kann, darf die Lauffläche an keiner Stelle direkt mit dem Außenraum in Verbindung stehen, sondern muß durch Hohlräume oder durch eine hochstehende Kante davon getrennt bleiben. Die Abb. 5 bis 11 zeigen einige gute Ausführungsformen.

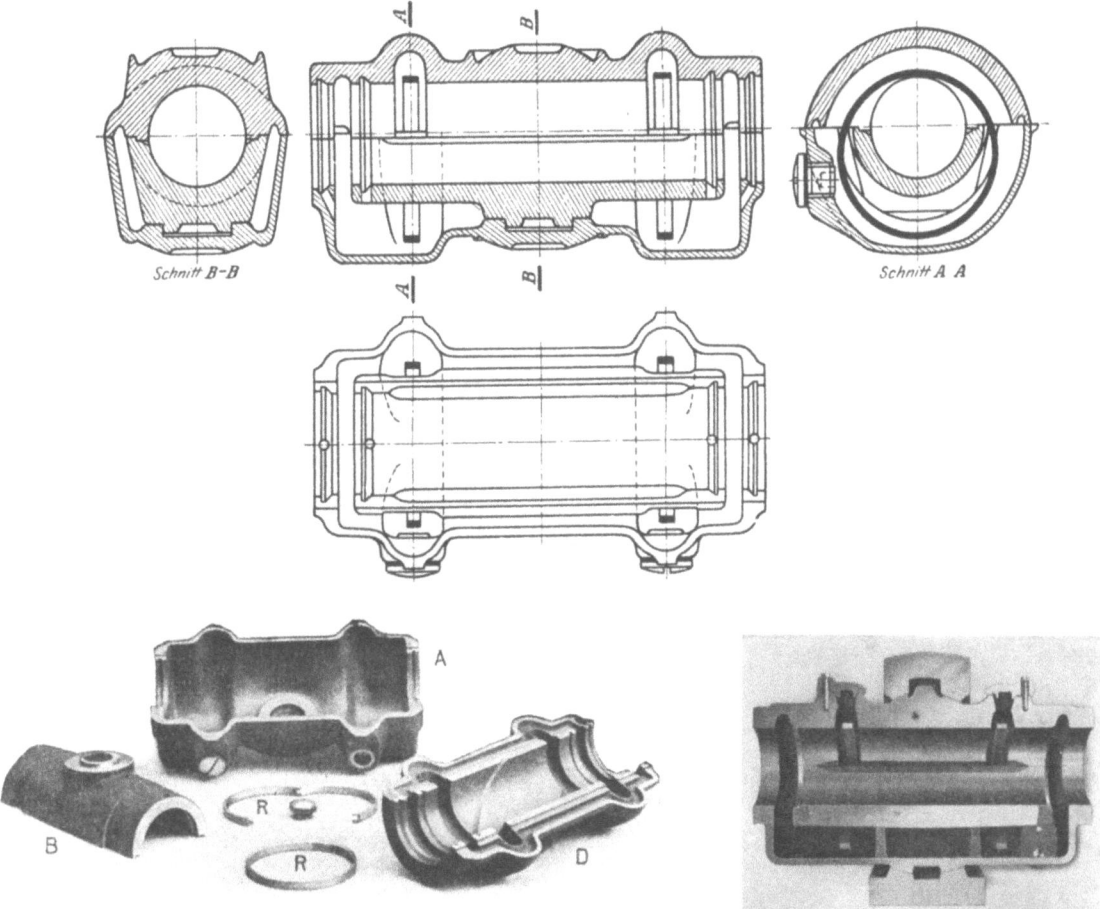

Abb. 5. Sellerslager Bauart der von Rollschen Eisenwerke Clus (Schweiz).
A = Ölbehälter, B = untere und D = obere Lagerschale.

Abb. 6. Sellerslager (Bauart Bamag).

Die Lagerschalen werden entweder fest angeordnet (Abb. 9 bis 10) oder sind in einer Kugelkalotte beweglich gelagert (Sellerslager): Abb. 5 bis 7 zeigen zwei verschiedene Ausführungsformen der Sellerslagerschalen. In Abb. 5 sind untere Lagerschale und Ölbehälter getrennt und passen durch eine bearbeitete Ringfläche aufeinander. Man erreicht damit, daß die Schalen ohne Kern zu formen sind und keine Verunreinigung des Schmieröles durch zurückbleibenden Kernsand möglich ist.

Wenn beim festen Stehlager die Löcher für die Verbindungsschrauben im erhöhten Teil der Trennfläche liegen, dann ist keine Gefahr vorhanden, daß Öl den Schrauben entlang verloren geht. Es können dann durchgehende Schrauben verwendet werden (Abb. 9). Liegen die Löcher

41. Gebräuchliche Lagerkonstruktionen.

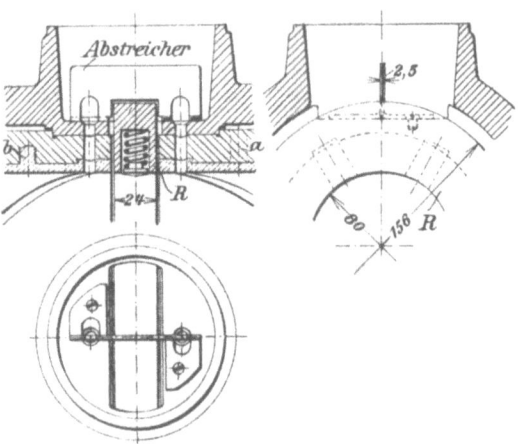

Abb. 8. Fester Schmierring mit Abstreicher (nach Jellinek).

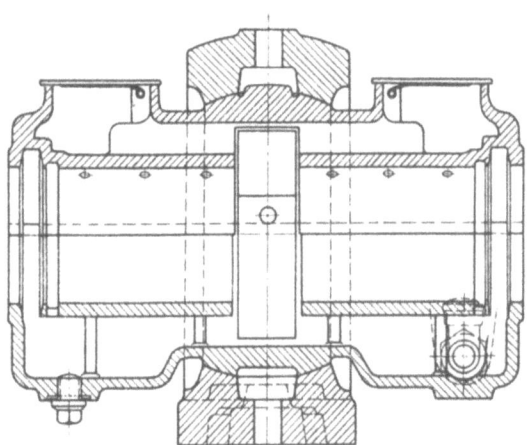

Abb. 7. Sellers-Ringschmierlager mit festem Schmierring (Bau Eisenwerk Wülfel).

Abb. 9. Festes Stehlager (Bauart von Roll, Clus). Verbindungsschrauben durchgehend, da durch die höherliegende Trennfläche gehend.

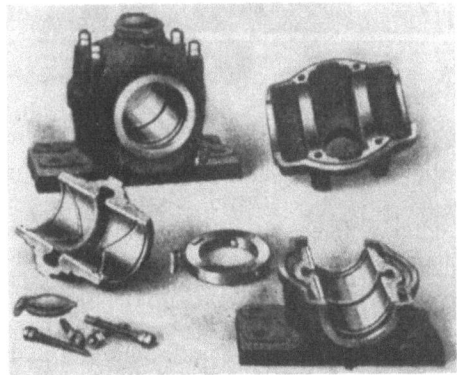

Abb. 10. Stiftschrauben als Verbindungsschrauben. Festes Stehlager (Bauart Wülfel).

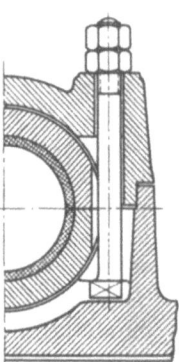

Abb. 11. Im Ölraum endende Verbindungsschrauben.

in der tieferliegenden Trennfläche, dann dürfen sie nicht mit dem Außenraum in Verbindung stehen (Abb. 10 Stiftschrauben, und Abb. 11, die Öffnungen enden im Ölraum).

Sämtliche Wellen müssen gegen axiale Verschiebung gesichert werden. Wenn ein fester Schmierring vorhanden ist, so kann dieser gleichzeitig als Stellring dienen (Abb. 1 u. 7). Beim losen Schmierring werden Wellenbunde verwendet, die warm aufgezogen werden. Einen Bund, der in einer eingefrästen Nute in der Mitte der Lagerschale läuft, erhalten Sellerslager (Abb. 16), zwei Bunde an den Stirnflächen der Lagerschalen erhalten die Lager mit festen Schalen (Abb. 17).

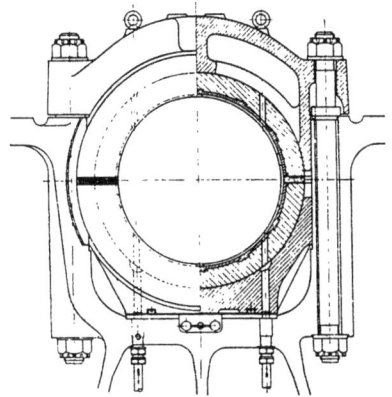

Abb. 12. Hauptlager eines Dieselmotors mit Druckölschmierung (Gebr. Sulzer, Winterthur).

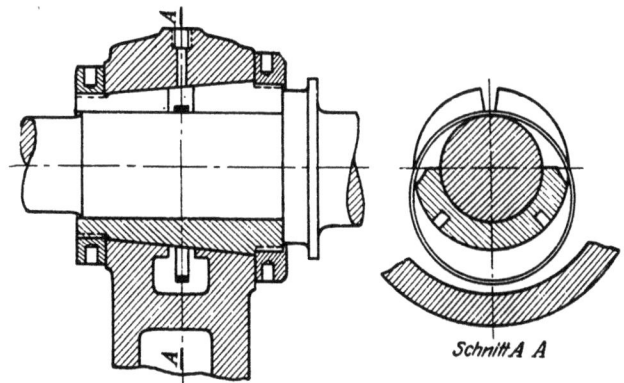

Abb. 13. Nachstellbares Drehbanklager. Die Wellenmitte bleibt dabei in gleicher Höhe.

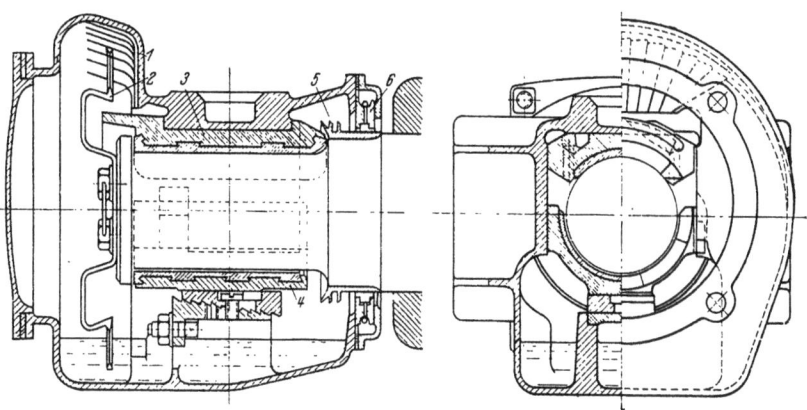

Abb. 14. Peyinghaus-Eisenbahnachslager. *1* Gehäuse mit Deckel; *2* Ölschleuder; *3* Lagerschale; *4* Einstellbare Unterschale; *5* Ölspritzring; *6* Staubdichtung mit Kappe. Die stirnseitig am Achsschenkel befestigte zweiarmige Schleuder fördert das Öl (je nach der Fahrgeschwindigkeit) durch Tropf- oder durch Schleuderwirkung einem Vorsprung der Lagerschale zu. Von dort fließt es durch die beidseitigen Tropfkanten der freien Oberfläche und wird vom Zapfen in den tragenden Teil der Lagerschale mitgenommen.

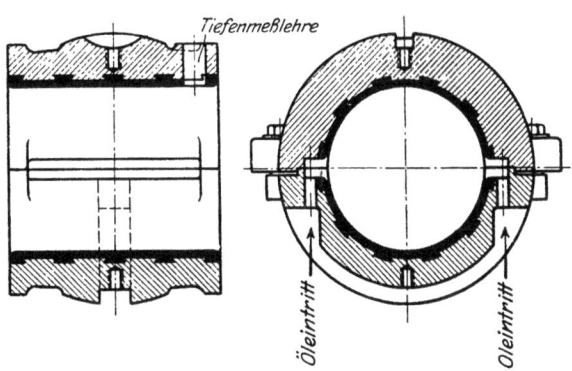

Abb. 15. Dampfturbinenlager der A. E. G. Berlin. Bewegliche Lagerschale (ovales Spiel), kurze Lagerbreite, keine Schmiernuten. Das zur Schmierung und Kühlung dienende Drucköl tritt zu beiden Seiten der Welle durch die untere Lagerschale in die Verteiltaschen (im Lagerstoß) ein und entweicht nach vollzogener Kühl- und Schmierwirkung durch den nicht belasteten Teil des Lagerspieles in axialer Richtung an beiden Lagerenden.

Zur Unterstützung des Lagers dienen Sohlplatten (Abb. 18). Bis 90 mm Bohrung ohne seitlichen Nasen, da die Erfahrung gezeigt hat, daß die Verschraubung zur Sicherung gegen Querverschiebung ausreicht.

Normale Fußschrauben (Hammerschrauben mit Nasen) nach Abb. 19 lassen sich nach einer Drehung um 90° in Aussparungen des Lagerkörpers hineinziehen, so daß die Lager ohne Hochheben der Welle seitlich abgezogen werden können.

41. Gebräuchliche Lagerkonstruktionen.

Hängelager für Deckentransmissionen sind auch in umgekehrter Anordnung auf Fußböden verwendbar. Die normalen Ausladungen sind auf 300, 400, 500, 600 und 700 mm beschränkt.

Abb. 16. Sellerslager mit einem Bund (von Roll, Clus).

Abb. 17. Festes Bundlager (von Roll, Clus).

Abb. 18. Sohlplatten.

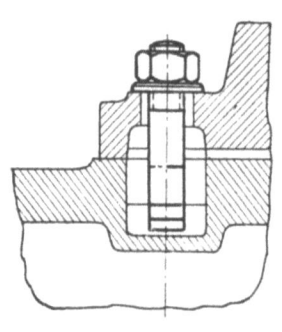 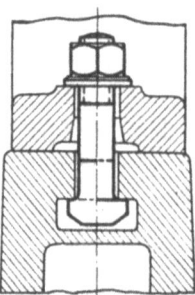

 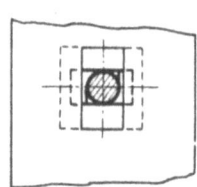

Abb. 19. Normale Fußschraube.

Abb. 20. Mauerkasten für die Durchführung einer Welle durch die Wand (von Roll, Clus).

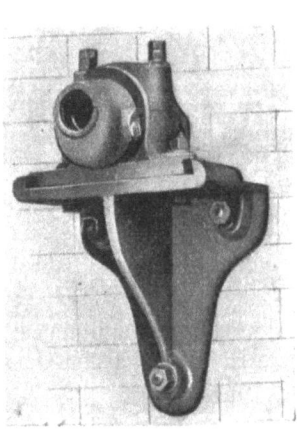

Abb. 21. Lagerbock.

Abb. 22. Hängelager (von Roll).

Abb. 23. Wandgabellager in zwei Richtungen verstellbar (von Roll, Clus).

42. Berechnungsgrundlagen.

Durch Verstellen der Lagerschalen mittels Gewindespindeln können Unebenheiten der Decke ausgeglichen werden. Der Bügel ist als stark gekrümmter Träger nach den Angaben in Abschn. 1222 zu berechnen.

Die wichtigste Forderung, die man im Betrieb an ein Gleitlager stellt, ist, daß die in Wärme umgesetzte Reibarbeit ohne schädliche Erhöhung der Lagertemperatur abgeleitet werden kann. Durch die Lagerbelastung P entstehen auf den Gleitflächen Normaldrücke N, die von Stelle zu Stelle verschieden sind (Abb. 42.1). Ist μ' die Reibzahl, dann ist die Reibkraft $\mu' N$ und die Reibleistung für ein kleines (ebenes) Flächenelement:

$$\Delta L_R = \mu' N v,$$

worin die Gleitgeschwindigkeit $v = \dfrac{\pi d n}{60}$ m/s ist. Die totale Reibleistung ist, wenn μ' über die ganze Fläche als unveränderlich angenommen wird:

$$L_R = \mu' v \Sigma N$$

Nun ist jedenfalls $\Sigma N > P$, da die Summe der Komponenten von N in der Richtung von P gleich P sein muß. Setzt man $\Sigma N = \alpha P$, dann ist $\alpha > 1$, und

$$L_R = \alpha \mu' P v = \mu P v. \quad [\text{kg} \cdot \text{m/s}] \quad (42.1)$$

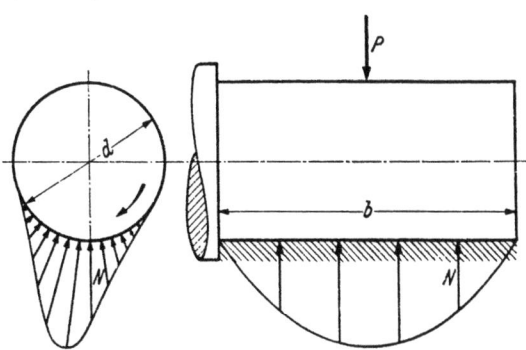
Abb. 42.1. Druckverteilung auf dem Zapfen.

Da weder α noch μ' bekannt ist[1], vereinigen wir beide zur Zapfenreibzahl μ. Die Reibzahl gekrümmter Flächen ist immer größer als für ebene. Die Reibarbeit wird in Wärme umgesetzt. Da 1 internationale kcal = 427 kgm = 1/860 kWh = 1,17 W·h ist, wird:

$$L_R = \frac{\mu P v}{427} \text{ kcal/s} = 8{,}45\, \mu P v \text{ kcal/h} \approx 10\, \mu P v \text{ Watt}. \tag{2}$$

Diese Wärme geht durch Lagerschale und den Körper an die Oberfläche und von dort an die umgebende Luft.

Voraussetzung von allen weiteren Berechnungen ist, daß der Zapfen auf der ganzen Breite[2] trägt. Infolge der Formänderung der Welle stellt sich der Zapfen schräg in der fest gelagerten Schale. Diese unvermeidliche Schrägstellung kann durch einstellbare Lagerschalen ausgeglichen werden (vgl. Abb. 414.5—7); stark belastete Zapfen sollten immer so gelagert werden, um einseitiges Aufliegen zu vermeiden. Wenn eine gleichmäßig verteilte Belastung $P_1 = P/b$ kg/mm angenommen wird, so erfährt der Zapfen gegenüber der anschließenden Welle eine weitere Verformung, die in Zahlenbeispiel 1223.1 (S. 46) berechnet wurde. Die zusätzliche Schrägstellung (Abb. 1223.8) wird wieder durch die einstellbaren Lagerschalen ausgeglichen. Die unvermeidliche Krümmung des Zapfens (nach Gl. e, Seite 47)

$$f'_k = \beta \frac{P_1}{E} \cdot \left(\frac{b}{d}\right)^4 \quad \begin{array}{l} \text{mit } \beta = 0{,}44 \quad 0{,}6 \quad 1 \\ \text{für } \dfrac{b}{d} = \;\; 2 \quad\;\; 1 \quad 0{,}5 \end{array} \tag{3}$$

dagegen verhindert ein gleichmäßiges Tragen über die ganze Breite. Wollen wir dennoch dafür sorgen, daß der Zapfen auf der ganzen Breite trägt, so muß f_k klein sein, etwa von der Größenordnung der Unebenheiten. Bei dieser Überschlagsrechnung wurden die Formänderungen der Lagerschale vernachlässigt. Ist z. B. $f_k = 0{,}001$ mm (poliert), so folgt aus Gl. (3) mit $E = 2{,}1 \cdot 10^4$ kg/mm² (Stahl) und $b/d = 1$, $P_1 = 35$ kg/mm und für $b/d = 2$, $P_1 = 3$ kg/mm. Für $f_k = 0{,}01$ mm wären zehnmal so große Werte zulässig; große Unebenheiten geben aber immer große Reibzahlen. Um gut tragfähige Lager zu erhalten muß deshalb bei möglichst starrer Lagerschale b/d klein sein, nicht größer als 1 bis 1,5.

Früher wurden die Zapfen viel breiter gemacht; die Lager mußten deshalb, bevor sie in Dauerbetrieb genommen werden konnten, einlaufen. Die härtere Oberfläche der Welle glättet und schabt dabei die weichere Lagerschale (z. B. aus Weißmetall), bis diese sich der Form-

---
[1] Es gibt eine Theorie (von Th. Reye, 1860), die die Abnutzung senkrecht zur Schalenfläche der spez. Reibarbeit proportional setzt. Daraus folgt dann $\alpha = 4/\pi$ und $L_R = 4/\pi \cdot \mu' \cdot P \cdot v$. Man findet diese Formel noch vereinzelt in der Literatur.

[2] Die Breite der Gleitfläche ist senkrecht zur Bewegungsrichtung.

änderung des Zapfens angepaßt hat. Das Einlaufen war demnach nur die notwendige Korrektur einer ungenauen Wellenlage, die kaum auf eine andere Weise erreichbar war. Man hatte sich in der Praxis damit als mit etwas Unvermeidlichem abgefunden. Ob nun ein Lager leicht oder schwer einläuft, hängt hauptsächlich von den physikalischen Eigenschaften der Schale ab. Bei gußeisernen Schalen erfolgt das Einlaufen außerordentlich langsam. Man kann sie durch allmähliche Steigerung der Belastung und durch Einschaben für höhere Belastungen tragfähig machen. Am besten und unter größter Schonung der Welle laufen Schalen aus Weißmetall ein, weil das Anpassen der Schale an die Welle dabei durch einen Fließvorgang erzielt wird. Zur Befestigung des Ausgusses mit der gußeisernen Grundschale verwendet man die bekannten Schwalbenschwanznuten (Abb. 2). Bei Schalen aus Stahl- und Rotguß sind diese entbehrlich; die auszugießenden Lagerbohrungen werden dort nur geschruppt und sofort verzinnt, damit sie nicht oxydieren. Die Ausgußdicken werden in den letzten Jahren sehr dünn gemacht; für gußeiserne Schalen sind die kleinstzulässigen Ausgußdicken, fertig bearbeitet:

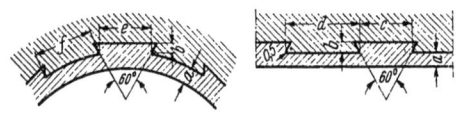

Abb. 2. Schwalbenschwanznuten. $b = 0{,}5\,a$, $c \leq 3\,a$, $d \leq 15\,a$, $e = 2\,a$, $f \leq 20\,a$.

für $d =$	20/50	50/80	80/120	120/150	150/200 mm
$a_{min} =$	2,5	3	3,5	4	5 mm.

Für Rotgußschalen ist der Ausguß nur halb so dick; Bearbeitungszugabe 1—2 mm.

Im Gebiet der flüssigen Reibung hat der Werkstoff der Gleitfläche keinen direkten Einfluß auf die Reibzahl. Beim Anlaufen und Abstellen der Maschine kommt man immer während längerer oder kürzerer Zeit ins Gebiet der halbflüssigen Reibung, also zu einer direkten Berührung der Gleitflächen. Die Wahl eines geeigneten Lagerwerkstoffes erhält eine um so größere Bedeutung, je länger und öfter das Lager in diesem Gebiet laufen muß. Als gutes Weißmetall hat sich WM 80 mit 80% Zinn (Sn), 12% Antimon (Sb) und 8% Cu auch bei hohen Beanspruchungen bestens bewährt (Babbitt-Metall). Der hohe Zinnpreis und devisenwirtschaftliche Bestimmungen führten zu zinnarmen und zinnfreien Lagermetallen aus Blei-Zinn, Kadmium, Leichtmetallen und Kunststoffen[1]. Die untere Grenze für die Härte des Metalls ist dadurch gezogen, daß das Metall zu fließen aufhören muß, bevor die ganze Tragfläche der Welle angepaßt ist. Sind höhere Flächenpressungen erforderlich, so wählt man Bronze; beim Einlaufen kommt dabei kein Fließen vor, sondern die Welle schabt die Schale, wobei die Welle selbst auch angegriffen wird.

Die Weißmetallager haben im Betrieb noch den weiteren Vorteil, daß beim Heißlaufen nur die Lagerschale und nicht die Welle angegriffen wird, so daß der Ersatz wenig Kosten und Zeitverlust verursacht. Laufen Bronzeschalen heiß, so wird auch die Lauffläche des Zapfens schadhaft. Am ungünstigsten sind in dieser Beziehung gußeiserne Lagerschalen: Welle und Lager schweißen dann zusammen und die Maschine steht mit einem Ruck still, wodurch — wenn größere Schwungmassen in Bewegung sind — Wellenbrüche oder Maschinenbrüche verursacht werden.

Nur wenn der Zapfen gleichmäßig aufliegt, kann auch vorausgesetzt werden, daß die Wärme auf der ganzen Breite gleichmäßig erzeugt wird. Die Wärmeabgabe irgendeines Körpers wird aus dem Newtonschen Abkühlungsgesetz für den Beharrungszustand berechnet:

$$Q = \alpha \cdot F \cdot \Delta \vartheta \text{ kcal/h}. \tag{4}$$

$F =$ Oberfläche des Körpers in m².

$\Delta \vartheta =$ Unterschied zwischen der gleichmäßigen Oberflächentemperatur und der Temperatur der Umgebung, in °C, auch Übertemperatur genannt.

$\alpha =$ Wärmeübergangszahl, d. i. die Wärmemenge, die in der Zeiteinheit von der Flächeneinheit bei 1° C Temperaturunterschied abgegeben wird (kcal/m² h °C).

Durch diese Definition sind die gesamten Erscheinungen der Wärmeübertragung (Strahlung, Konvektion und Leitung) in der Wärmeübergangszahl enthalten.

Im Beharrungszustand ist die durch Reibung erzeugte Wärme gleich der an der Lageroberfläche abgegebenen Wärme:

$$8{,}45\,\mu P \cdot v = \alpha \cdot F \cdot \Delta \vartheta$$

und damit die Übertemperatur

$$\Delta \vartheta = 8{,}45 \frac{\mu P v}{\alpha F}. \tag{5}$$

---

[1] L. 414.2.

42. Berechnungsgrundlagen.

Aus dieser Gleichung folgt die wichtige Konstruktionsregel: **Soll ein Lager kühl bleiben, so muß es eine große kühlende Oberfläche haben.** Dabei ist vorausgesetzt, daß die Oberfläche überall die gleiche Temperatur hat, also durch kräftige Eisenquerschnitte mit der Gleitfläche verbunden ist. Gute Lager sind demnach immer schwer.

Bei gegebener Lagerbelastung P, Umfangsgeschwindigkeit v und Lageroberfläche F (aus der Lagerkonstruktion), sind zur Berechnung der Lagertemperatur noch die beiden Unbekannten α und μ erforderlich.

Die Gesetze der Wärmeübertragung sind bekannt. Schwierigkeiten entstehen nur in der Anwendung derselben auf einen so unregelmäßigen Körper, wie es das Lager im allgemeinen ist. Um die etwas umständliche Berechnung der Wärmeströmungen zu umgehen, hat man früher die Annahme gemacht, daß die abgegebene Wärme proportional $b \cdot d$ gesetzt werden darf. Die Bedingung für die unschädliche Lagererwärmung vereinfacht sich dann zu der Forderung, daß die auf 1 cm² projizierte Lagerfläche erzeugte Reibleistung einen bestimmten Wert X nicht überschreiten darf:

$$\frac{L_R}{b \cdot d} = \frac{\mu P v}{b \cdot d} = \mu p v < X, \quad \text{oder} \quad pv < \frac{X}{\mu}. \tag{6}$$

Setzt man in Gl. (6), $v = \pi d n/6000$ m/s, also d in cm ein, löst sie nach b auf und setzt $w = \dfrac{6000\,X}{\pi \mu}$
so folgt daraus:
$$b > \frac{Pn}{w}. \tag{7}$$

Die Erfahrungszahl w (Zahlentafel 42.1) hängt aber auch von der Reibzahl ab!

Zahlentafel 42.1.
Erfahrungswerte für

	w	pv [kg/cm² · m/s]
Kurbelzapfen-Dampfmaschine	90 000	47
,, -Stirnkurbel	70 000	40
,, -Dieselmotor	48—67 000	26—35
Schwungradzapfen, Dampfmaschine	40 000	21
,, Dieselmotor	29 000	15
Exzenter		10
Achsen von Eisenbahnwagen	190 000	100

Die Wahl von w für andere Verhältnisse, als hier angegeben, ist äußerst schwer und nur an Hand von Versuchen möglich. Auch führt die Rechnung mit $b > Pn/w$ auf breite Zapfen, die sich leicht verbiegen, und dann erst recht zu Heißlaufen Anlaß geben. Auf Grund der Erfahrung schrieb man weiter eine höchstzulässige Flächenpressung p vor, um zu verhindern, daß das Öl zwischen den Gleitflächen weggepreßt wird. Die zulässigen Erfahrungswerte streuen aber sehr stark und liegen zwischen 3 at (für ein Sellers-Lager) und 380 at (für den Kreuzkopfzapfen einer Lokomotive), ohne daß man eine hinreichende Erklärung für diesen großen Unterschied geben konnte.

Eine bessere Einsicht in die tatsächlichen, einschränkenden Verhältnisse ist nur durch eine genauere Untersuchung der Wärmeabgabe und der Reibzahlen zu erhalten. Die vom Lagerkörper durch Strahlung abgegebene Wärme ist nach dem Gesetz von Stefan-Boltzmann:

$$Q_s = CF \left\{ \left(\frac{T_1}{100}\right)^4 - \left(\frac{T_2}{100}\right)^4 \right\} = \alpha_s \cdot F \cdot \Delta \vartheta. \tag{8}$$

In dieser Gleichung ist C die Strahlungszahl, z. B. für rauhes Eisen $C = 4{,}5$ kcal/m² h °K⁴, T_1 die absolute Temperatur der Lageroberfläche und T_2 die absolute Temperatur der Umgebung. Nach Abb. 3 ist für Gußeisen $\alpha_s = 5$ kcal/m² h °C bei 60° C Lagertemperatur.

Für Nickel (poliert) und für Aluminium ist C nur 0,3 kcal/m² h °K⁴.

Die Gesetze der Wärmeübertragung durch Konvektion und Leitung sind weit verwickelter, da eine sehr große Anzahl Faktoren dabei eine Rolle spielen. Nur für wenige, einfache Fälle sind sie genügend bekannt, so z. B. für ein einzelnes horizontales Rohr in ruhender Luft (Abb. 3). Für senkrecht zur Rohrfläche strömende Luft ist für Rohre von 100—200 mm Durchmesser:

$$\alpha_{k+l} = 8 \text{ bis } 9\, w^{0{,}56} \text{ kcal/m}^2 \text{ h °C} \quad (w \text{ in m/s}). \tag{9}$$

Vollständig ruhende Luft ist in der Nähe von laufenden Maschinen nie vorhanden. Man kann z. B. die Wärmeübergangszahl α aus den Versuchen von Stribeck berechnen. Bei einem Sellerslager von 70 mm Durchmesser und 250 mm Breite der Tragfläche war die Lagertemperatur im Beharrungszustand 53° C, bei $n = 760$/min, $p = 2{,}9$ at und einer gemessenen Reibzahl $\mu = 0{,}0087$. Die erzeugte Wärme war also

$$Q = 8{,}45 \cdot \underbrace{0{,}0087}_{\mu} \cdot \underbrace{2{,}9 \cdot 7 \cdot 25}_{P} \cdot \underbrace{\pi \cdot 0{,}07 \cdot 760/60}_{v} = 104 \text{ kcal/h}.$$

Die kühlende Oberfläche des Lagers hatte einen Umfang von 0,5 m und eine Breite von 0,3 m, war also 0,15 m², so daß bei 33° C Übertemperatur $\alpha = \dfrac{104}{0,15 \cdot 33} = 21$ kcal/m² h °C war. Für Lager an stationären Maschinen kann $\alpha = 18$ bis 22 kcal/m² h °C gesetzt werden.

Sehr günstig liegen die Abkühlungsverhältnisse bei den Eisenbahnfahrzeugen, wo alle Teile einem kräftigen Luftstrom ausgesetzt sind. Für Wagenachsen ist je nach der Geschwindigkeit $\alpha = 100$ bis 150 kcal/m² h °C. Bei Dampflokomotiven sind Kreuzkopfzapfen mit $p_{max} = 370$ at und Kurbelzapfen mit $p_m \cdot v$ bis 100 kg/cm² · m/s ausgeführt worden, was nur infolge der günstigen Kühlung zulässig ist. Am ungünstigsten dagegen wird die Abkühlung bei den heute allgemein bevorzugten vollständig gekapselten Maschinen. Bei kleinen einfach wirkenden Ma-

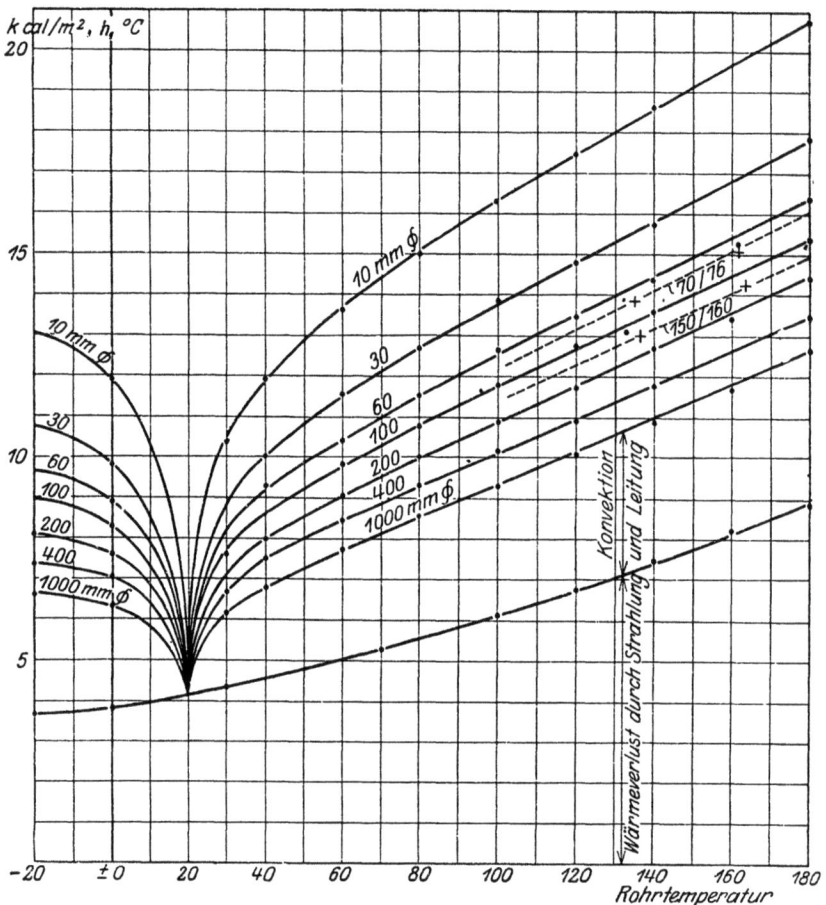

Abb. 3. Wärmeabgabe eines gußeisernen horizontalen Rohres an ruhende Luft von 20° C.

schinen taucht das Triebwerk in ein Ölbad ein (Abb. 4). Das umhergespritzte Öl schmiert die verschiedenen Gleitstellen genügend und kühlt sich beim Heruntertropfen wieder ab. Der Kolbenbolzen wird durch das vom inneren Kolbenboden abtropfende Öl geschmiert, das man oft in einem entsprechenden Ausschnitt im Kopf der Stange auffängt (Abb. 5).

Die an der Lauffläche erzeugte Wärme muß aber zuerst durch Leitung an die Oberfläche gelangen. Das Fouriersche Grundgesetz der Wärmeleitung lautet:

$$dQ = -\lambda df \frac{d\vartheta}{ds} \text{ kcal/h}. \tag{10}$$

Darin ist λ die Wärmeleitzahl (kcal/m h °C), und $-\dfrac{d\vartheta}{ds}$ das Temperaturgefälle in der Richtung der Wärmeströmung. Das negative Vorzeichen ist dadurch begründet, daß allgemein $\dfrac{d\vartheta}{ds}$ in der Richtung der zunehmenden Temperatur als positiv bezeichnet wird und die Wärme in der Richtung der abnehmenden Temperatur strömt.

42. Berechnungsgrundlagen

Wird das Lager in erster Annäherung als ein Hohlzylinder betrachtet (Abb. 6), dann ist die durch die Innenfläche $2\pi r l$ in der Zeiteinheit eintretende Wärme: $Q_1 = -\lambda\, 2\pi r l \frac{d\vartheta}{dr}$, und die in der gleichen Zeit durch die Außenfläche $2\pi(r+dr)l$ austretende Wärme:

$$Q_2 = -\lambda\, 2\pi(r+dr)\, l\, \frac{d}{dr}(\vartheta + d\vartheta) = -\lambda\, 2\pi r l \left(\frac{d\vartheta}{dr} + \frac{d^2\vartheta\, dr}{dr^2}\right) - \lambda\, 2\pi\, dr\, l \left(\frac{d\vartheta}{dr} + \frac{d^2\vartheta\, dr}{dr^2}\right).$$

Für den Beharrungszustand ist $Q_1 - Q_2 = \lambda\, 2\pi l \left\{ r\frac{d^2\vartheta}{dr^2} dr + d\vartheta + \underbrace{d^2\vartheta}_{0} \right\} = 0$, oder

$$\frac{d^2\vartheta}{dr^2} + \frac{1}{r}\frac{d\vartheta}{dr} = 0. \tag{11}$$

Die Lösung dieser Differentialgleichung lautet:

$$\vartheta = A \ln r + B. \tag{12}$$

Der Temperaturverlauf in einem Zylinder ist im Beharrungszustand eine logarithmische Kurve.

Der Unterschied zwischen der Oberflächentemperatur ϑ_2 (für $r = r_a$) und der Innentemperatur ϑ_1 (für $r = r_i$) ist:

$$\vartheta_1 - \vartheta_2 = -A \ln r_a/r_i.$$

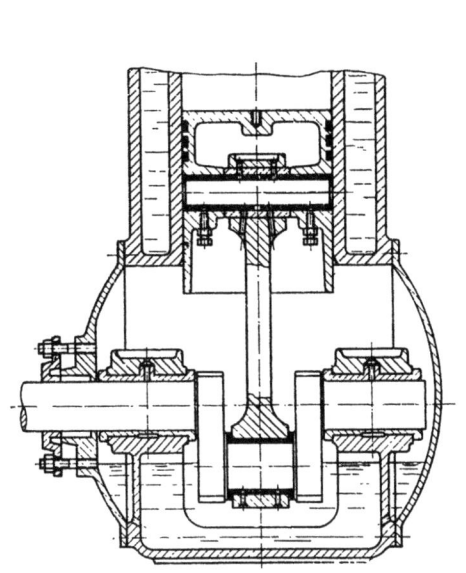

Abb. 4. Tauchschmierung. Ungünstige Abkühlung der Lager (aus Rötscher).

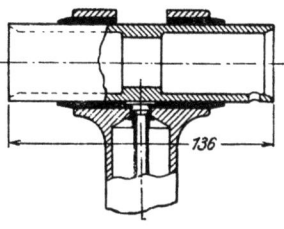

Abb. 5. Schmierung des Kolbenbolzens (aus Heller).

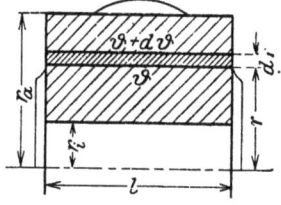

Abb. 6. Wärmeströmung in einem Hohlzylinder.

An der Innenfläche wird die Reibungswärme Q abgeleitet:

$$Q = -\lambda F_i \left(\frac{d\vartheta}{dr}\right)_{r=r_i} = -\lambda F_i \frac{A}{r_i} = -\lambda A \cdot 2\pi l$$

oder $\quad A = -\dfrac{Q}{2\pi l \cdot \lambda}$

und damit

$$\vartheta_1 - \vartheta_2 = \frac{Q}{2\pi l \cdot \lambda} \ln \frac{r_a}{r_i}. \tag{13}$$

Da $Q = \alpha \cdot 2\pi r_a l \Delta\vartheta$ ist, wird:

$$\vartheta_1 - \vartheta_2 = \frac{\alpha}{\lambda} r_a \cdot \Delta\vartheta \ln \frac{r_a}{r_i}. \tag{14}$$

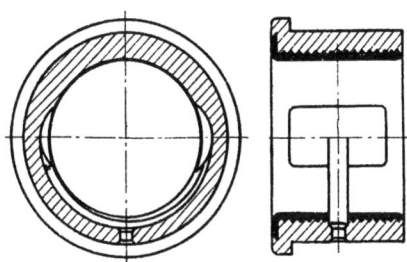

Abb. 7. Kunststofflauffläche in Leichtmetallbüchse.

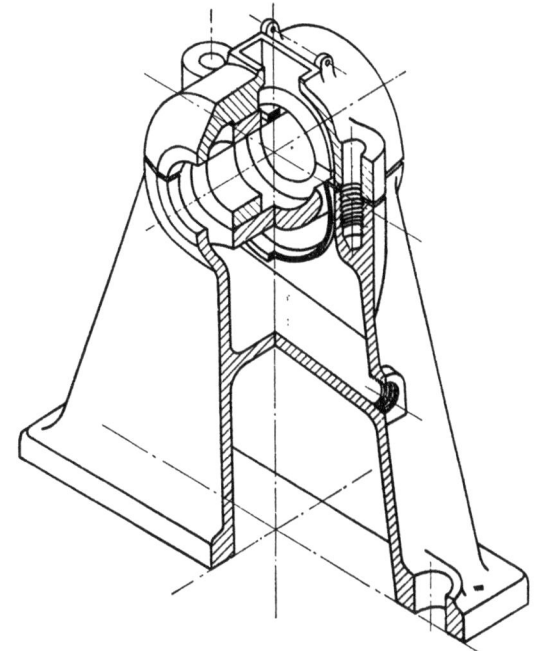

Abb. 8. Lagerbock mit großer Kühlfläche.

Für Eisen ist $\lambda = 50$ kcal/m h °C. Wenn $\frac{r_a}{r_i} = 2$ ist, so wird $\ln \frac{r_a}{r_i} = 0{,}693$, und mit
$\alpha = 15$ kcal/m² h °C und $\Delta \vartheta = 50°$ C ist $\vartheta_1 - \vartheta_2 = 10\, r_a$.

Für $r_a = 20$ cm $= 0{,}2$ m, d. h bei 10 cm Eisenstärke, wird $\vartheta_1 - \vartheta_2 = 2°$ C.

Der Temperaturunterschied zwischen der Innen- und Außenfläche des Lagers ist für gutleitende Lagerwerkstoffe nicht groß; es macht auch wenig aus, wenn das Lager eine unregelmäßige vom Kreiszylinder abweichende Form hat (wie in Abb. 6 angedeutet). Die kühlende Oberfläche kann auch durch große Ölbehälter wirksam vergrößert werden (Abb. 8).

Wird für die Lauffläche ein Isolierstoff verwendet, z. B. Kunstharz mit einer Wärmeleitzahl $\lambda = 0{,}25$ kcal/m h °C, d. i. $^1/_2$% der Wärmeleitzahl von Eisen, so erfordert die Ableitung der gleichen Wärmemenge ein 200mal so großes Temperaturgefälle. Auch wenn man die Büchse sehr dünn macht (Abb. 7 zeigt wohl die beste Ausführungsmöglichkeit), so entsprechen 3 mm Kunststoff rd. 600 mm Eisendicke!

Außer der Oberfläche des Lagerkörpers gibt auch die Welle Wärme durch Leitung nach kälteren Teilen oder direkt an die umgebende Luft ab. Diese Wärmemenge wird fast immer vernachlässigt, da ihre Berechnung eine genaue Kenntnis der Lage der umgebenden Teile voraussetzt. Sie ist aber nicht immer vernachlässigbar klein; ihre Nichtbeachtung bei der Berechnung läßt die Lagertemperatur etwas zu hoch erscheinen, was im Interesse der Sicherheit der Berechnung liegt.

Reicht die natürliche Wärmeabgabe an die umgebende Luft nicht aus, die Lagertemperatur in unschädlicher Höhe zu halten, dann muß das Lager künstlich gekühlt werden. Eine Vergrößerung der Kühlfläche durch Rippen muß als unschön abgelehnt werden. Kühlung durch fließendes Wasser war früher in solchen Fällen meist gebräuchlich. Die Lagerschalen und der Lagerkörper wurden zwecks Durchleitung von Wasser hohl ausgebildet oder es wurden Rohre eingegossen. Dabei besteht immer die Gefahr, daß (infolge von Undichtheiten) Wasser in das Schmieröl gelangt und die Schmierung beeinträchtigt. Viel gebräuchlicher (z. B. bei Dampfturbinen) ist die Kühlung durch Spülöl; das Öl wird in großer Menge zugeführt. Ist G in kg/h die Ölmenge, die durch das Lager geht, c (kcal/kg, °C) ihre spezifische Wärme und $\Delta \vartheta$ der Temperaturunterschied in °C zwischen Ein- und Austrittstelle des Öles, dann ist die mitgeführte Wärme

$$Q = G \cdot c \cdot \Delta \vartheta \text{ kcal/h} . \tag{15}$$

Die Spülölmenge muß so bemessen und das Lager so konstruiert werden, daß beim Durchfließen durch das Lager keine zusätzliche Reibung entsteht (vgl. S. 279—80). Die umlaufende Ölmenge muß in Kühlern zurückgekühlt werden. Ölkühler, Pumpen und Filter verteuern die Anlage, so daß es immer zweckmäßig ist, die Lager (wenn möglich) durch die natürliche Wärmeabgabe zu kühlen (Abb. 8).

43. Theorie der flüssigen Reibung.
431. Geradlinig bewegte Gleitfläche.

Das Ziel einer guten Schmierung ist die Bildung einer tragfähigen Schmierschicht, durch welche die direkte Berührung der Gleitflächen und gleichzeitig auch die Abnutzung verhindert wird. Die Reibung ist dann als hydrodynamisches Problem der Rechnung zugänglich; ihre Theorie gehört zweifellos zu den wichtigsten Grundlagen des Maschinenbaues.

Die Grundgleichungen. Zwei Flächen, die durch eine dünne Ölschicht getrennt sind, bewegen sich mit einer konstanten Geschwindigkeit $-U$ (Abb. 431.1) relativ so zueinander, daß die Spaltform sich während der Bewegung nicht ändert. Da h/a sehr klein vorausgesetzt ist, kann die Strömung in der Y-Richtung gegenüber der vielfach größeren Strömung in der X-Richtung vernachlässigt werden; dann ist die Pressung p auch unabhängig von y. Wir setzen voraus, daß die Flächen senkrecht zur Bewegungsrichtung sehr groß und seitlich abgedichtet sind, so daß auch in dieser Richtung keine Strömung stattfinden kann. Auf ein Volumenelement $dx \cdot dy \cdot 1$ wirkt, unter Vernachlässigung der Schwerkraft, die Kraft

$$dp \cdot dy - d\tau \cdot dx,$$

die der Masse des Volumenelementes $dx \cdot dy \cdot \varrho$ eine Beschleunigung dw/dt erteilt ($\varrho = \gamma/g$). Die Bewegungsgleichung für das Volumenelement lautet demnach:

$$dp \cdot dy - d\tau \cdot dx = \varrho\, dx \cdot dy \cdot dw/dt . \tag{431.1}$$

431. Geradlinig bewegte Gleitfläche.

Vernachlässigen wir nun die Massenkraft $\varrho dx dy \cdot dw/dt$ gegenüber der vielfach größeren Wirkung der Zähigkeit (L. Prandtl nennt solche Bewegungen „schleichend"), so vereinfacht sich die Bewegungsgleichung zu:

$$\frac{dp}{dx} = \frac{d\tau}{dy}.$$

Setzt man darin nach der Newtonschen Hypothese $\tau = \eta dw/dy$, also $\frac{d\tau}{dy} = \eta \frac{d^2w}{dy^2}$ ein, so ist:

$$\frac{1}{\eta}\frac{dp}{dx} = \frac{d^2w}{dy^2}. \qquad (2)$$

Wir integrieren diese Gleichung zweimal partiell nach y (bleiben bei der Integration also in der Y-Richtung, in welcher dp/dx konstant ist), nehmen dabei an, daß auch die Zähigkeit in der Y-Richtung konstant ist, und erhalten:

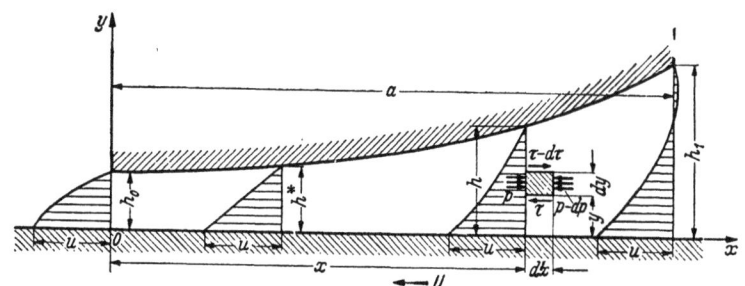

Abb. 431.1. Geschwindigkeitsverteilung zwischen zwei Gleitflächen.

$$w = \frac{1}{\eta}\frac{dp}{dx} \cdot \frac{y^2}{2} + C_1 y + C_2. \qquad (3)$$

Die Integrationskonstanten C_1 und C_2 folgen aus der Randbedingung, daß das Öl an den beiden Oberflächen haftet. Infolge der Adsorption, d. i. die Wirkung der molekularen Kräfte eines festen Körpers auf die Flüssigkeit in der unmittelbaren Nähe der Grenzfläche, ist ein völliges Loslösen der Flüssigkeitsschicht von dem festen Körper durch äußere Kräfte wohl überhaupt nicht möglich[1].

Für $y = 0$ ist $w = -U = C_2$ und

für $y = h$ ist $w = \frac{h^2}{2\eta} \cdot \frac{dp}{dx} + C_1 h - U = 0$. Die Geschwindigkeit

$$w = \frac{1}{2\eta} \cdot \frac{dp}{dx}(y^2 - hy) - U(1 - y/h) \qquad (3a)$$

hat also einen parabolischen Verlauf. Für $U = 0$ ist

$$w = \frac{1}{2\eta}\frac{dp}{dx}(y^2 - hy) \qquad (3b)$$

Die Flüssigkeitsmenge G_1, die in der Zeiteinheit durch einen beliebigen Querschnitt von der Breite 1 infolge der Verschiebung strömt, ist:

$$G_1 = \int_0^h w\,dy = \frac{1}{2\eta} \cdot \frac{dp}{dx}\int_0^h (y^2 - hy)\,dy - \int_0^h \frac{U}{h}(h-y)\,dy = -\left(\frac{h^3}{12\eta}\frac{dp}{dx} + \frac{Uh}{2}\right) \qquad (4)$$

und muß konstant (unabhängig von x) sein. Setzt man

$$G_1 = -Uh^*/2 \qquad (5)$$

und löst Gl. (4) nach dem Druckgefälle dp/dx auf, so erhält man die wichtige Beziehung:

$$\frac{dp}{dx} = -\frac{6\eta U}{h^3}(h - h^*) = 6\eta U\left(\frac{h^*}{h^3} - \frac{1}{h^2}\right) \qquad (6)$$

aus welcher folgt, daß h^* diejenige Spalthöhe ist, für welche $dp/dx = 0$, also der Druck p ein Maximum wird. Durch Einsetzen von dp/dx der Gl. (6) in Gl. (3a) erhält man:

$$-w = \frac{3U}{h^2}\left(1 - \frac{h^*}{h}\right)(y^2 - hy) + U\left(1 - \frac{y}{h}\right). \qquad (7)$$

Für $h = h^*$ folgt daraus:

$$-w = U(1 - y/h^*) \qquad (7a)$$

also eine geradlinige Geschwindigkeitsverteilung (Abb. 431.1).

---

[1] Reines Mineralöl benetzt in Anwesenheit von Wasserdampf und bei hohen Temperaturen Eisen nicht, weil seine Oberflächenspannung größer ist als die von heißem Wasser in Gegenwart von Dampf. Deshalb sind in solchen Fällen dem Mineralöl fette Öle beizumischen.

Wenn die Spaltform, d. h. $h = f(x)$ bekannt ist, folgt aus der zweimaligen Integration der Gl. (6) zuerst:

$$p_x = \int_0^x \frac{6\eta U}{h^3}(h^* - h)\,dx \qquad \text{und dann der Auftrieb } P_1 = \int_0^a p_x\,dx. \qquad (8a, b)$$

Zur Verschiebung der ebenen Fläche ist eine Kraft erforderlich um die Schubspannungen an der Oberfläche zu überwinden. Für die Breiteneinheit der Gleitfläche ist $R_1 = \int \tau_0\,dx$.

Mit Gl. (3a) folgt aus $\tau = \eta \frac{dw}{dy} = \frac{1}{2}\frac{dp}{dx}(2y - h) + \frac{U}{h}\eta$, für $y = 0$ und mit dp/dx aus Gl. (6):

$$\tau_0 = -\frac{h}{2} \cdot \frac{dp}{dx} + \frac{U}{h}\eta = \eta U\left(\frac{4}{h} - 3\frac{h^*}{h^2}\right). \qquad (9)$$

Die Reibkraft $R_1' = \int_0^a \left[\frac{1}{2}\cdot\frac{dp}{dx}(2y - h) + \frac{U}{h}\eta\right]dx$ ist abhängig von y; sie hat also einen verschiedenen Wert für $y = 0$ und $y = h$. Der Unterschied zwischen

$$\tau_h = \frac{h}{2}\frac{dp}{dx} + \frac{U\eta}{h} = \eta U\left(\frac{3h^*}{h^2} - \frac{2}{h}\right) \quad \text{und} \quad \tau_0 \text{ ist } h \cdot \frac{dp}{dx}. \qquad (9a)$$

Wenn das Öl ohne Überdruck zu- und abfließt, ist der Unterschied der Reibkräfte

$$R_h - R_0 = \int_0^a h \cdot \frac{dp}{dx}\cdot dx = \left|h p\right|_0^a - \int_{h_0}^{h_1} p\,dh = -\int_{h_0}^{h_1} p\,dh$$

gleich der Komponente der Kraft P in der Verschiebungsrichtung. Die Verschiebungskraft R_1 ist deshalb für $y = h$ und für $y = 0$ gleich groß. Man muß deshalb deutlich unterscheiden zwischen der gesamten Reaktionskraft (die durch Messung bestimmt werden kann) und dem Anteil $\int_0^a \tau_h\,dx$, der aus den Schubspannungen berechnet wird.

Die Reibzahl μ wird — wie bei der Bewegung zwischen festen Körpern — definiert als das Verhältnis zwischen Verschiebungskraft und Normalbelastung: $\mu = R_1/P_1$.

Da nach der Newtonschen Hypothese die Schubspannung und damit die Reibkraft R_1 unabhängig von p ist, kann für kleine Belastungen die Reibzahl μ sehr groß werden, vielfach größer als bei der Reibung nicht geschmierter Flächen.

Die Reibzahl hat bei flüssiger Reibung nur als „Vergleichswert" eine gewisse Bedeutung. Zweckmäßiger ist die direkte Verwendung der Reibkraft R_1, die (ohne den Umweg über die Belastung P_1) gemessen und (aus $\int_0^a \tau_0\,dx$) auch berechnet werden kann. Noch wichtiger für den Konstrukteur ist die Verlustleistung je Breiteneinheit der Gleitfläche $L_R = R_1 \cdot U$, die in Wärme umgesetzt wird.

Für parallele Gleitflächen ($h = $ konstant) folgt aus der Integration von Gl. (8a), wenn die Zähigkeit als unabhängig von x angenommen wird (was nicht zutrifft):

$$p_x = -\frac{6\eta U x}{h^3}(h - h^*) + C,$$

also ein geradliniger Druckverlauf. Kann das Öl bei $x = 0$ ohne Überdruck abfließen, so ist $C = 0$ und für $x = a$,

$$p_a = \frac{6\eta U a}{h^2}\left(\frac{h^*}{h} - 1\right). \qquad (10)$$

Parallele Flächen sind tragfähig, wenn p_a positiv, also das Öl unter Überdruck, in einer solchen Menge zugeführt wird, daß $h^* > h_0$ ist; h^* ist (nach Gl. 5) ein Maß für die durchfließende Ölmenge. Der Druck p_a kann z. B. durch eine Ölpumpe erzeugt werden und dann jeden beliebigen Wert haben; bei gegebenem p_a ist h^*/h aus Gl. (10) bestimmt. Die Tragfähigkeit der Ölschicht für die Breiteneinheit ist

$$P_1 = \frac{p_a \cdot a}{2} = \frac{3\eta U a^2}{h^2}\left(\frac{h^*}{h} - 1\right). \qquad (11)$$

Der praktisch wichtigste Fall paralleler Gleitflächen, bei denen das Öl unter Druck zugeführt wird, liegt vor bei der Lagerung vertikaler Wellen (Abb. 2 u. 3). Die Untersuchung wird am einfachsten, wenn wir das Problem in zwei Teile zerlegen:

a) Bestimmung der Tragfähigkeit eines ruhenden Zapfens, wenn die Ölmenge, G m³/s, zugeführt wird.

431. Geradlinig bewegte Gleitfläche.

b) Berechnung der Reibkraft eines drehenden, aber unbelasteten Zapfens, $G=0$.

Durch Superposition beider Fälle erhält man den allgemeinen Fall eines sich drehenden und belasteten Zapfens. Diese Superposition ist zulässig, weil — nach der Newtonschen Hypothese — die Reibkraft unabhängig von der Belastung ist.

a) Gl. (4) kann auf den Ringzapfen angewandt werden, indem an Stelle der Breite 1 die veränderliche Breite $2\pi r$ gesetzt wird. Dann ist, da $U=0$,

$$G = -\frac{h^3}{12\eta}\frac{dp}{dr}\cdot 2\pi r$$

oder $\quad dp = -\frac{6\eta}{\pi h^3}\cdot G\frac{dr}{r}$

und $\quad p_r = -\frac{6\eta G}{\pi h^3}\ln r + C$.

Aus den Randbedingungen, daß das Öl außen (für $r=r_a$) ohne Überdruck abfließen kann, und daß für $r=r_i$ der Druck gleich p ist, folgt:

$$p_r = \frac{6\eta G}{\pi h^3}\ln r_a/r;$$

$$p = \frac{6\eta G}{\pi h^3}\ln r_a/r_i$$

und $\quad p_r = p\frac{\ln r_a/r}{\ln r_a/r_i}$. (12a, b, c)

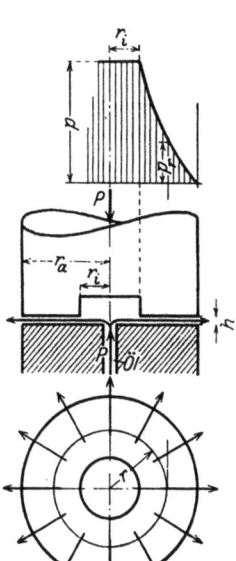

Abb. 2. Druckverteilung in einem Längslager.

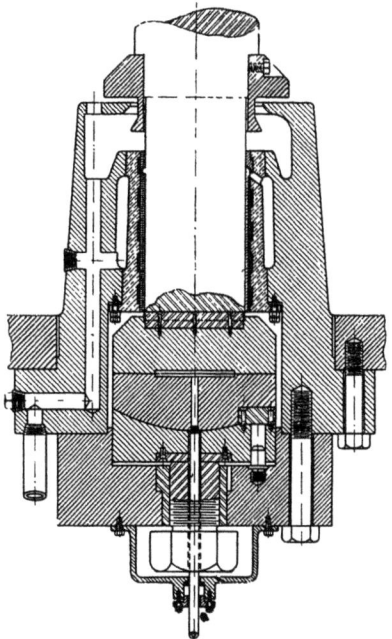

Abb. 3. Spurlager der General Electric Co. (aus Stodola).

Die Tragfähigkeit P des Lagers ist:

$$P = p\pi r_i^2 + \int_{r_i}^{r_a} 2\pi r p_r dr = p\pi r_i^2 + \frac{2\pi p}{\ln r_a/r_i}\int_{r_i}^{r_a} r\ln\frac{r_a}{r}dr = \frac{\pi}{2}p\frac{r_a^2-r_i^2}{\ln r_a/r_i} \quad (13\text{a})$$

oder mit p aus Gl. (12b): $\quad P = \frac{3\eta G}{h^3}(r_a^2 - r_i^2).$ (13b)

b) Wenn der Ringzapfen sich **unbelastet** dreht, ist (da $G=0$) $\frac{dp}{dr}=0$, so daß nach Gl. (3a) ein lineares Geschwindigkeitsgefälle vorhanden ist. Mit $U=\omega\cdot r$ ist die Schubspannung

$$\tau = \eta\frac{dw}{dy} = \frac{\eta\omega r}{h}.$$

Die Reibkraft für ein Flächenelement $2\pi r dr$ ist $dR = \frac{\eta\omega r}{h}\cdot 2\pi r dr$; die totale Verschiebungskraft:

$$R = \frac{2\pi\eta\omega}{h}\int_{r_i}^{r_a} r^2 dr = \frac{2\pi\eta\omega}{3h}(r_a^3 - r_i^3) \quad (14)$$

und das Reibmoment: $\quad M_r = \frac{2\pi\omega\eta}{h}\int_{r_i}^{r_a} r^3 dr = \frac{\pi\eta\omega}{2h}(r_a^4 - r_i^4).$

c) Für den drehenden und belasteten Zapfen erhält man durch Superposition von a) und b) die Reibzahl:

$$\mu = \frac{R}{P} = \frac{2\pi h^2}{9G}\cdot\frac{r_a^3 - r_i^3}{r_a^2 - r_i^2}\cdot\omega. \quad (15)$$

Für die Förderung von G m³/s Öl gegen eine Pressung von p kg/m² beträgt die Pumpleistung (mit G aus Gl. 13b):

$$L_p = \frac{G\cdot p}{\varepsilon} = \frac{pPh^3}{3\eta\varepsilon(r_a^2-r_i^2)}\text{ kgm/s}, \quad (16)$$

wenn mit ε der Wirkungsgrad der Ölpumpe bezeichnet wird. Die Reibleistung beträgt

$$L_r = M_r \omega = \frac{\pi \eta \omega^2}{2h}(r_a^4 - r_i^4) \text{ kgm/s}, \tag{17}$$

so daß die totale aufgewandte Leistung $L = L_p + L_r$ ist. Diese wird ein Minimum für $\frac{dL}{dh} = 0$

$$\frac{dL}{dh} = \frac{pP}{3\eta\varepsilon(r_a^2-r_i^2)} 3h^2 - \frac{\pi\eta\omega^2}{2h^2}(r_a^4-r_i^4) = 0$$

oder für

$$h = \sqrt[4]{\frac{\pi\eta^2\omega^2\varepsilon(r_a^2-r_i^2)(r_a^4-r_i^4)}{2pP}} \tag{18}$$

Zahlenbeispiel 431.1: Die Reibzahl, die Ölmenge und die totale Leistung sollen für einen mit 10 t belasteten Ringzapfen berechnet werden, wenn Preßöl von 20 at mit einer Zähigkeit $\eta = 0,002$ kg s/m² zugeführt wird, $\varepsilon = 0,7$, $r_i/r_a = 0,5$ und $\omega = 50$/s ist.

Aus Gl. (13a) folgt: $P = \dfrac{\frac{\pi}{2} r_a^2 \left\{1-\left(\dfrac{r_i}{r_a}\right)^2\right\}}{\ln \dfrac{r_a}{r_i}} p = \dfrac{\frac{\pi}{2}(1-0,25)}{0,693} p r_a^2 = 1,68\, r_a^2\, p = 33,6\, r_a^2$

oder $r_a = \sqrt{\dfrac{10000}{33,6}} = 17,2$ cm und damit $r_i = 8,6$ cm. Die günstigste Spalthöhe folgt aus

Gl. (18) zu: $h = \sqrt[4]{\dfrac{\pi \cdot 0,002^2 \cdot 2500 \cdot 0,7 (1-0,25)\left(1-\dfrac{1}{16}\right) \cdot 0,172^6}{2 \cdot 200000 \cdot 10000}} = 0,0001$ m $= 0,1$ mm.

Damit wird die hindurchgehende Ölmenge aus Gl. (13b):

$$G = \frac{Ph^3}{3\eta(r_a^2-r_i^2)} = \frac{10000 \cdot 0,0001^3}{3 \cdot 0,002(1-\frac{1}{4}) \cdot 0,172^2} = 0,074 \cdot 10^{-3} \text{ m}^3/\text{s}$$

und die Pumpleistung: $L_p = \dfrac{0,074 \cdot 10^{-3} \cdot 200000}{0,7} = 21$ kgm/s.

Die Reibkraft ist nach Gl. (14) $R = \dfrac{2\pi \cdot 0,002 \cdot 50}{3 \cdot 0,0001}\left(1-\dfrac{1}{8}\right) \cdot 0,172^3 =$ rd. 10 kg,

so daß $\mu = \dfrac{R}{P} = \dfrac{10}{10000} = 0,001$ ist.

Die Reibleistung ist $L_r = \dfrac{\pi \cdot 0,002 \cdot 2500\left(1-\dfrac{1}{16}\right) \cdot 0,172^4}{2 \cdot 0,0001} \approx 67$ kgm/s $= 0,9$ PS,

oder $0,9 \cdot 632 = 565$ kcal/h. Die totale Verlustleistung ist $21 + 67 = 88$ kgm/s $= 1,18$ PS entsprechend einer Vergleichsreibzahl von $\dfrac{88}{21} \cdot 0,001 = 0,0042$.

Tragfähige Ölschicht. Die Verwendung von gesonderten Ölpumpen wurde wieder verlassen, weil eine tragfähige Ölschicht viel einfacher erzeugt werden kann. Wird nämlich bei parallelen Gleitflächen der Querschnitt bei $x = 0$ teilweise abgesperrt (Abb. 4 u. 17), so daß dort der Druck p_0 herrscht, so folgt aus Gl. (10), da U nun positiv gerichtet ist:

$$p_0 = \frac{6\eta U a_1}{h^2}\left(1 - \frac{h^*}{h}\right) \quad \text{und} \quad p_x = p_0(1 - x/a_1). \tag{19}$$

Aus dieser Gleichung folgt, daß nur für kleine Werte von h, p_0 groß werden kann; z. B. ist für $\eta = 0,001$ kg s/m², $U = 1$ m/s, $a_1 = 0,1$ m, $h^*/h = 1/3$ und

$$h = 0,1 \text{ mm} = 10^{-4} \text{ m}, \quad p_0 = \frac{6 \cdot 10^{-3} \cdot 0,1 \cdot 10^8 \cdot 2}{3} = 4 \cdot 10^4 \text{ kg/m}^2 = 4 \text{ at}.$$

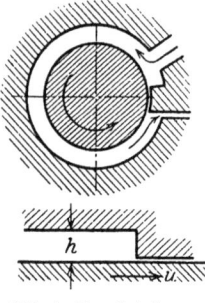

Abb. 4. Drucksteigerung durch teilweise Absperrung des Querschnittes.

Für $h = 0,01$ mm wird $p_0 = 400$ at!

Aus dieser Überlegung folgt, daß zur Erzeugung einer tragfähigen Ölschicht jeder Ölspalt geeignet ist, dessen Höhe in Richtung der Bewegung abnimmt.

Für die Integration der Gl. (6) muß natürlich die Spalthöhe h = Funktion (x), bekannt sein (Abb. 5). Jede Spaltform und jeder Wert von a gibt bei der Integration einen anderen Wert für die Tragfähigkeit P_1, für die Verschiebungskraft R_1 und deshalb auch eine andere Reibzahl.

Um allgemeine, von der absoluten Größe der Gleitfläche unabhängige Beziehungen zu erhalten, werden dimensionslose Größen eingeführt. Die Gleichung
$$h/h_0 = f(x/a),$$
worin h_0 die kleinste Spalthöhe und a die Ausdehnung der Gleitfläche in der Verschiebungsrichtung (Plattenlänge) ist, gilt für alle geometrisch ähnliche Spaltformen. In Gl. (6) eingesetzt wird

$$dp = \frac{6\eta U a}{h_0^2}\left[\frac{h^*}{h_0} \cdot \frac{1}{f^3(x/a)} - \frac{1}{f^2(x/a)}\right] d(x/a). \quad (20)$$

Die Integration dieser Gleichung läßt sich immer graphisch (durch Planimetrieren) durchführen; bei einfachen Spaltformen auch analytisch. Der Nullpunkt liegt an der engsten Spaltstelle und fällt mit dem Ende der Gleitfläche zusammen. Das Ergebnis der verschiedenen Integrationen wird durch folgende Symbole dargestellt:

$$j_1(x/a) = \int_0^{x/a} \frac{d(x/a)}{f(x/a)} = j_1 \qquad j_2 = \int_0^{x/a} \frac{d(x/a)}{f^2(x/a)} \qquad j_3 = \int_0^{x/a} \frac{d(x/a)}{f^3(x/a)}$$

$$J_1 = \int_0^1 \frac{d(x/a)}{f(x/a)} = j_1(x/a = 1) = j_1(1.) \qquad J_2 = \int_0^1 \frac{d(x/a)}{f^2(x/a)} = j_2(1.) \qquad J_3 = \int_0^1 \frac{d(x/a)}{f^3(x/a)} = j_3(1.)$$

Bei gegebener Spaltform $h/h_0 = f(x/a)$ hängen die Symbole j_1, j_2 und j_3 nur von x/a ab, während die Symbole J_1, J_2 und J_3 reine Zahlenwerte sind, die nur von der Spaltform abhängen. Mit diesen Abkürzungen wird

$$p_x = \frac{6\eta U a}{h_0^2}\left[\frac{h^*}{h_0} j_3\left(\frac{x}{a}\right) - j_2\left(\frac{x}{a}\right) - C_0\right]. \quad (21)$$

Die noch unbekannten Konstanten C_0 und h^*/h_0 sind durch die Randbedingungen bestimmt:

a) Ist für $x/a = 0$, $p_0 = 0$ und für $x/a = 1$, $p_1 = 0$, d. h. kann das Öl ohne Überdruck zu- und abfließen, dann ist
$$C_0 = 0 \quad \text{und} \quad h^*/h_0 = J_2/J_3.$$

b) Ist für $x/a = 0$, $p_0 = 0$ und für $x/a = 1$, $p_1 \neq 0$ (Öl wird mit Überdruck zugeführt), dann ist: $C_0 = 0$

und
$$p_1 = \frac{6\eta U a}{h_0^2}\left(\frac{h^*}{h_0} J_3 - J_2\right)$$

oder $\qquad h^*/h_0 = \dfrac{J_2 + p_1 h_0^2/6\eta U a}{J_3}.$

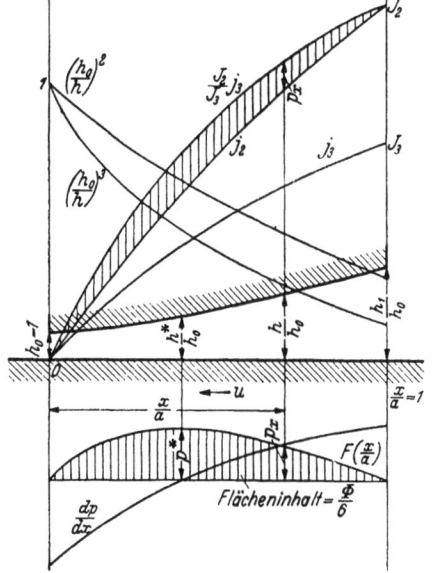

Abb. 5. Graphische Integration.

c) Ist für $x/a = 0$, $p_0 \neq 0$ und für $x/a = 1$, $p_1 = 0$ (Öl fließt mit Überdruck ab), so wird:

$$C_0 = \frac{h^*}{h_0} J_3 - J_2 \quad \text{und} \quad p_0 = \frac{6\eta U a}{h_0^2}\left(J_2 - \frac{h^*}{h_0} J_3\right) \quad \text{oder} \quad h^*/h_0 = \frac{J_2 - p_0 h_0^2/6\eta U a}{J_3}.$$

Der Klammerausdruck in Gl. (21) ist nun eindeutig bestimmt; er hängt bei gegebener Spaltform nur von x/a und von den Randbedingungen ab; er kann zur Vereinfachung der Schreibweise durch das Zeichen $F(x/a)$ dargestellt werden:

$$p_x = \frac{6\eta U a}{h_0^2} F\left(\frac{x}{a}\right). \quad (22)$$

Die Tragfähigkeit der Ölschicht für die Breiteneinheit ist

$$P_1 = \int_0^a p_x\,dx = a\int_0^1 p_x\,d(x/a) = \frac{6\eta U a^2}{h_0^2}\int_0^1 F(x/a)\,d(x/a) = \eta\frac{Ua^2}{h_0^2}\Phi \quad (23)$$

worin das Symbol $\Phi = 6\int_0^1 F(x/a)\,d(x/a)$ eine reine Zahl ist, die nur von der Form des Spaltes abhängt. Nach h_0/a aufgelöst folgt aus Gl. (23) die kleinste Ölschichtdicke:

$$h_0 = a\sqrt{\Phi}\sqrt{\frac{\eta U}{P_1}}. \quad (24)$$

Die Verschiebungskraft R_1 folgt aus Gl. (9) zu:

$$R_1 = a \int_0^1 \tau_0 \, d\left(\frac{x}{a}\right) = \eta U a \int_0^1 \left(\frac{4}{h} - 3\frac{h^*}{h^2}\right) d\left(\frac{x}{a}\right) = \frac{\eta U a}{h_0} \int_0^1 \left(\frac{4}{h/h_0} - \frac{3 h^*/h_0}{(h/h_0)^2}\right) \cdot d\left(\frac{x}{a}\right)$$
$$= \frac{\eta U a}{h_0}\left\{4 J_1 - 3\frac{h^*}{h_0} \cdot J_2\right\} = \frac{\eta U a}{h_0} \vartheta \qquad (25)$$

worin ϑ wieder eine reine, nur von der Spaltform abhängige Zahl ist. Die Reibzahl ist:

$$\mu = \frac{R_1}{P_1} = \frac{h_0}{a} \cdot \frac{\vartheta}{\Phi} = C \frac{h_0}{a} \qquad (26)$$

oder den Wert von h_0/a aus Gl. (24) eingesetzt:

$$\mu = \frac{\vartheta}{\sqrt{\Phi}} \sqrt{\frac{\eta U}{P_1}} = K \sqrt{\frac{\eta U}{P_1}}. \qquad (27)$$

Voraussetzung der Berechnung waren mathematisch glatte Gleitflächen, welche durch die Ölschicht vollständig getrennt bleiben. Alle technischen Oberflächen sind aber [auch bei sorgfältiger Herstellung „rauh" (vgl. S. 83)]. **Die kleinste Spalthöhe h_0 [nach Gl. (24)] muß deshalb immer größer als die Summe der Unebenheiten sein.** Die früher übliche Bedingung (vgl. S. 255), daß das Öl zwischen den Gleitflächen nicht weggepreßt werden darf, erhält durch diese Gleichung eine einfache mathematische Formulierung. Da die Reibzahl [nach Gl. (26)] direkt proportional h_0, also proportional der Summe der Unebenheiten ist, so wird man die Gleitflächen so glatt und so genau herstellen, wie wirtschaftlich tragbar erscheint, z. B. $h_0 = 0{,}01$ mm für gute und $h_0 = 0{,}005$ mm und weniger für sehr genaue Ausführung. Für $h_0 = 0{,}005$ mm, $a = 100$ mm wird (mit $C \approx 5$) die Reibzahl

$$\mu = C \cdot h_0/a = 5 \cdot 5 \cdot 10^{-5} = 0{,}00025,$$

woraus ersichtlich ist, welche kleine Reibzahlen bei guter Schmierung „theoretisch" (für unendlichbreite Gleitflächen) erreicht werden können. Die Theorie setzt Gleitflächen voraus, die nicht durch Schmiernuten unterbrochen werden; sie gibt auch klaren Aufschluß über die Unzweckmäßigkeit solcher Nuten in den Tragflächen. Werden zwei Punkte der Tragfläche (wo verschieden große Drücke herrschen) durch eine Nute verbunden, so tritt ein Druckausgleich ein, d. h. die Gleitfläche wird weniger tragfähig. Aber auch die Verbindung zweier Punkte gleichen Druckes (also Nuten senkrecht zur Bewegungsrichtung) sind schädlich, weil das seitliche Abfließen dadurch erleichtert wird. Die eigentliche Tragfläche darf demnach keine Nuten (gleichgültig welcher Form) aufweisen. Das Öl muß grundsätzlich an solchen Stellen zugeführt werden, wo kein Druck herrscht. Dort sind Quernuten zur Verteilung des Öles über die ganze Breite der Gleitfläche zweckmäßig.

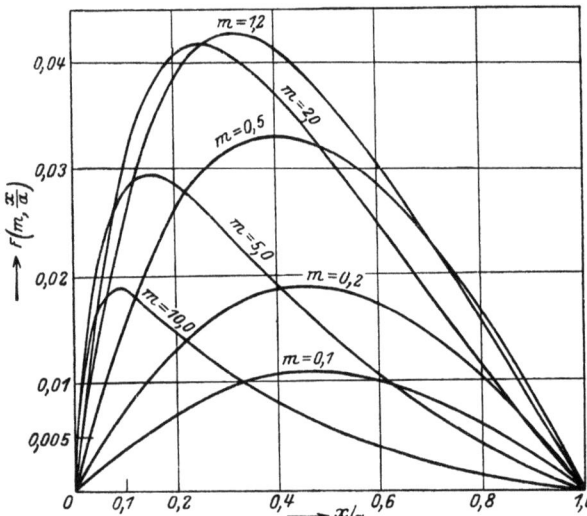

Abb. 7. Druckverteilung bei geneigten Gleitflächen.

Aus Gl. (26) folgt, daß die Reibzahl eine geometrische Größe ist, nur abhängig von h_0/a und von der Spaltform; sie scheint völlig unabhängig von der Art der Flüssigkeit und von der Gleitgeschwindigkeit. Zwei feste Flächen, die in genau gleicher Lage aneinander mit beliebiger Geschwindigkeit vorbeigleiten, haben also die gleiche Reibzahl, gleichgültig, ob das Schmiermittel Luft oder zähes Öl ist. Die gegenseitige Lage dagegen, d. i. das Verhältnis h_0/a ist natürlich von P_1, U und η abhängig. Bei der Anwendung ist zu beachten, daß die Zahlenwerte, Φ, ϑ, K und C nicht nur von der Spaltform, sondern auch von den Randbedingungen (a bis c) abhängig sind.

Für die geneigte Platte (Abb. 6, S. 269) mit

$$h/h_0 = (1 + m x/a) = f(x/a), \qquad (28)$$

431. Geradlinig bewegte Gleitfläche.

mit
$$m = \frac{h_1 - h_0}{h_0} \qquad (29)$$

als Maß für die Schrägstellung, ist:

$$j_1 = \int_0^{x/a} \frac{d(x/a)}{1 + mx/a} = \frac{1}{m} \ln(1 + mx/a) \quad \text{und} \quad J_1 = \frac{\ln(1+m)}{m},$$

$$j_2 = \int_0^{x/a} \frac{d(x/a)}{(1 + mx/a)^2} = \frac{x/a}{1 + mx/a}; \qquad J_2 = \frac{1}{1+m},$$

$$j_3 = \int_0^{x/a} \frac{d(x/a)}{(1 + mx/a)^3} = \frac{x/a \cdot (2 + mx/a)}{2(1 + mx/a)^2}; \qquad J_3 = \frac{m+2}{2(1+m)^2}.$$

Randbedingung a: Das Öl fließt bei $x/a = 1$ ohne Überdruck zu und bei $x/a = 0$ ohne Überdruck ab; dann ist (mit Gl. 21 u. 22):

$$\frac{h^*}{h_0} = \frac{J_2}{J_3} = \frac{2(m+1)}{m+2} \qquad C_0 = 0.$$

$$F_a\left(\frac{x}{a}\right) = \frac{h^*}{h_0} j_3 - j_2 = \frac{m\frac{x}{a}(1 - x/a)}{(m+2)(1 + mx/a)^2} \qquad \text{(Abb. 7)}$$

$$\Phi_a = 6\int_0^1 F\left(\frac{x}{a}\right) d\left(\frac{x}{a}\right) = \frac{6\ln(m+1)}{m^2} - \frac{12}{m(m+2)} \quad \text{und} \quad \vartheta_a = 4J_1 - 3\frac{J_2^2}{J_3} = \frac{4\ln(m+1)}{m} - \frac{6}{m+2}.$$

Für sehr kleine Schrägstellung (Einschaben) erhält man durch Reihenentwicklung:

$$\Phi = \frac{m}{2} - \frac{3m^2}{4} \approx \frac{m}{2}, \; \vartheta \approx 1 - \frac{m}{2}, \; C = \frac{\vartheta}{\Phi} \approx \frac{2}{m} - 1 \quad \text{und} \quad K = \frac{\vartheta}{\sqrt{\Phi}} \approx \sqrt{\frac{2}{m}}.$$

Zahlentafel 431.1. Zahlenwerte zur Berechnung der Reibung bei geneigten Gleitflächen $b = \infty$, $\eta = $ konst. (Randbedingung a).

m	Φ_a	$\sqrt{\Phi_a}$	ϑ_a	K_a	C_a	e/a	h^*/h_0
0,7	0,1476	0,384	0,808	2,10	5,48	0,052	1,259
1	0,15894	0,399	0,7726	1,94	4,86	0,068	1,333
1,2	0,16	0,40	0,76	1,90	4,80	0,078	1,378
1,5	0,15773	0,397	0,7292	1,84	4,62	0,090	1,428
2	0,14790	0,384	0,6970	1,82	4,71	0,108	1,500
3	0,12426	0,352	0,6498	1,84	5,24	0,134	1,600
4	0,10350	0,322	0,6094	1,90	5,89	0,154	1,667
5	0,08718	0,295	0,5803	1,95	6,53	0,169	1,715
10	0,04386	0,2095	0,4592	2,19	10,45	0,214	1,833
100	0,0016	0,04	0,1258	3,14	79	—	1,985

Für den parabolischen Halbzylinder (Abb. 8 S. 269) ist:

$$h = h_0 + \frac{x^2}{2\varrho}, \quad \text{also} \quad f(x/a) = h/h_0 = 1 + \left(\zeta \frac{x}{a}\right)^2, \qquad (30)$$

worin ϱ der Scheitelradius der Parabel und zur Abkürzung $\zeta^2 = \frac{a^2}{2\varrho h_0}$ gesetzt ist. Setzt man $\zeta x/a = \text{tg }\gamma$, also $\zeta d\left(\frac{x}{a}\right) = \frac{d\gamma}{\cos^2\gamma}$, so wird:

$$h/h_0 = f(x/a) = 1 + \text{tg}^2\gamma = 1/\cos^2\gamma \qquad (31)$$

und

$$\frac{dp}{d\gamma} = \frac{6\eta U a}{\zeta h_0^2} \left\{\frac{\cos^4\gamma}{\cos^2\gamma^*} - \cos^2\gamma\right\}. \qquad (32)$$

Die Integration
$$p_\gamma = \frac{6\eta U a}{h_0^2} \left\{\frac{j_3(\gamma)}{\cos^2\gamma^*} - j_2(\gamma) - C_0\right\}$$

gibt p als Funktion der nicht anschaulichen Hilfsgröße γ, und muß deshalb wieder als $F(x/a)$ umgerechnet werden[1]. Das Ergebnis der verschiedenen Integrationen[2] ist:

---

[1] Man kann diese Umrechnung umgehen, da die Integration auch mit $\zeta x/a$ als Veränderliche eine geschlossene Lösung gibt. Vgl.: L. 435.4. Für die Zahlenrechnung ist dagegen der Winkel γ einfacher.

[2] Gümbel (L. 431, S. 90) wählt als Grenzbedingung $p = 0$ für $x/a = \infty$ an Stelle von $x/a = 1$. Die Berechnung wird dadurch noch weiter vereinfacht, da tg γ für alle Werte von ζ dann unendlich groß, also $\gamma_1 = \pi/2$ wird. Diese Vereinfachung hat also zur Folge, daß der Druckverlauf für alle ζ-Werte ähnlich ist, was nicht zutrifft, wie aus Abb. 9 deutlich ersichtlich. Die Vereinfachung von Gümbel ist nur zulässig wenn ζ sehr groß ist (Abschn. 435).

$$j_1 = \int_0^\gamma \frac{d(x/a)}{h/h_0} = \frac{1}{\zeta}\int_0^\gamma d\gamma = \gamma/\zeta; \qquad\qquad J_1 = \frac{1}{\zeta}\int_0^{\gamma_1} d\gamma = \gamma_1/\zeta,$$

$$j_2 = \frac{1}{\zeta}\int_0^\gamma \cos^2\gamma\, d\gamma = \frac{1}{\zeta}\left(\frac{\sin 2\gamma}{4} + \frac{\gamma}{2}\right); \qquad J_2 = \frac{1}{\zeta}\left(\frac{\sin 2\gamma_1}{4} + \frac{\gamma_1}{2}\right),$$

$$j_3 = \frac{1}{\zeta}\int_0^\gamma \cos^4\gamma\, d\gamma = \frac{1}{\zeta}\left(\frac{1}{4}\sin\gamma\cos^3\gamma + \frac{3}{16}\sin 2\gamma + \frac{3}{8}\gamma\right); \qquad J_3 = j_3(\gamma_1).$$

Wenn das Öl ohne Überdruck zu- und abfließen kann, ist:

$$\frac{1}{\cos^2\gamma^*} = \frac{J_2}{J_3} \quad \text{und} \quad C_0 = 0.$$

$$F_a(\gamma) = \frac{j_3}{\cos^2\gamma^*} - j_2 \qquad\qquad (\text{Abb. 9})$$

$$\Phi_a = 6\int_0^{\gamma_1} F(\gamma)\, d(x/a) = \frac{6}{\zeta^2}\left\{\frac{A}{\cos^2\gamma^*} - B\right\}, \quad \text{worin} \quad A = \zeta\int_0^{\gamma_1}\frac{j_3 d\gamma}{\cos^2\gamma} = \frac{1}{8}\sin^2\gamma_1 + \frac{3}{8}\gamma_1\,\text{tg}\,\gamma_1$$

$$\text{und} \quad B = \zeta\int_0^{\gamma_1}\frac{j_2 d\gamma}{\cos^2\gamma} = \frac{1}{2}\gamma_1\,\text{tg}\,\gamma_1 \text{ ist.}$$

$$\vartheta = 4J_1 - 3J_2^2/\cos^2\gamma^*.$$

Für den parabolischen Vollzylinder (Abb. 10 S. 269) gilt die Randbedingung, daß für $\gamma = 0$, $p = 0$ ist, nicht mehr, weil der Nullpunkt des Koordinatensystems an der engsten Stelle ($\gamma = 0$) liegt. Da $\cos\gamma = \cos(-\gamma)$ ist, folgt aus Gl. (31) daß der Druckverlauf symmetrisch in bezug auf den Nullpunkt ist (Abb. 11). Der Nullpunkt ist Wendepunkt, da dort $d^2p/d\gamma^2 = 0$ ist; der Druck wird extremal für $\gamma = \pm\gamma^*$. Der Kleinstdruck $p_{\min}$ (für $\gamma = -\gamma^*$) wird gleich Null gesetzt, weil in dem seitlich offenen Spalt dauernd keine Unterdrücke aufrecht erhalten werden können. Der Höchstdruck $p_{\max}$ (für $\gamma = +\gamma^*$) ist aus Symmetriegründen doppelt so groß wie der Druck p_0 an der engsten Stelle (für $\gamma = 0$), also $p_{\max} = 2p_0$. Die Integration der Gl. (32) zwischen $-\gamma^*$ und γ gibt:

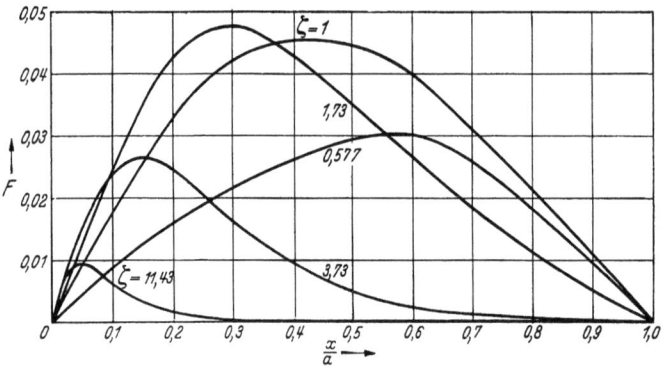

Abb. 9. Druckverteilung bei dem parabolischen Halbzylinder.

Zahlentafel 2. Zahlenwerte zur Berechnung der Reibung für den parabolischen Halbzylinder (Randbedingung a).

$\gamma°$	ζ	Φ_a	ϑ_a	$\sqrt{\Phi_a}$	$K_a = \dfrac{\vartheta}{\sqrt{\Phi}}$	$C_a = \dfrac{\vartheta}{\Phi}$
30	0,57735	0,1096	0,9264	0,330	2,80	8,45
45	1	0,1724	0,8657	0,415	2,09	5,02
50	1,192	0,1774	0,8451	0,421	2,01	4,76
55	1,428	0,1704	0,8219	0,413	1,99	4,82
60	1,732	0,1540	0,7887	0,392	2,01	5,12
65	2,145	0,1265	0,7426	0,356	2,09	5,87
70	2,747	0,0938	0,6980	0,306	2,28	7,44
75	3,732	0,0591	0,5881	0,243	2,42	9,96
80	5,671	0,0285	0,4332	0,169	2,57	15,2
85	11,430	0,0076	0,2440	0,087	2,80	32,2
90	∞	0	0	0	π	∞

$$p = \frac{6\eta U a}{h_0^2}\left\{\frac{j_2'(\gamma)}{\cos^2\gamma^*} - j_2'(\gamma) - C_0\right\} \qquad (32\text{a})$$

Die Abkürzungen

$$j_2' = \frac{1}{\zeta}\int_{-\gamma^*}^{\gamma}\cos^2\gamma\, d\gamma$$

und

$$j_3' = \frac{1}{\zeta}\int_{-\gamma^*}^{\gamma}\cos^4\gamma\, d\gamma$$

unterscheiden sich von den j-Werten für den parabolischen Halbzylinder, weil die untere Grenze nicht Null, sondern $-\gamma^*$ ist:

$$j_2' = j_2(\gamma^*) + j_2(\gamma) \quad \text{und} \quad j_3' = j_3(\gamma^*) + j_3(\gamma).$$

431. Geradlinig bewegte Gleitfläche.

Aus den Randbedingungen, daß für den Öleintritt ($\gamma = \gamma_1$) und für das Ende des Druckgebietes ($\gamma = -\gamma^*$) $p = 0$ ist, folgt:

$$C_0 = 0 \quad \text{und} \quad 1/\cos^2\gamma^* = \left. \begin{array}{r} J_2'/J_3' = \dfrac{J_2 + j_2(\gamma^*)}{J_3 + j_3(\gamma^*)} \end{array} \right\} \quad (33)$$

und
$$p_{\max} = 2 p_0 = \left. \begin{array}{r} \dfrac{12\,\eta\,U\,a}{h_0^2} \left[\dfrac{j_3(\gamma^*)}{\cos^2\gamma^*} - j_2(\gamma^*)\right] . \end{array} \right\} \quad (34)$$

Bei gegebener Öleintrittstelle (γ_1) ist γ^* [und damit der Druckverlauf nach Gl. (32a)] durch Gl. (33) eindeutig bestimmt; die graphische Lösung dieser Gleichung gibt die in Zahlentafel 3 eingetragenen Werte.

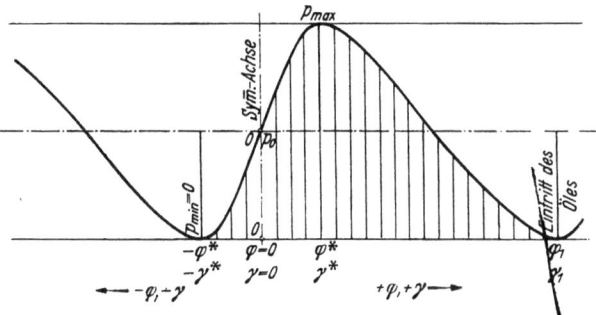

Abb. 11. Grundsätzlicher Verlauf des Druckes beim parabolischen Vollzylinder.

Die Tragfähigkeit der Ölschicht je Breiteneinheit folgt aus Gl. (23). Eliminiert man (mit $\zeta^2 = a^2/2 h_0 \varrho$) die unbekannte Länge a, so wird

$$P_1 = \eta U \frac{2\varrho}{h_0} (\zeta^2 \cdot \Phi) . \quad (35)^1$$

Die ($\zeta^2 \cdot \Phi$)-Werte und der K-Wert für die Reibzahl der bewegten Fläche nach Gl. (27) sind ebenfalls in Zahlentafel 3 eingetragen.

Zahlentafel 3. Zahlenwerte zur Berechnung der Reibung für den parabolischen Vollzylinder (Randbedingung a).

Für $\gamma_1 =$	30°	45°	60°	75°	90°
ist $\zeta = \mathrm{tg}\,\gamma_1 =$	0,577	1,0	1,732	3,732	∞
γ^*	14,6°	20,3°	23,5°	25°	25,43°
$h^*/h_0 = 1/\cos^2\gamma^*$	1,0679	1,1368	1,1891	1,2195	1,2262
$p_{\max} / \dfrac{6\,\eta\,U\,a}{\zeta \cdot h_0^2}$	0,0168	0,0474	0,0958	0,105	0,1264
$\zeta^2 \cdot \Phi$	—	0,120	0,438	1,00	1,225
K	—	2,8	2,26	2,54	3,29

Für $\zeta = \infty$ ist $\zeta^2 \Phi = 1,225$ und

$$P_1 = 2,45\, \eta\, U\, \varrho/h_0 . \quad (35\mathrm{a})^1$$

Es ist oft vorteilhaft die Gleichungen noch etwas umzuformen, wenn man z. B. $p_{\max}$ aus der bekannten Belastung P_1 oder aus den vorgeschriebenen Wert von h_0 berechnen will. Für

$\zeta = \infty$ folgt aus $\quad p_{\max} = 0{,}76 \dfrac{\eta \cdot U \cdot a}{\zeta \cdot h_0^2}$

mit $a = \zeta \sqrt{2 \varrho h_0}$: $\quad p_{\max} = 1{,}07\, \eta\, U\, \sqrt{\varrho/h_0^3} \quad (36)^1$

und mit Gl. (35): $h_0 = 1{,}225\, \eta\, U \cdot 2 \cdot \varrho/P_1$,

$$p_{\max} = \frac{0{,}28}{\varrho} \sqrt{\frac{P_1^3}{\eta \cdot U}} \quad (37)^1$$

Die zweckmäßigste Spaltform[2]. Bei der Konstruktion einer Gleitfläche sind die Belastung P und die Gleitgeschwindigkeit U bekannt. Die Breite b der Gleitfläche und die Zähigkeit des Öles können frei gewählt werden. Aus den Gl. (27) und (24) folgen dann mit Hilfe der Φ-, K- und C-Werte aus Abb. 12 und 13 die Reibzahl μ und die kleinste relative Ölschichtdicke h_0/a. Da die Zähigkeit des Öles bei 20° C (z. B. beim Anlaufen) 6—10mal so groß ist als bei der Betriebstemperatur (vgl. Abb. 412.2), wird flüssige Reibung beim Anlaufen schon bei $^1/_6$ bis $^1/_{10}$ der Betriebsdrehzahl erreicht. Beim Auslaufen dagegen hat das Öl bei der kleineren Geschwindigkeit die gleiche Zähigkeit, so daß dann halbflüssige Reibung auftreten muß, die immer mit Abnutzung verbunden ist. Im allgemeinen muß man deshalb eine Gleitfläche so berechnen, daß flüssige Reibung schon bei einer erheblichen kleineren Gleitgeschwindigkeit, z. B. schon bei 10% der normalen vorhanden ist, und zwar um so mehr, je länger und öfter das Lager bei der kleinen Drehzahl in Betrieb bleibt. Aus Gl. (24) folgt, daß dann die Tragfähigkeit (bei gleichem Wert von h_0) nur noch den 10. Teil beträgt und daß die Reibzahl bei der Betriebsdrehzahl $\sqrt{10}$mal

---

[1] Diese Gleichungen sind identisch mit Peppler (L. 435.4), Gl. 17 resp. 20b.
[2] L. 431.14.

so groß wird. Schwieriger ist die praktische Verwirklichung der Spaltform, da kleine Werte von h_0 und auch von h_1/h_0 erreicht werden sollten. Bei einer geneigten Platte z. B. von 100 mm Länge und $m = 1,5$, müßte (mit $h_0 = 0,01$ mm) $h_1 - h_0 = 1,5\, h_0 = 0,015$ mm werden. Die Herstellung solcher kleinen Neigungen bietet erhebliche Schwierigkeiten. Bei Werkzeugmaschinen ist das Einschaben von kleinen Keilflächen in den Laufflächen gebräuchlich, ohne welche Druckübertragung nicht möglich wäre.

Eine andere Methode zur Herstellung kleiner Neigungen hat Michell vorgeschlagen. Wie aus Abb. 7 ersichtlich, verläuft die Flächenpressung unsymmetrisch über die Länge der Tragfläche. Die resultierende Kraft P_1 muß deshalb exzentrisch angreifen. Die Exzentrizität e kann aus der Momentengleichung in bezug auf den Nullpunkt berechnet werden (vgl. Abb. 6 S. 269).

$$P_1\left(\frac{a}{2} - e\right) = \int_0^a p_x\, x\, dx.$$

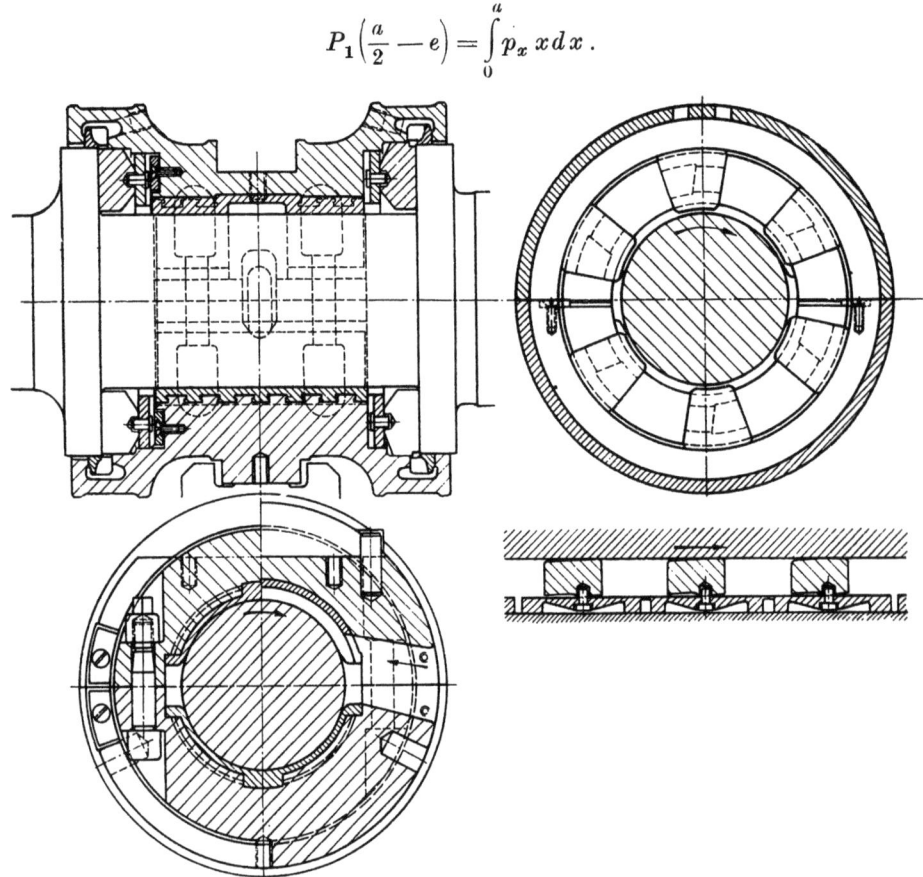

Abb. 14. Längs- und Querlager der Fa. Brown, Boveri & Co. (Baden, Schweiz). Längsschnitt, Querschnitt, Aufsicht auf die Segmenttragfläche u. Segmentstützung.

Die Drucksegmente sind an beiden Enden des Lagerkörpers angeordnet und sollten gleichmäßig tragen. Die einzelnen Segmente (aus Bronze, evtl. mit Weißmetall ausgegossen) sind deshalb exzentrisch gelagert.

Das Öl tritt in der Mitte des Querlagers durch einen breiten Kanal ein, teilt sich in Schmier- und Kühlöl und fließt an den Enden des Lagerkörpers den Längslagern zu.

Die Lagerschalen liegen nur in der Mitte auf einer schmalen Fläche auf und können sich leicht der Welle anpassen.

Unterstützt man die Platte an irgendeiner Stelle (mit der Exzentrizität e), so muß sich eine eindeutig bestimmte Schräge m einstellen. Wird die Neigung aus irgendeinem Grunde vergrößert (oder verkleinert), so vergrößert (oder verkleinert) sich auch die Exzentrizität e und die ursprüngliche Lage wird automatisch wieder hergestellt. Die Lage der Platte ist demnach stabil. Diese konstruktive Lösung (Abb. 14) ist gut; besondere Schwierigkeit verursacht auch das notwendige gleichmäßige Tragen der in Segmente aufgelösten Tragfläche. Eine andere Lösungsmöglichkeit beruht auf die schon lange bekannten Abrundungen der Öleintrittskante, die schon ausreichen können, um eine übrigens parallele Gleitfläche tragfähig zu machen (Abb. 15a). Die Tragfähigkeit und die Reibzahl einer so zusammengesetzten Spaltform kann aus den abgeleiteten Gleichungen leicht berechnet werden.

431. Geradlinig bewegte Gleitfläche.

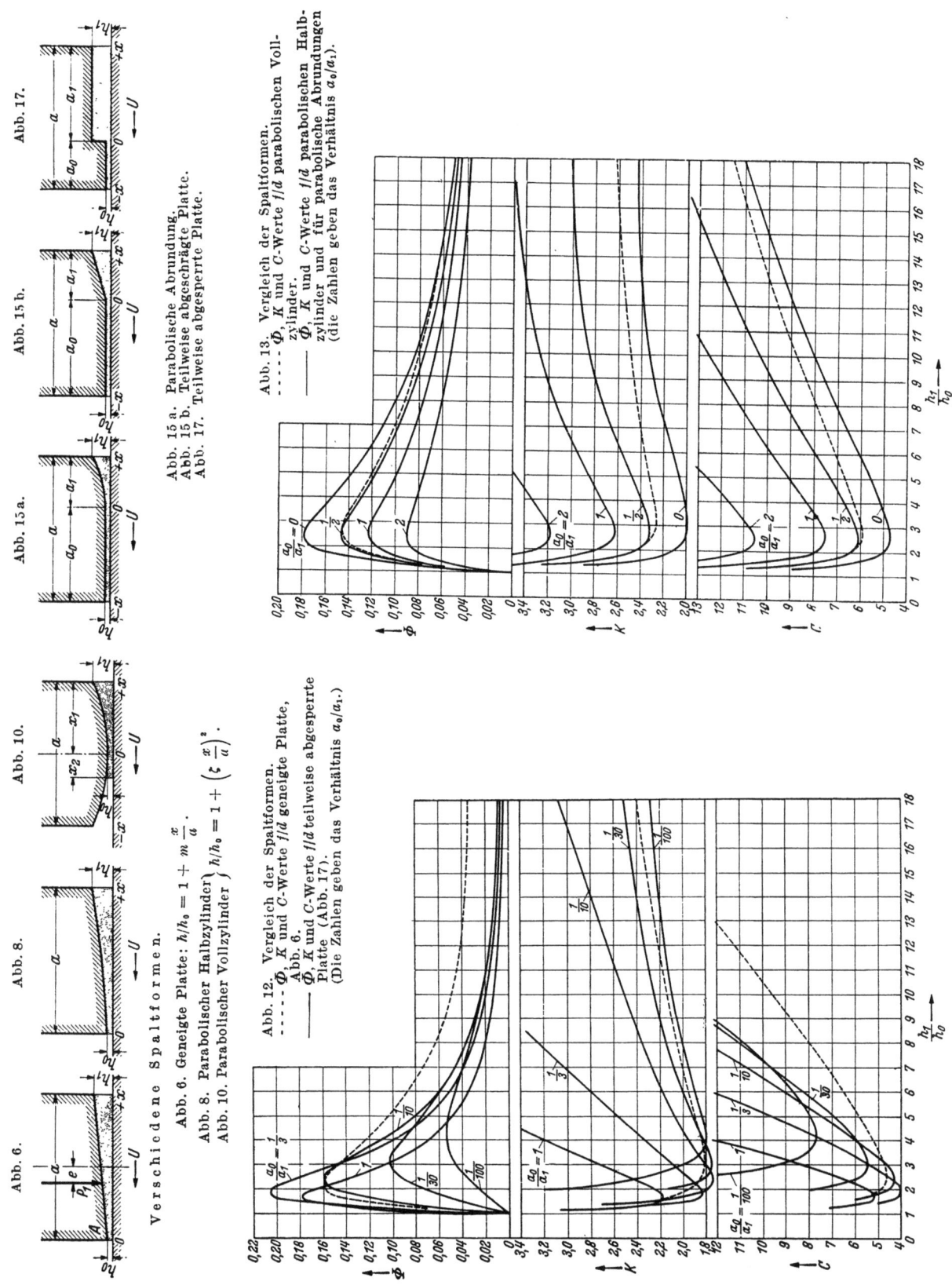

Verschiedene Spaltformen.

Abb. 6. Geneigte Platte: $h/h_0 = 1 + m\dfrac{x}{a}$.
Abb. 8. Parabolischer Halbzylinder
Abb. 10. Parabolischer Vollzylinder $\Big\}$ $h/h_0 = 1 + \left(\zeta\dfrac{x}{a}\right)^2$.

Abb. 15 a. Parabolische Abrundung.
Abb. 15 b. Teilweise abgeschrägte Platte.
Abb. 17. Teilweise abgesperrte Platte.

Abb. 12. Vergleich der Spaltformen.
----- Φ, K und C-Werte f/d geneigte Platte, Abb. 6.
——— Φ, K und C-Werte f/d teilweise abgesperrte Platte (Abb. 17).
(Die Zahlen geben das Verhältnis a_0/a_1.)

Abb. 13. Vergleich der Spaltformen.
----- Φ, K und C-Werte f/d parabolischer Vollzylinder.
——— Φ, K und C-Werte f/d parabolische Halbzylinder und für parabolische Abrundungen (die Zahlen geben das Verhältnis a_0/a_1).

Für den parallelen Teil, von $x/a_0 = -1$ bis $x/a_0 = 0$ folgt aus Gl. (10):

$$p_0 = \frac{6\eta U a_0}{h_0^2}\left(\frac{h^*}{h_0} - 1\right) \quad \text{und} \quad p_x = p_0 \cdot (1 + x/a_0).$$

Für den parabolischen Teil, von $x/a_1 = 0$ bis $x/a_1 = 1$ folgt aus Gl. (21) mit Randbedingung c

$$p_0 = \frac{6\eta U a_1}{h_0^2}\left(J_2 - \frac{h^*}{h_0} J_3\right).$$

Durch Gleichsetzen beider Werte erhalten wir

$$h^*/h_0 = 1/\cos^2 \gamma^* = \frac{J_2 + a_0/a_1}{J_3 + a_0/a_1}, \tag{38}$$

aus welcher Gleichung h^*/h_0 berechnet werden kann.

Bezieht man die Tragkraft P_1 und die Verschiebungskraft R_1 auf die totale Ölspaltlänge a, so ist:

$$P_1 = 6\eta U (a/h_0)^2 \Phi \quad \text{und} \quad R_1 = \eta \cdot \vartheta U \cdot a/h_0$$

mit

$$\Phi = \frac{6}{\zeta^2\left(1+\frac{a_1}{a_0}\right)^2}\left[\frac{A}{\cos^2 \gamma^*} - B\right] + \frac{6 \cdot a_1/a_0 + 3\left(\frac{a_1}{a_0}\right)^2}{\left(1+\frac{a_1}{a_0}\right)^2}\left[\frac{1}{\cos^2 \gamma^*} - 1\right]$$

und

$$\vartheta = \frac{1}{1+\frac{a_1}{a_0}}\left[4 J_1 - \frac{3 J_2}{\cos^2 \gamma^*}\right] + \frac{\frac{a_1}{a_0}}{1+\frac{a_1}{a_0}}\left[4 - \frac{3}{\cos^2 \gamma^*}\right].$$

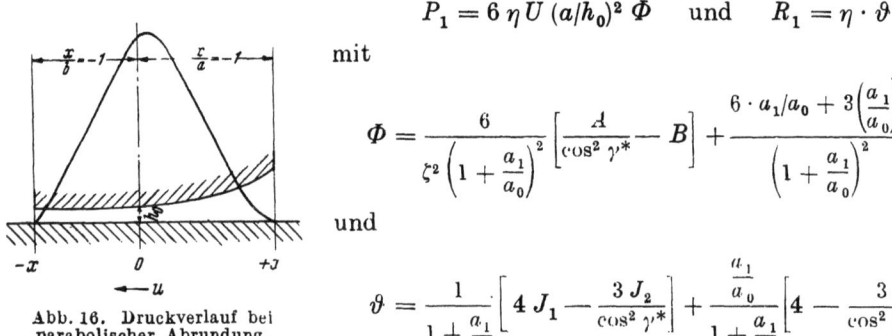

Abb. 16. Druckverlauf bei parabolischer Abrundung.

A und B haben die gleiche Bedeutung wie auf S. 266.

In ähnlicher Weise können Spalte mit abgeschrägter Öleintrittskante (Abb. 15) oder Kombinationen von parabolischen und geneigten oder auch von teilweise abgesperrten parallelen Gleitflächen (Abb. 17) berechnet werden. Auch Spaltformen nach der Gleichung

$$h/h_0 = 1 + (\zeta x/a)^3$$

werden ausgeführt; sie entstehen z. B. infolge der elastischen Formänderung der Gleitfläche (Abb. 19 b). Bei dieser Vielseitigkeit scheint ein Vergleich der verschiedenen Spaltformen und die Auswahl der „günstigsten" zweckmäßig.

Wenn η, U und P_1 vorgeschrieben oder gewählt sind, wird der Konstrukteur, um eine möglichst kleine Reibzahl zu erreichen [nach Gl. (27)], den kleinsten K-Wert wählen. Mit Rücksicht auf größte Betriebsicherheit (um eine metallische Berührung bestimmt zu vermeiden) wird er einem großen Wert von h_0, also [nach Gl. (24)] einem großen Φ-Wert den Vorzug geben. Der Kleinstwert von h_0 ist durch die wirtschaftliche Herstellung begrenzt. Da nach Gl. (26) die Reibzahl mit h_0/a direkt proportional ist, wird der Konstrukteur die kleinste Reibzahl bei hoher Sicherheit und innerhalb wirtschaftlicher Grenzen durch den kleinsten C-Wert erreichen. Schließlich muß der Konstrukteur bei der Wahl der Spaltform noch Rücksicht nehmen auf eine einfache Herstellung; diese letzte Forderung ist oft entscheidend.

Wie aus Abb. 12 (für die geneigte und für die teilweise abgesperrte Platte) und aus Abb. 13 (für den parabolischen Halb- und Vollzylinder und für parabolisch abgerundete Öleintrittskanten) hervorgeht, können die drei Bedingungen ($K_{\min}$, $\Phi_{\max}$ und $C_{\min}$) nicht gleichzeitig erfüllt werden. Erfreulicherweise liegen sie relativ nahe zusammen. Zum einheitlichen Vergleich aller Spaltformen scheint das Spalthöhenverhältnis h_1/h_0 am zweckmäßigsten zu sein; die günstigsten h_1/h_0-Werte liegen meistens zwischen 2 und 3, vereinzelt auch bei 4.

Grundsätzlich haben alle Spaltformen nach Abb. 15 mit abgerundeter oder abgeschrägter Öleintrittskante eine kleinere Tragfähigkeit und eine etwas größere Reibzahl als Spaltformen mit bis zum Ende der Tragfläche abnehmender Spalthöhe; je größer das Verhältnis a_0/a_1 ist, um so weniger tragfähig ist der Ölspalt.

Mit solchen Spaltformen (auch nach Abb. 19 b oder mit einem parabolischen Vollzylinder) erreicht man also niemals die günstigste Reibzahl oder die kleinste Gleitfläche, aber immerhin eine brauchbare Ausführung mit Flüssigkeitsreibung (ohne Abnutzung) bei billiger Herstellung.

Besonderes Interesse bietet die abgesperrte Platte (Abb. 17 S. 269), die zweifellos sehr einfach in der Herstellung ist und auch sehr günstige Φ-, K- und C-Werte aufweist. Es scheint deshalb empfehlenswert dieser Form bei Neukonstruktionen eine Vorzugsstellung einzuräumen. Um z. B. einen Kreuzkopf tragfähig zu machen genügen relativ kleine Abrundungen (mit $h_1/h_0 = 2$ bis 3) für beide Bewegungsrichtungen (Abb. 18). Auch in der kurzen Zeit des Richtungswechsels ($U = O$) läßt sich eine unmittelbare Berührung der Gleitflächen verhindern, da die Zeit nicht ausreicht um den Schmierzustand für $U = O$ herzustellen.

Schmierölverdrängung. Wie stark die dämpfende Wirkung zäher Flüssigkeiten in engen Ölspalten ist, zeigt folgende Überschlagsrechnung:

Zwei planparallele unendlich breite Platten in der Entfernung h (Abb. 20) werden einander mit der Geschwindigkeit v m/s unter Verdrängung einer Ölschicht genähert. Die Flüssigkeitsströmung ist sym-

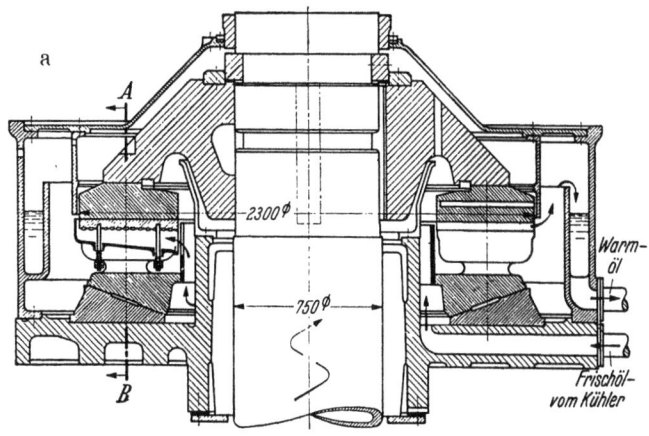

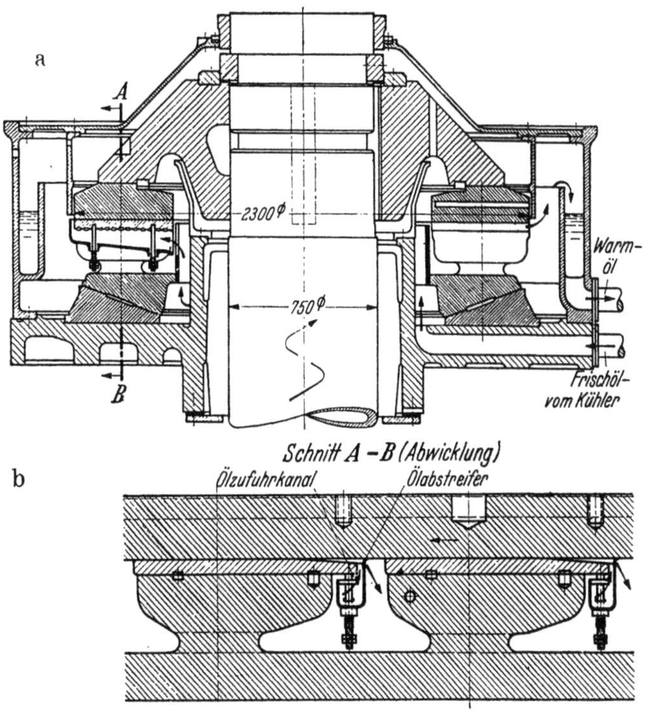

Abb. 19 a, b. Längslager für die Wasserturbinen im Kraftwerk Ryburg-Schwörstadt (Ateliers des Charmilles, Genève). Die Gesamtbelastung des Lagers setzt sich aus dem Gewicht des Polrades, des Turbinenlaufrades samt Welle, Servomotor und Ölfüllung zusammen und beträgt rd. 900 t.
Die laufende Gleitfläche ist die Unterseite eines auf der Turbinenwelle aufgekeilten Tragringes, während die mit dem Lagergehäuse verbundene ruhende Gleitfläche in acht Segmente aufgelöst ist.
Die Keilfläche wird durch die abgerundete Kante und auch durch die Formänderung der Segmente gebildet. Beachte die Abstreifung des warmen Öles an der Austrittstelle.

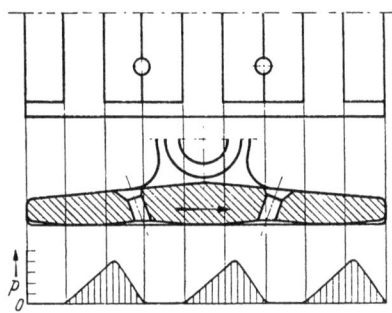

Abb. 18. Tragfähige Ölschicht durch abgerundete Kanten.

metrisch in bezug auf die X- und Y-Achse. Durch einen Querschnitt im Abstande x von der Plattenmitte wird durch die Annäherung für die Plattenbreite $b = 1$ die Flüssigkeitsmenge

$$G_{b=1} = v x \; [\text{m}^3/\text{s}, \text{m}]$$

gepreßt. Nun ist nach Gl. (4) und weil hier $U = 0$ ist:

$$G_1 = -\frac{h^3}{12\eta}\frac{dp}{dx} = v \cdot x.$$

Wenn das Öl ohne Überdruck abfließen kann, d. h. wenn für $x = \pm a/2$, $p = 0$ ist, so folgt aus der Integration von 0 bis $a/2$ die parabolische Druckverteilung:

$$p_x = \frac{6\eta v}{h^3}\left\{\left(\frac{a}{2}\right)^2 - x^2\right\}.$$

Die für die Näherung der Platten erforderliche Kraft ist

$$\frac{P}{b} = 2\int_0^{a/2} p_x\, dx = \frac{12\eta v}{h^3}\int_0^{a/2}\left(\frac{a^2}{4} - x^2\right)dx = \eta v\left(\frac{a}{h}\right)^3.$$

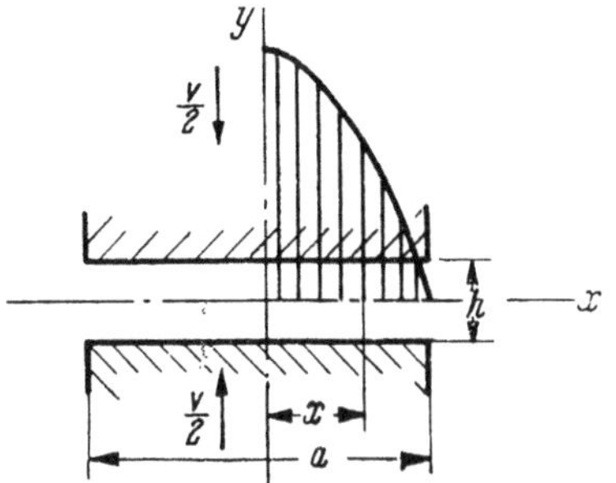

Abb. 20.

Ist $a = 0{,}1$ m, $h = 0{,}1$ mm $= 0{,}0001$ m, $v = 1$ m/s und $\eta = 0{,}002$ kg·s/m², dann ist

$$\frac{P}{b} = 0{,}002 \cdot 1 \left(\frac{0{,}1}{0{,}0001}\right)^3 = 2\,000\,000 \text{ kg/m}.$$

Die Zeit, die zur Annäherung der beiden Platten bei gegebenem P/b erforderlich ist, folgt aus:

$$v = -\frac{dh}{dt} = \frac{P}{b\eta}\left(\frac{h}{a}\right)^3 \quad \text{oder} \quad -dt = \frac{\eta b}{P}\left(\frac{a}{h}\right)^3 dh$$

zu:
$$t_2 - t_1 = \frac{\eta \, ba^3}{2P}\left(\frac{1}{h_2^2} - \frac{1}{h_1^2}\right). \tag{39}$$

Eine endliche Kraft P/b erfordert demnach eine unendlich lange Zeit, um die Flüssigkeit zwischen den beiden Flächen vollständig ($h_2 = 0$) zu verdrängen. Für $h_1 = 0,1$ mm $= 10^{-4}$ m, $h_2 = 0,01$ mm $= 10^{-5}$ m, $P/b = 10000$ kg/m, $a = 0,1$ m und $\eta = 0,002$ kg $\cdot$ s/m^2, wäre $t_2 - t_1 = 1''$. Man erkennt daraus, wie stark die dämpfende Wirkung dünner Ölschichten ist. Bei endlicher Breite der Platte ist die dämpfende Wirkung kleiner, weil das Öl auch seitlich abfließen kann. Je wirksamer dies verhindert werden kann (z. B. durch seitliche Führungen), um so besser sind die Voraussetzungen der Rechnung erfüllt.

Kolbenreibung. Man könnte die Theorie auch für die Berechnung der Reibung der Dichtungsringe in einem Kolben (Abschn. 95.2) verwenden, wenn Spaltform und Ölmenge bekannt wären. Die handelsüblichen Ringe, mit denen Horgen[1] ausgedehnte Reibungsversuche durchgeführt hat, liefen (wie genaue Profilmessungen zeigten) ohne irgendeine Abrundung oder Abschrägung scharf aus. Man kann umgekehrt (unter Voraussetzung, daß flüssige Reibung vorhanden ist) aus den Versuchsergebnissen die „wahrscheinlichste" Spaltform ableiten. Horgen vergleicht nun seine Versuche mit der Theorie einer abgeschrägten resp. abgerundeten Öleintrittskante, und kommt (in krassem Widerspruch mit den Profilmessungen) zum Ergebnis, daß die wahrscheinlichste Spaltform eine auf $1/5$ der Länge mit großem h_1/h_0-Wert ausgeführte Schrägung wäre. Eine zuverlässige Vorausberechnung der Kolbenreibung scheint so lange ausgeschlossen bis die Faktoren, die eine tragfähige Ölschicht ermöglichen, geklärt sind. Als solche kämen in Betracht: eine schwache Schrägstellung (Verdrehung) des Ringes und eine Drucksteigerung im Spalt vor dem Ring, als teilweise abgesperrte Platte.

Einfluß der Fliehkräfte. Die Betrachtungen über die ebene Gleitfläche gelten auch für die Bewegung einer Welle in der Lagerschale, solange die Kräfte infolge der Krümmung (Fliehkräfte) vernachlässigt werden dürfen. Bei den gebräuchlichen kleinen Spalthöhen ist dies immer zulässig. Der größte Verschiebungsdruck bei vollständig abgeschlossenem Spalt von der Länge a ist [nach Gl. (19)]: $p = \frac{6\eta U a}{h^2}$; der Fliehkraftdruck: $p_f = mr\omega^2 = m\frac{U^2}{r}$ (wenn $m = \varrho \cdot h$ die Masse je Flächeneinheit ist) und das Verhältnis: $p_f/p = \varrho \omega h^3/6\eta a$. Für $\omega = 100$/s, $\eta = 0,0014$ kg $\cdot$ s/m^2, $a = 0,15$ m, $\varrho \approx \frac{980 \text{ kg/m}^3}{9,81 \text{ m/s}^2} \approx 100$ und $h = 0,05$ mm $= 5 \cdot 10^{-5}$ m, ist $\frac{p_f}{p} = 10^{-6}$!

432. Lager mit Laufsitzspiel.

Die Grundgleichungen. Zapfen und Lager passen mit einem **Laufsitz** zusammen; das **Lagerspiel** ist abhängig von dem gewählten Sitz und durch ISO-Toleranzen festgelegt (vgl. S. 15/16).

Bei gleichachsiger Lage von Zapfen und Lagerschale sind die Gleitflächen parallel. Wenn das Öl ohne Überdruck zugeführt wird, kann diese Lage niemals die Gleichgewichtslage eines belasteten und sich drehenden Zapfens sein. Eine tragfähige Ölschicht kann nur dann entstehen, wenn die Welle sich im Betrieb so einstellen kann, daß der Querschnitt des Ölbandes sich im Sinne der Drehung verkleinert. Bei trockener Reibung klettert die Welle entgegen der Drehrichtung an der Schale hoch, denn Gleichgewicht der Kräfte ist nur dann vorhanden, wenn die Gegenkraft (Reaktion) des Lagers um den Reibungswinkel gegenüber der Lagerbelastung verschoben ist. Die Lage des geschmierten Zapfens ist demnach grundverschieden von der Zapfenlage bei trockener Reibung.

Die Schmierschichtdicke h zwischen Zapfen und Lagerschale ist symmetrisch in bezug auf die Verbindungslinie mm' (Abb. 432.1).

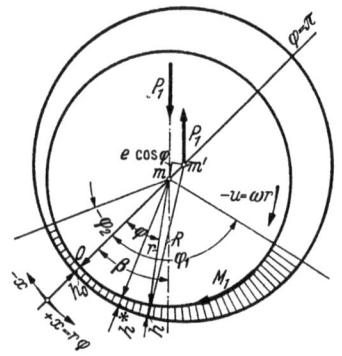

Abb. 432.1. Exzentrische Lage des Zapfens bei Flüssigkeitsreibung.

Aus dem geometrischen Zusammenhang folgt $R = r + \Delta r = h + r + e\cos\varphi$, oder
$$h = \Delta r - e\cos\varphi.$$

Wir führen wieder dimensionslose Größen ein, nämlich

$\psi = \dfrac{\Delta r}{r}$, das relative Lagerspiel und $\varepsilon = \dfrac{e}{\Delta r}$, die relative Exzentrizität.

---
[1] L. 431.a.

432. Lager mit Laufsitzspiel.

Dann ist
$$\frac{h}{\Delta r} = 1 - \varepsilon \cos \varphi \tag{432.1}$$

und die kleinste Ölschichtdicke
$$h_0 = \Delta r (1 - \varepsilon). \tag{2}$$

Die Zapfenlage ist durch ε und β eindeutig bestimmt.

Für gekrümmte Gleitflächen ist $dx = r\, d\varphi$ und $U = \omega r$, so daß Gl. (431.6) nun lautet:
$$\frac{dp}{d\varphi} = \frac{6\eta\omega r^2}{\Delta r^2}\left[\frac{h^*/\Delta r}{(h/\Delta r)^3} - \frac{1}{(h/\Delta r)^2}\right] \tag{3}$$

oder mit Gl. (432.1):
$$\frac{dp}{d\varphi} = -\frac{6\eta\omega}{\psi^2}\left[\frac{1}{(1-\varepsilon\cos\varphi)^2} - \frac{(1-\varepsilon\cos\varphi^*)}{(1-\varepsilon\cos\varphi)^3}\right]. \tag{4}$$

Aus dieser Gleichung folgt, daß $dp/d\varphi = 0$ wird für $\cos\varphi = \cos\varphi^*$, also für $\varphi = \pm \varphi^*$. Da $\cos\varphi = \cos(-\varphi)$ ist, muß der Druckverlauf symmetrisch in bezug auf $\varphi = 0$ sein, d. h. ist für $\varphi = +\varphi^*$, $p = p_{\max}$ ($h = h^*$), so wird für $\varphi = \varphi_2 = -\varphi^*$ der Druck ein Minimum und $p_{\min} = -p_{\max}$. Für $\varphi = 0$ ist
$$\left(\frac{dp}{d\varphi}\right)_{\varphi=0} = \frac{6\eta\omega}{\psi^2} \cdot \frac{\varepsilon(1-\cos\varphi^*)}{(1-\varepsilon)^3}; \tag{5}$$

die Kurve für den Druckverlauf hat bei $\varphi = 0$ einen Wendepunkt, da dort $d^2p/d\varphi^2 = 0$ ist (Abb. 431.11). Wenn die Lagerschale den Zapfen vollständig umschließt, hat der divergente Teil des Ölspaltes zwischen $\varphi = -\varphi^*$ und $\varphi = \pi$ (Abb. 432.1) keinen Anteil an der Tragfähigkeit (Auftrieb) des Zapfens, weil in dem seitlich offenen Ölspalt dauernd keine Unterdrücke[1] aufrecht erhalten werden können. Unterdruck kann im unbelasteten Teil der Lagerschale auftreten, wenn das Lager durch Wellenbunde seitlich abgeschlossen wird; bei unzweckmäßiger Ölzuführung und Formgebung können darin aber auch Überdrücke entstehen (vgl. S. 279). Wir setzen also $p_{\min} = 0$, so daß p dann der Überdruck gegenüber der Umgebung ist. Wenn der Druck für $\varphi = 0$ (das ist an der engsten Spaltstelle) gleich p_0 gesetzt wird, so ist
$$p_{\max} = 2 p_0. \tag{6}$$

Die Integration der Gl. (4) gelingt (nach einem Vorschlag von Duffing[2]) in einfacher Weise durch Einführung eines Hilfswinkels γ, der so definiert ist, daß
$$\cos\gamma = \frac{\cos\varphi - \varepsilon}{1 - \varepsilon\cos\varphi}. \tag{7}$$

Das Ergebnis der ausgeführten Integrationen wird wieder durch einfache Symbole dargestellt.

Abgekürzte Bezeichnungen:

$$j_1 = \int_\varphi^{\varphi_1}\frac{d\varphi}{1-\varepsilon\cos\varphi}, \quad j_2 = \int_\varphi^{\varphi_1}\frac{d\varphi}{(1-\varepsilon\cos\varphi)^2}, \quad j_3 = \int_\varphi^{\varphi_1}\frac{d\varphi}{(1-\varepsilon\cos\varphi)^3}, \quad i_2 = \int_{\varphi_2}^{\varphi_1}\frac{\sin\varphi\, d\varphi}{(1-\varepsilon\cos\varphi)^2}$$

$$J_1 = \int_{\varphi_2}^{\varphi_1}\frac{d\varphi}{1-\varepsilon\cos\varphi}, \quad J_2 = \int_{\varphi_2}^{\varphi_1}\frac{d\varphi}{(1-\varepsilon\cos\varphi)^2}, \quad J_3 = \int_{\varphi_2}^{\varphi_1}\frac{d\varphi}{(1-\varepsilon\cos\varphi)^3}, \quad i_3 = \int_{\varphi_1}^{\varphi_1}\frac{\sin\varphi\, d\varphi}{(1-\varepsilon\cos\varphi)^3}$$

$$S_1 = \frac{1}{\varepsilon}(J_1 - J_2^2/J_3),\quad S_2 = i_2 - \frac{J_2}{J_3}i_3,\quad \vartheta_2 = 4J_1 - 3J_2^2/J_3 = J_1 + 3\varepsilon S_1,$$

Aus Gl. (7) folgt:

a) $1 - \varepsilon\cos\varphi = \dfrac{1-\varepsilon^2}{1+\varepsilon\cos\gamma}$, b) $\sin\gamma = \dfrac{\sin\varphi}{1-\varepsilon\cos\varphi}\sqrt{1-\varepsilon^2}$ und c) $d\varphi = \dfrac{\sqrt{1-\varepsilon^2}}{1+\varepsilon\cos\gamma}d\gamma$.

Ergebnis der Integrationen:

$$j_1 = \frac{\gamma_1 - \gamma}{\sqrt{1-\varepsilon^2}} \qquad\qquad J_1 = j_1 \text{ für } \gamma = \gamma_2 = -\gamma^*$$

$$j_2 = \frac{(\gamma_1 - \gamma) + \varepsilon(\sin\gamma_1 - \sin\gamma)}{\sqrt{(1-\varepsilon^2)^3}} \qquad\qquad J_2 = j_2 \text{ für } \gamma = \gamma_2 = -\gamma^*$$

$$j_3 = \frac{\left(1+\dfrac{\varepsilon^2}{2}\right)(\gamma_1-\gamma) + 2\varepsilon(\sin\gamma_1 - \sin\gamma) + \dfrac{\varepsilon^2}{4}(\sin 2\gamma_1 - \sin 2\gamma)}{\sqrt{(1-\varepsilon^2)^5}}; \qquad J_3 = j_3 \text{ für } \gamma = \gamma_2 = -\gamma^*$$

$$i_2 = \frac{\cos\gamma_2 - \cos\gamma_1}{1-\varepsilon^2} \qquad\qquad i_3 = \frac{(\cos\gamma_2 - \cos\gamma_1) + \dfrac{\varepsilon}{4}(\cos 2\gamma_2 - \cos 2\gamma_1)}{(1-\varepsilon^2)^2}$$

[1] Vgl. L. 46.8. [2] L. 431.10.

Die Integration der Gl. (4) zwischen φ und φ_1 (Öleintritt) in Richtung des zunehmenden Wertes φ gibt:

$$p_\varphi = -\frac{6\eta\omega}{\psi^2}[j_2 - j_3(1-\varepsilon\cos\varphi^*) - C]. \tag{8}$$

Aus der ersten Randbedingung, daß für den Ölaustritt ($\varphi = -\varphi^*$) $j_2 = j_3 = 0$ und $p = 0$ sind, folgt $C = 0$.

Aus der zweiten Randbedingung, daß für den Öleintritt ($\varphi = \varphi_1$), $p = 0$ ist, folgt mit $(j_2)_{-\varphi^*}^{\varphi_1} = J_2$ und $(j_3)_{-\varphi^*}^{\varphi_1} = J_3$

$$J_2 - J_3(1-\varepsilon\cos\varphi^*) = 0, \text{ oder} \tag{9}$$

$$1 - \varepsilon\cos\varphi^* = \frac{J_2}{J_3} \tag{9}$$

und, da $1 - \varepsilon\cos\varphi^* = \frac{1-\varepsilon^2}{1+\varepsilon\cos\gamma^*}$ ist:

$$1 + \varepsilon\cos\gamma^* = \frac{\left(1+\frac{\varepsilon^2}{2}\right)(\gamma_1+\gamma^*) + 2\varepsilon(\sin\gamma_1+\sin\gamma^*) + \frac{\varepsilon^2}{4}(\sin 2\gamma_1+\sin 2\gamma^*)}{(\gamma_1+\gamma^*) + \varepsilon(\sin\gamma_1+\sin\gamma^*)}, \tag{10}$$

wobei zu beachten ist, daß in dieser Gleichung γ^* ein positiver Winkel ist.

Die graphische Lösung der Gl. (10) gibt folgende Werte von γ^*, nur abhängig von γ_1 und ε.

Zahlentafel 432.1. Werte von $\gamma^* = $ Funkt. (γ_1, ε) in Graden.

$\varepsilon=$ γ_1	0,1	0,2	0,3	0,4	0,5	0,6	0,7	0,8	0,9	1,0
π	74,55	71,95	69,31	66,66	64,04	61,43	58,91	56,19	53,53	50,08
$\frac{3}{4}\cdot\pi$	60,30	58,9	57,60	56,24	54,89	53,63	52,43	51,25	50,10	49,10
$\pi/2$	42,9	42,35	41,87	41,40	41,00	40,58	40,28	39,95	39,69	39,50
$\pi/4$	22,6	22,35	22,15	21,95	21,92	21,90	21,88	21,86	21,83	21,80

In Abb. 2 sind die entsprechenden Winkel φ^* eingezeichnet, die für den Konstrukteur anschaulicher sind als die Hilfsfunktion γ^*. Der Druckverlauf ist durch die Gleichung:

$$p_\varphi = \frac{6\eta\omega}{\psi^2}[j_3(1-\varepsilon\cos\varphi^*) - j_2] = \frac{6\eta\omega}{\psi^2}F(\varphi_1,\varepsilon) \tag{11}$$

eindeutig bestimmt, sobald der Öleintrittswinkel φ_1 und die relative Exzentrizität ε bekannt sind.

$$p_{\max} = \frac{6\eta\omega}{\psi^2}[j_3^*(1-\varepsilon\cos\varphi^*) - j_2^*]. \tag{12}$$

Zur Nachprüfung der berechneten Druckverteilung liegen eine ganze Reihe von Versuchen vor; die genauen Druckmessungen von R. E. Stanton[1] im Nat. Phys. Laboratorium (London) bestätigen Gl. (11) für verschiedene Ölsorten und für Ölspalte bis zu $h_0 = 0{,}001$ mm (Abb. 3). Es ist demnach gar nicht daran zu zweifeln, daß die Voraussetzungen der Theorie der flüssigen Reibung richtig und ausreichend sind. Aus dem gemessenen Druckverlauf kann die relative Exzentrizität ε am besten aus Gl. (5) berechnet werden, da die Neigung der Wendetangente bei $\varphi = 0$ sich recht genau bestimmen läßt. Die Unsicherheit in der Wahl der „mittleren" Zähigkeit η hat nur einen geringen Einfluß auf den Wert von ε.

Während bei der ebenen Gleitfläche die Ein- und Austrittstelle des Öles eindeutig durch die Abmessungen bestimmt sind und deshalb die Tragfähigkeit, die Reibzahl und die relative Lage der Gleitflächen (bei gegebener Spaltform) eindeutig berechnet werden können, ist beim Laufsitzlager die Öleintrittstelle φ_1, d. i. der Ort, wo der Ölspalt zuerst vollständig mit Öl gefüllt ist, sowohl von der Art der Ölzuführung, von der Menge des Öls als auch von der Richtung der Kraft P abhängig. Die von einem losen Schmierring zugeführte Ölmenge ist z. B. von vielen Faktoren abhängig[2], wie Öltemperatur, Eintauchtiefe des Ringes, Drehzahl der Welle, Gewicht des Ringes usw. Bei Kraftwirkung nach oben (Eisenbahnachslager) kann der benetzte Umfang des Zapfens sehr klein werden (Abb. 3). Die Tragfähigkeit eines Lagers mit Laufsitzspiel hängt von allen Faktoren ab, welche die Öleintrittstelle beeinflussen.

---

[1] L. 46.5. [2] L. 413.3

Die äußeren Kräfte, die auf den Zapfen wirken (Abb. 4) sind für die Breiteneinheit[1]:

a) Die Belastung P_1 in O angreifend und in der vertikalen Richtung wirkend gedacht. Wir vernachlässigen also die zusätzlichen Kräfte, die z. B. vom unvollständigen Massenausgleich der drehenden Teile herrühren können.

b) Das zur Überwindung der Reibung erforderliche Drehmoment M_1.

Diese Kräfte werden im Gleichgewicht gehalten durch:

c) die radialen Pressungen p im Druckteil der Ölschicht; sie wirken senkrecht zur Zapfenoberfläche, so daß die Resultierende auch durch den Zapfenmittelpunkt O geht, und

d) das Moment der Schubspannungen τ_0 an der ganzen benetzten Zapfenoberfläche.

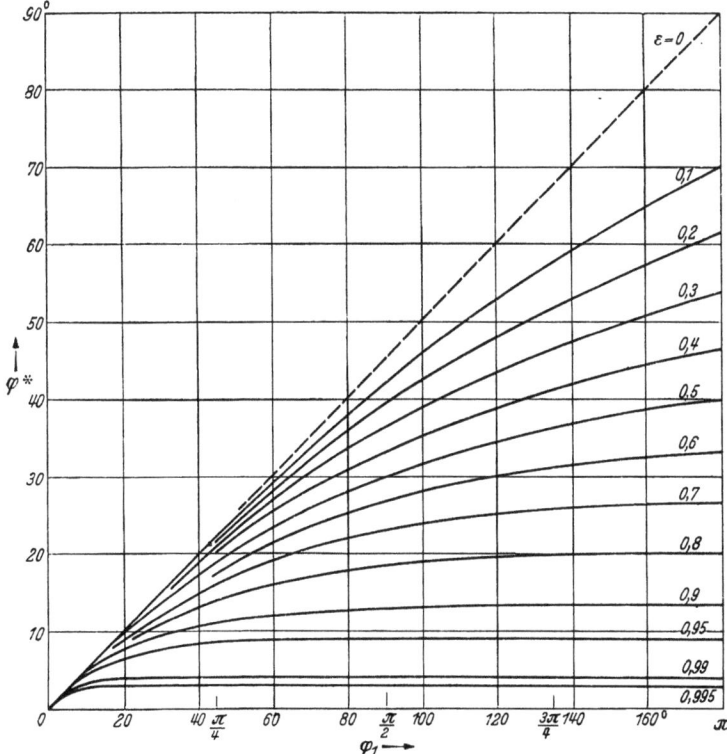

Abb. 2. Werte von φ^* für Lager mit Laufsitzspiel.

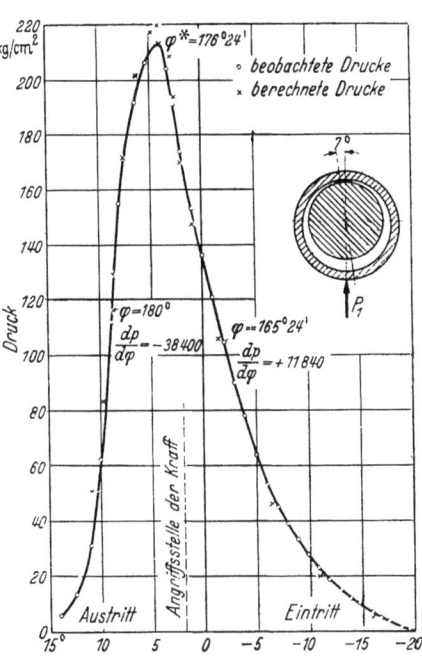

Abb. 3. Vergleich der theoretischen Druckverteilung (Gl. 11) mit Versuchen von R. E. Stanton.

Der vom Öl benetzte Teil der Zapfenoberfläche fällt nicht immer mit dem Druckteil der Ölschicht zusammen. Oft liegt die Ölaustrittstelle in der horizontalen Ebene, so daß der Ölspalt in dem Winkel von $-\varphi_2$ bis $\varphi = -\left(\dfrac{\pi}{2}-\beta\right)$ noch vollständig mit Öl gefüllt bleibt. Wenn das Öl reichlich und mit Überdruck zugeführt wird und wenn die obere Lagerschale nicht besonders ausgespart wird, kann der Zapfen am ganzen Umfang benetzt sein. Hierin liegt eine weitere Schwierigkeit, für Lager mit Laufsitzspiel allgemein gültige Beziehungen abzuleiten. Die Schubspannungen im unbelasteten aber benetzten Teil des Zapfenumfanges erhöhen das Reibungsmoment M_1. Will man möglichst kleine Reibzahlen erreichen, dann muß der benetzte Umfang auf den Druckteil begrenzt werden.

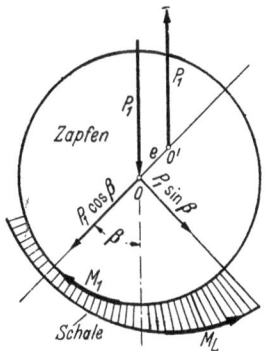

Abb. 4. Kraftwirkung an Zapfen und Lager.

Auf die Lagerschale wirkt die resultierende Kraft des Öldruckes p, die durch den Schalenmittelpunkt O' geht und gleich der Lagerbelastung P_1 ist, sowie auch das Reaktionsmoment M_L der Schubspannungen τ_h. Da die beiden Kräfte P_1 (Abb. 4) parallel sind, aber in der Entfernung $e \sin \beta$ wirken, so folgt aus der Gleichgewichtsbedingung:

---

[1] Man spricht meist von der Lagerlänge. In Übereinstimmung mit der ebenen Platte ist es zweckmäßig, die Länge in der Bewegungsrichtung zu messen und die Breite senkrecht dazu. Man sollte demnach Lagerbreite sagen.

43. Theorie der flüssigen Reibung.

$$M_1 - P_1 e \sin \beta = M_L \text{ oder, durch } P_1 r \text{ dividiert:}$$

$$\mu_z - \frac{e}{r} \sin \beta = \mu_L. \tag{13}$$

Die Reibzahlen am Zapfen μ_z und an der Lagerschale μ_L wären demnach verschieden groß. Ähnlich wie bei der geneigten Platte (S. 260) muß man auch hier deutlich unterscheiden zwischen dem Moment M_L (aus den Schubspannungen τ_h) und dem gesamten Reaktionsmoment, das an der Schale gemessen werden kann und gleich dem Reibmoment M_1 ist.

Die Gleichgewichtsbedingungen für den Zapfen lauten, wenn der Winkel zwischen $00'$ und der Kraftrichtung mit β bezeichnet wird:

in Richtung $00'$:
$$P_1 \cos \beta = r \int_{\varphi_2}^{\varphi_1} p \cos \varphi \, d\varphi = \frac{6\eta U}{\psi^2} S_2(\varepsilon, \varphi_1), \tag{14}$$

senkrecht dazu:
$$P_1 \sin \beta = r \int_{\varphi_2}^{\varphi_1} p \sin \varphi \, d\varphi = \frac{6\eta U}{\psi^2} S_1(\varepsilon, \varphi_1) \tag{15}$$

und wenn angenommen wird, daß nur der Druckteil der Zapfenoberfläche benetzt wird:

$$M_1 = r^2 \int_{\varphi_2}^{\varphi_1} \tau_0 \, d\varphi. \tag{16}$$

Durch partielle Integration der Gl. (14) erhält man: $P_1 \cos \beta = r \left| p \sin \varphi \right|_{\varphi_2}^{\varphi_1} - r \int_{\varphi_2}^{\varphi_1} \frac{dp}{d\varphi} \sin \varphi \, d\varphi$.

Das erste Glied auf der rechten Seite wird Null, wenn der Druck p am Ein- und Austritt gleich Null ist. Mit dem Wert $dp/d\varphi$ aus Gl. (4) und (9) wird:

$$P_1 \cos \beta = \frac{6\eta U}{\psi^2} \left(\int_{\varphi_2}^{\varphi_1} \frac{\sin \varphi \, d\varphi}{(1-\varepsilon \cos \varphi)^2} - \frac{J_2}{J_3} \int_{\varphi_2}^{\varphi_1} \frac{\sin \varphi \, d\varphi}{(1-\varepsilon \cos \varphi)^3} \right)$$
$$= \frac{6\eta U}{\psi^2} \left(i_2 - i_3 \frac{J_2}{J_3} \right) = \frac{6\eta U}{\psi^2} \cdot S_2(\varepsilon, \varphi_1). \tag{17}$$

In gleicher Weise findet man aus Gl. (15): $P_1 \sin \beta = -r \left| p \cos \varphi \right|_{\varphi_2}^{\varphi_1} + r \int_{\varphi_2}^{\varphi_1} \frac{dp}{d\varphi} \cos \varphi \, d\varphi$.

Da
$$-\int_{\varphi_2}^{\varphi_1} \frac{\cos \varphi \, d\varphi}{(1-\varepsilon \cos \varphi)^2} = \int_{\varphi_2}^{\varphi_1} \frac{d\varphi}{\varepsilon(1-\varepsilon \cos \varphi)} - \int_{\varphi_2}^{\varphi_1} \frac{d\varphi}{\varepsilon(1-\varepsilon \cos \varphi)^2} = \frac{1}{\varepsilon}(J_1 - J_2)$$

und
$$-\int_{\varphi_2}^{\varphi_1} \frac{\cos \varphi \, d\varphi}{(1-\varepsilon \cos \varphi)^3} = \int_{\varphi_2}^{\varphi_1} \frac{d\varphi}{\varepsilon(1-\varepsilon \cos \varphi)^2} - \int_{\varphi_2}^{\varphi_1} \frac{d\varphi}{\varepsilon(1-\varepsilon \cos \varphi)^3} = \frac{1}{\varepsilon}(J_2 - J_3) \text{ ist,}$$

wird $P_1 \sin \beta = \frac{6\eta U}{\varepsilon \psi^2} \left[J_1 - J_2 - \frac{J_2}{J_3}(J_2 - J_3) \right] = \frac{6\eta U}{\psi^2} \cdot \frac{J_1 - J_2^2/J_3}{\varepsilon} = \frac{6\eta U}{\psi^2} S_1(\varepsilon, \varphi_1). \tag{18}$

Die Tragfähigkeit P_1 des Lagers ist also

$$P_1 = \frac{6\eta U}{\psi^2} \sqrt{S_1^2 + S_2^2} = \frac{\eta U}{\psi^2} \Phi(\varepsilon, \varphi_1). \tag{19}$$

Der Verlagerungswinkel folgt aus

$$\text{tg } \beta = S_1/S_2. \tag{20}$$

Die Verschiebungskraft am Zapfenumfang ist mit Gl. (431.9), (432.1) und (9):

$$R_1 = r \int_{\varphi_2}^{\varphi_1} \tau_0 \, d\varphi = r\eta U \int_{\varphi_2}^{\varphi_1} \left(\frac{4}{h} - \frac{3h^*}{h^2} \right) d\varphi = \frac{\eta U}{\psi} \int_{\varphi_2}^{\varphi_1} \left(\frac{4 \, d\varphi}{(1-\varepsilon \cos \varphi)} - 3\frac{J_2}{J_3} \cdot \frac{d\varphi}{(1-\varepsilon \cos \varphi)^2} \right)$$

$$R_1 = \frac{\eta U}{\psi} \left[4 J_1 - 3\frac{J_2^*}{J_3} \right] = \frac{\eta U}{\psi} \vartheta_z(\varepsilon, \varphi_1). \tag{21}$$

Die Reibzahl ist:

$$\mu_z = \frac{R_1}{P_1} = \frac{\vartheta_z}{\sqrt{\Phi}} \cdot \sqrt{\frac{\eta U}{P_1}} = K_z(\varepsilon, \varphi_1) \sqrt{\frac{\eta U}{P_1}} \tag{22}$$

oder

$$\mu_z = \frac{K}{\sqrt{\Phi}} \psi = C(\varepsilon, \varphi_1) \cdot \psi. \tag{23}$$

432. Lager mit Laufsitzspiel.

Die für die Schmierung erforderliche Ölmenge für die Breiteneinheit ist wieder:
$$G_1 = U h^*/2 \; [\text{m}^3/\text{m, s}]. \tag{431.5}$$

Das Ergebnis der Berechnung zeigt, daß die Belastungsfähigkeit des Lagers P_1, der Verlagerungswinkel β, die Reibzahl μ, $\dfrac{h_0}{\Delta r} = 1 - \varepsilon$, die Ölmenge G_1, kurz alles was wir von dem Lager

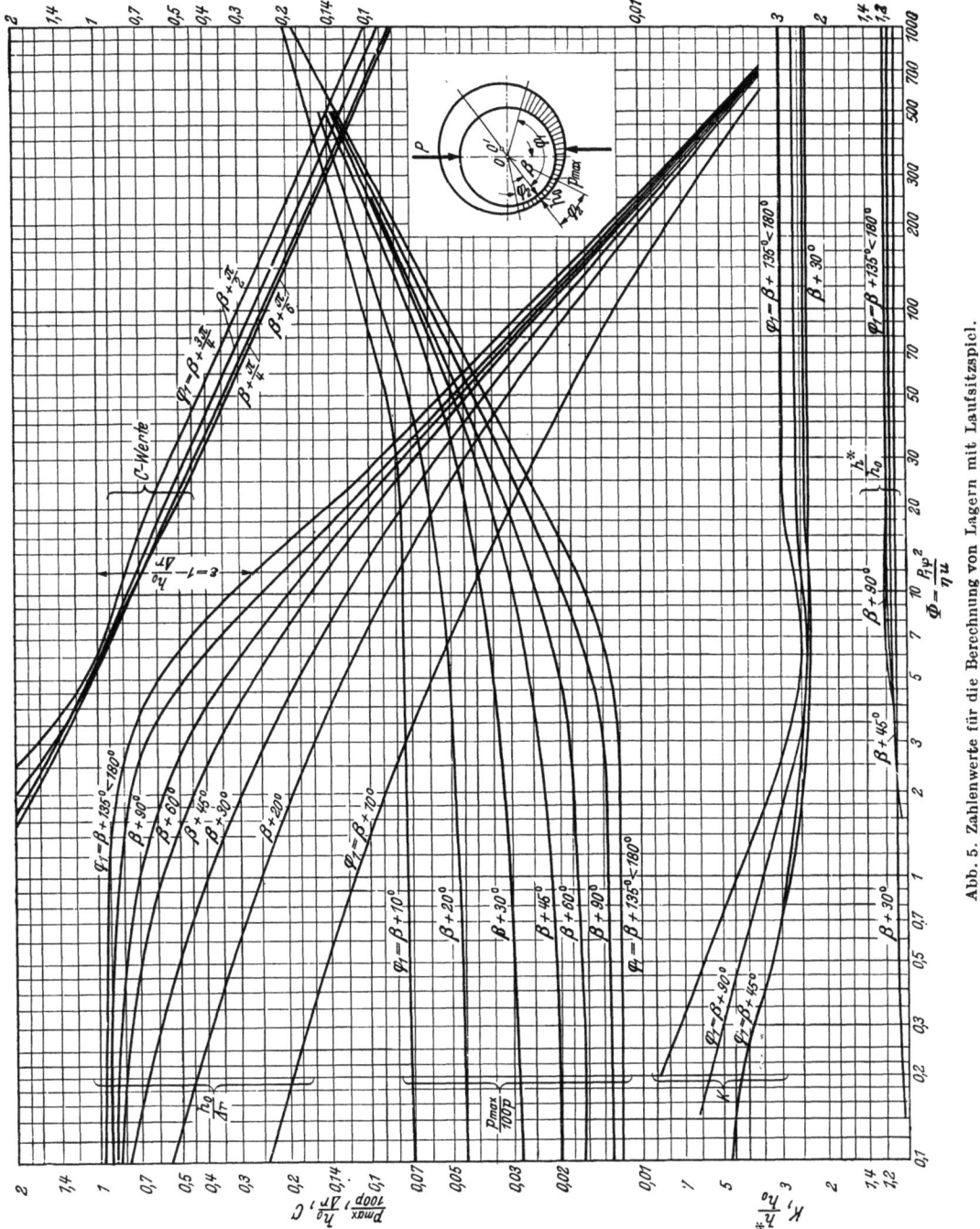

Abb. 5. Zahlenwerte für die Berechnung von Lagern mit Laufsitzspiel.

wissen wollen von den Faktoren Φ, S_1/S_2, K, C, φ^* usw. abhängen, die bei gegebenem Öleintrittswinkel φ_1 durch die relative Exzentrizität ε eindeutig bestimmt sind. Die relative Exzentrizität kennzeichnet das Lager demnach vollständig und wird deshalb in der Literatur fast ausschließlich zur Darstellung der Zusammenhänge verwendet[1]. Sie ist leider eine Größe, die für den Konstrukteur wenig zweckmäßig erscheint, weil sie von vielen Faktoren (Lagerbelastung, Ölzähigkeit,

---
[1] L. 431.11.

Gleitgeschwindigkeit, Lagerspiel) abhängt. Da die Faktoren Φ, ε, S_1/S_2, K, C usw. eindeutig voneinander abhängen, so können wir an Stelle von ε irgendeinen davon (der uns zweckmäßiger erscheint) als Lagerkennzahl bezeichnen. Wir wählen dafür aus Gl. (19):

$$\frac{P_1 \psi^2}{\eta U} = \Phi(\varepsilon, \varphi_1), \quad (24)$$

welche alle für den Konstrukteur wichtigen Größen enthält.

Die Berechnung gibt die kleinste Ölschichtdicke, den Verlagerungswinkel und die Reibzahl zunächst in Abhängigkeit des (nicht anschaulichen) Hilfswinkels γ_1, der mit Hilfe der Gl. (7) durch die entsprechenden Werte des Einlaufwinkels φ_1 ersetzt werden muß. Aber auch die Winkel φ_1, gemessen von der unbekannten Linie $00'$, sind für den Konstrukteur nicht anschaulich. Für praktische Anwendungen ist es viel zweckmäßiger, den Öleintrittswinkel φ_1 von der bekannten Richtung der Kraft P aus festzulegen, also z. B. bei vertikaler Kraftrichtung und Öleintritt in der horizontalen Ebene, $\varphi_1 = \frac{\pi}{2} + \beta$.

Das Ergebnis der Zahlenrechnung ist deshalb in Abb. 5 und 6 in Abhängigkeit solcher Eintrittswinkel dargestellt. Sowohl für die Berechnung des Auftriebes P_1 als der Verschiebungskraft R_1 sind die Winkel φ_1 und φ_2 als Integrationsgrenzen eingesetzt worden, d. h. das Ergebnis gilt nur unter der Voraussetzung, daß der benetzte Zapfenumfang auf den Druckteil $(\varphi_1 + \varphi_2)$ begrenzt ist.

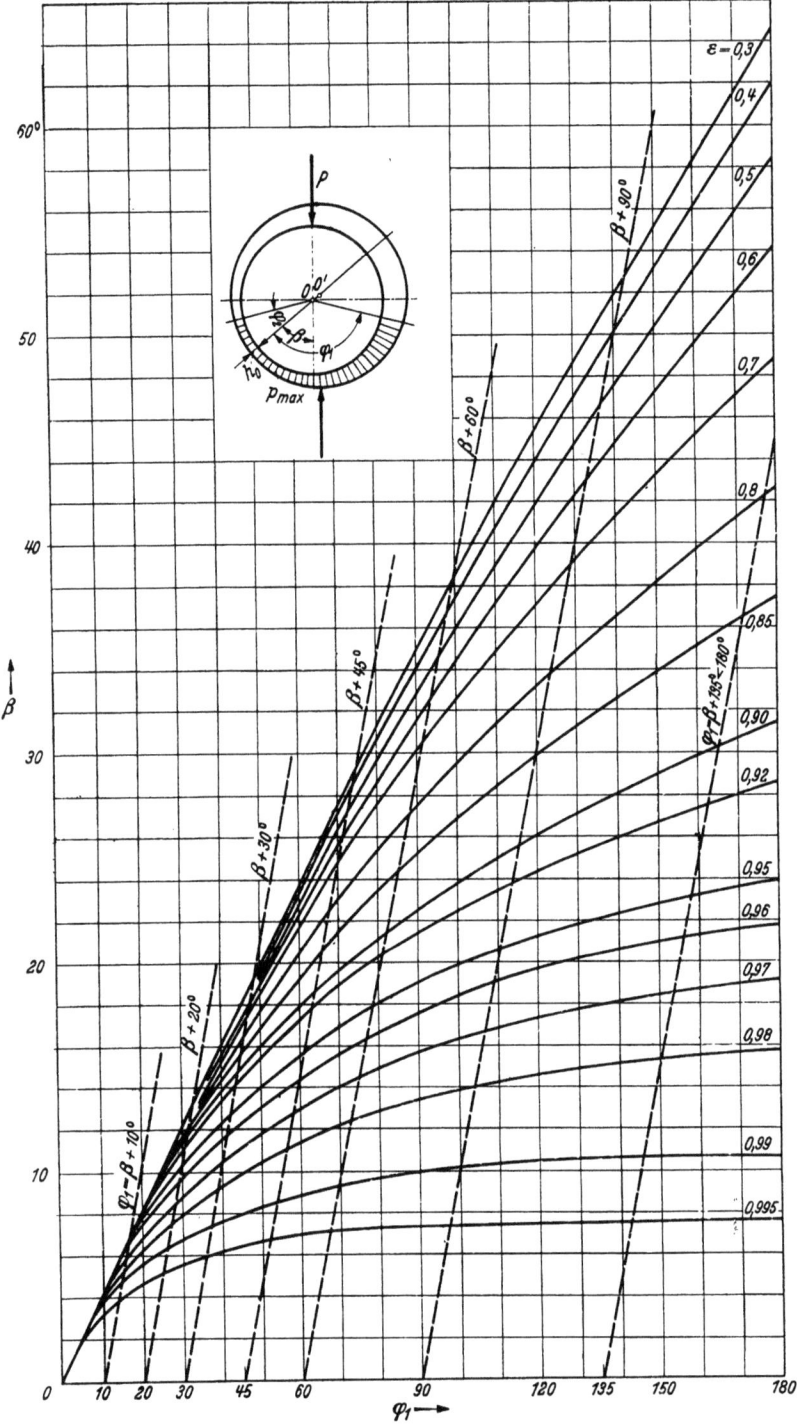

Abb. 6. Verlagerungswinkel $\beta = F(\varphi_1, \varepsilon)$ für unendlich breite Lager.

In der englischen und amerikanischen Literatur ist es gebräuchlich, an Stelle des Eintrittswinkels φ_1, den benetzten resp. tragfähigen Umfang $(\varphi_1 + \varphi_2)$ einzuführen. Sehen wir davon ab, daß β auch von ε abhängt (Abb. 6), so ist $\varphi_2 = -\varphi^*$ immer noch so stark von ε abhängig (Abb. 2), daß ein Gleitlager durch den tragfähigen Umfang $(\varphi_1 + \varphi_2)$, allein nicht eindeutig bestimmt ist.

Ein- und Austrittstelle des Öles. Die Voraussetzung der Theorie, daß immer genügend Öl an der Öleintrittskante vorhanden sein muß, ist sowohl bei Ringschmierung als auch bei der Verwendung einer Ölpumpe sicher erfüllt. Die zur Erzeugung einer tragfähigen Ölschicht erforderliche Ölmenge ($G_1 = U \cdot h^*/2$ m³/m, s) ist so klein, daß (wie die Erfahrung zeigt) auch mit Dochtschmierung (Eisenbahnachslager) und mit Tropfölern (für kleine, langsam laufende Gleitstellen) Flüssigkeitsreibung erreicht werden kann. Die Öleintrittstelle φ_1 liegt dort, wo der Spalt des Lagerspiels zuerst vollständig mit Öl gefüllt ist, denn erst von dieser Stelle an ist eine Drucksteigerung im Spalt möglich. Der Öleintrittswinkel φ_1 (gemessen von der Verbindungslinie OO', Abb. 1) hängt von der Richtung der äußeren Belastung P_1 und von der Lagerkennzahl Φ ab. Die äußere Belastung kann von senkrecht nach unten (reine Gewichtsbelastung) bis senkrecht nach oben wirkend (Eisenbahnachslager), infolge Riemenkräfte oder Zahndrücke jede dazwischenliegende Richtung haben. Die Lagerkennzahl Φ ändert sich (bei unveränderter Lagerkonstruktion) mit der Drehzahl, mit der Größe der Belastung P_1 und mit der verwendeten Ölsorte (η). Durch Kraftrichtung, Lagerkennzahl und Öleintrittswinkel ist auch das Ende des Druckberges ($\varphi_2 = -\varphi^*$) eindeutig bestimmt. Unter der Voraussetzung, daß der Ölaustritt mit dem Ende des Druckberges zusammenfällt, und wenn die Kennzahl $\Phi = P_1 \psi^2/\eta U$ und der Öleintrittswinkel bekannt sind, können alle die Reibung betreffenden Fragen, wie $h_0/\Delta r$, μ, $p_{\max}$, G_1, β usw. mit Hilfe der Abb. 5 bis 7 für das unendlich breite Lager eindeutig beantwortet werden. Es wäre deshalb erwünscht, wenn alle Versuchsergebnisse international immer in Abhängigkeit der Lagerkennzahl dargestellt würden, welche Kenngröße im physikalischen, technischen oder englischen Maßsystem eine und dieselbe Zahl ist. Die zur Zeit notwendigen, zeitraubenden Umrechnungen werden dadurch überflüssig.

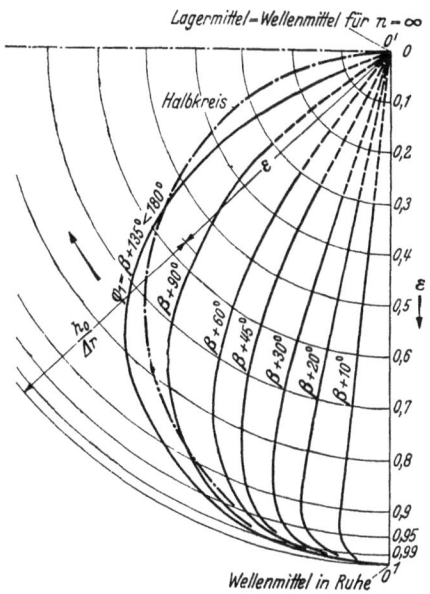

Abb. 7. Bahnkurven der Wellenmitte (für unendlich breite Lager).

Die Tatsache, daß der Konstrukteur zuerst die Öleintrittstelle von Fall zu Fall (je nach Kraftrichtung und Schmiermethode) schätzungsweise annehmen muß, um die Reibzahl zu berechnen, weist darauf hin, daß ein Gleitlager so viele verschiedene Reibzahlen hat, wie verschiedene Öleintrittstellen praktisch vorkommen können[1]. Aus den K-Werten von Abb. 5 geht aber hervor, daß für Kennzahlen Φ größer als 4, die Reibzahl durch die Lage des Öleintrittswinkels φ_1 nur unwesentlich geändert wird, während die Lage der Wellenmitte (Verlagerungswinkel β und relative Exzentrizität ε) in hohem Maße dadurch beeinflußt wird. Diese Schlußfolgerung wird auch durch die Messungen bestätigt[2]; die früher übliche Annahme, die auch durch die Versuche von Nücker[3] bestätigt schien, daß die Bahn der Wellenmitte durch die relative Exzentrizität ε (resp. durch die Lagerkennzahl Φ) allein bestimmt und annähernd durch einen Halbkreis darstellbar sei, trifft demnach nicht zu.

Die Voraussetzung der Berechnung, daß die Ölaustrittstelle φ_2 mit $-\varphi^*$ zusammenfällt, ist bei den praktischen Ausführungen nur selten erfüllt, da die Austrittsöffnung z. B. oft in die horizontale Trennfuge des Lagers gelegt wird. Die berechneten und in Abb. 5 dargestellten K- und C-Werte sind demnach Kleinstwerte und werden durch die Reibung im Ölspalt zwischen $-\varphi^*$ (Ende des Druckberges) und φ_2 (Ölaustrittstelle) erhöht. Bei der Berechnung der zusätzlichen Reibkraft $R_1' = r \int_{\varphi^*}^{\varphi_2} \tau d\varphi$ können zwei Grenzfälle unterschieden werden:

Der erste Grenzfall kommt bei Spülschmierung vor; sie wird verwendet, wenn die natürliche Kühlung durch die Lageroberfläche nicht ausreicht um die erzeugte Wärme (ohne schädliche Temperaturerhöhung) abzuleiten. Dem Lager wird dann eine Ölmenge zugeführt, die vielfach größer ist als die zur Bildung der tragfähigen Ölschicht erforderliche Menge $G_1 = U \cdot h^*/2$. In solchen Fällen wird die Kühlölmenge zweckmäßig in einem dünnen Strahl entgegengesetzt der Wellendrehung zugeführt (Abb. 431.14), so daß die an der Welle haftende warme Ölschicht weggespült wird. Ist die zugeführte Kühlölmenge so groß, daß der unbelastete Spaltraum voll-

---

[1] Vgl. Abb. 46.5, Seite 297.   [2] L. 46.10.   [3] L. 46.8.

ständig mit Öl gefüllt wird ($\varphi_1 = \varphi_2 = \pi$), dann sind eindeutige Integrationsgrenzen für die Berechnung der zusätzlichen Reibkraft vorhanden, nämlich vom Ende des Druckberges ($-\varphi^*$) bis zur größten Spaltweite ($\varphi_2 = -\pi$), wo dann auch die Öleintrittstelle liegt. Im unbelasteten Ölspalt ist (da darin der Druck p konstant, also $dp/dx = 0$ ist) nach Gl. (431.3a) eine geradlinige Geschwindigkeitsverteilung vorhanden. Mit $\tau = \eta U/h$ (Gl. 9) wird

$$R_1' = \eta U r \int_{\varphi^*}^{\varphi_2} \frac{d\varphi}{h} = \frac{\eta U}{\psi} \int_{\varphi^*}^{\varphi_2} \frac{d\varphi}{1 - \varepsilon \cos \varphi} = \frac{\eta U}{\psi} \vartheta'. \tag{25}$$

Die Schwierigkeit der Berechnung der zusätzlichen Reibkraft liegt wieder darin, daß die obere Integrationsgrenze bei den praktischen Ausführungen nur selten so klar liegt, und unbestimmt bleibt, weil die Kühlölmenge den Spalt nicht vollständig ausfüllt.

Die zusätzliche Reibung ist auch unerwünscht, denn sie erhöht die erzeugte Wärme; sie sollte (wenn möglich) z. B. durch Verminderung der Kühlölmenge, vermieden werden. Die oft vorgeschlagene Vergrößerung der Spalthöhe h in der unbelasteten Lagerschale ist nur wirksam, solange Laminarströmung vorhanden ist. Bei auftretender Turbulenz wird die Schubspannung erst recht stark vergrößert, wie z. B. die Versuche von Rumpf zeigen.

Der zweite Grenzfall liegt vor, wenn nur die Ölmenge $G_1 = U \cdot h^*/2$ zugeführt wird. Aus der Kontinuitätsgleichung folgt dann, daß das Öl nach Durchfließen der engsten Spaltstelle h_0 nicht mehr die volle Breiteneinheit, sondern nur den Teil h^*/h benetzen kann. Die Strömung löst sich am Ende des Druckberges in eine Reihe von Einzelströmungen auf. Die zusätzliche Reibkraft ist dann:

$$R_1' = \eta U r \int_{\varphi^*}^{\varphi_2} \frac{h^*}{h^2} d\varphi = \eta \frac{U}{\psi} \cdot \frac{h^*}{h_0} (1 - \varepsilon) \int_{\varphi^*}^{\varphi_2} \frac{d\varphi}{(1 - \varepsilon \cos \varphi)^2}. \tag{26}$$

Diese Rechnung setzt voraus, daß die Einzelströmungen bis zur Ölaustrittsöffnung getrennt bleiben. Liegt der Austritt höher als $-\varphi^*$, z. B. in der horizontalen Trennfuge des Lagers, so ist zu erwarten, daß die Einzelströmungen allmählich zusammenfließen. In diesem Fall ist die zusätzliche Reibkraft wieder nach Gl. (25) zu berechnen.

Für den häufig vorkommenden Fall, daß bei reiner Gewichtsbelastung der Ölein- und -austritt horizontal erfolgt und für den vollständig gefüllten Ölspalt, können die ϑ'-Werte aus Zahlentafel 2 entnommen werden.

Zahlentafel 2. Zahlenwerte ϑ' zur Berechnung der zusätzlichen Reibung nach Gl. 25.

$\varepsilon =$	0,3	0,4	0,5	0,6	0,7	0,8	0,9	0,95	0,99
ϑ'	\multicolumn{9}{c}{Untere Schale gefüllt, $\varphi_1 = \beta + 90°$, $\varphi_2 = -(90° - \beta)$.}								
	—	—	0,191	0,513	0,978	1,745	3,42	5,675	14,76
ϑ'	\multicolumn{9}{c}{Ölspalt vollständig gefüllt.}								
	2,03	2,16	2,27	2,59	2,96	3,60	5,06	7,17	15,96

433. Eintuschierte Lagerschalen.

Wie vorsichtig man sein muß, die Schlußfolgerungen der Theorie auch auf andere als die vorausgesetzten Verhältnisse anzuwenden, zeigen die Versuche von R. Wolff[1], bei denen er zu dem vernichtenden Urteil kam, daß die hydrodynamische Vorstellung und Rechnung nicht nur quantitativ sondern auch qualitativ falsche Ergebnisse liefere. Er stützte dieses Urteil auf den abweichenden Verlauf der Wellenverlagerung (Abb. 433.1) und hat dabei übersehen, daß der Gümbelsche Halbkreis als Bahn der Wellenmitte nur für Lager mit Laufsitzspiel, und unter bestimmten Bedingungen für die Öleintrittstelle, gültig sein kann (Abb. 432.7). R. Wolff dagegen hat seine Versuche mit einem eintuschierten Lager durchgeführt, bei dem ein sog. Spiegel vorhanden war, mit einem Krümmungsradius gleich dem Wellenradius.

Für solche Lager gilt Gl. (432.1) für die Spaltform (die als Grundlage für alle Zahlenrechnungen dient) nicht, so daß es keinesfalls verwunderlich ist, daß hier Abweichungen auftreten. Wenn die Zahlenrechnungen für Spaltformen, wie sie bei eintuschierten Lagern vorkommen, durchgeführt werden[2], so kommt man zur Schlußfolgerung, daß die Bahn der Wellenmitte grundsätzlich den von Wolff experimentell gefundenen Verlauf haben muß. Sie ist aber (ähnlich wie bei den Lagern mit Laufsitzspiel) in hohem Maße abhängig von dem (nicht gemessenen) Öleintrittswinkel φ_1.

---
[1] L. 433.1. [2] L. 433.2.

Aus den Berechnungen folgt weiter, daß eintuschierte Lager größere Reibzahlen ergeben, als Lager mit Laufsitzspiel. Diese Schlußfolgerung steht auch in guter Übereinstimmung mit Abb. 432.5 aus der folgt, daß bei sehr kleinem Lagerspiel die Reibzahl zunimmt. Da die Krümmungsradien von Zapfen und Schale im Laufspiegel gleich groß sind, ist die Flächenpressung (z. B. beim An- und Auslauf) viel kleiner als bei der Linienberührung beim Laufsitzspiel. Eintuschierte Lager neigen deshalb weniger zu Anfressungen. Die Praxis hat im allgemeinen wenig Interesse an eintuschierten Lagerschalen, was immerhin eine wichtige Feststellung ist. Sie kommen hauptsächlich bei den Eisenbahnachslagern vor; die Bahnverwaltungen schreiben nämlich vor, daß die Lager mit sehr großem Lagerspiel auszuführen sind und ohne Bearbeitung mit voller Last (p bis 36 kg/cm²) und Geschwindigkeit einlaufen müssen. Bei diesen Lagern bildet sich dann ein Spiegel; die Abkühlungsverhältnisse sind aber bei einem Eisenbahnachslager auch besonders günstig.

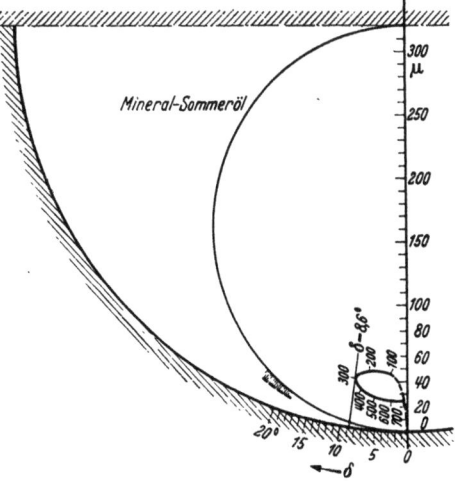

Abb. 433.1. Verlagerung der Wellenmittel bei eintuschierten Lagern. (Nach Wolff.)

434. Lager mit Zitronenspiel[1].

Lager mit Laufsitzspiel führen bei schwach belasteten und raschlaufenden Zapfen (Kennzahlen kleiner als 2) zu kleinen ε-Werten und zu hohen Reibzahlen, die durch Vergrößerung des Laufsitzspieles vermieden werden könnten. Infolge der hohen Drehzahl treten aber, durch die Wirkung der unausgeglichenen Massen, umlaufende Kräfte auf, deren Größe mit dem Quadrat der Drehzahl zunimmt. Die freie Beweglichkeit des Zapfens beim weiten Laufsitzspiel verhindert eine zuverlässige Führung der Welle und führt zu Erschütterungen. Um diese einzuschränken ist man in der Praxis schon vor vielen Jahren zum Zitronenspiel übergegangen. Das Lager wird z. B. mit einer Beilagendicke 2a in der Teilfuge gedreht und geschliffen, jedoch ohne Beilage eingebaut; das Spiel in senkrechter Richtung ist daher um die Beilagedicke 2a kleiner als in der horizontalen.

Unter der Voraussetzung, daß reichlich Öl vorhanden, der Spalt also vollständig mit Öl gefüllt ist, entstehen beim Zitronenspiel zwei tragfähige Ölschichten (Abb. 434.1). Die Welle wird zwischen zwei Druckbergen (wie in einer flüssigen Zange) eingespannt. Diese stabilisierende Wirkung erklärt den ruhigen Lauf solcher Lager. Aus dieser Betrachtung folgt aber grundsätzlich, daß die erwünschte Stabilisierung der Welle durch erhöhte Reibung in den beiden Lagerhälften erkauft werden muß. Man wird deshalb Zitronenspiel nur dort verwenden, wo die stabilisierende Wirkung unbedingt notwendig ist. Die Reibzahl μ (bezogen auf die äußere Belastung P_1 des Lagers) wird also erheblich größer. Für unbelastete Lager ($P_1 = 0$ z. B. bei vertikaler Welle, bei welcher nur die beiden stabilisierenden Kräfte P_1' und P_1'' wirken) wird die Reibzahl (bezogen auf die äußere Belastung P_1) unendlich groß. Beim Zitronenspiel ist es deshalb besonders zweckmäßig nur mit der Reibleistung L_R und nicht mit der Reibzahl μ zu rechnen.

Die Reibung eines Lagers mit Zitronenspiel kann mit Hilfe der bekannten Theorie der Lager mit Laufsitzspiel für jede der beiden tragfähigen Ölschichten berechnet werden. Die Spaltform ist durch die relative Beilagedicke $a/\Delta r = \delta$ festgelegt. Gegeben sind die Lagerbelastung P_1 je Breiteneinheit, die Umfangsgeschwindigkeit U, das relative Lagerspiel ψ und die Zähigkeit des Schmieröles η. Wird die Lage des Zapfenmittelpunktes 0 angenommen, so sind aus Abb. 2 die beiden relativen Exzentrizitäten ε' und ε'' bekannt. Mit diesen Werten lassen sich aus der Lagertheorie alle anderen Faktoren, wie Verlagerungswinkel β' und β'', Auftriebe P_1' und P_1'', die Reibkräfte usw. berechnen. Man kennt also die Funktionen: $\Phi' = P_1' \psi^2 / \eta U$ und $\Phi'' = P_1'' \psi^2 / \eta U$, ebenso $\beta' = f(\varepsilon', \varphi_1')$ und $\beta'' = f(\varepsilon'', \varphi_1'')$. Die Schwierigkeit liegt nun darin, daß die (mit den angenommenen Werten ε' und ε'' berechneten) Auftriebe P_1' und P_1'' der beiden Lagerhälften zusammen (nach Größe und Richtung) gleich der (vertikal angenommenen) äußeren Belastung P_1 sein müssen. Diese Forderung kann nur durch wiederholtes Probieren und durch schrittweise

---

[1] L. 434.1, 2.

Annäherung erfüllt werden. Dieser umständlichen und zeitraubenden Berechnungsweise ist es wohl zuzuschreiben, daß solche Berechnungen bisher noch nie veröffentlicht wurden.

Bei den praktischen Ausführungen erfolgt der Öleintritt sowohl für die obere als auch für die untere Lagerschale (bei vertikaler Kraftwirkung P_1) in der horizontalen Trennebene. Die Richtungen der Teilkräfte P_1' und P_1'' sind dann eindeutig durch die Winkel $(\varphi_1' - \beta')$ und $(\varphi_1'' - \beta'')$ bestimmt. Die Bedingung, daß die resultierende Kraft P_1 vertikal steht, ist dann erfüllt, wenn

$$P_1' \cdot \cos(\varphi_1' - \beta') = P_1'' \cdot \cos(\varphi_1'' - \beta'')$$

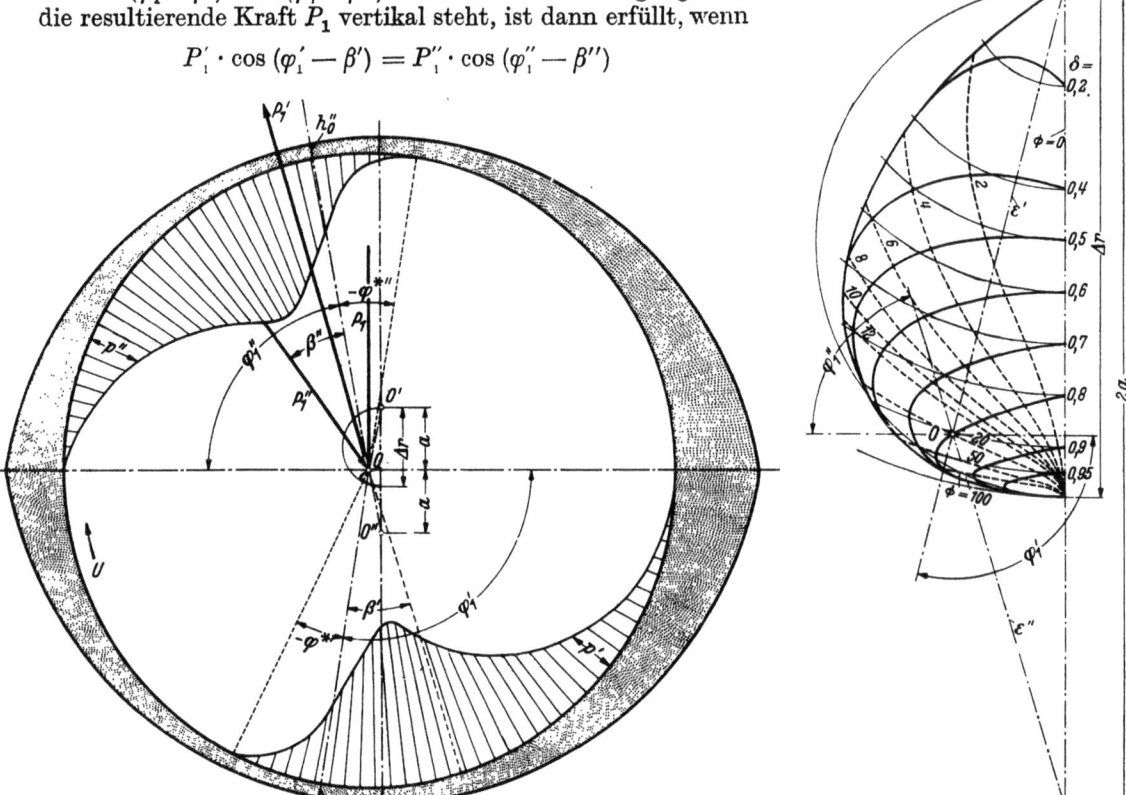

Abb. 434.1. Druckverteilung bei Lagern mit Zitronenspiel.   Abb 2. Bahn der Wellenmitte bei Lagern mit Zitronenspiel.

ist. Multipliziert man beide Seiten dieser Gleichung mit dem konstanten Faktor $\psi^2/\eta U$, so wird:

$$\frac{P_1' \psi^2}{\eta \cdot U} \cos(\varphi_1' - \beta') = \frac{P_1'' \psi^2}{\eta U} \cos(\varphi_1'' - \beta'')$$

oder
$$\Phi' \cos(\varphi_1' - \beta') = \Phi'' \cos(\varphi_1'' - \beta'') . \tag{434.1}$$

Die Kurvenschar $\Phi \cos(\varphi_1 - \beta)$ kann aus den bekannten Funktionen Φ und β berechnet und gezeichnet werden. Aus der Bedingungsgleichung (1) folgt durch Probieren (für verschiedene Werte der relativen Beilagedicke δ) die Bahn der Wellenmitte (Abb. 2). Mit Hilfe dieser Bahnkurve ist die Berechnung der Lager mit Zitronenspiel allgemein und eindeutig gelöst.

Da diese Lager immer eine stark erhöhte Reibung aufweisen, sollten sie nur dort verwendet werden, wo die stabilisierende Wirkung unbedingt notwendig ist, also für Φ kleiner als etwa 2. Die Lage der Wellenmitte ist dann auf die kleine Fläche in Abb. 2 zwischen $\Phi = 0$ und $\Phi = 2$ beschränkt. Die kleinste Spalthöhe weicht dann nur sehr wenig von der einfachen Beziehung:

$$h_0/\Delta r = 1 - \delta \quad \text{oder} \quad h_0 = \Delta r - a \tag{2}$$

ab, die (streng genommen) nur für $\Phi = 0$ gilt.

Die Reibleistung L_1 je Breiteneinheit des Lagers kann aus den Teilleistungen der beiden Lagerhälften berechnet werden. Aus

$$L_1 = (\mu' \cdot P_1' + \mu'' \cdot P_1'') \cdot U$$

folgt mit $\mu = C \cdot \psi$ und $P_1 = \dfrac{\eta U}{\psi^2} \cdot \Phi$:

$$L_1 = (C' \cdot \Phi' + C'' \cdot \Phi'') \cdot \frac{\eta U^2}{\psi} . \tag{3}$$

434. Lager mit Zitronenspiel.

Die Zahlenwerte C', C'', Φ' und Φ'' sind für eine bestimmte relative Beilagedicke δ (mit Hilfe der aus den bekannten Bahnkurven, Abb. 2, abgelesenen Werte für ε', ε'', φ'_1 und φ''_1) bekannt. Das Ergebnis der Berechnung ist in Zahlentafel 434.1 zusammengestellt und zeigt, daß, wenn die stabilisierende Kraft P''_1 groß im Verhältnis zur Lagerbelastung P_1 ist (und nur in solchen Fällen ist Zitronenspiel notwendig), die Reibleistung eines Lagers mit Zitronenspiel praktisch unabhängig von der äußeren Belastung ist. Diese Feststellung hat eine große praktische Bedeutung, indem es genügt die Reibleistung für den einfachen Fall eines unbelasteten Lagers zu berechnen, das nur durch die beiden Zangenkräfte $P'_1 = P''_1 = P_{1s}$ belastet ist. Da in diesem Grenzfall der obere und der untere Ölspalt vollkommen gleich sind, ist $\varepsilon' = \varepsilon''$ und $\varphi'_1 = \varphi''_1 = 90°$ und

$$L_0 = 2 \cdot \mu_s \cdot P_{1s} \cdot U = 2 \cdot C_s \cdot \Phi_s \cdot \frac{\eta U^2}{\psi} \text{ [kg/s]} \qquad (4)^1$$

mit
$$\Phi_s = \frac{P_{1s} \cdot \psi^2}{\eta U} \qquad (5)$$

Der Wert
$$L_1/L_0 = \frac{C' \cdot \Phi' + C'' \cdot \Phi''}{2 \cdot C_s \cdot \Phi_s} \qquad \text{(Zahlentafel 434.1)}$$

zeigt, in wie weiten Grenzen diese Vereinfachung zulässig ist. Aus Gl. (4) folgt mit $P_{1s} = p_s \cdot d$:

$$L_1 \approx L_0 = \mu_s \cdot p_s \cdot \omega \cdot d^2 \quad \text{oder} \quad \frac{L_1}{p_s \cdot \omega \cdot d^2} = \mu_s = C_s \cdot \psi. \qquad (6)$$

Wie Abb. 3 zeigt, ist $L_1/p_s \cdot \omega \cdot d^2$ in weiten Grenzen unabhängig von der relativen Beilagedicke δ. Die Reibleistung nimmt deshalb (bei gegebenen Abmessungen und bei unveränderter Drehzahl) proportional mit der stabilisierenden Pressung p_s zu. Aus der Definitionsgleichung (5) folgt das relative Lagerspiel:

$$\psi = \sqrt{\frac{\Phi_s}{2}} \cdot \sqrt{\frac{\eta \omega}{p_s}}. \qquad (7)$$

Da Φ_s in Funktion von δ (für $P_1 = 0$ und $\varepsilon = \delta$) bekannt ist, kann aus dieser Gleichung für einen gewählten Wert $\eta \cdot \omega / p_s$ die relative Beilagedicke δ bei einem angenommenen Lagerspiel berechnet werden (Abb. 4). Die Größe der für den ruhigen Lauf notwendigen Pressung p_s hängt von der Sorgfalt der Auswuchtung ab und kann nur durch die Erfahrung bestimmt werden. Bei einem be-

Zahlentafel 434.1.
Verhältnis L_1/L_0 der wirklichen Reibleistung L_1 zur Reibleistung im unbelasteten Zustand L_0.

P_1/P''_1	L_1/L_0			
	$\delta = 0,6$	$\delta = 0,8$	$\delta = 0,9$	$\delta = 0,95$
0	1,00	1,00	1,00	1,00
0,1	1,00	1,00	1,00	1,00
0,2	1,00	1,00	1,00	1,01
0,4	1,00	1,00	1,00	1,05
0,6	1,00	1,01	1,02	1,08
0,8	1,02	1,03	1,06	1,11
1,0	1,04	1,05	1,09	1,13
1,2	1,06	1,07	1,12	1,16
1,5	1,08	1,10	1,15	1,19
2,0	1,12	1,14	1,20	1,23

P_1: äußere Belastung je Längeneinheit (Abb. 1),
P''_1: stabilisierende Kraft der oberen Schale je Längeneinheit,
δ: relative Beilagedicke $= a/\Delta r$.

stimmten Wert von $\eta \cdot \omega / p_s$ sind verschiedene Ausführungen für ψ und δ möglich, die in bezug auf die Reibzahl (und für unendlich breite Lager) alle gleichwertig sind. Je kleiner p_s sein darf, um so kleiner ist auch die im Lager erzeugte Wärme. Eine große Beilagedicke δ gibt [nach Gl. (2)] einen kleinen Wert für die kleinste Spalthöhe h_0, erfordert also genaue Herstellung. Man wird in der Praxis im allgemeinen zuerst versuchen mit einer kleinen Beilagedicke auszukommen. Läuft der Zapfen noch unruhig, so sollte zuerst die Auswuchtung verbessert werden. Wenn dies nicht mehr möglich ist, muß die Beilagedicke vergrößert werden, bis der ruhige Lauf erreicht wird. Nach den Erfahrungen der AEG.[2] liegen die gebräuchlichsten Ausführungen zwischen $\delta = 0,70$ bis $0,80$.

Die Brauchbarkeit der Theorie soll nun durch Vergleich mit den Versuchen von Rumpf geprüft werden, dessen Versuchslager folgende Abmessungen hatte: $d = 220$ mm, $b = 300$ mm, Lagerspiel $\psi = 1,727\ ^0/_{00}$, relative Beilagedicke $\delta = 0,487$. Mit diesen Werten folgt aus Abb. 4 $\eta \omega / p_s = 2,7 \cdot 10^{-6}$, und mit diesem Wert aus Abb. 3: $L_1/\omega p_s d^2 = 3,94 \cdot 10^{-3}$ oder $L_1 = 5840\, \eta U^2$. Zum Vergleich mit den Versuchen von Rumpf muß in diese Reibleistung (die von der äußeren Belastung weitgehend unabhängig ist) noch die Reibzahl μ (bezogen auf P_1) eingeführt werden:

$$L_1 = \mu \cdot P_1 \cdot U = \mu \cdot p \cdot d \cdot U = 5840\, \eta \cdot U^2 \qquad (8)$$

oder $\mu = 2920\, \eta \omega / p$. Der geradlinige Verlauf dieser Gleichung, in Abb. 5 mit den Versuchs-

---
[1] μ_s bezogen auf die stabilisierende Kraft.
[2] Kraft: Die Dampfturbine. Springer, Berlin 1935, S. 50.

ergebnissen von Rumpf[1] verglichen, zeigt die recht gute Übereinstimmung zwischen Theorie und Versuch.

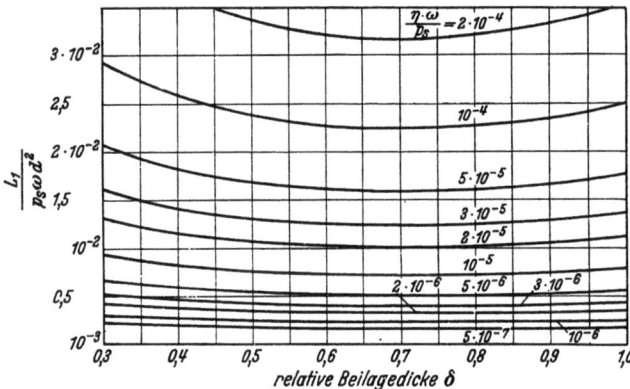

Abb. 3. Reibleistung für Lager mit Zitronenspiel, in Abhängigkeit von der relativen Beilagedicke $\delta = a/\Delta r$.

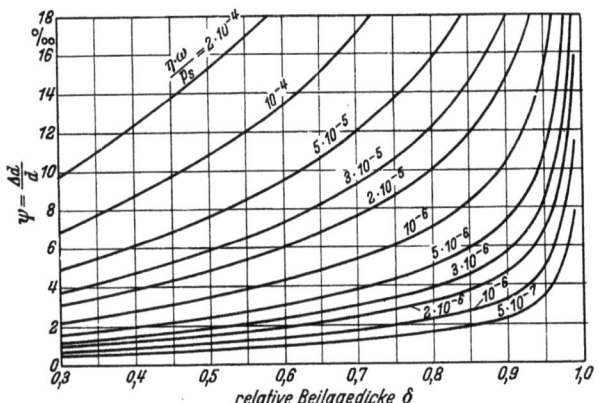

Abb. 4. Zur Berechnung des Stabilisierungsdruckes p_s für Lager mit Zitronenspiel.

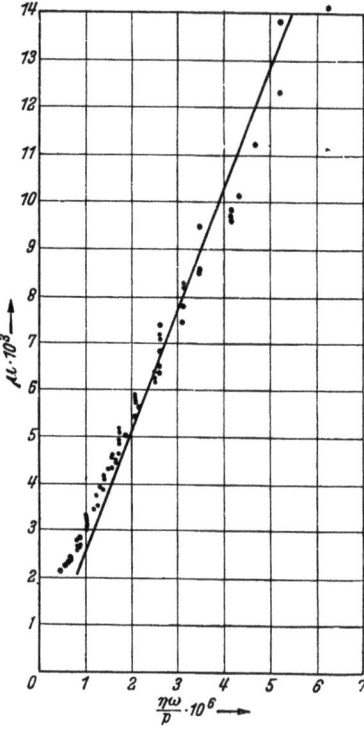

Abb. 5. Vergleich der Theorie für Lager mit Zitronenspiel mit den Versuchen von Rumpf.

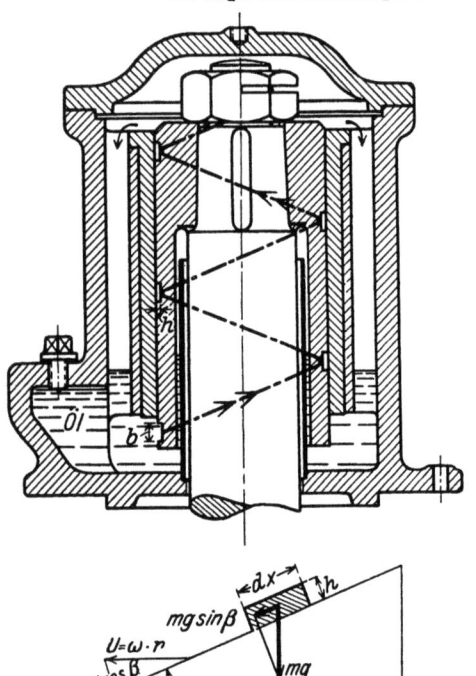

Abb. 6. Schmierung eines vertikalen Lagers durch Schraubennute.

Schmierung vertikaler Zapfen. Bei der Schmierung vertikaler Zapfen wird das Öl oft durch eine Schraubennute gefördert (Abb. 6), indem bei der Drehung der Welle das Öl in der Nute steigt. Die Verschiebungsgeschwindigkeit der Welle in der Richtung der Nut ist: $\omega r \cos \beta$. Die Druckzunahme in der gleichen Richtung ist:

$$dp = \frac{mg \cdot \sin \beta}{bh} = \frac{bh \cdot dx \cdot \gamma}{bh} \cdot \sin \beta = dx \cdot \gamma \sin \beta, \quad (9)$$

so daß mit Gl. (431.4) folgt:

$$G_1 = \frac{h \cdot \omega r \cos \beta}{2} - \frac{h^3}{12 \eta} \gamma \sin \beta.$$

Damit gefördert wird, muß $G_1 > 0$ sein, oder

$$h^2 \cdot \gamma \cdot \mathrm{tg}\,\beta \leq 6 \eta \cdot \omega \cdot r. \quad (10)$$

Die Rechnung setzt ein vollständig dichtes Abschließen der Nute voraus. Für die Schmierung der Welle wird die Nute aber gut abgerundet, damit das Öl zwischen Welle und Lagerschale gelangen kann. In diesem Fall ist natürlich eine viel größere Winkelgeschwindigkeit erforderlich.

Bei dieser Schmierart wird keine tragfähige Ölschicht erzeugt; deshalb ist die Verwendung

[1] L. 46.13.

eines Lagers mit Zitronenspiel viel zweckmäßiger. Bei der vertikalen Welle ist der Grenzfall verwirklicht, daß die äußere Belastung $P_1 = 0$ ist.

435. Gleitflächen mit schlechter Schmiegung.

Eine weitere Gruppe schmiertechnisch wichtiger Probleme bilden die Zahnflanken, Rollen, Wälzhebel usw. Es handelt sich dabei um parallele Zylinder, deren relative Bewegung tangential oder normal zur Oberfläche gerichtet sein kann. Solche Probleme können auf den parabolischen Vollzylinder (S. 266) zurückgeführt werden.

Das Anwendungsgebiet dieser Gleichungen kann erheblich erweitert werden, wenn die Betrachtungen auf zwei Kreiszylinder mit den Radien r_1 und r_2 ausgedehnt werden, die sich mit den Winkelgeschwindigkeiten ω_1 und ω_2 um die eigenen Achsen drehen (Abb. 435.1). Die Spalthöhe h wird dann (nach dem Vorschlag von E. Heidebroek[1]) wie folgt definiert:

$$h = h_0 + AA_1 + BB_1 \qquad (435.1)$$

mit $AA_1 = r_1 \cdot \varphi^2/2$, $BB_1 = r_2 \cdot \psi^2/2$ und $r_1\varphi = r_2\psi$.

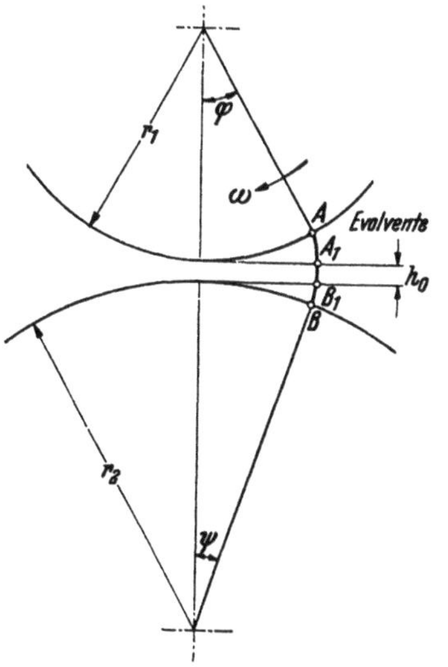

Diese Annahme bedeutet keine Ungenauigkeit, sondern eine sorgfältigere Anpassung an den wirklichen Stromfadenverlauf, indem AA_1 und BB_1 nicht die senkrecht stehenden Ordinaten, sondern die Längen der zugehörigen Evolventenbogen sind. Setzt man $\dfrac{1}{\varrho} = \dfrac{1}{r_1} \pm \dfrac{1}{r_2}$ (wobei das negative Vorzeichen für Hohlzylinder gilt) und $\zeta = r_1/\sqrt{2 \cdot \varrho \cdot h_0}$, so wird:

$$\left. \begin{aligned} \frac{h}{h_0} &= 1 + \frac{r_1 \cdot \varphi^2 + r_2 \cdot \psi^2}{2 h_0} = 1 + \frac{r_1^2 \cdot \varphi^2}{2 h_0}\left(\frac{1}{r_1} + \frac{1}{r_2}\right) \\ &= 1 + (\zeta \cdot \varphi)^2, \end{aligned} \right\} \quad (2)*$$

Abb. 435.1. Gleitflächen mit schlechter Schmiegung.

worin ζ ein Maß für die Anschmiegung der beiden Zylinder ist. Diese Gleichung ist identisch mit Gl. (431.30), wenn $x/a = \varphi$ gesetzt wird, so daß die daraus abgeleiteten Beziehungen auch für zwei Zylinder, also für die Schmierung von Rollen, Zahnflanken, Wälzhebel usw. (mit $U = U_1 + U_2$) gültig bleiben. Für zwei Vollzylinder ist ζ vielfach größer als 1, z. B. für $r_1 = r_2 = r$ ist $\zeta = r/h_0$. Das bedeutet eine Vereinfachung der Berechnung, weil die Zahlenwerte für $\zeta = \infty$ (in Zahlentafel 431.3) auch für alle ζ-Werte größer als 10 gelten. Die Versuche von Peppler[2] zeigen eine sehr gute Übereinstimmung zwischen dem theoretischen und dem gemessenen Druckverlauf. Da b/a hier sehr groß ist, spielt das seitliche Abfließen nur eine geringe Rolle (Abschn. 44).

Die Betrachtungen gelten nicht nur für die Gleitbewegung, sondern auch für Wälz- und Rollbewegungen, denn es ist nur zu beachten, daß in Grundgleichung (431.2) w immer die relative Geschwindigkeit der bewegten gegen eine feststehende Flüssigkeitsschicht bedeutet. Bei reinem Wälzen ist $K = 2{,}08$.

Die praktische Bedeutung dieser theoretischen Grundlagen liegt bei den Rollenlagern zunächst in der Verminderung der Abnutzung[3]. Wenn es gelingen würde auf den Zahnflanken eine tragfähige Ölschicht vom Beginn bis Ende des Eingriffes zuverlässig zu erzeugen, so wären die beiden Hauptmängel hochbelasteter und raschlaufender Zahnflanken (Geräusch und Abnutzung) größtenteils behoben. Die technischen Schwierigkeiten bei der Verwirklichung sind aber sehr groß. Etwas günstiger als bei den Zahnrädern scheinen die Voraussetzungen für flüssige Reibung

---

[1] L. 435.3.
[2] L. 435.4.
[3] L. 435.2.

* Man kann Gl. (435.2) selbstverständlich auch auf Außen- und Innenzylinder, also auf Lager mit Laufsitzspiel (Abschn. 432) anwenden. Mit

$$\frac{1}{\varrho} = \frac{1}{r_2} - \frac{1}{r_1} = \frac{\Delta r}{r^2} \quad \text{wird} \quad \zeta^2 = \frac{r_1^2}{2 \cdot \varrho \cdot h_0} = \frac{\Delta r}{2 h_0}.$$

Der Faktor ζ enthält also zwei für die Konstruktion wichtige Größen, das Lagerspiel Δr (das nach den ISA-Normen gewählt werden kann) und die kleinste Ölschichtdicke h_0 (die durch die wirtschaftliche Herstellung begrenzt ist). Aus $h_0/\Delta r = 1 - \varepsilon$ folgt $\varepsilon = 1 - 1/2\,\zeta^2$, also

für $\zeta = $ 1   2   5   10
ist $\varepsilon =$ 0,5   0,875   0,98   0,995.

Diese Berechnungsmethode bietet aber gegenüber den in Abschn. 432 gegebenen Ableitungen keine Vorteile.

beim Schneckentrieb zu liegen, wegen der hohen Gleitgeschwindigkeit ohne Richtungswechsel. Die Verminderung des Reibverlustes hat hier auch eine wesentlich größere Bedeutung als bei den Zahnrädern. G. Niemann[1] hat den theoretischen Nachweis gebracht, daß dieses Ziel durch eine zweckmäßige Zahnform tatsächlich erreicht werden kann. Sein Anwendungsbeispiel, nach welchem ein Schneckentrieb für 5000 PS, bei einer Übersetzung von 3000 auf 300 Umdrehungen in der Minute, einen Wirkungsgrad von 98,8% aufweist, klingt heute noch phantastisch, sollte aber die Fachwelt doch zu praktischen Ausführungen anspornen.

436. Veränderliche Zähigkeit des Öles.

Die Reibleistung $\mu \cdot P_1 \cdot U$ muß als Wärme abgeleitet werden. Unter der (nicht zutreffenden) Annahme, daß die erzeugte Wärme vollständig in der Ölschicht bleibt (das Lager also keine Wärme direkt an die Umgebung abgibt) folgt die Temperaturerhöhung des Öles $\Delta \vartheta_{Öl}$ im Beharrungszustand (γ = spez. Gew. in kg/m³, c = spez. Wärme in kcal/kg, °C) aus der Gleichung:

$$L_1 = \mu \cdot P_1 U = 427 \, G_1 \cdot \gamma \cdot c \cdot \Delta \vartheta_{Öl}. \tag{436.1}$$

Mit $\mu = C \cdot h_0/a$ [Gl. (431.26)] und $G_1 = U \cdot h^*/2$ [Gl. (431.5)] wird:

$$\Delta \vartheta_{Öl} = \frac{C \cdot P_1}{213{,}5 \frac{h^*}{h_0} a \cdot \gamma \cdot c}.$$

Für Öl ist im Mittel $c \cdot \gamma = 420$ kcal/m³ °C; $P_1/a = p$ kg/m² $= p \cdot 10^{-4}$ kg/cm², also:

$$\Delta \vartheta = \frac{C \cdot p_{at}}{9 \, h^*/h_0}. \tag{2}$$

Für die geneigte Platte mit $m = 1$, ist $h^*/h_0 = 4/3$ und $C = 4{,}86$ (Zahlentafel 431.1), also

$$\Delta \vartheta \approx 0{,}4 \cdot p_{at}. \tag{3}$$

Für $p = 10$ at ist $\Delta \vartheta = 4°$ C und für $p = 100$ at, $\Delta \vartheta = 40°$ C.

Für Lager mit Laufsitzspiel ist $\mu = C \cdot \psi$, $P_1 = p \cdot d$ und $G_1 = U h^*/2$

$$\Delta \vartheta = \frac{C \cdot \Delta r}{4{,}5 \, h^*} \, p_{at}. \tag{4}$$

Der Faktor $\dfrac{C \cdot \Delta r}{4{,}5 \, h^*} = \dfrac{C}{4{,}5} \cdot \dfrac{\Delta r}{h_0} \cdot \dfrac{h_0}{h^*}$ kann mit den C-, $h_0/\Delta r$ und h^*/h_0-Werten aus Abb. 432.5 berechnet werden; er liegt für $\varphi_1 = \beta + 90°$ etwa zwischen 0,4 (für $\Phi = 4$) und 4 (für $\Phi = 400$), so daß

$$\Delta \vartheta = (0{,}4 \text{ bis } 4) \cdot p_{at} \tag{5}$$

ist. Bei großen Flächenpressungen oder bei großen Φ-Werten können sehr große Temperaturunterschiede in der Ölschicht auftreten. Setzt man eine höchstzulässige Grenze von etwa 45° C für $\Delta \vartheta_{Öl}$ fest, weil das beginnende Verdampfen des Öles vermieden werden sollte, so ist die größte Lagerbelastung p durch Gl. (2 resp. 4) festgelegt[2].

Das Gesetz für die Veränderlichkeit der Zähigkeit mit x ist nicht bekannt. Setzt man einen geradlinigen Verlauf voraus:

$$\eta = \eta_0 \cdot (1 + n x/a), \tag{6}$$

und ist η_0 die Zähigkeit am Austritt, so läßt sich die Integration der Gl. (431.20) und (431.23) leicht durchführen (Zahlentafel 436.1).

Zahlentafel 436.1. Funktionswerte zur Berechnung der Reibung geneigter Gleitfläche für $m = 1{,}5$; $\eta = \eta_0 \left(1 + n \dfrac{x}{a}\right)$ und $b = \infty$ (v. Freudenreich[3]).

n	Φ	$\sqrt{\Phi}$	ϑ	K	C	e/a	h^*/h_0
1	0,2370	0,487	0,510	2,15	4,41	0,067	1,502
2	0,3036	0,551	0,748	2,46	4,46	0,056	1,548
4	0,4206	0,6485	1,280	3,03	4,67	0,046	1,604

Wie die Versuche von E. M. Barber und C. C. Davenport zeigten, ist der bei der Rechnung vorausgesetzte geradlinige Verlauf der Zähigkeit bei $U = 2{,}6$ m/s annähernd vorhanden, während

---
[1] L. 435.5. [2] L. 436.2. [3] L. 436.1.

bei größeren Gleitgeschwindigkeiten (5,2 und 7,8 m/s) die Annahme sehr stark von der Wirklichkeit abweicht.

Man erkennt auch ohne Integration sofort, daß infolge der Temperaturzunahme in der Bewegungsrichtung die Zähigkeit des Öles und nach Gl. (431.21) auch der Druck abnimmt. Die Resultierende der Druckkräfte muß sich deshalb nach der Eintrittskante hin verschieben, d. h. die relative Exzentrizität e/a ändert sich. Dieses praktisch wichtigste Ergebnis ist besonders bei solchen Lagerkonstruktionen zu beachten, bei denen die Schrägstellung durch exzentrische Unterstützung erreicht wird (vgl. S. 268).

Im übrigen kann die veränderliche Zähigkeit des Öles viel einfacher dadurch berücksichtigt werden, daß mit einer „mittleren" konstanten Zähigkeit gerechnet wird, die ungefähr gleich der Zähigkeit bei der mittleren Öltemperatur, oder gleich dem Mittelwert der Ein- und Austrittzähigkeit gesetzt werden kann.

Ist z. B. $n = 4$, so wird die mittlere Zähigkeit $\eta_m = \dfrac{\eta_0 \cdot (1+4) + \eta_0}{2} = 3\,\eta_0$. Rechnet man damit die Reibzahl für $m = 1{,}5$, so ist (vgl. Zahlentafel 436.1): $\mu = 1{,}84 \sqrt{\dfrac{\eta_m \cdot U}{P_1}}$ oder nach Einführung von η_0: $\mu = 1{,}84 \cdot \sqrt{3} \cdot \sqrt{\dfrac{\eta_0 \cdot U}{P_1}} = 3{,}18 \sqrt{\dfrac{\eta_0 \cdot U}{P_1}}$.

Die genaue Rechnung gibt 3,03 statt 3,18 (vgl. Zahlentafel 1), also 5% kleinere Werte.

44. Endliche Breite der Gleitfläche.

Alle wirklichen Gleitflächen haben eine endliche Breite, so daß die Theorie für alle praktischen Anwendungen noch ergänzt werden muß, indem auch das seitliche Abfließen des Öls berücksichtigt wird.

Die Grundgleichung. Die Flüssigkeitsmenge für die Breiteneinheit, die in der X-Richtung (die durch die Mittellinie der Platte geht) strömt, ist:

$$G_x = \frac{h^3}{12 \cdot \eta} \cdot \frac{\partial p}{\partial x} + \frac{U \cdot h}{2}. \tag{431.4}$$

Ebenfalls für die Breiteneinheit fließt in der Z-Richtung die Menge (da hier $U = 0$ ist):

$$G_z = \frac{h^3}{12\,\eta} \cdot \frac{\partial p}{\partial z}.$$

Im Beharrungszustand ist die totale Flüssigkeitsmenge konstant, d. h. die Summe der Änderungen in der X- und Z-Richtung wird gleich Null:

$$\frac{\partial}{\partial x}\left(\frac{h^3}{12\,\eta} \cdot \frac{\partial p}{\partial x}\right) + \frac{\partial}{\partial z}\left(\frac{h^3}{12\,\eta} \cdot \frac{\partial p}{\partial z}\right) = -\frac{U}{2} \cdot \frac{\partial h}{\partial x}$$

oder da angenommen wird, daß h nur eine Funktion von x ist:

$$\frac{\partial^2 p}{\partial x^2} + \frac{\partial^2 p}{\partial z^2} + \frac{3}{h} \cdot \frac{\partial p}{\partial x} \cdot \frac{dh}{dx} + \frac{6\,\eta\,U}{h^3} \cdot \frac{dh}{dx} = 0. \tag{44.1}$$

Überblick über die Lösungen. Die genaue mathematische Lösung dieser partiellen Differentialgleichung ist mit erheblichen Schwierigkeiten verbunden, auch wenn eine unveränderliche Zähigkeit vorausgesetzt wird. Ein einfaches, allgemein verwendbares Näherungsverfahren (Gümbel[1]) geht von der Voraussetzung aus, daß der Druckverlauf in der Plattenmitte (für $z = 0$) bei allen Seitenverhältnissen ähnlich dem Druckverlauf für die unendlich breite Gleitfläche ist:

$$p = A \cdot f(x/a) \cdot f(z/b),$$

worin $f(x/a) = p_x$ aus Gl. (431.8a) bekannt ist und der Faktor A aus der Bedingung folgt, daß die Ölmenge, die an der einen Seite einströmt, gleich sein muß der Menge, die an den drei anderen Kanten austritt. Die Funktion $f(z/b)$ muß der Bedingung genügen, daß an den Seitenrändern der Druck p verschwindet. Dazu genügt z. B. eine parabolische Druckverteilung $f(z/b) = 1 - (2\,z/b)^2$ oder eine Cosinusfunktion $\cos \pi z/b$. Genauere Lösungen findet man durch den Ansatz

$$p = \sum_{m=1}^{\infty} p_m, \quad \text{z. B. mit } p_m = F_m(x) \cdot \frac{\sin(m \cdot z/b)}{m\,x/a} \quad \text{(von Michell[2])},$$

wobei jede Teilfunktion p_m die Randbedingung des Problems erfüllen muß. Die sehr umständlichen Zahlenrechnungen wurden zuerst nur für die schwach geneigte Platte ($m = 1$ und 2) und

---

[1] L. 431.6 S. 144—51. [2] L. 431.4 S. 202—24.

für vereinzelte Werte von b/a durchgeführt (Michell, Martin[1]). Von Boswall[2] auch für veränderliche Zähigkeit. Frössel[3] berechnete auch die Zahlenwerte für den parabolischen Vollzylinder. Aus diesen Lösungen geht hervor, daß bei gleicher relativen Lage der Gleitflächen (z. B. beim gleichen Wert von m oder h_1/h_0) die Tragfähigkeit, infolge des seitlichen Abfließens bei endlicher Breite, vermindert wird.

Setzt man (analog wie für die unendlichbreite Gleitfläche):

$$P_{1e} = \frac{\eta \cdot U \cdot a^2}{h^2_0} \Phi_e, \tag{2}$$

so kann die Verminderung der Tragfähigkeit durch einen Faktor

$$f_b = P_1/P_{1e} = \Phi/\Phi_e \tag{3}$$

berücksichtigt werden. Die kleinste Schmierschichtdicke bleibt (wie vorausgesetzt) unverändert, weil

$$h_0/a = \sqrt{\Phi_e} \cdot \sqrt{\frac{\eta \cdot U}{P_{1e}}} = \sqrt{\Phi} \cdot \sqrt{\frac{\eta \cdot U}{P_1}} \tag{4}$$

ist. Auch die Reibzahl μ_e kann in der gleichen Form geschrieben werden wie ein unendlich breiter Gleitfläche:

$$\mu_e = K_e \sqrt{\frac{\eta \cdot U}{P_{1e}}} = C_e \cdot h_0/a. \tag{5}$$

Die Φ_e- (resp. f_b-) und die K_e- und C_e-Werte sind aus den vorliegenden Lösungen bekannt, wobei zu beachten ist, daß der Faktor f_b nicht nur von b/a, sondern auch von der Spaltform (geneigte Platte, parabolischer Vollzylinder) und vom Spalthöhenverhältnis h_1/h_0 abhängt:

$$f_b = F(b/a, h_1/h_0, \text{Spaltform}). \tag{6}$$

Bei den Zapfenlagern liegen die Verhältnisse mathematisch noch verwickelter. Schiebel[4] hat als erster das Problem der endlichen Lagerbreite auf eine Variationsaufgabe zurückgeführt: „Die Druckverteilung stellt sich so ein, daß der Reibverlust ein Minimum wird". Vogelpohl[5] hat diesen Gedanken mathematisch sorgfältig ausgearbeitet. Die Zahlenrechnung wird aber auch unter Voraussetzung der mathematisch einfacheren, symmetrischen Lösung von Sommerfeld[6] (die allerdings einige physikalische Unmöglichkeiten, wie negative Drücke, aufweist) so umständlich, daß sie für den praktisch tätigen Ingenieur kaum durchführbar ist. Die Lösung (von K. Bauer[7]) geht von der einfacheren (aber unzutreffenden) Randbedingung aus, daß an der engsten Stelle (für $\varphi_1 = 0$), $p = 0$ ist. Bauer erhält dadurch eine „Zwischenlösung" für die Tragfähigkeit (also für f_b) und nimmt nun an, daß dieses Verhältnis (bei der gleichen Zapfenlage und beim gleichen Wert von b/a) für jede Randbedingung, also auch für die wirklich auftretende, gültig bleibt.

Stodola[8] löst Gl. (1) graphisch durch schrittweise Annäherung, so daß die Berechnung der Reibzahl für beliebige Spaltformen, für gekrümmte Flächen und auch bei Berücksichtigung einer veränderlichen Ölzähigkeit möglich ist. Die einzige Voraussetzung dabei ist, daß weder die Spaltform noch die Zähigkeit von z abhängen. Cristopherson[9] gibt eine relativ einfache mathematische Methode der schrittweisen Annäherung an, die für alle Spaltformen und auch für das praktisch wichtige Segmentlager geeignet ist. Kingsbury[10] löst die Gleichung experimentell mit Hilfe der Analogie zwischen der räumlichen Flüssigkeitsströmung und dem elektrischen Feld in einer elektrolytischen Lösung. Auch diese Methode kann für beliebige (gekrümmte) Spaltformen verwendet werden und gestattet die Berücksichtigung einer veränderlichen Zähigkeit. Die experimentelle Lösung stimmt mit der mathematischen Lösung von Michell sehr gut überein.

Bei der Vielseitigkeit der möglichen und ausgeführten Spaltformen und Randbedingungen, ist dem Ingenieur durch die vorhandenen Lösungen nur teilweise geholfen. Eine einfache und allgemein (d. h. für alle Spaltformen und Randbedingungen) gültige Näherungslösung ist deshalb für den Konstrukteur auch heute noch äußerst wertvoll. Eine Näherungslösung ist auch deshalb zulässig, weil die „genaueste" Theorie immer noch eine Reihe von Faktoren vernachlässigt, die einen erheblichen Einfluß auf die Druckverteilung haben. Die aus der Belastung hervorgehenden Formänderungen von Zapfen und Schale, z. B., sind von der Größenordnung der Schmierschichtdicken. Die Zapfenschräge erzeugt eine unsymmetrische Druckverteilung, bei welcher der Auftrieb P um so mehr von der Lagermitte wegrückt und um so kleiner wird, je größer der Neigungswinkel ist. Bei der einstellbar gelagerten Schale (der Zapfenneigung folgend) kommt nur die Zapfen- und Schalenkrümmung in Betracht. Sie verursachen einen ungleichen

---

[1] L. 44.1.   [2] L. 431.8, S. 116/158.   [3] L. 44.9.   [4] L. 44.5.   [5] L. 44.7.   [6] L. 431.3.
[7] L. 44.8.   [8] L. 44.2.   [9] L. 44.10.   [10] L. 44.3.

44. Endliche Breite der Gleitfläche.

Dickenverlauf der Schmierschicht längs der Lagerbreite. Der axiale Druckverlauf wird flacher, der Exponent der allgemeinen Parabel größer, wie z. B. die Versuche von Nücker zeigen (Exponent 2,2 bis 2,7). Bestimmend für die Tragkraft P ist dann der Mittelwert von h_0 über die Lagerbreite. Will man die Tragfähigkeit der Ölschicht voll ausnützen, so müssen auch diese Krümmungen (z. B. durch kleine Belastungen P_1 und durch kräftige Konstruktion der Schale) eingeschränkt werden. Auch durch Einlaufen kann dieser ungünstige Zustand (allerdings unter Änderung der Spaltform) gemildert werden.

Eine einfache Näherungslösung[1]. Sie beruht auf der Feststellung (S. 264), daß die Reibzahl bei flüssiger Reibung eine geometrische Größe ist. Bei gleicher Spaltform und gleichem Wert von h_0/a ist die Reibzahl gleich, gleichgültig durch welche Mittel die gleiche relative Lage der Gleitflächen erreicht wird. Selbstverständlich gilt die Schlußfolgerung genau, nur unter Voraussetzung gleicher Flüssigkeitsströmungen im Spalt, also für unendlich breite Gleitflächen. Sieht man aber für eine Näherungslösung vom seitlichen Abfließen bei endlicher Breite ab, so wäre (bei gleicher relativer Lage) die Reibkraft R_1 unabhängig von der Breite der Gleitfläche, während die Tragfähigkeit bei endlicher Breite nach Gl. (2) kleiner wird. Für die Gleitfläche mit endlicher Breite ist also:

$$\mu_e = \frac{R_{1e}}{P_{1e}} = \frac{R_{1\infty}}{P_{1\infty}/f_b} = \mu_\infty \cdot f_b = K_\infty \sqrt{\frac{\eta \cdot U}{P_{1\infty}}} \cdot f_b = K_\infty \sqrt{f_b} \sqrt{\frac{\eta U}{P_{1e}}} \quad (7)$$

oder mit
$$C_\infty = \frac{K_\infty}{\sqrt{\Phi_\infty}} = \frac{K_\infty}{\psi \sqrt{f_b}} \cdot \sqrt{\frac{\eta \cdot U}{P_{1e}}}:$$

$$\mu_e = C_\infty \cdot f_b \cdot \psi. \quad (8)$$

Die Brauchbarkeit dieser Näherungslösung kann nun durch Vergleich mit den vorliegenden mathematischen Lösungen festgestellt werden. Wie die Zahlentafel 44.1 und 2 für die geneigte Platte und für den parabolischen Vollzylinder zeigen, gibt die Näherungslösung nach Gl. (7) immer etwas zu große Reibzahlen, was übrigens im Interesse der Zuverlässigkeit unserer Rechnungen liegt.

Zahlentafel 44.1. f_b und K-Werte für die geneigte Platte (nach Boswall).

	b/a	∞	4	2	1,33	1	0,8	0,667	0,5
$m = 1$	f_b	1	1,19	1,44	1,79	2,305	2,91	3,585	5,41
	$\sqrt{f_b}$	1	1,09	1,20	1,338	1,518	1,707	1,893	2,325
	K_e	1,94	2,08	2,25	2,48	2,76	3,07	3,39	4,13
$h_1/h_0 = 2$	$K_\infty \cdot \sqrt{f_b}$	1,94	2,115	2,325	2,595	2,945	3,31	3,675	4,551
	Fehler %	0	1,6	3,2	4,4	6,3	7,3	7,8	8,4
$m = 2$	f_b	1	1,18	1,41	1,74	2,18	2,74	3,38	4,83
	$\sqrt{f_b}$	1	1,086	1,187	1,318	1,477	1,655	1,838	2,198
	K_e	1,82	1,91	2,02	2,18	2,38	2,60	2,83	3,32
$h_1/h_0 = 3$	$K_\infty \cdot \sqrt{f_b}$	1,82	1,976	2,16	2,40	2,685	3,01	3,345	4,00
	Fehler %	0	3,3	6,5	9,2	11,4	13,6	15,4	17,0

Zur Berechnung der Reibzahl bei endlicher Lagerbreite reichen für den praktischen Gebrauch die f_b-Werte vollständig aus. Nun ist nach Gl. (6) f_b allerdings eine Zahl, die auch noch von der Spaltform abhängt.

Für Lager mit Laufsitzspiel kann die Spaltform immer auf den parabolischen Vollzylinder (mit verschiedenen Werten von ζ) zurückgeführt werden[2]. Die aus den veröffentlichten Kurven von Frössel abgeleiteten und in Abb. 44.1 zusammengestellten

Zahlentafel 2. Werte $\dfrac{K_\infty \cdot \sqrt{f_b}}{K_e}$ für den parabolischen Vollzylinder (nach Frössel).

b/a	$h_1/h_0 = 3,9$	$h_1/h_0 = 6,7$	$h_1/h_0 = 17,5$	$h_1/h_0 = 31$
0,5	1,11	1,19	1,26	1,25
0,75	1,11	1,15	1,19	1,17
1,00	1,10	1,13	1,14	1,12
1,25	1,09	1,11	1,11	1,09
1,50	1,08	1,09	1,09	1,07
1,75	1,07	1,08	1,08	1,06
2,00	1,06	1,07	1,07	1,05
2,25	1,05	1,06	1,06	1,05

f_b-Werte gelten für die ebene Gleitfläche. Sie können aber (ohne wesentliche Fehler) auch für die stark gekrümmte Gleitfläche verwendet werden, weil das seitliche Abfließen durch die Krümmung nicht beeinflußt wird. Der Einfluß von ζ (oder was das gleiche ist, von ε resp. h_1/h_0) auf f_b ist sehr groß. Wie aus Abb. 432.5 deutlich hervorgeht, ist ε nicht nur von der Lagerkennzahl Φ, sondern auch von der Öleintrittstelle abhängig, die (je nach Kraftrichtung und

---
[1] L. 44.4. [2] Vgl. Fußnote Seite 285.

Ölzuführung) stark verschiedene Werte annehmen kann. In Abb. 2 ist für den häufig vorkommenden Fall, daß bei vertikal nach unten wirkender Kraftrichtung das Öl horizontal und in großer Menge zugeführt wird (also für $\varphi_1 = \beta + 90°$), f_b übersichtlicher in Abhängigkeit von der Lagerkennzahl und für verschiedene Werte von b/d zusammengestellt. Für alle andere Öleintrittswinkel können ähnliche Bilder aus Abb. 44.1 abgeleitet werden.

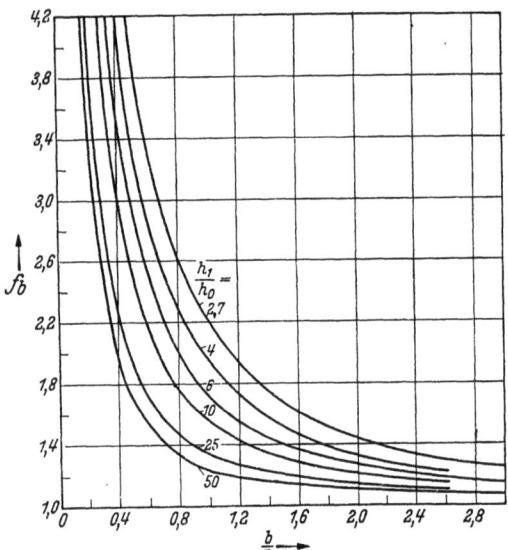

Abb. 44.1. f_b-Werte f/d parabolischen Vollzylinder (abgeleitet aus den von Frössel veröffentlichten Kurven, L. 44.9).

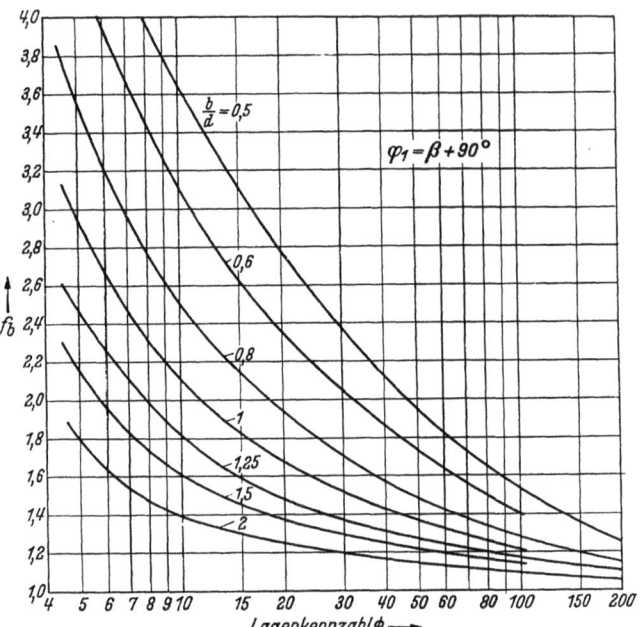

Abb. 2. f_b-Werte für Lager mit Laufsitzspiel in Abhängigkeit der Lagerkennzahl $\Phi = \dfrac{P_1 \psi^2}{\eta U} f_b$ (nur gültig für $\varphi_1 = \beta + 90°$).

Bei den ebenen Gleitflächen können die verschiedensten Spaltformen vorkommen. Wenn die Bewegung immer in der gleichen Richtung erfolgt, wird man Spaltformen mit bis zum Ende der Tragfläche abnehmender Spalthöhe und außerdem das günstigste Spalthöhenverhältnis ($h_1/h_0 = 2$ bis 3) wählen. Die f_b-Werte sind dann nur für die geneigte Platte (Zahlentafel 44.1) bekannt; sie müssen für andere Spaltformen als brauchbare Richtlinie dienen.

Für hin- und hergehende Bewegung ist der parabolische Vollzylinder geeignet, dessen Werte in Abb. 44.1 zusammengestellt sind.

Die günstigste Breite der Gleitfläche. Aus Gl. (7) folgt mit $P = P_1 \cdot b$:

$$\mu = K_\infty \cdot \sqrt{f_b} \cdot \sqrt{\eta U/P_{1e}} = K_\infty \sqrt{b \cdot f_b} \cdot \sqrt{\eta U/P}. \tag{7a}$$

Bei unveränderter Lagerbelastung P (und wenn U, a und η ebenfalls unverändert bleiben) ist die Reibzahl proportional mit $\sqrt{b \cdot f_b}$.

Zahlentafel 3. Günstigste Lagerbreite für ebene Gleitflächen.

Geneigte Platte:

	$b/a =$	4	2	1	0,8	0,5
$m = 1$	$f_b =$	1,19	1,44	2,3	2,91	5,41
	$b \cdot f_b =$	4,76	2,88	2,3	2,33	2,7 · a
$m = 2$	$f_b =$	1,18	1,41	2,18	2,74	4,83
	$b \cdot f_b =$	4,72	2,82	2,18	2,19	2,42 · a

Parabolischer Vollzylinder:

$h_1/h_0 = 2{,}75$	$f_b =$	1,2	1,42	2,2	2,5	3,8
	$b \cdot f_b =$	4,8	2,84	2,2	2,0	1,9 · a

Aus Zahlentafel 3 geht hervor, daß für die geneigte Platte die kleinste Reibzahl, also die günstigste Breite bei $b/a = 1$ bis $0{,}8$ liegt. Beim parabolischen Vollzylinder dagegen scheint auch beim Verhältnis b/a kleiner als $0{,}5$ immer noch eine Abnahme der Reibzahl vorhanden zu sein.

Für Lager mit Laufsitzspiel (Abschn. 432) gilt Gl. (7a) nur unter der Voraussetzung, daß der Ölaustritt (φ_2) mit dem Ende des Druckberges ($-\varphi^*$) zusammenfällt. Die Bedeutung der Kraftrichtung, der Ölein- und Austrittstelle und auch der Ölmenge wurde auf S. 279 erläutert. Bei den praktischen Ausführungen muß noch die zusätzliche Reibung [nach Gl. (432.25)] berücksichtigt werden.

$$\mu = (K_\infty \sqrt{f_b} + K') \sqrt{\frac{\eta U}{P_{1e}}} = (C_\infty \cdot f_b + C') \cdot \psi, \qquad (8\text{a, b})$$

worin $K' = \frac{\vartheta'}{\sqrt{\Phi_e}}$ und $C' = \frac{\vartheta'}{\Phi_e}$.

Die Faktoren K' und C' müssen aus der Lage der tatsächlich vorhandenen Ölaustrittstelle berechnet werden. Ein Gleitlager hat demnach für jede Ölein- und Austrittstelle eine andere Reibzahl. Aus dieser Überlegung folgt, daß die Theorie nur dann zuverlässig mit den Versuchsergebnissen verglichen werden kann, wenn klare Randbedingungen für die Ölein- und Austrittstelle vorliegen und wenn das Einhalten dieser Randbedingungen beim Versuchslager (oder im Betrieb) eindeutig beobachtet werden kann. Solange das nicht der Fall ist und unbestimmte oder veränderliche Randbedingungen vorliegen, können die gemessenen Reibzahlen niemals Anspruch auf allgemeine Gültigkeit erheben. Diese Schlußfolgerung wird durch die Versuche von Jakeman und Clayton (Abb. 46.5) vollauf bestätigt.

Bei unveränderter Lagerbelastung P, Gleitgeschwindigkeit U und Ölzähigkeit η ist die Reibzahl

$$\mu_e = (K_\infty \sqrt{f_b} + K') \sqrt{b} \sqrt{\frac{\eta U}{P}}, \qquad (9)$$

proportional mit $(K\sqrt{f_b} + K') \sqrt{b}$. Für den häufig vorkommenden Fall, daß bei reiner Gewichtsbelastung der Ölein- und Austritt horizontal erfolgt und für den vollständig gefüllten Ölspalt, können die K'- und C'-Werte mit Hilfe der ϑ'-Werte aus Zahlentafel (432.2, S. 280) berechnet werden.

Wie aus Zahlentafel 4 hervorgeht, ist die Reibzahl bei endlicher Breite (und damit die erzeugte Wärme) auch für Lager mit Laufsitzspiel, um so kleiner, je kleiner b/d wird.

Diese Schlußfolgerung wird durch die Versuche von Brown, Boveri & Cie. (Abb. 3) bestätigt. Ein Lager von 125 mm Durchmesser und 200 mm ursprünglicher Länge wurde allmählich bis auf 62,5 mm verkürzt; die Flächenpressung p stieg dabei von 4,2 auf 14 at. Die Reibzahl und damit die erzeugte Wärme nimmt stetig ab, allerdings nicht proportional $\sqrt{b} \cdot f_b$, da mit zunehmender Flächenpressung die Öltemperatur zu- und η abnimmt.

Zahlentafel 4. Günstigste Breite für Lager mit Laufsitzspiel ($\varphi_1 = \beta + 90°$).

b/d	Φ_∞	f_b	K	K'	$(K\sqrt{f_b} + K')\sqrt{b/d} \cdot \sqrt{d}$
2	7,88	1,48	2,4	0,39	$4{,}68 \cdot \sqrt{d}$
1,25	13,8	1,62	2,5	0,70	$4{,}34 \cdot \sqrt{d}$
1	18,2	1,71	2,6	0,84	$4{,}24 \cdot \sqrt{d}$
0,8	24,3	1,82	2,7	0,985	$4{,}14 \cdot \sqrt{d}$
0,6	35,0	1,97	2,7	1,09	$3{,}77 \cdot \sqrt{d}$
0,5	44,1	2,07	2,7	1,16	$3{,}57 \cdot \sqrt{d}$

Die Lage des Zapfens in der Lagerschale findet man bei endlicher Breite durch folgende Überlegung. Ein unendlich breites Vergleichslager (für welches Abb. 432.5 gültig ist) kann nur dann die gleiche relative Lage einnehmen, wenn es f_b mal so hoch belastet wird. Für das Lager mit endlicher Breite sind also aus dieser Abbildung die Werte $h_0/\Delta r$, resp. ε bei einer Kennzahl $f_b \cdot \Phi$ abzulesen. Weiter wird angenommen, daß die Bahnkurve durch das seitliche Abfließen sich nicht oder nicht wesentlich ändert.

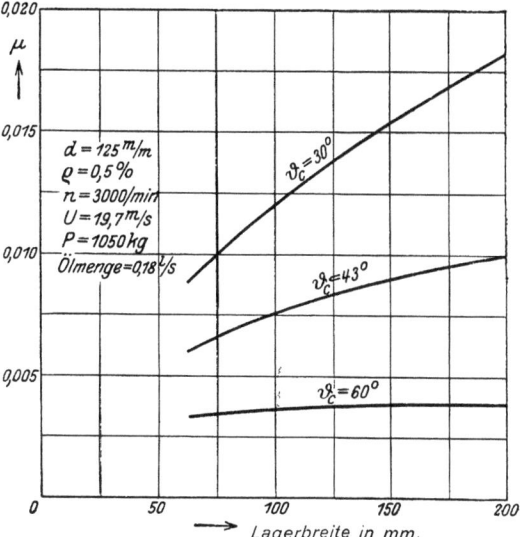

Abb. 3. Einfluß der Lagerbreite nach Versuchen von v. Freudenreich, BBC.

45. Misch- und Grenzreibung.

Die Theorie der flüssigen Reibung ist nur gültig, solange die kleinste Schmierschichtdicke h_0 größer als die Summe der Unebenheiten der Gleitflächen ist. Bei großen Lagerkennzahlen $\Phi = \frac{P_1 \psi^2}{\eta U}$ und bei kleinem Zapfendurchmesser d wird h_0 so klein, daß die Herstellung so glatter Flächen aus wirtschaftlichen Gründen nicht mehr tragbar ist. Die Gleitflächen müssen sich dann an einzelnen Stellen (zuerst in der unmittelbaren Nähe von h_0) berühren. An diesen wenigen Berührungsstellen kann die Flächenpressung sehr groß werden, vielfach größer als aus der Gleichung $P = p \cdot b \cdot d$ folgt. Die Unebenheiten werden gequetscht oder bröckeln ab, je nachdem der Werkstoff plastisch oder spröde ist. Die Gleitflächen nutzen sich ab, bis im Beharrungszustand eine tragende Gleitfläche (Spiegel) erreicht ist. Das an der Tragfläche haftende Öl wird durch die örtliche Druck- und Temperaturerhöhung weggepreßt und verdampft. Die Metallflächen kommen in direkter Berührung und können (bei genügender Affinität) zusammenschweißen (Anfressen); dieser Vorgang erfolgt spontan.

Das Gebiet der **Grenzreibung** beginnt dort, wo die Schmierschicht so dünn wird, daß die freien Oberflächenkräfte wirksam werden. Der Übergang von der flüssigen zur Grenzreibung erfolgt allmählich über die **Mischreibung**, die im praktischen Betrieb (z. B. beim An- und Auslauf der Maschinen) viel häufiger vorkommt als die flüssige.

Mischreibung[1]. Wenn auch die Gesetze der Mischreibung noch wenig erforscht sind, so kann doch eine praktisch wichtige Richtlinie gegeben werden: Der Konstrukteur soll nämlich versuchen, Φ kleiner (also p und φ kleiner und η größer) zu machen, und die Oberflächen so glatt wie wirtschaftlich tragbar herzustellen, z. B. durch Einlaufen mit Graphit.

Während die flüssige Reibung ausschließlich durch die Zähigkeit des Schmiermittels erklärt werden kann, tritt bei sparsamer Schmierung erfahrungsgemäß eine andere Schmiereigenschaft in den Vordergrund, die man Schmierfähigkeit (Oiliness, Onctuosité) nennt. Man will damit a l l e Unterschiede in der Reibung umfassen, die durch die Zähigkeit allein nicht erklärt werden können, und vermutet ihre Ursache in der Wirkung der molekularen Kräfte in den Grenzschichten. Die molekularen Kräfte wirken aber nur in einem Bereich von der Größenordnung des Moleküldurchmessers, während die kleinsten in der Praxis vorkommenden Ölspalten (0,001 mm) noch 10^4mal so groß sind als der Moleküldurchmesser. Es ist also sehr unwahrscheinlich, daß die Molekularkräfte auch bei der Mischreibung etwas anderes bewirken, als daß die Flüssigkeit an den Grenzflächen hafte.

Im Gebiet der Mischreibung wird ein Teil P_g der Lagerbelastung P durch die Unebenheiten der Berührungsflächen direkt aufgenommen. Wenn P_f der durch die Schmierflüssigkeit erzeugte Auftrieb ist, so ist:

$$P = P_g + P_f. \qquad (45.1)$$

Alle Kräfte können auch auf die Breiteneinheit der Gleitfläche bezogen werden. Die Verschiebungskraft R teilt sich in zwei analogen Teilen R_g und R_f, so daß für die Mischreibung:

$$\mu = \frac{R}{P} = \frac{R_f + R_g}{P_f + P_g} \qquad (2)$$

Solange die Gleitflächen sich nur an einzelnen Stellen direkt berühren, sind P_g/P und R_g/P klein im Verhältnis zu μ_f. Die Reibzahl der Mischreibung

$$\mu \approx \frac{R_f}{P_f} + \frac{R_g}{P} = \mu_f + \frac{R_g}{P} \qquad (3)$$

weicht dann nur um den (kleinen) Betrag R_g/P (der hauptsächlich vom Werkstoff und von der Oberflächenbeschaffenheit der Gleitflächen abhängt) von der Reibzahl μ_f der flüssigen Reibung ab:

$$\mu \approx \mu_f. \qquad (3a)$$

Alle Faktoren (wie Lagerspiel ψ, Ein- und Austrittsstellen φ_1 und φ_2 des Öles), welche die relative Exzentrizität $\varepsilon = 1 - h_0/\Delta r$, also h_0 beeinflussen, haben auch einen bedeutenden Einfluß auf die Reibzahl der Mischreibung. Das ist zu beachten, wenn Versuche in diesem Gebiet durchgeführt werden, die scheinbar oft zu Widersprüchen führen. Mit zunehmender Abnutzung wird die direkte Berührung der Gleitflächen und damit die Anteile R_g/P und P_g/P größer, so daß die bei der Ableitung der Gl. 3 gemachten Vereinfachungen nicht mehr zulässig sind. Aus Gl. 2 folgt, in Verbindung mit Gl. 1:

$$\mu = \frac{R_f}{P_f} \cdot \frac{P_f}{P} + \frac{R_g}{P} = \mu_f \frac{P_f}{P} + \frac{R_g}{P_g} \cdot \frac{P_g}{P} = \mu_f \frac{P - P_g}{P} + \mu_g \frac{P_g}{P}$$

oder
$$\frac{\mu}{\mu_g} = \frac{\mu_f}{\mu_g}(1 - P_g/P) + P_g/P. \qquad (4)$$

Das erste Glied der rechten Seite dieser Gleichung wird immer kleiner (nähert sich dem Grenzwert Null). Sobald dieses gegenüber dem immer größer werdenden zweiten Glied vernachlässigt werden darf, ist:

---
[1] L. 451.

45. Misch- und Grenzreibung.

$$\mu \approx \mu_g P_g/P = \mu_g (1 - P_f/P). \tag{4a}$$

Da nach Gl. 431.23 resp. 432.19 P_f proportional der Gleitgeschwindigkeit U ist, wird

$$\mu = \mu_g (1 - K \cdot U). \tag{5}$$

Der Übergang zwischen den beiden Grenzgleichungen 3a und 5 erfolgt allmählich. Der überwiegende Einfluß von U ist bei den Versuchen von Stribeck[1] (Abb. 46.1), Köhler[2] und anderen, aus dem sehr steilen (fast geradlinigen) Verlauf der Reibzahlen in diesem Gebiet deutlich ersichtlich.

Bei parallelen Gleitflächen entsteht keine tragfähige Ölschicht; dennoch sind bei der Gleitbewegung Schubspannungen τ_0 zu überwinden, wenn die Schmierflüssigkeit an beiden Flächen haftet. In diesem Fall ist in Gl. 2:

$P_f = 0$, $P_g = P$, $R_g/P = \mu_g$, die Reibzahl der Berührungsflächen,
$R_f = F \cdot \tau_0$ und mit $P/F = p$:

$$\mu = \mu_g + \frac{\tau_0 F}{P} = \mu_g + \frac{\tau_0}{p}.$$

Aus Gl. 431.9 folgt, da keine Drucksteigerung vorhanden, also $dp/dx = 0$, und die Schmierschichtdicke gleich der Summe der Unebenheiten h_0 der Gleitflächen ist:

$$\tau_0 = \eta U/h_0. \tag{6}$$

Die Reibzahl der Mischreibung ist demnach:

$$\mu = \mu_g + \frac{\eta U}{p h_0}, \tag{7}$$

wird also um so größer, je größer η und U, und je kleiner p und h_0 sind (vgl. Riementrieb, S. 346).

Grenzreibung[4]. Diese Vorgänge werden u. a. durch folgende Versuche erläutert:

1. Wird eine **belastete** ebene Gleitfläche gegen eine glatte Grundplatte (die mit einer 2—3 mm starken Ölschicht bedeckt ist) von Hand einige Millimeter hin- und herbewegt, so ist der Verschiebewiderstand zunächst sehr gering; er nimmt dann nach einiger Zeit rasch zu, bis die Gleitfläche plötzlich (mit einem Ruck) festsitzt. Sie läßt sich auch nach der Entlastung nur durch verhältnismäßig große Kräfte verschieben. Dieses Festsitzen ist ein Grenzfall der Schmierung; die Gleitfläche haftet an der Platte.

Um beide Flächen zu trennen, ist eine Zug- oder Schubkraft (resp. Spannung σ_z oder τ) erforderlich, die proportional der Zähigkeit des Öles ist, aber auch von der Zeit t_z oder t_s (Wirkungsdauer der Kraft) abhängt, nach dem Gesetz:

$$\sigma_z \cdot t_z = \text{konst} = \eta_z \quad \text{resp.} \quad \tau \cdot t_s = \text{konst} = \eta_s. \tag{8}$$

Die Konstanten η_z und η_s haben die Dimension einer Zähigkeit, und unterscheiden sich (wie die Versuche zeigen) nur um einen konstanten Proportionalitätsfaktor von der Zähigkeit des Schmiermittels:

$$\eta_z/\eta = \psi_z \quad \text{resp.} \quad \eta_s/\eta = \psi_s. \tag{9}$$

Das Verhältnis ψ_z/ψ_s, das für die untersuchten Ölsorten konstant ist, liegt zwischen 15 und 16.

Heidebroek und Pietsch[3] schlagen diese einfache Meßmethode zur Feststellung der Schmierfähigkeit eines Öles vor. Ihre Bedeutung liegt darin, daß neben der Zähigkeit noch andere Einflüsse der Schmierfähigkeit zahlenmäßig bewertet werden können, z. B. Oberflächenbeschaffenheit, Werkstoff usw. Für Stahl,

	bearbeitet mit		geschmirgelt	
	Schrupp-	Schlichtfeile	grob	fein
ist $\eta_z =$	20	35	70	$105, 10^3 \text{ kg} \cdot \text{s/m}^2$

bei gleichem Öl.

2. Die Lauffläche eines kleinen, polierten Klötzchens wird mit einer genau abgewogenen, sehr kleinen Ölmenge (0,15 bis 0,8 mg/cm²) gleichmäßig bepinselt, und gegen eine, ebenfalls polierte, drehende Stahlscheibe gepreßt. Der Einfluß der Zähigkeit wurde dadurch ausgeschaltet, daß für jedes Öl eine der gleichen Zähigkeit entsprechende Temperatur der umlaufenden Scheibe

---

[1] L. 46.1. [2] L. 452.3. [3] L. 452.3. [4] L. 452.

gewählt wurde. Die Reibung des Klötzchens nimmt zunächst sehr langsam zu; erst nach einiger Zeit tritt, fast plötzlich, ein sehr starkes Ansteigen der Reibzahl ein. Der zurückgelegte Gleitweg wurde als Maß für die Schmierfähigkeit des Öls gewählt. Die Versuche von W. Büche[1] zeigten, daß die kritischen Gleitwege, je nach Ölsorte (aber unter sonst gleichen Verhältnissen ($\eta = 0{,}0043$ kg $\cdot$ s/m^2, $p = 4{,}55$ kg/cm^2, Ölmenge 0,8 mg/cm^2) sehr verschieden lang sind, z. B. 180 m für Teeröl (45° C) und 4479 m für Nußöl (22° C).

Die Wirkung der molekularen Kräfte wird erst am Ende des Vorganges (beim Festsitzen) deutlich merkbar. Der kritische Gleitweg nimmt mit abnehmender Zähigkeit ab, so daß die Zähigkeit einen deutlichen Einfluß auf die Grenzreibung hat. Wendet man Gl. (436.4) auf die Grenzschmierung an, so folgt daraus, daß die Temperaturerhöhung und damit die Gefahr der Verdampfung des Öls von $c \cdot \gamma$ abhängt. Vogelpohl[2] hat als erster darauf hingewiesen, daß die Größe $b/c \cdot \gamma$ [b kennzeichnet die Steilheit der Zähigkeitskurve nach Gl. (412.3)] ein Maß für die Schmierfähigkeit eines Öles ist, das mit den Messungen auf der Ölprüfmaschine übereinstimmt. Irgendwelche Molekulareinflüsse scheiden also bei dieser Betrachtung der Grenzschmierung aus. Wahrscheinlich spielt auch die Verdampfungstemperatur eine Rolle.

Von Bedeutung ist auch die Fähigkeit einzelner Ölsorten, Moleküle von großer Länge und sehr geringer Dicke (zwei Atomlagen) zu bilden. Nach Versuchen von W. Büche[1] ist die Schmierfähigkeit (der Gleitweg) von Nußöl und Voltolöl vielfach größer als von den gebräuchlichen Mineralölen.

Der Grenzzustand in der Nähe der trockenen Reibung ist besonders für Reibgetriebe (Riementrieb, Kupplungen, Bremsen) wichtig. Neben dem überragenden Einfluß der Gleitgeschwindigkeit hängt die Reibzahl hauptsächlich von der Oberflächenbeschaffenheit[3] ab. Der Einfluß der Flächenpressung tritt gegen diese beiden Faktoren zurück; er ist aber grundsätzlich so, daß (bei gleicher Oberflächenbeschaffenheit und Gleitgeschwindigkeit) die Reibzahlen mit abnehmender Flächenpressung zunehmen. Da die Oberflächenbeschaffenheit sich infolge der unvermeidlichen Abnutzung, durch Oxydation und Verschmutzung ändert, so müssen sich auch die Reibzahlen mit der Zeit ändern, was bei der Berechnung zu beachten ist. Es können demnach nur Grenzwerte der Reibzahlen angegeben werden, die oft ziemlich weit auseinander liegen: z. B. für

Gußeisen auf Gußeisen	$\mu = 0{,}1$	bis	0,15
,, ,, Leder	0,15	,,	0,3
,, ,, Holz	0,2	,,	0,4
,, ,, Asbest	0,3	,,	0,5

Gußeisen hat bekanntlich gute Gleiteigenschaften und bei ausreichender Schmierung geringe Neigung zum Fressen. Holz und Leder sind für Bremsflächen durch Asbest verdrängt worden, der viel höhere Temperaturen aushält und fast keine Abnutzung zeigt. Die langen Asbestfasern werden mit Messingdrahteinlagen zu Bändern verwoben. Kurze Fasern werden mit Metallsplittern und Kunstharz zu einer Pappe verarbeitet oder in Formen gepreßt. Versuche zur Bestimmung der Reibzahlen solcher Gleitflächen liegen in großer Zahl vor; es gelten dafür die Gesetze der Mischreibung.

Reibung und Verschleiß. Als Verschleiß bezeichnet man die Unerwünschte Stoffabtrennung, die an der Oberfläche von Maschinenteilen (Werkzeugen usw.) unter dem Einfluß äußerer Kraftwirkungen auftreten. Das Verschleißproblem umfaßt eine große Mannigfaltigkeit von Erscheinungen, die erst in den letzten Jahren systematisch untersucht werden[4].

Siebel und Kobitzsch[5] verwendeten bei ihren Versuchen zwei ringförmige Proben **ohne Schmierung**. Die eine (aus St. 60, normalisiert) war mit vier Schlitzen versehen, durch die Preßluft zur Entfernung des Abriebes und zur Kühlung der Laufflächen geblasen wurde. Bestanden beide Proben aus dem gleichen Werkstoff (St 60), so war ihr **gewichtsmäßiger** Abrieb auch gleich groß, obschon die geschlitzte Probe nur 73% der Lauffläche der anderen besaß. Für den Verschleiß spielt offenbar nur die **gemeinsame** Berührungsfläche eine Rolle. Die lineare Abnutzung (in mm/km Laufweg) der geschlitzten Probe ist also 27% größer als die der Ringfläche.

Die **normalen** Versuche wurden mit einer mittleren Gleitgeschwindigkeit von 0,52 m/s und der niedrigen Flächenpressung von 2 kg/cm^2 durchgeführt, um nicht durch sofortiges Anfressen die Oberflächen der Proben weitgehend zu zerstören. Sie unterscheiden **drei Verschleißformen:**

Form I: Metallischer Verschleiß ohne wesentliche Verformung trat auf, wenn Proben auf St 60 gegen Werkstoffe mit geringem Härteunterschied liefen.

---

[1] L. 452.1.   [2] L.431.12, Abschn. 7.   [3] L. 411.4, Abschn. 82.   [4] L. 453.1.   [5] L. 453.2.

Der Verschleiß ging unter knirschendem Geräusch vor sich, wobei riesige Verschleißflächen entstanden. Die Höhe des in großer Menge anfallenden Verscheilßproduktes ändert sich n i c h t mit dem Laufweg, z. B. St 60 gegen St 60, Verschleiß 1,4 mm/km, $\mu = 0{,}72$

St 37 gegen St 60, Verschleiß St 60 1,15 mm/km, $\mu = 0{,}75$
St 37 rd. 1,35 mm/km,

Ms 58 gegen St 60, Verschleiß Ms rd. 0,9 mm/km, $\mu = 0{,}25$.

F o r m II: M e t a l l i s c h e r V e r s c h l e i ß m i t w e s e n t l i c h e r V e r f o r m u n g bildet sich beim Lauf von St 60 gegen plastisch verformbare Werkstoffe von viel geringer Härte als St 60. Anfänglich glichen die Verschleißerscheinungen denen der Form I. Nach kurzem Laufweg entstanden kaltverformte Zonen; der Verschleiß nimmt mit dem Laufweg ab.

F o r m III: O x y d i s c h e r V e r s c h l e i ß trat auf beim Lauf von St. 60 gegen viel härteren Werkstoffen.

46. Vergleich der Theorie mit der Erfahrung.

Wenn man bedenkt, wie viele Voraussetzungen die Theorie der flüssigen Reibung macht (mathematisch genaue und glatte Flächen, gleichmäßiges Tragen der Gleitflächen über die ganze Breite, unveränderliche Zähigkeit, genaue Kenntnis der Ölein- und -Austrittstelle usw.) und anderseits die großen Schwierigkeiten der genauen Messung kennt, so ist man geneigt an der Übereinstimmung zwischen Rechnung und Versuch nicht zu hohe Anforderungen zu stellen. Der nachfolgende Vergleich zeigt dagegen eine überraschend gute Übereinstimmung, so daß der Konstrukteur volles Zutrauen zur Theorie haben kann, wenn er nur dafür sorgt, daß die Voraussetzungen der Theorie bei der Ausführung erfüllt werden.

Zahlentafel 46.1. (Versuche von T. E. Stanton.[1])

Versuch	ηtechn. * kg·s/m²	μ	$\dfrac{\eta \cdot \omega}{p}$ **	ψ^2	Φ	φ_1	ε abgelesen	ε gemessen
1	$3{,}25 \cdot 10^{-3}$	$0{,}7 \cdot 10^{-3}$	$1{,}743 \cdot 10^{-6}$	$4 \cdot 10^{-4}$	457,5	$\beta + 25°$	0,9949	0,9946
2	$7{,}7 \cdot 10^{-3}$	$1{,}7 \cdot 10^{-3}$	$4{,}13 \cdot 10^{-6}$	$4 \cdot 10^{-4}$	193	$\beta + 20°$	0,9898	0,9904
3	$11{,}63 \cdot 10^{-3}$	$2{,}3 \cdot 10^{-3}$	$6{,}24 \cdot 10^{-6}$	$36 \cdot 10^{-4}$	1150	$\beta + 10°$	0,9979	0,9985
4	$19{,}1 \cdot 10^{-3}$	$3{,}5 \cdot 10^{-3}$	$10{,}24 \cdot 10^{-6}$	$36 \cdot 10^{-4}$	700	$\beta + 10°$	0,997	0,9978

* Entnommen aus Tabelle der berechneten Werte.
** $p = 19{,}5$ at und $U = 1{,}33$ m/sec für alle Versuche.

In Zahlentafel 46.1 ist z. B. die von T. E. Stanton aus dem gemessenen Druckverlauf (Abb. 432.3) mit Hilfe der Gl. (432.5) berechneten Werte der relativen Exzentrizität ε mit den aus Abb. 432.5 abgelesenen Werten verglichen; die Übereinstimmung ist vollständig. Die Theorie der flüssigen Reibung gilt nur solange die Gleitflächen vollständig durch eine Ölschicht getrennt sind, d. h. solange h_0 größer als die Summe der Unebenheiten ist. Aus den Messungen von Stanton folgen h_0-Werte bis zu 0,0012 mm, die nur mit äußerst sorgfältig geschliffenen und geläppten Flächen erreicht werden können.

Der Kleinstwert von h_0 als Summe der Unebenheiten ist für ein bestimmtes Lager eine eindeutige Zahl, so daß auch $h_0/\Delta r$ und die Lagerkennzahl Φ eindeutig bekannt sind, wenn vorausgesetzt wird, daß die Öleintrittstelle bei den Versuchen unverändert bleibt. Beim Kleinstwert von h_0 wird auch die Reibzahl am kleinsten. Daraus folgt, daß μ_{min} konstant sein muß, unabhängig von den Faktoren η, U und P_1. Diese allgemeine Schlußfolgerung wird durch die Versuche von Stribeck sehr gut bestätigt (Abb. 46.1). Stribeck hat für sämtliche Versuche das gleiche Schmieröl (Gasmotorenöl) verwendet und die gleiche Lagertemperatur (25° C) gewählt. Bei dieser Versuchsbedingung muß U/P_1 (resp. n/p) für μ_{min} konstant sein, in Übereinstimmung mit den aus Abb. 46.1 abgelesenen Werten:

$$n/p = 8/1 = 16/2 = 24/3 = 32/4 = 48/6 = 96/12.$$

Die Übereinstimmung ist um so überzeugender, weil Stribeck diesen Zusammenhang nicht gekannt hat. Der größere Wert für das Sellerslager ($\mu_{min} = 0{,}0035$) bei diesen Versuchen gegenüber dem Weißmetallager ($\mu_{min} = 0{,}0017$) weist auf die größeren Unebenheiten der Gußschalen hin.

Die Reibzahl. Da [nach Gl. (42.5)] die Temperaturerhöhung des Lagers direkt proportional der Reibzahl ist, hat der Konstrukteur das größte Interesse daran, zu wissen, inwieweit die

---

[1] L. 46.5.

296   46. Vergleich der Theorie mit der Erfahrung.

Theorie durch die Erfahrung bestätigt wird. Die Reibzahl eines Lagers mit endlicher Breite kann aus der Gleichung:

$$\mu = (K \cdot \sqrt{f_b} + K') \sqrt{\eta\, U/P_1} \tag{44.8a}$$

berechnet werden.

Zur Beurteilung der sich scheinbar oft widersprechenden Versuchsergebnisse (und nachher auch für die Berechnung der Gleitlager) ist es zweckmäßig das ganze Gebiet der Lagerkennzahl Φ

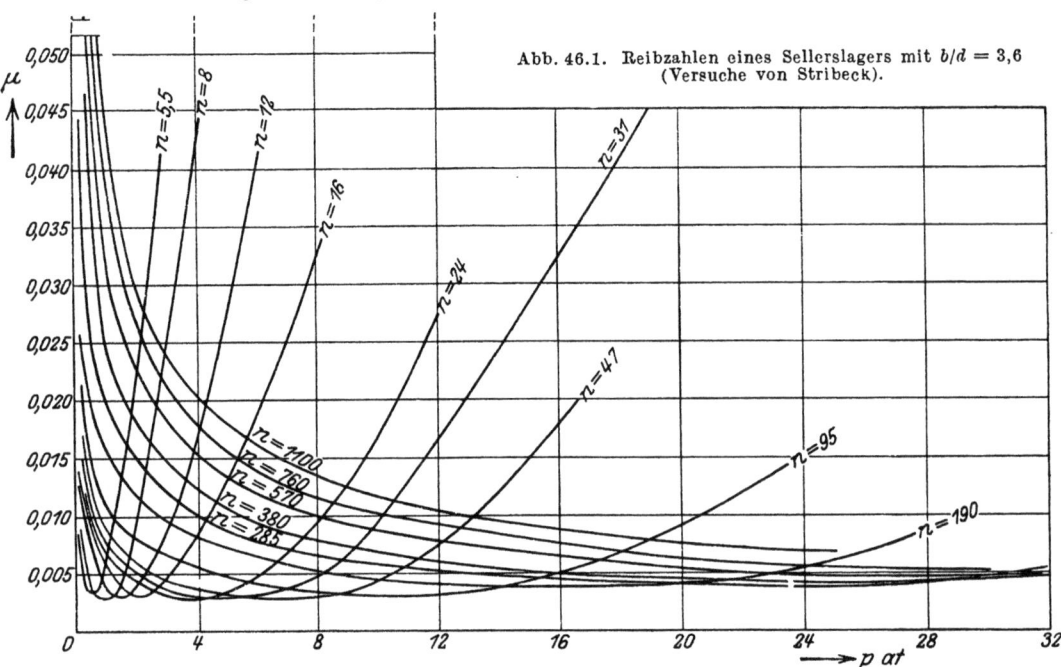

Abb. 46.1. Reibzahlen eines Sellerslagers mit $b/d = 3,6$ (Versuche von Stribeck).

(Abb. 432.5) durch einen vertikalen Strich (etwa bei $\Phi = 4$) in zwei Teile zu teilen. Für Φ größer als 4 ist (unter Beachtung der Voraussetzungen der Rechnung) K praktisch konstant. In diesem Fall ist (wenn f_b und K' ebenfalls konstant bleiben):

$$\mu = \text{konst} \cdot \sqrt{\eta\, U/P_1} = \text{konst}\, \sqrt{\eta\, \omega/p}. \tag{46.1}$$

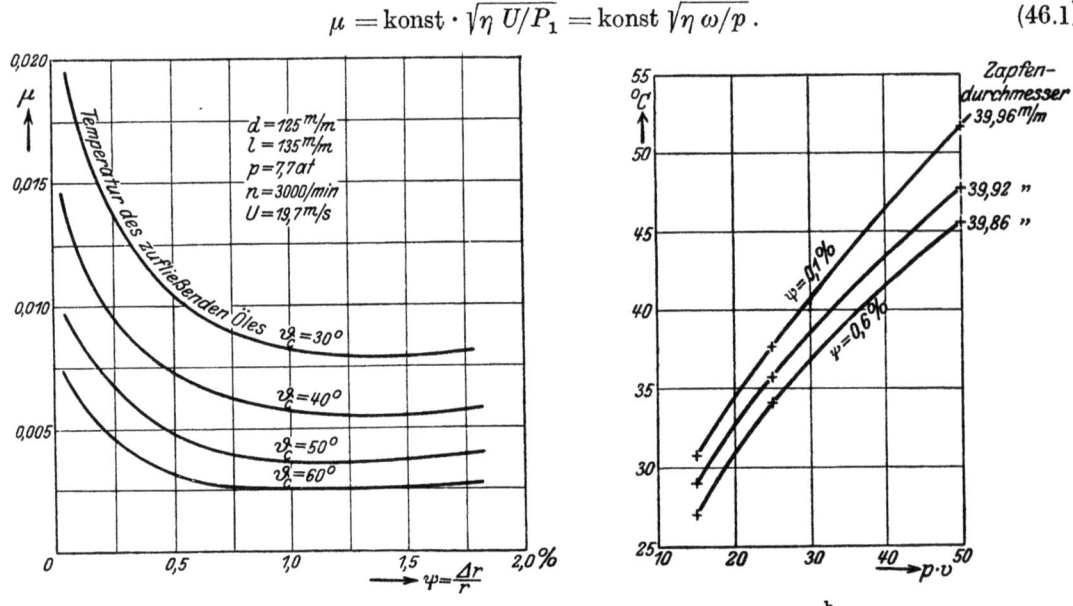

Abb. 2. Einfluß des Lagerspieles. a. Versuche von Freudenreich. b. Versuche Welter und Weber.

Diese Schlußfolgerung der Theorie hat Stribeck schon um 1900 (ohne Kenntnis der Theorie) aus seinen Versuchen abgeleitet; sie wurde auch durch die ersten Versuche von Lasche bestätigt. Um den Einfluß der verschiedenen Faktoren, welche die Reibung beeinflussen, einzeln untersuchen zu können, hat Stribeck für sämtliche Versuche das gleiche Schmieröl verwendet, und außerdem die Lagertemperatur von 25° C als unveränderliche Grundlage für seine Versuche angenommen. Für kleine Drehzahlen ist 25° C schon eine hohe Temperatur, die nur im Sommer erreicht wird, während für große Geschwindigkeiten die Temperatur so rasch ansteigt, daß die erste einigermaßen zuverlässige Bestimmung von μ bei einer kleineren Temperatur praktisch kaum durchführbar ist. Da unter diesen Versuchsbedingungen $\eta = $ konst. ist, folgen aus Gl. (1) die beiden von Stribeck experimentell gefundenen Beziehungen:

für $n = $ konst: $\qquad p \cdot \mu^2 = $ konst $\qquad(2)$

„ $p = $ konst: $\qquad \mu = $ konst $\sqrt{n}.\qquad(3)$

Aus Gl. (1) folgt weiter, daß die Reibzahl μ vollständig unabhängig vom relativen Lagerspiel ψ ist. Die Versuche von Dr. J. von Freudenreich und von Welter und Weber[1], die zeigten, daß die Reibzahl durch Vergrößerung des Lagerspieles auf 1—2% bedeutend vermindert werden kann (Abb. 46.2), stehen mit dieser Schlußfolgerung nicht in Widerspruch. Diese Versuche liegen bei Lagerkennzahlen Φ zwischen 0,25 und 1 und in diesem Bereich nimmt K mit zunehmendem Φ-Wert, d. h. mit zunehmendem Lagerspiel ab (Abb. 432.5).

Gl. (1) darf demnach niemals als eine „allgemein"-gültige Gleichung angesehen werden; sie gilt nur unter be-

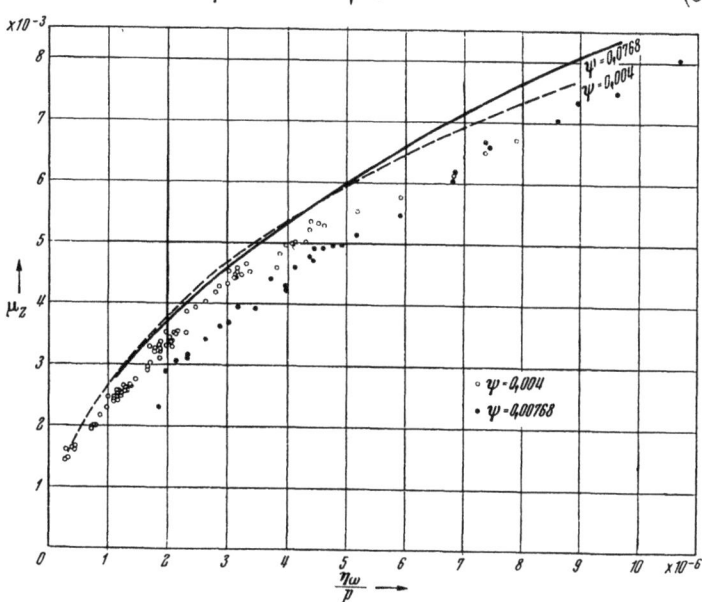

Abb. 3. Vergleich der Theorie mit den Versuchen von Schneider (L. 46.6).

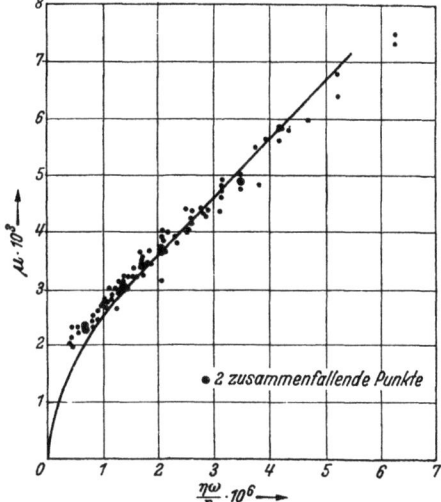

Abb. 4. Vergleich der Theorie mit den Versuchen von Rumpf.

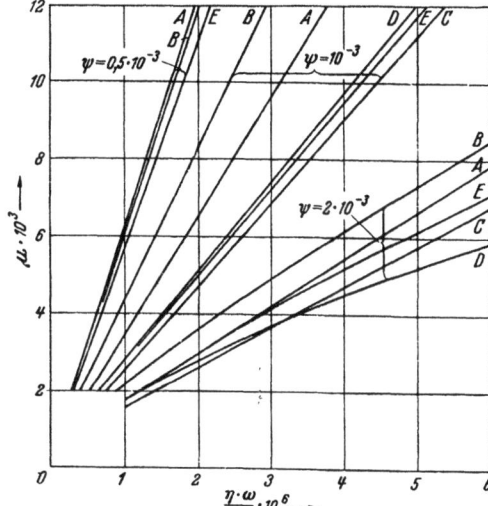

Abb. 5. Einfluß der Ölsorte auf die Reibzahl, nach den Versuchen von Jakeman und Fogg.
A = leichtes Maschinenöl, B = Automobilöl (Winteröl), C = schweres Mineralöl, D = schweres Mineralöl, E = Rizinusöl.

Die Zähigkeit dieser Ölsorten ist durch Gl.(412.3)$\eta \, \vartheta^b = C$ gekennzeichnet.

Für	A	B	C	D	E
ist $b = $	1,8	2,6	2,7	2,9	2,7
und $C = $	1,86	143	369	1360	417

stimmten Voraussetzungen. Es steht deshalb durchaus nicht in Widerspruch mit der Theorie daß die späteren Versuche von Lasche (mit höheren Drehzahlen und kürzeren Lagern)

[1] L. 46.3. u. 4.

$$\mu = \text{prop.}\ n^{0,8} \text{ bis } \mu = \text{prop.}\ n$$

ergaben, und daß die neuesten Versuche zeigen, daß die Reibzahl μ am genauesten durch eine Gleichung von der Form

$$\mu = A + B\eta U/P_1 = A + B/G\ddot{u} \tag{4}*$$

wiedergegeben werden kann, denn der Faktor $(K\sqrt{f_b}+K')$ ist nicht (oder nur unter besonderen Bedingungen) konstant.

Für Kennzahlen Φ kleiner als 4 ist auch K nicht mehr konstant. Zum genauen Vergleich der Theorie mit den Versuchen muß deshalb immer von Gl. (44.8a) ausgegangen und die K-, K'- und f_b-Werte berechnet oder evtl. aus vorhandenen Kurven abgelesen werden. Das setzt aber voraus, daß auch bei den Versuchen die Ölein- und -Austrittstellen beobachtet und kontrolliert werden können. Leider hat man bis heute bei den Versuchen diesen Faktoren viel zu wenig Aufmerksamkeit geschenkt.

Die Versuche von Schneider (Abb. 3) und von Rumpf (Abb. 4) zeigen eine recht gute Übereinstimmung zwischen Theorie und Erfahrung. Daß die von Rumpf aus seinen Versuchen abgeleitete Gleichung für die Reibzahl

$$\mu = 0{,}00165 + 1930/G\ddot{u} \tag{5}$$

niemals Anspruch auf allgemeine Gültigkeit erheben kann, geht recht deutlich aus den Versuchen von Jakeman und Fogg[1] hervor (Abb. 5), die ihre Versuchsergebnisse (in voller Übereinstimmung mit der Theorie) durch ein Strahlenbüschel darstellen.

Abschließend kann festgestellt werden, daß Theorie und Versuch immer in guter Übereinstimmung stehen, wenn die Randbedingungen (Ölein- und Austrittstellen) und die „mittlere" Temperatur der tragfähigen Ölschicht genau beobachtet werden.

47. Berechnung der Gleitlager.

Gleitlager sind so zu berechnen, daß
1. der Zapfen keine unzulässige Beanspruchung und Formänderung erfährt,
2. kleine Reibzahlen erreicht werden,
3. die Flächenpressung beim An- und Auslauf nicht zu hoch ist,
4. die kühlende Oberfläche genügend groß und
5. die kleinste Schmierschichtdicke h_0 (mit Rücksicht auf Betriebsicherheit und Wirtschaftlichkeit), nicht zu klein wird.

Eine unzulässige Formänderung kann vermieden und gleichzeitig das gleichmäßige Aufliegen auf der ganzen Zapfenbreite erreicht werden, durch kurze und einstellbare Lagerschalen ($b \leq 1{,}25\,d$).

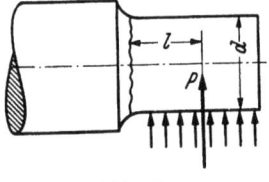

Abb. 47.1.

Aus der Biegegleichung folgt (Abb. 47.1):

$$P \cdot l = 0{,}1\, d^3 \cdot \sigma_b . \tag{47.1}$$

Mit Rücksicht auf die Spannungserhöhung in der Hohlkehle und auf die zusätzliche Beanspruchung auf Verdrehung, infolge der zu übertragenden Leistung, kann $\sigma_b = 600$ kg/cm² für Wellenstahl (St 50) gesetzt werden (vgl. Abschn. 31). Die Länge l ist abhängig von der Lagerbreite und kann (für $b/d < 1{,}25$) schätzungsweise zu $1{,}5\,d$ angenommen werden. Mit diesen Werten folgt aus Gl. (1):

$$P = 40\, d^2. \tag{2}$$

Die Reibzahl

$$\mu = (K_\infty \cdot \sqrt{f_b} + K') \cdot \sqrt{\eta U/P_1} = \frac{K_\infty \sqrt{f_b} + K'}{\sqrt{2}} \sqrt{\eta \omega/p} \tag{44.8}$$

hängt von einer Reihe von Faktoren ab. Die Belastung P und die Drehzahl n sind im allgemeinen durch die Konstruktion der Maschine festgelegt, die Zähigkeit des Öles und das Verhältnis b/d kann der Konstrukteur (in engen Grenzen) frei wählen. Da die Reibzahl (und damit die erzeugte Wärme) nur wenig vom Verhältnis b/d abhängt (Zahlentafel 44.4), ist es zweckmäßig, die kühlende Oberfläche des Lagers durch Wahl einer größeren Breite ($1 < b/d < 1{,}5$) zu vergrößern. Die Bedeutung der Kraftrichtung, der Ölein- und -austrittstelle (φ_1 und φ_2) und der Ölmenge auf die Reibzahl wurde auf S. 279 erläutert. Das Lager wird im allgemeinen nicht mit einer vertikal nach unten wirkenden Kraft P belastet (wie bei der Ableitung der Gleichungen angenommen), sondern muß (bei Riemen- oder Rädertrieb) für jede Kraftrichtung geeignet sein.

---

* $G\ddot{u} = P_1/\eta U$ ist die Gümbelsche Kennzahl für „schleichende Strömungen, vgl. S. 482.
[1] L. 46.12.

47. Berechnung der Gleitlager.

Der Konstrukteur muß deshalb die Reibzahl für einen ungünstigen „Normalfall" berechnen, für welchen die vertikale Kraftrichtung bei horizontalem Ölein- und -austritt geeignet erscheint. Für diesen „Normalfall" gelten die f_b-Werte von Abb. 44.2, und es wird (wie aus Zahlentafel 44.4 folgt) $[K \cdot \sqrt{f_b} + K'] \sqrt{b} \leq 4{,}45$, oder für $b/d \approx 1$

$$\mu \leq \frac{4{,}45}{\sqrt{2}} \sqrt{\frac{\eta \omega}{p}} = 3{,}15 \sqrt{\frac{\eta \omega}{p}} \quad \text{(gültig für } \Phi > 4,\ \varphi_1 = \beta + 90° \text{ und } b/d \approx 1). \tag{3}$$

Diese einfache Gleichung, die aussagt, daß die Reibzahl, **innerhalb den angegebenen Grenzen**, praktisch unabhängig vom Lagerspiel ψ und vom Verhältnis b/d ist, vereinfacht die Vorausberechnung der Lagererwärmung erheblich. Durch Verkleinerung der Ein- und Austrittswinkel (φ_1 und φ_2) des Öles, ist es möglich, noch etwas kleinere Reibzahlen zu erreichen.

Die mittlere Flächenpressung $p = P/b \cdot d$ darf aber mit Rücksicht auf die Erwärmung beim Auslaufen (Gl. 436.5) nicht beliebig hoch gewählt werden. Der zulässige Wert hängt von der Schmierfähigkeit des Öles (Abschn. 45), von der Glätte der Gleitflächen und von der Genauigkeit ab, mit der die Bedingung einer gleichmäßigen Auflage auf der ganzen Zapfenbreite erfüllt ist. Er muß um so kleiner gewählt werden, je länger und öfter der Zapfen im Gebiet der Mischreibung läuft, und liegt erfahrungsgemäß etwa zwischen 6 und 20 at (für Großgüterwagen bis 50 at).

Je größer p gewählt wird, umso leichter tritt Anfressen, Aufrauhen und Abnutzung der Gleitflächen auf. Die beiden Anforderungen „kleine Reibzahlen" und „große Betriebsicherheit beim An- und Auslauf" sind demnach nicht gleichzeitig zu erfüllen. Im allgemeinen ist höchste Betriebsicherheit (p klein) einer kleineren Reibzahl vorzuziehen.

Die größte Beanspruchung sollte unterhalb der Elastizitätsgrenze des Lagerwerkstoffes liegen. Bei direkter Berührung der zylindrischen Gleitflächen kann p_{max} aus der Hertzschen Gleichung:

$$p_{Hz} = 0{,}418 \cdot \sqrt{P_1 E/R} \tag{152.43}$$

berechnet werden. In dieser Gleichung ist $1/R = 1/R_1 \pm 1/R_2$, wobei R_1 und R_2 die Krümmungsradien der Berührungsflächen sind. Bei einem Lager mit Laufsitzspiel ist also

$$1/R = \frac{R_2 - R_1}{R_2 R_1} = \frac{\Delta r}{r^2} = \psi/r. \tag{4}$$

Weiter ist

$$1/E = 1/2\,(1/E_1 + 1/E_2).$$

Für eine Lagerschale aus Bronze (oder Gußeisen) kann $E_1 = 750\,000$ kg/cm² und für die Stahlwelle $E_2 = 2{,}1 \cdot 10^6$ kg/cm² eingesetzt werden, so daß $E = 1{,}1 \cdot 10^6$ kg/cm² wird. Führt man $P_1 = p \cdot d = p \cdot 2\,r$ ein, so wird

$$p_{Hz} = 0{,}418 \cdot \sqrt{2\,E} \sqrt{p \cdot \psi}. \tag{5}$$

Für Schalen aus Bronze oder Gußeisen ist $p_{Hz} = 620 \sqrt{p \cdot \psi}$,

„ Weißmetall ($E_1 = 600\,000$ kg/cm²) ist $p_{Hz} = 570 \sqrt{p \cdot \psi}$.

Da die Hertzsche Theorie (Abschn. 152) voraussetzt, daß die Druckfläche klein im Verhältnis zum Durchmesser ist, was bei kleinem Lagerspiel nicht mehr zutrifft, kann Gl. (5) nicht bis $\psi = 0$ (entsprechend $p_{Hz} = 0$) extrapoliert werden.

Die mittlere Flächenpressung darf zweifellos um so höher gewählt werden, je kleiner das Lagerspiel ist; sie muß aber um so kleiner sein, je länger und öfter das Lager im Gebiet der halbflüssigen Reibung läuft. Die Eisenbahnachslager haben in den eintuschierten Lagerschalen ein sehr kleines Lagerspiel und eine sehr gute Kühlung; nur deshalb sind dort die hohen Pressungen zulässig. Da die tatsächlich auftretenden Flächenpressungen infolge der Unebenheiten der Gleitflächen an einzelnen Stellen noch viel größer werden können als die Rechnung ergibt, scheint es empfehlenswert, unter der berechneten Grenze zu bleiben.

Bei Großkraftanlagen mit Dampf- oder Wasserturbinenantrieb, die nur selten stillgelegt werden, sind höhere Flächenpressungen zulässig, wenn man besondere Ölpumpen vorsieht, die beim Anlaufen und vor dem Stillstand in Betrieb gesetzt werden, so daß Grenzreibung sicher vermieden wird.

Setzt man wieder $b = d$, so wird mit Rücksicht auf die Flächenpressung

$$P = (6 \text{ bis } 20)\,d^2 \tag{6}$$

je nach Werkstoff, Gleitgeschwindigkeit, Spiel und Glätte der Oberfläche. Aus dem Vergleich mit Gl. (2) geht hervor, daß die Bedingung genügender Festigkeit fast immer außer acht gelassen werden kann.

Bei vorgeschriebener Belastung P und Drehzahl n, kann die erzeugte Wärme [nach Gl. (42.2)] nur durch Verwendung des kleinstzulässigen Zapfendurchmessers vermindert werden, da die Zähigkeit des Öls bei der Betriebstemperatur des Lagers nur in relativ engen Grenzen veränderlich ist (vgl. Abb. 412.2). Die Übertemperatur des Lagers hängt [nach Gl. (42.5)] von der kühlenden Oberfläche ab, die für ähnliche Lagerkonstruktionen proportional mit d^2 gesetzt werden kann ($F = X \cdot d^2$). Der Proportionalitätsfaktor X liegt etwa zwischen 10 (für leichte) und 24 (für schwere Ausführungen); er kann durch Aufzeichnen des Lagers schätzungsweise bestimmt werden.

Setzt man μ [aus Gl. (3)] und $P = p \cdot b \cdot d$ in Gl. (42.2) ein, so wird

$$\frac{Q}{d_m^2} = 13{,}3\, b_{cm} \sqrt{\eta \cdot \omega^3 p_{at}} \quad \text{kcal/m}^2 \text{ h} = 15{,}5\, b_{cm} \sqrt{\eta \cdot \omega^3 p_{at}} \quad \text{Watt/m}^2. \tag{7}$$

Die Übertemperatur des Lagers $\Delta \vartheta = \dfrac{Q}{\alpha \cdot X \cdot d^2}$ (Gl. 42.4) darf im Beharrungszustand 30° C nicht wesentlich überschreiten; aus dieser Bedingung folgt mit $\alpha = 20$ kcal/m$^2 \cdot$ h $\cdot$ °C:

$$X \geq \frac{13{,}3 \cdot b_{cm} \cdot \sqrt{\eta \cdot \omega^3 \cdot p_{at}}}{600} = 0{,}022\, b_{cm} \sqrt{\eta \cdot \omega^3 p_{at}}. \tag{8}$$

Selbstverständlich wird man die kühlende Oberfläche mit einem erheblichen Sicherheitszuschlag ausführen.

Schließlich muß noch die Bedingung erfüllt werden, daß die kleinste Schmierschichtdicke h_0 nicht zu klein wird. Die Berechnung von X ging von der Voraussetzung aus, daß $K =$ konst., also die Lagerkennzahl Φ größer als 4 ist. Kennzahlen kleiner als 4 bieten nur Nachteile; sind sie nicht zu vermeiden, so ist Zitronenspiel zu wählen. Je größer die Kennzahl, um so kleiner wird die Reibzahl μ, aber gleichzeitig auch $h_0/\Delta r$ (vgl. Abb. 432.5).

Zahlentafel 47.1. Mittleres relatives Lagerspiel ψ.

Durchm. mm	Empfohlene ISO-Laufsitze (VSM. 58 896)						
	H 7 g 6	H 7 f 7	H 7 e 8	H 7 d 8	H 7 c 8	H 7 b 8	H 7 a 9
30/50	0,74	1,25	2,05	2,80	3,95	5,17	8,97 °/$_{00}$
50/80	0,53	0,92	1,50	2,12	2,82	3,59	6,20
80/120	0,41	0,71	1,16	1,65	2,20	2,75	4,56
120/180	0,31	0,55	0,91	1,31	1,78	2,24	3,94
180/250	0,24	0,45	0,74	1,06	1,48	2,04	3,82

Sind P, U und η festgelegt, so wird der Konstrukteur das relative Lagerspiel ψ so wählen, daß eine kleinste Spalthöhe h_0 erreicht wird, deren Zulässigkeit von Fall zu Fall und mit Rücksicht auf Wirtschaftlichkeit und unbedingte Betriebsicherheit beurteilt werden kann. Für Lagerkennzahlen größer als 400 wird die kleinste Ölschichtdicke h_0 sehr klein ($h_0/\Delta r < 0{,}006$), so daß Zapfen und Lagerschale äußerst glatte Oberflächen erhalten müssen, um halbflüssige Reibung zu vermeiden. Dem Konstrukteur stehen dazu folgende Hilfsmittel zur Verfügung: Zapfen härten und schleifen oder durch Oberflächendrücken glätten, Einlaufenlassen mit kolloidalem Graphit (Kollag, Oildag). Die guten Gleiteigenschaften der Caro-Bronzerohr-Lager beruhen vor allem auf der sorgfältigen Oberflächenbearbeitung.

Das Lagerspiel muß oft auch nach anderen Gesichtspunkten gewählt werden. Bei einer Werkzeugmaschine z. B. muß mit Rücksicht auf die Genauigkeit das Spiel sehr klein sein, etwa 0,01—0,02 mm. Bei der Montage von elektrischen Maschinen wird der Luftspalt zwischen Stator und Rotor meist so eingestellt, daß Stator und Rotor in Ruhe genau konzentrisch sind. Da die Welle sich vom Stillstand bis zur Betriebsdrehzahl relativ zur Lagerschale bewegt, wird der Luftspalt ungleich dick und beeinflußt das magnetische Feld. Die Verlagerung muß deshalb klein sein, d. h. die Lagerkennzahl Φ groß.

Zahlenbeispiel 47.1: Für einen Drehstrommotor (Lagerbelastung $P = 1000$ kg, Drehzahl $n = 1500$/min) ist das Gleitlager zu bemessen.

Gewählt werden Lagerspiel $\psi = 2$°/$_{00}$, $\varphi_1 = \beta + 90°$, $\eta = 0{,}002$ kg $\cdot$ s/m^2 bei der Betriebstemperatur, $p = 10$ kg/cm^2 und $b/d = 1$.

Aus $P = p \cdot d^2 = 1000$ kg folgt $d = 10$ cm. Die Lagerkennzahl ist:

$$\Phi = \frac{P_1 \psi^2}{\eta U} = 2\,\frac{p\,\psi^2}{\eta \omega} = \frac{2 \cdot 10^5 \cdot 4 \cdot 10^{-6}}{2 \cdot 10^{-3} \cdot 157} = 2{,}5.$$

Infolge der hohen Drehzahl und der hohen Lage des Zapfens (für $b = \infty$ wäre nach Abb. 432.5, $\varepsilon = 1 - h_0/\Delta r = 0{,}28$) ist ein unruhiger Lauf zu erwarten, so daß ein Lager mit Zitronenspiel

47. Berechnung der Gleitlager.

notwendig wird (Abschn. 434). Mit der üblichen relativen Beilagedicke $\delta = a/\Delta r = 0{,}75$ (S. 283) und dem angenommenen Lagerspiel $\psi = 2^0/_{00}$ folgt aus Abb. 434.4, $\eta \omega/p_s = 10^{-6}$, so daß $p = \eta \omega \cdot 10^6 = 31{,}4 \cdot 10^4 \text{ kg/m}^2 = 31{,}4$ at ist, was bei guter Auswuchtung des Rotors sicher reichlich ist.

Aus Abb. 434.3 folgt (mit $\delta = 0{,}75$ und $\eta \omega/p_s = 10^{-6}$):

$$L_1 = 2{,}4 \cdot 10^{-3} \cdot p_s \omega d_m^2 = 2{,}4 \cdot 10^{-3} \cdot 10^6 \eta \omega^2 d_m^2 = 1180 \text{ kgm/s, m}$$

und $\qquad L_R = L_1 \cdot b = 1180 \cdot 0{,}1 = 118 \text{ [kgm/s]} = 1{,}16 \text{ kW}.$

Die Zapfenlage folgt aus Abb. 434.2; die kleinste Schmierschichtdicke h_0 aus $\varepsilon \approx \delta = 0{,}75 = 1 - h_0/\Delta r$, zu

$$h_0 = 0{,}25 \cdot 0{,}002 \cdot 50 = 0{,}025 \text{ mm,}$$

was reichlich erscheint, da für einen geschliffenen Zapfen und feinst gedrehten Weißmetall-Schalen $h_0 \lesssim 0{,}01$ mm ist.

Die erzeugte Wärme

$$Q = 1{,}16 \cdot 860 = 1000 \text{ kcal/h}$$

erfordert eine Kühlfläche $F = X \cdot b \cdot d \text{ m}^2$, die aus der Gleichgewichtsbedingung $1000 = F \cdot \alpha \cdot \Delta \vartheta$, zu $F = 1{,}4 \text{ m}^2$ folgt, so daß für $b = 0{,}1$ m, $X = 140$ wird. Das Lager muß also künstlich (durch das umlaufende Öl) gekühlt werden.

Käme man mit einem kleineren Stabilisierungsdruck, z. B. $p_s = 15{,}7$ at aus ($\eta \omega/p_s = 2 \cdot 10^{-6}$ mit $\psi = 3^0/_{00}$), so folgt aus Abb. 434.3:

$$L_1 = 3{,}2 \cdot 10^{-3} \cdot 15{,}7 \cdot 10^4 \omega d_m^2 - 780 \text{ [kgm/s, m]}$$

und $\qquad L_R = L_1 \cdot b = 78 \text{ kgm/s} = 0{,}77 \text{ kW} = 660 \text{ kcal/h und } X = 90.$

Müßte man überhaupt keine Rücksicht auf die Stabilisierung nehmen, so daß ein einfacher Laufsitz verwendet werden könnte, so wird (nach Gl. 47.3) mit $\eta = 2 \cdot 10^{-3}$, $\omega = 157/\text{s}$, $p = 10$ at $= 10^5 \text{ kg/m}^2$ und $\Phi = 5{,}6$

$$\mu < 3{,}15 \sqrt{\frac{2 \cdot 10^{-3} \cdot 157}{10^5}} = 5{,}6 \cdot 10^{-3}$$

$$L_R = \mu \cdot P \cdot v = 5{,}6 \cdot 10^{-3} \cdot 1000 \cdot 7{,}85 = 44 \text{ kgm/s}.$$

Das angenommene Lagerspiel $\psi = 3^0/_{00}$ entspricht dem ISO Laufsitz $H\,7/b\,8$ (Zahlentafel 47.1).

5. Wälzlager (Kugel- und Rollenlager)[1].

Das Wälzlager unterscheidet sich vom Gleitlager nicht nur durch die Verwendung von Wälzkörpern, sondern auch dadurch, daß es als „handelsübliche Einheit" geliefert und eingebaut wird. Die Bedeutung der Wälzlagerindustrie geht daraus hervor, daß die Weltproduktion (vor dem Weltkrieg) etwa 10^6 Lager täglich beträgt! Die äußeren Abmessungen der Lager sind international genormt. Für den Ingenieur ist deshalb weniger der innere Aufbau von Bedeutung als die Regeln für den zweckmäßigen Einbau und für die zulässige Belastung.

51. Lagerarten.

Ursprünglich hat man auch die Wälzlager in Quer- und Längslager unterteilt (Abb. 51.1 u. 2). Diese Einteilung ist für die Wälzlager nicht eindeutig, weil die ursprünglich als Querlager verwendeten Konstruktionen auch große Längskräfte aufnehmen können und in manchen Fällen den eigentlichen Längslagern überlegen sind. Jürgensmeyer hat deshalb Ring- und Scheibenlager zur Kennzeichnung der Konstruktion vorgeschlagen.

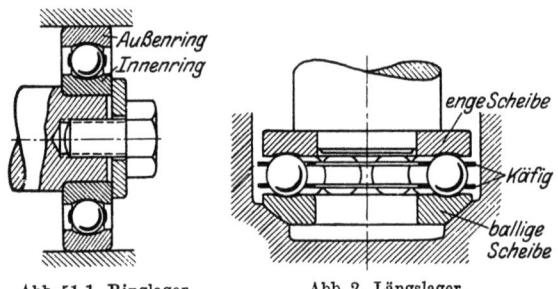

Abb. 51.1. Ringlager.

Abb. 2. Längslager. Scheibenlager.

Die Wälzkörper dürfen nicht ohne Führung laufen, da sie an der Berührungsstelle entgegengesetzte Geschwindigkeiten hätten (Abb. 3), was zum raschen Verschleiß führen müßte. Außerdem werden sie durch die Zentrifugalkraft an die Oberfläche geschleudert, da sie auf der entlasteten Seite des Ringes ebensoviel Spiel haben, wie auf der belasteten die elastische Zusammendrückung beträgt. Die Käfige (Führungsringe) sollen das verhindern, indem sie die Kugeln an den Drehpolen fassen. Sie sind aus weicherem Material (Messing, Eisen) hergestellt, so daß nur diese sich beim Verschleiß abnützen. Bei einem Kugellager tritt demnach nicht nur rollende Reibung, sondern auch gleitende Reibung an den Käfigwänden auf.

Abb. 3.

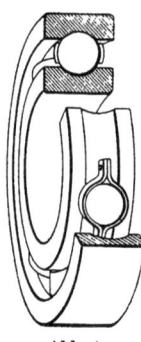
Abb. 4. Radiax Lager.

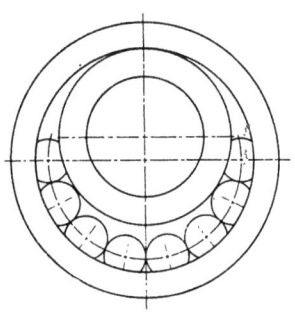
Abb. 5. Einfüllen der Kugeln beim Radiaxlager.

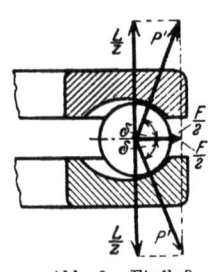
Abb. 6. Einfluß der Fliehkraft auf Scheibenlager. (aus Stellrecht.)

Das einreihige Radialkugellager (Abb. 4) (ohne Einfüllöffnung), genannt Radiax- oder Hochschulterlager, wird dort zweckmäßig verwendet, wo Verklemmungen infolge Durchbiegung der Welle nicht zu befürchten sind. Die Rillen der beiden Laufringe sind verhältnismäßig tief; die Schmiegung (vgl. S. 306) zwischen Kugel und Rille ist sehr innig.

---

[1] L. 5.

Die Kugeln werden bei exzentrischer Lage der Ringe eingelegt (Abb. 5). Bei Lagern mit einer besonderen Einfüllöffnung können etwas mehr Kugeln eingebracht werden; sie werden aber nicht mehr hergestellt, weil das Radiaxlager bedeutend vielseitiger ist. Es ist geeignet für radiale und axiale Beanspruchung und dem zweireihigen vorzuziehen, da bei diesem immer Unsicherheit über die Lastverteilung auf beide Kugelreihen besteht. Erfahrungsgemäß darf ein zweireihiges Lager nur 50% höher belastet werden als das gleich große einreihige. Die Radiaxlager sind bei hohen Drehzahlen zur Aufnahme von Längskräften zweckmäßiger als die eigentlichen Längs- = Scheibenlager (vgl. Abb. 53.8/9).

Bei Scheibenlagern verschiebt sich der Mittelpunkt einer Kugel infolge der Fliehkraft nach außen (Abb. 6). Die Laufringe werden dadurch etwas auseinander gedrückt, wodurch die totale Belastung einer Kugel größer ausfällt. Außerdem tritt dann immer gleitende Reibung auf, die zu Wärmeentwicklung und Verschleiß führt.

Das Pendelkugellager ist immer doppelreihig (Abb. 7). Solange das Lager nur einer Querbelastung ausgesetzt ist, ist die Lastverteilung auf beide Kugelreihen immer gleichmäßig. Infolge der hohlkugeligen Laufbahn des Außenringes wird eine leichte Einstellbarkeit und volle Betriebsicherheit auch dort erreicht, wo Montageungenauigkeiten oder Winkeländerungen der Welle unvermeidbar sind. Der Einbau solcher Lager mit zylindrischer Bohrung in einteiligen Gehäusen erfordert besondere Vorsicht. Das Pendellager ersetzt das früher viel verwendete Ringlager mit Einstellring.

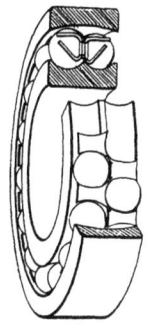
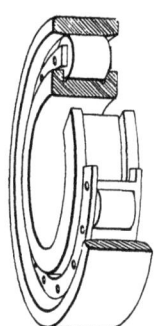
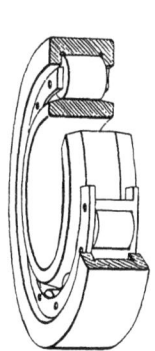
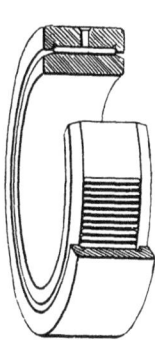
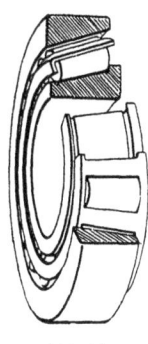

Abb. 7. Pendelkugellager. Abb. 8. Form „N". Abb. 9. Form „NU". Zylinderrollenlager. Abb. 10. Nadellager. Abb. 11. Kegelrollenlager.

Während eine Kugel sich um jede ihrer Achsen drehen kann, ohne die Wirkung des Lagers zu beeinflussen, darf die konstruktiv gegebene Lage einer Rolle im Betrieb keine Änderung erfahren, da sonst erhöhte Reibung und zusätzliche Beanspruchungen auftreten, welche die Lebensdauer erheblich herabsetzen. Deshalb sind solche Formen der Rollen und der Laufbahnen ungeeignet, bei welchen gleitende Reibung auftritt, wie z. B. Kegelrollen mit zur Hauptachse des Lagers gleichgerichteten Achsen oder Zylinderrollen, deren Achsen die Hauptdrehachse schneiden. Infolge der Durchbiegung der Welle oder durch ungenauen Einbau, oder auch durch Abweichungen von der mathematisch genauen Form der Laufflächen von Rolle und Ring entstehen in der Druckfläche ungleichmäßig verteilte Tangentialkräfte, die zur Schrägstellung der Rollen führen. Diese lassen sich nicht vermeiden, so daß eine möglichst gute Führung der Rolle notwendig wird. Die Führung durch den Käfig allein reicht dazu (wie die Erfahrung zeigt) nicht aus; die Schrägstellung wird deshalb durch sog. Borde verhindert oder begrenzt.

Das Zylinderrollenlager (Abb. 8/9) hat bei gleichen Außenabmessungen wie die einreihigen Radialkugellager höhere (etwa doppelte) Tragfähigkeit; der Unterschied nimmt mit der Größe der Lager erheblich zu. Es eignet sich für schweren, stoßweisen Betrieb und dort, wo wenig Platz zur Verfügung steht. Bei den schmalen Reihen ist die Dicke der Rolle gleich ihrer Länge; bei den breiten ist das Verhältnis etwa 1:1,5. Die Führung der Rollen erfolgt zwischen Borden des Innen- oder des Außenringes. Je nachdem welcher Laufring zwei Borde besitzt, unterscheidet man zwischen Innenbordlagern (N) und Außenbordlagern (NU). Die Laufringe ohne Bord besitzen eine schwach ballige Laufbahn und gestatten eine kleine axiale Bewegung innerhalb des Lagers. Es kann als Schulterlager in gewissen Grenzen Längskräfte (bei gleitender Reibung) aufnehmen.

Das Nadellager (Abb. 10) besitzt sehr lange, dünne, zylindrische Rollen, die ohne Käfig laufen. Es hat deshalb eine erhöhte Reibung und eignet sich besonders für schwingende Bewegungen (z. B. Kolbenbolzen). Wegen der geringen Bauhöhe wird es auch dort verwendet, wo normale Lager nicht untergebracht werden können.

304 5. Wälzlager.

Das Kegelrollenlager (Abb. 11) ist ein einreihiges Ringlager, das in Quer- und Längsrichtung hoch belastbar ist. Es kann mit gröberen Toleranzen eingebaut werden, ohne daß dadurch die Lagerluft beeinflußt wird. Radiale und axiale spielfreie Lagerung ist durch Nachstellung möglich. Es wird immer paarweise verwendet.

Das moderne zweireihige Schrägkugellager (Abb. 12) mit einteiligen Laufringen wird

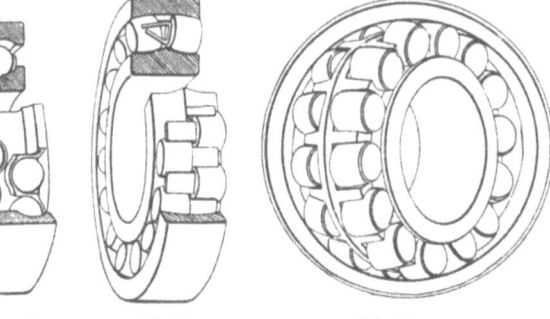
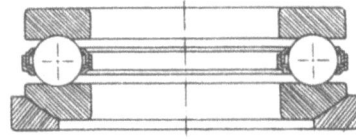

Abb. 12. Zweireihiges Schrägkugellager. Abb. 13. Pendelrollenlager. Abb. 14. Ausgeschwenkt. Abb. 15. Scheibenlager, einseitig wirkend.

ebenfalls für Lagerstellen verwendet, die gleichzeitig Längs- und Querkräfte aufnehmen müssen. Die Laufrillen sind so angeordnet, daß die Kugeldrücke mit spitzen Winkeln gegen die Welle gerichtet sind. Die Kugeln werden mit Vorspannung eingepaßt, so daß das Lager auch fähig ist Längsbelastungen von wechselnder Richtung bei sehr geringer Veränderung der Wellenlage in der Längsrichtung aufzunehmen, was z. B. bei der genauen Lagerung von Schnecke und Rad (Abb. 75.7) notwendig ist. Die Reibung dieses Lagers ist verhältnismäßig hoch (vgl. Abschn. 54).

Beim Pendelrollenlager (Abb. 13/14) besitzt der Außenring eine für beide Rollenreihen gemeinsame hohlkugelige Laufbahn. Die beiden Laufbahnen des Innenringes sind konkav gewölbt (entsprechend der Rollenform). Die Führung der Rollen geschieht an den Seitenflächen eines Leitringes, der lose in dem Außenring liegt. Es ist deshalb auch geeignet, kleine axiale Kräfte aufzunehmen. Beim Pendellager können die Wälzkörper durch Herausdrehen des Innenringes eingesetzt werden (Abb. 14).

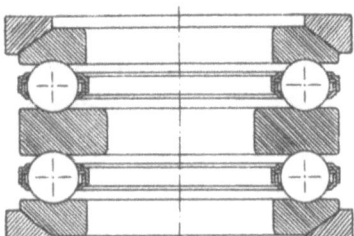

Abb. 16. Scheibenlager, beidseitig wirkend.

Das einseitig oder zweiseitig wirkende Längslager (Abb. 15/16) wird mit flachen oder balligen Scheiben (mit oder ohne Einstellringen) geliefert und dient ausschließlich zur Aufnahme der Längskräfte, übernimmt also keine radiale Führung. Die ballige Ausführung korrigiert Montageungenauigkeiten; eine Einstellung während des Betriebs (infolge Achsänderungen der Welle) ist unmöglich.

Die Außenmaße der Wälzlager sind durch ISO-Normen festgelegt. Der erweiterte Maßplan umfaßt je nach der Schwere der Belastung bei gleicher Bohrung sieben Durchmesserreihen (und zwar 8, 9, 0, 1, 2, 3 und 4) sieben Breitenreihen (0, 1, 2, 3, 4, 5 und 6), diese ersetzen die früheren Bezeichnungen leichte, mittlere und schwere Reihen.

Die normalisierten Kugellager gehören also einer Dimensionsreihe von zwei Ziffern an, worin die zweite Ziffer die Durchmesserreihe und die erste die Breitenreihe angeben. 08 gilt für die schwächste Dimensionsreihe.

Es werden jedoch nicht alle Lagerarten in jeder Dimensionsreihe serienmäßig hergestellt, sondern nur die am meisten verwendeten Typen. (Zahlentafel 52.1 bis 3.)

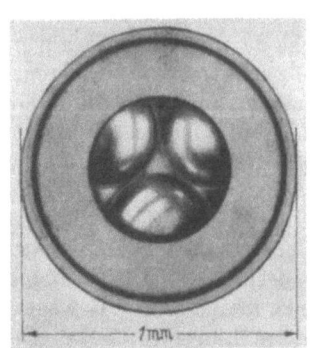

Abb. 17. Miniatur Kugellager.

Die äußeren Lagerdurchmesser liegen zwischen 1 mm (Abb. 17) und 1500 mm, die Belastungen zwischen einigen Gramm und mehreren hundert Tonnen und die Drehzahlen zwischen Null und 25000 U/min.

Die Bezeichnung eines Wälzlagers setzt sich zusammen aus der Dimensionsreihe und der Reihe des Lagers im Kopf der Zahlentafel 52,1 bis 3 und nach der Kennziffer der Bohrung. Die Bezeichnung eines Ringlagers der Dimensionsreihe 02 mit 50 mm Bohrung ist also „6210".

NU 315 ist ein Zylinderrollenlager der Dimensionsreihe 03 mit Außenbordführung und 75 mm Bohrung.

Pendelkugellager Reihen 12, 22, 13, 23 und Pendelrollenlager Reihe 222, 213, 223 werden auch mit kegeliger Bohrung (Konizität 1:12) für Spann- und Abziehhülsen geliefert.

Da der Wälzlagerwerkstoff (Chromstahl) sehr leicht oxydiert und die Lager dadurch Schaden erleiden, sind sie in den Pappschachteln, wo sie in mit säurefreiem Fett getränktem Papier eingewickelt sind, und nicht offen aufzubewahren.

Die Vorteile der Wälzlager gegenüber Gleitlagern sind:
1. Geringer Reibverlust (insbesondere beim An- und Auslauf) ist auch bei mangelhafter Wartung mit hoher Sicherheit vorhanden.
2. Sehr geringer Schmiermittelverbrauch.
3. Geringes Lagerspiel, also genaue Lage der drehenden Teile in einem Gehäuse, was z. B. bei elektrischen Maschinen wegen des kleinen Ankerspiels und bei Werkzeugmaschinen, wegen der Genauigkeit der Bearbeitung, sehr wertvoll ist.
4. Die Maschinen lassen sich bei Verwendung von Wälzlagern meistens etwas kürzer bauen.
5. Rascher Ersatz bei auftretenden Störungen.

Als Nachteile sind zu nennen:
1. Höhere Anschaffungskosten, bedingt durch die genaue Herstellung von Gehäuse und Welle mit engen Toleranzen; sie können durch Verwendung von Spannhülsen gemildert werden.
2. Schwierigkeiten beim Ein- und Ausbau der einteiligen Wälzlager.
3. Wälzlager sind im Betrieb nicht geräuschlos.

52. Tragfähigkeit und Lebensdauer.

Theoretische Grundlagen. Die Grundlage für die Berechnung der Wälzlager bildet die Hertzsche Theorie (Abschn. 152). Neben den allgemein gebräuchlichen Voraussetzungen von homogenen, isotropen, vollkommen elastischen Körpern, die dem Hookeschen Gesetz folgen, setzt die Theorie noch voraus, daß die Körper sich in einem sehr kleinen Teil ihrer Oberflächen berühren und daß die Druckflächen eben und vollkommen glatt seien, so daß nur Normalspannungen in den Druckflächen auftreten und keine Schubspannungen. Man weiß, daß diese Voraussetzungen bei den Wälzlagern nicht genau erfüllt sind[1]. Bei den in der Praxis gebräuchlichen (und aus wirtschaftlichen Gründen notwendigen) Belastungen wird die Elastizitätsgrenze überschritten. Man erkennt dies aus der Tatsache, daß Wälzlager eine beschränkte Lebensdauer haben, die von der Belastung abhängt.

Ein Wälzlager kann durch verschiedene Ursachen, wie mangelhafte Schmierung, Verunreinigung, Rost, ungenaue Montage, u. a. m. vorzeitig zerstört werden. Fließt durch ein Lager elektrischer Strom, dann tritt zwischen den Ringen und den Rollkörpern die (aus der Kontaktlehre bekannte) Stoffwanderung auf[2]. Die im Betrieb auftretende höchste Beanspruchung ist aber die einzige rechnungsmäßig faßbare Zerstörungsursache; sie ist auch nicht zu umgehen.

Die Hertzschen Gleichungen verdienen deshalb eine besonders sorgfältige Berücksichtigung. Sie bilden ein unentbehrliches Hilfsmittel für die Beurteilung der Konstruktion, der Einbauregeln und der Tragfähigkeit der verschiedenen Lagertypen.

Wenn man von der Mohrschen Bruchhypothese (S. 74) ausgeht, so folgt aus der Hertzschen Theorie (Abschn. 152), daß für eine kreisförmige Druckfläche (z. B. für kugelförmige Körper) die größte Beanspruchung in der Symmetrieachse (für $z = 0{,}47\,a$) unterhalb der Oberfläche liegt. Dort ist $\tau_{\max} = 0{,}31\,p_0$ (S. 124). Bei der Zusammendrückung zweier Zylinder dagegen liegt die größte Beanspruchung in einer Tiefe $z = 0{,}78\,a$ unterhalb der Oberfläche. Dort ist $\tau_{\max} = 0{,}304\,p_0$. Man darf deshalb wohl annehmen, daß die Beziehung

$$\tau_{\max} = 0{,}307\,p_0 \tag{52.1}$$

auch für die dazwischenliegnde, elliptische Druckfläche (mit den Halbachsen a und b gültig bleibt.

$$a = 1{,}4\,\mu \sqrt[3]{\frac{P_0}{E\Sigma\varrho}} \quad b = 1{,}4\,\nu \sqrt[3]{\frac{P_0}{E\Sigma\varrho}} \quad \text{und } a > b. \tag{152.29}$$

P_0 ist die größte auf die beiden Körper wirkende Kraft, während

$$p_m = P_0/\pi \cdot a \cdot b \tag{2}$$

---
[1] L. 152.4. [2] L. 52.5.

die mittlere, auf die elliptische Druckfläche gleichmäßig verteilt gedachte Belastung bedeutet. Setzt man die Werte a und b in Gl. (2) ein, so wird

$$p_m = \sqrt[3]{\frac{E^2}{2\pi}} \cdot \sqrt[3]{\frac{P_0}{d^2}} \cdot \sqrt[3]{\frac{(d\,\Sigma\,\varrho)^2}{(\mu \cdot \nu)^3}}. \tag{3}$$

Die größte Spannung p_0 im Mittelpunkt der Druckfläche ist

$$p_0 = \frac{3\,P_0}{2\,\pi a b} = 1{,}5 \cdot p_m. \tag{152.38}$$

$\Sigma\varrho =$ Summe der vier Hauptkrümmungen, μ und ν sind Zahlenwerte (vgl. S. 125).

Führt man diese Beziehungen in Gl. (52.2) ein, so ergibt sich daraus eine maximale Schubspannung, die nach der Mohrschen Bruchhypothese innerhalb einer gewissen Grenzkurve liegen sollte, die für Wechsellast bedeutend kleiner ist als bei statischer Belastung. Lage und Größe der Grenzkurve hängen von vielen Faktoren ab (vgl. Abschn. 132.)

Auch ohne näher auf diese Fragen einzutreten, kann man eine obere Grenze für die Tragfähigkeit der Druckfläche dadurch festlegen, daß die mittlere Pressung in der Druckfläche (p_m) kleiner sein muß als die Brinell-Härte H_B (vgl. S. 87) des Werkstoffes, da sonst schon bei einer einmaligen Belastung eine unzulässig große bleibende Formänderung auftreten würde. Aus

$$p_m = \sqrt[3]{\frac{E^2}{2\pi}} \cdot \sqrt[3]{\frac{P_0}{d^2}} \cdot \sqrt[3]{\frac{(d\,\Sigma\,\varrho)^2}{(\mu \cdot \nu)^3}} = X H_B < H_B \tag{3a}$$

folgt: Unter sonst gleichen Verhältnissen ist die zulässige Belastung P_0 proportional mit H_B^3. Ein Wälzlager aus Chromstahl ($H_B = 700$ kg/mm²) kann gegenüber einem gleichen Lager aus Wellenstahl ($H_B = 130$ kg/mm²) $(700/130)^3 = 155$mal so stark beansprucht werden. Diese Schlußfolgerung gilt nur für die statische Beanspruchung.

Ohne die Bruchursache genauer zu kennen, kann nicht mit Sicherheit angegeben werden, welcher Bruchteil X von H_B als zulässig anzusehen ist. Aus den genauen Messungen von A. Palmgren[1] geht hervor, daß bleibende Formänderungen schon bei sehr kleinen Belastungen nachweisbar sind. Sie entstehen durch die Unebenheiten der beiden Oberflächen und sind abhängig von Größe und Form der Körper und von der Belastungsdauer.

Definiert man die „statische" Tragfähigkeit als die Belastung bei welcher bleibende Verformungen mit bloßem Auge auf einer Fläche normaler Rillenbeschaffenheit wahrnehmbar sind, so zeigen Versuche der S. K. F. sogar eine Zunahme mit der vierten Potenz der Brinellhärte [2].

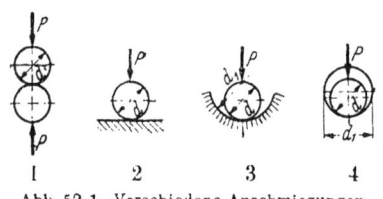

Abb. 52.1. Verschiedene Anschmiegungen.

Aus Gl. (3a) geht weiter hervor:

Die zulässige Belastung P_0 ist um so größer, je größer der dimensionslose Faktor $\Phi = \dfrac{(\mu\nu)^{3/2}}{d\Sigma\varrho}$, der ein Maß für die Anschmiegung der beiden Körper ist, und zwar ist P_0/d^2 prop. mit Φ^2. Für eine kreisförmige Druckfläche ist $\mu = \nu = 1$ und

$$\Phi = \frac{1}{d\Sigma\varrho}.$$

Abb. 52.1, Pos. 1. $\Sigma\varrho = \dfrac{2}{d} + \dfrac{2}{d} + \dfrac{2}{d} + \dfrac{2}{d} = \dfrac{8}{d}$ und $\Phi_1 = \dfrac{1}{8}$

Pos. 2. $\Sigma\varrho = \dfrac{2}{d} + \dfrac{2}{d} + \dfrac{1}{\infty} + \dfrac{1}{\infty} = \dfrac{4}{d}$ und $\Phi_2 = \dfrac{1}{4}$

Pos. 3. Mit $d_1 = 2d$ ist $\Sigma\varrho = \dfrac{2}{d} + \dfrac{2}{d} - \dfrac{1}{d} - \dfrac{1}{d} = \dfrac{2}{d}$ und $\Phi_3 = 1/2$

Pos. 4. $d_1 = 1{,}04\,d$; $\Sigma\varrho = \dfrac{2}{d} + \dfrac{2}{d} - \dfrac{1}{0{,}52\,d} - \dfrac{1}{0{,}52\,d} = \dfrac{0{,}15}{d}$ und $\Phi_4 = 6{,}65$.

Im vierten Belastungsfall darf die Belastung P_0/d^2, $53{,}2^2 = 2800$mal so groß sein wie im ersten!

Für eine elliptische Druckfläche muß noch der Einfluß $\mu \cdot \nu = F(\cos\tau)$ nach Abb. 152.12 berücksichtigt werden. Beim gleichen Wert von P_0/d^2 tritt (nach Gl. (3a)) die größte Beanspruchung dort auf, wo $\dfrac{1}{\Phi^2} = \dfrac{(d\Sigma\varrho)^2}{(\mu \cdot \nu)^3}$ am größten ist. Zur Berechnung von Φ sollten die vier Hauptkrümmungen an der Berührungsstelle bekannt sein. Die Anschmiegungsverhältnisse sind aber nicht durch Normen festgelegt und dem Verbraucher auch nicht bekannt; sie streuen innerhalb gewissen Toleranzen (vgl. S. 321).

---

[1] L. 52.1.   [2] L. 5.1, S. 169.

52. Tragfähigkeit und Lebensdauer.

Zahlenbeispiel 52.1. An welcher Stelle tritt die größte Beanspruchung bei den Kugellagern auf, wenn P_0/d^2 als konstant angenommen wird?

a) **Radiaxlager** (Abb. 51.4). Nimmt man folgende Abmessungen an:

$$r = \frac{1}{\varrho_{11}} = \frac{1}{\varrho_{12}} = 0,5 \text{ cm} = \text{Kugelradius} = \frac{d}{2},$$

$$r_a = -\frac{1}{\varrho_{21}} = 3 \text{ cm} = \text{Laufradius des Außenringes},$$

$$r_{r_a} = -\frac{1}{\varrho_{22}} = 1,04\,r = 0,52 \text{ cm} = \text{Rillenhalbmesser des Außenringes, daraus folgt der}$$

Hilfswinkel τ_a für Kugellager aus Gl. (152.34a):

$$\cos \tau_a = \frac{\varrho_{21} - \varrho_{22}}{\Sigma \varrho} = \frac{-\frac{1}{3} - \left(-\frac{1}{0,52}\right)}{\frac{1}{0,5} + \frac{1}{0,5} - \frac{1}{3} - \frac{1}{0,52}} = \frac{-0,333 + 1,923}{2 + 2 - \frac{1}{3} - \frac{1}{0,52}} = \frac{1,59}{1,744} = 0,91.$$

Aus Zahlentafel (152.1) folgt mit diesem Wert von $\cos \tau_a$:

$$\mu \cdot \nu = 1,45 \quad \text{und} \quad \frac{1}{\Phi^2} = \frac{(d\,\Sigma\varrho)^2}{(\mu \cdot \nu)^3} = \frac{(1 \cdot 1,744)^2}{1,45^3} = \frac{3,025}{3,05} \approx 1.$$

Für den **Innenring** mit

$$r_i = \frac{1}{\varrho_{21}} = 2 \text{ cm} = \text{Laufradius des Innenringes},$$

$$r_{r_i} = -\frac{1}{\varrho_{22}} = 0,52 \text{ cm} = \text{Rillenhalbmesser des Außenringes},$$

ist $\cos \tau_i = \dfrac{\frac{1}{2} + \frac{1}{0,52}}{\frac{1}{0,5} + \frac{1}{0,5} + \frac{1}{2} - \frac{1}{0,52}} = \dfrac{2,423}{2,577} = 0,94$, $\mu \cdot \nu = 1,57$ und

$$\frac{1}{\Phi^2} = \frac{(d\,\Sigma\varrho)^2}{(\mu \cdot \nu)^3} = \frac{6,60}{3,80} = 1,7 \text{ gegenüber } \frac{1}{\Phi^2} = 1 \text{ beim Außenring}.$$

Beim Radiaxlager ist also der Innenring am meisten gefährdet.

b) **Beim Pendelkugellager** (Abb. 51.7) ist der kugelförmige Außenring der schwächste Teil, denn dort ist $\cos \tau = 0$, also $\mu \cdot \nu = 1$,

$$\Sigma \varrho = \frac{1}{0,5} + \frac{1}{0,5} - \frac{1}{3} - \frac{1}{3} = 3,33 \quad \text{und} \quad \frac{1}{\Phi^2} = \frac{(d\,\Sigma\varrho)^2}{(\mu \cdot \nu)^3} = 11.$$

c) **Beim Scheibenlager** (Abb. 51.15) ist die Beanspruchung der beiden Laufbahnen gleich groß. **Schlußfolgerung: Die höchst beanspruchte Stelle eines Wälzlagers ist immer eine der beiden Laufbahnen.**

Bei einem richtig eingebauten Scheiben- (= Längs-) lager tragen alle Kugeln gleich viel.

In einem quer belasteten Ringlager werden die einzelnen Kugeln verschieden stark beansprucht. Nennt man $P_0, P_1, P_2, \ldots, P_n$ die einzelnen Belastungen (Abb. 2), so ist die totale Belastung gleich der Summe der vertikalen Komponenten:

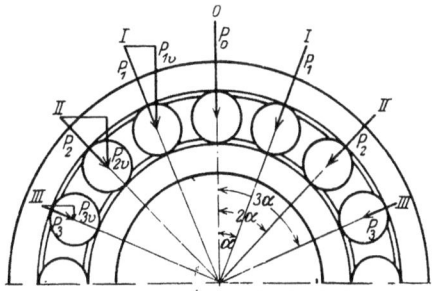

Abb. 2. Angenommene Lastverteilung.

$$P = P_0 + 2P_1 \cos \alpha + 2P_2 \cos 2\alpha + \ldots + 2P_n \cos n\alpha, \text{ oder}$$

$$\frac{P}{P_0} = 1 + 2\frac{P_1}{P_0} \cos \alpha + 2\frac{P_2}{P_0} \cos 2\alpha + \ldots 2\frac{P_n}{P_0} \cos n\alpha. \qquad (4)$$

Wenn $z =$ Anzahl Kugeln im Lager ist, wäre $\alpha = 360/z$, so daß in einem Quadranten $n \leq z/4$ Kugeln sind.

Durch die Belastungen P_0 bis P_n verformen sich die Kugeln. δ_0 ist die der Belastung P_0 entsprechende Annäherung der beiden Laufringe in radialer Richtung. $\delta_1, \delta_2, \ldots, \delta_n$ die zu $P_1, P_2, \ldots, P_n$ gehörigen Annäherungen. Wenn die Kugeln gleich groß sind und zwischen Kugeln und Ringen vor der Belastung kein Spiel vorhanden war, und wenn die Ringe resp. Gehäuse starr sind, also unter der Einwirkung der Kräfte keine Formänderung erleiden, dann wäre

$$\delta_1 = \delta_0 \cos \alpha, \quad \delta_2 = \delta_0 \cos 2\alpha, \text{ usw.}$$

Diese zur Vereinfachung der Berechnung notwendigen Voraussetzungen stimmen mit der Wirklichkeit nicht überein. Das Ringlager zeigt im eingebauten Zustand vier Passungen (Welle-Innenring, Innenring-Wälzkörper, Wälzkörper-Außenring und Außenring-Gehäuse), die so gestaltet sein müssen, daß das eingebaute Lager weder klemmt noch zuviel Luft hat, weil man kleine Reibzahlen und eine hohe Führungsgenauigkeit zwischen Welle und Gehäuse erwartet.

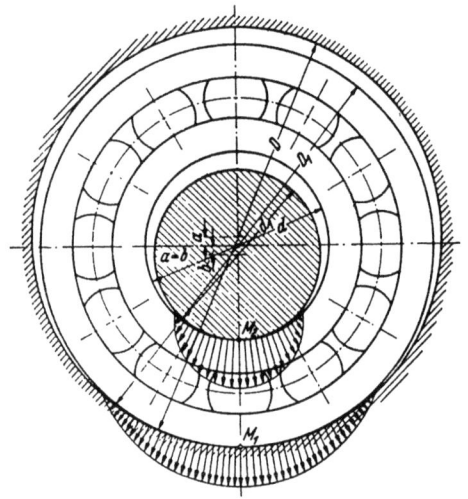

Abb. 3. Tatsächliche Lastverteilung in der Sitzfläche bei lose sitzendem Innenring und Außenring. (Aus Jürgensmeyer.)

Die wirtschaftliche Herstellung in großen Serien kann nur durch Sortierung der Wälzkörper (vgl. S. 16) erreicht werden. Weiter ordnet man den Wälzkörpergruppen entsprechende Laufringe zu, denn nur so kann die Schwankung der Lagerluft (beim ausgebauten Lager) in den gewünschten Grenzen gehalten werden. Schon durch geringe Kräfte treten Abplattungen an den Berührungsstellen auf; Lagerluft und Verformung bilden zusammen das gewünschte „Lagerspiel". Demnach scheint es zweckmäßig beim Einbau eine Spielpassung zu wählen, weil dadurch der Einbau erleichtert und die Lagerluft am wenigsten beeinflußt wird. Da die rollende Reibung bedeutend kleiner als die gleitende ist, scheint ein Mitnehmen des Innenringes gesichert und das Gleiten des Außenringes im Gehäuse ausgeschlossen. Es treten aber andere Erscheinungen auf, die einen Spielsitz unerwünscht erscheinen lassen (Seite 319/20). Beim Spielsitz kann nur der tragende Teil des Umfanges Kräfte übertragen (Abb. 3), so daß weniger Kugeln als die Rechnung voraussetzt zur Kraftübertragung herangezogen werden. Deshalb ist ein straffes Passen des Innenringes erwünscht, wobei im allgemeinen kleine Toleranzen zu fordern sind, damit der Sitz weder zu fest noch zu leicht ausfallen kann.

Da, nach Gleichung (152.24b): $\frac{P_0^2}{\delta_0^3} = \frac{P_1^2}{\delta_1^3} = \frac{P_2^2}{\delta_2^3} = \ldots = \frac{P_n^2}{\delta_n^3} = $ konst. ist, wird

$$P_1 = P_0 \left(\frac{\delta_1}{\delta_0}\right)^{\frac{3}{2}} = P_0 \cos^{\frac{3}{2}} \alpha, \quad \text{oder} \quad 2 P_1 \cos \alpha = 2 P_0 \cos^{\frac{5}{2}} \alpha$$

$$P_2 = P_0 \left(\frac{\delta_2}{\delta_0}\right)^{\frac{3}{2}} = P_0 \cos^{\frac{3}{2}} 2\alpha, \quad \text{oder} \quad 2 P_2 \cos 2\alpha = 2 P_0 \cos^{\frac{5}{2}} 2\alpha$$

. . . . . .

$$P_n = P_0 \cos^{\frac{3}{2}} n\alpha, \quad \text{oder} \quad 2 P_n \cos n\alpha = 2 P_0 \cos^{\frac{5}{2}} n\alpha.$$

und $\quad P = P_0 (1 + 2 \cos^{\frac{5}{2}} \alpha + 2 \cos^{\frac{5}{2}} 2\alpha + \ldots + 2 \cos^{\frac{5}{2}} n\alpha).$ (5)

Für z	=	10	15	20 Kugeln
$\alpha = 360/z$	=	36°	24°	18°
$n = z/4$	=	2	3	5
P/P_0	=	2,28	3,44	4,55

Setzt man $P_0 = K \cdot \frac{P}{z}$, so ergeben sich für K folgende Werte:

| K | = | 4,38 | 4,36 | 4,37 |

Man kann daher unabhängig von der Kugelzahl schreiben:

$$P_0 \cong 4{,}38 \cdot \frac{P}{z}.$$

In Wirklichkeit sind nicht alle Kugeln genau gleich groß, auch deformieren sich die Ringe etwas, so daß man vorsichtshalber

$$P_0 = 5 \frac{P}{z} \tag{6}$$

setzen sollte.

Bei unzweckmäßigem Einbau kann die Höchstbelastung einer Kugel auch wesentlich größer werden.

Ringlager können auch Längskräfte P_a aufnehmen, durch welche die Ringe gegenseitig verschoben werden (Abb. 4), soweit es der Spielraum zwischen Kugeln und Rillen (Radialluft = Ralu genannt) zuläßt. Die axiale Kraft verteilt sich gleichmäßig auf die z-Kugeln; die Kraft $P_1 = P_a/z$ kann in zwei Komponenten zerlegt werden: Normal zur Berührungsfläche der Druck P_n zwischen Kugel und Ring, und Radial die Kraft P_r, welche den Ring spannt. Aus dem Kräftedreieck folgt:

$$\cos \alpha = P_1/P_n = a/(R-r)$$

oder
$$P_n = P_1 \frac{R-r}{a}. \tag{7}$$

Die Kraft P_n ist für die Beanspruchung des Lagers ausschlaggebend und kann vielfach größer als P_1 sein, wenn $(R-r)/a$ groß ist. Will man große axiale Kräfte durch ein Ringlager zweckmäßig aufnehmen, so muß $(R-r)/a$ klein sein; man macht heute $R/r = 1,04$.

Axiale Kräfte können also durch einen Umrechnungsfaktor als zusätzliche Querbelastung für die Lagerberechnung eingeführt werden. Ist P_r die Radialbelastung des Lagers in kg, einschließlich der evtl. Zusatzkräfte (Fliehkräfte usw.) und P_a die Axialbelastung in kg, so ist die „gleichwertige" Querbelastung:

$$P_g = x P_r + y \cdot P_a. \tag{8}$$

Die Faktoren x und y hängen von der Lagerkonstruktion und vom Verhältnis P_a/P_r ab (vgl. Zahlentafel 4).

Für den Ingenieur bleibt dann immer noch die oft recht schwierige Aufgabe, die tatsächlich im Betrieb der Maschine auftretenden Kräfte P_r und P_a richtig abzuschätzen.

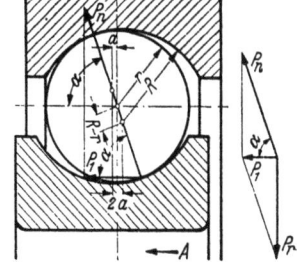

Abb. 4.
Längsbelastung eines Ringlagers.

Wirtschaftlichkeit und Betriebssicherheit zwingen dazu die Lagerbelastungen P_a und P_r bzw. P_g nach Größe, Richtung und zeitlichem Verlauf, so gut wie möglich zu schätzen. Je kleiner ein Lager gewählt werden kann, um so leichter und billiger wird die Maschine. Unsicherheit über die vorkommende Belastung erhöht die Gefahr einer unvorhergesehenen Betriebsstörung mit ihren oft unübersehbaren Folgen.

Experimentelle Bestimmung. Da die Berechnung der zulässigen Lagerbelastung versagt, ist der Ingenieur auf die experimentelle Bestimmung der Belastungsfähigkeit eines Wälzlagers angewiesen. Sie ist durch die Wöhler-Kurve (Abb. 132.5 u. 6) bestimmt und hängt von der Lastwechselzahl bis zum Unbrauchbarwerden, also von der erforderlichen Lebensdauer des Lagers ab.

Für die Beurteilung der Lebensdauer eines Wälzlagers ist es notwendig zwei Arten von Belastungen zu unterscheiden:
1. die stillstehende Gewichtslast (P_s) und
2. die umlaufende Last (P_u) z. B. durch Unbalance (Fliehkraftwirkung). Treten beide Kraftwirkungen gleichzeitig auf, dann ist die resultierende Last P_r immer eine Umlauflast, wenn P_u größer als P_s ist. Für P_u kleiner als P_s pendelt die Richtung der resultierenden Last nur auf einem Teil des Umfanges hin und her (Abb. 5) und ist eine Pendellast.

Die Lastwechselzahl für den schwächsten Punkt des Lagers hängt ab von der Bewegung eines Ringes (Innen- oder Außenring) in bezug auf die Kraftrichtung. Dabei sind drei Belastungsfälle zu unterscheiden:
1. Ring steht still — Last steht still. Die Belastung tritt immer an der gleichen Stelle (im gleichen Punkt) auf, ist also eine Punktlast.
2. Ring steht still — Last rotiert, oder Last steht still — Ring rotiert. Die größte Belastung tritt an jedem Punkt der Laufbahn auf (Umfangslast).
3. Ring steht still — Last pendelt oder Last steht still — Ring pendelt. Die größte Belastung beschränkt sich auf einen Teil des Umfanges (Pendellast).

Bei dem am häufigsten vorkommenden Fall läuft der Innenring bei stillstehender Last um, z. B. bei allen stationären Maschinen, solange die Fliehkraft klein im Verhältnis zur Gewichtslast ist, und bei allen Fahrzeugen mit fest auf den Achsen sitzenden Rädern. In diesem Normalfall erfährt jeder Punkt der Innenlauffläche die höchste Belastung (Umfangslast); der Außenring unterliegt einer Punktlast (Abb. 5a).

Der im Verhältnis zur Lastrichtung umlaufende Außenring kommt vor beim Überwiegen der Fliehkraftwirkung, also bei hoher Drehzahl oder bei Maschinen mit vertikaler Achse, weil dort die (radiale) Gewichtsbelastung gleich Null ist. In diesem Fall ergibt sich Punktlast für den Innenring (weil er mit der gleichen Drehzahl wie die Last rotiert) und Umfangslast für den stillstehenden Außenring (Abb. 5b).

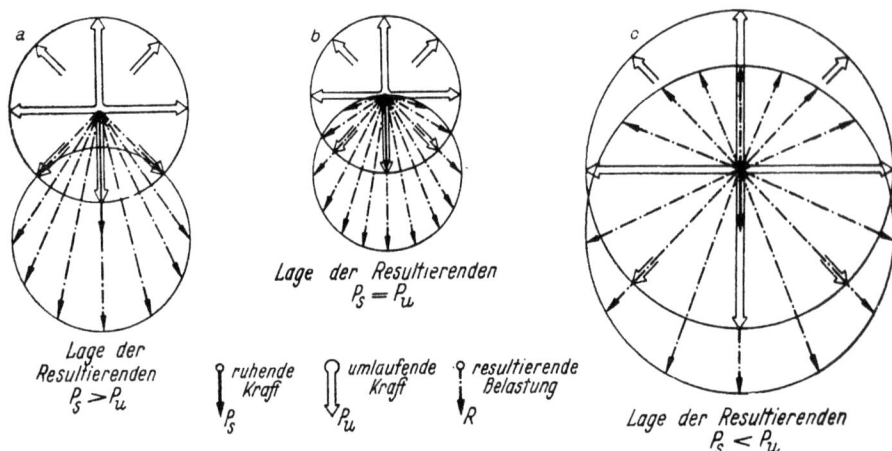

Abb. 5 a, b, c. (Nach Jürgensmeyer).

Für die Beurteilung der Tragfähigkeit und der Lebensdauer ist nicht die Drehzahl, sondern die **Lastwechselzahl für den schwächsten Punkt des Lagers** maßgebend.

Für den **Normalfall**: Umlauflast für den Innenring liegt beim Pendellager die schwächste Stelle im (stillstehenden) Außenring (S. 307). Bei einer Umdrehung der Welle ist die Lastwechselzahl c für den Außenring gleich Kugelzahl z_1 (in einer Reihe) mal Käfigdrehzahl, oder mit der Gleichung für n_2 aus Zahlenbeispiel 74.1, da $d_m = \frac{1}{2}(d_i + d_a) = d_i + d$ ist:

$$c = 0{,}5 z_1 (1 - d/d_m) = 0{,}42 z_1 \quad \text{(für normale Lager)} \tag{9}$$

Beim **Radiaxlager** ist der Innenring durch die Umlauflast am meisten gefährdet. Bei rein axialer Belastung stellen sich die Kugeln unter dem Druckwinkel α ein (Abb. 4) und tragen alle gleich viel. Die Anzahl Lastwechsel bei einer Umdrehung des Innenringes ist gleich Kugelzahl mal der relativen Käfigdrehzahl in bezug auf den Innenring, also nach Zahlenbeispiel 74.1:

$$c = 0{,}5 z_1 (1 + d \sin \alpha / d_m) = 0{,}59 z_1 \quad \text{(für normale Lager)} \tag{10}$$

da der Durchmesser des Mittelrollkreises nun $d_m/\sin\alpha$ ist. Bei rein radialer Belastung ($\alpha = 90°$) schwankt der Kugeldruck

$$P_\varphi = P_0 \cos^{\frac{3}{2}} q \tag{11}$$

in einem Punkt der Laufbahn bei jeder Umdrehung der Welle (des Innenringes) zwischen Null und einem Maximum, das nach Gl. (6) ungefähr gleich $5 P/z$ gesetzt werden kann. Die Beanspruchung der Laufbahn ist also ungünstiger als bei axialer Belastung.

Umfassende Prüfungen (insbesondere durch die SKF) haben gezeigt, daß die Lebensdauer unter **genau gleichen** Betriebsbedingungen außerordentlich verschieden ausfällt (Abb. 6). Die Streuung ist so groß, daß z. B. ein Lager eine Lebensdauer von weniger als 500 Betriebsstunden hat, während ein zweites, das genau gleich zu sein scheint, die gleiche Belastung über 20000 und mehr Betriebstunden, ohne Schaden trägt.

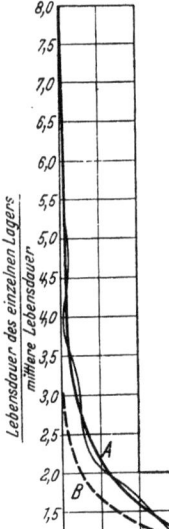

Abb. 6. Lebensdauer-Streukurven (nach Jürgensmeyer).
A, die zur Zeit gültige, B, die angestrebte.

Die Ursache dieser starken Streuung liegt hauptsächlich darin, daß der Werkstoff jeweilen nur an einer sehr kleinen Fläche beansprucht wird, welche dauernd wechselt. Der Werkstoff muß deshalb besonders homogen (ohne Schlackeneinschlüsse) sein und eine gleichmäßige Härte aufweisen. Diese gleichmäßige Anschmiegung und Härte sind auch bei sorgfältigster Herstellung, Auswahl und Wärmebehandlung **nicht** zu erreichen.

Es fragt sich also, was man bei dieser starken Streuung, die keine Ansammlung der Werte um einen Mittelwert zeigt, unter „Lebensdauer" eines Wälzlagers verstehen soll? Man könnte

52. Tragfähigkeit und Lebensdauer.

Zahlentafel 52.1 (aus SKF Katalog 1761 Sz. 07 Juli 48).

Lagerart	"Kennziffer" der Bohrung	d	Maßreihe, 02; 12			Maßreihe, 02; 12 B	leichte Reihe ($D_2=2$); 62 C	leichte Reihe ($D_2=2$); 62 C_0	Schmal ($B_1=0,1$); 302 C	Schmal ($B_1=0,1$); 302 C_0	($B_0=0$); NU 2 C	($B_0=0$); NU 2 C_0	Maßreihe, 22; 22 B_1	Maßreihe, 22; 22 C	Maßreihe, 22; 22 C_0	leichte Reihe ($D_2=2$); 322 C	leichte Reihe ($D_2=2$); 322 C_0	Breit ($B_2=2$); 222 C	Breit ($B_2=2$); 222 C_0
			D	B	C	C_0													
00		10	30	9	390	140	340	196											
01		12	32	10	415	153	530	300											
02		15	35	11	570	208	585	355											
03		17	40	12	640	245	720	440	850				14	490	180				
04		20	47	14	830	320	980	655	1290				14	530	200				
05		25	52	15	1020	405	1040	710	1560				14	585	216				
06		30	62	16	1400	570	1400	1000	2080	850	980	695	16	850	280				
07		35	72	17	1530	640	1960	1370	2650	1290	1100	850	18	1000	390				
08		40	80	18	1930	815	2240	1600	3100	1560			18	1060	425				
09		45	85	19	2160	915	2500	1830	3600	2080	1460	1160	20	1370	560	3250	2750		
10		50	90	20	2320	1020	2700	2120	4050	2650	2100	1700	23	1930	800	4300	3650		
11		55	100	21	2800	1270	3250	2600	5200	3100	2750	2320	23	2120	915	4800	4050		
12		60	110	22	3200	1460	4000	3200	5600	3600	2900	2500	23	2320	1020	5200	4650		
13		65	120	23	3450	1600	4400	3550	6550	4050	3050	2700	23	2400	1080	5300	4800		
14		70	125	24	3800	1760	4650	3900	7100	5200	3650	3250	25	2750	1270	6950	6300		
15		75	130	25	4250	2000	5000	4250	8150	5600	4400	4000	28	3450	1600	8300	7650		
16		80	140	26	4400	2200	5500	4550	8800	6550	5100	4750	31	4300	2040	10000	9300		
17		85	150	28	5400	2650	6300	5500	10600	7100	5300	5000	31	4500	2160	10200	9300		
18		90	160	30	6000	3000	7100	6300	12000	8150	6200	5850	33	4750	2240	10800	10200	9500	10200
19		95	170	32	6800	3450	8000	7200	13200	8800	7100	6800	33	5200	2500	12500	11600	12200	13200
20		100	180	34	7350	3600	9000	8150	15600	10600	8150	7800	36	6100	3000	14300	13700	15600	16000
21		105	190	36	8000	4150	9800	9300	17000	12000	9800	9300	40	7100	3600	17300	16600	18300	19000
22		110	200	38	9300	5000	10800	10400	19600	13200	11400	11000	43	8300	4300	19600	18600	21200	21200
24		120	215	42	11800	6700	11000	10400	22800	15600	12700	12200	46	9500	5100	22000	21200	27500	26000
26		130	230	46	12900	7500	12000	11600	24500	17000	14000	13700	50	10400	5600	25500	24500	27500	26000
28		140	250	50	15600	9150	12900	12900	28500	19600	16300	15300	53	11600	6400	28500	27500	34000	33500
30		150	270	54	17600	10800	13700	14300	32500	21600	18300	18000	58			34000	34000	42500	41500
32		160	290	48						23200	19000	19000	64					48000	47500
34		170	310	52						28000	22400	22400	68					54000	53000
36		180	320	52						32500	27000	28000	73					65500	65500
											31000	32000	80					73500	71000
											35500	36500	86					75000	76500

Zahlentafel 2 (aus SKF

"Kennziffer" der Bohrung	Lagerart			Dimensionsreihe 03; mittelschwere Reihe ($D_3 = 3$) schmal ($B_3 = 0$)									
		13	13	13									
		63	63			63							
		303	303					303					
		NU 3	NU 3							NU 3			
		213	213									213	
		d	D_3	B_3	Tragzahl kg C	C_0	Tragzahl kg C	C_0	Tragzahl kg C	C_0	Tragzahl kg C	C_0	Tragzahl kg C	C_0
00		10	35	11	520	190	655	360						
01		12	37	12	680	250	800	430						
02		15	42	13	735	270	880	520	1 290	980				
03		17	47	14	965	375	1 060	630	1 630	1 250				
04		20	52	15	1 020	400	1 250	765	2 550	1 600	1 370	965	1 730	1 900
05		25	62	17	1 500	600	1 660	1 040	3 050	2 160	1 860	1 370	2 320	2 700
06		30	72	19	1 860	765	2 200	1 460	3 550	2 850	2 450	1 930	3 250	3 800
07		35	80	21	2 280	965	2 600	1 760	4 750	3 750	3 000	2 360	3 750	4 500
08		40	90	23	2 750	1200	3 150	2 200	5 400	4 500	3 750	3 100	4 900	6 000
09		45	100	25	3 450	1560	4 050	3 000	6 800	5 700	4 800	3 900	6 000	7 800
10		50	110	27	3 900	1730	4 750	3 550	8 000	6 700	5 850	4 900	6 800	8 300
11		55	120	29	4 750	2200	5 400	4 250	9 150	7 800	7 100	5 850	8 150	9 800
12		60	130	31	5 500	2600	6 100	4 800	10 800	9 150	8 500	7 200	9 300	11 400
13		65	140	33	5 850	2850	6 950	5 500	12 500	10 800	9 500	8 150	11 200	13 700
14		70	150	35	6 950	3450	7 800	6 300	14 300	12 200	10 400	9 000	12 700	15 600
15		75	160	37	7 350	3750	8 500	7 200	16 000	13 700	12 700	11 000	14 300	17 600
16		80	170	39	8 150	4150	9 300	8 000	17 600	15 300	13 400	12 000	16 000	19 600
17		85	180	41	9 150	4750	10 200	8 800	20 000	17 000	15 000	13 200	18 000	22 000
18		90	190	43	10 400	5500	11 000	9 800	21 600	19 000	17 300	15 600	20 000	24 500
19		95	200	45	11 600	6200	12 000	11 200			18 600	17 000	21 200	26 500
20		100	215	47	12 500	7100	13 700	13 200			21 600	19 600	25 000	31 000
21		105	225	49	14 000	8000	14 600	14 300			25 000	22 400		
22		110	240	50	15 300	8800	16 600	16 600			30 000	26 000	30 000	37 500
24		120	260	55							34 000	30 000		
26		130	280	58							41 500	39 000		
28		140	300	62							46 500	44 000		
30		150	320	65										
32		160	340	68										
34		170	360	72										
36		180	380	75										

z. B. eine „mittlere" Lebensdauer (vgl. Abb. 6) als Mittelwert einführen. Die SKF hat sich aber noch viel vorsichtiger ausgedrückt und den Begriff der Lebensdauer wie folgt definiert: Bei Lagern derselben Art und Größe, die unter gleichen Betriebsverhältnissen arbeiten, bedeutet die Lebensdauer diejenige Anzahl Umdrehungen, die 90% dieser Lager mindestens erreichen, z. T. aber erheblich überschreiten, bevor Ermüdungserscheinungen in irgendeinem Lagerteil auftreten, während 10% schon früher Ermüdungserscheinungen zeigen können. Die so definierte Lebensdauer beträgt zur Zeit nur etwa 20% der „mittleren" Lebensdauer (Kurve A, Abb. 6).

Die Lebensdauerkurve B (Abb. 6), welche die SKF in absehbarer Zeit durch weitere Verbesserungen in Herstellung und Kontrolle, zu erreichen hofft, gibt für 90% aller Lager die halbe

52. Tragfähigkeit und Lebensdauer.

Katalog 1761 Sz. 07 Juli 48).

	Dimensionsreihe, 23; mittelschwere Reihe ($D_3 = 3$) Breit ($B_4 = 2$)							Dimensionsreihe, 04; schwere Reihe ($D_4 = 4$) Breit ($B_5 = 0$)			
23	23										
						64	64	64			
323		323									
						NU 4	NU 4			NU 4	
223				223							

B_4	Tragzahl kg		Tragzahl kg		Tragzahl kg		D_4	B_5	Tragzahl kg		Tragzahl kg	
	C	C_0	C	C_0	C	C_0			C	C_0	C	C_0
17	800	300										
17	880	335										
19	1 060	415					62	17	1 930	1 100		
21	1 370	550	3 000	2 280			72	19	2 600	1 560		
24	1 860	765	4 150	3 200			80	21	2 900	1 900		
27	2 450	1020	5 400	4 300			90	23	3 450	2 320	4 250	3 100
31	3 050	1320	6 700	5 400			100	25	4 300	3 050	5 200	4 000
33	3 600	1600	7 800	6 700	6 300	5 850	110	27	5 000	3 750	6 700	5 200
36	4 300	1960	9 500	8 150	8 000	7 500	120	29	6 000	4 400	7 500	5 850
40	5 100	2400	11 800	10 200	11 000	10 000	130	31	6 700	5 000	9 300	7 350
43	6 000	2850	13 700	12 000	12 900	11 800	140	33	7 800	6 000	9 800	8 150
46	6 800	3350	16 000	14 000	15 600	14 000	150	35	8 500	6 700	11 800	9 800
48	7 350	3900	18 300	16 000	17 000	15 300	160	37	9 300	7 650	13 200	10 800
51	8 300	4500	20 800	18 300	22 400	19 600	180	42	11 800	10 200	16 600	14 000
55	9 300	5200	24 000	21 200	23 200	21 200	190	45	12 700	11 000	19 300	16 300
58	10 200	5850	27 500	23 600	27 500	24 500	200	48	13 700	12 000	22 000	18 600
60			30 500	27 500	30 000	26 500	210	52	14 300	13 200	25 500	21 200
64			34 500	31 500	35 500	31 000	225	54	15 300	14 600	28 500	24 000
67					38 000	34 000	240	55			30 000	26 500
73					45 500	40 500	250	58			34 000	30 000
77							260	60			38 000	33 500
80					56 000	50 000	280	65			41 500	37 500
86					68 000	60 000	310	72			53 000	47 500
93					78 000	69 500	340	78				
102					86 500	81 500	360	82				
108					96 500	91 500	380	85				
114					106 000	100 000						
120					122 000	118 000						
126					132 000	129 000						

mittlere Lebensdauer an. Da nach Gl. (14) die Tragfähigkeit proportional der $\sqrt[3]{}$ aus der Lebensdauer ist, ergibt sich $\sqrt[3]{\dfrac{0{,}5}{0{,}2}} = 1{,}357$ d. h. es würde dies eine Tragfähigkeitserhöhung um 36% bedeuten, wenn die mittlere Lebensdauer unverändert bleiben würde. Da aber gleichzeitig mit der Erhöhung der mittleren Lebensdauer mit einer Zunahme der Tragfähigkeit um etwa 10% gerechnet werden kann, darf in absehbarer Zeit eine allmähliche Steigerung der Tragfähigkeit um 50% erwartet werden. Die SKF rechnet mit einer jährlichen Zunahme der Tragfähigkeit von etwa 5%.

Die experimentelle Bestimmung der Tragfähigkeit erfordert für jede Lagernummer, Belastung und Drehzahl, die Prüfung einer großen Anzahl (etwa 30) Lager bis zur Ermüdung.

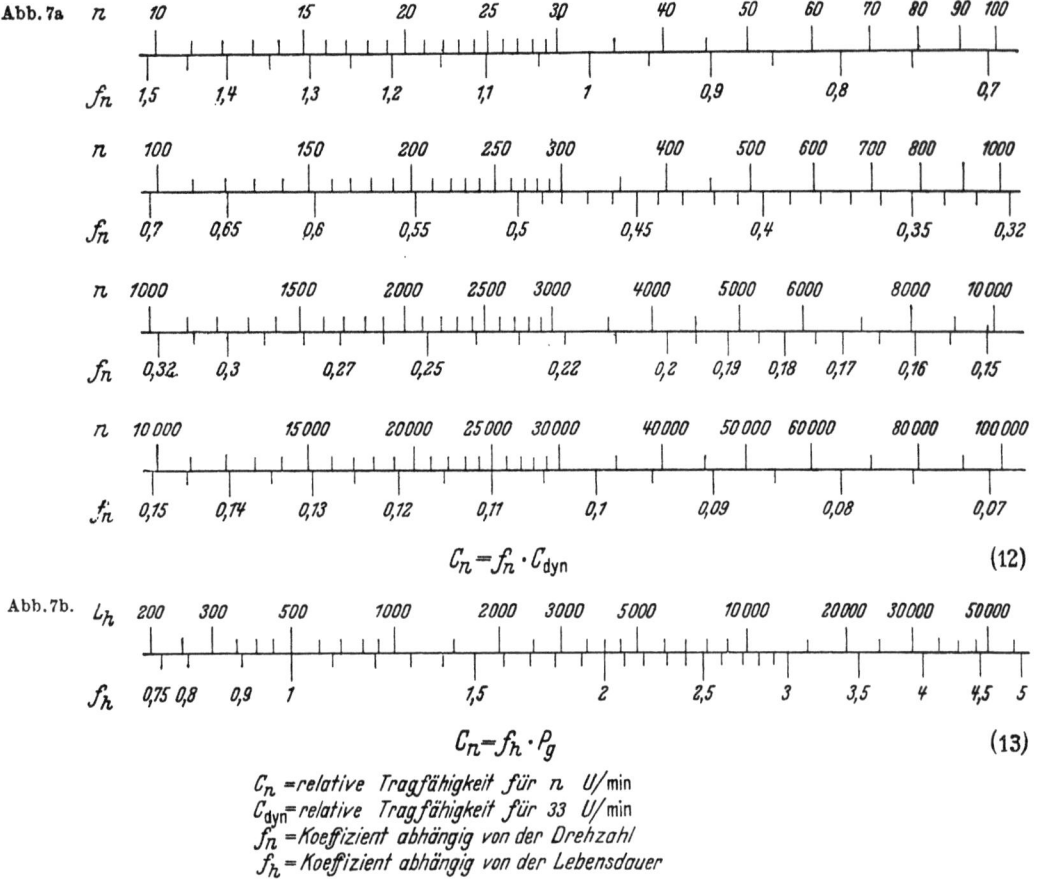

Abb. 7a und b. Zur Berechnung der Tragfähigkeit und der Lebensdauer von Wälzlagern.

Daraus geht hervor, daß die Beschaffung zuverlässiger Unterlagen äußerst zeitraubend ist. Es ist das große Verdienst der SKF, diese Erfahrungswerte systematisch gesammelt und veröffentlicht zu haben. Die Schweizerische Normenkommission hat die SKF-Erfahrungswerte als Normbelastung der Wälzlager übernommen, sie sind in den Zahlentafeln 52.1—3 zusammengestellt. Die in diesen Zahlentafeln angegebenen dynamischen Tragfähigkeiten C_{dyn} sind die zulässigen Belastungen in kg für eine Million Umdrehungen. In den Zahlentafeln (1 u. 2) sind nur diejenigen Lager aufgenommen, welche in erster Linie verwendet werden sollen, weil sie in großen Serien hergestellt und deshalb ab Vorrat lieferbar sind.

Zwischen irgendeiner Lebensdauer L_n, ausgedrückt in Millionen Umdrehungen, und dem Verhältnis der dynamischen Tragfähigkeit C_{dyn} zu der gleichwertigen Belastung P_g (nach Gl. (8)), besteht folgende Beziehung:

$$L_n = \left(\frac{C_{dyn}}{P_g}\right)^3. \qquad (14)^*$$

In den Zahlentafeln 52.1—3 sind die C_{dyn} für drehende Bewegung und C_{stat} für den Stillstand angegeben. Die C_{stat}-Werte gelten auch für schwingende Bewegungen, also für Gelenke, wo n gleich Null ist.

Bei dieser statischen Tragfähigkeit C_{stat} sind die bleibenden Verformungen so klein, daß nach Entlastung und späterem Umlauf der Lager mit beliebig hohen Drehzahlen praktisch keinerlei Beeinträchtigung der Laufeigenschaften zu erwarten ist. An der Stelle, wo die C_{stat}-Werte unterhalb der C_{dyn}-Werte liegen, entstehen bei allen C_{dyn}-Werten bleibende Verformungen in den Laufbahnen, die bei der Drehung sich gleichmäßig über die ganze Laufbahn verteilen, das Spiel vergrößern, aber sonst unschädlich sind. Nach langem Stillstand kann ein so belastetes Lager durch vereinzelte, bleibende Verformungen der Laufbahn betriebsunbrauchbar werden.

---

* Gl. 12 u. 13 s. S. 316.

52. Tragfähigkeit und Lebensdauer.

Zahlentafel 3. Maschinenart und Lebensdauer der Lager.

Maschinenart	Lebensdauerfaktor f_h	Lebensdauer L_h Betriebsstunden
Anordnungen, die nur selten benutzt werden: Vorführungsgeräte, Schiebetüren	1	500
Flugmotoren	1—1,5	500— 1700
Maschinen, die nur kurze Zeit oder mit Unterbrechungen arbeiten und für welche Betriebsstörungen keine größere Bedeutung haben: Hebezeuge für Werkstätten, landwirtschaftliche Maschinen, Montage- und Gießereikrane	2—2,5	4000— 8000
Maschinen für unterbrochenen Betrieb, bei denen Betriebsstörungen von großer Bedeutung sind: Fördervorrichtungen für die Fließfertigung, Aufzüge	2,5—3	8000— 13000
Maschinen für achtstündigen Betrieb, nicht voll ausgenutzt: Ortsfeste Elektromotoren	3—3,5	13000— 20000
Maschinen für achtstündigen Betrieb, welche voll ausgenutzt werden: Greiferkrane, Ventilatoren	3,5—4	20000— 30000
Maschinen für ununterbrochenen Tag- und Nachtbetrieb	4,5—5	45000— 60000
Maschinen für ununterbrochenen Tag- und Nachtbetrieb mit großer Betriebsicherheit: Papiermaschinen, öffentliche Kraft- und Wasserwerke	6—7	100000— 200000

Die C_{stat}-Werte können auch für schwingende Bewegungen verwendet werden, sind aber überall dort, wo Gewicht gespart werden muß (z. B. für Flug- und Fahrzeuge) zu klein. Ein solches Gelenklager bleibt brauchbar, solange der Drehwiderstand (die Reibung) durch plastische Verformung der Laufbahnen nicht zu groß wird. H. Perret[1] hat durch Versuche festgestellt, bei welcher „kritischen" Belastung P_k die plastischen Verformungen schädlich wirken; sie liegen weit oberhalb von den C_{dyn}-Werten. So ist z. B. für Lager Nr. 1200 mit 500 Stunden Lebensdauer: $C_{\text{stat}} = 140$ kg; $C_{\text{dyn}} = 390$ kg; $P_k = 1000$ kg und $P_B = 1800$ kg. Bei der Bruchbelastung P_B wird das Lager durch Bruch der Laufbahn zerstört.

Jedes Maschinenelement muß sich dem Verbrauchszweck anpassen. Diese allgemeine Konstruktionsregel, die auf der ersten Zeile des Buches steht, gilt auch für die Wälzlager.

Wälzlager nutzen sich im Betrieb ab, haben also eine begrenzte Lebensdauer, die nicht zu klein sein darf, da sonst die Störungen zu oft auftreten, und nicht zu groß, da sonst die Konstruktion zu teuer oder zu schwer wird.

Die Lebensdauer muß also von Fall zu Fall durch Abwägen der Vor- und Nachteile geschätzt werden.

Als Maß für die Abnutzung kann man die Anzahl Umdrehungen des Lagers bis zum Umbrauchbarwerden wählen. Zwischen einer in Millionen Umdrehungen ausgedrückten Lebensdauer L_n und der äquivalenten Lagerbelastung P_g besteht die bekannte Beziehung

$$L_n = \left(\frac{C_{\text{dyn}}}{P_g}\right)^3. \tag{14}$$

Aus dieser Gleichung kann die erforderliche Tragzahl berechnet werden, wenn die äquivalente Belastung bekannt ist und wenn man sich für eine Lebensdauer entschlossen hat. Da die Drehzahl im allgemeinen als konstant vorgeschrieben wird, ist es zweckmäßiger mit der Anzahl Betriebsstunden bis zum Umbrauchbarwerden zu rechnen.

Man kann also voraussetzen, daß L_n und P_g bekannt sind, so daß

$$C_{\text{dyn}} = P_g \sqrt[3]{L_n}. \tag{14a}$$

Es ist gebräuchlich mit einer Grundlebensdauer von 500 Betriebstunden zu rechnen. Diese relative Tragfähigkeit ist im SKF-Katalog Nr. 1761 aufgenommen für alle Normdrehzahlen. Wird eine andere (größere) Lebensdauer als 500 Betriebstunden verlangt, so folgt sie aus

$$C_n = f_h \cdot P_g. \tag{7b}$$

---
[1] L. 52.3.

Die relative Tragfähigkeit bei einer anderen (im SKF-Katalog nicht aufgenommenen) Drehzahl n wird aus

$$C_n = f_n \cdot C_{\mathrm{dyn}} \tag{7a}$$

berechnet.

Zahlenbeispiel 2: Es ist ein Lager der Reihe 62 zu wählen nach folgenden Angaben: Radiale Belastung $P_r = 180$ kg, achsiale Belastung $P_a = 120$ kg, Drehzahl $n = 250$ U/min. Die Lebensdauer soll etwa 10 000 Stunden sein. Umlauflast für Innenring.

Nach Gl. (8) ist die gleichwertige Belastung $P_g = x \cdot P_r + y \cdot P_a$. Aus Zahlentafel 4 wählt man für mittlere Verhältnisse und bei Umlauflast für Innenring: $x = 1$ und $y = 1,6$. Mit diesen Werten von x und y ist

$$P_g = 1 \cdot 180 + 1,6 \cdot 120 = 372 \text{ kg}.$$

Für eine Lebensdauer von 10 000 Stunden folgt aus Abb. 7b der Lebensdauerfaktor $f_h = 2,75$.
Für die Drehzahl $n = 250$ min folgt aus Abb. 7a der Drehzahlfaktor $f_n = 0,51$.

Aus
$$C_n = f_h \cdot P_g \tag{13}$$
folgt die relative Tragfähigkeit $C_{250} = 2,75 \cdot 372 = 1025$ kg.

Aus
$$C_n = f_n \cdot C_{\mathrm{dyn}} \tag{12}$$
folgt $C_{\mathrm{dyn}} = 1025/0,51 = 2005$ kg.

Das nächstpassende Lager ist Nr. 6207 mit $C_{\mathrm{dyn}} = 1960$ kg. (Zahlentafel 52.1.)

Die Lebensdauer dieses Lagers unter den angegebenen Belastungen wird wie folgt berechnet. Aus Zahlentafel 4 folgt:

Für $C_{\mathrm{dyn}}/P_g = 4$ ist $y = 1,3$ und für $C_{\mathrm{dyn}}/P_g = 8$ ist $y = 1,6$.

Für $C_{\mathrm{dyn}}/P_g = \dfrac{1960}{273} = 5,27$ interpoliert zwischen den Werten 4 und 8 gibt $y = 1,4$.

Mit $x = 1$ und $y = 1,4$ wird $P_g = 180 \cdot 1 + 120 \cdot 1,4 = 348$ kg.

Aus Gl. 12 folgt $C_n = 0,51 \cdot 1960 = 1000$ kg.

Aus Gl. 13 folgt $f_h = \dfrac{1000}{348} = 2,57$, entsprechend einer Lebensdauer von 12 000 Stunden.

Die Kontrolle nach Gl. 14 ergibt:

$L_n = (C_{\mathrm{dyn}}/P_g)^3 = (1960/348)^3 = 180$ Millionen Umdrehungen $= 12\,000 \cdot 250 \cdot 60$ Umdrehungen Lebensdauer.

53. Einbauregeln.

Allgemeine Regeln. Die Bewährung eines Wälzlagers im Betrieb hängt nicht nur von der richtigen Wahl der Lagerart und der Lagergröße ab, sondern auch von der Sorgfalt des Einbaues. Jede Formänderung und damit auch jedes Klemmen und Zwängen muß beim Einbau und während des Betriebs vermieden werden. Welle, Bohrung, Außendurchmesser und Lagergehäuse müssen genau konzentrisch sein; eine Zentrierung durch Gewinde ist, da viel zu ungenau, falsch (Abb. 53.1). Die Laufbahnen (Ringe) müssen genau rund sein;

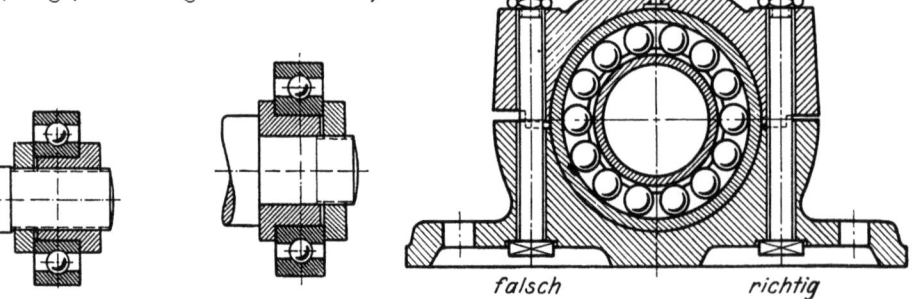

Abb. 53.1. Zentrierung durch Gewinde ist falsch. (Aus Behr-Gohlke.)   Abb. 2. Zweiteiliges Gehäuse mit klaffender Fuge ist falsch.

53. Einbauregeln.

deshalb ist es unrichtig, Wälzlager in ein zweiteiliges Gehäuse mit klaffender Fuge einzubauen (Abb. 2); die Ringe müssen genau in das Gehäuse passen, der Lagerdeckel soll in der Trennfuge aufliegen. Der Außenring muß auf dem ganzen Umfang im Gehäuse aufliegen; eine Unterbrechung, z. B. durch einen Ölkanal (Abb. 11) kann an der belasteten Stelle zu einer raschen Zerstörung der Laufbahn führen. Von mehreren auf einer Welle sitzenden Ring-

Zahlentafel 52.4 (aus SKF Katalog 1761 Sz 07. Juli 48).

Pendelkugel-Lager	Beiwert		y	Pendel-Rollen-Lager	Beiwert		y
	Bei Umlaufslast für den				Bei Umlaufslast für den		
	Innenring x	Außenring x			Innenring x	Außenring x	
1200—1203			2,5	22205—22207			3,8
1204—1205			2,75	22208—22209			4,6
1206—1207			3,25	22210—22213			5
1208—1209			3,5	22214—22215			
1210—1212			4	22216—22217	1	1,4	4,6
1213—1222			4,5	22218—22220			4,4
1224—1230			4	22222—22264			4,2
2200—2203			1,5	22308—22312			2,9
2204—2207			2	22319—22340			3,2
2208—2209			2,5				
2210—2213	1	1	2,75	NU 2, NU 3, NU	1	1,4	—
2214—2220			3				
2221—2230			2,75	30203—30204			1,8
1300—1303			2,25	30205—30213			1,6
1304—1305			2,75	30214—30230			1,4
1306—1309			3	32206—32213			1,6
1310—1313			3,25	32214—32224	$0,5^2$	$0,7^3$	1,4
1314—1322			3,5	30302—30303			2,2
1324—1328			3,25	30304—30307			2
2301			1,25	30308—30324	Kegel-Rollen-Lager		1,8
				32304—32307			2
2302—2304			1,5				
2305—2310			1,75	32308—32324			1,8
2311—2322			2				
62, 63, 64	1	1,4	$1,6^1$	32, 33	1	1,4	1,3

[1] Nur gültig bei mittleren Verhältnissen; bei exakten Rechnungen nimmt man für y folgende Werte:

bei C_{dyn}: $P_g =$	4	8	16
ist $y =$	1,3	1,6	2

[2] Wenn $P_g < P_r$, so nimmt man $P_g = P_r$.
[3] Wenn $P_g < 1,4 P_r$, so nimmt man $P_g = 1,4 P_r$.

lagern darf nur eines achsial im Gehäuse festgelegt werden (Festlager); alle übrigen Lager müssen seitliches Spiel erhalten (Abb. 3). Die unvermeidlichen Formänderungen der Welle in den Lagerstellen können durch Verwendung von Pendellagern (Abb. 3) ausgeglichen werden. Wenn die Lagergehäuse auf voneinander unabhängigen Unterlagen stehen (wie z. B. bei Schiffswellen), treten im Laufe der Zeit Verformungen auf, die beträchtliche Werte annehmen können. Ausschlaggebend ist die Verformung durch die höchste Belastung, die auftreten kann: Stöße wirken deshalb besonders ungünstig.

Die Achsen der Lager müssen genau zusammenfallen. Auch eine versetzte, aber parallele Lage der Achsen (Abb. 4/5) bedingt eine geneigte Lage der Wellenachse und setzt die Verwendung von Pendellagern oder Einstellringen (Abb. 6) voraus.

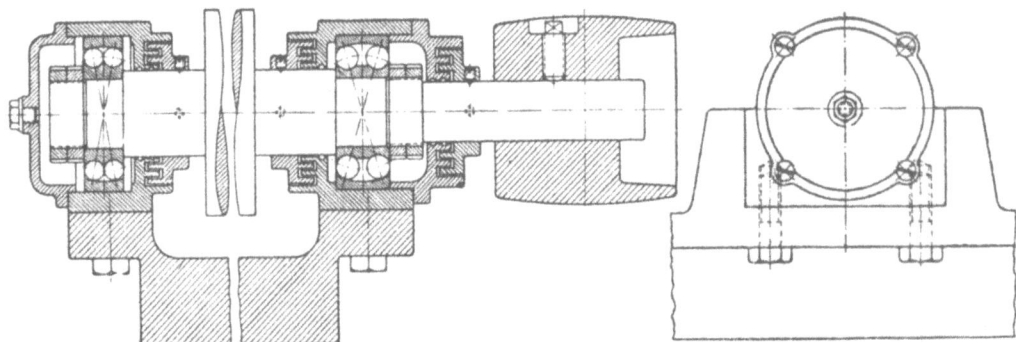

Abb. 3. Lagerung der Messerwelle einer Hobelmaschine in zwei voneinander unabhängigen Gehäusen. Pendellager gleichen ungenaues Fluchten der Gehäusebohrungen und Formänderungen der Welle aus. Nur ein Festlager. Gute Staubabdichtung. Aus Jürgensmeyer.

Die Scheibenlager können in radialer Richtung keine Kräfte aufnehmen. Die stillstehende, im Gehäuse aufliegende Scheibe oder die Unterlagscheibe erhält deshalb ein kleines radiales Spiel. Beim Einbau eines einstellbaren Scheiben- und Ringlagers (Abb. 6) ist darauf zu achten, daß die freie Einstellung nur durch die Drehung um einen Punkt, also auf konzentrischen Kugelflächen möglich ist.

Eine mehrfache, also statisch unbestimmte Lagerung der Welle ist zu vermeiden, weil die Lagerbelastung dann nicht mehr zuverlässig berechnet werden kann.

Diese einfachen Einbauregeln sind heute wohl selbstverständlich. Die Schwierigkeit liegt hauptsächlich darin, daß schon sehr kleine, scheinbar un-

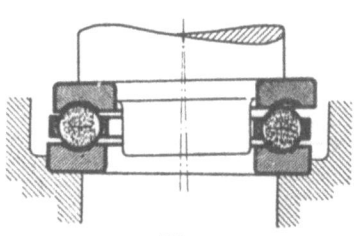

Abb. 4.

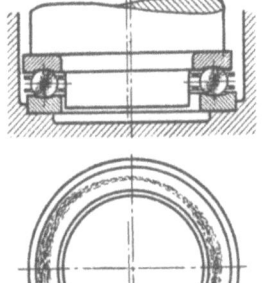

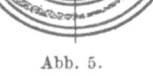

Abb. 5.

Abb. 4/5. Schiefe Auflage des stillstehenden Ringes oder exzentrische Lage beider Ringe führen zu Verklemmungen. (Aus Behr-Gohlke.)

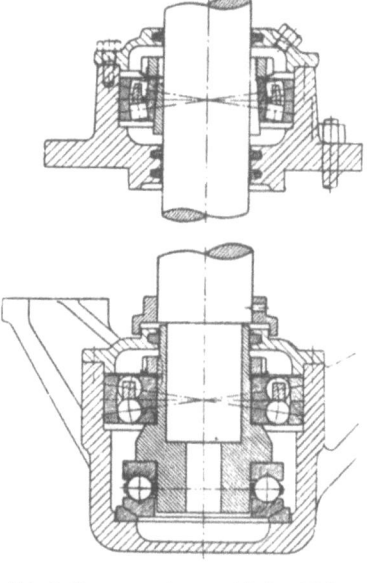

Abb. 6. Lagerung einer vertikalen Welle. Aus Jürgensmeyer.

bedeutende Abweichungen beim Einbau, die Lebensdauer der Wälzlager wesentlich beeinflussen. So muß z. B. bei angeflanschten Gehäusen (Elektromotoren, Zentrifugalpumpen u. ä.) immer mit einer Verlagerung der Achse gerechnet werden, da die vorgesehenen Zentrierflächen nur mit einer gewissen Toleranz hergestellt werden, und die seitlichen Anlageflächen deshalb nicht genau senkrecht zu den Gehäusebohrungen stehen. Diese Fehler sind allerdings sehr klein, so daß die Kombination eines Pendelrollenlagers und eines Zylinderrollenlagers mit balliger Laufbahn (NU) schon eine genügende Einstellbarkeit bietet (Abb. 7).

Die Verwendung eines Radiaxlagers nur zur axialen Führung der Welle, ermöglicht einfache Lagerung, leichte Bearbeitung und bequemen Einbau. Diese Lagerart ist für hohe Drehzahlen und kleine Belastung wesentlich besser geeignet als die Scheibenlager. Die quer zur

Achse gerichteten Kräfte werden von zwei Pendellagern (Abb. 8) aufgenommen; die axiale Führung erfolgt durch das Radiaxlager, dessen Außenring mit Luft im Gehäuse sitzt, also keine Querkräfte aufnehmen kann.

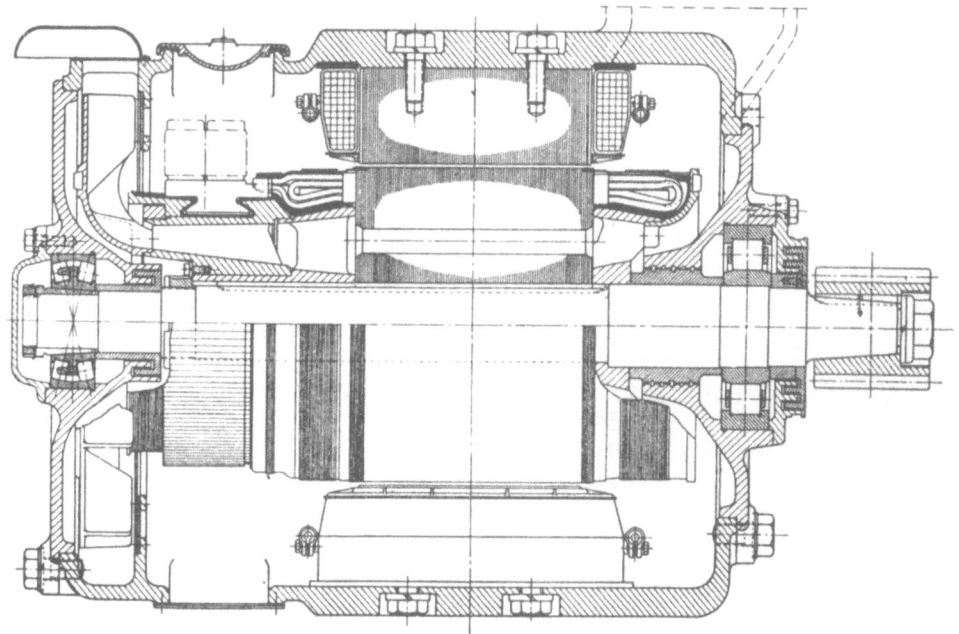

Abb. 7. Bahnmotor mit einem Pendelrollenlager auf Abziehhülse und einem Zylinderrollenlager.
(Aus Jürgensmeyer.)

Bei Straßen- und Schienenfahrzeugen ist das Wagengewicht federnd auf den Achsbuchsgehäusen abgestützt. In überhöhten Kurven oder beim Fahren über Weichen und Schienenstöße treten in den schwenkbaren Gehäusen so große Schiefstellungen auf, das ein Lager selten genügt, um die damit in Zusammenhang stehenden Kräfte (ohne Gefahr für eine baldige Zerstörung) aufzunehmen. Ein einziges „einstellbares" Lager kann in einem schwenkbaren Gehäuse nur verwendet werden, wenn die Schiefstellung begrenzt wird. Meistens werden zwei Pendellager (Abb. 9) benutzt.

Befestigung der Laufringe. Schon bei den ersten Versuchen mit Kugellagern wurde beobachtet, daß ein lose im Gehäuse sitzender Außenring sich langsam entgegen dem Drehsinn der Welle bewegt (wandert), auch wenn er nur einer „Punktlast" ausgesetzt ist. Die damit verbundene allmähliche Verschiebung der Belastungszone wirkt günstig, während der Ver-

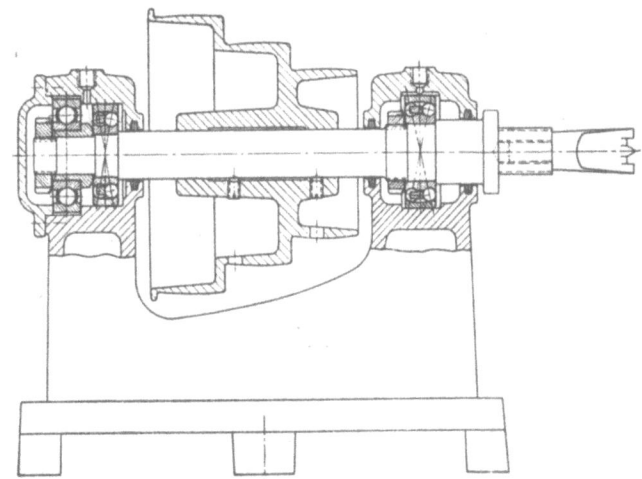

Abb. 8. Aufnahme der Längskraft durch Radiaxlager.

schleiß sehr klein bleibt. Gefährlich wird das Wandern bei „Umfangslast". Wenn man annimmt, daß sich die Welle (Abb. 10) unter der Last P dreht, dann wird der Innenring durch die Reibkraft $\mu_1 P$ mitgenommen, solange die Reibzahl μ_2 des Lagers kleiner als μ_1 ist. Wenn sich die Welle soweit gedreht hat, daß W_1 in der Richtung der Last P liegt, dann ist (wenn kein Gleiten eintritt) der Innenring bis I_1 gekommen, usw., bis schließlich W_0 als W_8 wieder unter der Last P steht, während I_0 um den Bogen $I_0 I_8 = \pi \Delta d$ zurückgeblieben ist (Δd = Durchmesserspiel).

Der gleiche Vorgang ist zu erwarten, wenn die Welle still steht und der Außenring mit dem Gehäuse (mit der Nabe) umläuft, wobei die Fliehkraft in bezug auf den Außenring still steht, aber im Verhältnis zum Innenring rotiert. Die Drehzahl n_r des wandernden Ringes ist also:

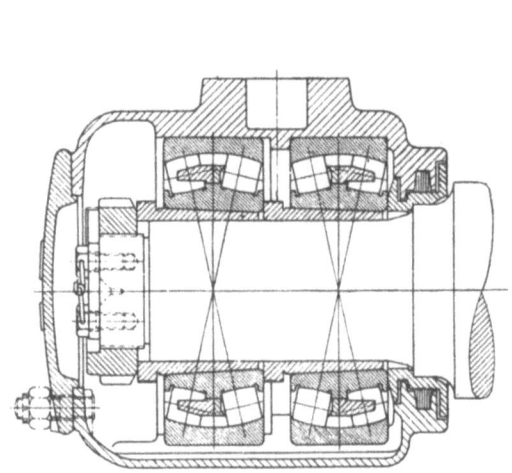

Abb. 9. Achslager für Lokomotivlaufachse.
(Aus Jürgensmeyer.)

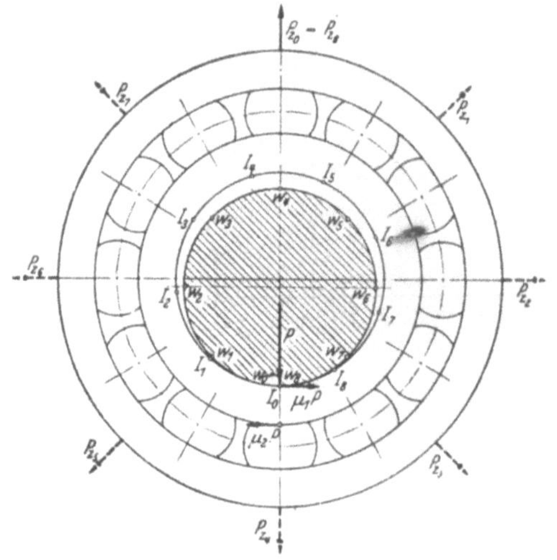

Abb. 10. Erklärung für das Wandern eines Laufringes.
(Aus Jürgensmeyer.)

$$n_r = n_w \frac{d\varDelta}{d_r} \text{(für sich drehende Welle)}$$
$$n_r = n_w \frac{\varDelta d}{d_w} \text{(für sich drehende Last)} \tag{53.1}$$

$n_w = $ Drehzahl der Welle oder des Gehäuses,
$n_r = $ Drehzahl des wandernden Ringes,
$d_r = $ Durchmesser der Ringbohrung oder Gehäusebohrung,
$d_w = $ Durchmesser der Welle oder des Außenringmantels.

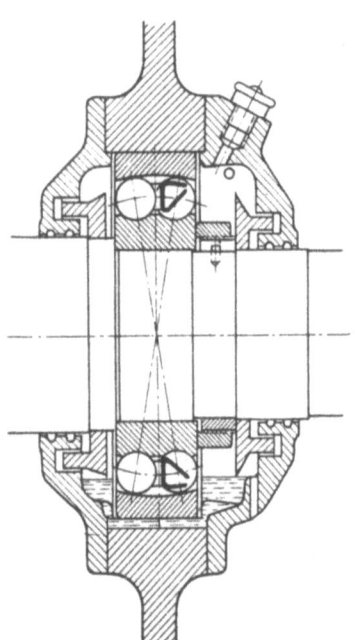

Abb. 11. Befestigung des Querlagers ohne Verschraubung.

Wenn auch das Wandern der Laufringe theoretisch als reine Rollbewegung vor sich geht, so ist (schon infolge der unvermeidlichen Formänderungen) ein Gleiten beider Flächen nicht zu vermeiden. Dieses Gleiten unter hohem Druck ruft Abnutzung hervor, die durch den Passungsrost erhöht wird und eine Lockerung des Sitzes (insbesondere bei gedrehten Sitzflächen) zur Folge hat. Die Bearbeitung der Sitzflächen erfordert deshalb mindestens eine dem Schliff der Lagerbohrung gleiche Oberflächenbeschaffenheit, wenn die gewünschte Passung auf die Dauer erhalten bleiben soll.

Man hat geglaubt, das Wandern der Laufringe durch seitliche Klemmwirkung (Abb. 51.1) oder durch Stifte verhindern zu können; diese Bemühungen sind aussichtslos. Das einzig wirklich zuverlässige Mittel zur Verhinderung des Wanderns besteht in der Verwendung eines Preßsitzes mit genügender Spannung aber ohne Verklemmungen nach dem Einbau.

Die axiale Befestigung durch Muttern erfordert das Schneiden von Gewinde auf die Welle. Bei Massenherstellung (z. B. von Elektromotoren) werden die Wellen auf einfachen Drehbänken hergestellt, die meist keine Vorrichtung zum Gewindeschneiden haben. In solchen Fällen ist die in Abb. 11 dargestellte Befestigung zu empfehlen. Ein aufgeschnittener, außen mit Gewinde versehener Ring, dessen Bohrung etwa $1/2$ mm kleiner als der Wellendurchmesser ist, kann leicht über die Welle geschoben werden und paßt genau in eine Eindrehung. Darüber wird die Verschlußmutter geschraubt.

53. Einbauregeln.

Passungen. Die Abmaße für Bohrung, Außendurchmesser und Breite der Wälzlager waren schon international festgelegt bevor die ISO-Passungen geschaffen wurden. Eine Änderung der Wälzlagernormen wäre bei diesem Massenartikel für den Hersteller und noch mehr für den Verbraucher mit sehr großen Schwierigkeiten verbunden; sie hätte auch keinen technischen Fortschritt gebracht. Die Abmaße der Wälzlager, die alle negativ sind, stimmen deshalb nicht mit den ISO-Toleranzen überein, da z. B. die Einheitsbohrung H des ISO-Systems ein positives Abmaß hat (vgl. S. 15/16). Die (negativen) Abmaße des Außendurchmessers dagegen stimmen in dem Nennmaßbereich 10 bis 150 mm mit dem ISO-Toleranzfeld h5 überein;

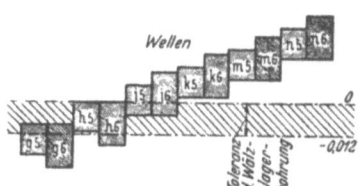

Abb. 12. Größe und Lage der ISO-Toleranzen für Zapfen von 30—50 mm Dmr.

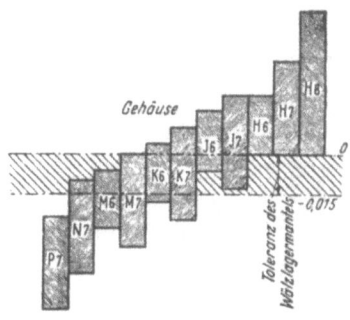

Abb. 13. Größe und Lage der ISO-Toleranzen für Gehäuse von 80—120 mm Dmr.

außerhalb dieses Bereiches sind die Wälzlagerabmaße größer als h5. Daraus folgt, daß die empfohlenen ISO-Sitze (S. 15/16) für die Bohrungen der Wälzlager nicht verwendet werden können, für den Außenring dagegen wohl. Das ISO-System stellt aber für die Passung eine große Zahl von Toleranzfeldern zur Verfügung, die in Abb. 12 für die Bohrungen und in Abb. 13 für den Außenring zusammengestellt sind.

Die Auswahl ist jedoch keinesfalls leicht, da dabei eine Reihe von Faktoren zu beachten sind. Sowohl die Qualität als auch die Lage des Toleranzfeldes ist von der Lagerart, von der Richtung und Höhe der Belastung, von der Oberflächenbeschaffenheit und von der Härte des Werkstoffes abhängig. Für „Umfangslast" muß immer ein fester Sitz gewählt werden. Der Laufring darf lose sitzen für „Punktlast" und muß lose sitzen, wenn er sich axial verschieben sollte, um Wärmedehnungen zu folgen (Abb. 3) oder wenn (wie bei Kegelrollen- und Schrägkugellagern) mit diesem Laufring die Lagerluft eingestellt werden soll. In manchen Fällen ist nicht deutlich erkennbar, ob Umfangs- oder Pendellast vorhanden ist. In diesen unbestimmten Fällen ist der feste Sitz zu wählen um sicher zu gehen.

Die Wahl einer geeigneten Passung muß von Fall zu Fall erfolgen und kann nicht durch die früher gebräuchliche, einfache Faustregel: Innenring = Festsitz, Außenring = Schiebesitz, ersetzt werden. Die nachfolgende Zusammenstellung (Tafel 53,1 u. 2) soll die Wahl einer geeigneten Passung erleichtern.

Mit Rücksicht auf den leichten Ein- und Ausbau ist oft (entgegen den Betriebsbedingungen) ein loserer Sitz zu wählen. Wegen der Verklemmungsgefahr ist bei geteilten Gehäusen immer ein loser Sitz erforderlich; sie können daher nicht verwendet werden, wenn ein fester Sitz des Außenringes verlangt wird.

Ausgelaufene Gleitlager lassen sich einfach ersetzen; die einteiligen Laufringe der Wälzlager bedingen dagegen besondere Maßnahmen, da fast immer ein Laufring mit Übermaß befestigt ist. In manchen Fällen ist ein häufiger Ausbau wegen den Arbeitsbedingungen (bei Walzwerken) oder durch Kontrollvorschriften (bei Schienenfahrzeugen) nicht zu umgehen. Der Konstrukteur muß deshalb bei der Formgebung diese Bedingungen beachten.

Zur Befestigung eines Innenringes mit Übermaß kann man z. B. das Lager (durch Einlegen in warmes Öl) gleichmäßig und so hoch erwärmen, daß es leicht auf die Welle geschoben werden kann. Da ein merkbares Nachlassen der Härte erst von etwa 150° C an eintreten kann, ist eine Temperatur von 100° C durchaus zulässig. Je fester der Sitz ist, um so höher muß die Temperatur sein.

Das Lager muß vollständig abgekühlt sein, bevor das Gehäuse über den Außenring geschoben werden kann. Diese Befestigung ist nur möglich, wenn das Gehäuse vorher über die Sitzfläche des Lagers hinaus verschoben werden kann. Die Verbindung kann z. B. durch Verwendung einer besonderen Abziehvorrichtung (Abb. 14) wieder gelöst werden. Es ist deshalb oft vorteilhaft, wenn die Lager beim Ausbau auf der Welle bleiben können, z. B. durch Verwendung von geteilten Gehäusen (Abb. 20).

Zahlentafel 53.1.[1] Sitze für Ringlager-Wellen.

Voraussetzungen	Einbaubeispiele	Wellendurchmesser in mm			ISO-Toleranzen	Bemerkungen
		Kugellager	Rollenlager			
			Zylinder und Kegel	Pendel		

Lager mit zylindrischer Bohrung.

Voraussetzungen	Einbaubeispiele	Kugellager	Zylinder und Kegel	Pendel	ISO-Tol.	Bemerkungen
Umlaufendes Gehäuse — Innenring leicht verschiebbar	Lose auf der Welle sitzende Räder	Alle Durchmesser			$g6$	
Umlaufendes Gehäuse — Innenring nicht leicht verschiebbar	Spannrollen, Seilscheiben	Alle Durchmesser			$h6$	
Umlaufende Welle oder unbestimmte Belastungsrichtung. Leichte u. veränderliche Belastung	Elektrische Apparate, Werkzeugmaschinen, Pumpen, Ventilatoren, Verladewagen	≤18	—	—	$h5$	Im Falle großer Genauigkeit kann man an Stelle der Toleranzen $j6$, $k6$, $m6$ diejenigen von $j5$, $k5$ und $m5$ anwenden
		18—100	≤40	≤40	$j6$	
		100	40—160	40—100	$k6$	
		—	160—225	100—225	$m6$	
Normale oder schwere Belastungen	Lagereinbauten im allg. in Elektromotoren, Turbinen, Pumpen, Verbrennungsmotoren, Getriebekästen Holzbearbeitungmaschinen	≤18	—	—	$j5$	Für Kegelrollenlager kann man meistens $k6$ und $m6$ an Stelle von $k5$ und $m5$ verwenden
		18—100	≤40	≤40	$k5$	
		>100	40—160	40—100	$m5$	
		—	160—225	100—200	$n6$	
		—	225—400	200—355	$p6$	
		—	—	355—500	$r6$	
		—	—	>500	$r7$	
Sehr schwere Belastungen mit Stößen	Achslager für Eisenbahnen, Lokomotiven	—	60—160	60—100	$n6$	
		—	160—225	100—200	$p6$	
		—	—	200—355	$r6$	
		—	—	355—500	$r7$	
Reine Axialbelastung	Lager im allg.	Alle Durchmesser			$j6$	

Lager mit konischer Bohrung — auf Spannhülse montiert.

Voraussetzungen	Einbaubeispiele	Wellendurchmesser	ISO-Toleranzen	Bemerkungen
Alle Arten von Belastung	Lager im allg. Achslager für Bahnen	Alle Durchmesser	$h9/IT5$	Die Symbole $IT5$ u. $IT7$ an die Toleranzen angehängt, bezeichnen, daß die Ovalität die Toleranzen 5 bzw. 7 nicht überschreitet
	Transmissionen	Alle Durchmesser	$h10/IT7$	

Sitze für Scheibenlager-Wellen.

Voraussetzungen	Wellendurchmesser in mm	ISO-Toleranzen
Reine Achsialbelastung	Alle Durchmesser	$j6$

[1] Aus SKF Katalog 1761 Sz. 07 Juli 48 aus dem französischen frei übersetzt.

53. Einbauregeln.

Zahlentafel 2[1]. Sitze für Ringlagergehäuse[2].

		Voraussetzungen	Einbaubeispiele	ISO-Toleranzen	Bemerkungen[3]
Ungeteilte Lagergehäuse	Umlaufendes Gehäuse	Schwere Belastungen, Gehäuse dünnwandig. Schwere Belastung. mit Stößen	Radnaben mit Rollenlagern. Laufrollen für Kräne. Schubstangenköpfe	P 7	Außenring nicht verschiebbar
		Normale od. schwere Belastungen	Radnabe mit Rollenlagern. Schubstangenköpfe	N 7	
		Leichte und veränderliche Belastungen	Transportrolle, Seilrolle, Spannrolle	M 7	
Geteilte oder ungeteilte Lagergehäuse	Unbestimmte Belastungsrichtung	Schwere Belastungen mit Stößen	Bahnmotoren		
		Normale und schwere Belastungen. Außenring nicht leicht verschiebbar	Elektrische Motoren, Pumpen, Kurbelwellen	K 7	Im allgem. Auß.-ring nicht verschiebbar
		Normale und leichte Belastungen, Außenring leicht verschiebbar	Elektrische Motoren, Pumpen, Kurbelwellen	J 7	Im allgemeinen Außenring verschiebbar
	Umlaufende Welle	Belastung begleitet von Stößen. Außenring entlastet aussetzen	Lager für Eisen- und Straßenbahnen		
		Alle Belastungen	Rollenlager im allgemeinen	H 7	Außenring leicht verschiebbar
		Normale und leichte Belastungen, einfache Bedingung	Transmissionen	H 8	
		Durch Welle erwärmt	Heizzylinder	G 7	
Ungeteilte Lagergehäuse	Anwendung großer Genauigkeit	Veränderliche Belastung u. kleine Deformation	Rollenlager f. Spindelstock für Werkzeugmasch. $\{D>250$ mm; $D=125\text{—}250$ mm; $D<125$ mm$\}$	P 6 / N 6 / M 6	Außenring nicht verschiebbar
		Leichte Belastung und unbest. Belastungsrichtung	Kugellager für Schleifscheiben. Lager für Zentrifugalkompressoren großer Geschwindigkeiten	K 6	Außenring kann sich im allgem. nicht verschieben
		Außenring verschiebbar	Kugellager für Schleifscheiben. Lager für Zentrifugalkompressoren großer Geschwindigkeiten	J 6	Außenring verschiebbar

[2] Für Leichtmetall wählt man im allgem. eine kleinere Toleranz als in der Tafel angegeben.
[3] Die Angaben über Verschiebbarkeit des Außenringes dienen zur Montage der Lager, wenn axiale Stöße in beiden Richtungen auftreten; sie werden als freie Lager verwendet.

Sitze für Scheibenlagergehäuse.

Voraussetzungen		ISO-Toleranzen	Bemerkungen
Reine Axialbelastung	Scheibenlager	H 8	Bei wenig genauer Verwendung ist Gehäusescheibe oder Gegenplatte mit nominellem radialem Spiel montiert

[1] Aus SKF Katalog 1761 Sz. 07 Juli 48 aus dem französischen frei übersetzt.

324   5. Wälzlager.

Wenn eine hohe Laufgenauigkeit verlangt wird, ist es zweckmäßig, die Ringe am Wandern zu hindern und so die Abnutzung zu vermeiden. Eine Lagerung mit geringem Spiel kann nur erzielt werden, wenn auch die Laufringe auf der Welle oder im Gehäuse ohne Luft angeordnet sind. Eine genaue Einstellung des Spieles (in radialer oder axialer Richtung) ist z. B. bei Verwendung von Kegelrollenlagern (Abb. 51.11) möglich.

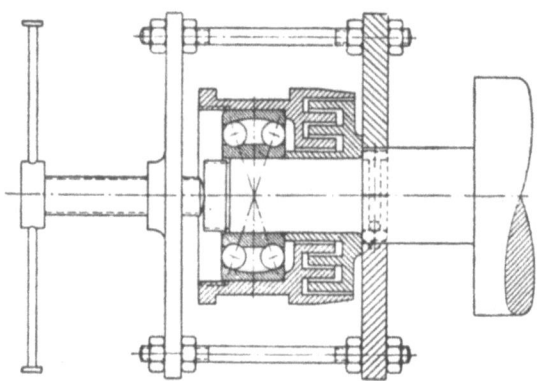
Abb. 14. Ausbau eines Pendelkugellagers mit Hilfe einer Abziehvorrichtung.

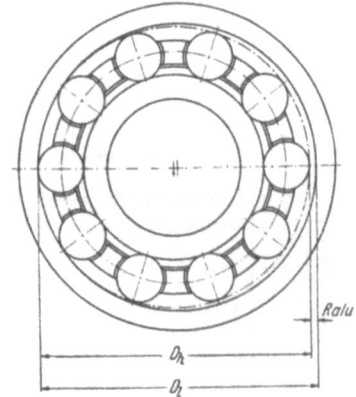
Abb. 15. Darstellung der Radialluft.

Aus den vorstehenden Erläuterungen geht hervor, daß die Wahl eines Wälzlagers und die Vorschriften für den Einbau, von Fall zu Fall, die Berücksichtigung einer Reihe von Faktoren bedingen, die je nach den Betriebsverhältnissen eine verschiedene Bedeutung erhalten können. Es ist deshalb empfehlenswert bei jedem wichtigen Lagerproblem die Spezial-Erfahrungen der Wälzlagerfabriken zu berücksichtigen.

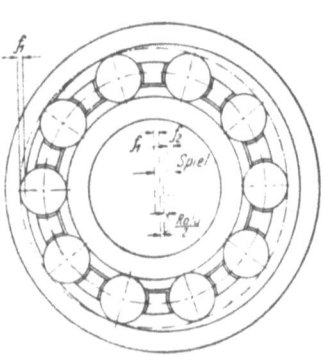
Abb. 16. Darstellung des Radialspiels.

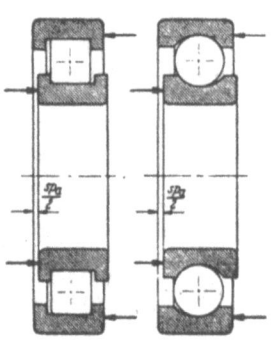
Abb. 17. Radialspiel-Durchschlag.

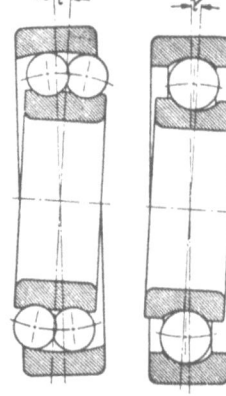
Abb. 18. Winkelspiel.

Die Bedeutung des Lagerspieles. Die Herstellungstoleranz der Einzelteile, verbunden mit der aus wirtschaftlichen Gründen notwendigen Sortierung (vgl. S. 16), gibt auch die Toleranz der Passung (des Zusammenbaues).

Bei Rillenkugellagern, einreihigen Tonnenlagern und Zylinderrollenlagern wird der Unterschied der Durchmesser des größten Laufbahnkreises (D_l Abb. 15) und des entsprechenden Hüllkreises der Wälzkörper (D_h) als „Lagerluft" bezeichnet. Bei Pendellagern sind die Durchmesser durch die Berührungspunkte der Laufbahn, in einem Schnitt senkrecht zur Lagerachse zu messen.

Unter „Lagerspiel" versteht man die gesamte Bewegungsmöglichkeit, die sich unter Last ergibt, also Luft einschließlich elastische Formänderungen. Diese Bewegungsmöglichkeit kann in radialer Richtung (Abb. 16) oder in axialer Richtung (Abb. 17) vorhanden sein, oder auch als Drehung um den Lagermittelpunkt (Winkelspiel, Abb. 18).

Beim radialen und beim axialen Spiel muß man unterscheiden zwischen dem Spiel vor dem Einbau (Fertigungsspiel), dem Spiel nach dem Einbau (Passungsspiel), dem Spiel während

53. Einbauregeln.

des Laufes nach Eintritt des Beharrungszustandes (Endspiel) des einzelnen Lagers und dem Betriebsspiel der Lagerung, das noch durch den Sitz der Ringe beeinflußt wird, und für die Brauchbarkeit des Lagers entscheidend ist.

Die durch die Befestigung des Innenringes auf einer Welle mit Übermaß (ISO-k bis n) verursachte Verminderung der Lagerluft Δd kann überschlagsweise mit Hilfe der Gleichungen in Abschn. 24 (Schrumpfverbindungen) berechnet werden, wenn der Wälzlagerring durch einen gleichmäßig belasteten Ring mit rechteckigem Querschnitt ersetzt wird. Die radiale Erweiterung an der Laufseite (Mantelseite) des Innenringes, das ist die Verminderung der Lagerluft, folgt aus Gl. (124.10) mit $\sigma_x = 0$, $\sigma_y = \sigma_t$ und $\sigma_z = \sigma_r$. Da für $r = r_a$ die radiale Spannung gleich Null ist, wird

$$(\varepsilon_t \cdot E)_a = \frac{\Delta r}{r_a} E = \sigma_t$$

und mit σ_t aus Gl. (141.3) für $r = r_a$ und $r_a/r_i = a$:

$$\frac{\Delta r}{r_a} E = 2p \frac{r_i^2}{r_a^2 - r_i^2} = 2p \frac{1}{a^2 - 1}. \tag{2}$$

Die noch unbekannte Pressung p folgt aus dem Schrumpfmaß ψ der Verbindung:

$$\psi = \frac{2p}{E} \cdot \frac{a^2}{a^2 - 1} \tag{24.1}$$

so daß (mit Gl. 2):

$$\frac{\Delta d}{d_i} = \psi/a^2 \text{ ist.} \tag{3}$$

Zahlentafel 3. Mittleres Schrumpfmaß ψ_m der Wälzlagerbohrungen in $^0/_{00}$.

Bohrung mm	25		50		75		100	
Qualität der Welle	5	6	5	6	5	6	5	6
ISO-k-	0,46	0,54	0,27	0,32	0,21	0,25	0,20	0,24
,, -m-	0,70	0,78	0,41	0,46	0,33	0,37	0,30	0,34
,, -n-	0,98	1,06	0,57	0,62	0,45	0,49	0,40	0,44

Unebenheiten der Oberflächen von Welle und Bohrung und Abweichungen von der genauen Kreiszylinderform (oval, kegelig) haben zur Folge, daß das theoretische Schrumpfmaß erfahrungsgemäß um 20% verkleinert werden muß.

Das in den Wälzlagernormen nicht festgelegte Verhältnis a liegt zwischen 1,25 und 1,3, je nach Lagertype und Größe. Aus Zahlentafel 3 folgt, daß die Verminderung des Radialspiels durch die Befestigung des Innenrings für kleine Bohrungen verhältnismäßig viel größer ist als für große.

Auch bei den Außenringen hat die Passung einen Einfluß auf die Radialluft, wenn sie einen festen Sitz erhalten. Die Gehäusewandungen sind in der Dicke sehr verschieden, der Querschnitt kann im allgemeinen nicht durch ein einfaches Rechteck ersetzt werden, auch der Werkstoff (Gußeisen oder Leichtmetall) hat einen größeren Einfluß. Das Gehäuse ist viel elastischer als eine volle Welle.

Im Betrieb ist die Erwärmung des Innenringes im allgemeinen größer als die des Außenringes. Der Temperaturunterschied zwischen Lauf- und Kühlfläche ist größer als bei den Gleitlagern, da die Wärme nur durch die Punkt- oder Linienberührung der Wälzkörper vom Innenring nach dem Außenring übertragen wird. Man kann im Normalfall mit 5—10° Temperaturunterschied rechnen. Wenn aber das Gehäuse durch Wasser oder durch Luftstrom gekühlt wird oder bei Wärmezufuhr längs der Welle, können wesentlich größere Temperaturunterschiede auftreten. Bei Trockenzylindern von Papiermaschinen z. B. wird Heißdampf von 170—180° C durch den hohlen Zapfen zugeführt. Die Änderung des Radialspieles infolge des Temperaturunterschiedes kann aus der Gleichung

$$\Delta r = \beta (r_i \Delta \vartheta_i - r_a \Delta \vartheta_a) \tag{4}$$

berechnet werden; r_a und r_i sind die mittleren Radien des Innen- und Außenringes, $\Delta \vartheta_i$ und $\Delta \vartheta_a$ die Temperaturerhöhungen dieser Ringe, β ist die Wärmeausdehnungszahl.

Die elastischen Verformungen durch die Betriebsbelastung des Lagers können aus den Hertzschen Gleichungen berechnet werden. Die dazu erforderlichen, inneren Abmessungen der

Wälzlager (Durchmesser der Wälzkörper, Dicke der Ringe, Krümmungsradien) sind nicht bekannt; sie müssen aus den genormten Außenabmessungen schätzungsweise abgeleitet werden.

Zahlenbeispiel 53.1. Berechnung der Abplattung eines Pendelkugellagers Nr. 1205.

Die Außenabmessungen des Lagers sind aus Zahlentafel 52.1, die Krümmungsradien schätzungsweise angenommen:

$$d = 0{,}7 \text{ cm},\ r_a = 2{,}29 \text{ cm},\ r_i = 1{,}57 \text{ cm},\ r_{ri} = 0{,}36 \text{ cm}.$$

Die Abplattung zwischen der Kugel und dem ebenfalls kugelförmigen Außenring folgt aus Gl. (152.24 b) mit $\dfrac{1}{R} = \dfrac{1}{0{,}35} - \dfrac{1}{2{,}29} = 2{,}423\ [\text{cm}^{-1}]$ zu

$$\delta_1 = 1{,}23 \sqrt[3]{\frac{P_0^2}{E^2 \cdot R}} = 1{,}65 \sqrt[3]{P_0^2/E^2}.\ [\text{cm.}] \tag{a}$$

Die Zahl 1,65 hat die Dimension $[\text{cm}^{-1/3}]$.

Die Abplattung zwischen Kugel und Innenring folgt aus:

$$\delta_2 = \frac{3 P_0}{\pi} \cdot \frac{m^2 - 1}{m^2 E} \cdot \frac{K(\varepsilon)}{a} \tag{152.37}$$

mit $m = 10/3$ und

$$a = 1{,}4\,\mu \sqrt[3]{\frac{P_0}{E \Sigma \varrho}} \tag{152.29}$$

zu

$$\delta_2 = \frac{2{,}73}{1{,}4 \cdot \pi \cdot \mu} K(\varepsilon) \sqrt[3]{P_0^2 \Sigma \varrho/E^2}. \tag{b}$$

Aus $\cos \tau_i = \dfrac{\varrho_{21} - \varrho_{22}}{\Sigma \varrho} = \dfrac{1/r_i - 1/2r_{ri}}{4/d + 1/r_i - 1/r_{ri}} = \dfrac{3{,}417}{3{,}557} = 0{,}96$ folgt mit Zahlentafel 151.1: $\mu = 4{,}5$ und $\nu = 0{,}37$ und $\varepsilon = \dfrac{\nu}{\mu} = 0{,}08$. Mit dem Wert der elliptischen Funktion $K(\varepsilon = \sin \alpha) = 1{,}57$[1] aus dem Taschenbuch „Hütte", wird

$$\delta_2 = 0{,}33 \sqrt[3]{P_0^2/E^2}. \tag{c}$$

Durch Addition der Gl. (a) und (c) erhält man:

$$\delta = \delta_1 + \delta_2 = (1{,}65 + 0{,}33) \sqrt[3]{P_0^2/E^2}$$

oder

$$P_0^2 = \left(\frac{\delta}{1{,}98}\right)^3 E^2 \tag{d}$$

[δ in cm, $E = 1{,}87 \cdot 10^6$ kg/cm², die Zahl 1,98 hat die Dimension $\text{cm}^{-1/3}$]

Für
$\delta =$	4	μ	ist $P_0 =$ 5,3 kg	und	$P =$ 25 kg
$\delta =$	5	μ	$P_0 =$ 7,4 kg		$P =$ 35 kg
$\delta =$	6,6	μ	$P_0 =$ 11,4 kg		$P =$ 55 kg
$\delta =$	10	μ	$P_0 =$ 21 kg		$P =$ 100 kg.

Die entsprechende Belastung des doppelreihigen Pendellagers folgt aus Gl. (52.6) mit $z_1 = 12$ zu $P = 2 \cdot \dfrac{z}{5} P_0 = 4{,}8\, P_0$.

Wird das Lager auf einer Welle mit dem Toleranzfeld $k5$ befestigt, so wird die radiale Lagerluft nach Gl. (3) und Zahlentafel 3 (mit $r_a/r_i = a = 1{,}25$) um $\Delta d = \dfrac{0{,}46}{1{,}25^2} 25 = 7{,}4\,\mu$ vermindert. Die Dehnung des Innenringes infolge des Temperaturunterschiedes zwischen Innen- und Außenring kann zu $2{,}8\,\mu$ angenommen, die radiale Verkürzung des Außenringes beim Einbau vernachlässigt werden. Die ursprünglich vorhandene Ralu wird also um $10{,}2\,\mu$ vermindert. Diese Verminderung kann durch die Abplattung bei einer Mindestbelastung von 100 kg gerade ausgeglichen werden. Wäre ursprünglich $5{,}4\,\mu$ Ralu vorhanden gewesen, so genügt eine Mindestbelastung des Lagers von 32 kg zur vollständigen Entlastung der Kugeln. Nach Gl. (52.12, S. 316) ist die Lebensdauer des Lagers im letzten Fall rd. 30mal so groß wie im ersten.

Je größer die Lagerbelastung ist, um so fester darf der Wellensitz sein, ohne daß Klemmen zu befürchten ist, oder um so kleiner darf die Ralu sein.

Vom Standpunkt der Tragfähigkeit aus ist es durchaus zulässig, wenn die Rollkörper infolge der Aufweitung oder Zusammendrückung der Laufringe unter einer gewissen Vorspannung stehen, solange diese nur unbedeutend ist gegenüber der tatsächlichen Lagerbelastung.

Aus Erfahrung weiß man jedoch, daß ein Wälzlager besser funktioniert, wenn die Rollkörper einmal bei jeder Umdrehung entlastet werden. Die Vorspannung darf deshalb nur so

---
[1] Hütte, 27. Aufl., Bd. 1, S. 58.

53. Einbauregeln.

groß sein, daß die der Druckrichtung gegenüberliegende Kugel unter normaler Betriebsbelastung gerade entlastet wird.

Da Rollenlager im allgemeinen höher belastet werden als Kugellager, erfordern sie strammere Sitze und infolgedessen auch größere Lagerluft.

Wälzlager mit kegeliger Bohrung für Spannhülsenbefestigung erhalten (der größeren Formänderung entsprechend) von vornherein eine entsprechend große radiale Luft.

Bei der Wahl der Passung muß also die Lagerbelastung und die erwünschte Lebensdauer des Lagers berücksichtigt werden.

Einbaubeispiel 53.2. Lagerung der Messerwelle einer Holz-Hobelmaschine (Abb. 3). Infolge der kleinen Gewichtsbelastung, in Verbindung mit der hohen Drehzahl, also mit relativ großen Umlaufkräften, ist die Belastungsrichtung unbestimmt. Je nach der Sorgfalt der Auswuchtung muß (im ungünstigsten Fall) mit Umfangslast für Innen- und Außenring gerechnet werden, so daß für beide Ringe feste Sitze erforderlich sind (vgl. S. 321), und zwar

für die Welle $j5$ oder $j6$,

für das Festlagergehäuse $K6$ und

für das Loslagergehäuse $J6$, da wegen der notwendigen Verschiebemöglichkeit ein fester Sitz nicht zulässig ist. Die hohe Drehzahl verlangt den Einbau in ungeteilten Lagern. Die gleichen Toleranzfelder erhält man auch aus den Tafeln 53.1 und 2.

Zusammenbau. Da die Bohrung etwas kleiner als der Zapfen ist, müssen die Lager erwärmt oder aufgepreßt werden. Für 50 mm Durchmesser beträgt das obere Abmaß der Welle $j5$ (aus ISO-Tabellen) 0,006 mm und das untere Abmaß der Bohrung (aus Tafel 4) —0,012 mm; der Ring müßte also mindestens um 0,018 mm erweitert, bzw. um $0{,}018/50 \cdot 11 \cdot 10^{-6} = 32{,}7°$ C erwärmt werden. Eine Erwärmung um 50° C (auf rd. 70° C) erweitert die Bohrung um $50 \cdot 50 \cdot 11 \cdot 10^{-6} = 0{,}0275$ mm. Erfahrungsgemäß genügt schon ein kleines Spiel von 0,005 mm, um das Lager leicht von Hand auf die Sitzfläche zu schieben. Die genaue Lage der Lager (gegen den Wellenbund) wird, nach Abkühlung, durch die Verschraubung gesichert.

Um die Lager in den einteiligen Gehäusen bequem montieren zu können, ist es zweckmäßig dafür zu sorgen, daß die Gehäuse über die Sitzfläche verschoben werden können. Da

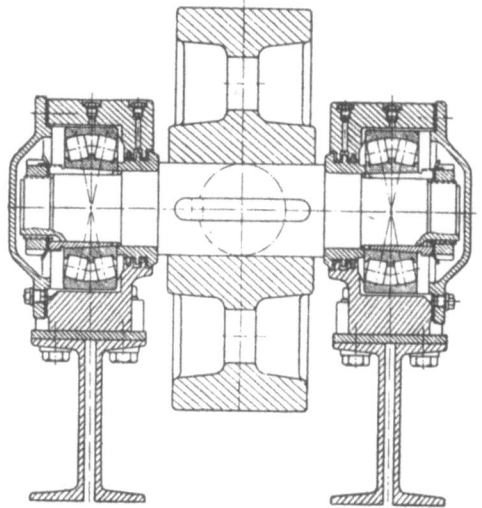

Abb. 19. Stützrolle einer Trockentrommel
Gewichtsbelastung bei geringer Drehzahl. Welle dreht sich, Gehäuse steht still.
Normalfall: Innenring „Umfangslast" (fester Sitz) — Spannhülse.
Außenring „Punktlast" (loser Sitz) — H. 7.
Auch wegen der Wärmedehnung muß der Außenring leicht verschiebbar sein.
Lagergehäuse geteilt wegen bequemem Ausbaues.
Wellentoleranz für Spannhülsenlager $h7$ (für schwere) bzw. $h10$ (für leichte Belastung).

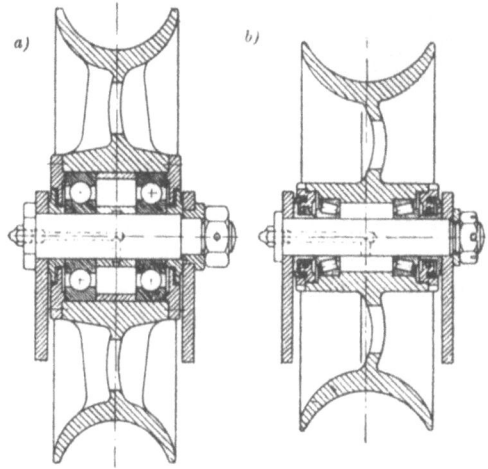

Abb. 20 a, b. Lagerung der Laufrollen einer Seilbahn. a) mit Radiaxlagern, b) mit Kegelrollenlagern.
Die Belastung ändert ihre Richtung nicht. Die Welle steht still, das Gehäuse (die Rolle) dreht sich, also
Außenring „Umfangslast" (fester Sitz)
Innenring „Punktlast" (loser Sitz).
Toleranz für die Bohrung der Rolle: M7, N7 oder P7 für geringe, hohe oder sehr hohe Umfangslast.
Toleranz für die Welle $g6$; für Stoßbelastung etwas fester, z. B. $h5$.
Bei Verwendung von Kegelrollenlagern für sehr hohe Umfangslast und Stöße (Abb. 20 b): Toleranz der Nabe P7, Toleranz der Welle $g6$ für die leicht verschiebbaren Innenringe.

die Hobelmesser ohne Ausbau der Lager erneuert werden können, entfernt man die letzteren nur im Fall ihrer Zerstörung. Der Ausbau erfolgt mit besonderen Abziehvorrichtungen (Abb. 14).

Zahlentafel 4. Untere Abmaße der Ringlager (obere Maße = Null).

Bohrung mm	bis 30	30/50	50/80	80/120	120/180	180/250	250/315
Unteres Abmaß μ	—10	—12	—15	—20	—25	—30	—35
Mantel mm	50/80	80/120	120/150	150/180	180/250	250/315	315/400
Unteres Abmaß μ	—13	—15	—18	—25	—30	—35	—40

54. Reibung und Schmierung.

Die Bewegung einer Kugel zwischen den Umdrehungsflächen zweier Laufringe (Abb. 54.1) besteht in Drehungen um die Momentanachsen A_1A_2 und B_1B_2. Soll die Kugel nicht gleiten, sondern nur rollen, so müssen sich die Achsen A_1A_2, B_1B_2 und W in einem Punkte treffen oder parallel sein. Diese Bedingung ist bei radialer Belastung der Rillenquerlager erfüllt, beim Pendellager nicht. Muß ein Querlager auch axiale Kräfte aufnehmen, so tritt immer gleitende Reibung auf. Gleitreibung ist auch immer vorhanden bei der Führung der Rollkörper im Käfig.

Prof. Stribeck hat zuerst durch Versuche die tatsächliche Reibarbeit der Kugellager bestimmt. Um einen direkten Vergleich mit Gleitlagern zu ermöglichen, führt er eine ideelle Reibzahl μ_i ein und legt nicht den Kugellaufkreis r_k (Abb. 2), sondern den Wellendurchmesser $2r$ für die Berechnung des Reibmomentes zugrunde:

$$M_r = P\mu_i r.$$

Dieses Verfahren ist willkürlich, unzweckmäßig und irreführend, da die Reibzahl μ_1 weder auf andere Lagerarten noch auf andere Größen der gleichen Art übertragbar ist. Es ist viel einfacher das gemessene Reibmoment M_R direkt für die Berechnung der Verlustleistung $L_R = M_R \cdot \omega$ zu verwenden.

Das Reibmoment hängt von einer großen Zahl von Faktoren ab. Einige davon, wie Anschmiegung (z. B. Verhältnis Kugelhalbmesser/Rillenradius), das axiale und radiale Spiel, die Käfigkonstruktion (Stahlblech oder Bronze), usw. kann der Hersteller (innerhalb gewisser Toleranzen) beim inneren Aufbau des Lagers berücksichtigen. Da das Reibmoment durch

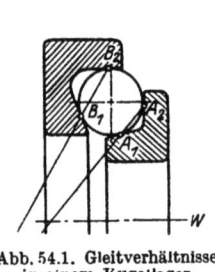

Abb. 54.1. Gleitverhältnisse in einem Kugellager.

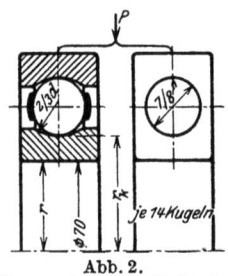

Abb. 2. Versuchslager von Stribeck.

Vergrößerung der Lagerluft vermindert wird und zunimmt je enger die Anschmiegung ist, müssen auch die Versuchsergebnisse eine gewisse Streuung aufweisen.

Für die weitaus meisten Anwendungsgebiete wird Fettschmierung verwendet, da der Schutz gegen Schmiermittelverlust und Verunreinigung mit einfachen Mitteln und vollkommen betriebssicher erreicht werden kann.

Im allgemeinen muß man damit rechnen, daß das Fett verbraucht wird und von Zeit zu Zeit erneuert werden muß. Vorbedingung für geringen Fettverbrauch ist die richtige Wahl des Schmelzpunktes des Lagerfettes, abhängig von Betriebstemperatur und Reibleistung.

Zu beachten ist, daß bei der Fettschmierung nur die dünne auf den Rollkörpern und Laufbahnen sitzende Fettschicht an der Arbeit des Lagers teilnehmen. Das an den Seiten des Lagers liegende Fett dient als Schutz gegen Eindringen von Verunreinigungen und zur Reserve. Deshalb ist beim Füllen des Lagers möglichst viel Fett zwischen die Wälzkörper zu bringen; den Raum seitlich des Lagers soll man nicht zu groß machen und höchstens zur Hälfte füllen. Es ist fehlerhaft aber gebräuchlich zuviel Fett einzuführen; das Reibmoment wird dann wesentlich größer als bei Ölschmierung. Mit geeignetem Fett in mäßigen Mengen am richtigen Ort erreichen Öl- und Fettschmierung gleichgroße Reibmomente.

Unter der Voraussetzung, daß ein hochwertiges Wälzlagerfett verwendet wird, die Lagertemperatur und die Belastungen nicht ungewöhnlich hoch sind und es sich um Lagerungen in ortsfesten Maschinen handelt, kann die am besten geeignete Schmierfrist für die verschiedenen Lagertypen nach den folgenden empirischen Formeln berechnet werden[1].

Mit t_f = Schmierfrist in Betriebsstunden
n = Drehzahl in der Minute
d = Lagerbohrung in mm ($d > 20$ mm)
k = Erfahrungswert, ist

für Radialkugellager: $t_f = \dfrac{64 \cdot 10^6}{k \cdot n \cdot \sqrt{d}} - 18\,d$
$\quad k = 1 \quad$ für die Reihen 63 u. 13
$\quad\quad = 0{,}85\quad$,, ,, $\quad$ 62, 12 u. 22
$\quad\quad = 1{,}2 \quad$,, ,, $\quad$ 64, 104 u. 23

für Zylinderrollenlager: $t_f = \dfrac{32 \cdot 10^6}{k \cdot n \cdot \sqrt{d}} - 9\,d$
$\quad k = 1 \quad$ für die Reihen NU 3 u. N 3
$\quad\quad = 0{,}85\quad$,, ,, $\quad$ NU 2 u. N 2
$\quad\quad = 1{,}2 \quad$,, ,, $\quad$ NU 4 u. N 4

für Radialpendelrollenlager: $t_f = \dfrac{16 \cdot 10^6}{k \cdot n \cdot \sqrt{d}} - 7\,d$
$\quad k = 1 \quad$ für die Reihen 223
$\quad\quad = 0{,}85\quad$,, ,, $\quad$ 232 u. 213
$\quad\quad = 0{,}75\quad$,, ,, $\quad$ 222 u. 231
$\quad\quad = 0{,}7 \quad$,, ,, $\quad$ 230 u. 239

Eine Schmierfrist $t_f = 2400$ Betriebsstunden = 1 Betriebsjahr kann bei durchschnittlichen Verhältnissen leicht erreicht werden. So reicht z. B. erfahrungsgemäß für ein Eisenbahn-Achslager ein Fettvorrat von 1,7 kg für 300000 km aus, indem dann noch etwa 0,4 kg Fett im Lagergehäuse vorhanden ist.

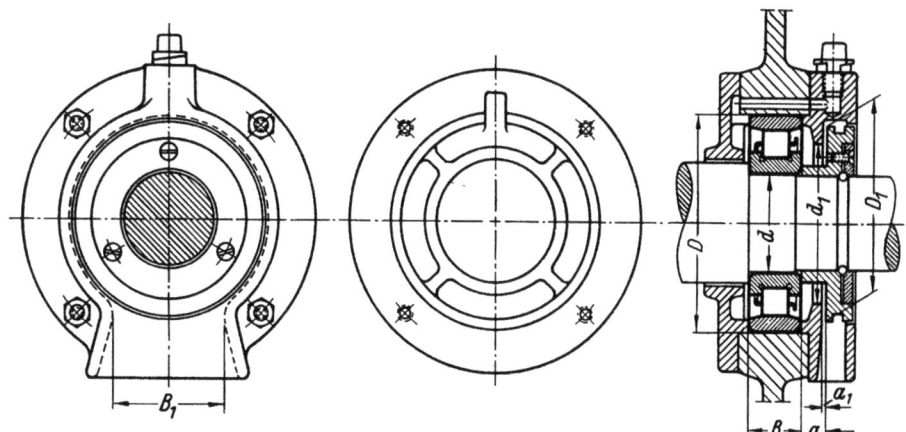

Abb. 3. Lagergehäuse mit Fettmengenregler für einen ortsfesten Elektromotor.

Bei Schmierfristen von einem Jahr und mehr gilt es im allgemeinen als nicht unwirtschaftlich auf besondere Vorrichtungen zu verzichten und das Lagerfett (nach der Reinigung) einfach mittels eines Spachtels von Hand einzufüllen. Die Reinigung eines mit Fett geschmierten Lagers kann einwandfrei nur nach Ausbau und Auswaschen erfolgen. Auf leichten Ausbau ist deshalb bei der Konstruktion Rücksicht zu nehmen.

Ist das Nachschmieren in kürzeren Zeitabständen erforderlich, dann wird am besten Druckschmierung (mit Schmierpresse oder Stauferbüchse) angewandt. Besonders ist dabei zu beachten, daß tatsächlich frisches Fett zu den Rollkörpern gelangt.

Es ist auch zweckmäßig einen „Fettmengenregler" vorzusehen, der selbständig der Überfüllung mit Fett vorbeugt. Er wirkt grundsätzlich so, daß eine Schleuderscheibe das überflüssige Fett nach Außen durch eine weite Öffnung befördert (Abb. 3).

Auch bei Ölschmierung hat man beobachtet, daß das Reibmoment um so kleiner wird, je weniger Öl dem Lager zugeführt wird. Eine ausreichende Schmierung wird schon mit einem Öltropfen in vier Stunden erreicht[2] (Abb. 4). Nach Abstellen der Tropfschmierung nimmt das Reibmoment immer noch etwas ab, steigt dann langsam und, wenn die Laufflächen angegriffen werden schneller an. Das Lager kann aber oft Hunderte von Stunden laufen bevor die Lauffläche angegriffen wird. Mit Rücksicht auf

---

[1] SKF-Kugellager-Z. 1947) S. 29—40. Verfahren und Hilfsmittel zum Schmieren von Wälzlagern.
[2] L. 54.3.

höchste Betriebssicherheit, (auch bei geringer Wartung) ist es üblich dem Lager etwa soviel Öl zuzuführen, daß der Ölspiegel (bei ruhendem Lager) etwa in der Mitte des tiefsten Wälzkörpers liegt. Bei dieser Schmierart nimmt das Reibmoment mit der Drehzahl und der Ölzähigkeit rasch zu. Bei hohen Drehzahlen verursacht die Durchwirbelung des Öles einen größeren Verlust als die eigentliche Reibung.

Das Reibmoment ist auch stark abhängig vom richtigen Einbau der Dichtungsringe. Filzringe mit zu enger Bohrung können die zehnfache Reibung[1] erzeugen als das Lager. Filzringe, die die Nut vollkommen ausfüllen, erzielen keine genügende Dichtung.

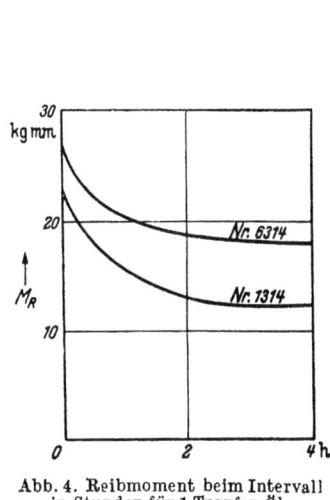
Abb. 4. Reibmoment beim Intervall in Stunden für 1 Tropfen Öl.

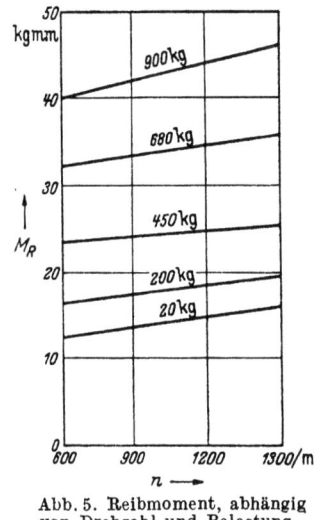
Abb. 5. Reibmoment, abhängig von Drehzahl und Belastung.

Bei geringer Schmierung (Tropföler) gelten erfahrungsgemäß folgende Richtlinien:

1. Bei konstanter Lagertemperatur ist das Reibmoment praktisch unabhängig von der Drehzahl (Abb. 5).

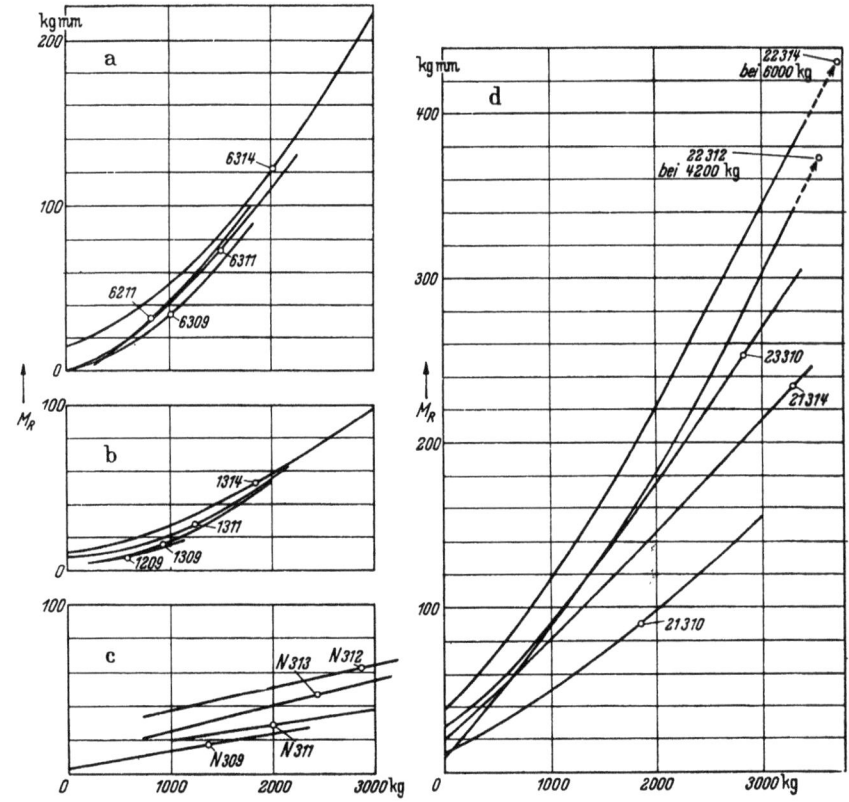

Abb. 6*) Reibmoment für verschiedene Lagertypen bei $n = 1800$ min.
a) Radiaxlager, Reihe 62 u. 63   b) Pendelkugellager, Reihe 12 u. 13
c) Zylinder-Rollenlager, Reihe N3   d) Pendelrollenlager, Reihe 213 u. 223
Schmierung: 1 Tropfen mittleres Maschinenöl je Stunde.

---

[1] 54.1.   * 54.5.

54. Reibung und Schmierung.

2. Bei gleicher Belastung nimmt das Reibmoment nur wenig mit der Lagergröße zu (Abb. 6).

3. Bei zunehmender Belastung nimmt das Reibmoment etwas stärker als geradlinig zu (Abb. 6).

4. Bei gleicher Belastung ist das Reibmoment am kleinsten für Zylinder-Rollenlager (Reihe N) und am größten für Pendelrollenlager (Reihe 21 u. 22).

5. Das Reibmoment eines Radiax-Lagers ist abhängig von der Belastungsrichtung; es ist am kleinsten für reine Radialbelastung ($P_a = 0$) und am größten für $P_a = P_r$ (Abbildung 7).

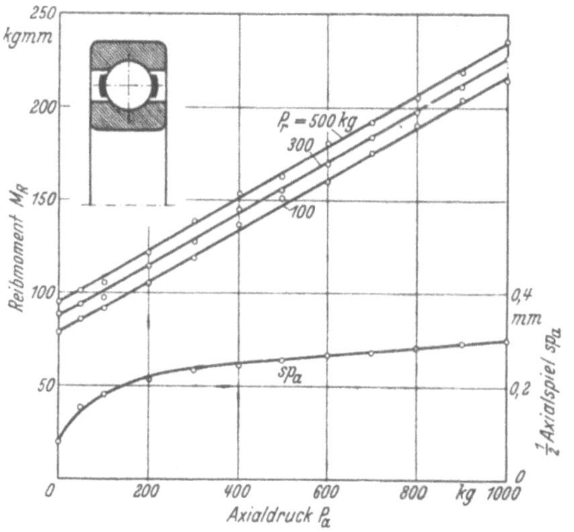

Bei sehr großen Werten von $n \cdot d$ (n = Drehzahl/min, d = Wellendurchmesser in mm) wird das Öl (zur Kühlung des Lagers) durch eine Bohrung im Innen- oder Außenring mit einer Mindestmenge von 0,5—5 l/h zugeführt[1]; die kleinste Menge gilt für Zylinder-Rollenlager.

Für große Lager in Dauerbetrieb und auch für Axialpendelrollenlager kommt Umlaufschmierung mit Schleuderscheibe in Frage (Abb. 8).

Ölnebelschmierung wird für Lager verwendet, die schwer zugänglich sind, bei hoher Geschwindigkeit und Temperatur und auch für Lager, die wirksam gegen Eindringen von Staub geschützt werden müssen, z. B. bei Schleifmaschinen.

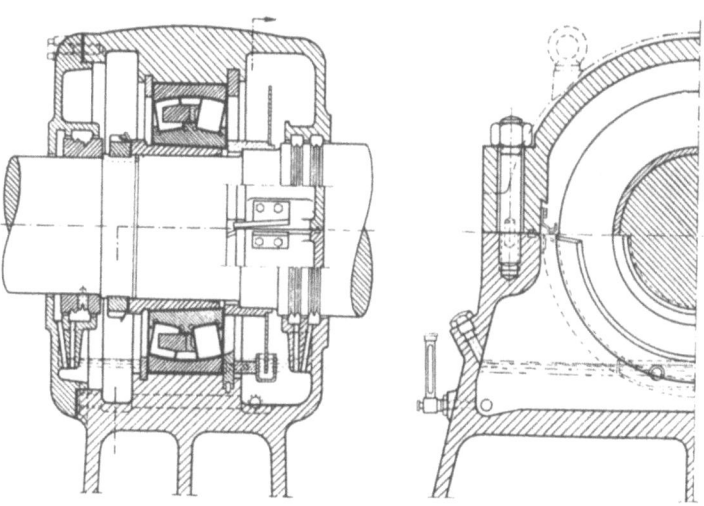

Abb. 7. Reibmomente eines Radiaxlagers 6213 nach Versuchen von Kramer (aus Jürgensmeyer).

Abb. 8. Umlaufschmierung mit Schleuderscheibe.

---

[1] L. 54.2.

6. Reibtriebe zur Übertragung der Drehbewegung.

61. Reibräder.[1]

Um die drehende Bewegung von einer Welle auf eine dazu parallele zu übertragen, können auf beiden Wellen runde Scheiben so angeordnet werden (Abb. 61.1), daß die Summe der Radien gleich der Entfernung der Wellenmitten ist. Die zweite Scheibe wird dann durch Reibung mitgenommen und erhält eine Drehbewegung in entgegengesetzter Richtung. Tritt an der Berührungsstelle beider Scheiben kein Gleiten auf, so haben die Umfänge gleiche Geschwindigkeiten:

$$u = r_1 \omega_1 = r_2 \omega_2.$$

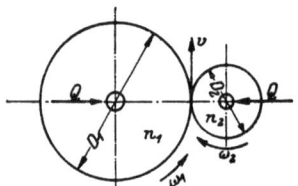

$\omega_1 = \frac{\pi n_1}{30}$ und $\omega_2 = \frac{\pi n_2}{30}$ sind die Winkelgeschwindigkeiten der Wellen; n_1 und n_2 die Drehzahlen in der Minute. Daraus folgt:

$$\frac{r_1}{r_2} = \frac{\omega_2}{\omega_1} = \frac{n_2}{n_1} \tag{61.1}$$

Abb. 61.1. Reibradgetriebe (aus Rötscher, Maschinenelemente II).

d. h. die Drehzahlen verhalten sich umgekehrt wie die Radien der Scheiben.

Die Bedingung, daß kein Gleiten eintritt, ist erfüllt, wenn die zu übertragende Umfangskraft P kleiner als die Reibkraft μQ ist:

$$P \leq \mu Q. \tag{2}$$

Q ist der Druck, mit dem beide Scheiben zusammengepreßt werden und der durch die Lager aufgenommen wird, μ die Reibzahl. Je nach der Oberflächenbeschaffenheit[2] ist (vgl. Abschn. 45)

für Gußeisen auf Gußeisen . $\mu = 0{,}1$ bis $0{,}15$
„   „   „ Leder . . $\mu = 0{,}15$ „ $0{,}3$
„   „   „ Asbest . . $\mu = 0{,}3$ „ $0{,}5$

Abb. 2. Reibradwendegetriebe bei einer Schwungradpresse (Demag).

Es ist zweckmäßig, mit den kleineren Werten von μ zu rechnen, damit auch bei leicht gefetteten Oberflächen noch genügende Sicherheit für die Übertragung der Leistung vorhanden ist. Damit wird aber die Anpreßkraft Q recht groß, so daß nicht nur große Lagerbelastungen entstehen, sondern die Scheiben (ähnlich wie bei Rollenlagern) an der Berührungsstelle stark beansprucht werden. Reibräder können deshalb nur kleine Leistungen übertragen.

Beim Einrücken, während der Drehung der einen Welle, ist das Gleiten der Scheiben und damit die Abnutzung unvermeidlich. Deshalb wird oft ein geschlossener, gleichmäßig dicker Lederriemen zwischengelegt, der leicht ersetzt werden kann. Solche Getriebe mit konischen Walzen wurden früher für die stetige Änderung der Drehzahlen verwendet.

Eine andere Ausführungsform, das Tellerreibrad- und Wendegetriebe, zeigt Abb. 2 (Schwungradpresse). Die mit unveränderlicher Drehzahl laufende Antriebwelle trägt zwei Reibscheiben, die abwechslungsweise gegen ein Schwungrad gepreßt werden. Das Schwungrad wird von einer

---

[1] L. 61.1 u. 2. [2] L. 61.3 u. 4.

61. Reibräder.

Schraubenspindel geführt und bewegt sich mit zunehmender Geschwindigkeit abwärts bis Matrize und Patrize zusammentreffen und die kinetische Energie in Schlagarbeit für irgendeine Nutzanwendung (Pressen von Drehspänen, Prägen von Platten, Ausstanzen von Blechen usw.) umgesetzt wird. Für die Berechnung der Presse stellt sich als erste Frage, die Größe der Kraft, die dabei erreicht wird. Die kinetische Energie der geradlinigen Abwärtsbewegung $\Sigma m \cdot v^2/2$ kann, da die Senkgeschwindigkeit klein ist, vernachlässigt werden. Bei der kinetischen Energie der Drehbewegung:

$$E = \Theta \cdot \omega^2/2$$

genügt es für Θ das Massenträgheitsmoment der Schwungscheibe allein einzusetzen, da die kinetische Energie der Spindel kleiner als $\frac{1}{2}\%$ der Schwungscheibenenergie ist.

Diese kinetische Energie wird nun zu einem sehr kleinen Teil in Nutz- (Präge- oder Stanz-) arbeit umgesetzt; sie muß zuerst die Reibungen im Gewinde und zwischen Spindelkopf und Preßgewicht (als Spurreibung) überwinden und dann noch die Arbeit für die Formänderung der ganzen Maschine leisten. Die Reibarbeit wird vernachlässigt; sie wird zum Teil durch die Vernachlässigungen bei der Berechnung der kinetischen Energie ausgeglichen und kann (wenn erforderlich) als Bruchteil der Gesamtenergie in Abzug gebracht werden. Auch die Nutzarbeit wird, da meistens klein, und weil die Presse auch beim Leerlauf genügend stark sein muß, nicht berücksichtigt. Mit diesen Vereinfachungen erhalten wir für die Berechnung der Presse die Beziehung: kinetische Energie der Schwungscheibe = Formänderungsarbeit des Gestelles. Die Aufgabe kann nur gelöst werden, wenn vorher alle Abmessungen der Presse bekannt sind. Ein gewisser rechnerischer Überschuß an kinetischer Energie muß immer vorhanden sein, da beim Reibradantrieb Schlupf auftritt. Es besteht also immer die Gefahr einer Überbeanspruchung der Presse. Der Schwungkranz als eigentlicher Träger der kinetischen Energie wird deshalb nicht starr mit der Pressespindel verbunden, sondern durch eine (einstellbare) Rutschkupplung.

Der Normaldruck (und damit die Reibung) wird wesentlich erhöht, wenn die Berührungsflächen beider Scheiben keilförmig angeordnet sind. Für den gebräuchlichen Neigungswinkel von 15° wird die Keilreibzahl $\frac{\mu}{\sin 15°} = \frac{\mu}{0{,}26} = 3{,}9\,\mu$, also 3,9 mal so groß als bei zylindrischen Reibrädern. Dabei tritt allerdings der Nachteil auf, daß nur in einem durch das Übersetzungsverhältnis festgelegten Berührungspunkt Rollung auftreten kann, während in allen anderen Punkten Gleiten auftreten muß, wodurch Erwärmung und Abnutzung entstehen. Deshalb macht man die Tiefe b der Keilflächen möglichst klein, und zwar 5 bis höchstens 10 mm. Solche Reibscheiben sind für dauernde Kraftübertragung wenig geeignet; sie kommen (meist mit mehreren Rillen) bei einfachen Aufzugwinden vor, um das Windwerk allmählich von der Transmission mitzunehmen, und sind dann eigentlich nur unvollkommene Reibkupplungen[1]. Man rechnet bei Gußrädern mit einer übertragbaren Umfangskraft P von 20 kg je Rille.

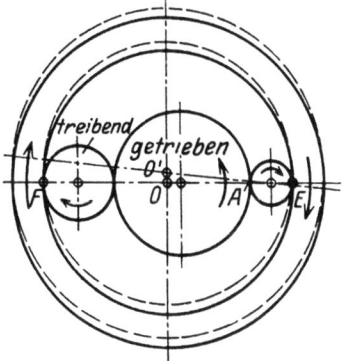

Abb. 3. Reibradgetriebe

Beim Reibradgetriebe nach Abb. 3 wird der Anpreßdruck durch die Spannung in einem geschlossenen Ring erzeugt, so daß die Lager entlastet sind. Wird die treibende Rolle in Pfeilrichtung gedreht, so bleibt die getriebene Rolle zunächst in Ruhe, weil die Vorspannung des Ringes zur Übertragung des Drehmomentes nicht ausreicht. Der Ring wird dadurch bei F etwas gehoben, und die Berührungspunkte fallen nun in eine Sehne des Ringens. Die Folge ist, daß die Anpressung der Rollen sich selbsttätig vergrößert, und zwar so lange, bis sie zur Übertragung der in Frage kommenden Leistung genügt. Die Kraft, mit der der Ring die drei Rollen zusammenpreßt, ist beschränkt durch die Stärke des Ringes. Bei den glatten Rollen aus sehr hartem Manganstahl, die an den Berührungsstellen geschmiert werden, ist die Reibzahl $\mu = 0{,}005$ bis $0{,}003$, so daß trotz der großen Härte nur geringe Umfangskräfte (resp. Leistungen) übertragen werden können. Reibräder sind deshalb nur für die Übertragung von wenigen PS geeignet. Die Umfangskräfte greifen in Abb. 3 an den beiden Berührungsstellen an, wodurch die übertragbare Leistung verdoppelt wird. Das Zadow-Getriebe[2] sucht durch Anordnung einer großen Zahl von Druckrollen die Übertragung weiter zu verbessern.

---

[1] Vgl. z. B. Hänchen: Winden und Krane (S. 210, Abb. 475.) Berlin: Springer 1932.
[2] L. 61.2.

62. Riementrieb.

621. Anordnung.

Der Riementrieb ist ein Reibtrieb für größere Entfernung der beiden Wellen. Um die Scheiben wird ein endloser Riemen mit einer gewissen Spannung gelegt (Abb. 621.1a). Die Scheiben erhalten den gleichen Drehsinn; wenn kein Gleiten eintritt, haben sie gleiche Umfangsgeschwindigkeiten. Sollen beide Wellen entgegengesetzten Drehsinn erhalten, so wird der Riemen gekreuzt aufgelegt (Abb. 1b). Der Riemen wird dabei verdreht und die dadurch entstehenden Torsionspannungen werden um so größer, je breiter der Riemen und je kleiner die Achsentfernung a ist. Außerdem reiben sich die Riemenflächen an der Kreuzungsstelle. Deshalb wird die gekreuzte Anordnung nur bei schmalen Riemen und bei nicht zu großer Riemengeschwindigkeit verwendet, wenn die Achsentfernung a_{min} größer als 20mal der Riemenbreite ist.

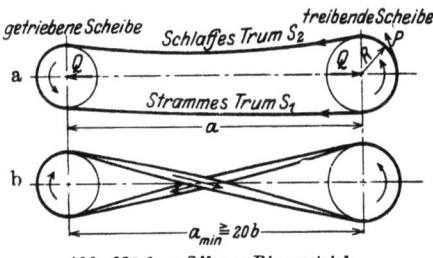

Abb. 621.1. a Offener Riementrieb. b Gekreuzter Riementrieb.

Der Riementrieb hat gegenüber den Reibrädern den Vorteil, daß die Reibkraft nicht mehr auf sehr kleinen Druckflächen übertragen wird, sondern am ganzen umspannten Umfang der Scheiben. Er hat an Bedeutung verloren; ist aber auch heute noch ein einfaches, häufig verwendetes Übertragungsmittel mit gutem Wirkungsgrad.

Die Hauptbedingung für den richtigen Lauf eines Riemens ist, daß die Mittellinie des auflaufenden Riemens in die Mittelebene der Scheibe fällt. Zwecks Schonung des Riemens ist es gut, wenn diese Bedingung auch für den ablaufenden Riemen zutrifft. Zur sicheren Führung des Riemens erhält die Scheibe oft einen schwach ballig gedrehten Kranz. Weil der Riemen die Neigung hat, stets auf den größten Scheibendurchmesser aufzulaufen, können durch die Wölbung kleine, unvermeidliche Aufstellungsfehler, Wellendurchbiegungen usw. ausgeglichen werden. Dabei darf nicht übersehen werden, daß die ballige Scheibe den Riemen zwingt sich ungleich zu dehnen. Zweckmäßig sind die getriebenen oder auch die kleinsten Scheiben zu wölben; bei großer Riemengeschwindigkeit empfiehlt es sich beide Scheiben schwach ballig zu drehen[1].

Für offene oder gekreuzte Riemen scheint diese Bedingung selbstverständlich. Wichtig wird sie aber für Riementrieb bei nicht parallelen Wellen, z. B. für den geschränkten Riemen (Abb. 2). Wegen der Drehung des Riemens und auch wegen des Einflusses der Fliehkraft erfährt diese Regel eine kleine Änderung (Abb. 2b). Es ist deshalb zweckmäßig, die Scheiben etwas breiter zu machen und ihre genaue Lage bei der Montage auszuprobieren. Die Scheiben werden in diesem Falle gerade — nicht ballig — gedreht. Eine Änderung der Drehrichtung ist hier

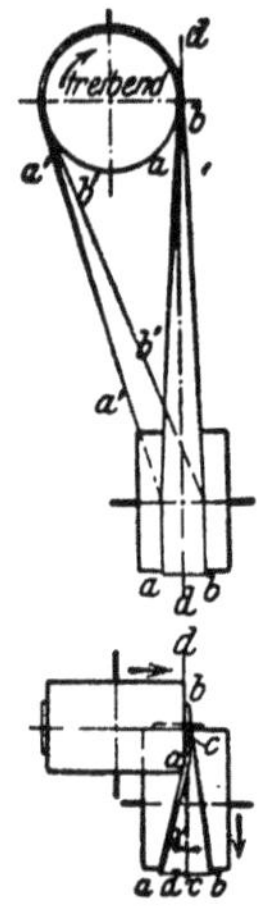

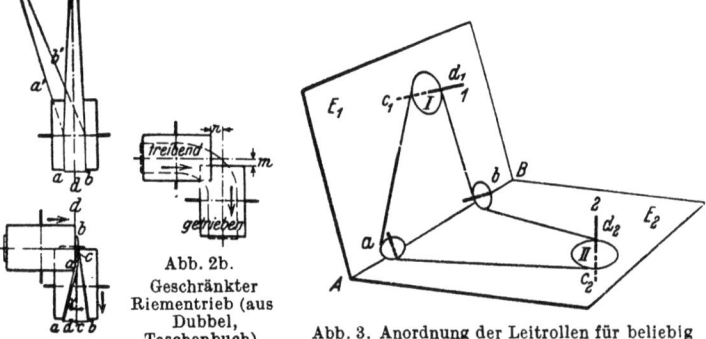

Abb. 2a. Abb. 2b. Geschränkter Riementrieb (aus Dubbel, Taschenbuch).

Abb. 3. Anordnung der Leitrollen für beliebig gelagerte Wellen.

ohne Versetzung der Scheiben nicht möglich. Für die kleinste Achsentfernung gelten folgende Erfahrungswerte:

$$a_{min} > 4 \times \text{Durchmesser } D \text{ der größern Scheibe}$$

oder
$$> 20 \times \text{Riemenbreite } b \text{ oder } > 10 \sqrt{b \cdot D}.$$

Für beliebig gelagerte Wellen sind Leitrollen erforderlich. Die Ebenen E_1 und E_2 seien die Mittelebenen der Scheiben, sie schneiden sich in der Geraden AB (Abb. 3). Von beliebigen Punkten a und b dieser Geraden werden Tangenten an die beiden Scheiben gezogen. Die durch

---
[1] L. 621.1.

diese Tangenten bestimmten Ebenen sind die Mittelebenen der Leitrollen, denn der Riemen läuft immer richtig auf, gleichgültig in welcher Richtung die Wellen sich drehen. Die Leitrollen müssen deshalb beliebig einstellbare Achsen erhalten (Abb. 4).

Ausrückbare Riementriebe dienen dazu, eine Welle, die von einer anderen, immer laufenden angetrieben wird, während des Betriebes ein- und auszurücken. Dazu ist eine lose auf der Welle laufende Scheibe (Los- oder Leerscheibe) erforderlich, auf die der Riemen parallel zu sich selbst verschoben wird. Der Riemen wird deshalb in „Gabeln" geführt. **Ein stillstehender Riemen kann nicht verschoben werden**, weil die Reibung zwischen Scheibe und Riemen viel zu groß ist. Läuft aber der Riemen, so genügt eine kleine Kraft, um ihn senkrecht zur Hauptbewegungsrichtung zu verschieben. **Deshalb muß die doppelbreite Scheibe auf der treibenden, immer laufenden Welle sitzen (Abb. 5).**

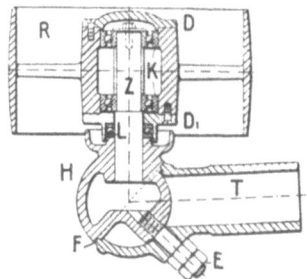

Abb. 4. Riemenleitrolle mit Universaleinstellung (v. Roll).

D = Deckel K = Querkugellager
E = Stellschraube L = Längskugellager
F = Kreisführung R = Riemenrolle
H = Haltekopf T = Tragarm.

Um den Riemen leicht verschieben zu können, muß die Gabel möglichst nahe der **Auflaufstelle** des Riemens angeordnet werden (Abb. 6), gleichgültig ob an der treibenden oder an der getriebenen Scheibe. Die doppelbreite Scheibe wird gerade gedreht, die Fest- und die Leerscheibe (Abb. 7) schwach ballig. Damit im ausgerückten Zustand die Losscheibe nicht direkt auf der Welle läuft und diese beschädigen kann, ist eine Leerlaufbüchse vorzusehen

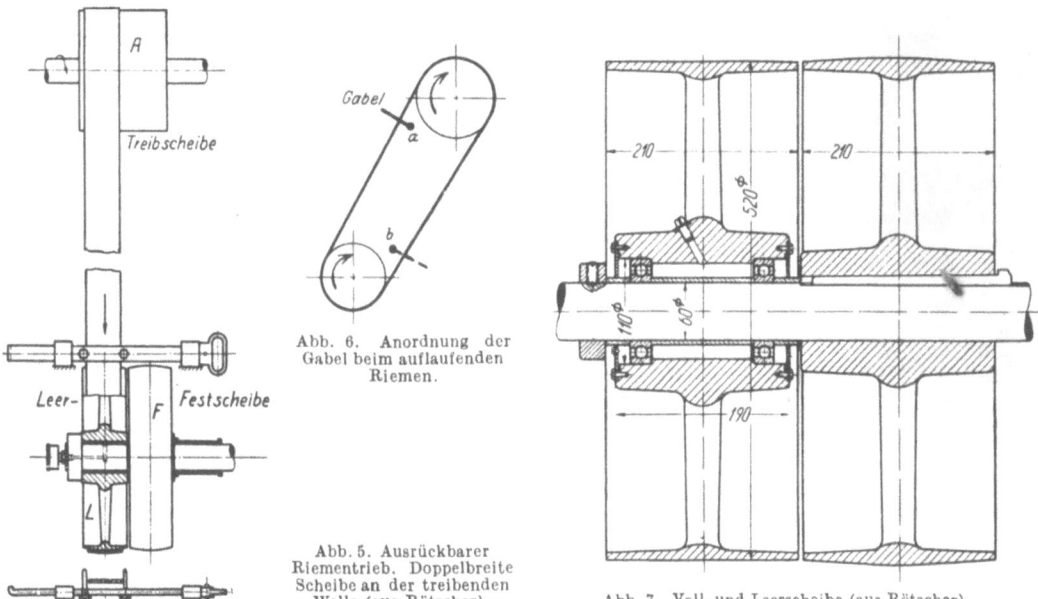

Abb. 5. Ausrückbarer Riementrieb. Doppelbreite Scheibe an der treibenden Welle (aus Rötscher).

Abb. 6. Anordnung der Gabel beim auflaufenden Riemen.

Abb. 7. Voll- und Leerscheibe (aus Rötscher).

(Abb. 8). Die Lauffläche muß nur bei stillstehender Welle geschmiert werden; deshalb muß die Staufferbüchse auf der Leerlaufbüchse sitzen und nicht auf der Nabe der Leerscheibe. Zweckmäßig ist auch die Anordnung von Kugellagern in der Leerlaufbüchse (Abb. 7).

Der Nachteil dieser Anordnung ist, daß der Riemen auch bei Stillstand der Welle mitlaufen muß, was Schmiermittelverbrauch und Abnützung zur Folge hat. Man gibt deshalb der Leer-

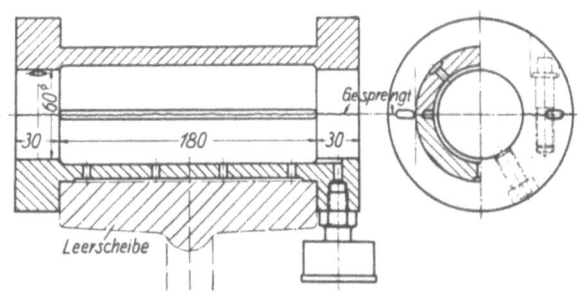

Abb. 8. Lünnemannsche Leerlaufbüchse (aus Rötscher).

scheibe oft einen etwas kleineren Durchmesser, um den Riemen beim Leerlauf weniger zu spannen.

Die Anordnung kann aber auch so getroffen werden, daß **die doppelbreite Scheibe auf der getriebenen Welle sitzt (Abb. 9).** Die Losscheibe sitzt dann auf einem für sich gelagerten, die drehende Welle ohne Berührung umschließenden Losscheibenträger S. Der Scheibenträger kann auch direkt mit einem festen Stehlager verbunden sein (Abb. 10). Der

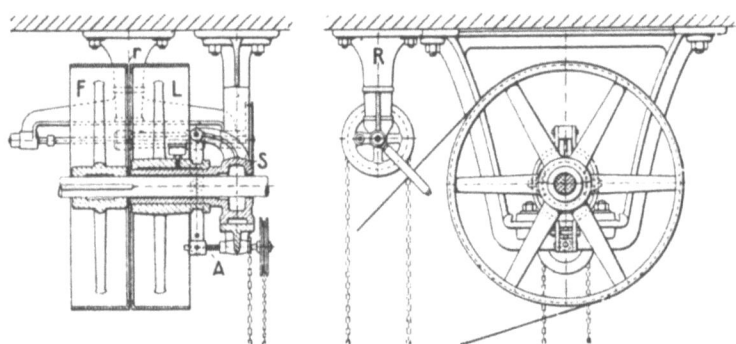

Abb. 9. Ausrückbarer Riementrieb mit doppelbreiter Scheibe an der getriebenen Welle (v. Roll, Clus).

Riemen und somit auch die Losscheibe steht in ausgerücktem Zustand still, so daß dann keine Reibung oder Abnutzung vorhanden ist. Man wählt diese Anordnung hauptsächlich für breite Riemen und dort, wo der Riemen für längere Zeit auf der Losscheibe bleibt. Da der stillstehende Riemen nicht seitlich verschoben werden kann, so muß die Losscheibe zuerst in Umdrehung versetzt werden.

Dies geschieht, indem sie mittels einer Anpreßvorrichtung A an die drehende Festscheibe F gepreßt und von dieser durch den Reibungsrand r mitgenommen wird. Der nun laufende

Abb. 10. Losscheibenträger in Verbindung mit Stehlager (Clus).

Riemen läßt sich durch den Riemenschalter R leicht verschieben; die Losscheibe wird dann zurückgezogen. Anpreßvorrichtung und Riemenrücker müssen natürlich so angeordnet werden, daß sie bequem vom gleichen Standort aus bedient werden können.

Beim Einrücken schleift der Riemen mit seiner vollen Spannung auf der Festscheibe, bis er die volle Umfangsgeschwindigkeit erreicht hat. Die Lebensdauer oft ausgerückter Riemen ist aus diesem Grunde nur etwa halb so groß wie die eines Riemens, der nicht verschoben wird.

Für breite Riemen ist deshalb die Verbindung mit Reibkupplungen zweckmäßiger, wenn auch teurer in der Anschaffung. Vgl. (Abschn. 64).

Wendegetriebe mit einem offenen und einem gekreuzten Riemen verwendet man zur Änderung der Drehrichtung. Bei der Anordnung nach Abb. 11a werden die beiden Riemen gleichzeitig verschoben, so daß zwei doppelbreite Leerscheiben notwendig sind. Bei der Anordnung nach Abb. 11b werden die Riemen nacheinander verschoben (mittels einer Kurvenscheibe), so daß die Leerscheiben nur für die einfache Riemenbreite zu konstruieren sind.

Stufenscheiben, bei denen der Riemen von

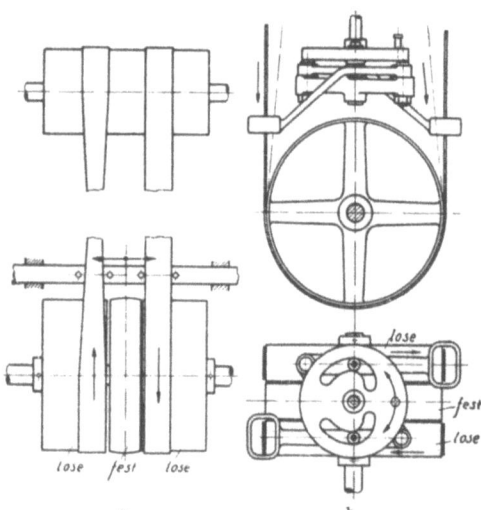

Abb. 11. Wendegetriebe (aus Rötscher).
a beide Riemen werden gleichzeitig verschoben,
b die Riemen werden nacheinander verschoben.

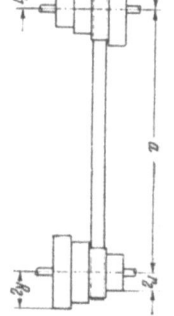

Abb. 12. Abb. 13.
Anordnung der Stufenscheiben, zur Berechnung der Riemenlänge.

einer Stufe auf die andere gebracht wird (Abb. 12) verwendet man zur Änderung der Drehzahl. Die Grundbedingung für die Abmessungen der Stufenscheiben ist dadurch gegeben, daß die Riemenlänge konstant ist. Für gekreuzten Riemen ist die Riemenlänge (Abb. 13):

$L = (\pi + 2\beta) R + (\pi + 2\beta) r + 2a \cos\beta$, worin $\sin\beta = \dfrac{R+r}{a}$ ist, so daß die Riemenlänge

$$L = (\pi + 2\beta)(R + r) + 2a\sqrt{1 - \left(\dfrac{R+r}{a}\right)^2}. \tag{621.1}$$

unverändert bleibt, wenn $R + r =$ konstant ist.

Für offene Riemen ist: $L = (\pi + 2\beta) R + (\pi - 2\beta) r + 2a \cos\beta$ mit $\sin\beta = \dfrac{R-r}{a}$ und

$$L = \pi(R + r) + 2\beta(R - r) + 2a\sqrt{1 - \left(\dfrac{R-r}{a}\right)^2}. \tag{2}$$

Hier trifft diese einfache Bedingung: $R + r =$ konstant nicht zu; sie kann aber praktisch als erfüllt betrachtet werden, wenn $a > 20(R - r)$ ist.

Nimmt man für beide Stufenscheiben das gleiche Modell, so läßt sich die unveränderliche Drehzahl n der einen Welle aus der größten und kleinsten Drehzahl (n_1 und n_z) der zweiten Welle berechnen. Läuft nämlich der Riemen auf der Stufe d_z, so ist $n d_1 = n_z d_z$, und läuft er auf der Stufe d_1, so ist $n d_z = n_1 d_1$.

Durch Multiplikation erhält man:

$$n_1 n_z = n^2 \quad \text{oder} \quad n = \sqrt{n_1 n_z}. \tag{3}$$

622. Riemenwerkstoffe.

Als Riemenwerkstoff verwendet man hauptsächlich Leder, vereinzelt auch Textilfasern (Baumwolle, Seide, Hanf) und Kamelhaar. Gummi wird als Einlage in Textilriemen (Balata-Riemen) verwendet.

Rindsleder ist auch heute noch der wichtigste Riemenbaustoff. Seine Festigkeitseigenschaften sind aber nicht nur von Tier zu Tier, sondern auch für die verschiedenen Stellen der gleichen Haut und je nach der Art der Gerbung[1] ganz verschieden. Die Dicke der Haut schwankt zwischen 4 und 7 mm; am gleichmäßigsten ist das Mittelrückenleder. Die gleichmäßige Riemendicke wird durch die Bearbeitung der Haut (Krupon) erreicht, und zwar wird diese im nassen Zustand durch hin- und hergehende Hölzer gestreckt (gewalkt). Das Wasser nimmt die dabei entwickelte Wärme auf. Die einzelnen Stücke werden zu einem Riemen zusammengeleimt. Der fertige Riemen wird unter scharfer Spannung aufgewickelt und so versandt.

Bei den Metallen erfolgt der Übergang zwischen zwei Spannungs- (oder Formänderungs-) Zuständen so rasch, daß der Einfluß der Zeit nur bei höheren Temperaturen (vgl. S. 85: Kriechgrenze) deutlicher hervortritt. Die Festigkeitseigenschaften von Leder werden dagegen in hohem Maße durch die **elastische Nachwirkung** gekennzeichnet. Die Länge eines durch ruhende Belastung gespannten Riemens ändert sich auch noch nach Monaten und Jahren; bei gleichbleibender Länge nimmt die Spannkraft des Riemens mit der Zeit, zuerst rasch, dann langsamer ab (Abb. 622.1).

Man kann annehmen, daß die Spannung (oder die Formänderung) im Beharrungszustand einem Grenzwert σ_g zustrebt, und daß die Änderungsgeschwindigkeit in jedem Augenblick dem Momentanwert $\sigma - \sigma_g$ proportional, also

$$\dfrac{d\sigma}{dt} = -\alpha(\sigma - \sigma_g)$$

ist. Aus der Integration folgt, mit der Anfangsspannung σ_0:

$$\sigma = \sigma_g + (\sigma_0 - \sigma_g) e^{-\alpha t} \tag{622.1}$$

Zahlentafel 622.1.

Belastung kg	Spannung at	Länge mm	Längenänderung total mm
25	4,06	808,4	+28
125	20,32	836,4	−14,5
25	—	821,9	+15
125	—	836,9	−14
25	—	822,9	+14,7
125	—	837,6	−14,3
25	—	823,3	+14,6
125	—	837,9	−14,0

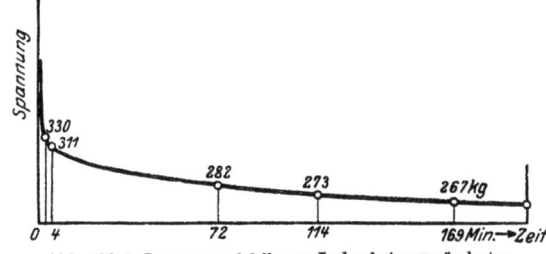

Abb. 622.1. Spannungsabfall von Leder bei unveränderter Dehnung nach Versuchen von Stephan.

---

[1] Das älteste Verfahren ist die Eichenlohe-Grubengerbung. Die abgekürzte, moderne Gerbung gibt nach den Versuchen von P. Stephan (D.P.J. 1916, S. 17) wesentlich kleinere Festigkeitszahlen. Bei der hydrodynamischen Gerbung wird die stark verdünnte Eichenlohebrühe durch die zwischen Rahmen

Die Versuche zeigen aber, daß — wenn der Spannungswechsel in kurzen Zeiträumen erfolgt — die Formänderungen des Riemens sich praktisch so verhalten, als ob der E-Wert unabhängig von der Zeit wäre. Zu den gemessenen E-Werten gehört aber immer die Angabe der Versuchszeit und der Versuchsweise. Ein neuer Riemen, 99,2 mm breit und 6,2 mm dick, der etwa 6 Jahre früher hergestellt und dabei der üblichen Streckung unterworfen worden war, wurde von C. von Bach[1] abwechselnd mit 25 und 125 kg belastet (Zahlentafel 622.1). Die Wechsel erfolgten in Zeiträumen von 1,5 Minuten, die für die Ablesungen notwendig waren.

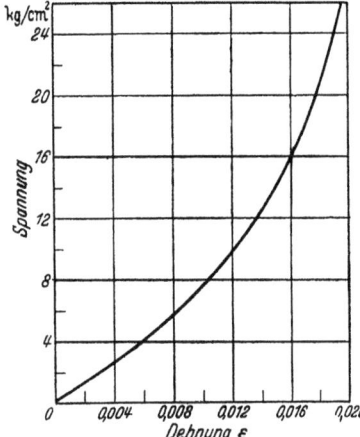

Abb. 2. Spannungs-Dehnungslinie für Leder.

Aus diesen Versuchen folgt weiter, daß Spannungen und Dehnungen nicht proportional sind, d. h. daß das Hookesche Gesetz für Leder nicht gilt (Abb. 2) und daß der E-Wert in hohem Maße von der Spannung abhängig ist.

Für den neuen Riemen fand Bach:

Bei der ersten Belastung . . $E = 469$ at
Für $\sigma = 4$—20 at . . . . $E = 950$ at
Für $\sigma = 20$—36 at . . . . $E = 2117$ at

und für einen gebrauchten Riemen

in den Spannungsgrenzen:

7,2—21,6 at . . . . . $E = 2680$ at
21,6—36 at . . . . . . $E = 3600$ at
36 —50,4 at . . . . . $E = 4130$ at
50,4—64,8 at . . . . . $E = 4250$ at.

Der E-Wert ist also abhängig von der Gebrauchsdauer und von der Riemenpflege; er nimmt bei kleinen Spannungen zunächst rasch, bei großen Spannungen (über 40 kg/cm²) langsamer zu. Beim Riementrieb erfolgen die Spannungswechsel in viel kürzeren Zeiträumen als bei den Bachschen Versuchen. Versuche von Skutsch[2] für sehr rasch aufeinanderfolgende Lastwechsel zeigten, daß für Spannungswechsel zwischen 0,3 und 4 Sekunden eine Änderung des E-Wertes nicht eintrat. Die Mittelwerte seiner Versuche betrugen für

$\sigma_m =$ 8   16   24   und 30 kg/cm²
$E =$ 1754   2330   3125   und 3262 kg/cm².

Genaue E-Werte für die Berechnung der Spannungen aus den Formänderungen lassen sich also für Leder nicht geben. Man rechnet mit einem Mittelwert

$$E_m = E \text{ für } \frac{\sigma_1 + \sigma_2}{2} = 1500 \text{ bis } 2500 \text{ kg/cm}^2 \qquad (2)$$

je nach der Größe der mittleren Spannung σ_m.

Zur Herstellung eines geschlossenen Riemens müssen die Enden miteinander verbunden werden. Am besten ist das Leimen der sorgfältig zugeschärften Enden. Der Riemen muß in der Richtung des Pfeiles (Abb. 3a) auflaufen weil die Enden sonst leicht aufblattern. Ein Nachteil ist das zeitraubende Trocknen der Leimverbindung und das umständliche Kürzen des Riemens.

Weit verbreitet ist die Verbindung durch Drahtklammern (Abb. 3b), die durch Hindurchstecken eines Rohhautstäbchens hergestellt und leicht gelöst werden kann.

Stahlbänder, 0,3—1 mm dick, 80—250 mm breit, aus hochwertigem, gehärtetem und kaltgewalztem Stahl ($K_z = 130$—150 kg/mm²) für größere Leistungen, erfordern große Scheiben (D größer als 500 mm). Endverbindung durch Schloß besonderer Art.

---

eingepannte Häute hindurchgepreßt, so daß alle Fasern mit Gerbstoff getränkt werden. Die Festigkeitszahlen sind dabei höher als bei der Eichenlohe-Grubengerbung.

Chromgegerbtes Leder wird zuerst mit einer wässerigen Lösung von doppelchromsaurem Kali und darauf mit einer Antichlorlösung behandelt, so daß sich eine Chromoxydverbindung bildet, die dem Leder die blaugrüne Farbe gibt.

Das nicht vorgestreckte Leder wird im Handel als „Kernleder" bezeichnet. Vorgestreckte und unter Spannung getrocknete Krupons haben die Handelsbezeichnung „Prima". Die Bezeichnung „Extra" bedeutet, daß nicht die einzelnen Krupons, sondern der daraus geschnittene Riemen gestreckt ist.

[1] Maschinenelemente, 12. Aufl. Bd. 1, S. 115/19.
[2] L. 623.5.

Textilriemen sind billiger als Leder, aber auch weniger haltbar. Haarriemen ($K_z \approx$ 400 kg/cm²) aus reinem Kamelhaar, oder gemischt (oft auch ohne Kamelhaar), haben eine ähnlich hohe Elastizität wie Leder ($E = 2500$—6000 kg/cm²). Imprägniert, sind sie gegen Staub, hohe Temperaturen und Witterungseinflüsse weniger empfindlich als Lederriemen. Seidenriemen aus Naturseide sind auch sehr elastisch und stark. Baumwollriemen ($K_z = 360$ bis 520 kg/cm²) sind weniger elastisch ($E = 5$—14000 kg/cm², je nach Webart, Abb. 4). Balata-Riemen aus Baumwolltuch mit Balataharz getränkt, in mehreren Lagen ($K_z \approx 450$ kg/cm², $E = 9000$—15000 kg/cm³). Hanf wird als Gurt für Becheraufzüge verwendet.

Keilriemen siehe Seiten 341 und 348.

Für große Leistungen werden auch Stahlkabel-Flachriemen verwendet.

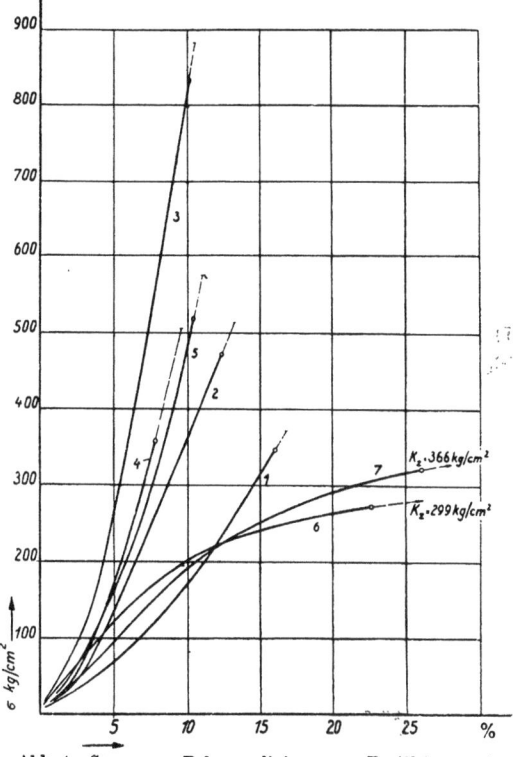

Abb. 4. Spannungs-Dehnungslinien von Textilriemen (aus Rötscher). *1* und *2* vierfache Baumwollriemen, *3* sechsfacher Hanftuchriemen, imprägniert, *4* doppelter Hanfriemen, gewebt, nicht imprägniert, *5* Balatariemen, vierfach, *6* Haarriemen, *7* vierfacher Kamelhaarriemen, imprägniert.

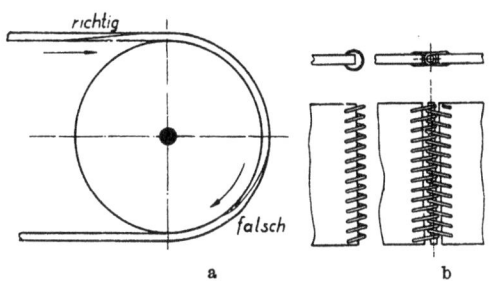

Abb. 3a b. Riemenverbindungen.
a durch Leimen, b durch Drahtklammern.

623. Berechnung.

Grenzbedingung für die Verhütung des Gleitens. Wenn ein bestimmtes Drehmoment M_d übertragen werden soll, so folgt aus der Momentengleichung in bezug auf den Wellenmittelpunkt (Abb. 623.1), daß im Beharrungszustand $S_1 \cdot r = M_d + S_2 \cdot r$, oder die Umfangskraft

$$M_d/r = P = S_1 - S_2 \qquad (623.1)$$

sein muß. Auf ein unendlich kleines Riemenstück (Abb. 623.1) von der Länge $ds = r d\varphi$ wirken die Kräfte S und $S + dS$, deren radiale Komponenten $S \sin \frac{d\varphi}{2}$ und $(S + dS) \sin \frac{d\varphi}{2}$ zusammen die Normalkraft

$$dN = 2S \sin \frac{d\varphi}{2} + dS \sin \frac{d\varphi}{2} \approx S d\varphi \qquad (2)$$

bilden. Damit kein Gleiten eintritt, muß der Kraftzuwachs dS kleiner als die Reibkraft $\mu dN = \mu S d\varphi$ sein.

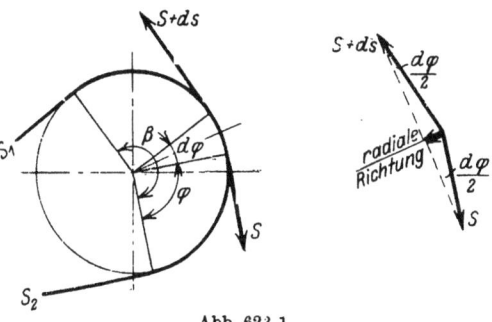

Abb. 623.1.

$$dS \lessgtr \mu S d\varphi \quad \text{oder} \quad \frac{dS}{S} \lessgtr \mu d\varphi. \qquad (3)$$

Durch Integration über den ganzen umspannten Winkel β erhält man (wenn μ unabhängig von φ wäre), die bekannte Eytelwein(1807)-Grashof(1883)-sche Beziehung

$$\ln \frac{S_1}{S_2} \lessgtr \mu \beta \quad \text{oder} \quad S_1 \lessgtr S_2 e^{\mu \beta}. \qquad (4)[1]$$

---
[1] Werte von $e^{\mu\beta}$ in Zahlentafel 623.1, S. 347.

In diese Grenzbedingung muß für β der kleinste umspannte Bogen, d. i. der Bogen der kleineren Scheibe, eingesetzt werden.

Aus der Ableitung folgt, daß für das Ansteigen der Kraft von S_2 auf S_1 auch ein kleinerer Winkel $\beta' < \beta$ ausreichen kann.

Mit Gl. (1) folgt daraus:

$$S_1 \geq \frac{P e^{\mu\beta}}{e^{\mu\beta} - 1} \quad \text{und} \quad S_2 \geq \frac{P}{e^{\mu\beta} - 1}. \tag{5 u. 6}$$

Die Achsbelastung A ist gleich der Resultierenden der Kräfte S_1 und S_2, oder, wenn beide Riementeile angenähert parallel liegen:

$$A = S_1 + S_2 \tag{7}$$

Das Verhältnis:

$$\varphi = \frac{S_1 - S_2}{S_1 + S_2} = \frac{P}{A} < 1, \tag{8}$$

Durchzugsgrad genannt, gilt als Maß für die Haftfähigkeit des Riemens und ist immer kleiner als 1.

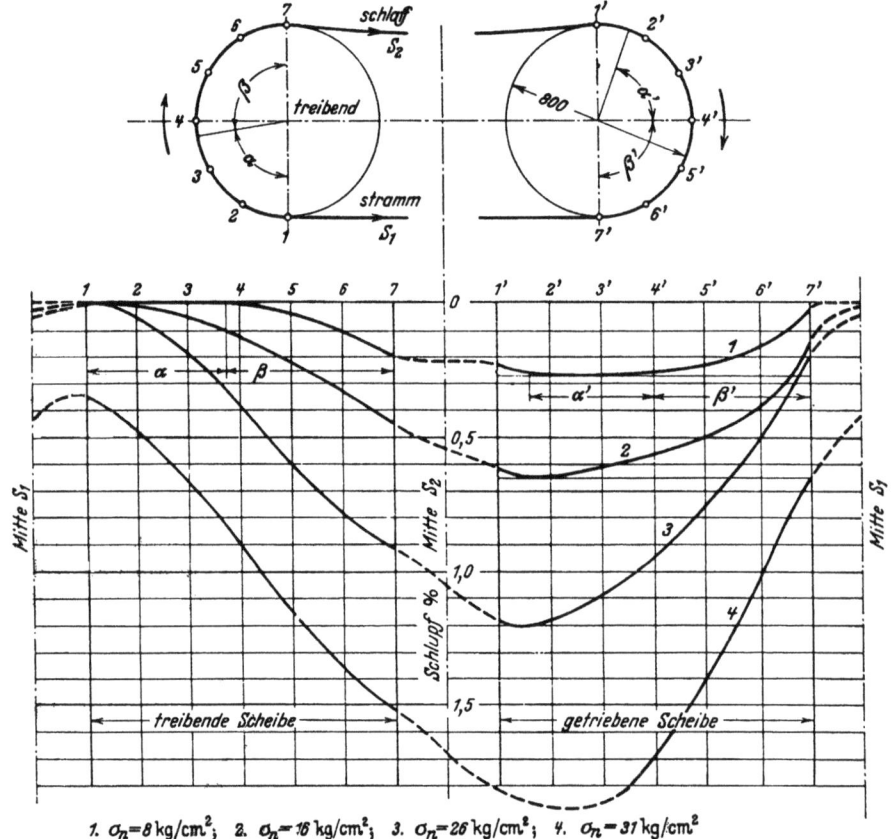

1. $\sigma_n = 8$ kg/cm^2; 2. $\sigma_n = 16$ kg/cm^2; 3. $\sigma_n = 26$ kg/cm^2; 4. $\sigma_n = 31$ kg/cm^2

Abb. 2. Dehnungsschlupf eines Lederriemens bei verschiedenen Nutzspannungen σ_n, nach Versuchen von Nowsky.

Schlupfverlust. Bei der Übertragung der Bewegung durch einen elastischen Riemen ist immer ein Geschwindigkeitsverlust vorhanden. Ein Riementeilchen erleidet nämlich, wenn es von der treibenden auf die getriebene Scheibe und zurück zur ersteren wandert, zwei Spannungen $\sigma_1 = S_1/f$ (f = Riemenquerschnitt) und $\sigma_2 = S_2/f$, die um $\sigma_1 - \sigma_2 = \sigma_n$ voneinander verschieden sind. Infolge der Elastizität ändert sich die Länge des Teilchens von l_1 auf l_2 um Δl. Diese Längenänderung erfolgt auf beiden Scheiben dadurch, daß sich der Riemen auf der getriebenen um Δl dehnt und auf der treibenden um den gleichen Betrag verkürzt. Da in jedem Augenblick durch jeden Querschnitt die gleiche Riemenmasse gehen muß, so hat der Riemen im straffen Trum beim Auflauf auf die treibende Scheibe die größte Geschwindigkeit v_1 (gleich der Umfangsgeschwindigkeit der Scheibe) und im losen Trum beim Auflauf auf die getriebene Scheibe die kleinste Geschwindigkeit v_2 (gleich deren Umfangsgeschwindigkeit). Den Unterschied

623. Berechnung.

$$\frac{v_1 - v_2}{v_1} = \frac{\Delta l}{l} = \varepsilon = \frac{\sigma_1 - \sigma_2}{E} = \frac{\sigma_n}{E} \tag{9}$$

nennt man den **Schlupfverlust**. Er ist um so größer, je größer die Nutzspannung σ_n und je kleiner der E-Wert ist.

Der unvermeidliche Dehnungsschlupf ist wohl zu unterscheiden vom Gleitschlupf, bei dem der ganze Riemen auf der Scheibe rutscht, sobald $S_1 > S_2 e^{\mu \beta}$ wird.

Diese Anschauungen werden durch die Messungen von Fieber[1] (an Gummiriemen) bestätigt; der Riemen durchläuft auf beiden Scheiben zuerst den Ruhewinkel α und dann den Schlupfwinkel β, innerhalb dessen sich der Spannungswechsel von S_1 auf S_2 vollzieht. Nach Verlassen der Scheiben tritt eine elastische Nachwirkung auf.

Neuere Messungen von Nowsky[2] mit Lederriemen (Abb. 2) zeigen, daß der Ruhewinkel a nur bei kleinen Belastungen vorhanden ist (Kurve 1, $\sigma = 8$ kg/cm²) und daß beim Auflauf des Riemens eine Störung vorhanden ist. Der Ruhewinkel nimmt mit zunehmender Belastung ab (Kurve 2, $\sigma = 16$ kg/cm²) bis er schließlich ganz fortfällt (Kurve 3 $\sigma = 26$ kg/cm²). Die Grenze der übertragbaren Nutzkraft P ist aber damit noch nicht erreicht; jetzt setzt der Gleitschlupf ein, der über den ganzen Bogen konstant ist (Kurve 4, $\sigma = 31$ kg/cm²). Bei normalen Belastungen sollte nur Dehnschlupf auftreten, der bei Überlastungen in Gleitschlupf übergeht.

Wenn r_1 bzw. r_2 der Radius der treibenden bzw. der getriebenen Scheibe und δ die Riemendicke ist, so ist das Drehzahlverhältnis,

$$i = \frac{r_1 + 0{,}5\,\delta}{r_2 + 0{,}5\,\delta} \left(1 - \frac{\sigma_n}{E}\right). \tag{10}$$

Durch Anordnung von keilförmigen Rillen (Abb. 3) mit dem Keilwinkel $\gamma = 30°$, wird die Reibzahl $\mu' = \mu/\sin \gamma/2$ vervierfacht, so daß (besonders mit Gummikeilriemen) viel größere Übersetzungen möglich sind. Durch die Biegung ändert sich das Keilprofil, was beim Keilwinkel der Scheiben zu berücksichtigen ist; je kleiner D/δ, um so kleiner wird der Keilwinkel γ! Ausschnitte im keilförmigen Riemen (Abb. 3) vermindern die Biegespannung auf Kosten der zu übertragenden Nutzkraft P_n (resp. Leistung)[3].

Abb. 3. Keilförmige Riemen.

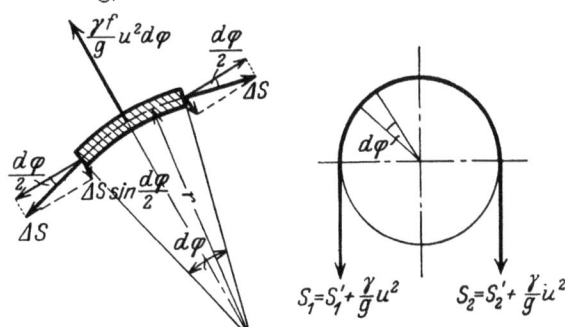

Abb. 4. Einfluß der Fliehkräfte.

Einfluß der Fliehkräfte. Da der Riemen eine gekrümmte Bahn durchläuft, treten zusätzliche Kräfte auf, kurz Fliehkräfte genannt. Die Fliehkräfte sind Massenkräfte, d. h. sie greifen im Körper selbst an und können diesen nur zusätzlich spannen.

Ist γ das spez. Gewicht, so ist die Fliehkraft für ein Riemenelement von der Länge $r d\varphi$,

$$dF = dm \cdot r\omega^2 = \frac{f r^2 d\varphi \gamma}{g} \omega^2 = \frac{\gamma}{g} u^2 f d\varphi,$$

u ist die Riemengeschwindigkeit in m/s.

Da die drei Kräfte ΔS, dF und ΔS sich das Gleichgewicht halten, so ist (Abb. 4)

$$dF = 2 \Delta S \sin \frac{d\varphi}{2} = \Delta S d\varphi = \frac{\gamma}{g} u^2 \cdot f \cdot d\varphi,$$

woraus:
$$\sigma_f = \frac{\Delta S}{f} = \frac{\gamma}{g} u^2 \approx \left(\frac{u}{10}\right)^2 \cdot \gamma \; [\text{kg cm}^2], \tag{11}$$

wenn u in m/s und γ in kg/dm³ eingesetzt werden. Für Leder ist $\gamma \approx 1$ kg/dm³

Für	$u =$	10	30	50	100	200 m/s,
ist	$\sigma_f =$	1	9	25	100	400 kg/cm².

---

[1] L. 623.2. [2] L. 623.18. [3] L. 623.1.

Die Fliehkraft spannt jedes Riemenelement zusätzlich um den gleichen Betrag ΔS, unabhängig von dem Krümmungsradius der Bahn.

Daraus folgt, daß auch die Riemenkräfte S'_1 und S'_2 um diesen Betrag erhöht werden.

Die Grenzbedingung (6) für die Verhütung des Gleitens gilt nur für die sogenannten „freien" Riemenkräfte

$$S'_1 = S_1 - \Delta S \quad \text{und} \quad S'_2 = S_2 - \Delta S$$
$$S_1 - \Delta S \leq (S_2 - \Delta S)e^{\mu\beta}. \tag{12}$$

Beziehen wir die Kräfte auf 1 cm² Riemenquerschnitt, führen wir also die Spannungen ein, so lautet Gl. (12):

$$\sigma_1 - \sigma_f \leq (\sigma_2 - \sigma_f)e^{\mu\beta},$$

und mit Gl. (1): $\qquad\sigma_n = \sigma_1 - \sigma_2.$

Daraus folgt, daß die Nutzspannung:

$$\sigma_n \leq (\sigma_1 - \sigma_f)\frac{e^{\mu\beta} - 1}{e^{\mu\beta}} = (\sigma_1 - \sigma_f)\psi \tag{13}$$

von der Riemengeschwindigkeit abhängt.

Erzeugung der Riemenspannung. Die für die Leistungsübertragung notwendige Vorspannkraft kann auf verschiedene Arten erzeugt werden:

1. Durch das Eigengewicht des Riemens: ungespannte Riemenlänge größer als geometrisch ermittelte Länge (Abb. 5).
2. Durch elastische Dehnung des Riemens: ungespannte Riemenlänge kleiner als die geometrische Länge (Abb. 5).

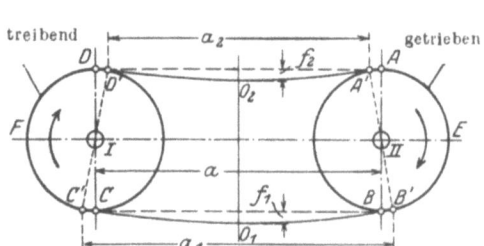

Abb. 5. Durchhang des belasteten Riemens.

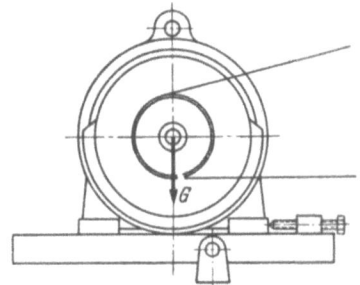

Abb. 6. Konstante Vorspannung durch drehbare Lagerung des Motors[1].

Abb. 7. (v. Roll, Clus).
a Spannrolle von oben drückend, einseitig gelagert,
b Spannrolle von unten drückend, beidseitig gelagert.

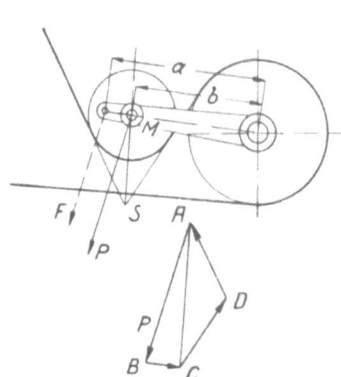

Abb. 8. Kräfte beim Spannrollentrieb. $AD = DC = S_2$ (aus Rötscher).

3. Durch selbsttätige Spannwelle: der Achsabstand wird durch eine konstante Kraft selbsttätig vergrößert (Abb. 6).
4. Durch Spannrolle: Ungespannte Riemenlänge größer als die geometrische Länge; den schlaffen Trum durch Spannrolle belasten. Bei ungleichen Scheibendurchmessern, Spannrolle in der Nähe der kleinen Scheibe anbringen um den Umschlingungswinkel β zu vergrößern (Abb. 7a, b). Wenn der Widerstand beim Umlenken um die Rolle vernachlässigt wird, erzeugt die Rolle gleich große Kräfte in den beiden abgelenkten Riemenstücken, die aus dem Kräfteparallelogramm leicht bestimmt werden können.

---
[1] L. 623.19.

623. Berechnung.

In Abb. 8 z. B. wird die Federkraft F durch $P = F \cdot a/b$ an der Rollenachse ersetzt und dann in den Richtungen AC (Resultierende S der Riemenkräfte S_2) und BC (Richtung des Armes) zerlegt.

Ein auf zwei Scheiben frei hängendes Band bildet zwischen den Aufhängepunkten A', D' resp. B', C' (Abb. 5) eine Seilkurve. Das gilt nicht nur für den stehenden, sondern auch für den laufenden Riemen, weil die Bewegung nur jedes Riemenelement um den Betrag $\frac{\gamma}{g} \cdot v^2 \cdot f$ zusätzlich spannt. Die Rechnung wird weiter vereinfacht, wenn die Endpunkte der schwebenden Bahnen mit A, B, C und D zusammenfallend gedacht werden[1]. Da für den kleinen Durchhang f_1 resp. f_2 des Riemens, $ds = dx$ und $H = S$ (Abb. 1221.11) gesetzt werden kann, folgt aus der Gleichgewichtsbedingung des gleichmäßig mit q kg/m belasteten Bandes:

$$q \cdot \frac{a}{2} \cdot \frac{a}{4} = S_1 f_1 = S_2 f_2$$

und

$$S_1 = \frac{qa^2}{8f_1} \quad \text{resp.} \quad S_2 = \frac{qa^2}{8f_2}. \tag{14}$$

Durch die Querschnittsfläche des Riemens dividiert, erhält man die Spannungen (in kg/cm²)

$$\sigma_1 = \frac{\gamma \, a}{80 f_1/a} \quad \text{resp.} \quad \sigma_2 = \frac{\gamma \, a}{80 f_2/a} \tag{15}$$

γ = spez. Gewicht in [kg/dm³], a in [m] einsetzen; f/a ist dimensionslos.

Aus dem Durchhang läßt sich die Vorspannung σ_v für den stillstehenden Riemen und auch die Betriebsspannung jedes Trumes ohne Rücksicht auf ihre Erzeugung (Gewichtsbelastung oder elastische Dehnung) berechnen.

Zahlenbeispiel 623.1. Wie groß ist die Vorspannung σ_v für einen Lederriemen ($\gamma \approx$ 1 kg/dm³), wenn $a = 5$ m und $f/a = 1$ resp. 2% ist?

Aus Gl. (15) folgt $\sigma_v = \frac{5}{80 \times 0,01} = 6,2$ resp. $\frac{5}{80 \times 0,02} = 3,1$ kg/cm².

Für $a = 10$ m und $f/a = 1\%$ wird $\sigma_v = 12,5$ kg/cm². Eine genügend große Vorspannung durch das Eigengewicht des Riemens erfordert eine große Achsentfernung a.

Zahlenbeispiel 2. Wie groß ist die erforderliche Längenänderung λ des Riemens, wenn eine Vorspannung von 12,5 kg/cm², bei 15 m Riemenlänge, durch elastische Dehnung erreicht werden soll? $E = 1500$ kg/cm² angenommen.

$$\lambda = \frac{S \cdot l}{f \cdot E} = \frac{\sigma_v \cdot l}{E} = \frac{12,5 \times 15}{1500} = 0,125 \text{ m} = 12,5 \text{ cm oder } 1\% \text{ von } l.$$

Die Spannungen nehmen im Laufe der Zeit ab, so daß die Gefahr vorhanden ist, daß diese zur Übertragung der Umfangskraft P nicht mehr ausreichen werden. Dann wird ein Nachspannen erforderlich, indem z. B. die eine Welle (Motor) auf Spannschienen gestellt wird (Abb. 6), oder durch Verkürzen, d. h. Trennen, Abschneiden und Wiederverbinden des Riemens. Um dieses umständliche Verfahren nicht zu oft anwenden zu müssen, wird der Riemen mit einem — oft recht bedeutenden — Überschuß an Spannung aufgelegt. Die Achsbelastung A wird dann wesentlich größer (bis zu $6P$), aber gleichzeitig auch die Reibzahl μ und damit die übertragene Leistung verkleinert.

Bei den beiden ersten Belastungsarten nimmt die Vorspannung schon beim Leerlauf, infolge der Riemendehnung etwas ab; die Verminderung ist bei Riemengeschwindigkeiten bis 14 m/s unbedeutend. Bei Belastungsart 3 und 4 dagegen bleibt die Achsbelastung bei allen Geschwindigkeiten unverändert gleich der Vorspannung.

Wird der Riemen bei konstanter Geschwindigkeit belastet, so bleibt bei Spannrollentrieb σ_2 unverändert; bei Eigenfederung oder Spannwelle bleibt die mittlere Spannung σ_m konstant, d. h. σ_2 nimmt soviel ab, wie σ_1 zunimmt.

Die Grenzen der Belastungsfähigkeit des Riemens sind durch die allgemeine Bedingung festgelegt, daß keine unzulässig großen Spannungen und Formänderungen auftreten dürfen. Ist die Nutzkraft $P = f \cdot \sigma_n$ aus Leistung L und Riemengeschwindigkeit v bekannt ($L = P \cdot v$), so folgt die Spannung σ_1 im straffen Trum aus Gl. (13). Die größte Normalspannung im Riemen

$$\sigma_{\max} = \sigma_1 + \sigma_b \leq \sigma_{\text{zul}} \tag{16}$$

---
[1] Eine genaue Untersuchung, unter Berücksichtigung der veränderlichen Trumsehnen a_1 und a_2 und des Dehnungsschlupfes, zeigt an einem Zahlenbeispiel, daß die Vereinfachung durchaus zulässig ist (L. 623.20).

muß unterhalb einer zulässigen Grenze bleiben. Da der E-Wert für Leder mit der Spannung zunimmt (Abb. 622.2), muß mit einem Mittelwert E_m nach Gl. (622.2) gerechnet werden:

$$\sigma_b = \frac{\delta}{D} E_m \qquad (17)$$

(δ = Riemendicke, D = Durchmesser der kleinen Scheibe.) Die alte Regel, daß

$$\delta/D < 1/40 \qquad (18)$$

sein sollte, entsprechend $\sigma_b < 40$—50 kg/cm² und $D_{min} > 40 \cdot 5 = 200$ mm für 5 mm Riemendicke, wird heute (z. T. aus wirtschaftlichen Gründen) nicht mehr eingehalten. Bei vielen Maschinen (Elektromotoren, Zentrifugalpumpen, Drehbänken) findet man viel kleinere Antriebsscheiben.

Die Festlegung der „zulässigen" Spannung ist hauptsächlich eine wirtschaftliche Frage und kann nur von Fall zu Fall unter genauer Kenntnis der vorliegenden Verhältnisse richtig beurteilt werden. Das Verhältnis δ/D bestimmt die Biegespannung, die Größe der Scheiben und auch die Lebensdauer des Riemens. Man wird die Wahl so treffen müssen, daß die Anschaffungs- und Betriebskosten für den ganzen Riementrieb (einschließlich Scheiben und Lagerung) ein Minimum erreicht. Dabei muß auch die Lebensdauer des Riemens geschätzt werden. Bei einem kleinen (billigen) Riemen, der nur gelegentlich in Betrieb steht, darf sie kürzer gewählt werden, da die Ersatzkosten und die Betriebsstörungen durch Bruch von untergeordneter Bedeutung werden. Bei sehr breiten und langen Riemen muß die Lebensdauer größer sein. Auch das öftere Kürzen des Riemens bei Wahl einer höheren zulässigen Spannung ist besonders bei den schweren Trieben und bei ununterbrochenem Betrieb sehr unangenehm.

Es ist aber noch keinesfalls entschieden, ob die größte Spannung ($\sigma_1 + \sigma_b$) für die Haltbarkeit (Gebrauchsdauer) des Riemens maßgebend ist, oder ob (nach Stiel[1]) die größte bleibende Dehnung, die vom zeitlichen Mittelwert der pulsierenden Belastung $\sigma_m = \frac{1}{T}\int_0^T \sigma \cdot dt$ abhängt, wobei die Biegespannung eine untergeordnete Rolle spielen soll. Mit einer gewissen Annäherung kann

$$\sigma_m = \frac{1}{2}(\sigma_1 + \sigma_2) \qquad (19)$$

gesetzt werden.

A. E. Müller[2] dagegen geht davon aus, daß der Riemen durch die wiederholten Biegungen zerstört wird; Biegezahl ν mal Biegewiderstand W ist ein Maß für die Zerstörungsarbeit. Ein offener Riemen von l m Länge (Abb. 621.1a) wird in der Zeit $t = l/v$ [sec] durchlaufen und in dieser Zeit zweimal gebogen und wieder gerade gestreckt; die Biegezahl je Sekunde ist also $\nu = 2v/l$. Diese Biegezahl ν ist nur dann ein Kriterium für die Lebensdauer des Riemens, wenn alle Biegungen gleich stark sind, also für Übersetzung $i = 1$. Sobald eine Scheibe größer ist, wird die Biegearbeit darauf kleiner; bei großer Übersetzung kommt für die Beurteilung der Lebensdauer praktisch nur die Biegearbeit auf der kleinen Scheibe allein in Frage; die Biegezahl ν ist dann nur halb so groß. Aus seinen Versuchen leitet Müller folgende Gleichung für den Biegewiderstand W von Lederriemen ab:

$$W = B\,(\sigma_m)^{0,5} \cdot (\delta/D)^{1,5} \text{ kg je cm Riemenbreite.} \qquad (20)$$

Nimmt man $W \cdot \nu$ als Maß für die Zerstörungsarbeit an, so wird die Lebensdauer T eines Riemens umgekehrt proportional $W \cdot \nu$; also

$$T = \text{prop.} \frac{(D/\delta)^{1,5}}{B \cdot \sigma_m^{0,5}} \cdot \frac{l}{2v} \text{ [sek]}. \qquad (21)$$

Die Lebensdauer eines Lederriemens ist demnach direkt proportional der Riemenlänge und umgekehrt proportional der Riemengeschwindigkeit; sie wird $2^{1,5} = 2,8$ mal so groß, wenn der Durchmesser der kleinen Scheibe verdoppelt wird. Wird die Riemengeschwindigkeit verdoppelt, so muß das Verhältnis D/δ (für gleiche Lebensdauer) $2^{2/3} = 1,6$ mal so groß werden. Gegenbiegungen (gekreuzte Riemen, Spannrollenbetrieb) vermindern die Lebensdauer.

Nur auf Grund der Erfahrung kann entschieden werden, welche der genannten Faktoren (von Fall zu Fall) ausschlaggebend für die Festlegung der Ermüdungsgrenze sind. Solche systematisch gesammelten Erfahrungswerte über die Lebensdauer von Lederriemen, bei verschiedenen Betriebsbedingungen, sind nur schwer erhältlich.

---
[1] L. 623.1.   [2] L. 623.11.

623. Berechnung.

Nimmt man an, daß σ_{zul} (und damit σ_1) nur von der Riemenqualität und nicht von der Riemengeschwindigkeit abhängt, so wird die übertragbare Leistung $P \cdot v$ ein Maximum für $\frac{\partial(Pv)}{\partial v} = 0$. Wenn μ und β unabhängig von v sind (was für μ sicher nicht zutrifft, so folgt aus Gl. (13):

$$\frac{\partial(Pv)}{\partial v} = \frac{\partial(\sigma_n \cdot f \cdot v)}{\partial v} = 0 = \sigma_1 - 3\frac{\gamma}{g} v_1^2,$$

d. h. die maximale Leistung wird bei einer Geschwindigkeit $v_1 = \sqrt{\frac{\sigma_1 g}{3\gamma}} = 5{,}8 \sqrt{\sigma_1}$ übertragen.

Die Umfangskraft P und damit die übertragene Leistung wird zu Null für $\sigma_1 = \frac{\gamma}{g} v_2^2$ oder für $v_2 = \sqrt{\frac{\sigma_1 g}{\gamma}} \approx 10 \sqrt{\sigma_1}$

Für $\sigma_1 \ldots =$	36	25	20	16	kg/cm²,
wird $v_1 \ldots =$	35	29	26	23	m/s,
und $v_2 \ldots =$	60	50	45	40	m/s.

Die Geschwindigkeit v_1 liegt verhältnismäßig hoch und gibt sicher nicht immer die wirtschaftlichste Lösung der Riemenübertragung.

Der Verlauf der Spannungen und der übertragenen Leistung in Abhängigkeit von der Riemengeschwindigkeit ist in Abb. 9 für $e^{\mu\beta} = 2$ und $\sigma_1 = \sigma_{zul} - \sigma_b = 28$ kg/cm² eingezeichnet Wenn μ und β unveränderliche Größen sind, folgt daraus, daß die übertragbare Nutzspannung σ_n mit der Geschwindigkeit abnehmen muß.

In scharfem Gegensatz zu diesem „theoretischen" Ergebnis standen die (1889 veröffentlichten) Erfahrungswerte des Riemenfabrikanten C. O. Gehrckens, der eine mit der Riemengeschwindigkeit zunehmende Nutzspannung empfahl. Seither sind ausgedehnte Versuche durchgeführt worden um den Widerspruch zu erklären. Sie bestätigten z. T. die Gehrckenschen Werte und führten schließlich zu der Erkenntnis, daß die Annahme einer von der Riemengeschwindigkeit unabhängigen Reibzahl μ nicht zulässig ist.

Die Reibzahl von Leder auf Eisen[1] ist schon vielfach bestimmt worden; die Versuche zeigen, daß μ von einer ganzen Reihe von Faktoren abhängt. Jedenfalls braucht es noch weitere Versuche und auch wohl eine theoretische Grundlage als Führung, bis alle dabei auftretenden Fragen zu-

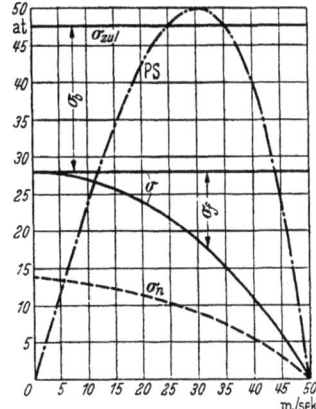

Abb. 9. Nutzspannung σ_n und Leistung in Abhängigkeit der Riemengeschwindigkeit.

verlässig beantwortet werden können. Aus den Versuchen von Friedrich[2] geht folgendes hervor:

1. Die Reibzahl zwischen Leder und Eisen ist für glatte Scheiben größer als für rauhe. Daraus folgt, daß die Lauffläche der Riemenscheiben nicht einfach geschruppt, sondern glatt gedreht und poliert werden sollte.

2. Zwischen Riemen und Scheibe bildet sich eine Fettschicht. Wird diese (z. B. durch Waschen mit Benzin) entfernt, so nimmt μ sofort ab. Die Reibung zwischen Leder und Scheibe ist demnach ein hydrodynamisches Problem und deshalb von Pressung, Gleitgeschwindigkeit, Temperatur, Oberflächenbeschaffenheit usw. abhängig.

3. Die Reibzahlen sind namentlich bei größeren Geschwindigkeiten wesentlich größer als früher angenommen wurde. Aus den Versuchen von Friedrich folgt z. B.:

a) für einen neuen, schwach gefetteten Riemen ($b = 100$ mm) auf blanker, ebener Gußscheibe von 510 mm Durchmesser, $t = 21°$ C und $S_1 - S_2 = 25$ kg, bei einer Gleitgeschwindigkeit

$$v_s = 1{,}56 \text{ cm/s}, \qquad \mu_m = 0{,}19$$
$$v_s = 13 \text{ cm/s}, \qquad \mu_m = 0{,}43,$$

b) für einen gebrauchten, eingelaufenen Riemen, stark gefettet, auf der gleichen Scheibe ($t = 30°$ C, $S_1 - S_2 = 100$ kg) bei

$$v_s = 1{,}55 \text{ cm/s}, \qquad \mu_m = 0{,}79$$
$$v_s = 45 \text{ cm/s}, \qquad \mu_m = 1{,}64.$$

---

[1] L. 623.6.   [2] L. 623.7.

Deshalb nimmt auch $e^{\mu\beta}$ mit wachsender Geschwindigkeit stark zu, z. B. für

$\beta = \pi$ und $\mu = 0{,}22$ ist $e^{\mu\beta} \approx 2$ und $\sigma_n = \frac{1}{2}(\sigma_1 - \sigma_f)$,

und für $\mu = 1{,}6$ ist $e^{\beta\mu} \approx 150$ und $\sigma_n = \frac{149}{150}(\sigma_1 - \sigma_f)$.

Damit mit den leicht ansteigenden Werten von σ_{zul}, und weil σ_b mit zunehmender Geschwindigkeit (bei Verwendung größerer Scheiben) abnimmt, lassen sich die mit zunehmender Geschwindigkeit schwach steigenden Nutzspannungen von Gehrckens erklären. Die Steigung ist eng begrenzt, da σ_n (infolge der Fliehkraftwirkung) grundsätzlich mit zunehmender Riemengeschwindigkeit abnehmen muß.

Die Zunahme der Reibzahl μ mit der Gleitgeschwindigkeit v_s folgt aus der Theorie der Mischreibung (Abschn. 45)

$$\mu = \mu_g + \frac{\eta}{p} \cdot \frac{v_s}{h_0}. \tag{45.7}$$

Für ein Riemenelement $dF = r\, b\, d\varphi$ ist (nach Gl. 4) $dN = S \cdot d\varphi$, also

$$p = \frac{dN}{dF} = \frac{S}{r\, b}$$

und:

$$\mu = \mu_g + \frac{\eta\, r\, b}{S \cdot h_0} v_s. \tag{22}$$

Aus Gl. (22) folgt (in Übereinstimmung mit den Versuchen), daß die Reibzahl zwischen Riemen und Scheibe noch von anderen, wichtigen Einflüssen abhängt, wie von der Riementemperatur und von den Riemenkräften S_1 und S_2. Mit $v_s = 13$ cm/s fand Friedrich für den

	neuen			alten Riemen			
$S_1 - S_2$ kg	25	80	10	100	300	100	
°C	50	21	21	50	20	30	
μ_m	0,23	0,43	0,39	0,44	1,09	1,31	0,94	1,18

Die Abhängigkeit der Reibzahl von Gleitgeschwindigkeit, Temperatur und Riemenkraft S zeigt, daß sie für die verschiedenen Stellen der Scheibe auch verschieden groß ist. Die aus dem Coulombschen Reibungsgesetz ($\mu =$ Konst.) abgeleitete Beziehung (6) kann deshalb nicht mehr gültig sein. Aus den Gleichungen (1), (4) und (7) folgt:

$$\frac{S_1}{S_2} = \frac{A+P}{A-P} \leq e^{\mu_m \beta}. \tag{23}$$

Wird die Achsbelastung A konstant gehalten und P gemessen, so kann aus dieser Gleichung $e^{\mu_m \beta}$ resp. μ_m berechnet werden.

Aus Gl. (22) folgt weiter, daß der Durchmesser der kleinen Scheibe einen gleich starken Einfluß auf die Reibzahl haben muß, wie die Gleitgeschwindigkeit. Da Friedrich sämtliche Versuche mit der gleichen Scheibe durchführte, konnte dieser Einfluß auch nicht experimentell festgestellt werden. Der bedeutende Einfluß des Scheibendurchmessers wurde schon in der ältesten (Roperschen) Berechnungsformel hervorgehoben, weil darin P proportional der vom Riemen bedeckten Scheibenoberfläche gesetzt wurde. Er folgt auch aus den Versuchen von Grunder[1].

Die außerordentlich hohen Reibzahlen von Friedrich sind bedingt durch den großen Scheibendurchmesser von 510 mm, dessen Gleitfläche einen sehr hohen Grad der Politur und einen sehr gleichmäßigen, aber dünnen Fetthauch aufwies. Diese günstigen Voraussetzungen sind beim Riementrieb im allgemeinen nicht vorhanden; seine Versuche können deshalb auch nicht für jeden Trieb verwendet werden.

Einflüsse wie Zähigkeit, Temperatur, Fettschichtdicke und „mittlere" Riemenspannung ($\sigma = S_m / b \cdot \delta$) lassen nur eine rohe Schätzung zu. Die Gleitgeschwindigkeit v_s zwischen Riemen und Scheibe ist (wie aus den Abb. 2 hervorgeht) nicht konstant. Infolge der elastischen Nachwirkung auf den Trumwegen ist der Größtwert von v_s auch nicht identisch mit dem größten Schlupfverlust nach Gl. (9). Setzt man $v_s = k(v_1 - v_2)$, so hängt k (wie die Versuche von Nowsky zeigen) wieder von P (Nutzlast), A (Achsdruck) und v (Riemengeschwindigkeit) ab.

---

[1] L. 623.17.

Gl. (22) kann deshalb niemals als zuverlässige Grundlage für die Berechnung der Reibzahl μ_m gelten; sie ist dennoch für den Ingenieur sehr nützlich, denn sie gestattet die qualitative Beurteilung der verschiedenen Einflüsse. *Große Reibzahlen werden erreicht durch gute Riemenpflege (mit Rindertalg oder Fischtran), große Scheiben, dünne (breite) Riemen, glatte Laufflächen und große Riemengeschwindigkeiten.*

Es ist in Europa allgemein gebräuchlich, den Lederriemen auf der Fleischseite laufen zu lassen, mit der Begründung, daß eine solche Auflage (insbesondere auf gewölbten Scheiben) der natürlichen Krümmung der Haut entspricht. Eingehende amerikanische und später auch deutsche Versuche[1] haben aber gezeigt, daß die Reibzahl auf der (glätteren) Haarseite größer ist als auf der Fleischseite, wenn man den Riemen genügend lange einlaufen läßt.

Wirkungsgrad. Die Verluste beim Riementrieb setzen sich zusammen aus Kraft- und Schlupfverlusten. Die Kraftverluste entstehen:

1. durch die innere Reibung (beim Biegen des Riemens. Wenn d/D kleiner als $1/100$ ist, ist dieser Verlust kleiner als $1/3\%$ der übertragenen Umfangskraft. Bei Keilriemen ist der Biegewiderstand viel größer,

2. durch Luftreibung von Riemen und Scheiben; er wird erst merkbar bei Riemengeschwindigkeiten größer als 30 m/s, besonders durch die ungünstige Ausbildung der Arme,

3. durch Klemmen (bei Keilriemen) oder Kleben (bei imprägnierten Riemen),

4. durch Lagerreibung (vgl. Abschn. 4 u. 5) (Gleit- und Wälzlager).

Der Schlupfverlust entsteht durch Längenänderung (Dehnungsschlupf) oder durch Gleiten (Gleitschlupf); er ist kleiner als 2%. Der Gesamtwirkungsgrad von Riementrieben (ohne Lagerreibung) liegt zwischen 96 u. 98%.

Anleitung zur Berechnung von Riementrieben. Mit $\sigma_n = \dfrac{P}{f} = \dfrac{P}{b \cdot \delta}$, $\sigma_f = \dfrac{\gamma}{g} v^2$ und $\psi = \dfrac{e^{\mu\beta}-1}{e^{\mu\beta}}$ (b = Breite, δ = Dicke des Riemens, v = Riemengeschwindigkeit) lautet die Grundgleichung für die Riemenberechnung:

$$\sigma_n = (\sigma_1 - \sigma_f) \cdot \psi \; 1. \qquad (13)$$

Die Nutzkraft P am Scheibenumfang folgt aus der Beziehung:

$$P \cdot v = 102 \, N_{kW} = 75 \, N_{PS},$$

wenn $v = \pi D \cdot n/60$ oder D (D = Durchmesser, n = Drehzahl der Scheibe) angenommen wird. Bei der Wahl einer geeigneten Riemengeschwindigkeit ist zu beachten, daß die große Scheibe nicht zu teuer und die kleine nicht zu klein werden darf, weil sonst das für die Lebensdauer des Riemens maßgebende Verhältnis δ/D zu ungünstig wird.

Je nach der Wahl der Riemengeschwindigkeit (oder des Scheibendurchmessers) gibt es für die gleiche Aufgabe mehrere, technisch gleichwertige Lösungen. Der Ingenieur soll durch Vergleich des Preises von Riemen und Scheiben die günstigste Lösung suchen. Der Platzbedarf (bedingt durch die örtlichen Verhältnisse), die Riemenpflege, die Möglichkeit den Riemen nachzuspannen und andere Faktoren sind bei der Wahl des günstigsten Riementriebes zu berücksichtigen.

Die Berechnung der Nutzspannung σ_n aus Gl. (13) ist nur möglich, wenn σ_1, μ und β resp. ψ bekannt sind. Die größte Spannung σ_1 im Riemen darf erfahrungsgemäß den Wert von 33 kg/cm² für die beste Riemenqualität nicht wesentlich überschreiten, weil sonst der Riemen zu oft gekürzt werden muß.

Die Schwierigkeit der Riemenberechnung liegt nun darin, daß die Reibzahl μ zwischen Riemen und Scheibe von vielen Faktoren abhängt, die nur eine rohe Schätzung zulassen, und daß der umspannte Winkel β an der kleinen Scheibe zunächst noch nicht bekannt ist.

Alle Betriebsverhältnisse des Riemens liegen aber zwischen zwei Grenzwerten:

1. Für einen trockenen (neuen) Riemen ist $\mu = 0{,}18 - 0{,}2$ und $\psi = 0{,}36 - 0{,}6$, je nach der Größe des umspannten Winkels β und ist praktisch fast unabhängig von Riemengeschwindigkeit und Scheibendurchmesser.

Zahlentafel 623.1. Werte von $e^{\mu\beta}$ und ψ für trockene Riemen.

	$\beta \pi =$	0,6	0,8	1,0	1,2	1,4	1,6
$\mu = 0{,}18$	$e^{\mu\beta}$	1,40	1,57	1,76	1,97	2,21	2,47
	ψ	0,29	0,36	0,43	0,49	0,55	0,6
$\mu = 0{,}2$	$e^{\mu\beta}$	1,46	1,65	1,87	2,12	2,41	2,73
	ψ	0,31	0,39	0,46	0,53	0,59	0,63

[1] L. 623.10.

62. Riementrieb.

2. Für einen sehr raschlaufenden, gut gepflegten und schwach vorgespannten Riemen auf glatten, großen Scheiben kann ψ den Wert bis 0,95 erreichen.

Der Ingenieur muß nun von Fall zu Fall sorgfältig abwägen, welcher ψ-Wert für die vorliegenden Betriebsbedingungen in Frage kommt. Dabei ist zu beachten, daß erfahrungsgemäß sorgfältig gepflegte Riemen leider selten sind. Innerhalb der angegebenen Grenzen ist die Wahl von ψ ziemlich eng begrenzt.

Diese Berechnung nimmt keine Rücksicht auf die Lebensdauer

$$T = \text{prop.} \frac{(D/\delta)^{1,5}}{B\,\sigma_m^{0,5}} \cdot \frac{l}{2\,v} \qquad (21)$$

des Riemens, die zahlenmäßig noch nicht zuverlässig erfaßt werden kann. Sie ist proportional der Riemenlänge und umgekehrt proportional der Riemengeschwindigkeit; sie wird hauptsächlich durch das Verhältnis D/δ bestimmt. Gegenbiegungen (beim Spannrollentrieb) vermindern die Lebensdauer.

Die Biegezahl $2v/l$ je Sekunde ist nur dann ein Kriterium für die Lebensdauer des Riemens, wenn alle Biegungen gleich stark sind, also für $i=1$. Bei großer Übersetzung kommt für die Beurteilung der Lebensdauer nur die Biegearbeit auf der kleinen Scheibe allein in Frage; die Biegezahl je Sekunde ist dann v/l.

Bei der endgültigen Wahl der Abmessungen sind die Normen zu beachten; Scheiben- und Nabendurchmesser sind Normzahlen (vgl. S. 11).

Keilriemen werden grundsätzlich in der gleichen Weise berechnet wie Flachriemen. Der endlose Keilriemen (aus Gummi und Gewebeeinlagen zusammengesetzt) wird in einer Form hergestellt; der Verbraucher ist deshalb an den vorhandenen Formen (Profilen, Riemenlängen) gebunden. Keilriemen erfordern keine besondere Wartung und Pflege wie Leder. Die Keilreibzahl ist auch bei kleinen Geschwindigkeiten (resp. Scheiben) groß, so daß in Gl. (13), für $\beta = \pi$, $\psi = 1$, also

$$\sigma_n = \sigma_1 - \sigma_f \qquad (24)$$

gesetzt werden kann. Die große Reibzahl bei kleinen Riemengeschwindigkeiten macht den Keilriementrieb besonders für große Übersetzungen (ohne Spannrollen) geeignet. Der Achsdruck ($A = 1,5\,P$) ist auch kleiner als bei Flachriemen (A größer als $3\,P$). Das spezif. Gewicht der Keilriemen ($\gamma = 1,25$ bis $1,3$ kg/dm³) ist größer als für Leder ($\gamma \approx 0,95$), so daß der Einfluß der Fliehkraftspannung σ_f etwas größer ist. Über die Festigkeitseigenschaften (E-Wert) und über den zulässigen Wert von σ_1 oder σ_n (die von der Größe und vom Aufbau des Keilquerschnittes abhängen) kann nur der Hersteller zuverlässige Auskunft geben. Im allgemeinen ist σ_1 bedeutend kleiner (10—20 kg/cm² für kleine bis große Keilprofile) als für gutes Leder ($\sigma_1 = 33$ kg/cm²). Ist der Umschlingungswinkel β kleiner als π, so nimmt für je 10° kleineren Winkel σ_n um rd. 3% ab.

Zahlenbeispiel 3. Ventilatorantrieb $N = 12$ PS, $n_1 = 105$, $n_2 = 1382$. Das Drehzahlverhältnis $i = 105/1382 = 1/13$ ist sehr groß.

Bei der Wahl einer geeigneten Riemengeschwindigkeit v ist zu beachten, daß die große Scheibe (für $n = 105$) nicht zu groß (teuer) und die kleine Scheibe zu klein (ungünstiges Verhältnis δ/D) werden darf. Mit der angenommenen Geschwindigkeit $v = 12,5$ m/s wird $P = 12 \cdot 75/12,5 = 72$ kg, $D_1 \approx 2200$ und $D_2 \approx 170$ mm.

Bei der Wahl von ψ ist zu beachten: kleiner Scheibendurchmesser ($D_2 = 170$ mm), kleiner Umschlingungswinkel $\beta = 107°$ für den offenen, sehr langen Riemen ($l = 13,75$ m). Oberflächenbeschaffenheit, Riemenpflege, Aufstellungsort sind unbekannt. Bei ungenügender Pflege kann ψ höchstens gleich 0,4 geschätzt werden. Mit $\sigma_1 = 33$ kg/cm² folgt aus Gl. (13):
$\sigma_n = (\sigma_1 - \sigma_f) \cdot 0,4 = 12,6$ kg/cm² und $f = 72/12,6 = 6$ cm² $= 150 \cdot 4$ mm². Das Verhältnis $\delta/D = 4/170 = 1/42,5$ ist schon ungünstig. Ausgeführt wurde der Riementrieb mit $f = 14 \cdot 0,5 = 7$ cm², also scheinbar reichlich. Das Verhältnis $\delta/D = 5/170 = 1/34$ ist so ungünstig, daß (trotz der kleinen Biegezahl $v = v/l = 12,5/13,75 =$ rd. einer Biegung je Sekunde für die kleine Scheibe allein) der Riemen nach 12 Monaten Betriebsdauer ersetzt werden mußte[1]. Durch bessere Riemenpflege und dünneren Riemen ($\delta = 3$ mm) könnten Lebensdauer und Betriebssicherheit wesentlich erhöht werden. Ein Keilriementrieb mit kleiner Achsentfernung wäre hier auch zweckmäßig.

Zahlenbeispiel 4. C. Bach[2] berichtet über den Antrieb eines Walzwerkes von 2 bis 3000 PS durch einen Riemen von 1400 mm Breite und $4 \times 4,5 = 18$ mm Dicke ($f = 252$ cm²)

---
[1] L. 623.14.
[2] Maschinenelemente 12. Aufl. S. 449.

bei einer Umfangsgeschwindigkeit von 42,7 m/s, der Tag und Nacht in Betrieb war. Treibende Scheibe 2480 mm ⌀, $n_1 = 330$/min, getriebene Scheibe 6800 mm ⌀, $n_2 = 120$/min. Für $N = 2000$ (3000) PS ist $P = 2000 \cdot 75/42,7 = 3500$ (5200) kg und $\sigma_n = 3500/252 = 14$ (21) kg/cm².

Der Riemen mußte innert zwei Jahren um 1,4 m gekürzt werden (bei 51 m Riemenlänge), hat sich demnach unter den schweren Bedingungen eines Wälzwerkantriebes gut bewährt. Rechnet man diesen Riemen nach den angegebenen Grundsätzen nach, so ist die Riemengeschwindigkeit sehr groß (günstig), der Scheibendurchmesser ebenfalls sehr groß (günstig). Da Riemenpflege und Oberflächenbeschaffenheit der Scheiben unbekannt sind, wird $\psi = 0,8$, also ziemlich niedrig eingeschätzt. Bei der stoßweise auftretenden Belastung von 3000 PS darf man bis zur Grenze des Gleitschlupfes gehen. Aus Gl. (13) folgt, mit $\sigma_f = 18$ kg/cm²:

$\sigma_n = (\sigma_1 - 18) \cdot 0,8 = 14$ (21) kg/cm² und $\sigma_1 = 35,5$ (44) kg/cm². Das Verhältnis $\delta/D = 18/2480 = 1/140$ ist sehr günstig.

Zahlenbeispiel 5. Berechnung der Riemenbreite für den Antrieb einer Dynamo ($N = 6\ PS$, $n = 1600$) von einer Wasserradwelle ($n = 8$) aus. Die Ausführung erfolgte mit zwei Spannrollentrieben nach Abb. 10.

von Wasserrad auf Vorgelege

$d_1 = 2600$ mm, $n_1 = 8$
$d_2 = 325$ mm, $n_2 = \dfrac{2600}{325} \cdot 8 = 64$
$a = 1950$ mm (Achsdistanz)
$v = \dfrac{\pi \cdot 2,6 \cdot 8}{60} = 1,1$ m/s.
$P = \dfrac{6 \cdot 75}{1,1} = 410$ kg;
$f = \dfrac{410}{18} = 22,5$ cm²
$\delta = 5$ mm, $b = 450$ mm
$\delta/D = 5/325 = 1/65$.

von Vorgelege auf Dynamo

$d_1 = 2750$ mm, $n_1 = 64$
$d_2 = 110$ mm, $n_2 = 1600$
$a = 1950$ mm
$v = \dfrac{\pi \cdot 2,75 \cdot 64}{60} = 9,2$ m/s,
$P = \dfrac{6 \cdot 75}{9,2} = 49$ kg;
$f = \dfrac{49}{18} = 2,7$ cm²
$\delta = 4$ mm, $b = 70$ mm
$\delta/D = 4/110 = 1/27,5$, sehr groß.

Abb. 10. Antrieb einer Dynamo von einer Wasserradwelle (v. Roll, Clus).

Bei beiden Trieben handelt es sich um langsam laufende Riemen, so daß der Einfluß der Fliehkraft vernachlässigt werden kann. Der umspannte Bogen ist groß, so daß für ψ (auch bei ungepflegtem Riemen) 0,6 eingesetzt werden kann. Aus Gl. (13) folgt dann, mit $\sigma_n = 18$ kg/cm², $\sigma_1 = 30$ kg/cm².

Das Verhältnis $\delta/D = 1/27,5$ für den zweiten Trieb ist sehr groß (ungünstig). Dynamo und Außenlager sind deshalb auf Spannschienen gestellt; das Nachspannen beim rascher laufenden und schärfer gebogenen Riemen wird dadurch erleichtert.

Zahlenbeispiel 6. Elektromotor ($N = 7$ KW, $n = 1426$/min) mit angebauter Spannrolle (Abb. 11). Durchmesser der Antriebscheibe = 100 mm annehmen, da kein Platz für größere Scheibe vorhanden ist, also 7,45 m/s Riemengeschwindigkeit und $P = 7 \cdot 102/7,45 = 96$ kg.

Man darf heute etwas Verständnis für die Bedeutung der Riemenpflege voraussetzen und (obschon Riemengeschwindigkeit und Scheibendurchmesser ungünstig klein sind) mit einem ψ-Wert von 0,6 bis 0,7 rechnen. Da der Einfluß von $\sigma_f = 0,5$ kg/cm² vernachlässigbar klein ist, folgt aus Gl. (13) mit $\sigma_1 = 33$ kg/cm²:

$\sigma_n = \sigma_1 \cdot \psi = 20\ (23)$ kg/cm² und $f = P/\sigma_n = 5\ (4)$ cm² $= 4 \cdot 125\ (3 \cdot 140)$ mm². Das Verhältnis $\delta/D = 3/100$ ist trotz 3 mm Riemendicke noch recht ungünstig.

Man darf voraussetzen, daß der kleine Motor nicht ununterbrochen mit der vollen Leistung in Betrieb steht. Wenn der Motor auf Spannschienen gestellt wird, ist das Nachspannen des Riemens sehr einfach. Bei der Untersuchung nach dem wirtschaftlich günstigsten Riementrieb spielt der geringe Platzbedarf für den Antrieb wahrscheinlich die größere Rolle als die relativ kurze Lebensdauer des Riemens. Die Nutzspannung im Riemen ist sicher kleiner als 30 kg/cm², so daß die übertragbare Leistung nach der Gleichung $L = 30 \cdot f \cdot v/102 = 0,3 \cdot f \cdot v$ KW beschränkt ist.

Für $v = 50$ 30   10 m/s
ist $L = 15$ 9   3 $\cdot f$ KW
oder $L = 7,5$ 4,5   1,5 KW je cm Breite des 0,5 cm dicken Riemens.

Zahnräder (Abschn. 7) dagegen sind für praktisch fast unbegrenzte Leistungen geeignet.

Abb. 11. Zu Zahlenbeispiel 6. Drehstrommotor mit angebauter Spannrolle.

624. Festigkeit der Scheiben.[1]

Es wird angenommen:

1. Das Hookesche Gesetz und das Superpositionsgesetz gelten auch für Gußeisen. Tatsächlich ist E für Gußeisen eine veränderliche, vom Spannungszustand und von der Gußqualität abhängige Größe (vgl. S. 21).

2. Der Spannungszustand ist eben, d. h. in Richtung der Radachse treten weder Normal- noch Schubspannungen auf. Für größere Kranzbreite trifft diese Annahme nicht zu. Insbesondere versagt die Rechnung an dem unstetigen Übergang zwischen Arm und Kranz, also gerade dort, wo die Bruchgefahr am größten ist.

3. Die Drehzahl der Scheibe ist konstant; von den Massenkräften beim Anlaufen und beim Bremsen wird abgesehen.

Auf die ungeteilte Scheibe wirken dann folgende Kräfte:
a) Die Massenkräfte (Fliehkräfte) für Kranz und Arme.
b) Die zu übertragende Umfangskraft (Leistung). Das Eigengewicht der Scheibe und der Achsdruck werden (als klein) vernachlässigt. Von der entlastenden Wirkung des Flächendruckes zwischen Riemen und Scheibe wird abgesehen.

In jedem Querschnitt des um seinen Mittelpunkt frei drehenden Kranzes entsteht, wenn die Kranzstärke klein im Verhältnis zum Scheibenradius ist, die Zugspannung

$$\sigma_f = \gamma \cdot u^2/g \quad [\text{kg/cm}^2]. \tag{14.7}$$

Für Gußeisen ist $\gamma = 0,00725$ kg/cm³, u ist die Umfangsgeschwindigkeit (cm/s) im Schwerpunkt des Kranzquerschnittes. Durch die Drehung dehnt sich der Kranz in radialer Richtung um den Betrag:

$$\Delta r_k = \frac{r_k}{E} \sigma_f \quad [\text{cm}]. \tag{14.5}$$

Für große Kranzdicke gelten die Gleichungen 142.4a, 5a und 7.

Die Arme verhindern die freie Dehnung des Kranzes. Ist der Arm prismatisch (was im allgemeinen nicht zutrifft), so dehnt er sich unter der Wirkung der Fliehkraft um den Betrag:

$$\lambda_a = \left(\frac{r_i}{2} + \frac{l}{3}\right) \frac{l^2}{r_k^2 E} \cdot \sigma_f. \tag{121.7}$$

Das Verhältnis $\dfrac{\Delta r_k}{\lambda_a} = \dfrac{r_k^3}{l^2 \left(\dfrac{r_i}{2} + \dfrac{l}{3}\right)}$ liegt etwa zwischen 4 und 6, so daß der Kranz um die

---
[1] L. 624.1—4.

624. Festigkeit der Scheiben.

positive Strecke $(\Delta r_k - \lambda_a) = e$ von dem äußersten Armquerschnitt abstehen würde, wenn nicht Kranz und Arm in jenem Querschnitt zusammenhingen. Als Folge entsteht im Arm eine zusätzliche Kraft Z_0, die ihn um den Betrag λ_z verlängert und den Kranz (durch die entgegengesetzt wirkende und gleichgroße Reaktionskraft Z_0) um einen Betrag δ_k nach einwärts biegt. Es ist also:

$$\delta_k + \lambda_z = e = \Delta r_k - \lambda_a. \qquad (624.1)$$

Wenn von dem übertragenen Drehmoment zunächst abgesehen wird, so wiederholen sich alle Beanspruchungen des Kranzes so oft, wie Arme vorhanden sind. Die Betrachtung kann deshalb auf ein Kranzstück zwischen zwei Armen (mit dem Zentriwinkel 2α) beschränkt werden (Abb. 624.1).

Aus der im Zahlenbeispiel 125.7 (S. 65) durchgeführten Berechnung folgt:

$$\delta_k = \frac{Z r^3}{J_k E} \cdot \frac{1}{4} \left(\operatorname{ctg} \alpha + \frac{\alpha}{\sin^2 \alpha} - \frac{2}{\alpha} \right) = \frac{Z r^3}{E J_k} \cdot C \quad \text{oder}$$

$$Z = \frac{J_k}{C} \cdot \frac{E}{r^3} \delta_k = C_k \cdot \delta_k \qquad (2)$$

und aus der Verlängerung des (prismatisch angenommenen) Armes:

$$\lambda_z = \frac{Z \cdot l}{F_m E} \quad \text{oder} \quad Z = \frac{F_m \cdot E}{l} \lambda_z = C_a \cdot \lambda_z. \qquad (3)$$

Trägt man (Abb. 624.1) in den Endpunkten A und B der Strecke e (und senkrecht zu AB die Kräfte $Z' = C_k \cdot e$ und $Z'' = C_a \cdot e$ auf, so kann man die Formänderungsdreiecke ABC und ABD zeichnen. Das Lot EO im Schnittpunkt E der Linien AD und BC liefert die gewünschte Armkraft Z_0. Sie verlängert nämlich den Arm um λ_z und verschiebt den Kranz um δ_k, erfüllt also die Bedingung (1).

Die so berechnete Armkraft Z_0 ist sicher zu klein; es sind noch folgende Faktoren zu berücksichtigen:

1. Die schwach konische Form des Armes hat zur Folge, daß die Längenänderung λ_a kleiner als berechnet ausfällt; muß also durch eine Verkleinerung von λ_a um etwa 20% korrigiert werden.

2. Bei der Berechnung von δ_k (Zahlenbeispiel 125.7) lag die obere Integrationsgrenze bei der Mittellinie des Armes, während die Formänderung des Kranzes schon um die halbe Armbreite davon entfernt aufhört. Der Kranz ist also steifer als berechnet, was durch eine entsprechende Verkleinerung des Winkels α berücksichtigt werden kann.

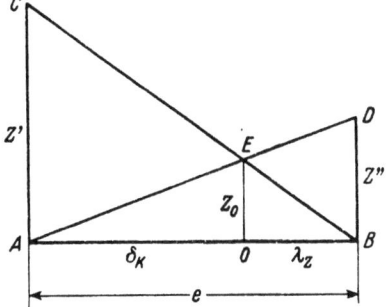

Abb. 624.1. Berechnung der Armkraft.

Das größte Biegemoment im Kranz

$$M_\alpha = -\frac{Z_0 r}{2} \left(\operatorname{ctg} \alpha - \frac{1}{\alpha} \right) \qquad (4)$$

liegt an der unstetigen Befestigungsstelle zwischen Kranz und Arm; wie groß die Formziffer dort ist, ist schwierig zu schätzen. Ungleiche Kranzdicke ruft eine sehr ungleichmäßige Formänderung (Spannung) des Kranzes hervor[1]. Die Berechnung wird deshalb immer eine Näherungsrechnung bleiben; allerdings die beste, die wir haben. Für große Umfangsgeschwindigkeiten müssen die Scheiben ausgewuchtet werden (Abschn. 34). Der Kranz ist auch dann auf der Innenseite zu bearbeiten, soweit es die Armbreite gestattet. Etwa notwendige Ausgleichgewichte sind möglichst dicht an den Armen anzubringen.

Die Konstruktion der Riemenscheibe (Kranzdicke, Abmessungen und Zahl der Arme) hängt also von der Riemengeschwindigkeit ab. Für die Normung und serienweise Herstellung ist es zweckmäßig nur zwei Ausführungen vorzusehen, eine leichte (Abb. 2) bis etwa 15/16 m/s und eine schwerere bis 25 m/s Riemengeschwindigkeit. Für kleine Gußscheiben mit voller Mittelwand bis etwa 350 mm Durchmesser ist die Riemengeschwindigkeit bis 32 m/s zulässig. Kranz und Mittelwand sind dann bis an die Nabe zu bearbeiten.

Die Verwendung einteiliger Scheiben ist durch die Schwierigkeit der Montage und (für große Scheiben) auch durch den Transport eingeschränkt. Auch die größten Riemenscheiben

---
[1] L. 624.3.

werden in einem Stück gegossen und nachher längs eines Durchmessers aufgesprengt (Abb. 3). Die beiden Teile werden zusammengeschraubt und dann gedreht. Die Breite der Sprengleiste soll 5 mm nicht überschreiten, weil sonst die Sprengarbeit zu mühsam wird. Für das Sprengeisen sind genügend große Öffnungen vorzusehen. Nur schwere Scheiben (Schwungräder, Kegelräder, Zahnräder) werden zweiteilig gegossen und an den Trennflächen gehobelt.

Die Trennfuge soll bei raschlaufenden Scheiben immer in die Arme gelegt werden, nicht zwischen zwei Arme, da die Fliehkraft der Verbindungsteile eine zusätzliche Spannung erzeugt.

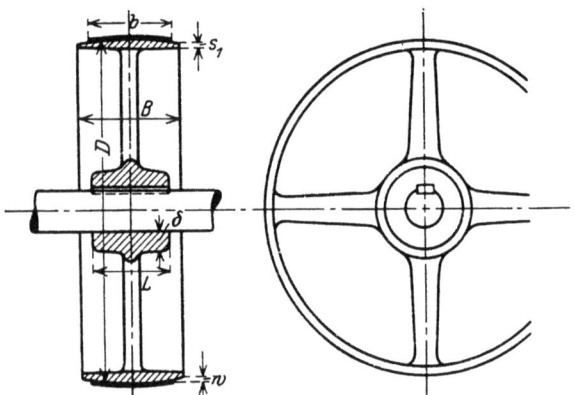

Abb. 2. Einteilige Riemenscheibe. Leichte Ausführung.

Der Armquerschnitt ist eine Ellipse mit dem Achsenverhältnis $1:2$ bis $1:2,5$; die Verjüngung der Arme beträgt $5:4$. Bei der Festigkeitsrechnung wird angenommen, daß für $i=4$ ein Arm und für $i=6$ zwei Arme die Umfangskraft von der Scheibe auf die Welle übertragen. Die Biegebeanspruchung folgt dann aus der Gleichung

$$\frac{P \cdot r}{1 \text{ bzw. } 2} = \frac{\pi}{4} a^2 b \cdot \sigma_b . \qquad (5)$$

Ein einfacher Armstern reicht aus für B bis $0,1\,D + 250$ mm.

Die Riemenscheiben werden auf der Welle durch Keile oder durch Klemmen befestigt (vgl. Abschn. 22 u. 24). Die Stärke δ der Nabe folgt aus der empirischen Gleichung

$$\delta = \left(\frac{1}{5} \text{ bis } \frac{1}{4}\right)\left(d_0 + \frac{d}{2}\right) + 1 \text{ cm} . \qquad (6)$$

Darin ist d die Bohrung der Scheibe und d_0 der Wellendurchmesser, der zur Über-

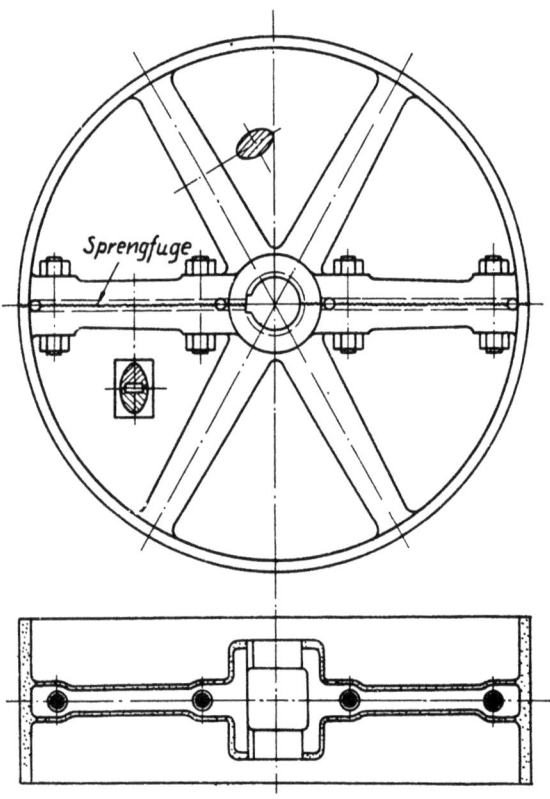

Abb. 3. Zweiteilige, gesprengte Riemenscheibe (aus Rötscher).

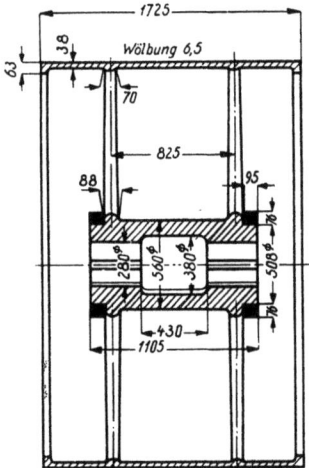

Abb. 4. Breite Riemenscheibe mit doppeltem Armstern. Die Nabe ist gesprengt, um Gußspannungen auszugleichen (aus Z. VDI 1893. S. 977).

tragung des Drehmomentes nach Gleichung 311.2 $\frac{1}{5} d_0^3 \tau = M_d$ ausreichen würde. Für $d = d_0$ ist

$$\delta = \left(\frac{1}{5} \text{ bis } \frac{1}{4}\right) \cdot \frac{3}{2} d + 1 \text{ cm} \quad \text{oder} \quad \delta \approx (0,3 \text{ bis } 0,35)\,d + 1 \text{ cm} . \qquad (7)$$

Die Nabenlänge ist $l = 1,2$ bis $1,5\,d$ oder auch $l = B$. Lange Naben werden häufig hohl gemacht (Abb. 4).

624. Festigkeit der Scheiben.

Zahlenbeispiel 624.1. Nachrechnung der Gegenscheibe einer 1000 PS-Dampfmaschine amerikanischer Konstruktion (Abb. 4) für $n = 200/\text{min}$.

$$\text{Außendurchmesser der Scheibe} \quad D_a = 2565 \text{ mm}$$
$$\text{Kranzdicke geschätzt} \quad s = 40 \text{ mm}$$
$$\text{Mittlere Kranzdurchmesser} \quad D_m = 2525 \text{ mm } (R_m = 1263 \text{ mm})$$
$$\text{Mittlere Umfangsgeschwindigkeit} \quad v_m = \pi \cdot D_m \cdot n/60 = 26{,}5 \text{ m/s}$$
$$\text{Winkelgeschwindigkeit } w = \pi \cdot n/30 = 20{,}94/\text{s}.$$

Die Fliehkraftspannung $\sigma_f = \frac{\gamma}{g} v_m^2$ (Gl. 14.7) ist mit

$$\gamma = 0{,}00725 \text{ kg/cm}^3 \text{ und } g = 981 \text{ cm/s}, \tag{a}$$
$$\sigma_f = 52 \text{ kg/cm}^2.$$

Die radiale Erweiterung des Kranzes ist

$$\Delta r_k = R_m \cdot \sigma_f / E = 126{,}3 \cdot 52/10^6 = 0{,}00657 \text{ cm}. \tag{b}$$

Die Verlängerung des prismatischen Armes

$$\lambda_a = \left(\frac{r_i}{2} + \frac{l}{3}\right) \frac{l^2}{R_m^2 \cdot E} \cdot \sigma_f \tag{121.7}$$

mit $r_i = 28 \text{ cm}$, $l = 93 \text{ cm}$ geschätzt, $\frac{r_i}{2} + \frac{l}{3} = 14 + 31 = 45 \text{ cm}$, ist

$$\lambda_a = 45 \cdot \left(\frac{93}{126{,}3}\right)^2 \cdot 52/10^6 = 0{,}00127 \text{ cm}.$$

Für den verjüngten Arm ist λ_a ca. 20% kleiner, also

$$\lambda_a = 0{,}001 \text{ cm} \quad \text{und} \quad e = \Delta r_k - \lambda_a = 0{,}00557 \text{ cm}. \tag{c}$$

Mit $J_k = b \cdot s^3/12 = \frac{172{,}5}{2 \cdot 12} \cdot 3{,}8^3 = 395 \text{ cm}^4$ für die halbe Kranzbreite und, wenn die Armdicke berücksichtigt, also $2\alpha = 38$ statt $45°$ gesetzt wird, mit $C_{38} = 4{,}1 \cdot 10^{-4}$ folgt aus Gl. (2):

$$Z = \frac{395 \cdot 10^6 \cdot 10^4}{126{,}3^3 \cdot 4{,}1} \delta_k = 4{,}75 \cdot 10^5 \delta_k$$

und für $\delta_k = e = 0{,}00557$ cm, $Z' = 2640$ kg.

Mit $F_{\text{aussen}} = \frac{\pi}{4} a \cdot b = \frac{\pi}{4} \cdot 13{,}3 \cdot 7{,}0 = \frac{\pi}{4} \cdot 93{,}1$ und

$$F_{\text{innen}} = \frac{\pi}{4} \cdot 17{,}8 \cdot 8{,}8 = \frac{\pi}{4} \cdot 155{,}6 \text{ also mit}$$

$F_m = 100 \text{ cm}^2$ für einen Armstern, folgt aus Gl. 3:

$$Z = 100 \cdot 10^6 / 93 \cdot \lambda_z = 10{,}7 \cdot 10^5 \cdot \lambda_z \text{ und}$$

mit $\lambda_z = e$: $\quad Z'' = 6000$ kg.

Mit Z' und Z'' folgt aus der graphischen Konstruktion $Z_0 = 1880$ kg.

Das größte Biegemoment im Kranz:

$$M_{\text{max}} = \frac{Z_0 R_m}{2} (\text{ctg } \alpha - 1/\alpha) \tag{4}$$
$$= 1880 \cdot 126{,}3 \cdot 0{,}056 = 13350 \text{ kgcm}$$

erzeugt eine größte Biegespannung

$$\sigma_b = M/W = \frac{13350 \cdot 6}{172{,}5 \cdot 3{,}8^2} = 32 \text{ kg/cm}^2.$$

Mit der Fliehkraftspannung $\sigma_f = 52$ kg/cm², gibt es eine größte Zugbeanspruchung $\sigma_t = 84$ kg/cm², die (auch unter Berücksichtigung, daß ein Durchgehen der Dampfmaschine nicht ausgeschlossen ist) bei guter Gußqualität eine genügende Sicherheit bietet.

63. Seiltrieb.

631. Windwerke[1].

Der Rollendurchmesser wird immer bis zur Mitte des Tragorganes (Seil oder Kette) gemessen.

Feste Rolle (Abb. 631.1). Beim gleichförmigen Heben der Last Q sind die Biegewiderstände des Seiles (beim Auf- und Ablauf) und die Zapfenreibung zu überwinden. Das ablaufende Seil ist also immer etwas stärker gespannt.

---
[1] L. 631.

63. Seiltrieb.

Der Biegewiderstand von Drahtseilen ist klein, weniger als 1% der Seilkraft Q (vgl. S. 372). Das Moment der Zapfenreibung $\mu \cdot A \cdot r_z$. (A = Zapfenbelastung in kg (Abb. 631.1) = 2Q, r_z = Zapfenradius) muß durch eine zusätzliche Kraft ΔZ überwunden werden. Bei der gebräuchlichen Fettschmierung ist die Zapfenreibzahl $\mu \approx 0{,}1$, also

$$\Delta Z = \mu \cdot 2Q \cdot \frac{r_z}{R} = 0{,}2\,Q\,\frac{r_z}{R} = 0{,}04 \text{ bis } 0{,}033\,Q$$

$$\left(\text{für } \frac{r_z}{R} = \frac{1}{5} \text{ bis } \frac{1}{6}\right).$$

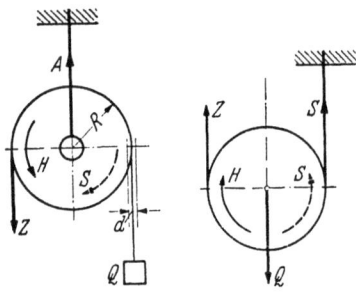

Abb. 631.1. Feste Rolle. — Abb. 2. Lose Lastrolle.

Im Beharrungszustand ist also

$$Z = (1{,}043 \text{ bis } 1{,}05)\,Q = a\,Q \tag{631.1}$$

und mit Berücksichtigung des Biegewiderstandes des Drahtseiles:

$$Z = (1{,}05 \text{ bis } 1{,}06)\,Q = a \cdot Q, \tag{1a}$$

worin $a = 1/\eta$ immer größer als 1 ist; η ist der Wirkungsgrad der Kraftübertragung. Durch Einbau von Wälzlagern könnte der Wirkungsgrad wesentlich verbessert werden ($a < 1{,}02$); die hochbelasteten Wälzlager sind aber relativ teuer.

Beim Senken der Last dreht sich die Rolle in entgegengesetzter Richtung, die Last überwindet nun die Widerstände, also:

$$Q = a \cdot Z \quad \text{oder} \quad Z = Q/a \tag{2}$$

Lose Lastrolle (Abb. 2). Aus den Gleichgewichtsbedingungen folgt beim Heben:

$$Q = Z + S \quad \text{und} \quad Z = a \cdot S,$$

$$Z = \frac{Q \cdot a}{a+1}$$

und beim Senken der Last, mit $S = a \cdot Z$

$$Z = \frac{Q}{a+1}. \tag{4}$$

Lose Treibrolle (Abb. 3), bei hydraulischen Aufzügen gebräuchlich. Beim Heben ist:

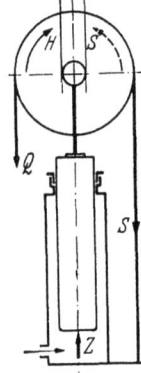

Abb. 3 Lose Treibrolle.

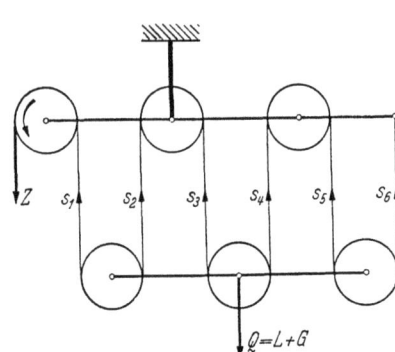

Abb. 4 Rollenzug.

$$Z = Q + S \quad \text{und} \quad S = a \cdot Q,$$

$$Z = Q\,(1 + a) \tag{5}$$

und beim Senken der Last (da $Q = a \cdot S$ ist):

$$Z = Q\,(1 + a)/a \tag{6}$$

Rollenzüge. Im allgemeinen wird die Last an mehreren Seilen aufgehängt um dünnere, schmiegsame Seile und kleine, billige Rollen zu erhalten. Mehrere, nebeneinander liegende Rollen werden dann zu einer sog. „Flasche" (obere und untere) vereinigt. Zwecks leichterer Übersicht über den Lauf des Seiles und zur Erleichterung der Berechnung werden die Rollen schematisch nebeneinander (Abb. 4) liegend gezeichnet.

Bei n Rollen hängt die Last an n Seilen, so daß, wenn keine Widerstände zu überwinden wären

$$Z_0 = Q/n \tag{7}$$

ist. Zur Berechnung der Zugkraft mit Berücksichtigung der Widerstände, denkt man sich die Seile durchschnitten und wendet für den abgetrennten Teil, für welchen die Seilspannungen nun äußere Kräfte sind, die Gleichgewichtsbedingungen an. So ist z. B. in Abb. 4 für die untere Flasche: $\sum_{1}^{6} S = Q$ und da das ablaufende Seil immer am meisten gespannt wird, beim Heben der Last:

$$S_1 = Z/a$$
$$S_2 = S_1/a = Z/a^2$$
$$S_3 = S_2/a = Z/a^3$$
$$\cdots\cdots\cdots\cdots$$
$$S_6 = S_5/a = Z/a^6$$

Aus $$\Sigma S = Q = \frac{Z}{a} + \frac{Z}{a^2} + \frac{Z}{a^3} + \cdots\cdots\cdots \frac{Z}{a^6}$$

folgt $$Q = \frac{Z}{a^6}(a^5 + a^4 + a^3 + \cdots\cdots\cdots 1) = \frac{Z}{a^6} \cdot \frac{a^6 - 1}{a - 1}$$

oder allgemein für n Rollen:
$$Q = \frac{Z}{a^n} \cdot \frac{a^n - 1}{a - 1}. \tag{8}$$

Der Wirkungsgrad des Flaschenzuges ist
$$\eta = \frac{Z_0}{Z} = \frac{a^n - 1}{n \cdot a^n (a - 1)}. \tag{9}$$

Für $n = 6$ ist mit $a = 1{,}02$, $\eta = 0{,}93$ und mit $a = 1{,}05$, $\eta = 0{,}846$.

Beim Lastheben verkürzt sich jedes einzelne tragende Seil; die Verkürzung pflanzt sich nach dem freien Trum in der Weise fort, daß jedes folgende außer der eigenen Verkürzung auch noch die vorhergehende auszugleichen hat. Die Rollen haben demnach verschiedene Umfangsgeschwindigkeiten (verschiedene Drehzahlen) und müssen auf der gemeinsamen Achse lose angeordnet werden. In ähnlicher Weise kann das Senken der Last oder die Anordnung ungleicher Rollenzahlen in den beiden Flaschen berechnet werden.

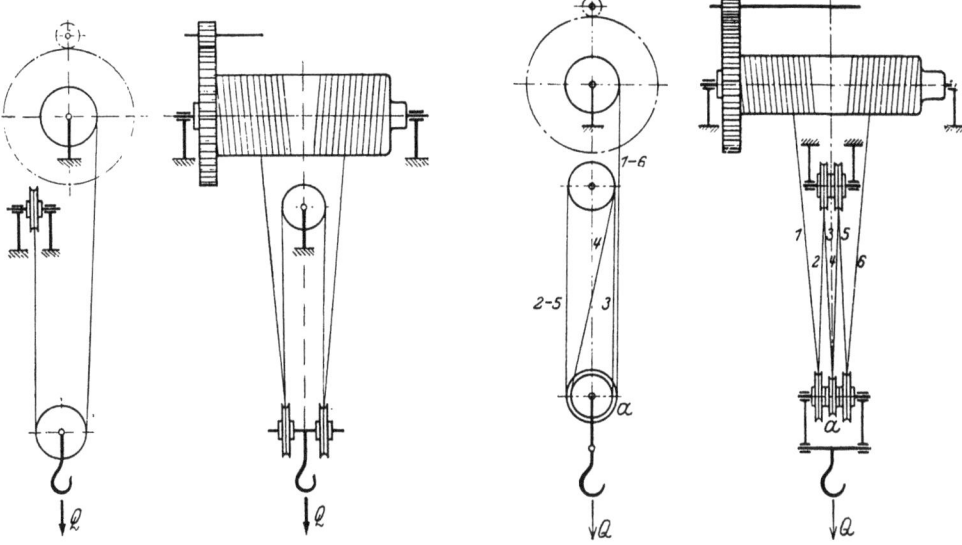

Abb. 5. 2 × 2fache Aufhängung.   Abb. 6. 2 × 3fache Aufhängung.

Trommelwinden. Hängt die Last unmittelbar an einem an der Trommel befestigten Seil, so wird sie sich beim Heben oder Senken gleichzeitig auch horizontal bewegen. Dieses Wandern der Last macht sich z. B. bei der Montage oder in der Gießerei besonders störend bemerkbar. Diesen Übelstand vermeidet die Zwillingsaufhängung, bei welcher die Last mindestens an vier Seilen hängt. Die beiden Enden des Hubseiles sind an der mit Rechts- und Linksgewinde versehenen Trommel befestigt. Diese Anordnung stellt also eine symmetrische Verdoppelung der einfachen Rollenzüge dar. Beim Übergang von der einen Rollenzughälfte zur anderen wird das Seil über eine Leitrolle a geführt, die zum Ausgleich der Seilspannungen, bzw. Seillängungen dient (Ausgleichsrolle). Man nennt die Anordnung nach Abb. 5 die 2 × 2fache Aufhängung, weil die Umfangsgeschwindigkeit der Trommel doppelt so groß ist wie die Hubgeschwindigkeit.

Bei der 2 × 3fachen Aufhängung (Abb. 6) ist die Ausgleichsrolle in der losen Unterflasche untergebracht; diese neigt infolge der Seilschränkung leicht zur Schrägstellung, so daß diese Anordnung in der Praxis gerne vermieden und die 2 × 4fache Aufhängung (Abb. 7) vorgezogen wird. Gegenbiegungen sind nach Möglichkeit zu vermeiden (Abb. 8); sie vermindern die Lebensdauer der Seile um etwa 50%.

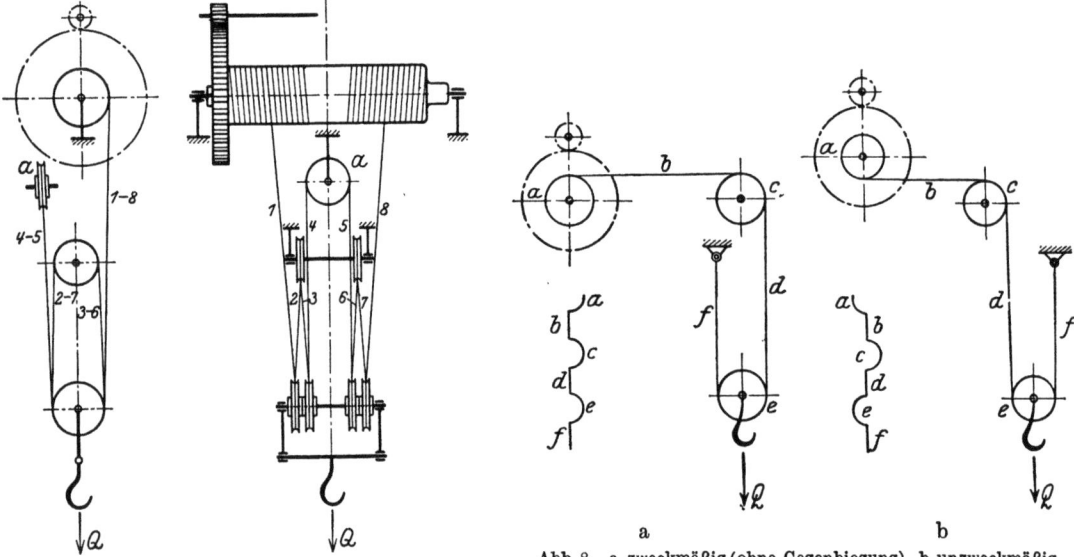

Abb. 7. 2×4fache Aufhängung.

Abb. 8. a zweckmäßig (ohne Gegenbiegung), b unzweckmäßig (mit Gegenbiegung).

Die Treibscheibe [1] unterscheidet sich vom Trommelantrieb grundsätzlich dadurch, daß das Seil nicht mit der Scheibe verbunden wird, sondern daß die Kraftübertragung (wie beim Riementrieb) ausschließlich durch die Seilreibung erfolgt. Es ist also (da die Fliehkraftwirkung vernachlässigt werden darf:

$$S_1 \lessgtr S_2 e^{\mu\beta} \quad \text{und} \quad P = S_1 - S_2 = S_1 \frac{e^{\mu\beta}-1}{e^{\mu\beta}}. \qquad (623.1, 5 \text{ u. } 6)$$

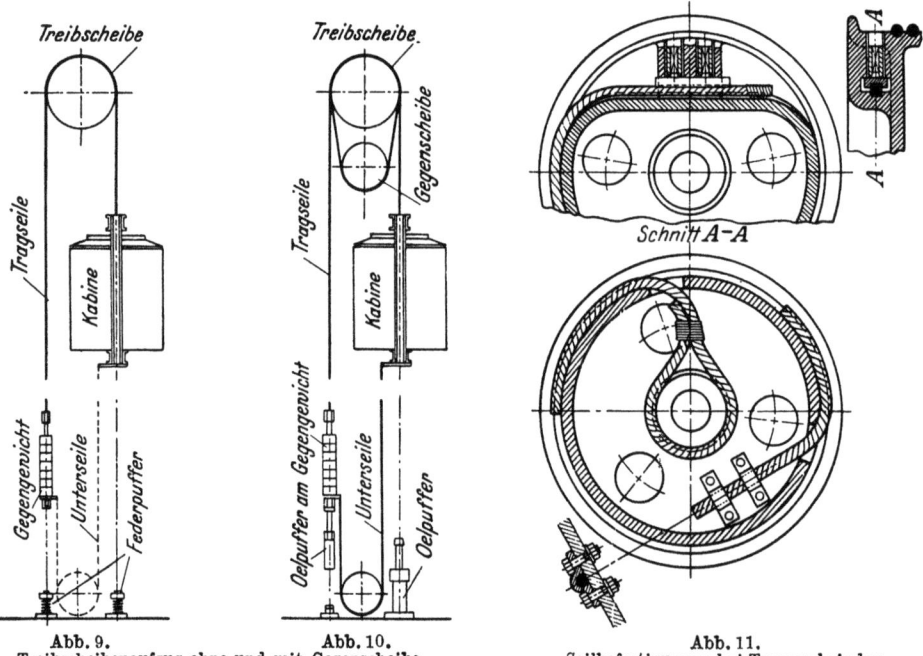

Abb. 9. Treibscheibenaufzug ohne und mit Gegenscheibe.

Abb. 10.

Abb. 11. Seilbefestigungen bei Trommelwinden.

Die Treibscheibe kommt im Aufzugsbau vor (Abb. 9) und beim Antrieb der Seilbahnen. Der Treibscheibenaufzug hat den Vorteil, daß für eine gegebene Belastung die Maschine **unabhängig von der Förderhöhe** ist, also in Serien hergestellt werden kann. Ein Nachteil ist, daß die Kraftübertragung durch Reibung begrenzt ist, was sich besonders bei der Beschleunigung und Ver-

---

[1] L. 631.3—8.

zögerung bemerkbar macht. Weiter hat der unvermeidliche Dehnungsschlupf eine unerwünschte Abnutzung der Rillen zur Folge. Die Treibscheiben werden deshalb oft mit Leder, Holz, Kunststoff, Aluminium[1] ausgelegt.

Die Reibzahl des geschmierten, aber frei in der Gußrille liegenden Seiles ist mindestens 0,12 und für die ausgefütterte Scheibe $\mu = 0,16$. Für $\beta = \pi$ ist dann $e^{\mu\beta} = S_1/S_2 = 1,46$ (für $\mu = 0,12$) resp. 1,65 (für $\mu = 0,16$) und die übertragbare Leistung

$$N = P \cdot v/75 = \left(\frac{0,46}{1,46} \text{ bis } \frac{0,65}{1,65}\right) S_1 \cdot v/75 = (0,0042 \text{ bis } 0,0052) \, v \cdot S_1 \quad \text{PS}. \tag{10}$$

Ist die Anfahrbeschleunigung b m/s², so ist (nach dem Grundgesetz der Mechanik: Kraft = Masse × Beschleunigung) für das auflaufende Seil beim Heben der Last:

$$S'_1 - Q = \frac{Q}{g} \cdot b \quad \text{oder} \quad S'_1 = Q(1 + b/g). \tag{11}$$

Ist G das Eigengewicht der Kabine und L die Nutzlast, so ist $Q = G + L$. Für das ablaufende Seil ist, mit einem Gegengewicht G_0:

$$G_0 - S'_2 = \frac{G_0}{g} \cdot b \quad \text{oder} \quad S'_2 = G_0(1 - b/g) \tag{12}$$

und

$$\frac{S'_1}{S'_2} = \frac{Q}{G_0} \cdot \frac{1 + b/g}{1 - b/g}. \tag{13}$$

Zahlenbeispiel 631.1. Für den in Abb. 9 skizzierten Aufzug ($G = 1300$, $L = 1000$, $G_0 = 1700$ kg) ist während der Fahrt (im Beharrungszustand):

$$S_1/S_2 = 2300/1700 = 1,35$$

und bei einer Anfahrbeschleunigung $b = 1,5$ m/s²:

$$S'_1/S'_2 = 1,35 \cdot \frac{9,81 + 1,5}{9,81 - 1,5} = 1,35 \cdot 1,36 = 1,82$$

d. h. das Seil gleitet auch bei $\mu = 0,16$!

Man hat zwei Möglichkeiten die Kraftübertragung zu verbessern:

1. Durch Vergrößerung des umspannten Bogens, z. B. durch Anordnung einer lose vorgelegten Gegenscheibe (Abb. 10); dann ist $\beta = 2\pi$ und $S_1/S = 2,14$ bis $2,7^2$. Durch Kreuzung des Seiles wird $\beta = 2,75\pi$, $S_1/S_2 = 4$ und $N = 0,01 \cdot v \cdot S_1$ (für $\mu = 0,16$). Für noch größere Leistungen (z. B. für Seilbahnen) erhält die vorgelegte, lose Scheibe zwei, die Treibscheibe drei nebeneinanderliegende Rillen. Da die Seilkräfte für die verschiedenen Umschlingungen ungleich sind, sind auch die Drehmomente und die Abnutzung der Rillen verschieden groß. Man baut deshalb zweckmäßig zwischen den Scheiben Ausgleichs-Getriebe ein[3].

2. Durch Vergrößerung der Reibzahl durch Keilrillen[1].

Die mehrfache Umschlingung des Seiles um eine Rolle zur Erhöhung der Reibung wird bei den elektrischen Spillen und bei Schiffswinden verwendet. Die Kraft S_2 kann dann so klein werden, daß ein Mann das Seilende ohne Anstrengung halten kann, während am anderen Ende Zugkräfte bis zu 5000 kg auftreten.

Bei den Trommelwinden läßt man deshalb auch immer einige (2 bis 3) „Sicherheitswindungen" auf die Trommel, damit ein einfaches Klemmen zur Seilbefestigung ausreicht (Abb. 11).

632. Drahtseile.

6321. Aufbau und Normen. Bei einem einfach geschlagenen Seil sind die Drähte in einer oder mehreren Lagen um einen Kerndraht (oder Hanfeinlage) verseilt (Abb. 632.1, Litze oder

Abb. 632.1. Spiralseil, einfach geschlagen.

Abb. 2. Litzenseil, zweifach geschlagen.

Spiralseil). Bei einem zweifach geschlagenen Seil sind mehrere Litzen um eine Seele (aus Hanf oder Draht) verseilt (Abb. 2, Litzenseil). Bei einem dreifach geschlagenen Seil sind

---
[1] L. 631.7.   [2] L. 631.3.   [3] L. 631.8.   [4] L. 631.4—6.

mehrere Litzenseile um eine Seele (aus Draht oder Hanf) zu einem Kabel verseilt (Abb. 3, Kabelschlag). Die Anzahl (Dicke) der Drähte in einer Litze, die Zahl der Litzen in einem Seil ist je nach Verwendungszweck verschieden. Je nach der Hauptbeanspruchung kann man die Seile in drei Gruppen einteilen:

Abb. 3. Kabelschlag, dreifach geschlagen.

1. Seile, die im Betrieb (unter Zugbeanspruchung) wiederholt über Trommeln, Rollen oder Scheiben gebogen werden, wie Kran-, Aufzug- oder Förderseile (Bergwerke), Zugseile von Seilbahnen usw. (Laufende Seile.)

2. Seile, an denen ruhende oder bewegte Lasten hangen, die also hauptsächlich auf Zug beansprucht werden; die Biegung spielt dabei eine untergeordnete Rolle, wie z. B. Tragseile von Schwebebahnen, Kabelkranen, Hängebrücken usw. (Stehende Seile.)

3. Besonders biegsame Seile für leichte Beanspruchungen, wie Schiffs-, Bindeseile, Steuerseile von Flugzeugen, usw.

Gruppe 1 verwendet die biegsameren Litzenseile mit Hanfseele.

Nach der ältesten Herstellungsweise drehte (schlug) man Litze und Seil in gleicher Richtung (Gleichschlag = Albertschlag = Langschlag) (Abb. 4). Später wurde der Kreuzschlag

Abb. 4. Litzenseil in Gleichschlag.

Abb. 5. Litzenseil in Kreuzschlag.

(Abb. 5) die Regel, bei dem Litze und Seil entgegengesetzte Drehung erhalten (ordinary lay). Innerhalb der Litzen werden die Drähte bei beiden Schlagarten in derselben Richtung geschlagen. Als Vorteil der Kreuzschlagseile gilt der geringere „Drall". Unter Drall versteht man das Bestreben eines Seiles sich, infolge der Rückfederung der verseilten Teile (Drähte, Litzen) unbelastet sich um die eigene Achse zu drehen, Schleifen zu bilden, und beim Lösen der Endbindung aufzuspringen.

Die Drahtseile sind genormt; die Normen für Kranseile sind in den europäischen Ländern praktisch gleich und dadurch gekennzeichnet, daß alle Drähte im Seil die gleiche Dicke haben. Die Normen umfassen folgende drei Ausführungsformen:

A mit 6 (1 + 6 + 12) = 6 × 19 = 114 Drähten von 0,4 bis 1 mm ⌀ ,
B mit 6 (1 + 6 + 12 + 18) = 6 × 37 = 222 Drähten von 0,4 bis 1,3 mm ⌀ und
C mit 6 (1 + 6 + 12 + 18 + 24) = 6 × 61 = 366 Drähten von 0,7 bis 1,5 mm ⌀ .

Tragseile (Gruppe 2) sind fast immer grobdrähtige Spiralseile; die einzelnen Drahtlagen werden abwechselnd links und rechts geschlagen, um den Drall zu vermindern. Nur aus Runddrähten bestehende (offene) Seile (Abb. 1) haben den Nachteil beim Eindringen von Regenwasser leicht zu rosten. Außerdem springt ein Außendraht, wenn er bricht, aus dem Seilverband heraus und gibt zu ernsten Störungen Anlaß. Verschlossene Seile (Abb. 6 und 7), deren Außen-

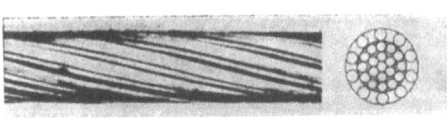

Abb. 6. Tragseil, halb verschlossen.

Abb. 7. Tragseil, ganz verschlossen.

Abb. 8. Herkules-Seil.

lage aus Formdrähten besteht, werden deshalb vorgezogen. Der Verschleiß von Seil und Rollen wird dadurch herabgesetzt. Profildrähte werden allerdings nur mit einer größten Zugfestigkeit $K_z = 140$ kg/mm² ausgeführt, sind also schwächer als die Litzenseile.

Wenn das verschlossene Seil zu steif erscheint, verwendet man auch Herkulesseile (Abb. 8). Es ist ein Litzenspiralseil, das aus zahlreichen Litzen (mit wenigen Drähten) besteht. Ungünstig ist die unebene, offene Oberfläche; günstig, daß bei Drahtbrüchen die Bruchenden zwischen den Nachbarlitzen eingeklemmt werden, also nicht aus dem Seilverband herausspringen.

Eine viel größere Biegsamkeit als bei den Seilen der Gruppe 1 erhält man, wenn ins Innere der Litzen auch eine Hanfseele gelegt wird. Solche Seile sind besonders geeignet als Tauwerk für Schiffe oder Steuerseile für Flugzeuge, können aber für hohe Beanspruchungen nicht verwendet werden.

6322. Die Festigkeitseigenschaften des Werkstoffes. Es unterliegt keinem Zweifel, daß ein Drahtseil nicht durch die statische Belastung, sondern durch Wechsellast zerstört wird und bricht. Die Bruchlast eines Seiles bietet keinen Anhalt für seine Brauchbarkeit im Dauerbetrieb, denn die Dauerhaltbarkeit nimmt bei hoher Zugfestigkeit ab (Abb. 9). Dennoch ist der Zerreißversuch ein wertvolles Hilfsmittel um den Werkstoff zu kennzeichnen und seine Brauchbarkeit zu beurteilen. Abb. 10 zeigt die Spannungs-Dehnungslinie für zwei Seildrähte von 100 mm Länge. Noch besser würde die relativ hohe Zähigkeit des Werkstoffes hervortreten, wenn die normale Meßlänge, z. B. $l = 5$ bis $10\,d$, verwendet würde, wie folgende Meßwerte zeigen:

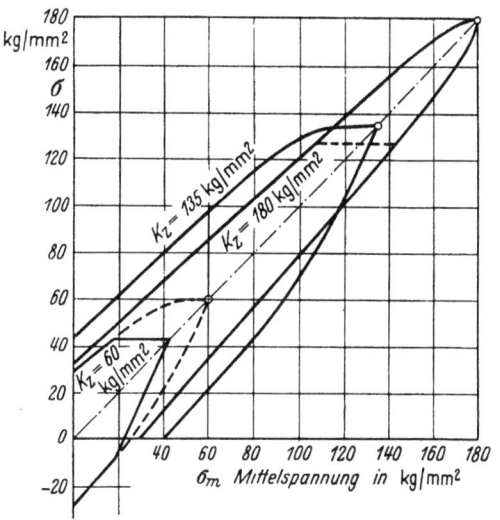

Abb. 9. Dauerfestigkeit für Biegung von Seildrähten, nach Versuchen im Kaiser-Wilhelm-Institut für Eisenforschung in Düsseldorf (nach ,,Glückauf" 1941 S. 261/62).

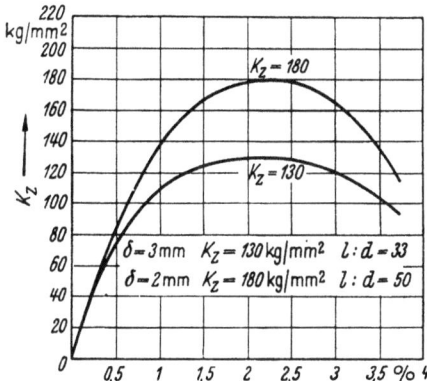

Abb. 10. Spannungs-Dehnungslinien für 2 Seildrähte, nach Versuchen im Festigkeitslaboratorium T. H. Hannover (nach ,,Glückauf" 1941, S. 259).

Drahtdicke	K_z kg/mm²	Bruchdehnung bei Meßlänge			
		$l = 200$	100	50	20 mm
$\delta = 3{,}2$ mm . .	130	3,1%	3,8%	5,0%	10%
3 mm . .	160	2,3%	3,2%	4,9%	10%
3 mm . .	180	2,2%	3,0%	4,7%	9%

Die Versuche sollten auch auf dünnere Drähte (die wahrscheinlich etwas spröder sind) ausgedehnt werden. Die Zähigkeit ist eine besonders wichtige Eigenschaft des Werkstoffes, insbesondere bei gelegentlichen Überbeanspruchungen, wenn die Überschreitung der Streckgrenze mit einer Verfestigung des Werkstoffes verbunden ist (Abb. 132.2, S. 79). Die Aufsichtsbehörden könnten bei lebenswichtigen Seilen durch geeignete Vorschriften darüber wachen, daß der am besten geeignete Werkstoff verwendet wird.

Wenn die Drähte zuerst zu einer Litze und dann zu einem Seil geschlagen werden, so erfahren sie Formänderungen, die elastisch oder plastisch sein können. L. Klein[1] berechnet in übersichtlicher Weise die größten Dehnungen, die beim Schlagen eines Seiles auftreten, und leitet (mit Hilfe der bekannten Spannungs-Dehnungslinie) durch Addition der Dehnungen daraus die Vorspannungen ab. Da die verschiedenen Verformungen z. T. plastisch sind und nicht gleichzeitig auftreten, sind die berechneten Verseilspannungen (welche die Bruchfestigkeit des Drahtwerkstoffes erreichen) sicher zu groß.

---

[1] L. 632.13.

Der verseilte Draht ist nicht mehr spannungsfrei und kann auch andere Festigkeitseigenschaften haben, als der unverseilte. Wird der verseilte Draht tatsächlich viel spröder, so müßte man versuchen das Herstellungsverfahren zu verbessern. Viele Krankonstrukteure ziehen verzinkte Drähte vor, weil der Werkstoff durch Verzinken (nach dem Ziehen) wieder etwas weicher und zäher wird.

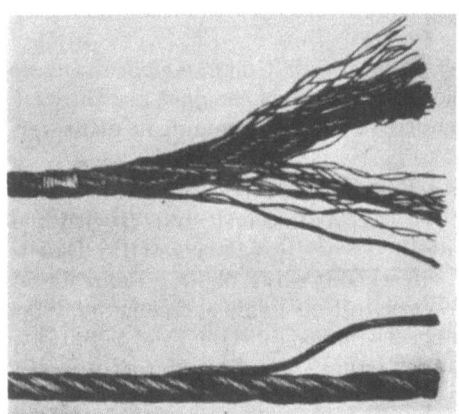

Abb. 11. Oben: Gewöhnliches Seil.
Unten: Trulay-Seil.

Das bekannteste Verfahren, die Vorspannungen beim Seilschlagen zu vermindern, ist das Trulay-Verfahren[1], bei welchem die Drähte, bevor sie zur Litze geschlagen werden, die Form erhalten, die sie in der fertigen Litze einnehmen (vorgeformte Drähte und Litzen). Solche Seile zeigen erfahrungsgemäß eine erhöhte Lebensdauer und einen kleineren Biegewiderstand. Beim Bruch einzelner Drähte springen diese auch nicht aus dem Seilverband (Abb. 11).

6323. Die Betriebsbeanspruchung eines Seiles ist immer so, daß das unter der Wirkung einer Zugkraft gespannte Seil mehr oder weniger oft gebogen und wieder gerade gestreckt wird.

Die Zugspannung σ_z [kg/mm²] wird so ermittelt, als ob das Seil aus einem Bündel paralleler, genau gleich belasteter Drähte bestehen würde, die sich gegenseitig nicht beeinflussen, eine Voraussetzung, die bei der „elementaren" Festigkeitslehre allgemein gebräuchlich ist (vgl. S. 18), und für prismatische Stäbe zu guten Ergebnissen führte:

$$\frac{\pi}{4} \delta^2 \cdot i \cdot \sigma_z = P; \qquad (632.1)$$

P ist die Zugkraft in kg, δ der Drahtdurchmesser in mm und i die Anzahl Drähte im Seil.

Solange wir genügend weit von der Angriffstelle der Kraft P entfernt sind (Prinzip von de St. Venant), und von der Drahtreibung und der Elastizität des Seilkernes absehen, wird die Dehnung und damit die Zugspannung vor allem von der verschiedenen Neigung der Drähte zur Seilachse abhängen, also verschieden groß sein. Nach Überschreiten der Streckgrenze gleicht sich, bei einem zähen Werkstoff, die ungleichmäßige Beanspruchung der einzelnen Drähte teilweise aus, so daß man annehmen kann, daß kurz vor dem Bruch alle Drähte annähernd gleichviel tragen.

Zerlegt man nun ein Seil in seine einzelnen Drähte, stellt die Bruchbelastung (in kg) jedes einzelnen Drahtes durch Zerreißen fest und zählt diese zusammen, so erhält man die „ermittelte" Bruchlast des ganzen Seiles in kg. Die „wirkliche" Bruchlast, die man findet, wenn das Seil im ganzen zerreißt, ist immer kleiner. Der Unterschied zwischen „ermittelten" und „wirklichen" Bruchlast des Seiles in % der ermittelten Bruchlast nennt man Verseilverlust. Die „rechnerische" Bruchlast des Seiles ist das Produkt aus dem metallischen Gesamtquerschnitt des Seiles und der vorgeschriebenen Mindest-Zugfestigkeit der Drähte.

Der Verseilverlust[2] hängt vom Aufbau der Litzen (Anzahl Schläge, Drahtdicke) und des Seiles (Zahl der Hanfeinlagen) ab. Für die genormten Kranseile

	16 A 130	16 B 130	16 C 130
ist der Verseilverlust	12	12	19%.

Die C-Seile, mit den vielen, dünnen Drähten, verhalten sich also besonders ungünstig. Die Ursachen des Verseilverlustes sind darin zu suchen, daß die Mittellinien der Drähte in einem Seil auf einer Schraubenlinie liegen, die sich durch die Zugbelastung gerade strecken, also eine zusätzliche Verdrehung, Biegung und eine Querpressung zwischen den Einzeldrähten erzeugen.

Jedes Seil hat das Bestreben, sich unter Belastung aufzudrehen; diese Verdrehung darf nicht verwechselt werden mit dem „Drall" im unbelasteten Seil. Die Zugkraft P (in der Achsrichtung des Seiles) kann in zwei Komponenten A und B zerlegt werden (Abb. 12); A in der schrägen Richtung der Litzen (die gedehnt werden) und B senkrecht zur Zugrichtung (wodurch eine Drehung entsteht). Bei großer Seillänge erreicht die Drehzahl n des freien Endes einen hohen Wert. Für einfach belastete und aufgebaute Seile können die (zusätzlichen) Bean-

---
[1] Machart und Name sind gesetzlich geschützt. Andere Verfahren erreichen durch plastische Verformung beim Schlagen eine ähnliche Wirkung und einen ähnlichen Erfolg.
[2] L. 632.1.

spruchungen rechnerisch ermittelt werden[1]. Sie sind gegenüber den Biegespannungen im allgemeinen nicht groß, und werden deshalb bei Stahlseilen fast immer vernachlässigt.

Bei der großen Länge der Leitungsstrecken der Fernleitungen hat die Drehung eine viel größere Bedeutung[2], da (im Gegensatz zu den Verwendungsgebieten der Stahlseile) alle Formänderungen der Al-Leitungen elastisch bleiben müssen, weil der Seildurchhang im Laufe der Zeit nicht größer werden darf. Für Freileitungen können mehrlagige Spiralseile (durch rechnerische Ermittlung der Drehmomente) bei geeigneter Schlagart leicht vollkommen drehfrei hergestellt werden.

Die Seildehnung ist für die Berechnung des Durchhanges von Tragseilen und für Schwingungsberechnungen von Bedeutung. Sie setzt sich aus mehreren Einzelverformungen der Drähte, Litzen, Kerne zusammen, und folgt — wie die Versuche zeigen — in einem elastischen Bereich dem Hookeschen Gesetz. Man kann demnach von einem (scheinbaren) E_s-Wert eines Seiles reden, der vom Aufbau des Seiles abhängt. Infolge der Reckung eines neuen Seiles nähert sich der E_s-Wert erst nach einer gewissen Betriebszeit einem konstanten Endwert. Die Abhängigkeit von der Betriebszeit ist besonders ausgesprochen bei Seilen mit Hanfseelen, da der ursprünglich runde Querschnitt der Seele durch Druck der aufliegenden Litzen in die Sternform gepreßt werden muß. Bei solchen Seilen ist der Anfangswert von E_s nur rd. halb so groß wie der Endwert.

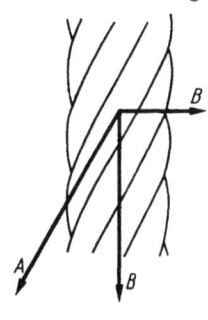

Abb. 12. Kraftwirkung beim Entdrallen.

E_s-Werte nach Versuchen von Hudler[3].

Spiralseil (Abb. 632.7) $d = 52$ mm $1 + 6 + 12 + 18$ Runddrähte 22-Z-Drähte $E_s = 0{,}85 E$	Litzenspiralseil (Abb. 632.8) 2 Lagen, $d = 49$ mm $E_s = 0{,}81 E$	Litzenseil (Abb. 632.2) $6(1 + 6 + 12)$ Drähte $d = 26$ mm $E_s = 0{,}81 E$

Die Biegespannung eines Einzeldrahtes

$$\sigma_b = \delta \cdot E/D \qquad (1221.9)$$

ist sehr groß. Für eine Drahtdicke $\delta = 1$ mm und einen mittleren Rollendurchmesser $D = 220$ bzw. 110 mm, wird (mit $E = 22000$ kg/mm²) $\sigma_b = 100$ bzw. 200 kg/mm², liegt also höher als die Streckgrenze des Werkstoffes, so daß plastische Verformungen auftreten.

Die Biegespannung in einem aus vielen Drähten zusammengesetzten Seil wird nun ebenfalls nach Gl. (1221.9) berechnet, indem das Seil wieder als Bündel reibungsfrei nebeneinander liegender gerader Drähte betrachtet wird; man nimmt also an, daß die einzelnen Drähte aufeinander frei gleiten können. Die Gesamtspannung in einem gebogenen Seil ist also:

$$\sigma_t = \sigma_z + \sigma_b = \frac{P}{\frac{\pi}{4}\delta^2 i} + \frac{\delta}{D} E . \qquad (2)$$

Da eine einmalige plastische Verformung die Tragfähigkeit eines Seiles nicht vermindert, weicht die Bruchlast K_z'' eines um eine Rolle geführten Seiles nicht erheblich von der Bruchlast K_z' ab (Zahlentafel 632.1).

Zahlentafel 632.1. Zerreißversuche von Spiralseilen mit verzinkten Drähten, ohne und mit Biegung[4].

δ mm	Anzahl Drähte	d mm	K_z kg/mm² verseilter Draht	K_z' kg/mm²	Verseilverlust $100\frac{K_z - K_z'}{K_z}$ %	$100\frac{K_z'}{K_z}$ %	\multicolumn{3}{c}{mit 180° Biegung $100 K_z''/K_z'$ für $\delta/D =$}		
							$1/100$	$1/50$	$1/25$
2,10	$1 + 6 = 7$	6,3	92	72,5	21	80	80	80	80
2,10	$1 + 6 + 12 = 19$	10,5	93	81,7	12	87	86	84	83
2,07	$1 + 6 + 12 + 18 = 37$.	14,7	93	86,8	7	93	90	86	84
2,08	$1 + 6 + 12 + 18 + 24 = 61$	18,9	94,6	88	7	94	87	79	75
2,5	$1 + 6 = 7$	7,5	162	147,7	9	91	90	89	88
2,5	$1 + 6 + 12 = 19$	12,5	164	155,5	6	94	94	89	87
2,5	$1 + 6 + 12 + 18 = 37$.	17,8	164	146,0	10	90	88	80	76

[1] L. 632.2.   [2] L. 632.3.   [3] L. 632.4.   [4] L. 632.1.

63. Seiltrieb.

Die Belastung in dem Tragkabel einer Hängebrücke ist überwiegend statisch, so daß man die einmalige, scharfe Umlenkung des Seiles in den Ankerschuhen als zulässig ansehen könnte (Abb. 13). Großes Aufsehen erregten (1930) die Drahtbrüche in den Tragkabeln zweier amerikanischer Hängebrücken. Man verwendete dabei zum erstenmale (an Stelle der sonst üblichen kaltgezogenen und verzinkten) Drähte, die (nach einem neuen Verfahren behandelt) Höchstwerte für Streckgrenze und Bruchdehnung aufwiesen. Dennoch versagte der Werkstoff bei einer Zugbeanspruchung von nur 22,4 kg/mm², während die Bruchfestigkeit K_z größer als 150 kg/mm² war. Die Drahtbrüche traten an den Ankerschuhen auf, dort wo die Drähte eine scharfe Umlenkung erfuhren ($\delta/D = 4{,}9/496 = 1/100$, also $\sigma_b = 220$ kg/mm²) (Abb. 13). In dem am meisten betroffenen Strang waren 250 von den 350 Drähten gebrochen. Diese Brucherscheinungen weisen auf Schwingungen hin, die bei der Berechnung nicht vernachlässigt werden dürfen.

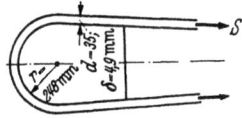

Abb. 13. Biegung der Seile an den Kauschen der Verankerungen.

Nach Gl. (1221.9) wäre die Lebensdauer eines im Seilverband liegenden (verseilten) und eines Einzeldrahtes (bei gleicher Belastung) auch gleich groß. Die ausgedehnten Versuche von Benoit[1] zeigten aber, daß der verseilte Draht bis zum Bruch bedeutend weniger Biegungen (nur etwa den hundertsten Teil) aushält als ein Einzeldraht. Prüft man weiter ein Seil auf einer Dauerbiegemaschine so, daß das Seil immer mit derselben Seite auf den Scheiben läuft, so liegen die Drahtbrüche nicht auf der Zugseite, wo die größte Spannung σ_t (nach Gl. 2) vorhanden ist, sondern auf der Druckseite.

Während die Lebensdauer eines auf Zug und Biegung beanspruchten Drahtes durch Gl. (2) eindeutig bestimmt ist (Abb. 14), scheint zwischen der Lebensdauer eines Seiles und σ_t nach Abb. 15 (in welcher die Ergebnisse von über 20 Jahren wissenschaftlicher Drahtseilforschung zusammengefaßt sind[2]) überhaupt kein gesetzmäßiger Zusammenhang vorhanden zu sein.

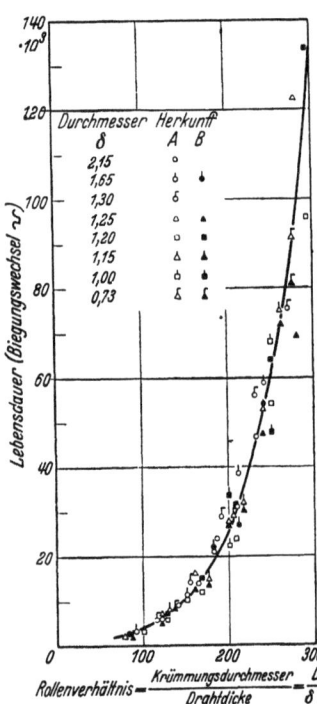

Abb. 14. Lebensdauer von Seildrähten verschiedener Dicke und Herkunft. $K_z = 130$ kg/mm², $\sigma_z = 30$ kg/mm². Die Punkte sind Mittelwerte aus je zehn Versuchen. (Prof. Woernle, T. H. Stuttgart.)

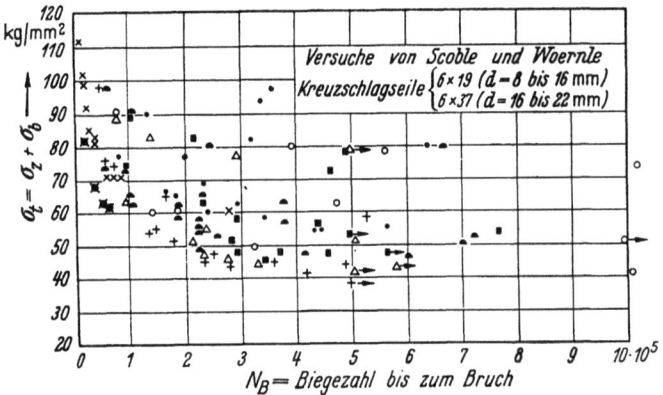

Abb. 15. Zwischen σ_t und Lebensdauer besteht kein gesetzmäßiger Zusammenhang.

Aus diesen (und aus vielen anderen) Tatsachen, muß man schließen, daß in einem gebogenen Seil noch andere, wesentliche Beanspruchungen auftreten, die bei der Berechnung bis jetzt nicht berücksichtigt wurden, und die einen größeren Einfluß haben als die Biegespannung. Man muß (um die Ursache der Drahtbrüche in einem Seil zu verstehen) die Voraussetzung fallen lassen, daß ein Seil aus parallelen Drähten bestehe, die sich gegenseitig nicht beeinflussen.

Wird ein Bündel paralleler Drähte so um eine Rolle gebogen, daß die Längsverschiebung an den Enden verhindert wird, so treten viel größere Biegspannungen auf, nämlich

$$\sigma_b = d \cdot E/D \qquad (d = \text{Durchmesser des Drahtbündels}). \tag{3}$$

Ähnlich wie beim Riementrieb, werden die einzelnen Drähte im Bündel bei der Biegung (durch die Zugkraft S kg/je Draht) zusammengepreßt.

---

[1] L. 632.5, 6.   [2] L. 632.8, 9.

632. Drahtseile.

Bei einer Verseilung der Drähte zur Litze liegt jeder schraubenförmig gewickelte Draht auf dem Umschlingungsbogen zum Teil außen (in der Zugzone) und zum Teil innen (in der Druckzone). Sobald die Reibung zwischen den einzelnen Drähten überwunden ist, tritt durch die Verschiebung ein Längenausgleich ein. Der Ausgleich in jedem Draht ist nur dann vollständig, wenn gleichviel Zug- und Druckzonen auf dem Umschlingungsbogen liegen, d. h. wenn die Schlaglänge der Litze ganzzahlig im Umschlingungsbogen aufgeht. Tut sie das nicht, dann muß auch in den einzelnen Drähten einer Litze bei der Biegung eine Vergrößerung der Biegespannung, also eine Verminderung der Lebensdauer eintreten.

Das Gleiten der einzelnen Drähte ist nur nach Überwindung der Reibung möglich, die dadurch verursacht wird, daß die Drähte bei der Biegung aufeinander gepreßt werden. Da sowohl die Reibkraft als auch die Schubkraft an verschiedenen Punkten des Seilquerschnittes verschieden sind, geht die Auflösung des gesamten Seilquerschnittes in einzelne Drähte allmählich vor sich, anfangend bei den äußersten Lagen einer Litze. Abb. 16 zeigt den Einfluß des umspannten Bogens auf die Lebensdauer. Ist der Bogen größer als etwa die halbe Schlaglänge des Seiles, so ist die Lebensdauer sehr klein und nur schwach abhängig von der Bogenlänge. Bei kleineren Bogen als die halbe Schlaglänge nimmt die Lebensdauer rasch und bedeutend zu.

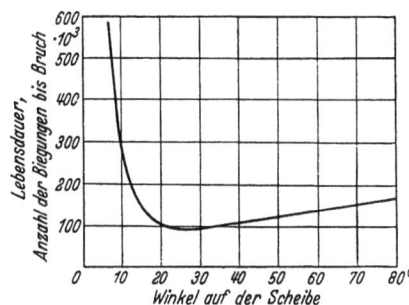

Abb. 16. Einfluß des umspannten Bogens auf die Lebensdauer von Drahtseilen.
(British wire rope research commission.)

Die Biegespannung in einem verseilten Draht setzt sich also aus zwei Teilen zusammen: 1. von der Reibung herrührend, da der Zusammenhang der Drähte nicht vollständig aufgelöst wird (oft Reibungsspannung genannt) und 2. Biegung um die eigene Schwerachse (nach Gl. 1221.9).

Die größte Biegespannung in einem Seil ist demnach größer als aus dieser Gleichung folgt.

Bei der Biegung eines Litzenseiles verschieben sich die Drähte in der Litze und die Litzen bewegen sich auf der Hanfseele und gegenüber den benachbarten Litzen. Grundsätzlich ist die Seele so dick zu machen, daß die Litzen (ohne erheblichen Druck gegeneinander) auf ihr liegen. Wenn die Seele im Laufe der Zeit eintrocknet (also zu dünn geworden ist) gehen erfahrungsgemäß die Litzen durch Reibung aneinander schnell zugrunde. Die Berechnung der größten Biegespannung in einem Seil, die von der Reibung, also von der Zugspannung und von den Reibzahlen zwischen den Drähten auf der Hanfseele und auf der Seilscheibe abhängt, ist mit großen Unsicherheiten verbunden.

Schon die Berechnung der Druckkräfte (Spannungen) an den Kreuzungsstellen der (elastisch gelagerten Drähte stößt auf große Schwierigkeiten. Die Abschätzung ihrer Größe mit Hilfe der allgemeinen Hertzschen Gleichungen (S. 125—27) ist möglich, wenn die Seilkonstruktion in allen Einzelheiten bekannt ist. In der Mitte der Druckfläche ist die größte Druckspannung

$$p_0 = -\frac{3}{2\pi} \frac{P_0}{a \cdot b} ; \qquad (152.38)$$

P_0 ist die Druckkraft an der Berührungsstelle,

$$a = 1{,}4\,\mu \sqrt[3]{\frac{P_0}{E \Sigma \varrho}} \qquad \text{und} \qquad b = 1{,}4\,\nu \sqrt[3]{\frac{P_0}{E \Sigma \varrho}} \qquad (152.29)$$

sind die Halbachsen der Druckellipse; μ und ν sind Zahlenwerte, die von einem Hilfswinkel τ abhängen, $\Sigma \varrho$ ist die Summe der vier Hauptkrümmungen an der Druckstelle,

$$1/E = \frac{1}{2}\left(\frac{1}{E_1} + \frac{1}{E_2}\right). \qquad (152.22)$$

Setzt man a und b in Gl. 152.38 ein, so wird

$$p_0 = -\frac{3}{4\pi} \sqrt[3]{\frac{(E \Sigma \varrho)^2}{(\mu \cdot \nu)^3}} \cdot \sqrt[3]{P_0}. \qquad (4)$$

Ohne tiefer in die Einzelheiten der Hertzschen Theorie einzugehen, kann man aus dieser Gleichung einige sehr wichtige und allgemein gültige Schlußfolgerungen ziehen. Die Druckspannung senkrecht zur Zugrichtung vergrößert (nach der Mohrschen Bruchhypothese) die

Bruchgefahr der Drähte erheblich (Abb. 17). Die Flächenpressungen sind sehr groß; sie führen zu örtlichen Quetschungen der Drähte (Abb. 18), aber noch nicht sofort zum Bruch. Erst beim Wiedergeradebiegen des Seiles tritt der Bruch an der geschwächten Stelle, infolge der durch Kerbwirkung stark erhöhten Zug- und Biegespannungen auf. Die Flächenpressungen p_0 in Verbindung mit dem Gleiten der Drähte an den Druckstellen erklären fast alle Brucherscheinungen.

Die Lebensdauer kann deshalb wesentlich erhöht werden, wenn Druckspannung und Reibung klein gehalten werden. Die Flächenpressung p_0 wird (nach Gl. 4) um so kleiner, je kleiner E und je größer der (dimensionslose) Schmiegefaktor

$$\Phi = \frac{(\mu v)^{3/2}}{\delta \Sigma \varrho} \tag{4a}$$

ist. Die Reibung kann durch geeignete Schmierung des Seiles vermindert werden.

6324. Krümmung von Tragseilen[1]. Die elastische Linie eines prismatischen Stabes kann bekanntlich als die Gleichgewichtslage eines vollkommen biegsamen Seiles aufgefaßt werden. Wird das Seil z. B. durch eine (auf eine sehr kleine Rolle wirkende) Einzelkraft V (Abb. 19) belastet, so setzt sich die Seilkurve (wenn das Eigengewicht des Seiles vernachlässigt wird) aus zwei Geraden zusammen, die an der Kraftangriffsstelle eine scharfe Ablenkung erfahren. In der unmittelbaren Nähe der kleinen Rolle darf das Seil nicht mehr als „vollkommen" biegsam angesehen werden.

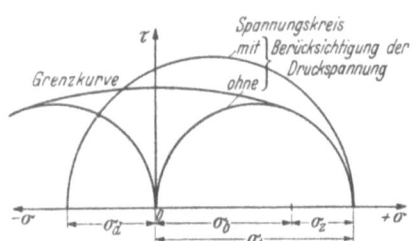

Abb. 17. Erhöhung der Bruchgefahr durch querwirkende Spannungen.

Wählt man ein rechtwinkliges Koordinatensystem, dessen X-Achse mit der geraden Seillinie zusammenfällt, und dessen Nullpunkt durch die Bedingung festgelegt wird, daß die Ordinate y_0 relativ sehr klein sein soll, dann lautet die Differentialgleichung der Seilkurve in der Nähe der Belastung V:

$$y'' = M_x/JE. \tag{1221.9}$$

Da die Durchbiegung f des Seiles als sehr klein gegenüber der Spannweite a vorausgesetzt wird, kann $S \approx H$ und das Biegemoment $M_x = S \cdot y \approx H \cdot y$ gesetzt werden. Die Gleichung der Seilkurve lautet demnach

$$y'' = H \cdot y/JE = \beta^2 y \tag{5}$$

mit

$$\beta = \sqrt{H/JE}. \tag{6}$$

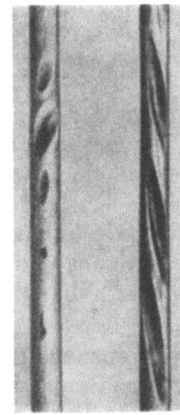

Abb. 18. Druckstellen in Außendrähten eines Kreuzschlag- und eines Gleichschlagstieles (aus R. Meebold) L. 632.16.

Da H und damit β groß sind, nehmen die Ordinaten y der Seilkurve rasch ab, so daß der Nullpunkt des Koordinatensystems relativ nahe bei V liegt. Für negative x-Werte ist die Seilkurve praktisch nur auf Zug beansprucht. Form und Gewicht dieser Teile sind also ohne Einfluß auf das durch die Kraft V belastete Mittelstück des Seiles, dürfen demnach (wie vorausgesetzt) vernachlässigt werden.

Die allgemeine Lösung der Differentialgleichung (5) lautet:

$$y = C_1 e^{\beta x} + C_2 e^{-\beta x}. \tag{7}$$

Aus den Randbedingungen, daß für $x = 0$, $y = y_0$ und für sehr große Werte von $-x$, $y = 0$ ist, folgen die Integrationskonstanten $C_2 = 0$ und $C_1 = y_0$, also

$$y = y_0 e^{\beta x} \tag{8}$$

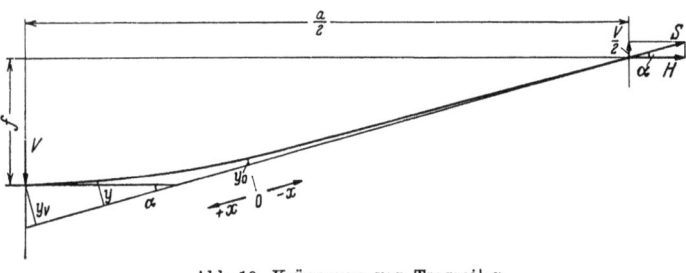

Abb. 19. Krümmung von Tragseilen.

und
$$y' = y_0 \beta e^{\beta x} = \beta y.\tag{9}$$

Für $y = y_v$ ist
$$y'_v = \beta y_v = \operatorname{tg} \alpha = V/2H$$

also
$$y_v = \frac{1}{\beta} \cdot \frac{V}{2H} = \frac{V}{2H} \sqrt{JE/H}. \tag{10}$$

---
[1] L. 632.18.

632. Drahtseile.

Der Krümmungsradius der Seilkurve (ϱ_v) im Punkte V folgt aus

$$\frac{1}{\varrho_v} = \frac{M}{JE} = \frac{Hy_v}{JE} = \frac{H}{JE} \cdot \frac{V}{2H}\sqrt{JE/H} = \frac{V}{2\sqrt{JEH}} \quad \varrho_v = \frac{2}{V}\sqrt{JEH}, \tag{11}$$

und die Biegespannung an dieser Stelle

$$\sigma_b = \frac{M}{J} \cdot \frac{d}{2} = \frac{d}{2\varrho_v} E = \frac{dVE}{4\sqrt{JEH}} = \frac{d}{4}V\sqrt{E/JH}. \tag{12}$$

Diese (zuerst von Isaachsen abgeleitete) Gleichung gilt sowohl für einen Einzeldraht als auch für ein Bündel frei verschiebbarer Drähte (Seil), wo H, V und J proportional der Drahtzahl sind.

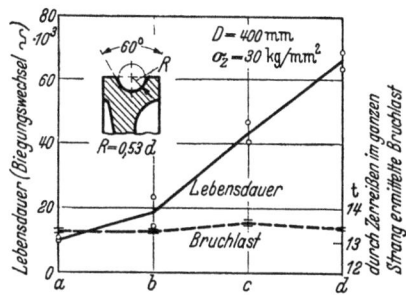

Abb. 20. Einfluß der Schmierung auf die Lebensdauer von Kreuzschlagseilen. 16 A 160 DIN 655, Seil a entfettet, b trocken angeliefert, c mit Holzteer, d mit Maschinenöl geschmiert (Versuche von Woernle).

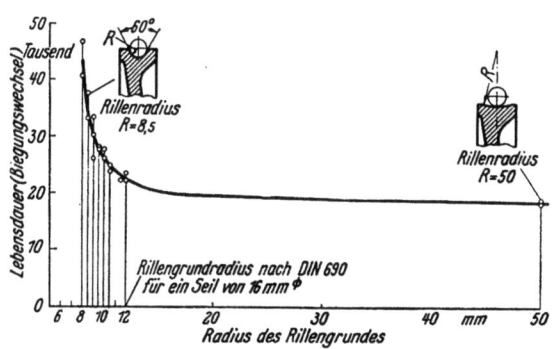

Abb. 22. Einfluß der Rillenform auf die Lebensdauer eines Kreuzschlagseiles (nach Woernle).

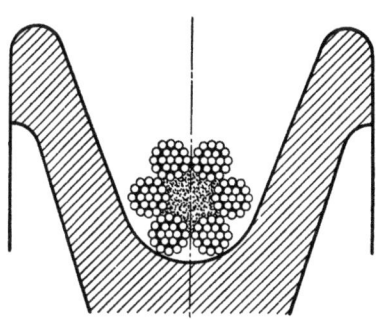

Abb. 23. Drahtseil in keilförmige Rillen nicht klemmen!

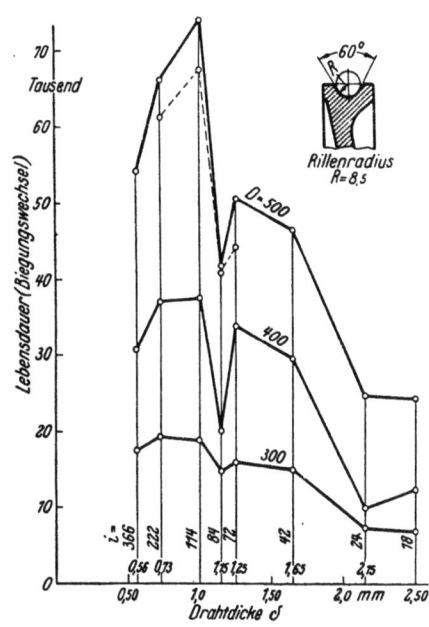

Abb. 21. Einfluß der Drahtstärke auf die Lebensdauer der Kreuzschlagseile (nach Woernle).

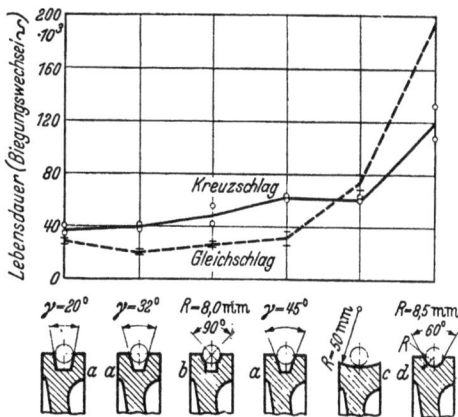

Abb. 24. Einfluß der Rillenform auf die Lebensdauer von Drahtseilen. 16 A, bzw. AL 130 DIN 655. $D = 500$ mm, $\sigma_z = 20$ kg/mm² (Versuche von Woernle).

6325. Mittel zur Erhöhung der Lebensdauer. Der Verbraucher hat selbstverständlich ein Interesse daran, die relativ kurze Lebensdauer eines Seiles nach Möglichkeit zu erhöhen. Die Ergebnisse der Drahtseilforschung zeigen dafür verschiedene Wege.

Die überragende Bedeutung der Schmierung der unter Druck aufeinander gleitenden Drähte geht daraus hervor, daß die Lebensdauer eines Seiles durch geeignete, regelmäßige Schmierung (unter sonst genau gleichen Verhältnissen) verfünffacht wird (Abb. 20).

Besonders wirksam ist die **Innen**schmierung, indem die Hanfseele (die bei der Herstellung mit Vaseline getränkt wird) während des Betriebes (unter dem Druck der Litzen) Schmiermittel abgibt. Die **Außen**schmierung muß in bestimmten Zeiträumen erfolgen, da das Fett im Betrieb abgeschleudert, abgerieben und ausgewaschen wird. Besonders schwierig ist die Schmierung bei Treibscheiben, weil die Reibung zwischen Seil und Scheibe dadurch nicht vermindert werden darf.

Scheiben, Rollen, Trommeln sind demnach mit Hartgummi oder Leder auszufüttern oder aus einem geeigneten Kunststoff (mit kleinem E-Wert) herzustellen. Diese altbekannte Erkenntnis sollte allgemeiner berücksichtigt werden.

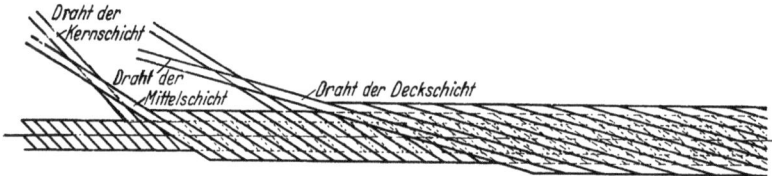

Abb. 25. Die Drähte der verschiedenen Schichten überkreuzen sich Kranseilen.

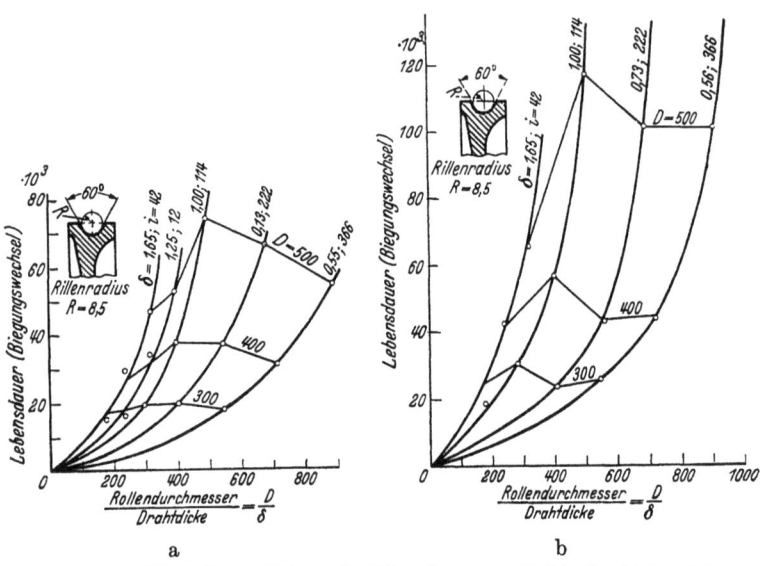

Abb. 26. Einfluß vom D/δ auf die Lebensdauer von Drahtseilen [δ_t-konst.]
a für Kreuzschlag, b für Gleichschlag (Versuche von Woernle).

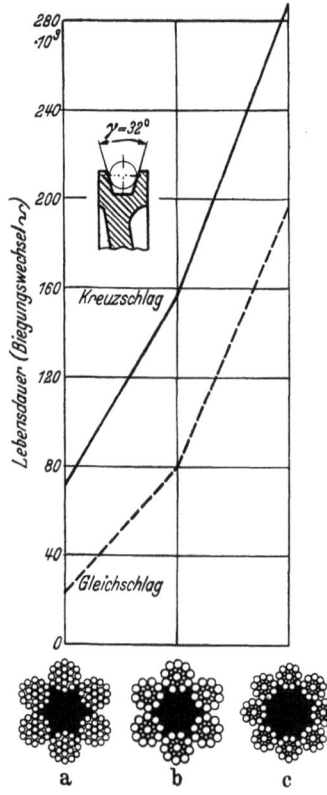

Abb. 27. Lebensdauer bei verschiedener Bauart a Normalseil 16 A, bzw. AL 160 DIN 655, b Seale-Seil 6 (1·1,5 + 9·0,7 + 9·1,2), c Seale-Seil 6 (1·1,25 + 9·0,6 + 9·0,95). $D = 500$ mm, $\sigma_z = 20$ kg/mm².

Durch geeignete Formgebung der Rollen, Scheiben und Trommeln kann die Anschmiegung verbessert und die Lebensdauer erhöht werden. Sie sollten große Durchmesser erhalten (Abb. 21) und mit Rillen versehen sein, die sich dem Seil möglichst anschmiegen (Abb. 22) ohne zu klemmen (Abb. 23). Bei Verwendung eines Krümmungsradius des Rillengrundes gleich 0,53 d, wird die Lebensdauer des Seiles gegenüber glatten Trommeln fast verdreifacht (Abb. 22).

Das Klemmen eines Seiles in keilförmiger Rille (bei Treibscheiben) erzeugt eine hohe Querpressung und vermindert die Lebensdauer des Seiles; sie sinkt mit abnehmendem Keilwinkel (Abb. 24).

Auch der Seilfabrikant kann die Lebensdauer des Seiles durch geeigneten Aufbau vergrößern. Durch die Verwendung von dicken Drähten wird die Flächenpressung vermindert, aber die Biegespannung erhöht. Dünne Drähte werden an den Berührungsstellen zu rasch durchgerieben. Am besten eignen sich Drähte von 0,5—1 mm für Kranseile (Abb. 21).

Bei den genormten Kranseilen (mit einheitlicher Drahtdicke) überkreuzen sich die Drähte der aufeinanderfolgenden Schläge (Abb. 25); der Winkel ist bei Kreuzschlag größer (etwa 30°) als beim Gleichschlag (etwa 10°). Wegen der größeren Druckfläche haben die Gleichschlagseile kleinere Querdrücke p_0 und damit eine größere Lebensdauer als beim Kreuzschlag (Abb. 24, 26). Nur bei Keilrinnen zeigt sich das Kreuzschlagseil überlegen (Abb. 24 u. 27), infolge der günstigeren Auflage der Drähte (fast parallel zur Seilachse) in der Keilrille.

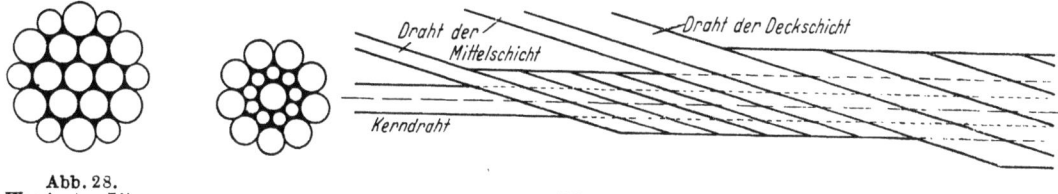

Abb. 28. Warrington-Litze.   Abb. 29. Seale-Litze.

Die kleinste Flächenpressung erhält man, wenn die Drähte sich auf einer Mantellinie berühren, also gleiche Schlaglänge erhalten und parallel laufen (Parallelschlag-Seile). Bei der Warrington-Konstruktion (Abb. 28) wird dies dadurch erreicht, daß der zweite Schlag aus Drähten verschiedener Dicke besteht. Bei der Seale-Konstruktion (Abb. 29) besteht jeder Schlag wieder aus Drähten gleicher Dicke; die Drahtstärke ist aber in den einzelnen Schichten verschieden. Jede Schicht hat die gleiche Drahtzahl und zwangsläufig die gleiche Schlaglänge; die Außendrähte liegen immer in den Furchen zwischen zwei Innendrähten. Die Seale-Seile gelten im Aufzugbau als Normseile.

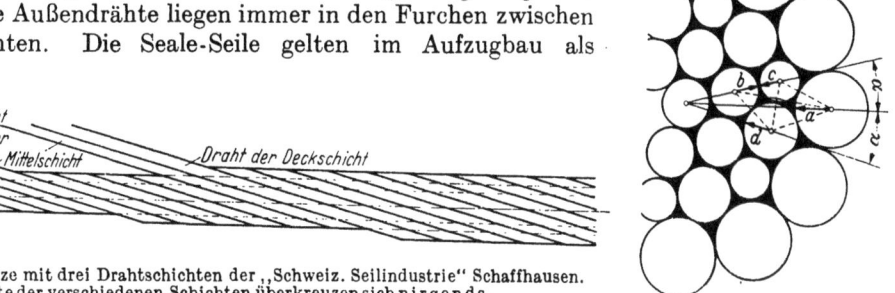

Abb. 30. „Ideal"-Litze mit drei Drahtschichten der „Schweiz. Seilindustrie" Schaffhausen. Die Drähte der verschiedenen Schichten überkreuzen sich nirgends.

Die Seilkonstruktionen von Warrington und Seale versagen, sobald eine dritte Drahtschicht notwendig wird. Die deutschen Normen schlagen in diesem Falle an Stelle des Kerndrahtes eine siebendrähtige Kernlitze vor, wodurch aber der Vorteil der gleichen Schlaglänge für alle Drähte wieder verlorengeht. Die „Ideal-Litze" der Schweiz. Seilindustrie, vorm. Oechslin in Schaffhausen (Abb. 30), löst diese Frage zweckmäßiger.

Es hat sich aber auch gezeigt, daß die dritte (äußere) Drahtlage ohne großen Nachteil (vom Parallelschlag abweichend) normal versetzt werden kann. Seile aus solchen Litzen hätten sowohl auf dem Versuchsstand als auch im Betrieb eine mehr als dreifache Haltbarkeit ergeben gegenüber solchen der normalen Verseilung. Das achtlitzige Seale-Seil scheint bedeutend besser zu sein als das heute übliche sechslitzige (Abb. 27).

Nicht einmal die grundsätzlich wichtige Frage, welcher Drahtwerkstoff sich für die Herstellung eines Seiles am besten eignet, ist eindeutig geklärt. Während Woernle für Gleichschlagseile eine erhebliche Abnahme der Lebensdauer mit zunehmender Zugfestigkeit von 130 auf 160 kg/mm² feststellte (Abb. 31), war dieser Einfluß aus den Versuchen von Scoble nicht abzuleiten. Zug-

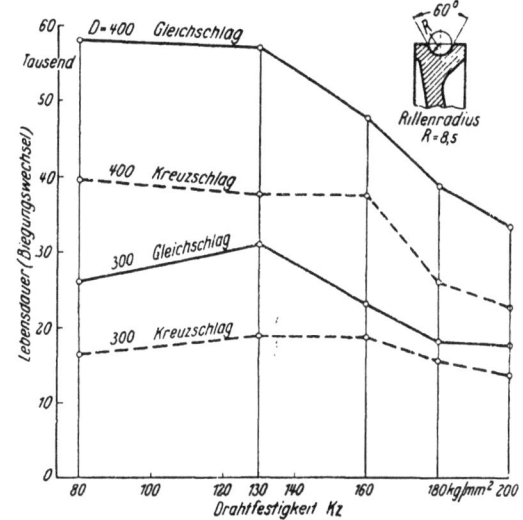

Abb. 31. Einfluß der Drahtfestigkeit K_z auf die Lebensdauer der Seile (nach Woernle).

Schwingungsversuche von Püngel, Gerold und Beidermühle[1] zeigten, daß der weiche Draht ($K_z = 93$ kg/mm²) dem harten ($K_z = 170$ kg/mm²) weit überlegen war. Bei der Be-

---

[1] L. 632.15.

urteilung dieser Versuchsergebnisse darf man nicht vergessen, daß die Zerreißfestigkeit K_z allein den Werkstoff nicht genügend kennzeichnet; man sollte auch die Bruchdehnung kennen und wissen, ob der Werkstoff nach Überschreiten der Streckgrenze sich verfestigen kann. Die Zug-Schwingungsversuche sind auch für die Betriebsbrauchbarkeit der meisten Seile nicht ausschlaggebend; auch dürfen nur Seile vom gleichen Aufbau und gleicher Drahtdicke mit einander verglichen werden.

6326. Berechnung. Die Festigkeitsrechnung eines Seiles hängt von den ungünstigsten Betriebsbedingungen ab, die je nach dem Verwendungszweck (laufende oder stehende Seile) und je nach den atmosphärischen Verhältnissen (Rost- oder Vereisungsgefahr) sehr verschieden sein können. Die Betriebsbedingungen fordern im allgemeinen, daß der Seilbruch mit genügender Sicherheit vermieden wird. Vereinzelt (z. B. bei Fernleitungen für die Elektrizitätversorgung) muß die viel strengere Bedingung erfüllt werden, daß die Formänderungen elastisch bleiben.

Überblickt man seine Lebensgeschichte, so erkennt man im Seil ein Maschinenteil, das schon bei der Herstellung erheblich beansprucht wird. Betriebsmäßig kommen Zug- und Biegespannungen hinzu, die relativ viel größer sind, als man normalerweise den Maschinenteilen zumutet. Gleichzeitig mit der Zug- und Biegebeanspruchung treten an den Berührungsstellen der Drähte bedeutende Druckspannungen auf. Drahtbrüche in der Nähe der Befestigung von Förder-, Trag- und Zugseilen, also an Stellen, die nicht über eine Scheibe laufen, weisen auf Seilschwingungen hin, die beim Anlauf, Bremsen oder durch Wind entstehen. Die dadurch entstehenden (sehr großen) Zugspannungen im Seil machen sich besonders schädlich bemerkbar bei den Auflagestellen zwischen Draht und Unterlage und zwischen den Drähten. Durch Klemmwirkung in den keilförmigen Rillen der Treibscheiben wird die Flächenpressung erheblich gesteigert. Die wellige Form der Litzenseile hat zur Folge, daß die Tragwirkung zwischen Draht und Unterlage plötzlich von einem Draht auf einen folgenden übergeht, wodurch das Seil Schlagwirkungen von hoher Frequenz erleidet.

Bei dieser Vielseitigkeit der möglichen Betriebsbelastungen kann nicht immer mit Sicherheit gesagt werden, welche Belastungen nun die eigentlichen Bruchursachen sind. Bei den genormten Kranseilen (Kreuz- und Gleichschlag) wird der Drahtbruch durch die Flächenpressung und Einkerbung an den Gleitstellen der Drähte eingeleitet und durch Wechselbiegung beschleunigt. Die Parallelschlag-Seile gehen hauptsächlich durch Wechselbiegung zugrunde. In den keilförmigen Rillen der Treibscheiben sind die Flächenpressungen am gefährlichsten. Bei den langen Förderseilen (oder Zugseilen von Standseilbahnen scheinen die Schwingungen die Hauptursachen der ersten Drahtbrüche zu sein. H. Herbst[1] berichtet über Drahtbrüche, die in der Mitte zwischen zwei gegenüberliegenden Berührungsstellen liegen und aus deren Lage man auf das Auftreten einer anderen Art Biegebeanspruchung schließen muß.

Aus diesem Überblick geht klar hervor, daß ein Seil nicht durch statische Belastung, sondern durch das Zusammenwirken von Zug, Biegung, Flächenpressung, Reibung usw. zerstört wird und bricht. Die Bruchlast K_z des Werkstoffes bietet demnach keinen Anhalt für die Brauchbarkeit des Seiles im Dauerbetrieb (Abb. 31). Behördliche Vorschriften, private Vereinbarungen, Normen, Richtlinien usw., welche die zulässige Beanspruchung allein auf die Bruchfestigkeit K_z des Werkstoffes beziehen, sind demnach als unzuverlässig abzulehnen. Dennoch ist es fast allgemein gebräuchlich geworden die Seile nur auf Zug[2] zu berechnen, was natürlich nie zu einer zuverlässigen Berechnungsmethode führen kann. Aber auch die zusätzliche Berücksichtigung der Biegespannung (nach Gl. 1221.9) führt (wie Abb. 15 zeigt) nicht zum gewünschten Ziel. Die Berechnung der laufenden Seile scheitert an der Tatsache, daß es zur Zeit nicht möglich ist zahlenmäßig festzustellen, wie ihre Lebensdauer durch das Zusammenwirken von Flächenpressung, Reibung, Biegung und Zug beeinflußt wird.

Die Wahl des für bekannte Betriebsbedingungen am besten geeigneten Seiles ist auch eine **wirtschaftliche** Frage. Hohe Lebensdauer eines Seiles bedingen große Trommel- und Rollendurchmesser, also Mehrkosten; bei Werkstattkranen müßte dadurch auch das Gebäude höher werden. Die erhöhten Herstellungskosten machen die Verwendung eines Kranes oder einer Seilbahn oft unwirtschaftlich. In solchen Fällen wäre es eigentlich richtiger eine relativ kurze Lebensdauer des rasch auswechselbaren Seiles in Kauf zu nehmen, um eine wirtschaftliche Anlage zu erhalten, wenn man nur die Lebensdauer zuverlässig zum Voraus berechnen könnte.

---

[1] L. 632.14 b
[2] Aufzugs- und Krannormen.

6327. Das Ähnlichkeitsprinzip.

Der Ingenieur steht oft vor solchen, scheinbar unlösbaren, Aufgaben und greift dann zu den Versuchen. Bei der Auswertung der Versuchsreihen leistet das Prinzip der Ähnlichkeit die wertvollsten Dienste. Dieses Prinzip geht von der (selbstverständlichen) Tatsache aus, daß alle physikalischen Vorgänge unabhängig vom Maßsystem sind, also durch Gleichungen formuliert werden können, deren Glieder dimensionslose Größen (sog. Kennzahlen) sind.

Auch die Lebensdauer ähnlicher Drahtseile ist durch solche Zahlen gekennzeichnet. Man findet sie in folgender Weise:

Stellt man alle Faktoren zusammen, die erfahrungsgemäß einen erheblichen Einfluß auf die Lebensdauer der Drahtseile haben, so besteht eine erste Gruppe, wie:

Bauart des Seiles (ein-, zwei- oder dreifach geschlagen),

Anzahl Lagen (2, 3 oder 4) resp. 19, 37, 61 Drähte,

Schlagart (kreuz-, gleich- oder parallelschlag),

Schlagwinkel,

Anschmiegeverhältnisse zwischen Seil und Rolle,

Trulay- oder gewöhnliches Seil,

Schmierung, und andere mehr,

die an sich schon dimensionslose Größen sind und nichts zur Bildung neuer Kennzahlen beitragen können.

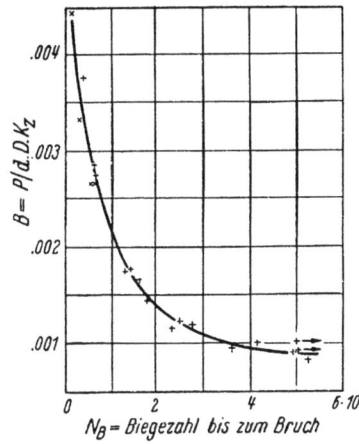

Abb. 32. Die Lebensdauer der Kreuzschlag-Kranseile ist durch die Zahl B eindeutig gekennzeichnet.

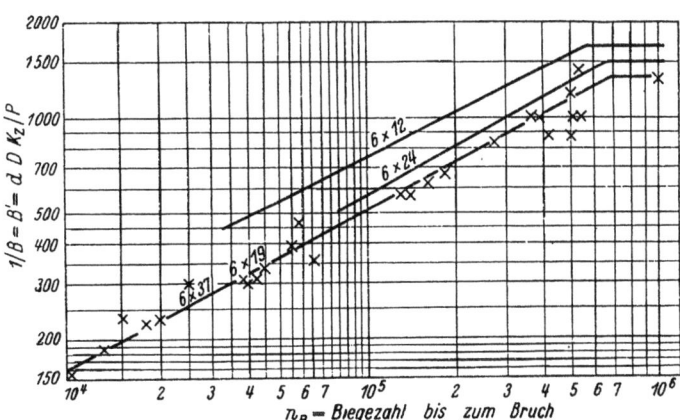

Abb. 33. Die Zahl B' kennzeichnet auch die Lebensdauer anderer Kreuzschlag-Seilen.

Die zweite Gruppe umfaßt die Zugkraft P im Seil, den Seildurchmesser d (evtl. den Drahtdurchmesser δ), den Rollendurchmesser D, den Werkstoff (gekennzeichnet durch K_z, H_B oder σ_{wb}) und andere Daten, die teilweise oder gesamthaft in einer dimensionslosen Größe zusammengefaßt, neue Kennzahlen bilden.

Drucker und Tachau haben als erste diesen Weg eingeschlagen. Sie wählten (mehr oder weniger willkürlich) die Größen P, d, D und K_z, die zusammen die neue (dimensionslose) Kennzahl

$$B = \frac{P}{d\,D\,K_z} \qquad (9)$$

geben. Ob die Zahl B nun tatsächlich die Lebensdauer eines Seiles eindeutig kennzeichnet, entscheidet ausschließlich die Erfahrung. Zunächst fällt es auf, daß Drucker und Tachau die Zugfestigkeit K_z des Seiles wählten, die für Dauerbeanspruchung eigentlich gar nicht in Frage kommen kann; doch auch darüber muß die Erfahrung, d. i. die 20jährige Drahtseilforschung, entscheiden, die über Versuchsergebnisse in einem ausgedehnten Gebiet von d, D und P verfügt. Diese Versuche müssen nun (vorausgesetzt, daß alle Faktoren der ersten Gruppe dabei unverändert bleiben) durch eine Kurve oder Kurvenschar eindeutig darstellbar sein.

Die Versuche von Scoble[1] und von Woernle[2] befassen sich mehrheitlich mit den genormten Kranseilen.

Aus diesen Versuchen (Abb. 32) weisen Drucker und Tachau nun nach, daß die Zahl B tatsächlich und mit großer Genauigkeit die Kreuzschlag-B-Seile kennzeichnet. *Innerhalb der*

---

[1] 632.9.
[2] 632.8.

Versuchsgrenzen (Kreuzschlag-B-Seile, Draht-⌀ $\delta = 0{,}7$ bis 1 mm, Seil-⌀ 16—22 mm) besteht also zwischen der Anzahl Biegungen bis zum Bruch n_B (bzw. Lebensdauer) und der Kennzahl B (Bild 32) eine einfache Beziehung:

$$n_B = \text{Funktion}\,(B)\,. \tag{10}$$

Die Lebensdauer eines Seiles hängt bei gegebener Belastung P *kg* nur vom Produkt $D\,d$ ab, vorausgesetzt natürlich, daß alle Faktoren der ersten Gruppe unverändert bleiben. Trägt man die Versuchswerte im logarithmischen Maßstab auf (Abb. 33), so findet man leicht die Gleichung dieser Funktion, nämlich

$$n_B = 0{,}32/B^2\,. \tag{11}$$

Die obenstehende Schlußfolgerung weicht so stark von unseren bisherigen Anschauungen und Vorschriften ab, daß man vielleicht geneigt wäre, an der Brauchbarkeit des Ähnlichkeits-Prinzips bei Drahtseilen zu zweifeln, wenn im Bild 33 nicht die Erfahrung von über 20 Jahren systematischer Drahtseilforschung zusammengefaßt wäre. Diese Gleichung kann als unbestreitbare Erfahrungstatsache und innerhalb der Versuchsgrenzen niemals in Widerspruch mit der Wirklichkeit stehen, so daß wir unsere Anschauungen ergänzen und umformen müssen.

Die Aufsichtsbehörden mögen aus den Abbildungen (32) und (33) erkennen, wie wertlos es für die Sicherheit (Lebensdauer) eines Seiles ist, ein bestimmtes Verhältnis d/D vorzuschreiben.

Der Drahtdurchmesser δ kommt in der Kennzahl B nicht vor. Da aber für die genormten B-Seile das Verhältnis $\delta/d = 1/22 =$ konstant ist, kann die Kennzahl B auch so geschrieben werden:

$$B = \frac{P}{22\,\delta\,D\,K_z}\,. \tag{9a}$$

Draht- und Seildurchmesser haben den gleichen Einfluß auf die Lebensdauer, so lange ihr Verhältnis konstant ist. Der Drahtdurchmesser verdient sicher den Vorzug, da er dem Mindestwert der Biegespannung proportional ist.

Führt man die Zugspannung ($\sigma_z = P/\frac{\pi}{4}\delta^2\,i$) in Gleichung (9a) ein, so erhält man eine neue Kennzahl:

$$B = \frac{i\,\pi/4}{22}\,\frac{\delta}{D}\cdot\frac{\sigma_z}{K_z} \tag{9b}$$

oder mit dem sog. Sicherheitsfaktor $S = K_z/\sigma_z$:

$$B = \left(\frac{i\,\pi/4}{22}\right)\frac{\delta}{D}\,\frac{1}{S}\,, \tag{9c}$$

in der nur die Größen S und δ/D vorkommen, und die deshalb für Vergleiche besonders anschaulich ist.

Die Gleichungen (9, 9a, 9b und 9c) und die daraus gezogenen Schlußfolgerungen gelten zunächst nur für das Kreuzschlag-B-Seil. Der Faktor $i\pi/4$ gibt nur z. T. Aufschluß über den Aufbau der Litze; er kann durch Einführung der Anzahl Lagen a erweitert werden:

Seilart	A	B	C
Anzahl Drähte i	6×19	6×37	6×61
$d/\delta =$	16	22	28
Anzahl der Lagen	2	3	4
$\dfrac{i}{6}\cdot\dfrac{\delta}{d\cdot a} =$	0,6	0,55	0,55 $\approx$ konst.

Aus der obenstehenden Zusammenstellung folgt, daß der Aufbau der Litze (A-, B- oder C-Seil) nur einen geringen Einfluß auf die Lebensdauer haben kann. Diese Schlußfolgerung des Ähnlichkeits-Prinzips steht (soweit Versuche vorliegen) in guter Übereinstimmung mit der Erfahrung. Die Versuchspunkte der A-Seile ($d = 8$ bis 16 mm) fallen mit der Versuchskurve der B-Seile gut zusammen; Versuche mit C-Seilen liegen nicht vor.

Aus den Versuchen ist bekannt, daß Gleichschlagseile unter sonst gleichen Betriebsbedingungen eine längere Lebensdauer haben als Kreuzschlagseile gleicher Bauart. Die Streuung der Versuchspunkte in der Lebensdauer-Kurve $n_B = F(B)$ ist aber bedeutend größer. Wahrscheinlich sind Gleichschlagseile besonders empfindlich gegen kleine Unterschiede im (nicht genormten) Schlagwinkel, der als neue Kenngröße zu der ersten Gruppe zu zählen ist.

632. Drahtseile. 371

An Stelle der Kennzahl B kann auch der reziproke Wert

$$1/B = B' = d D K_z/P \tag{10a}$$

als Kennziffer eingeführt werden, der den Vorteil bietet, mit der Lebensdauer zuzunehmen.

$$n_B = 0{,}32 \, (B')^2 . \tag{11a}$$

Daß die Zugfestigkeit K_z des Werkstoffes in der Kennzahl vorkommt und durch die Erfahrung bestätigt wird, mag zunächst befremden. Erfahrungsgemäß stehen aber Zugfestigkeit und Brinellhärte H_B miteinander in einem festen Verhältnis. Für Kohlenstoffstähle ist

$$K_z = 0{,}36 \, H_B, \tag{12}$$

so daß eine neue, gleichwertige Kennzahl

$$B_1 = B'/0{,}36 = d \, D \, H_B/P \tag{13}$$

gebildet werden kann.

Der Vorteil der Kennziffer bei der experimentellen Forschung liegt nun darin, daß nicht mehr der Einfluß der vier Faktoren P, d, D und K_z einzeln untersucht werden muß, sondern nur der des einzigen Faktors B oder B_1. Mit wenigen Versuchswerten B läßt sich ein ausgedehntes Gebiet der einzelnen Faktoren überblicken.

Die neuen Erkenntnisse bieten auch dem Konstrukteur bedeutende Vorteile, die am deutlichsten an einem Zahlenbeispiel erläutert werden können. Für einen Werkstattkran von 10 t Tragkraft sollen Seil- und Trommeldurchmesser festgelegt werden. Bei einer 2 × 2 fachen Aufhängung der Last kommen auf jedes Seil 2500 kg. Unter Berücksichtigung der bekannten Betriebsbedingungen kann der Konstrukteur nun zuerst die Anzahl Lastwechsel n_B bis zum Bruch des Seiles festlegen, die eine genügend lange Lebensdauer garantiert und auch die Wirtschaftlichkeit der Anlage berücksichtigt, z. B. mit $n_B = 10^6$. Nach Abb. 32 entspricht das einer Kennzahl $B = \dfrac{P}{d D K_z}$ von 0,0022. Legen wir K_z mit 170 kg/mm² fest, so ergibt sich $d \cdot D = \dfrac{P}{B K_z} = \dfrac{2500}{0{,}0022 \cdot 170} = 6{,}7 \cdot 10^3$. Bei der Wahl eines A- oder B-Normseiles ergeben sich für die verschiedenen Drahtstärken d die nachfolgenden Trommeldurchmesser D:

Zahlentafel 632.1. A- und B-Normseile gleicher Lebensdauer zur Auswahl für 10 Tonnen Werkstattkran.

	für A-Seile						B-Seile			
$d =$	8	9,5	11	13	14	16	15	18	20	22 mm
$D =$	840	710	610	515	480	420	450	370	335	305 mm

Bei der Anwendung des Ähnlichkeits-Prinzips muß man wohl beachten, daß die rein empirisch gefundene Gleichung (11) nur für ähnliche Seile und ähnliche Betriebsbedingungen gilt, also nur für Kreuzschlagseile mit A-, B- und C-Litzen, und für Betriebsbeanspruchungen, die bei laufenden Seilen vorkommen und hauptsächlich aus Zug und Biegung bestehen. Wie Abb. 33 zeigt, gilt Gleichung (11) (mit einer andern Konstanten) auch für ähnlich aufgebaute Seile.

Für andere Seilkonstruktionen (Seale, Warrington) und andere Betriebsbeanspruchungen (Tragseile, Schwingungen) müssen neue Gleichungen (evtl. mit neuen Kennziffern) aus den Versuchen abgeleitet werden.

6328. Biegewiderstand. Der Ausbau des Ähnlichkeitsprinzips für Drahtseile setzt eine genügend breite Versuchsgrundlage voraus. Ihre Beschaffung ist mit außerordentlichen Schwierigkeiten verbunden, da bei den Drahtseilen der Modellversuch vollständig versagt. Seile mit geometrisch ähnlichem Querschnitt, gleicher Drahtgüte und entsprechend gleichen Schlaglängen ergeben bei genau den gleichen Betriebsverhältnissen (gleichem D/δ, gleicher Zugbeanspruchung, gleicher Schmiegung zwischen Seil und Rolle und gleichen Schmierverhältnissen) nicht die gleiche Lebensdauer. Es war keinerlei Gesetzmäßigkeit zu erkennen, bald war das 13-mm-, bald das 16-mm- oder das 19-mm-Seil überlegen. Es besteht also zur Zeit keine Möglichkeit, von der Lebensdauer des einen Seiles auf die Lebensdauer eines andern, „ähnlichen" Seiles zu schließen.

Unter diesen fast aussichtslosen Verhältnissen zur praktischen Klärung der geeigneten Seilkonstruktion ist doch ein Lichtblick vorhanden. Da man weiß, daß hauptsächlich der Biegewiderstand zusammen mit dem Gleiten der Drähte aufeinander die Lebensdauer der Seile bedingt, kann man den Seilbiegewiderstand direkt als Kriterium und als Maß für die Lebensdauer der Seile betrachten. Diesen Weg ist Dr. Ing.-Hecker in seiner Dissertation „Über den Biegewiderstand von Drahtseilen" (Hannover 1933) gegangen. Alle Umstände, die erhöhend auf die Lebensdauer wirken, vermindern auch die Seilsteifigkeit (mit der leicht verständlichen Ausnahme der nachträglichen Verzinkung der Drähte).

Die Arbeit beim Biegen eines Seiles muß durch eine zusätzliche Kraft S geleistet werden, die in kurzer Zeit mit hoher Genauigkeit gemessen werden kann. Aus den bisher vorliegenden Versuchen folgt:

$$S = C' \delta \frac{P + P_0}{D - D_0} \quad \text{kg,} \tag{14}$$

worin C', P_0 und D_0 für jedes Seil verschieden ist, abhängig von der Machart, von der Reibzahl der Drähte und Litzen und von dem Druck zwischen den einzelnen Drähten.

P_0 entspricht der den Drähten beim Verseilen gegebenen Vorspannung, abhängig von der Bremsung der Spulen in der Seilmaschine. Sie wird in jeder Fabrik entsprechend der Anzahl, der Dicke und der Steifheit der Drähte, sowie der gewünschten Geschlossenheit des Seiles etwas anders eingestellt.

D_0 berücksichtigt die Verlagerung der neutralen Achse des Seiles und der Drähte im Querschnitt und die dadurch bedingte Reibung. Eine solche Verlagerung muß eintreten, weil der Krümmungsradius des Rillengrundes immer etwas größer gemacht wird als der Radius des Seilquerschnittes. Der eine Draht, der im Rillengrund theoretisch zuerst zum Aufliegen kommt, kann die Seilkraft auf die Rolle nicht übertragen; er wird deshalb in den Seilquerschnitt hineingedrückt, bis auch andere Drähte zum Aufliegen kommen. Diese Umlagerung im Querschnitt wird um so größer sein, je größer der Krümmungsradius des Rillengrundes gegenüber dem des Seilquerschnittes ist. Innerhalb der Versuchsgrenzen $\delta = 0{,}7$ bis $1{,}4$ mm und für den Radius des Rillengrundes $r = d/2 + 1$ mm ist (mit Seildurchmesser d, Drahtstärke δ, Anzahl Drähte i)

$$P_0 = 200 + i d^3 \text{ kg und } D_0 = 100 (\delta - 0{,}3 \text{ mm}).$$

Für normale Kreuzschlag A-Seile ist $C' = 1{,}8$, B-Seile $C' = 2{,}6$ und C-Seile $C' = 3{,}9$. Für Gleichschlagseile sind die C'-Werte um 15 bis 25% kleiner; für verzinkte Seile um 15 bis 30% größer als für Kreuzschlagseile.

Die Vorzüge der Biegeversuche gegenüber den Dauerversuchen sind so groß, daß es ernstlich geprüft werden sollte, ob die Feststellung der Biegewiderstände die Dauerversuche nicht (teilweise) ersetzen können.

64. Reibkupplungen[1].

Bei der Mitnahme einer stillstehenden Welle durch eine umlaufende muß zunächst die getriebene Welle (mit allen damit verbundenen Massen) beschleunigt werden. Die Beschleunigung sollte allmählich erfolgen, da eine plötzliche Mitnahme sehr große Massenkräfte hervorruft (vgl. Abschn. 84). Dabei wird in der Anlaufzeit t die Beschleunigungsarbeit A aufgewendet, während die Reibflächen aufeinander gleiten und Wärme erzeugen. Sobald treibende und getriebene Welle die gleiche Drehzahl haben, müssen die Reibflächen nur noch das erforderliche Drehmoment übertragen, d. h. die Reibkraft muß größer sein als die zu übertragende Umfangskraft P_u

$$\mu P_n > P_u \tag{64.1}$$

Das Drehmoment, das die Reibkupplung übertragen kann, hängt demnach sowohl vom Normaldruck P_n als von der Reibzahl μ ab. Die Reibzahlen trockener Gleitflächen sind verhältnismäßig groß, so daß damit kein stoßfreies Einrücken erreicht werden kann; deshalb werden glatte, geschmierte, gußeiserne Gleitflächen bevorzugt. Die zulässige Flächenpressung beträgt bei Guß 18 bis 20 kg/cm²; für Asbest sollte sie 1 kg/cm² nicht erheblich überschreiten, wenn eine ausreichende Lebensdauer gewünscht wird.

Die Einrückzeit der Kupplung ist durch die Erwärmung des Öles begrenzt; bei zu langsamen Einrücken kann das Öl so dünnflüssig werden, daß es weggepreßt wird, so daß die letzte Einrück-

---

[1] E. von Ende: Wellenkupplungen und Wellenschalter. Einzelkonstruktionen. Masch. Bau. Heft 11. Berlin: Julius Springer 1931.

periode doch bei trockenen Gleitflächen, also mit Stoß, erfolgt. Gute Reibkupplungen müssen nachstellbare Reibflächen haben, um die unvermeidliche Abnutzung ausgleichen zu können.

Die einfachste Bauart einer Reibkupplung ist die Kegelkupplung (Abb. 64.1). Die horizontale Einrückkraft H erzeugt am ganzen Umfang der Reibflächen einen gleichmäßigen Druck p, der zu einer Resultierenden N zusammengesetzt werden kann. Dann ist $H = N \sin \alpha$, denn die Reibung in der Richtung der geneigten Fläche kann vernachlässigt werden, da die Hauptbewegung (eine Drehung um die Wellenachse) senkrecht dazu erfolgt. Wenn P_u die übertragbare Umfangskraft ist, dann ist
$$N = \frac{P_u}{\mu} \quad \text{und} \quad H = \frac{P_u}{\mu} \sin \alpha.$$

Eine geringe Schrägstellung des einen Konus gegen den anderen führt zu einem einseitigen Anliegen und so zum stoßweisen Einrücken. Der Hauptnachteil dieser Kupplung liegt jedoch darin, daß die Muffe während der ganzen Betriebszeit angepreßt bleiben muß. Um die Ab-

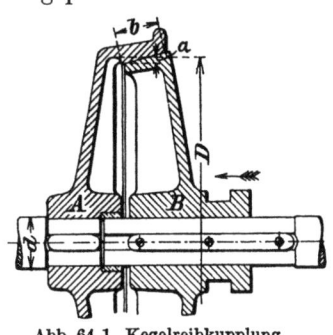

Abb. 64.1. Kegelreibkupplung (aus Jellinek).

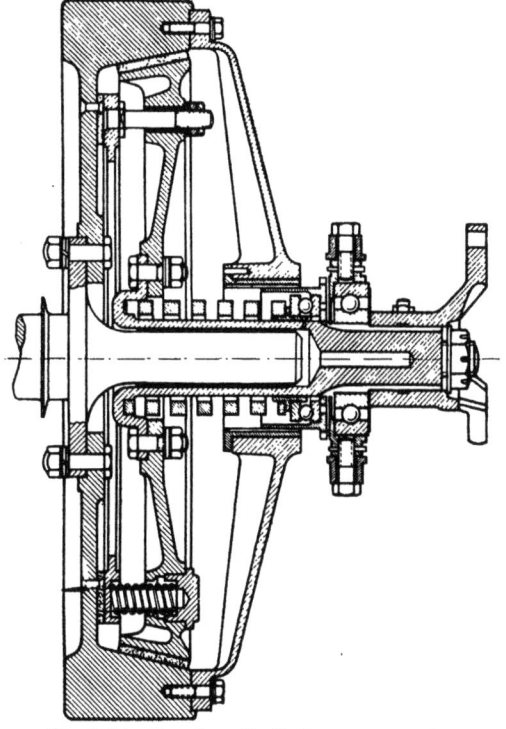

Abb. 2. Kegelkupplung für Kraftwagen mit aufgesetzter Scheibenkupplung (aus von Ende, Kupplungen).

nützung an der Muffe zu verringern, verwendet man dann Kugellager. Diese Kupplung kommt heute noch im Automobilbau vor. Eine Spiralfeder preßt dabei die beiden Kupplungshälften während des Fahrens zusammen; beim Ausschalten muß die Federkraft überwunden werden. Um ein möglichst gleichmäßiges Anliegen zu erreichen, werden die Gleitflächen federnd angeordnet.

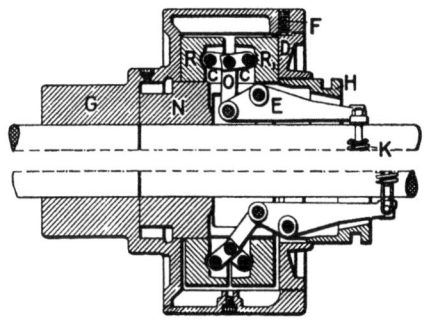

Abb. 3. Bennkupplung (v. Roll, Clus).

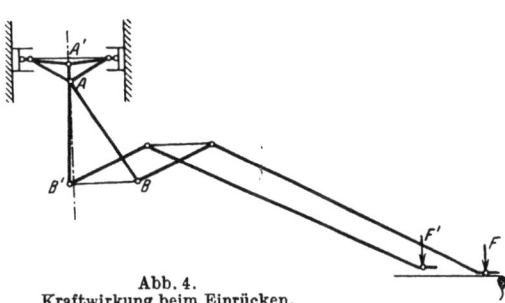

Abb. 4. Kraftwirkung beim Einrücken.

Die amerikanische Kupplung Abb. 2 vermeidet das stoßweise Einrücken dadurch, daß auf dem Kupplungskonus noch eine Reibscheibe federnd aufgesetzt ist. Beim Einrücken legt sich zunächst die ebene Scheibe an und leitet den Kuppelvorgang sanft ein. Die Kegelkupplung tritt also erst in Tätigkeit, wenn die Massen schon etwas beschleunigt sind; der Stoß wird dadurch stark gemildert.

Um eine dauernde Kraftaufwendung an der Muffe zu erübrigen, führt man alle Reibkupplungen so aus, daß sie sich selbst geschlossen halten. Abb. 4 zeigt (an der Bennkupplung Abb. 3) wie durch die Federkraft F der Lenker A' B' nach Überschreiten der vertikalen Stellung in seiner Lage festgehalten wird. Die Kupplung hat eine vollständig glatte äußere Form; die Reibflächen werden durch Öl selbsttätig geschmiert und die Abnützung kann durch Nachstellen des Deckels ausgeglichen werden. Die Abkühlung der (außenliegenden) Gleitflächen ist gut.

Reibkupplungen werden gelegentlich auch als Sicherung gegen Überlastungen verwendet, um Brüche zu verhindern (Kranbau, Antrieb von Kettenrosten usw.). Die Kupplungsflächen gleiten, wenn die Umfangskraft eine bestimmte, durch Federn einstellbare Größe überschreitet (Rutschkupplung, Abb. 5). An Stelle der teuren Kupplungen werden manchmal auch Abscherbolzen eingesetzt, um den Bruch wichtiger Teile zu verhindern (z. B. bei Blechscheren).

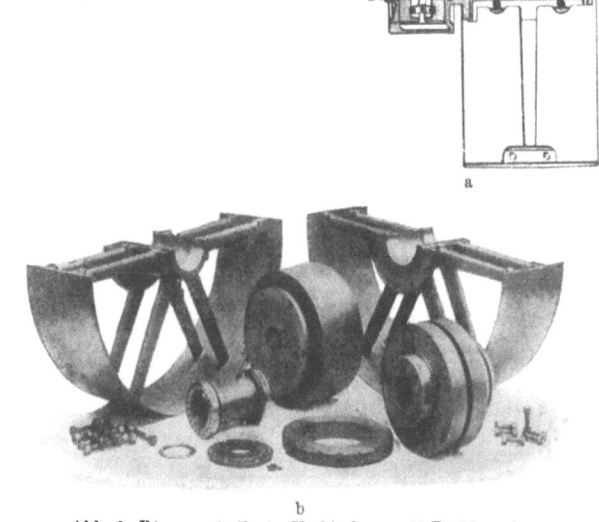

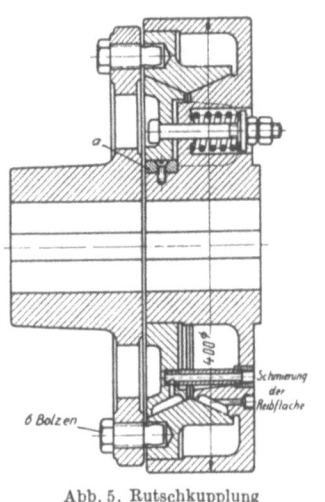

Abb. 5. Rutschkupplung (aus Rötscher).

Abb. 6. Riemenscheibe in Verbindung mit Reibkupplung (v. Roll, Clus).

Die Verbindung von Reibkupplungen mit Riemenscheiben ist insbesondere für breite Scheiben vorteilhaft, da der Riemen dabei nicht verschoben wird. Die Riemenscheibe wird mit dem Kupplungsgehäuse verbunden und läuft auf einer Lehrlaufbüchse (Abb. 6). Dabei kann sowohl die Riemenscheibe als auch die Welle der treibende Teil sein. Damit bei ausgerückter Kupplung keine Reibung mehr vorhanden ist, wird die Riemenscheibe bei großen Kraftübertragungen auf eine für sich gelagerte hohle Welle befestigt, welche die durchgehende Vollwelle ohne Berührung umschließt (Abb. 7). Die Hohlwelle ist dann mit dem Kupplungsgehäuse verbunden.

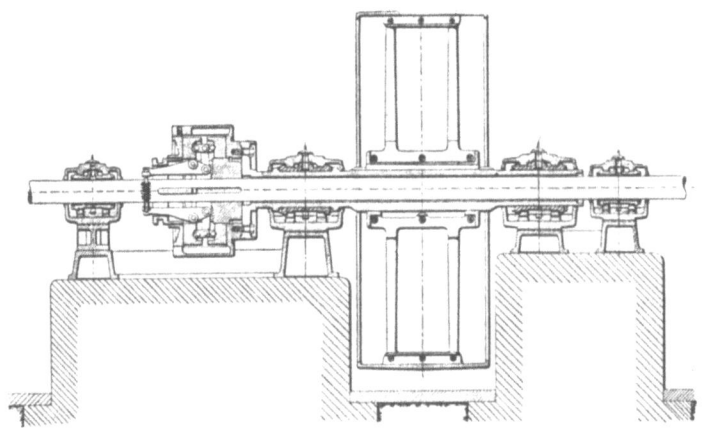

Abb. 7. Riementrieb in Verbindung mit Hohlwelle (v. Roll, Clus).

65. Mechanische Bremsen.

Diese hauptsächlich bei Hebe- und Fahrzeugen verwendeten Maschinenteile dienen dazu, Bewegung zu verhindern (Sperrwerk oder Haltebremse) oder zu regeln (Regulierbremse). In den Anfängen des Hebezeugbaues verwendete man mit Vorliebe sog. selbsthemmende Getriebe, die nur Bewegung in einer Richtung zulassen (z. B. Schraube mit $\alpha < \varrho$). Solche Getriebe haben immer einen sehr schlechten Wirkungsgrad ($\eta < 50\%$). Außerdem hat man es nicht in

651. Sperrwerke.

Das Sperrad (Abb. 65.1) kann außen, innen oder auch seitlich verzahnt sein. Bei eingelegter Klinke wird der Rücklauf verhindert. Der Eingriff der Klinke wird meist durch Federdruck gesichert, doch ist es gut, dem Gesperre eine solche Form zu geben, daß die Klinke selbsttätig hineingezogen wird. Das trifft zu, wenn:

$Z \cdot c +$ Moment des Eigengewichtes $> \mu Z \cdot b +$ Zapfenreibmoment,

oder (weil das Moment des Eigengewichtes ungefähr gleich dem Zapfenreibmoment gesetzt werden kann) wenn $\frac{c}{b} > \mu$ oder $\alpha > \varrho$ ist.

Bei der Wahl des Sperraddurchmessers ist zu berücksichtigen, daß mit der Vergrößerung des Durchmessers die Umfangskraft ab-, aber die Umfangsgeschwindigkeit zunimmt. Da die Stoßkraft Z (beim Rücklauf) mit dem Quadrate der Geschwindigkeit zunimmt, entscheidet man sich allgemein für kleine Sperräder mit 8 bis 12 Zähnen. Oft werden auch zwei Klinken angeordnet, die um einen halben Zahn versetzt sind.

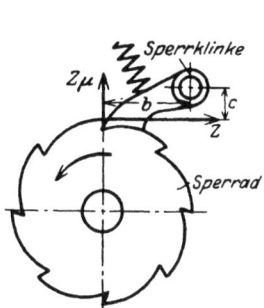

Abb. 65.1. Sperrad und Klinke.

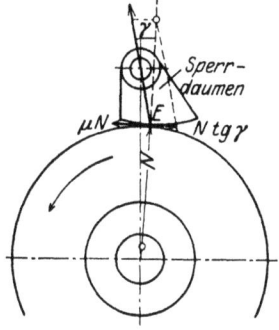

Abb. 2. Sperrdaumen.

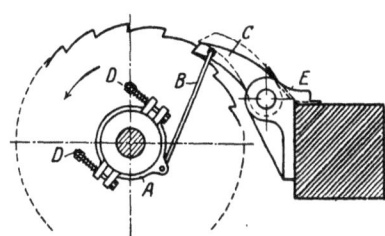

Abb. 3. Geräuschlose Sperrklinke (Hanffstengel).

Beim Lastheben entsteht ein lästiges Geräusch, weil die Klinke über die Zähne rattert. Dieses Geräusch wird durch den **Sperrdaumen** (Abb. 2) vermieden. Die Reibung μN nimmt den Daumen in der Umfangsrichtung mit, wenn

$$\mu N > N \, \mathrm{tg}\, \gamma \quad \text{oder wenn} \quad \mathrm{tg}\, \gamma < \mu \quad \text{ist}.$$

Infolge seiner exzentrischen Lage klemmt der Daumen, und das Sperrad steht still. Für $\mu = 0,1$ ist $\gamma \approx 5°$; dieser kleine Winkel schließt die Gefahr in sich, daß bei eintretendem Verschleiß ein so starkes Klemmen eintritt, daß die selbsttätige Loslösung bei Änderung der Drehrichtung nicht mehr erfolgt. Deshalb verwendet man meist keilförmige Rillen (vgl. S. 170 Keilreibzahl). Eine einfache geräuschlose Sperrklinke erhält man, wenn die Klinke durch einen Reibzaun (Abb. 3) gesteuert wird.

652. Handbremsen.

Backenbremse (Abb. 4). Wenn das Zapfenreibmoment und das Moment des Hebelgewichts vernachlässigt wird, so lautet die Momentengleichung in bezug auf den Drehpunkt des Bremshebels

$$K a = N b \pm \mu N c = N (b \pm \mu c), \quad (65.1)$$

und zwar $+$ für Drehrichtung 1
$\quad\quad\;\; -$,, ,, 2 (Differentialbremse).

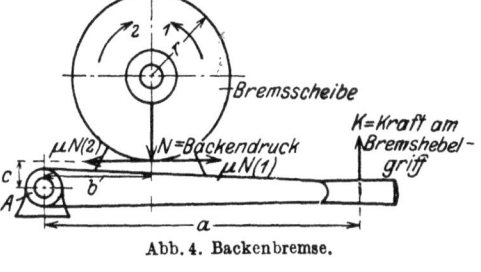

Abb. 4. Backenbremse.

Zwischen dem Drehmoment an der Bremsscheibe (Bremsmoment M_B) und dem Lastmoment M_L an der Trommel oder am Radumfang des Fahrzeuges besteht die Beziehung:

$$M_B = M_L \cdot i \cdot \eta = P \cdot r,$$

worin i das Übersetzungsverhältnis zwischen Bremswelle und Lastwelle ist, und η der Wirkungsgrad der Übersetzung. Die abzubremsende Umfangskraft $P = M_B/r$ muß kleiner (Haltebremse) oder gleich (Regulierbremse) der Reibkraft μN sein. Der Wert $(P = \mu N)$ in Gl. (1) eingesetzt, gibt:

$$K \geq P \frac{b}{a}\left(\frac{1}{\mu} \pm \frac{c}{b}\right). \tag{2}$$

Damit K klein wird, sollte P klein sein, d. h. r groß und i klein. **Die Bremse ist also immer auf eine raschlaufende Welle anzuordnen (Motorwelle).**

Da das Sperrad den Rücklauf hindert, so muß der Arbeiter — um die Last zu senken — die Kurbel zuerst etwas zurückdrehen, die Bremse anziehen und dann die Klinke abheben. Er braucht also gleichzeitig beide Hände zu verschiedenen Griffen. Die Anordnung kann aber auch so getroffen werden, daß die Bremse immer durch Gewichte so stark gespannt ist, daß sie die Last freischwebend zu halten vermag. Der Rücklauf wird dann durch Lüftung der Bremse freigegeben und geregelt (Sperradbremse Abb. 5). Dies setzt aber voraus, daß die festgespannte Bremsscheibe das Heben nicht hindert, d. h. daß sie lose auf der Welle angeordnet ist. Solange die Bremse gespannt ist, wirkt das Sperrad wie bisher; bei gelüfteter Bremse dient die

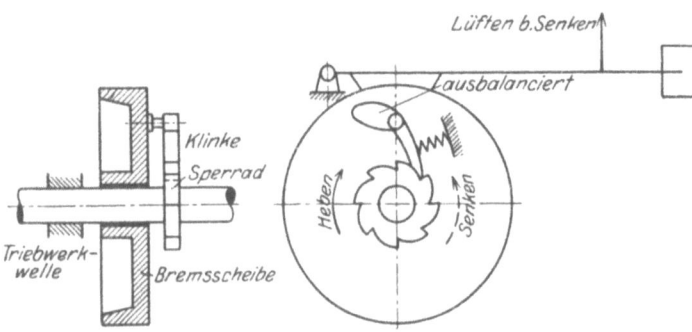

Abb. 5. Sperradbremse.

Klinke als Mitnehmer zwischen Bremsscheibe und Triebwerk. Die Sperradbremse erleichtert die Bedienung der Winde wesentlich, da zum Senken der Last nur die Bremse gelüftet werden muß.

Die Hebelkraft K ist unabhängig von der Drehrichtung der Welle, wenn $c = 0$ ist; diese Bedingung muß bei allen **Fahrtbremsen** erfüllt sein. Wenn ein Fahrzeug mit dem Gesamtgewicht G kg und einer Fahrgeschwindigkeit v m/s in einer Strecke von s m zum Stehen gebracht werden soll, so folgt die Umfangskraft P an der Bremsscheibe aus dem Gesetz der Erhaltung der Energie:

$$\frac{G}{g} \cdot \frac{v^2}{2} = P \cdot \frac{d}{D} \cdot s, \tag{3}$$

worin

$$\frac{d}{D} = \frac{\text{Bremsscheibendurchmesser}}{\text{Laufraddurchmesser}}$$

ist. Die Laufräder dürfen niemals so stark gebremst werden, daß sie stehen bleiben und gleiten: d. h. das Bremsmoment muß kleiner sein als das Reibmoment zwischen Rad und Fahrweg,

$$\frac{Pd}{2} < \mu G_B \frac{D}{2},$$

wenn mit G_B der Teil des Wagengewichts bezeichnet wird, der auf die Bremsräder wirkt. Bei Anwendung von Vierradbremsen ist $G_B = G$.

Die Backenbremse hat in der Form der Abb. 4 den Nachteil, daß der ganze Backendruck N in den Lagern erhöhte Reibung erzeugt. Abb. 6 zeigt eine doppelte Backenbremse, bei der die Bremswelle entlastet ist. Die Bremse ist außerdem ständig durch ein Gewicht angepreßt

Abb. 6. Doppelte Backenbremse mit Bremslüftmagnet (Oerlikon).

(Haltebremse)[1]. Sobald der Antriebsmotor unter Strom kommt, wird die Bremse gelüftet, indem ein Magnet (Bremslüftmagnet) oder Motor (Bremslüftmotor) gleichzeitig Strom erhält. Der Bremslüftmotor (Abb. 9) ist ein kleiner Asynchron-Kurzschlußmotor, dessen Anker nach jeder Richtung sich um etwa 120° drehen kann. Die weitere Drehung wird durch federnde Anschläge verhindert. Auf der Ankerwelle sitzt eine kleine Stirnkurbel, die durch eine Kette auf den Bremshebel wirkt.

---

[1] List, F. und P. Hold: Die Berechnung der Haltebremsen und Bremslüftern. Z. VDI 82 (1938) S. 443.

652 Handbremsen.

Neben der Haltebremse ist immer eine zweite (meist elektrische) Bremse[1] erforderlich, um die Senkgeschwindigkeit der Last zu regeln. Die Wirkungsweise der elektrischen Bremse beruht darauf, daß der Antriebmotor beim Lastsenken als Generator wirkt, und daß die erzeugte elektrische Energie (in Widerständen) in Wärme umgesetzt wird. Die Bremsung erfolgt demnach ohne Abnutzung.

Bandbremse (Abb. 7 u. 8). Hier gelten die gleichen Beziehungen (62) wie beim Riementrieb. Dabei ist zu beachten, daß bei der Bremse immer die Kraft S_1 im angezogenen Band die größere ist.

Die Momentengleichung in bezug auf den Drehpunkt des Hebels lautet:

für die Drehrichtung 1 (Abb. 7)   für die Drehrichtung 2 (Abb. 8)

$$K \cdot a = S_2 \cdot b_2 \qquad K_1 \cdot a = S_1 \cdot b_2$$

woraus:
$$K = S_2 \frac{b_2}{a} = P \frac{b_2}{a} \frac{1}{e^{\mu\beta} - 1}, \qquad K_1 = P \frac{b_2}{a} \frac{e^{\mu\beta}}{e^{\mu\beta} - 1}. \qquad (4)$$

K_1 ist demnach $e^{\mu\beta} \approx 2,2$ mal so groß wie K. Deshalb gilt als Konstruktionsregel, daß bei der einarmigen Bandbremse immer S_2 zu spannen ist.

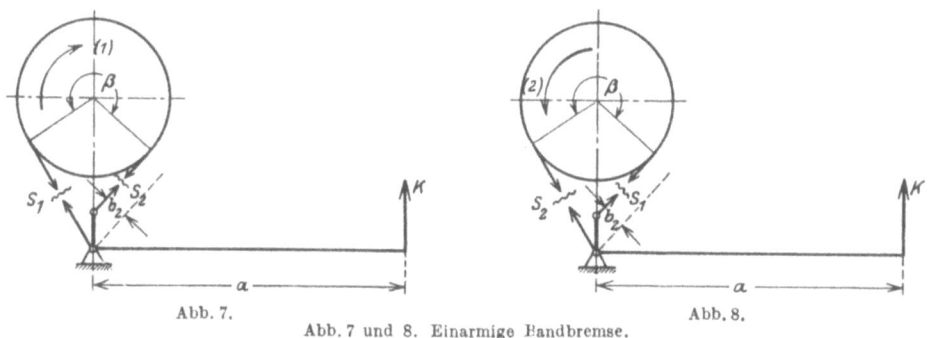

Abb. 7 und 8. Einarmige Bandbremse.

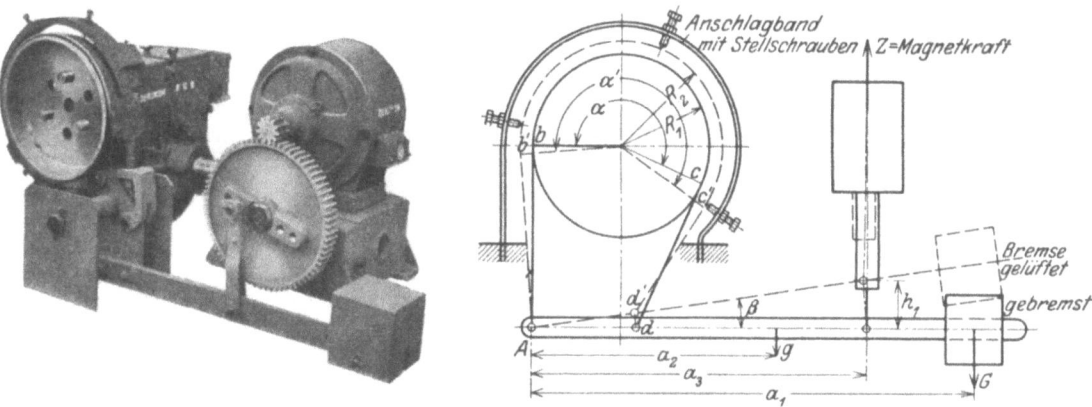

Abb. 9. Bandbremse durch Magnet bzw. Motor gelüftet.

Das Band würde sich durch die Reibung rasch abnützen. Man verwendet deshalb immer „Gliederbänder" mit Belägen aus Holz (Pappel, Weißbuche), Leder oder Asbest (Ferodo usw.).

Auch die Bandbremse kann nur als Haltebremse dienen, die durch einen Magnet oder Motor gelüftet wird (Abb. 9). Der Ablenkungswinkel β ist dadurch bedingt, daß das abgehobene Band nirgends streifen darf. Unter der Voraussetzung, daß das abgehobene Band sich nach einem Kreis mit dem Radius R_2 krümmt, ist die Bandlänge

$$L = Ab + \alpha R_1 + cd = Ab' + \alpha' R_2 + c'd':$$

Nun ist $\alpha \approx \alpha'$ und $Ab \approx Ab'$, und damit wird

$$\alpha(R_2 - R_1) = cd - c'd' \approx dd'.$$

---

[1] Zur Erklärung dieser Bremsen sind Kenntnisse über Elektromotoren erforderlich, die hier nicht vorausgesetzt sind. Vgl. z. B. R. Dub: Der Kranbau, 2. Aufl. Verlag: A. Ziemsen 1922.

Für $\alpha = 0,7 \cdot 2\pi$ und $R_2 - R_1 \approx 2\,mm$ wird dd' ungefähr 8 mm, so daß damit der Winkel β festgelegt ist. Die Magnettabellen enthalten außer den Abmessungen auch die Größe des Magnethubes h, der Zugkraft Z und des Ankergewichtes G_A. Das Ankergewicht wird immer zur Bremswirkung herangezogen, so daß der Hub h nicht vollständig ausgenützt werden kann und die Nutzhubhöhe $h_1 = 0,8\,h$ wird. Damit ist auch die Lage des Magneten festgelegt. Die erforderliche Zugkraft Z folgt aus der Momentengleichung in bezug auf A, wenn 10% Zuschlag für Gelenkreibung und Bandsteifigkeit gemacht wird:

$$1,1\,(G \cdot a_1 + g \cdot a_2) = Z \cdot a_3$$

Die Kraft K kann beliebig verkleinert werden, wenn sie durch S_1 unterstützt wird (Differentialbremse Abb. 10). Dann ist

$$K \cdot a = S_2 \cdot b_2 - S_1 \cdot b_1$$

oder
$$K = \frac{P}{a} \frac{b_2 - b_1 e^{\mu\beta}}{e^{\mu\beta} - 1}. \tag{5}$$

Der Arbeiter sollte durch Änderung der Kraft K die Geschwindigkeit bis zum vollständigen Festhalten regeln können. Bei den unelastischen Bremsorganen rufen geringfügige Änderungen im Hebelausschlag oft schroffe Wechsel in der Bremswirkung hervor, die sich nur bei langer Übung und großer Aufmerksamkeit vermeiden lassen. Diese Schwierigkeit, die bei allen Handbremsen auftritt, wird um so größer, je kleiner die Kraft K ist, so daß es nicht empfehlenswert ist, K sehr klein zu machen. Praktisch brauchbare Werte sind für $\beta = 0,7 \cdot 2\pi$, $b_2 = 2,5$ bis $3\,b_1$.

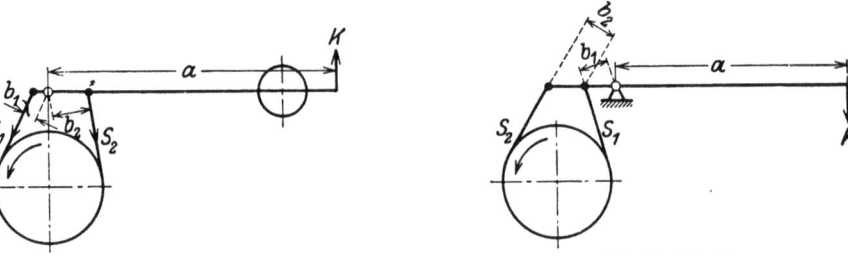

Abb. 10. Differentialbandbremse.   Abb. 11. Fahrtbremse.

Weder die einarmige noch die Differentialbandbremse (Abb. 10) kann als **Fahrtbremse** verwendet werden. Bei der Anordnung nach Abb. 11 wird die Kraft K für beide Drehrichtungen gleich, weil $b_1 = b_2 = b$ ist, denn dann lautet die Momentengleichung in bezug auf den Drehpunkt:

$$Ka = S_1 b + S_2 b = b S_2 (e^{\mu\beta} + 1),$$
$$K = P \frac{b}{a} \frac{e^{\mu\beta} + 1}{e^{\mu\beta} - 1}. \tag{6}$$

653. Selbsttätige Bremsen.

Lastdruckbremse. Die Bremsflächen werden durch die Lastwirkung zusammengepreßt, und zwar so, daß das Bremsmoment etwa 20% größer als das Lastmoment ist. Dadurch wird die Last sicher schwebend festgehalten. Beim Senken muß der Überschuß des Bremsmomentes durch den Antrieb überwunden werden. Bei der Gewinde-Lastdruckbremse (Abb. 12) sitzt das Antriebrad für die Lasttrommel auf einer linksgängigen Schraube mit großer Steigung. Das Zahnrad ist vorn als Bremsscheibe ausgebildet, während die Gegenfläche ein Sperrad ist, das lose auf der Welle sitzt. Unter der Wirkung der Last schraubt sich das Zahnrad nach links, bis sich die Bremsflächen berühren. Da das Reibmoment $P \mu R_m$ größer als das Moment der Last $P r_m$ tg $(\alpha + \varrho)$ Gl. (233.2) ist und weil das Drehen des Sperrades durch die Klinke gehindert wird, so wird die Last frei schwebend gehalten. Die axialen Kräfte heben sich zwischen Bund und Gewinde auf, so daß auf die Welle selbst kein Druck ausgeübt wird. Beim Heben der Last muß sich das Rad noch kräftiger nach links verschieben. Zum Senken wird die Welle in entgegengesetzter Richtung gedreht und die Reibung aufgehoben. Die Last kann dann frei herunterfallen, das Zahnrad wird beschleunigt, schiebt sich nach links und bremst. Wenn die Antriebswelle weiter gedreht wird, wird die Bremse wieder gelöst, usw. Die Last senkt sich demnach mit der gleichen Geschwindigkeit, wie es die Antriebswelle gestattet, so daß die Lastdruckbremse nicht geeignet ist, die Last schnell zu senken.

Abb. 13 zeigt eine Verbindung von Sperrad- und Lastdruckbremse für einen Kran mit Handkurbel-Antrieb. Das freie Spiel des Ritzels A ist hier durch zwei Nocken B eingeschränkt. Der Mitnehmer C dient beim Herunterkurbeln des leeren Hakens zum Mitnehmen des Ritzels, falls das Lastmoment nicht ausreicht das Ritzel zu drehen. Das Senken kann hier auch durch Lüften der Bandbremse (also mit viel größerer Geschwindigkeit) erfolgen. Dabei dreht sich die Bremsscheibe rückwärts. Die Kurbelwelle muß dann ausgerückt sein, da diese sich viel zu schnell mitdrehen würde; deshalb wird der Bremslüfthebel blockiert.

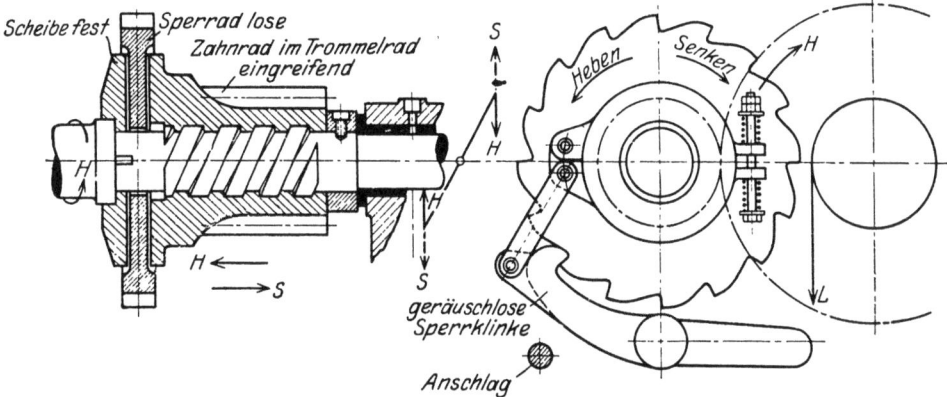

Abb. 12. Gewinde-Lastdruckbremse.

Fliehkraft-(Schleuder-)bremse. Der Rücklauf des Windwerkes bringt bewegliche Gewichte zum Ausschlag. Bei der Ausführung von Becker (Abb. 14) sind drei sichelförmige Bremsklötze so miteinander gekuppelt, daß der gemeinsame Schwerpunkt mit dem Wellenmittel zusammenfällt. Die eigentliche Bremsfläche liegt in der Nähe des Drehzapfens, so daß die Wirkung der Fliehkraft im Verhältnis c/a vergrößert wird. In der Nabenbüchse B sitzt eine flache Spiralfeder, die mit einem Ende an der Büchse und mit dem anderen in der Scheibennabe S festgeklemmt ist. Die Federspannung läßt sich durch Drehen der Büchse um 120° regeln. Sie zieht die Klötze vom Umfange der Bremstrommel ab, so daß beim Aufwinden der Last keine Reibung vorhanden ist. Die Fliehkraftbremse muß also immer mit einem Sperrad oder mit einer Haltebremse verbunden sein, um die Last freischwebend zu halten.

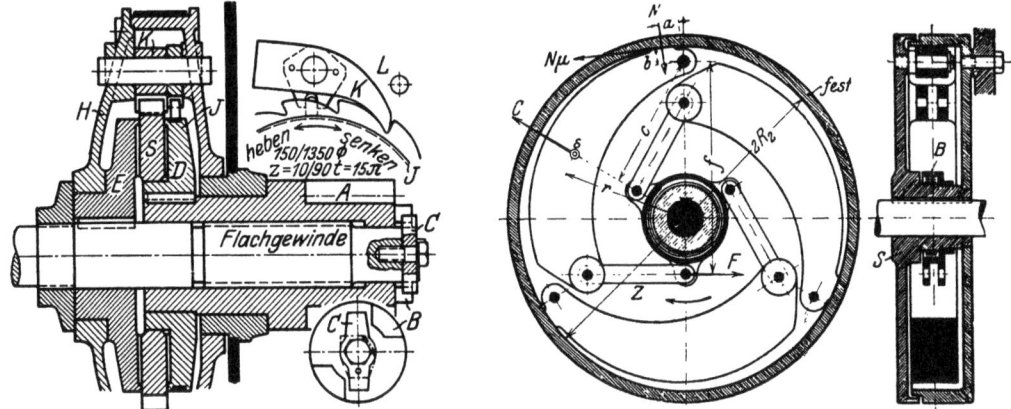

Abb. 13. Verbindung von Sperrad- und Lastdruckbremse.   Abb. 14. Fliehkraftbremse. (Aus Dubbel, Taschenbuch.)

Die Momentengleichung in bezug auf den Drehpunkt eines Klotzes lautet (Abb. 14):
$$N \cdot a + \mu N \cdot b + F \cdot f = C \cdot c . \qquad (7)$$
Setzt man den Wert der Fliehkraft
$$C = mr\omega^2 = \frac{G}{g} r \frac{\pi^2 n^2}{900} \approx Gr \frac{n^2}{900} \qquad (8)$$
in diese Gleichung ein und berücksichtigt, daß für den gleichförmigen Lastniedergang die am Umfang der Bremstrommel wirkende Kraft $P = 3\mu N$ ist, so wird das Gewicht des Klotzes:
$$G = \left(P \frac{a + \mu b}{3 \mu c} + F \frac{f}{c} \right) \frac{900}{r n^2} \qquad (9)$$

oder auch
$$n = \sqrt{\left(P\frac{a+\mu b}{3\mu c} + F\frac{f}{c}\right)\frac{900}{rG}}. \tag{10}$$

Aus dieser Gleichung folgt, daß n um so kleiner ist, je kleiner P wird (Abb. 15), kleine Lasten werden langsamer gesenkt als große. Das ist natürlich nicht erwünscht, und aus diesem Grunde haben die Fliehkraftbremsen nur ein beschränktes Anwendungsgebiet gefunden. Außerdem ist die Reibleistung dieser Bremse eng begrenzt. Bei Zahlenrechnungen ist zu beachten, daß alle Längen in den Gl. (9) und (10) in Metern einzusetzen sind, weil in Gl. (8), $g = 9,81 \approx 10$ m/s² gesetzt wurde.

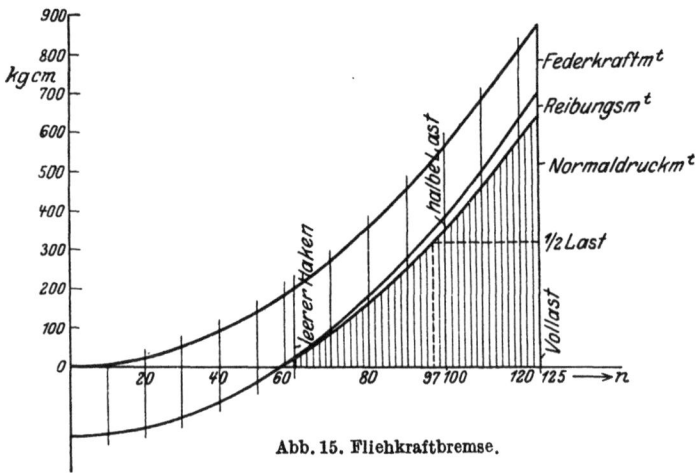

Abb. 15. Fliehkraftbremse.

Zahlenbeispiel 65.1. Für eine Bremse von 400 mm Durchmesser ist z. B. $r = 15$ cm, $a = b = 2,6$ cm, $c = 21$ cm, $F = 6,5$ kg, $f = 27$ cm, $n_{max} = 125$, $G = 15$ kg, dann wird mit $\mu = 0,1$ die abzubremsende Umfangskraft $P = 61$ kg. Die Umfangsgeschwindigkeit der Bremsklötze ist $\frac{\pi \cdot 0,4 \cdot 125}{60} = 2,6$ m/s, so daß die maximale Bremsleistung (die in Wärme umgesetzt wird) $\frac{61 \cdot 2,6}{75} \approx 2$ PS beträgt. Da 1 PS = 632 kcal/h ist, so lautet die Gleichung für die Wärmeabgabe im Beharrungszustand, wenn ϑ die mittlere Temperatur, F die kühlende Oberfläche der Bremstrommel und ϑ_0 die Temperatur der Umgebung ist:

$$2 \cdot 632 = \alpha \cdot F (\vartheta - \vartheta_0).$$

Da für die stillstehende Bremsscheibe, die Wärmeübergangszahl, $\alpha = 20$ bis 25 kcal/m²h °C ist, so wird die Bremse (im Dauerbetrieb) recht heiß.

Man verwendet diese Bremse deshalb meist so, daß die Fliehkraft dazu dient, eine größere Bremskraft auszulösen (z. B. Druckluft) und so zu regeln, daß alle Lasten mit der gleichen Geschwindigkeit (rd. 10mal der Hubgeschwindigkeit) gesenkt werden (Jordanbremse)[1].

---

[1] Jordan-Bremsen-Gesellschaft, Berlin-Neukölln. — Schiebeler, C.: Die Eldrosteuerung für Hebezeuge. Fördertechn. 29 (1936) S. 263/5.

7. Zahnräder.

71. Stirnräder für parallele Wellen.

711. Das allgemeine Verzahnungsgesetz.

Man kann die Reibräder (Abschn. 61) verbessern und zur Übertragung größerer Kräfte geeignet machen, wenn sie mit vorstehenden Teilen (Zähnen) versehen werden, deren Form durch die Bedingung eingeschränkt ist, daß bei der Bewegungsübertragung das Drehzahlverhältnis

$$i = \omega_1/\omega_2 = n_1/n_2 = R/r = \text{konstant} \tag{71.1}$$

bleiben muß. Die relative Bewegung der beiden Zahnflanken ist momentan eine Drehung um die Berührungsgerade der beiden Zylinder als Momentanachse, mit der Winkelgeschwindigkeit $\omega_1 \pm \omega_2$. Das $+$ Zeichen gilt für Außen-, das $-$ Zeichen für Innenverzahnung (Abb. 6).

In irgend einem Berührungspunkt A (Abb. 711.1) zweier Zahnflanken, der im Abstande e vom Momentanzentrum O liegt, gleiten die Flanken aufeinander mit einer Geschwindigkeit

$$v_g = (\omega_1 \pm \omega_2)\, e, \tag{711.1}$$

die senkrecht zur Verbindungslinie AO steht. Damit ein solches Gleiten möglich ist, muß die gemeinsame Tangente der beiden Zahnflanken in der Richtung der Gleitgeschwindigkeit v_g liegen, oder (was das gleiche ist) die gemeinsame Normale mit AO zusammenfallen. Das ist das allgemeine Verzahnungsgesetz: Die gemeinsame Normale im jeweiligen Berührungspunkt zweier Zahnflanken geht durch den Wälzpunkt O. Es gestattet, zu einem gegebenen Profil aOb (Abb. 2) das zugehörige Profil des zweiten Zahnes zu konstruieren, wenn das Drehzahlverhältnis durch die beiden Wälzkreise gegeben ist. Es ist gebräuchlich, die Räder so zu zeichnen, daß die Zahnflanken sich im Wälzpunkt berühren. Man ziehe die Profilnormale, z. B. $a1$,

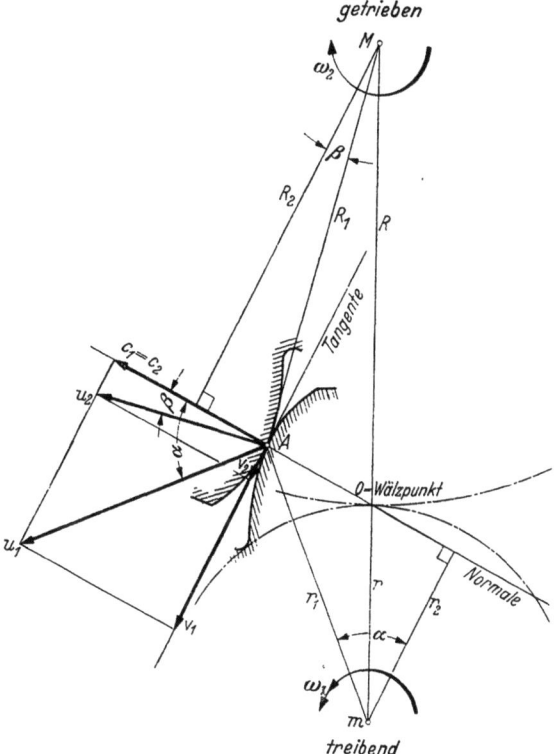

Abb. 711. 1. Zur Ableitung des allgemeinen Verzahnungsgesetzes.

wobei 1 der Schnittpunkt mit dem eigenen Wälzkreis ist. Die Normale gelangt in die Eingriffstellung, wenn sie durch den Wälzpunkt O geht. Da nur eine Drehung um m_1 möglich ist, dreht man die Normale so weit, bis der Punkt 1 mit O zusammenfällt. Der Punkt a wandert dabei nach I, und da die Länge der Normalen unverändert bleibt, ist $a1 = IO$. Nur in diesem Punkt I, dem Eingriffspunkt, kann der Zahnpunkt a in Berührung mit dem zweiten Rade stehen. Auf diese Weise kann Punkt für Punkt die Eingriffslinie $IOII$ aus der Zahnflanke gefunden werden[1].

---

[1] An Stelle der Profilnormalen kann auch das Zahnprofil gedreht werden. Aus dem feststehenden Wälzpunkt O wird die Normale auf das gedrehte Profil gezogen; der Schnittpunkt ist Eingriffspunkt.

Die Profilnormale des ersten Rades mußte im Wälzkreis um den Betrag $O1$ gedreht werden, damit sie in die Eingriffstellung gelangt. Da die Geschwindigkeiten der beiden Räder im Wälzkreis gleich sind, dreht man das Rad 2 um den gleichen Betrag $O1' = O1$ zurück.

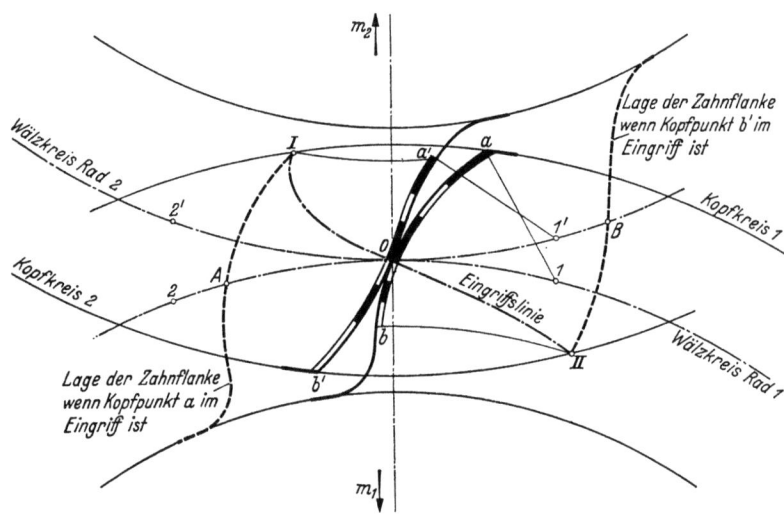

Abb. 2. Aus dem Ausgangsprofil $a\,0\,b$ wird die Eingriffslinie $I\,O\,II$ und daraus das Gegenprofil $a'\,0\,b'$ konstruiert. AOB = Eingriffsbogen.

Der Punkt I bewegt sich dabei auf einem Kreis um m_2 nach a', so daß $1a = 1'a'$. Die Linie $a'1'$ steht senkrecht zur Zahnflanke 2[1].

Aus der Konstruktion der Zahnflanken folgt, daß

1. die Zahnköpfe des Rades 1 mit den Fußflanken des Gegenrades 2 zusammenarbeiten,

2. der Eingriff beginnt, wenn die Fußflanke des treibenden Rades die Kopfflanke des getriebenen Rades erfaßt,

3. die Eingriffslinie durch eine Flanke bestimmt ist und zur Konstruktion der zweiten Zahnflanke ausreicht, wenn die Wälzradien der Räder gegeben sind. Die Zahnprofile sind demnach für verschiedene Zähnezahlen verschieden.

E. Schneckenberg[2] gibt ein „Schnellverfahren", wobei die oft unbequemen Kreise mit den Radmittelpunkten vermieden werden.

Aus der Bedingung, daß die Profilnormale den eigenen Wälzkreis schneiden muß, folgt, daß die Eingriffslinie begrenzt ist, und zwar durch den Kreis (um den Radmittelpunkt) der die Eingriffslinie von außen (Abb. 3) oder von innen (Abb. 4) berührt.

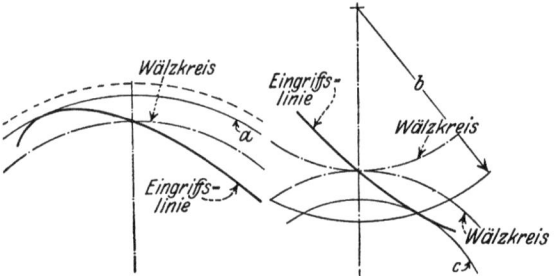

Abb. 3 u. 4. Grenzbedingung für den Eingriff (aus Buckingham-Olah).

Die Voraussetzung $\omega_1/\omega_2 =$ Konstant, gilt nicht nur für zwei Zahnflanken, sondern für das ganze Rad, d. h. ein Flankenpaar darf nicht außer Eingriff kommen, bevor das folgende Paar im Eingriff steht und die Drehbewegung ohne Unterbrechung weiter führt. Der Eingriff zweier Zahnflanken (Abb. 2) erfolgt im Wälzkreisbogen AOB (Eingriffsbogen); dieser muß größer sein als die Entfernung zweier Zahnprofile, ebenfalls im Wälzkreis gemessen und Teilung genannt. Das Verhältnis $\dfrac{\text{Eingriffsbogen } AOB}{\text{Teilung} = t} = \varepsilon$ (Überdeckung) muß größer als 1 sein. Für beide Räder sind die Teilungen natürlich gleich groß. Die Zahndicke s (Abb. 5) und die Lückenweite w sind (im Wälzkreis gemessen) bei Normverzahnung gleich, nämlich:

$$s = w = \frac{t}{2},$$

so daß kein Flankenspiel vorhanden ist.

Sind z und Z die Zähnezahlen und d und D die Wälzkreisdurchmesser der Räder, so ist der Umfang des ersten Wälzkreises $\pi d = zt$ und der Umfang des zweiten $\pi D = Zt$. Daraus folgt $d/D = z/Z$, d. h. die Durchmesser verhalten sich wie die Zähnezahlen.

---

[1] Dieses zuerst von Reuleaux angegebene Verfahren hat Poncelet vereinfacht: Man mache $O1 = O1'$ und beschreibe mit der Normalen $a1$ im Zirkel einen Kreisbogen aus $1'$. Die Zahnkurve entsteht dann als Umhüllende der Kreisbögen.

[2] L. 711.1.

711. Das allgemeine Verzahnungsgesetz.

Die Teilungen sind genormt:
$$t = \pi m; \qquad (2)$$
man nennt m (immer in mm gemessen) den Modul, so daß $\pi d = zt = z\pi m$

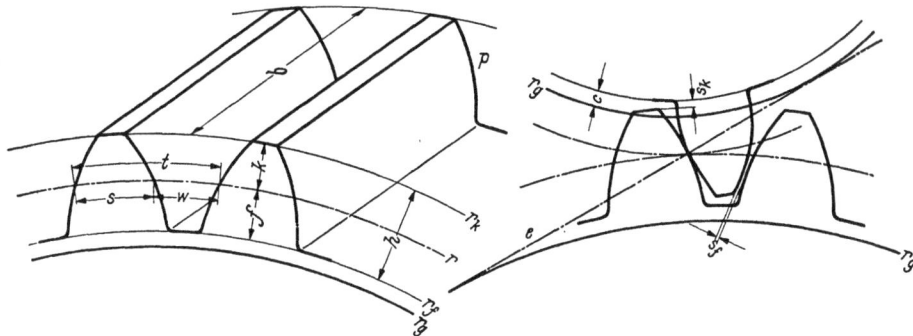

Abb. 5. Benennung der Zahnteile.
b Zahnbreite, e Eingriffslinie, f Fußtiefe, h Zahnhöhe, k Kopfhöhe, p Zahnprofil, s Zahnstärke, s_k Kopfspiel, s_f Flankenspiel, t Teilung, w Zahnlücke, r Wälzkreis, r_g Grundkreis, r_f Fußkreis, r_k Kopfkreis.

oder
$$d = zm \qquad (3)^1$$
ist, d. h. Teilkreisdurchmesser ist gleich Zähnezahl mal Modul.

Zahlentafel 711.1. Genormte Modul-Teilungen m in mm (aus DIN 780).

$m =$	0,3 ÷ 1	1 ÷ 4	4 ÷ 7	7 ÷ 16	16 ÷ 24	24 ÷ 45	45 ÷ 75	mm
Sprung	0,1	0,25	0,5	1	2	3	5	mm

Da die Kopfhöhe k des Zahnes meist gleich m gemacht wird, ist der Außendurchmesser
$$d_a = (z + 2) m. \qquad (4)$$
Der Fußkreisdurchmesser ist, unter Voraussetzung eines normalen Kopfspieles von $\tfrac{1}{6} m$,
$$d_f = (z - \tfrac{7}{3}) m. \qquad (5)$$
und der Achsabstand bei spielfreiem Eingriff:
$$a = (z + Z) \frac{m}{2}. \qquad (6)$$
Die Umfangsgeschwindigkeiten beider Räder, im Wälzkreis gemessen, $u = \omega_1 r = \omega_2 R$ sind gleich groß. Mit $\omega = \pi n/30$ folgt daraus:
$$n_1 r = n_2 R \quad \text{oder} \quad n_1 z = n_2 Z \qquad (7)$$
Die Drehzahlen verhalten sich umgekehrt wie die Radien und die Zähnezahlen.

Für die Berechnung des Drehzahlverhältnisses ist es vorteilhaft, diesen Zusammenhang zwischen Drehzahl und Zähnezahl in folgender Form dem Gedächtnis einzuprägen: Das Produkt $n \cdot z$ bleibt für ineinandergreifende Räder unverändert.

Bei der Anordnung nach Abb. 1 haben beide Räder entgegengesetzte Drehrichtungen. Sollen beide Wellen im gleichen Sinne laufen, so wählt man Innenverzahnung (Abb. 6a). Das kann man aber auch, wie Abb. 6b zeigt, durch Einschalten eines Zwischenrades erreichen. Das Übersetzungsverhältnis wird dadurch gar nicht beeinflußt, da die Umfangsgeschwindigkeiten der Räder 1, 2 und 3 gleich sind.

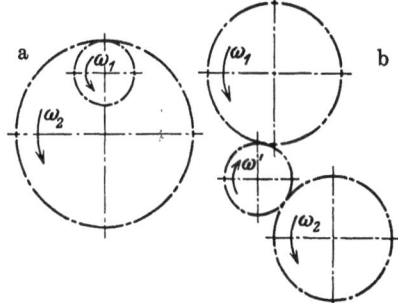

Abb. 6. Rädertrieb für gleiche Drehrichtungen a Innenverzahnung, b mit Zwischenrad.

Da die Wahl des einen Profils vollständig frei steht, kann man eines wählen, das leicht herzustellen ist. Bei der Triebstockverzahnung sind die Zähne des einen Rades zylindrische

---

[1] Im englischen Maßsystem nennt man $\dfrac{z}{d \text{ (in Zoll)}} =$ diametral pitch $= \dfrac{25{,}4}{m \text{ [mm]}}$.

Bolzen (Abb. 7). Solche Zahnräder werden bei Drehkranen für die langsame Schwenkbewegung verwendet oder auch als Zahnstangen bei Schleusenzügen. Das Grissongetriebe (Abb. 8), eine Triebstockverzahnung für große Übersetzungen, hat durch die Entwicklung der Zahnräder mit gefrästen Zähnen an Bedeutung verloren.

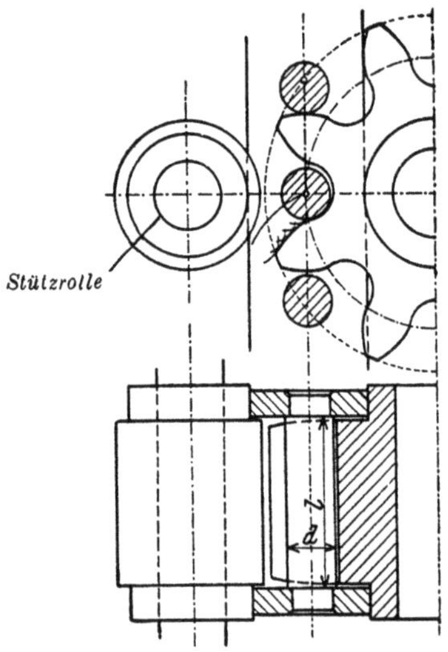

In der Praxis wird oft gewünscht, Räder mit verschiedenen Zähnezahlen beliebig miteinander in richtigen Eingriff zu bringen (z. B. bei Werkzeugmaschinen, Abb. 73.8). Solche Räder nennt man Satzräder. Aus der Konstruktion des Profiles folgt, daß dies nur dann erreichbar ist, wenn die Zahnflanken sich deckende Eingriffslinien haben. Diese Bedingung ist aber noch nicht ausreichend, denn denken wir uns Rad 2 in die Lage von 1 gebracht, so dreht sich die Eingriffslinie um 180°. Soll nun die Eingriffslinie dieses Rades mit der des Rades 1 übereinstimmen, so muß sie noch zentrisch symmetrisch in bezug auf den Wälzpunkt O sein. Dadurch erhält die Eingriffslinie erhöhte praktische Bedeutung, denn wir werden nur einfache Formen der Eingriffslinie wählen, z. B. eine Gerade (Evolventenverzahnung) oder zwei Kreisbogen (Zykloidenverzahnung).

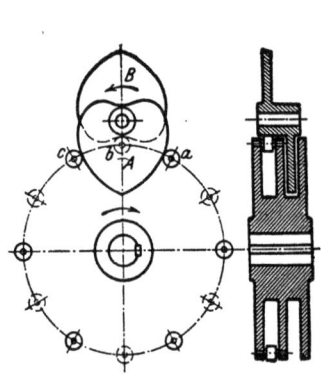

Abb. 7. Triebstockverzahnung (aus Dubbel, Taschenbuch).

Abb. 8. Grissongetriebe (aus Dubbel, Taschenbuch).

Die Frage, ob Evolventen- oder Zykloidenverzahnung vorzuziehen ist, wurde früher in der technischen Literatur vielfach erörtert und aus theoretischen Gründen meist zugunsten der Zykloidenverzahnung entschieden. Die Praxis verwendet aber ausschließlich Evolventenverzahnung.

712. Evolventenverzahnung.

Eigenschaften der Evolvente. Die Kreisevolvente wird durch einen Punkt 0 einer Geraden G erzeugt, die auf einem festen Kreis (Grundkreis) abrollt; sie kann punktweise konstruiert werden, indem der Wälzbogen $(\alpha + \varphi) r_g$ (Abb. 712.1) gleich der Tangente $r_g \,\mathrm{tg}\, \alpha$ gemacht wird. Daraus folgt:

$$\varphi = \mathrm{tg}\,\alpha - \alpha \qquad (712.1)$$

Für $\alpha = 15$ bis $30°$ sind die φ-Werte in Zahlentafel 712.1 zusammengestellt. Aus der Abbildung folgt weiter:

$$r = r_g / \cos\alpha \qquad (2)$$

Durch die Gl. (1) und Gl. (2) ist die Evolvente in Polarkoordinaten eindeutig bestimmt; φ wird Polarwinkel, α Pressungswinkel genannt. Beim Abrollen der erzeugenden Geraden ist der jeweilige Berührungspunkt mit dem Grundkreis Momentanzentrum der Bewegung; diese Gerade steht demnach senkrecht zur Evolvente und ist Profilnormale. Der Krümmungsradius in irgendeinem Punkt A der Evolvente ist gleich der Entfernung AN; er nimmt von O an stetig zu.

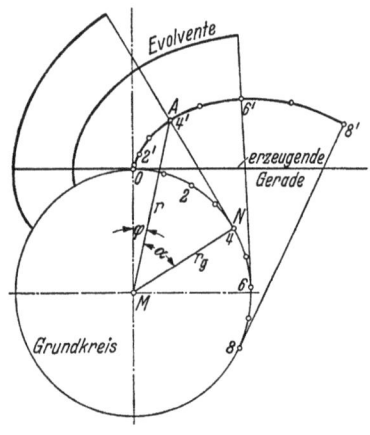

Abb. 712.1. Entstehung der Evolvente.
$\widehat{ON} = NA$ oder $(\alpha + \varphi) r_g = r_g \,\mathrm{tg}\,\alpha$
$MA = r = r_g / \cos\alpha$
$AN =$ Krümmungsradius.

Zu jedem Grundkreis gehört nur eine einzige Evolvente, denn alle Evolventen, die durch die einzelnen Punkte der erzeugenden Geraden beim Abrollen entstehen, lassen sich durch Drehung vollständig zur Deckung bringen.

Im Berührungspunkt A zweier Evolventen (Abb. 2) mit der gemeinsamen Tangente, fallen die beiden Erzeugenden (die stets senkrecht zur Tangente stehen) zusammen. Der Eingriffspunkt zweier Evolventen liegt demnach auf der gemeinsamen Tangente Nn der beiden

712. Evolventenverzahnung.

Zahlentafel 712.1. Werte[1] von $\varphi = \operatorname{tg}\alpha - \alpha$ (Abb. 712.1).

Minuten	15°	16°	17°	18°	19°	20°	21°	22°
0	0,00614 98	0,00749 3	0,00902 5	0,01076 0	0,01271 5	0,01490 4	0,01734 5	0,02005 4
1	7 07	51 7	05 2	79 1	75 0	94 3	38 8	10 1
2	9 17	54 1	07 9	82 2	78 4	98 2	43 1	14 9
3	0,00621 27	56 5	10 7	85 3	81 9	0,01502 0	47 4	19 7
4	3 37	58 9	13 4	88 4	85 4	05 9	51 7	24 4
5	5 48	61 3	16 1	91 5	88 8	09 8	56 0	29 2
6	7 60	63 7	18 9	94 6	92 3	13 7	60 3	34 0
7	9 72	66 1	21 6	97 7	95 8	17 6	64 7	38 8
8	0,00631 84	68 6	24 4	0,01100 8	99 3	21 5	69 0	43 6
9	3 97	71 0	27 2	03 9	0,01302 8	25 4	73 4	48 4
10	6 11	73 5	29 9	07 1	06 3	29 3	77 7	53 3
11	0,00638 25	0,00775 9	0,00932 7	0,01110 2	0,01309 8	0,01533 3	0,01782 1	0,02058 1
12	0,00640 39	78 4	35 5	13 3	13 4	37 2	86 5	62 9
13	2 54	80 8	38 3	16 5	16 9	41 1	90 8	67 8
14	4 70	83 3	41 1	19 6	20 4	45 1	95 2	72 6
15	6 86	85 7	43 9	22 8	24 0	49 0	99 6	77 5
16	9 02	88 2	46 7	26 0	27 5	53 0	0,01804 0	82 4
17	0,00651 19	90 7	49 5	29 1	31 1	57 0	08 4	87 3
18	3 37	93 2	52 3	32 3	34 6	60 9	12 9	92 1
19	5 55	95 7	55 2	35 5	38 2	64 9	17 3	97 0
20	7 73	98 2	58 0	38 7	41 8	68 9	21 7	0,02101 9
21	0,00659 92	0,00800 7	0,00960 8	0,01141 9	0,01345 4	0,01572 9	0,01826 2	0,02106 9
22	0,00662 11	03 2	63 7	45 1	49 0	76 9	30 6	11 8
23	4 31	05 7	66 5	48 3	52 6	80 9	35 1	16 7
24	6 52	08 2	69 4	51 5	56 2	85 0	39 5	21 7
25	8 73	10 7	72 2	54 7	59 8	89 0	44 0	26 6
26	0,00670 94	13 3	75 1	58 0	63 4	93 0	48 5	31 6
27	3 16	15 8	78 0	61 2	67 0	97 1	53 0	36 5
28	5 39	18 3	80 8	64 4	70 7	0,01601 1	57 5	41 5
29	7 62	20 9	83 7	67 7	74 3	05 2	62 0	46 5
30	9 85	23 4	86 6	70 9	77 9	09 2	66 5	51 4
31	0,00682 09	0,00826 0	0,00989 5	0,01174 2	0,01381 6	0,01613 3	0,01871 0	0,02156 4
32	4 34	28 5	92 4	77 5	85 2	17 4	75 5	61 4
33	6 59	31 1	95 3	80 7	88 9	21 5	80 0	66 5
34	8 84	33 7	98 2	84 0	92 6	25 5	84 6	71 5
35	0,00691 10	36 2	0,01000 1 2	87 3	96 3	29 6	89 1	76 5
36	3 37	38 8	04 1	90 6	99 9	33 7	93 7	81 5
37	5 64	41 4	07 0	93 9	0,01403 6	37 9	98 3	86 6
38	7 91	44 0	09 9	97 2	07 3	42 0	0,01902 8	91 6
39	0,00700 19	46 6	12 8	0,01200 5	11 0	46 1	07 4	96 7
40	2 48	49 2	15 8	03 8	14 8	50 2	12 0	0,02220 1 8
41	0,00704 77	0,00851 8	0,01018 8	0,01207 1	0,01418 5	0,01654 4	0,01916 6	0,02206 8
42	7 06	54 4	21 7	10 5	22 2	58 5	21 2	11 9
43	9 36	57 1	24 7	13 8	25 9	62 7	25 8	17 0
44	0,00711 67	59 7	27 7	17 2	29 7	66 9	30 4	22 1
45	3 98	62 3	30 7	20 5	33 4	71 0	35 0	27 2
46	6 30	65 0	33 6	23 9	37 2	75 2	39 7	32 4
47	8 62	67 6	36 6	27 2	40 9	79 4	44 3	37 5
48	0,00720 95	70 2	39 6	30 6	44 7	83 6	49 0	42 6
49	3 28	72 9	42 6	34 0	48 5	87 8	53 6	47 8
50	5 61	75 6	45 6	37 3	52 3	92 0	58 3	52 9
51	0,00727 96	0,00878 2	0,01048 6	0,01240 7	0,01456 0	0,01696 2	0,01963 0	0,02258 1
52	0,00730 30	80 9	51 7	44 1	59 8	0,01700 4	67 6	63 3
53	2 66	83 6	54 7	47 5	63 6	04 7	72 3	68 4
54	5 01	86 3	57 7	50 9	67 4	08 9	77 0	73 6
55	7 38	88 9	60 8	54 3	71 3	13 2	81 7	78 8
56	9 75	91 6	63 8	57 8	75 1	17 4	86 4	84 0
57	0,00742 12	94 3	66 9	61 2	78 9	21 7	91 2	89 2
58	4 50	97 0	69 9	64 6	82 7	25 9	95 9	94 4
59	6 88	99 8	73 0	68 1	86 6	30 2	0,02000 7	99 7
60	0,00749 27	0,00902 5	0,01076 0	0,01271 5	0,01490 4	0,01734 5	0,02005 4	0,02304 9

[1] Aus: L. 7.2. Genauere Zahlenwerte (achtstellig) in L. 712.4.

71. Stirnräder für parallele Wellen.

Zahlentafel 712.1. (Fortsetzung.)

Werte von $\varphi = \mathrm{tg}\,\alpha - \alpha$.

Minuten	23°	24°	25°	26°	27°	28°	29°	30°
0	0,023049	0,026350	0,029975	0,033947	0,038287	0,043017	0,048164	0,053751
1	102	407	0,030039	0,034016	362	100	253	849
2	154	465	102	086	438	182	343	946
3	207	523	166	155	514	264	432	0,054043
4	259	581	229	225	590	347	522	140
5	312	639	293	294	666	430	612	238
6	365	697	357	364	742	513	702	336
7	418	756	420	434	818	596	792	433
8	471	814	484	504	894	679	883	531
9	524	872	549	574	971	762	973	629
10	577	931	613	644	0,039047	845	0,049064	728
11	0,023631	0,026989	0,030677	0,034714	0,039124	0,043929	0,049154	0,054826
12	684	0,027048	741	785	201	0,044012	245	924
13	738	107	806	855	278	096	336	0,055023
14	791	166	870	926	355	180	427	122
15	845	225	935	997	432	264	518	221
16	899	284	0,031000	0,035067	509	348	609	320
17	952	343	065	138	586	432	701	419
18	0,024006	402	130	209	664	516	792	518
19	060	462	195	280	741	601	884	617
20	114	521	260	352	819	685	976	717
21	0,024169	0,027581	0,031325	0,035423	0,039897	0,044770	0,050068	0,055817
22	223	640	390	494	974	855	160	916
23	277	700	456	566	0,040052	939	252	0,056016
24	332	760	521	637	131	0,045024	344	116
25	386	820	587	709	209	110	437	217
26	441	880	653	781	287	195	529	317
27	495	940	718	853	366	280	622	417
28	550	0,028000	784	925	444	366	715	518
29	605	060	850	997	523	451	808	619
30	660	121	917	0,036069	602	537	901	720
31	0,024715	0,028181	0,031983	0,036142	0,040680	0,045623	0,050994	0,056821
32	770	242	0,032049	214	759	709	0,051087	922
33	825	302	116	287	839	795	181	0,057023
34	881	363	182	359	918	881	274	124
35	936	424	249	432	997	967	368	226
36	992	485	315	505	0,041076	0,046054	462	328
37	0,025047	546	382	578	156	140	556	429
38	103	607	449	651	236	227	650	531
39	159	668	516	724	316	313	744	633
40	214	729	583	798	395	400	838	736
41	0,025270	0,028791	0,032651	0,036871	0,041475	0,046487	0,051933	0,057838
42	326	852	718	945	556	575	0,052027	940
43	382	914	785	0,037018	636	662	122	0,058043
44	439	976	853	092	716	749	217	146
45	495	0,029037	920	166	797	837	312	249
46	551	099	988	240	877	924	407	352
47	608	161	0,033056	314	958	0,047012	502	455
48	664	223	124	388	0,042039	100	597	558
49	721	285	192	462	120	188	693	662
50	777	348	260	537	201	276	788	765
51	0,025834	0,029410	0,033328	0,037611	0,042282	0,047364	0,052884	0,058869
52	891	472	397	686	363	452	980	973
53	948	535	465	761	444	541	0,053076	0,059077
54	0,026005	598	534	835	526	630	172	181
55	062	660	602	910	607	718	268	285
56	120	723	671	985	689	807	365	390
57	177	786	740	0,038060	771	896	461	494
58	235	849	809	136	853	985	558	599
59	292	912	878	211	935	0,048074	655	704
60	0,026350	0,029975	0,033947	0,038287	0,043017	0,048164	0,053751	0,059809

Grundkreise, d. h. die erzeugende Gerade ist gleichzeitig auch Eingriffslinie. Aus der Abbildung folgt weiter, daß für das Verhältnis der Winkelgeschwindigkeiten nach Gl. (61.1):

$$\omega_2/\omega_1 = r/R = r_g/R_g = i = n_2/n_1 \qquad (3)$$

ist. Bei Evolventenverzahnung ist das Drehzahlverhältnis durch das Verhältnis der Grundkreisradien eindeutig bestimmt, unabhängig vom (zufälligen) Berührungspunkt A.

Nach dem allgemeinen Verzahnungsgesetz kann zu einem gegebenen Profil das zugehörige Gegenprofil nur dann konstruiert werden, wenn auch die Wälzkreise gegeben sind. Bei Evolventenverzahnung sind die beiden Profile durch die Grundkreise eindeutig bestimmt; man kann nur dann von Wälzkreisen reden, wenn sie in Eingriff gebracht werden. Das ist eine Eigenschaft der Evolvente, durch die sie sich von allen anderen Zahnkurven unterscheidet. Verschiebt man das zweite Rad etwas, bringt also den Mittelpunkt M nach M' (Abb. 3), so kommt ein

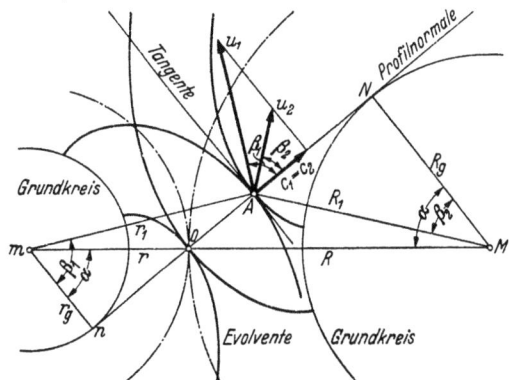

Abb. 2. Bei der Evolventenverzahnung ist die Profilnormale = Gemeinsame Tangente an den Grundkreisen = Eingriffslinie. α = Eingriffswinkel.

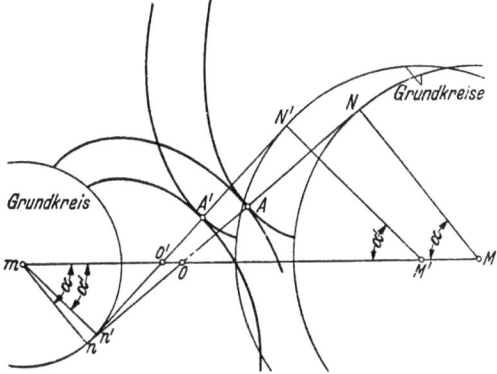

Abb. 3. Die Evolventenverzahnung hat keine eindeutig festgelegte Wälzkreise.
Für die Wälzkreise $Om = r$ und $OM = R$ Eingriffswinkel α
„ „ „ $O'm = r'$ „ $O'M = R'$ „ α'.

anderer Punkt A' der ersten Evolvente in Eingriff. Dabei ändert sich die Lage der Eingriffslinie als gemeinsame Tangente der beiden Grundkreise und auch die Wälzkreisradien r, R in r', R', aber weder der richtige Eingriff noch das Drehzahlverhältnis wird dadurch beeinflußt. Es ist deshalb unzweckmäßig, die willkürlichen oder zufälligen Wälzkreise als Teilkreise zu verwenden, weil dann die Teilung zweier Zahnräder sich mit der Änderung der gegenseitigen Lage ändern würde!

Eindeutig ist die Teilung auf dem (unveränderlichen) Grundkreis:

$$t_g = t \cos\alpha \qquad (4)$$

t = Teilung auf dem Wälzkreis.
Der Eingriffswinkel α ist genormt, ursprünglich in Europa $\alpha = 15°$ (in Amerika $14° 30'$, $\sin 14° 30' = 0{,}25$); seit 1927 wurde einheitlich die $20°$-Normverzahnung festgelegt. Evolventenräder sind Satzräder, wenn die Grundkreisteilungen gleich sind. Die Grundkreise, deren Radien $r \cos\alpha$ und $R \cos\alpha$ sich nur durch den konstanten Faktor $\cos\alpha$ von den Wälzkreisradien unterscheiden, haben gleiche Umfangsgeschwindigkeiten $u_g = u \cos\alpha$.

Überdeckung. Da die Wälzkreise willkürlich sein können, ist es auch nicht zweckmäßig mit dem Eingriffsbogen (AOB, Abb. 2) zu rechnen. Zahnprofile treten nur innerhalb der beiden Kopfkreise miteinander in Berührung; der Teil kOK der Eingriffslinie (Abb. 4) wird Eingriffstrecke genannt.

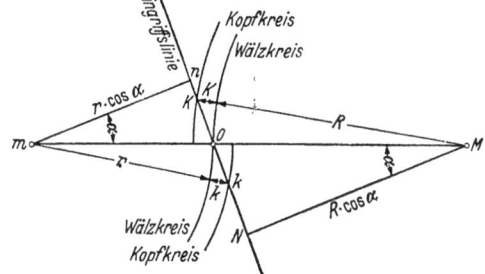

Abb. 4. Zur Berechnung der Überdeckung. KOk = Eingriffstrecke.

Eingriffsbogen und Eingriffstrecke werden in der gleichen Zeit durchlaufen; der Bogen AOB mit der Geschwindigkeit u, die Strecke KOk mit der Geschwindigkeit $u \cos\alpha$, so daß $\dfrac{\widehat{AOB}}{u} = \dfrac{KOk}{u \cos\alpha}$ ist.

Die Überdeckung ε bei Evolventenverzahnung ist deshalb definiert durch $\dfrac{\text{Eingriffstrecke} = KOk}{\text{Grundkreisteilung} = t_g}$.

388   71. Stirnräder für parallele Wellen.

Die größtmögliche Eingriffstrecke ist durch die Grundkreispunkte n, N begrenzt. Nutzen wir diese vollständig aus, machen also die Kopfhöhen k, K der beiden Räder (abweichend von der Normverzahnung) verschieden groß, so ist die kleinst zulässige Überdeckung $\varepsilon_{\min} = \dfrac{nN}{t\cos\alpha} = 1$. Nun ist $nN = (r+R)\sin\alpha$ und $2\pi(r+R) = (z+Z)t$, so daß mit $\varepsilon = 1$:

$$(z+Z)_{\min} = 2\pi\,\mathrm{ctg}\,\alpha \tag{5}$$

wird. Für $\alpha = 15°\quad 20°\quad 30°$

ist $(z+Z)_{\min} = 24 \quad 18 \quad 11$

Für Normverzahnung ($k = K = m$) kann kOK aus der geometrischen Beziehung berechnet werden. Aus Abb. 4 folgt:

$$kK = kO + OK = (nk - nO) + (NK - NO)$$
$$= \sqrt{(r+k)^2 - (r\cos\alpha)^2} - r\sin\alpha + \sqrt{(R+K)^2 - (R\cos\alpha)^2} - R\sin\alpha, \tag{6}$$

und mit $r = zm/2$, $R = Zm/2$ und $t = \pi m$:

$$\varepsilon = \frac{kK}{t\cos\alpha} = \frac{1}{2\pi}\left[\sqrt{\left(\frac{z+2}{\cos\alpha}\right)^2 - z^2} + \sqrt{\left(\frac{Z+2}{\cos\alpha}\right)^2 - Z^2} - (z+Z)\,\mathrm{tg}\,\alpha\right]. \tag{7)[1]}$$

Zahlenbeispiel 712.1. Wie groß ist die Überdeckung bei 20° Normverzahnung, wenn $z/Z = 45/180$ ist?

$$\varepsilon = \frac{1}{2\pi}\left[\sqrt{\left(\frac{47}{\cos 20°}\right)^2 - 45^2} + \sqrt{\left(\frac{182}{\cos 20°}\right)^2 - 180^2} - (45+180)\,\mathrm{tg}\,20°\right]$$

Mit $\cos 20° = 0{,}93967$ und $\mathrm{tg}\,20° = 0{,}36397$ wird

$$\varepsilon = \frac{1}{2\pi}\left[\sqrt{2500-2025} + \sqrt{37812-32400} - 81{,}9\right] = \frac{1}{2\pi}\cdot 13{,}5 = 2{,}1.$$

Wählt man $z/Z = 9/36$, also eine gröbere Verzahnung, so wird:

$$\varepsilon = \frac{1}{2\pi}\left\{\sqrt{\left(\frac{11}{\cos 20°}\right)^2 - 9^2} + \sqrt{\left(\frac{38}{\cos 20°}\right)^2 - 36^2} - (9+36)\,\mathrm{tg}\,20°\right\} = 1{,}5,$$

also viel kleiner als bei der feineren Verzahnung 45/180.

Gleichung (6) versagt für $Z = \infty$; da dann $OK = m/\sin\alpha$ ist, findet man leicht:

$$\varepsilon_{Z=\infty} = \frac{1}{2\pi}\left[\sqrt{\left(\frac{z+2}{\cos\alpha}\right)^2 - z^2} - z\,\mathrm{tg}\,\alpha + \frac{4}{\sin 2\alpha}\right] \tag{7a}$$

Die Evolvente hört beim Grundkreis auf; Grund-, und Fußkreis fallen bei Normverzahnung zusammen wenn nach Abb. 5

$$r_g + f = r = r\cos\alpha + 7/6\cdot m$$

Zahlentafel 2. Überdeckung ε nach Gl. (7).

$\alpha = 15°$		$\alpha = 20°$		$\alpha = 30°$	
z/Z	ε	z/Z	ε	z/Z	ε
21/21	1,78	13/13	1,45	7/7	1,16
25/58	1,99	14/27	1,55	—	—
26/80	2,04	15/46	1,61	—	—
28/195	2,14	16/102	1,68	—	—

ist. Da $r = z\cdot m/2$ ist, wird $\dfrac{zm}{2}\cos\alpha + \dfrac{7}{6}m = \dfrac{zm}{2}$ oder

$$z_{\min} = \frac{7}{3(1-\cos\alpha)}. \tag{8}$$

Für $\alpha = 15°$ (20°) ist $z_{\min} = 69\ (39)$.

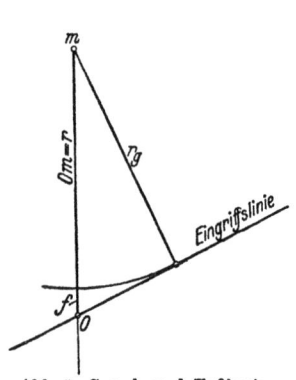

Abb. 5. Grund- und Fußkreis fallen zusammen, wenn $r_g + f = r$ ist.

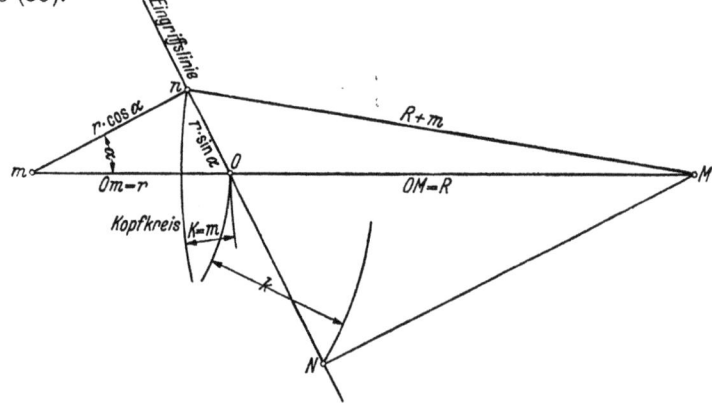

Abb. 6. Zur Berechnung der kleinsten Zähnezahl. Nur der in Eingriff kommende Teil der Zahnflanke ist eine Evolvente.

---

[1] Diese Gleichung ist für die zahlenmäßige Berechnung zweckmäßiger als die von Schiebel [3. Aufl., Bd. I, S. 31, Gl. (20)] oder von Buckingham-Olah (S. 28—32), die ε aus der Gleichung der Evolvente berechnen.

Es ist nicht notwendig, die ganze Zahnflanke als Evolvente auszubilden, sondern es genügt, wenn nur der in **Eingriff kommende Teil der Flanke** Evolvente ist. Die Kopfpunkte k, K, welche die Eingriffstrecke begrenzen, müssen also innerhalb der Grundkreispunkte n, N liegen; im äußersten Fall dürfen sie mit n und N zusammenfallen. Aus Abb. 6 folgt sofort, daß bei Normverzahnung ($k = K = m$) dadurch die Kopfhöhe des größeren Rades festgelegt ist, wenn n und K zusammenfallen. Durch diese Bedingung sind die kleinstmögliche Zähnezahl z und die höchstzulässige Zähnezahl Z eindeutig bestimmt.

Für das Dreieck OnM lautet der Kosinussatz:

$$(R + m)^2 = (r \sin \alpha)^2 + R^2 - 2Rr \sin\alpha \cos(90 + \alpha)$$

$$\left(\frac{Z}{2} + 1\right)^2 = \left(\frac{z}{2} \sin\alpha\right)^2 + \frac{Z^2}{4} + \frac{Zz}{2} \sin^2\alpha = \frac{Z^2}{4} + 1 + Z,$$

woraus
$$Z = \frac{\left(\frac{z}{2} \sin\alpha\right)^2 - 1}{1 - \frac{z}{2} \sin^2\alpha}. \tag{9}$$

Zahlentafel 3. Kleinste Zähnezahlen nach Gl. 9 (Außen-Verzahnung).

$\alpha = 15°$	$z = 21$ $Z = 22$	22 27	23 34	24 44	25 58	26 80	27 117	28 195	29 456	30 ∞
20°	$z = 13$ $Z = 16$	14 26	15 45	16 101	17 1310	18 ∞				
30°	$z = 7$ $Z = 17$	8 ∞								

Das Zahnstangenprofil der Evolvente (für $Z = \infty$) ist eine Gerade, die senkrecht zur Eingriffslinie steht.

Für **Innenverzahnung** gelten die gleichen Überlegungen; so ist die Überdeckung

$$\varepsilon = \frac{1}{2\pi}\left[\sqrt{\left(\frac{Z-2}{\cos\alpha}\right)^2 - Z^2} + \sqrt{\left(\frac{z+2}{\cos\alpha}\right)^2 - z^2} - (z - Z) \operatorname{tg}\alpha\right], \tag{10}$$

und die Zähnezahl, bei welcher der im Eingriff kommende Teil der Flanke eine Evolvente ist:

$$Z = \frac{1 - \left(\frac{z}{2} \sin\alpha\right)^2}{1 - \frac{z}{2} \sin^2\alpha}. \tag{11}$$

713. Berechnung der Zähne auf Festigkeit.

Die Kraft, welche die Räder aufeinander ausüben (**Zahnkraft** P_z genannt) geht durch den jeweiligen Berührungspunkt A (Abb. 711.1) und steht (wenn von der Reibung abgesehen wird) senkrecht zum Profil, fällt also bei der Evolventenverzahnung mit der Eingriffslinie zusammen. Die Richtung der Zahnkraft ist demnach für jeden Berührungspunkt durch die Eingriffslinie eindeutig bestimmt; ihre Größe folgt aus dem Drehmoment (Abb. 713.1).

$$\left.\begin{array}{l} M_d = P_z \cdot r \cos\alpha = P_u \cdot r \\ = 97300 \dfrac{N_{kW}}{n}. \end{array}\right\} (713.1)$$

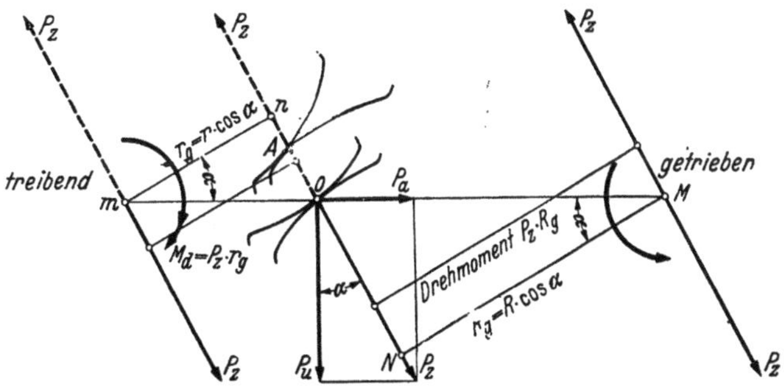

Abb. 713.1. Zur Berechnung der Zahnkraft P_z, des Drehmomentes und der Lagerreaktionen.

Im ungünstigsten Fall greift die (tangential zum Grundkreis gerichtete) Zahnkraft P_z an der Kopfkante an (Abb. 2). Bei der Berechnung wird angenommen, daß die beiden zusammenarbeitenden Zähne auf der ganzen Breite b gleichmäßig tragen. Das ist aber nicht möglich. Wenn die Verzahnung so genau hergestellt und montiert ist, daß die Zahnflanken unbelastet sich auf der ganzen Radbreite

71. Stirnräder für parallele Wellen.

berühren, so kann die gleichmäßige Berührung unter der Wirkung des zu übertragenden Drehmomentes nicht mehr bestehen bleiben. Es handelt sich bei den Zahnrädern um Körper auf elastischer Grundlage (vgl. Abschn. 155), eine Aufgabe, die bei der verwickelten Verformung infolge Verdrehung, Biegung und Abplattung der Zähne (auch bei vereinfachenden Annahmen[1]) sehr umständlich zu lösen ist.

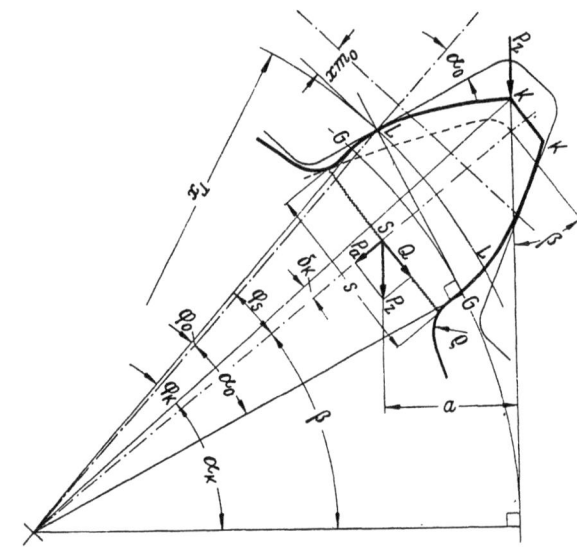

Abb. 2. Berechnung eines Zahnes auf Festigkeit.

Der gefährdetste Querschnitt liegt in der Nähe des Fußkreises und kann genau bestimmt werden, indem man durch den Schnittpunkt der Zahnkraft mit der Mittellinie des Zahnes einen Körper gleicher Biegespannung (Abschn. 1224) konstruiert, der die Zahnflanke berührt. Bringt man im Schwerpunkt des Querschnittes $b \cdot s$ zwei gleich große und entgegengesetzt gerichtete Kräfte P_z an, so erkennt man, daß der Zahn auf Biegung beansprucht wird durch das Moment $P_z \cdot a$ und gleichzeitig auf Druck durch die Kraft $P_a = P_z \sin \beta$, wenn die Querkraft Q vernachlässigt wird. Dadurch entsteht eine Biegespannung $\sigma_b = \pm \dfrac{P_z \cdot a}{1/6\, b s^2}$ und eine Druckspannung $\sigma_d = -\dfrac{P_z \sin \beta}{b \cdot s}$. Die größte Normalspannung

$$\sigma_t = \sigma_b + \sigma_d = \frac{P_z}{b \cdot s}\left(\pm \frac{6a}{s} - \sin\beta\right) \tag{2}$$

muß kleiner als σ_{zul} sein. Es ist in der Praxis gebräuchlich an Stelle der Zahnkraft P_z mit der Umfangskraft P_u, die im Wälzkreis angreift, zu rechnen, so daß

$$\sigma_t = \frac{P_u}{b \cdot s \cos\alpha}\left(\pm \frac{6a}{s} - \sin\beta\right)$$

wird. Führt man dimensionslose Verhältniszahlen (a/t und s/t) für die Zahnabmessungen ein und löst die Gleichung nach P_u auf, so wird die zulässige Umfangskraft:

$$P_u = \frac{\sigma_{zul}}{\gamma} b \cdot t = c \cdot b \cdot t, \tag{3}$$

worin $c = \dfrac{\sigma_b}{\gamma}$ ein in der Praxis gebräuchlicher Rechnungswert und der Zahnformfaktor

$$\gamma = \pm \frac{6\,a/t}{(s/t)^2 \cos\alpha} - \frac{\sin\beta}{(s/t)\cos\alpha} = \frac{t}{s\cos\alpha}\left(\pm \frac{6a}{s} - \sin\beta\right) \tag{4}$$

für die 20°-Normverzahnung aus Zahlentafel 713 1 entnommen werden kann. Für die Bruchgefahr ist die Spannung an der Zugseite ausschlaggebend, da die Druckseite nicht so kerbempfindlich ist.

Zahlentafel 713.1. γ-Werte für 20° Normverzahnung.

$z =$	13	14	15	16	18	20	30	50	100	∞
$\gamma =$	9,5	9,3	9,0	8,8	8,4	8,1	7,5	6,8	6,3	6,1

Die Spannungsberechnung nach Gl. (2) ist aus folgenden Gründen nur angenähert richtig:

1. Weil die elementare Festigkeitslehre versagt, insbesondere beim Übergang zwischen Zahnfuß und Rad, also gerade an der gefährdetsten Stelle. Nach den spannungsoptischen Messungen von Baud[2] ist die Formziffer α_k, d. i. die Erhöhung der Spannung gegenüber der elementaren Festigkeitslehre (vgl. Abschn. 16):

$$\alpha_k = 1 + 0{,}15\, s/\varrho \tag{5}$$

($s =$ Zahnstärke im Fußkreis gemessen, $\varrho =$ Krümmungsradius der Abrundung).

Durch die übliche Abrundung am Zahnfuß ($s/\varrho = 6$ bis 10, $\alpha_k = 1{,}9$ bis $2{,}5$) wird die Dauerfestigkeit der Zähne erheblich herabgesetzt. Versuche von Ulrich[3] zeigten, daß durch Ver-

---
[1] L. 155.9 u. 10. [2] L. 713.1. [3] L. 713.7.

größerung der Abrundung nach Abb. 3, sowie durch schleifen und polieren der halbkreisförmigen Ausrundung in Richtung senkrecht zu den Zähnen, die Dauerhaltbarkeit 2,6mal so groß wie bei der üblichen Ausführung, also α_k kleiner als 1 wird.

2. **Weil die Überdeckung ε größer als 1 ist.** Greift die Zahnkraft P_z (wie die Berechnung voraussetzt) gerade an der Kopfkante an, so muß noch ein zweites Flankenpaar im Eingriff stehen. Die Aufteilung der Zahnkraft erfolgt nicht zu gleichen Teilen. Die Teilkräfte P_1 und P_2 sind durch die Bedingung bestimmt, daß die Formänderungen y der im Eingriff stehenden Flankenpaare (Durchbiegung und Abplattung in Richtung der Eingriffslinie) gleich sind, wenn keine Teil- und Profilfehler vorhanden sind. Die Gültigkeit des Hookeschen Gesetzes vorausgesetzt ($P = C \cdot y$), ist C für jede Eingriffstelle

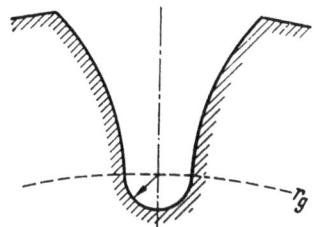

Abb. 3. Steigerung der Dauerfestigkeit durch besondere Gestaltung und Bearbeitung des Zahngrundes.

verschieden groß. Aus $y = \dfrac{P_1}{C_1} = \dfrac{P_2}{C_2}$ folgt mit $P_z = P_1 + P_2$ und $C = C_1 + C_2$

$$P_1 = \frac{C_1}{C} \cdot P_z \quad \text{und} \quad P_2 = \frac{C_2}{C} P_z \tag{6}$$

wie bei der Parallelschaltung zweier Federn (Abschn. 264). Je elastischer das Flankenpaar um so kleiner ist sein Anteil an der übertragenen Zahnkraft. Der mit der Kopfkante im Eingriff stehende Zahn überträgt bedeutend weniger als $P_z/2$. Die Voraussetzung, daß die volle Zahnkraft P_z an der Kopfkante wirkt, enthält deshalb eine große Sicherheit in der Berechnung der größten Spannung. Die Formänderungen y sind aber sehr klein. Mit $C = 116\,000$ kg/cm² für 20° Normverzahnung beim Übergang des Eingriffes von einem Flankenpaar auf das folgende (vgl. S. 394) und $P_1 = 100$ kg wird

$$y = \frac{100}{116\,000} < 0{,}001 \text{ cm} = 10\,\mu.$$

Sie sind also von der Größenordnung der Teil- und Profilfehler oder der Unebenheiten der Bearbeitung. Durch solche Fehler kommt das zweite Flankenpaar nicht rechtzeitig in Eingriff, so daß man annehmen muß, daß (abgesehen vom Augenblick des Eingriffwechsels) die ganze Zahnkraft immer von einem einzigen Flankenpaar übertragen wird. Eine Vergrößerung der Überdeckung (ε größer als 2) durch Erhöhung der Zähnezahl (Zahlenbeispiel 712.1) und genaue Herstellung der Räder ist immer vorteilhaft, auch wenn der Vorteil zahlenmäßig nicht zuverlässig berechnet werden kann.

3. **Weil die Massenkräfte nicht vernachlässigt werden dürfen.** Damit sind nicht die zusätzlichen Kräfte gemeint, die bei der Inbetriebsetzung und beim Bremsen von allen Maschinen vorkommen (Abschn. 84), und gesondert untersucht werden können. Diese treten nicht sehr häufig auf und beeinflussen deshalb die Dauerfestigkeit der Zähne nicht wesentlich. Gemeint sind die Massenkräfte, die infolge der unvermeidlichen, kleinen Verzahnungsfehler, also bei jedem in Eingriff stehenden Flankenpaar entstehen. Für mathematisch genau nach dem allgemeinen Verzahnungsgesetz erzeugte Zahnformen können bei gleichförmigem Antrieb auch beim getriebenen Rad keine Geschwindigkeitsschwankungen auftreten, wenn die Zähne starr sind, also keine Formänderungen erfahren. Die Herstellung von mathematisch genauen Zahnformen könnte unter Aufwand erheblicher Kosten mit einer gewissen Annäherung erreicht werden. Infolge der unvermeidlichen Formänderungen der Zahnflanken im Betrieb durch Verbiegen der Zähne und Zusammenpressen der Oberflächen, würde die genaue Zahnform jedoch zerstört. Diese Formänderungen sind in den verschiedenen Phasen des Zahneingriffes verschieden, weil die Eingriffstelle wandert und weil bald ein, bald zwei Zähnepaare in Eingriff sind. Geschwindigkeitsschwankungen (Beschleunigungen und Verzögerungen) sind deshalb auch bei theoretisch korrekten Zahnformen unvermeidlich und rufen infolge der Trägheit der Massen zusätzliche Kräfte hervor. Diese werden durch kleine Abweichungen von der theoretischen Zahnform, durch exzentrische Aufspannung der Räder, durch Verspannen aufgeschrumpfter Zahnkränze und auch durch Teilungsfehler noch wesentlich verstärkt. Der Grundkreis der Verzahnung muß genau konzentrisch zur Bohrung, bzw. zur Welle sein; dies erfordert größte Sorgfalt bei der Herstellung. Es ist deshalb zweckmäßig **vor dem Verzahnen**, den Außenumfang des (auf einem Dorn gesteckten) Rades zu überdrehen oder zu überschleifen. Der genau rund laufende Außenumfang kann dann zur Kontrolle der konzentrischen Aufspannung an der Räderbearbeitungsmaschine dienen.

392 71. Stirnräder für parallele Wellen.

Wie empfindlich das Verhältnis ω_1/ω_2 in bezug auf die Genauigkeit der Zahnform ist, zeigt eine Untersuchung von Hartmann[1]. Man kann die Evolvente, soweit sie für die Zahnform verwendet wird, mit großer Genauigkeit durch einen Kreisbogen ersetzen (Abb. 4), der durch die Punkte a, b und c geht. Der Unterschied ist so klein, daß die Abweichungen auch bei 5facher Vergrößerung kaum merkbar sind. Rechnerisch weichen z. B. die Punkte 1 und 2 um 0,07 resp. 0,05 mm von der genauen Evolvente ab. Der Fehler ist also derart klein, daß er fast innerhalb der Bearbeitungsgenauigkeit der Zahnräder liegt, wenn diese nicht geschliffen, sondern gefräst oder gestoßen werden. Hartmann rechnet nun für das kreisförmige Zahnprofil die jeweiligen Geschwindigkeiten aus unter der Voraussetzung, daß das eine Rad mit der gleichförmigen Umfangsgeschwindigkeit $u = 2$ m/s rotiert, und findet, daß das zweite Rad keine gleichförmige Geschwindigkeit mehr hat, sondern daß starke Verzögerungen und Beschleunigungen auftreten, und zwar eine maximale Beschleunigung von 2,4 m/s² und eine größte Verzögerung von 8,8 m/s².

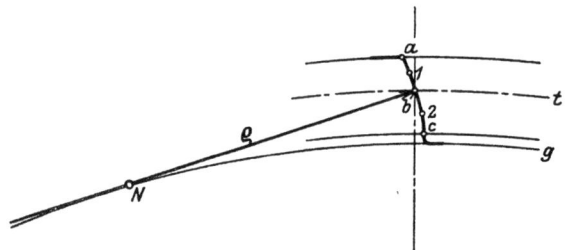

Abb. 4. Untersuchung von Hartmann.
$z = Z = 20$, $m = 10$
$\varrho = r \sin\alpha = 44{,}38$ mm
$\alpha \approx 26° 20'$.

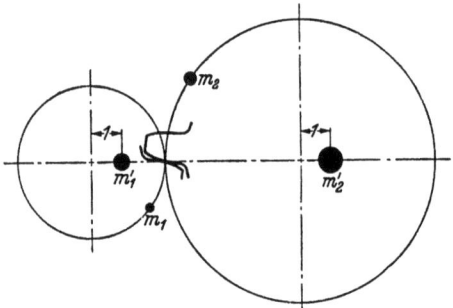

Abb. 5. Reduzierte Massen m_1 und m_2 der Zahnräder.

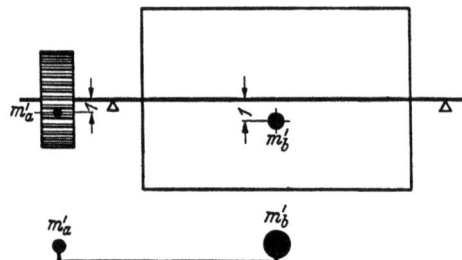

Abb. 6. Reduzierte Massen eines Zahnrades m_a' und des Rotors eines Elektromotors m_b'.

Durch diese Geschwindigkeitsschwankungen entstehen erzwungene Schwingungen der beiden Radumfänge als Relativbewegung gegenüber dem gleichförmigen Gang; sie teilen sich entsprechend dem Verhältnis ihrer wirksamen Massen auf die beiden Räder. Ist (Abb. 5)

m_1 die reduzierte Masse des treibenden Rades, auf den Wälzkreis bezogen,
m_2 ,,   ,,   ,,   ,, getriebenen ,,   ,,   ,,   ,,   ,,

so ist
$$1/m_0 = 1/m_1 + 1/m_2 \qquad (345.13)$$

und m_0 die mittlere „wirksame" oder Ersatzmasse, ebenfalls auf dem Wälzkreis bezogen. Die Massenkräfte erhöhen resp. vermindern den Zahndruck und können dessen Richtung auch umkehren. Die größte Beanspruchung entsteht in diesem letzten Fall während des Stoßes beim Aufprallen der beiden Zahnflanken. Der Druckwechsel ist auch die Hauptursache des Zahnradlärmes und sollte, wenn immer möglich, vermieden werden.

Da bei starren Zähnen die Beschleunigung mit dem Quadrat der Umfangsgeschwindigkeit zunimmt, würden die von Hartmann berechneten Werte bei 20 m/s Umfangsgeschwindigkeit den 100fachen Wert erreichen! Durch die elastischen Formänderungen der Zähne werden die Massenkräfte aber wesentlich kleiner, da die Zeitdauer der Geschwindigkeitsschwankungen verlängert wird.

Die genaue Berechnung der auftretenden Massenkräfte aus den erzeugten Schwingungen ist mit erheblichen Schwierigkeiten verbunden, da die Elastizität der gekuppelten Körper sich während der Schwingung ändert. Außerdem sitzen im allgemeinen auf den Radwellen noch andere Massen, z. B. der Rotor eines Elektromotors usw. (Abb. 6). Nur wenn die Wellen starr und die Massen ebenfalls starr damit verbunden wären, dürften die reduzierten Massen einer Welle einfach addiert werden: $m_1' + m_a' + m_b'$. Da die Verbindungswelle der beiden Massen elastisch ist, so ist die Eigenschwingungszahl des Systems

$$\omega_k = \sqrt{c/m_0'} \qquad (345.12)$$

---
[1] L. 713.2.

worin c die Einheitskraft der Verbindung (Welle) und m_0' die wirksame reduzierte Masse wieder aus $\dfrac{1}{m_0'} = \dfrac{1}{m_a'} + \dfrac{1}{m_b'}$ berechnet werden kann.

Ist c sehr klein, die Verbindung also sehr elastisch, dann ist die Eigenschwingungszahl der Verbindung sehr klein. Die Masse m_b' kann den raschen Schwingungen von m_a' nicht folgen, so daß ihre Masse dann vernachlässigt werden kann. Aus dieser Überlegung folgt, daß die wirksame Masse eines Rades in solchen Fällen nicht mehr konstant ist, sondern von der Drehzahl der Welle abhängt. Um die Berechnung überhaupt durchführen zu können, müssen verschiedene, vereinfachende Annahmen gemacht werden, deren Zulässigkeit nicht leicht zu überblicken ist.

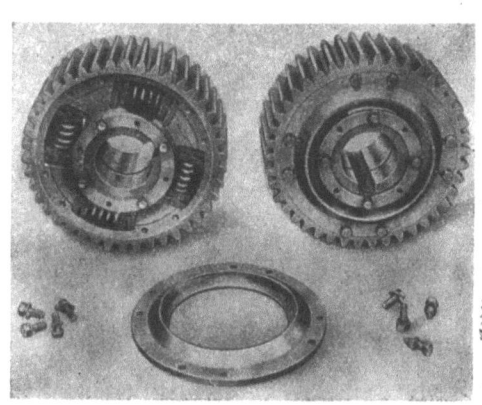

Abb. 7. Federnde Verbindung zwischen Zahnkranz und Radkörper.

Abb. 8. Abgefedertes Zahnrad in Verbindung mit Rutschkupplung. (aus Sachs, El. Vollbahnlokomotiven).

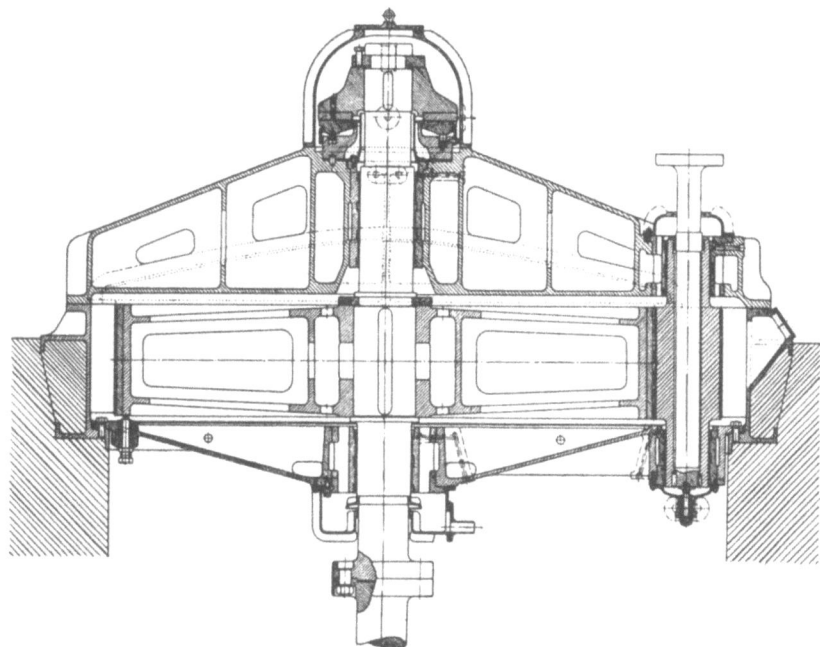

Abb. 9[1]. Vertikalgetriebe für den Antrieb eines Generators durch eine Wasserturbine (BBC). $N = 2100$ kW, $n = 94/750$, Ritzeldurchmesser $= 400$ mm, Raddurchmesser $= 3525$ mm, Zahnbreite $= 700$ mm.

Das in der Regel einbetonierte, öldicht ausgeführte Gehäuse trägt oben eine Brücke oder einen Lagerstern zur Aufnahme des Hauptdrucklagers. Das Ritzel ist über eine Torsionswelle mit dem Generator verbunden. Die Ölpumpe für die Schmierung der Lager und der Zähne ist am unteren Ende der Ritzelwelle angeordnet. Die Lager sind als Segmentlager ausgeführt.

Man kann aber (auch ohne Zahlenrechnung) aus diesen Betrachtungen eine praktisch wichtige Schlußfolgerung ziehen. Man muß die Massenkräfte, also die wirksamen Massen so klein wie möglich halten, d. h. alle Teile die mitschwingen können sind elastisch mit dem Zahnkranz zu verbinden; diese Massen sind abzufedern (Abb. 7—9). Selbstverständlich sind auch die Beschleunigungen und Verzögerungen, also die Abweichungen von der genauen Evolventenform durch sorgfältige Herstellung und Lagerung der Räder so klein wie möglich zu halten.

Die von der American Society of Mechanical Engineers seit 1925 (unter Leitung von E. Buckingham) durchgeführten Versuche[2] führten zu einem relativ einfachen Näherungs-

[1] L. 713.8 u. 9.   [2] L. 713.4.

verfahren für die Berechnung der dynamischen Kräfte P_d. Bei besonders leichten Konstruktionen (Flugzeugantriebe) gibt das Verfahren etwas zu große, bei besonders schweren Konstruktionen etwas zu kleine Werte.

Aus diesen Versuchen folgt nämlich, daß die zusätzliche dynamische Belastung der Zahnflanken für normale (nicht gefederte) Ausführung der Räder, durch die einfache Gleichung

$$P_d = \frac{A}{1 + \frac{0{,}24}{v}\sqrt{A}} \quad [\text{kg/cm}] \tag{7}$$

dargestellt werden kann. In dieser Gleichung ist

v, die Umfangsgeschwindigkeit der Räder, im Wälzkreis gemessen in m/s,

$A = P_1 + C \cdot e \quad [\text{kg/cm}]$.

P_1, die Umfangskraft der Zahnflanken (kg/cm), berechnet aus der übertragenen Leistung nach der Gleichung: $P_1 \cdot b \cdot v = L$ [mkg/s],

e, der größte gemessene Verzahnungsfehler beim Übergang des Eingriffs von einem Flankenpaar zum andern, in cm, abhängig von der Herstellungsgenauigkeit der Räder.

Zahlentafel 2. Handelsübliche e-Werte nach E. Buckingham[1].

$v =$	1	2	5	10	20	30 m/s
$e_{\max}$	0,01	0,008	0,006	0,004	0,002	0,001 cm

Für geräuschschwache Zahnräder muß e viel kleiner sein.

Bei sorgfältigster Herstellung kann erreicht werden:

Flankenfehler kleiner als $2\,\mu = 0{,}0002$ cm

Teilungsfehler ,, ,, $= 0{,}0002$ cm

Exzentrizität (von Grund- und Wälzkreis) ,, ,, 0,001 bis 0,002 cm.

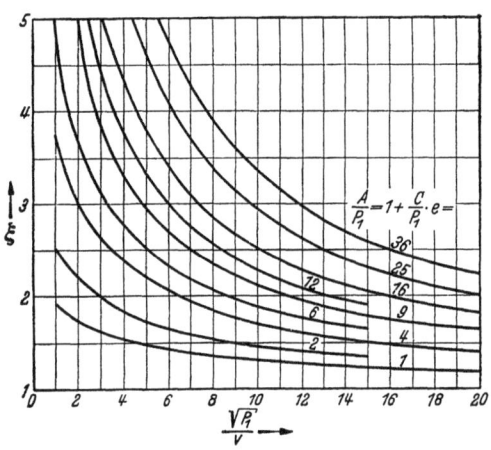

Abb. 10. ξ-Werte nach Gl. (7) (Buckingham)
P_1 in kg/cm, v in m/s einsetzen.

C ist ein Maß für die Steifigkeit eines Flankenpaares, abhängig vom Werkstoff und von der Form der Zähne, $P_1 = C \cdot y$. Für Stahl auf Stahl bei 20° Normverzahnung ist $C = 116000$ kg/cm²; für Gußeisen ist C halb so groß.

Gleichung (7) gilt nur innerhalb der Versuchsgrenzen, also für die Radbreite $= 1$, für $d_{\min} = 120$, $D_{\max} = 480$ mm, für $i_{\min} = 1/2 = 200/400$ bis $i_{\max} = 1/4 = 120/480$. Sie gilt ferner nur für die Stirnräder mit geraden Zähnen und bis etwa 12 m/s Umfangsgeschwindigkeit im Wälzkreis.

Die größte Belastung für 1 cm Zahnbreite ist also

$$P_t = P_1 + P_d = \xi P_1, \tag{8}$$

solange P_d kleiner als P_1 ist, also kein Abheben und Wiederaufschlagen der Zahnflanken auftritt. Dieses Abheben sollte (wenn immer möglich), wegen Lärmbildung vermieden werden.

Die Verwendung der Gleichung (7) außerhalb des Versuchsbereiches ist unsicher; sie ist in den Dimensionen nicht richtig, und scheint — was auffallen muß — unabhängig von den Trägheitsmomenten der Räder zu sein.

Berücksichtigt man den Faktor ξ und setzt (im Mittel) $\pi/\alpha_k = 1{,}57$ [also $s/\varrho \approx 7$, (Gl. 5)], so wird mit $t = \pi \cdot m$:

$$P_{1,\text{zul}} = \frac{Pu}{b} = 1{,}57 \frac{\sigma_{\text{zul}}}{\xi \cdot \gamma} \cdot m \quad [\text{kg/mm Zahnbreite}]. \tag{9}$$

In dieser Gleichung ist σ_{zul} in kg/mm² einzusetzen, die γ-Werte sind aus Zahlentafel 1 zu entnehmen. Eine große Unsicherheit liegt in der Schätzung von ξ. Aus Abb. 10 folgt, daß ξ klein wird, wenn $\sqrt{P_1}/v$ groß und A (resp. e) klein wird. Daraus folgt die Konstruktionsregel:

---

[1] L. 712.4 und L. 7.2.

a) Durchmesser der Räder so klein wie möglich (v klein) machen,
b) P_1 bis zur zulässigen Höchstgrenze und
c) Herstellungsgenauigkeit (e klein) bis zur wirtschaftlich tragbaren Grenze steigern.

Wenn es wirklich darauf ankommt die Höchstgrenze der Bruchfestigkeit der Zähne (ohne Rücksicht auf Herstellungskosten) zu erreichen (z. B. Flugzeuggetriebe), so muß e vorgeschrieben und nach der Herstellung gemessen werden.

Eine Erhöhung von P_1 um 100% gegenüber Gl. (9) kann durch Schleifen und Polieren der Ausrundung (nach Abb. 3) in Richtung senkrecht zu den Zähnen erreicht werden. Eine weitere stille Reserve von nochmals 100% ist bei hohen Zähnezahlen und sorgfältiger Herstellung vorhanden, wenn die Überdeckung ε größer als 2 wird (Zahlenbeispiel 712.1). Neben diesen Faktoren sind bei der Wahl der zulässigen Spannung noch die Betriebsbedingungen zu berücksichtigen (vgl. S. 420).

Zahlenbeispiel 713.1. Wie groß ist der ξ-Wert für ein Räderpaar (Automobilantrieb) $m = 2{,}5$, $i = 1/4 = z/Z = 45/180 = d/D = 112{,}5/450$ und $b = 51$ mm, wenn $N = 25$ PS bei $n = 1800$/min durch 20°-Normverzahnung übertragen werden?

Die Umfangsgeschwindigkeit im Wälzkreis ist $\dfrac{\pi \times 0{,}1125 \times 1800}{60} = 10{,}6$ m/s. Aus der Leistungsgleichung $P \cdot v = 75 \times 25$ kgm/s folgt $P = 177$ kg, $P_1 = 177/5{,}1 = 34{,}7$ kg/cm Radbreite. Für 20°-Normverzahnung und Stahlräder ist $C = 116000$ kg/cm². Der größte Verzahnungsfehler e wird zu 0,004 cm angenommen (Zahlentafel 2, Handelsübliche e-Werte für $v = 10$ m/s). Dann ist $A = P_1 + C \cdot e = 34{,}7 + 464 = 498{,}7$ kg/cm und $\sqrt{A} = 22{,}3$.

$$P_d = \frac{498{,}7}{1 + \dfrac{0{,}24}{10{,}6} \cdot 22{,}3} = 498{,}7/1{,}5 = 332 \text{ kg/cm}, \qquad \text{(Gl. 7)}$$

$P_t = P_1 + P_d = 34{,}7 + 332{,}4 = 367{,}1$ und $\xi = P_t/P_1 = 367{,}1/34{,}7 = 10{,}6$.

Dieser Wert ist sehr hoch. Wählt man bei gleicher Zahnbreite die Durchmesser der Räder nur halb so groß, so wird $v = 5{,}3$ m/s; $P_1 = 69{,}4$ kg/cm; $A = 533{,}4$ kg/cm; $\sqrt{A} = 23$; $P_d = 260$ kg/cm und $\xi = 329{,}4/69{,}4 = 4{,}7$.

Mit Rücksicht auf geräuschschwachen Lauf des Getriebes ist der „handelsübliche" e-Wert zu groß; $e = 0{,}002$ cm scheint notwendig und wirtschaftlich auch tragbar zu sein. Dann ist $A = 69{,}4 + 232 = 301{,}4$ kg/cm; $\sqrt{A} = 17{,}4$; $P_d = 168$ und $\xi = 237{,}4/69{,}4 = 3{,}4$.

Schließlich kann man die Räder noch etwas schmäler machen ($b = 38$ statt 51 mm). Dann ist $P_1 = 93$ kg/cm; $A = 325$ kg/cm; $\sqrt{A} = 18$, $P_d = 178$ kg/cm und $\xi =$ rd 3.

Es bleibt noch die Bruchgefahr der Zähne zu untersuchen. Die größte berechnete Spannung folgt aus Gl. (9):

Für $b = 38$ mm ist $\sigma_{\max} = \dfrac{P_1 \cdot \xi \cdot \gamma}{1{,}57 \cdot m} = \dfrac{9{,}3 \times 3 \times 7}{1{,}57 \cdot 1{,}25} = 195/1{,}96 = \approx 100$ kg/mm²,

$b = 51$ mm $\qquad \sigma_{\max} = \dfrac{6{,}94 \times 3{,}4 \times 7}{1{,}57 \times 1{,}25} = 165/1{,}96 = \approx 84$ kg/mm².

Mit Rücksicht auf die große Überdeckung $\varepsilon = 2{,}1$ für $z/Z = 485/180$ (Zahlenbeispiel 712.1) und wenn angenommen wird, daß diese Stufe des Getriebes nicht immer im Betrieb ist und zweifellos nicht immer unter der vollen Belastung läuft, kann die Spannung von 84 kg/mm² als Höchstwert der zulässigen Grenze für VCN 25 angenommen werden. Nur die Erfahrung kann darüber entscheiden, ob alle Faktoren richtig eingeschätzt wurden. Zwecks Erhöhung der Bruchsicherheit kann die Ausrundung nach Abb. 3, mit schleifen und polieren, ausgeführt werden.

714. Berechnung der Zähne auf Abnutzung.

Es ist eine bekannte Tatsache, daß Räder nicht durch Abbrechen der Zähne, sondern fast immer infolge zu starker Abnutzung unbrauchbar werden. Als Ursache der Abnutzung kommen zu große Flächenpressungen (bleibende Formänderungen) in Verbindung mit der gleitenden Bewegung der beiden Zahnflanken in Betracht.

Die größte Flächenpressung zwischen den beiden Zahnflanken folgt aus Gl. (152.43) zu:

$$p_o = 0{,}418 \sqrt{\frac{P_z E}{b \cdot r}}, \qquad (714.1)$$

worin $\dfrac{1}{r} = \dfrac{1}{r_1} + \dfrac{1}{r_2}$ und r_1, r_2 die Krümmungsradien der beiden Zahnflanken an der Berührungsstelle sind. Die Krümmungsmittelpunkte der Evolventenflanken sind immer die Grundkreispunkte n und N, so daß

$$r = \frac{r_1 r_2}{r_1 + r_2} = \frac{r_1 r_2}{nN} \qquad (2)$$

leicht aus $r/r_1 = r_2/nN$ konstruiert werden kann (Abb. 714.1). In den Grundkreispunkten n, N ist $r = 0$, so daß dort theoretisch unendlich große Flächenpressungen auftreten müßten. Daraus folgt, daß diese Punkte, aber auch die unmittelbar benachbarten, nicht in Eingriff kommen sollten. Bei Normverzahnung ($k = K = m$) sind demnach große Zähnezahlen immer vorteilhaft.

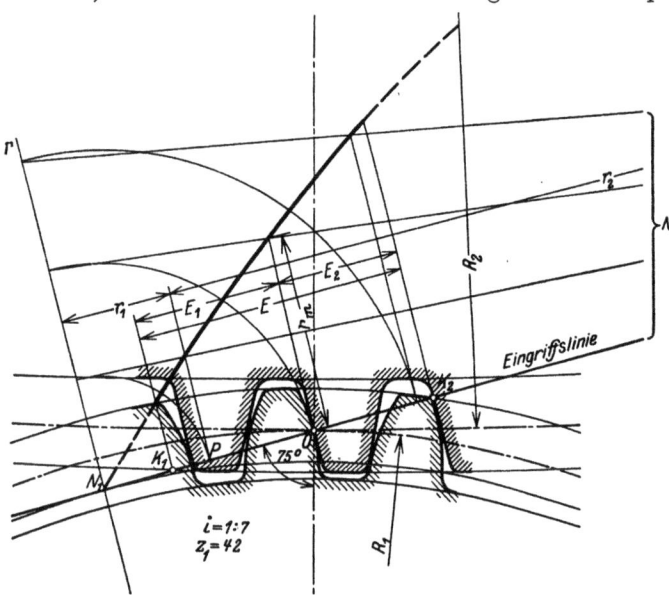

Abb. 714.1. Zur Berechnung der Flächenpressung.

Aus der Konstruktion nach Abb. 1 folgt, daß r je nach Lage des Eingriffs auf der Eingriffslinie verschieden groß ausfällt. Offenbar ist die Beanspruchung am größten wenn der Kopf des einen Zahnes mit dem Fuß des andern in Berührung kommt, denn dort ist r am kleinsten. Dies trifft indessen nur zu wenn die Überdeckung gerade 1 ist. Ist sie größer, so ist bei dieser Zahnstellung noch ein zweites eventuell sogar ein drittes Flankenpaar in Eingriff und der ungünstigste Punkt ist weiter nach dem Wälzpunkt zu suchen, wo das zweite oder dritte Paar außer Eingriff kommt. Wenn die Überdeckung größer als 2 wird, kann man annehmen, daß die Zahnkraft sich fast immer auf zwei Flankenpaare verteilt.

Für Überschlagsrechnungen ist es zweckmäßig die Flächenpressung im Wälzpunkt als Berührungspunkt zu rechnen. Dort sind die Krümmungsradien der Zahnflanken
$$r_1 = R_1 \sin \alpha \text{ und } r_2 = R_2 \sin \alpha. \quad (R_1 \text{ und } R_2 \text{ sind die Wälzkreisradien.})$$
Mit $P_z = \xi P_1 \cdot b/\cos \alpha$ wird

$$(p_0/0{,}418)^2 = \frac{\xi P_1 (1+i) E}{R_1 \sin \alpha \cos \alpha} \text{ wenn } i = \frac{n_2}{n_1} < 1 \qquad (3)$$

Da $2 \sin \alpha \cos \alpha = \sin 2\alpha$ und für Stahlräder $E = 2{,}15 \times 10^4$ kg/mm² ist, wird

$$(p_0/0{,}418)^2 \cdot \frac{\sin 2\alpha}{4E} = \frac{\xi P_1 (1+i)}{d} = \left(\frac{p_0}{K}\right)^2. \qquad (4)$$

In dieser Gleichung ist p_0 in kg/mm², P_1 in kg/mm und der Ritzeldurchmesser d in mm einzusetzen.

Zahlentafel 714.1. K-Werte zur Berechnung der Flächenpressung.

Für $\alpha =$	15	16	17	18	19	20	21	22	23	24	25°
ist $K =$	173,4	168,4	164	160	156,2	153	150	147	144,5	142,2	140

Nach Gl. (4) ist p_0 unabhängig von der Zähnezahl; eine große Zähnezahl ist dennoch immer vorteilhaft, weil die Überdeckung dadurch vergrößert, und der Zahndruck dann größtenteils durch zwei Flankenpaare übertragen wird.

Die theoretische Festlegung eines zulässigen Wertes von p_0 ist unmöglich, solange keine allgemein gültige Bruchhypothese für ein stark veränderliches Spannungsfeld bekannt ist. Der zulässige Wert von p_0 muß also auf Grund der Erfahrung festgelegt werden. Ebenso wie bei den Wälzlagern, gilt auch hier, daß harte Werkstoffe zu empfehlen sind. Neben den genormten VCN-Stählen haben sich bei hoher Belastung auch CrVaMn-Stähle bewährt.

Die zulässige Umfangskraft P_1 wächst proportional mit dem Quadrate der Härte. Eine im Einsatz gehärtete Zahnflanke aus ECN 35 ($H_B = 540$ kg/mm²) hält gegenüber einer ungehärteten Flanke aus St 60 eine etwa 16mal so große Zahnkraft (Leistung) aus. Die Verwendung harter Werkstoffe wird aber durch die Möglichkeit der Bearbeitung stark eingeschränkt. Diesem großen Vorteil der im Einsatz gehärteten Flanken steht der Nachteil der ungenauen Zahnform infolge Härteverziehungen gegenüber. Die Zähne müssen deshalb nach dem Härten (nach dem Wälzverfahren) geschliffen werden (Abb. 717.10), was die Herstellung verteuert. Bei der Nitrierhärtung (vgl. S. 84) verziehen sich die Räder nicht.

Unzulässig hohe Flächenpressungen machen sich im Betrieb durch Grübchenbildung (Pitting) bemerkbar (Abb. 2 bis 4). Alle Versuche zeigen aber, daß die Grübchen nur bei Anwesenheit von Schmieröl auf den Gleitflächen entstehen können; ohne Öl keine Grübchen, auch nicht bei den höchsten Beanspruchungen. Die Hertzschen Gleichungen, die trockene Berührungsflächen voraussetzen, können demnach die

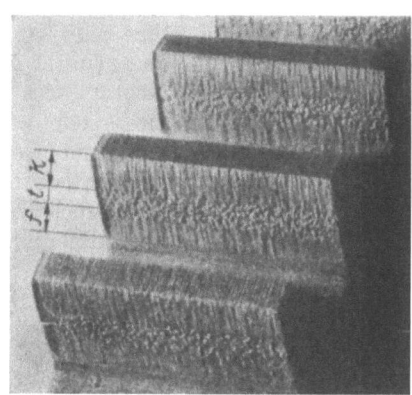

Abb. 2. Verschleißerscheinungen an einem Zahnrad aus Gußeisen.

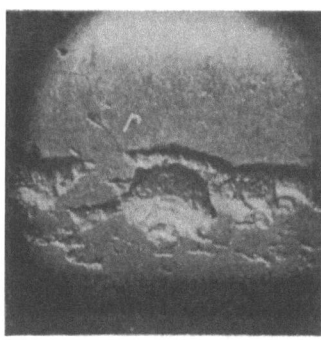

Abb. 3. Grübchenbildung (Pitting) in den Flanken eines Flugzeuggetriebes aus Vergütungsstahl. Vereinzelt feine Anrisse r.

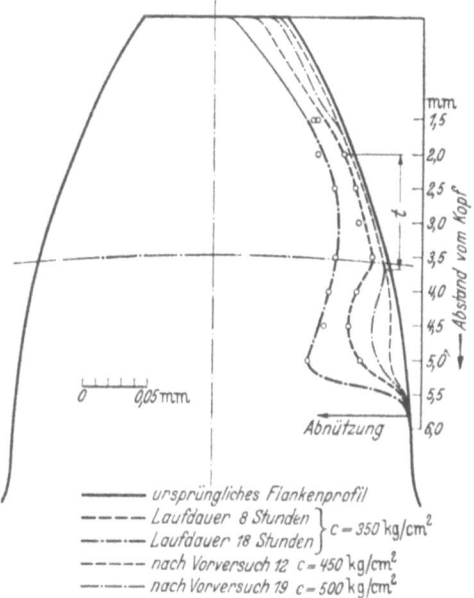

Abb. 4. Zahnflankenabnützung an einem Ritzel ($z = 21$) aus Chromnickel-Einsatzstahl.
NB.: $C = 350$ kg/cm² entspricht $p_0 \approx 135$ kg/mm².

Abb. 2–4. Aus M. Ulrich: Verschleißversuche mit Zahnrädern für Kraftwagen. Mitt. a. d. M.P.A. an der T. H. Stuttgart (1932).

Grübchenbildung nicht erklären. Solange das Öl die Zahnflanken vollständig trennt, können die im Ölspalt auftretenden Drücke nach der Theorie der Flüssigkeitsreibung (Abschn. 43) berechnet werden. Die allgemeine Gleichung

$$\dot{p}_x = \frac{6\,\eta\,U a}{h_0^2} F(x/a) \tag{431.22}$$

kann nicht ohne weiteres auf die Zahnflanken übertragen werden, da die Gleitgeschwindigkeit $v_g = (\omega_1 + \omega_2) \cdot e$ veränderlich ist und weil neben der Gleitbewegung noch eine Wälzung um den Berührungspunkt auftritt. Aus der Gleichung folgt aber immerhin, daß bei kleinen Werten von h_0 (die fast bis zur vollständigen Absperrung gehen) und bei großen Werten von η und U sehr hohe Flächenpressungen (einige tausend kg/cm²) in der Flüssigkeitsschicht entstehen können. Sehr zähes Öl und glatte Gleitflächen können demnach die metallische Berührung und damit die Grübchenbildung in den Zahnflanken verhindern[1].

Die Grübchen entstehen bei Verwendung von dünnflüssigem Öl aus feinen Rissen an der Oberfläche. Die Risse sind die Folgen von Überbeanspruchungen, die nach den Hertzschen

---

[1] L. 714.9.

Gleichungen beurteilt werden können. Sie schreiten allmählich weiter (Ermüdungsbruch), bis das hineingepreßte Schmieröl die losgelösten Teile heraushebt.

Aus dem gleichen Werkstoff hergestellt, nützen sich die Zahnflanken des Ritzels (infolge der kleineren Zähnezahl) rascher ab als die des Rades. Die Radzähne dürfen deshalb immer etwas weicher sein als die Zähne des Ritzels.

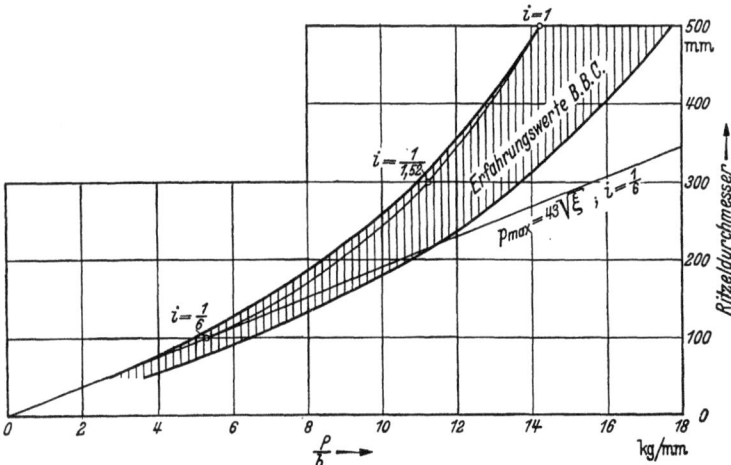

Abb. 5. —— Erfahrungswerte von $P_1 = P/b$ (Brown Boveri & Co., Baden).
———— Theoretische Werte nach Gl. (6).

Zuverlässige Erfahrungswerte über die zulässige Größe von p_0 (unter Angabe aller Faktoren, die dabei eine Rolle spielen) liegen nur vereinzelt vor; sie hängt nicht vom Werkstoff allein ab, sondern auch von der Gleitgeschwindigkeit[1], von der Schmierung, Oberflächenbeschaffenheit. Deshalb können die von Niemann[2] aus Rollversuchen bestimmten Grenzwerte von p_0 nicht ohne weiteres auf Zahnflanken übertragen werden.

Aus den Versuchen von St. Way[3] folgte, daß die Grübchenbildung vermieden wird, solange p_0 kleiner als $0{,}7\,K_z$ ist. Da die Zerreißfestigkeit K_z mit der Härte proportional ist (vgl. S. 89), ist es zweckmäßiger die zulässige Grenze von p_0 als Bruchteil der Brinellhärte H_B zu wählen. Mit $K_z = 0{,}35\,H_B$ wäre dann
$$(p_0)_{zul} = 0{,}7 \times 0{,}35\,H_B = 0{,}25\,H_B$$

Nach Buckingham[4] gilt dieser Grenzwert nur für Werkstoffe mit einer Brinellhärte kleiner als $400\,kg/mm^2$. Für härtere Werkstoffe als $H_B = 400\,kg/mm^2$ scheint keine feste Grenze für das Auftreten der Grübchen mehr vorhanden zu sein. Nach Buckingham kann in diesem Fall für $p_0 = 0{,}21\,H_B$ mit einer Lebensdauer von 10^8 Lastwechsel gerechnet werden. Für höhere Belastungen folgt die Lastwechselzahl bis zum Unbrauchbarwerden einem ähnlichen Gesetz wie bei den Wälzlagern.

$$n_B \leq \left(\frac{0{,}21\,H_B}{p_0}\right)^{20/3} \cdot 10^8 \text{ Lastwechsel.} \tag{5}$$

Zahlentafel 2. Zur Berechnung der Lebensdauer der Zahnflanken.

$0{,}21\,H_B/p_0$ =	0,98	0,96	0,94	0,93	0,90	0,85	0,80	0,75	0,70	0,65	0,60	0,55	0,5
$0{,}21\,H_B/p_0)^{20/3}$ =	0,9	0,8	0,7	0,6	0,5	0,34	0,23	0,15	0,09	0,06	0,03	0,02	0,01

Zahlenbeispiel 714.1. Wie groß ist die Lebensdauer des in Beispiel 713.1 berechneten Getriebes für 20° Normverzahnung?

Es war: $P_1 = 69{,}4\,kg/cm$; $\xi = 3{,}4$; $m = 1{,}25$; $i = z/Z = 45/180$ und $b = 51\,mm$.

Aus Gl. (4) folgt:
$$\left(\frac{p_0}{153}\right)^2 = \frac{\xi \cdot P_1 (1+i)}{d = z \cdot m} = \frac{3{,}4 \cdot 6{,}94\,(1+0{,}25)}{45 \cdot 1{,}25} = \frac{29}{56{,}25} = 0{,}52\,.$$

Somit ist $p_0 = 153\sqrt{0{,}52} = 110\,kg/mm^2$. Es sei die Brinellhärte des Ritzels mit $H_B = 400\,kg/mm^2$ vorgeschrieben, so daß das Verhältnis $p_0/H_B = 0{,}275$ den Wert von 0,21 übersteigt. Die Lebensdauer berechnet sich dann nach Gl. (5) zu:

$$n_B \leq \frac{0{,}21 \cdot 400}{110}^{6{,}6} \cdot 10^8 = (0{,}765)^{6{,}6} \cdot 10^8 = 0{,}18 \cdot 10^8 \text{ Lastwechsel.}$$

Da bei 45/180 Zähnen die Überdeckung größer ist als 2, dürfte diese Lebensdauer in Wirklichkeit beträchtlich überschritten werden (vgl. Zahlenbeispiel 712.1).

Löst man Gl. (4) nach P_1 auf:
$$\xi P_1 = \left(\frac{p_0}{K}\right)^2 \cdot \frac{d}{1+i} = \frac{K_0}{1+i} \cdot d\,, \tag{6}$$

---
[1] L. 714.8 Glaubitz, Forschung 14 (1943) S. 24/29. [2] L. 714.7 [3] L. 714.4 [4] L. 7.2 u. 712.4

714. Berechnung der Zähne auf Abnutzung.

so ist K_0 für einen bestimmten Werkstoff konstant. In Abb. 5 sind die Erfahrungswerte von Brown, Boveri & Cie mit dieser Gleichung verglichen. Die Krümmung der Kurven gibt den Einfluß von i an, indem für größere Übersetzungen kleinere Ritzeldurchmesser gewählt werden. Aus diesem Vergleich folgt mit $\xi = 1$, $p_{zul} = 41$ bis 57 kg/mm².

Da nach Gl. (6) P_1 proportional mit d ist, und für ähnliche Zahnräder die Breite b auch mit d proportional ist, wird das zu übertragende Drehmoment

$$M_d = P_u \cdot d/2 = P_1 \cdot b \cdot d/2 = \text{prop } d^3 . \tag{7}$$

Mit Rücksicht auf die Herstellungskosten und den Einbau in einem geschlossenen Gehäuse wird der Ritzeldurchmesser so klein wie möglich gehalten, man macht die Räder dann verschieden breit und wählt $b \leq d$ (für leichte), $b = 1{,}5\,d$ (für mittlere) und b bis $3\,d$ (für die schwersten Getriebe) (Abb. 6). Die richtige Wahl der Radbreite ist nicht immer leicht zu treffen, da diese von der Genauigkeit der Herstellung und von der Güte der Lagerung der Räder abhängt. Je

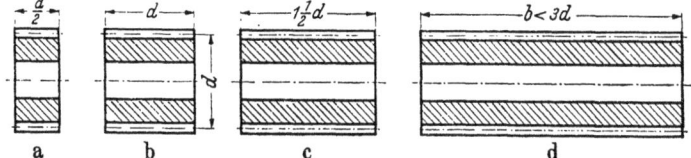

Abb. 6. Ritzel für leichte bis schwerste Getriebe.
a) $b = d/2$ für sehr leichte, b) $b = d$ für normale, c) $b = 1{,}5\,d$ für mittelschwere, d) $b < 3\,d$ für schwerste Triebe.

breiter die Räder sind, um so sorgfältiger muß die Ausführung sein und um so genauer müssen Verbiegung und Verdrehung der Welle darauf untersucht werden, ob die Räder wirklich auf der ganzen Breite tragen können.

Gleitende Reibung. Erst wenn bleibende Formänderungen an der Berührungslinie der Zahnflanken durch Begrenzung der Flächenpressungen auf das elastische Gebiet sicher vermieden sind, gewinnt die zweite Ursache der Abnutzung an Bedeutung, die gleitende Reibung. Sie tritt bei allen Verzahnungen auf, mit Ausnahme bei der Berührung im Wälzpunkt. In einem Eingriffspunkt in der Entfernung e vom Wälzpunkt O ist die Gleitgeschwindigkeit der Zahnflanken:

$$v_g = e\,(\omega_1 \pm \omega_2) . \tag{711.1}$$

Bezeichnet man die Zahnflanken innerhalb und außerhalb des Wälzkreises als Fußflanke und Kopfflanke, so ist jedesmal die Kopfflanke der rascher bewegte Teil. Vor dem Wälzpunkt „stemmt" die Kopfflanke des getriebenen Rades die Fußflanke des treibenden, hinter dem Wälzpunkt „streicht" die Kopfflanke des treibenden Rades die Fußflanke des getriebenen. Nach Versuchen von BBC. (Meldahl) entstehen die Grübchen ausschließlich auf dem „gestemmten" Fußprofil, auch wenn dieses viel härter als das Kopfprofil ist.

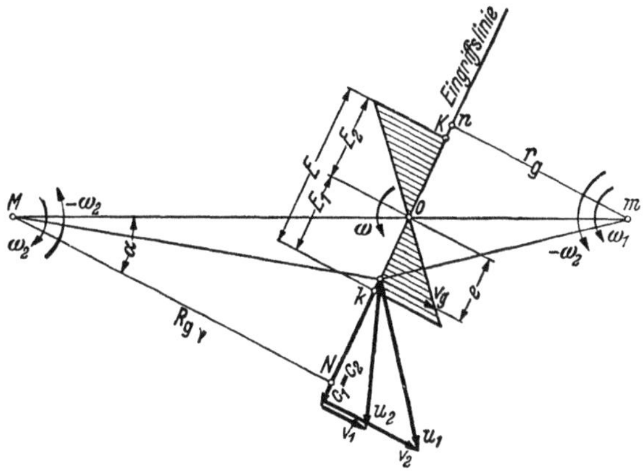

Abb. 7. Gleitgeschwindigkeit der Zahnflanken.

Man setzt nun (als Hypothese) die Abnutzung proportional der Reibarbeit je Flächeneinheit. Für ein Flächenelement df einer Zahnflanke, entsprechend einer Eingriffstrecke de, die in der Zeit dt durchlaufen wird, ist die Reibarbeit, da der mittlere Zahndruck $= P_z$ und nicht gleich ξP_z ist,

$$dA = \mu P_z \cdot v_g \cdot dt .$$

Die Geschwindigkeit, mit welcher die Eingriffstrecke de durchlaufen wird ist gleich der Grundkreisgeschwindigkeit $\omega_1 r_g = r \omega_1 \cos\alpha$, so daß $dt = \dfrac{de}{r\omega_1 \cos\alpha}$ und die Abnutzung proportional

$$dA/df = \mu P_z \frac{(\omega_1 \pm \omega_2)\,e}{\omega_1 r \cos\alpha} \cdot \frac{de}{df} = \text{prop.} \cdot e\,\frac{de}{df} \tag{8}$$

ist. Zeichnen wir die zu de gehörenden Profilstücke df_1 und df_2, die in der Eingriffstellung senkrecht zur Eingriffslinie stehen, so ist aus Abb. 8 ersichtlich, daß $e\,\dfrac{de}{df_1} = e\,\text{tg}\,\delta_1$ ist. Da für eine gegebene Verzahnung alle anderen Faktoren in Gl. (8) unverändert bleiben, so wird die Abnutzung durch den Faktor $e \operatorname{tg} \delta_1$ dargestellt. Der Wert $e \operatorname{tg} \delta_1$, für jeden Punkt der Eingriffstrecke aufgetragen, ergibt eine Kurve, Abnutzungscharakteristik genannt.

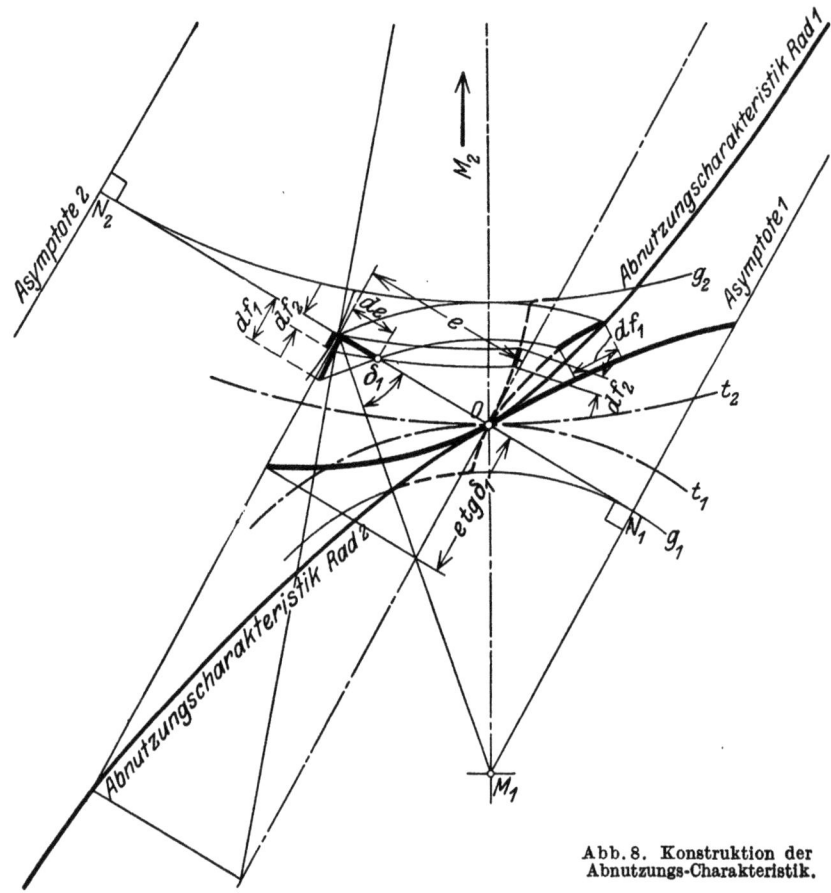

Abb. 8. Konstruktion der Abnutzungs-Charakteristik.

Die Abnutzung des Fußprofils A_F ist immer größer als die des Kopfprofils A_K. Das Verhältnis A_F/A_K ist um so größer, je kleiner das Drehzahlverhältnis $i = n_2/n_1 < 1$ ist (Abb. 9).

Die Voraussetzung, daß $P_z =$ konstant, also nur ein Flankenpaar im Eingriff steht, stimmt (infolge der unvermeidlichen kleinen Teilungsfehler) mit der Wirklichkeit überein, mit Ausnahme beim Eingriff der Kopfkante. Im Wälzpunkt 0 ist die Abnutzung gleich Null, weil

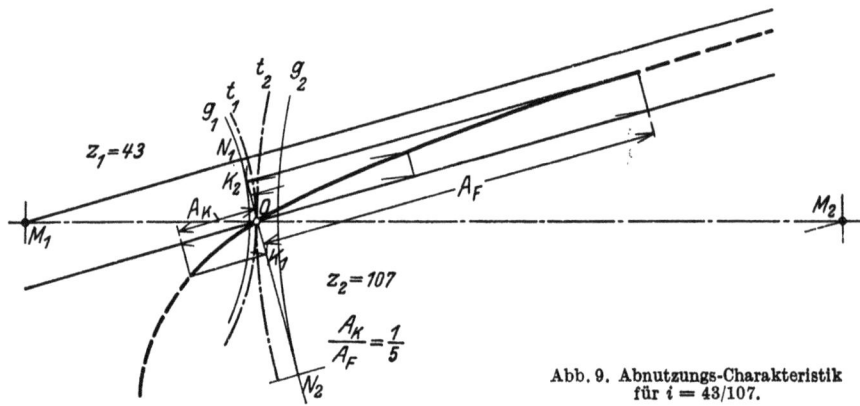

Abb. 9. Abnutzungs-Charakteristik für $i = 43/107$.

dort die Gleitgeschwindigkeit $v_g = 0$ ist. In den Grundkreispunkten n und N dagegen wird die Abnutzung theoretisch unendlich groß, so daß hier die gleiche Schlußfolgerung gilt wie bei der Berechnung von p_0, daß nämlich die Teile der Evolvente in der unmittelbaren Nähe des Grundkreises nicht in Eingriff kommen sollten.

715. Erwärmung der Zahnräder[1].

Durch Integration der Gleichung (714.8)

$$dA = \mu P_z \left(\frac{1}{r} \pm \frac{1}{R}\right) \frac{e\, de}{\cos \alpha} \qquad (714.9)$$

über die ganze Eingriffstrecke, also zwischen den Kopfkreisen und von $e = -E_1$ bis $+E_2$ erhält man die Reibarbeit für ein Flankenpaar (Abb. 715.1):

$$A_1 = \mu P_z \left(\frac{1}{r} \pm \frac{1}{R}\right) \frac{E_1^2 + E_2^2}{2 \cos \alpha}.\, [2] \qquad (715.1)$$

Für eine Umdrehung des kleinen Rades (entsprechend z Flankenpaaren) ist die Reibarbeit $z \cdot A_1$; die Reibleistung bei $n_1/60$ Umdrehungen/sec ist

$$L_r = n_1 \cdot z \cdot A_1/60 = \frac{n_1 z}{60} \mu P_z \left(\frac{1}{r} \pm \frac{1}{R}\right) \frac{E_1^2 + E_2^2}{2 \cos \alpha}. \qquad (2)$$

Der verhältnismäßige Verlust ist, da die übertragene Leistung

$$L = P_z\, \omega_1 r \cos \alpha = \frac{\pi n_1}{60} P_z \cdot z \cdot m \cos \alpha \qquad \text{[kgmm/s]} \qquad (3)$$

ist:

$$L_r/L = \frac{\mu}{\pi} \left(\frac{1}{r} \pm \frac{1}{R}\right) \frac{E_1^2 + E_2^2}{2 m \cos^2 \alpha}. \qquad (4)$$

Dieser Verlust wird ein Minimum für $E_1 = E_2 = E/2$, also für Normverzahnung und $i = 1$ (dann ist $E_1^2 + E_2^2 = E^2/2$) und am größten für $E_1 = E$ und $E_2 = 0$, da dann $E_1^2 + E_2^2 = E^2$ ist (Abb. 715.1). Eine Zahnkorrektur, bei der die Kopfhöhe auf Kosten der Fußhöhe vergrößert wird, ist demnach in bezug auf die Reibarbeit nicht günstig. Da bei Normverzahnung E_1 und E_2 immer kleiner sind als $m/\sin \alpha$ so gilt:

$$\frac{L_R}{L} < \frac{\mu}{\pi} \left(\frac{1}{r} \pm \frac{1}{R}\right) \frac{4m}{\sin^2 2\alpha}.$$

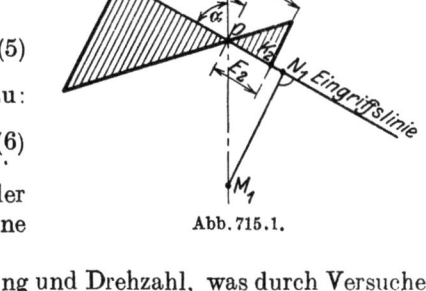

Abb. 715.1.

Kürzt man m aus r und R heraus, setzt für $\frac{4}{\sin^2 2\alpha} = \frac{4}{\sin^2 40°} = 10$ und kürzt gleichzeitig noch π, so wird:

$$\frac{L_R}{L} < 6\mu \left(\frac{1}{z} \pm \frac{1}{Z}\right). \qquad (5)$$

Daraus bestimmt sich der Wirkungsgrad der Verzahnung zu:

$$\eta > 1 - \frac{L_R}{L} = 1 - 6\mu \left(\frac{1}{z} \pm \frac{1}{Z}\right) \qquad (6)$$

Dies gilt solange $\varepsilon = 1$. Bei größerer Überdeckung ist der Reibungsverlust etwas kleiner, so daß statt 6 in Gl. (6) eine kleinere Zahl gesetzt werden kann.

η ist, solange μ konstant bleibt, unabhängig von Leistung und Drehzahl, was durch Versuche von Rikli[1] bestätigt wurde.

Die durch Reibung erzeugte Wärme

$$Q < 6\mu \left(\frac{1}{z} \pm \frac{1}{Z}\right) \cdot N_{KW} \cdot 860 = 6\mu \left(\frac{1}{z} \pm \frac{1}{Z}\right) N_{PS} \cdot 632 \text{ kcal/h} \qquad (7)$$

verteilt sich auf beide Räder im Verhältnis der Abkühlungsmöglichkeit, und zwar wird das Ritzel, infolge der kleineren Oberfläche wärmer als das Rad. Die Räder müssen also bei der Montage im kalten Zustand etwas Flankenspiel erhalten.

Um einen guten Wirkungsgrad zu erhalten, müssen große Zähnezahlen gewählt und die Reibzahl durch glatte Oberflächen und gute Schmierung klein ge-

Zahlentafel 715.1. Wirkungsgrad eines Zahnradpaares [Gl. (6)].

Eingriffswinkel		20° $\eta\%$
$z = Z = 10$	$\mu = 0{,}1$	88
	$= 0{,}025$	97
$z = Z = 40$	$= 0{,}025$	99,25
$z = 60,\ Z = 160$	$= 0{,}01$	99,85*

* Der Verlust von nur 0,15% wurde gemessen (L. 713.4, S. 59).

---

[1] L. 715.

[2] E_1^2 und E_2^2 werden im Gegensatz zur Integrationsregel addiert, weil es sich dabei um die Äquivalente für die beiden Reibungsarbeiten handelt, die auf den Strecken E_1 und E_2 geleistet werden und von denen natürlich keine die andere „rückgängig" machen kann.

ten Bosch, Maschinenelemente. 3. Aufl.

halten werden. Reibzahlen $\mu = 0{,}01$ sind bei glatter Oberfläche und ausreichender Schmierung zu erreichen.

Die Reibverluste sind insbesondere bei der Übertragung großer Leistungen unbedingt klein zu halten. Wenn z. B. 10 000 kW übertragen werden sollen, würden bei einem Wirkungsgrad von 99%, 100 kW durch die Zahnreibung in Wärme umgesetzt werden, die an die Umgebung abgeleitet werden müssen. Die Zahnräder laufen immer in geschlossenen Gehäusen und die Wärmeabgabe der Gehäusewandung ist durch die Gleichung

$$Q = \alpha \cdot F \cdot \Delta\vartheta \text{ kcal/h}. \qquad (42.4)$$

gegeben, worin F die kühlende Oberfläche in m^2 und $\alpha \leq 18$ kcal/m^2 h °C ist. Die Übertemperatur $\Delta\vartheta$ der Gehäuseoberfläche kann durch folgende Überschlagsrechnung geschätzt werden.

Das Gehäuse empfängt die Wärme von den Zahnrädern zum größten Teil durch Strahlung. Infolge der Luftbewegung wird auch Wärme durch Konvektion übertragen. Vernachlässigen wir die Konvektion (was nicht zulässig ist), so folgt aus dem Stefan-Boltzmannschen Gesetz, daß dem Gehäuse eine Wärmemenge Q_1 zugestrahlt wird

$$Q_1 = C_1 \cdot F_1 [(T_1/100)^4 - (T_w/100)^4] \qquad (41.8)$$

während es die Wärme Q_2 an die Umgebung abstrahlen kann

$$Q_2 = C_2 \cdot F_2 [(T_w/100)^4 - (T_2/100)^4].$$

Im Beharrungszustand sind beide Wärmemengen gleich groß, also

$$C_1 F_1 [(T_1/100)^4 - (T_w/100)^4] = C_2 F_2 [T_w/100)^4 - (T_2/100)^4]. \qquad (8)$$

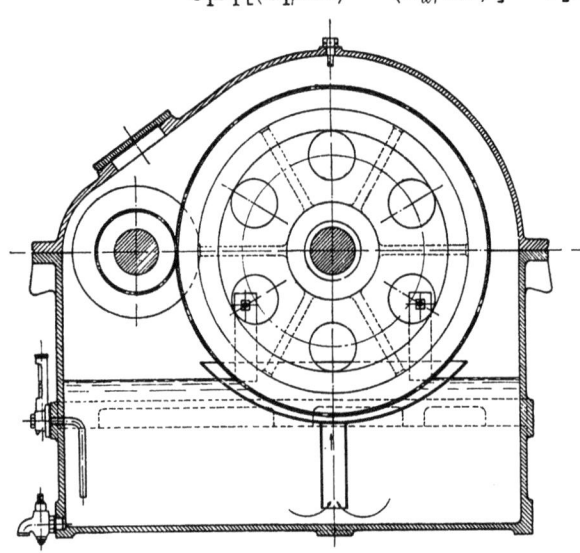

Abb. 2. Schmierung der Zähne durch Eintauchen in Öl.

In dieser Gleichung ist

C_1 resp. C_2 die Strahlungszahl der Zahnräder, resp. des Gehäuses,

F_1 resp. F_2 die strahlende Oberfläche der Zahnräder, resp. der Gehäuseoberfläche,

T_1, T_w und T_2 die absolute Temperatur [°K] der Zahnräder, der Gehäuseoberfläche und der Umgebung.

Ist $C_1 = C_2$ und die Temperatur der Umgebung 18° C, also $(T_2/100)^4 = 71$, so wird

$$\left.\begin{array}{l}(T_1/100)^4 = (F_2/F_1 + 1)(T_w/100)^4 \\ \qquad\qquad - 71 \, F_2/F_1\end{array}\right\}, \quad (9)$$

welche Gleichung gelöst werden kann, sobald F_2/F_1 bekannt ist (Zahlentafel 715.2). Durch den Einbau in ein geschlossenes Gehäuse wird die Wärmeabgabe durch Strahlung etwa auf den $1/\left(\dfrac{F_2}{F_1} + 1\right)$ ten Teil vermindert. Die Räder werden also sehr warm und müssen sorgfältig geschmiert und oft auch besonders gekühlt werden[1]. Für Umfangsgeschwindigkeiten bis etwa 15 m/s kann die Schmierung durch Eintauchen des großen Rades erfolgen (Abb. 2). Bei größeren Geschwindigkeiten wird das Öl abgeschleudert, dann wird Kühl- und Schmieröl durch ein Spritzrohr an der Austrittsstelle der Zahnflanken zugeführt.

Das Gehäuse kann nur wenig Wärme an die Umgebung abgeben, etwa 21 kcal/m^2, h, °C. Wenn die höchstzulässige, mittlere Übertemperatur der kühlenden Oberfläche

Zahlentafel 2.

Für	$t_w = 40$	50	60	70 °C
und $F_2/F_1 = 2$, ist	$t_1 = 75$	96	115	134 °C
$F_2/F_1 = 3$ ist	$t_1 = 88$	113	136	157 °C

zu 40° C angenommen wird, ist die an die Umgebung abgegebene Wärme $q = 840$ kcal/m^2h. Im Beharrungszustand muß diese gleich der erzeugten Wärme (Gl. 7) sein:

$$6\mu\left(\frac{1}{z} + \frac{1}{Z}\right) N_{kW} \cdot 860 = 840 F_2. \qquad (10)$$

---
[1] L. 715.3.

Aus dieser Gleichung folgt, daß die kühlende Gehäuseoberfläche proportional der Reibzahl μ der Zahnflanken ist, die (je nach der Glätte der Zahnflanken und je nach der Schmierung) etwa zwischen 0,01 und 0,1 liegen kann (vgl. Zahlentafel 715.1).

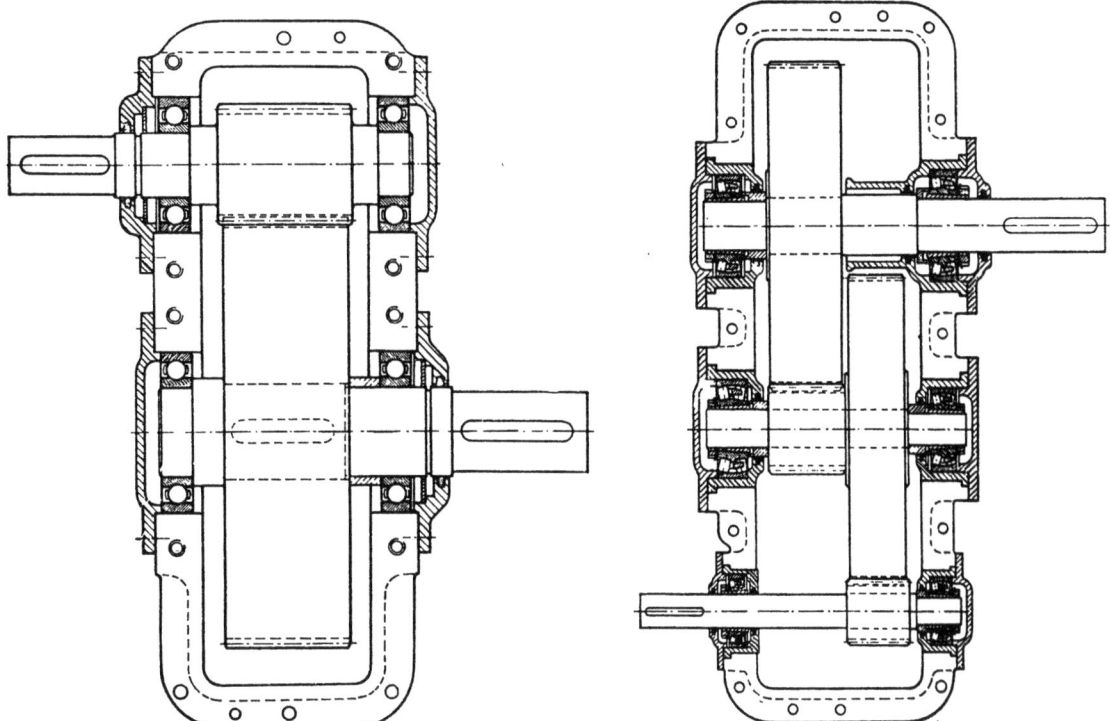

Abb. 3. Einstufiges Getriebe mit Geradverzahnung. Festlegung der Wellen in der Längsrichtung durch die Deckel. Kleines Spiel (wegen Erwärmung) notwendig.

Abb. 4. Zweistufiges Getriebe mit Geradverzahnung. Spannhülsen-Lager in ungeteilten Gehäusen. Fettschmierung. Gute kühlende Oberfläche.

716. Bekämpfung der Zahnradgeräusche.[1]

Akustische Grundlagen. Die physikalischen Grundgesetze über die Entstehung und Fortleitung des Schalls finden sich in den physikalischen Handbüchern[1]. Die folgenden, kurzen Bemerkungen dienen nur zum Verständnis der Schwierigkeiten, die bei den Zahnrädern auftreten.

Das ganze Hörfeld von 20 bis 20000 Hertz (1 Hertz = eine volle Schwingung je Sekunde) liegt zwischen der Hörgrenze und der Schmerzgrenze. Die Schallintensität (der Schalldruck) wird gemessen in Dyn/cm² (= 1 μ bar). Für das Ohr ist der Lauteindruck eines Tones gleichen Schalldrucks aber verschiedener Frequenz nicht gleich groß.

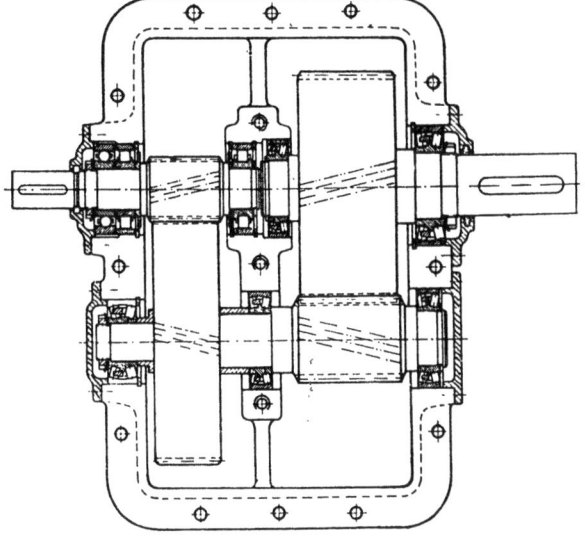

Abb. 5. Zweistufiges Getriebe mit Schrägverzahnung. Spritzöl-Schmierung. Kleine Kühlfläche.

Aus diesem Grunde hat man, neben dem physikalischen Maß des Schalldruckes, noch ein physiologisches Maß, nämlich die Lautstärke eingeführt, mit der Einheit „Phon". Der Zusammenhang zwischen Lautstärke und Schalldruck ist in Abb. 716.1 dargestellt. Daraus geht hervor, daß bei gleicher Lautstärke (z. B. 20 Phon) und bei 1000 Hz Tonhöhe der Schalldruck 0,004 dyn/cm² ist, bei 100 Hz dagegen 0,12 dyn/cm², also 30mal so

[1] L.-716.

groß, entsprechend einer 900mal so großen Schallenergie. Das Ohr ist demnach für tiefere Töne relativ unempfindlich. Bei 1000 Hz besteht zwischen Lautstärke L (in Phon) und Schalldruck resp. Schalleistung folgende Beziehung:

$$L = 20 \log \frac{p_1}{p_0} = 10 \log \frac{N_1}{N_0} \text{ (Phon)}. \tag{716.1}$$

p_1 und p_0 sind die Schalldrücke, N_1 und N_0 die Schalleistungen an der Schmerz- und Hörgrenze. Die Schalleistungen liegen zwischen 10^{-16} und 10^{-4} Watt/cm² sind also klein. Als Bezugspunkt wurde vereinbart 70 Phon = 1 dyn/cm² bei 1000 Hz. Unter Geräusch versteht man ein Tongemisch, dessen Einzeltöne keinen harmonischen Gesetzen unterliegen. Für die Zahnradgeräusche kommen nur die Werte zwischen 50 und 70 Phon praktisch in Frage.

50 Phon = Bureaulärm (mit Schreibmaschinen),
60 Phon = mäßiger Radio,
70 Phon = starker Straßenverkehr (Warnsignale),
100 Phon = Kesselschmiede.

Die Hörgrenze zu überschreiten ist bei Zahnrädern nur selten möglich; es müßte dazu $z \cdot n/60 > 20000$ sein.

Nur im physikalischen Maß ergeben sich klare Gesetzmäßigkeiten, z. B. zwischen Schalldruck und Zahndruck oder Zähnezahl, Drehzahl, usw., aus denen die tiefere Ursache für die Schallentstehung gefunden werden kann. Der Erfolg der Schallbekämpfung dagegen wird in Phon gemessen. Für den praktischen Gebrauch beachtet man, daß ein Geräusch ungefähr doppelt so laut erscheint, wenn die Lautstärke um 10 Phon zunimmt (ca. 3,2facher Schalldruckzunahme = 10facher Energiezunahme). Daraus erkennt man, wie große Anstrengungen erforderlich sind, um die Lautstärke um 10 Phon (z. B. von 70 auf 60) herunterzudrücken. Das Ohr kann Lautstärkeänderungen kleiner als 1 Phon (entsprechend Schalldruckänderungen von 12 bis 15%) nicht mehr feststellen; es ist für Frequenzen zwischen 500 und 5000 Hz am empfindlichsten. Größere Abweichungen zwischen Lautstärke und Schalldruck treten nur bei sehr hohen und tiefen Tönen und relativ geringen Lautstärken auf.

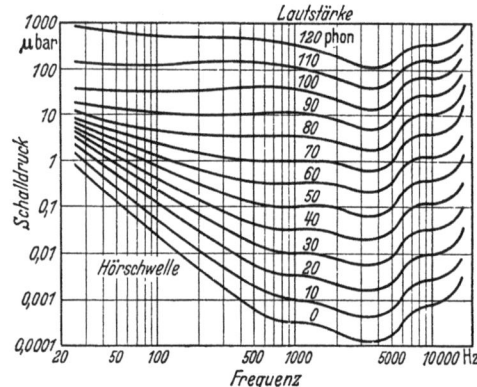

Abb. 716.1. Kurven gleicher Lautstärke für reine Töne (in Phon), nach Fletscher und Munson

Entstehung der Geräusche. Daß das Zahnradgeräusch ein sehr verwickeltes Problem ist, geht schon daraus hervor, daß Schwingungen von verschiedener Frequenz auftreten; die Zähne rumpeln, heulen, singen, rattern, brummen, wimmern usw. Die wichtige Frage, welche Teile eines Getriebes (Zähne, Radkörper, Wellen, Gehäuseteile) vorwiegend an der Schallbildung beteiligt sind, ist noch gar nicht geklärt. Versuche zeigten, daß der Schalldruck sowohl in seiner Gesamthöhe als auch in der Frequenz-Zusammensetzung starken zeitlichen Schwankungen (die überhaupt keine Gesetzmäßigkeit aufweisen) unterworfen ist.

Die Lautstärke ist abhängig von der Amplitude der Schwingungen, also von der Größe der Verzahnungsfehler. Bedingung für geräuschschwache Räder ist also eine hohe Genauigkeit und Glätte der Zahnflanken.

Im Abschnitt 713 wurde schon darauf hingewiesen, daß (infolge der unvermeidlichen Herstellungs-Ungenauigkeiten und der elastischen Verformungen der Zähne) beim Beginn des Eingriffes zweier (parallel zur Welle angeordneten, geraden) Zähne, Stöße auftreten müssen, durch welche die zusätzlichen Beanspruchungen (ξ-Werte) und die so störenden Zahnradgeräusche entstehen. Neben diesem „Eingriffsimpuls" (der senkrecht zur Zahnflanke erfolgt) entstehen Geräusche auch dadurch, daß im Wälzpunkt 0 ein Richtungswechsel der gleitenden Bewegung, also auch der Reibkraft μP_z stattfindet (Abb. 2). Die Richtungsänderung der resultierenden Zahnkraft um den doppelten Reibwinkel ϱ ist mit einer Drehmomentsänderung am getriebenen Zahnrad verbunden. Der „Wälzkreisimpuls" wirkt tangential zur Zahnflanke; die Zähne wirken als Streichinstrument. Durch genauere Herstellung und Anwendung geeigneter Flankenabrundung ist es im Laufe der Zeit gelungen, den „Eingriffsimpuls" und das dadurch erzeugte Geräusch mehr und mehr zu vermindern, so daß es schließlich schwächer geworden ist als das durch den „Wälzkreisimpuls" hervorgerufene Geräusch. Für die gesamte Lautstärke ist deshalb eine weitere Verringerung der Verzahnungsfehler bedeutungslos geworden. **Die Reibung ist dann bestimmend für Lautstärke und Spektrum des Geräusches.** Durch diese mechanischen Impulse wird, im Takte der einfachen oder der doppelten Zahnfrequenz ($n \cdot z/60$ Hz), ein schwingungsfähiges System angeregt. Das Geräusch ist also ein Resonanzproblem; die Schwierigkeit liegt nun darin, dieses schwingungsfähige System zu finden. Die Versuche von Graf von Soden[1] (Abb. 3) zeigten, daß die doppelte Zahnfrequenz als Hauptursache der Geräusche auftritt. Man beachte auch die starke Zunahme des Schalldruckes mit der Drehzahl.

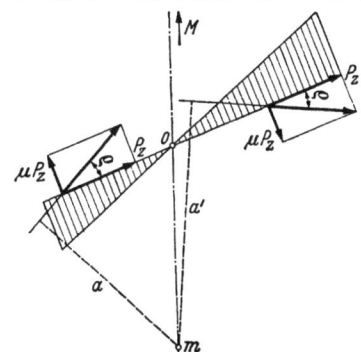

Abb. 2. Änderung der Drehmomente durch die Reibung.

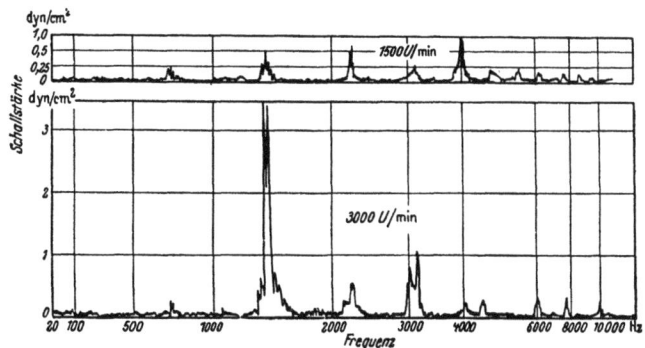

Abb. 3. Geräuschanalyse eines Zahnradpaares bei Geradverzahnung.
Beachte die starke Zunahme der Schallstärke mit der Drehzahl ($z = 30$).

Die Berechnung der Eigenschwingungszahl eines am Fuß eingespannten Zahnes (Abschn. 34) führt zu Frequenzen, die weit außerhalb des Hörbereiches liegen. Versuche von Glaubitz und Gösele[2] zeigten, daß der Radkörper Eigenschwingungen von der Zahnfrequenz haben kann. Durch Teilung des Radkörpers (z. B. durch aufgeschrumpfte Kränze) oder durch Rippen kann die Eigenschwingungszahl beeinflußt werden. Das Getriebegehäuse mit seinen Rippen, Ansätzen und seiner Form ist schwingungstechnisch ein außerordentlich verwickeltes Gebilde, das unendlich viele Schwingungsmöglichkeiten besitzt. So kann z. B. das Anziehen einer Verbindungsschraube allein einen entscheidenden Einfluß auf die Lärmbildung haben.

Bei aus zwei oder mehr Räderpaaren zusammengesetzten Getrieben sind auch die „Konsonanz" (Harmonie-)Erscheinungen zu beachten. Im allgemeinen klingen

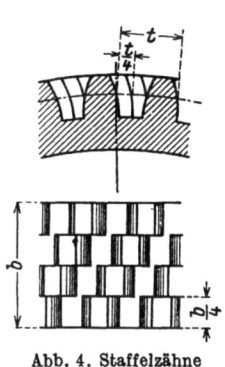

Abb. 4. Staffelzähne (aus Schiebel).

Abb. 5. Schraubenzähne (aus Schiebel).

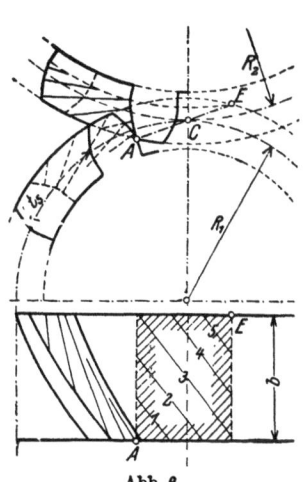

Abb. 6.
Eingriffsbild des Schraubenzahnes (aus Dubbel, Taschenbuch).

zwei Töne harmonisch, wenn das Verhältnis ihrer Frequenzen durch kleine ganze Zahlen ausgedrückt werden kann; große ganze Zahlen (z. B. 8/9) wirken disharmonisch. Werden die Zähnezahlen also in harmonischen Verhältnissen gehalten, so können **unangenehme** Geräusche vermieden werden.

Ist das Drehzahlverhältnis eine ganze Zahl, so kommen bei jeder Umdrehung des Ritzels die gleichen Zähne von Ritzel und Rad im Eingriff. Um das zu vermeiden, wird die Radzähne-

---
[1] L. 716.5.   [2] L. 716.10.

zahl um einen Zahn vermehrt oder vermindert; der Eingriff des gleichen Zähnepaares liegt dann zeitlich weit auseinander.

Schrägverzahnung. Zerlegt man den geraden Zahn der Breite nach in i gleiche Teile und versetzt diese im Teilkreis je um t/i (Abb. 4), so vergrößert sich der Eingriff eines Zahnes um den Betrag t. Die Schraubenzähne entstehen nun durch stetige Versetzung des Zahnprofiles über die ganze Breite des Rades derart, daß aus einer geraden Mantellinie des zylindrischen Rades eine Schraubenlinie mit dem unveränderlichen Steigungswinkel β entsteht (Abb. 5). Die Einwirkung zweier Zähne aufeinander beginnt im Punkte A und endet in E. Die Berührung findet bei Evolventenverzahnung in geraden Linien statt, die in Abb. 6 eingezeichnet sind. Die Dauer der Einwirkung wird um den Sprung $s = b \operatorname{ctg} \beta$ (im Wälzkreis gemessen) vergrößert; sie erfolgt also in zweifacher Weise, erstens in der Verzahnung selbst und zweitens in dem schrägen Winkel. Weil die Zähne allmählich eingreifen und immer mehrere Zähne gleichzeitig in Eingriff stehen, so werden sie nur allmählich belastet und entlastet, so daß Räder mit Schraubenzähnen einen viel ruhigeren Gang erhalten als Räder mit geraden Zähnen. Die Schrägverzahnung bietet als Hauptvorteil auch eine größere Unempfindlichkeit gegen Verzahnungsfehler, da der Eingriff nicht nur in den einzelnen Flankenpaaren, sondern auch stetig in Richtung der Zahnbreite erfolgt. Sie ist, besonders bei raschlaufenden Trieben, die bessere Verzahnung. In Abb. 7 tritt der günstige Einfluß der Schrägverzahnung gegenüber der Geradverzahnung deutlich hervor.

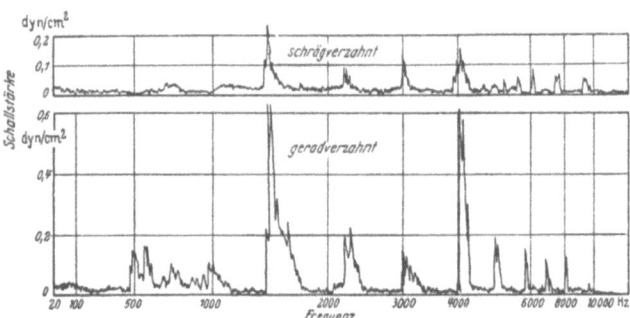

Abb. 7. Vergleich der Schallstärken bei Gerad- und bei Schrägverzahnung; $n = 1500$ C/min, $z = 30$. (Versuche von E. Graf von Soden, Friedrichshafen.)

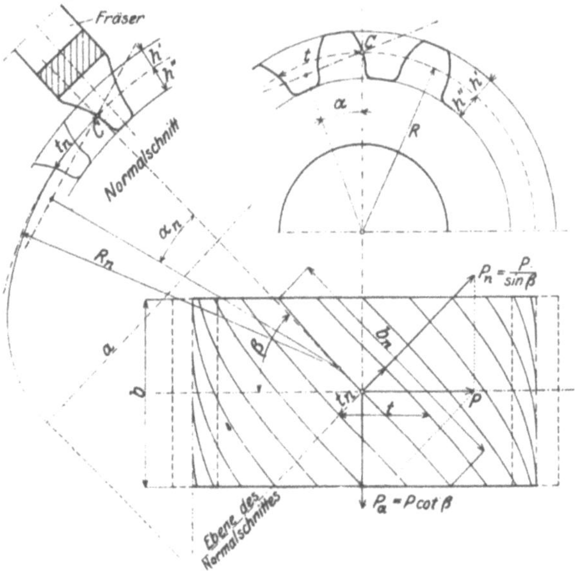

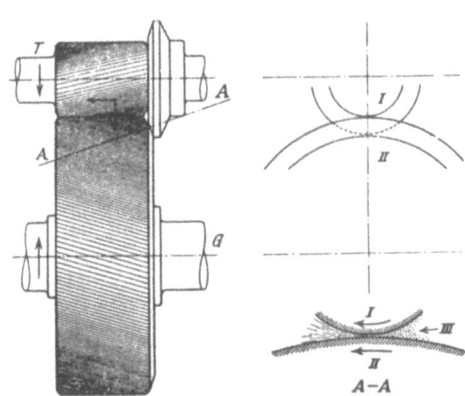

Abb. 8. Flankenermittlung des Schraubenzahnes (aus Schiebel).

Abb. 9. Zahnräder mit schrägen Zähnen und Druckausgleich durch schwach geneigte Kegelflächen (BBC). T = Treibend, G = Getrieben, I = Ritzel, II = Rad, III = Öl.

Wenn P_u die Umfangskraft ist, so wird, infolge der Schrägstellung der Zähne, die Normalkraft (Abb. 8)

$$P_n = P_u/\sin \beta \qquad (2)$$

wodurch die Zahnreibung bei sonst gleichen Verhältnissen gegenüber den geraden Zähnen um den Betrag $1/\sin \beta$ erhöht wird. Auch tritt eine axial wirkende Kraft

$$P_a = P_u \operatorname{ctg} \beta \qquad (3)$$

auf, die durch ein Längslager oder durch Pfeilzähne aufgenommen werden kann. Brown, Boveri & Co. in Baden gleicht die achsiale Kraft unmittelbar in eigenartiger Weise (Abb. 9 u. 10) so aus, daß keine Übertragung auf die Welle oder auf das Gehäuse stattfindet. Die schwach geneigten Kegelflächen, die sich nur auf einer Linie berühren, können ähnlich wie das schwach geneigte Michell-Lager große Drücke aufnehmen. Die axiale Kraft ist durch die Kleinheit der Druckfläche begrenzt.

Die Zahnschräge wird verschieden ausgeführt; der Neigungswinkel $\psi = 90 - \beta$ wechselt etwa zwischen 10 und 45°. Kleinere Zahnschräge geben kleinere axiale Kräfte; bei größerer Neigung ist der Gang ruhiger, da mehr Zähne gleichzeitig im Eingriff stehen. Die Neigung sollte jedenfalls mindestens so groß sein, daß, linear auf einer Mantellinie gemessen, mindestens zwei Zähne gleichzeitig im Eingriff bleiben.

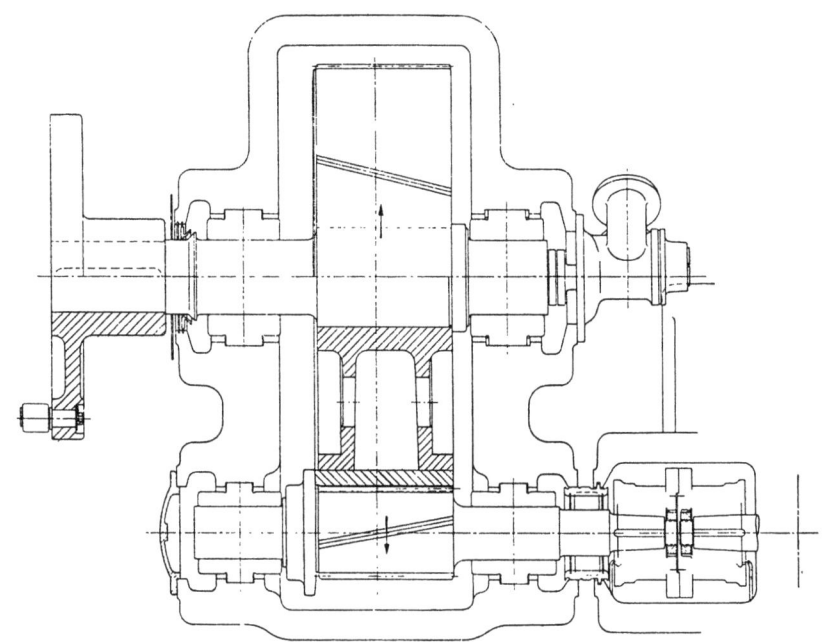

Abb. 10. Zahnradgetriebe mit Schrägverzahnung und Druckausgleich durch schwach geneigte Kegelflächen (*BBC*). Elastische Kupplung sowohl auf der Rad- wie auf der Ritzelwelle.

Die Zahnteilung t_n im Normalschnitt (Abb. 8) wird im Gegensatz zur Umfangsteilung (= Stirnteilung) t als „Normalteilung" bezeichnet:

$$t_n = t \sin \beta, \text{ resp. } m_n = m \sin \beta. \tag{4}$$

Die Normalkraft P_n (Abb. 8) beansprucht den Zahn in gleicher Weise, wie bei geraden Zähnen. Aus

$$P_n = \frac{\sigma_b}{\gamma_n} b_n t_n \tag{713.3}$$

folgt mit $P_n/b_n = P_u/b = P_1$ und t_n aus Gl. (4), ähnlich Gl. (713.9), die Gleichung für die Berechnung der Schrägverzahnung auf Festigkeit:

$$\xi P_1 = \frac{\pi \sigma_b}{\alpha_k \gamma_n} m_n \tag{5}$$

γ_n gilt für das Zahnprofil im Normalschnitt (vgl. Zahlentafel 713.1). Der Normalschnitt schneidet den Teilrißzylinder in einer Ellipse (Abb. 8), deren Halbachsen $a = \frac{R}{\sin \beta}$ und $b = R$ sind. Ihr Krümmungsradius im Punkte C:

$$R_n = \frac{a^2}{b} = \frac{R}{\sin^2 \beta} = \frac{d}{2 \sin^2 \beta} \tag{6}$$

kann angenähert als Wälzkreisradius des Normalschnittes angesehen werden. Die Zähnezahl im Normalschnitt z_n ist:

$$z_n = \frac{2 R_n}{m_n} = \frac{2 R}{\sin^2 \beta} \cdot \frac{1}{m \sin \beta} = \frac{d}{m \sin^3 \beta} = z/\sin^3 \beta. \tag{7}$$

Aus Gl. (6) folgt mit $R_n = z_n m_n/2$ und z_n aus Gl. (7) der Wälzkreisradius $R = d/2$ im Stirnschnitt:

$$R = R_n \sin^2 \beta = \frac{z_n m_n}{2} \sin^2 \beta = z m_n/2 \sin \beta. \tag{8}$$

Da $1/\sin\beta$ keine ganze Zahl ist, muß man auf ein rundes Maß für die Wälzkreisradien im Stirnschnitt verzichten. Die Achsentfernung a der Räder ist (vgl. Abb. 5):

$$a = R_1 + R_2 = \tfrac{1}{2}(z+Z)\,m = \frac{z+Z}{2\sin\beta}\,m_n. \tag{9}$$

Gleichung (714.4) für die Berechnung der größten Flächenpressung kann auch für den Normalschnitt der Schrägverzahnung verwendet werden, indem der Ritzeldurchmesser d durch $d/\sin^2\beta$ ersetzt wird:

$$(p_0/K)^2 = \frac{\xi P_1 (1+i)}{d/\sin^2\beta}. \tag{10}$$

Für Schrägverzahnung ist nach Buckingham [vgl. Gl. 713.7]:

$$P_d = \frac{A'\sin\beta}{1+\dfrac{0,24}{V}\sqrt{A'}} \quad \text{mit}\quad A' = P_1 + C\cdot e\cdot \sin^2\beta. \tag{11}$$

Für $\beta = 90° - \psi =$	70	65	60	55	50	45°
ist $\sin\beta =$	0,940	0,906	0,866	0,819	0.766	0,707
und $\sin^2\beta =$	0,884	0,821	0,750	0,671	0,587	0,500

Zahlenbeispiel 716.1. Berechnung des ξ-Wertes für das Räderpaar von Beispiel 713.1 für Schrägverzahnung mit $\psi = 30°$.

Für die ursprünglichen Abmessungen: $m = 2,5$; $z/Z = 45/180$; $d/D = 112,5/450$; $b = 51$ mm; $e = 0,004$ cm, ist

$$A' = 34,7 + 464 \cdot 0,75 = 382,7 \text{ und } \sqrt{A'} = 19,6$$

$$P_d = \frac{382,7}{1+\dfrac{0,24}{10,6}\cdot 19,6}\cdot 0,866 = 230,2 \text{ kg/cm},$$

$P_t = 34,7 + 230,2 = 264,9$ und $\xi = 264,9/34,7 = 7,6$,

gegen 10,6 bei Geradverzahnung.

Wenn Räder und Verzahnungsfehler nur halb so groß werden und die Breite nur 38 mm so ist

$$A' = 93 + 232 \cdot 0,75 = 267 \text{ und } \sqrt{A'} = 16,3$$

$$P_d = \frac{267}{1+\dfrac{0,24}{5,3}\cdot 16,3}\cdot 0,866 = 132 \text{ kg/cm}.$$

$P_t = 93 + 132 = 225$ und $\xi = 225/93 = 2,4$.

717. Herstellung der Normverzahnung.

Die Zahnprofile werden mechanisch erzeugt. Die Evolvente kann durch aufeinanderfolgende Tangenten (senkrecht zu den Profilnormalen) gezeichnet werden. Durch Parallel-

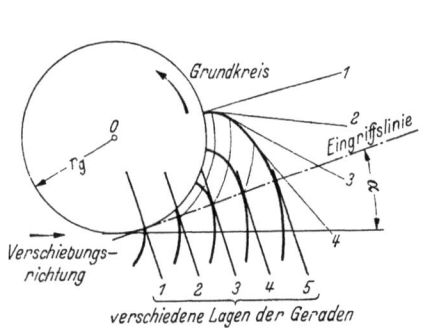

Abb. 717.1. Konstruktion der Evolvente durch aufeinanderfolgende Tangenten.

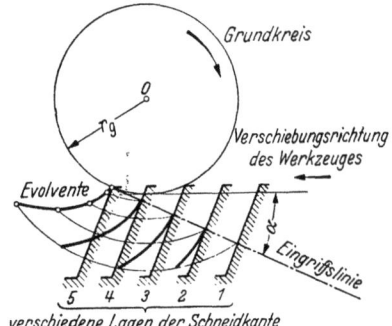

Abb. 2. Mechanische Erzeugung der Evolvente durch aufeinanderfolgende Lagen eines Schneidwerkzeuges.

verschiebung einer beliebig gerichteten Geraden und gleichzeitige Verdrehung des Grundkreises um O und um einen Bogen gleich der Entfernung der Geraden, entsteht die Evolvente aus den aufeinanderfolgenden Tangenten als Hüllkurve (Abb. 717.1). Diese Herstellungsweise bildet die Grundlage für die mechanische Erzeugung der Evolventenzähne, indem die aufeinander folgenden Lagen der Geraden als Schnitte eines Werkzeuges (Messers) aufzufassen sind (Abb. 2). Die einzelnen Schnitte müssen natürlich sehr nahe beisammen liegen, damit

717. Herstellung der Normverzahnung.

die Tangenten eine stetige Kurve und keine gebrochene Linie erzeugen. Die Gerade, auf der die Berührungspunkte liegen, ist eine Tangente an den Grundkreis; sie wird **Erzeugungs-Eingriffslinie** genannt und steht **senkrecht** zur Schneidkante des Werkzeuges. Die relative Bewegung zwischen der Geraden (dem Werkzeug) und dem Grundkreis (Zahnrad) ist eine „wälzende", nach welcher diese Herstellungsweise als **Abwälzverfahren** bezeichnet wird.

Das Werkzeug zur Herstellung der Zähne erhält grundsätzlich zwei verschieden gerichtete Schneidkanten, da **beide** Flanken der Zähne durch Abwälzen des Werkzeuges erzeugt werden müssen. Die Abb. 3 zeigt, wie zwei Zahnräder, die zusammen arbeiten sollen, erzeugt werden.

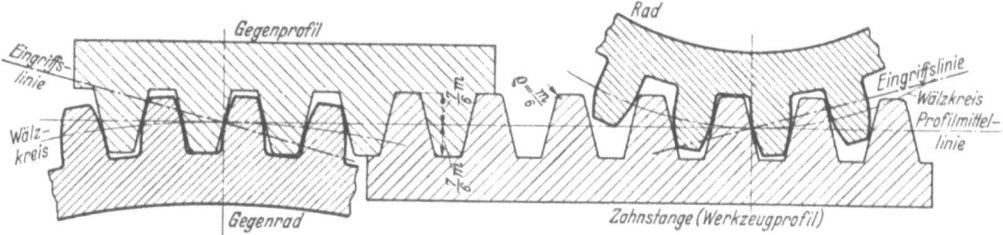

Abb. 3. Erzeugung von Rad und Gegenrad (Normverzahnung — spielfrei).

Für Rad und Gegenrad muß sich das Werkzeug in der gezeigten Weise ergänzen. Soll ein Werkzeugprofil für die Erzeugung der beiden Räder genügen, so muß Profil und Gegenprofil **genau gleich** sein, d. h. Zahnlücke und Zahn des Werkzeuges müssen genau gleiche Form haben.

Das Hobeln oder Stoßen der Zähne. Bei der Erzeugung der Evolvente durch umhüllende Schneidkanten kommt es nur auf die relative Bewegung zwischen Grundkreis des zu verzahnenden Rades und der geraden Flanke des Werkzeuges an. Man kann demnach die Evolvente auch so erzeugen, daß das Werkzeug festgehalten und das Rad in der entgegengesetzten Richtung verschoben wird. Dadurch wird die genaue Führung des Stoßwerkzeuges bedeutend erleichtert. Das ist die Grundidee der Maagschen Maschine mit der Zahnstange als Werkzeug (Abb. 4, 5).

Abb. 4. Maschine der Maag-Zahnräder-A.-G. in Zürich beim Stoßen eines Stirnrades.

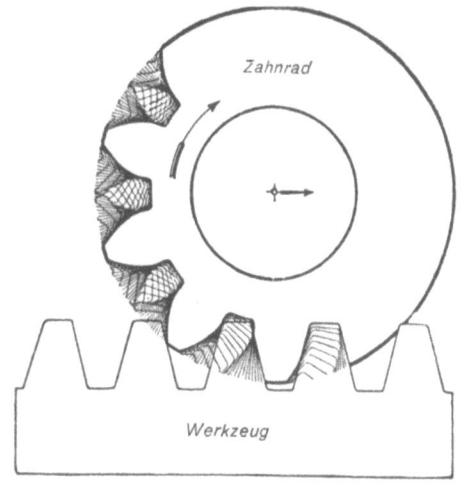

Abb. 5. Entstehen der Zahnflanken nach dem Abwälzverfahren (Maag).

Die abwälzende Bewegung zwischen Werkzeug und Werkstück wird so erzeugt, daß bei jedem Hub des Werkzeuges das Werkstück um einen kleinen Betrag gedreht und um einen entsprechenden Betrag geradlinig in Richtung der Wälzgeraden des Werkzeuges verschoben wird. Nach Beendigung der (kleinen) Wälzbewegung erfolgt (bei stillstehendem Werkstück) ein Rücklauf des Tisches um eine (oder mehrere) Teilungen. Auf diese Weise genügt ein einziger Zahn (oder mehrere Zähne) zur Fertigstellung des Werkstückes (Abb. 5).

Die Genauigkeit der erzeugten Zahnprofile hängt von der Genauigkeit der Maschine, des Werkzeuges und vom genauen Aufspannen des Werkstückes ab. Jeder Fehler in der Übertragung der Wälzbewegung zwischen Werkstück und Werkzeug macht sich beim erzeugten Zahnprofil bemerkbar. **Man kann nur dann genaue Zahnprofile herstellen, wenn die Zahnräder der Maschinen genau sind,** was durch systematische, schrittweise Verbesserungen erreicht wurde.

Um das Abheben der Zahnflanken im Betrieb zu verhindern, müssen die Räder „spielfrei" laufen; der eingreifende Zahn darf kein Flankenspiel haben. Diese Bedingung ist erfüllt, wenn **die Summe der Zahnstärken der beiden Räder (im Wälzkreis gemessen) gleich der Teilung t ist.** Der spielfreie Eingriff wird in einfachster Weise erreicht, wenn die Profilmittellinie des Werkzeuges durch den Wälzpunkt 0 der beiden Zahnräder geht (Abb. 6). Man

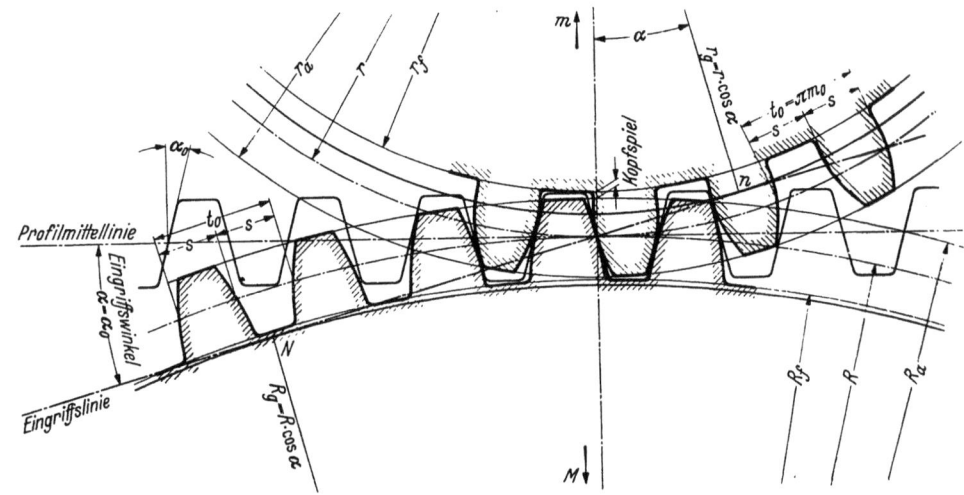

Abb. 6. Herstellung der spielfreien Normverzahnung.

erreicht damit gleichzeitig den Vorteil, daß alle in dieser Weise mit dem Werkzeug erzeugten Zahnräder den gleichen Eingriffswinkel haben, also Satzräder sind. So entsteht die „Normverzahnung" mit den genormten Kopf- und Fußhöhen (vgl. S. 383). Durch Festlegung der Abmessungen des Werkzeuges (Bezugsprofil genannt) und durch die angegebene Lage der Profilmittellinie in bezug auf die Wälzkreise, sind die Formen der Normverzahnung eindeutig bestimmt.

In einer andern Form hat die Zahnstange eine ausgedehnte Verwendung gefunden. Um an Stelle der hin- und hergehenden Bewegung der Zahnstange eine kontinuierliche Drehbewegung zu erhalten, formt man die Zahnstange derart in einen Zylinder um, daß ihre trapez-

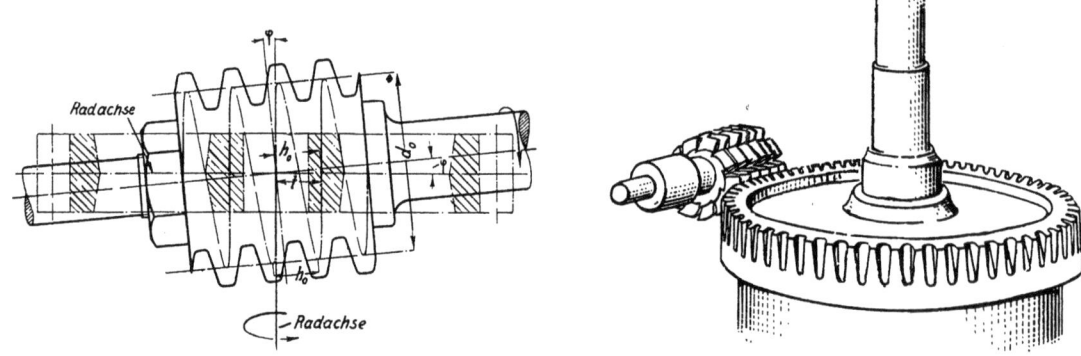

Abb. 7. Abwälzverfahren mit Schneckenfräser (aus Rötscher).

förmigen Zähne in einer Schraubenlinie verlaufen. Das Werkzeug erhält demnach die Form einer Schnecke (Abb. 7), in der Schneidflächen angebracht sind. Man bringt nun den Fräser so mit dem zu bearbeitenden Rad zusammen, daß die Schraubengänge parallel zur Radachse liegen und erteilt dem Fräser und dem Rad je eine zwangläufige Bewegung derart, daß nach einer Fräserumdrehung das Rad sich um eine Teilung weitergedreht hat. Dann räumen, wie beim Stoßverfahren, die Fräserzähne aus dem Radkranz die Lücken der Evolventenverzahnung aus.

Zwischen der Teilung t des Rades und der Ganghöhe h_0 der Fräserschnecke besteht die Beziehung (Abb. 7): $\cos \varphi = \dfrac{\text{Teilung } t}{\text{Ganghöhe } h_0}$. Auch ist: $\operatorname{tg} \varphi = \dfrac{h_0}{\pi d_0} = \dfrac{\sin \varphi}{\cos \varphi}$, so daß

$$t = \pi d_0 \sin \varphi \text{ oder } m = d_0 \sin \varphi \tag{717.1}$$

ist. Dieser Bedingung müssen die Abmessungen des Schneckenfräsers genügen, wenn er zum Schneiden einer Zahnteilung $t = \pi m$ geeignet sein soll. Der Fräser erhält schließlich noch eine Vorschubbewegung in der Richtung der Radachse zum Durchschneiden der ganzen Radbreite.

Es ist zweckmäßig, das Zahnprofil in zwei Frägängen herzustellen, so daß für den Fertigschnitt nur eine geringe Spanstärke genommen werden muß. Da bei Rädern mit großem Durchmesser und großer Zahnbreite die Zeit für den einmaligen Durchgang des Fräsers bis zu 350 Stunden betragen kann und beim Fertigschnitt eine Unterbrechung zu vermeiden ist, werden an den Fräser sehr hohe Anforderungen gestellt.

Das Abwälzverfahren ist ohne weiteres für die Herstellung von Schraubenzähnen verwendbar (Abb. 8, 9).

Abb. 8. „Maag"-Zahnradhobelmaschine bei der Herstellung von schrägen Zähnen.

Abb. 9. Herstellung der Schraubenzähne mit dem Abwälzfräser

Der Schneckenfräser wird nun so an das zu schneidende Rad angesetzt, daß seine mittlere Schraubenlinie in die Richtung der Zahnschräge fällt. Das Rad erhält nun zwei Drehbewegungen, eine im Übersetzungsverhältnis zwischen Rad und Schnecke (zum Abwälzen) und eine zweite $v = c \cdot \operatorname{tg} \varphi$ um den Fräser längs des Schraubenverlaufes durch die Radbreite zu führen (c = Vorschubgeschwindigkeit des Fräsers).

Für sämtliche Zähnezahlen derselben Teilung ist nur ein einziges Werkzeug notwendig. Die Genauigkeit der erzeugten Zahnkurve hängt vollständig von der Genauigkeit des Profils des Werkzeuges ab, so daß ein möglichst einfaches Profil erwünscht ist. Bei der Evolventenverzahnung erhält nur die Zahnstange gerade Profile. Grundsätz-

Abb. 10. Maag-Schleifmaschine.

lich kann an Stelle der Zahnstange jedes Rad mit genauer Evolventen-Verzahnung als Stoß-rad zur Herstellung von Zahnprofilen durch Abwälzen verwendet werden (Fellows Stirnrad-hobelmaschine).

Das Schleifen der Zähne. Hochbelastete Zahnräder erfordern im Einsatz gehärtete Räder. Schon kleine Ungenauigkeiten der Zahnprofile durch Härteverziehungen machen sich unangenehm (durch Geräusche) bemerkbar. Nach dem Härten werden deshalb die Zähne (nach dem Abwälzverfahren) geschliffen (Abb. 10).

Das Wälzverfahren ist nicht nur für die Herstellung von Zahnrädern geeignet, sondern läßt sich z. B. auch mit Vorteil für die Bearbeitung von Sperrädern, Kettenrädern, Keilwellen usw. verwenden. Soll das Zahnstangenprofil zur Erzeugung einer geradflankigen Keilwelle entsprechend (Abb. 11) bestimmt werden, so muß zunächst die Wälzlinie für die Erzeugung

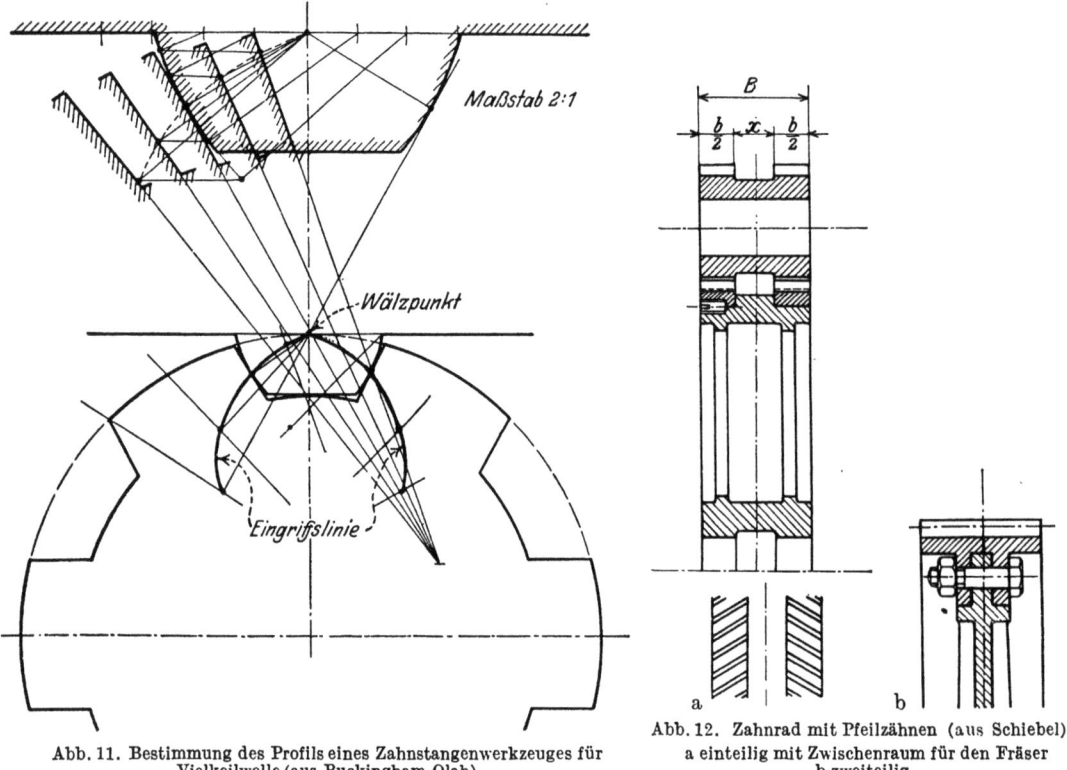

Abb. 11. Bestimmung des Profils eines Zahnstangenwerkzeuges für Vielkeilwelle (aus Buckingham-Olah).

Abb. 12. Zahnrad mit Pfeilzähnen (aus Schiebel).
a einteilig mit Zwischenraum für den Fräser
b zweiteilig.

gewählt werden, z. B. zusammenfallend mit dem Kopfkreis der Keilwelle. Nach dem allgemeinen Verzahnungsgesetz wird zuerst die Eingriffslinie konstruiert um festzustellen, ob bei der frei gewählten Wälzlinie ein vollkommener Eingriff der Zähne des Werkzeuges und des Werkstückes der Keilwelle) möglich ist. Gäbe es nämlich zwischen Kopf- und Fußkreis einen mit der Keilwelle konzentrischen Berührungskreis als Eingriffslinie, so wäre eine korrekte Erzeugung nicht möglich (vgl. Abb. 711.4); in diesem Fall müßte eine andere Wälzlinie gewählt werden. Aus der Eingriffslinie wird das Zahnstangenprofil ermittelt; die Konstruktion ist im oberen Teil der Abbildung in doppeltem Maßstab dargestellt und zeigt die Profilform des Abwälzfräsers.

Pfeilverzahnung mit den beiden gleichen und entgegengesetzten Zahnschrägen ist günstig, weil das Achsiallager überflüssig wird. Sie kann (wegen des erforderlichen Auslaufes des Werkzeuges) nur durch Einschalten eines Zwischenraumes x zwischen beiden Schrägen (Abb. 12a) oder durch Zweiteilung der Räder, die in entgegengesetzter Richtung geschnitten sind (Abb. 12b), oder auch durch Unterbrechung der Zahnflanken in der Pfeilspitze und Versetzung um $t/2$ (Wüest-Verzahnung) hergestellt werden. Ihre genaue Herstellung ist besonders schwierig, weil die beiden Schrägen genau gleich und die Zähne in den beiden Hälften gleichzeitig auf der ganzen Breite aufliegen sollten. Die Erfahrung zeigt, daß dies praktisch schwer erreichbar ist. Kleine Abweichungen (die auch bei guten Ausführungen nicht immer zu vermeiden sind) haben zur Folge, daß die Lage der Pfeilräder nicht eindeutig festgelegt ist. Das Ritzel pendelt dann hin und her und verursacht bei hohen Drehzahlen erst recht starke

Geräusche. Die nächste Verbesserung brachte die Böttcher-Verzahnung[1], auch als Bogenverzahnung bekannt. Sie ersetzt den Pfeil durch einen stetigen Bogen. Bei der Herstellung der Zahnflanken nach dem Wälzverfahren sind grundsätzlich drei unabhängige Bewegungen notwendig:

1. Die Schabbewegung des Werkzeuges (Hobeln, Stoßen, Fräsen),
2. die gegenseitige Wälzbewegung von Werkstück und Werkzeug, und
3. eine Schaltbewegung beim Übergang von einer Zahnflanke zur nächsten.

Beim neuen Verfahren, das sich besonders bei der Bearbeitung von Kegelrädern eingeführt hat (Böttcher, Monnert, Reinecker, Brandenberger) erfolgt die zweitgenannte Bewegung (also das Abwälzen) so langsam, daß vom Beginn bis zum Ende der Verzahnung nur eine einzige Wälzung stattfindet. Die Hauptbewegung des kreisenden Schabwerkzeuges erzeugt in stetigem Schnitt die Bogenform eines Zahnes, überspringt dann mehrere Zähne und kehrt erst nach n Umdrehungen wieder zu ihrem Ausgangspunkt zurück. Die Maschine hat grundsätzlich drei Messer, eines zum Vorschruppen und je eines zur Bearbeitung der beiden Flanken eines Zahnes.

Die Bogenverzahnung hat gegenüber der Pfeilverzahnung

Abb. 13. Forster-Maschine.

Abb. 14. Forster Zahnräder.

den Vorteil des genauen und dadurch geräuschlosen Ausgleiches der Achsialkraft. Sie verbindet mit der Geräuschlosigkeit den Vorteil einer höheren Belastbarkeit; die Räder werden im allgemeinen kleiner, leichter und dadurch billiger. Die Bogenverzahnung wird sich in erster Linie beim Leichtbau (Automobil- und Flugzeugbau) einführen.

Bis vor kurzem fehlte eine leistungsfähige Maschine für die Herstellung der Bogenverzahnung bei Stirnrädern. Die Maschine von Ing. A. Forster in Mailand (Abb. 13) ist einfach in der Bedienung, arbeitet sehr rasch und ruhig und benötigt sehr wenige und einfache Werkzeuge. Sie ist deshalb die einzige Maschine, die auch für die Bearbeitung von sehr harten Werkstoffen (ohne nachträgliches Härten und Schleifen) geeignet ist. Ing. Forster begrenzt außerdem den Eingriff auf die unmittelbare Nähe des Wälzkreises, die Zahnhöhe wird also sehr kurz gemacht (Abb. 14), so daß die gleitende Reibung fast vollständig vermieden wird. Der Wirkungsgrad solcher Räder muß deshalb besonders hoch sein, was bei der Übertragung von großen Leistungen von besonderem Vorteil ist.

Auf Grund der genannten Vorteile kann die Forster-Maschine vielleicht die Zahnradmaschine der Zukunft werden.

Grenzzähnezahl für Unterschnittfreiheit. Bei der Herstellung der Zähne nach dem Wälzverfahren werden die Fußprofile durch die äußerste Schneidkante des Werkzeuges geschnitten.

Die Kopfgerade des Werkzeuges schneidet die Eingriffslinie in N' (Abb. 15). Liegt dieser Punkt außerhalb des Endpunktes n der Evolvente, so wird das Fußprofil „unterschnitten". Bei den vollständig geraden Schneidflanken des Fräsers wird das Fußprofil unnötig weit ausgeräumt, weil die Fräserkopfhöhe gleich $1\tfrac{1}{6} m$ ist, während die Kopfhöhe des Gegenrades nur gleich m ist. Man kann das Unterschneiden etwas mildern, indem die Kopf-

---

[1] DRP. 312 859, November 1909 und DRP. 319 173, März 1912.

höhe des geraden Teiles des Fräsers gleich m gemacht und die Spitze abgerundet wird. Die Grenze der Unterschnittfreiheit ist erreicht, wenn die Begrenzung der geraden Schneidkante durch den Grundkreispunkt n geht, also für $m = r \sin^2 \alpha = \frac{1}{2} z_0 \cdot m \sin^2 \alpha$, d. h. für die **Grenzzähnezahl**

$$z_0 = 2/\sin^2 \alpha \,. \tag{2}$$

Für $\alpha = 15°\ (20°)$ ist $z_0 = 30\ (18)$.

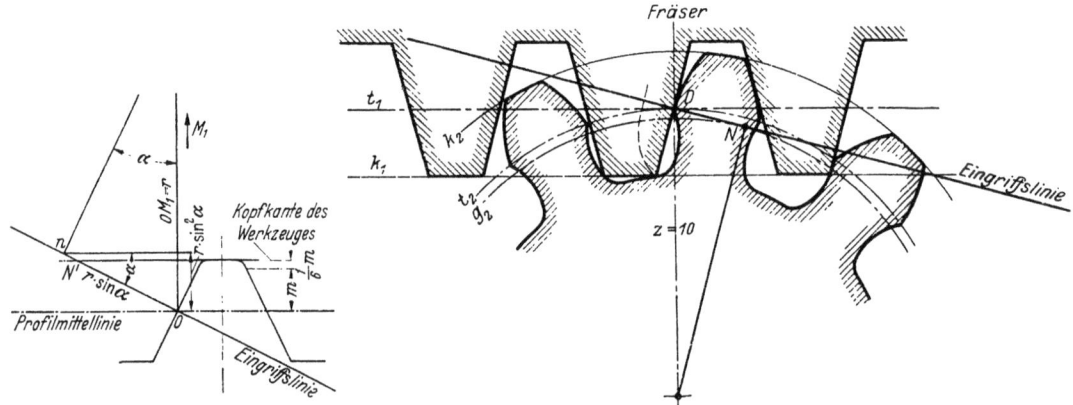

Abb. 15. Grenzbedingung für Unterschnittfreiheit.

Abb. 16. Unterschneiden der Zähne bei kleiner Zähnezahl.

Bei sehr kleinen Zähnezahlen wird das Unterschneiden bei der 15° Normverzahnung so stark, daß der Zahnfuß erheblich geschwächt wird; das Werkzeug schneidet außerdem ein Stück der Evolvente weg (Abb. 16) und kürzt damit die Eingriffstrecke und die Überdeckung ε.

718. Günstigste Zahnformen (korrigierte Verzahnung).

Die Verwendung der rasch laufenden Elektromotoren und der Dampfturbinen als Antriebsmaschinen erforderte (für die großen Übersetzungsverhältnisse) dringend geeignetere Zahnformen für kleine Zähnezahlen. In den technischen Zeitschriften zwischen 1895 und 1905 sind dann auch wiederholt Verbesserungsvorschläge gemacht worden, um die Schwächung des Zahnfußes zu vermeiden. Von diesen Vorschlägen (die als „korrigierte" Verzahnung bekannt sind) haben zwei weite Verbreitung gefunden.

Aus Gl. (717.2) folgt, daß die unterschnittfreie Grenzzähnezahl z_0 mit zunehmendem Eingriffswinkel α abnimmt; man hat deshalb die früher gebräuchliche 15°-Normverzahnung durch die 20°-Normverzahnung ersetzt; Kopf- und Fußhöhen blieben aber unverändert.

Aus Abb. 712.6 folgt, daß die Kopfhöhe des kleinen Rades viel größer sein darf als die Kopfhöhe des großen, ohne Gefahr zu laufen, daß die Evolventenpunkte N resp. n am Grundkreis in Eingriff kommen. Man kann also (abweichend von der Normverzahnung) die Kopfhöhen der beiden Räder verschieden groß machen. Dieser Vorschlag stammt von Ing. O. Lasche[1] und wird AEG.-Korrektur genannt. Sie ist dadurch gekennzeichnet, daß die Summe der Kopfhöhen der beiden Räder $(k + K)$ normal gleich $2\,m$ gemacht wird. Diese Korrektur bietet neben der günstigeren, unterschnittfreien Zahnform noch den Vorteil, daß die Achsentfernung beider Räder die gleiche ist wie bei der Normverzahnung. Die AEG.-Korrektur kann nur bei Übersetzungen, die verschieden von 1 sind, verwendet werden, wenn die Zähnesumme beider Räder größer als die doppelte Grenzzähnezahl z_0 ist, denn nur dann kann die Zahnform des kleinen Rades ohne Schaden für das große Rad verbessert werden.

Die Herstellung „korrigierter" Verzahnung mit normalen Werkzeugen nach dem Abwälzverfahren wurde im Jahre 1908 zum erstenmal in der deutschen Literatur beschrieben[2]. Allgemeiner wurde das Verfahren erst durch die grundlegende Arbeit von M. Fölmer[3] bekannt. Bei der Erzeugung der Normverzahnung rollt der Wälzkreis des Rades auf der Profilmittellinie des Werkzeuges ab (Abb. 717.3 u. 6). Laufwälzkreis und Erzeugungswälzkreis fallen also bei der Normverzahnung zusammen. Man kann aber grundsätzlich irgendeine Gerade (parallel zur Profilmittellinie) als Erzeugungsgerade und irgend einen Kreis als Erzeugungswälzkreis für die Herstellung der Evolvente verwenden. Verschiebt man die Erzeugungsgerade in Richtung der Kopfkante des Werkzeuges um den Betrag $x \cdot m$ (positive Verschiebung,

---

[1] L. 718.1.   [2] L. 718.2.   [3] L. 718.3.

718. Günstigste Zahnformen (Korrigierte Verzahnung).

Abb. 718.1), so erhält man (da das Fußprofil kürzer wird) eine bessere (unterschnittfreie) Zahnform. Durch geeignete Wahl der Profilverschiebungen ($x \cdot m$ resp. $X \cdot m$) und der Erzeugungswälzkreise können mit dem vorhandenen, genormten Werkzeug gesunde Zahnformen (mit einem beliebigen Eingriffswinkel α) hergestellt werden.

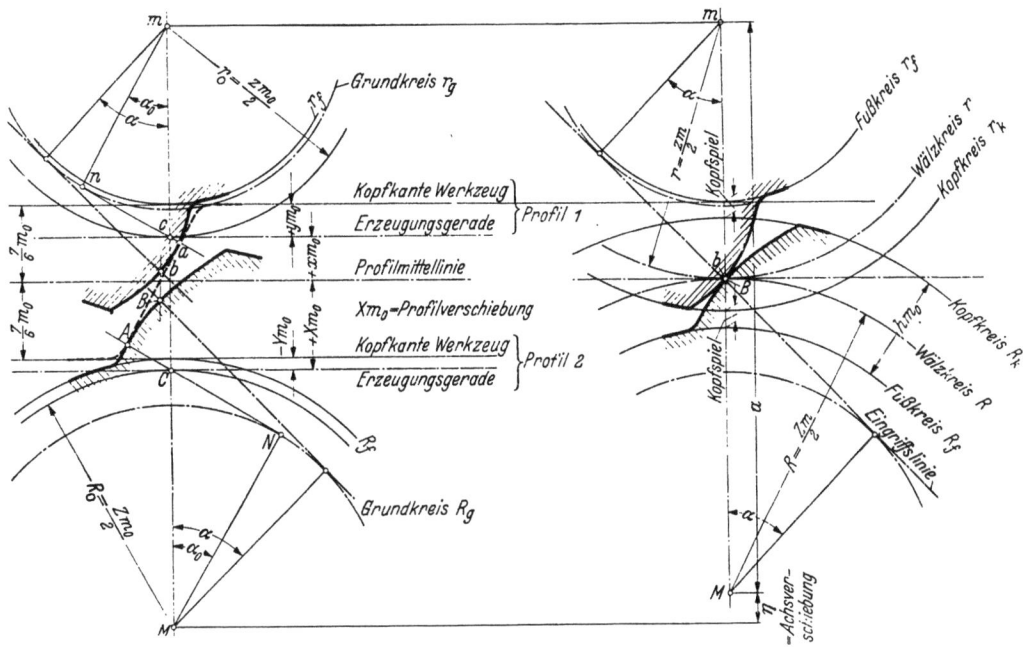

Abb. 718.1   Abb. 2
Abb. 1 und 2. Erzeugung und Zusammenbau einer spielfrei korrigierten Verzahnung.

Einige Schwierigkeit macht dabei allerdings die Bedingung des spielfreien Eingriffes (Abb. 2). Da die Wälzkreise (Teilkreise) der Zahnräder nicht mehr an der gleichen Stelle der Schnittgeraden abwälzen, ist die Teilung der Räder auf den Laufwälzkreisen gemessen (Laufmodul m) bei spielfreier Verzahnung verschieden von der Teilung des Werkzeuges (Werkzeugmodul m_0). Bei spielfreier Verzahnung ist die Summe der Zahnstärken im Laufwälzkreis (= Teilkreis) gemessen, gleich der Teilung:

$$s + S = \pi \cdot m. \qquad (718.1)$$

Für das zahnstangenförmige Werkzeug (Abb. 3) ist die Lückenweite in der Entfernung $+ x \cdot m_0$ von der Profilmittellinie:

$$s_x = m_0 \pi/2 + 2 x m_0 \operatorname{tg} \alpha_0 = m_0[\pi/2 + 2 x \operatorname{tg} \alpha_0] \qquad (2)$$

Das ist aber auch die Zahndicke eines Rades, dessen Erzeugungs-Wälzkreis auf dieser Geraden (in der Entfernung $+ x m_0$ von der Profilmittellinie) abwälzt. Aus dieser nun

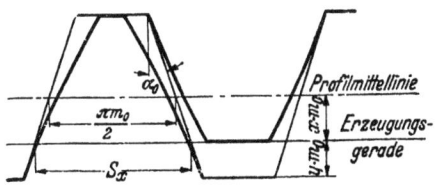

Abb. 3. Erzeugung korrigierter Verzahnung.

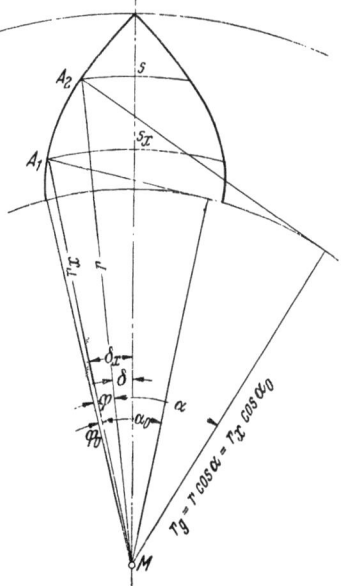

Abb. 4. Zur Berechnung der Zahnstärke an verschiedenen Stellen.

bekannten Zahndicke kann die Zahnstärke an irgendeiner anderen Stelle (z. B. auf dem Laufwälz- = Teilkreis) berechnet werden, da die Zahnflankenform (als Evolvente) bekannt ist.

Bei einem Evolventenzahn (Abb. 4) sind also Zahnstärke s_x und Winkel α_0 für den Erzeugungswälzkreis mit dem Radius $r_x = z m_0/2$ bekannt, während die entsprechenden Werte s

und α für den Laufkreis mit $r = zm/2$) zu berechnen sind. Zunächst ist der Grundkreisradius des Rades

$$r_g = r \cos\alpha = r_x \cos\alpha_0 \qquad (712.2)$$

Dann folgt aus der Abbildung:

$$\delta_x = s_x/2r_x \quad \text{und} \quad \delta = s/2r = \delta_x - (\varphi - \varphi_0), \qquad (718.3)$$

so daß

$$s = \frac{r}{r_x} \cdot s_x + 2r(\varphi_0 - \varphi) \qquad (4)$$

ist. Da $r/r_x = m/m_0$ und $2r = z \cdot m$ ist, wird mit dem Wert von s_x aus Gl. (2):

$$s = m\left(\frac{\pi}{2} + 2x\,\mathrm{tg}\,\alpha_0\right) + zm(\varphi_0 - \varphi). \qquad (5)$$

Ebenso ist beim zweiten Rad:

$$S = m\left(\frac{\pi}{2} + 2X\,\mathrm{tg}\,\alpha_0\right) + Zm(\varphi_0 - \varphi). \qquad (5a)$$

Durch Addition erhält man mit Gl. (1):

$$s + S = \pi \cdot m = m[\pi + 2(x + X)\,\mathrm{tg}\,\alpha_0 + (z + Z)(\varphi_0 - \varphi)]$$

oder

$$x + X = \frac{z + Z}{2\,\mathrm{tg}\,\alpha_0}(\varphi - \varphi_0) \qquad (6)$$

d. i. die zuerst von Fölmer veröffentlichte Bedingungsgleichung für den spielfreien Gang.

Mathematisch spielfreie Zähne würden klemmen; es muß mindestens soviel Flankenspiel vorhanden sein, wie bei einem Laufsitz. Auch wegen der ungleichen Erwärmung der beiden Räder im Betrieb (vgl. Abschn. 717) ist Flankenspiel im kalten Zustand erforderlich. Diese Faktoren müssen von Fall zu Fall besonders untersucht werden. Das erforderliche Flankenspiel bedingt eine Verminderung der Zahnstärke, also eine zusätzliche negative Profilverschiebung v für beide Räder. Da das Flankenspiel s_f in Richtung der Profilnormalen (Eingriffslinie) gemessen wird (vgl. Abb. 711.5), und sich auf 2 Flankenpaare = 4 Flanken verteilt, ist $v = s_f/4 \sin\alpha_0$. Für $\alpha_0 = 15°$ ist $4 \sin\alpha_0 \approx 1$ und $v \approx s_f$.

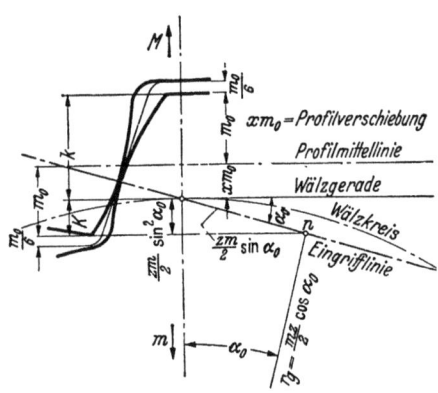

Abb. 5. Unterschnittfreie AEG.-Korrektur.

Aus Gl. (6) kann die Summe $(x + X)$ berechnet werden, sobald z, i, φ und φ_0 (resp. α_0) bekannt sind. Für die Herstellung der Zähne muß außerdem die Profilverschiebung für jedes Rad bekannt sein, d. h. die Summe muß in zwei Teile x und X zerlegt werden. Da das Drehzahlverhältnis i vorgeschrieben und für das normale Werkzeug α_0 (resp. φ_0) bekannt sind, dürfen von den vier Unbekannten x, X, z und α resp. φ, drei beliebig gewählt oder durch andere Beziehungen zwischen diesen Größen festgelegt werden. Es sind also immer verschiedene Lösungsmöglichkeiten vorhanden, aus welchen die „günstigsten" Zahnformen mit Rücksicht auf Festigkeit, Abnutzung, geräuschlosen Gang, usw. auszuwählen sind.

Für die Normverzahnung ist $x = X = 0$ und $\alpha = \alpha_0$ und für die AEG.-Korrektur (Abb. 5) $x + X = 0$ und $\alpha = \alpha_0$.

Wenn ein Rad mit z-Zähnen ($z < z_0$) nach der AEG.-Korrektur unterschnittfrei hergestellt werden soll, so findet man die erforderliche Profilverschiebung x wieder aus der Überlegung, daß Unterschnittfreiheit vorhanden ist, wenn die Kopfkante des Werkzeuges gerade durch den Grundkreispunkt n geht. Aus Abb. 5 folgt

$$K = m_0(1 - x) = \frac{zm_0}{2} \cdot \sin^2\alpha_0$$

und mit Gl. (717.2):

$$1 - x = z/z_0 \qquad (7)$$

Für die AEG.-Korrektur werden die Kopfkreisdurchmesser

$$d_a = m(z + 2 + 2x) \quad \text{und} \quad D_a = m(Z + 2 - 2x) \qquad (8)$$

718. Günstigste Zahnformen (Korrigierte Verzahnung).

und die Überdeckung (in ähnlicher Weise wie bei der Normverzahnung abgeleitet) ist:

$$\varepsilon = \frac{1}{2\pi}\left[\sqrt{\left(\frac{z+2+2x}{\cos\alpha}\right)^2 - z^2} + \sqrt{\left(\frac{Z+2-2x}{\cos\alpha}\right)^2 - Z^2} - (z+Z)\operatorname{tg}\alpha\right]. \tag{9}$$

Zur vollständigen Bestimmung der Zahnräder muß noch die Zahnhöhe berechnet werden, die vom Kopfspiel abhängt, das vorhanden ist, wenn die Räder ohne Flankenspiel zusammengelegt werden. Aus Abb. 2 folgt die geometrische Beziehung für die Achsentfernung:

$$a = r_f + R_k + \text{Kopfspiel} = \frac{z+Z}{2}m = r + R. \tag{10}$$

Mit $m\cos\alpha = m_0\cos\alpha_0$, (Gl. 712.2) wird bei spielfreiem Eingriff

$$a = m_0\frac{z+Z}{2}\cdot\frac{\cos\alpha_0}{\cos\alpha}. \tag{11}$$

Wird die Achsentfernung bei gegebenen Zähnezahlen vorgeschrieben, so ist der Eingriffswinkel aus dieser Gleichung eindeutig bestimmt.

Das Kopfspiel, das bei der Normverzahnung $1/6$ Modul $= 1/13$ der Zahnhöhe beträgt, kann nach den Deutschen Normen bei der korrigierten Verzahnung zwischen 0,1 und 0,3 m_0 gewählt werden. Schiebel schlägt $1/6\, m_0$ Buckingham $1/5\, m_0$ oder $1/10$ der Zahnhöhe vor.

Setzt man die aus Abb. 1 folgenden geometrischen Beziehungen:

$$r_f = r_0 - y\cdot m_0 = \left(\frac{z}{2} - y\right)m_0 \tag{12}$$

und

$$R_k = R_f + h\cdot m_0 = R_0 - Y\cdot m_0 + h\cdot m_0\left(= \frac{Z}{2} - Y + h\right)m_0, \tag{13}$$

(worin $y = 7/6 - x$ und $Y = 7/6 - X$ sind) in Gl. (10) ein, so erhält man (mit Gl. (11)) eine Gleichung für die Zahnhöhe, die je nach Wahl des Kopfspieles andere Zahlenwerte enthält. Mit dem Wert von Schiebel (Kopfspiel $= 1/6\, m_0$) ist

$$hm_0 = \left[\frac{13}{6} + \frac{z+Z}{2}\left(\frac{\cos\alpha_0}{\cos\alpha} - 1\right) - (x+X)\right]m_0. \tag{14}$$

Die Kopfhöhe (und damit die Überdeckung) ist immer kleiner als bei der Normverzahnung.

Der untere Grenzwert des Fußkreisradius $(r_f)_{\min}$ kann z. B. durch die Unterschnittfreiheit festgelegt werden. Aus Abb. 717.15 folgt, daß

$$(r_f)_{\min} = r_0\cos^2\alpha_0 - m_0/6 = \left(\frac{z}{2}\cos^2\alpha_0 - \frac{1}{6}\right)m_0 \tag{15}$$

ist, wenn ein Kopfspiel von $m_0/6$ angenommen wird. Bei kleiner Zähnezahl wird der Außendurchmesser durch das Spitzwerden der Zähne begrenzt. Der Spitzenradius folgt aus Gl. (4), für $s = 0$, also für

$$\varphi_s - \varphi_0 = \frac{s_x}{2r_x}. \tag{16}$$

Da s_x und r_x bekannt sind (vgl. Abb. 3), kann aus Gl. (16) der Wert φ_s und (mit Zahlentafel 712.1) α_s berechnet werden; der Spitzenradius folgt dann aus Gl. (712.2).

Die Anforderungen, die heute an die Zahnräder gestellt werden, sind oft so groß, daß sie nur mit einer geeigneten (oft von der Normverzahnung abweichenden) Zahnform eingehalten werden können. Bei den meisten Getrieben werden die Räder nur paarweise (als Rad und Gegenrad) verwendet; eine Austauschbarkeit im Sinne der Satzräder kommt nicht in Frage. Da jeder beliebige (zwischen Grund- und Kopfkreis konzentrisch liegende) Kreis als Wälzkreis bei der Erzeugung und beim Lauf dienen kann, gestattet die Evolvente eine sehr große Zahl von Zahnformen. Von Fall zu Fall kann man daraus die am besten geeignete Form auswählen.

Günstigste Zahnformen. Anfänglich begnügte man sich mit einer Zahnkorrektur, bei der das Unterschneiden der Fußprofile gerade vermieden war. Man nützte die Evolvente also bis zum Grundkreis aus und erreichte so die größtmögliche Überdeckung. Ing. Max Maag (Gründer der Maag-Zahnräder A.-G. in Zürich) hat wohl zuerst die großen Vorteile der Zahnkorrekturen bei Verwendung eines normalen Werkzeuges praktisch verwirklicht. Das Maag-Verfahren wird streng geheim gehalten; nie erfolgte eine Veröffentlichung der Berechnungsgrundlagen. Nur in zwei Vorträgen, am 20. April 1917 im Techn. Verein Winterthur „Die Maag-Zahnräder und ihre Bedeutung für die Maschinenindustrie" und am 11. Oktober 1926 in Wien „Die Maag-Zahnräder, und die Mittel zu ihrer Herstellung" hat M. Maag darüber berichtet. Aus diesen Vorträgen geht hervor, daß bei der Maag-Verzahnung bewußt auf die Satzrädereigenschaft verzichtet wird um von Fall zu Fall die „günstigsten" Zahnformen wählen zu können.

Die „günstigste" Zahnform kann nicht in einfacher Weise und auch wohl nicht eindeutig festgelegt werden. Es spielen dabei verschiedene Bedingungen mit, die sich zum Teil widersprechen. Günstigere Zahnformen als bei der Normverzahnung werden bei kleinen Zähnezahlen dann erreicht, wenn das Unterscheiden vermieden wird; aber damit ist sicher noch nicht die beste Zahnform gefunden. Nicht alle Teile der Evolvente sind für die Verzahnung gleich günstig. Die Evolvente hat in der Nähe des Grundkreises einen sehr kleinen und rasch sich ändernden Krümmungsradius (Abb. 712.1). Die genaue Herstellung derart empfindlicher Kurven ist außerordentlich schwierig. Das wirksame Profil der Evolventen-Verzahnung soll sich daher (wenn möglich) nicht in die nächste Umgebung des Grundkreises erstrecken, wodurch aber Eingriffstrecke und Überdeckung gekürzt werden. Bei der Normverzahnung führt das zu Rädern mit Zähnezahlen, die bedeutend über der Grenzzähnezahl für Unterschnittfreiheit liegen. Die gleiche Schlußfolgerung folgt auch aus der Berechnung der Flächenpressungen an den Berührungsstellen (vgl. S. 396) und aus der Untersuchung der günstigsten Gleitverhältnisse (S. 401).

A. Schiebel wählte z. B. für die günstigste Zahnform gleiche Zahnstärke im Fußkreis der beiden Räder, damit die Bruchgefahr für beide Zähne gleich ist, was z. B. für langsam laufende Räder einer Werkzeugmaschine zweckmäßig sein kann.

Bei der Herstellung der korrigierten Verzahnung mit dem Abwälzfräser wälzt der eigentliche Fräserteilriß nicht mehr auf dem Teilkreis des zu fräsenden Rades ab, sondern eine weiter nach innen (oder nach außen) verschobene Linie übernimmt die Rolle des Teilrisses. Dort ist aber der Steigungswinkel der Schnecke anders als im Teilriß, so daß etwas verzerrte Zahnprofile und keine mathematisch genaue Evolventen erzeugt werden. Um diesen Profilfehler so klein als möglich zu halten, macht man den Steigungswinkel φ der Schnecke und x klein.

Das Maagsche Herstellungsverfahren mit der Zahnstange als Werkzeug kennt diese Einschränkung nicht. Da alle Punkte der Zahnstange sich mit gleicher Geschwindigkeit fortbewegen, so besteht auch dann ein richtiger Eingriff, wenn die Wälzbahn nicht mit der Profilmittellinie zusammenfällt.

Zahlenbeispiel 718.1. Für ein langsamlaufendes Getriebe einer Werkzeugmaschine ist für Übersetzung 1:1 mit $z = 11$ Zähnen eine geeignete Zahnform festzulegen, die mit dem normalen Werkzeug $\alpha_0 = 15°$ (resp. 20°) hergestellt werden kann.

Für $\alpha_0 = 15°$ ist $\sin \alpha_0 = 0{,}258819$, $\cos \alpha_0 = 0{,}965926$, $\mathrm{tg}\, \alpha_0 = 0{,}267949$ und $\varphi_0 = 0{,}006150$.
  $20°$ $= 0{,}342020$ $= 0{,}939693$ $= 0{,}363970$ $= 0{,}014904$.

Aus Gl. 717.2 folgt der kleinste Eingriffswinkel: $\sin^2 \alpha \geq 2/11 = 0{,}181818$, zu $\alpha \geq 25°$.

Um die ungünstigen Teile der Evolvente in der Nähe des Grundkreises auszuschalten, wird α zu $27°$ gewählt, so daß $\varphi = 0{,}038286$ ist (Zahlentafel 712.1). Durch die Wahl von α ist auch die Achsentfernung festgelegt, nämlich mit Gl. (11) und $z = Z = 11$:

$$\frac{a}{m_0} = \frac{z \cos \alpha_0}{\cos \alpha} = 11{,}925 \quad (11{,}601).$$

Der Laufmodul m folgt aus Gl. (712.2):

$$\frac{m}{m_0} = \frac{\cos \alpha_0}{\cos \alpha} = 1{,}084 \quad (1{,}055)$$

und der Laufwälzkreisradius

$$\frac{r}{m_0} = \frac{z\, m}{2\, m_0} = 5{,}962 \quad (5{,}802).$$

Aus Gl. (6) für den spielfreien Gang folgt mit $z = Z$ und $x = X$:

$$x = \frac{z}{2\, \mathrm{tg}\, \alpha_0} (\varphi - \varphi_0) = 0{,}6597 \quad (0{,}3533).$$

Die Zahndicke im Erzeugungswälzkreis gemessen ist (Gl. 2)

$$\frac{s_x}{m_0} = \left(\frac{\pi}{2} + 2\, x\, \mathrm{tg}\, \alpha_0\right) = 1{,}924 \quad (1{,}828).$$

Die Zahnhöhe (Gl. 14):

$$h = \frac{13}{6} + z\left(\frac{\cos \alpha_0}{\cos \alpha} - 1\right) - 2\, x = 1{,}772 \quad (2{,}063).$$

718. Günstigste Zahnformen (Korrigierte Verzahnung).

Der Fußkreisradius (Gl. 12), da $y = \frac{7}{6} - x$ ist:

$$\frac{r_f}{m_0} = \left(\frac{z}{2} - \frac{7}{6} + x\right) = 4{,}993 \; (4{,}687).$$

Der Kopfkreisradius $r_k = r_f + h \cdot m_0 = 6{,}765 \, m_0 \; (6{,}748 \, m_0)$, (Abb. 6).
Das Überdeckungsverhältnis folgt aus Gl. 712.7 mit $z = Z$ zu

$$\varepsilon = \frac{kK}{\mathrm{tg}} = \frac{2\sqrt{r_k^2 - r_g^2} - 2\, r \sin \alpha}{\pi \, m_0 \cos \alpha_0} = 0{,}98 \; \text{(resp. } 1{,}15\text{)}.$$

Es ist kleiner als bei der Normverzahnung und kann durch eine kleinere Korrektur ($\alpha = 25°$) vergrößert werden.

Zahlenbeispiel 2. Wie groß ist γ für die in Beispiel 718.1 berechnete, korrigierte Verzahnung?

Zuerst muß die Zahnform, maßstäblich und in ausreichender Größe, gezeichnet werden. Es genügt dazu die Zahnstärken im Grund-, Laufwälz- und Kopfkreis zu kennen. Aus Abb. 713.2 folgt:

1. Die Zahnstärke im Grundkreis:

$$\widehat{GG} = 2\, \varphi_s\, r_g. \qquad \text{(a)}$$

Der Grundkreisradius ist bekannt:

$$r_g = r_x \cos \alpha_0 = \frac{z\, m_0}{2} \cdot \cos \alpha_0 \qquad (712.4)$$

($m_0 =$ Werkzeugmodul, $\alpha_0 =$ Erzeugungs-Eingriffswinkel)

$r_g/m_0 = 5{,}5 \cos 15 = 5{,}3126$ resp. $5{,}5 \cos 20 = 5{,}1683$.

Der Winkel φ_s folgt aus der geometrischen Beziehung (Abb. 713.2):

$$\frac{t}{2} = \frac{\pi}{2} m = 2 \frac{z}{2} (\varphi_s - \varphi) m, \quad \text{oder} \quad \varphi_s = \frac{\pi}{2z} + \varphi, \qquad \text{(b)}$$

$m =$ Laufmodul.

φ (für den Laufwälzkreis) folgt aus dem Laufeingriffswinkel $\alpha = 27°$ mit Zahlentafel 712.1 zu $\varphi = 0{,}03829$

$$\varphi_s = \frac{\pi}{22} + \varphi = 0{,}14280 + 0{,}03829 = 0{,}18109.$$

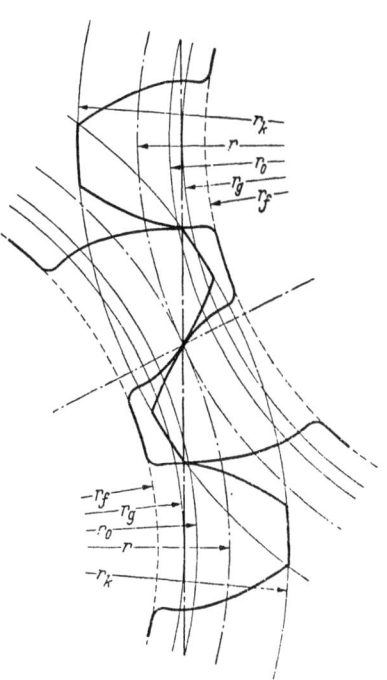

Abb. 6. Zum Zahlenbeispiel 718.1. $z = Z = 11$. $\alpha_0 = 15°$, resp. $\alpha_0 = 20°$.

2. Die Zahnstärke im Laufwälzkreis:

$$\widehat{LL} = \frac{t}{2} = \frac{m\pi}{2} = \frac{m_0 \pi}{2} \frac{\cos \alpha_0}{\cos \alpha} = 1{,}702875 \, m_0 \quad \text{resp.} \quad 1{,}656588 \, m_0 \qquad \text{(c)}$$

3. Die Zahnstärke im Kopfkreis:

$$\widehat{KK} = 2\, (\varphi_s - \varphi_k)\, r_k. \qquad \text{(d)}$$

Der Winkel φ_k folgt aus α_k, der aus Gl. (712.4) berechnet werden kann. Der Kopfkreisradius ist aus Beispiel 718.1 bekannt:

$r_k/m_0 = 6{,}765$ resp. $6{,}748$.

Die Tangenten in diesen Punkten stehen senkrecht zu den Tangenten an den Grundkreis, so daß die Evolvente genau gezeichnet werden kann. Den

α_0	$\cos \alpha_k = \dfrac{r_g}{r_k}$	α_k	$\varphi_k = \mathrm{tg}\,\alpha_k - \alpha_k$ aus Zahlentafel	$\mathrm{tg}\,\alpha_k$
15°	0,78528	38,256° = 0,66770	0,12080	0,78850
20°	0,76681	39,93° = 0,69691	0,14011	0,83702

Übergang zwischen Grund- und Fußkreis konstruiert man aus dem bekannten (auf $m_0/6$ gerundeten) Werkzeugprofil (vgl. S. 414).

Zur Bestimmung des gefährdetsten Querschnittes des Zahnes konstruiert man eine Parabel (Körper gleicher Biegespannung), deren Scheitel im Schnittpunkt der Zahnkraft mit der Mittellinie des Zahnes liegt und welche die Zahnflanke berührt. Aus der nun bekannten Zahnform können a/s und t/s bestimmt werden:

$$6a/s = 3{,}76 \quad \text{resp.} \quad 4{,}47,$$
$$t/s = 1{,}82 \quad \text{resp.} \quad 1{,}76.$$

Zur Berechnung von γ aus Gl. (4) fehlt noch der Winkel β. Aus Abb. 713.2 folgt:

$$\beta = \alpha_k - \delta_k = \alpha_k + \varphi_k - \varphi_s = \mathrm{tg}\,\alpha_k - \varphi_s \qquad (e)$$

$$\beta = 0{,}60741 = 34{,}805° \quad \text{resp.} \quad 0{,}65593 = 37{,}58°$$

$$\text{und } \sin\beta = \qquad\qquad 0{,}57077 \qquad\qquad\qquad 0{,}60987.$$

Aus Gl. (4) folgt mit $\cos\alpha = \cos 27° = 0{,}89100$:

$$\gamma = \frac{1{,}82}{0{,}891}(3{,}76 - 0{,}57) \quad \text{resp.} \quad \frac{1{,}76}{0{,}891}(4{,}47 - 0{,}61)$$

$$= 6{,}5 \quad (\text{für } \alpha_0 = 15°) \quad \text{resp.} \quad 7{,}6 \quad (\text{für } \alpha_0 = 20°).$$

Man macht nur einen kleinen Fehler, wenn (zur Vereinfachung der Rechnung) $\beta = \alpha_k$ gesetzt wird.

719. Anleitung zur Berechnung der Zahnräder.

Gegeben sind: Verwendungszweck, Leistung und Drehzahlen. Der Konstrukteur muß das zweckmäßigste Getriebe suchen, das genügend betriebssicher und am billigsten in Herstellung, Zusammenbau und Unterhalt ist.

Die Schwierigkeit liegt darin, daß bei der Berechnung gleichzeitig verschiedene Faktoren, wie Festigkeit, Flächenpressung, Formänderung, Erwärmung (Wirkungsgrad) und Getriebelärm berücksichtigt werden müssen, Faktoren, die von Fall zu Fall, je nach dem Verwendungszweck und den Betriebsbedingungen eine sehr verschiedene Bedeutung haben können und deren Einfluß nur dann zahlenmäßig berechnet werden kann, wenn Abmessungen, Werkstoffe und Zähnezahlen der Räder schon bekannt sind.

Deshalb geht, wie immer, der Entwurf der Rechnung voraus; zuerst skizzieren, dann rechnen. Man konstruiert mit den Augen, nicht mit Formeln; das Auge muß sich an zweckmäßige Formen gewöhnen.

Also zuerst die Ritzelabmessungen (Durchmesser d und Breite b) schätzungsweise annehmen und maßstäblich skizzieren. Das scheint für den Anfänger zunächst recht schwierig zu sein. Man kann dazu den folgenden Weg einschlagen: Um eine zuverlässige Lagerung der Räder und eine gute Schmierung der Zähne zu erhalten wird das Getriebe in einem geschlossenen Gehäuse gelagert. Ungenügende Steifigkeit der Lagerung ist vielfach Ursache des schlechten Zahneingriffes und des Lärmes. Aus wirtschaftlichen Gründen (kleines, billiges Gehäuse) muß der Ritzeldurchmesser so klein wie möglich gewählt werden.

Normalerweise liegt für beidseitig gut gelagerte Räder das Verhältnis b/d zwischen 1 und 2. Nimmt man b an, dann ist auch $P_1 = P/b$ ($P =$ Umfangskraft) bekannt. Je nach Verwendungszweck, Betriebsbedingungen und übertragene Leistung liegen die P_1-Werte etwa zwischen 6 und 20 kg/mm Radbreite. Bei kleinem Ritzeldurchmesser ist auch die Umfangsgeschwindigkeit v klein, was im allgemeinen günstig ist, weil die Herstellungsgenauigkeit (und die Kosten) mit Rücksicht auf die Lärmbildung progressiv zunehmen. Große P_1-Werte geben kleinere ξ-Werte, erfordern aber hochwertige Werkstoffe. Das kleinste Getriebe ist nicht immer das am besten geeignete!

Aus P_1 und v folgt ξ (Gl. 713.7), so daß die größte Biegespannung (Gl. 713.9) und die Flächenpressung p_0 berechnet werden können, wenn der Modul angenommen wird (Gl. 714.4).

Zahlenbeispiel 719.1. Ein Triebwagenmotor (mit einer Stundenleistung von 150 PS bei $n = 790$/min) treibt über die Übersetzung $d/D = 203/640$ das Laufrad von 1040 mm Durchmesser. Damit die Zähne über die ganze Breite gleichmäßig tragen, darf das fliegend angeordnete Ritzel nicht zu breit sein. Wählt man $b = d/2 = 100$ mm, so sind die Hauptabmessungen der Räder bekannt. Der Konstrukteur muß nur noch einen geeigneten Werkstoff wählen, der eine genügend lange Lebensdauer der Räder erwarten läßt.

Er muß zunächst darüber entscheiden, welcher Verzahnungsfehler (Geräusch) hier als zulässig und wirtschaftlich tragbar angesehen werden kann. Nach den Angaben auf S. 395 muß man auch bei sehr sorgfältiger Ausführung mit einer Exzentrizität von Wälz- und Grundkreis von 0,002 cm rechnen. Die Annahme $e = 0{,}003$ cm setzt also eine recht sorgfältige und entsprechend teuere Herstellung voraus.

719. Anleitung zur Berechnung der Zahnräder.

Die Umfangsgeschwindigkeit v, im Wälzkreis der Zahnräder, ist:

$v = \pi \cdot 0{,}203 \cdot 790/60 = 8{,}4$ m/s. Die Umfangskraft je cm Radbreite ist $P_1 = \dfrac{150 \cdot 75}{8{,}4 \cdot 10}$
$= 134$ kg/cm. Für 20°-Normverzahnung ist $C = 116\,000$ kg/cm², also
$$A = P_1 + C \cdot e = 134 + 116 \cdot 3 = 482 \text{ kg/cm} \quad \text{und} \quad \sqrt{A} = 22.$$
Nach Gl. (713.7) ist:
$$P_d = \frac{A}{1 + \dfrac{0{,}24}{v}\sqrt{A}} = \frac{482}{1{,}625} = 297 \text{ kg/cm} \quad \text{und} \quad \xi = \frac{134 + 297}{134} = 3{,}2.$$

Aus Gl. 714.4 folgt:

$(p_0/153)^2 = 3{,}2 \cdot 13{,}4 \cdot (1 + i)/203 = 0{,}278$ und $p_0 = 81$ kg/mm², was nach Buckingham für das Ritzel einen Werkstoff mit einer Härte $H_B = 4 \times 81 = 324$ kg/mm² voraussetzt; das Rad kann etwas weicher sein.

Durch hohe Zähnezahlen kann ξ verkleinert werden.

Nach Gl. (714.4) ist p_0 unabhängig von der Zähnezahl; eine große Zähnezahl (z. B. $m = 5$, $z/Z = 41/128$) ist dennoch immer vorteilhaft, weil die Überdeckung dadurch vergrößert wird ($\varepsilon = 1{,}8$), so daß der Zahndruck größtenteils durch zwei Flankenpaare übertragen wird. Die Zahnräder der Triebwagen werden im allgemeinen mit viel gröberer Teilung ausgeführt, obschon die Biegespannung (Gl. 713.9)
$$\sigma_b = \frac{\xi \cdot P_1 \cdot \gamma}{1{,}57 \cdot m} = \frac{3{,}2 \cdot 13{,}4 \cdot 7}{1{,}57 \cdot 5} = 38 \text{ kg/mm}^2$$
z. B. für ECN 25 (gehärtet) zulässig wäre, wenn der Zahngrund abgerundet wird.

Zahlenbeispiel 2. Eine Dampfturbine ($n_1 = 4980$/min) treibt einen Generator ($n_2 = 1000$/min) für 2000 kW Nennleistung.

Das Drehmoment an der Turbinenwelle ist
$$M_d = 97310 \cdot 2000/4980 = \text{rd. } 40\,000 \text{ кgcm}.$$

Der Wellendurchmesser folgt aus $M_d = d_w^3 \cdot \tau/5$ mit $\tau = 300$ kg/cm² für Dauerbetrieb ohne Stöße, zu
$$d_w = \text{rd. } 10 \text{ cm}.$$

Es ist nun Aufgabe des Konstrukteurs für die vorliegenden Betriebsverhältnisse die am besten geeigneten Ritzelabmessungen zu finden; das gelingt im allgemeinen erst nach wiederholtem Probieren. Ausschlaggebend bei der Wahl ist die Bedingung, daß die Räder auch nach mehrjähriger Betriebszeit keine Abnutzung zeigen dürfen. Gewichtsersparnisse spielen für die stationäre Anlage eine mehr untergeordnete Rolle. Geräuschschwacher Lauf ist dagegen sehr erwünscht.

Gewählt werde Pfeilverzahnung mit $\beta = \psi = 45°$; die große Zahnschräge ist günstig, weil gleichzeitig mehrere Zähne im Eingriff stehen, so daß ein ruhiger Lauf erwartet werden darf. Pfeilverzahnung setzt allerdings eine sehr genaue Bearbeitung voraus.

Bei der Wahl der Radabmessungen geht man am besten von einem mittleren Wert für P_1 aus. Aus Abb. 714.6 wählt man für $P_1 = 9$ bis 10 kg/mm Radbreite einen Ritzeldurchmesser (im Stirnschnitt) von rd. 200 mm, dann ist die Umfangskraft $P = 40000/10 = 4000$ kg und (mit dem angenommenen Wert $b = 2 \cdot 215$ mm) $P_1 = 4000/430 = 9{,}3$ kg/mm Radbreite.

Die Umfangsgeschwindigkeit im Wälzkreis (des Stirnschnittes)
$$v = \pi \cdot 0{,}2 \cdot 4980/60 = 51{,}6 \text{ m/s}$$
ist sehr groß und setzt wieder hohe Herstellungsgenauigkeit voraus. Nimmt man als größten Verzahnungsfehler $e = 0{,}002$ cm an, so wird mit $C = 116\,000$ kg/cm² (für 20°-Normverzahnung), $\beta = 45°$, $\sin \beta = 0{,}707$ und $\sin^2 \beta = 0{,}5$, nach Gl. (716.11):
$$A' = 93 + 2 \cdot 116 \cdot 0{,}5 = 209 \text{ kg/cm}, \qquad \sqrt{A'} = 14{,}5,$$
$$P_d = \frac{209 \cdot 0{,}707}{1 + \dfrac{0{,}24}{51{,}6} \cdot 14{,}5} = 139 \text{ kg/cm} \quad \text{und} \quad \xi = \frac{P_t}{P_1} = \frac{93 + 139}{93} = 2{,}5.$$

Aus Gl. (714.4) folgt für 20°-Normverzahnung:
$$(p_0/153)^2 = 2{,}5 \cdot 9{,}3 \cdot 1{,}2 \cdot 0{,}5/200 = 0{,}0675 \text{ oder}$$
$$p_0 = 153 \cdot 0{,}26 = 40 \text{ kg/mm}^2,$$

so daß (nach Buckingham) eine Brinellhärte des Ritzel-Werkstoffes von 160 kg/mm² ausreichen würde. Wird das Ritzel aus ECN 25 hergestellt, so brauchen die Räder nicht gehärtet zu werden; sie könnten dann auch noch etwas schmäler (z. B. 2 · 200 mm) gemacht werden.

Nimmt man $m_n = 4$ mm an, so ist $m = 4/0{,}707 = 5{,}657$ mm, die Zähnezahl im Stirnschnitt $z \approx 200/5{,}657 = 35$ und der Wälzkreisdurchmesser im Stirnschnitt $d_1 = 35 \cdot 4/0{,}707 = 197{,}99$ mm.

Die Zähnezahl im Normalschnitt (Gl. 716.7) ist $z_n = 35/0{,}3535 = 99$, entsprechend $\gamma_n = 6{,}3$ (Zahlentafel 713.1).

Die Biegespannung folgt aus Gl. (716.5 mit $\pi/\alpha_k = 1{,}57$:
$$\sigma_b = \frac{2{,}5 \cdot 9{,}3 \cdot 6{,}3}{1{,}57 \cdot 4} = 23 \text{ kg/mm}^2,$$
ist also auch ausreichend.

72. Räder für nicht parallele Wellen.

Für zwei sich schneidende Achsen gehen die zylindrischen Räder in Kegelräder über. Als Grundform haben wir hier zwei aufeinander abwälzende Kegelflächen, Teilrißkegel genannt. Die relative Bewegung der Kegel entspricht einer Drehung um die Momentanachse OC (Abb. 72.1) mit der Winkelgeschwindigkeit

$$\Omega = \sqrt{\omega_1^2 + \omega_2^2 + 2\,\omega_1\,\omega_2 \cos \psi}\,. \tag{72.1}$$

Die Zahnflanken sind ebenfalls Kegelflächen, deren Spitzen mit der gemeinsamen Spitze der Teilrißkegel zusammenfallen (Abb. 2).

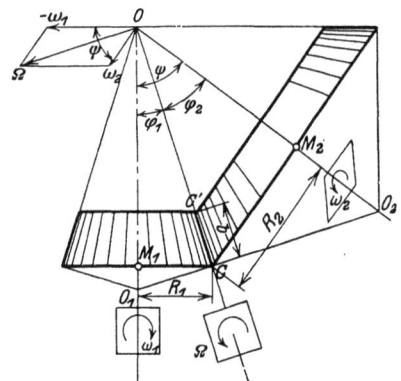

Abb. 72.1. Relativbewegung und Übersetzung bei Kegelrädern (aus Schiebel).

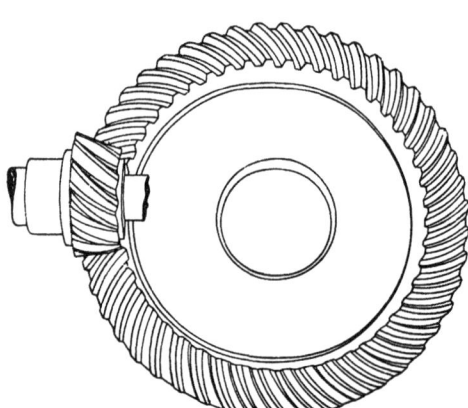

Abb. 3. Kegelräder mit Schraubenzähnen (aus Jurthe-Mietschke).

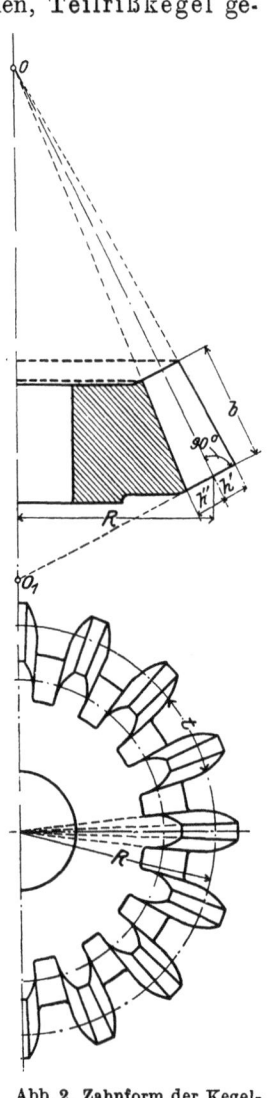

Abb. 2. Zahnform der Kegelräder (aus Schiebel).

Das Drehzahlverhältnis ist (Abb. 72.1)
$$i = \frac{\sin \varphi_1}{\sin \varphi_2} = \frac{R_1}{R_2} = \frac{z_1}{z_2} = \frac{\omega_2}{\omega_1}.$$

Die Bearbeitung der Kegelräder geschieht nach dem Abwälzverfahren (Bilgram, Gleason[1] Brandenberger). Abb. 3 zeigt Kegelräder mit Schraubenzähnen.

Die Festigkeitsrechnung wird mit einem mittleren Zahndruck, entsprechend einem mittleren Radius des Teilrißkegels, durchgeführt.

Genauer kann die Kraftübertragung durch folgende Überlegung berechnet werden. Wenn die Zahnflanken sich unbelastet auf der ganzen Breite berühren, so bleibt die Berührung unter der Wirkung der Zahnkraft nur dann bestehen, wenn die elastischen Durchfederungen proportional den Radien sind. Für Innen- und Außenradius r_1 resp. r_2 muß also
$$f_1/f_2 = r_1/r_2$$
sein. Nun ist die Durchbiegung f proportional $P h^3/J E$ und da h proportional mit r und J proportional mit h^3 ist, sind die Durchfederungen den übertragenen Kräften proportional, d. h.
$$f_1/f_2 = r_1/r_2 = P_1/P_2\,.$$

In dieser Gleichung sind P_1 und P_2 die (gleichmäßig über die Breiteneinheit verteilten) in den Radien r_1 und r_2 des Kegelrades wirkenden Zahnkräfte. Die in irgendeinem Radius r

---
L. 72.1.

je Breiteneinheit wirkende Teilkraft P ist demnach proportional mit r, also $P = p_1 \cdot r$. Die mittlere Zahnkraft je Breiteneinheit ist:

$$P_m = \frac{p_1}{b}\int_{r_1}^{r_2} r \cdot dr = \frac{p_1}{2b}(r_2^2 - r_1^2),$$ und das übertragene Drehmoment je Breiteneinheit

$$M_d = \frac{p_1}{b}\int_{r_1}^{r_2} r^2 dr = P_m \cdot r_m = \frac{p_1}{3b}(r_2^3 - r_1^3), \text{ so daß}$$

$$r_m = \frac{2}{3}\frac{r_2^3 - r_1^3}{r_2^2 - r_1^2} \tag{2}$$

immer größer als das arithmetische Mittel $\tfrac{1}{2}(r_1 + r_2)$ ist. Die übliche, einfachere Berechnung mit dem arithmetischen Mittel bietet also eine etwas erhöhte Sicherheit. Auch die Berechnung der Flächenpressung und alle bei den Stirnrädern gemachten Untersuchungen können durch Einführung des mittleren Radius sinngemäß auf die Kegelräder übertragen werden.

Zur Übertragung der Drehbewegung bei sich **kreuzenden Achsen** eignen sich auch Stirnräder mit Schraubenzähnen, sog. „Schraubenräder" (Abb. 4). Im Wälzpunkt findet während der Bewegung ein Gleiten der Zähne in der Richtung der gemeinsamen Tangente T statt. Das Drehzahlverhältnis ist:

$$i = z_1/z_2 = \frac{2\pi r_1/t_1}{2\pi r_2/t_2}.$$

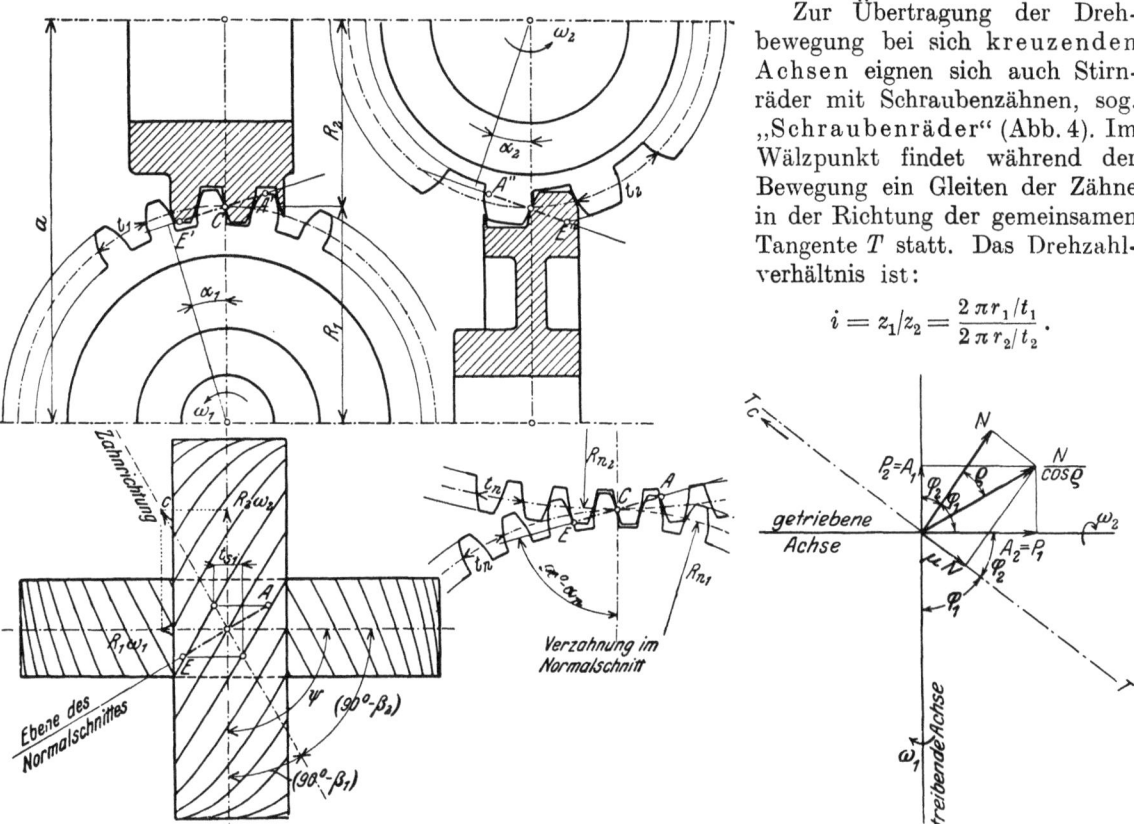

Abb. 4. Eingriffsverhältnisse der Schraubenräder (aus Dubbel, Taschenbuch).   Abb. 5. Kraftwirkung bei Schraubenrädern.

Da die Teilungen im Normalschnitt der beiden Räder gleich sind, also

$$t_n = t_1 \cos\varphi_1 = t_2 \cos\varphi_2$$

ist, wird für $\varphi_1 + \varphi_2 = 90°$; also für sich senkrecht kreuzende Achsen:

$$i = \frac{D_1}{D_2} \cdot \frac{\cos\varphi_1}{\cos\varphi_2} = \frac{D_1}{D_2} \cdot \operatorname{tg}\varphi_2. \tag{3}$$

Die Raddurchmesser können also für ein gegebenes Übersetzungsverhältnis beliebig gewählt werden, womit dann der Neigungswinkel festgelegt ist. Nur für $\varphi_1 = \varphi_2 = 45°$ wird $i = D_1/D_2$.

Bei der Kraftverteilung auf die beiden Räder kann die eigentliche Zahnreibung gegenüber der Reibung beim Gleiten in der Längsrichtung der Zähne vernachlässigt werden. Der Normaldruck N (Abb. 5) steht senkrecht zur Zahnrichtung, und die Reibung μN ist entgegengesetzt zur Gleitrichtung gerichtet. Die resultierende Kraft $\dfrac{N}{\cos\varrho}$ ist unter dem Reibwinkel ϱ gegen N geneigt. Die senkrecht auf den Drehachsen stehenden Komponenten dieser Resultierenden geben die Umfangskräfte P_1 und P_2, während A_1 und A_2 die Komponenten in der Achsrichtung sind. Aus Abb. 5 folgt für das treibende Rad:

Die Umfangskraft
$$P_1 = \frac{N \cos(\varphi_1 - \varrho)}{\cos \varrho} = A_2 \qquad (4)$$

und der Axialschub
$$A_1 = \frac{N \sin(\varphi_1 - \varrho)}{\cos \varrho} = P_2. \qquad (5)$$

Der Wirkungsgrad des Getriebes ist:
$$\eta = \frac{P_2 v_2}{P_1 v_1} = \frac{P_2 r_2 \omega_2}{P_1 r_1 \omega_1}$$

und mit Gl. (4) u. (5), da $\varphi_1 = 90 - \varphi_2$ und $\frac{r_2 \omega_2}{r_1 \omega_1} = \operatorname{tg} \varphi_2$ ist (Abb. 4):

$$\eta = \frac{\operatorname{tg} \varphi_2}{\operatorname{tg}(\varphi_2 + \varrho)}. \qquad (6)$$

In Abb. 4 ist für verschiedene Werte von μ der Wirkungsgrad in Abhängigkeit von der Zahnschräge φ_2 aufgetragen. Aus der Abbildung folgt, daß von φ_2 30° an die Zahnschräge keinen nennenswerten Einfluß auf den Wirkungsgrad hat.

Für die Herstellung der Schraubenzähne ist der Normalschnitt maßgebend: die Zähne beider Räder müssen gleiche Normalteilung t_n haben.

Bei der Evolventenverzahnung bleibt der Eingriff im Normalschnitt auf die innerhalb der beiden Kopfkreise liegende Eingriffstrecke AE (Abb. 4) beschränkt. Die beiden Eingriffsebenen der Räder I und II haben nur diese Eingriffsgerade gemeinsam, so daß die Einwirkung der Schraubenzähne nur in den einzelnen Punkten dieser Geraden erfolgen kann. Die Zahnflanken berühren sich immer nur in einem Punkt. Die nacheinander zur Berührung gelangenden Punkte liegen in den schrägen Linien $A'E'$ und $A''E''$. Eine Vergrößerung der Zahnbreite über das Eingriffsgebiet AE hinaus ist also zwecklos. Man wählt deshalb die Radbreite $b \approx t$.

Die punktweise Berührung der Zähne, verbunden mit der starken gleitenden Reibung an der Berührungsstelle, verursacht eine rasche Abnützung, so daß die Schraubenräder zur Kraftübertragung wenig geeignet sind. Auch bei harten Werkstoffen können nur kleine Umfangskräfte übertragen werden.

73. Formgebung und Anordnung der Räder.

Kleine Räder werden aus einem Stück mit der Welle (Abb. 73.1) oder aus vollen Scheiben hergestellt (Abb. 2). Gegossene Räder (bis Mod. 6) werden als volle Scheiben gegossen; bei großen Durchmessern macht man Aussparungen und Rippen (Abb. 3).

Die übrigen Räder werden als Speichenräder ausgeführt (Abb. 4), Armzahl $i = \frac{1}{7} \sqrt{D_{mm}}$. Es ist gebräuchlich, die Festigkeit der Arme so zu berechnen, als ob die größte Umfangskraft 1/3 der Arme auf Biegung beanspruchen würde.

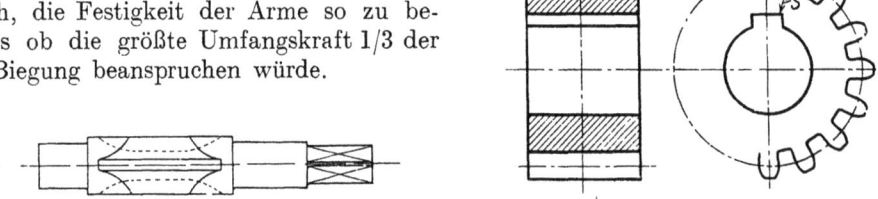

Abb. 73.1. Ritzel aus der Welle herausgefräst (aus Schiebel).

Abb. 2.
$s > 0{,}6\, t$ für Stahl und Stahlguß,
$s > 0{,}8\, t$ für Gußeisen.

Nabenstärke, wenn das Rad das volle Drehmoment der Welle übertragen muß:

für Gußeisen: $\delta = 0{,}4 d + 1$ cm, für Stahlguß: $\delta = 0{,}3 d + 1$ cm.

Wenn Radgewicht und Umfangskraft ungefähr gleich groß sind, muß die Anordnung so gewählt werden, daß der Zahndruck die Wirkung des Radgewichtes unterstützt, weil sonst bei Belastungsschwankungen die Lagerreaktion ständig die Richtung wechselt.

Wenn eine Änderung der Drehzahl gewünscht wird, so werden Wechselgetriebe verwendet. Die Anordnung nach Abb. 5, bei der jedes Rad B einzeln geschaltet wird, gibt die kürzeste, aber auch teuerste Bauart. Die Steuerung der einzelnen Räder muß gegenseitig verriegelt werden, damit immer nur ein Räderpaar in Eingriff ist. Bei der Anordnung nach Abb. 6 ist eine besondere Verriegelung nicht notwendig; der Getriebekasten wird aber wesentlich breiter.

Abb. 7 zeigt ein Wechsel- und Wendegetriebe. Das Norton- oder Schwenkradgetriebe (Abb. 8) und das Wechselradgetriebe mit Ziehkeil (Abb. 9) sind besonders gut geeignet,

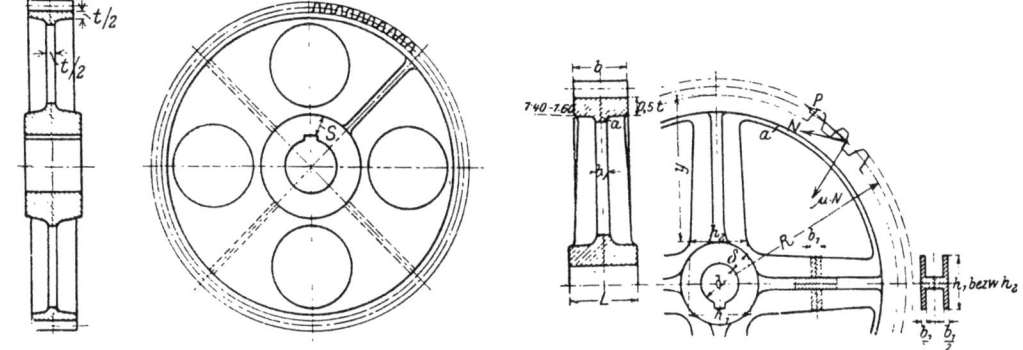

Abb. 3. Volle Scheiben, evtl. mit Aussparungen und Rippen. Kranzstärke $t/2$ für $t < 6\pi$.

Abb. 4. Große Zahnräder mit Armen (aus Dubbel, Taschenbuch).

eine große Anzahl Stufen in einem kleinen Raum unterzubringen. Die Lagerung des Schwenkrades macht es nur für kleine Kraftübertragung geeignet, so daß es ausschließlich als Vorschub-

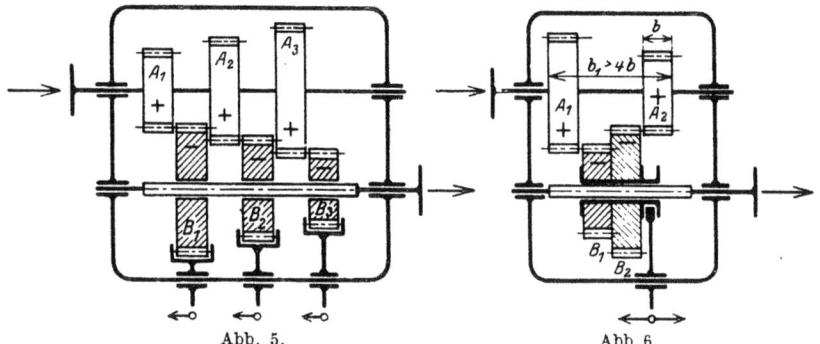

Abb. 5.   Abb. 6.
Abb. 5 und 6. Wechselgetriebe.

getriebe bei Werkzeugmaschinen und nicht als Hauptgetriebe verwendet wird. Sowohl das Getriebe mit Ziehkeil als alle Schieberäder müssen Spiel zwischen Welle und Rad haben; die Räder werden durch 1 oder 2 Paßfedern geführt. Für eine gute Kraftübertragung und für ruhigen Lauf sollten die Zahnräder im allgemeinen fest mit ihren Wellen verbunden sein; die Mitnahme der einzelnen Räder erfolgt dann durch Kupplungen[1].

Bei allen Getrieben mit gleicher Durchmessersumme (Abb. 5, 6, 9) muß für alle Übersetzungen die Zähnesumme durch $a + b$ teilbar sein, wenn a/b das auf Primzahlen zurückgeführte Übersetzungsverhältnis ist. Für die genormten Stufensprünge (vgl. S. 11).

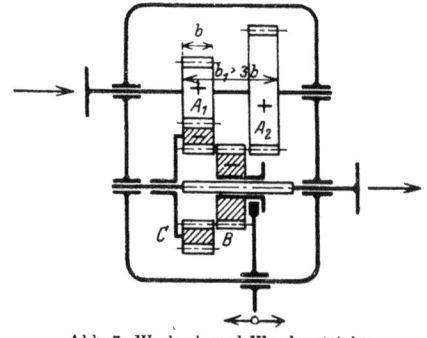

Abb. 7. Wechsel- und Wendegetriebe.

$\varphi =$	1	1,06		1,12		1,26		1,58	2
ist $a/b =$	1/1	17/16	31/29	10/9	8/7	5/4	11/7	2/1	
und $a + b =$	2	33	60	19	15	9	18	3	
oder $=$	2	3×11 ungünstig	$2 \times 2 \times 3 \times 5$	ungünstig	3×5	3×3	$2 \times 3 \times 3$	3	

so daß diese Bedingung im allgemeinen keine Schwierigkeiten bereitet.

Die Nabenlänge wird etwa gleich der Zahnbreite b gemacht oder auch etwas größer. Damit das Rad beim Aufkeilen sich nicht zu leicht schräg stellt, sollte die Nabenlänge auch größer als der Wellendurchmesser sein. Große Naben sind hohl auszubilden, erhalten aber durchgehende Bahn für den Keil.

---
[1] L. 73:11.

Wenn das Rad nicht axial auf die Welle geschoben werden kann, ist eine Teilung in zwei Hälften erforderlich. Auch Guß- oder Transportrücksichten erfordern oft die Zweiteilung. Die

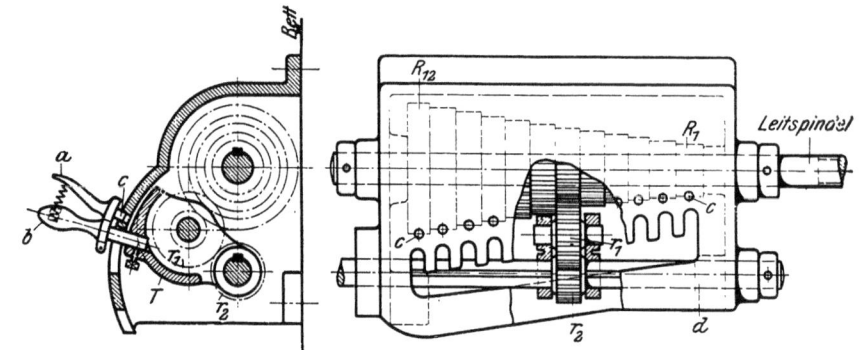

Abb. 8. Schwenkrad- oder Nortongetriebe (aus Hülle) (wird als Vorschubgetriebe bei Werkzeugmaschinen verwendet).

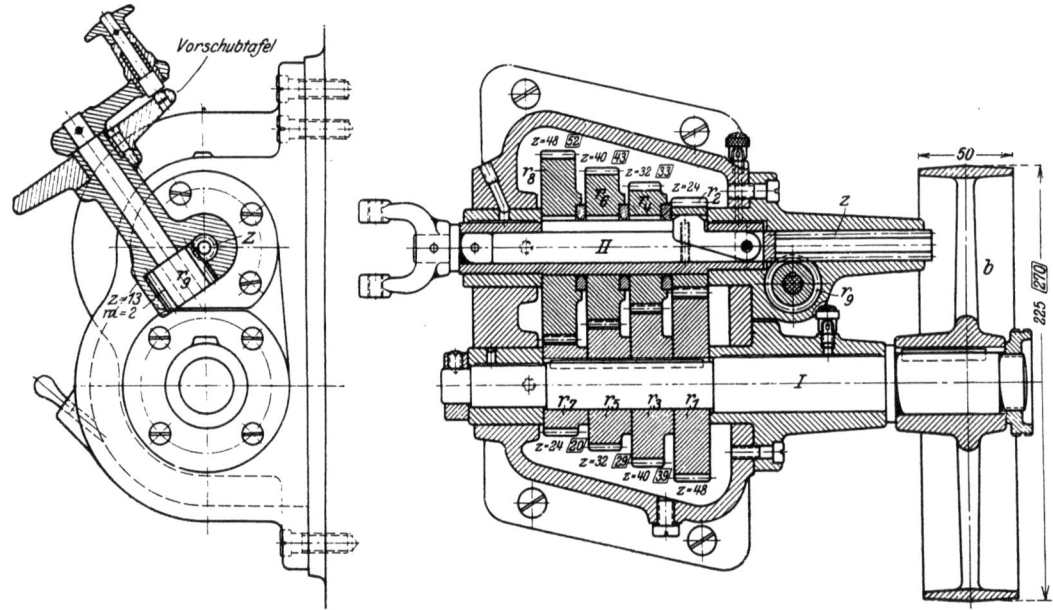

Abb. 9. Wechselgetriebe mit Ziehkeil (aus Hülle). Nur für kleine Kräfte geeignet.

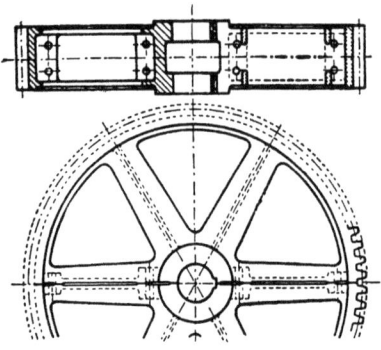

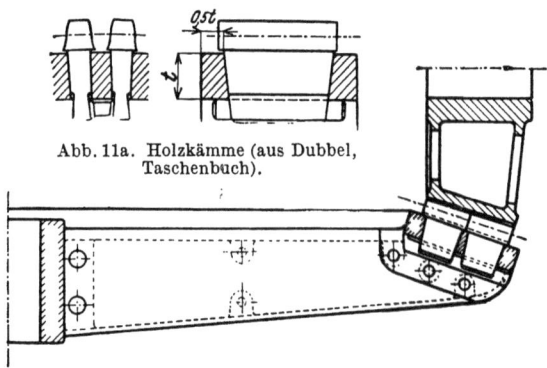

Abb. 11a. Holzkämme (aus Dubbel, Taschenbuch).

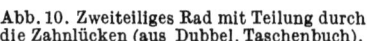

Abb. 10. Zweiteiliges Rad mit Teilung durch die Zahnlücken (aus Dubbel, Taschenbuch).

Abb. 11b. Zweiteiliges Kegelrad mit eingesetzten Holzzähnen (aus Dubbel, Taschenbuch).

Teilung wird zweckmäßig auf Armmitte gelegt und soll durch eine Zahnlücke gehen. Die Schrauben zur Verbindung der Radhälften sind möglichst nahe an Kranz und Nabe anzubringen (Abb. 10).

Durch Einsetzen von Holzzähnen (Kämmen), Abb. 11a, b, wird der Lärm, den Zahnräder sonst verursachen, gedämpft. (Holzzahnstärke, im Teilkreis gemessen, $0{,}6\,t$, Eisenzahn $0{,}4\,t$).

Aus dem gleichen Grunde wird das kleine Rad auch aus Rohhaut hergestellt. Rohhauträder müssen gegen Hitze und Nässe geschützt werden und können deshalb nicht im Freien laufen. Das Austrocknen führt zu einem Schrumpfen der einzelnen Lagen, die Nässe zu einem derartigen Aufquellen, daß mitunter die Armatur gesprengt wird. Gutes Durchtränken mit Leinöl ist wohl das beste. Vom Standpunkt der Abnutzung aus sind die kleinen Rohhauträder eine verfehlte Konstruktion, weil die ohnehin größere Abnutzung des Ritzels noch in weiches Material verlegt wird.

Mit Vorteil können auch die gepreßten (schwach tönenden) Isolierstoffe der Elektrotechnik (Backelit, Novotext usw.) zur Herstellung geräuschloser Zahnräder verwendet werden.

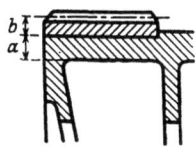
Abb. 12. Aufgeschrumpfter Kranz.

Ist Gußeisen als Werkstoff für die Zähne zu schwach, so wird ein Stahlkranz aufgeschrumpft (Abb. 12). Für die Berechnung siehe Schrumpfverbindung (Abschn. 24).

Um eine zuverlässige Lagerung und gute Schmierung zu erhalten,

Abb. 13. Zahnradgetriebe mit angeflanschter Ölpumpe (Demag).

Abb. 14. Zweiseitiges Getriebe (Demag). Dieselmotor ($N = 300$ PS, $n = 225$) treibt zwei Zentrifugalpumpen $N = 240$ PS, $n = 1480$ bzw. $N = 60$ PS, $n = 955$.

werden die Zahnräder in einem geschlossenen Gehäuse gelagert (Abb. 13 und 14). Ungenügende Steifigkeit der Lagerung ist vielfach Ursache des schlechten Zahneingriffs. Die bei Straßenbahnmotoren gebräuchliche fliegende Anordnung des Ritzels ist ein typisches Beispiel für unzweckmäßige Zahnradlagerung. Dadurch, sowie durch die fast immer zu kleine Zähnezahl, ist die sehr rasche Abnutzung dieser Räder zu erklären.

74. Umlaufgetriebe.

Die Räder a und c sowie der Arm AB (Abb. 74.1) sind um eine durch A gehende Achse drehbar, während das Rad b sich um B drehen kann. Die Frage nach dem Zusammenhang zwischen den einzelnen Drehzahlen ist am einfachsten durch folgende Überlegungen zu beantworten. **Das Übersetzungsverhältnis ist unabhängig von der Bewegung, die das System als Ganzes macht.**

Die Drehzahlen um die Achse durch A seien wie folgt bezeichnet:

	Rad a	Arm AB	Rad c
Drehzahl	n_1	n_2	n_3

Geben wir dem ganzen System eine zusätzliche Drehzahl $-n_2$, so steht der Arm AB still. Die Drehzahlen um die Achse durch A sind nun:

	Rad a	Arm AB	Rad c
	$n_1 - n_2$	0	$n_3 - n_2$

Das Drehzahlverhältnis zwischen Rad a und Rad c läßt sich nun in bekannter Weise daraus bestimmen, daß für ineinandergreifende Räder das Produkt nz (Gl. 711.7) unverändert bleibt.

$$(n_1 - n_2)\, z_1 = -(n_3 - n_2)\, z_3 .$$

Dabei muß der Drehsinn beachtet werden; die Räder a und c drehen sich (bei stillstehendem Arm AB) in entgegengesetzter Richtung, was in obenstehender Gleichung durch das $-$-Zeichen zum Ausdruck kommt.

Aus dieser Gleichung folgt:
$$n_1 z_1 + n_3 z_3 = n_2 (z_1 + z_3) \tag{74.1}$$

Die relative Drehzahl n_b' des Rades b um die eigene Achse folgt — wenn der Arm AB still steht — aus den Gleichungen: $z_2 n_b' = z_3 (n_3 - n_2) = -z_1 (n_1 - n_2)$, zu

$$n_b' = \frac{z_3 (n_3 - n_2)}{z_2} = -\frac{z_1 (n_1 - n_2)}{z_2}. \tag{2}$$

Die absolute Drehzahl n_b wird mit der zusätzlichen Drehzahl n_2

$$n_b = n_b' + n_2 = \frac{z_3 (n_3 - n_2) + n_2 z_2}{z_2} = \frac{n_2 z_2 - z_1 (n_1 - n_2)}{z_2}. \tag{3}$$

Das Getriebe in Abb. 74.1 ist nur ein Spezialfall der allgemeinen Anordnung nach Abb. 2.

Die Drehzahlen sind wieder $\quad n_1 \quad n_2 \quad n_3$
und mit der zusätzlichen Drehzahl $-n_2$: $\quad n_1 - n_2 \quad 0 \quad n_3 - n_2$.

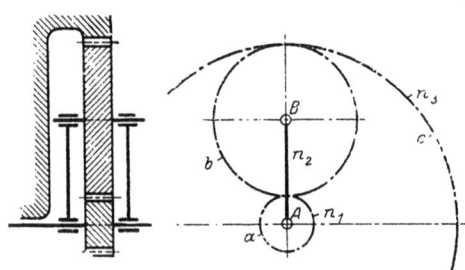

Abb. 74.1. Umlaufgetriebe.
a = Sonnenrad, b = Planetenrad.

Da nun der Arm AB stillsteht und der Drehsinn der Räder a und c entgegengesetzt ist, folgt aus $z_2 (n_b - n_2) = -z_1 (n_1 - n_2)$ und

$$z_2' (n_b - n_2) = z_3 (n_3 - n_2):$$

$$z_1 (n_1 - n_2) = -(n_3 - n_2) \frac{z_3}{z_2'} \cdot z_2$$

oder $\quad n_1 + k n_3 = n_2 (1 + k), \tag{4}$

worin $k = \frac{z_3 z_2}{z_2' z_1}$ das Drehzahlverhältnis zwischen den Rädern a und c, bei stillstehendem Arm AB, ist.

Die Räder können auch so zusammenarbeiten, wie in Abb. 3 angedeutet. Dann drehen sich a und c — bei stillstehendem Arm AB — in gleicher Richtung, so daß:

$$n_1 - k n_3 = n_2 (1 - k) \tag{4a}$$

wird. Die Gl. (4a) gilt demnach sowohl für Abb. 2 als für 3; k ist positiv wenn a und c gleichen und negativ, wenn sie entgegengesetzten Drehsinn haben. Aus dieser Gleichung folgt:

$$k = \frac{n_1 - n_2}{n_3 - n_2}. \tag{5}$$

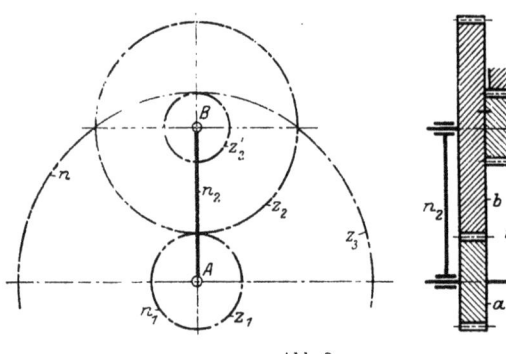 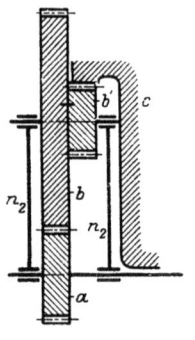 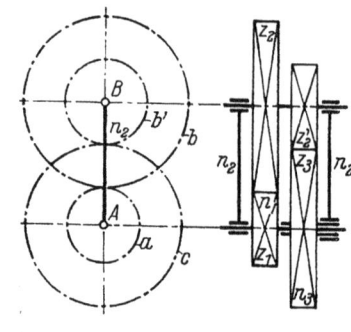

Abb. 2. Abb. 3.

Der Zusammenhang zwischen den Drehzahlen n_1, n_2 und n_3 läßt sich sehr übersichtlich zeichnerisch darstellen, denn aus Abb. 4 folgt, daß:

$$\frac{n_1 - n_2}{n_3 - n_2} = \frac{FG}{DE} = \frac{HG}{HE} = \frac{AC}{AB} = k.$$

Die Neigung der Geraden ist dadurch festgelegt, daß für $n_2 = 0$, $n_1 = k n_3$ ist, d. i. durch den Maßstab von n. Wenn zwei Drehzahlen und k gegeben sind, dann ist die dritte Drehzahl eindeutig bestimmt.

Für die Montage von Planetengetrieben mit mehr als einem Planetenrad muß noch die Bedingung erfüllt sein, daß alle Planetenräder gleichzeitig in richtigem Eingriff stehen. Wenn also die drei Räder (Abb. 5) in der Stellung I richtig eingreifen, so muß das auch in der um den Winkel $\Theta = \frac{2\pi}{N}$ verdrehten Stellung II der Fall sein, wenn $\frac{2\pi}{\Theta} = N$, die Anzahl der Planetenräder, also eine ganze Zahl ist. Wird das Rad a festgehalten und der Arm AB um den Winkel Θ gedreht, dann dreht sich das Rad c um einen Winkel Θ', der aus Gl. (1) mit $n_1 = 0$, $n_2 = \Theta$ und $n_3 = \Theta'$ zu

$$\Theta' = \Theta \frac{z_1 + z_3}{z_3}$$

folgt. Ist das Planetenrad in der Stellung II angekommen, so muß ein anderes Planetenrad in I wieder richtig eingelegt werden können. Das ist der Fall, wenn der durchlaufene Bogen $\Theta' \cdot r_3$ ein Vielfaches der Teilung t ist, z. B. $X \cdot t$, wo X eine ganze Zahl ist. Daraus folgt:

$$\frac{2\pi}{N} r_3 \frac{z_1 + z_3}{z_3} = Xt = X \frac{2\pi r_3}{z_3}$$

oder
$$X = \frac{z_1 + z_3}{N}. \tag{6}*$$

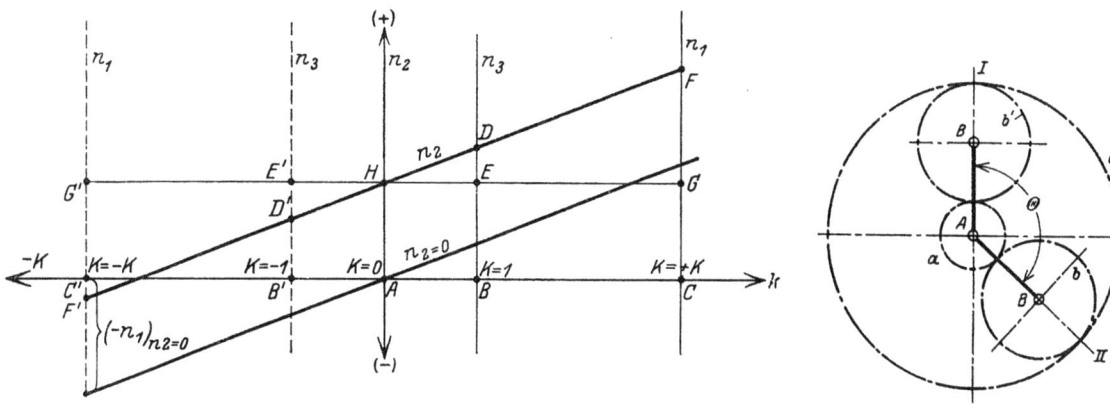

Abb. 4. Zusammenhang der Drehzahlen für Umlaufgetriebe. Abb. 5.

d. h.: **Die Summe der Zähnezahlen der konzentrischen Räder muß durch die Anzahl der Planetenräder teilbar sein.**

Um die Umfangskräfte und damit die Teilungen der Räder zu bestimmen, setzen wir voraus, daß außer den Drehmomenten keine äußeren Kräfte wirken. Dann gelten folgende Beziehungen:

1. Bei Vernachlässigung der Reibungsverluste muß die Summe der Leistungen gleich Null sein (Gesetz der Erhaltung der Energie):

$$L_1 + L_2 + L_3 = 0. \tag{7}$$

Da Leistung = Drehmoment × Winkelgeschwindigkeit ist, wird L proportional $M \cdot n$, so daß Gl. (7) auch wie folgt geschrieben werden kann:

$$n_1 M_1 + n_2 M_2 + n_3 M_3 = 0. \tag{7a}$$

2. Da die Wellen konzentrisch gelagert sind, muß im Beharrungszustand auch die Summe der Drehmomente gleich Null sein.

$$M_1 + M_2 + M_3 = 0. \tag{8}$$

Eliminieren wir aus den Gl. (7 und 8) das Moment M_2, so wird:

$$M_1(n_1 - n_2) + M_3(n_3 - n_2) = 0$$

und
$$\frac{n_1 - n_2}{n_3 - n_2} = -\frac{M_3}{M_1} = k. \tag{9}$$

Aus Gl. (8) folgt dann:
$$\frac{M_2}{M_1} = k - 1. \tag{10}$$

Durch die Konstante k sind also die Drehzahlen und die Momente eindeutig bestimmt.

Der Wirkungsgrad von Planetengetrieben. Wenn L_1 und L_2 Antriebsleistungen sind und L_3 der Abtrieb ist, so ist der Wirkungsgrad η des Planetengetriebes durch die Gleichung

$$\eta(L_1 + L_2) = L_3$$

festgelegt. Der Leistungsverlust des Getriebes ist Antrieb — Abtrieb:

---
* Für die Anordnung nach Abb. 2 findet man auf ähnliche Weise: $X \cdot N = z_1 \frac{z_2'}{z_2} + z_3$.

$$L_1 + L_2 - L_3 = L_3\left(\frac{1}{\eta} - 1\right) \quad \text{oder proportional} \quad M_3\, n_3\left(\frac{1}{\eta} - 1\right). \tag{11}$$

Wenn die Drehmomente gleich bleiben, ist dieser Verlust unabhängig davon, welche Bewegung das Getriebe als Ganzes macht, da er durch die Relativbewegungen der Zähne verursacht wird.

Wir geben dem ganzen System wieder eine zusätzliche Drehzahl $-n_2$, damit der Arm stillsteht, und haben dann ein einfaches Vorgelege mit dem Wirkungsgrad η_v.

Die Momente: $\qquad\qquad\qquad M_1 \quad M_2 \quad M_3 \quad$ bleiben gleich.

Die Drehzahlen sind nun: $\qquad\quad n_1 - n_2 \quad 0 \quad n_3 - n_2$,

folglich werden die Leistungen proportional $\underset{\text{(Antrieb)}}{M_1(n_1 - n_2)} \quad 0 \quad$ und $\underset{\text{(Abtrieb)}}{M_3(n_3 - n_2)}$.

Damit wird der Wirkungsgrad der Verzahnung als Vorgelege:

$$\eta_v = \frac{M_3(n_3 - n_2)}{M_1(n_1 - n_2)} \tag{12}$$

und der Energieverlust: $M_1(n_1 - n_2) - M_3(n_3 - n_2)$ oder mit η_v aus Gl. (12):

$$M_3(n_3 - n_2)\left(\frac{1}{\eta_v} - 1\right). \tag{13}$$

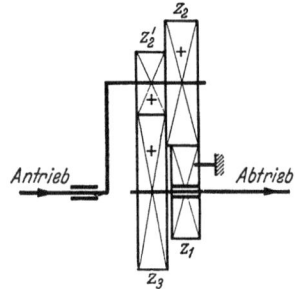

Abb. 6. Umlaufgetriebe mit schlechtem Wirkungsgrad.

Dieser Verlust ist derselbe wie beim Planetengetriebe. Durch Gleichsetzen der Ausdrücke (11) und (13) erhält man:

$$M_3(n_3 - n_2)\left(\frac{1}{\eta_v} - 1\right) = M_3\, n_3\left(\frac{1}{\eta} - 1\right)$$

oder:

$$\underbrace{\left(\frac{1}{\eta} - 1\right)}_{\substack{\text{Verlust im}\\ \text{Umlaufgetriebe}}} = \frac{n_3 - n_2}{n_3} \underbrace{\left(\frac{1}{\eta_v} - 1\right)}_{\substack{\text{Verlust im}\\ \text{Vorgelege}}}. \tag{14}$$

Einen sehr ungünstigen Wirkungsgrad können Umlaufgetriebe aufweisen, wenn der umlaufende Arm angetrieben wird. Setzt man (Abb. 6) $n_1 = 0$, so folgt aus den gleichen Überlegungen:

$$\frac{1}{\eta} - 1 = \frac{n_2 - n_3}{n_3}\left(\frac{1}{\eta_v} - 1\right). \tag{15}$$

Ist z. B. $n_2/n_3 = 50$, dann ist $\frac{n_2}{n_3} - 1 = 49$ und mit $\eta_v = 0{,}98$: $\frac{1}{\eta} = 1 + 49 \cdot 0{,}02$ oder $\eta = 0{,}51$!

Anwendungsbeispiel 74.1. Die abgeleiteten Beziehungen können auch verwendet werden, um in einem Kugellager die Käfigdrehzahl und die Drehzahl der Kugeln um ihre eigene Achse zu bestimmen. Wenn kein Gleiten zwischen den Kugeln und den Ringen auftritt, so bleibt Gl. (1) gültig, mit $z_1 = d_i, z_2 = d, z_3 = d_a$ und $d_m = d_i + d = d_a - d = \frac{d_i + d_a}{2}$.

Steht der Außenring still ($n_3 = 0$), so wird die Käfigdrehzahl

$$n_2 = n_1 \frac{d_i}{d_i + d_a} = \tfrac{1}{2} n_1\left[1 - \frac{d}{d_m}\right]$$

und (mit Gl. 3) die Drehzahl der Kugeln um ihre eigene Achse:

$$n_b = -n_1 \frac{d_i}{d}\left[1 - \frac{d_i + d}{d_i + d_a}\right] = -\tfrac{1}{2} n_1 \cdot \frac{d_i}{d}.$$

Für $d_i = 40$, $d = 10$, $d_a = 60$ mm wird $n_2 = 0{,}4\, n_1$, und $n_b = -2\, n_1$.

Umlaufgetriebe werden in vielen Gebieten des Maschinenbaus verwendet (Hebezeuge, Spinn- und Flechtmaschinen, Automobilbau, usw.). Eine konstruktive Schwierigkeit liegt in der zuverlässigen Lagerung und Schmierung der umlaufenden Teile.

James Watt verwendete z. B. bei seiner ersten Dampfmaschine ein Umlaufgetriebe zur Umsetzung der hin- und hergehenden Kolbenbewegung in eine drehende Bewegung (Abb. 7), da das Kurbelgetriebe patentiert war. Das Planetenrad ist durch Bolzen mit der Schubstange so verbunden, daß es keine Drehbewegung um die eigene Achse ausführen kann. In Gl. (3) wird also die Drehzahl $n_b = \frac{-n_1 z_1 + n_2 z_1 + n_2 z_2}{z_2} = 0$

oder

$$n_1 = n_2 \frac{z_1 + z_2}{z_1}.$$

Anwendungsbeispiel 2. Handflaschenzug für 1000 kg Tragkraft (Abb. 8). Die Übersetzung zwischen Haspel- und Lastkettenrad soll 1:9,4 werden. Das Haspelrad hat einen Durchmesser von 20 cm; die größte Kraft, die an der Haspelkette wirkt, sei $P_0 = 25$ kg.

Da Innenverzahnung vorliegt, folgt aus Gl. (4) mit $n_3 = 0$:

$$\frac{n_1}{n_2} = (1 + k) = 9{,}4 \quad \text{oder} \quad k = 8{,}4 = \frac{c}{b'} \cdot \frac{b}{a}. \tag{a}$$

Wegen dem richtigen Zusammenpassen der vier Räder besteht weiter die Bedingung:

$$a + b + b' = c^*.$$

In diesen zwei Gleichungen sind vier Unbekannte, so daß zwei beliebig gewählt werden dürfen. Es ist zweckmäßig, die Durchmesser des kleinen Rades a und des innen verzahnten Rades c möglichst klein zu wählen, um einen kleinen und leichten Flaschenzug zu erhalten. Es sei z.B. $a = 18$ mm und $c = 90$ mm, dann wird $b + b' = 72$ mm, und aus Gl. (a) $b/b' = 1{,}68$. Aus diesen Beziehungen folgen die auf ganze Zahlen gerundeten Werte $b' = 27$ und $b = 45$ mm. Aus Gl. (10) folgt: $M_2 = -\frac{n_1}{n_2} M_1 = -9{,}4\, M_1$ und $M_3 = 8{,}4\, M_1$. Mit einem Haspelraddurchmesser von 20 cm und $P_0 = 25$ kg ist $M_1 = 250$ kgcm. Damit wird

$$P_1 = \frac{M_1}{a} = \frac{250}{1{,}8} = 140 \text{ kg} \quad \text{und} \quad P_3 = \frac{M_3}{c} = \frac{8{,}4 \cdot 250}{9} = 233 \text{ kg}.$$

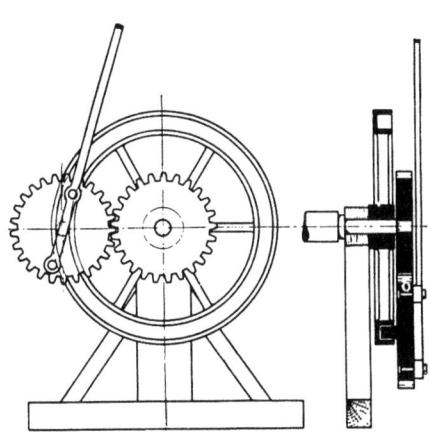

Abb. 7. Planetengetriebe nach Watts Patentzeichnung 1781 (aus Matschoß).

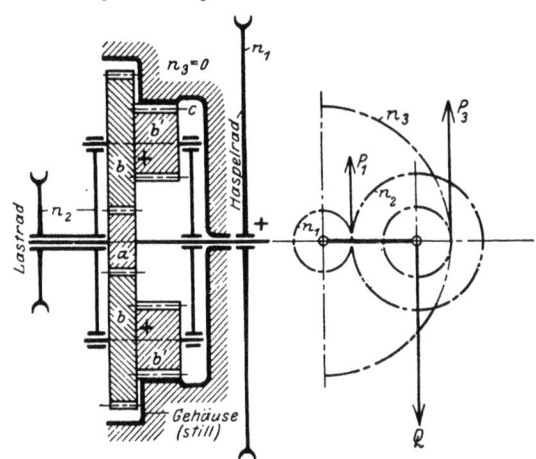

Abb. 8. Handflaschenzug (Prinzipskizze).

Die sehr langsam laufenden Räder a und b' sind nur auf Festigkeit (nach Gl. 713.9, mit $\xi = 1$) zu berechnen. Wählt man die Zahnbreite zu 18 mm, dann ist

$$P_1' = 140/18 = 7{,}8 \text{ kg/mm} \quad \text{und} \quad P_3' = P_3/b = 233/18 = 13 \text{ kg/mm}.$$

Wählt man weiter $z = z_b' = 12$ Zähne, so folgt aus Zahlentafel 713.1, für 20° Normverzahnung: $\gamma = 9{,}5$, und aus Gl. (713.9) $\sigma_b = \frac{P_1 \cdot \gamma}{1{,}57\,\mathrm{m}}$ für Ritzel a, mit $m = 3$; $\sigma_b = 15{,}6$ kg/mm² und für Ritzel b', mit $m = 4{,}5$, $\sigma_b = 16{,}5$ kg/mm², so daß St 60 für diese Räder ausreichen würde.

Bestimmung des Wirkungsgrades η:

$$L_1 \text{ (Antrieb)} \qquad L_2 \text{ (Abtrieb)} \qquad L_3 = 0.$$

$$\eta = \frac{L_2}{L_1}.$$

Der Reibverlust: $L_1 - L_2 = L_1(1 - \eta)$ bleibt unverändert, wenn dem ganzen System eine zusätzliche Drehzahl $-n_2$ gegeben wird und die Drehmomente gleich bleiben. Wir erhalten dann als

Momente	M_1	M_2	M_3
Drehzahlen	$n_1 - n_2$	0	$n_3 - n_2$
und Leistungen	$M_1(n_1 - n_2)$ (Antrieb)	0	$M_3(n_3 - n_2)$ (Abtrieb)

---

* Diese Beziehung gilt für die Normverzahnung. Durch Anwendung der Zahnkorrekturen (vgl. Abschn. 718) kann die Achsentfernung in gewissen Grenzen geändert werden.

Der Wirkungsgrad des Vorgeleges ist: $\eta_v = \dfrac{M_3 (n_3 - n_2)}{M_1 (n_1 - n_2)}$

und der Reibverlust: $M_1 (n_1 - n_2) - M_3 (n_3 - n_2) = M_1 n_1 (1 - \eta)$.

Damit wird: $M_1 (n_1 - n_2) (1 - \eta_v) = M_1 n_1 (1 - \eta)$

oder $\eta = 1 - \dfrac{n_1 - n_2}{n_1} (1 - \eta_v)$.

Da $n_1 = n_2 (1 + k)$ und $n_1 - n_2 = n_2 k$ ist, wird

$$\eta = 1 - \dfrac{k}{1+k} (1 - \eta_v), \quad \text{also etwas größer als } \eta_v.$$

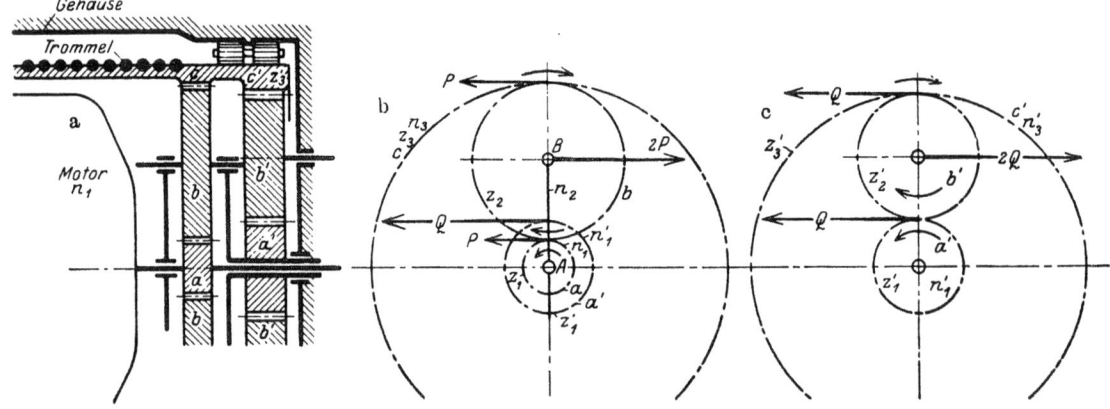

Abb. 9. Elektroflaschenzug (Prinzipskizze).

Anwendungsbeispiel 3. Berechnung des Antriebes eines Elektroflaschenzuges nach Abb. 9 für 1000 kg Tragkraft. Motorleistung 1,7 PS, bei $n_1 = 960$ Uml./min Trommeldrehzahl $n_3 = 16,6$/min.

Zwischen den Drehzahlen n_1, n_2 und n_3 besteht die Beziehung:

$$(n_1 - n_2) z_1 = - (n_3 - n_2) z_3.$$

Das —-Zeichen kommt daher, daß Trommel und Motor entgegengesetzte Drehrichtungen haben. Durch Umformung erhält man:

$$n_1 z_1 + n_3 z_3 = n_2 (z_1 + z_3).$$

Der Arm AB wird durch ein gewöhnliches Vorgelege a', b', c' (mit Innenverzahnung) angetrieben, so daß

$$n_2 = - n_3 \dfrac{z_3'}{z_1'}.$$

Damit wird:

$$- \dfrac{n_1}{n_3} = \dfrac{z_3}{z_1} + \dfrac{z_1 + z_3}{z_1} \cdot \dfrac{z_3'}{z_1'}. \tag{a}$$

Für das richtige Ineinandergreifen der Zahnräder müssen noch folgende Bedingungsgleichungen erfüllt sein:

$$a + 2b = c \quad \text{und} \quad a' + 2b' = c' \quad \text{oder} \quad z_1 + 2z_2 = z_3 \quad \text{und} \quad z_1' + 2z_2' = z_3'.$$

Da drei Gleichungen mit den 6 Unbekannten z_1, z_2, z_3, z_1', z_2' und z_3' vorhanden sind, dürfen drei beliebige Annahmen gemacht werden:

1. Der Durchmesser $2a$ des Motorritzels sei $= 32$ mm.
2. Der Durchmesser $2c$ des innen verzahnten Rades c ist durch den Trommeldurchmesser eingeschränkt und sei 280 mm. Dann ist $b = \tfrac{1}{2}(140-16) = 62$ mm.
3. Der Ritzeldurchmesser $2a'$ sei 60 mm. Aus Gl. (a) folgt dann $z_3'/z_1' = c'/a' = 5,05$, also $c' = 151,5$ mm.

Berechnung der beiden Ritzel: Das Drehmoment der Motorwelle ist:

$M_1 = 71620 \dfrac{1,7}{960} = 127$/kgcm, die Umfangskraft $P = \dfrac{127}{1,6} =$ rd. 80 kg, und die Umfangsgeschwindigkeit des Ritzels: $v_1 = \dfrac{\pi \cdot 0,032 \cdot 960}{60} = 1,61$ m/s.

Wählt man die Breite des Ritzels zu 30 mm, dann ist $P_1 = 80/30 = 2{,}7$ kg/mm. Mit $z_1 = 16$ ($m = 2$, $z_2 = 62$) und $\xi = 2$ folgt aus Gl. (714.4) für 20° Normverzahnung:

$$\left(\frac{p_{\max}}{153}\right)^2 = \frac{2 \cdot 2{,}7}{32}(1 + 16/62) = 0{,}21,$$

also $p_{\max} = 67$ kg/mm², was für die relativ kleine Umfangsgeschwindigkeit von nur 1,6 m/s für gehärtete Räder zugelassen werden kann.

Die Kraft Q folgt aus der Gleichgewichtsbedingung für den Arm AB (Abb. 9b):

$2P \cdot (a+b) = Q \cdot a'$, zu $Q = \dfrac{(16+62) \cdot 2 \cdot 80}{30} = 415$ kg.

Die Festigkeitsrechnung Gl. (713.9) gibt für $m = 5$ ($z_1' = 12$, $\gamma = 9{,}5$) bei 40 mm Radbreite, $\sigma = 15$ kg/mm².

Anwendungsbeispiel 4. Zählwerk mit großer Übersetzung (Abb. 10).

Aus der Abbildung folgt für das Vorgelege:

$$n_3 = n_0 \frac{z_0}{z_3'} = \frac{9}{59} n_0 \quad \text{und} \quad n_1 = -n_0 \frac{z_0}{z_1'} = -\frac{9}{39} n_0.$$

Für das Umlaufgetriebe mit Innenverzahnung (Gl. 4) ist:

$$n_1 + k n_3 = n_2(1+k), \quad \text{worin} \quad k = \frac{z_3}{z_1}, \quad n_1 + \frac{z_3}{z_1} n_3 = n_2\left(1 + \frac{z_3}{z_1}\right).$$

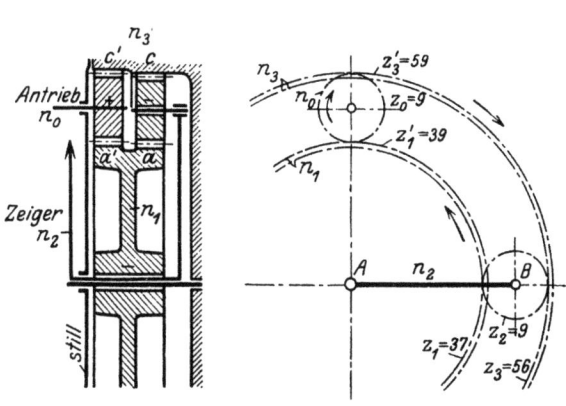
Abb. 10. Zählwerk mit großer Übersetzung. (Anwendungsbeispiel 4).

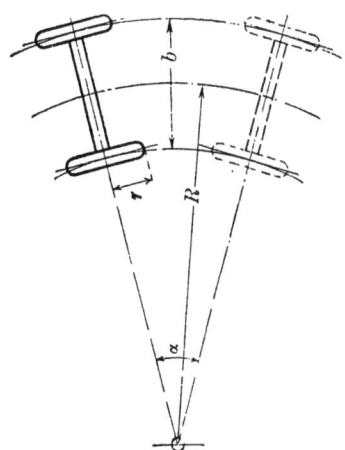
Abb. 11 (aus Heller, Kraftwagenbau).

Die Werte von n_1 und n_3, sowie die Zähnezahlen eingesetzt, ergibt

$$-n_0\left(\frac{9}{39} \cdot 37 - \frac{9}{59} \cdot 56\right) = n_2(56+37)$$

oder

$$-\frac{n_2}{n_0} = \left(\frac{37}{39} - \frac{56}{59}\right) \cdot \frac{3}{31} = \frac{37 \cdot 59 - 56 \cdot 39}{39 \cdot 59} \cdot \frac{3}{31} = -\frac{1}{13 \cdot 59 \cdot 31}$$

und

$$\frac{n_0}{n_2} = 23\,777.$$

Anwendungsbeispiel 5. Ausgleichsgetriebe für Automobile. Die beiden hinteren Räder werden vom Motor angetrieben. Beim Fahren in gerader Richtung sind die Drehzahlen der Räder gleich groß, so daß eine einfache Übersetzung als Antrieb ausreichen würde. Wird in einer Krümmung vom mittleren Radius R (Abb. 11) mit einer Winkelgeschwindigkeit α gefahren, so müssen die Räder — damit sie nicht gleiten — verschiedene Drehzahlen n_i und n_a erhalten, die durch die Gleichungen

$$\frac{\pi r n_a}{30} = \left(R + \frac{b}{2}\right)\alpha \quad \text{und} \quad \frac{\pi r n_i}{30} = \left(R - \frac{b}{2}\right)\alpha$$

bestimmt sind. Nach Addition erhält man $n_a + n_i = \dfrac{30\alpha}{\pi r} \cdot 2R = \text{konst.}$

Um diese Bedingung zu erfüllen, werden die Räder durch ein Umlaufgetriebe (Ausgleichgetriebe genannt) angetrieben (Abb. 12/13). Der Zusammenhang der Drehzahlen folgt, nach Erteilung einer zusätzlichen Drehzahl $-n$, aus:

$$n_i - n = -(n_a - n) = n - n_a \quad \text{oder} \quad n_i + n_a = 2n = \text{konst.}$$

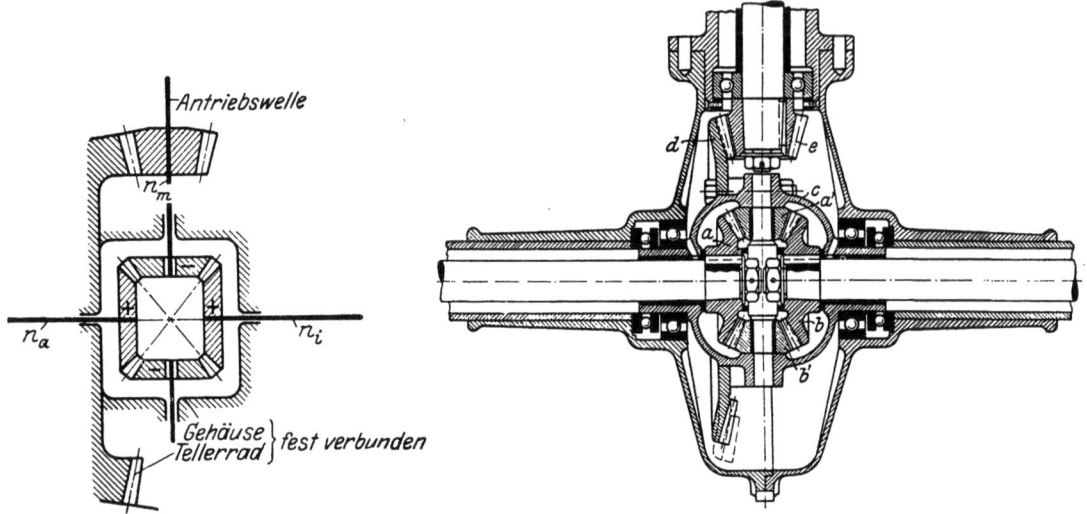

Abb. 12. Ausgleichgetriebe für Automobile.   Abb. 13. Konstruktive Ausführung des Ausgleichgetriebes (aus Heller).

Interessant und praktisch immer wieder zu Überraschungen führend sind Antriebe folgender Art, die z. B. bei Misch-, Sicht- und Sortiermaschinen und bei Walzenstühlen auftreten, und bei welchen zwecks Erhöhung der Leistung eine große zusätzliche Drehbewegung erteilt wird.

Zahlenbeispiel 6. Erfahrungsgemäß hat bei einer Sichtmaschine der Schläger etwa zwei Umdrehungen weniger als die Trommel. Zwecks Erhöhung der Sichtleistung erhalten Trommel und Schläger eine zusätzliche Drehzahl von 800/min (Abb. 14). Das Drehzahlverhältnis

$$i = \frac{A}{B} \cdot \frac{C}{D} = \frac{27}{28} \cdot \frac{30}{29} = \frac{405}{406}.$$

Bei stillstehender Trommel braucht die Maschine bei 350 mm Schlägerdurchmesser erfahrungsgemäß etwa 1 PS. Die Umfangsgeschwindigkeit ist dann $u = \pi \cdot 0{,}35 \cdot 2/60 = 0{,}037$ m/s entsprechend einer Umfangskraft am Schläger $P = 75/0{,}037 = 2050$ kg, und am Zahnrad D (von 250 mm Durchmesser) eine Umfangskraft

$$P_u = 35 \cdot 2050/25 = 2870 \text{ kg}.$$

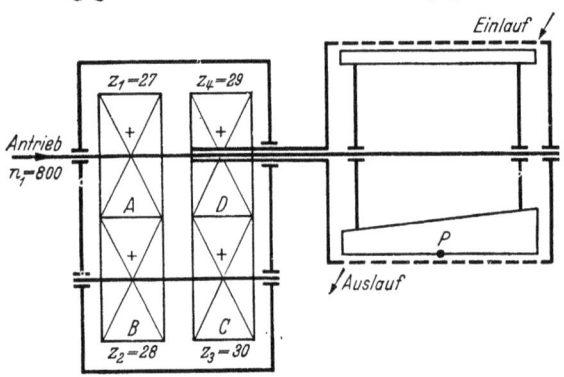

Abb. 14. Antrieb einer Sichtmaschine.

Wenn die Räderpaare nun 800 resp. 802 Umdrehungen/min machen, wird die Gleitgeschwindigkeit $v_g = (\omega_1 + \omega_2)\,e$ nach Gl. (711.1) und damit die erzeugte Wärme rd. 1600 mal so groß, wie bei der stillstehenden Sichttrommel. Wenn der Wirkungsgrad eines Räderpaares bei stillstehender Trommel 99%, also der Verlust nur 1% ist, so wird infolge der 800fach vergrößerten Gleitgeschwindigkeit zwischen den Zahnflanken nun 16 PS in Wärme umgesetzt, die das Gehäuse ausstrahlen muß! Die Räder sind also sehr sorgfältig zu bearbeiten, zu schmieren und zu kühlen.

75. Schneckentrieb.

751. Verzahnung. Der Schneckentrieb ist ein Getriebe für sich (meist senkrecht) kreuzende Achsen; er ist aus Schraube und Mutter entstanden. Wenn eine Schraube sich dreht und die Mutter gegen Verdrehung gesichert wird, so erhält diese eine reine Translation (Parallelverschiebung), Abb. 75.1. Wird die obere Hälfte der Mutter weggelassen und von der unteren

Hälfte ein ziemlich weit von der Drehachse der Schraube entfernter Punkt M (Abb. 2) festgehalten, so beschreibt die Mutter eine drehende Bewegung um diesen Punkt.

Jeder Schraubengang entspricht einem Zahn des Rades. Ist g die Gangzahl der Schnecke und z die Zähnezahl des Rades, so ist das

$$\text{Drehzahlverhältnis } i = \frac{g}{z}. \tag{75.1}$$

Da die Mutter nun keine Translation, sondern eine Drehung ausführt, kann die Verzahnung des Rades kein reines Schraubengewinde mehr sein. Am einfachsten kann man sich die Verzahnung auf folgende Weise entstanden denken:

Das Profil der Schnecke entspricht einer Zahnstange, bei der die Parallelverschiebung durch Rotation und Schrägstellung der Zähne erreicht wird. Die Schnecke kann demnach durch eine Anzahl Zahnstangen 1 bis 7 (Abb. 3) ersetzt und das Profil des Rades nach dem allgemeinen Verzahnungsgesetz (Abschn. 711) dar-

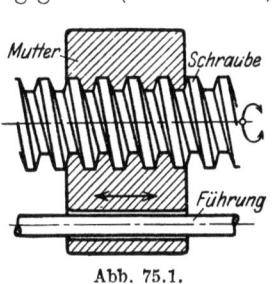
Abb. 75.1.

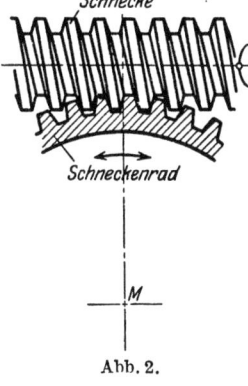
Abb. 2.

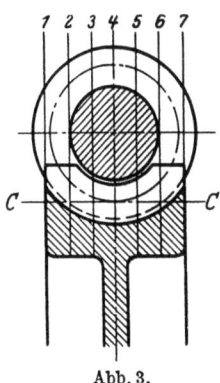
Abb. 3.

aus konstruiert werden. Alle diese Teilräder haben den gleichen Wälzkreis; die jeweiligen Wälzpunkte liegen auf CC. Daraus folgt, daß das Mittenprofil des Rades (im Normalschnitt) die Evolventenform eines Zahnrades hat, das mit der Zahnstange in richtigem Eingriff steht, während für alle anderen Schnittebenen die Profile ganz andere Formen erhalten.

Deshalb überträgt sich die Unempfindlichkeit der Evolventenräder in bezug auf den Achsabstand nicht auf Schneckengetriebe; diese sind im Gegenteil äußerst empfindlich auch gegen kleine Einbaufehler und müssen sehr sorgfältig gelagert werden.

Wird für die Zahnstange das normale Evolventenprofil mit geraden Flanken und 30° Spitzenwinkel gewählt und sollen die Zahnflanken unterschnittfrei sein, so muß wie bei den Stirnrädern die kleinste Zähnezahl des Rades 30 sein. Wenn der Konstrukteur sich an diese Bedingung hält, entfallen die Schwierigkeiten der Unterscheidung und der Korrektur. Für die genauere Untersuchung der Eingriffsverhältnisse sei auf Schiebel, Zahnräder II Abschn. XV, verwiesen.

752. Herstellung. Die Schnecke kann nur auf der Drehbank genau geschnitten werden. Da viele Drehbänke Leitspindeln mit Steigungen in englischen Zoll haben, findet man hier und da die Bedingung gestellt, die Teilung des Rades ebenfalls in englischen Zoll anzugeben. Weil aber immer durch ein Wechselrad von 127 Zähnen ($1'' \, e = 25{,}4$ mm) auch metrische Steigungen hergestellt werden können, zieht man auch hier Modulteilung vor, die durch das Zahnrad mit 97 Zähnen $(\pi \cdot 97/12) = 25{,}395 \approx 1''$ erzielt werden kann. Die Radzähne werden durch einen Fräser hergestellt, der bei der Erzeugung die gleiche Form und die genau gleiche Lage der Schnecke im Getriebe einnehmen muß.

753. Wirkungsgrad. Da das Schneckenprofil trapezförmig ist, können die Reibungsverhältnisse nach der Formel für die scharfgängige Schraube berechnet werden. Das Drehmoment war:

$$M_d = P r_m \operatorname{tg}(\alpha + \varrho'), \tag{233.3}$$

worin $\operatorname{tg} \varrho' = \mu' = \dfrac{\mu}{\cos \beta}$ und μ die Reibzahl ist. Für $\beta = 15°$ ist $\cos \beta = 0{,}966$. Die Unsicherheit in der Wahl der Reibzahl μ ist so groß, daß dem gegenüber der Faktor $\dfrac{1}{\cos \beta}$ vernachlässigt und

$$M_d = P r_m \operatorname{tg}(\alpha + \varrho),$$

gesetzt werden darf, wobei das Drehmoment aus der übertragenen Leistung bekannt ist.

Der Wirkungsgrad der Schnecke ist somit

$$\eta = \frac{\operatorname{tg} \alpha}{\operatorname{tg}(\alpha + \varrho)}. \tag{2}$$

Er wird ein Maximum für $\quad \dfrac{d\eta}{d\alpha} = 0 = -\dfrac{\mathrm{tg}\,\alpha}{\sin^2(\alpha+\varrho)} + \dfrac{\mathrm{ctg}(\alpha+\varrho)}{\cos^2\alpha}$

$$\mathrm{tg}\,\alpha \cos^2\alpha = \mathrm{ctg}(\alpha+\varrho)\sin^2(\alpha+\varrho),$$
$$\sin\alpha\cos\alpha = \sin(\alpha+\varrho)\cos(\alpha+\varrho),$$
$$\sin 2\alpha = \sin 2(\alpha+\varrho).$$

Das ist nur möglich für $2\alpha = 180° - 2(\alpha+\varrho)$ oder $\alpha = 45° - \dfrac{\varrho}{2}$.

Zahlentafel 75.1. Theoretischer Wirkungsgrad eines Schneckentriebes.

$\alpha =$	5°	10°	15°	20°	25°	40°
$\mu = 0{,}01$ $\quad \eta =$	0,897	0,945	0,961	0,970	0,974	0,980
2	813	895	926	941	950	960
3	743	850	892	914	927	941
4	682	809	861	888	904	922
5	634	772	831	863	882	904
0,07	552	707	778	817	841	869
0,10	0,463	0,627	0,709	0,756	0,785	0,819

Der Wirkungsgrad des ganzen Schneckentriebes wird durch die Reibung in den Lagern noch etwas vermindert. Aus Abb. 4 können folgende Schlußfolgerungen gezogen werden:

1. Der Wirkungsgrad hängt in hohem Maße von der Reibzahl μ ab. Vielleicht gelingt es eine tragfähige Ölschicht zwischen den Zahnflanken zu erzeugen, und so die Reibzahlen zuverlässiger zu berechnen (Abschn. 435 und L. 435.5). Ein hoher Wirkungsgrad ist durch genaue Herstellung der Zahnform und hauptsächlich durch zweckmäßige Schmierung und durch glatte Oberflächen zu erreichen.

2. Von einem Steigungswinkel der Schnecke von etwa 15° an ist die Verbesserung des Wirkungsgrades nicht mehr bedeutend, besonders wenn die Reibzahl klein ist. Dieser Umstand ist für die Praxis von großer Wichtigkeit, weil bei großen Steigungen Eingriffs- und Herstellungsschwierigkeiten entstehen. Man wird deshalb möglichst Steigungswinkel in der Nähe von 20° verwenden.

3. Nach Gl. (2) scheint der Wirkungsgrad von der Leistung unabhängig zu sein, da weder die Geschwindigkeit noch der Zahndruck in dieser Gleichung vorkommt. In Wirklichkeit ist aber die Reibzahl μ und damit der Reibwinkel ϱ für geschmierte Flächen sowohl von der Gleitgeschwindigkeit als auch von der Öltemperatur und vom Druck abhängig.

Die zuverlässige Vorausbestimmung des Wirkungsgrades einer Schnecke ist nicht möglich, weil die Reibzahl für halbflüssige Reibung z. Z. noch nicht berechnet werden kann. Die Versuche von Stribeck[1] zeigen, daß aber auch bei ungenauer Ausführung ziemlich kleine Reibzahlen erreicht werden können.

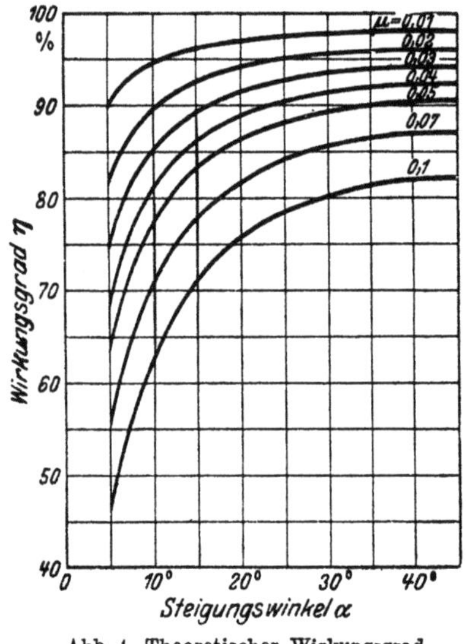

Abb. 4. Theoretischer Wirkungsgrad einer Schnecke.

Zahlentafel 2. Versuchswerte von Stribeck.

Gleitgeschwindigkeit m/s	Umfangskraft P kg	$\dfrac{P}{b}$ kg/cm	μ bei 60° C	n_{Schnecke}	n_{Rad}
0,5	500	65	0,060	120	4
1	500	65	051	240	8
1,5	500	65	047	360	12
2	400	52	040	480	16
3	250	32,5	030	720	24
4	160	21	0,025	960	32

Für ein roh gegossenes, aber vollständig eingelaufenes Schneckengetriebe, bestehend aus einer gußeisernen Schnecke, eingängig

Kerndurchmesser $\quad = 60$ mm
Außendurchmesser $\quad = 95$ mm
Steigung $= 25{,}13$ mm $= 8\pi$;
$\mathrm{tg}\,\alpha = 0{,}1$

und einem Schneckenrad aus Gußeisen

Teilkreisdurchmesser $= 240$ mm
Zähnezahl $\qquad\qquad = 30$
Zahnbreite $\qquad\qquad = 77$ mm

macht Stribeck die in Zahlentafel 2 zusammengestellten Angaben.

Aus diesen Versuchen folgt, daß das unten liegende Schneckenrad erst bei $n = 32$ genügend Öl zur Schmierung der Schnecke mitnimmt. Aus den Versuchen von Westberg[2] folgt weiter,

---
[1] L. 75.1.　　[2] L. 75.2.

daß für gut geschmierte und gut bearbeitete und gelagerte Schnecken Reibzahlen von 0,01 bis 0,015 (also Schneckenwirkungsgrade über 95%) leicht erreichbar sind.

754. Berechnung. Unter der Annahme, daß die Kraftübertragung nur im Wälzpunkt stattfindet, kann die von der Schnecke auf das Rad wirkende Normalkraft P_n (Abb. 5) in zwei Komponenten, horizontal P_h und vertikal P_v, zerlegt werden. Die horizontale Kraft wird wieder in zwei Richtungen zerlegt, axial P_x und — senkrecht dazu — P_y. Dazu kommt noch die Reibkraft μP_n in der Tangentenrichtung an die mittlere Schraubenlinie mit dem Steigungswinkel α. Es wirken demnach[1]:

In der Horizontalebene:
axial, die am Rade wirkende Umfangskraft
$$P = P_x - \mu P_n \sin\alpha = P_n (\cos\beta \cos\alpha - \mu \sin\alpha), \qquad (3)$$
senkrecht dazu, die an der Schnecke wirkende Umfangskraft
$$H = P_y + \mu P_n \cos\alpha = P_n (\cos\beta \sin\alpha + \mu \cos\alpha). \qquad (4)$$

In der Vertikalebene:
Die Radialkraft
$$P_v = P_n \sin\beta. \qquad (5)*$$

Die Schnecke wird immer aus naturhartem Stahl hergestellt, poliert, aber nicht gehärtet, weil sie sich beim Härten leicht verzieht.

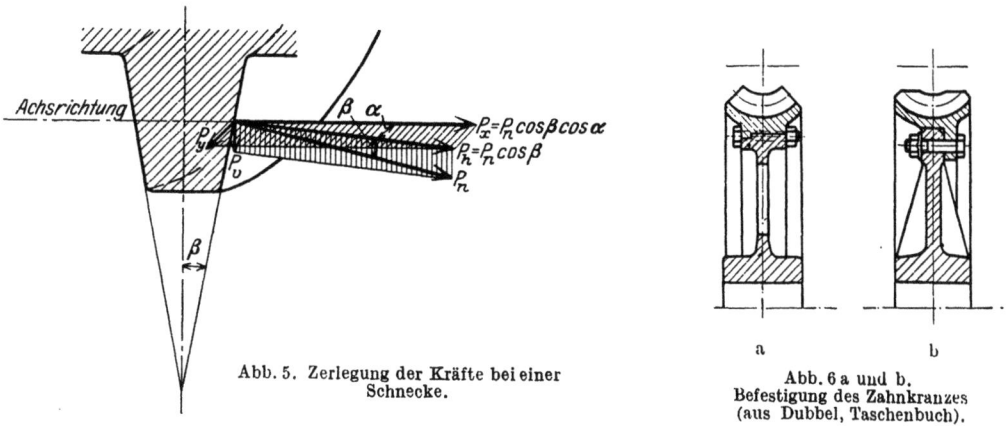

Abb. 5. Zerlegung der Kräfte bei einer Schnecke.

Abb. 6 a und b. Befestigung des Zahnkranzes (aus Dubbel, Taschenbuch).

Für das Schneckenrad kommen folgende Werkstoffe in Frage: Gußeisen wird nur bei kleinen Umfangsgeschwindigkeiten und für untergeordnete Zwecke verwendet, da die Gefahr des „Anfressens", groß ist; besser ist Phosphorbronze und am besten Stahlbronze (überschmiedet). Die Bronzekränze werden auf den gußeisernen Radkörper aufgesetzt (Abb. 6) und durch Paßschrauben befestigt.

Das Schneckenrad kann als schrägverzahntes Zahnrad mit dem Neigungswinkel $\beta = 90 - \alpha$ berechnet werden. Da der Steigungswinkel α der Schnecke bei Neukonstruktionen unbekannt ist, kann die für die Berechnung erforderliche Umfangskraft P nicht aus Gl. (3) berechnet werden. Nimmt man aber den Wirkungsgrad η des Getriebes schätzungsweise an, so ist das Drehmoment der Radwelle:

$$(M_d)_r = 71620 \frac{N\eta}{n_r} = P \cdot R. \qquad (6)$$

N = übertragene Leistung in PS, n_r = Drehzahl und R = Radius des Schneckenrades.
Die Zahnbreite b ist (wie Abb. 6 zeigt) eng begrenzt:
$$b = 2 \text{ bis } 2,5 \ t. \qquad (7)$$

Die Festigkeit der Radzähne spielt eine untergeordnete Rolle, da die übertragbare Leistung durch die Flächenpressung und durch die Erwärmung viel enger einbegrenzt ist.

---

[1] Wenn der Winkel zwischen P_n und P_h näherungsweise gleich dem Winkel β gesetzt wird.

* Mit $\cos\beta \approx 1$ und $\mu = \text{tg}\varrho$ erhält man für das Drehmoment der treibenden Schneckenwelle die bekannte Beziehung:

$$M_d = H \cdot r_m = P \cdot r_m \frac{\sin\alpha + \mu \cos\alpha}{\cos\alpha - \mu \sin\alpha} = P \cdot r_m \text{tg}(\alpha + \varrho) \qquad (233.3)$$

Bei den üblichen „Evolventen"-Schneckentrieben (mit dem geradlinigen Zahnstangenprofil ist der eine Krümmungsradius unendlich groß. Der Krümmungsradius der Radzähne im Wälzpunkt ist

$$r = \frac{d_n}{2} \sin \alpha_0$$

d_n = Wälzkreisdurchmesser im Normalschnitt des Rades,
α_0 = Eingriffswinkel der Evolventen-Zahnstange.

Setzt man diesen Wert in Gl. (714.1) ein, so wird (mit $P_z = P_u/\cos \alpha_0$):

$$p_0 = 0{,}418 \sqrt{\frac{P_u}{b} \cdot \frac{2E}{d_n \sin \alpha_0 \cos \alpha_0}} \quad \text{oder} \quad \left(\frac{p_0}{0{,}418}\right)^2 \frac{\sin 2\alpha_0}{4E} = P_1/d_n$$

und da, nach Gl. (716.6), $d_n = d/\sin^2\beta = d/\cos^2\alpha$ ist, $\alpha = 90° - \beta$ = Steigungswinkel der Schnecke, wird

$$\left(\frac{p_0}{0{,}418}\right)^2 \frac{\sin 2\alpha_0}{4E} = P_1 \cos^2 \alpha / d \, .$$

Mit $E_1 = 2{,}15 \cdot 10^4$ kg/mm² für die Stahlschnecke und $E_2 = 10^4$ kg/mm² für das Bronzerad, ist $E = 1{,}36 \cdot 10^4$ kg/mm². Mit diesem Wert, und mit $\alpha_0 = 15°$, resp. 20°, wird

$$P_1 \cos^2 \alpha / d = (p_0/137)^2 \quad \text{resp.} \quad = (p_c/121)^2 . \tag{8}$$

Die Schwierigkeit der Berechnung liegt darin, daß zuverlässige Erfahrungswerte über die zulässige Größe von p_0 (bei Schneckentrieben) nicht vorliegen. Wenn der Trieb sehr sorgfältig hergestellt und genau montiert ist, könnte man annehmen, daß immer zwei Radzähne im Eingriff stehen. Die Voraussetzung, daß die Zähne auf der ganzen Breite gleichmäßig tragen, ist in Wirklichkeit nur selten erfüllt. Die Gleitgeschwindigkeit zwischen Schnecke und Rad ist viel größer als bei Zahnrädern, so daß auch die Abnutzung viel rascher fortschreitet. Es ist deshalb zweckmäßig die zulässige Grenze von p_0 kleiner zu nehmen als bei Zahnrädern, also

$$p_{0\,\text{zul}} < 0{,}25\, H_B , \tag{714.6}$$

H_B = Brinellhärte der Radzähne in kg/mm².

In der Literatur[1] wird die zulässige Belastung von Schneckentrieben auf Grund der Gleichung

$$P_u = c \cdot b \cdot t \tag{713.3}$$

beurteilt, die für die Festigkeit der Radzähne abgeleitet wurde. Durch Umformung der Gl. (8) kann man nachweisen, daß sie auch für die Beurteilung der Flächenpressung brauchbar ist.

Mit $P_1 = P_u/b = c \cdot t$ und $t = \pi \cdot d/z$, wird

$$P_1 = c \cdot \pi \cdot d/z \quad \text{(kg/mm)}, \tag{9}$$

z = Zähnezahl, d = Teilkreisdurchmesser des Schneckenrades in mm.

Aus Gl. (8) folgt für 15° Eingriffswinkel der Evolventen-Zahnstange:

$$P_1 = (p_0/137)^2 \cdot d/\cos^2 \alpha \quad \text{(kg/mm)}, \tag{8a}$$

und aus der Gleichsetzung von 8a und 9:

$$c = \frac{z}{\pi} (p_0/137)^2 / \cos^2 \alpha . \tag{10}$$

Auf Grund der Erfahrung[1] kann für **Dauerbetrieb, bei mäßiger Umfangsgeschwindigkeit** der Schnecke und bei sorgfältiger Ausführung für Radzähne aus Phosphorbronze $c = 3 \cdot 40/4 = 30$ kg/cm² $= 0{,}3$ kg/mm² zugelassen werden. Setzt man diesen Wert in Gl. (10) ein, so wird mit $c \cdot \pi \approx 1$ kg/mm² und $\alpha = 20°$:

$$p_0 = 137 \cdot 0{,}94/\sqrt{z} = 129/\sqrt{z} , \tag{11}$$

also für $z = 30$ resp. 60 Zähne:

$$p_0 = 23{,}5 \quad \text{resp.} \quad 16{,}6 \text{ kg/mm}^2 < 0{,}25\, H_B,$$

entsprechend einer Brinellhärte der Zähne

$$H_B > 94 \quad \text{resp.} \quad > 66 \text{ kg/mm}^2 .$$

---

[1] Schiebel, L. 7. 1.

Wenn die gesamte Reibarbeit in Wärme umgesetzt wird, so wird im Beharrungszustand stündlich die Wärmemenge erzeugt:

$Q = (1-\eta)\, N \cdot 632$ bzw. $(1-\eta)\, N\, 860$ kcal/h je nachdem N in PS oder Kw eingesetzt wird.

Diese Wärmemenge wird zum größten Teil vom Öl aufgenommen und durch das Gehäuse hindurch an die umgebende Luft abgegeben. Wenn O die Gehäuseoberfläche in m² ist, die innen durch das herumgeschleuderte Öl erwärmt und außen durch die Luft gekühlt wird, und k die Wärmedurchgangszahl, d. i. die je m² und 1° C Temperaturunterschied in der Stunde vom Öl an die Luft abgegebene Wärme ist, so kann der Temperaturunterschied τ_0 zwischen Öl und Luft aus der Gleichung

$$Q = k O \tau_0 \qquad (12)$$

berechnet werden. Für schwach bewegte Luft kann $k \approx 15$ kcal/m²h °C gesetzt werden. Die kühlende Oberfläche O des Gehäuses kann durch das Herunterrinnen des von der Schnecke abgeschleuderten Öles wirksam vergrößert werden.

Für die Betriebssicherheit des Getriebes ist aber nicht die Öltemperatur, sondern die höchste Temperatur der Schnecke und des Rades maßgebend.

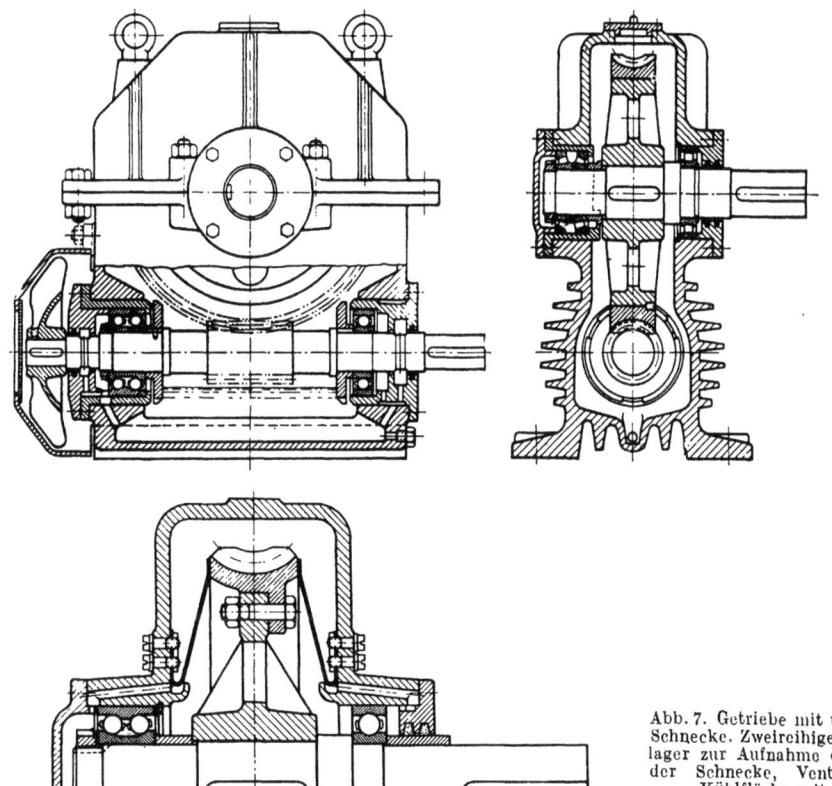

Abb. 7. Getriebe mit untenliegender Schnecke. Zweireihiges Schrägkugellager zur Aufnahme der Axialkraft der Schnecke, Ventilatorkühlung, Kühlfläche mit Rippen.

Die Schneckenwelle kann unter dem Rad (Abb. 7) oder darüber (Abb. 8) angeordnet werden. Bei der ersten Anordnung und bei einem Ölstand, der bis zu den Radzähnen reicht, wird die Schnecke sehr wirksam gekühlt, so daß kein großer Unterschied zwischen Öl- und Schneckentemperatur auftreten kann. Dabei ist aber eine Stopfbüchse erforderlich, um das seitliche Abfließen des Öles zu verhindern. Die Stopfbüchse ist jedoch eine unangenehme Beigabe, die bei zu starkem Anziehen unnötige Reibverluste verursacht, und bei zu geringer Dichtung Ölverluste und unsauberen Betrieb zur Folge hat. Läßt man den Ölstand nur bis zur Schneckenwelle reichen (wodurch die Stopfbüchse überflüssig wird), dann bleibt die Kühlung der Schnecke und des Rades wirksam. Der Energieverlust infolge der Durchwirbelung des Öles ist bedeutend; der Gesamtwirkungsgrad des Getriebes kann dadurch (bei niedrigen Öltemperaturen) um 3% vermindert werden[1].

[1] L. 75.13.

Meist wird die Anordnung mit obenliegender Schnecke vorgezogen. Das Öl wird durch das Rad bis zur Eingriffstelle hochgeführt. Die Schmierung ist wirksam, wenn das Rad genügend rasch läuft und ein zähflüssiges Getriebeöl verwendet wird. Die Lagerschmierung der Schneckenwelle sollte dann von der Schneckenschmierung getrennt werden, da beide verschiedene Ölsorten verlangen. Die Kühlung der Schnecke ist in diesem Falle aber wesentlich schlechter, so daß Temperaturunterschiede von 40° C und mehr zwischen Schnecke und Öl auftreten können. Der zulässige Wert von τ_0 beträgt dann höchstens 30° C, während bei unten liegender Schnecke 70° C Temperaturunterschied zwischen Öl und Luft zulässig ist.

Bei aussetzendem Betrieb (z. B. Laufkatzenantrieb eines Werkstattkrans) kann das Getriebe sich in den Ruhepausen abkühlen, so daß während der Betriebszeit mehr Wärme entwickelt werden darf, als das Gehäuse im Beharrungszustand abgeben kann (Abschn. 86).

Dauerbetrieb erfordert größeren Raddurchmesser, weil die übertragbare Leistung durch die Größe der Kühlfläche festgelegt ist.

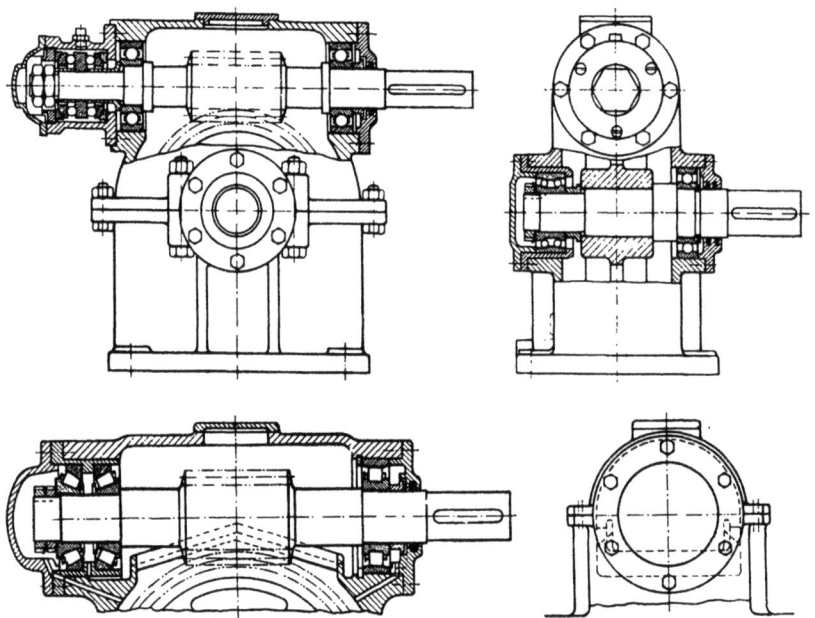

Abb. 8. Getriebe mit obenliegender Schnecke. Längskraft der Schnecke wird durch ein doppeltwirkendes Scheibenlager aufgenommen.

Das Getriebe muß sehr sorgfältig gelagert werden und zwar so, daß die Radmittelebene genau in die Schneckenachse fällt und die Achsentfernung genau eingehalten wird. Die Lagerstellen sollen deshalb in einer Aufspannung des Werkstückes bearbeitet werden.

Die Schnecke muß möglichst eng gelagert werden, da Durchbiegungen der Welle den richtigen Eingriff stören. Auf die Schneckenwelle wirken: In der Horizontalebene:

a. die axiale Kraft P, die eine Biegemomentenfläche nach Abb. 9a ergibt,

b. die dazu senkrechte Kraft H mit der Momentenfläche nach Abb. 9b, und in der Vertikalebene:

c. die Kraft P_v mit der Momentenfläche nach Abb. 9c.

Dazu kommt noch das Drehmoment M_d. Die Beanspruchungen und Formänderungen der Welle unter der Einwirkung dieser Kräfte sind nach Abschn. 31 zu bestimmen.

Das Getriebe wird am kleinsten, wenn die Schnecke aus einem Stück mit der Welle hergestellt wird. Die Bearbeitung ist wohl etwas teurer, aber alle Konstruktionen mit auf der Welle aufgekeilter Schnecke führen zu größeren Radabmessungen, wenn — mit Rücksicht auf den Wirkungsgrad — der gleiche Steigungswinkel eingehalten werden soll.

Die Gehäusekonstruktion wird bestimmt durch die Verwendung von Wälz- oder Gleitlagern mit Öl- oder mit Fettschmierung. Hohe Betriebssicherheit, geringe Reibung und einfache Schmierung sind die Hauptgründe für die zunehmende Bevorzugung der Wälzlager, besonders bei aussetzendem Betrieb. Besondere Schmiervorrichtungen werden oft gar nicht gemacht; die Lager liegen einfach gegen das Innere des Gehäuses frei und werden durch das herumspritzende Öl geschmiert (Abb. 7 u. 8). Die Erfahrung hat nämlich gezeigt, daß das für die Schmierung der Zähne geeignete (zähe) Öl auch für die Wälzlager gut brauchbar ist. In der Einlaufzeit ist es jedoch notwendig das Öl öfter zu erneuern und dafür zu sorgen, daß die Metallteilchen, die bei der Abnutzung entstehen, nicht in die Lager gelangen.

Die Spritzölschmierung ist jedoch nicht immer genügend zuverlässig. Bei obenliegender Schnecke, niedriger Drehzahl und großem Durchmesser des Rades müssen oft besondere konstruktive Maßnahmen getroffen werden, um eine ausreichende Schmierung sicher zu stellen (Abb. 7 u. 8).

Die Schneckenwelle läuft im allgemeinen rasch; sie muß auch eine große Längskraft nach (Gl. 233.3) aufnehmen. Da eine Lagerung ohne seitliches Spiel notwendig ist, sind folgende Wälzlagertypen dafür geeignet:

a) Für kleine und mittlere Belastungen das zweireihige Schrägkugellager, Reihen 32 und 33[1] (Abb. 7).

b) Für große Belastungen das Kegelrollenlager, Reihe 313[1]. Es wird mit einer Wellenmutter eingestellt (Abb. 8) und so angeordnet, daß eine Temperaturerhöhung der Welle keine Steigerung der Lagerbelastung, sondern eine Vergrößerung des Lagerspieles zur Folge hat.

c) Das doppeltwirkende Scheibenlager (Abb. 51.16), das ausschließlich zur Aufnahme der Längskraft dient, und oft in einem besonderen Gehäuse (mit geringer Vorspannung durch Schraubring) gelagert wird. Man bevorzugt, besonders bei hoher Drehzahl, die leichter einbaubaren Lager unter Ziffer a und b, die auch leichter zu schmieren sind.

Die Verwendung von Pendellagern mit Abziehhülse für das Querlager vereinfacht den Einbau und ermöglicht eine Einstellung des Lagerspieles.

Die Kleinheit der Längskraft an der Radwelle verbunden mit einer kleinen Gleitgeschwindigkeit, gestattet oft das unmittelbare Auffangen des Längsdruckes durch die Stirnfläche der Radnabe. Zweckmäßiger ist auch hier die Verwendung von Wälzlagern, die durch wenige Tropfen Spritzöl ausreichend geschmiert werden. Liegt die Schneckenwelle oberhalb des Rades, so genügt die Spritzölung (Abb. 8). Bei niedriger Drehzahl und großem Raddurchmesser ist es zweckmäßig das Spritzöl durch geeignete Rillen im Gehäuse zur Lagerstelle zu führen. Bei untenliegender Schnecke wird das Öl durch Abstreifbleche zum Radlager geleitet (Abb. 7).

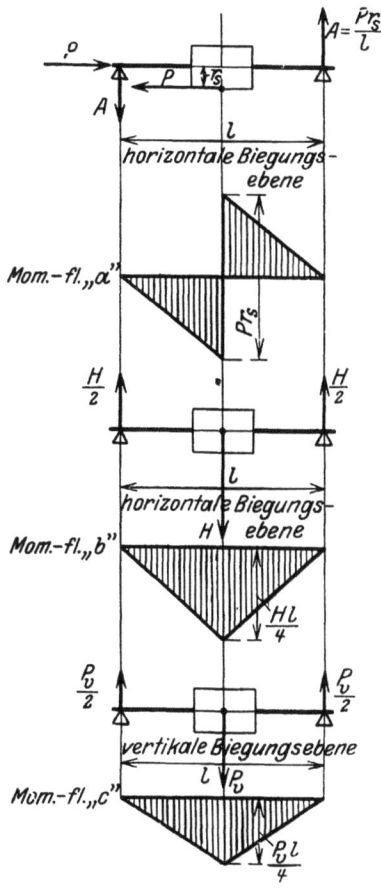

Abb. 9. Zur Berechnung der Schneckenwelle.

76. Kettentrieb.

Man unterscheidet Gliederketten und Laschen- oder Gelenkketten. Die Gliederketten werden weiter unterteilt in offene Ketten mit kurzen Gliedern (Abb. 125.12, Lastkette), mit langen Gliedern (Abb. 125.11, Schlingkette) und in Stegketten (Abb. 125.13, Ankerkette).

Die Ketten werden in Rollen oder auf Trommeln so geführt, daß abwechselnd ein Glied in der Mittelrille läuft und das nächste senkrecht dazu sich auf den Umfang legt. Zum Arbeiten in verzahnten Kettenrädern (Abb. 76.1) können nur kalibrierte Ketten verwendet werden. Das sind Ketten, bei welchen die Teilung der einzelnen Glieder genau gleich ist — soweit dies bei Schmiedearbeit überhaupt möglich ist. Dieses wird durch nachträgliches Stauchen oder Strecken der Glieder erreicht, womit der höhere Preis kalibrierter Ketten begründet ist. Die Kettenrollen werden dann so ausgeführt, daß sich die flachlaufenden Glieder mit etwas Spiel in den Umfang des Rades einbetten, so daß zwischen je zwei solchen Gliedern sog. „Daumen" stehen bleiben.

Der Teilkreisradius R, der immer bis zur Mittellinie des Gliedes gerechnet wird (Abb. 2), ist

$$MA = MB = R = \sqrt{MD^2 + DB^2}.$$

---

[1] Vgl. SKF-Katalog.

Wenn l die innere Baulänge des Gliedes ist, so ist $DB = \frac{1}{2}(l+d)$. Bei z Daumen müssen $2z$ Glieder im Rollenumfang Platz finden, so daß

$$\sphericalangle EMD = \gamma = \sphericalangle EBF = \frac{360°}{2z} = \frac{180°}{z}$$

ist. Dann ist $MD = \dfrac{DE}{\text{tg}\,\gamma} = \text{ctg}\,\gamma\,(DB + EB) = \text{ctg}\,\gamma\left(\dfrac{l+d}{2} + \dfrac{BF}{\cos\gamma}\right) = \dfrac{l+d}{2}\,\text{ctg}\,\gamma + \dfrac{l-d}{2\sin\gamma}$

$$= \frac{\frac{l}{2}(1+\cos\gamma) - \frac{d}{2}(1-\cos\gamma)}{\sin\gamma} = \frac{l\cos^2\frac{\gamma}{2} - d\sin^2\frac{\gamma}{2}}{2\sin\frac{\gamma}{2}\cos\frac{\gamma}{2}} = \frac{l}{2}\,\text{ctg}\,\frac{\gamma}{2} - \frac{d}{2}\,\text{tg}\,\frac{\gamma}{2}\,,$$

damit wird

$$R = \frac{1}{2}\sqrt{(l+d)^2 + \left(l\,\text{ctg}\,\frac{\gamma}{2} - d\,\text{tg}\,\frac{\gamma}{2}\right)^2} = \frac{1}{2}\sqrt{l^2\left(\text{ctg}^2\frac{\gamma}{2}+1\right) + d^2\left(\text{tg}^2\frac{\gamma}{2}+1\right)}$$

$$= \frac{1}{2}\sqrt{\left(\frac{l}{\sin\frac{\gamma}{2}}\right)^2 + \left(\frac{d}{\cos\frac{\gamma}{2}}\right)^2}. \tag{76.1}$$

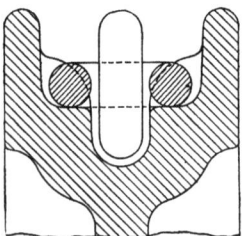

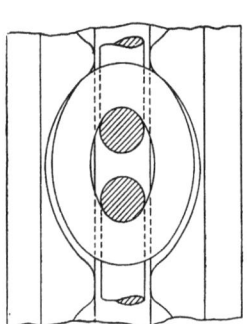

Abb. 76.1. Kettenrad für kalibrierte Ketten (aus Ernst).

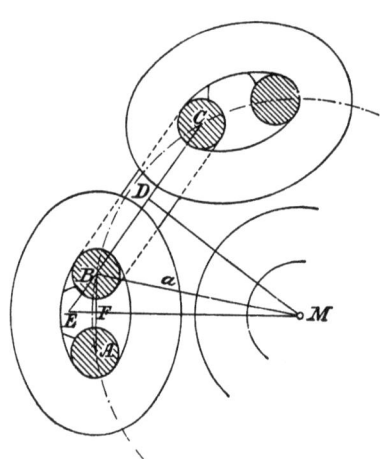

Abb. 2. (aus Ernst).

Für schwache Ketten ($d \leqq 16$ mm) und große Daumenzahl ($z \lessgtr 6$) verschwindet der Einfluß des zweiten Gliedes; dann ist:

$$R = l/2\sin\frac{\gamma}{2}. \tag{2}$$

Der Vorteil der Ketten als Tragorgan bei Hebezeugen liegt darin, daß die Ketten sich über wesentlich kleinere Rollen legen lassen als Seile, so daß das Lastmoment viel kleiner wird. Aus diesem Grunde werden bei Handflaschenzügen immer Ketten verwendet.

Die Kettenglieder sind als stark gekrümmte Stäbe zu berechnen (Zahlenbeispiele 125.4 bis 6).

Gelenkketten werden als Zugorgan für Transportanlagen verwendet und erhal-

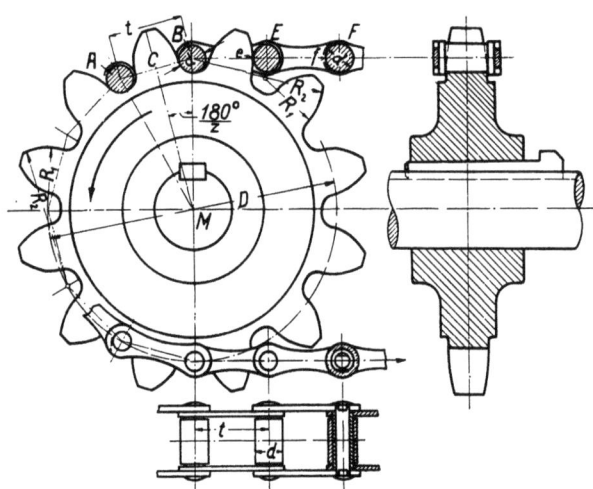

Abb. 3. Kettenrad für Stahlbolzenketten (aus Rötscher).

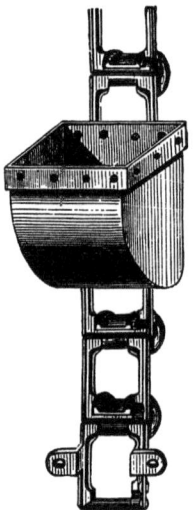

Abb. 4. Gelenkkette aus Temperguß mit Befestigungsglied.

ten besondere Glieder zur Befestigung der Förderelemente (Abb. 4). Die Kettenräder (Abb. 3) erhalten Zähne, deren Form aus der Bewegung der Kettenglieder folgt. Punkt e des Bolzens E

beschreibt einen Kreisbogen um den Mittelpunkt des Bolzens B, so daß alle Zähne (nicht die Lücken) unabhängig von der Zähnezahl gleich sind. Der Bolzen liegt am Grunde der Lücken auf; das Aufliegen der Laschen auf einem Absatz des Rades ist wegen der zusätzlichen Biegebeanspruchung zu vermeiden.

Infolge der gleichförmigen Gestalt und der Bearbeitung der einzelnen Glieder laufen Laschenketten viel ruhiger als die rohen Gliederketten. Sie sind daher für größere Geschwindigkeiten geeignet und werden bei geeigneter Schmierung schon bis 30 m/s verwendet.

Der Kettentrieb wird mit Vorteil auch als stufenloses Regelgetriebe verwendet (P.I.V.-Getriebe, Werner Reimers K.-G. Bad Homburg[1]). Zwei parallele Wellen tragen je ein Kegelpaar, das zusammen eine Keilrille bildet, in welcher eine endlose Kette paßt und die Drehbewegung überträgt. Bei einer Drehzahländerung werden die beiden Kegelpaare während des Betriebes durch ein Gestänge axial auf den Wellen verschoben und zwar so, daß die Verkleinerung des Abstandes zwischen den Kegeln des einen Paares eine Abstandsvergrößerung des anderen Paares zur Folge hat. Die Kette stellt sich dadurch auf andere Laufkreisdurchmesser ein. Zu diesem Zweck haben die Kegelscheiben eine Verzahnung, die mit dem Lamellenbündel der Kette eine Kegelverzahnung bildet. Die Kraftübertragung erfolgt über diese Zahnflanken zwangsläufig. Für höhere Drehzahlen und für kleine Leistungen kann die Übertragung auch durch Reibung erfolgen; Regelbereich 1:6 bis 1:10.

---

[1] Preger, E.: Stufenlos regelbare Kettengetriebe an Werkzeugmaschinen. Werkst.-Technik 30 (1936) S.68—72.

8. Maschinengetriebe.
81. Einführung.

Im Vorwort wurde der Begriff „Maschinenelemente" umschrieben als Konstruktionsteile, die in gleicher oder ähnlicher Form bei einer Reihe von Maschinen vorkommen. Das so umgrenzte Gebiet ist äußerst umfangreich und vielseitig, kann aber dennoch niemals befriedigen, da es die eigentlichen Bauteile einer Maschine nicht umfaßt.

Nach der klassischen Definition von F. Reuleaux[1] (1829—1905):

Eine Maschine ist eine Verbindung widerstandsfähiger Körper, welche so eingerichtet ist, daß mittelst ihrer mechanische Naturkräfte genötigt werden können, unter bestimmten Bewegungen zu wirken,

wäre der Maschinenbegriff auf „mechanische" Bewegungen beschränkt, eine Auffassung, die heute nicht mehr aufrecht erhalten werden kann. R. Franke[2] gibt deshalb eine zeitgemäßere Definition:

Eine Maschine ist ein Getriebe mit wenigstens einem mechanisch bewegtem Getriebeteil.

Ein Getriebe ist eine Vorrichtung zur Kopplung und Umwandlung von Bewegungen und Energien beliebiger Art.

Ein Getriebe kann demnach auch ganz aus nicht mechanisch bewegten Getriebeteilen zusammengesetzt sein.

Alle Bewegungen lassen sich auf drei Grundformen zurückführen:

a) Die Fließbewegung (geradlinig),
b) die Drehbewegung (kreisförmig),
c) die Schubbewegung, in die auch alle Schwingungsbewegungen einbegriffen sind (hin- und hergehend).

Aus einer geeigneten Zusammensetzung dieser drei Grundbewegungen lassen sich alle, noch so verwickelten Bewegungen herstellen. Der Zweck der Getriebe ist, diese Bewegungen zu ermöglichen (mit Hilfe von Leitungen, Führungen, Lagern), sie in sich oder von einer Form in die andere umzuwandeln (mit Hilfe von Kopplungen), und schließlich sie einzuleiten oder aufzuhalten (mit Hilfe von Sperrungen). Die be-

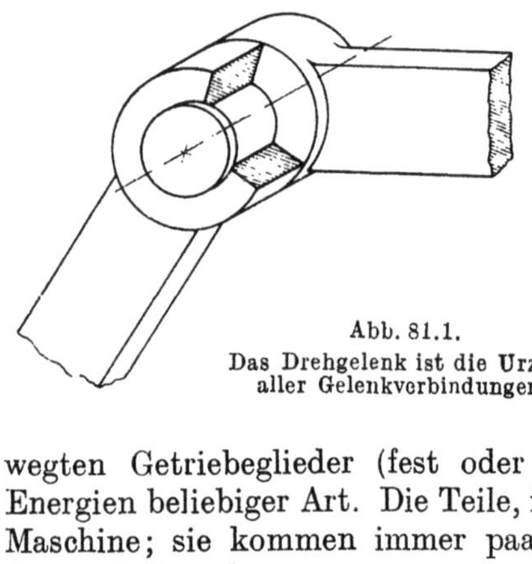

Abb. 81.1.
Das Drehgelenk ist die Urzelle aller Gelenkverbindungen.

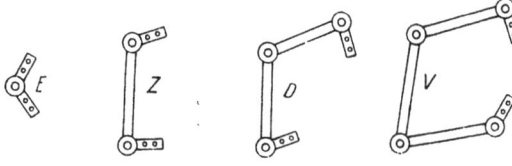

Abb. 2. Abb. 3. Abb. 4. Abb. 5.
Einzelgelenk. Zweigelenkkette. Dreigelenkkette. Viergelenkkette.

wegten Getriebeglieder (fest oder flüssig) sind Träger und Vermittler von Kräften oder Energien beliebiger Art. Die Teile, in denen sich die Glieder berühren, heißen Elemente der Maschine; sie kommen immer paarweise vor, Schraubenbolzen und Mutter, Zapfen und Lager, Zahnräder usw.

Maschinenelemente sind Teile zur Leitung, Kopplung und Umwandlung von Bewegungen und Energien beliebiger Art.

Das einfache Gelenk (Abb. 81.1 u. 2, kurz E-Gelenk = Einzelgelenk genannt) hat zwei freie Schenkel. Der einem Gelenkschenkel angehörende Hohlzapfen umschließt den Voll-

---
[1] L. 81. 7.   [2] L. 81. 6.

81. Einführung.

zapfen. beide bilden zusammen ein **Umschlußpaar**. Für die Art der Bewegung ist es gleichgültig, welchem der beiden Schenkel der Voll- oder Hohlzapfen zugeordnet wird.

Satz I: Die Partner eines Umschlußpaares können ihre Rollen vertauschen, ohne den gegenseitigen Bewegungszwang zu beeinflussen (Wechselform).

So dreht sich die (volle) Welle in einem stillstehenden (hohlen) Lagerkörper (Abschn. 414 Gleitlager). Die stillstehende (volle) Welle trägt die drehende Riemen-, Spann- oder Leitrolle (Abb. 621.4).

Durch Verbindung zweier E-Gelenke erhält man die **Zweigelenkkette** (kurz Z-Kette, Abb. 3); drei verbundene E-Gelenke ergeben eine **Dreigelenkkette**, kurz D-Kette, Abb. 4). Schließlich entsteht aus vier E-Gelenken eine **Viergelenkkette**, kurz V-Kette, Abb. 5.

Das E-Gelenk und die drei Gelenkketten (Z, D u. V) sind die eigentlichen Bauteile der Getriebe; alle anderen beweglichen Verbindungen lassen sich daraus ableiten.

Schließt man die D-Kette, indem man die beiden freien Schenkel verbindet, so entsteht das starre (unbewegliche) Dreigelenk, das Grundelement der Statik. Durch Schließung der V-Kette entsteht das zwangläufige Viergelenk (Abb. 6); die Bewegung irgend eines Gliedes hat immer ganz bestimmte Bewegungen der anderen Glieder zur Folge.

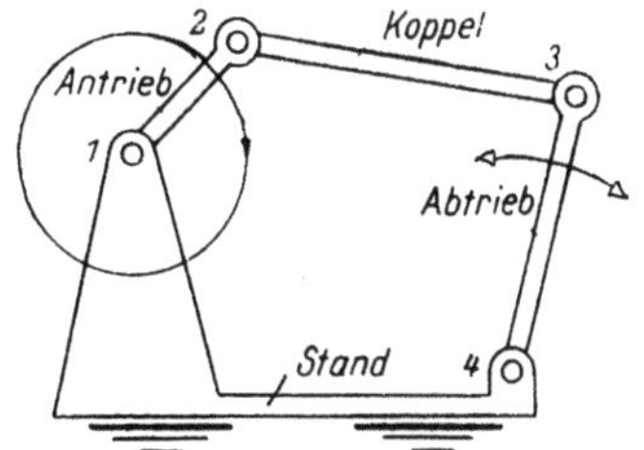

Man kann die Getriebelehre (Kinematik) abstrakt als Wissenschaft behandeln, ohne Rücksicht auf die praktische Verwirklichung. Als „Maschinengetriebe" ist sie eine praktisch-wichtige und notwendige Erweiterung der Maschinenelemente und bildet die eigentliche Grundlage für die Konstruktion von allen Arbeitsmaschinen (Werkzeug-, Textil-, Verpackungs-, Zeitungsdruckmaschinen, usw.).

Abb. 6. Das Viergelenkgetriebe (Gelenkviereck) ist Ursprung aller zwangläufigen Getriebe.

Beim Viergelenk unterscheidet man vier Glieder:
ein feststehendes Glied, den **Stand** (das Gestell, Fundament),
ein Antriebsglied, den **Antrieb**,
ein Abtriebsglied, den **Abtrieb**, und
ein Koppelglied, die **Koppel**.

Die Benennung der Getriebeteile ist zurzeit unklar und willkürlich. Franke[1] schlägt deshalb vor die Getriebeglieder eindeutig nach ihrer Bewegung zu bezeichnen, also für die

Drehbewegung: Kurbeln, Räder, Nocken, Scheiben u. dgl.,
Drehschubbewegung: Schwengel, Schwingen, Hebel u. dgl. und für
Geradschubbewegung: Schieber, Gleitsteine, Stößel u. dgl.

zu wählen. Sind Antriebs- und Abtriebsbewegung durch diese Namen der Glieder eindeutig festgelegt, so braucht nur die Art der Kopplung hinzugefügt zu werden, um das Getriebe eindeutig zu kennzeichnen. Statt Geradschubkurbeltrieb (Abb. 82.1) müßte es dann heißen „Schieber-Lenker-Kurbeltrieb" oder bei umgekehrter Reihenfolge der Bewegungen, wie z. B. bei Pumpen und Kompressoren: „Kurbel-Lenker-Schiebertrieb".

Die Aufgabe des Konstrukteurs besteht nun darin, **erstens** das einfache Viergelenk-Getriebe so umzugestalten oder auch zu erweitern, daß für den verlangten Zweck die gewünschte Wirkung erreicht wird, **zweitens** alle möglichen Getriebe ausfindig zu machen, die zu demselben oder einem ähnlichen Ergebnis führen, und **drittens** aus den möglichen Lösungen die am besten geeigneten zu wählen.

Zu dieser Umformung und Erweiterung des Gelenkviereckes stehen folgende Mittel zur Verfügung:

1. Umformung der Gelenke (Leitungen, Führungen),
2. Abwandlung der Getriebeglieder als Energieträger und Vermittler durch Änderung,
   a) ihrer Anordnung und Zahl (Mehrgelenk-Getriebe),
   b) ihrer Ausmaße, und
   c) der Art ihrer stofflichen Beschaffenheit (z. B. fest, flüssig, Zug- oder Druckglieder, Federn usw.).

Satz II: Da jedes Glied eines Getriebes zu einem Standglied gemacht werden kann, so kann jedes Getriebe durch Standwechsel in soviele Getriebe (mit teilweise ganz anderen Bewegungsverhältnissen) umgestaltet werden, als es Getriebeglieder hat.

Aus dem Gelenkviereck (Abb. 7) entstehen durch Standwechsel die Getriebe Abb. 8, 9 u. 10. Die einzelnen Glieder (a, b, c u. d) des Vierecks sind im allgemeinen verschieden lang;

---
[1] L. 81. 6.

a sei das kleinste, d das längste Glied. Die Bewegungsmöglichkeit der An- und Abtriebsglieder hängen nun davon ab, ob $a + d$ kleiner, gleich oder größer als $b + c$ ist. Für $a + d = b + c$ entsteht das „durchschlagende" Gelenkviereck, gleichgültig welches Glied das Standglied ist. Für $a + d > b + c$ die Doppelschwinge (Abb. 8) und für $a + d < b + c$ die Doppelkurbel (Abb. 10, mit a als Standglied) oder ein Kurbel-Lenker-Schwingtrieb (Abb. 7 u. 9) durch Festsetzung eines der beiden benachbarten Glieder.

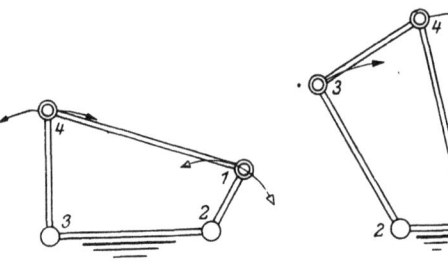
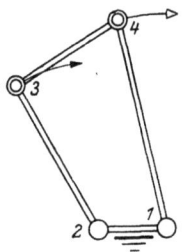
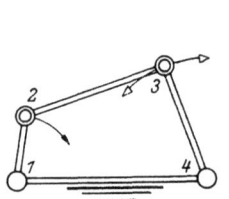
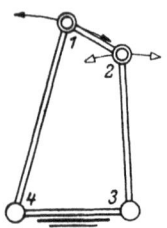

Abb. 7. Glied 3—2 ist Standglied.

Abb. 8. Glied 2—1 ist Standglied.

Abb. 9. Durch Standwechsel im Gelenkviereck entstehen Getriebe mit anderen Bewegungsmöglichkeiten.

Abb. 10. Glied 4—3 ist Standglied.

Werden in einem „durchschlagenden" Gelenkviereck, Koppel b und Steg d gleich lang, so sind auch a und c gleich lang; das Gelenkviereck geht in ein Parallelogramm, das Getriebe in ein Parallel-Kurbeltrieb über. Verbindet man die vier Gelenke des Parallelogrammes diagonalweise durch die Glieder $b = d$, so entstehen die Antiparallel-Kurbeln, die gleich- oder gegenläufig sind, je nachdem das kleinere oder größere Glied festgesetzt wird. Eine weitere Variation ergibt den gleichschenkligen Kurbeltrieb, bei welchem je zwei benachbarte Glieder gleich, die gegenüberliegenden aber ungleich lang sind.

Satz III: Die Form der Bewegung eines Getriebes ändert sich nicht, ob ein Gelenk mit kleinem oder großem Zapfen verwendet wird (Zapfenerweiterung).

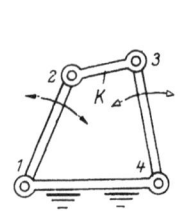
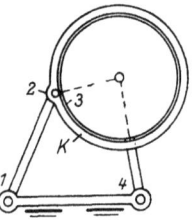
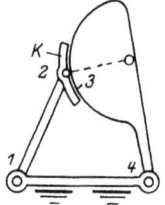
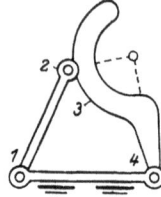

Abb. 11. Der zum Abtrieb gehörige Gelenkzapfen 3 soll erweitert werden.

Abb. 12. Gelenkzapfen 3 ist erweitert.

Abb. 13. Zur Vereinfachung ist die Koppel nur noch als Gleitstein übrig geblieben.

Abb. 14. Nach Wegminderung der Koppel ist aus den Gelenkzapfen zweier Gelenke 2 und 3 ein kraftschlüssiges Gleitzwiegelenk entstanden.

Der Vollzapfen des Gelenkes 3 (zum Abtrieb gehörend, Abb. 11) wird erweitert (vergrößert) bis zur Berührung des (dem Antrieb zugeordneten) Zapfens 2 (Abb. 12). Die Koppel K ist jetzt ein Ring, der beide Zapfen (3 und 2) umschließt. Sie kann entbehrt werden, wenn die Zapfen durch irgend eine äußere Kraft zusammengehalten werden (Kraftschluß). In Bild 13 ist die Koppel K zu einem Gleitstein geworden. Indessen ist auch dieser noch überflüssig. In Abb. 14

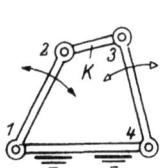
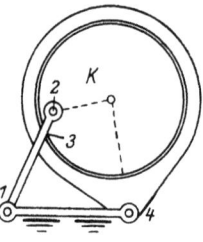
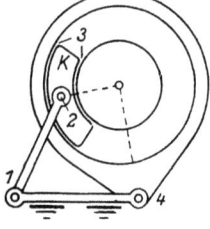
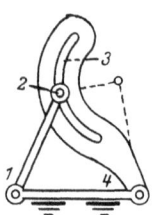

Abb. 15. Der zur Koppel gehörige Gelenkzapfen 3 soll erweitert werden.

Abb. 16. Gelenkzapfen 3 ist erweitert über 2 hinaus.

Abb. 17. Zapfen 3 ist Koppel und als Teil eines Ringzapfens zu einem Gleitstein geworden

Abb 18. Nach Wegminderung der Koppel ist aus den Gelenkzapfen zweier Gelenke 2 und 3 ein formschlüssiges Gleitzwiegelenk entstanden.

ist K weggemindert (verschwunden); Zapfen 2 gleitet direkt auf einem Teil des erweiterten Zapfens 3. An Stelle des Gelenkviereckes ist ein kraftschlüssiges Gleitzwiegelenk[1] (Gleitkopplung) entstanden.

Die Gelenkvierecke der Abb. 11 und 15 unterscheiden sich nur dadurch, daß die beiden Umschlußpaare 2 und 3 der Koppel K ihre Rollen vertauscht haben (Satz I).

Durch Erweiterung des Zapfens 3 (der Koppel K) zur Vollscheibe, die über den Gelenkzapfen 2 hinausgeht, entsteht Bild 16. Die Vollscheibe (die Koppel K ersetzt) wird zunächst in eine Ringscheibe umgewandelt, von welcher nur ein Teil als Gleitstein benutzt wird (Abb. 17). Durch Wegminderung (Fortlassen) des Gleitsteines (und überflüssiger Teile) entsteht Abb. 18, ein formschlüssiges Gleitzwiegelenk (Gleitkopplung), welches genau die gleichen Bewegungen zeigt, wie das Gelenkviereck (Abb. 15).

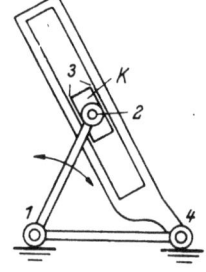

Abb. 19. Aus dem Ringgelenk 3 des Bildes 20 entsteht durch Begradigung das Schubgelenk 3.

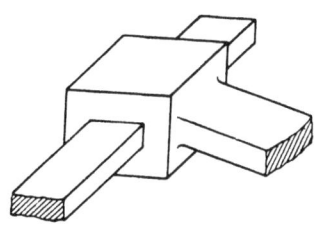

Abb. 20. Das Schubgelenk. Der Gleitstein ist zu einem Schieber geworden.

Wenn die kreisförmige Gleitbahn, auf welcher sich die Gleitsteinkoppel K im Bogenschub bewegen kann (Abb. 13 bzw. 17), geradlinig gestaltet wird, so erhält man das kraft- bzw. formschlüssige Schubgelenk (Abb. 19 u. 20).

Aus dem Viergelenkgetriebe (Abb. 21) entsteht durch Erweiterung der beiden Gelenkzapfen 2 und 3 (die dem An- und Abtrieb angehören) bis zur gegenseitigen Berührung, das

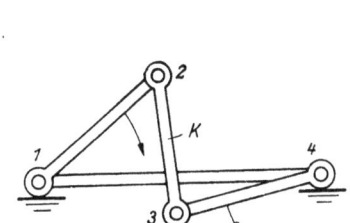

Abb. 21. Im Viergelenkgetriebe sollen beide Koppelgelenke 2 und 3 erweitert werden.

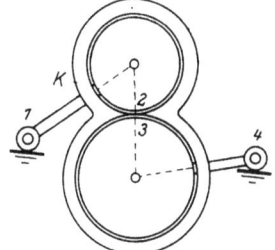

Abb. 22. Beide Gelenkzapfen 2 und 3 sind erweitert.

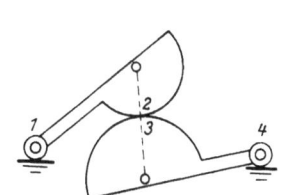

Abb. 23. Durch Wegminderung der Koppel ist ein kraftschlüssiges Wälzzwiegelenk entstanden.

Wälzzwiegelenk, wobei sich die beiden erweiterten Gelenkzapfen 2 und 3 aufeinander wälzen (rollen und gleiten), (Abb. 22). Die als Doppelring vorhandene Koppel k wird weggemindert und das Wälzzwiegelenk durch äußere Kräfte geschlossen (Abb. 23).

Wir kennen also drei Kopplungen:

1. Die **Lenkerkopplung** (Abb. 24), bestehend aus zwei einfachen Gelenken, ist dadurch gekennzeichnet, daß die Hebellängen des An- und Abtriebsgliedes bei der Bewegung unverändert bleiben.

2. Die **Gleitkopplung** (Abb. 25), mit Gleitstein als

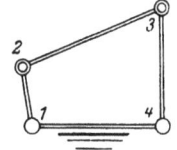

Abb. 24. Lenkerkopplung. Die Hebelarme des Antriebes und Abtriebes bleiben während der Bewegung unverändert.

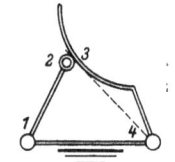

Abb. 25. Gleitkopplung. Ein Hebelarm ändert sich.

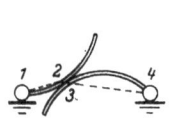

Abb. 26. Wälzkopplung. Beide Hebelarme ändern sich.

Koppel oder als Gleitzwiegelenk (ohne Koppel) ist dadurch gekennzeichnet, daß die Länge eines Hebels bei der Bewegung fest bleibt, die des anderen sich ändert.

3. Die **Wälzkopplung** (Abb. 26) als Zwiegelenk, bei welcher die Längen der An- und Abtriebshebel sich beide während der Bewegung ändern.

---

[1] Reuleaux (L. 81.7) nennt solche (umgewandelte) höhere Elementenpaare (HEP).

Als weitere Verallgemeinerung der Getriebe nach Abb. 25 und 26 kann die Kreisform des Gliedes 3 (bei Abb. 25) bzw. 2 und 3 (Abb. 26) in beliebige Kurven umgewandelt werden. Solche Getriebe können aber nicht aus dem Viergelenk-, sondern müssen aus Mehrgelenkgetrieben abgeleitet werden.

Satz IV: Jedes Viergelenkgetriebe läßt sich unter Beibehaltung der Zwangsläufigkeit dadurch erweitern, daß man eines seiner Gelenke durch ein anderes Viergelenk ersetzt.

Im Gelenkviereck kann man ein oder zwei Drehgelenke durch Schubgelenke, oder zwei Drehgelenke durch ein Zwiegelenk ersetzen. Auf diese Weise erhält man verschiedene Bauformen des Viergelenkgetriebes. Die Gleitzwiegelenke (Abb. 14 u. 18) entstanden aus der Zapfenerweiterung des zweiten Koppelgelenkes. Die gleiche Erweiterung läßt sich natürlich beim ersten Koppelgelenk vornehmen. Deshalb ergeben sich bei der Gleitkopplung (und auch beim Schubgelenk) stets zwei Ausführungsformen, die sich durch Formenwechsel zwischen An- und Abtriebsglied unterscheiden, und (was wesentlich ist) ganz andere Bewegungen im Getriebe zur Folge haben (Abb. 27/28). Nur wenn die beiden Getriebeglieder in derselben Geraden liegen (Abb. 29), bleibt ein Formenwechsel auf die Bewegungsart unwirksam.

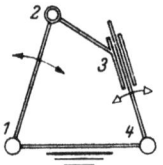
Abb. 27. Die Koppel 2—3 ist veränderlich.

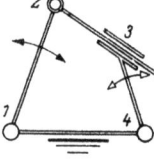
Abb. 28. Der Abtrieb 3—4 ist veränderlich. Wechselform zu Bild 27.

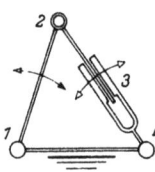
Abb. 29. Gerade Anordnung des Schubgelenks.

Für jedes Getriebe stehen dem Konstrukteur also eine große Zahl von Bauformen zur Verfügung. Bei der Wahl der günstigsten Form ist zu beachten, daß die kraftschlüssige Ausführung, die einfachere, primitive, die formschlüssige, die bessere, leistungsfähigere ist, die auch höhere Anforderungen an die Herstellung stellt. Man erkennt die Unterschiede deutlich aus dem Vergleich der kraftschlüssigen Reibtriebe zur Übertragung von Drehbewegungen (Abschn. 61 u. 62) mit dem viel leistungsfähigeren Formschluß der Zahnräder ohne Flankenspiel (Abschn. 7).

Koppelkurven. Die Koppel bildet im allgemeinen das Übertragungsmittel zwischen An- und Abtrieb des Viergelenkgetriebes. Sie macht dabei selbst Bewegungen, die sich aus den Bewegungen des An- und Abtriebes zusammensetzen (Abb. 30) und für die Getriebetechnik von großer Bedeutung sind.

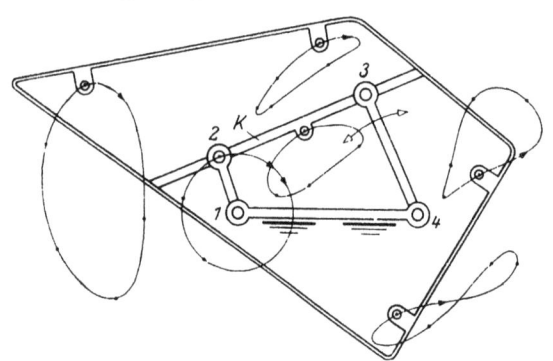
Abb. 30. Das Koppelglied und ein mit ihm beweglicher Rahmen beschreiben Koppelkurven, die sich aus den Bewegungen des An- und Abtriebes zusammensetzen.

82. Das gerade Schubkurbelgetriebe.

Bei den Wärmekraftmaschinen (Dampfmaschinen, Verbrennungskraftmaschinen) wird die Spannkraft des Dampfes bzw. der Verbrennungsgase dazu benutzt, einen Kolben in einem Arbeitszylinder hin- und herzuschieben (Abb. 82.1). Die hin- und hergehende Kolbenbewegung wird durch das Schubkurbelgetriebe, bestehend aus Kurbel, Schubstange und Kreuzkopf, in eine drehende Bewegung der Kurbelwelle umgesetzt. Das gleiche Getriebe kann natürlich auch dazu dienen, die drehende Bewegung einer Welle in die hin- und hergehende Kolbenbewegung einer Pumpe oder eines Kompressors umzuwandeln.

821. Die Kolbenkräfte. Die in dem Zylinder wirksamen Kräfte sind durch den Druckverlauf gegeben, der mittels Indikatoren[1] in Abhängigkeit vom Kolbenweg aufgezeichnet werden kann (Abb. 82.1 bis 3). Aus dem Dampfdruckdiagramm ist zu ersehen (Abb. 1D), daß im Punkte VE vor der Endlage des Kolbens der Einlaß geöffnet wird, damit schon im Anfang des Hubes sich der volle Dampfdruck im Zylinder einstellt. In Ex wird der Einlaß geschlossen und beginnt die Expansion; im Punkte VA vor der zweiten Endlage des Kolbens wird der Auslaß geöffnet. Nach Schließen des Auslasses beginnt in C_0 die Kompression des im Zylinder zurückgebliebenen Dampfes. Das Diagramm zeigt die Vorgänge auf einer Kolbenseite; bei der doppeltwirkenden Maschine spielt sich auf der anderen Seite der gleiche Vorgang ab (Abb. 1B). Die tatsächlich

---
[1] Für die Beschreibung von Indikatoren s. Gramberg: Technische Messungen, 5. Aufl. Berlin: Springer 1925.

82. Das gerade Schubkurbelgetriebe.

auf den Kolben wirkenden Kräfte ergeben sich als Unterschied der auf beiden Seiten gleichzeitig wirkenden Kräfte (Abb. 1C). In einer beliebigen Kolbenstellung s' ist deshalb die Kolbenkraft

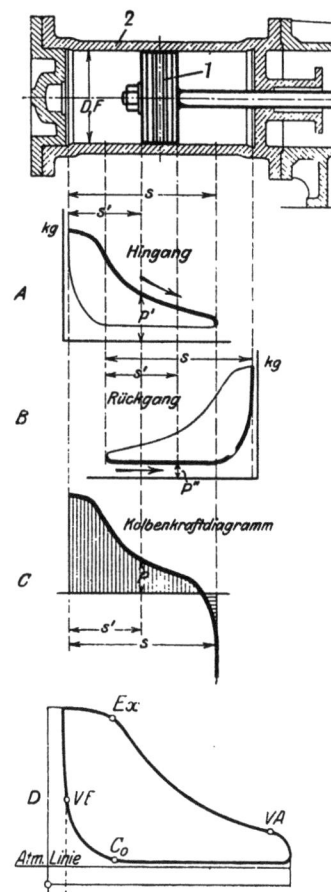

Abb. 82.1. Übertragung der Dampfkraft auf das Triebwerk (aus Gutermuth, Dampfmaschine).
1 Kolben, *2* Zylinder, *3* Kolbenstange, *4* Kreuzkopf, *5* Geradführung, *6* Schubstange, *7* Kurbel.

$$P = p' F_1 - p'' F_2, \qquad (82.1)$$

wenn p' und p'' die Drücke und F_1 und F_2 die wirksamen Kolbenflächen sind, die (durch das Fehlen der Kolbenstange auf einer Seite) verschieden sein können.

Bei den Verbrennungskraftmaschinen unterscheidet man zwei Verfahren: Das Verpuffungs- und das Gleichdruckverfahren. Beide können in vier oder in zwei Hüben (Takten) durchgeführt werden (Vier- oder Zweitaktmaschine).

Beim Verpuffungsverfahren (für Gas und Leichtöle) wird ein brennbares Gasgemisch im Arbeitszylinder angesaugt (1. Hub), verdichtet (2. Hub) und dann durch einen elektrischen Funken entzündet. Die Verbrennung erfolgt im Endpunkt des Kolbens bei annähernd gleichem Volumen sehr rasch (explosiv). Die Verbrennungstemperatur ist ungefähr 1300 bis 1600° C. Der Gasdruck steigt fast plötzlich bis etwa 20 at und wirkt während der Expansion (3. Hub) arbeitsleistend auf den Kolben. Kurz vor dem Hubende läßt das Auslaßventil die verbrannten Gase mit einer Temperatur von 400 bis 500° C ins Freie treten.

Beim Gleichdruckverfahren (Abb. 2, Dieselmotor) für Schweröle wird nur die Verbrennungsluft im Arbeitszylinder angesaugt (1. Hub) und so hoch verdichtet (2. Hub), daß der eingespritzte flüssige Brennstoff sich sofort entzündet, wobei der Druck auf 40 at und mehr steigt.

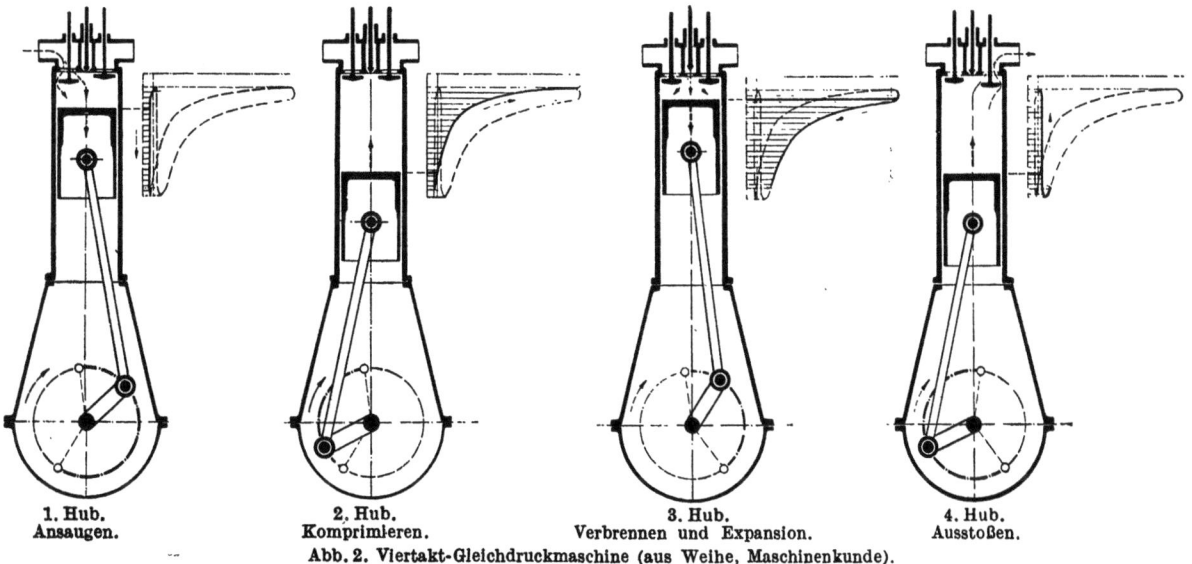

1. Hub. Ansaugen.   2. Hub. Komprimieren.   3. Hub. Verbrennen und Expansion.   4. Hub. Ausstoßen.

Abb. 2. Viertakt-Gleichdruckmaschine (aus Weihe, Maschinenkunde).

450   8. Maschinengetriebe.

Der Brennstoff wird bei wachsendem Hubvolumen in solchen Mengen eingeführt, daß der Verbrennungsdruck ungefähr konstant bleibt. Dann folgt Abschluß des Brennstoffventils und Expansion des Gases (3. Hub). Der vierte Hub schiebt die Abgase durch das Auspuffventil. Beim Viertakt wird also das Laden und Entladen des Arbeitszylinders durch den Arbeitskolben besorgt. Unter vier Kolbenhüben ist demnach nur ein Arbeitshub.

Beim Zweitakt wird das Laden und Entladen des Arbeitszylinders durch besondere Pumpen besorgt. Jeder Kolbenhingang ist dann ein Arbeitshub und jeder Rückgang ein Verdichtungshub. Bei der unteren Totlage des Kolbens müssen die verbrannten Gase aus dem Zylinder entfernt werden. Die hierfür zur Verfügung stehende Zeit ist äußerst kurz, so daß große Austrittsquerschnitte (Schlitze in der Zylinderwand) erforderlich sind (Abb. 3).

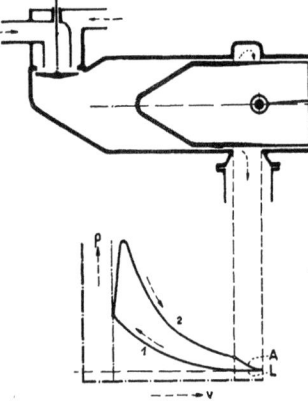

Abb. 3. Zweitaktmaschine (aus Weihe).

822. Die Kolbenwege. Zu einer beliebigen Kurbelstellung C (Abb. 4) findet man die Kreuzkopfstellung K, wenn man einen Kreisbogen mit der Stangenlänge l um die Kurbelzapfenmitte C schlägt.

Es ist aber übersichtlicher, die Kolbenstellungen näher an die Kurbelstellungen zu rücken, indem man die Endstellungen des Kolbens mit den Totlagen der Kurbel (A und B) zusammenfallen läßt. Man findet die Kolbenstellung C' dann durch Schlagen eines Kreisbogens mit der

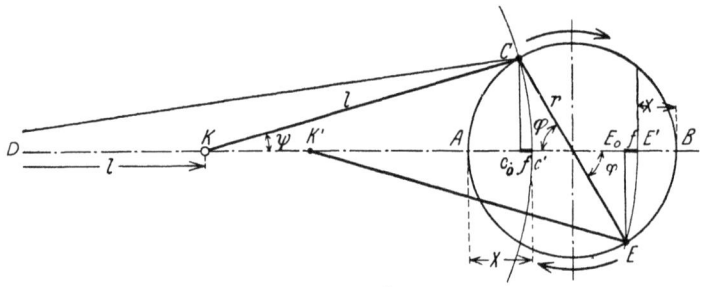
Abb. 4. Kolbenwege.

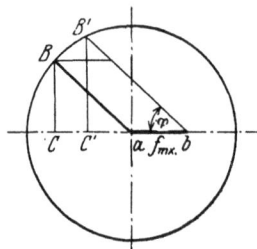
Abb. 5. Konstruktion der Kolbenstellung nach Brix.

Stangenlänge l um die Kreuzkopfzapfenmitte K. Für eine unendlich lange Schubstange ergeben sich die Kolbenstellungen durch senkrechte Projektion der Kurbelzapfenmitte auf die Kolbenwegrichtung:

$$A C_0 = r\,(1 - \cos \varphi)\,. \tag{2}$$

Bei endlicher Stangenlänge ist der Kolben um den Betrag $C_0 C' = f$ (oft als **Fehlerglied** bezeichnet) von C_0 entfernt:

$$x = r\,(1 - \cos \varphi) \pm f\,. \tag{3}$$

Das $+$-Zeichen gilt für den Hingang AB, das $-$-Zeichen für den Rückgang BA, wenn der Winkel φ immer von der Anfangslage des Kolbens aus gemessen wird. Aus $f = l\,(1 - \cos \psi)$ und $\sin \psi = \dfrac{r}{l} \sin \varphi$ folgt $f = l\,(1 - \sqrt{1 - \dfrac{r^2}{l^2} \sin^2 \varphi})$ und durch Reihenentwicklung:

$$\frac{f}{l} = \frac{r^2}{2\,l^2} \sin^2 \varphi + \frac{r^4}{8\,l^4} \sin^4 \varphi + \frac{r^6}{16\,l^6} \sin^6 \varphi + \cdots \tag{4}$$

Vernachlässigt man die höheren Glieder der Reihe, so erhält man als erste Annäherung:

$$x = r\,(1 - \cos \varphi) \pm \frac{r^2}{2\,l} \sin^2 \varphi\,. \tag{5}$$

Der Maximalwert des Fehlergliedes $f_{\max} = \dfrac{r^2}{2\,l}$ weicht dann vom genauen Wert um folgende Beträge ab: $\dfrac{r}{1000}$, $\dfrac{r}{500}$, $\dfrac{r}{208}$, sofern $\dfrac{r}{l} = \dfrac{1}{5}$, $\dfrac{1}{4}$, $\dfrac{1}{3}$ gesetzt wird.

Die Kolbenstellung kann man auch durch folgende, zuerst von Brix[1] angegebene Näherungskonstruktion finden. Man trage in b (Abb. 5) in der Entfernung $f_{\max}$ von a den Kurbelwinkel φ auf. Die vertikale Projektion des Schnittpunktes B' mit dem Kurbelkreis gibt die gesuchte

---
[1] Z. VDI 1897, S. 431.

Kolbenstellung C'. Der kleine Bogen BB' als Gerade aufgefaßt hat die Länge $f_{max} \cdot \sin \varphi$. Seine Vertikalprojektion ist $f_{max} \cdot \sin^2 \varphi = CC'$, ist also gerade gleich dem Fehlergliede, so daß die Kurbelzapfenlage B tatsächlich der Kolbenstellung C' entspricht.

823. Die Geschwindigkeiten. Die Umfangsgeschwindigkeit des Kurbelzapfens ist $v = \omega r$. Die Geschwindigkeit des geradlinig auf der Gleitbahn geführten Kreuzkopfes folgt daraus, daß die ebene Bewegung der Schubstange als eine Drehung um das Momentanzentrum P (Abb. 6) aufgefaßt werden kann. Dann verhalten sich die Kolbengeschwindigkeit c und die Umfangsgeschwindigkeit des Kurbelzapfens v wie die Entfernungen x und y von P, d. h. $c = vx/y$. Da der Pol P weit entfernt ist, macht man bei der zeichnerischen Bestimmung von c mit Vorteil von dem geometrischen Satz Gebrauch, daß die Verbindungslinie der um 90° gedrehten Geschwindigkeiten parallel zur Stangenrichtung verläuft. Eine andere Möglichkeit c zu bestimmen ergibt sich aus der Ähnlichkeit der Dreiecke abP und bOC. Für diese gilt: $x/y = \overline{OC}/r$, so daß $c = \omega \cdot \overline{OC}$ ist. Wenn die Umfangsgeschwindigkeit v durch den Kurbelradius dargestellt wird, so gibt die Strecke OC die Kolbengeschwindigkeit. Aus dem Dreieck bOC ergibt sich auch der rechnerische Zusammenhang zwischen $r\omega$ und c, dann die Projektionen $c \cdot \cos \psi$ und $r\omega \cdot \sin(\varphi + \psi)$ sind einander gleich, weshalb

$$c = r\omega \frac{\sin(\varphi + \psi)}{\cos \psi} \qquad (6)$$

sein muß.

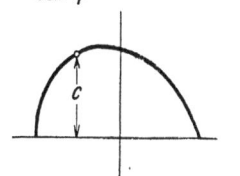

Abb. 6. Darstellung der Schubstangenbewegung als Drehung um einen Pol. Abb. 7. Kolbengeschwindigkeit c.

In Abb. 7 ist die Abhängigkeit der Kolbengeschwindigkeit vom Kolbenweg dargestellt. Die größte Kolbengeschwindigkeit stellt sich knapp hinter jeder Stelle ein, wo die Schubstange den Kurbelkreis tangiert. Dort ist $\sin(\varphi + \psi) = 1$ und es gilt angenähert: $c_{max} = v/\cos \psi_{max} \approx 1{,}02 v$ (gültig für $r/l = 1/4$ bis $1/5$).

Unter mittlerer Kolbengeschwindigkeit c_m versteht man diejenige Geschwindigkeit, mit der sich der Kolben bewegen müßte, um bei gleichförmiger Bewegung den Kolbenhub $s = 2r$ in der gleichen Zeit t zu durchlaufen ($c_m t = 2r$). Bei n Umdrehungen der Kurbelwelle in der Minute ist $t = \frac{60}{2n} = \frac{30}{n}$ und

$$c_m = \frac{rn}{15} \text{ m/s} = \frac{2}{\pi} \cdot v. \qquad (7)$$

Die mittlere Kolbengeschwindigkeit ist also das $2/\pi = 0{,}637$ fache der Kurbelzapfengeschwindigkeit.

824. Die Beschleunigungen. Durch Differentiation der Gl. (5) für den Kolbenweg nach der Zeit erhält man die Kolbengeschwindigkeit

$$c = \frac{dx}{dt} = r\omega \left(\sin \varphi \pm \frac{r}{2l} \sin 2\varphi \right), \qquad (8)$$

weil $\frac{d\varphi}{dt} = \omega$ als konstant angenommen ist. Die nochmalige Differentiation nach der Zeit ergibt die Kolbenbeschleunigung

$$b = \frac{dc}{dt} = r\omega^2 \left(\cos \varphi \pm \frac{r}{l} \cos 2\varphi \right), \qquad (9)$$

und zwar gilt das $+$-Zeichen wieder für den Hingang, das $-$-Zeichen für den Rückgang.

Für den Hingang ist für $\varphi = 0°$,

$$b_{max} = r\omega^2 \left(1 + \frac{r}{l} \right)$$

und für $\varphi = 180°$, $b = -r\omega^2 \left(1 - \frac{r}{l} \right)$.

Trägt man zu den Kolbenstellungen die zugehörigen Kolbenbeschleunigungen als Ordinaten auf, so erhält man eine **Parabel**. Daraus folgt folgende einfache Konstruktion[1]: Man trägt die Beschleunigungen für die beiden Totstellungen in A und B auf (Abb. 8). Im Schnittpunkt E von CD mit AB wird die Strecke $EF = 3\,r/l$ aufgetragen; dann sind CF und FD die Tangenten der Parabel in C und D. Nach der Tangentenmethode ist die Parabel dadurch vollständig bestimmt.

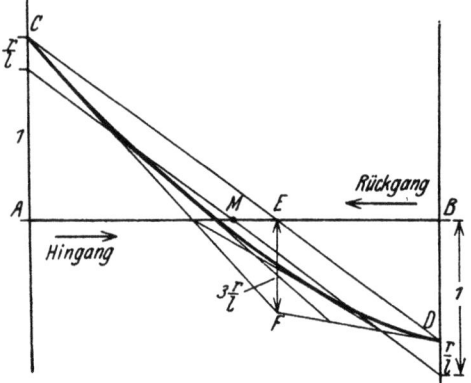

Abb. 8. Konstruktion der Beschleunigungen.

Wie aus der Ableitung der Gl. 3 hervorgeht, sind (8) und (9) Näherungsgleichungen; der Fehler, der durch die Vernachlässigung der höheren Glieder der Reihe (4) entsteht, ist bis $r/l = 0{,}25$ sehr klein. Bei größeren Werten von r/l erfährt in erster Linie die Beschleunigungskurve (Abb. 8) erhebliche Änderungen.

Aus der Differentiation von (4) folgen die genaueren Gleichungen:

$$c = r\omega\left[\sin\varphi \pm \left(\frac{r}{2l} + \frac{r^3}{8l^3} + \frac{15\,r^5}{256\,l^5}\right)\sin 2\varphi \mp \left(\frac{r^3}{16\,l^3} + \frac{3\,r^5}{64\,l^5}\right)\sin 4\varphi \pm \frac{3\,r^5}{256\,l^5}\sin 6\varphi\right] \quad (8\mathrm{a})$$

$$b = r\omega^2\left[\cos\varphi \pm \left(\frac{r}{l} + \frac{r^3}{4\,l^3} + \frac{15\,r^5}{128\,l^5}\right)\cos 2\varphi \mp \left(\frac{r^3}{4\,l^3} + \frac{3\,r^5}{16\,l^5}\right)\cos 4\varphi \pm \frac{9\,r^5}{128\,l^5}\cos 6\varphi\right] \quad (9\mathrm{a})$$

Nur in wenigen Fällen lassen sich die Wege x, Geschwindigkeiten c und Beschleunigungen b irgend eines Getriebepunktes aus einfachen Gleichungen berechnen. Wenn die Bewegungen zwangsläufig sind, so lassen sie sich aber immer eindeutig (zeichnerisch) bestimmen. Nimmt man eine konstante Winkelgeschwindigkeit ω der Kurbel an, so sind die Kurbelwege mit der Zeit proportional. Die punktweise geometrisch bestimmten Stellungen eines Getriebepunktes geben dann, in Abhängigkeit der Kurbelwege aufgetragen, die gesuchte Funktion $x = f(t)$. Auch die Geschwindigkeiten des betrachteten Punktes lassen sich auf der Drehung um das Momentanzentrum P leicht bestimmen, und können dazu dienen in den Wegpunkten auch Wegtangenten anzugeben. Die Tangente der Geschwindigkeitskurve $c = f(t)$ gibt die Größe der Beschleunigungen $b = dc/dt$.

825. Das Drehmoment. Die Kolbenkraft P kann in zwei Komponenten zerlegt werden, nämlich in Richtung der Schubstange, $S = \dfrac{P}{\cos\psi}$ (Abb. 9), und senkrecht zur Gleitbahn $N = P\,\mathrm{tg}\,\psi$. Die Stangenkraft S wird bei gleicher Größe von P am größten, wenn ψ am größten ist. Für $\mathrm{tg}\,\psi_{\max} = r/l = 0{,}2$ ist $N_{\max} = 0{,}2\,P$ und $S_{\max} = 1{,}02\,P$, d. h. die Stangenkraft kann für

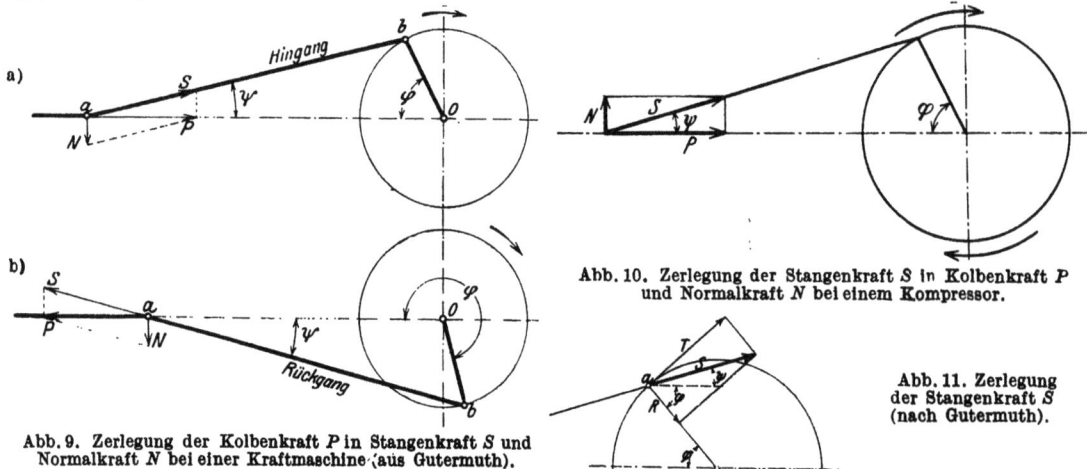

Abb. 9. Zerlegung der Kolbenkraft P in Stangenkraft S und Normalkraft N bei einer Kraftmaschine (aus Gutermuth).

Abb. 10. Zerlegung der Stangenkraft S in Kolbenkraft P und Normalkraft N bei einem Kompressor.

Abb. 11. Zerlegung der Stangenkraft S (nach Gutermuth).

die meisten Zwecke gleich der Kolbenkraft gesetzt werden. Bei der in Abb. 9a gezeichneten Kolbenstellung ist der Normaldruck N beim Hingang nach unten gerichtet; das ist auch beim Rückgang der Fall, wie man aus Abb. 9b erkennt. Beim Kompressor dagegen geht die treibende Kraft von der Kurbel aus (Abb. 10), der Normaldruck wirkt nach oben.

---

[1] Für den Beweis s. Tolle: Regelung der Kraftmaschinen, 3. Aufl., S. 35—37. Berlin: Springer 1921.

82. Das gerade Schubkurbelgetriebe.

Die Stangenkraft S bewirkt eine Drehung der Kurbelwelle mit dem Moment:

$$M = S \cdot r \sin(\varphi + \psi) = T \cdot r \qquad (10)$$

T ist die tangentiale und R die radiale Komponente von S (Abb. 11). In den Kolbenendlagen ist $T = 0$, so daß von diesen Stellungen aus die Maschine durch eigene Kraft nicht anlaufen kann. Deshalb werden diese Stellungen als „Totlagen" bezeichnet.

826. Die Massenkräfte. Neben diesen Kräften sind noch die durch die Bewegungen bedingten Massenkräfte zu berücksichtigen.

Für die hin- und hergehenden Teile (Kolben, Kolbenstange und Kreuzkopf) mit der Gesamtmasse m_1 ist die Trägheitskraft $P_1 = -bm_1$, wobei b aus Gl. (9) zu entnehmen ist.

Für die drehenden Teile, deren Gesamtmasse m_2 im Kurbelzapfenmittel konzentriert gedacht ist, ist die Trägheitskraft $P_2 = -m_2 r \omega^2$, weil $r\omega^2$ die nach dem Drehpunkt gerichtete Zentripetalbeschleunigung ist.

Bei der Schubstange hat jeder Punkt eine nach Größe und Richtung verschiedene Beschleunigung. Sie kann aus den bekannten Beschleunigungen der beiden Endpunkte bestimmt werden.

Man kann zur Berechnung der Massenkräfte die Schubstange nach der Theorie der Ersatzpunkte auch durch einzelne Massenpunkte ersetzen, deren Größe und Lage zueinander so zu bestimmen sind, daß das Ersatzsystem die Stange statisch und dynamisch vollkommen ersetzt. Die Bedingungen hierfür lauten:

1. Summe der Massen der Ersatzpunkte = Gesamtmasse der Stange,
2. Schwerpunkt des Ersatzsystems = Schwerpunkt der Stange, und
3. Massenträgheitsmoment des Ersatzsystems bezüglich der in Betracht kommenden Drehachsen muß gleich dem Massenträgheitsmoment der Stange sein.

Selbstverständlich wird man immer bestrebt sein mit möglichst wenig Ersatzmassen auszukommen, die bei der vorliegenden ebenen Bewegung naturgemäß in einer Ebene liegen[1].

Reduktion auf zwei Ersatzpunkte, die mit dem Schwerpunkt in einer Linie liegen. Dann ist:

1. $$m_1 + m_2 = m,$$
2. wenn s_1 und s_2 die Entfernungen vom Schwerpunkt sind:
$$m_1 \cdot s_1 = m_2 \cdot s_2,$$
3. Massenträgheitsmoment: $\Theta_s = m \cdot \varrho^2 = m_1 \cdot s_1^2 + m_2 \cdot s_2^2$ in bezug auf den Schwerpunkt.

Diese drei Gleichungen enthalten die vier Unbekannten, m_1 m_2, s_1 und s_2, so daß eine Größe z. B. die Lage des einen Punktes (s_1) beliebig gewählt werden darf. Dann ist

$$s_2 = \varrho^2/s_1, \quad m_1 = \frac{m \cdot \varrho^2}{s_1^2 + \varrho^2} \quad \text{und} \quad m_2 = \frac{m s_1^2}{s_1^2 + \varrho^2}. \qquad (11)$$

Das einfachste Anwendungsbeispiel ist der Ersatz des physikalischen Pendels durch ein gleichwertiges mathematisches. Man verlegt einfach die Masse m_1 in den Pendelaufhängepunkt und bekommt als Pendellänge

$$l = s_1 + s_2 = s_1 + \varrho^2/s_1 = s_1 + \frac{\Theta_s}{m s_1}. \qquad \text{(vgl. S. 237 u. 238)}$$

Man nennt den Massenpunkt m_2 auch den Stoßmittelpunkt des Körpers, denn es ist ohne weiteres klar, daß, wenn der Körper im Ersatzpunkt m_2 durch Kräfte senkrecht $m_1 m_2$ getroffen wird, diese im Aufhängepunkt m_1 keine Kraftwirkung ausüben.

Zwei Ersatzpunkte reichen immer aus, wenn die Lage eines Punktes in bezug auf dem Schwerpunkt beliebig gewählt werden kann. Das ist bei der Schubstange nicht der Fall, da wir als Ersatzpunkte am liebsten die Endpunkte der Stange festlegen möchten. Wir brauchen also mindestens drei Ersatzpunkte. Da nur drei Gleichungen vorhanden sind, können drei Bedingungen beliebig gewählt werden, z. B. die

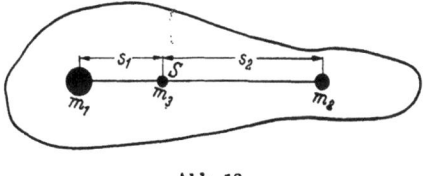

Abb. 12.

Lage zweier Ersatzpunkte (m_1 und m_2) in bezug auf dem Schwerpunkt und als dritter Ersatzpunkt (m_3) der Schwerpunkt selbst. Diese drei Punkte werden so gewählt, daß sie auf einer Linie liegen. Dann lauten die drei Gleichungen:

1. $\qquad m_1 + m_2 + m_3 = m,$
2. $\qquad m_1 \cdot s_1 = m_2 \cdot s_2 \quad$ und
3. $\qquad m_1 \cdot s_1^2 + m_2 \cdot s_2^2 = m \cdot \varrho^2,$

---
[1] Ausführlich in L. 81. 2.

woraus $\quad m_1 = \dfrac{m\varrho^2}{s_1(s_1+s_2)}, \quad m_2 = \dfrac{m\varrho^2}{s_2(s_1+s_2)} \quad$ und $\quad m_3 = m\left(1 - \dfrac{\varrho^2}{s_1 s_2}\right).\qquad(12)$

Die Form der Schubstange wird nun so gewählt, daß $m_3 = 0$ wird. Der Schwerpunkt der Stange wird in bekannter Weise durch Auswiegen, das Trägheitsmoment durch den Pendelversuch bestimmt.

Bezieht man die Massenkräfte auf den Kolbenquerschnitt F (cm²), so sind sie als Massendruck p_b den auf die Kolbenfläche wirkenden Arbeitsdrücken p vergleichbar.

$$p_b = \frac{m_g}{F}r\omega^2\left(\cos\varphi + \frac{r}{l}\cos 2\varphi\right) = \frac{G_g}{F\cdot g}r\omega^2\left(\cos\varphi + \frac{r}{l}\cos 2\varphi\right) \text{ kg/cm}^2.\qquad(13)$$

Für Kolbenmaschinen ist es zweckmäßig, das Gewicht der hin- und hergehenden Teile auf 1 Liter des Hubvolumens des Arbeitszylinders zu beziehen ($G_0 = G_g/2Fr$). Da das Hubvolumen $= 2\cdot F\cdot r$ cm³ $= \dfrac{2\,F_{\text{cm}^2}\cdot r_{\text{meter}}}{10}$ Liter ist, so wird $G_0 = \dfrac{10\,G_g}{2F\cdot r}$ kg/l. Mit $c_m = \dfrac{2}{\pi}v$ oder $v^2 = 2,5\,c_m^2$ und $g = 10$ gesetzt, wird

$$p_{b,\,\text{max}} = 2\,G_0\left(1 + \frac{r}{l}\right)\cdot\left(\frac{v}{10}\right)^2 = 5\,G_0\left(1 + \frac{r}{l}\right)\left(\frac{c_m}{10}\right)^2 \text{ kg/cm}^2.\qquad(14)$$

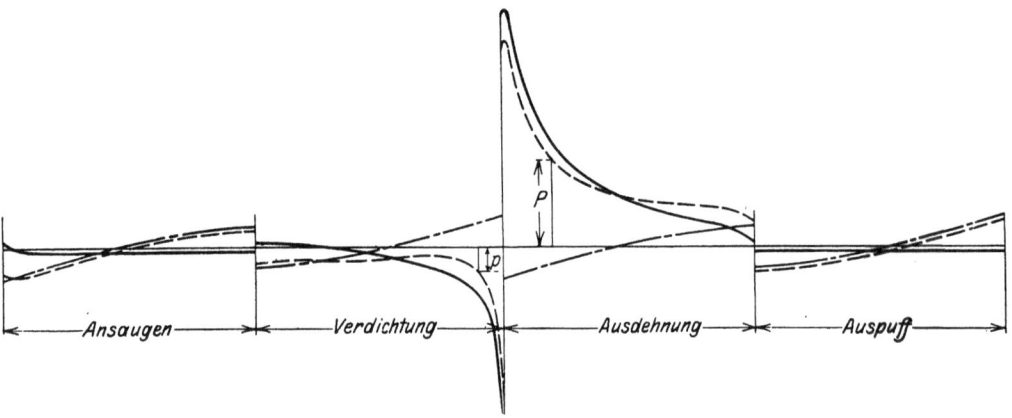

Abb. 13. Kolben- und Massenkräfte eines Viertakt-Dieselmotors (nach Dubbel, Ölmaschinen).
NB.: Die strichpunktierten Linien geben die Massenkräfte, die gestrichelten Linien die resultierenden Kolbenkräfte an.

Für Kolbenpumpen ist	$c_m = 2-4$ m/s	und $G_0 = 6-8$ kg/l
„ ortsfeste Kraftmaschinen	$= 4-6$ m/s	$= 5-8$ kg/l
„ Fahrzeugmotoren	$= 6-10$ m/s	$= 3-4$ kg/l
„ Flugmotoren	$= 12-14$ m/s	$= 2-3$ kg/l
„ Rennmotoren	$= 15-20$ m/s	< 2 kg/l

Für den Ford V 8-Automobilmotor z. B. ist der Zylinderdurchmesser $D = 77,5$ mm, der Kolbenhub $H = 95$ mm, das Hubvolumen $= 0,447$ L. Das Kolbengewicht (einschließlich Bolzen und Ringen beträgt 0,425 kg; die vollständige Schubstange wiegt 0,575 kg, der Schubstangenanteil für die geradlinige Bewegung ist 0,140 kg, also $G_0 = 0,565/0,447 = 1,27$ kg/L. Das Verhältnis $l/r = 178/47,5 = 3,7$. Bei $n_{\text{max}} = 4800$/min, entsprechend $c_m = 15,2$ m/s wird $p_{b\,\text{max}} = 5\cdot 1,27\cdot 1,27\cdot(1,52)^2 \approx 19$ kg/cm².

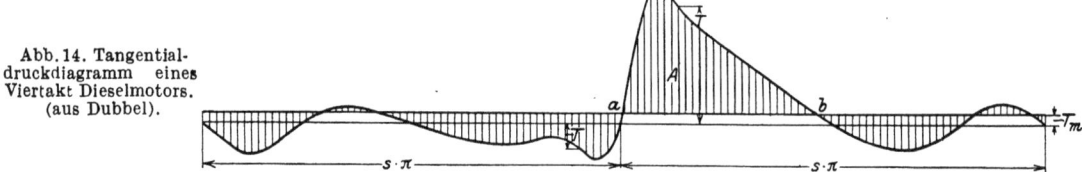

Abb. 14. Tangentialdruckdiagramm eines Viertakt Dieselmotors. (aus Dubbel).

Die Massenkräfte sind für einen Viertakt-Dieselmotor in Abb. 13 in Abhängigkeit der Kolbenwege dargestellt. Die totalen Kolbenkräfte erhält man durch algebraische Addition. Damit ist auch die totale tangentiale Kraft T für jede Kolbenstellung bestimmt. Da das Drehmoment der Kurbelwelle $= T\cdot r$ ist, so gibt der Verlauf der tangentialen Kraft auch ein Bild für die Veränderlichkeit des Momentes. In Abb. 14 ist für die Viertaktmaschine der Verlauf der tangentialen Kräfte T in Abhängigkeit des abgewickelten Kurbelkreises ($2\pi r = \pi s$) dargestellt (Drehkraftkurve oder Tangentialdruckdiagramm).

827. Gleichförmigkeit des Ganges. Da die Arbeitsentnahme aus der Kraftmaschine im Beharrungszustand meist gleichmäßig, oft aber auch periodisch veränderlich ist, besteht nicht in jedem Augenblick Gleichgewicht zwischen der treibenden Kraft T und dem Widerstand. Bei konstantem Widerstand ist das Widerstandsdiagramm ein Rechteck, das — auf der gleichen Grundlinie errichtet — dem Tangentialdruckdiagramm im Beharrungszustand der Maschine inhaltsgleich sein muß. Zeitweilig leistet aber die tangentiale Kraft T mehr Arbeit als zur Überwindung des Widerstandes erforderlich ist, d. h. die Drehung wird beschleunigt. Zu anderen Zeiten ist die von der Kraft T geleistete Arbeit kleiner, und die Drehung wird verzögert. Die Maschine erhält demnach eine ungleichmäßige Drehbewegung.

Bezeichnet man mit $\omega_{\min}$ die kleinste (z. B. im Punkte a, Abb. 14) und mit $\omega_{\max}$ die größte Winkelgeschwindigkeit (z. B. Punkt b), so nennt man

$$\omega = \frac{\omega_{\max} + \omega_{\min}}{2} \tag{15}$$

die mittlere Winkelgeschwindigkeit. Der Wert

$$\delta = \frac{\omega_{\max} - \omega_{\min}}{\omega} \tag{16}$$

wird als Ungleichförmigkeitsgrad der Maschine bezeichnet.

Die zulässige Ungleichförmigkeit ist von der Art der Maschine abhängig. Für Dynamomaschinen ist $\delta = \frac{1}{200}$ bis $\frac{1}{300}$, weil die Spannung und damit die Helligkeit des elektrischen Lichtes sehr stark von der Drehzahl abhängt. Bei Spinnmaschinenantrieb kann $\delta = \frac{1}{50}$ bis $\frac{1}{100}$ gewählt werden, je nach der Feinheit der Garnsorte usw.

828. Schwungräder. Um die Ungleichförmigkeit der Drehbewegung klein zu halten, ordnet man auf der Kurbelwelle eine Masse (Schwungrad) an. Ein mit der Winkelgeschwindigkeit ω umlaufendes Rad, dessen Massenträgheitsmoment Θ ist, besitzt eine kinetische Energie (Wucht) von $A = \Theta \frac{\omega^2}{2}$ kgm. Diese Energie muß, um das Rad auf die Winkelgeschwindigkeit ω zu bringen, als Beschleunigungsarbeit geleistet werden. Das Rad kann die Energie teilweise oder vollständig wieder abgeben, wenn die Drehzahl geändert oder wenn es zur Ruhe gebracht wird (z. B. Schwungradpresse, Abb. 61.2). Die vom Rad abwechselnd aufzunehmende und abzugebende Arbeit ist

$$A = \frac{\Theta}{2}(\omega_{\max}^2 - \omega_{\min}^2) = \Theta \omega^2 \delta. \tag{17}$$

Der Wert von A kann aus dem Tangentialdruckdiagramm entnommen werden[1]. Damit ist das Massenträgheitsmoment des Schwungrades bestimmt.

$$\Theta = \frac{A}{\omega^2 \delta} = \frac{G D^2}{4 g}. \tag{18}$$

Nimmt man an, daß der Schwungradkranz allein rund 90% des Massenträgheitsmomentes liefert, so ist das Kranzgewicht

$$G_1 = 0{,}9 \frac{4 A g}{\omega^2 \delta D^2} = \frac{3220}{n^2 \delta D^2} A. \tag{19}$$

Der Kranzdurchmesser ist durch die zulässige Umfangsgeschwindigkeit des Rades eingeschränkt.

Schwungräder kommen nicht nur bei den Kolbenmaschinen, sondern auch bei vielen Werkzeugmaschinen, z. B. Stanzen, Scheren, Pressen vor. Bei solchen Maschinen pflegt man $\delta = 1/4$ anzunehmen; aus Gl. (16) folgt dann $\omega_{\min}/\omega_{\max} = 7/9$.

829. Ausgleich der Massenwirkungen. Die inneren Kräfte, wie Kolbendruck P, Stangenkraft S, Normaldruck N (Abb. 15), die immer paarweise auftreten und sich gegenseitig auf-

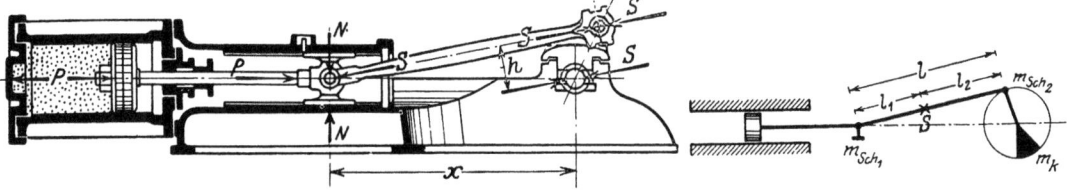

Abb. 15 (aus Tolle).   Abb. 16 (aus Föppl, Schwingungslehre).

heben, können die Bewegung des Gesamtschwerpunktes der Maschine nicht beeinflussen. Sie erzeugen auch kein Drehmoment, da die gleich großen Momente $S \cdot h$ und $N \cdot x$ entgegengesetzt

---

[1] Allgemeinere Methode zur Berechnung des Schwungradgewichtes, siehe L. 81.2, Abschn. 42.

456 8. Maschinengetriebe.

gerichtet sind und sich deshalb ebenfalls aufheben[1]. Bewegt sich der Gesamtschwerpunkt der Maschine durch die Bewegung einzelner Teile, so müssen dazu äußere Kräfte wirken, die durch die Fundamentschrauben übertragen werden. Um diese wechselnden Kräfte, die Erschütterungen verursachen, zu vermeiden, sollte der Gesamtschwerpunkt keine Verschiebung erfahren; dazu genügt es, den Gesamtschwerpunkt der bewegten Teile allein in Ruhe zu halten. Die Bewegung des ganzen Getriebes kann — was die Massenwirkungen anbelangt — durch die Bewegung von zwei Massenpunkten ersetzt werden, nämlich:

1. Die Gesamtmasse der hin- und hergehenden Teile, sowie ein Teil der Masse der prismatischen Schubstange wird im Kreuzkopf konzentriert gedacht und erhält eine geradlinige Bewegung (Masse m_g).

2. Die Gesamtmasse aller drehenden Teile wird auf den Kurbelradius r reduziert, in welchem Punkte noch der Rest der Schubstangenmasse angreift.

Die Schwerpunktsbewegung der drehenden Masse kann in einfacher Weise durch eine Gegenkurbel m_k (Abb. 16) vollständig ausgeglichen werden.

Die Massenkraft P_b der hin- und hergehenden Bewegung ist nach Gl. (9):

$$P_b = m_g r\omega^2 \cos\varphi + m_g r\omega^2 \frac{r}{l} \cos 2\varphi = P_I \cos\varphi + P_{II} \cos 2\varphi . \qquad (20)$$

Die Gesamtkraft P_b kann demnach in die beiden Teilkräfte $P_I \cos\varphi$ und $P_{II} \cos 2\varphi$ zerlegt werden. Man nennt $P_I \cos\varphi$ die Massenkraft erster Ordnung (mit dem Größtwert $P_I = m_g r\omega^2$) und $P_{II} \cos 2\varphi$ die Massenkraft zweiter Ordnung, deren Größtwert $P_{II} = m_g r\omega^2 \frac{r}{l}$, also r/l mal kleiner als P_I ist. Bei den schnellaufenden Schiffsdieselmaschinen, Fahrzeugen und Flugmotoren wird heute ein sehr hoher Grad von Erschütterungsfreiheit verlangt. In solchen Fällen ist auch das Glied vierter Ordnung der allgemeinen Beschleunigungsgleichung (9a) zu berücksichtigen.

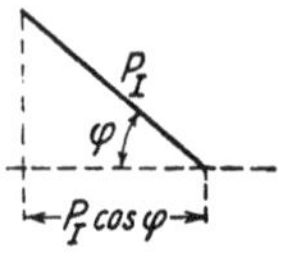

Der Ausgleich der Massenkräfte erster Ordnung durch ein rotierendes Gegengewicht ist nicht möglich. Wenn gegenüber dem Kurbelzapfen (Abb. 17) ein Gegengewicht M in der Entfernung R vom Drehpunkt so angebracht wird, daß

$$m_g r = MR ,$$

so wird zwar die Massenkraft erster Ordnung durch die Horizontalkomponente der Fliehkraft $MR\omega^2$ aufgehoben, doch bleibt noch die Vertikalkomponente von $MR\omega^2$ übrig, so daß nun genau dieselbe

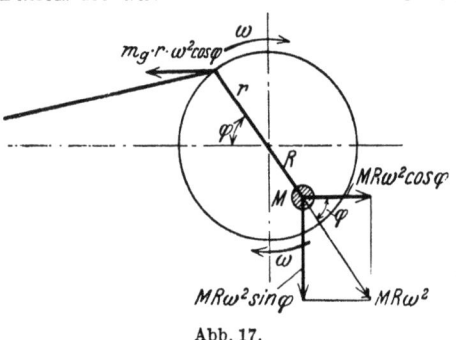

Abb. 17.   Abb. 18.

unausgeglichene Kraft auftritt, wenn auch in der vertikalen statt in der horizontalen Richtung. Da vertikale Schwingungen weniger stark empfunden werden als horizontale, so kann dieser „Ausgleich" bei horizontalen Maschinen vorteilhaft sein; bei vertikalen Maschinen ist er jedoch unangebracht.

Die Massenkraft $P_I \cos\varphi$ stellt man am zweckmäßigsten als Vektor dar (Abb. 18). Bei einer Einzylindermaschine kann diese Kraft nicht ausgeglichen werden; zum vollständigen Massenausgleich sind somit Mehrzylindermaschinen erforderlich. Dabei kann

$$\sum P_I \cos\varphi = P_{I,1} \cos\varphi_1 + P_{I,2} \cos\varphi_2 + P_{I,3} \cos\varphi_3 + \cdots = 0 \qquad (21)$$

werden. Man setzt dabei die Vektoren $P_{I,1}$, $P_{I,2}$, $P_{I,3}$, usw. zu einem Vektor P zusammen, dessen Projektion auf die Mittellinie Null werden sollte (Abb. 19).

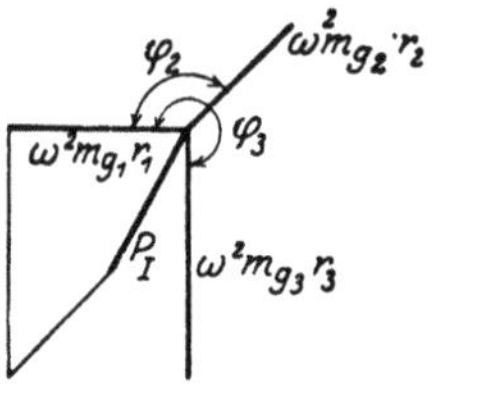

Da die Massenkräfte bei Mehrzylindermaschinen nicht in einer Ebene wirken, so müssen auch die Momente dieser Kräfte verschwinden (Abb. 20), d. h. es muß

$$\sum P_I l \cos\varphi = 0 \qquad (22)$$

Abb. 19. Zusammensetzung der Vektoren für eine Dreizylindermaschine.

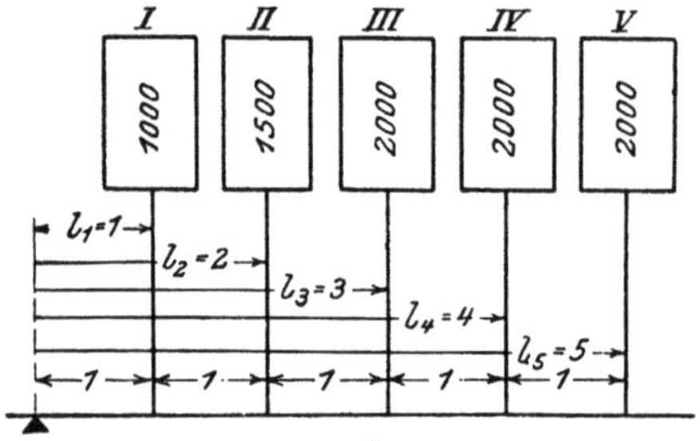

Abb. 20 (aus Dubbel, Dampfmasch.).

sein. Das im Zylinder Arbeit leistende Medium hat unmittelbar keinen Einfluß auf die Massenkräfte. Bei Dampfmaschinen können verschiedenartige Zylinder (Hochdruck-, Mitteldruck-,

---
[1] Der Beweis folgt sofort durch Einsetzen der Werte: $N = P \operatorname{tg} \psi$, $S = \dfrac{P}{\cos \psi}$ und $h = x \sin \psi$.

83. Schubstangen und Kreuzköpfe.

Niederdruckzylinder) mit verschiedenen Massen m_g und verschiedenen Entfernungen a auftreten. Bei Verbrennungskraftmaschinen dagegen sind die Massen der bewegten Teile für jeden Zylinder genau gleich und ebenso die Entfernungen a der Zylinder[1].

83. Schubstangen und Kreuzköpfe.

Die Schubstange besteht aus den beiden Köpfen und dem sie verbindenden Schaft (Abb. 83.1) Bei der Konstruktion der Köpfe und des Kreuzkopfes ist darauf zu beachten, daß die Länge auch bei Abnutzung der Gleitflächen unverändert bleibt. Eine Verkürzung oder Verlängerung der Schubstange ändert die Kompression im Zylinder und kann sogar den Kolben zum Anschlagen bringen. Auf die Nachstellbarkeit der sich abnutzenden Lagerstellen muß deshalb besondere Sorgfalt gelegt werden.

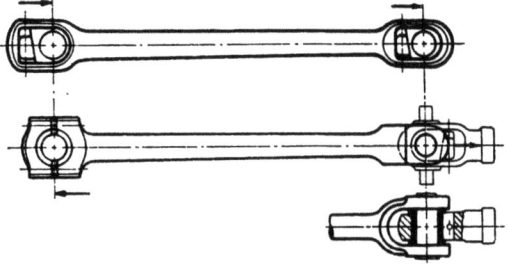

Abb. 83.1. Schubstange mit den beiden Köpfen (aus Rötscher).

Gekröpfte Wellen (Abschn. 33) erfordern einen zweiteiligen (offenen) Kopf. Bei Stirnkurbeln kann der geschlossene Kopf (wie beim Kreuzkopfende) verwendet werden, doch wird der Zusammenbau dadurch erschwert.

Die meist vorkommende Bauart des offenen Kopfes ist der „Marinekopf" (Abb. 2/3). Für die Nachstellung werden einzeln herausnehmbare Bleche oder eine abzufeilende stärkere Beilage zwischen Stange und Deckel gelegt. Um die Schmiedearbeit der Stange zu erleichtern, wird der Stangenkopf auch mehrteilig ausgeführt.

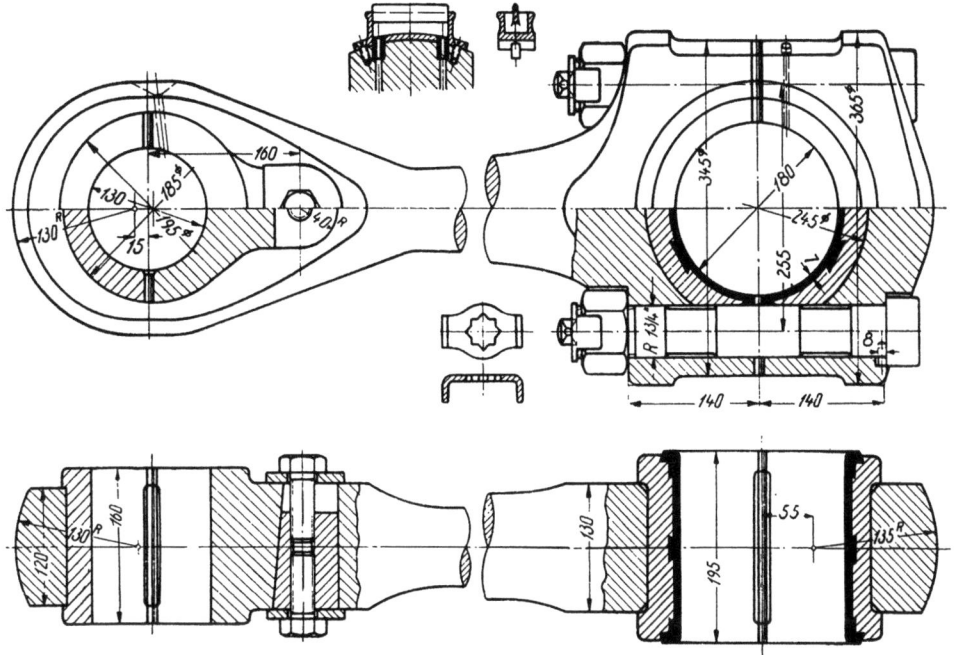

Abb. 2. Schubstange (aus Rötscher).

Abgesehen von ganz kleinen Ausführungen oder sehr langsam laufenden Maschinen, die Bronzelager erhalten, werden die Lagerschalen immer mit Weißmetall ausgegossen. Schalen aus Gußeisen oder Stahlguß müssen vorher sorgfältig verzinnt werden, damit das Weißmetall gut daran haftet. Bei raschlaufenden Leichtmotoren wird — um die Abmessungen möglichst klein zu halten — das Weißmetall auch direkt in die Stange gegossen (Abb. 4). Beim Auslaufen eines solchen Lagers wird aber die Kurbelwelle angegriffen und auch die ganze Pleuelstange gefährdet. Außerdem verzinnen sich legierte Stähle schwer. (Vgl. hier die allgemeinen

---

[1] Ausführlicher in den Lehrbüchern über Kolbenkraftmaschinen.

458   8. Maschinengetriebe.

Bemerkungen über Lagermetalle S. 244). Bei raschlaufenden Leichtmotoren hat das Weißmetall nur eine Dicke von 1 bis 2 mm.

Die runden Schalen sind gegen Verdrehung zu sichern, indem z. B. die Befestigungsschrauben in die Lagerschalen einschneiden (Abb. 2). Besondere Beachtung ist den Verbindungsschrauben zu schenken. Sie werden durch die größte Stangenkraft auf Zug beansprucht, erfahren aber eine weit gefährlichere, stoßweise Beanspruchung (vgl. Abschn. 234).

Durch die elastischen Formänderungen des Deckels und der Verbindungsschrauben wird das Lagerspiel s vergrößert. Der Deckel ist demnach recht kräftig (starr) auszuführen, indem die Entfernung der Schrauben von der Stangenmittellinie so klein wie möglich gemacht wird und runde Köpfe mit kleinem Kopfdurchmesser ($D = 1{,}35d + 4$ mm) gewählt werden. Die Ver-

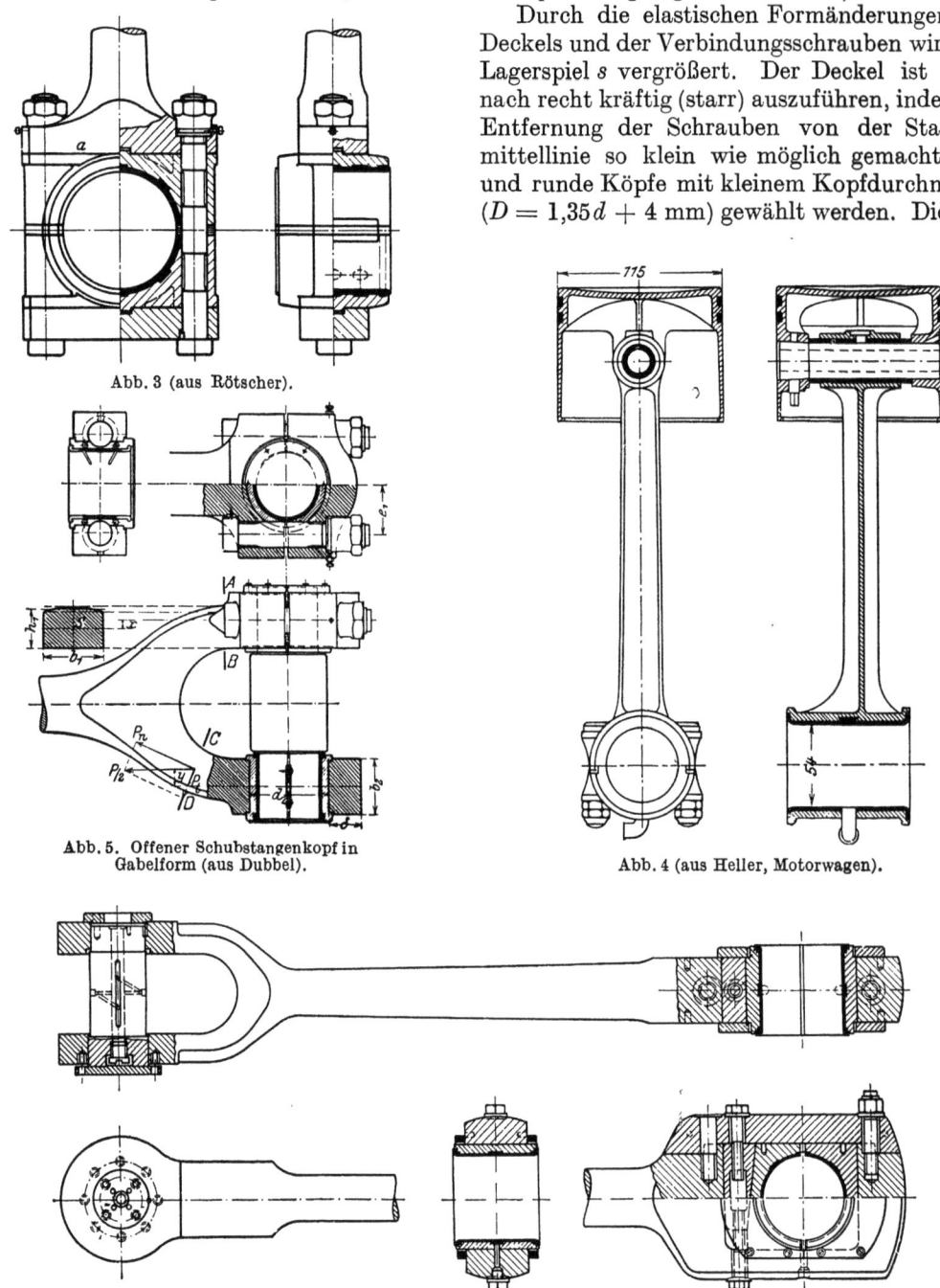

Abb. 3 (aus Rötscher).

Abb. 5. Offener Schubstangenkopf in Gabelform (aus Dubbel).

Abb. 4 (aus Heller, Motorwagen).

Abb. 6. Schubstange (aus Dubbel, Ölmaschinen).

bindungsschrauben sind eher lang zu halten; damit das Schraubenvolumen und das Arbeitsaufnahmevermögen groß werden.

Der Beschleunigungsdruck kann bei schnellaufenden Maschinen eine seitliche Verschiebung des Lagerdeckels verursachen. Die Verbindungsschrauben sind deshalb, wenigstens auf kurze Strecken, einzupassen (Abb. 2, 3 und 5). Wirksamer können die Querkräfte durch besondere

Paßkanten (Abb. 4) aufgenommen werden, so daß die Schrauben vollständig entlastet sind. Die Muttern müssen sorgfältig gegen Lockerung gesichert werden. Meist wird Feingewinde gewählt, das durch die Pennsche Schraube (Abb. 233.7) gesichert wird.

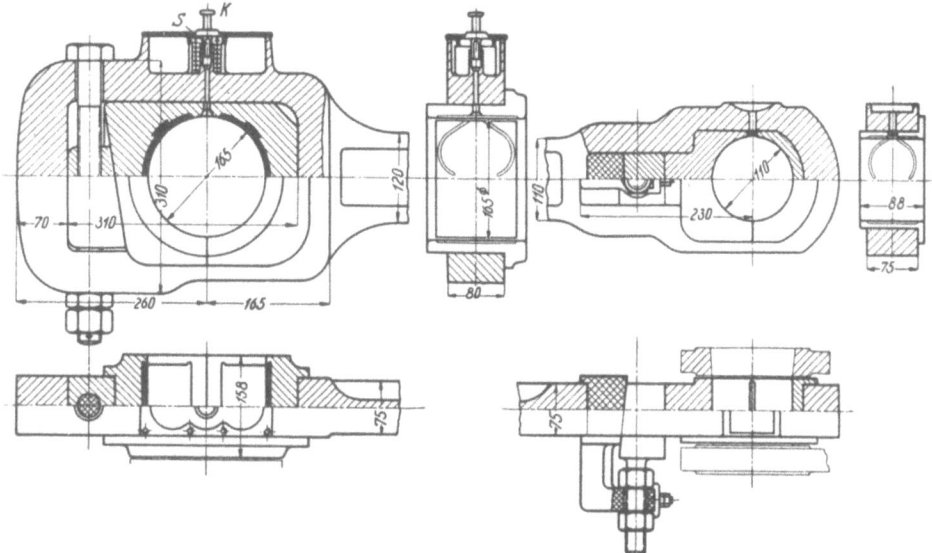

Abb. 7. Geschlossene Stangenköpfe (aus Rötscher).

In Abb. 6 sind die für nicht ganz zuverlässig gehaltenen Schrauben durch einen seitlich aufgesetzten Bügel ersetzt.

Beim Kreuzkopf werden die Gleitschuhe, abgesehen von ganz kleinen Ausführungen, stets besonders aufgesetzt. Sie werden fast immer aus Gußeisen hergestellt und mit Weißmetall ausgegossen. Die Schuhe werden erst nach dem Aufsetzen fertig gedreht, so daß die

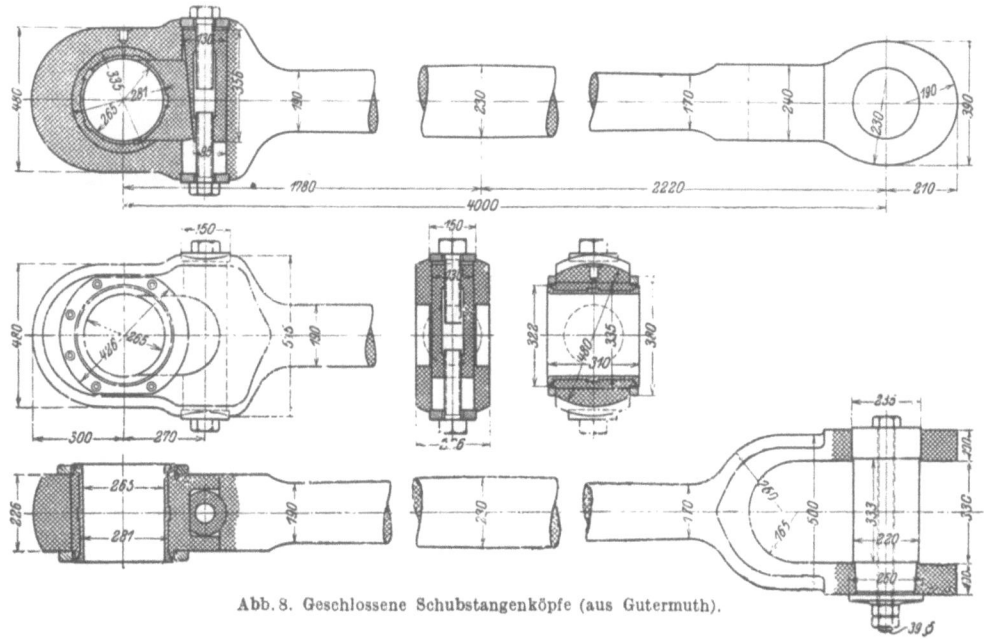

Abb. 8. Geschlossene Schubstangenköpfe (aus Gutermuth).

Verbindung bei der Bearbeitung verhältnismäßig große Belastungen aushalten muß. Bei zylindrischer Gleitbahn (Abb. 10 u. 12) ist der Kreuzkopf auch gegen seitliche Verschiebung gesichert.

Bei den einfach wirkenden Maschinen (Abb. 82 2) wird der Kolben gleichzeitig auch als Kreuzkopfführung verwendet (Abb. 4) und hat dann zwei verschiedene Aufgaben zu erfüllen, gute Abdichtung und Aufnahme der Geradführungsdrücke. Die gute Abdichtung verlangt eine gleich-

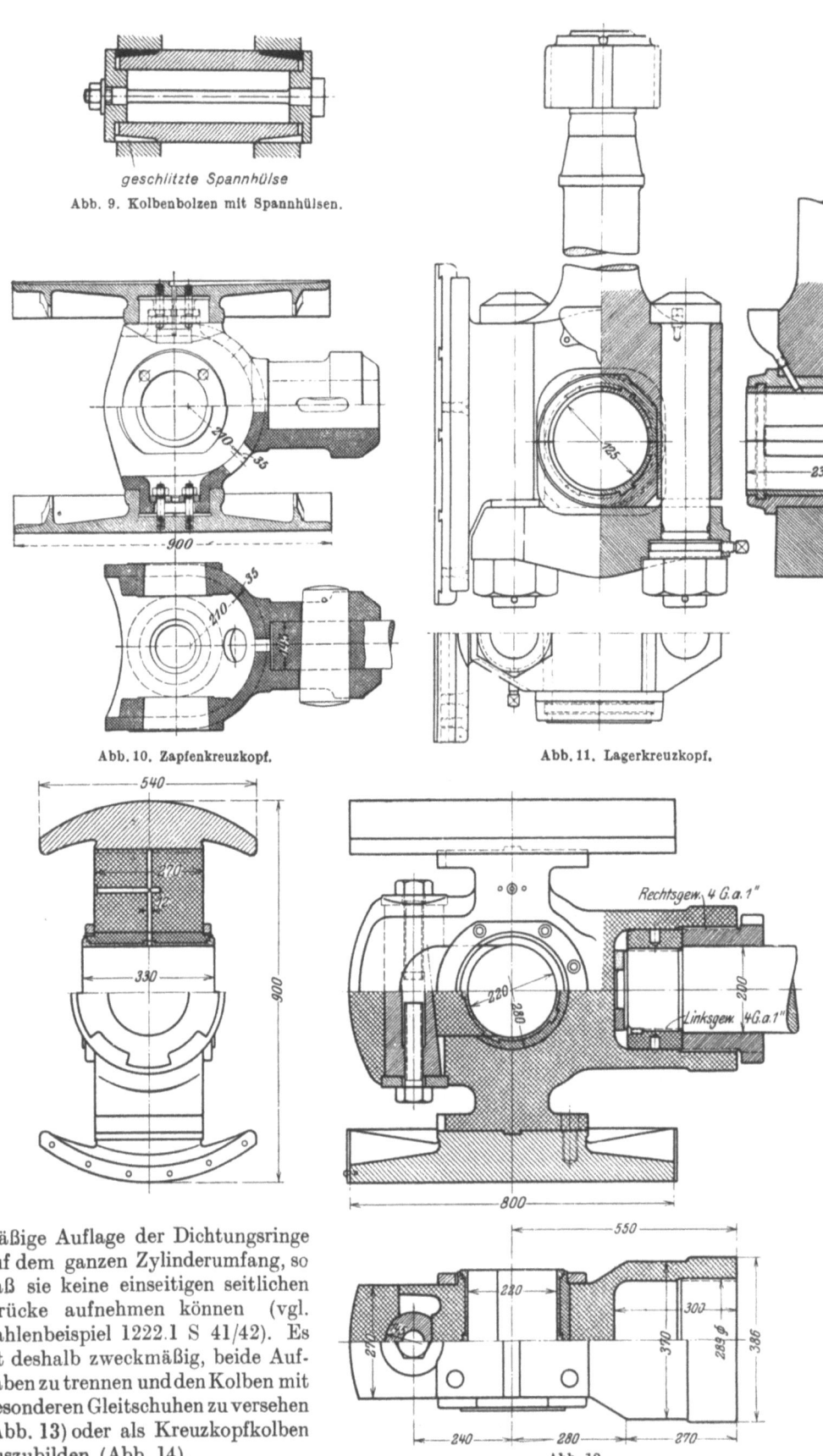

Abb. 9. Kolbenbolzen mit Spannhülsen.

Abb. 10. Zapfenkreuzkopf.

Abb. 11. Lagerkreuzkopf.

Abb. 12.

mäßige Auflage der Dichtungsringe auf dem ganzen Zylinderumfang, so daß sie keine einseitigen seitlichen Drücke aufnehmen können (vgl. Zahlenbeispiel 1222.1 S 41/42). Es ist deshalb zweckmäßig, beide Aufgaben zu trennen und den Kolben mit besonderen Gleitschuhen zu versehen (Abb. 13) oder als Kreuzkopfkolben auszubilden (Abb. 14).

Der **Schmiervorgang** bei schwingenden Zapfen ist grundsätzlich verschieden vom Schmiervorgang umlaufender Zapfen.

Tritt im Lager ein Druckwechsel auf, so werden die dabei auftretenden Stöße durch den Widerstand der zu verdrängenden Ölschicht gedämpft. Wie stark die dämpfende Wirkung zäher Flüssigkeiten in engen Ölspalten ist, wurde in Abschnitt 431 (S. 271/72) abgeleitet.

Je besser nun das seitliche Abfließen des Öles bei den Stangenköpfen verhindert wird, z. B. durch eng anliegenden Bunde am Zapfen, um so eher sind die Voraussetzungen der Rechnung auch praktisch erfüllt.

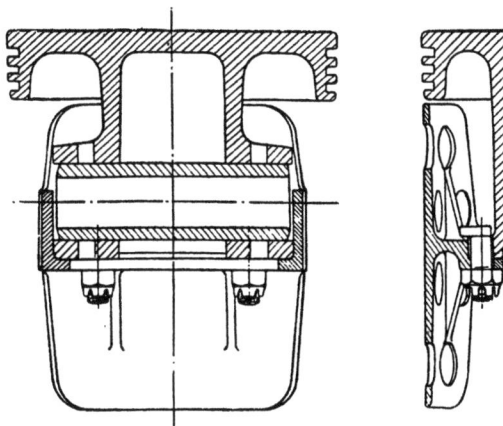
Abb. 13. Aluminiumkolben mit Gußeisengleitschuhen (aus Ricardo).

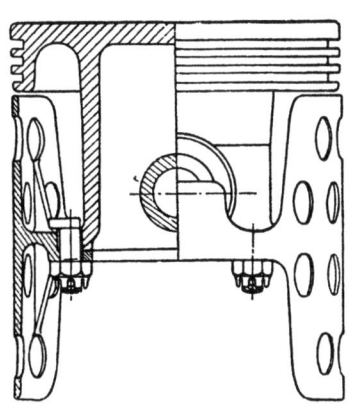

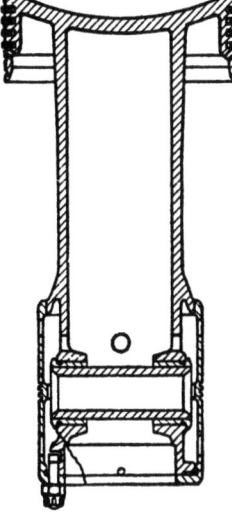
Abb. 14. Kreuzkopfkolben (aus Ricardo).

Ist die Dämpfung so vollkommen, daß im Augenblick des neuen Druckwechsels der Zapfen die Lagerschale noch gar nicht erreicht hat, so findet überhaupt keine metallische Berührung zwischen Zapfen und Lagerschale statt. Der Zapfen bewegt sich dann innerhalb des Lagerspieles völlig im Öl hin und her. Wir brauchen deshalb bei schwingenden Zapfen mit Druckwechsel nur für eine vollkommene Stoßdämpfung zu sorgen, um gleichzeitig auch eine vollkommene Schmierung zu erhalten.

Voraussetzungen hierfür sind (Abb. 15):

1. kleines Lagerspiel;
2. starre, glatte Gleitflächen, denn die elastischen Formänderungen vergrößern z. T. das

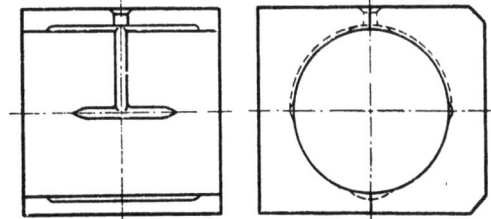
Abb. 15. Kreuzkopfzapfenlager für Maschinen mit Druckwechsel (aus Falz, Schmiertechnik).

Lagerspiel und bewirken anderseits eine metallische Berührung. Übermäßige Abnutzung und gelegentliches Anfressen solcher Lager sind weniger die Folgen einer mangelhaften Schmierung oder zu hoher Flächenpressungen, als zu großer Formänderungen;

3. Vermeidung seitlichen Abfließens des Öles (Bundlager);

4. Das zwischen Zapfen und Lagerschale verdrängte Öl muß (weil verloren) nach dem Druckwechsel sofort erneuert werden. Das Öl ist deshalb mit Überdruck ($p \approx 0{,}5$ at) zuzuführen.

Tritt kein Druckwechsel

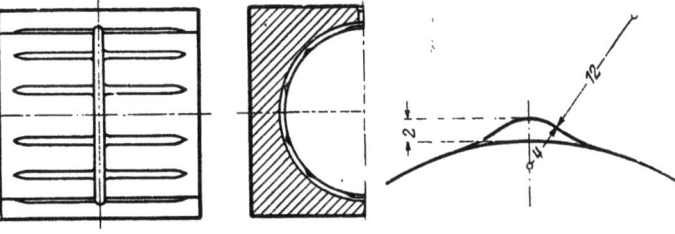
Abb. 16. Kreuzkopfzapfenlagerschale mit Schmiernuten für Maschinen ohne Druckwechsel (aus Falz).

ein, wie es bei langsamlaufenden, einfachwirkenden Maschinen der Fall ist, so ist Gleitung unter gleichbleibender Druckrichtung vorhanden. Die Gleitgeschwindigkeit ist meist viel zu gering, um Flüssigkeitsreibung zu erreichen, so daß halbflüssige Reibung auftritt und kleine Flächenpressungen (dicke Zapfen) günstig sind. Bei schwingenden Zapfen (z. B. Kreuzkopf), erhält das Lager dann gut abgerundete Verteilnuten in der Entfernung des Schwingungsweges (Abb. 16).

Der Schaft[1] wird im ungünstigsten Fall (beim Anlaufen) durch den vollen Verbrennungsdruck bzw. Dampfdruck $F \cdot p_{\max} = P$ auf Knickung beansprucht.

Da die beiden Stangenenden frei drehbar gelagert sind, wird die zulässige Stangenkraft S nach der Eulerschen Knickformel (Abschn. 181):

$$S = \frac{1}{n} \frac{\pi^2}{l^2} JE \, \text{kg} . \tag{181.3}$$

Als Sicherheitsfaktor n wird in der Literatur angegeben:

$n = 20$ bis 25 für Dampfmaschinen und $n = 30$ für Verbrennungskraftmaschinen.

Die scheinbar sehr hohe Knicksicherheit ist aber in Wirklichkeit gar nicht vorhanden, denn erstens liegen die Abmessungen meist außerhalb des Geltungsbereiches der Eulerschen Formel, und zweitens beanspruchen die Trägheitskräfte (Abb. 17) die Stange gleichzeitig auf Biegung, so daß infolge der elastischen Durchfederung f noch ein zusätzliches Biegemoment $P \cdot f$ entsteht.

Die Knicksicherheit ist senkrecht zur Biegungsebene, je nach Stangenprofil meist wesentlich größer als in der Biegungsebene, weil die Stange dort als an beiden Enden eingespannt betrachtet werden kann (vgl. S. 143). Deshalb erhält die Schubstange bei raschlaufenden Maschinen I-Querschnitt (Abb. 4), und zwar so, daß das Verhältnis der Trägheitsmomente in beiden Richtungen ungefähr 1 : 3 ist. Bei kleinen Stangen wird der Schaft als Gesenkschmiedestück hergestellt und womöglich nicht nachgearbeitet. Bei größeren Stangen

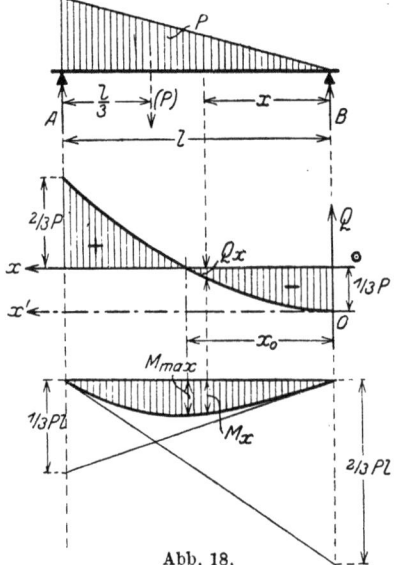

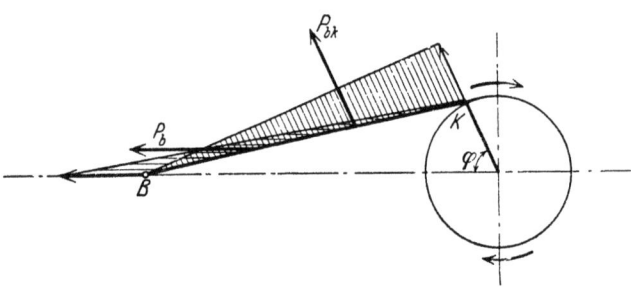

Abb. 17. Massenkräfte der Schubstange. Abb. 18.

(Lokomotiven) wird die I-Form durch Ausfräsen hergestellt. Wo es auf große Gewichtsersparnis ankommt (Flugzeugmotoren) benützt man auch Stangen mit ringförmigem Querschnitt, die allerdings in der Herstellung sehr teuer sind, weil sie aus dem Vollen gebohrt werden müssen. Der Hohlraum kann zum Anbringen der zum Kolben führenden Schmierölleitung benützt werden.

Die zusätzliche Beanspruchung durch die Massenkräfte ist nicht so einfach zu überblicken, weil die Beschleunigung in jedem Punkt der Stange sich aus zwei Komponenten, für die geradlinige und für die drehende Bewegung, zusammensetzt und sie sich nach Größe und Richtung mit der Stangenlage ändert. Die gefährlichste Beanspruchung durch die Radialbeschleunigung ($p_r = r \cdot \omega^2$) tritt auf, wenn diese senkrecht zur Stange gerichtet ist. In dieser Stangenlage ist die Kreuzkopfgeschwindigkeit ein Maximum (vgl. Abschn. 823), so daß die Beschleunigungen der geradlinigen Bewegung dann gleich Null sind.

Bei einer prismatischen Stange sind die Massenkräfte wie eine Dreieckbelastung über die Stange verteilt (Abb. 18) mit den Auflagerreaktionen $A = 2/3\, P$ und $B = 1/3\, P$. Das Biegemoment

$$M_x = B \cdot x - P \cdot \frac{x^2}{l^2} \cdot \frac{x}{3} = \frac{Pl}{3}\left(\frac{x}{l} - \frac{x^3}{l^3}\right)$$

wird ein Maximum für $x = l/\sqrt{3}$. $M_{\max} = 0{,}129\, P \cdot l$ ist nur unwesentlich größer als wenn P gleichmäßig über die Stangenlänge verteilt wäre ($M_{\max} = P \cdot l/8$).

Bei jeder Umdrehung der Kurbelwelle wird die Stange zweimal gebogen, so daß Schwingungen auftreten, die gefährlich werden, sobald die Schwingungszahl mit der Eigenschwingungszahl der Stange zusammenfällt. Nach Gl. (343.1) ist die kritische Schwingungszahl $\omega_k = \sqrt{Ag/f_0}$ mit $A \approx 1{,}2$.

---

[1] Schneter, E.: Berechnung und Gestaltung der Treibstangen schnellaufender Kolbenmaschinen. Diss. T. H. Berlin 1936. Auszug. Automobiltechnik Z. 39 (1936), S. 375/81.

84. An- und Auslauf von Maschinen.

Es ist bei der Festigkeitsberechnung von Maschinenteilen gebräuchlich, vom **Beharrungszustand** der Maschine auszugehen und die Kräfte aus der zu übertragenden Leistung zu bestimmen. Bei der Inbetriebsetzung und beim Bremsen entstehen aber zusätzliche Kräfte und Beanspruchungen, deren Größe der Konstrukteur um so genauer kennen muß, je größer die Massen sind, die beschleunigt oder verzögert werden und je rascher und öfter dies geschieht (z. B. Lokomotive, Automobil, Fördermaschine für Bergwerke, Hobelmaschine, Fahrwerk eines Lauf- oder Brückenkranes usw.). Die folgenden Betrachtungen gelten allgemein für die Inbetriebsetzung irgendeiner Maschine.

Maschinencharakteristik. Bei jeder Antriebmaschine (Dampfmaschine, Brennkraftmaschine Elektromotor usw.) ist das Drehmoment das die Maschine entwickelt von der Drehzahl abhängig mit der diese Maschine läuft. Diese Abhängigkeit $M_d = F(n)$ ist für jede Maschinengattung wieder anders, man nennt sie „Motorcharakteristik" (Abb. 84.1).

Auch für jede Arbeitsmaschine ist das Moment W der zu überwindenden Widerstandskraft von der Drehzahl der Maschine abhängig. Bei einer Eisenbahn z. B. nimmt der Fahrwiderstand mit der Zuggeschwindigkeit zuerst langsam, nachher rascher zu. Der Fahrwiderstand kann am Umfange eines Laufrades mit dem Radius R wirkend gedacht werden. Das Drehmoment M_d des Antriebmotors erzeugt am Umfange des gleichen Rades die Zugkraft Z

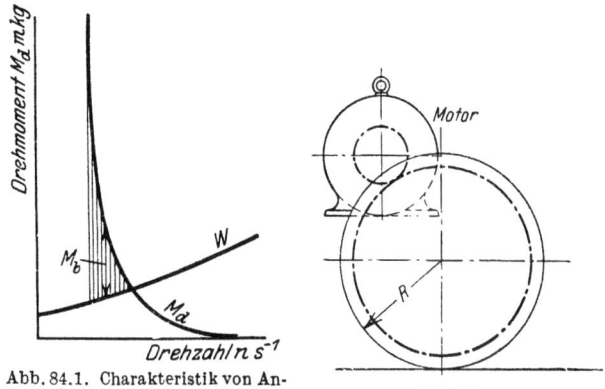

Abb. 84.1. Charakteristik von Antrieb- und Arbeitsmaschine.   Abb. 2.

$$Z = \frac{M_d}{R} i \cdot \eta \qquad (84.1),$$

worin i das Verhältnis der Drehzahlen vom Motorritzel und Laufrad ist (Abb. 2). Die Zugkraft hat demnach einen ähnlichen Verlauf wie das Motordrehmoment. Bei Hebezeugen ist das Lastmoment unabhängig von der Hubgeschwindigkeit, bei Zentrifugalpumpen und Ventilatoren wächst das Moment ungefähr mit dem Quadrat der Drehzahl.

Der Unterschied (M_b oder P_b) zwischen den Drehmomenten M_d und W (oder den Umfangskräften) der Antrieb- und Arbeitsmaschine, auf die gleiche Welle (oder auf den gleichen Punkt) bezogen, dient zur Beschleunigung der Maschine. Sind beide Momente (oder Kräfte) gleich, so tritt Beharrungszustand ein. Die größte Beanspruchung der Maschine hängt von der größten Beschleunigung ab.

Bewegungsgleichungen. Bei einer geradlinigen Bewegung erteilt die Kraft P_b der bekannten Masse m des bewegten Teiles eine Beschleunigung b, so daß

$$P_b = mb \qquad (2)$$

ist. Zwischen Geschwindigkeit v und Beschleunigung b besteht die bekannte Beziehung:

$$b = \frac{dv}{dt} \quad \text{oder} \quad dt = \frac{dv}{b}. \qquad (3)$$

Durch zeichnerische Integration (Planimetrieren) läßt sich zu jeder Geschwindigkeit punktweise die Zeit $t = \int_0^v \frac{dv}{b}$ bestimmen (Abb. 3), und damit auch die zur Erreichung des Beharrungszustandes erforderliche Anfahrzeit t_a. Aus der Beziehung

$$v = \frac{ds}{dt} \quad \text{oder} \quad ds = v\,dt \qquad (4)$$

folgt in ähnlicher Weise durch zeichnerische Integration der durchlaufene Weg

$$s = \int_0^t v\,dt. \qquad (5)$$

Für die drehende Bewegung lautet die Bewegungsgleichung:

$$M_d = \Theta \varepsilon = \Theta \frac{d\omega}{dt} = \Theta \frac{d^2\varphi}{dt^2}. \tag{6}$$

Führt man an Stelle des Massenträgheitsmomentes Θ die reduzierte Masse m' ein, so ist

$$M_d = m'\varepsilon = m' \cdot \frac{dv}{dt} = m' \cdot b = P, \tag{7}$$

wodurch die Berechnung der Beschleunigung einer drehenden Bewegung zahlenmäßig auf die der geradlinigen zurückgeführt ist. Das ist besonders vorteilhaft bei der Berechnung der Beschleunigung von ganzen Maschinen, deren Teile zum Teil geradlinige und zum Teil drehende Bewegung erhalten. Man braucht nach der Einführung der reduzierten Massen keine Rücksicht mehr auf die Art der Bewegung der Teile zu nehmen.

Die reduzierte Masse eines Triebwerkes ist diejenige Masse, die — im Angriffspunkt der Kraft P_b' vereinigt — den gleichen Trägheitswiderstand bietet wie das ganze Triebwerk:

$$P_b = m_{\text{red}} b. \tag{8}$$

Bei einem Triebwerk, das aus n hinter- oder nebeneinander geschalteten Teilen besteht, können die drehenden Bewegungen auf geradlinige zurückgeführt werden, indem die Massen der drehenden Teile in der Entfernung 1 vom Wellenmittel reduziert gedacht werden. Seien

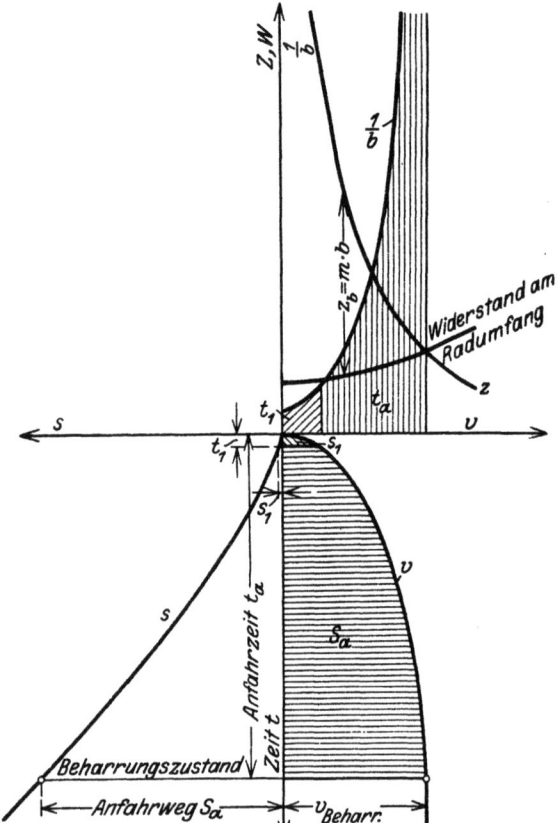

Abb. 8. Konstruktion der Anfahrzeit und des Anfahrweges.

m_1'	m_2'	m_k'	m_n'	die so reduzierten Massen der Triebwerksteile,
b_1	b_2	b_k	b_n	die zu erteilenden Beschleunigungen,
i_1	i_2	i_k	i_n	die Drehzahlverhältnisse $\frac{n_k}{n_1} = \frac{b_k}{b_1}$,
η_1	η_2	η_k	η_n	die Wirkungsgrade der Übersetzungen,

so ist der Massenwiderstand des beliebigen k-ten Teiles

$$P_k' = m_k' b_k.$$

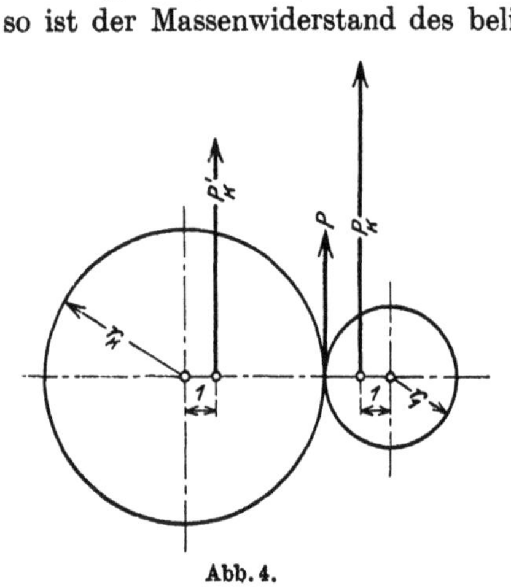

Diese Kraft muß nun nach dem Angriffspunkt der Kraft P_k im ersten Element übertragen werden. Das erste Element kann beliebig gewählt werden, wie es für die Untersuchung am zweckmäßigsten erscheint. Aus Abb. 4 folgt, daß

$$P = \frac{P_k'}{r_k} = \frac{P_k}{r_1}, \quad \text{also} \quad P_k = P_k' \frac{r_1}{r_k} \quad \text{oder} \quad P_k = P_k' i_k.$$

Da bei der Übertragung Reibungsverluste zu überwinden sind, muß noch der Wirkungsgrad der Übersetzung eingeführt werden:

$$P_k = P_k' \frac{i_k}{\eta_k} = m_k' b_k \frac{i_k}{\eta_k} = m_k' b_1 \frac{i_k^2}{\eta_k}. \tag{9}$$

Abb. 4.

Das ist der Anteil an der ganzen beschleunigenden Kraft, vom beliebigen k-ten Gliede herrührend. Die ganze Kraft erhält man durch Summierung der Einzelkräfte:

$$P_b = b_1 \sum_{k=1}^{k=n} m_k' \frac{i_k^2}{\eta_k} = M_{\text{red}} b_1. \tag{10}$$

84. An- und Auslauf von Maschinen.

Diese Gleichung zeigt, daß die reduzierte Masse eines Triebwerkes vom Wirkungsgrad der einzelnen Glieder abhängig ist. Sie erhält z. B. beim Heben einer Last einen anderen Wert als beim Senken, weil im letzteren Fall der Wirkungsgrad η_k in den Zähler statt in den Nenner zu setzen ist. Für Triebwerke, die eine Übersetzung ins Langsame haben, nimmt der Einfluß der hinteren Glieder mit i_k^2, also rasch ab.

Die beschleunigende Kraft P_b kann auf eine beliebige Stelle des Triebwerkes bezogen werden, z. B. auf den Lasthaken zur Berechnung des größten Seilzuges, auf die Motorwelle bei der Berechnung des Anfahrmomentes, auf die Schwenkachse eines Drehkranes, auf den Umfang des Laufrades, usw.

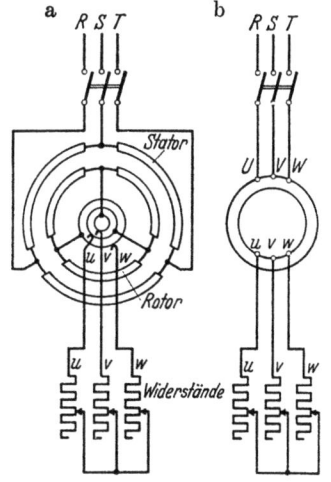

Abb. 5. a Bild und b Schema eines asynchronen Drehstrommotors.

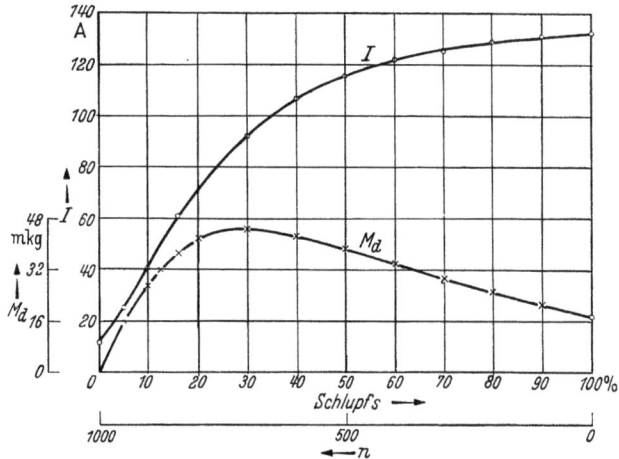

Abb. 6. Stromaufnahme J und Drehmoment M_d eines asynchronen Drehstrommotors.

Der Asynchron-Drehstrommotor (Abb. 5) ist die wichtigste Antriebsmaschine. Er besteht aus einem Ständer (Stator), dessen drei Wicklungen direkt an das Netz angeschlossen werden (R, S, T) und infolge der drei Phasen ein magnetisches Drehfeld erzeugt, das mit der Drehzahl $n = 60 \cdot f/p$ rotiert, worin f Frequenz des Drehstromes (meist $50/s$) und p die Polpaarzahl ist.

Für $p =$	1	2	3	4	5	Polpaare,
ist $n =$	3000	1500	1000	750	600	/min.

Bringt man in ein solches Drehfeld einen drehbaren Anker (Läufer, Rotor), der eine gleichmäßig verteilte geschlossene Wicklung trägt, so zeigt er beim Stillstand die Eigenschaften eines Transformators, dessen eine Seite kurz geschlossen ist. In den Stromkreis des Schleifringankers müssen also Anlaßwiderstände eingeschaltet werden. Die Induktionslinien des Drehfeldes schneiden die einzelnen Leiter der Ankerwicklung und induzieren in ihnen Spannungen, die Ströme zur Folge haben. Diese Ströme bilden zusammen mit dem sie erzeugenden Drehfeld ein Drehmoment, das den Anker in Richtung des Drehfeldes in Bewegung setzt. Der Anker beschleunigt sich und ist bestrebt die Geschwindigkeit des Drehfeldes zu erreichen. Da jedoch bei synchronem Lauf des Ankers kein Schneiden der Leiter durch das Drehfeld und mithin keine Induktion mehr stattfindet, muß der Anker asynchron laufen und gegen die Drehzahl des Feldes etwas zurückbleiben (Schlupf). Bei sehr kleinen Motoren ist der Anker kurz geschlossen (Kurzschlußmotor). Die Umkehr der Drehrichtung wird durch Vertauschen zweier Statoranschlüsse erreicht.

Die Charakteristik des Drehstrommotors ist in Abb. 7 dargestellt. Die Anlaßwiderstände werden bei der Inbetriebsetzung schrittweise ausgeschaltet, so daß der Verlauf des Drehmomentes von der Bedienung des Anlassers abhängt. Die Konstruktion des Anfahrweges und der Anfahrzeit bleibt aber immer möglich, sobald eine bestimmte Bedienung des Anlassers angenommen wird.

In solchen Fällen ist es für den Konstrukteur zweckmäßiger anzunehmen, daß während der Anfahrzeit ein konstantes Drehmoment (eine konstante Beschleunigung b) wirkt. Aus $b = dv/dt$ folgt dann $b = v_b/t_a$, worin v_b die Geschwindigkeit im Beharrungszustand und t_a die Anfahrzeit ist. Die Geschwindigkeit während der Anfahrzeit nimmt dann geradlinig zu (Abb. 8). Da die Geschwindigkeit im Beharrungszustand v_b gegeben ist, so braucht nur die Anfahrzeit t_a gewählt zu werden, um die Beschleunigung zu kennen.

Der Anfahrweg ist
$$s = \int_0^{t_a} v\, dt = b \int_0^{t_a} t\, dt = \frac{1}{2} b \cdot t_a^2.$$

In allen wichtigen Fällen muß der Konstrukteur die größte Beschleunigung, die bei sachgemäßer Bedienung des Anlassers auftreten kann, die Anfahrzeit und den Anfahrweg, aus der Motorcharakteristik (durch graphische Integration) berechnen.

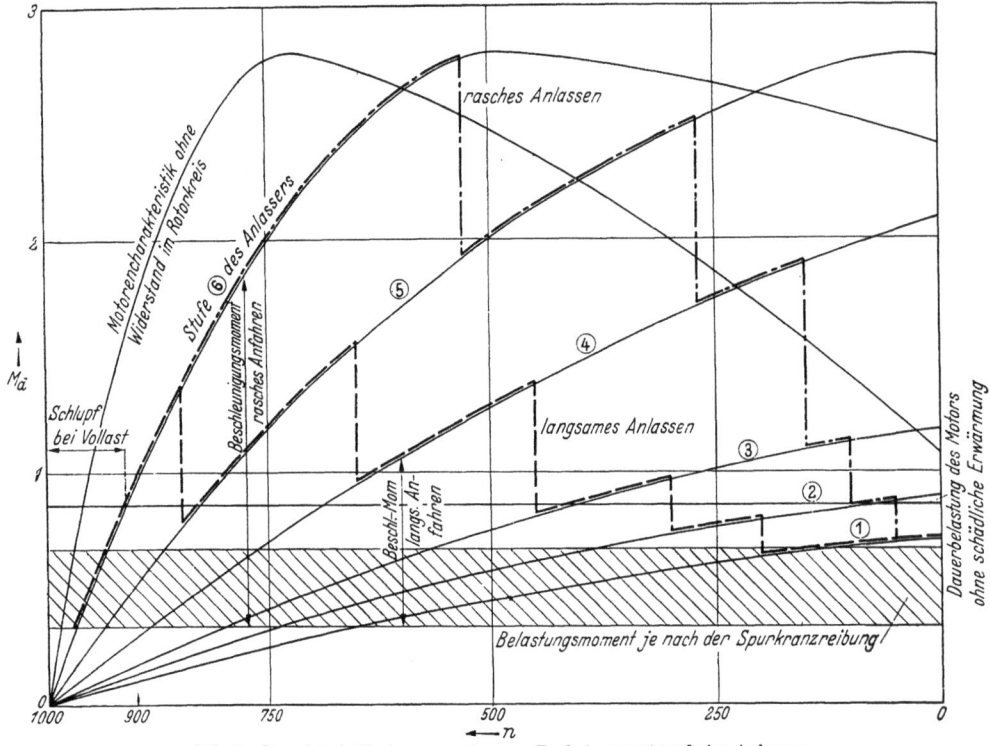

Abb. 7. Charakteristik eines asynchronen Drehstrommotors beim Anlassen.

Anwendungsbeispiel 84.1. Die Anfahrzeit und der Anfahrweg der in Abb. 9/10 skizzierten Laufkatze sind zu berechnen, wenn die Fahrgeschwindigkeit im Beharrungszustand $v_b = 200$ m/min beträgt.

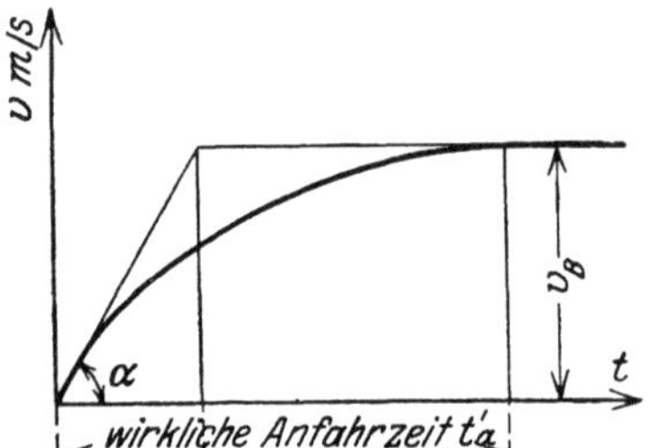

Zuerst ist der Fahrwiderstand zu berechnen. Er setzt sich zusammen aus dem Zapfenreibmoment $\mu_z P \cdot r$ (P = Radbelastung, r = Zapfenradius), aus dem Moment der rollenden Reibung $P \cdot f$ und aus dem Moment der Spurkranzreibung, für welches man erfahrungsgemäß 25—75% des Zapfenreibmoments (als Gleitlager) rechnen kann.

Der auf den Umfang des Laufrades (mit dem Radius R) bezogene Fahrwiderstand W ist also

$$W = \frac{P}{R}[\mu_z \cdot r + f + (0{,}25 \text{ bis } 0{,}75)\, \mu' r]\text{ kg}.$$

Abb. 8.

Bei der Laufkatze tragen die vier Laufräder von 450 mm Durchmesser und 60 mm Zapfendurchmesser zusammen 13,8 t, während die beiden kleinen Schleppräder von 180 mm Durchmesser und ebenfalls 60 mm Zapfendurchmesser zusammen mit 2 t belastet sind. Alle Laufräder sind mit Wälzlagern ausgerüstet. Setzt man $\mu = 0{,}003$, $f = 0{,}065$ cm und $\mu' = 0{,}11$, so ist der Fahrwiderstand W_1 der vier Haupträder je nach der Größe der Spurkranzreibung:

$$W_1 = \frac{13800}{22{,}5}[0{,}003 \cdot 3 + 0{,}065 + (0{,}25 \text{ bis } 0{,}75) \cdot 0{,}11 \cdot 3] = 96 \text{ bis } 197 \text{ kg},$$

und für die kleinen Schleppräder:

$$W_2 = \frac{2000}{9}[0{,}003 \cdot 3 + 0{,}065 + (0{,}25 \text{ bis } 0{,}75) \cdot 0{,}11 \cdot 3] = 35 \text{ bis } 71 \text{ kg},$$

zusammen also 131 kg bis 268 kg oder 131/15,8 = 8,3 bis 268/15,8 = 17 kg/t Laufkatzengewicht.

84. An- und Auslauf von Maschinen.

Der Motor ist also im Beharrungszustand bei ruhigem Lauf der Katze mit

$$N = \frac{W \cdot v_b}{75\eta} = \frac{W \cdot 200}{60 \cdot 75 \cdot 0{,}85} = 7 \text{ bis } 14 \text{ PS}$$

belastet; bei pendelnder Last ist die Motorbelastung doppelt so groß, also 14 PS. Die Katze wird durch einen Motor mit 21 PS Stundenleistung angetrieben.

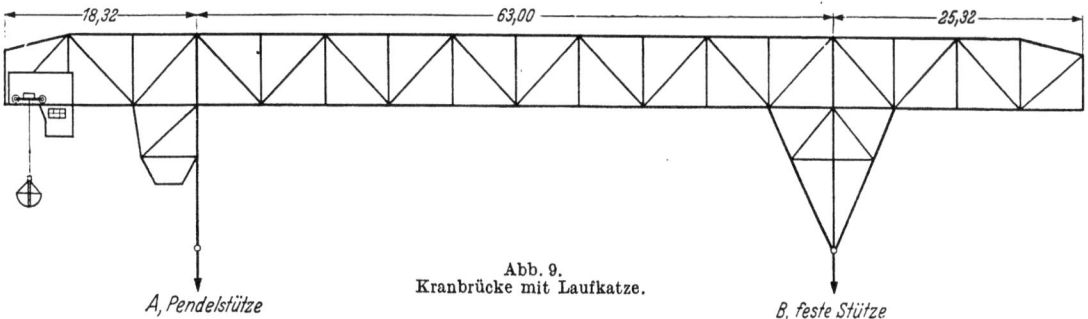

Abb. 9. Kranbrücke mit Laufkatze.

A, Pendelstütze   B, feste Stütze

Die reduzierten Massen der Einzelteile des Antriebes sind:

1. Rotor des Motors,

$$GD^2 = 2{,}5 \text{ kg} \cdot \text{m}^2 = 4\,g \cdot m', \qquad (345.3)$$

also

$$m' = \frac{25000}{4 \cdot 981} = 6{,}38 \text{ kg} \cdot s^2/\text{cm}.$$

2. Die Kupplung von 450 mm Durchmesser und 130 mm Breite, die gleichzeitig als Bremsscheibe dient, $G = 66$ kg, $m' = 16{,}5$ kg $\cdot s^2$/cm.

3. Das Motorritzel $D = 160$, $b = 60$ mm, $G = 9{,}45$ kg, $m' = 0{,}31$, kg $\cdot s^2$/cm (Gl. 345.6).

4. Die verlängerte Motorwelle $d = 50$ mm, $l = 400$ mm, $G = 6{,}17$ kg, $m' = 0{,}020$ kg $\cdot s^2$/cm.

5. Das Zahnrad mit 52 Zähnen, $D = 52 \times 8 = 416$ mm, $b = 60$ mm, hat ein Gewicht von 64,5 kg, $m' = 14{,}30$ kg $\cdot s^2$/cm.

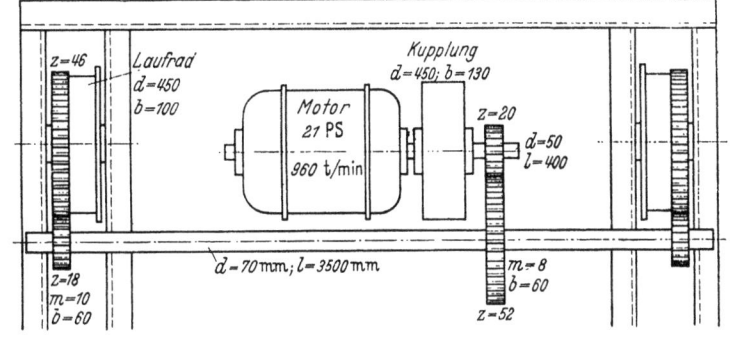

Abb. 10. Fahrwerk der Laufkatze.

6. Für die beiden Laufradritzel $D = 180$, $b = 60$ mm ist $G = 2 \times 12$ kg und $m' = 1$ kg $\cdot s^2$/cm.

7. Die Antriebwelle $d = 70$, $l = 3500$ mm, $G = 106$ kg, $m' = 0{,}66$.

8. Die beiden Laufräder mit Zahnkranz wiegen zusammen $2 \cdot 200 = 400$ kg, $m' = 103{,}4$ kg $\cdot s^2$/cm.

9. Die beiden Laufräder ohne Zahnkranz je 125 kg, $m' = 64{,}4$ kg $\cdot s^2$/cm.

10. Die Last samt Katze, $G = 15800$ kg, $m' = 8150$ kg $\cdot s^2$/cm.

Die reduzierte Masse des ganzen Triebwerkes ist in Zahlentafel 84.1 berechnet.

Der Verlauf der Motordrehmomente beim Anlassen hängt hauptsächlich von der Bedienung des Anlassers ab. Der in Abb. 7 gezeichnete Verlauf für langsames und rasches Schalten des Anlassers ist im Verhältnis zum Nenndrehmoment (d. i. das aus der Nennleistung berechnete Moment) aufgetragen. Die Kurven sind also unabhängig von der Motorgröße. Im vorliegenden Fall ist das Nenndrehmoment

$$71620 \cdot 21/960 = 1570 \text{ kg} \cdot \text{cm} \qquad (311.3)$$

Je nach der Größe der Spurkranzreibung ist die Belastung des Motors $1/3$ bis $2/3$ der Nennleistung (7 bis 14 PS). Die Anfahrzeit kann sowohl wegen der willkürlichen Bedienung des Anlassers als auch wegen der Unsicherheit der Fahrwiderstände niemals genau berechnet werden. Deshalb darf die Rechnung noch etwas weiter vereinfacht werden, indem beim Anfahren mit einem konstanten, mittleren Anfahrmoment gerechnet wird, das beim raschen Einschalten (Abb. 7) gleich 1,7 und beim langsamen Schalten gleich 1,05 mal dem Nenndrehmoment, also 2600 resp. 1600 cm · kg ist. Rechnen wir mit einem „mittleren" Fahrwiderstand bezogen auf die Motorwelle von 770 cm · kg, so ist das Beschleunigungsmoment

Zahlentafel 84.1.
Berechnung der reduzierten Masse der Laufkatze.

Teil	m' kg · s²/cm	η	i	$m' i^2 \eta$ kg · s²/cm
1	6,38	0,98	1	6,5
2	16,5	0,98	1	16,8
3	0,31	0,98	1	0,3
4	0,02	0,98	1	0,02
5	14,3	0,98 · 0,95 = 0,93	20/52	2,3
6	1	0,93	20/52	0,16
7	0,66	0,93	20/52	0,1
8	103,4	0,93 · 0,96 = 0,89	20/52 · 13/46 = 3/20	2,6
9	64,4	0,89	3/20	1,6
10	8150	0,89	3/20	205

$$M_{\text{red}} = \Sigma = 235{,}5 \text{ kg} \cdot \text{s}^2/\text{cm}$$

$$M_b = 2600 - 770 = 1830, \quad \text{resp.} \quad 1600 - 770 = 830 \text{ cm} \cdot \text{kg}.$$

Die Winkelbeschleunigung ergibt sich aus: $\ddot{\varphi} = M_b/M_{\text{red}}$ zu 7,8 $1/s^2$ resp. 3,5 $1/s^2$,

die Anfahrzeit aus $t_a = \omega_b/\ddot{\varphi}$ mit $\omega_b = \pi \cdot 960/30 = 100\ 1/s$ zu 12,8 resp. 28,5 s,

und der Anfahrweg aus $s = t_a^2 \cdot b/2 = t_a \cdot v_b/2$ mit $v = 200/60 = 3{,}33$ m/s zu 21,5 m resp. 47,5 m.

Der Anfahrweg ist also relativ groß, obschon nur der mittlere Fahrwiderstand in Rechnung gesetzt wurde. Da beim Anlaufen der aufgenommene Strom und damit die Erwärmung größer ist als der Motor dauernd ohne schädliche Temperaturerhöhung ertragen kann (Abb. 7), darf die Laufkatze nicht ununterbrochen nur so kleine Wege durchlaufen.

85. Erwärmung bei aussetzendem Betrieb.

Die Belastungsfähigkeit von Maschinen (wie Elektromotoren), von Getrieben (Zahnrad- und Schneckentrieben), von Reibkupplungen, Bremsen, Gleitlagern usw. wird nicht durch die Festigkeit, sondern durch die Erwärmung eingeschränkt. Die übliche, vom Beharrungszustand ausgehende Berechnung gibt Höchsttemperaturen, die beim aussetzenden Betrieb nicht erreicht werden. In solchen Fällen können deshalb oft erhebliche Belastungssteigerungen gegenüber dem Beharrungszustand zugelassen werden.

Erwärmung. Bei der Inbetriebsetzung einer Maschine wird zunächst nur ein Teil der durch Reibung erzeugten Wärme Q(kcal/h) an die Umgebung abgegeben. Der Rest dient zur Erwärmung des Maschinenteiles, bis die (im Beharrungszustand) erzeugte Wärme einerseits und abgegebene Wärme andererseits gleich groß sind.

Ist $\Sigma(G)$ das Gesamtgewicht der Getriebeteile, soweit sie für die Erwärmung in Frage kommen, c ihre spezifische Wärme (kcal/kg, °C), $d\vartheta$ ihre Temperaturerhöhung in der Zeit dt, so nehmen diese Getriebeteile in der Zeit dt die Wärmemenge

$$\Sigma(G \cdot c) d\vartheta \quad \text{(kcal)} \tag{85.1}$$

auf. In der gleichen Zeit wird nach dem Newtonschen Abkühlungsgesetz:

$$\alpha \cdot F \cdot \Delta \vartheta \, dt \quad \text{(kcal)} \tag{2}$$

an die Umgebung abgegeben. In dieser Gleichung ist α die Wärmeübergangszahl F die kühlende Oberfläche der Getriebeteile, ϑ ihre gleichmäßig angenommene Oberflächentemperatur, ϑ_0 die unveränderliche Temperatur der Umgebung, und $\Delta \vartheta = (\vartheta - \vartheta_0)$ die Übertemperatur. Aus der Wärmebilanz folgt:

$$Q \cdot dt = \Sigma(G \cdot c) d\vartheta + \alpha \cdot F \cdot \Delta \vartheta \cdot dt \tag{3}$$

$$d\vartheta = \left(\frac{Q}{\Sigma(G \cdot c)} - \frac{\alpha \cdot F \cdot \Delta \vartheta}{\Sigma(G \cdot c)} \right) dt = (A - B \Delta \vartheta) dt \tag{4}$$

mit $\qquad A = \dfrac{Q}{\Sigma(G \cdot c)}$ (°C/h) $\quad$ und $\quad B = \dfrac{\alpha F}{\Sigma(G \cdot c)}$ (1/h). $\qquad$ (5a, b)

85. Erwärmung bei aussetzendem Betrieb.

Die Integration der Gl. (4) gibt:
$$t = \frac{\ln(A - B\Delta\vartheta)}{-B} + C. \tag{6}$$

Aus der Randbedingung, daß bei der Inbetriebsetzung (für $t = 0$) die Temperatur des Maschinenteiles gleich der Umgebungstemperatur, also $\vartheta = \vartheta_0$ und $\Delta\vartheta = 0$ ist, folgt

$$C = \frac{\ln A}{B} \tag{7}$$

und

$$tB = \ln A - \ln(A - B\Delta\vartheta) = \ln\frac{A}{A - B\Delta\vartheta}$$

oder

$$e^{Bt} = \frac{A}{A - B\Delta\vartheta} = \frac{1}{1 - B\Delta\vartheta/A} \quad \text{oder} \quad e^{Bt} - \frac{B\Delta\vartheta e^{Bt}}{A} = 1,$$

also die Übertemperatur

$$\Delta\vartheta = \frac{A}{B}(1 - e^{-Bt}). \tag{8}$$

Die Übertemperatur im Beharrungszustand (für $t = \infty$)

$$(\Delta\vartheta)_\infty = \frac{A}{B} = \frac{Q}{\alpha \cdot F}. \tag{9}$$

Berechnet man die Zeit t_b in der diese Beharrungstemperatur zu 99% erreicht wird, so findet man, mit

$$\ln\frac{1}{1-0{,}99} = \ln 100 = 4{,}6, \quad t_b = 4{,}6/B \text{ Stunden}. \tag{10}$$

Der Verlauf des Temperaturanstieges folgt aus Gl. 8:

$$\frac{\Delta\vartheta}{\Delta\vartheta_\infty} = 1 - e^{-Bt}. \tag{11}$$

Die Tangente an die Temperaturkurve $\frac{d\Delta\vartheta}{dt} = \Delta\vartheta_\infty B e^{-Bt}$ wird mit $\Delta\vartheta_\infty$ aus Gl. (9)

$$\frac{d\Delta\vartheta}{dt} = A e^{-Bt}. \tag{11a}$$

Für $t = 0$ ist $\quad \dfrac{d\Delta\vartheta}{dt} = A \quad$ und $\quad B = \dfrac{A}{\Delta\vartheta_\infty}.$

Ist im Gegensatz zu obiger Annahme bei Betriebsbeginn $(t = 0)$, $\vartheta = \vartheta_a$, so daß $\Delta\vartheta_a = \vartheta_a - \vartheta_0$ positiv, dann ist nach Gl. (6)

$$C = \frac{\ln(A - B\Delta\vartheta_a)}{B} \quad \text{und}$$

$$Bt = \ln\frac{A - B\Delta\vartheta_a}{A - B\Delta\vartheta} \quad \text{oder} \quad e^{Bt} = \frac{A - B\Delta\vartheta_a}{A - B\Delta\vartheta}.$$

Nach $\Delta\vartheta$ aufgelöst, und mit $(\Delta\vartheta)_\infty$ aus Gl. (9), erhält man

$$\frac{\Delta\vartheta}{\Delta\vartheta_\infty} = (1 - e^{-Bt}) + \frac{\Delta\vartheta_a}{\Delta\vartheta_\infty} e^{-Bt} \tag{12}$$

Auf ähnliche Weise wie oben kann auch hier die Tangente an dem Temperaturverlauf bestimmt werden. Es ist:

$$\frac{d\Delta\vartheta}{dt} = \Delta\vartheta_\infty B e^{-Bt} - \Delta\vartheta_a B e^{-Bt} = A e^{-Bt} - \Delta\vartheta_a B e^{-Bt}$$

für $t = 0$, $\quad \left(\dfrac{d\Delta\vartheta}{dt}\right)_0 = A - B \cdot \Delta\vartheta_a. \tag{13}$

Die zahlenmäßigen Anwendungen dieser Gleichungen auf einen Getriebeteil setzt die genaue Kenntnis der verschiedenen Größen voraus, die darin vorkommen ($Q, \alpha, F, G, c, \vartheta_0$).

Die vorstehende Berechnung erhebt keinen Anspruch auf große Genauigkeit. Sie geht von stark vereinfachten Annahmen aus und rechnet mit konstanten Mittelwerten der verschiedenen Faktoren. Sie gibt aber recht brauchbare Anhaltspunkte für die Schätzung der mittleren Betriebstemperatur.

Wenn die zeitliche Veränderung der Faktoren A und B bekannt ist (oder angenommen wird), findet man eine genauere Lösung, durch Anwendung der Gl. (12) auf kleine, aufeinanderfolgende Zeiten, mit den mittleren A- und B-Werten.

Abkühlung. $Q = 0$, also $A = 0$ und $d\vartheta = -B\Delta\vartheta dt$. (4a)

Für $t = 0$ ist $\vartheta = \vartheta_a$ und $\Delta\vartheta_a = \vartheta_a - \vartheta_0$ positiv. Die Integration der Gl. (4a):

$$t = -\frac{1}{B}\ln\Delta\vartheta + C$$

gibt mit dieser Randbedingung: $C \cdot B = \ln\Delta\vartheta_a$ und $Bt = \ln\frac{\Delta\vartheta_a}{\Delta\vartheta}$ oder $e^{-Bt} = \frac{\Delta\vartheta}{\Delta\vartheta_a}$

und
$$\Delta\vartheta = \Delta\vartheta_a e^{-Bt}. \tag{14}$$

Für aussetzenden Betrieb. Wenn sich abwechselnd t_1 Betriebstunden, unter konstanter Belastung, und t_2 Ruhestunden folgen, so gilt für die Betriebsperiode Gl. (12) und für die Ruheperiode Gl. (14). Dauert dieser Wechsel genügend lange, so stellt sich ein periodischer Temperaturverlauf ein mit einer bestimmten minimalen und maximalen Übertemperatur; $\Delta\vartheta_1$ und $\Delta\vartheta_2$. Für die beiden Perioden seien verschiedene B-Werte angenommen, für die Betriebsperiode B_1, für die Ruheperiode B_2. $\Delta\vartheta_\infty$ sei die Übertemperatur die sich im Betriebszustand bei Beharrung einstellen würde. Für Belastung und Ruhe gelten dann die Beziehungen:

$$\frac{\Delta\vartheta_2}{\Delta\vartheta_\infty} = (1 - e^{-B_1 t_1}) + \frac{\Delta\vartheta_1}{\Delta\vartheta_\infty} e^{-B_1 t_1} \quad \text{(Belastung Gl. (12) mit } \vartheta_a = \vartheta_2\text{)}$$

und
$$\frac{\Delta\vartheta_1}{\Delta\vartheta_2} = e^{-B_2 t_2} \quad [\text{Ruhe Gl. (14) mit } \vartheta_a = \vartheta_2].$$

Löst man diese Gleichungen nach $\Delta\vartheta_1$ und $\Delta\vartheta_2$ auf, so erhält man:

$$\frac{\Delta\vartheta_1}{\Delta\vartheta_\infty} = \frac{(1 - e^{-B_1 t_1})e^{-B_2 t_2}}{1 - e^{-B_1 t_1} e^{-B_2 t_2}} \quad \text{als niedrigste, und} \tag{15}$$

$$\frac{\Delta\vartheta_2}{\Delta\vartheta_\infty} = \frac{1 - e^{-B_1 t_1}}{1 - e^{-B_1 t_1} \cdot e^{-B_2 t_2}} \quad \text{als größte} \tag{16}$$

Übertemperatur, die im Dauerbetrieb auftreten kann.

86. Einrücken von Reibkupplungen.

Das übertragbare Drehmoment $M_d = \mu P_n r$ hängt vom Anpreßdruck P_n ab, der beliebig veränderlich oder auch zeitlich konstant sein kann. Die Winkelgeschwindigkeit ω_1 der Antriebswelle wird als konstant vorausgesetzt; die Winkelgeschwindigkeit ω der getriebenen Teile nimmt von 0 bis ω_1 stetig zu. Im allgemeinen treten beim Einrücken **auf der getriebenen Seite** Widerstände (Nutzkräfte beim Heben, Fahren usw.) auf, zu deren Überwindung ein Drehmoment W erforderlich ist. Zur Beschleunigung der angetriebenen Massen steht demnach nur noch das Moment $M_d - W = M_b$ zur Verfügung. Solange M_d kleiner als W ist, gleitet die Kupplung ohne die getriebene Welle mitzunehmen. Während dieser Zeit t_1 wird die gesamte zugeführte Energie

$$A_v = \int_0^{t_1} M_d \omega_1 dt \tag{86.1}$$

in Wärme umgesetzt. Dieser Verlust fällt weg, wenn die Kupplung mit einer solchen Kraft P_n eingerückt wird, daß M_d immer größer als W ist. Dann erteilt das Moment M_b dem reduzierten Massenträgheitsmoment Θ der bewegten Teile die Beschleunigung $d\omega/dt$:

$$M_b = \Theta \, d\omega/dt. \tag{2}$$

Mit dem bekannten Verlauf von M_b folgt aus der graphischen Integration von $\frac{M_b}{\Theta}dt = d\omega$, die Einrückzeit t_a.

86. Einrücken von Reibkupplungen.

Von der ganzen, in der Zeit von t_1 bis t_a für die Beschleunigung zur Verfügung stehenden Arbeit

$$A_1 = \int_{t_1}^{t_a} M_b\, \omega_1\, dt = \Theta \cdot \omega_1 \int_0^{\omega_1} d\omega = \Theta \omega_1^2 \qquad (3)$$

wird nur ein Teil zur Erzeugung kinetischer Energie benützt:

$$A_b = \int_{t_1}^{t_a} M_b\, \omega\, dt = \Theta \int_0^{\omega_1} \omega\, d\omega = \Theta \omega_1^2/2, \qquad (4)$$

so daß, unabhängig vom zeitlichen Verlauf von M_b immer der Betrag $\Theta \omega_1^2/2$ in Reibungswärme umgesetzt wird.

Zur Überwindung der äußeren Widerstände während der Einrückzeit steht die Arbeit

$$A_2 = \int_{t_1}^{t_a} W \omega_1\, dt = W \cdot \omega_1 (t_a - t_1) \qquad (5)$$

zur Verfügung. Davon wird als Nutzleistung verwendet:

$$A_n = \int_{t_1}^{t_a} W\, \omega\, dt, \qquad (6)$$

während
$$A_2 - A_n = \int_{t_1}^{t_a} W(\omega_1 - \omega)\, dt \qquad (7)$$

wieder in Reibungswärme umgesetzt wird. Dieser Verlust wird am kleinsten, wenn die Einrückzeit t_a möglichst kurz ist, also wenn der Anpreßdruck P_n so gewählt wird, daß die Kupplung mit der höchstzulässigen, konstanten Beschleunigung eingerückt wird.

9. Rohrleitungen.

Diese dienen zur Fortleitung und Verteilung von Flüssigkeiten; sie bilden wichtige Elemente in fast allen Zweigen des Maschinenbaues. In Gas- und Wasserwerken, bei Heizungs-, Lüftungs-, Kühl- und Entstaubungsanlagen, bei Dampfkesseln und Kältemaschinen usw. werden Flüssigkeiten in weit verzweigten Leitungen verteilt. Aber auch bei der Kühlung elektrischer Maschinen (Generatoren und Transformatoren) muß die Kühlflüssigkeit (Luft oder Öl) so durch die Wicklungen geführt werden, daß dort, wo viel Wärme entwickelt wird, auch eine entsprechende Menge Kühlflüssigkeit vorbeiströmt. Diese Flüssigkeitsströmungen sind grundsätzlich nach den gleichen Gesetzen zu berechnen wie verzweigte Rohrleitungen; hierzu kommen noch die viel verwickelteren Wärmeströmungen.

91. Normen.

Im November 1925 wurden von einer internationalen Konferenz, an der die hauptsächlichsten Industriestaaten von Europa vertreten waren, allgemeine Normen für Rohre, Flanschen usw. festgelegt. Bezeichnungen: Die Nennweite (NW) entspricht ungefähr dem lichten Durchmesser wie in Zahlentafel 91.1 angegeben. Nenndrücke (ND) sind die Drücke, für welche die Rohre und Flanschen berechnet sind (Zahlentafel 91.2).

Zahlentafel 91.1 Nennweiten. (VSM. 18310.)

1	10	100 mm
		125 ,,
1,5	15	150 ,,
2	20	200 ,,
2,5	25	250 ,,
3	32	300 ,,
		350 ,,
4	40	400 ,,
		450 ,,
5	50	500 ,,
6	60	600 ,,
	70	700 ,,
8	80	800 ,, usw.

Betriebsdrücke (BD) sind Drücke, die für die verschiedenen Flüssigkeiten bei normalen Betriebsverhältnissen als Höchstdruck angewendet werden sollen.

Für BD I (Wasser bis zu 100° C) ist der Betriebsdruck gleich dem Nenndruck,

Für BD II (Dampf u. Gas bis 300° C) ist $BD = 0{,}8\,ND$, und

Für BD III (Heißdampf bis 400° C und gefährliche Gase) ist $BD = 0{,}64\,ND$.

Probedrücke (PD) sind Drücke, bei denen Einzelteile durch Wasserdruck abgepreßt werden; sie gelten nicht für fertig verlegte Leitungen.

Zahlentafel 2.
Druckstufen für verschiedene Temperaturbereiche.
(Auszug aus den Normen VSM 18320.)

Nenndruck ND	Größter zulässiger Betriebsdruck [at]				Gemeinsamer Probedruck
	I Flansche und Rohre	II Flansche und Rohre	III Flansche	III Rohre	
1	1	1			2
2					
2,5	2,5	2			4
3,2					
4	4	3,2			6,5
5					
6	6	5			10
8	8	6			13
10	10	8			16
12,5	12,5	10			20
16	16	13		10	25
20	20	16		13	32
25	25	20	20	16	40
32	32	25		20[1]	50
40	40	32	32	25	60
50	50	40		32[1]	75
64	64	50	40	40	96
80	80	64		50	120
100	100	80	64	64	150
125	125	100		80	190
160	160	125	100	100	240
200	200	160		125	300
250	250	200	160	160	375
320	320	250		200	480
400	400	320	250	250	600
500	500	400			750
640	640	500			960
800	800	640			1200
1000	1000	800			1500

[1] Bei diesen Betriebsdrücken gilt der zugehörige Probedruck nur beim Abpressen eines Rohres ohne Flansch, wird aber ein Rohr mit Flansch abgepreßt, so gilt der Probedruck für den Flansch.

91. Normen.

Die abgekürzte Bezeichnung des Nenndruckes (*ND* und zugehörige Druckzahl) (z. B. Ventil *ND* 10), als auch die abgekürzten Bezeichnungen der Betriebsdrücke (z. B. *BD* II 80) dürfen zur Kennzeichnung von Rohrleitungsteilen benutzt werden. Die Bezeichnung fertig montierter Leitungen erfolgt nach *BD* und nicht nach *ND*. Nennweiten und Nenndrücke sind größtenteils Normzahlen (S. 10).

Die erforderlichen Wanddicken werden nach der Kesselformel berechnet:

$$s = \frac{p \cdot D_i}{2\,\sigma_{zul} \cdot \varphi} + c . \qquad (14.4)$$

Hierin ist φ das Güteverhältnis der Rohrnaht (vgl. Abschn. 21, Vernietungen). Für nahtlose Rohre ist $\varphi = 1$, für schmelzgeschweißte $\varphi = 0,8$. Der Zuschlag c wird wegen der Abrostung eingeführt und kann (als Ordinatenabstand zwischen der gestrichelten und der ausgezogenen Geraden) aus Abb. 3 entnommen werden.

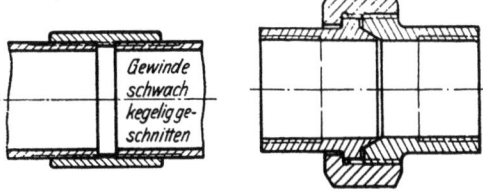

Man unterscheidet:

a) Gasrohre, stumpfgeschweißt bis etwa 50 mm Durchmesser, ohne Garantie für die Einhaltung bestimmter Festigkeitseigenschaften des Werkstoffes, für untergeordnete Zwecke (Zahlentafel 231.1, Gasrohrgewinde), Abb. 1 u. 2.

Abb. 91.1.   Abb. 2.
Muffe und Verschraubung zur Verbindung von Gasrohren (aus Rötscher).

b) Schmelzgeschweißte Stahlrohre, St. 34.28, $\delta_5 = 25\%$ (Zahlentafel 3).

c) Nahtlose Stahlrohre (Zahlentafel 4).

Die zulässigen Spannungen für weichen Stahl (St 34) können für die drei Betriebsdrücke nach folgender Zusammenstellung festgesetzt werden, wobei für Heißdampf eine etwas größere Sicherheit als für kaltes Wasser gewählt wird:

Für	*BDI*	*BDII*	*BDIII*
ist die Temperatur	bis 120° C	300° C	400° C
die Streckgrenze von St. 34. . . .	2300	1500	1200 kg/cm²
und die zulässige Spannung . . .	1100	625	500 kg/cm²
von den Normen ist vorgeschrieben	800	640	500 kg/cm²

Die in den Normen auf Grund der Erfahrung festgelegten niedrigen Spannungen für BD I berücksichtigen die zusätzlichen Beanspruchungen (Wasserschläge), die bei nicht stationären Strömungen auftreten.

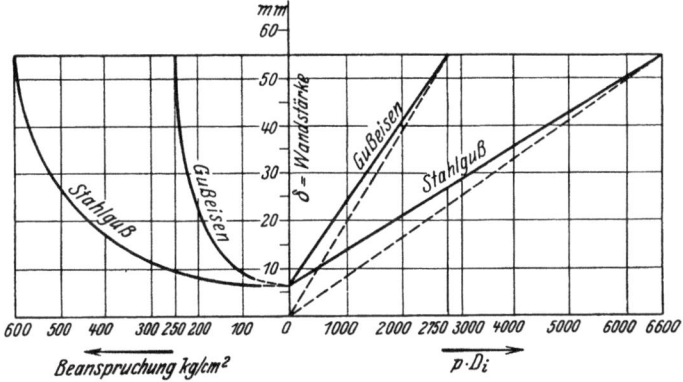

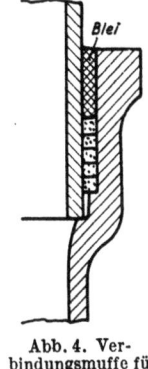

Abb. 3. Wandstärken und Beanspruchungen für Gußeisen- und Stahlgußrohre.
$p = ND$ in at, $D_i = NW$ in cm.

Abb. 4. Verbindungsmuffe für Gußrohre (aus Rötscher).

Für höhere Temperaturen reichen unlegierte C-Stähle nicht mehr aus (vgl. Abb. 132.10). Durch Legierungszusätze (Molybdän, Chrom, Kupfer) ist es gelungen, die Festigkeit auch bei höheren Temperaturen zu steigern; ausschlaggebend ist die Erhöhung der Dauerstandfestigkeit bei den betreffenden Temperaturen (Zahlentafel 133.4, S. 90).

9. Rohrleitungen.

Zahlentafel 3. Schmelzgeschweißte Stahlrohre.
(Auszug aus den Normen VSM 18352 bis 54 resp. DIN 2453/54.) Werkstoff St 34.28.

Nenn-weite	Außen-durch-messer	Nenndruck kg/cm²											
		ND 1 u. 2,5		ND 6		ND 10		ND 16		ND 25		ND 40	
NW mm	a mm	Wand-dicke s mm	Gewicht kg/m	mm s	Gewicht kg/m	mm s	Gewicht kg/m	mm s	Gewicht kg/m	mm s	Gewicht kg/m	mm s	Gewicht kg/m
50	57	1,5	2,09	2	2,76	2,5	3,42						
60	70	1,5	2,58	2	3,42	2,5	4,24						
70	76	2	3,72	2,5	4,62	3	5,50						
80	89	2	4,37	2,5	5,43	3	6,49						
100	108	2	5,33	2,5	6,62	3	7,91						
125	133	2,5	8,20	3	9,80	3,5	11,4						
150	159	2,5	9,83	3	11,80	3,5	13,7	3	11,8	4	15,3	6	22,6
200	216	2,5	13,4	3	16,1	3,5	18,7	4	20,9	5	26,0	8	41
250	267	2,5	16,6	3	19,9	3,5	23,2	4,5	29,1	6	38,6	9	57,3
300	318	3	23,7	3,5	27,7	4	31,5	5	38,6	7	53,7	11	83,3
350	368	3	27,5	4	36,6	5	45,6	6	54,6	8	72,4	12	107
400	419	3	31,4	4	41,8	5	52,2	6	62,4	9	93	14	143
450	470	3	35,2	4	46,8	5	58,4	7	81,4	10	116	15	171
500	521	3	39,0	4	51,9	5	64,7	8	103	11	141	16	203
600	622	3	46,5	5	77,3	6	93	9	138	13	198		
700	720	4	72	5	89,8	7	125	10	178	15	266		
800	820	4	82	5	102	7	143	11	224	16	323		
900	920	4	92,1	6	138	8	183	13	296	18	408		
1000	1020	5	127	7	178	9	229	14	353	20	503		
1200	1220	5	153	7	213	11	334	16	484				
1400	1420	5	178	8	284	12	425	18	634				

Zahlentafel 4. Nahtlose Stahlrohre.
(Auszug aus den Normen VSM 18350/51 resp. DIN 2450/51.) Maße in mm.
Wo keine Abmessungen angegeben sind, gelten die des nächst höheren Nenndruckes.

St 35.29	Nenndruck kg/cm²											
	ND 1–22		ND 40		ND 50		ND 64		ND 80			ND 100	
Nenn-weite NW	Außen-durch-messer a	Wand-dicke s	Gewicht kg/m	Wand-dicke s	Gewicht kg/m	Wand-dicke s	Gewicht kg/m	Wand-dicke s	Gewicht kg/m	Außen-durch-messer a	Wand-dicke s	Gewicht kg/m	Wand-dicke a	Gewicht kg/m
6	10					1,5	0,31			10			2,5	0,46
8	12					1,5	0,39			12			2,5	0,59
10	14					2	0,59			14			2,5	0,71
15	20					2	0,89			20			2,5	1,08
20	25					2	1,13			25			2,5	1,39
25	30					2,5	1,70			30			3	2,00
32	38					2,5	2,19			38			3	2,59
40	44,5					2,5	2,59			44,5	3	3,07	3,5	3,54
50	57					2,75	3,68	3	4,00	57	3,5	4,62	4,5	5,83
60	70					3	4,96	3,5	5,74	70	4	6,51	5	8,01
70	76			3	5,40	3,5	6,26	4	7,10	76	4,5	7,93	5,5	9,56
80	89			3,25	6,87	3,5	7,38	4,5	9,38	89	5	10,4	6	12,3
100	108			3,75	9,64	4,5	11,5	5	12,7	108	6	15,1	7	17,4
125	133	4	12,7	4,5	14,3	5	15,8	6	18,8	133	7	21,8	9	27,5
150	159	4,5	17,2	5	19,0	6	22,6	7	26,2	159	8	29,8	10	36,7
200	216	6	31,1	7	36,1	8	41,0	9	45,9	216	11	55,6	14	69,7
250	267	6,5	41,8	8	51,1	9	57,3	11	69,4	267	14	87,4	16	99
300	318	7,5	57,4	9	68,6	11	83,3	14	105					
350	368	8	71,0	10	88,3	12	105	16	139					
400	419	9,5	95,9	11	111,0	14	140	18	178					
St 45.29	ND 1 – 40		ND 50		ND 64		ND 80[1]			ND 100		
	Nenndruck kg/cm²											

[1] Nur bis NW 250.

Das Kaltbiegen der Rohre ist für Dampfleitungen ungeeignet. Die Rohre müssen warm gemacht und mit trockenem Sand vollständig gefüllt werden, um Querschnittsänderungen beim Biegen zu vermeiden. Der Sand muß natürlich restlos entfernt werden (Durchblasen der Leitung vor der Inbetriebsetzung). Zum Biegen von Dampfleitungen mit hohem Druck ist es emp-

Zahlentafel 5. Gußeiserne Flansche (Abb. 5/6).
(Auszug aus den Normen VSM 18420—26 resp. DIN 2530—35.)

Maße mm		Nenndruck 2,5—6						Nenndruck 10						Nenndruck 16					
Nennweite	Dichtungs-leiste-Höhe	Wanddicke	Flansch- Durchmesser	Flansch- Dicke	Dichtungs-leiste-Durchm.	Schrauben Anzahl	Schrauben Durchmesser	Wanddicke	Flansch- Durchmesser	Flansch- Dicke	Dichtungs-leiste-Durchm.	Schrauben Anzahl	Schrauben Durchmesser	Wanddicke	Flansch- Durchmesser	Flansch- Dicke	Dichtungs-leiste-Durchm.	Schrauben Anzahl	Schrauben Durchmesser
NW	*f*	*S*	*D*	*b*	*g*	*Z*	Zoll	*S*	*D*	*b*	*g*	*Z*	Zoll	*S*	*D*	*b*	*g*	*Z*	Zoll
10	2	6	75	12	35	4	$^3/_8$	6	90	14	40	4	$^1/_2$	6	90	14	40	4	$^1/_2$
15	2	6	80	12	40	4	$^3/_8$	6	95	14	45	4	$^1/_2$	6	95	14	45	4	$^1/_2$
20	2	6,5	90	14	50	4	$^3/_8$	6,5	105	16	58	4	$^1/_2$	6,5	105	16	58	4	$^1/_2$
25	2	7	100	14	60	4	$^3/_8$	7	115	16	68	4	$^1/_2$	7	115	16	68	4	$^1/_2$
32	2	7	120	16	70	4	$^1/_2$	7	140	18	78	4	$^5/_8$	7	140	18	78	4	$^5/_8$
40	3	7,5	130	16	80	4	$^1/_2$	7,5	150	18	88	4	$^5/_8$	7,5	150	18	88	4	$^5/_8$
50	3	7,5	140	16	90	4	$^1/_2$	7,5	165	20	102	4	$^5/_8$	7,5	165	20	102	4	$^5/_8$
60	3	8	150	16	100	4	$^1/_2$	8	175	20	112	4	$^5/_8$	8	175	20	112	4	$^5/_8$
70	3	8	160	16	110	4	$^1/_2$	8	185	20	122	4	$^5/_8$	8	185	20	122	4	$^5/_8$
80	3	8,5	190	18	128	4	$^5/_8$	8,5	200	22	138	4	$^5/_8$	8,5	200	22	138	8	$^5/_8$
100	3	9	210	18	148	4	$^5/_8$	9	220	22	158	8	$^5/_8$	9,5	220	24	158	8	$^5/_8$
125	3	9,5	240	20	178	8	$^5/_8$	9,5	250	24	188	8	$^5/_8$	10	250	26	188	8	$^5/_8$
150	3	10	265	20	202	8	$^5/_8$	10	285	24	212	8	$^3/_4$	11	285	26	212	8	$^3/_4$
200	3	11	320	22	258	8	$^5/_8$	11	340	26	268	8	$^3/_4$	12	340	30	268	12	$^3/_4$
250	3	12	375	24	312	12	$^5/_8$	12	395	28	320	12	$^3/_4$	14	405	32	320	12	$^7/_8$
300	4	13	440	24	365	12	$^3/_4$	13	445	28	370	12	$^3/_4$	15	460	32	378	12	$^7/_8$
350	4	14	490	26	415	12	$^3/_4$	14	505	30	430	16	$^3/_4$	16	520	36	438	16	$^7/_8$
400	4	14	540	28	465	16	$^3/_4$	14	565	32	482	16	$^7/_8$	18	580	38	490	16	1
450	4	15	595	28	520	16	$^3/_4$	15	615	32	532	20	$^7/_8$	19	640	40	550	20	1
500	4	16	645	30	570	20	$^3/_4$	16	670	34	585	20	$^7/_8$	21	715	42	610	20	$1^1/_8$
600	5	17	755	30	670	20	$^7/_8$	17	780	36	685	20	1	24	840	48	725	20	$1^1/_4$

Zahlentafel 6. Stahlgußflansche (Abb. 5/6).
(Auszug aus den Normen VSM 18432—36 u. 18620—23 resp. DIN 2543—47.)

Maße mm		Nenndruck 25						Nenndruck 40						Nenndruck 64					
Nennweite	Höhe der Dichtleiste	Wanddicke	Flansch- Durchmesser	Flansch- Dicke	Dichtungs-leiste-Durchm.	Schrauben Anzahl	Schrauben Durchmesser	Wanddicke	Flansch- Durchmesser	Flansch- Dicke	Dichtungs-leiste-Durchm.	Schrauben Anzahl	Schrauben Durchmesser	Wanddicke	Flansch- Durchmesser	Flansch- Dicke	Dichtungs-leiste-Durchm.	Schrauben Anzahl	Schrauben Durchmesser
NW	*f*	*S*	*D*	*b*	*g*	*Z*	Zoll	*S*	*D*	*b*	*g*	*Z*	Zoll	*S*	*D*	*b*	*g*	*Z*	Zoll
10	2	6	90	16	40	4	$^1/_2$	6	90	16	40	4	$^1/_2$	8	100	20	50	4	$^1/_2$
15	2	6	95	16	45	4	$^1/_2$	6	95	16	45	4	$^1/_2$	8	105	20	55	4	$^1/_2$
20	2	6,5	105	18	58	4	$^1/_2$	6,5	105	18	58	4	$^1/_2$	9	130	22	68	4	$^5/_8$
25	2	7	115	18	68	4	$^1/_2$	7	115	18	68	4	$^1/_2$	9	140	24	78	4	$^5/_8$
32	2	7	140	18	78	4	$^5/_8$	7	140	18	78	4	$^5/_8$	9	155	24	85	4	$^3/_4$
40	3	7,5	150	18	88	4	$^5/_8$	7,5	150	18	88	4	$^5/_8$	9	170	26	98	4	$^3/_4$
50	3	7,5	165	20	102	4	$^5/_8$	8	165	20	102	4	$^5/_8$	10	180	26	108	4	$^3/_4$
60	3	8	175	22	112	8	$^5/_8$	8,5	175	22	112	8	$^5/_8$	10	190	26	118	8	$^3/_4$
70	3	8	185	22	122	8	$^5/_8$	8,5	185	22	122	8	$^5/_8$	10	205	26	132	8	$^3/_4$
80	3	8,5	200	24	138	8	$^5/_8$	9	200	24	138	8	$^5/_8$	11	215	28	142	8	$^3/_4$
100	3	9,5	235	24	162	8	$^3/_4$	10	235	24	162	8	$^3/_4$	12	250	30	170	8	$^7/_8$
125	3	10	270	26	188	8	$^7/_8$	11	270	26	188	8	$^7/_8$	13	295	34	205	8	1
150	3	11	300	28	218	8	$^7/_8$	12	300	28	218	8	$^7/_8$	14	345	36	240	8	$1^1/_8$
200	3	12	360	30	278	12	$^7/_8$	14	375	34	285	12	1	16	415	42	300	12	$1^1/_4$
250	3	14	425	32	335	12	1	16	450	38	345	12	$1^1/_8$	19	470	46	355	12	$1^1/_4$
300	4	15	485	34	390	16	1	17	515	42	410	16	$1^1/_8$	21	530	52	415	16	$1^1/_4$
350	4	16	555	38	450	16	$1^1/_8$	19	580	46	465	16	$1^1/_4$	23	600	56	475	16	$1^3/_8$
400	4	18	620	40	505	16	$1^1/_4$	21	660	50	535	16	$1^3/_8$	26	670	60	530	16	$1^1/_2$
450	4	19	670	42	555	20	$1^1/_4$	21	685	50	560	20	$1^3/_8$	28	715	64	575	20	$1^1/_2$
500	4	21	730	44	615	20	$1^1/_4$	21	755	52	615	20	$1^1/_2$	31	800	68	645	20	$1^3/_4$
600	5	23	845	46	720	20	$1^3/_8$	24	890	60	735	20	$1^3/_4$	35	930	76	750	20	2

Zahlentafel 7. Randabstand *e* für Gußflansche (Abb. 6).

Schraubendurchmesser in Zoll . .	$^3/_8$''	$^1/_2$''	$^5/_8$''	$^3/_4$''	$^7/_8$''	1''	$1^1/_8$''	$1^1/_4$''	$1^3/_8$''	$1^1/_2$''	$1^3/_4$''	2''
Randabstand „*e*“ mm	12,5	15	20	22,5	25	27,5	32,5	35	37,5	42,5	47,5	55

476   9. Rohrleitungen.

fehlenswert, Rohre mit etwas größerer Wandstärke zu wählen als für gerade Rohre notwendig wären. Je kleiner der Biegungsradius ist, um so größer wird die Verminderung der Wandstärke in der äußeren Biegezone des Rohres. Man wählt als mittleren Krümmungsradius etwa den 4 bis 6fachen Rohrdurchmesser.

d) **Blechrohre** aus dünnem, galvanisiertem oder aus schwarzem Blech, gefalzt für Lüftungs- und Entstaubungsanlagen.

e) **Gußeisenrohre** (Zahlentafel 5) werden meist stehend gegossen. Man unterscheidet Muffenrohre (Abb. 4) und Flanschenrohre (Abb. 5 u. 6). Die Biegefestigkeit des Werkstoffes ist $K_b = 24$ kg/mm². Die zulässigen Spannungen und die Zuschläge c sind in Abb. 3 eingetragen.

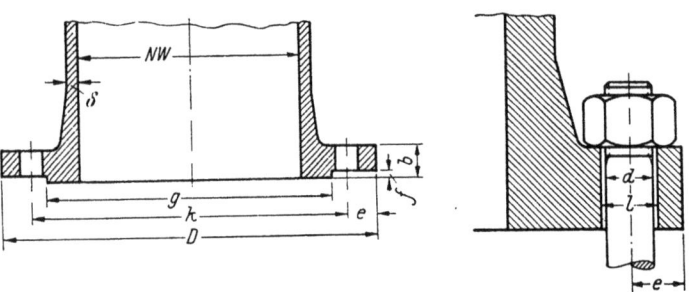

Abb. 5 und 6. Anschlußflansch für Gußrohre.
(Zahlentafeln 5, 6 u. 7.)

Seit einer Reihe von Jahren ist die Herstellung von Gußrohren durch das Schleudergußverfahren vereinfacht und verbessert worden[1]. Das flüssige Eisen wird in eine rotierende, schwach geneigte und in der Längsachse verschiebbare Form (Kokille) eingeführt, die außen durch Wasser gekühlt wird. Durch die Wirkung der Zentrifugalkraft wird das flüssige Eisen an die Innenwand der Kokille geschleudert, bleibt dort haften und erstarrt. Nach dem Gießen werden die Rohre sorgfältig ausgeglüht. Die Festigkeitseigenschaften so hergestellter Gußrohre überragen diejenigen der Sandgußrohre in jeder Richtung, so daß dafür die zulässige Beanspruchung 1,7 bis 1,8mal so groß angenommen werden darf ($\sigma_{zul} = 350$ bis 500 kg/cm²).

Für im Boden verlegte Rohre ist das Gußrohr besser geeignet als das Stahlrohr, weil die Gußhaut gegen Rost und Korrosion weniger empfindlich ist. Gußrohre finden deshalb in ausgedehntem Maße Verwendung zu Wasser-, Gas- und Kanalisationsleitungen. Wegen der besseren Anpassung an anfällige Bewegungen des Erdreiches überwiegt bei diesen Leitungen die Muffe (Abb. 4) als Verbindungselement, das in gewissem Grade beweglich ist, wenn die Rohre mit etwas Spiel im Grunde der Muffe verlegt werden. Die Abdichtung erreicht man durch geteerte Hanfstricke oder durch Blei, das in den Muffenraum gegossen und dort verstemmt wird. Die Muffenverbindung ist deshalb schwer lösbar. Für frei verlegte Leitungen werden ausnahmslos Flanschenrohre verwendet.

Zum Schutz gegen Rosten werden die auf 100 bis 150° C erwärmten Rohre in ein Asphalt- oder Teerbad getaucht. Das Muffeninnere und das Rohrende bleiben jedoch frei, um ein Herumspritzen des heißen Bleies beim Abdichten zu vermeiden.

f) **Stahlgußrohre**, $K_b = 4500$ kg/cm², Bruchdehnung $\delta_5 = 17\%$ (Zahlentafel 6). Zuschlag c und zulässige Spannung sind in Abb. 3 eingetragen.

In den letzten Jahren sind auch andere Werkstoffe als Eisen und Stahl für Rohrleitungen verwendet worden, wie Porzellan, Eternit, Gummi, Mipolan usw., die für manche Zwecke recht geeignet erscheinen[2].

Flanschverbindungen. a) **Fester Flansch** für gegossene Rohre, Formstücke und Armaturen (Abb. 5). Die in Zahlentafel 5 eingetragenen Werte gelten für BD I. Für BD II ist die obere Grenze für die Verwendung von Gußeisen aus Zahlentafel 8 zu entnehmen.

Zahlentafel 8. Grenze für die Verwendung von Gußeisenrohren für Dämpfe und Gase unterhalb 300° C.

kg/cm²	Höchstzulässiger Betriebsdruck	Größte Nennweite in mm bei Temperaturen	
ND	kg/cm²	bis 200° C	200—300° C
2,5	2	1600	800
6	5	1000	500
10	8	600	300
16	13	400	200
25	20	250	—
40	32	150	—

Der Randabstand e (Abb. 6) ist für alle Rohre gleich und nur vom Schraubendurchmesser abhängig (Zahlentafel 7).

Jeder Flansch erhält eine durch 4 teilbare Anzahl Schraubenlöcher, die so anzuordnen sind, daß auf die vertikale und horizontale Achse keine Löcher fallen.

---

[1] Schleudergußröhren der L. von Rollschen Eisenwerke, Choindez. Bericht Nr. 12 des Schweiz. Verbandes f. d. Mat.-Prüf. d. Technik 1928.
[2] L. 91. 2 bis 4.

91. Normen.

b) **Vorgeschweißter Flansch** (Abb. 7) verwendbar im ganzen Nennweiten- und Druckgebiet. Diese Verbindung ist bei Qualitätsschweißung einwandfrei und für alle Durchflußstoffe verwendbar.

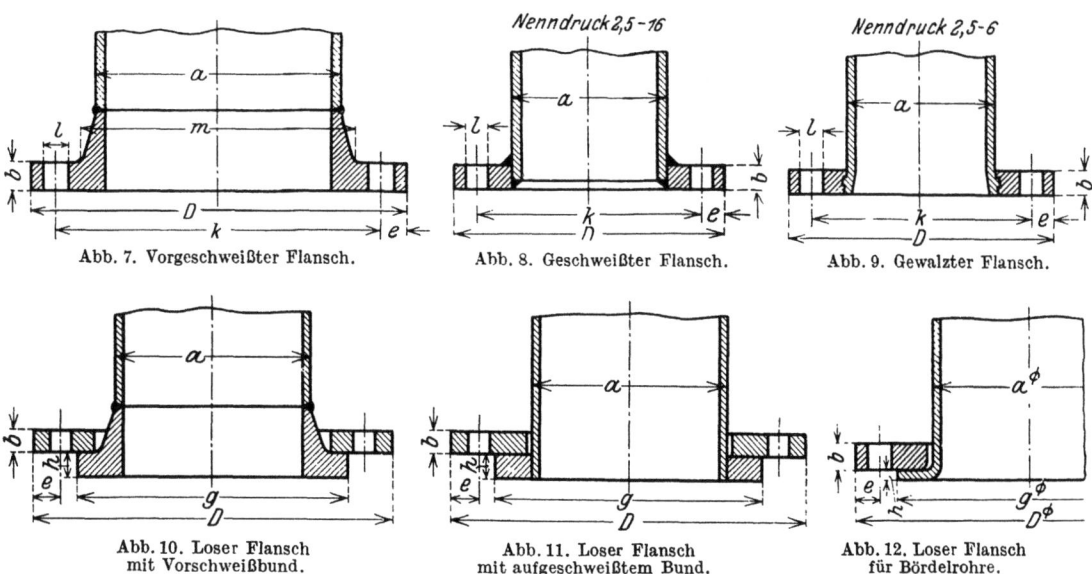

Abb. 7. Vorgeschweißter Flansch.   Abb. 8. Geschweißter Flansch.   Abb. 9. Gewalzter Flansch.

Abb. 10. Loser Flansch mit Vorschweißbund.   Abb. 11. Loser Flansch mit aufgeschweißtem Bund.   Abb. 12. Loser Flansch für Bördelrohre.

c) **Walzflansch** (Abb. 9) nur für nahtlose Rohre aus weichem Material verwendbar; das Flanschmaterial soll härter als das Rohrmaterial sein. Aufgewalzte Flansche sind für Dampf-

Zahlentafel 9. Maße der losen Flansche (Abb. 10 bis 12).
(Auszug aus den Normen VSM 18525—38 resp. DIN 2639—73.)

Rohr		Nenndruck 1 bis 6								Nenndruck 10 bis 16 [1]						Nenndruck 25 bis 40 [1]					
Nennwerte	Außendurchmesser	Durchmesser	für Nenndruck			Durchmesser	Dicke	Schrauben		Durchmesser	Dicke	Durchmesser	Dicke	Schrauben		Durchmesser	Dicke	Durchmesser	Dicke	Schrauben	
			1	2,5	6			Anzahl	Gewinde					Anzahl	Gewinde					Anzahl	Gewinde
NW	a	D	b	b	b	g	h	Z	Zoll	D	b	g	h	Z	Zoll	D	b	g	h	Z	Zoll
10	14	75	10	10	10	35	8	4	3/8	90	14	40	10	4	1/2	90	16	40	12	4	1/2
15	20	80	10	10	10	40	8	4	3/8	95	14	45	10	4	1/2	95	16	45	12	4	1/2
20	25	90	10	10	10	50	10	4	3/8	105	14	58	12	4	1/2	105	16	58	14	4	1/2
25	30	100	12	12	12	60	10	4	3/8	115	16	68	12	4	1/2	115	18	68	14	4	1/2
32	38	120	12	12	12	70	10	4	1/2	140	16	78	12	4	5/8	140	18	78	14	4	5/8
40	44.5	130	12	12	12	80	10	4	1/2	150	16	88	12	4	5/8	150	18	88	14	4	5/8
50	57	140	12	12	12	90	12	4	1/2	165	16	102	14	4	5/8	165	20	102	16	4	5/8
60	70	150	12	12	12	100	12	4	1/2	175	16	112	14	4	5/8	175	20	112	16	8	5/8
70	76	160	12	12	12	110	12	4	1/2	185	16	122	14	4	5/8	185	20	122	16	8	5/8
80	89	190	14	14	14	128	14	4	5/8	200	18	138	16	8	5/8	200	22	138	18	8	5/8
100	108	210	14	14	14	148	14	4	5/8	220	18	158	16	8	5/8	235	22	162	20	8	3/4
125	133	240	14	14	14	178	14	8	5/8	250	18	188	18	8	5/8	270	24	188	22	8	7/8
150	159	265	14	14	14	202	14	8	5/8	285	18	212	18	8	3/4	300	24	218	22	8	7/8
200	216	320	16	16	16	258	16	8	5/8	340	20	268	20	8	3/4	360	26	278	24	12	7/8
250	267	375	20	20	20	312	18	12	5/8	395	22	320	22	12	3/4	425	30	335	26	12	1
300	318	440	22	22	24	365	18	12	3/4	445	26	370	22	12	3/4	485	34	390	28	16	1
350	368	490	22	22	26	415	18	12	3/4	505	28	430	22	16	3/4	555	38	450	32	16	1 1/8
400	419	540	22	24	28	465	20	16	3/4	565	32	482	24	16	7/8	620	42	505	34	16	1 1/4
450	470	595	22	24	30	520	20	16	3/4	615	34	532	24	20	7/8	670	46	550	36	20	1 1/4
500	521	645	22	26	32	570	22	20	3/4	670	38	585	26	20	7/8	730	50	615	38	20	1 1/4

[1] Ab NW 150 mm nur gültig für ND 10 resp. 25.

leitungen nicht zu empfehlen. Wenn der Flansch noch kalt ist und die Rohrwand schon warm, treten im eingewalzten Ende Druckspannungen auf, die mit dem Walzdruck (vgl. S. 188) bleibende Formänderungen verursachen. Wird nun der Flansch ebenfalls warm und dehnt sich aus, so wird die Verbindung lose und undicht, wodurch schon viele und schwere Unfälle entstanden sind.

d) **Loser Flansch** (Zahlentafel 9 und Abb. 10 bis 12). Die Verbindung mit losen, d. h. auf dem Rohr drehbaren Flanschen hat den Vorteil, daß auf die Schraubenlochstellung keine Rücksicht zu nehmen ist. Sie bietet daher für die Montage große Vorteile; dagegen werden die Schrauben bei dieser Verbindung länger als bei den festen Flanschen. Deshalb ist die Verwendung der losen Flansche auf den Nennweiten- und Druckbereich beschränkt.

Eine gute Verbindung für hohe Drücke ist der Bördelschweißflansch mit geschliffenen Dichtungsflächen nach Abb. 13.

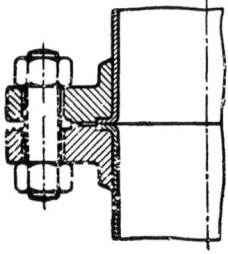

Abb. 13.   Abb. 14. Rohrverbindung nach v. Iterson.

Eine für lange Rohrleitungen besonders zu empfehlende gute Verbindung ohne Flanschen ist in Abb. 14 dargestellt (nach dem Vorschlag von Prof. F. K. Th. von Iterson). Die kreuzweise schraffierten Teile sind zugeschweißte Öffnungen in der Muffe und müssen reichlich bemessen sein, um größere Zugkräfte aushalten zu können, als das Rohr. Die niederländischen Staatsminen in Heerlen haben mit dieser Verbindung sehr gute Erfahrungen gemacht.

92. Theoretische Grundlagen[1].

921. Die Energiegleichung idealer Flüssigkeiten. Unter einer „idealen" Flüssigkeit versteht man eine solche, deren Teilchen sich untereinander wie auch an den Rohrwänden **reibungslos** bewegen. Bei den folgenden Untersuchungen beschränken wir uns auf **stationäre Strömungen**, bei denen

1. das spezifische Gewicht und die Temperatur unveränderlich sind,
2. keine äußere Arbeit geleistet oder zugeführt wird und
3. keine Umwandlung der inneren Wärme in Arbeit auftritt.

Diese Annahmen sind bei der Strömung von tropfbaren Flüssigkeiten in Rohrleitungen immer zulässig, für elastische nur bei kleinen Druckänderungen.

Nach dem Prinzip der Erhaltung der Energie bleibt die Summe aller Energien bei der Strömung unverändert. Die potentielle Energie setzt sich aus zwei Teilen zusammen: der Gewichts- und der Druckenergie. Die Gewichtsenergie für 1 kg Flüssigkeit in der Höhe z beträgt: $z \cdot 1 = z$ kgm. Wenn die Flüssigkeit an dieser Stelle unter dem äußeren Druck p (kg/m²) steht, so ist die Druckenergie für 1 kg Flüssigkeit: $1 \cdot p/\gamma = h$ kgm. Die Geschwindigkeitsenergie ($m \cdot c^2/2$) ist für 1 kg Flüssigkeit: $c^2/2g$ kgm.

Die Energiegleichung lautet also:

$$z\gamma + p + \frac{c^2}{2g}\gamma = \text{konst.} \quad \text{(Gleichung von D. Bernoulli, 1738.)} \quad (92.1)$$

922. Ausfluß aus Gefäßen. Das vereinfachte Bild einer idealen Flüssigkeit kann mit Vorteil beim Ausfluß von Flüssigkeiten aus einfachen Mündungen verwendet werden. Aus einem bis zur Oberfläche F_1 (Abb. 92.1) gefüllten Gefäß fließe Wasser aus der Bodenöffnung F_2, wobei durch Zufluß die Höhe h unverändert bleibe. Dann folgt aus Gl. (1):

$$(z_1 - z_2) + \frac{p_1 - p_2}{\gamma} + \frac{c_1^2 - c_2^2}{2g} = 0. \quad (2)$$

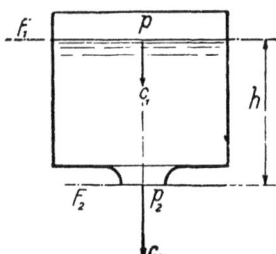

Abb. 92.1. (aus Bánki, Energieumwandlungen).

Aus der Kontinuitätsgleichung folgt, da für stationäre Strömungen, das in der Zeiteinheit durchfließende Flüssigkeitsgewicht G von Ort und Zeit unabhängig ist:

$$G/\gamma = F_1 c_1 = F_2 c_2 \quad (3)$$

wobei vorausgesetzt ist, daß die Geschwindigkeit c gleichmäßig über den Querschnitt verteilt ist.

---
[1] L. 92.

Setzt man $z_1 - z_2 = h$, so wird die Ausflußgeschwindigkeit

$$c_2 = \sqrt{2g \frac{h + \frac{p_1 - p_2}{\gamma}}{1 - \left(\frac{F_2}{F_1}\right)^2}}, \qquad (4)$$

und wenn F_2 gegenüber F_1 vernachlässigt werden darf:

$$c_2 = \sqrt{2g\left(h + \frac{p_1 - p_2}{\gamma}\right)}. \qquad (5)$$

Wenn das Gefäß innen und außen unter dem gleichen Druck $p_1 = p_2$ steht, so ist

$$c_2 = \sqrt{2gh} \quad \text{(Ausflußgleichung von Torricelli, 1638)} \qquad (6)$$

Bei elastischen Flüssigkeiten ist die Änderung der Gewichtsenergie in den meisten Fällen gegenüber der Druckenergie vernachlässigbar. Setzt man $p_1 - p_2 = p$, so ist unter den getroffenen Voraussetzungen

$$c_2 = \sqrt{\frac{2gp}{\gamma}}. \qquad (7)$$

Alle physikalischen Flüssigkeiten, tropfbare und elastische, besitzen in mehr oder weniger hohem Maße die Eigenschaft der Zähigkeit. Diese äußert sich darin, daß in der strömenden Flüssigkeit Schubspannungen auftreten. Auch haftet die Flüssigkeit an den Wandungen. Dadurch wird die mittlere Ausflußgeschwindigkeit c verkleinert auf

$$c = \psi \sqrt{2gh}, \qquad (8)$$

worin $\psi < 1$ ist. Die Unterschiede, die zwischen „idealen" und „wirklichen" Flüssigkeiten bestehen, werden also durch den Korrekturfaktor ψ berücksichtigt. Da die Flüssigkeit an der Wandung haftet kann infolge ihrer Zähigkeit tatsächlich keine gleichmäßige Ausflußgeschwindigkeit nach Gl. (8) auftreten. Sie darf also z. B. nicht zur Berechnung der kinetischen Energie der Flüssigkeit verwendet werden.

J. Weisbach[1] fand bei seinen Versuchen über die Ausströmung von Wasser aus gut abgerundeten Mündungen, daß im Mittel 3% des theoretischen Wertes der Geschwindigkeit durch die Reibung verloren gehen, also $\psi = 0{,}97$ ist.

Ist die Ausflußmündung scharfkantig, so muß bei dem plötzlichen Richtungswechsel (Abb. 2) eine Einschnürung (Kontraktion) des Strahles auftreten, die die ausfließende Flüssigkeitsmenge noch weiter vermindert. Ist f der Querschnitt der Ausflußöffnung und f_1 der Querschnitt des austretenden Strahles, so nennt man

$$\alpha = f_1/f \qquad (9)$$

die Einschnürungszahl. Die Ausflußmenge ist dann

$$G = f_1 c = \alpha \psi f \sqrt{2gh} = \mu f \sqrt{2gh}, \qquad (10)$$

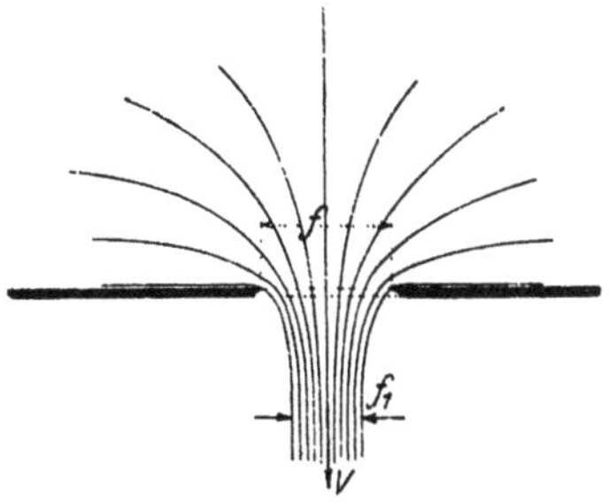

Abb. 2 (aus Pöschl, Hydraulik).

$\mu = \alpha \psi$ wird Ausflußzahl genannt. Für den Ausfluß von reibungslosen Flüssigkeiten aus scharfkantiger Mündung liefert die hydrodynamische Theorie[2] den Wert

$$\alpha = \frac{\pi}{\pi + 2} = 0{,}611. \qquad (11)$$

Für die gut abgerundete Mündung ist $\alpha = 1$; die Einschnürungszahlen α sind also von der Formgebung (Abrundung) der Mündung abhängig, sie können nur durch Versuche bestimmt werden. Die Mannigfaltigkeit der Mündungsformen ist so groß, daß für die Benützung von Mündungen zur Messung von Flüssigkeitsmengen eine „Normung" unbedingt notwendig ist. In der Praxis verwendet man sowohl die scharfkantige Ausflußöffnung als auch die gut abgerundete, Düse genannt. Einige Versuchsergebnisse über Ausflußzahlen sind in Abb. 93.1 zusammengestellt.

Die Einführung von Korrekturfaktoren in die Gleichungen für ideale = verlustfreie Flüssigkeiten muß natürlich vollständig versagen, sobald es sich darum handelt die Strömungsverluste oder die Geschwindigkeitsverteilung zu berechnen.

923. Laminarströmung in Rohren. In einem geraden, kreisförmigen Rohr kann aus Symmetriegründen die Geschwindigkeit w nur von der Entfernung y von der Rohrachse abhängig

---
[1] Weisbach, J.: Ing.-Mech., Bd. 1.   [2] L. 92.2.

sein. Auf ein Volumenelement (Abb. 3) wirken am Umfang die Schubspannungen τ und an den beiden Endflächen die Pressungen p und $p - dp$, so daß die resultierende Kraft:

$$\tau \cdot 2\pi y\, dz + \pi y^2 dp = 0$$

im Beharrungszustand gleich Null ist. Mit der Newtonschen Hypothese (vgl. Abschn. 412):

$$\tau = \eta \frac{dw}{dy}$$

wird

$$\frac{dw}{dy} = -\frac{y}{2\eta}\frac{dp}{dz} = -\frac{\Delta p}{2l\eta} \cdot y. \tag{12}$$

Aus der Integration (bei der η unabhängig von y angenommen wird) folgt, da für $y = r$, $w = 0$ ist:

$$w = \frac{\Delta p}{4l\eta}(r^2 - y^2) \tag{13}$$

d. h.: die Geschwindigkeitsverteilung über den Querschnitt hat einen parabolischen Verlauf (Abb. 4). Die durch das Rohr strömende Flüssigkeitsmenge ist:

$$G = \int_0^r w \cdot 2\pi y\, dy = \frac{2\pi \Delta p}{4l\eta}\int_0^r (r^2 y - y^3)\, dy = \frac{\pi \cdot r^4}{8l\eta}\Delta p$$

und die mittlere Geschwindigkeit

$$w_m = \frac{G}{\pi r^2} = \frac{r^2}{8l\eta}\Delta p. \tag{14}$$

Die maximale Geschwindigkeit für $y = 0$ folgt aus Gl. (13) zu $w_{max} = \frac{r^2}{4l\eta}\Delta p$, ist also doppelt so groß wie die mittlere Geschwindigkeit. Weiter folgt daraus die als Poiseuillesche Gleichung bekannte Beziehung:

$$\Delta p = \frac{8\eta}{r^2} \cdot w_m \cdot l. \tag{15}[1]$$

Die Versuche zeigten, daß, solange die Geschwindigkeit klein ist und eine bestimmte Grenze, die sog. kritische Geschwindigkeit, nicht überschreitet, der Druckverlust tatsächlich dem

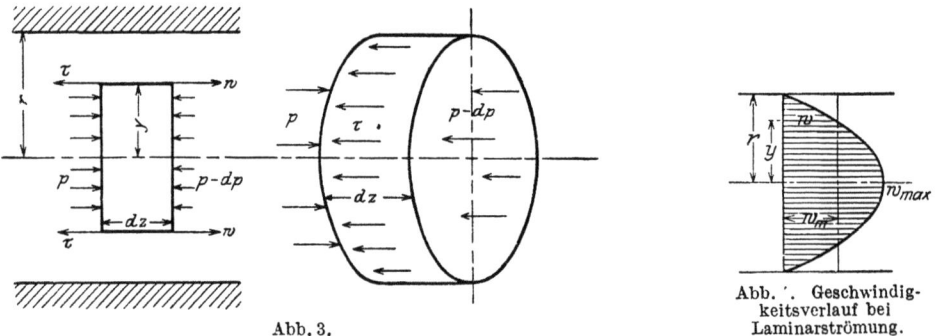

Abb. 3.

Abb. 4. Geschwindigkeitsverlauf bei Laminarströmung.

obenstehenden Gesetz folgt. Oberhalb dieser Grenzgeschwindigkeit ändert sich der Charakter der Flüssigkeitsströmung vollständig, indem die geordnete (laminare) Strömung in eine (turbulente) Wirbelströmung übergeht. Der Druckverlust folgt dann einem ganz anderen Gesetz.

924. Turbulente Strömung. Die Frage, wie die Entstehung der turbulenten Strömung erklärt werden kann, ist seit Reynolds' Veröffentlichungen Gegenstand vieler mathematischer und experimenteller Untersuchungen gewesen[2], ohne daß es bisher gelungen wäre, die Turbulenz mathematisch befriedigend zu erfassen. Die Untersuchungen haben aber gezeigt, daß es möglich ist, durch eine besondere Sorgfalt in der Versuchsanordnung (wie gut abgerundeten Einströmquerschnitt, Beruhigungsgefäße, Anlaufstrecke, Vermeidung jeglicher Erschütterungen usw.) die Grenze, wo die Laminarströmung in die turbulente übergeht, bedeutend höher zu legen[3].

Daraus kann gefolgert werden, daß die Hypothese von Newton als Grundlage der Hydrodynamik wohl richtig zu sein scheint, daß aber die daraus folgende Laminarströmung nicht stabil ist, sondern sich, durch Störungen beschleunigt, in Wirbelströmung auflöst, bei der die

---

[1] L. 92. 3.   [2] L. 92. 4.   [3] L. 92. 5.

92. Theoretische Grundlagen.

Geschwindigkeiten fortgesetzt Schwankungen nach Größe und Richtung unterworfen sind. Für die verwickelten tatsächlichen Geschwindigkeiten der einzelnen Flüssigkeitsteilchen muß also die allgemeine Theorie gültig bleiben.

Für diese Einzelgeschwindigkeiten und Bahnen interessiert man sich in der Praxis aber gar nicht, und für die praktisch wichtige Hauptbewegung der strömenden Flüssigkeit gilt, wie gesagt, die Theorie auch nicht annähernd. Da ist der Ingenieur also vollständig auf den Versuch angewiesen, und dieser Weg wird dann auch immer eingeschlagen.

Bei der Ausführung der Versuche zur Erforschung der Rohrreibungswiderstände geht man von der Überlegung aus, daß die zu überwindende, hemmende Kraft R proportional der benetzten Oberfläche $U \cdot l$ des Rohres ist (U = Umfang des Rohrquerschnittes, l = Rohrlänge) und einen Teil der kinetischen Energie $\left(\text{proportional mit } \frac{w^2}{2g}\gamma\right)$ vernichtet (w = mittlere Strömungsgeschwindigkeit):

$$R = c \cdot U \cdot l \frac{w^2}{2g} \gamma.$$

Zur Überwindung der Reibkraft R entsteht bei der Strömung ein Druckverlust $\Delta p = R/F$, worin F = Rohrquerschnitt. Damit wird:

$$\Delta p = c \frac{U}{F} l \frac{w^2}{2g} \gamma.$$

Für kreisförmige Rohre ist $U = \pi d$, $F = \frac{\pi}{4} d^2$, also $\frac{U}{F} = \frac{4}{d}$, und wenn $4c = \zeta$ gesetzt wird, ist

$$\Delta p = \zeta \frac{l}{d} \frac{w^2}{2g} \gamma. \tag{16}$$

Man nennt $d_{ae} = 4 F/U$ den äquivalenten oder gleichwertigen Durchmesser eines Rohres von beliebiger Querschnittsform, weil für ein Kreisrohr

$$4 F/U = d \tag{17}$$

ist. Da der Koeffizient ζ an Stelle nicht bekannter Gesetze tritt, so ist zu erwarten, daß er veränderlich ist. Die Bemühungen der vielen Experimentatoren gingen nun dahin, die Abhängigkeit von ζ von den verschiedenen Faktoren d, w, γ, η, usw., zu bestimmen. Trotz der großen Zahl der Versuchsresultate ist die Aufgabe immer noch nicht allgemein gelöst[1], so daß für besondere Fälle immer wieder neue Versuche angestellt werden müssen.

925. Das Ähnlichkeitsprinzip. Der Ingenieur bezweckt durch seine Versuche, Grundlagen für ähnliche Verhältnisse zu gewinnen. Die Ähnlichkeit zweier Probleme schließt in erster Linie die geometrische Ähnlichkeit, zum mindesten in allen wesentlichen Faktoren, ein. Diese Bedingung ist aber nicht ausreichend, um technisch vollständig ähnliche Probleme zu erhalten, denn alle Faktoren, die eine Rolle spielen, müssen dabei berücksichtigt werden. Hier ist nun die vorher gemachte Feststellung wichtig, daß die Differentialgleichung der Flüssigkeitsströmung als richtig betrachtet werden darf, wenn auch das Integral eine nicht stabile Lösung gibt. Das Prinzip der Ähnlichkeit gestattet nun, auch ohne Integration aus den Differentialgleichungen einige Folgerungen von grundlegender Bedeutung abzuleiten.

Wenn wir uns — der Einfachheit halber — auf eindimensionale Flüssigkeitsströmungen beschränken, so folgt aus Gl. (431.1):

$$\frac{dp}{dx} - \frac{d\tau}{dy} = \varrho \frac{dw}{dt}. \tag{18}$$

Mit $\frac{d\tau}{dy} = \eta \frac{d^2 w}{dy^2}$ lautet die Bewegungsgleichung:

$$\frac{dp}{dx} - \eta \frac{d^2 w}{dy^2} = \varrho \frac{dw}{dt}. \tag{19}$$

Die Geschwindigkeit w ist im allgemeinen sowohl von der Zeit t als auch vom Ort x abhängig, $w = f(x, t)$, so daß $\frac{dw}{dt} = \frac{\partial w}{\partial x} \cdot \frac{dx}{dt} + \frac{\partial w}{\partial t} \cdot \frac{dt}{dt}$ ist. Für stationäre Strömungen ist $\frac{\partial w}{\partial t} = 0$, und damit $\frac{dw}{dt} = w \frac{dw}{dx}$. Setzen wir diesen Wert in die Bewegungsgleichung (19) ein, so erhalten wir mit $\frac{\eta}{\varrho} = \nu$ (kinematische Zähigkeit genannt):

---

[1] L. 92.6.

$$\frac{1}{\varrho}\frac{dp}{dx} - \nu \cdot \frac{d^2 w}{dy^2} = w\frac{dw}{dx}. \tag{20}$$

Haben wir nun zwei verschiedene Strömungen (1 und 2), die in ihrer ganzen Ausdehnung ähnlich sein sollen, so müssen sämtliche Vorgänge darin durch eine und dieselbe Funktion F zwischen den Koordinaten x, y und den verschiedenen Parametern (ϱ, w, ν) darstellbar sein. Dies setzt aber voraus, daß die Differentialgleichungen der beiden Strömungen

$$\frac{1}{\varrho_1}\frac{dp_1}{dx_1} - \nu_1\frac{d^2 w_1}{dy_1^2} = w_1\frac{dw_1}{dx_1} \quad \text{und} \quad \frac{1}{\varrho_2}\frac{dp_2}{dx_2} - \nu_2\frac{d^2 w_2}{dy_2^2} = w_2\frac{dw_2}{dx_2}$$

identisch und die Randbedingungen gleich sind. Verhalten sich nun bei beiden Strömungen sämtliche Längen, also auch die Koordinaten, wie $\frac{l_2}{l_1}=f_l$, die Drücke wie $\frac{p_2}{p_1}=f_p$, die Geschwindigkeiten wie $\frac{w_2}{w_1}=f_w$, die kinematischen Zähigkeiten wie $\frac{\nu_2}{\nu_1}=f_\nu$, die Dichten wie $\frac{\varrho_2}{\varrho_1}=f_\varrho$ und setzen wir diese Proportionalitätsfaktoren f in die zweite Differentialgleichung ein, so erhalten wir:

$$\frac{1}{f_\varrho \varrho_1} \cdot \frac{f_p}{f_l} \cdot \frac{dp_1}{dx_1} - f_\nu \nu_1 \cdot \frac{f_w}{f_l^2}\frac{d^2 w_1}{dy_1^2} = \frac{f_w^2}{f_l} w_1\frac{dw_1}{dx_1}.$$

Diese Differenzialgleichung für die Strömung 2 muß nun identisch sein mit der Differentialgleichung für die Strömung 1. Dies ist der Fall, wenn die Koeffizienten, durch die sich die zweite Gleichung von der ersten unterscheidet, alle gleich groß sind, wenn also:

$$\frac{f_p}{f_\varrho f_l} = \frac{f_\nu f_w}{f_l^2} = \frac{f_w^2}{f_l} \quad \text{ist, woraus folgt:}$$

daß $\quad \dfrac{f_w f_l}{f_\nu} = 1 \quad$ und $\quad \dfrac{f_p}{f_\varrho f_w^2} = 1 \quad$ sein muß.

Ersetzen wir in diesen Gleichungen die Symbole f durch die Quotienten die ihnen entsprechen, so erhält man einerseits

$$\frac{w_2 l_2}{\nu_2} = \frac{w_1 l_1}{\nu_1} \tag{21}$$

und anderseits

$$\frac{p_2}{\varrho_2 w_2^2} = \frac{p_1}{\varrho_1 w_1^2} \tag{22}$$

Diese Quotienten werden nach O. Reynolds und L. Euler die Reynoldssche und Eulersche Zahl genannt und mit Re bzw. Eu bezeichnet. **Danach können zwei Flüssigkeitsströmungen als ähnlich bezeichnet werden, wenn sie gleiche Reynoldssche und gleiche Eulersche Zahlen haben, wenn also $Re_2 = Re_1$ und $Eu_2 = Eu_1$ ist.**

In manchen Fällen (z. B. bei der Flüssigkeitsreibung, Abschn. 43) dürfen die Massenkräfte (Beschleunigungen) gegenüber den Zähigkeitskräften vernachlässigt werden. Für solche „schleichende" Bewegungen lautet die Differentialgleichung (20):

$$\frac{1}{\varrho} \cdot \frac{dp}{dx} - \frac{\eta}{\varrho} \cdot \frac{d^2 w}{dy^2} = 0. \tag{23}$$

Wendet man die gleichen Ähnlichkeitsbetrachtungen darauf an, so erhält man (wie leicht ersichtlich) als Kennzahl für schleichende Flüssigkeitsbewegungen:

$$\frac{p \cdot l}{\eta w} = \frac{P_1}{\eta w} = Gü \tag{24}$$

die Gümbelsche Kennzahl ($Gü$). Es ist nun leicht verständlich, daß dieser Faktor in allen Gleichungen der Flüssigkeitsreibung vorkommt. Durch die Festlegung der Spaltform kommt eine Einschränkung hinzu; für Lager mit Laufsitzspiel ist $\Phi = \psi^2 \cdot Gü$ und für ebene Gleitflächen $(h_0/a)^2 \cdot Gü$ die kennzeichnende Größe, die in Abschn. 43 mit Φ bezeichnet ist.

In anderen Fällen wieder kann das Zähigkeitsglied der Gl. (20) gegenüber den Massenkräften vernachlässigt werden. Das ist z. B. der Fall bei starken Wirbelungen, oder Wellenbewegungen, wo die Reibung stark zurücktritt. Die Differentialgleichung lautet dann:

$$\frac{1}{\varrho}\frac{dp}{dx} = w \cdot \frac{dw}{dx} = \frac{g}{\gamma} \cdot \frac{dp}{dx} \tag{25}$$

Da p/γ die Dimension einer Länge l hat, kann hieraus der Schluß gezogen werden, daß derartige Strömungen ähnlich sind, wenn der Quotient

92. Theoretische Grundlagen.

$$\frac{w^2}{gl} = Fr, \qquad (26)$$

den man als Froudesche Zahl bezeichnet, in beiden Fällen denselben Wert hat. Die Froudesche Zahl findet besonders bei der Bestimmung von Schiffswiderständen Verwendung.

Man kann das Ähnlichkeitsprinzip auch auf eine ganz andere Weise formulieren, indem man von der selbstverständlichen Tatsache ausgeht, daß alle physikalischen Vorgänge unabhängig vom Maßsystem sein müssen, das wir Menschen (willkürlich) eingeführt haben (metrisches, englisches, technisches, physikalisches Maßsystem, usw.). Sie müssen also immer durch Gleichungen formuliert werden können, deren Glieder dimensionslose Größen (Kennzahlen) sind. Bridgmann, P. W.: Theorie der physikalischen Dimensionen. Deutsche Übersetzung von H. Holl. J. B. Teubner 1932.

Die in Gl. (16) eingeführte Größe ζ wird daher in besonderem Maße von den Kennzahlen einer Strömung abhängig sein, also von Re und Eu, **worin die große Bedeutung des Ähnlichkeitsprinzips für die experimentelle Erforschung der Flüssigkeitsströmungen liegt. Formeln über den Druckverlust, die auf diese Zusammenhänge keine Rücksicht nehmen, müssen als unzuverlässig abgelehnt werden.**

Bei der Strömung in Rohren zeigt es sich, daß der Einfluß von Eu gegenüber Re stark zurücktritt, weshalb meist der Ansatz gemacht wird

$$\zeta = F(Re). \qquad (27)$$

In der Gleichung für Re ist l irgendeine als Ausgangsmaß gewählte Abmessung. Reynolds nimmt als Ausgangsmaß den Rohrdurchmesser, andere den Radius und wieder andere den hydraulischen Radius F/U. Obschon es grundsätzlich gleichgültig ist, welches von diesen dreien gewählt wird, muß dies doch beim Vergleich der Zahlenwerte beachtet werden. Es scheint mir am zweckmäßigsten, den Rohrdurchmesser zu wählen, so daß

$$Re = \frac{w \cdot d}{\nu}. \qquad (21\mathrm{a})$$

Unterhalb der kritischen Geschwindigkeit folgt $\zeta = F(Re)$ aus der Verbindung der Poiseuilleschen Gleichung (15) mit Gl. 16:

$$\Delta p = \frac{8\eta}{r^2} wl = \frac{32\eta}{d^2} wl = \zeta \frac{l}{d} \frac{w^2}{2g} \gamma,$$

$$\zeta = 64 \frac{\eta g}{\gamma w d} = \frac{64}{Re}. \qquad (28)^1$$

Auch der Übergang von laminarer in turbulente Strömung muß für alle Flüssigkeiten bei der gleichen (kritischen) Reynoldsschen Zahl (Re_k) stattfinden, deren Größe durch Störungen (Erschütterungen) beeinflußt werden kann. Für die Strömung in Kreisrohren ist $Re_k \approx 2300$.

Oberhalb der kritischen Geschwindigkeit muß der Verlauf der Funktion $\zeta = F(Re)$ aus Versuchen abgeleitet werden.

926. Die Laminarströmung in Spalten wurde im Abschn. 431 ausführlich behandelt. Für $U = 0$ ist die Geschwindigkeitsverteilung in einem Spalt von konstanter Höhe:

$$w = \frac{\Delta p}{2\eta l}(y^2 - hy) \qquad (431.3\,\mathrm{b})$$

und die hindurchströmende Flüssigkeitsmenge für die Einheit der Spaltbreite:

$$G_1 = \frac{h^3}{12 \cdot \eta} \cdot \frac{\Delta p}{l}. \qquad (431.4)$$

Für einen ringförmigen Spalt von der Breite $\pi \cdot d_m$ ist

$$G = \frac{h^3}{12 \cdot \eta} \cdot \frac{\Delta p}{l} \pi d_m. \qquad (29)$$

Die mittlere Strömungsgeschwindigkeit w_m ist:

$$w_m = \frac{G}{\pi d_m h} = \frac{h^2}{12\eta} \cdot \frac{\Delta p}{l}. \qquad (30)$$

---

[1] Versuche von Ruckes L. 92.7 bestätigen diese Beziehung für Luft in Haarröhrchen bei Geschwindigkeiten bis 300 m/s. Z. VDI 52 (1908) 2065.

und der Druckverlust:

$$\Delta p = \frac{12\,\eta}{h^2}\,w_m\,l\,.\tag{31}$$

Der äquivalente Durchmesser ist nach Gl. (17):

$$d_{ae} = \frac{4\,F}{U} = \frac{4\pi d_m h}{2\,\pi d_m} = 2\,h\,.\tag{32}$$

Der Übergang von laminarer zur turbulenten Strömung muß demnach bei der kritischen Reynoldsschen Zahl $Re_k = w \cdot 2\,h/\nu = 2300$ erfolgen.

Für die Strömung in einem Ölspalt ($h = 0,1$ mm $= 10^{-4}$ m, $\gamma = 950$ kg/m³, $\eta = 0,002$ kg·s/m²) folgt w_k aus $2300 = \dfrac{w_k \cdot 2 \cdot 10^{-4} \cdot 950}{9{,}81 \cdot 0{,}002}$ zu $w_k =$ rd. 240 m/s, weshalb die Strömung im Ölspalt eines Gleitlagers bei allen praktisch vorkommenden Gleitgeschwindigkeiten laminar sein muß.

Schreibt man den Druckverlust $\Delta p = \zeta \dfrac{l}{d_{ae}} \dfrac{w^2}{2g} \gamma$, so folgt aus der Gleichsetzung mit Gl. (31):

$$\frac{12\,\eta}{h^2} \cdot w \cdot l = \zeta \frac{l}{2\,h}\, w^2\,\varrho/2$$

$$\zeta = \frac{48\,\eta}{h\varrho\,w} = \frac{48\,\nu}{w\,h} = 96/Re,\tag{33}$$

worin

$$Re = w \cdot 2\,h/\nu\tag{34}$$

ist.

93. Versuchswerte.

931. Ausflußzahlen. Die Versuchsergebnisse dürfen im allgemeinen nur auf genau gleiche oder streng ähnliche Anordnungen übertragen werden. Neben der genauen geometrischen Ähnlichkeit der Begrenzungsflächen ist für die Ähnlichkeit der Flüssigkeitsströmung die Gleichheit der Reynoldsschen Zahlen (Re) die notwendige Voraussetzung. Dabei muß aber immer beachtet werden, daß das Ähnlichkeitsprinzip unter vereinfachenden Annahmen abgeleitet wurde. Diese Voraussetzungen sind, neben der genauen geometrischen Ähnlichkeit, u. a.:

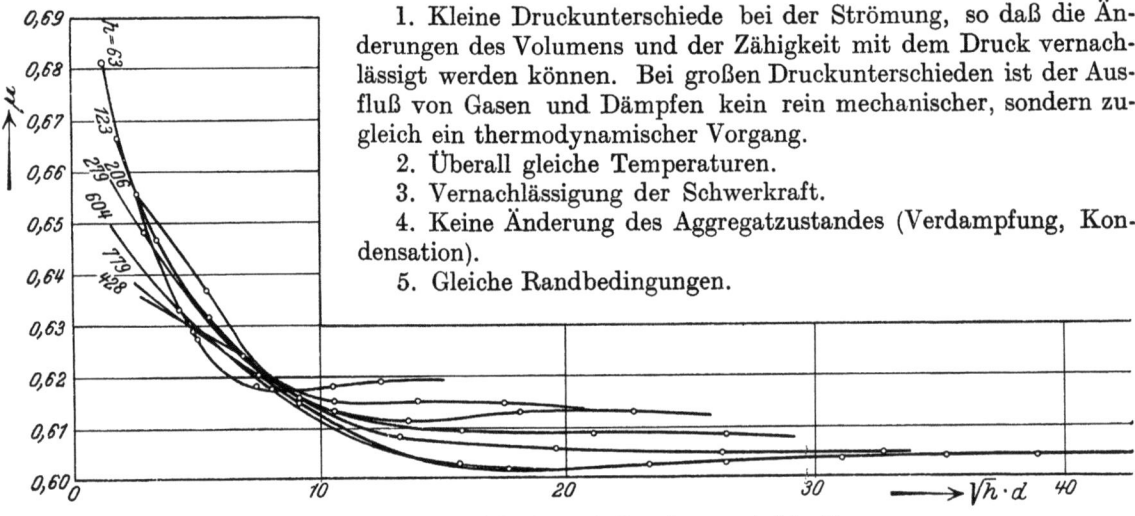

1. Kleine Druckunterschiede bei der Strömung, so daß die Änderungen des Volumens und der Zähigkeit mit dem Druck vernachlässigt werden können. Bei großen Druckunterschieden ist der Ausfluß von Gasen und Dämpfen kein rein mechanischer, sondern zugleich ein thermodynamischer Vorgang.
2. Überall gleiche Temperaturen.
3. Vernachlässigung der Schwerkraft.
4. Keine Änderung des Aggregatzustandes (Verdampfung, Kondensation).
5. Gleiche Randbedingungen.

Abb. 93.1. Ausflußzahlen nach Versuchen von A. Schneider.

Wenn z. B. die Ausflußöffnung eine andere Lage am Gefäß oder einen anderen Durchmesser erhält oder wenn die Höhe des Flüssigkeitsstandes im Gefäß geändert wird, so sind die Strömungen, streng genommen, nicht mehr ähnlich, weil die genaue geometrische Ähnlichkeit der Versuchsbedingungen nicht mehr erfüllt ist. Die Versuchsergebnisse dürfen dann nicht mehr von dem einen auf den anderen Fall übertragen werden.

Dem Einfluß der Schwerkraft ist es z. B. zuzuschreiben, daß das Ausströmen von Wasser oder von Luft aus einem Gefäß, auch bei gleichen Reynoldsschen Zahlen, nicht mehr genau ähnlich ist. Es wird nur selten vorkommen, daß zwei praktische Probleme genau ähnlich sind. Die Versuche müssen deshalb auch weiter klarstellen, welche Abweichungen von der genauen Ähnlichkeit bedeutungslos sind und welche einen ausschlaggebenden Einfluß ausüben.

93. Versuchswerte.

Wenn die Zuflußgeschwindigkeit vernachlässigt wird, d. h. die Flüssigkeit aus einer im Verhältnis zum Gefäß kleinen Bodenöffnung und unter ständigem Druck h frei ausströmt, so kann bei strenger Erfüllung der Ähnlichkeitsbedingungen die Ausflußzahl μ nur eine Funktion der Reynoldsschen Zahl sein.

$$\mu = f\left(\frac{wd}{\nu}\right) = f\left(\frac{\sqrt{2gh}\cdot d}{\nu}\right) = f\left(\frac{\sqrt{h}\cdot d}{\nu}\right). \tag{93.1}$$

Ausführliche Messungen über den Ausfluß von Wasser und Sole bei verschiedenen Temperaturen hat Dr. A. Schneider[1] ausgeführt. Er stellt seine Versuchsresultate durch eine Kurvenschar $\mu = f(h, d)$ dar. In Abb. 93.1 sind die gemessenen Ausflußzahlen in Abhängigkeit von $\sqrt{h}\cdot d$ eingetragen. Bei vollständig ähnlicher Strömung müßten sämtliche Versuchsergebnisse durch eine Kurve darstellbar sein. Wie die Abbildung zeigt, trifft dies nicht genau zu. Die Abweichungen liegen aber z. T. innerhalb der Genauigkeit der ausgeführten Messungen. Der verhältnismäßige Meßfehler lag bei den Versuchen zwischen $\pm 0,2\%$ und $\pm 0,5\%$, so daß z. B. für den Wert $\mu = 0,61$ die Meßgenauigkeit zwischen 0,606 und 0,614 liegt. Kleine Werte von h, verbunden mit großen Werten von d, können das gleiche Produkt $\sqrt{h}\cdot d$ liefern wie große Höhen bei kleinen Ausströmöffnungen. Wenn die Reynoldsschen Zahlen dann in beiden Fällen gleich sind, so ist doch keine geometrische Ähnlichkeit mehr vorhanden. Dadurch lassen sich die Abweichungen bei kleinen Werten von $\sqrt{h}\cdot d$ erklären.

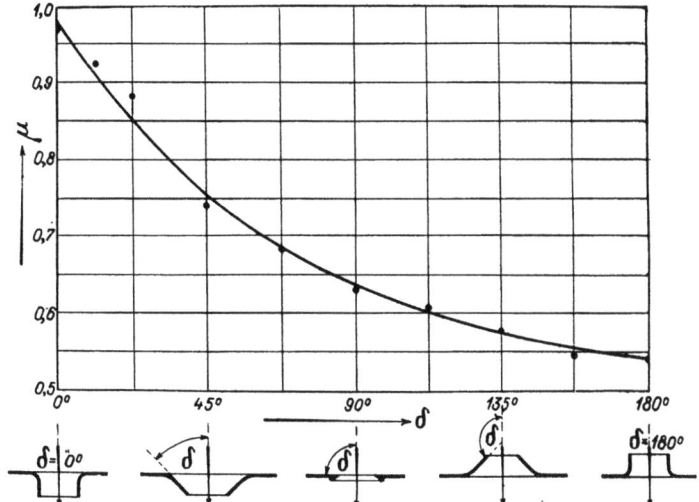

Abb. 2. Ausflußzahlen für verschiedene Mündungen (aus Banki).

Für den Ausfluß von Luft fand A. O. Müller[2] für die scharfkantige Mündung $\mu = 0,60$.

Den Einfluß der Form der Ausflußöffnung zeigt Abb. 2, die die Ausflußzahlen für verschieden geformte Kreisöffnungen nach Versuchen von Weisbach darstellt.

Strömt die Flüssigkeit nicht aus einem sehr großen Behälter, sondern aus einer Rohrleitung mit dem Querschnitt F_1, so ist bei Verwendung von scharfkantigen Mündungen die Kontraktion des austretenden Strahles unvollkommen. Die Kontraktionszahl muß von dem Wert 0,61 für kleine Werte von $F_2/F_1 = m$ auf den Wert 1 für $F_2/F_1 = 1$ steigen (Abb. 3).

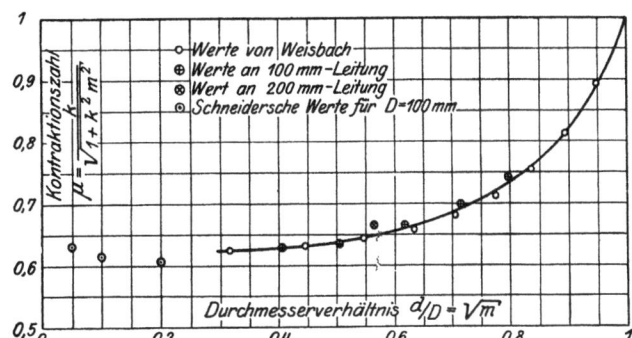

Abb. 3. Versuche über den Ausfluß von Wasser (aus Gramberg, Techn. Mess.)

932. Druckverlust in glatten Rohren bei turbulenter Strömung. Blasius[3] verwendet dazu die sorgfältig durchgeführten Versuche der amerikanischen Ingenieure Saph und Schoder über den Druckverlust von Wasser in glatten Rohren und findet für den Faktor ζ in Gl. (92.16):

$$\zeta = \frac{0{,}3164}{Re^{0{,}25}}. \tag{2}$$

Seither sind die Versuche öfter mit Wasser und Luft wiederholt worden; sie bestätigen die Blasiussche Gleichung bis Re 100000. Für größere Reynoldssche Zahlen ist für glatte Rohre die Gleichung von Nikuradse[4] die genaueste

---
[1] L. 93.1. [2] L. 93.2. [3] L. 93.3. [4] L. 93.4.

486   9. Rohrleitungen.

$$\zeta = 0{,}0032 + 0{,}221\, Re^{-0{,}237} \qquad (3)$$

gültig von $Re = 10^5$ bis $Re = 3 \cdot 10^8$. Daraus folgt, daß für sehr große Reynoldssche Zahlen ζ konstant wird, so daß der Druckverlust dann mit w^2 proportional ist (Abb. 5).

Schiller[1] und Hermann haben insbesondere den Einfluß der Zulaufverhältnisse auf den Druckverlust untersucht. Er ist recht bedeutend und hängt von der Länge der vorgeschalteten Beruhigungsstrecke und von allen dabei verwendeten Beruhigungsmaßnahmen ab.

Zwischen dem Druckverlust Δp und der Schubspannung an der Wand τ_0 besteht eine einfache Beziehung, die aus dem Gleichgewicht der Kräfte abgeleitet werden kann (Abb. 4):

$$\frac{\pi}{4} d^2\, dp = \tau_0\, \pi\, d \cdot dx\,.$$

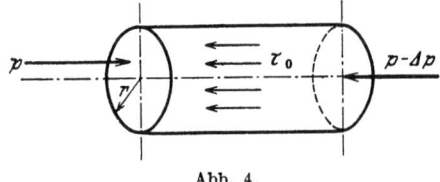

Abb. 4.

Daraus folgt:

$$\tau_0 = \frac{d}{4} \cdot \frac{dp}{dx} = \frac{\Delta p}{4\, l} \cdot d\,. \qquad (4)$$

Durch Einsetzen des Wertes von Δp aus Gl. (92.16) erhält man:

$$\tau_0 = \frac{\zeta}{8}\, w^2 \cdot \varrho\,. \qquad (5)$$

933. Geschwindigkeitsverteilung[2]. Aus der experimentellen Gleichung für den Druckverlust läßt sich (nach den Überlegungen von Prandtl[3] und von Karman[4]) die Geschwindigkeitsverteilung bei turbulenter Strömung bestimmen. Da die Flüssigkeit an der Wand haftet, hängt die Geschwindigkeit sicher von der Schubspannung τ_0 ab. Die noch unbekannte Geschwindigkeitsverteilung

$$u = F(\tau_0, \eta, y, \varrho)$$

kann nach steigenden Potenzen der Entfernung y von der Wand entwickelt werden. Das erste Glied in der Entwicklung lautet:

$$u = F_1 \cdot y^x \qquad (6)$$

worin F_1 eine noch unbekannte Funktion von τ_0, η und ϱ ist. Die Dimensionsgleichheit der linken und der rechten Seite der Gl. (6) kann nur dann erreicht werden, wenn F_1 eine Potenzfunktion ist. Nun hat $\sqrt{\tau_0/\varrho}$ die Dimension einer Geschwindigkeit (nach Prandtl „Schubspannungsgeschwindigkeit" u^* genannt). Die einzige dimensionsrichtige Kombination ist deshalb:

$$u = B \left(\frac{\tau_0}{\varrho}\right)^{\frac{1+x}{2}} \cdot \left(\frac{y\varrho}{\eta}\right)^x \qquad (7)$$

worin B eine absolute Zahl ist. Unter der Voraussetzung eines konstanten Geschwindigkeitsprofils u/u_0 wird bei Vergrößerung der Durchflußmenge die Geschwindigkeit u proportional wachsen. Die Schubspannung τ_0 (Gl. 5) wächst jedoch mit dem Blasiusschen Wert ζ aus Gl. (2) mit der $7/4$-Potenz der Durchflußmenge, so daß $7/4 \cdot (1+x)/2 = 1$ oder $x = 1/7$ sein muß. Bei turbulenter Strömung in Rohren ändert sich die Geschwindigkeit mit der $1/7$-Potenz des Abstandes von der Rohrwand. (Gesetz von Prandtl und von Kármàn.)

Versuche von Stanton[5] und von Nikuradse haben dieses Gesetz für Rohre mit kreisförmigen, rechteckigen und dreieckigen Querschnitt bestätigt. Nur in der unmittelbaren Wandnähe und in der Rohrachse treten Abweichungen auf. Die Abweichungen in der Wandnähe sind begreiflich, weil

$$u = u_0 \left(\frac{y}{r}\right)^{1/7} \qquad (8)$$

für $y = 0$ eine vertikale Tangente, also eine unendlich große Schubspannung ergibt, während τ_0 tatsächlich einen endlichen Wert hat. Das $1/7$-Potenzgesetz kann demnach in unmittelbarer Wandnähe nicht mehr gültig bleiben. Eine etwas bessere Annäherung an die Messung in der Rohrmitte erhält man durch den Ansatz:

$$u = u_0 \left\{1 - \left(\frac{z}{r}\right)^n\right\}^{1/7} \quad (\text{mit } z = r - y \qquad (9)$$

wobei über den Exponent n frei verfügt werden kann. Alle Versuche liegen zwischen den Exponenten 1 und 2.

---

[1] L. 93.5.   [2] L. 93.6.   [3] L. 93.7.   [4] L. 93.8.   [5] L. 93.9.

93. Versuchswerte.

Infolge der beschränkten Gültigkeit der Gleichung von Blasius ist auch das $1/7$-Potenzgesetz nur gültig bis $Re < 100\,000$. In diesem Gebiet liegen aber die meisten praktischen Anwendungen. Für größere Reynoldsschen Zahlen nimmt x mit zunehmenden Werten von Re ab; z. B. fand Nikuradse für $Re = 4 \cdot 10^3 \quad\quad 43 \cdot 10^3 \quad\quad 396 \cdot 10^3 \quad\quad 3240 \cdot 10^3$
$\quad\quad\quad\quad\quad\quad\; x \;=\; 1/6 \quad\quad\quad 1/7 \quad\quad\;\; 1/8{,}5 \quad\quad\quad 1/10$

In einer neueren Fassung seiner Ideen geht Prandtl nicht mehr von einer Potenzformel für die Geschwindigkeitsverteilung aus, sondern von der „universellen". Mit der Größe $u^* = \sqrt{\tau_0/\varrho}$ läßt sich eine „dimensionslose" Geschwindigkeit u/u^* bilden und gleicherweise eine Art Reynoldssche Kennzahl u^*y/ν. Trägt man nach den Versuchen von Nikuradse

$$u/u^* = \text{Funktion}\,(u^*y/\nu)$$

auf, so erhält man für alle Reynoldsschen Zahlen eine einzige Kurve, also eine universale Geschwindigkeitsverteilung:

$$u/u^* = 5{,}5 + 5{,}75 \log u^*y/\nu$$

wobei nur in unmittelbarer Wandnähe, für $u^*y/\nu < 25$ regelmäßige Abweichungen feststellbar sind (Laminare Grenzschicht). Die Versuchswerte streuen etwas und je nachdem man die Punkte in der Wandnähe oder in der Rohrachse etwas mehr bevorzugt, bekommt man andere Zahlenwerte.

Mit Gl. (8) wird die mittlere Geschwindigkeit im Rohr

$$w = \frac{1}{\pi r^2} \int_0^r u_0 \left(\frac{y}{r}\right)^x 2\pi z\, dz\,.$$

Durch Integration erhält man (mit $z = r - y$ und $dz = -dy$):

$$w = \frac{2}{(x+1)(x+2)} u_0 \tag{10}$$

und mit $x = 1/7$:

$$w = \frac{49}{60} u_0 = 0{,}816\, u_0\,. \tag{11}$$

Mit der Geschwindigkeitsverteilung nach Gl. (9) dagegen erhält man für

$$n = 1{,}25 \;\text{bzw.}\; 2{,}0 \quad w = 0{,}838\, u_0 \;\text{bzw.}\; 0{,}875\, u_0.$$

Die zuverlässigsten Messungen liefern $w = 0{,}84\, u_0$. Aus der Gleichsetzung der Gl. (7) u. (8) folgt:

$$B\left(\frac{\tau_0}{\varrho}\right)^{4/7} \cdot \frac{1}{\nu^{1/7}} = \frac{u_0}{r^{1/7}}\,. \tag{12}$$

Setzt man darin die Werte von τ_0 und ζ aus den Gleichungen (5) und (2) ein, so erhält man mit $w/u_0 = 0{,}816$:

$$B = 2^{1/7} \left(\frac{8}{0{,}3164}\right)^{4/7} \cdot \frac{u_0}{w} = 8{,}57.$$

Mit dem Wert $B = 8{,}7$ ($n \approx 1{,}5$) folgt aus Gl. (12):

$$\tau_0 = 0{,}0225\, \varrho u_0^2 \left(\frac{\nu}{u_0 r}\right)^{1/4}. \tag{13}$$

934. Prandtlsche Grenzschicht[1]. Von der turbulenten Strömung einer Flüssigkeit kann man sich folgendes Bild machen. In ähnlicher Weise wie die Reibung zwischen festen Körpern durch kleine, fortgesetzte Erschütterungen unwirksam gemacht werden kann, werden durch die Pulsationen der turbulenten Strömung die Schubspannungen stark vermindert. Dabei ist zu beachten, daß die Erschütterungen erst recht mit großem Energieaufwand verbunden sind. Die Hauptbewegung einer turbulenten Strömung kann demnach annähernd als reibungsfrei betrachtet werden. Weil dabei aber die Randbedingung, daß die Flüssigkeit an der Wand haftet, nicht zu erfüllen ist, versagt diese (klassische) Theorie der Hydrodynamik vollständig in der Nähe der Begrenzungsflächen von Flüssigkeiten und festen Körpern. L. Prandtl hat nun die Theorie wesentlich erweitert durch die Annahme, daß die reibungsfreie Strömung bis auf eine an die Wandung grenzende Schicht (die Prandtlsche Grenzschicht) gültig bleibt. In dieser Schicht ändert sich die Geschwindigkeit von Null an der Wand bis zum Wert der gleichmäßigen Geschwindigkeit der reibungsfreien Strömung. In der unmittelbaren Wandnähe ist die Strömung laminar; die Geschwindigkeitsverteilung also parabelförmig. Man kann nun die Dicke ∂' dieser Laminarschicht aus der Schubspannung τ_0 berechnen, wenn man in der dünnen Schicht die Parabel durch die Anfangstangente ersetzt. Man erhält dann mit Gl. (5) die Beziehung:

$$\tau_0 = \eta\left(\frac{du}{dy}\right)_{y=0} = \eta\,\frac{u'}{\delta'} = \frac{\zeta}{8} w^2 \varrho \tag{14}$$

---
[1] L. 93.10.

worin u' die Geschwindigkeit an der Grenze der Laminarschicht ist, die nur einen Bruchteil φ der mittleren Geschwindigkeit w sein kann. Mit $\eta/\varrho = \nu$, $wd/\nu = Re$ und ζ aus Gl. (2), wird die relative Dicke der Laminarschicht:

$$\frac{\delta'}{d} = \frac{8\varphi}{\zeta\,Re} = \frac{\varphi}{0{,}03955\,Re^{0{,}75}}\,. \qquad (15)$$

L. Prandtl hat zur Berechnung von $\varphi = u'/w$ zuerst angenommen, daß die Grenze da liegt, wo beide Geschwindigkeitskurven (für Laminar- und turbulente Strömung) die gleiche Tangente haben, die aus der Schubspannung τ_0 bekannt ist.

$$\frac{d}{dy}\left\{u_0\,(y/r)^{1/7}\right\}_{y=\delta'} = \frac{1}{7}\frac{u_0}{r}\left(\frac{r}{\delta'}\right)^{6/7} = \left(\frac{du}{dy}\right)_{y=0} = \frac{\tau_0}{\eta} = \frac{\zeta}{8}w^2\varrho\,.$$

Unter der Voraussetzung, daß das $1/_7$-Potenzgesetz bis zur Grenze der Laminarschicht gültig bleibt, ist $(r/\delta')^{1/7} = (u_0/u')$; setzt man weiter $u_0/w = 1{,}2$, so wird:

$$\varphi = u'/w = 1{,}2 \left(\frac{2 \cdot 1{,}2}{7 \cdot 0{,}0395}\right)^{1/6} Re^{-1/8} = 1{,}72\,Re^{-1/8}. \qquad (16)$$

Nach neueren Untersuchungen ist $\varphi = 1{,}4\,Re^{-0{,}1}$.

Für $Re = 10^5 \quad 5 \cdot 10^5 \quad 10^6$
ist $\varphi = 0{,}44 \quad 0{,}37 \quad 0{,}35$

Nach Abb. 5 ist für $Re = 5 \cdot 10^5$, $\zeta = 0{,}013$; mit $\varphi = 0{,}37$ wird $\dfrac{\delta'}{d} = \dfrac{8 \cdot 0{,}37}{0{,}013 \cdot 5 \cdot 10^5} = 4{,}5 \cdot 10^{-4}$.

Für $d = 100$ mm ist $\delta' = 0{,}05$ mm und für $d = 20$ mm ist $\delta' = 0{,}01$ mm.

935. Druckverlust in rauhen Rohren[1]. Für rauhe Rohre muß, als neuer Faktor für ähnliche Verhältnisse, noch die relative Rauhheit der Rohroberfläche berücksichtigt werden. Solange die Unebenheiten der Rohrwandung innerhalb der Laminarschicht bleiben, kann die Rauhheit keinen wesentlichen Einfluß auf den Strömungswiderstand haben; für solche Rohre gelten die Gleichungen (2) und (3) für glatte Rohre. Wird die Laminarschicht mit zunehmender Geschwindigkeit so dünn, daß alle Rauhheitserhebungen aus ihrer hervorragen, dann wird der Druckverlust ausschließlich durch Wirbelbildung verursacht. In diesem Bereich muß der Widerstandsbeiwert ζ unabhängig von der Reynoldsschen Zahl sein. Nach den Versuchen von Nikuradse[1] gilt dann die einfache Formel:

$$\zeta = 1/(1{,}74 + 2\log r/\varepsilon)^2 \qquad (17)$$

Zwischen diesen beiden Bereichen liegt ein Übergangsgebiet, in welchem $\zeta = F\,(Re,\,\varepsilon/r)$, aber immer kleiner als nach Gl. (17) ist.

Eingehende Untersuchungen über den Einfluß der Rauhheit auf den Strömungswiderstand haben gezeigt, daß die Wandrauhheit durch die Größe ε allein nicht vollständig erfaßbar ist,

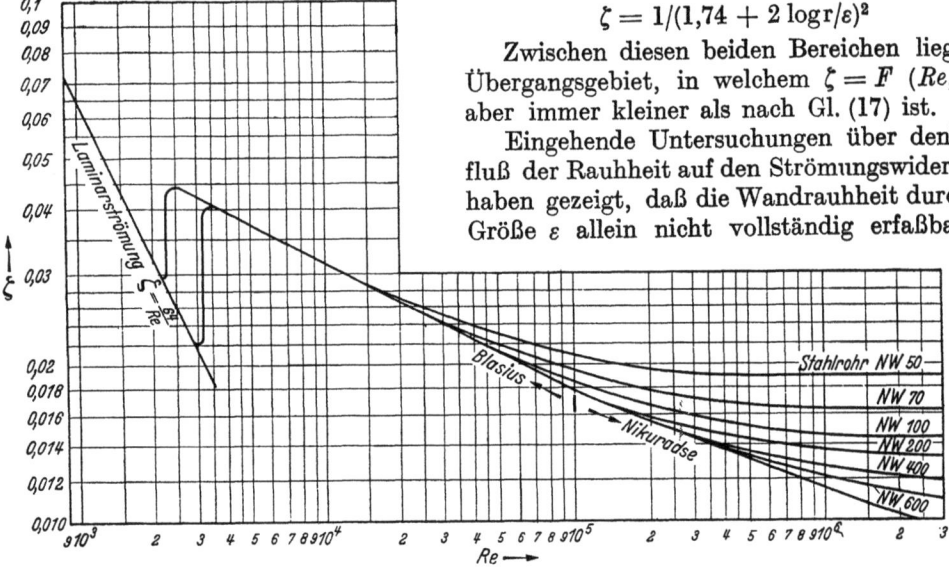

Abb. 5. Druckverlust in nahtlos gezogenen Stahlrohren[2].

weil die Strömung außer von der Größe der Wandererhebungen noch von deren Gestalt, gegenseitigem Abstand und Verteilung auf der Rohrwand abhängt. Die Übertragung der Gl. (17) von Nikuradse (Rauhheit durch Sandkörner) auf andere Verhältnisse, z. B. gezogene Eisenrohre oder Gußrohre, ist deshalb immer noch unsicher.

In der Praxis des Maschinenbaues werden hauptsächlich nahtlos gezogene Rohre verwendet, für welche die ζ-Werte nach den verschiedenen Versuchen und Literaturangaben z. T. recht

---
[1] L. 93.11.   [2] L. 93.12.

stark auseinandergehen, so daß die Vorausberechnung des Druckverlustes immer mit einer großen Unsicherheit verbunden war. Diese Lücke ist nun kürzlich durch systematische Forschungsarbeiten geschlossen worden. Das Ergebnis ist in Abb. 5 dargestellt und gilt für handelsübliche Stahlrohre, die sorgfältig zusammengeschweißt sind.

Bei sehr hohen Geschwindigkeiten elastischer Flüssigkeiten kommt noch ein Zuschlag hinzu infolge der beschleunigten Strömung. Die nachfolgende Zusammenstellung gibt dafür Richtwerte, die eine gewisse Sicherheit einschließen:

Geschwindigkeit	50	100	150 m/s
Überhitzter Dampf	1	5	10%
Stadtgas bei 20° C	2	8	15%
Luft bei 20° C	3	15	30%

936. Querschnittsänderungen[1]. Nach Gl. (92.2) wäre es gleichgültig, ob zwischen den Querschnitten F_1 und F_2 eines horizontalen Rohres die Strömung von F_1 nach F_2 gerichtet ist oder umgekehrt. Ob Geschwindigkeit in Druck (verzögerte Strömung von F_1 nach F_2) oder umgekehrt Druck in Geschwindigkeit umgesetzt wird (beschleunigte Strömung von F_2 nach F_1); in beiden Fällen beträgt der Druckunterschied (Abb. 6):

$$\frac{p_2 - p_1}{\gamma} = \frac{c_1^2 - c_2^2}{2g}. \qquad (18)$$

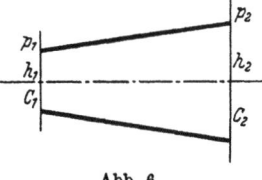

Abb. 6.

In wirklichen Flüssigkeiten trifft diese Annahme nicht zu. Mit der Geschwindigkeitsabnahme (infolge Erweiterung des Querschnittes) ist ein Druckanstieg in der Bewegungsrichtung verbunden. Nach kurzer Zeit jedoch verlieren die in der dünnen Grenzschicht befindlichen Flüssigkeitsteilchen infolge der Reibung soviel an kinetischer Energie, daß sie nicht weiter in das Gebiet ansteigenden Druckes vorzudringen vermögen. Sie kommen bald zur Ruhe, beginnen sich infolge der Drucksteigerung nach rückwärts zu bewegen und lösen sich in Wirbel auf, was mit einem erhöhten Druckverlust verbunden ist. **Während die beschleunigte Strömung fast verlustfrei erfolgt, sind Querschnittserweiterungen immer mit bedeutenden Druckverlusten verbunden.** Man setzt:

$$p_2 - p_2' = \Delta p = \xi \frac{c^2}{2g} \gamma. \qquad (19)$$

Zur Berechnung des Verlustes geht man am zweckmäßigsten vom Impulssatz aus. Unter Impuls oder Bewegungsgröße J versteht man das Produkt aus Masse m und Geschwindigkeit w ($J = m \cdot w$). Die Newtonsche Gleichung für die Bewegung eines Massenpunktes (Kraft = Masse × Beschleunigung):

$$P = m \frac{dw}{dt}$$

kann auch geschrieben werden:

$$P = \frac{d}{dt}(m \cdot w) = \frac{dJ}{dt} = \text{Impulsänderung je Zeiteinheit.}$$

Sie gilt sowohl für ein abgegrenztes System diskreter Massenpunkte

$$\sum P = \frac{d}{dt} \sum (m \cdot w) = \frac{dJ}{dt}$$

als auch für eine Flüssigkeitsmenge

$$\sum P = \frac{d}{dt} \int_F w \cdot dm = \frac{dJ}{dt}, \qquad (20)$$

wenn dabei beachtet wird, daß die betrachtete Flüssigkeitsmenge dauernd aus den gleichen Teilchen besteht. Sie sollte also durch eine bewegliche (flüssige) Fläche begrenzt werden, so daß während der Untersuchung (zeitliche Differentiation) keine Flüssigkeit durch die einmal gezogene Grenze ein- oder austreten kann. Die Änderung des Impulses in der Zeiteinheit eines von einer flüssigen Fläche eingeschlossenen Gebietes ist gleich der Resultierenden der äußeren Kräfte.

Für die Berechnung der Impulsänderung ist es aber zweckmäßiger eine raumfeste Kontrollfläche zu wählen. Der Impulssatz hat nämlich nur für stationäre Bewegungen praktische Bedeutung, bei denen jedes Flüssigkeitsteilchen an einem festgehaltenen Ort in der Zeit

---
[1] L. 93. 13/16.

490   9. Rohrleitungen.

dt durch ein anderes Teilchen von gleicher Geschwindigkeit ersetzt wird. Die Impulsänderung ist dann gleich dem durch die Kontrollfläche strömenden Impuls (Impulsfluß).

$$\Sigma P = \frac{d}{dt}\int_{\text{Oberfl.}} w\,dm = \int_{\text{Oberfl.}} p\,dF. \quad (21)$$

Der besondere Wert des Impulssatzes liegt darin, daß er — allein aus der Kenntnis des Zustandes an der Begrenzungsfläche — über physikalische Vorgänge etwas aussagt, ohne daß man sie im Innern zu kennen braucht.

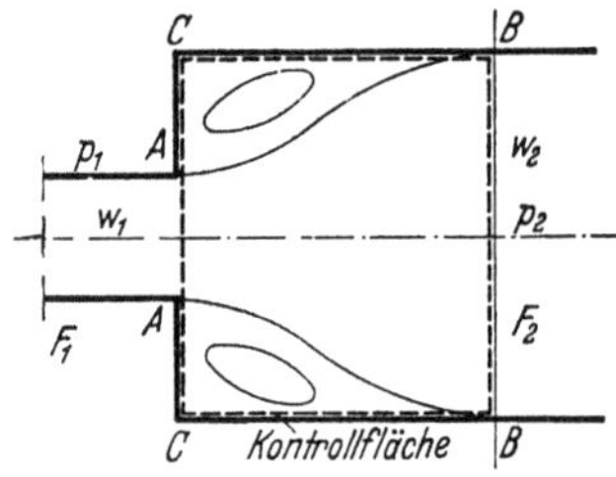

Bei einer plötzlichen Erweiterung (Abb. 7) löst sich der Strahl in AA sofort von der Wandung ab um diese z. B. bei BB wieder zu erreichen. Der Winkelraum ACB (der oft, aber recht unzutreffend als „tote" Ecke bezeichnet wird) steht in AA, infolge der größeren Geschwindigkeit unter einem kleineren Druck als in BB. Dieser Druckunterschied hat eine starke Rückströmung von B nach A zur Folge, die sich mit bedeutendem Energieverlust in Wirbel auflöst.

Abb. 7. Erweiterungsverlust.

Wir legen nun eine (möglichst einfache) Kontrollfläche, die durch CC, BB und durch die Wandung CB begrenzt ist.

Da durch die Wandung CB keine Flüssigkeit strömen kann, geht der gesamte Impulsfluß ausschließlich durch die Flächen AA und BB, wobei wir annehmen wollen, daß in diesen Querschnitten eine konstante mittlere Geschwindigkeit w_1 bzw. w_2 vorhanden ist, was, streng genommen, nicht zutrifft. Der Impulsfluß ($\varrho F w \cdot w$) ist dann, da ϱ konstant ist:

$$\varrho F_1 w_1^2 - \varrho F_1 w_2^2 \;.$$

Als äußere Kräfte wirken auf den Grenzflächen CC und BB die Drücke p_1 bzw. p_2, so daß nach dem Impulssatz:

$$\varrho F_1 w_1^2 - \varrho F_2 w_2^2 = F_2(p_2 - p_1)\;.$$

Mit Hilfe der Kontinuitätsgleichung: $F_1 w_1 = F_2 w_2$ folgt daraus:

$$p_2 - p_1 = \varrho w_2 (w_1 - w_2)\;.$$

Bei verlustfreiem Übergang wäre (nach Bernoulli): $p_2' - p_1 = \frac{\varrho}{2}(w_1^2 - w_2^2)$, so daß der Verlust durch die plötzliche Erweiterung

$$\Delta p = p_2' - p_2 = p_2' - p_1 - (p_2 - p_1) = \frac{\varrho}{2}(w_1^2 - w_2^2) - \varrho w_2(w_1 - w_2)$$

ist, oder

$$\Delta p = \frac{\varrho}{2}(w_1 - w_2)^2\;. \quad (22)$$

Versuche von V. Blaess haben gezeigt, daß diese Gleichung infolge der gemachten Voraussetzungen, nicht genau zutrifft.

Setzt man $\Delta p = \xi_1 w_1^2 \varrho/2$, so wird: $\xi_1 = \left(1 - \frac{F_1}{F_2}\right)^2$ (23a)

und für $\Delta p = \xi_2 \frac{w_2^2}{2}\varrho$ ist $\xi_2 = \left(\frac{F_2}{F_1} - 1\right)^2$. (23b)

Plötzliche Querschnittsänderungen treten in Rohrleitungen beim Einbau von Reduktionsmuffen auf. In Zahlentafel 93.1 sind die Widerstandszahlen ξ nach Gl. (23a) mit den Versuchswerten von M. Hottinger[1] verglichen. Aus den Versuchen scheint zu folgen, daß die ξ-Werte nicht nur vom Verhältnis F_1/F_2, sondern auch von der absoluten Größe der Durchmesser abhängig sind.

Zahlentafel 93.1. ξ-Werte der Reduktionsmuffen GF 240 — Erweiterung.

	2—1½''	2—¾''	2—1''	2—¾''	5/4—1''	5/4—¾''	5/4—½''	5/4—⅜''	¾—½''	¾—⅜''
F_1/F_2	0,605	0,450	0,254	0,161	0,564	0,358	0,197	0,099	0,550	0,276
ξ (Gl. 23a) . .	0,155	0,30	0,56	0,70	0,19	0,41	0,64	0,82	0,20	0,52
ξ_{Versuch}	0,10	0,28	0,44	0,50	0,13	0,34	0,69	1,0	0,29	0,52

Strömt eine Flüssigkeit durch eine scharfkantige Mündung frei aus, so zeigt es sich, daß die Durchflußmenge durch Aufsetzen eines kurzen Rohrstückes im Sinne der Abb. 8 wesentlich erhöht werden kann, ein Umstand, der schon den alten Ägyptern bei ihren Bewässerungs-

[1] L. 93. 17.

anlagen auffiel. Durch eine scharfkantige Mündung mit dem Querschnitt F strömt nach Gl. (92.10) mit $\alpha = 0{,}64$ und $\psi = 0{,}97$ die Wassermenge

$$G_1 = \alpha \psi \cdot F \sqrt{2gh} = 0{,}62 F \sqrt{2gh}\,.$$

Setzt man ein Rohr von gleichem Querschnitt F und einer solchen Länge auf, daß der Endquerschnitt vollständig mit Wasser durchströmt wird, so folgt aus der Energiegleichung ($w_0 = 0$) unter Berücksichtigung des Erweiterungsverlustes nach Gl. (22):

$$h = \frac{w^2}{2g} + \frac{(w_1 - w)^2}{2g},$$

worin w_1 die Geschwindigkeit bei der größten Kontraktion des Strahles, also $w_1 = w/\alpha = w/0{,}64$ ist. Dann wird:

$$2gh = w^2 \left[1 + \left(\frac{1}{\alpha} - 1\right)^2\right]$$

und unter Berücksichtigung der Strömung von nichtidealen Flüssigkeiten

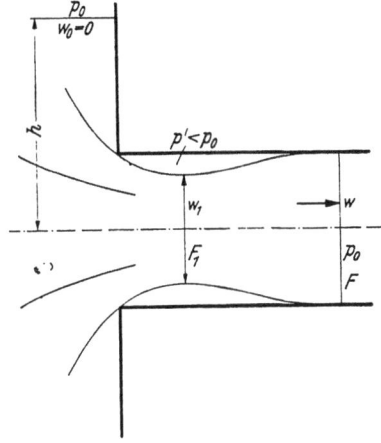

Abb. 8.

$$w = \psi \sqrt{\frac{2gh}{1 + \left(\frac{1}{\alpha} - 1\right)^2}} = 0{,}84 \sqrt{2gh} \quad \text{und} \quad G_2 = 0{,}84 F \sqrt{2gh}\,.$$

Diese interessante Tatsache ist leicht verständlich, da im Querschnitt F_1 (mit der Geschwindigkeit w_1) ein kleinerer Druck herrschen muß als der Umgebungsdruck.

937. Richtungsänderungen[1]. Strömt eine Flüssigkeit durch ein gerades Rohr, so kann man — nach dem Vorgehen der klassischen Hydraulik — die Strömung durch parallele Flüssigkeitsfäden beschreiben, deren Geschwindigkeit in der Nähe der Wandung kleiner als in der Mitte ist. Kommt nun ein solcher Flüssigkeitsstrom in einen Krümmer (Abb. 9), so werden die mittleren Teilchen mit der größeren Geschwindigkeit infolge ihrer größeren Fliehkraft nach außen gedrängt. Es entstehen dadurch in den Querschnitten des Krümmers die in Abb. 9b angedeuteten Sekundärströmungen, die sich der Hauptgeschwindigkeit überlagern. Die Parallelität der Flüssigkeitsfäden ist demnach in einem Krümmer grundsätzlich unmöglich. Der Einfluß des Krümmers beschränkt sich deshalb auch nicht auf die Länge des Bogenstückes, sondern erstreckt sich noch auf ein längeres Stück des nachfolgenden geraden Rohres (ca. $l = 25\,d$). Es ist deshalb oft gebräuchlich, den Druckverlust in einem Krümmer gleich dem Druckverlust eines geraden Rohres von einer bestimmten (äquivalenten) Länge $l_{ae} = X \cdot l$ zu setzen.

$$\Delta p = \xi_k \frac{w^2}{2g} \gamma = X \left(\zeta \frac{l}{d}\right) \frac{w^2}{2g} \gamma\,.$$

Für einen Rohrbogen mit der Länge $l = \varphi \cdot D/2$ (φ = Ablenkungswinkel in Bogenmaß), wird

$$\xi_k = X \zeta \cdot \frac{\varphi D}{2d} \quad \text{oder} \quad X = \frac{2 \xi_k}{\zeta \varphi} \cdot \frac{d}{D}\,. \qquad (24)$$

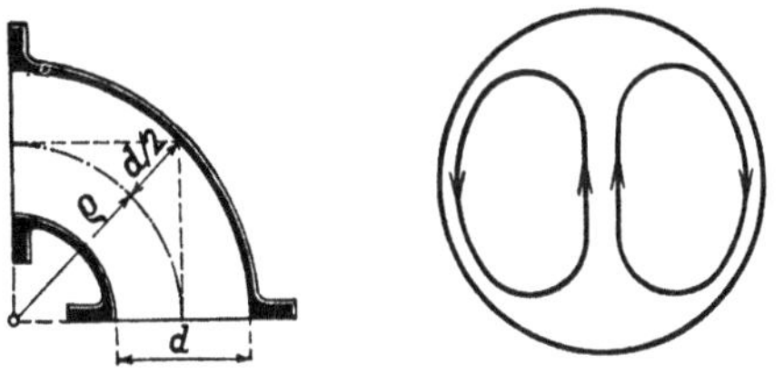

Abb. 9. Rohrkrümmer. $\varrho = D/2$.

Über den Druckverlust in Rohrkrümmern liegen zahlreiche Versuche vor, deren Ergebnisse sich z. T. widersprechen. Nach den neuesten Versuchen von H. Richter[2] mit glatten Rohren ist

$$\xi_k = 0{,}2075\, a' \, a \, Re^{-0{,}235}, \qquad (25)$$

worin

$$a' = 2{,}9\, \varphi^{1{,}108} \qquad (26)$$

ist und a aus Abb. 10 zu entnehmen ist. Aus dieser Abbildung folgt, daß für D/d größer als 6

$$a = 0{,}241\, D/d$$

gesetzt werden kann. In diesem Fall wird mit dem ζ-Wert aus Gl. (2):

$$X = \frac{2 \cdot 0{,}2075 \cdot 0{,}241\, D/d \cdot 2{,}9\, \varphi^{1{,}108}\, Re^{-0{,}235}}{0{,}3164\, Re^{-0{,}25}\, \varphi} \cdot \frac{d}{D} = 0{,}93\, \varphi^{0{,}108}\, Re^{0{,}015} \qquad (27)$$

also praktisch unabhängig von der Reynoldsschen Zahl und vom Krümmungsverhältnis D/d.

---

[1] L. 93.18—22.   [2] L. 93.21.

492

Für $Re = 5 \cdot 10^4$ und $\varphi = \pi/2$ ist $\varphi^{0,108} = 1,05$ und $X = 1,15$ und
für $\varphi = \pi$ $\varphi^{0,108} = 1,13$ und $X = 1,23$.

Der Krümmungsverlust ist demnach für $D/d > 6$ überwiegend Rohrreibung.

Für D/d kleiner als 6 ist

$$X = \frac{2 \cdot 0,2075 \cdot a \cdot 2,9\, \varphi^{1,108}\, Re^{-0,235}}{0,3164\, Re^{-0,25}\, \varphi} \cdot \frac{d}{D} = 3,8\, \varphi^{0,108}\, Re^{0,015}\, a \cdot d/D \qquad (28)$$

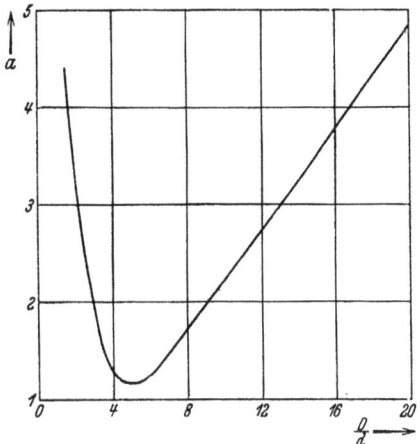

Abb. 10. Druckverlust in gekrümmten Rohren.

also fast unabhängig von der Reynoldsschen Zahl.

Für einen Krümmer von $\pi/2$ Umlenkungswinkel sind die X- und ξ_k-Werte in Zahlentafel 2 zusammengestellt, wobei die a-Werte aus Abb. 10 entnommen wurden, während die ξ_k-Werte aus

$$\xi_k = a \cdot Re^{-0,235}, \qquad (29)$$

folgen, die sich für $\varphi = \pi/2$ aus Gl. (25) und (26) ergibt.

Man ersieht daraus, daß für kleine Werte von D/d, ξ_k noch ziemlich stark von der Reynoldsschen Zahl abhängt. Deshalb nehmen auch die ξ_k-Werte für GF-Krümmer (Zahlentafel 3) mit zunehmendem Durchmesser ab. Dadurch und aus der Rauheit der Oberfläche wird es erklärlich, daß die einzelnen Versuchswerte oft stark verschieden sein können.

Zahlentafel 2. Werte von ξ_k und X für $D/d < 6$ und $\varphi = \pi/2$.

D/d	a	X	ξ_k-Werte für $Re = 10^4$	10^5	10^6
5	1,18	1,2	0,13	0,08	0,05
4	1,3	1,5	0,15	0,09	0,05
3	2	3,1	0,23	0,13	0,08
2	3,5	8,4	0,4	0,24	0,14
1,5	5	15	0,6	0,3	0,2
1	10	47	1	0,7	0,4

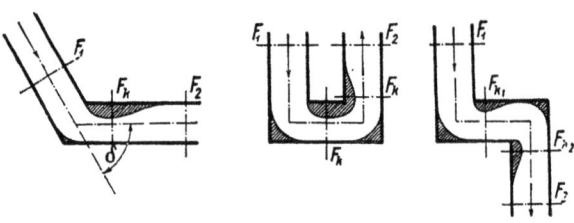

Abb. 11.   Abb. 12.   Abb. 13.
(Aus Bánki, Energieumwandlungen.)

Zahlentafel 3. Widerstandszahlen ξ_k für GF-Krümmer[1].

Lichte Weite	14	20	25	34	39	49 mm
Kniestück ⌐ . . . . . ξ	1,7	1,7	1,3	1,1	1,0	0,83
Bogen 90° ⌒ . . . . . ξ	1,2	1,1	0,86	0,53	0,42	0,51
Bogen 180°, weit ⌒ . ξ	—	0,89	0,89	0,96	—	0,66
Bogen 180°, eng ∩ . . ξ	—	1,7	—	1,8	—	1,8

Eine plötzliche Richtungsänderung (Knierohr Abb. 11) ist immer mit einer Querschnittsänderung verbunden, durch welche der größte Teil des Druckverlustes verursacht wird, während die eigentliche Richtungsänderung nur verhältnismäßig wenig Druckverlust zur Folge hat. Dies bestätigt ein Versuch Weisbachs, bei dem er — die Rohrrichtung in derselben Ebene unmittelbar nacheinander brechend (Abb. 12) — annähernd den gleichen Druckverlust fand wie bei nur einmaliger Ablenkung. Der Verlust steigt auf das 1½ fache, wenn die zweite Richtungsänderung senkrecht zur ersten und auf das Doppelte, wenn der zweite Richtungswechsel zwar in der gleichen Ebene, aber in einer zur ersten entgegengesetzten Richtung erfolgt (Abb. 13).

938. Absperrorgane[2]. Je nach der Art der Flüssigkeit und dem Durchmesser des Rohres werden verschiedene Absperrmittel verwendet. Sie müssen bei geringen Durchströmverlusten sicher und dauernd abdichten.

Man unterscheidet:

1. **Hähne:** Das Verschlußstück gleitet in Drehbewegung auf der Sitzfläche, ohne seine Höhenlage zu ändern.

---
[1] Nach den Versuchen von Brabbée L. 93.23 und von M. Hottinger L. 93.24.
[2] L. 93.28—30.

2. **Ventile**: Das Verschlußstück, das sich senkrecht zur Sitzfläche bewegt, wird vom Sitz abgehoben.

3. **Schieber**: Das Verschlußstück bewegt sich parallel zur Sitzfläche.

4. **Klappen**: Das Verschlußstück wird durch eine Drehbewegung um eine seitlich liegende Achse vom Sitz abgehoben; es klappt auf.

Hähne werden im allgemeinen für kleine Rohrquerschnitte und für nicht zu warme Flüssigkeiten verwendet. Hahnküken und Gehäuse dichten längs schwach geneigten, kegelförmigen Flächen ab (Abb. 14, Neigung normal 1 : 12). Der runde Rohrquerschnitt wird in einen länglichen Schlitz übergeführt, damit der Durchmesser des Hahnkegels nicht zu groß wird. Die Änderung der Querschnittform muß ohne Änderung der Querschnittsgröße durchgeführt werden, damit die Flüssigkeit nicht gedrosselt wird. Durch das Drehen des Hahnes darf der Anpreßdruck zwischen Küken und Gehäuse nicht geändert werden; die Unterlegscheibe zwischen Gehäuse und Mutter sitzt deshalb auf einem Vierkant am Hahnküken.

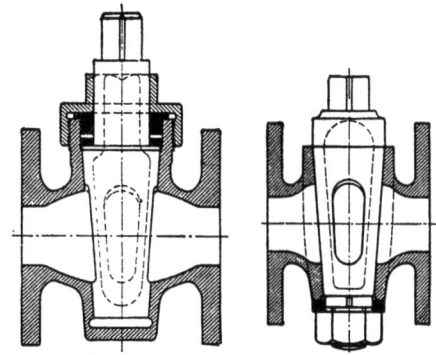

Abb. 14. Durchgangshähne (aus Dubbel, Taschenbuch).

Absperrventile werden als Durchgangsventil (Abb. 15) oder als Eckventil (Abb. 16) ausgeführt. Für Wasser und kalte Flüssigkeiten werden die Dichtungsflächen aus Bronze hergestellt oder Lederdichtungen eingelegt; für gesättigte Dämpfe Dichtungen aus Jenkinsmasse (Abb. 15). Da die Dehnungszahl von Bronze größer als von Eisen ist, dürfen für warme Flüssigkeiten keine Bronzebüchsen in gußeiserne Gehäuse eingesetzt werden. Für überhitzten Dampf werden Nickeldichtungsringe in Stahlgußgehäusen verwendet (Abb. 16); die Ausdehnungszahlen für Nickel und Stahl sind ungefähr gleich groß. Besondere

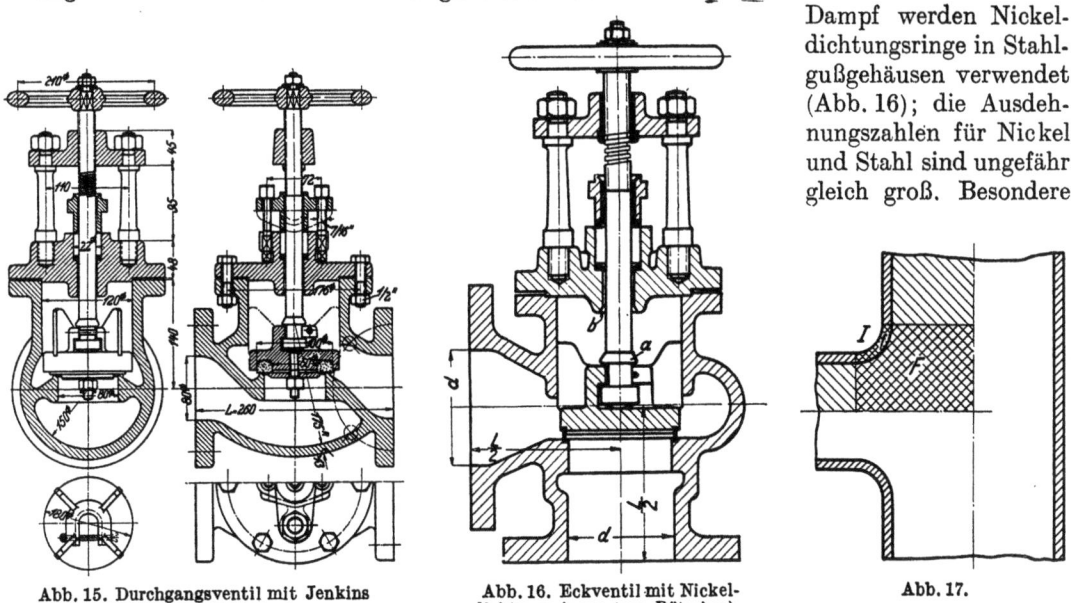

Abb. 15. Durchgangsventil mit Jenkins Dichtung (aus Rötscher). Abb. 16. Eckventil mit Nickeldichtungsringen (aus Rötscher). Abb. 17.

Schwierigkeit bietet die Festigkeitsberechnung von Ventilgehäusen, Abzweigungen und von anderen Formstücken. Zweifellos wird das Gehäuse beim Übergang zum Rohr geschwächt; eine Verstärkung durch Vergrößerung der Wandstärke ist dort aus gießereitechnischen Gründen meist unzweckmäßig. C. von Bach[1] hat folgende Näherungsrechnung zur Abschätzung der in der Kehle auftretenden Spannungen vorgeschlagen. Die zylindrischen Teile der Wandung (Abb. 17) nehmen (nach der Kesselformel) die Drücke auf, die auf den einfach schraffierten Flächen wirken. Die Kehle I vom Querschnitt f = Wandstärke × Bogenlänge muß demnach die auf der doppelt schraffierten Fläche F wirkende Belastung aufnehmen, so daß die Spannung dann

$$\sigma_z = F \cdot p/f \text{ kg/cm}^2$$

wird. Je schärfer der Übergang, um so kleiner ist f und um so größer die Spannung. Diese Überschlagrechnung zeigt deutlich die große Gefahr bei scharfen Ecken. Kugelförmige Ventilkörper bieten beim Anschluß zylindrischer Stutzen günstige Übergangsformen.

---

[1] Maschinenelemente, 12. Aufl., Bd. 2, S. 402.

Die Widerstandszahlen solcher Ventile sind sehr groß, $\xi = 2{,}6$ bis 9[1]; sie sind auch abhängig von der Ausführungsgröße, da eine genaue geometrische Ähnlichkeit nicht vorhanden ist. So ergaben Messungen mit Geradsitzventilen (Abb. 15) folgende Werte.

Für $d =$	50	76	100	150 mm Durchmesser
$\xi =$	8,8	7,3	4,9	3,7 ,, ,,

Schon kleine Änderungen in der Ausführungsform können großen Einfluß auf den Strömungswiderstand haben. Die Führungsrippen unter dem Ventilteller (Abb. 18) z. B. erhöhen, nach den Versuchen von A. J. ter Linden[2], den Widerstand um 66%.

Die Bestrebungen, den Durchflußwiderstand der Ventile zu verkleinern, haben in den letzten Jahren zu anderen Gehäuseformen geführt, wodurch z. B. beim Koswa-Ventil (Abb. 19) relativ kleine Durchflußzahlen ($\xi = 1{,}7$ bis $2{,}7$ je nach Durchmesser) und beim Freiflußventil (Abb. 20) noch kleinere Werte erreicht worden sind.

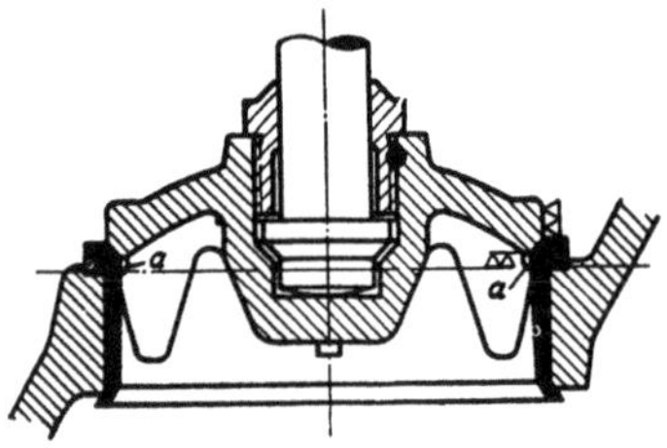

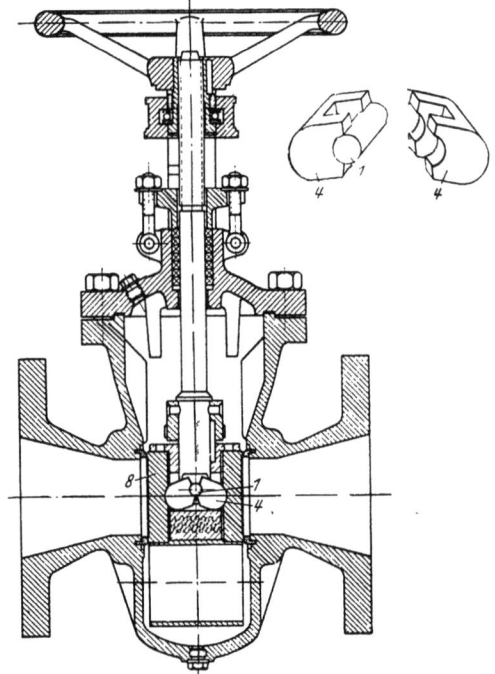

Abb. 18.

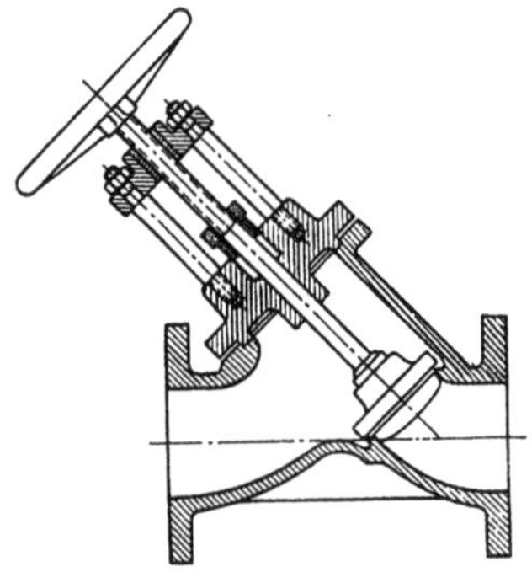

Abb. 19. Koswa-Ventil $\xi = 1{,}7$ bis $2{,}7$.

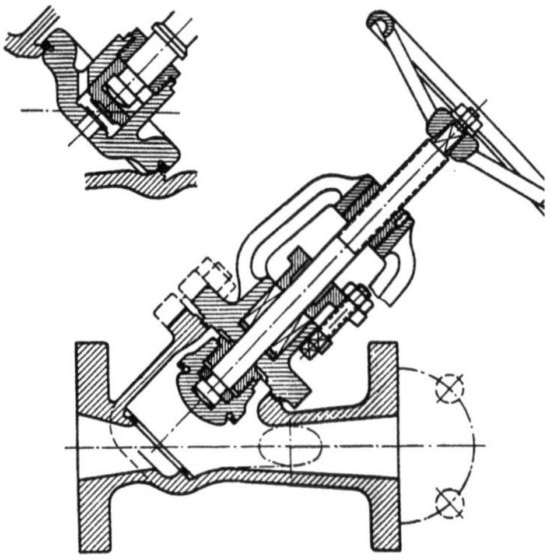

Abb. 20. Panzerfreiflußventil von **Amag-Hilpert**.

Dennoch sind Ventile für große Geschwindigkeiten und für schwere Flüssigkeiten (z. B. Dampf von hohem Druck) ungeeignet. In solchen Fällen und überall dort, wo der Druckverlust möglichst klein gehalten werden muß, sind Absperrschieber zu verwenden (Abb. 21 u. 22).

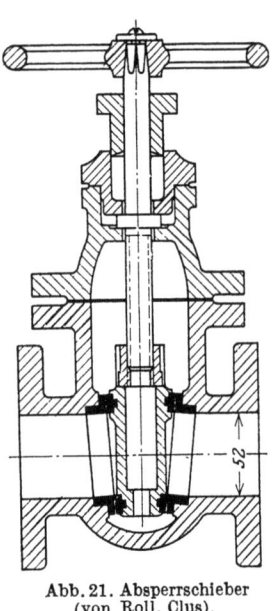

Abb. 21. Absperrschieber (von Roll, Clus).

Abb. 22. Borsig-Schieber H. W.

deren Widerstandszahlen je nach Ausführungsform und Durchmesser zwischen 0,2 und 0,4 liegen.

---

[1] L. 93.23 u. 24.
[2] Polytechn. Weekbl. 1927, S. 161.

Bei den selbsttätigen Ventilen (Rückschlag-, Saug- oder Druckventilen) wird ein Teil der Strömungsenergie dazu benötigt, den Ventilteller offenzuhalten. Der Strömungswiderstand ist demnach größer, als wenn nur Richtungs- und Querschnittsänderungen in Frage kämen. Der Einfluß des Ventilgewichtes tritt besonders bei kleinen Strömungsgeschwindigkeiten stark in Erscheinung. Die hier auftretenden Strömungserscheinungen und die Durchflußwiderstände sind sehr verwickelt und von vielen Faktoren abhängig; sie können hier nicht näher behandelt werden.

94. Berechnung von Rohrleitungen.

Unter Berücksichtigung des Druckverlustes Δp, der zur Überwindung der Strömungswiderstände erforderlich ist, lautet die Energiegleichung (92.2)

$$z_1 \gamma + p_1 + \frac{w_1^2}{2g} \gamma = z_2 \gamma + p_2 + \frac{w_2^2}{2g} \gamma + \Delta p. \tag{94.1}$$

Setzt man $z_1 - z_2 = z$ und $p_1 - p_2 = p$, so ist:

$$z \gamma + p = \frac{w_2^2 - w_1^2}{2g} \gamma + \Delta p. \tag{2}$$

Wird der Höhenunterschied z vernachlässigt und strömt die Flüssigkeit aus einem großen Behälter, so daß $w_1 = 0$ gesetzt werden kann, dann vereinfacht sich die Gleichung zu:

$$p = \frac{w^2}{2g} \gamma + \Delta p. \tag{3}$$

Drückt man die Druckverluste durch die Geschwindigkeitshöhe aus, so ist

$$p = \left(1 + \zeta \frac{l}{d} + \Sigma \xi\right) \frac{w^2}{2g} \gamma = A \cdot \frac{w^2}{2g} \gamma. \tag{4}$$

Strömt die Flüssigkeit schon mit der Geschwindigkeit $w_1 = w_2 = w$ zu, so wird

$$p = \left(\zeta \frac{l}{d} + \Sigma \xi\right) \frac{w^2}{2g} \gamma = A_1 \frac{w^2}{2g} \gamma. \tag{5}$$

Zu den Einzelwiderständen ξ sind auch die Rohrverbindungen zu rechnen, die je nach der Sorgfalt der Ausführung und der Art der Verbindung wesentliche Druckverluste verursachen können[1]. Nach den Versuchen von M. Hottinger[2] steigt z. B. für Gasrohrmuffen (GF 270) der Wert von ξ von 0,05 für Rohre größer als 1" bis auf $\xi = 0,4$ bis 0,5 für $\frac{3}{8}$" Gasrohr. Bei zusammengeschweißten Rohren kommt der Einfluß nicht einwandfreier Schweißung um so mehr zur Geltung, je kleiner der Rohrdurchmesser ist, weil die Querschnittsverengungen durch Schweißtropfen dann verhältnismäßig größer sind. Ähnlich liegen die Verhältnisse bei Flanschverbindungen mit vorstehenden Dichtungen oder bei nicht genau aufeinander passenden Rohren. Tadellose Schweißung oder Flanschverbindung erzeugen bei größeren Rohrdurchmessern keinen zusätzlichen Druckverlust. Für jede Rundschweißung eines $\frac{1}{2}$"-Gasrohres ist (nach den Versuchen von M. Hottinger) auch bei tadelloser Schweißung $\xi = 0,12$; bei nicht einwandfreien Schweißungen ist $\xi = 0,2$ bis 0,7. Eine gute Schweißverbindung wird durch Einlegen einer dünnen Hülse erreicht (Abb. 94.1) oder nach Abb. 91.14. Auch das Rauhwerden der Rohrfläche durch Korrosion im Betrieb muß berücksichtigt werden. Dampfleitungen rosten im allgemeinen nicht; sie können aber durch Salz oder Schmutzablagerungen rauher werden. Für die Berechnung des Druckverlustes ist es deshalb zweckmäßig einen Zuschlag von bis zu 50% auf die theoretischen Werte zu machen um diese Faktoren zu berücksichtigen.

Abb. 94.1.
Gute Rohrverschweißung.

Wenn eine bestimmte Flüssigkeitsmenge G m³/s durch das Rohr gefördert werden soll, so folgt die Strömungsgeschwindigkeit w in m/s aus der Kontinuitätsgleichung

$$G = \frac{\pi}{4} d^2 w \text{ m}^3/\text{s}. \tag{6}$$

Aus den beiden Gleichungen (4) und (6) läßt sich bei gegebenem Rohrdurchmesser der erforderliche Druck p oder bei gegebenem Druck der Rohrdurchmesser bestimmen.

Zahlenbeispiel 94.1. Es ist die Luftgeschwindigkeit einer Saugleitung zu berechnen (Länge = 80 m, 200 mm ⌀ mit zwei Bogen von 90° und $D = 5d$), wenn der Unterdruck am gut

---

[1] L. 94.1.   [2] L. 93.17.

abgerundeten Saugstutzen des Ventilators 40 mm Wassersäule = 40 kg/m² beträgt, und der Drosselschieber ganz bzw. halb geöffnet ist.

Die Schwierigkeit bei solchen Aufgaben liegt darin, daß ζ zunächst nicht genau zu bestimmen ist. Man nimmt deshalb ζ erst schätzungsweise an und kontrolliert nachher, ob die Wahl richtig war. Für Rohre aus glattem Schwarzblech sei $\zeta = 0{,}016$ angenommen.

Für jeden Rohrkrümmer mit $D = 5d$ ist (nach Zahlentafel 93.2) $X = 1{,}2$; die äquivalente Länge des Rohrkrümmers

$$l_{ae} = X \cdot \frac{\pi}{2} \cdot 2{,}5\, d \approx 1 \text{ m}.$$

Bei vollständig geöffnetem Drosselschieber und verlustfreiem Eintritt der Luft in die Saugleitung ist dann:

$$p = \left(1 + 0{,}016\,\frac{82}{0{,}2}\right) \frac{w^2}{2g}\gamma = 8{,}0\,\frac{w^2}{2g}\gamma = 40 \text{ kg/m}^2.$$

Daraus folgt, wenn für Luft $\sqrt{\frac{2g}{\gamma}} = 4$ gesetzt wird:

$$w = 4\sqrt{\frac{40}{8}} = 9{,}0 \text{ m/s}.$$

Da die Luftgeschwindigkeit nun bekannt ist, kann der Wert von ζ nachgerechnet werden. Weil die kinematische Zähigkeit von Luft von 20° C gleich 0,15 cm²/s ist, so wird die Reynoldssche Zahl

$$Re = \frac{w \cdot d}{\nu} = \frac{900 \text{ cm/s} \cdot 20 \text{ cm}}{0{,}15 \text{ cm}^2/\text{s}} \approx 120\,000$$

und nach Abb. (93.5) $\zeta = 0{,}017$, in genügender Übereinstimmung mit dem angenommenen Wert.

Bei halb geöffnetem Drosselschieber wird, mit $\xi = 3$ aus nachfolgender Zusammenstellung

Für Schieber	0	$\tfrac{1}{8}$	$\tfrac{2}{8}$	$\tfrac{3}{8}$	$\tfrac{4}{8}$	$\tfrac{5}{8}$	$\tfrac{6}{8}$	$\tfrac{7}{8}$	geschlossen
ist nach Weisbach $\xi =$	0	0,07	0,26	0,81	2,06	5,52	17,0	97,8	
und nach V. Blaess $\xi =$	0,05	0,08	0,8	1,5	3,0	8,6	20	98	

$$p = \left(1 + 0{,}017\,\frac{82}{0{,}2} + 3\right)\frac{w^2}{2g}\gamma = 11\,\frac{w^2}{2g}\gamma = 40, \text{ und}$$

$$w = 7{,}6 \text{ m/s},$$

so daß noch $100 \cdot 7{,}6/9 =$ rd. 85% der Luftmenge bei vollgeöffnetem Schieber durchgeht.

Zahlenbeispiel 2. Durch eine Dampfleitung von 179 mm lichter Weite nach Abb. 2 strömen stündlich 49,7 t überhitzter Dampf von 29,85 ata und 353° C mit einem mittleren spezifischen Gewicht von 10,7 kg/m³. Wie groß ist der Druckverlust zwischen den Punkten 1 und 2, wenn die Widerstandszahl eines Wellrohrbogens $\xi = 3{,}1$ ist? Die äquivalente Länge eines Rohrkrümmers ist gleich der wirklichen Länge, da für $D/d = \frac{1350}{179} = 7{,}5$ (nach Zahlentafel 93.2)

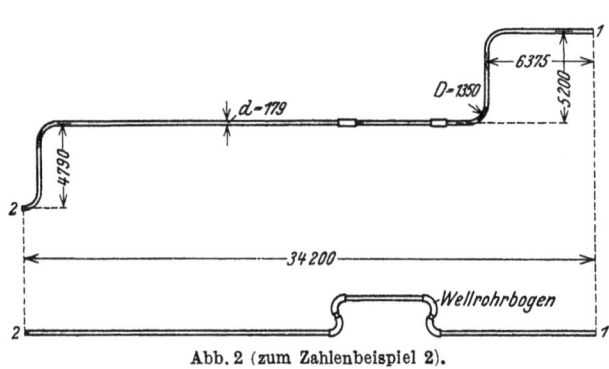

Abb. 2 (zum Zahlenbeispiel 2).

$X \approx 1$ ist. Die gestreckte Mittellinie des Rohres ist rd. 45,4 m.

Die Rohrverbindung nach Abb. 91.14 zeigt an den Verbindungsstellen eine glatte Fläche, so daß keine zusätzlichen Widerstände dafür in Rechnung zu setzen sind. Weil die Dampfgeschwindigkeit in den Punkten 1 und 2 gleich groß ist, so ist der Druckverlust $\triangle p$:

$$\triangle p = \left(\zeta\,\frac{l_{ae}}{d} + \Sigma\xi\right)\frac{w^2}{2g}\gamma.$$

Die Dampfgeschwindigkeit folgt aus der Kontinuitätsgleichung zu:

$$w = \frac{49\,700}{10{,}7 \cdot 3600 \cdot \frac{\pi}{4} \cdot 0{,}179^2} = 51{,}2 \text{ m/s}.$$

94. Berechnung von Rohrleitungen.

Da die kinematische Zähigkeit ν des Dampfes bei dem angegebenen Druck und bei 350° C etwa $2{,}5 \cdot 10^{-6}$ m²/s ist, so wird die Reynoldssche Zahl

$$Re = \frac{wd}{\nu} = \frac{51{,}2 \cdot 0{,}179}{2{,}5} \cdot 10^6 = 3{,}66 \cdot 10^6 .$$

Für Stahlrohr NW 120 ist nach Abb. 93.5, $\zeta = 0{,}014$. Damit wird

$$\Delta p = \left(0{,}014 \frac{45{,}4}{0{,}179} + 2 \cdot 3{,}1\right)\frac{w^2}{2g}\gamma = (3{,}6 + 6{,}2)\frac{w^2}{2g}\gamma = 9{,}8 \frac{51{,}2^2}{19{,}6} \cdot 10{,}7 = 14\,000 \text{ kg/m}^2 = 1{,}4 \text{ at}.$$

Gemessen wurde[1] $\Delta p = 1{,}39$ at. Aus der Rechnung erkennt man den großen Druckverlust der Ausgleichbogen aus Wellrohr. Kämen am Anfang und am Ende der Leitung noch je ein Normalabsperrventil mit $\xi = 4{,}5$ hinzu, so würde der Druckverlust verdoppelt, was zeigt, daß Absperrschieber mit möglichst kleinem Durchgangswiderstand einzubauen sind.

941. Wirtschaftlicher Rohrdurchmesser. Die Aufgabe, eine bestimmte Flüssigkeitsmenge durch eine Rohrleitung zu fördern, kann in verschiedener Weise gelöst werden. Man kann ein enges Rohr wählen, so daß der Druckunterschied zwischen Anfang und Ende der Leitung groß wird, oder man kann einen großen Durchmesser festlegen, um mit einem geringen Überdruck auszukommen. Im ersten Fall sind die Anlagekosten der Leitung niedrig, dagegen die Betriebskosten hoch, im zweiten Fall die Anlagekosten hoch bei kleinen Betriebskosten. Die wirtschaftlichste Lösung ist nun die, bei der die Gesamtjahreskosten am kleinsten werden.

Die Werkstoffkosten der Leitung sind proportional Rohrlänge × Durchmesser × Wandstärke s, oder da — nach der Kesselformel — für einen konstanten Druck s prop. d ist, sind die Materialkosten proportional $l \times d^2$. Dazu kommen die Kosten der Armaturen, evtl. Isolierung, Verlegung usw. Wir wollen annehmen, daß die Gesamtkosten der verlegten Leitung mit $l \cdot d^{1,5}$ proportional sind, dann ist das Anlagekapital der Leitung

$$A = a \cdot d^{1,5} \cdot l_{ae}$$

worin a für einen bestimmten Werkstoff, einen bestimmten Druck und für eine bestimmte Art der Verlegung konstant ist. Nehmen wir $p\%$ für Verzinsung, Amortisation und Unterhalt an, so betragen die Besitzkosten der Leitung pro Jahr

$$a \cdot l_{ae} \cdot d^{1,5} \cdot p/100 \text{ Mark} .$$

Für die Förderung von G m³/s bei einem Druckunterschied von Δp kg/m² sind die jährlichen Betriebskosten bei z Stunden Betriebsdauer je Tag und 300 Arbeitstagen je Jahr

$$\frac{G\Delta p}{75\,\eta} \cdot 300\,z \cdot b \text{ Mark} ,$$

wenn b M für 1 PSh zu bezahlen sind. Nimmt man den Wirkungsgrad $\eta = 2/3$, so sind die jährlichen Betriebskosten

$$6 \cdot G \cdot \Delta p \cdot b \cdot z \text{ Mark/Jahr} .$$

Wird zur Erzeugung des Druckes eine besondere Pumpe oder Maschinenanlage notwendig, die C Mk. je PS kostet, dann sind dafür jährlich

$$\frac{G \cdot \Delta p}{75\,\eta} \cdot C \cdot \frac{p'}{100} = \frac{G\Delta p C p'}{5000} \text{ Mark}$$

für Verzinsung, Amortisation und Unterhalt zu rechnen, was wir aber bei dieser Überschlagsrechnung nicht weiter berücksichtigen wollen.

Da $\quad \Delta p = \left(1 + \zeta \frac{l}{d} + \Sigma \xi\right)\frac{w^2}{2g}\gamma = \zeta \frac{l_{ae}}{d}\frac{w^2}{2g}\gamma \quad$ und $\quad w = \dfrac{G}{\frac{\pi}{4}d^2}$ m/s

ist, so werden die Jahreskosten $\quad K = \dfrac{a l_{ae} d^{1,5} p}{100} + \dfrac{16\,\zeta\, l_{ae}\, G^3\, \gamma}{2g\,\pi^2\, d^5}\, 6\,bz$.

Sie werden ein Minimum, wenn $\dfrac{\partial K}{\partial d} = -\dfrac{16\,\zeta G^3 \gamma}{2g\,\pi^2}\cdot\dfrac{5}{d^6}\,6\,bz + \dfrac{1{,}5\,a\,p\,d^{0,5}}{100} = 0$ ist, \hfill (7)

woraus d zu berechnen ist. In dieser Gleichung ist a in RM/m-Länge und $m^{1,5}$-Durchmesser; p in %; γ in kg/m³; b in Mark/PSh; z in Stunden, d in m einzusetzen.

Bei Dampfleitungen muß außerdem noch der Wärmeverlust berücksichtigt werden[2].

---

[1] Polytechn. Weekbl. 23 (1929) 779.
[2] L. 94.2.

942. Die äquivalente Düse[1]. Die Flüssigkeitsmenge, die bei verlustfreier Strömung aus einem großen Gefäß durch eine gut abgerundete Düse mit dem Querschnitt F_d strömt, ist

$$G = F_d \sqrt{2g\frac{p}{\gamma}}.$$

Durch ein Rohr mit dem Querschnitt F strömt bei gleichem Überdruck p nach Gl. (5) die Flüssigkeitsmenge:

$$G = F \cdot w = F \sqrt{\frac{1}{A} \cdot \frac{2gp}{\gamma}}.$$

Beide Flüssigkeitsmengen sind gleich groß, wenn

$$F_d = F \Big/ \sqrt{A} = F \Big/ \sqrt{1 + \zeta\frac{l}{d} + \Sigma\xi} \qquad (8)$$

ist. Das Rohr kann demnach vollständig durch eine „gleichwertige" verlustfreie Düse mit dem Querschnitt F_a ersetzt werden.

Zahlenbeispiel 3. Wie groß ist die gleichwertige Düse für die Rohrleitung in dem Zahlenbeispiel 94.1, wenn der Drosselschieber geöffnet ist?

Aus der Gleichung $F_{ae} = \dfrac{F}{\sqrt{8}} = 0{,}35\,F$ folgt, daß rd. 65% des Rohrquerschnittes durch Rohrreibung abgedrosselt werden.

943. Verzweigte Leitungen. Ersetzt man nun jeden Strang einer verzweigten Leitung (Abb. 3a) durch eine gleichwertige Düse mit dem Querschnitt F_{a_1} bzw. F_{a_2} (Abb. 3b), so folgt die durch jedes Rohr strömende Flüssigkeitsmenge sofort aus den Gleichungen:

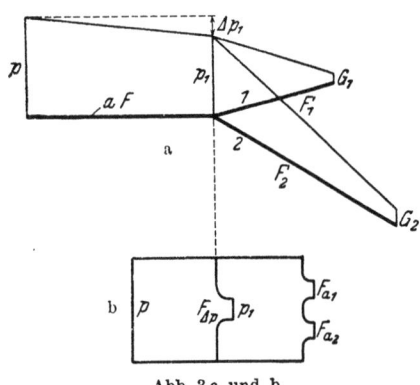

Abb. 3 a und b.

$$G_1 = F_{a_1}\sqrt{2g\frac{p_1}{\gamma}} \quad \text{und} \quad G_2 = F_{a_2}\sqrt{2g\frac{p_1}{\gamma}}.$$

Wenn die gesamte Flüssigkeitsmenge $G = G_1 + G_2$ gegeben ist, so wird

$$G_1 = \frac{F_{a_1}}{F_a}G \quad \text{und} \quad G_2 = \frac{F_{a_2}}{F_a}G, \qquad (9)$$

worin $F_a = F_{a_1} + F_{a_2}$ ist.

Der Hauptstrang a mit dem Querschnitt F kann auch durch eine gleichwertige Düse mit dem Querschnitt $F_{\varDelta p}$ ersetzt werden (Abb. 3b), so daß

$$F_{\varDelta p} = \frac{F}{\sqrt{\zeta\frac{l}{d} + \Sigma\xi}}$$

ist. Nennt man F_{ae} die gleichwertige Düse der ganzen verzweigten Leitung, so ist

$$F_{ae} = \frac{G}{\sqrt{2g\frac{p}{\gamma}}} \quad \text{oder} \quad \frac{G^2}{F_{ae}^2} = 2g\frac{p}{\gamma}.$$

Aus der Gleichung $p = \varDelta p + p_1$ folgt mit

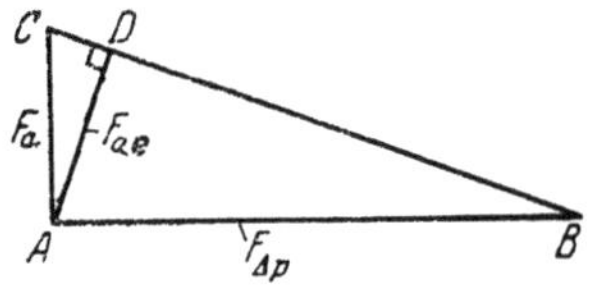

$$F_a = \frac{G}{\sqrt{2g\frac{p_1}{\gamma}}} \quad \text{oder} \quad \frac{G^2}{F_a^2} = 2g\frac{p_1}{\gamma}$$

und

$$F_{\varDelta p} = \frac{G}{\sqrt{2g\frac{\varDelta p}{\gamma}}} \quad \text{oder} \quad \frac{G^2}{F_{\varDelta p}^2} = 2g\frac{\varDelta p}{\gamma},$$

$$\frac{1}{F_{ae}^2} = \frac{1}{F_{\varDelta p}^2} + \frac{1}{F_a^2}. \qquad (10)$$

Abb. 4.

Die Strecke F_{ae} kann aus dem rechtwinkligen Dreieck ABC (Abb. 4) mit den Seiten F_a und $F_{\varDelta p}$ als Höhe $AD = F_{ae}$ konstruiert werden. Der Beweis folgt aus den ähnlichen Dreiecken ACD und ABC

---

[1] L. 94.3.

94. Berechnung von Rohrleitungen.

$$\frac{F_a}{F_{ae}} = \frac{\sqrt{F_a^2 + F_{\Delta p}^2}}{F_{\Delta p}} \quad \text{oder} \quad \frac{F_a^2}{F_{ae}^2} = \frac{F_a^2}{F_{\Delta p}^2} + 1$$

und nach Division durch F_a^2

$$\frac{1}{F_{ae}^2} = \frac{1}{F_{\Delta p}^2} + \frac{1}{F_a^2}, \text{ was zu beweisen war.}$$

Nicht nur jedes Rohr, sondern auch irgendein Teil des Rohres kann durch eine Düse ersetzt werden, was z. B. überaus lehrreich ist, um die Wirkung eines Regelventiles zu untersuchen. Das Ventil wird durch eine Düse $F_{d_2} = F/\sqrt{\xi}$, das vorgeschaltete Rohrstück durch eine Düse F_{d1} ersetzt. Die gleichwertige Düse des ganzen Rohres kann dann nach Gl. (10) berechnet oder konstruiert werden (Abb. 4) und ist nicht nur von der Ventilstellung, sondern auch von dem Widerstand der vorgeschalteten Rohrstrecke abhängig.

Wenn das Ventil $4/4$ $3/4$ $2/4$ $1/4$ offen ist,
ist $\xi =$ 4   16   36   100.

Die gleichwertigen Düsen des Ventils verhalten sich dann untereinander wie

$$1/\sqrt{\xi} = 1/2 \quad 1/4 \quad 1/6 \quad 1/10 \,.$$

Ist die äquivalente Düse des offenen Ventils 10 mal größer als die der vorgeschalteten Rohrstrecke, so ist die äquivalente Düse von Leitung plus Ventil

          100%   98,5%   95%   90%   (Abb. 5).

Ist dagegen die äquivalente Düse des offenen Ventils gleich groß wie die des vorgeschalteten Rohrstückes, so ist die äquivalente Düse von Leitung plus Ventil

          100%   64%   43%   27%   (Abb. 6).

Man kann daraus ersehen, daß ein Ventil, das zum Zwecke der Regelung der Flüssigkeitsmenge in eine Rohrleitung eingebaut wird, auf diese genau abgestimmt werden muß. Der erste Fall zeigt deutlich, daß eine zu große äquivalente Düse des Regelventils gegenüber der Rohrleitung einen ungenügenden Regeleffekt ergibt.

Jede noch so oft verzweigte Leitung setzt sich aus einer Reihe von solchen einfachen Abzweigungen zusammen, so daß hiermit die Aufgabe auch allgemein gelöst ist.

Werden die verzweigten Leitungen wieder zusammengeführt (Abb. 9), so erhält man durch die Einführung von gleichwertigen Düsen auch hier eine übersichtliche Lösung (Abb. 10).

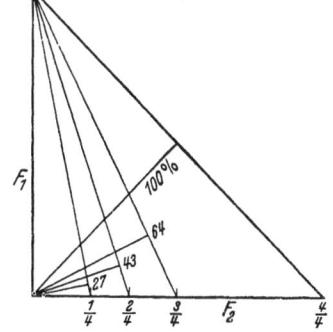

Abb. 6. Gute Regulierung, wenn Ventil auf Leitung abgestimmt ist.

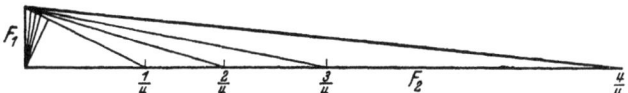

Abb. 5. Die Regulierung versagt, wenn die gleichwertige Düse der vorgeschalteten Leitung klein ist im Verhältnis zur gleichwertigen Düse des vollständig geöffneten Ventils.

Eine Voraussetzung der Rechnung war, daß an den Zweigstellen kein Druckverlust entsteht. Das ist der Fall, wenn die Geschwindigkeit der zu und abfließenden Ströme gleich groß sind, d. h. wenn die Querschnitte der Verzweigungen sich verhalten wie ihre zugehörigen gleichwertigen Düsen. Das kann bei Rohrleitungen aus Blech immer erreicht werden. Bei den genormten Rohren mit sprungweiser Änderung des Durchmessers ist

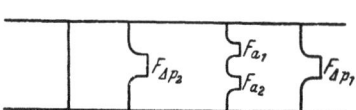

Abb. 7. Verzweigte Leitung.   Abb. 8. Gleichwertige Düse einer verzweigten Leitung.

das weniger der Fall. An den Zweigstellen treten dann sprungweise Geschwindigkeitsänderungen auf, die entsprechende Druckänderungen zur Folge haben. Diese Druckänderungen können sowohl Anstiege wie Abnahmen sein, indem z. B. beim Zusammenführen zweier Ströme verschiedener Geschwindigkeiten eine Injektorwirkung entsteht, die den einen Strom beschleunigt, den andern dagegen abbremst.

32*

500   9. Rohrleitungen.

Eine weitere Voraussetzung der Rechnung war die stationäre Strömung. Liegt keine solche vor, wie z. B. bei Kolbenpumpen oder beim Öffnen und Schließen eines Ventils, so treten Schwingungen und Druckschwankungen auf, die hier nicht näher untersucht werden sollen.

95. Berechnung der Flanschverbindungen.

Die Abmessungen der Rohrflansche sind in den Normen (Abschn. 91) festgelegt. Es handelt sich dabei um Ausführungen, die sich im normalen Betrieb bei gutverlegten Rohrleitungen und bei mittleren Temperaturen und Drücken seit Jahrzehnten bewährt haben. Diese Betriebsbedingungen sind relativ günstig, weil die Wärmespannungen dabei noch keine große Bedeutung erhalten. Dennoch sind die Flanschverbindungen sehr oft undicht. Die Praxis hat sich weitgehend damit abgefunden; man könnte undichte Flansche fast als ,,Norm'' ansehen. Daß die Entwicklung dieser Flanschabmessungen auf rein empirischem Wege vor sich gegangen ist, ist zu beachten, wenn es sich darum handelt die Flanschnormen auf höhere Drücke und Temperaturen oder auf andere Verhältnisse, z. B. den Leichtbau zu ,,extrapolieren''. Es scheint deshalb nützlich, hier kurz die Berechnung der Flansche zu streifen, um zu zeigen, wie schwierig die zuverlässige Vorausberechnung ist.

951. Der lose Flansch (Abb. 91.10–12). Die wissenschaftliche Grundlage für die Berechnung bildet die Theorie der Kreisplatten (Abschn. 143). Fall Pos. 9, S. 109 entspricht der beim losen Flansch auftretende Kraftwirkung. Bei acht und mehr Schrauben ist die (von der Theorie vorausgesetzte) stetig verteilte Ringlast mit einer gewissen Annäherung verwirklicht. Die größte Hauptspannung ist die tangentiale Spannung am Rande der inneren Bohrung. Aus den Flanschabbildungen geht hervor, daß die Bruchgefahr in der unmittelbaren Nähe der Kraftwirkung liegt, so daß schon aus diesem Grunde eine genaue Spannungsberechnung unmöglich erscheint. Insbesondere darf die Schubspannung an dieser Stelle nicht mehr gleich null gesetzt werden, wodurch die Bruchgefahr (gegenüber der einfachen Plattentheorie) erhöht wird. Die Schraubenlöcher vermindern das Widerstandsmoment der Platte; auch treten bei diesen Unstetigkeiten Spannungserhöhungen von unbekannter Größe auf. Die größte Beanspruchung muß wahrscheinlich im Lochkreis an den Lochrändern (und nicht am Innenrand der Platte) gesucht werden.

Noch schwieriger ist die Abschätzung der Größe der tatsächlich wirkenden Kräfte. Zunächst (bevor Druck im Rohr ist) werden die Flanschschrauben angezogen, und zwar recht kräftig, weil die Rohrverbindung im Betrieb dicht halten muß. Man kann etwa damit rechnen, daß kleine Schrauben (etwa bis $^3/_4''$) beim Anziehen (ohne Flüssigkeitsdruck) mit einer Vorspannung σ_v belastet sind, die 60—75% der Streckgrenze des Schraubenwerkstoffes (oft auch mehr) beträgt. Vorspannkraft

$$V = \frac{\pi}{4} d^2 i \sigma_v \qquad (95.1)$$

(i = Anzahl, d = Durchmesser der Schrauben) und Betriebskraft

$$P_i = \frac{\pi}{4} D_m^2 p_i \qquad (2)$$

(p_i = Flüssigkeitsdruck in atü, D_m = mittlerer Dichtungsdurchmesser) dürfen nicht einfach addiert werden, sondern die Gesamtkraft sollte aus den Formänderungen der Schraubenverbindung (Abschn. 235) berechnet werden. Eine solche Rechnung ist aber mit erheblichen Unsicherheiten verbunden, weil die Formänderungen zum Teil innerhalb der Rauhheit der verspannten Teile, zum Teil im plastischen Gebiet liegen.

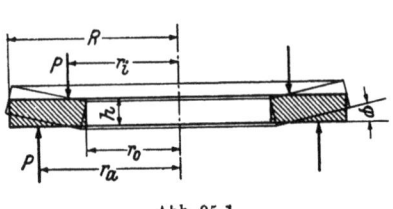

Abb. 95.1.

Die Durchbiegung f eines Flanschringes (ohne Löcher) zwischen den Radien r_a und r_i der Ringkräfte P (Abb. 95.1) kann wie folgt berechnet werden. Da die Flansche im allgemeinen eine (im Verhältnis zur Dicke h) geringe Breite besitzen, darf angenommen werden, daß die Mantelfläche in einen Konus übergeht, mit der mittleren Neigung

$$\frac{dw}{dr} = \frac{P'}{2\pi N} r_m = \frac{P' r_m}{2\pi J_1 E'} \qquad (143.26)$$

wenn Belastungsfall 9 (S. 109) des losen Flansches durch den rechnerisch einfacheren nach Pos. 5 ersetzt wird. Mit Gl. (143.28) wird

$$\frac{dw}{dr} = \frac{P}{2\pi} \cdot \frac{r_a - r_i}{R - r_0} \cdot \frac{r_m}{J_1 E'} \qquad (3)$$

---
[1] 94.7.

95. Berechnung der Flanschverbindungen.

und die Durchbiegung, mit $r_m = \frac{1}{2}(r_a + r_i)$:

$$f = (r_a - r_i) \frac{dw}{dr} = \frac{P}{4\pi} \cdot \frac{(r_a - r_i)^2}{R - r_0} \cdot \frac{(r_a + r_i)}{J_1 E'}. \tag{4}$$

Versuche von R. W. Bailey[1] zeigten, daß die plastischen Verformungen hauptsächlich bei den ersten Belastungen auftreten. Die Kennlinie $f = F(P)$ ist leicht gekrümmt, weicht also von der theoretischen Geraden (Gl. 4) ab. Der Radius r_i fällt nämlich nicht mit dem „mittleren" Radius der Dichtungsfläche zusammen, sondern verschiebt sich (als Folge der Formänderung) nach dem Bundrand; ebenso fällt der Wirkungsradius der Schraubenkräfte nicht mehr genau mit dem Lochkreis zusammen.

Einen bedeutenden Einfluß auf die Durchbiegung haben die (nicht in die Rechnung einbezogenen) Druckkräfte in Richtung der Schraubenachse (Z-Richtung). Gl. (4) gibt deshalb immer zu kleine Formänderungen; der Fehler (25—100% des berechneten Wertes) ist um so größer, je steifer der Flanschring ist. Auch die Schraubenlöcher vergrößern die Durchbiegung; Bailey leitet aus seinen Versuchen dafür folgende Richtlinie ab:

Infolge dieser Unsicherheit in der Berechnung der Formänderungen kann die Gesamtkraft P niemals zuverlässig berechnet werden, auch wenn die Vorspannkraft V (z.B. durch Messung der Schrauben-

$\dfrac{\text{Flanschbreite}}{\text{Lochdurchmesser}} =$	2,5			3,5		
$\dfrac{\text{Schraubenteilung}}{\text{Lochdurchmesser}} =$	2	3	4	2	3	4
$\dfrac{\text{Durchbiegung mit Loch}}{\text{Durchbiegung ohne Loch}} =$	1,55	1,33	1,18	1,26	1,16	1,10

verlängerung) bekannt wäre. Anderseits ist es auch nicht möglich aus dem Betriebsdruck p_i allein zuverlässige Angaben über die größte Schraubenkraft abzuleiten (vgl. Abschn. 96).

Wird die Verbindung während des Betriebes undicht, so werden an der betreffenden Stelle einige Schrauben etwas nachgezogen, und der Flansch noch zusätzlich (und unsymmetrisch) verformt. Infolge der Wärmedehnung und des Temperaturunterschiedes beim Anwärmen treten weitere zusätzliche Biegebeanspruchungen auf, die auch erheblich von der vorausgesetzten, ringsum symmetrischen Belastung der Kreisplatte abweichen.

Aus allen diesen Gründen muß der Konstrukteur auf eine exakte Berechnung der Flanschverbindung verzichten, und sich mit einer guten Näherungslösung begnügen, wobei es immer zweckmäßig ist, die Wärmespannungen (Abschn. 953) getrennt von den übrigen zu untersuchen. Für die Festigkeitsberechnung scheint es zweckmäßig zu sein, davon auszugehen, daß die Flanschverbindung mit einer größten Ringkraft

$$P = \frac{\pi}{4} d^2 i \sigma_s \quad [\text{kg}] \quad (i = \text{Anzahl Schrauben}) \tag{5}$$

beansprucht wird, die durch die Streckgrenze σ_s des Schraubenwerkstoffes bestimmt ist. Es wäre deshalb eine nützliche Aufgabe der Normenkommissionen eine Mindeststreckgrenze für die genormten Schrauben festzulegen. P ist dann die größtmögliche Schraubenkraft, schließt also für die Festigkeitsrechnung des Flansches eine gewisse Sicherheit ein, die um so größer ist, je dicker die Schrauben sind.

Aus Gl. 143.24 folgt mit Gl. (3) die mittlere Tangentialspannung (für den mittleren Radius r_m) zu:

$$\sigma_{tm} = \frac{3P}{\pi h^2} \cdot \frac{r_a - r_i}{R - r_0}. \tag{6}$$

Berücksichtigt man die Schwächung des Widerstandsmomentes der Kreisplatte durch das Loch (Durchm. = d), im Verhältnis der geschwächten zur ungeschwächten Breite, so ist

$$\sigma_{tm} = \frac{3P}{\pi h^2} \cdot \frac{r_a - r_i}{R - r_0 - d}, \tag{6a}[2]$$

in welcher Gleichung (ohne großen Fehler) $\dfrac{r_a - r_i}{R - r_0 - d} = 1$ gesetzt werden darf

$$\sigma_{tm} = \frac{3P}{\pi h^2} \approx P/h^2. \tag{7}$$

Zu dieser Spannung käme noch eine Formziffer, infolge der unstetigen Querschnittsänderung, und (was für die Beurteilung der Bruchgefahr wesentlich ist) senkrecht dazu noch eine Druckspannung, die von der Verbindungsschraube herrührt. Beachtet man diese, so wird

---
[1] L. 95.3.
[2] Diese Gleichung wird (ohne Ableitung) auch in einer Mitteilung der Arbeitsgemeinschaft deutscher Kraft- und Wärmeingenieure des VDI vorgeschlagen. L. 95.11.

Gl. (7) bei der Festigkeitsrechnung von gußeisernen Ringen gute Dienste leisten können. Bei der wenig wechselnden Beanspruchung der Flanschverbindung muß die größte Betriebsbeanspruchung unterhalb der Streck- oder der Kriechgrenze des Flanschwerkstoffes bleiben.

Bei Ringen aus zähem Stahl (St 37 bzw. St 45) dagegen wird die Verbindung schon lange vor dem Bruch undicht, also unbrauchbar; die Schrauben werden beim Nachziehen leicht überlastet. Flanschdicke, Zahl und Durchmesser der Schrauben müssen deshalb in erster Linie mit Rücksicht auf eine gute Abdichtung festgelegt werden (Abschn. 961). Sowohl zur Erzielung eines gleichmäßigen Dichtungsdruckes als auch zur Kleinhaltung der Biegespannungen der Schrauben, muß die Formänderung (Schrägstellung) des Flanschringes klein bleiben. Gl. (143.26) mit $r_m = \frac{1}{2}(R + r_0)$

$$\operatorname{tg} \varphi_m = dw/dr = \frac{P'}{4\pi J_1 E'}(R + r_0) < \text{Erfahrungswert} \qquad (8)$$

bildet deshalb eine zuverlässigere Grundlage für die Berechnung von Stahlflanschen, wobei wieder zu beachten ist, daß P als größtmögliche Schraubenkraft, besonders für dicke Schrauben, zu pessimistisch gerechnet ist.

952. Der feste Flansch. Die Berechnung der festen Flansche (Abb. 2) ist ein statisch mehrfach unbestimmtes Problem, das durch folgende Überlegung gelöst wird. Die zwischen Flansch und anschließendem Rohr (Abb. 3) wirkenden Größen sind das Moment m_0, und die

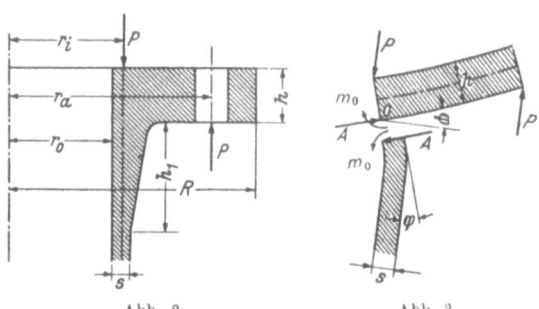

Abb. 2.   Abb. 3.

Querkraft A (je für 1 cm Breite des mittleren Rohrumfanges). Die statisch unbestimmten Größen m_0 und A sind aus den Randbedingungen zu berechnen, so daß beim Übergang zwischen Flansch und Rohr die Winkeländerung φ und die radiale Verschiebung für Flansch und Rohr gleich groß sein müssen. Meist ist die Flanschdicke h so viel größer als die Rohrwandstärke s, daß der Bruch fast immer im Rohr auftritt (Abb. 4).

Die genaue Berechnung ist sehr umständlich und dennoch unvollständig, weil (ähnlich wie beim losen Flansch) wichtige Faktoren unberücksichtigt bleiben. Es liegt nun durchaus in der Art der „ingenieurmäßigen" Rechnung zu versuchen, durch eine weitere Vereinfachung (die aber das Wesen der Beanspruchung richtig wiedergeben muß) zu einem fast ebenso brauchbaren Ergebnis zu gelangen.

Abb. 4.

Es gibt nun zwei Vorschläge, durch welche die Rechnung erheblich vereinfacht wird, deren Zulässigkeit aber nur durch Versuche nachgewiesen werden kann. Der erste besteht darin, daß (bei den üblichen Flanschabmessungen) die radiale Verschiebung von 0 (Abb. 3) gegenüber der Winkeländerung φ vernachlässigt werden darf. Der zweite setzt ein Rohr mit konstanter Wandstärke voraus[1]. Die Winkeländerung am Innenrand des Flansches geht nun auf zwei verschiedenartige Beanspruchungen zurück, auf eine erste herrührend vom Moment der Kräfte P und auf eine zweite, herrührend vom Moment m_0 und der Kraft A. Die Kraft A reduzieren wir nach der Mitte des Innenrandes, wodurch sie ein Moment von $A h/2$ erzeugt, das wir zusammen mit m_0 am Innenrand als Moment m_i angreifend denken.

Die Winkeländerung infolge P ergibt sich nach Gl. (8) zu:

$$\varphi_1 = \frac{P'(R+r_0)}{4\pi J_1 E'} = \frac{P' r_0 (a+1)}{4\pi J_1 E'} \quad \text{mit } a = \frac{R}{r_0}.$$

Die Winkeländerung infolge m_i nach Gl. (143.31) ergibt sich zu

$$\varphi_2 = \frac{1}{J_1 E'}\left(c\frac{r_0}{2} + \frac{d}{r_0}\right),$$

---

[1] Für die mathematische Lösung des Flansches mit konischem Übergang siehe L 95.4.

wo c und d die nach Gl. (143.35/6) zu bestimmenden Integrationskonstanten sind.

$$c = \frac{4m}{m+1} \cdot \frac{-r_i^2 m_i}{r_a^2 - r_i^2} \quad \text{und} \quad d = \frac{2m}{m-1} \cdot \frac{-r_a^2 r_i^2 m_i}{r_a^2 - r_i^2}.$$

Für $\frac{r_a}{r_i} = \frac{R}{r_0} = a$ gesetzt, wird

$$c = -\frac{4m}{m+1} \cdot \frac{m_i}{a^2 - 1} \quad \text{und} \quad d = -\frac{2m}{m-1} \cdot \frac{R^2 m_i}{a^2 - 1}.$$

Mit diesen Werten für c und d wird

$$\varphi_2 = -\frac{m_i r_0 m}{J_1 E'(a^2-1)} \cdot \left\{ \frac{1}{m+1} + \frac{a^2}{m-1} \right\} \tag{9}$$

und die Gesamtwinkeländerung am Innenrande des Flansches φ_{Fl}:

$$\varphi_{Fl} = \varphi_1 + \varphi_2 = \frac{r_0}{J_1 E'} \left[\frac{P'(a+1)}{4\pi} - \frac{m_i m}{a^2-1} \left(\frac{1}{m+1} + \frac{a^2}{m-1} \right) \right]. \tag{10}$$

Im vorliegenden Fall ist $m_i = m_0 - A \cdot \frac{h}{2}$. Setzen wir schließlich nach Gl. (155.21) $A = -\beta m_0$, so wird

$$m_i = m_0 \left(1 + \beta \frac{h}{2} \right). \tag{11}$$

Die Winkeländerung des Rohres φ_R dagegen ergibt sich aus Gl. (155.23) zu

$$\varphi_R = \frac{6 m_0}{\beta E' s^3}.$$

Durch Gleichsetzen $\varphi_{Fl} = \varphi_R$ folgt

$$m_0 = \frac{(a+1) P'/4\pi}{\dfrac{(1+\beta \frac{h}{2}) m}{a^2-1} \left(\dfrac{1}{m+1} + \dfrac{a^2}{m-1} \right) + \dfrac{1}{2\beta r_0} \left(\dfrac{h}{s} \right)^3} \tag{12}$$

oder mit $\dfrac{m}{a^2-1} \left(\dfrac{1}{m+1} + \dfrac{a^2}{m-1} \right) = B$ gesetzt,

$$m_0 = \frac{(a+1) P'/4\pi}{B\left(1 + \beta \dfrac{h}{2}\right) + \dfrac{1}{2\beta r_0} \left(\dfrac{h}{s} \right)^3}. \tag{13}$$

Entsprechende Werte von a und B sind für $m = 10/3$ in Zahlentafel 95.1 eingetragen.

Da das Biegemoment m_0 für einen Rohrstreifen von der Breiteneinheit nun bekannt ist, folgt die größte Biegespannung im Rohr aus der Biegegleichung

Zahlentafel 95.1.

a	1,2	1,3	1,4	1,5	1,6	1,7	1,8
B	6,43	4,63	3,72	3,18	2,84	2,59	2,41

$$\sigma_b = M/W = 6 m_0/s^2.$$

Diese berechnete Spannung kann nun mit der von A. Thum[1] veröffentlichten Berechnung der größten Spannung aus den Dehnungsmessungen verglichen werden (vgl. Abb. 5). Eine vollständige Übereinstimmung ist nicht zu erwarten, weil die Spannungsberechnung in der Nähe einer Kraftangriffsstelle und Querschnittänderung[2] immer unsicher ist.

Für den Fall nach Abb. 5, links, sind: $R = 80$, $r_0 = 44$, $r_a = 70$, $r_i = 47$, $h = 18$, $s = 6$ mm. Mit $P = 5200$ kg wird nach Gl. (143.28) $P' = 5200 \cdot 23/36 = 3320$ kg. Mit $a = R/r_0 = 1,8$ wird nach Zahlentafel 95.1 $B = 2,41$ und nach Gl. (155.19) $\beta = 1,285/\sqrt{47 \cdot 6} = 0,0765$. Damit erhält man für m_0 nach Gl. (13) $m_0 = 91,6$ mm kg/mm Breite und die Biegespannung im Rohr $\sigma_b = 91,6/6 = 15,3$ kg/mm². Die von

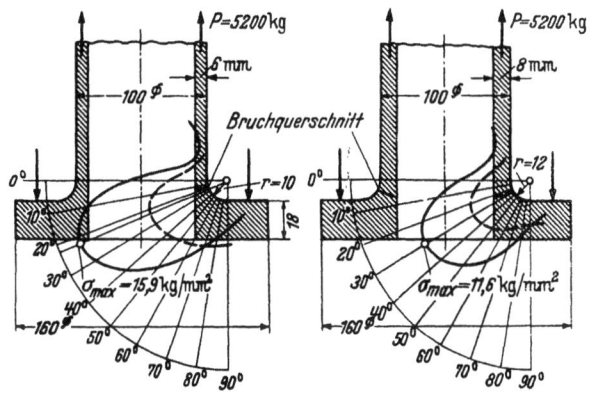

Abb. 5.

A. Thum gemessene Spannung beträgt nach Abzug der reinen Zugspannung im Rohr 13 kg/mm².

953. Wärmespannungen[3]. Bei der Fortleitung von warmen (oder kalten) Flüssigkeiten treten zusätzliche Beanspruchungen auf, infolge der behinderten Wärmedehnungen. Jedes

---

[1] L. 95.12.   [2] L. 95.6a.   [3] L. 95.16

504   9. Rohrleitungen.

Rohr, gleichgültig wie es geformt ist, dehnt sich bei Erwärmung in Richtung der Verbindungslinie seiner Endpunkte aus. Die Wärmedehnung des in Abb. 6 dargestellten Rohres ist also:

$$BB' = \delta_t = \beta l_0 \Delta \vartheta = \alpha l_0. \qquad (14)$$

Die elastischen Formänderungen hängen von den Kräften ab, die an den Endpunkten der Rohrleitung wirken. In einem geraden Rohr würde bei vollständig behinderter Wärmedehnung eine Druckspannung

$$\sigma = -\beta E \Delta \vartheta = \alpha E \qquad (126.4)$$

entstehen. Mit $E = 2 \cdot 10^4$ kg/mm², $\beta = 12 \cdot 10^{-6}$ 1/°C und $\Delta \vartheta = 100$ °C, ist

$$\sigma = -12 \cdot 10^{-6} \cdot 2 \cdot 10^4 \cdot 100 = -24 \text{ kg/mm}^2.$$

Bei 5000 mm² Querschnittsfläche ($NW\ 200 = 216$ mm $\varnothing_a$ und 8 mm Wandstärke) würde das erwärmte Rohr eine Kraft $P = 24 \times 5000/1000 = 120$ Tonnen ausüben, unabhängig von der Rohrlänge. So große Kräfte können die Befestigungsstellen des Rohres niemals aushalten. Der Konstrukteur muß deshalb der Rohrleitung eine solche Form geben, daß kleine Reaktionskräfte ausreichen, um die Wärmedehnungen auszugleichen. Die Rohrleitung an sich muß also sehr elastisch sein. In fast allen Fällen können die dazu erforderlichen Bogen durch die immer vorhandenen Richtungsänderungen zwanglos untergebracht werden. Besondere Expansionsbogen (Anwendungsbeispiel 126.2, S. 69) werden dadurch überflüssig.

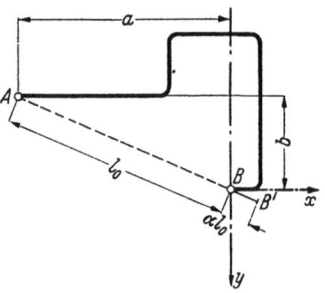
Abb. 6. Wärmedehnung eines Rohres.

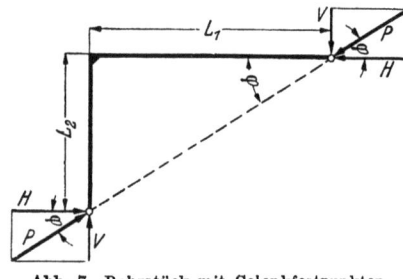
Abb. 7. Rohrstück mit Gelenkfestpunkten.

Randbedingung 1: Die Endpunkte der Leitung sind frei drehbar gelagert (Abb. 7). Da ein Gelenk kein Moment übertragen kann, wirkt die Kraft P in Richtung der Verbindungslinie der beiden Gelenke. Nach dem Satz von Castigliano ist

$$BB' = \delta_t = \frac{\partial A}{\partial P} = \frac{1}{JE} \int_0^L M_x \cdot \frac{\partial M_x}{\partial P} \, dx, \qquad (15)$$

wenn die Formänderungen infolge der Normalkräfte gegenüber den Verbiegungen vernachlässigt werden. Für Stab L_1 ist $M_1 = P \cdot x \sin \varphi$, für Stab $L_2 : M_2 = P \cdot y \cos \varphi$. Die Mittellinie des Rohres bildet mit der Verbindungslinie der Gelenke die Biegemomentenfläche, gleichgültig welche Form das Rohr hat. Die Größe der Kraft P folgt aus:

$$JE \delta_t = \int_0^{L_1} P x^2 \sin^2 \varphi \, dx + \int_0^{L_2} P \cdot y^2 \cos^2 \varphi \, dy = P \left(\frac{L_1^3}{3} \sin^2 \varphi + \frac{L_2^3}{3} \cos^2 \varphi \right). \qquad (16)$$

Da δ_t nur proportional mit der ersten Potenz von l_0 ist (Gl. 14), wird die Kraft P um so kleiner, je größer die Längen L_1 und L_2 sind. Gelenkfestpunkte kommen bei Rohrleitungen praktisch nicht vor.

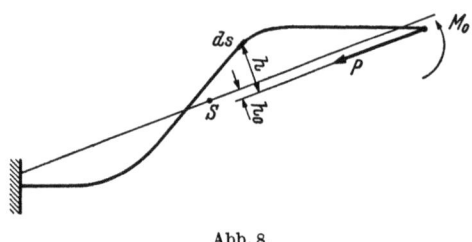
Abb. 8.

Randbedingung 2: Beide Enden sind fest eingespannt (Abb. 8). Neben der Kraft P tritt also ein Einspannmoment M_0 auf. Die beiden statisch unbestimmten Größen (M_0 und P) können mit Hilfe der Gl. (15) und

$$\gamma = \frac{\partial A}{\partial M_0} = \int_0^L M_x \frac{\partial M_x}{\partial M_0} \, ds = 0 \qquad (17)$$

berechnet werden. Wie verwickelt die Rohrleitung auch aufgebaut ist, die sachgemäßen Anwendungen der Gl. (15 u. 17) führen immer zum Ziel, so daß die Momentenfläche (allerdings oft nach langwieriger Rechnung) immer gezeichnet werden kann. Mit solchen Einzellösungen ist dem Konstrukteur nur zum Teil gedient, denn er sollte rasch überblicken können, welche Rohrformen zweckmäßig sind und wo die Stellen der größten Beanspruchungen liegen. Schweißnähte und Flanschverbindungen sollten nämlich keine, oder nur geringe zusätzliche Biegebeanspruchungen erleiden. Bei Gelenkpunkten (Abb. 6) gibt die Rohrform mit der Richtung der Reaktionskraft P sofort die übersichtliche Momentenfläche. Auch bei fest eingespannten Enden ist es möglich die Biegemomentenfläche direkt aus dem Rohrplan abzuleiten; die Reaktionskraft P geht aber nicht mehr durch die Endpunkte, weil dort Einspannmomente M_0 auftreten. Setzt man das Biegemoment M_x an irgendeiner Stelle ds der Leitung (Abb. 8)

$$M_x = M_0 - P \cdot h$$

in Gl. (17) ein, so wird $\int_0^L (M_0 - P \cdot h) \, ds = M_0 L - P \int_0^L h \cdot ds = 0$, oder

$$M_0 = \frac{P}{L} \int_0^L h \, ds = P \cdot h_0. \tag{18}$$

Nun ist $\frac{1}{L} \int_0^L h \cdot ds = h_0$, gleich dem Abstande des Schwerpunktes der Rohrmittellinie von der Kraftrichtung. Daraus folgt, daß die durch den Schwerpunkt S der Rohrmittellinie gelegte und zur Kraft P parallele Gerade mit der Rohrmittellinie die Momentenfläche bildet (Abb. 9—12).

Der Schwerpunkt der Rohrleitung ist leicht zu bestimmen; Richtung und Größe der Kraft P folgen aus den Gl. (15 u. 17), nach der Zerlegung in zwei Achsrichtungen. Für Leitungen, die symmetrisch sind in bezug auf eine Achse durch den Schwerpunkt, ist P senkrecht zur Symmetrielinie gerichtet (Abb. 10).

Durch Annahme von biegesteifen Ecken (an Stelle der Rohrkrümmer) wird die Rechnung erheblich vereinfacht; sie ist immer zulässig,

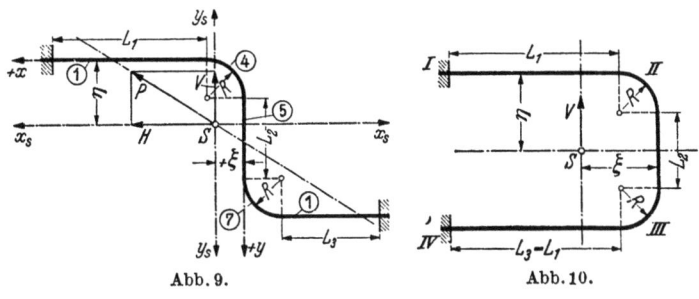

Abb. 9. Abb. 10.

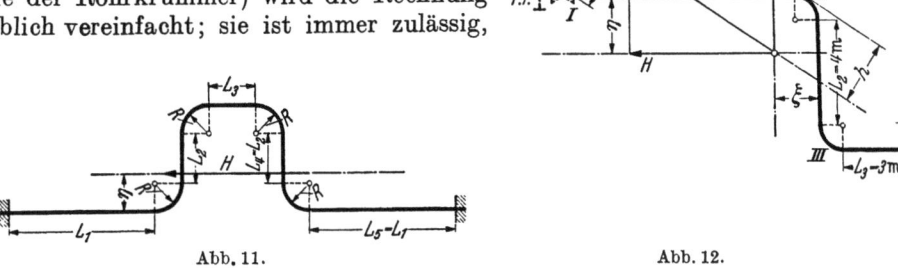

Abb. 11. Abb. 12.

wenn die Krümmerlänge klein im Verhältnis zur Gesamtrohrlänge ist. Bei dünnwandigen Rohren ist noch der Einfluß der Abplattung (vgl. S. 39) zu berücksichtigen.

Am gefährlichsten werden die Beanspruchungen bei der Inbetriebsetzung der Leitung. Selbstverständlich sind alle Dampfleitungen (auch Druckluftleitungen) mit einem kleinen Gefälle zu verlegen um das Kondenswasser[1] abzuleiten; auch alle Wassersäcke sind zu vermeiden. Dennoch wird bei der Inbetriebsetzung das Absperrventil zunächst nur wenig geöffnet um die Leitung vorzuwärmen und die oft sehr harten Wasserschläge zu mildern. Das kalte Kondensat strömt dann unten, der heiße Dampf oben im Rohr. Dadurch entstehen bedeutende Temperaturunterschiede im Rohrquerschnitt. Das Rohr wird krumm und diese Verformungen sind bedeutend größer als bei der gleichmäßigen Erwärmung des Rohres. Insbesondere die Befestigungsschrauben, die schon bis zur zulässigen Grenze vorgespannt sind (vgl. Abschn. 234), werden dadurch überbeansprucht und müssen recht kräftig und elastisch ausgeführt werden um ein Undichtwerden der Leitung zu vermeiden.

96. Dichtungen.

Dichtungen haben die Aufgabe den Austritt einer Flüssigkeit durch irgendeine Trennfuge zu verhindern, oder (da eine vollkommene Abdichtung nicht immer erreichbar ist) die austretende Flüssigkeitsmenge möglichst klein zu halten.

---

[1] L. 94:7 Strien.

961. Die zu verbindenden Teile sind relativ in Ruhe (Flanschverbindung, Abschn. 91 S. 476 oder Ölablaßschraube). Die Dichtung erfolgt in den meisten Fällen durch besondere Zwischenlagen (Packungen), die je nach der Temperatur, dem Druck und der Art der Flüssigkeit verschieden gewählt werden, Gummi, Leder, Baumwollstoffe, Hanf, Fiber, Blei usw. für kalte Flüssigkeiten, Asbest, Klingerit usw. für Temperaturen bis 200° C, Kupfer für noch höhere Temperaturen. Die Packungen aus weichem Werkstoff werden beim Anziehen der Schrauben örtlich sehr stark, zum Teil bleibend verformt und dichten dann nicht mehr. Dichtungen in einem allseitig geschlossenen Raum (Abb. 96.1 u. 2) vertragen als Körper unter allseitigem Druck sehr hohe Belastungen ohne plastische Verformung. Die vorstehenden Teile der Flansche bieten aber oft Schwierigkeiten beim Zusammenbau und beim Auseinandernehmen der Leitung, so daß in der Praxis sehr oft von dieser günstigsten Form der Dichtungsfläche abgewichen werden muß.

Die Materialprüfanstalt a. d. T. H. Stuttgart hat Versuche[1] durchgeführt um zahlenmäßige Angaben darüber zu erhalten, welche Anpreßkräfte erforderlich sind, um eine zuverlässige Abdichtung zu erreichen. Solche Unterlagen sind z. B. unentbehrlich für die Berechnung von Flanschverbindungen. Die Prüfung der Dichtungen ging so vor sich (Abb. 3a, b), daß die Einspannvorrichtung durch eine Druckpresse mit einer bestimmten Kraft P belastet wurde. Durch die Handpumpe wurde der Wasserdruck p_i solange gesteigert bis ein Wasserdurchtritt zu beobachten war;

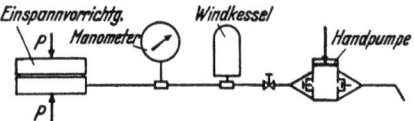

Abb. 3a. Versuchsanlage für Kaltversuche.

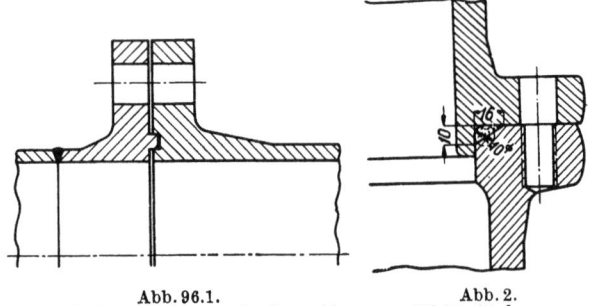

Abb. 96.1. Abb. 2.
Rohrverbindung mit eingeschlossenen Dichtmitteln.

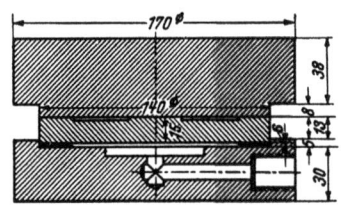

Abb. 3b. Einspannvorrichtung für Kaltversuche.

die Belastung P wurde nun erhöht und der Wasserdruck wieder bis zum Undichtwerden gesteigert, usw., bis zum Höchstdruck von 150 atü.

Auf die Dichtungsfläche $(D_a^2 - D_i^2) \cdot \pi/4$ wirkt dann die Kraft $P - p_i D_i^2 \cdot \pi/4$, oder eine mittlere Pressung (Dichtungsdruck)

$$p_d = \frac{P - \frac{\pi}{4} D^2 p_i}{\frac{\pi}{4}(D_a^2 - D_i^2)}. \tag{96.1}$$

Untersucht wurde eine Reihe von nicht-metallischer Flachringe aus Gummi, Asbest, Leder, Fiber, Klingerit usw. von 2 mm Dicke und 10—30 mm Breite, dann Ringe aus Blei und Kupfer (für höhere Temperaturen). Die Versuche zeigten, daß für alle nichtmetallischen Dichtungen

$$p_d \approx p_i \tag{2}$$

ist. Für Gummi ist p_d auch unabhängig von der Ringbreite, während für die anderen nichtmetallischen Dichtungen p_d mit abnehmender Breite abnimmt. Für metallische Dichtungen (Kupfer, Blei) ist p_d vielfach größer als p_i, da eine gute Abdichtung nur durch das Fließen des Metalles erreicht wird.

$$p_d \leq 10\, p_i \text{ (für Kupfer) und } p_d = 1{,}5\, p_i \text{ (für Blei)}.$$

Je höher die Temperatur, um so kleiner wird p_d/p_i. Für hohe Temperaturen sind deshalb Kupferringe mit Kreis- oder Rautenquerschnitt zweckmäßig.

Für die Berechnung der Schrauben einer Flanschverbindung ist es zweckmäßig das Verhältnis der Kräfte

---
[1] L. 961.1.

$\dfrac{P_{tot}}{P_i} = \dfrac{\text{die zur Erzeugung genügender Dichtheit erforderliche Gesamtkraft}}{\text{die durch den Innendruck bedingte Kraft}}$

zu kennen.

Für $P_{tot} = p_i \dfrac{\pi}{4} D_i^2 + p_d \cdot \dfrac{\pi}{4} (D_a^2 - D_i^2)$

und $P_i = p_i \dfrac{\pi}{4} D_i^2$ gesetzt gibt,

$$\dfrac{P_{tot}}{P_i} = 1 + \dfrac{p_d}{p_i} \cdot \dfrac{D_a^2 - D_i^2}{D_i^2},$$

oder mit Gl. (2) $\dfrac{P_{tot}}{P_i} = 1 + \dfrac{D_a^2}{D_i^2} - 1 = \left(\dfrac{D_a}{D_i}\right)^2.$ \hfill (3)

Die Dichtungsverhältnisse lagen bei diesen Versuchen sehr günstig, weil der Dichtungsdruck gleichmäßig über die Dichtungsfläche verteilt war, und auch keine Formänderungen infolge der Kraftwirkung auftraten. Die Gleichungen 2 und 3 können deshalb niemals auf die viel ungünstigeren Verhältnisse bei einer Flanschverbindung übertragen werden. Man kann höchstens sagen, daß der kleinste Dichtungsdruck (an der ungünstigsten Stelle) im Betrieb mindestens $2 p_i$ sein muß, damit eine gewisse Sicherheit gegen Undichtwerden vorhanden ist. Der kleinste Dichtungsdruck hängt aber von der Schraubenteilung (Anzahl Schrauben) von der Flanschdicke, von den Formänderungen der Verbindung, von der Elastizität der Dichtung, von der Rauhheit der Dichtungsflächen usw., also von so vielen Faktoren ab, daß nur allgemeine Richtlinien gegeben werden können. Biegesteife Flansche, kleine Schraubenteilung, kleine Dichtungsflächen und elastische Dichtungsstoffe sind günstige Vorbedingungen für eine gute Dichtung.

Es ist deshalb auch nicht möglich aus dem inneren Betriebsdruck allein zuverlässige Schlußfolgerungen zu ziehen über die Größe der zur Dichtung erforderlichen Schraubenkräfte.

962. Schleifende, geschmierte Dichtungen. Filzringe werden als Dichtungsmittel bei Wälzlagern verwendet (Abb. 53.6); sie sollen das Eindringen von schädlichen festen, flüssigen oder gasförmigen Körpern verhindern. Die einwandfreie Lösung dieser Aufgabe ist von großer wirtschaftlicher Bedeutung, denn nur bei geeigneter Dichtung und zweckmäßigem Schmiermittel können außerordentlich lange Laufzeiten ohne Nachschmierung erreicht werden.

Die dichtende Wirkung eines Filzringes wird erheblich gesteigert und seine Abnutzung stark vermindert, wenn er vor dem Einlegen in die Nute einige Minuten in heißem Öl getränkt wird. Der Ring schmiegt sich dann gut an die Welle an und verschleißt nicht so rasch. Da das aufgesogene Öl nicht auf die Dauer genügt, soll der Filzring auch während des Betriebes immer neu benetzt werden.

Die Filzringe bilden bei Fettschmierung auch einen guten Schutz gegen Schmiermittelverlust, versagen aber bei ungünstigen Betriebsbedingungen, bei hoher Temperatur, starker Entwicklung von Staub, schädlichen Gasen oder Dämpfen. Zur Verbesserung werden vereinzelt auch zwei Filzringe nebeneinander verwendet (Abb. 53.6 oben); der zweite, außen sitzende Ring wird aber leicht trocken und verschleißt rasch. Soll der Filz gut abdichten, so muß er in der schwach konischen Nute und auf der Welle genau passen. Die dichtende Wirkung ist (auch bei sachgemäßem Einbau) immer mit erhöhter Reibung verbunden, die den 10fachen Wert der Kugellagerreibung erreichen kann.

Zur Dichtung des Lagergehäuses gegen den Austritt von Öl soll sich die Tränkung der Filzringe mit Schmierseife (nicht mit Öl) bewährt haben.

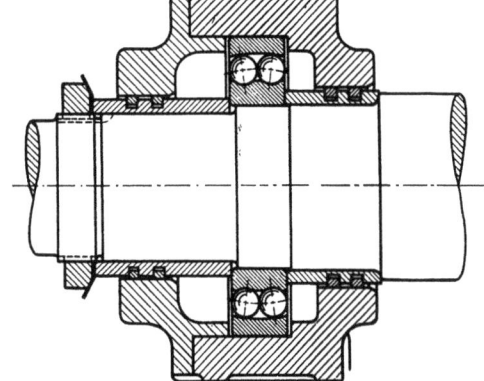

Abb. 4. Abdichtung eines Wälzlagers durch federnde Ringe.

Alle schleifenden Dichtungen verschleißen im Laufe der Zeit, müssen also von Hand (wie bei den Stopfbüchsen) oder durch Federkraft nachstellbar sein. Abb. 4 zeigt die Abdichtung eines Wälzlagers durch federnde Ringe, die sich bei Versuchen in staubigem Betrieb gut bewährten.

Bei den Stopfbüchsen wird die Packung in einem geschlossenen Raum zusammengepreßt (Abb. 93.15, 16, 21 und 22). Die Preßfläche der Flansche (Brille) ist schwach konisch, damit die Packung nicht nur zusammengepreßt wird, sondern auch radial dichtet. Weichpackungen aus Baumwolle in Fett (evtl. mit Grafit) getränkt sind geeignet zum Abdichten von Wasser, Sattdampf, Luft und anderen Gasen bei mäßigen Drücken (4—7 at); das Fett dient zur Schmierung der Gleitfläche und zum Abdichten. Für hohe Drücke und Temperaturen verwendet man sorgfältig geschliffene, metallische Packungen aus Weißmetall oder Gußeisen; bei den hohen Drehzahlen der Dampfturbinen auch Kohlenringe. Bei der Kompression von giftigen Gasen sind außerdem Sperrflüssigkeiten erforderlich.

Federnde Dichtungsringe aus Gußeisen verwendet man hauptsächlich bei Kolben (Abb. 5 u. 6); ihre Festigkeitsrechnung wurde in Zahlenbeispiel 1222.1 erläutert.

Die Ringe müssen sehr genau in die Nuten passen, ohne zu klemmen. Sie werden deshalb nicht nur außen, sondern auch an den beiden Seiten geschliffen. Hätten die Ringe Spiel in den Nuten würde eine Art Pumpbewegung entstehen, so daß das Schmieröl hinten um die Ringe laufen würde. Das ist namentlich bei Verbrennungskraftmaschinen schädlich, weil das Öl dort wegen Mangel an Verbrennungsluft an den Wandungen verkokt und zu Störungen Anlaß gibt. Man sorgt deshalb unter dem untersten Kolbenring für Ölablauf (Abb. 6). Die

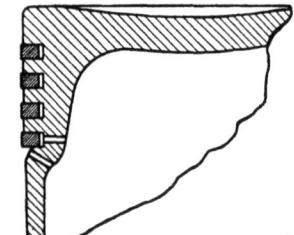

Abb. 6. Kolbenringe mit Ölablauf (aus Ricardo).

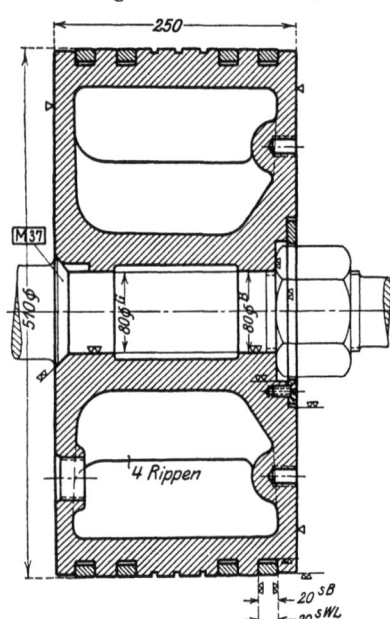

Abb. 5. Hochdruckkolben.

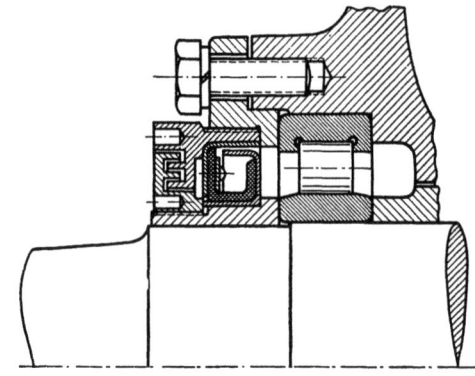

Abb. 7. Abdichtung mit Ledermanschetten und Labyrinth.

Mitnahme des Öles durch die Kolbenringe ist nicht ganz zu vermeiden. Damit die Gleitflächen genügend geschmiert werden, könnte man z. B. die Kanten leicht abrunden (vgl. Abschn. 42); dadurch wird aber immer eine bestimmte Ölmenge gefördert.

Bei großem Kolbendurchmesser bietet es oft Schwierigkeiten, dem Ring auf dem ganzen Umfang die nötige gleichmäßige Spannung zu geben. In solchen Fällen werden die Ringe durch besondere, hinter ihnen liegende Federn angepreßt. Solche aus vielen Einzelteilen bestehende Ausführungen sind recht empfindlich und versagen vielfach.

Bei vertikal angeordneten und doppeltwirkenden Maschinen wirken auf den Kolben nur vertikale Kräfte. Dieser Fall ist für das gleichmäßige Anliegen der Dichtungsringe am günstigsten. Bei horizontalen Maschinen übt das Kolbengewicht G und bei allen einfachwirkenden, wo die Kolben gleichzeitig als Kreuzkopf dienen, auch der Normaldruck N eine Kraft senkrecht zur Kolbenbewegung aus. Diese Kräfte können weder durch die schwachen Kolbenringe noch durch die Stopfbüchsen aufgenommen werden, so daß der Kolben selbst im Zylinder schleift. Die Länge des Kolbens kann ähnlich wie die Abmessungen ebener Gleitflächen bei Flüssigkeitsreibung berechnet werden. Meist wird die Flächenpressung p zwischen Kolben und Zylinder

$$p = \frac{N+G}{l \cdot D} < 1 \text{ at}$$

gewählt, worin l die wirklich tragende Kolbenlänge ist, in welche die Ringe, die lediglich zur Abdichtung dienen sollten, nicht eingerechnet werden dürfen. Bei großen Maschinen (Großgasmaschinen, Niederdruckzylinder von Lokomotiven) wird der Kolben von der beidseitig geführten Stange getragen, um die Normaldrücke klein zu halten.

Ledermanschetten (Stulpdichtungen) werden für kalte Flüssigkeiten (bis etwa 40° C) und für die höchsten Drücke verwendet (Abb. 8 u. 10). Ein geschlossener, in warmem Wasser aufgeweichter Lederring wird U-förmig gepreßt (Abb. 9). Der gut eingefettete Ring legt sich beim Einbau leicht federnd an die Wandung. Beim Betrieb preßt die Flüssigkeit von der offenen Seite her das Leder an die Wand und dichtet selbsttätig ab. Eine an Huberpressen bei Drücken bis 5600 at bewährte Lederdichtung zeigt Abb. 10; sie besteht aus mehreren

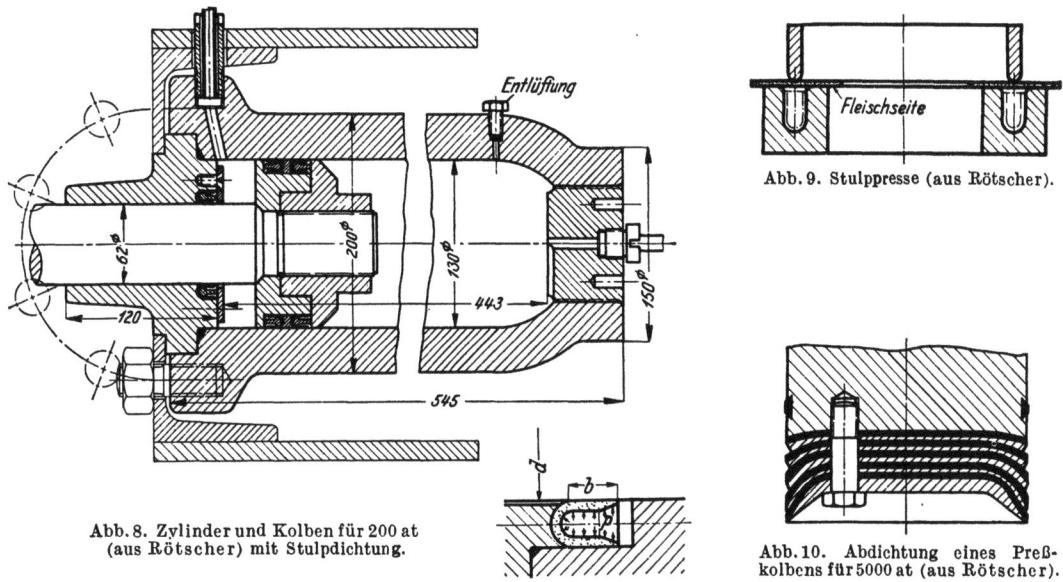

Abb. 8. Zylinder und Kolben für 200 at (aus Rötscher) mit Stulpdichtung.

Abb. 9. Stulppresse (aus Rötscher).

Abb. 10. Abdichtung eines Preßkolbens für 5000 at (aus Rötscher).

Lagen zugeschärften Leders, die durch Metallscheiben getrennt sind. Abb. 7 zeigt die Abdichtung eines Wälzlagers durch eine Manschette (aus Leder oder Buna), die durch eine eingebaute Feder leicht an die Welle gepreßt wird.

963. Berührungsfreie Dichtungen. Der glatte Spalt. Viel schwieriger ist die Dichtung bei rasch bewegten Teilen (Wellen, Spindeln), da eine solche Bewegung nur möglich ist, wenn zwischen den Teilen Spiel vorhanden ist. Die Flüssigkeitsmenge, die durch einen Spalt verloren geht, folgt bei Laminarströmung aus Gl. (431.4):

$$G = \frac{h^3}{12\,\eta} \cdot \frac{\Delta p}{l} \cdot \pi d_m. \tag{92.29}$$

Sie kann bei einem endlichen Überdruck Δp nur dann gleich Null werden, wenn η oder l unendlich groß ist. Große Zähigkeit kann durch Einschalten einer sehr zähen Sperrflüssigkeit im Spalt (Fett) erreicht werden. Die Vergrößerung der Länge l ist aus konstruktiven Gründen begrenzt. Den größten Einfluß auf die Erzielung einer wirksamen Dichtung hat die Kleinhaltung der Spalthöhe h, welche in Gl. (92.29) in der dritten Potenz vorkommt. Eine gute Dichtung muß demnach durch genaues Einpassen (Einschleifen) der bewegten Teile erreicht werden, wobei allerdings eine Nachstellung bei Abnutzung der Dichtflächen fehlt.

Für eine gute Dichtung muß der Ringspalt auch genau konzentrisch sein; beim exzentrischen Spalt ist der Flüssigkeitsverlust größer, nämlich

$$G_e = G\left(1 + \frac{3}{2}\frac{e^2}{h^2}\right), \tag{96.4}$$

worin e die Exzentrizität ist.

Der glatte, genau konzentrische Spalt ist die beste Dichtung, solange darin Laminarströmung vorhanden ist. Bei turbulenter Strömung kann der Druckverlust

$$\Delta p = \zeta \frac{l}{d} \frac{w^2}{2g} \gamma \tag{92.16}$$

mit dem ζ-Wert für glatte Rohre von Blasius:

$$\zeta = 0{,}3164/Re^{0{,}25} \tag{93.2}$$

berechnet werden. Nichtkreisförmige Rohre werden durch Einführung des äquivalenten Durchmessers

$$d_{ae} = 4\,F/U \tag{92.17}$$

auf Kreisrohre zurückgeführt, so daß der Druckverlust dann

$$\Delta p = \zeta \frac{l}{d_{ae}} \frac{w^2}{2g} \gamma \tag{5}$$

ist. Für den Ringspalt ist $d_{ae} = 2\,h$ (Gl. 92.32) und der Druckverlust:

$$\Delta p = \frac{0{,}3164\,\nu^{0{,}25}}{(w\cdot 2h)^{0{,}25}} \cdot \frac{l}{2h} \cdot \frac{w^2}{2g} \gamma = 0{,}067 \frac{w^{1{,}75}}{h^{1{,}25}} \nu^{0{,}25} \cdot l \cdot \varrho , \tag{6}$$

woraus

$$w = 4{,}6\,h^{0{,}7} \left(\frac{\Delta p}{l\varrho}\right)^{0{,}57} \nu^{-0{,}143}$$

und der Flüssigkeitsverlust G, für die Spaltbreite 1:

$$G_1 = 4{,}6\,h^{1{,}7} \left(\frac{\Delta p}{l\varrho}\right)^{0{,}57} \nu^{-0{,}143} \tag{7}$$

ist proportional mit $h^{1{,}7}$, gegenüber h^3 bei Laminarströmung (Gl. 92.29).

964. Labyrinthe beruhen auf den Druckverlust bei einer plötzlichen Querschnittserweiterung:

$$\Delta p = (w_1 - w_2)^2\,\varrho/2 = \xi\,w_1^2\,\varrho/2 . \tag{93.22}$$

Sie bestehen aus wiederholten Erweiterungen des Spaltquerschnittes (Abb. 11) und sind besonders bei turbulenter Strömung wirksam, weil der Erweiterungsverlust durch Wirbelbildung verursacht wird. Der Druckverlust ist um so größer (die Dichtung um so besser), je größer $(w_1 - w_2)$ ist. Die Geschwindigkeit w_1 kann durch genaues Einschleifen der Dichtungsleisten vergrößert werden; die Geschwindigkeit w_2 wird durch die Kammerbreite B beeinflußt (Abb. 11). Die Breite B ist praktisch von größter Bedeutung, weil sie unmittelbar auf die Gesamtlänge der Dichtung einwirkt. Es scheint, daß der günstigste Wert von B/s zwischen 2 und 6 liegt. Die Kanten der Dichtungsleisten sollen scharf sein; die Kammer-

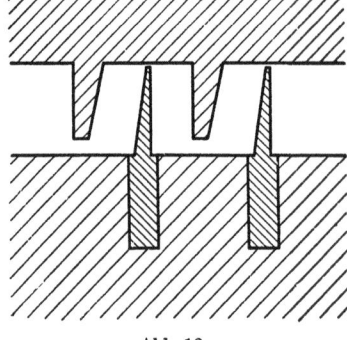

Abb. 11. Labyrinthdichtung.　　　　　Abb. 12.

tiefe T hat weniger Einfluß auf den Dichtungsverlust. Viele, schmale Kammern sind also eher zweckmäßiger als wenige breite.

Der Dichtungsverlust wird durch die Stangengeschwindigkeit in der Längsrichtung der Dichtung (z. B. bei Kolbenmaschinen) nur wenig beeinflußt. Wird der Erweiterungsverlust noch mit einem Richtungswechsel verbunden (Abb. 12), so ist die Dichtung noch etwas besser.

Grünagel[1] untersuchte den Druckabfall in einem Kanal, dessen Wände mit, gegen die Strömungsrichtung geneigten, Blechen versehen waren. Er kam zum Ergebnis, daß bei einer Neigung von 40° der Widerstandsbeiwert ξ in Gl. (93.19) plötzlich auf das 10fache heraufschnellt. Versuche von W. Hartmann[2] bestätigen dies auch für Labyrinthe. Bei einer Spitzenneigung von 40° ist $\xi = 200$, also rund 15mal so groß wie bei der üblichen Neigung von 90° ($\xi = 14$), wenn beide Wände mit scharfen Kanten besetzt sind. Ist jedoch eine Wand glatt, so geht der Beiwert ξ auf etwa $\tfrac{1}{4}$ des obigen Wertes ($\xi = 45$) zurück.

---

[1] 964.8.
[2] 964.9.

Schrifttumverzeichnis.

Das Schrifttumverzeichnis erhebt keinen Anspruch auf Vollständigkeit. Das wäre auch unmöglich; das Verzeichnis „Thum und seine Schule" zum Beispiel enthält allein 423, das Buch von Zeyen und Lohmann allein sogar 717 Veröffentlichungen. Bei der Zusammenstellung dieses Verzeichnisses habe ich Quellen bevorzugt, die wieder Literaturnachweise enthalten. Ich bitte deshalb alle, deren Arbeiten nicht besonders aufgenommen wurden, dies nicht als Geringschätzung ihrer Arbeiten zu bewerten.

Öfter gebrauchte Abkürzungen.

Z. VDI = Zeitschrift des Vereins Deutscher Ingenieure.
A.S.M.E. = American Society Mechanical Engeneers.
Forschung = Forschung auf dem Gebiete des Ingenieurwesens. VDI-Verlag.
Nicht zu verwechseln mit den Forschungsheften aus dem gleichen Verlag.
L = Literaturnachweis.

Abschnitt: Einleitung.

L. 1. Lehr, E.: Wege zu einer wirklichkeitsgetreuen Festigkeitsberechnung. Z. VDI 75 (1931) S. 1473

Werkstattgerechte Formgebung:

L. 2. Volk, C.: Das Maschinenzeichnen des Konstrukteurs. 7. Aufl. Berlin: Julius Springer 1942.

Gießen:

3. Lischka, A.: Was muß der Maschineningenieur von der Eisengießerei wissen? Berlin: Julius Springer 1929.
4. Erkens, A.: Werkstattgerechtes Konstruieren. Gießen: Beuth-Verlag.
5. Lehmann, R.: Wirtschaftlicher konstruieren — billiger gießen. Berlin: VDI-Verlag 1932.
6. Pfannenschmidt, C. W.: Beiträge zur Gestaltung gegossener Maschinenteile. Mitt. Forsch.-Anst. Gutehoffnungshütte 7 (1939) S. 115—43.
7. Gensel, C.: Wirtschaftlich konstruieren. Braunschweig: Fr. Vieweg & Sohn 1929.

Leichtbau:

8. Kreissig, E.: Grundlagen des Leichtbaues. Stahl u. Eisen 56 (1936) S. 33—39.
9. Der Leichtbau in Konstruktion und Technologie. Fachtagung des Hauses der Technik, Essen, durchgeführt im Auftrage der Reichsstelle für Wirtschaftsausbau, Berlin am 18. und 19. Oktober 1938. Sonderdruck Nr. 1 aus „Technische Mitteilungen", Krupp.
10. Bobek, Metzger, Schmidt: Stahlleichtbau von Maschinen. Berlin: Julius Springer 1939.
11. Kloth, W. und H. Hisserich: Leichtbau-Elemente. Techn. in d. Landwirtsch. 21 (1940) S. 74/75.
12. Krug, C.: Stahlleichtbau bei Werkzeugmaschinen. Grundlagen und Ausführungsbeispiel. Z. VDI 84 (1940) S. 11—16.
13. Kesselring, F.: Die starke Konstruktion. Gedanken zu einer Gestaltungslehre. Z. VDI 86 (1942) S. 321—30.
14. Erker, A.: Werkstoffausnutzung durch festigkeitsgerechtes Konstruieren. Z. VDI 86 (1942) S. 385 bis 395.
15. Thum, A.: Wesen, Ziel und Probleme des Leichtbaues. Schweiz. Arch. angew. Wiss. Techn. 9 (1943) S. 133—48.
16. Duffing, P.: Zur wirtschaftlichen Wahl von Werkstoff und Gestalt. Z. VDI 87 (1943) S. 305—13.
17. Flügge, W.: Mechanische Grundlagen des Leichtbaues. Arch. Eisenhüttenwes. 17 (1944) S. 195 bis 205.
18. Hänchen, R.: Schweißkonstruktionen, Heft 9 der Einzelkonstruktionen aus dem Maschinenbau. Berlin: Julius Springer 1939.

Grundnormen:

19. Kienzle, O.: Die Normzahlen und ihre Anwendung. Z. VDI 83 (1939) S. 717—24.
20. Hellmund, R. E.: Wirtschaftliche Auswahl von Typenreihen auf Grund der Normzahlen. Product Engng. 3 (1932) S. 353 u. 401 und Z. VDI 77 (1933) S. 789—91.
21. Leinweber, P.: Toleranzen und Lehren, 3. Aufl. Berlin: Julius Springer 1943.
22. Kösters, W.: Der gegenwärtige Stand der Meterdefinition, des Meteranschlusses und seine internationale Bedeutung für Wissenschaft und Technik. Werkst.-Techn. 32 (1938) S. 527—33.
24. Zollinger: Das ISA-Toleranzsystem. Schweiz. techn. Z. 8 (1933) H. 50/51.
25. Streiff, F.: Die Preßsitze im ISA-Passungssystem. Schweiz. techn. Z. 9 (1934) S. 497.
26. Streiff, F.: Die Lauf-Sitze im ISA-Toleranz-System. Schweiz. techn. Z. 9 (1934) S. 545—52.
27. Streiff, F.: Das ISA-Toleranz-System und seine Einführung in die Praxis. Schweiz. techn. Z. 14 (1939) S. 485—91.

28. Kienzle, O.: Die Preßsitze im ISA-Passungssystem. Werkst.-Techn. 32 (1938) S. 421—28.
29. Gottschalk, E. u. W. Lutze: Einführung der ISA-Passungen in der deutschen Industrie. Techn. Mitt. Krupp (Techn. Ber.) (1938) S. 151—66.
30. Streiff, F.: Zweckmäßige Sitze für Riemenscheiben, Kupplungen und Zahnräder auf Wellenenden. Werkst.-Techn. 32 (1938) S. 25—32.

Abschnitt 11: Angewandte Festigkeitslehre.

L. 11.1. Unold, G.: Die Bezeichnungsweise in der Festigkeitslehre. Masch.-Bau 7 (1928) S. 308—10.
2. Kommerell: Der Werdegang des Normbl. 1350. Zeichen der Statik, Festigkeitslehre, Werkstoffprüfung. Masch.-Bau 8 (1929) S. 192—97.
3. Bach, J.: Stand der Neubearbeitung der Zeichen für die Festigkeitslehre. Masch-Bau 11 (1932) S. 362—66.
4. Oberhofer, P. und W. Poensgen: Über den Einfluß des Probestabquerschnittes auf die Zug- und Biegefestigkeit von Gußeisen. Stahl u. Eisen 42 (1922) S. 1190.
5. Föppl, L.: Eine neue elastische Materialkonstante: Ing.-Arch. 7 (1936) S. 229—36, weist darauf hin, daß es bei einer ungleichmäßigen Formänderung des Körpers (z. B. Kerbwirkung) zweckmäßiger ist, die Spannung auf das „verformte" Flächenelement zu beziehen.
6. Rudeloff, M.: Einfluß der Stablänge auf die Dehnung. VDI-Forsch.-Heft Nr. 215 (1919).
7. Späth, W.: Neue Begriffsbestimmung für Elastizitäts- und Streckgrenze. Arch. Eisenhüttenwes. 16 (1943) S. 465—68.
8. Eugen Meyer: Berechnung der Durchbiegung von Stäben, deren Material dem Hooke'schen Gesetz nicht folgt. Z. VDI 52 (1908) S. 167.
9. Föppl, L. und K. Huber: Der Gültigkeitsbereich der Elastizitätstheorie. Forschung 12 (1941) S. 261—65.
10. Brandenberger, H.: Neue Theorie der Elastizität und Festigkeit. Schweizer Druck und Verlagshaus, Zürich 1948. Berücksichtigt auch den gegenseitigen Einfluß der Fasern.

Abschnitt 12: Prismatische Stäbe.

L. 121. *Zugbeanspruchung:*

1. Tolle: Regelung der Kraftmaschinen, 3. Aufl., S. 303. Berlin: Julius Springer 1921.

L. 1221. *Biegung gerader Stäbe:*

1. Bach, C. und R. Baumann: Elastizität und Festigkeit. 9. Aufl. Berlin: Julius Springer 1924.
2. Jeffcott, H. H.: The more accurate calculation of the deflextion of beams and strutts. Philos. Mag., 7th series, 13 (1932) S. 310—22, mit den Bemerkungen von T. Pöschl, Philos. Mag., 27th series, 25 (1938) S. 678—82.

L. 1222. *Gekrümmte Stäbe:*

1. Lindner, G.: Biegung krummer Stäbe. Z. angew. Math. Mech. 14 (1934) S. 43—50.
2. Böttcher, K.: Versuche über die Spannungsverteilung in Zughaken. VDI-Forsch.-Heft Nr. 337. Berlin: 1931.

Dünnwandige Rohre:

3. Bantlin, A.: Formänderung und Beanspruchung federnder Ausgleichsrohre. Z. VDI (1910) S. 43 oder Mitt. Forsch.-Arb., Heft 96.
4. Kármán, Th. v.: Über die Formänderung dünnwandiger Rohre. Z. VDI (1911) S. 1889—95.
5. Lorenz, H.: Die Biegung krummer Rohre. Dinglers polytech. J. 327 (1912) S. 577 und Technische Elastizitätslehre (1930) S. 310.
6. Wahl, M. A.: Trans. Amer. Soc. mech. Engr. Vol. 49/50, Part I, Fuels and Steam Power 1927/28, S. 241.
7. Stromeyer, C. E.: The elasticity and endurance of steam pipes. Engineering 97 (1914) S. 856—59.
8. Cope, E. T. und E. A. Wert: Load-deflection relations for large plane, corrugated, and creased pipe bends. Trans. Amer. Soc. Mech. Engr. (1932) FSP. 54.12, S. 115—19.
9. Hovgaard, W.: The elastic deformation of pipe bends. J. Math. Phys. (1926), Nr. 2 und (1929), Nr. 4.
10. Berg, S., H. Bernhard und H. Richter: Elastizität, Beanspruchung und Festigkeit warmbetriebener Rohrleitungen. Forschg. 12 (1941) S. 166—73.
11. Karl, H.: Biegung gekrümmter, dünnwandiger Rohre. Z. angew. Math. Mech. 23 (1943) S. 331—45.
12. Hemmerling, E., I. Hahnfeld und H. Ebbighausen: Durchfederung von Rohrkrümmern unter dem Einfluß eines Biegemomentes. Schiffbau 44 (1943) S. 22—40.
13. Schmidt, E.: Die Bemessung der Dehnungsbögen von Rohrleitungen. Schweiz. Arch. angew. Techn. 10 1944) S. 234—41.
14. Beskin, L.: Bending of curved thin tubes. J. appl. Mechs., März 1945, A. 1—7.

Kolbenringe:

15. Pollert, O.: Ein neues Verfahren zur Berechnung und Anfertigung selbstspannender Kolbenringe. Z. VDI 68 (1924) S. 253.
16. Meldahl, A.: Die genaue Form eines selbstspannenden Kolbenringes. Schweiz. Arch. 9 (1943) S. 307—13.

L. 1223. *Einfluß der Querkraft:*

1. Timoschenko: A membrane analogy to flexure. Proc. Lond. math. Soc., Serie 2, Bd. 20, S. 404.
2. Pfleiderer, C.: Der Einfluß von Löchern oder Schlitzen in der neutralen Schicht gebogener Balken auf ihre Tragfähigkeit. VDI-Forsch.-Heft Nr. 97.

3. Madelung, E.: Die mathematischen Hilfsmittel des Physikers. Berlin: Julius Springer 1922.
4. Ziegler, H.: Zur Kritik der technischen Biegungslehre. Schweiz. Bauztg. 128 (1946) S. 187—90.
5. Ziegler, H.: Eine Erweiterung der technischen Biegungslehre. Schweiz. Bztg. 65 (1947) S. 17—20 und 29—32.

L. 123. *Verdrehung*:
1. Weber, C.: Drehungsfestigkeit. VDI-Forsch.-Heft Nr. 249. Berlin 1921.
2. Pöschl, Th.: Bisherige Lösungen des Torsionsproblems. Z. angew. Math. Mech. 1 (1921) S. 312—28 und 2 (1922) S. 137—47.
3. Uebel, Fr.: Zur Berechnung von drillbeanspruchten Stäben mit rechteckigem und aus Rechtecken zusammengesetzten Profilen (Wälzträger). Forschung 10 (1939) S. 123—41.
4. Engelmann, Fr.: Verdrehung von Stäben mit einseitig-ringförmigem Querschnitt. Forschung 6 (1935) S. 146—54.

L. 125. *Statisch unbestimmte Konstruktionen. Stangenköpfe*[1]:
1. Reissner, H. und F. Strauch: Ringplatte und Augenstab. Ing.-Arch. 4 (1933) S. 481—505.
2. Watzinger, A.: Die Spannungsverteilung in geschlossenen Schubstangenköpfen. Z. VDI 53 (1909) S. 1033—36.
3. Matsumura, T.: Festigkeit geschlossener Schubstangenköpfe. Z. VDI 55 (1911) S. 460—65.
4. Becke: Beitrag zur Berechnung der Spannungen in Augenstäben. Eisenbau (1921) S. 233.
5. Mathar, J.: Spannungsverteilung in Schubstangenköpfen. VDI-Forsch.-Heft Nr. 306 (1928).
6. Bernhard, J. M.: Berechnung von Stangenköpfen. Z. VDI 74 (1930) S. 945.
7. Thum, A. und E. Bruder: Gestaltung und Dauerhaltbarkeit von Stabköpfen und ähnlichen Bauteilen. Dtsch. Kraftfahrt-Forsch., Heft 20 (1939).
8. Lehr, E. und K. H. Bussmann: Dauer-Zugfestigkeit von Stabköpfen. Z. VDI 83 (1939) S. 513/14.
9. Osterspey, J. P.: Untersuchung über die Spannungsverteilung in Stabköpfen und deren Dauerhaltbarkeit. Forschung 14 (1943) S. 65—77.
10. Frocht, M. M. und H. N. Hill: Stress-concentration factors around a central circular hole in a plate loaded through pin in the hole. J. appl. Mech. 7 (1940) S. 5—9.
11. Volkersen, O und R. Goschler: Über die Festigkeit von Bolzenaugen. Luftwissen 8 (1941) S. 151—56.

---
[1] Durchlochte Platte. L. 153.

Abschnitt 13: Zulässige Spannungen.
L. 131. *Bruchhypothesen*:
1. Mohr, O.: Welche Umstände bedingen die Elastizitätsgrenze und den Bruch eines Materials. Z. VDI 44 (1900).
2. Guest, J.: On the strength of ductile materials under combined stress. Philos. Mag. 50 (1900) S. 69—132.
3. Kármán, Th. v.: Festigkeitsversuche unter allseitigem Druck. VDI-Forsch-Heft Nr. 118 (1912).
4. Böker, R.: Die Mechanik der bleibenden Formänderung in kristallinisch aufgebauten Körpern. VDI-Forsch.-Heft Nr. 175/76 (1915).
5. Thum, A. und K. Federn: Spannungszustand und Bruchausbildung. Berlin: Julius Springer 1919.
6. Griffith: Philos. Trans. Roy. Soc., Lond. 1920.
7. Sandel, G. D.: Über die Festigkeitsbedingungen. Ein Beitrag zur Lösung der Frage der zulässigen Anstrengung der Konstruktionsmaterialien. Leipzig: Max Jänicke-V 1925.
8. Roš, M. und Eichinger, A.: Versuche zur Klärung der Frage der Bruchgefahr I, II und III. Diskussionsberichte 19 (September 1926); 28 (Juni 1928) und 34 (Februar 1929) der EMPA. Zürich.
9. Mises, R. v.: Mechanik der festen Körper im platisch-deformablen Zustand. Göttinger Nachrichten (1913) S. 582—92.
10a. Hencky, H.: Zur Theorie plastischer Deformationen und der hierdurch im Material hervorgerufenen Nachspannungen. Z. angew. Math. Mech. 4 (1924) S. 323.
10b. Hencky, H.: Über das Wesen der plastischen Verformung. Z. VDI 69 (1925) S. 695.
11. Lode, W.: Einfluß der mittleren Hauptspannung auf das Fließen der Metalle. VDI-Forsch.-Heft Nr. 303 (1928). Diese Arbeit enthält eine Zusammenstellung der verschiedenen Bruchhypothesen und der Versuche zur Klärung der Bruchgefahr.
12. Nadai, A.: Der bildsame Zustand der Werkstoffe. Berlin: Julius Springer 1927.
13. Thum, A. und F. Wunderlich: Fließgrenze bei behinderter Formänderung; ihre Bedeutung für das Dauerfestigkeitsschaubild. Forschung 3 (1932) S. 261—70 mit Literaturangaben.
14a. Kuntze, W.: Einfluß ungleichförmig verteilter Spannungen auf die Festigkeit von Werkstoffen. Masch.-El.-Tagung Aachen 1935. Berlin: VDI-Verlag.
14b. Kuntze, W.: Zur Frage der Festigkeit bei räumlichen Spannungszuständen. Stahlbau 10 (1937) S. 177—80.
15. Maier, A.: Einfluß des Spannungszustandes auf das Formänderungsvermögen der metallischen Werkstoffe. Berlin: VDI-Verlag 1935.
16. Pfender, M.: Das Verhalten der Werkstoffe bei behinderter Verformungsmöglichkeit. Arch. Eisenhüttenwes. 11 (1938) S. 595—606.
17. Thum, A.: Gewaltbruch. Zeitbruch und Dauerbruch. Bruchaussehen und Bruchverlauf bei Zug-, Biege- und Verdrehbeanspruchung. Forschung 9 (1938) S. 57—67 mit Literaturangaben.
18a. Föppl, L.: Ausblick für eine neue Theorie der Anstrengung des Werkstoffes. Forschung 7 (1936) S. 209—20.
18b. Föppl, L.: Eine neue elastische Materialkonstante. Ing.-Arch. 7 (1936) S. 229—36.

19. Weibull, W.: A statistical theory of the strenght of materials. Ing. Vet. Akad. Handl. Nr. 161 (1939).
20. Crowan, C.: Theory of the fatigue of metals. Proc. Roy. Soc., Lond., Serie A 171 (1939); 944 S. 78—106.
21a. Fritsche, J.: Die Fließbehinderung bei der Biegung von Balken und Stützen aus Baustahl. Stahlbau 11 (1938) S. 54—58.
21b. Fritsche, J.: Die neuere Fließbedingung und die Ergebnisse der Werkstoffprüfung. Stahlbau 12 (1939) S. 17—22.
22. Prager, W.: Die Fließgrenze bei behinderter Formänderung. Forschung 4 (1933) S. 95—97.
23. Smekal, A.: Bruchtheorie spröder Körper. Z. Physik 103 (1936) S. 495—525.
24. Mason, W.: Notes on certain combined alternating stress systems and a stress criterion on the fatigue limit. Philos. Mag. 24 (1937); 162 S. 695—703.
25. Bridgman, F. W.: Reflections on rupture. J. appl. Physica 9 (1938) S. 517—28.
26a. Föppl, O.: Von was hängen Fließbeginn und Bruchfestigkeit eines Werkstoffes ab? Mitt. Wöhler-Inst. Braunschweig (1938) Heft 33, S. 56—70.
26b. Föppl, O.: Unter allseitigem Druck kalt geflossener Stahl. Mitt. Wöhler-Inst., Heft 37. Braunschweig 1940.
27. Siebel: Neuere Probleme der Festigkeitsforschung. Jb. dtsch. Versuchsanst. Luftf. (1936) S. 203—11.
28. Thum, A. und W. Kirmser: Überlagerte Wechselbeanspruchungen, ihre Erzeugung und ihr Einfluß auf die Dauerhaltbarkeit und Spannungsausbildung quergebohrter Wellen. VDI-Forsch.-Heft 419 (1943).
29. Meldahl, A.: Über eine graphische Darstellung der Festigkeitseigenschaften. Schweiz. Arch. 10 (1944) S. 269—74.

L. 132. *Dauerfestigkeit* (als Werkstoffeigenschaft):
NB.: Dauerfestigkeit und Konstruktion. Vgl. L. 16.6.
1. Graf, O.: Die Dauerfestigkeit der Werkstoffe und der Konstruktionselemente. Berlin: Julius Springer 1929.
2. Kaufmann, E.: Wechselfestigkeit. Berlin: Julius Springer 1931.
3. Herold, W.: Wechselfestigkeit. Berlin: Julius Springer 1934.
4. Moore, H. F. und J. B. Kommers: The Fatigue of metals. Mc. Graw-Hill Book Co. New York 1927.
5. Bautz, W.: Kritik der Dauerfestigkeit als Bemessungsgrundlage. Forschung 12 (1941) S. 162—66.

L. 1321. *Zeitlicher Verlauf der Schwingung*:
1. Lasche, O.: Konstruktion und Material im Bau von Dampfturbinen. 3. Aufl. Berlin: Julius Springer 1925.
2. Kloth und Stroppel: Kräfte, Beanspruchungen und Sicherheiten in den Landmaschinen. Z. VDI 80 (1936) S. 85.
3. Fischer, E.: Das Verhalten von Werkstoffen gegenüber schnellverlaufender Drehungsbeanspruchung. Diss. TH. Dresden 1937.
4. Kommers, J. B.: Overstressing and understressing in fatigue. Engineering 143 (1937) S. 620—22 u. 676—78.
5. Kaul, H. W.: Die erforderliche Zeit- und Dauerfestigkeit von Flugzeugtragwerken. Jb. dtsch. Luftf.-Forschg. 1938.
6. Bollenrath, F.: Zeit- und Dauerfestigkeit der Werkstoffe. Jb. dtsch. Luftf.-Forschg. 1938. Erg.-Bd., S. 147—57.
7. Müller-Stock, H., E. Gerold und E. H. Schulz: Der Einfluß einer Wechselvorbeanspruchung auf Biegezeit- und Biegewechselfestigkeit von St 37. Arch. Eisenhüttenwes. 12 (1938) S. 141—48.
8. Gassner, E.: Festigkeitsversuche mit wiederholter Beanspruchung im Flugzeugbau. Luftwissen 6 (1939) S. 61—64.
9. Thum, A. und A. Erker: Zeit- und Dauerfestigkeit und deren Beeinflussung durch eine einmalige Überlastung. Z. VDI 86 (1942) S. 171—74.

L. 1322. *Einfluß der statischen Festigkeitseigenschaften (Dämpfung) und der Temperatur*:
1a. Schwinning, W., M. Knoch und K. Uhlemann: Wechselfestigkeit und Kerbempfindlichkeit der Stähle bei hohen Temperaturen. Z. VDI 78 (1934) S. 1469—76.
1b. Schwinning, W.: Die Festigkeitseigenschaften der Werkstoffe bei tiefen Temperaturen. Z. VDI 79 (1935) S. 35—40.
2. Thum, A. und A. Erker: Einfluß von Wärme-Eigenspannungen auf die Dauerfestigkeit. Z. VDI 81 (1937) S. 276—78.
3. Kahnt, H.: Über Kerbempfindlichkeit, Verfestigung und Dämpfung von Stählen. Z. techn. Physik 18 (1937) S. 230—37.
4. Buchner, H.: Die Elastizitätsgrenze von Stählen bei Dauerbeanspruchung. Diss. TH. München 1937. Auszug: Forschung 9 (1938) S. 14—27. Sehr reiches Schrifttum.
5. Späth, W.: Dämpfung und Festigkeitswerte der Werkstoffe. Arch. Eisenhüttenwes. 11 (1938) S. 503—08.
6. Hempel, M.: Die Dämpfung von Gußeisen bei Zug-Druck-Beanspruchung. Arch. Eisenhüttenwes. 14 (1941) S. 505—11.
7. Fry, A., A. Kessner und R. Oettel: Die Bedeutung der Streckgrenze für die Wechselfestigkeit bei Stählen höherer Festigkeit. Arch. Eisenhüttenwes. 14 (1942) S. 571—76.

L. 1323. *Einfluß des Spannungszustandes auf die Dauerfestigkeit:*

Über das Verhalten der Stähle bei überlagerter wechselnder Biege- und Verdrehbeanspruchung sind, vor allem aus versuchstechnischen Gründen, in der Literatur nur wenig Angaben enthalten. Aus den Versuchen geht aber folgende, für den Konstrukteur wichtige Schlußfolgerung hervor:
Die elliptische Abhängigkeit der Schubspannung von der gleichzeitig wirkenden Normalspannung (s. Abb. 131.8) und damit die Bruchhypothese, daß die Gestaltsänderungsenergie als Bruchursache anzusehen ist, werden für glatte Stäbe durch die vorliegenden Versuche bestätigt.

1. Stanton, T. E. und G. R. Batson: On the Fatigue Resistance of mild Steel under various Conditions of Stress Distribution. Engineering (1916) S. 269 und (1917) S. 599.
2. Gough, H. J. und H. V. Pollard: The Strength of Metal under combined alternating Stresses. Proc. Inst. Mech. Engrs. 131 (1935) S. 3.
3. Thum, A. und W. Kirmser: Überlagerte Wechselbeanspruchungen, ihre Erzeugung und ihr Einfluß auf die Dauerhaltbarkeit und Spannungsausbildung quergebohrter Wellen. VDI-Forsch.-Heft Nr. 419 (1943).
4. Puchner, O.: Über die Erzeugung synchroner, überlagerter Wechselbiege- und Verdrehbeanspruchungen. Schweiz. Arch. angew. Wiss. Technik 12 (1946) S. 289.

L. 1324. *Steigerung der Dauerhaltbarkeit:*

1. Oschatz, H.: Gesetzmäßigkeit des Dauerbruches und Wege zur Steigerung der Dauerhaltbarkeit. Mitt. Mat.-Prüf.-Anst. d. TH. Darmstadt. Heft 2 (1933).
2. Thum, A. und W. Bautz: Steigerung der Dauerhaltbarkeit von Formelementen durch Kaltverformung. Mitt. Mat.-Prüf.-Anst. d. TH. Darmstadt. Heft 8 (1936).
3. Seeger, G.: Wirkung der Druckvorspannungen auf die Dauerfestigkeit metallischer Werkstoffe. Berlin: VDI-Verlag 1935.
4. Wiegand, H. und R. Scheinost: Dauerfestigkeit hartverchromter Teile. Z. VDI 83 (1939) S. 655 bis 659.
5. Wiegand, H.: Oberflächengestaltung und -behandlung dauerbeanspruchten Maschinenteile. Z. VDI 84 (1940) S. 505—10.

L. 1325. *Oberflächenbeschaffenheit (Korrosion):*

1. Schmaltz, G.: Technische Oberflächenkunde. Berlin: Julius Springer 1936.
2. Armbruster, E.: Einfluß der Oberflächenbeschaffenheit auf den Spannungsverlauf und die Schwingungsfestigkeit. Berlin: VDI-Verlag 1931.
3. Thum, A. und H. Ochs: Korrosion und Dauerfestigkeit. Mitt. Mat.-Prüf.-Anst. d. TH. Darmstadt. Heft 9 (1937). Berlin: VDI-Verlag mit 139 Literaturangaben.
4. Lea, F. C.: The effect of discontinuities and surface conditions on failure under repeated stress. Engineering 144 (1937) S. 87—90 und 140—44.
5. Richter, G.: Zur Frage der Oberflächenbeschaffenheit auf die Dauerfestigkeit von Aluminiumdrähten. Z. Metallk. 29 (1937) S. 214—17.
6. Moll, H.: Beurteilung und Vorausbestimmbarkeit der Oberflächengüte beim Drehen. Ein Beitrag zur Frage der Oberflächen-Normung. Masch.-Bau/Betrieb 19 (1940) S. 421—24.
7. Thum, A. und R. Zoege v. Manteuffel: Das Sandstrahlen als Mittel zur einfachen und billigen mechanischen Oberflächenbearbeitung. ATZ 46 (1943) S. 304—13.
8. Zander, W.: Der Einfluß von Oberflächenbeschädigungen auf die Biegeschwingungsfestigkeit. Berlin: NEM-Verlag 1928.
9. Graf, O.: Dauerfestigkeit von Stählen mit Walzhaut, ohne und mit Bohrung, von Niet- und Schweißverbindungen. Berlin: VDI-Verlag 1931.

L. 1326. *Querschnittsform und Größe:*

1. Mailänder, R. und W. Bauersfeld: Einfluß der Probengröße und Probenform auf die Drehschwingungsfestigkeit von Stahl. Techn. Mitt. Krupp (1934) S. 143.
2. Bollenrath, F., H. Cornelius und W. Siedenburg: Einfluß der Querschnittsform auf die Dauerfestigkeit von weichem Flußstahl. Luftf.-Forsch. 15 (1938) S. 214—17.
3. Holley, E. G.: The static and fatigue torsion strength of various steels with circular, square and rectangular sections. J. u. Proc. Instn. Mech. Eng. 143 (1940) S. 237—46.
4. Philip, H. A. v.: Einfluß von Querschnittsform und Querschnittsgröße auf die Dauerfestigkeit bei ungleichmäßig verteilten Spannungen. Forschg. 13 (1942) S. 99—111.
5. Buchmann, W.: Einfluß der Querschnittsgröße auf die Dauerfestigkeit. Z. VDI 87 (1943) S. 325—27.

L. 1327. *Stoßweise Belastung, Einfluß der Zeit, Kerbzähigkeit:*

1. Plank, R.: Dynamische Zugbeanspruchung. Z. VDI (1912) S. 17.
2. Schwinning, W.: Die Festigkeitseigenschaften der Werkstoffe bei tiefen Temperaturen. Z. VDI 79 (1935) S. 35—40.
3. Fillinger, P.: Theorie und Praxis der Kerbschlagprobe. Schweiz. Bauztg. 82 (1923) S. 265 u. 284.
4. Fink, R.: Über Schlagversuche an Flußstahlproben. Schweiz. Arch. 15 (1949) S. 193—214.

L. 134. *Sicherheit und zulässige Spannung:*

1. Volk, C.: Sicherheit und zulässige Spannung. Elektroschweißg. 8 (1937) S. 173—75.
2. Thum, A.: Zur Frage der Sicherheit in der Konstruktionslehre. Z. VDI 75 (1931) S. 705.
3. Soderberg, C. R.: Factor of safety and working stresses. Trans. Amer. Soc. mech. Engr. 52 I (1930), APM 52—2, p. 13—28.
4. Buchmann, W.: Die Kerbempfindlichkeit der Werkstoffe. Forschg. 5 (1934) S. 36—48.

5. Bock: Zulässige Spannungen der im Maschinenbau verwendeten Werkstoffe. Masch.-Bau 9 (1930) S. 637 und 10 (1931) S. 66—83.
6. Garlepp, B.: Zulässige Spannungen und Dauerfestigkeit im Kran- und Verladebrückenbau. Masch.-Bau 10 (1931) S. 86—90.

Abschnitt 14: Der Drehkörper.

L. 141. *Dickwandige Hohlzylinder unter Druck*:
1. Bach, C.: Versuche über die Formänderung und die Widerstandsfähigkeit von Hohlzylindern mit und ohne Rippen. VDI-Forsch.-Heft Nr. 70 (1909) S. 29—36.
2. Krüger: Untersuchungen über die Anstrengung dickwandiger Hohlzylinder unter Innendruck. VDI-Forsch.-Heft Nr. 87 (1910).
3. Bock von Wülfingen: Die artilleristische Bewaffnung. Z. VDI 58 (1914) S. 464/65.
4. Riedler: Hydraulisches Hochdruckpreß- und Prägeverfahren. Z. VDI (1901) S. 584—90 und 621 bis 626.
5. Lorenz, R.: Temperaturspannungen in Hohlzylinder. Z. VDI 51 (1907) S. 742—47.
6. Jeffery, G. B.: Plane Stress and Plane Strain in Bipolar Co-Ordinates Philos. Trans. Roy. Soc., Lond. A. Vol. 221, p. 265 (1921).

L. 142. *Rotierende Scheiben*:
1. Grübler, M.: Versuche über die Festigkeit von Schmirgel- und Karborundumscheiben. VDI-Forsch.-Heft Nr. 10 (1903) S. 31—48.
2. Stodola, A.: Dampfturbinen, 5. Aufl. (1922). Abschn. 74—82. Berlin: Julius Springer.
3. Donath, M.: Die Berechnung rotierender Scheiben nach einem neuen Verfahren. Berlin: Julius Springer 1929.
4. Malkin, J.: Festigkeitsberechnung rotierender Scheiben. Berlin: Julius Springer 1935.
5. Grammel, R.: Neue Lösungen des Problems der rotierenden Scheibe. Ing.-Arch. 7 (1936) S. 137—39.
6. Gruber, W.: Berechnung umlaufender Scheiben. Forschg. 10 (1939) S. 142—49.
7. Newton, R. E.: A photoelastic study of stresses in rotating disks. J. appl. Mech. 7 (1940) S. 57—66.
8. Baer, H.: Näherungsverfahren zur Berechnung umlaufender Scheiben. Z. VDI 84 (1940) S. 359—61.
9. Schultz-Grunow, F.: Der Spannungsverlauf in umlaufenden Scheiben mit exzentrischen Löchern. Z. angew. Math. Mech. 16 (1936) S. 366—68.
10. Gran Olssen, R.: Über einige Lösungen des Problems der rotierenden Scheibe. Ing.-Arch 8 (1937.) S. 373—80 und 270—75.
11. Hengst, H.: Beitrag zur Beurteilung des Spannungszustandes einer gelochten Scheibe. Diss. TH. Dresden 1937.
12. Meininghaus, U.: Über die Berechnung von druckfesten Ringscheiben. Diss. TH. Hannover 1936
13. Ebner, H. und H. Koller: Über den Kraftverlauf in längs- und querversteiften Scheiben. Luftf.-Forschg. 15 (1938) S. 527—42.

L. 143. *Kreisplatten*:
1. Föppl, L. und A.: Drang und Zwang. 2 Bde· Oldenburg-Verlag. Abschn. 3.
2. Nadai, A.: Die elastischen Platten. Berlin: Julius Springer 1925.
3. Timoshenko, S.: Theory of plates and Shells. McGraw-Hill Book Co. 1940.
4. Way, St.: Bending of circular plates with large deflection. APM 56—12 (1934).
5. Federhofer, K.: Zur Berechnung der dünnen Kreisplatte mit großer Ausbiegung. Forschg. 7 (1936) S. 148—50.
6. Pichler, O.: Die Biegung kreissymmetrischer Platten von veränderlicher Dicke. Diss. Berlin 1928.
7. Gran Olsson, R.: Biegung von kreisförmigen Platten von radial veränderlicher Dicke. Ing.-Arch. 8 (1937) S. 81.
8. Woinowsky-Krieger, S.: Spannungszustand in dicken elastischen Platten. Ing.-Arch. 4 (1933) S. 305.
9. Ensslin, M.: Studien über die Beanspruchung und Formänderung kreisförmiger Platten. Dinglers polytechn. J. 318 (1903) S. 705—07, 721—26, 785—89, 801—05 und 319 (1904) S. 609—12, 629—31, 649—53, 666—69 und 677—80.
10. Ensslin, M.: Beanspruchung eines ebenen Scheibenkolbens mit zwei Böden und ohne Rippen. Dingler polytechn. J. 322 (1907) S. 577—79.
11. Wahl, A. M. und G. Lobo: Stresses and deflections in flat circular Plates with central holes. Trans. Am. Soc. Mech. Engs. APM. 52—3—29 (1930).
12. Brecht, W. A. und A. M. Wahl: The radially tappered Disk. Spring. Trans. Amer. Soc. mech. Engr. 52 I (1930) S. 45—55. Paper APM 52.4.
13. Waters, E. O. and J. H. Taylor: The strength of Pipe Flanges. Mech. Engng. 49 (1927) S. 531—42 und die Diskussion darüber S. 1340—47.
14. Pfleiderer, C.: Die Berechnung der Scheibenkolben. VDI-Forsch. Heft 97 (1911).

L. 144. *Biegung gewölbter Schalen*:
Die Theorie ist namentlich durch die grundlegenden Arbeiten von Prof. Dr. H. Reißner (Charlottenburg) und Prof. E. Meißner (Zürich) entwickelt worden:
1. Wissler, H.: Festigkeit von Ringflächenschalen. Diss. E.T.H. Zürich 1916.
2. Bolle, L.: Festigkeit von Kugelschalen. Diss. E.T.H. Zürich 1916.
3. Dubois, F.: Über die Festigkeit der Kegelschale. Diss. E.T.H. Zürich 1917.
4. Honegger, E.: Festigkeit von Kegelschalen mit linear veränderlicher Wandstärke. Diss., E.T.H. Zürich 1919.

5. **Tellers, H.**: Über die Festigkeit einwandiger kegeliger Kolben. VDI-Forsch.-Heft Nr. 305 (1928). Die Berechnungsverfahren sind genau, aber für die praktische Verwendung viel zu zeitraubend.
6. **Almen, A. und Laszlo**: The uniform section Disc-Spring. Trans. Amer. Soc. mech. Engr. 58 (1936) S. 305 geben ein einfaches Näherungsverfahren für die Berechnung von Kegelschalen konstanter Dicke. Sie vernachlässigen dabei die Radialspannungen und nehmen an, daß die Formänderung nur in einer reinen Drehung besteht.
7. **Poulka, K. A.**: Plattenprobleme Verhandlungen, 3. Mechanik-Kongress, Bd. 2, S. 66 gibt eine einfache Lösung für die halbkreisförmige Platte.

Abschnitt 15: Erweiterte Festigkeitslehre.

L. 152. *Beanspruchung in einer Druckfläche*:
1. **Hertz, H.**: Über die Berührung fester elastischer Körper und über die Härte. Gesammelte Werke, Bd. 1. Leipzig 1895.
1a. **Föppl, A. und L.**, L. 143.1, Bd. 2, Abschn. 8 geben eine leichter verständliche Ableitung für Kugel und Platte.
2. **Föppl, L.**: Der Spannungszustand und die Anstrengung der Werkstoffe bei der Berührung zweier Körper. Forschg. 7 (1936) S. 209—221.
3. **Timoshenko, S.**: Theory of Elasticity. London und New York: Mc Graw Hill Book Co (1934) S. 344.
4. **Rajnfeld, S.**: Studio di alcuni problemi elastici a due dimensioni. Diss. E. T. H. Zürich 1933.
5. **Stribeck**: Kugellager für beliebige Belastungen. Z. VDI 45 (1901) S. 73 und 117 oder VDI-Forsch.-Heft Nr. 2.
6. **Palmgren, A.**: Untersuchungen über die statische Tragfähigkeit von Kugellagern. Göteborg 1930.
7. **Föppl, L.**: Neue Ableitung der Hertz'schen Härteformeln für die Walze. Z. angew. Math. Mech. 16 (1936) S. 165—70.
8. **Föppl, A.**: Vorlesungen über technische Mechanik, Bd. 5, S. 350.
9. **Bochmann, H.**: Die Abplattung von Stahlkugeln und Zylindern durch den Meßdruck. Diss. T.H. Dresden und Z. Feinmech. Präz. 35 (1927) S. 95.
10. **Karas, F.**: Werkstoffanstrengung beim Druck achsenparalleler Walzen nach den gebräuchlichen Festigkeitshypothesen. Forschg. 11 (1940) S. 334—39.
11. **Karas, F.**: Die äußere Reibung beim Walzendruck. Forschg. 12 (1941) S. 266—74.

L. 153. *Die durchlochte Platte*: (Stangenköpfe L. 125):
1. **Kirsch, G.**: Die Theorie der Elastizität und die Bedürfnisse der Festigkeitslehre. Z. VDI 42 (1898) S. 797—807.
2. **Leon, A. und F. Wilheim**: Die Spannungsverteilung in gelochten und gekerbten Zugstäben. Mitt. staatl. techn. Versuchsamt, Wien 3 (1914) S. 33—50.
3. **Inglis, C. E.**: Stresses in a plate, due to the presence of cracks and scharp corners. Trans. Instn. of Naval Archit. 55 (1913) S. 219—42.
4. **Weber, C.**: Über die Spannungsverteilung durch kreisrunde Löcher in einem gezogenen Blech. Z. angew. Math. Mech. 2 (1922) S. 185—87 und 267—73.
5. **Pöschl, Th.**: Über die Spannungsverteilung durch kreisförmige Löcher in einem gezogenen Blech. Z. angew. Math. Mech. 1 (1921) S. 174—80.
6. **Henning, A.**: Polarisationsoptische Spannungsuntersuchungen am gelochten Zugstab und am Nietloch. Forschg. 4 (1933) S. 53—63.
7. **Siebel, E. und E. Kopf**: Beanspruchung in gelochten Platten. VDI-Forsch.-Heft Nr. 369 (1934).
8. **Jeffery, G. B.**: Plane stress and plane strain in bipolar coordinates. Phil. Trans. Roy. Soc. London, A. 221 (1921) S. 265.
9. **Weinel, E.**: Über einige ebene Randwertprobleme der Elastizitätstheorie. Z. Angew. Math. Mech. 17 (1937) S. 276.
10. **Bickley, W. G.**: The distribution of stress round a circular hole in a plate. Phil. Trans. Roy. Soc. London, A. 227 (1928) S. 383.
11. **Sonntag, R.**: Über einige technisch wichtige Spannungszustände in ebenen Blechen. Mitt. Mech. Techn. Lab. T. H. München, 34. Heft (1929).
12. **Howland, R. C. J.**: On the stresses in the neighbourhood of a circular hole in a strip under tension. Phil. Trans. Roy. Soc. London, A. 229 (1930) S. 49
13. **Howland, R. C. J. and A. C. Stevenson**: Bi-harmonic analysis in a perforated stripp. Phil. Trans. Roy. Soc. Lonsdon, A. 232 (1934) S. 155.
14. **Howland, R. C. J.**: Stresses in a plate containing an infinite raw of holes. Proc. Roy. Soc. London, A. 148 (1935) S. 471.
15. **Howland, R. C. J. und R. C. Knight**: Stress functions for a plate containing groups of circular holes. Phil. Trans. Roy. Soc. London, A. 238 (1939) S. 357.
16. **Knight, R. C.**: On stresses in a perforated strip. Quart. J. Math. V (1934) S. 255.
17. **Knight, R. C.**: The action of a rivet in a plate of finite breadth. Philos. Mag. VII ser. 19 (1935) S. 517.
18. **Schulz, K. J.**: Over den spanningstoestand in doorboorde platen. Diss. T. H. Delft (Waltman, 1941).
19. **Volkersen, O. und R. Goschler**: Über die Festigkeit von Bolzenaugen. Luftwiss. 8 (1941) S. 151 bis 156. (Versuche mit dünnen Stäben s=0,6—4 mm).

L. 155. *Körper auf elastischer Unterlage*:
1. **Föppl, A.**: Kreisplatten auf nachgiebiger Grundlage. Vorlesungen über Techn. Mech., Bd. 5, §§ 20—22.
2. **Biott, M. A.**: Bending of an infinite beam on an elastic foundation. J. Appl. Mech. 4 (1937) S. 1, A1/7.

3. Marquerre, K.: Über den Träger auf elastischer Unterlage. Z. angew. Math. Mech. 17 (1937) S. 224 bis 231.
4. Coe, R. T.: The bending of beams on elastic foundation. Philos. Mag. 25 (1938) S. 49—65.
5. Hetènyi, H.: Berechnung von Balken auf elastischer Bettung. Schlußbericht 2. Kongr. Intern. Vereinigung Brückenbau u. Hochbau. Berlin 1938, S. 849—54.
6. Pflanz, E.: Untersuchungen über die Druckverteilung unter belasteten Balken auf nachgiebiger Unterlage. Ing.-Arch. 12 (1941) S. 201—21.
7. Schiel, F.: Der schwimmende Balken. Z. angew. Math. Mech. 22 (1942) S. 255—62.
8. Dörr, J.: Der unendliche, federnd gebettete Balken unter dem Einfluß einer gleichförmig bewegten Last. Ing.-Arch. 14 (1943) S. 167—92.
9. Porizsky, H., A. D. Sutton und A. Perwick: Distribution of teeth load along a pinion. J. appl. Mech., Juni 1945, A. 78—86.
10. Lewis, F. M.: Load distribution of reduction gears. J. appl. Mech., Juni 1945, A. 87—90.

Abschnitt 16: Formgebungselemente.

L 16.1. Lehr, E.: Spannungsverteilung in Konstruktionselementen. VDI-Verlag 1934, enthält auch eine gute Zusammenfassung der verschiedenen Verfahren zur Ermittlung der Spannungsverteilung und ein ausführliches Schrifttumverzeichnis (mit 204 Quellen) bis Ende 1932.
2. Wyss, Th.: Die Kraftfelder in festen elastischen Körpern und ihre praktischen Anwendungen. Berlin: Julius Springer 1926.
3. Neuber, H.: Kerbspannungslehre. Grundlagen für genaue Spannungsberechnung. Berlin: Julius Springer 1937.
4. Willers, F. A.: Die Torsion eines Rotationskörpers um seine Achse. Z. Math. Phys. 55 (1907) S. 225.
5. Sonntag, R.: Zur Torsion von runden Wellen mit veränderlichem Durchmesser. Z. angew. Math. Mech. 9 (1929) S. 1—22.
6a. Thum, A. und W. Bautz: Zur Frage der Formziffer. Z. VDI 79 (1935) S. 1303—06 und 81 (1937) S. 561—64.
6b. Thum, A. und W. Bautz: Zeitfestigkeit. Z. VDI 81 (1937) S. 1407—11.
7. Thum, A. und W. Buchmann: Dauerfestigkeit und Konstruktion. Mitt. Mat.-Prüf.-Anst. TH. Darmstadt, Heft 1 (1932).
8. Barner, G.: Der Einfluß von Bohrungen auf die Dauerzugfestigkeit von Stahlstäben. Berlin: VDI-Verlag 1931.
9. Thum, A. und S. Berg: Die Entlastungskerbe. Forschg. 2 (1931) S. 345.
10. Kuntze, W.: Stahlbau 13 (1935) S. 3 und (1937) S. 177—80.
11. Bach, C. v.: Zur Beanspruchung von Maschinenteilen mit scharfen oder ausgerundeten Ecken. Z. VDI 57 (1913) S. 1594—95.
12. Deutler, H. und R. Moufang: Kritik des Kraftflußbegriffes. Forschg. 12 (1941) S. 137—42.
13. Siebel, E., W. Steurer und H. O. Meuth: Milderung von Kerbwirkungen durch Entlastungsschnitte und Verschwächungen. Forschg. 11 (1940) S. 203—08.
14. Berg, S.: Neuere Versuche über Entlastungskerben. Forschg. 12 (1941) S. 205/06.

Abschnitt 17: Plastische Verformungen.

L 17.1. Nadai, A.: Der bildsame Zustand der Werkstoffe. Berlin: Julius Springer 1927.
2. Nadai, A. und L. H. Donnell: Stress distribution in rotating disks of ductile material. Trans. Amer. Soc. mech. Engr. 51.1 (1929) S. 163—81.
3. Nadai, A.: Plastic Torsion. Trans. Amer. Soc. mech. Engr. 53 (1931) S. 29—48.
4. Nadai, A.: A review of recent papers on plasticity. J. appl. Mech. 57 (1935) S. A. 33/34.
5. Mac Gregor, C. W. und J. A. Hrones: Recent investigations in plastic torsion. J. appl. Mech. 4 (1937) S. 161—69.
6. Siebel, E., S. Schwaigerer und E. Koff: Berechnung dickwandiger Hohlzylinder. Wärme 65 (1942) S. 440—45.

Abschnitt 18: Stabilitätsprobleme.

L 18.1. Hencky, H.: Stabilitätsprobleme der Elastizitätstheorie. Z. angew. Math. Mech. 2 (1922) S. 292—99.
2. Mises, R. v.: Stabilitätsprobleme. Z. angew. Math. Mech. 3 (1923) S. 406—22.
3. Hartmann, F.: Knickung, Kippung, Beulung. Leipzig und Wien: Fr. Deuticke 1937.
4. Marguerre, F.: Über die Anwendung der energetischen Methode auf Stabilitätsprobleme. Jb. dtsch. Luftf.-Forsch. (1938) S. 433—43.
5. Timoshenko, S.: Theory of elastic Stability. Mc. Graw-Hill Book Co. New York 1936.

L. 181. *Stäbe*:
1. Schneider: Zur Theorie der Knickfestigkeit S. 633—638 und 649—653. Z. Ing. u. Arch.-Ver. 1901.
2. Föppl, A.: Knickversuche mit Winkeleisen. Mitt. Mech. Techn. Lab. T. H. München 1897, Heft 25.
3. Pöschl, T.: Zur Theorie der plastischen Knickung gerader Stäbe. Bauing. 19 (1938) S. 499—505.
4. Timoshenko, S.: Einige Stabilitätsprobleme der Elastizitätstheorie. Z. Math. Phys. 58 (1910) S. 378.
5. Jezék, K.: Die Festigkeit von Druckstäben aus Stahl. Wien: Julius Springer 1937.
6. Brunner, J.: Knickstabilität. Schweiz. Bauztg. 123 (1944) S. 247 und Schweiz. Bauztg. 1947, Nr. 21 vom 12. Juli.
7. Pirkl, J.: Werkstoffkundliche Grundlagen der Knickformeln. Forschg. 14 (1943) S. 104—12.

8. Ziegler, H.: Die Knickung des schief gelagerten Stabes. Schweiz. Bauzeitung 66. Jahrgang, Nr. 7 vom 14. Febr. 1948.
9. Ziegler, H.: Die Knickung des verwundenen Stabes. Schweiz. Bauzeitung, 66. Jahrgang, Nr. 34 vom 21. August 1948.

L. 182. *Dünnwandige Rohre*:
1. Mises, R. v.: Der kritische Außendruck zylindrischer Rohre. Z. VDI 58 (1914) S. 750—55.
2. Mayer-Mita: Die Berechnung dünnwandiger ovaler Röhren gegen gleichförmigen Außendruck. Z. VDI 58 (1914) S. 649—53.
3. Siebel und Schwaigerer: Untersuchungen über das Einbeulen von glatten Flammrohren. Wärme 62 (1939) S. 285—90.

L. 183. *Biegebeanspruchungen*:
1. Prandtl, L.: Kippererscheinungen. Ein Fall von instabilem elastischem Gleichgewicht. Diss. München 1899.
2. Stüssi, Fr.: Die Stabilität des auf Biegung beanspruchten Trägers. Abhandl. intern. Verb. f. Brückenbau u. Hochbau, Bd. 3, S. 401—20.
3. Brix, J. E.: Eisenbau (1912) S. 351.

L. 184. *Schwach gewölbte Böden*:
1. Biezeno, C. B.: Über die Bestimmung der Durchschlagkraft einer schwach gekrümmten, am Rande frei aufliegenden, kreisförmigen Platte. Z. angew. Math. Mech. (1935) S. 10—22.

L. 185. *Schraubenfedern*:
1. Hurlbrink, E.: Berechnung zylindrischer Druckfedern auf Sicherheit gegen seitliches Ausknicken. Z. VDI 54 (1910) S. 133 und 181.
2. Grammel, R.: Die Knickung von Schraubenfedern. Z. angew. Math.Mech. 4 (1924) S. 384—389.
3. Biezeno, C. R. und J. J. Koch: Knickung von Schraubenfedern. Z. angew. Math. Mech. 5 (1925) S. 379—380.

Abschnitt 21: Vernietungen.

L. 211. *Berechnung:*
1. Butter, K.: Neue Nietverfahren. Luft-Forsch. 15 (1938) S. 91—93.
2. Baumann, R.: Beanspruchung der Bleche beim Nieten. VDI-Forsch.-Heft Nr. 252 (1922).
3. Herzog, A.: Spannungsuntersuchungen auf Abscheren beanspruchter Niete. Diss. T. H. Darmstadt 1936.
4. Ziem, H.: Einfluß der Nietlänge auf die Güte der Nietverbindungen. Forschg. 7 (1936) S. 44—48.
5. Zweiter Bericht über Festigkeitsversuche mit Eisenkonstruktionen. Z. VDI (1909) S. 1019—24.
6. Hoeffgen, H.: Gleitgrenze und Fließgrenze von Nietverbindungen. Diss, T. H. Karlsruhe 1934.
7. Henning, A.: Polarisationsoptische Spannungsuntersuchungen am gelochten Zugstab am Nietloch. Forschg. 4 (1933) S. 53—63.
8. Daiber, E.: Die Biegespannungen in überlappten Kesselnietnähten. Z. VDI (1913) S. 401.
9. Höhn, E.: Nieten und Schweißen der Dampfkessel. Berlin: Julius Springer 1925.
10. Rühl: Experimentelle Ermittlung ebener Verschiebungs- und Spannungszustände auf neuem Wege und Anwendung auf eine durch zwei Nietbolzen gespannte Platte. VDI-Forsch.-Heft Nr. 221 (1920).
11. Findeisen, Cl.: Versuche über die Beanspruchungen in Laschen. VDI-Forsch.-Heft Nr. 229 (1920).
12. Wilson, W. M. und F. P. Thomas: Bull. Unin. Illinois Eng. Exp. Station. No. 302 (1938) S. 1—114.

L. 212. Geusen, L.: Die Eisenkonstruktionen. Berlin: Julius Springer.

L. 213. *Leichtmetallvernietungen*:
1. Pleines, W.: Nietverfahren im Metallflugzeugbau. Luftf.-Forschg. 7 (1930) S. 1—72. Oldenburg.
2. Vàlyi, I.: Untersuchung über die Nietung von Aluminiumlegierungen nach Gattung Al-Qu-Mg. Diss. E. T. H. Zürich 1938.
3. Koenig, M.: Spannungsspitzen in kaltgeschlagenen Kraftnietungen. Schweiz. Arch. angew. Wiss. u. Techn. 3 (1937) S. 41—46.
4. Müller, W.: Maßnahmen zur Verbesserung der Ermüdungsfestigkeit genieteter Knotenpunkt-Verbindungen aus Aluminiumlegierungen. Schweiz. Arch. 5 (1939) S. 294—97.

Abschnitt 23: Verschraubungen.

L. 231. *Gewinde und Herstellung*:
1. Berndt, G.: Die Gewinde. (Mit ausführlichem Schrifttumverzeichnis. Erster Nachtrag 1927.) Berlin: Julius Springer 1925.
2. Berndt, G.: Die deutschen Gewindetoleranzen. Berlin: Julius Springer 1929.
3. Berndt, G.: Gewinde und ihre Toleranzen. Masch.-Bau, DIN Mitt. (1941) S. 89—97.
4. Berndt, G.: Gewindepassungen. Werkst.-Techn. (1941) S. 269—81.
5. Lickteig, E.: Schraubenherstellung. Verlag: Stahleisen 1943. Stahleisen-Bücher, Bd. 4.

L. 233. *Muttersicherungen*:
1. Schoeneich, H.: Schraubensicherungen. Ein Überblick über die Vielseitigkeit der bis jetzt gemachten Vorschläge aus der Sammlung des Reichspatentamtes von rd. 4000 Patentschriften. Berlin: Carl Heymann 1933.

2. Koch, J.: Statische Versuche mit Schraubensicherungen. Diss. T. H. Dresden 1936. Leipzig: Frommhold & Wendler.
3. Dittrich, W.: Statische und dynamische Untersuchungen von Schraubensicherungen. Diss. T. H. Dresden 1938. Borna-Leipzig: Verlag Robert Noske.
4. Gimbel, G. und O. Fürst: Das Problem der Schraubensicherung — unlösbar? Metallwirtsch. 22 (1943) S. 371—75.

L. 234. *Vorspannkraft*:
1. Jaquet, E.: Über eine neuartige Schraubenverbindung. Ing.-Arch. 2 (1931) S. 569—90.
2. Maduschka, L.: Beanspruchung von Schraubenverbindungen und zweckmäßige Gestaltung der Gewindeträger. Forschg. 7 (1936) S. 299—305.
3. Reimer, G.: Belastung der Gewindegänge in Schraubenverbindungen. Arch. Eisenhüttenwes. 15 (1942) S. 393—96.
4. Goodier, J. N.: The distribution of load on the threads of screws. J. appl. Mech. 7 (1940) S. 10—16.
5. Jehle, H.: Polarisationsoptische Spannungsuntersuchungen an einer Schraubenverbindung und an einzelnen Gewindezähnen. Forschg. 7 (1936) S. 19—30.
6. Haas, B.: Einfluß der Muttergröße auf die Festigkeit der Schraubenverbindung. Ber. Inst. Werkstoff-Forschg. Dtsch. Versuchsanst. Luftfahrt. Z. VDI 82 (1938) S. 1269—74.
7. Wyss, Th.: Untersuchungen an Schrauben mit 0,8 d-Muttern. Schweiz. techn. Z. (1939) Nr. 23/24.
8. Schimz, K.: Versuche mit 0,8 d hohen Muttern. Masch.-Bau 5 (1926) S. 552.
9. Theophanopoulos, N.: Gesetzmäßigkeiten beim Einbau von Schrauben, insbesondere von Kopfschrauben. Berlin: Julius Springer 1941.
10. Hanffstengel, K. von: Einfluß des Kraftangriffes auf die Beanspruchung vorgespannter Schraubenverbindungen. Z. VDI 86 (1942) S. 508—10.
11. Bock, E.: Das Verhalten der Schraubenverbindungen beim Anziehen und Lösen in Abhängigkeit von den Gewindetoleranzen. Diss. T. H. Dresden 1933.
12. Staudinger, H.: Das Verhalten der Schraubenverbindungen bei wiederholtem Anziehen und Lösen. Z. VDI 81 (1937) S. 607—09.
13. Deutler, H.: Das Anziehen der Schrauben. Maschinenbau, Betrieb 16 (1939) S. 185—87.
14. Kienzle, H.: Die Kraftpassung zwischen Schlüssel und Schraube. Werkst.-Techn. 34 (1940) S. 397—401.

L. 235. *Haltbarkeit der Verbindung*:
1. Lehmann, R.: Die Dauerschlagfestigkeit der Schraubenverbindung in Abhängigkeit von den Gewindetoleranzen. Diss. T. H. Dresden 1931.
2. Städel, W.: Dauerfestigkeit von Schrauben, ihre Beeinflussung durch Form, Herstellung und Werkstoff. Mitt. MPA d. T. H. Darmstadt. Berlin: VDI-Verlag 1932.
3. Wiegand, H.: Über die Dauerfestigkeit von Schraubenwerkstoffen und Schraubenverbindungen. Diss. T. H. Darmstadt 1934.
4. Gans: Die Dauerschlagfestigkeit der vorgespannten Schraubenverbindungen in Abhängigkeit von den Gewindetoleranzen. Diss. T. H. Dresden 1934.
5. Föppl, O. und W. Wagenblast: Rüttelprüfungen von Schraubenverbindungen. Mitt. Wöhler-Inst., (1936) Heft 27, S. 52—64.
6. Thum, A. und F. Debus: Vorspannung und Dauerhaltbarkeit von Schraubenverbindungen. Berlin: VDI-Verlag 1936. (Mitt. MPA. T. H. Darmstadt, Heft 7.)
7. Hempel, M.: Dauerfestigkeitschaubilder von gekerbten und kaltverformten Stählen und von Schrauben. Z. VDI 81 (1937) S. 870.
8. Thum, A. und M. Würges: Die zweckmäßige Vorspannung in Schraubenverbindungen. Dtsche. Kraftfahrtforsch., Heft 43. Berlin: VDI-Verlag 1940.
9. Thum, A. und H. Lorenz: Vorspannung und Dauerhaltbarkeit an Schraubenverbindungen mit einer und mehreren Schrauben. Dtsch. Kraftfahrtforsch., Heft 56. Berlin: VDI-Verlag 1941.
10. Kaufmann, P. und W. Jänicke: Beitrag zur Dauerhaltbarkeit von Schraubenverbindungen. Techn. Mitt. Krupp, Forsch.-Ber. 3 (1940) S. 147—59.
11. Polster, H.: Untersuchung der Druckwechsel und Stöße im Kurbelgetriebe von Kolbenmaschinen. VDI-Forsch.-Heft Nr. 172/73 (1915).
12. Mütze, K.: Die Festigkeit der Schraubenverbindung in Abhängigkeit von den Gewindetoleranzen. Diss. T. H. Dresden 1929. Berlin: Julius Springer.
13. Schraivogel, K.: Dauerbiegeversuche mit Schraubenbolzen. Jb. Lilienthalges. Luftfahrtforsch. (1936) S. 307—403.
14. Wiegand, H. und B. Haas: Berechnung und Gestaltung von Schraubenverbindungen. Heft 5 der Konstruktionsbücher, herausgegeben von Prof. Dr.-Ing. E. A. Cornelius. Berlin: Julius Springer 1940.
15. Kaehler, P.: Die Belastung der Schrauben in verspannten Schraubenverbindungen. Wärme 63 (1940) S. 3—9 und 23/24.
16. Thum, A. und R. Zoege v. Manteuffel: Neuere Gesichtspunkte über Auswahl und Konstruktion von Schrauben und Schraubenverbindungen. Masch.-Schad. 19 (1942) S. 41—51.
17. Thum, A. und M. Würges: Die zweckmäßige Vorspannung. Dtsch. Kraftfahrtforsch., Heft 43. Berlin: VDI-Verlag 1940.
18. Thum, A. und H. Lorenz: Vorspannung und Dauerhaltbarkeit an Schraubenverbindungen mit einer und mehreren Schrauben. Dtsche. Kraftfahrtforsch., Heft 56. Berlin: VDI-Verlag 1941.

L. 237. *Hohe Betriebstemperaturen*:
1. Vollbrecht, H.: Über die Erscheinungen beim Festfressen von Schraubenverbindungen. Diss. T. H. Stuttgart 1935. Auszug: Arch. Eisenhüttenwes. 9 (1935/36) S. 397—404. Würzburg: K. Triltsch.

2. Dies, K.: Versuche über das Fressen von Verschraubungen für Heißdampfleitungen. Techn. Mitt. Krupp 5 (1942) S. 111/26.
3. Mayer, E.: Die Hochdruckflanschverbindung. Forschg. 3 (1932) S. 22—28.

Abschnitt 24: Preßsitze.

L. 24. 1. Jänicke, B.: Schweiz. Bauztg. 3. Sept. 1927, S. 127.
2. Werth, S.: Austauschbare Längspreßsitze. VDI-Forsch.-Heft Nr. 383 (1937).
3. Wassileff, D. N.: Austauschbare Querpreßsitze. VDI-Forsch.-Heft Nr. 390 (1938).
4. Kienzle, O. und A. Heiss: Die Berechnung einfacher Preßsitze. Werkst.-Techn. 32 (1938) S. 468—73.
5. Kienzle, O.: Die Einflüsse auf die Haftbeiwerte in den Fugen von Preßsitzen. Werkst.-Techn. 32 (1938) S. 552—59.
6. Waimann, K.: Berechnung von Schrumpfringen und aufgeschrumpften Maschinenteilen. Z. Masch.-Bau 1923/24, S. 526—29.
7. Siebel, Dr.-Ing. E.: Mitt. Eisenforsch. 9 (1927) S. 295.
8. Thum, A. und W. Mielentz: Verhalten eingewalzter Rohre im Betrieb. Z. VDI 81 (1937) S. 1491—94.

Abschnitt 25: Schweißverbindungen.

L. 25. 1. Zeyen, K. L. und W. Lohmann: Schweißen der Eisenwerkstoffe. Mit Schrifttumverzeichnis (717 Quellen). Düsseldorf: Verlag Stahleisen 1943.
2. Graf, O.: Dauerfestigkeit von Schweißverbindungen. Z. VDI 78 (1934) S. 1423—27.
3. Thum, A.: Schweißgerechte Maschinengestaltung. Z. VDI 79 (1935) S. 690—92.
4. Thum, A. und A. Erker: Dauerbiegefestigkeit von Kehl- und Stumpfnahtverbindungen. Z. VDI 82 (1938) S. 1101—06 und 83 (1939) S. 1293—97.
5. Neue Verordnung über die Berechnung, die Ausführung und den Unterhalt der Bauten aus Stahl vom 14. Mai 1935.
6. Eichinger, A.: Berechnung geschweißter Verbindungen. Schweiz. Bauztg. 100 (1936), Nr. 3 vom 18. Juli.
7. Roš, M. und A. Eichinger: Gütebewertung und zulässige Spannungen von Schweißungen im Stahlbau. Schweiz. Bauztg. 112 (1938), Nr. 14 vom 1. Oktober.

Abschnitt 26: Elastische Verbindungen (Federn).

Für die Literatur bis Ende 1937 sei auf das Schrifttumverzeichnis im Buch von S. Gross und E. Lehr verwiesen. Die nachfolgenden Angaben ergänzen dieses Verzeichnis durch die neuesten Veröffentlichungen.

L. 26. 1. Gross, S. und E. Lehr: Die Federn, ihre Gestaltung und Berechnung. Berlin: VDI-Verlag 1938.
2. Gross, S.: Berechnung und Gestaltung der Federn. Berlin: Julius Springer 1939 gibt einen für den praktischen Gebrauch bestimmten Auszug aus dem vorgenannten Buch, unter Weglassung der theoretischen Ableitungen.
3. Swan, H., H. Sutton und W. D. Douglas: An Investigation of Steels for aircraftengine Valvesprings. Engineering 131 (1931) S. 314 und 374.

L. 261. *Zug- resp. Druckfedern* (Ringfedern):
1. Kreiszig, E.: Die Berechnung des Eisenbahnwagens. Köln-Lindenthal: Ernst Stauf-Verlag.
2. Richter, E.: Ringfederbeine für Flugzeuge. Z. VDI 83 (1939) S. 652—54.

Gummifedern.
3. Thum, A. und K. Oeser: Gummifederung für ortsfeste Maschinen. Mitt. Mat.-Prüf.-Anst. der T. H. Darmstadt. Berlin: VDI-Verlag 1935, mit Literaturverzeichnis.
4. Kremer, Ph.: Gummi in Rädern für Schienenfahrzeuge. Z. VDI 77 (1933) S. 955—58.
5. Wiessner, P.: Neuere Anwendungsgebiete für Gummi im Maschinenbau. Glasers Ann. 121 (1937) S. 88/89.
6. Riediger, B.: Federnde Lagerung von V- und Sternmotoren. Z. VDI. 82 (1938) S. 315—20.
7. Keys, W. C.: Rubber springs. Mech. Engng. 59 (1937) S. 345—49.
8. Downie, J. F. Smith: Rubber mountings. J. appl. Mech. 5 (1938) S. 13—23.
9. Hull, E. H.: The use of rubber in vibration isolation. J. appl. Mech. 4 (1937) S. 109—14.
10. Hirschfeld, C. H. und E. H. Piron: Rubber cushioning devices. Trans. Am. Soc. mech. Engr. 59. (1937) S. 471—91.

L. 262. *Biegefedern*:
1. Lehr, E. und A. Wiegand: Spannungsverteilung in Federn. Forschg. 8 (1937) S. 161—68.
2. Witzig, K.: Zur Berechnung von Tragfedern für Eisenbahnfahrzeuge. Schweiz. Bauztg. 72 (1918) S. 249.
3. Broek, J. A. van den: Spiral springs. Trans. Am. Soc. mech. Engr. (1931) S. 247—63, Paper APM. 53—18.
4. Dubois: Über die Festigkeit der Kegelschale. Diss. E. T. H. Zürich 1917.
5. Almen, J. O. and A. László: The uniform-section Disk Spring. Trans. Amer. Soc. mech. Eng. 58 (1936) S. 305—14.

L. 263. *Drehfedern*:
1a. Göhner, O.: Schubspannungsverteilung im Querschnitt einer Schraubenfeder. Ing.-Arch. 1 (1930) S. 619 und 2 (1931) S. 1 und 381.
1b. Göhner, O.: Die Berechnung zylindrischer Schraubenfedern. Z. VDI. 76 (1932) S. 269 und 735.
2. Honegger, E.: Zur Berechnung von Schraubenfedern mit Kreisquerschnitt. Mechanik Kongress, Stockholm 1930.

3. Wahl, A. M.: Analysis of effect of wire curvature on allowable stresses in helical springs. J. appl. Mech. 6 (1939) S. 25—30.
4. Bergsträsser, M.: Die Berechnung zylindrischer Schraubenfedern. Z. VDI 77 (1933) S. 198.
5. Liesecke, G.: Berechnung zylindrischer Schraubenfedern mit rechteckigem Querschnitt. Z. VDI 77 (1933) S. 425 und 892.
6. Adams, L. E.: Report of the Spring Research Committee of the Departement of scientific and industrial Research. (H. M. Stationary office, London, Dezember 1931.)
7. Berry, W. R.: Practical problems in spring design. Proc. Inst. mech. Engr. 139 (1938) S. 431—524.
8. Sayre, M. F. und A. V. de Forest: New spring formulas and new materials für precision spring scals. Trans. Am. Soc. mech. Engr. 58 (1936) S. 379—87.
9. Vogt, R. F.: Stress and deflection of helical springs. Trans. Am. Soc. mech. Engr. 58 (1936) S. 467—75.
10. Edgerton, C. T.: Abstract of progress report No. 3 on heavy helical springs. Trans. Am. Soc. mech. Engr. 59 (1937) S. 609—16.
11. Wunderlich, F.: Zulässige Beanspruchung von Schraubenfedern. Z. VDI 80 (1936) S. 787—89.
12. Göhner, O.: Zur Berechnung des gebogenen oder gedrillten Ringstabes mit Kreisquerschnitt und der zylindrischen Schraubenfeder. Ing.-Arch. 9 (1938) S. 355—61.
13. Burdick, W. E., F. S. Chaplin und W. L. Sheppard: Deflection of helical springs under transverse loadings. Trans. Amer. Soc. mech. Engr. 61 (1939) S. 623—32.
14. Edgerton, C. T.: Stresses in helical springs; present status of the problem. Trans. Am. Soc. mech. Engr. 61 (1939) S. 643—49.

Abschnitt 3: Wellen.

L. 3111. *Formziffer für Biegung*:
1. Fischer, G.: Kerbwirkung an Biegestäben. VDI-Verlag 1932.
2. Frocht, A: Factors of stress concentration. Photo-elastically determinated. J. appl. Mech. 2 (1935) S. A. 67/68.
3. Neuber, N.: Kerbspannungslehre. Grundlagen für genaue Spannungsberechnung. VDI-Verlag 1937.
4. Lehr, E. und R. Mailänder: Einfluß von Hohlkehlen an abgesetzten Wellen und von Querbohrungen. Arch. Eisenhüttenwes. 11 (1938) S. 563/68. Bericht Nr. 420 des Werkstoff-Ausschusses.
5. Lehr, E.: Beispiele neuzeitlicher Festigkeitsberechnungen. Maschinenelemente-Tagung, Aachen 1935. VDI-Verlag 1936, S. 21. Bild. 11.
6. Thum, A. und W. Bautz: Günstigste Ausbildung des Überganges an abgesetzten Wellen. Forschg. 6 (1935) S. 269—73.
7. Horger, O. J., T. V. Buchwalter und H. R. Neifert: Fatigue strength of $5^1/_4$ in.-diam. Shafts as related to design of large parts. Journ. appl. Mech. 12 (1943) S. A 149/155.
8. Thum, A. und F. Wunderlich: Dauerbiegefestigkeit von Konstruktionsteilen an Einspannungen, Nabensitzen und ähnlichen Kraftangriffstellen. Mitt. Mat.-Prüf.-Anst. der T. H. Darmstadt, Heft 5. VDI-Verlag 1934, mit ausführlichem Schrifttumverzeichnis (122 Quellen).
9. Lehr, E.: Dauerhaltbarkeit von Ritzelwellen. Z. VDI 81 (1937) S. 117/18.

L. 3112. *Formziffer für Verdrehung*:
1. Jakobsen, L. S.: Torsionals Stress concentrations in shafts of circular cross section and variable diameter. Trans. Am. Soc. mech. Engr. 47 (1925) S. 614—41. — Torsional Stresses in shafts having grooves or fillets. J. appl. Mech. 57 (1935). A. 154/55.
2. Deutler, H. und A. Havers: Die günstigste Gestalt der Hohlkehlen bei verdrehbeanspruchten Wellen. Bericht der Deutschen Versuchsanstalt für Luftfahrt. Jb. 1937 d. deutsch. Luftfahrtforsch., II S. 132-36.
3. Herold, W.: Versuche über Drehschwingungsfestigkeit abgesetzter, genuteter und durchbohrter Wellen. Z. VDI 81 (1937) S. 505—09. Die βk-Werte von Herold weisen einige, unverständliche Eigentümlichkeiten auf, indem diese für den weichen „normalisierten" St C 16.61 höher liegen als beim harten VCN 15.
4. Thum, A. und E. Bruder: Dauerbruchgefahr an Hohlkehlen von Wellen und Achsen und ihre Verminderung. Dtsch. Kraftfahrtforschg., Heft 11. Berlin: VDI-Verlag 1938.
5. Thum, A. und H. Weiss: Versuche zur Steigerung der Verdrehdauerhaltbarkeit quergebohrter Wellen durch Kaltverformung. Automob.-techn. Z. 41 (1938) S. 629—33.
6. Weigand, A.: Ermittlung der Formziffer der auf Verdrehung beanspruchten abgesetzten Welle mit Hilfe von Feindehnungsmessungen. Luftfahrtforsch. 20 (1943) S. 217—19.

L. 3113. *Einfluß befestigter Teile* (Nabenwirkung):
1. Thum, A. und F. Wunderlich: Dauerbiegefestigkeit von Konstruktionsteilen an Einspannungen, Nabensitzen und ähnlichen Kraftangriffstellen. Mitt. Mat.-Prüf.-Anst. der T. H. Darmstadt, Heft 5. VDI-Verlag 1934, mit ausführlichem Schrifttumverzeichnis (122 Quellen).

L. 3114. *Oberflächendrücken*:
1. Horger, O. J.: Effect of surface rolling on the fatique strength of steel. J. appl. Mech. 57 (1935) S. A. 128.
2. Horger, O. J. und J. L. Maulbetsch: Increasing the fätique strength of press-fitted axle assemblies by surface rolling. J. appl. Mech. 58 (1936) S. A. 91/98.
3. Buckwalter, T. V. und O. J. Horger: Investigation of fatique strength of axles press-fits, surface rolling and effect of size. Trans. Am. Soc. Metals 25 (1937) S. 229—44.

4. Berg, P.: Die Steigerung der Dauerhaltbarkeit von Keilverbindungen durch Oberflächendrücken. Diss. T. H. Braunschweig 1935. Mitt. Wöhler-Inst. Nr. 26. Berlin: N. E. M.-Verlag.
5. Tomlinson, G. A.: An investigation of the fretting corrosion of closely fitting surfaces. Proc. Inst. mech. Engr. 141 (1939) S. 223—49,
6. Thum, A. und H. Weiss: Versuche zur Steigerung der Verdrehdauerhaltbarkeit quergebohrter Wellen durch Kaltverformung. Automob.-techn. Z. 41 (1938) S. 629—33.

L. 314. *Keilwellen*:
1. Ulrich, M.: Verdrehfestigkeit und Verschleiß von Keilwellen, Teil I, Forschungsarbeiten für das Kraftfahrwesen, Versuchsbericht Nr. 11. Herausgegeben vom Reichsverband der Automobilindustrie. Berlin 1935.

Abschnitt 32: Kupplungen.

L. 822a. *Elastische Kupplungen*:
1. vom Ende, E.: Wellenkupplungen und Wellenschalter. Einzelkonstruktionen aus dem Maschinenbau. Heft 11. Berlin: Julius Springer 1931.
2. Donaldson, C.: Typical designs of flexible couplings. Amer. Mach., Lond. 80 (1936) 13, 16, 19, 22, 214/16 E, 258/60 E, 303/05 E, 347/49 E.
3. Altmann, F. G.: Drehfedernde Wellenkupplungen. Kraftfahrtechn. Forschungsarbeiten, Heft 6, S. 27—37. Berlin: VDI-Verlag 1937.
4. Cousins, R. J. W.: Flexible couplings for Diesel engines. Engineering 143 (1937) S. 29—32.
5. Rembold, V. und J. Jehlicka: Das Verhalten federnder Kupplungen im Betrieb. Forsch. 5 (1934) S. 146—54 und 8 (1937) S. 109—18.
6. Brink, K.: Verhalten von elastischen Kupplungen im Dauerbetrieb, insbesondere Bestimmung der Dämpfung. Mitt. Wöhler-Inst., S. 1—65. Braunschweig 1938.

L. 822b. *Kreuzgelenke*:
1. Spieß, R.: Kardangelenke zur Übertragung gleichförmiger Bewegung. Fördertechn. 29 (1936) S. 289—98.
2. Kutzbach, K.: Quer- und winkelbewegliche Wellenkupplungen. Kraftfahrtechn. Forschungsarbeiten, Heft 6, S. 1—21. Berlin: VDI-Verlag 1937.
3. Dietz, H.: Die Übertragung von Momenten in Kreuzgelenken. Z. VDI 82 (1938) S. 825—28.
4. Grossmann, K. H.: Die Momente im Kreuzgelenk. Schweiz. Bauztg. 113 (1939) S. 27.

Abschnitt 33: Kurbelwellen.

L. 331. *Festigkeit*:
1. Crumbiegel: Spannungsverteilung in einfachen Kröpfungen. Diss. T. H. Aachen 1931. Auszug Z. VDI 76 (1932) S. 508—09.
2. Kimmel, A.: Über die Torsionsfestigkeit von Kurbelwellen mit durchgehender Zwischenwange. Diss. T. H. Stuttgart 1935.
3. Roll, F.: Gegossene Kurbelwellen. Z. VDI 80 (1936) S. 1365—68.
4. Appelt, W.: Steigerung der Dauerhaltbarkeit von Autokurbelwellen durch Oberflächendrücken des Bohrrandes. Automob.-techn. Z. 40 (1937) S. 473—75.
5. Geiger,: Zur Berechnung von Kurbelwellen. Automob.-techn. Z. 40 (1937) S. 93—98.
6. Gough, H. J. and H. V. Pollard: Properties of some materials for cast craneshafts, with special reference to combined stresses. J. Instn. automob. Engr. 5 (1937) S. 96—166.
7. Lürenbaum, K.: Einfluß von Formgebung und Werkstoff auf die Gestaltfestigkeit geschmiedeter und gegossener Flugmotoren-Kurbelwellen. Jb. dtsch. Luftf.-Forsch. Bd. 2 (Triebwerk), S. 128—31 (1937).
8. Walls, F. J.: Cast camshafts und crancshafts. J. Soc. automot. Engr. 41 (1937) S. 284—90.
9. Bandow, K.: Dauerhaltbarkeit von Stahl- und Gußkurbelwellen. Dtsch. Kraftfahrtforsch., Heft 14. Berlin: VDI-Verlag 1938, mit Schrifttumverzeichnis.
10. Klingenstein, T., H. Kopp und E. Mickl: Kurbelwellen aus Gußeisen. Mitt. Forsch.-Anst. Gutehoffnungshütte 6 (1938) S. 39—51.
11. Cornelius, H. und F. Bollenrath: Dauerhaltbarkeit von hohlen Kurbelwellenzapfen mit Innenverstärkung an der Ölbohrung. Z. VDI 82 (1938) S. 885—89.
12. Cornelius: Berechnung und Gestaltung schnellaufender Kurbelwellen. Automob.-techn. Z. 42 (1939) S. 384—93.
13. Kopp, H.: Kurbelwellen aus Gußeisen. Mitt. Forsch.-Anst. Gutehoffnungshütte 7 (1939) S. 96—103.

L. 332. *Formänderung*:
1. Ensslin, M.: Mehrfach gelagerte Kurbelwellen. Stuttgart: A. Bergsträsser 1902.
2. Geßner, A.: Mehrfach gelagerte Kurbelwellen. Berlin: Julius Springer 1926.
3. Tuplin, W. A.: The torsional rigidity of crankshafts. Engineering 144 (1937) S. 275—277.
4. Kimmel, A.: Grundsätzliche Untersuchung über die bei den Drehschwingungen von Kurbelwellen maßgebende Drehsteifigkeit. Ing.-Arch. 10 (1939) S. 196—221.
5. Russel, R.: Experimental studies on crankshafts stiffness. J. Roy. techn. College, Glasgow 4 (1939) S. 467—89.
6. Wigglesworth, L. A.: The flexure and torsion of an internally cracked shaft. Proc. Roy. Soc., Lond. A. 170 (1939) S. 365—91.

Abschnitt 34: Kritische Drehzahlen.

L. 34. *Lehrbücher:*
1. Geiger, J.: Mechanische Schwingungen. Berlin: Julius Springer 1927.
2. Lehr, E.: Schwingungstechnik. Berlin: Julius Springer, Bd. I 1930, Bd. II 1933. Ausführlich und leichtverständlich mit Anwendungsbeispielen aus Maschinenbau und Elektrotechnik.
3. Karas, K.: Die kritischen Drehzahlen wichtiger Rotorformen. Wien: Julius Springer 1935.
4. Holba, J. J.: Berechnungsverfahren zur Bestimmung der kritischen Drehzahlen von geraden Wellen. Wien: Julius Springer 1936, mit Schrifttum-Verzeichnis.
5. Kotter, K.: Einführung in die techn. Schwingungslehre. Berlin: Julius Springer 1938.

L. 342. *Glatte Wellen:*
1. Gümbel: Verdrehschwingungen eines Stabes. Z. VDI 56 (1912) S. 1025.

L. 343. *Beliebig belastet und abgesetzt:*
1. Kull, G.: Neue Beiträge zum Kapitel kritische Drehzahlen. Z. VDI. 1918 S. 249—54 und 270—74.
2. Schilhansl, M.: Beitrag zur genäherten Ermittlung der Biegeeigenfrequenzen mehrfach abgesetzter und mehrfach gelagerter Wellen. Ing.-Arch. 10 (1939) S. 182—95.

L. 344. *Auswuchten:*
1. Hoppe, H.: Die Messung dynamischer Wuchtfehler auf einer Auswuchtmaschine mit elektromagnetischen Wuchtvorrichtungen für Gleich- und Wechselstrom. Diss. T. H. Braunschweig 1933.
2. Kirchberg, G.: Auswuchten schwerer Läufer hoher Drehzahl. Forsch. 6 (1935) S. 72—78.

L. 345. *Drehschwingungen:*
1. Holzer, H.: Die Berechnung von Drehschwingungen. Berlin: Julius Springer 1921.
2. Wydler, H.: Drehschwingungen in Kolbenmaschinenanlagen. Berlin: Julius Springer 1922.
3. Porter, F. P.: (A simple method for the calculation of natural frequences of torsional vibration. Trans. Am Soc. mech. Engr. 53 (1931) S. 17—46. Auszug in Z. VDI 65 (1931) S. 404.
4. Rembold, V. und J. Jehlicka: Das Verhalten federnder Kupplungen im Betrieb. Forsch. 8 (1937) S. 109—18.
5. Geiger, J.: Die Vorausbestimmung der Beanspruchung bei Drehschwingungen durch Flüssigkeitskupplungen. Z. VDI 82 (1938) S. 701—3.

Abschnitt 4: Gleitlager.

L. 411. *Reibung:*
1. Mises, R. v.: Encyklopädie der math. Wissenschaften. Bd. 4, S. 153.
2. Jakob, Ch.: Über gleitende Reibung. Diss. Königsberg 1911. Ann. Physik (1912) S. 126/148.
3. Gerlach: Metallwirtsch. 14 (1935) S. 1010.
4. Schmaltz, G.: Technische Oberflächenkunde. Berlin: Julius Springer 1936.
5. Holm: Wiss. Veröff. Siemens-Konz. Bd. 10/4 (1931) S. 22.

L. 412. *Schmiermittel:*
1. Kiesskalt, S.: Untersuchungen über den Einfluß des Druckes auf die Zähigkeit von Ölen und seine Bedeutung für die Schmiertechnik. VDI-Forsch.-Heft Nr. 291 (1927).
2. Kiesskalt, S.: Neuere Ergebnisse über die Druckzähigkeit von Ölen. Z. VDI 73 (1929) S. 1502/03.
3. Bradford, L. J. und C. G. Vandegrift: Relationship of the Pressure-Viscosity Effect to bearing performance. Proc. Inst. mech. Engr. (London) 1937.
4. Thomas, B. W., W. R. Ham und R. B. Dow: Viscosity-pressure characteristics of lubricating oils.
5. Karplus, H.: Graphit als Schmiermittel. Masch.-Bau 5 (1926) S. 1122/28.
Die praktische Bedeutung der Kollag-Schmierung. Masch-Bau 10 (1931) S. 199.
6. Walger und Schneider: Der Einfluß von Graphit auf die Reibung in Gleitlagern. Ber. über betriebswissenschaftl. Arb. Bd. 3. VDI-Verlag 1930.
7. Ternes, J.: Die Bedeutung des kolloidalen Graphits für die Schmierung. Glückauf 79 (1943) S. 516—20.

L. 413. *Schmiermethoden:*
1. Fettschmierung.
Schröter, H. v.: Die Schmierung von Gleitlagern mit konsistenten Fetten. Diss. T. H. Karlsruhe 1933.
Traeg, Fr.: Fettschmierung. VDI-Verlag 1938.
2. Dochtschmierung.
Karelitz, G. B.: The Lubrication of waste packed bearings. Trans. Amer. Soc. mech. Engr. 48 (1926) S. 1165—99 (Versuche über Steighöhe und Reibung).
An Investigation of the performance of wastepacked bearings. Trans. Amer. Soc. mech. Engr. 50 (1928) APM 50—1.
3. Ringschmierung.
Müller, K.: Ölmengenmessungen an Ringschmierlagern. Versuchsfeld für Maschinenelemente der Techn. Hochschule Berlin, Heft 10 (1930). Verlag Oldenburg.
Karelitz, G. B.: Performance of Oilring bearings. Trans. Amer. Soc. mech. Engr. 52 (1930) APM. 52—5. Oil supply in self-contained bearings. Bd. I S. 151/5.
Baudry, R. and L. M. Tichvinsky: Performance of oil rings. Mech. Engng. 59 (1937) S. 89—92.

Juhlin, G. A. and R. Poole: End leakage of ring-lubricates bearing. General Discussion on Lubrication and Lubricants. The Institution of Mechanical Engineers, London 13.—15. Oct. 1937. Bd. I, S. 145—150.
Hersey, M. D.: Performance of oil. rings. Mech. Engng. 59 (1937) S. 291.
4. Zentralschmierung.
Steinitz, E. W.: Richtige Maschinenschmierung. Berlin: Julius Springer 1932.
Steinitz, E. W.: Bewertung von Druckschmiergeräten. Z. VDI 77 (1933) S. 785—88.
Klein, H.: Druckschmierung für viele Schmierstellen. Z. VDI 81 (1937) S. 516—17.

L. 414. *Formgebung der Lager:*
1. Erkens, A.: Konstruktive Lagerfragen. Berlin: VDI-Verlag 1936.
2. Kühnel, R.: Werkstoffe für Gleitlager. Berlin: Julius Springer 1939.

L. 431. *Theorie der flüssigen Reibung:*
Die vier grundlegenden Arbeiten der hydrodynamischen Theorie der Schmiermittelreibung:
1. Petrow, N.: Neue Theorie der Reibung. Deutsche Übersetzung von L. Wurzel. Hamburg 1887.
2. Reynolds, O.: On the Theory of lubrication and his application to Mr. B. Towers experiments. Philos. Trans. Roy. Soc., Lond. 1886.
3. Sommerfeld, A.: Zur hydrodynamischen Theorie der Schmiermittelreibung. Z. Math. u. Physik 50 (1904) S. 97—105 und
Sommerfeld, A.: Zur Theorie der Schmiermittelreibung. Z. techn. Physik 2 (1921) Nr. 3 u. 4.
4. Michell, A. G. M.: Die Schmierung ebener Flächen. Z. Math. u. Physik 52 (1905) S. 123—37. sind zusammengefaßt in:
5. Oswalds Klassiker Nr. 218. Leipzig: Akad. Verlagsges. 1927.
6. Gümbel-Everling: Reibung und Schmierung im Maschinenbau. M. Krayn-Verlag 1925, mit Literaturverzeichnis.
7. Falz, E.: Grundzüge der Schmiertechnik. 2. Aufl. Berlin: Julius Springer 1931 (mit 105 Literaturangaben; dieses Buch hat viel dazu beigetragen die Schlußfolgerungen der Theorie in Ingenieurkreisen einzuführen).
8. Boswall, R. O.: The Theory of Lubrication. London: Longmans, Green & Co. 1928. Wohl die beste Zusammenfassung aller theoretischen Grundlagen.
9. Hersey, M. D.: Theory of Lubrication. London: Chapman & Hall Ltd. 1938. 2. Aufl. mit reichem Quellenverzeichnis (über 400), insbesondere der amerikanischen und englischen Literatur. Eine gute Einführung ohne Mathematik.
10. Duffing, G.: Beitrag zur Theorie der Flüssigkeitsbewegung zwischen Zapfen und Lager. Z. angew. Math. Mech. 4 (1924) S. 296—314.
11. Howarth, H. A. S.: The Loading and Friction of thrust and journal Bearings with perfect Lubrication. Trans. Amer. Soc. mech. Engr. 57 (1935) S. 169—187 and Discussion 58 (1936) S. 122. (Zusammenfassung der Untersuchungen der letzten 15—20 Jahren.)
12. Vogelpohl, G.: Beiträge zur Kenntnis der Gleitlagerreibung. VDI-Forsch.-Heft Nr. 386 (1937).
13. Stieber, W.: Das Schwimmlager. Hydrodynamische Theorie des Gleitlagers. Berlin: VDI-Verlag 1933.
14. ten Bosch, M.: Probleme der Flüssigkeitsreibung. Schweiz. Bauztg. 122 (1943) S. 163/67.

L. 431a. *Kolbenreibung:*
1. Castelmann: A hydrodynamical theory of piston-ring lubrification. Physics 7 (1936) S. 364.
2. Horgen, H.: Versuche über Kolbenreibung und Undichtigkeitsverluste. Diss. E. T. H. Zürich 1942. Mit Schrifttumverzeichnis.
3. Eweis, M.: Reibungs- und Undichtigkeitsverluste an Kolbenringen. Diss. E. T. H. Zürich 1935. VDI-Forsch.-Heft Nr. 371.
4. Poppinga, E.: Nachweis der Schmierfilmdurchbrechung zwischen Kolbenring und Zylinder. Dtsch. Kraftfahrtforsch. Heft 54.
5. Poppinga, E.: Verschleiß und Schmierung, insbesondere von Kolbenringen und Zylindern. Berlin: VDI-Verlag 1942.

L. 433. *Eintuschierte Lagerschalen:*
1. Wolff, R.: Über die Schmierschicht in Gleitlagern und ihre Messung durch Interferenz. VDI-Forsch.-Heft Nr. 308 (1928).
2. ten Bosch, M.: Flüssigkeitsreibung bei eintuschierten Lagern. Schweiz. Bauztg. 101 (1933) S. 241/42.

L. 434. *Lager mit Zitronenspiel:*
Rumpf, A.: Reibung und Temperatur im Gleitlager. VDI-Forsch.-Heft 393.
ten Boech, M.: Probleme der Flüssigkeitsreibung. Schweiz. Bauztg. 122 (1943) S. 163—67.

L. 435. *Gleitflächen mit schlechter Schmiegung:*
1. Büche, W.: Der Zerkleinerungsvorgang auf Reibwalzen. Beiheft 7 zu den Z. des Ver. dtsch. Chemiker. Berlin W 35: Verlag Chemie G. m. b. H.
2. Büche, W.: Eine hydrodynamische Theorie der Flüssigkeitsreibung in Rollenlagern. Forschg. 5 (1934) S. 237—44.
3. Heidebroek, E.: Zur Theorie der Flüssigkeitsreibung zwischen Gleit- und Walzflächen. Forschg. 6 (1935) S. 161/68 und 7 (1936) S. 226.

4. Peppler, W.: Druckübertragung an geschmierten zylindrischen Gleit- und Wälzflächen. VDI-Forsch.-Heft Nr. 391 (1938).
   5. Niemann, G.: Schneckengetriebe mit flüssiger Reibung. VDI-Forsch.-Heft Nr. 412 (1942).

L. 436. *Einfluß der veränderlichen Zähigkeit:*
   1. Freudenreich, von: Untersuchungen an Lagern. Sonderdruck der B. B. C-Mitt. Nov. 1920.
   2. Thoma, H.: Der Heißlauf der Gleitlager. Forschg. 9 (1938) S. 149—58.
   3. Muskat, M. und H. H. Evinger: The effect of the pressure variation of viscosity on the lubrication of plane sliders. J. appl. Physics S. 739/48 (Studies in lubrication IX).
   4. Nahme, R.: Beiträge zur hydrodynamischen Theorie der Lagerreibung. Ing.-Arch. 11 (1940) S. 191/209.

L. 44. *Endliche Breite der Gleitfläche:*
   1. Martin, H. M.: Theory of the Michell thrust-bearing. Engng. London 1922.
   2. Stodola, A.: Die Dampf- und Gasturbinen. 5. Aufl. Berlin: Julius Springer (1922) S. 1111.
   3. Kingsbury, A.: On problems in the theory of fluid-film lubrication, with an experimental method of solution. Trans. Amer. Soc. mech. Engr. 53 (1931) S. 59.
   4. ten Bosch, M.: Die Reibung in Gleitlagern. Schweiz. Bauztg. 18. Juni 1932, S. 321.
   5. Schiebel, A.: Die Gleitlager. Berlin: Julius Springer 1933.
   6. Reissner, H.: Ebene und räumliche Strömung zäher, inkompressibler, trägheitsfreier Flüssigkeiten zwischen exzentrischen, relativ zueinander rotierender Zylinderflächen. Z. angew. Math. Mech. 15 (1935) S. 81/87 und 16 (1936) S. 275/86.
   7. Vogelpohl, G.: Beiträge zur Kenntnis der Gleitlagerreibung. VDI-Forsch.-Heft Nr. 386 (1937).
   8. Bauer, K.: Einfluß der Breite auf Tragfähigkeit und Reibung der Gleitflächen. Diss. T. H. Graz 1941 und Forschg. 14 (1943) S. 48/62.
   9. Frössel, W.: Berechnung der Reibung und Tragkraft eines endlich breiten Gleitschuhes auf ebener Gleitbahn. Z. angew. Math. Mech. 21 (1941) S. 321/40 und Forschg. 13 (1942) S. 65/75 und 14 (1943) S. 48/62.
   10. Cristopherson, D. G.: A new mathematical method for the solution of film-lubrication problems. J. Proc. Inst. mechan. Engr. (London) 146 (1942) S. 126/35.

L. 451. *Mischreibung:*
   1. Woog, P.: Contribution à l'étude du graissage. Paris 1926.
   2. Kyropoulos, S.: The problem of „oilness". General Discussion on lubrication and lubricants, Groupe IV. London 1937.
   3. Dietrich, G.: Reibungskräfte, Laufunruhe und Geräuschbildung an Zahnrädern. Dtsch. Kraftfahrtforsch. Heft 25. Berlin: VDI-Verlag 1939.
   4. Heidebroek, E. und E. Pietsch: Untersuchungen über den Schmierzustand in der Grenzreibung. Forschg. 12 (1941) S. 74/87.
   5. Pietsch, E.: Das Schmiermittel im Zahnradgetriebe unter besonderer Berücksichtigung der Grenzreibung. Dtsch. Kraftfahrtforsch. Heft 59. Berlin: VDI-Verlag 1941.
   6. Vogelpohl: Hydrodynamische Lagertheorie und halbflüssige Reibung. Z. angew. Math. Mech. 16 (1936) S. 371—72.

L. 452. *Grenzreibung:*
   1. Büche, W.: Untersuchungen über molekular-physikalische Eigenschaften der Schmiermittel und ihre Bedeutung bei halbflüssiger Reibung. Diss. T. H. Karlsruhe 1931.
   2. Walger, O.: Schmiertechnische Untersuchungen. Z. VDI 76 (1932) S. 205—08.
   3. Köhler, W.: Die Reibungsverhältnisse des Gleitlagers bei unvollkommener Schmierung. Arch. Eisenhüttenwes. 2 (1928) Heft 3.
   4. Wolf, K. L.: Molekularphysikalische Probleme der Schmierung. Z. VDI 83 (1939) S. 781—86.
   5. Tränkner, G.: Reibungsmessungen an kleinen Lagern im Gebiet der Grenzreibung. Forschg. 14 (1943) S. 11/23.
   6. Kutzbach, K.: Die Prüfung von Bremsbelägen. Z. VDI 77 (1933) S. 443/47.
   7. Müller, G.: Einfluß des Betriebszustandes auf die Wirkung von Kraftwagenbremsen. Z. VDI (1934) S. 931—32.

L. 453. *Reibung und Verschleiß:*
   1. Reibung und Verschleiß. 18 Vorträge der VDI-Verschleißtagung Stuttgart, 28.—29. Oktober 1938. Berlin: VDI-Verlag 1939.
   2. Siebel, E. und R. Kobitzsch: Verschleißerscheinungen bei gleitender, trockener Reibung. Berlin: VDI-Verlag 1941.
   3. Tichvinsky, L. M.: Wear in lubrication problems. Trans. Amer. Soc. mech. Engr. 61 (1939) S. 335—46.
   4. Mailänder, R. und K. Dies: Beitrag zur Erforschung der Vorgänge beim Verschleiß. Techn. Mitt. Krupp 5 (1942) S. 209—38.
   5. Schottky und Hiltenkamp: Einfluß des Luftstickstoffes auf die Vorgänge der Abnutzung. Stahl u. Eisen 56 (1936) S. 444.

L. 46. *Versuchsergebnisse:*
   1. Stribeck, R.: Die wesentlichen Eigenschaften der Gleit- und Rollenlager. Z. VDI 46 (1902) S. 1341, 1432 und 1463 oder VDI-Forsch.-Heft Nr. 7 (1903).

2. Lasche, O.: Die Reibungsverhältnisse in Lagern mit hohen Umfangsgeschwindigkeiten. Z. VDI 46 (1902) S. 1881, 1932 und 1961 oder VDI-Forsch.-Heft Nr. 9 (1903).
Lasche, O.: Konstruktion und Material im Bau von Dampfturbinen. 3. Aufl. J. Springer, Berlin 1925.
3. Freudenreich, von: Untersuchungen an Lagern. BBC-Mitt., Sonderdruck 689 D (1920).
4. Welter, G. und G. Weber: Lagerversuche. Heft 2 des Versuchsfeldes für Maschinenelemente an der T. H. zu Berlin. R. Oldenburg 1920.
5. Stanton, R. E.: Cylindrical Journal Lubrication at high values of the excentricity. Proc. Roy. Soc., Lond. (1922) Serie A. Bd. 192, S. 241.
6. Schneider, E.: Versuche über die Reibung in Gleit- und Rollenlagern. Diss. T. H. Karlsruhe 1929.
7. Kurrein, M. und Meyer-Jagenberg: Gleit-, Kugel- und Rollenlager und ihre Schmierung. Berichte des Versuchsfeldes für Werkzeugmaschinen an der T. H. zu Berlin. Heft 9. Berlin: Julius Springer 1932.
8. Nücker, W.: Über den Schmiervorgang in Gleitlagern. VDI-Forsch.-Heft Nr. 352 (1932).
9. Haslegrave, H. L.: Relation between theory, experiment and paractice in journal bearing design. Proc. Inst. mech. Engr. 129 (1935) S. 435—75.
10. Clayton und Jakeman: The Mesurement of Attitude and Eccentricity in complete clearence Bearings. Proc. Inst. mech. Engr. 134 (1936) S. 437—506.
11. Thomson, A. S. T.: Investigations in film lubrication. Proc. Inst. mech. Engr. 133 (1936) S. 413—73.
12. Jakeman, C. und A. Fogg: The performance of complete clearance bearings as affected by changes in load, speed aclearance and lubricant. General Discussion on Lubrication and Lubricants. Group I. (London) 1937. Proc. Inst. mech. Engr.
13. Rumpf, A.: Reibung und Temperaturverlauf in Gleitlagern. VDI-Forsch.-Heft Nr. 393 (1938).
14. Frössel, W.: Nachprüfung der hydrodynamischen Schmierungstheorien durch Versuche. Forschg. 9 (1938) S. 261—78.
15. Morgan, F. und M. Muskat: Experimental variation of the coefficient of friction with the strength of the lubricant source for a complete journal bearing. Physics 10 (1939) S. 327—34.
16. Linn, F. C. und D. E. Irons: Power losses in high-speed journal bearings. Trans. Amer. Soc. mech. Engr. 63 (1941) S. 617—29.

Abschnitt 5: Wälzlager.

L. 5. *Wälzlager (Einleitung):*
1. Jürgensmeyer, W.: Die Wälzlager. Berlin 1937. Das umfassendste Lehrbuch über Wälzlager, mit einem ausführlichen Literaturverzeichnis.
2. Palmgren, Arvid: Ball and Roller Bearing Engineering. Philadelphia (1946)
3. Allan, R. K.: Rolling Bearings. London.

L. 52. *Tragfähigkeit und Lebensdauer:*
1. Palmgren, Arvid: Untersuchungen über die statische Tragfähigkeit von Kugellagern. Göteborg 1930.
2. Mundt, R.: Zur Berechnung der Tragfähigkeit von Wälzlagern. Z. VDI Bd. 85 (1941) S. 801—06.
Mundt, R.: Berührung kegeliger Oberfächen. Forschung 7 (1936) S. 292—99.
3. Perret, H.: Kritische Belastung und Bruchfestigkeit von Flugwerkkugellagern. Luftwissen 8 (1941) S. 375—79.
4. Hampp, W.: Neues Berechnungsverfahren für Pleuelrollenlager. Luftf.-Forschg. 20 (1943) S. 116 bis 134.
Hampp, W.: Kinematik und Dynamik der in Pleuelköpfe eingebauten Wälzlager. Diss. T. H. Stuttgart. Würzburg: H. Stürtz 1941.
5. Kohaut, A.: Riffelbildung in Wälzlagern infolge elektrischer Korrosion. Z. angew. Physik. Bd. I, S. 197—211.

L. 54. *Reibung und Schmierung:*
1. Meyer-Jagenberg: Gleit-, Kugel- und Rollenlager und ihre Schmierung. Heft 9 der Berichte des Versuchsfeldes für Werkzeugmaschinen an T. H. Berlin 1932.
2. Hanocq, C.: Etude théorique et expérimentale des paliers lisses et des paliers à billes. Rev. univ. Mines, 8e sér. 14 (1938) 5, p. 375—387.
3. Getzlaff, G.: Untersuchungen an Wälzlagern bei Geschwindigkeitsziffern über 550 000 und kleinsten Schmiermittelmengen. Jb. dtsch. Luftfahrtforsch. (1938) S. II 110—118.
4. Red. Kugellager-Z. 14 (1939) 3 S. 34—41. Fettschmierung für Wälzlager mit hoher Umfangsgeschwindigkeit des Innenringes.
5. Styri, H.: Fricton torque in ball and roller bearings. Mech. Engng. 62 (1940) 12. December, S. 886 bis 890.

Abschnitt 6: Reibtriebe zur Übertragung der Drehbewegung.

L. 61. *Reibräder:*
1. Kuhlenkamp, A.: Reibradgetriebe als Steuer-, Meß- und Rechengetriebe. Z. VDI 83 (1939) S. 677—83.
2. Witte, Fr. und O. Stamm: Das Zadowgetriebe. Z. VDI 77 (1933) S. 499 und
Aufbau und Wirkungsweise des Zadowgetriebes. Masch.-Bau 16 (1937) S. 167—68.
3. Kutzbach, K.: Die Prüfung von Bremsbelägen. Z. VDI 77 (1933) S. 443—47.
4. Müller, G.: Einfluß des Betriebszustandes auf die Wirkung von Kraftwagenbremsen. Z. VDI 78 (1934) S. 931—32.

L. 62. *Riementrieb:*
  621. Anordnung.
    1. Swift, H. W.: Cambers for belt pulleys. Proc. Instn. mech. Engr. 122 (1932) S. 627—83.

L. 622. *Keilriemen:*
  1. Kutzbach, K.: Versuche mit Keilriementrieben. Z. VDI 77 (1933) S. 238—43.
  2. Jähnert, O.: Keilriementriebe mit veränderlicher Übersetzung. Masch.-Bau 15 (1936) S. 370.
  3. Meyer, J.: Aufbau und Winkel von Keilriemen. Glasers Ann. 122 (1938) S. 71—75.
  4. Degenhardt, W.: Weiterentwicklung der Keilriemennormen. Werkst.-Techn. 32 (1938) S. 201—09.
  5. Schulze-Pillot, G.: Keilriementriebe. Z. VDI 85 (1941) S. 663—70.

L. 623. *Berechnung.*
  1. Stiel, W.: Theorie des Riementriebs. Berlin: Julius Springer 1918, mit Schrifttumverzeichnis bis Ende 1916.
  2. Fieber: Die Riemengetriebe und die Gehrckensche Theorie. Z. VDI 53 (1909) S. 1641.
  3. Kammerer, O.: Versuche mit Riemen und Seiltrieben. VDI-Forsch.-Heft Nr. 56—57 (1908).
  4. Kammerer, O.: Versuche mit Riemen besonderer Art. VDI-Forsch.-Heft Nr. 132 (1912).
  5. Skutsch, R.: Über den Einfluß der elastischen Nachwirkung auf die Leistungsfähigkeit der Riementriebe. VDI-Forsch.-Heft Nr. 120 (1912).
  6. Mohr: Reibungsziffern für Riemen- und Stahlbandtriebe bei niedrigen Geschwindigkeiten. Diss. T. H. Danzig (1921).
  7. Friedrich, A.: Versuche über die Größe der wirksamen Kraft zwischen Treibriemen und Scheibe. VDI-Forsch.-Heft Nr. 196—98 (1917).
  8. Schulze-Pillot, G.: Neue Riementheorie nebst Anleitung zum Berechnen von Riemen. Berlin: Julius Springer 1926.
  9. Kutzbach, K.: Versuche über die Hafteigenschaften von Lederriemen. Sonderheft 4 des Verb. der Lederriemenfabrikanten Deutschlands. Berlin 1930.
  10. Kutzbach, K.: Riemenauflage, Fleisch- oder Haarseite? Z. VDI 68 (1924) S. 787. Neuere Treibriemenversuche. Z. VDI 74 (1930) S. 1263.
  11. Müller, A. E.: Verluste der Riementriebe bei Verwendung kleiner Scheiben, unter besonderer Berücksichtigung des Biegewiderstandes. VDI-Forsch.-Heft Nr. 318 (1929).
  12. Swyngedauw, R.: Fonctionnement des courroies épaisses. Mém. C. R. Trav. Soc. Ing. civ. France 82 (1929) S. 629—66.
  13. Swyngedauw, R.: Etude théorique et expérimentale du glissement des transmissions par courroie. Congr. int. Mecan, Générale. Vol. 1, Liège (1930) S. 55—66.
  14. Hanocq, Ch.: Etat actuel de nos connaissances sur le calcul des transmission par courroies. Congr. int. Mécan, Générale à Liège (1930) Vol. I p. 39—55.
  15. Swyngedauw, R.: Influence du renforcement de la tension sur le glissement des courroies. Mém. C. R. Trav. Soc. Ing. civ. France 84 (1931) S. 372—416.
  16. Swyngedauw, R.: Calcul des courroies. Mém. C. R. Trav. Soc. Ing. civ. France 85 (1932) S. 825 bis 869.
  17. Grunder, G.: Der Riemen im Werkzeugmaschinen-Antrieb. Neue Versuche über Belastungsfähigkeit. Berlin: Verlag Ledertreibriemen und technische Lederartikel 1933.
  18. Nowsky, H.: Riemenschlupf und Reibungszahl von Gummi- und Lederriemen. Heft 8 des Versuchsfeldes für Maschinenelemente der T. H. Berlin. Oldenburg-Verlag 1927.
  19. Swift, H. W.: Short-centre belt drives. Proc. Instn. mech. Engr. 135 (1937) S. 485—531.
  20. Heyde, H.: Kraftbeziehungen beim Riementrieb. Forschg. 7 (1938) S. 275—87.
  21. Mintrop: Dauerschlupfversuche an Hochleistungsriemen aus Kunstseide. Melliand Textilber. Heidelberg. Heft 9 (1946) S. 293—96.

L. 624. *Festigkeit der Scheiben:*
  1. Schenk, J.: Festigkeitsberechnung größerer Drehstrommaschinen. Diss. T. H. München 1903. Leipzig: B. G. Teubner 1903.
  2. Reinhardt, K.: Festigkeitsberechnung der Schwungräder. VDI-Forsch.-Heft Nr. 226 (1920).
  3. Markmann, A.: Versuche mit schnellaufenden Riemenscheiben. Versuchsergebnisse des Versuchsfeldes für Maschinenelemente. T. H. Berlin. Heft 4. Verlag R. Oldenburg 1923.
  4. Heusinger, W.: Berechnung der Spannungen in rotierenden Schwungrädern, Riemen und Seilscheiben. Forschg. 9 (1938) S. 197—208, 309—10 und 13 (1942) S. 209—13.

L. 63. *Seiltrieb:*
  631. Windwerke.
    1. Nickel, P.: Grundsätzliches über den Wirkungsgrad von festen und losen Rollen. Fördertechn. 31 (1938 S. 281—87.
    3. Hymans, F. und A. V. Hellborn: Der neuzeitliche Aufzug mit Treibscheibenantrieb. Berlin: Julius Springer 1927.
    4. Herbst, H.: Untersuchungen an Treibscheiben mit besonderer Reibkraft. Berichte der Versuchsgrubengesellschaft. Heft 6. Gelsenkirchen: Verlag C. Bertenburg 1935.
    5. Donandt, H.: Aufzugtreibscheiben. Z. VDI 83 (1939) S. 75—82.
    6. Pieck, K.: Beitrag zur Lösung der Treibscheibenfrage. Wärme 66 (1943) S. 196—200.
    7. Heumann, H.: Die Mitnahmefähigkeit gewöhnlicher Drahtseil-Treibscheiben. Glückauf 79 (1943) S. 273—80.
    8. Ohnesorge, O.: Über Mehrscheibenantrieb mit Umschlingung durch dasselbe Seil. Fördertechn. und Frachtverkehr-Verlag A. Ziemsen 1920.

L. 632. *Drahtseile:*
1. Hoefer, K.: Der Verseilungsverlust von Stahldrahtseilen. Z. VDI 83 (1939) S. 775—80.
2. Dreher, F.: Ein Beitrag zur Theorie der Drehung und Spannungsverteilung bei zugbelasteten Litzen und Seilen. Diss. T. H. Karlsruhe 1937.
   Auszug: Wasserwirtsch. 27 (1934) S. 57 und Benoit. Drahtseilforschung. Z. VDI 78 (1934) S. 1495.
3. Gröbl, J.: Die Dehnungsarbeit an Seilen. Elektrotechn. Z. 51 (1930) S. 1669—73 und 1713—16.
4. Hudler, S.: Der Elastizitätsmodul des Drahtseiles. Wasserwirtsch. u. Techn. (1937) S. 271—79.

Drahtseilforschung:

5. Benoit, G.: Die Drahtseilfrage. Karlsruhe 1915.
6. Woernle, R.: Ein Beitrag zur Beurteilung der heutigen Berechnungsweise der Drahtseile. Karlsruhe 1915.
7. Woernle, R.: Ein Beitrag zur Klärung der Drahtseilfrage. Z. VDI 73 (1929) S. 420—23 und 425.
8. Woernle, R.: Ausschuß für Drahtseilforschung des VDI.
   Tagung 3. Juli 1929. Z. VDI 73 (1929) S. 1623—24.
   Tagung 4. Nov. 1929. Z. VDI 74 (1930) S. 185—86.
   Tagung 28. Mai 1930. Z. VDI 74 (1930) S. 1417—19.
   Tagung 11. Mai 1931. Z. VDI 75 (1931) S. 1485—89.
   Tagung 20. Jan. 1932. Z. VDI 76 (1932) S. 557—60.
   Tagung 16. Febr. 1933. Z. VDI 77 (1933) S. 799—803.
   Tagung 20. Juli 1934. Z. VDI 78 (1934) S. 1492—98.
9. Scoble, W. A.: Reports of the wire ropes research Committee, London.
   1. Report: Proc. Instn. mech. Engr. 1920 S. 835—66.
   2. Report: Proc. Instn. mech. Engr. 1924 S. 1193—1290.
   3. Report: Proc. Instn. mech. Engr. 1928 S. 353—404.
   4. Report: Proc. Instn. mech. Engr. 1930 S. 553—602.
   5. Report: Proc. Instn. mech. Engr. 1935 S. 373—478.
10. Barth, O.: Amerikanische Drahtseilforschung. Z. VDI 74 (1930) S. 380—81.
11. Carstarphen, F. C.: Effects of Bending wire ropes: Proc. Amer. Soc. civ. Engr. 57 (1931) S. 1439 bis 66. 58 (1932) S. 4—5. 59 (1933) S. 562—621.
12. List, F.: Versuche an Drahtseilen. (Innere Drahtbrüche.) Z. VDI 76 (1932) S. 1297—98.
13. Klein, L.: Über Bruchbiegezahlen von Drahtseilen. Fördertechn. (1930) S. 1—6. (Vergleich der Deutschen Versuche von Benoit und Woernle mit den englischen Versuchen von Scoble.)
    Klein, L.: Die innere Reibung von Drahtseilen. Fördertechn. (1934) S. 124—28.
    Klein, L.: Die Berechnung der Drahtseile. Glückauf 77 (1941) S. 257—64.
14. Herbst, H.: Ansprüche an Förderseile und ihre Prüfung. Z. VDI 72 (1928) S. 345—49.
    Herbst, H.: Bedeutung und Ursache innerer Drahtbrüche bei Draht-, insbesondere bei Förderseilen. Glückauf 74 (1938) S. 849—56 und 878—84.
    Herbst, H.: Stand und Ziele der Drahtseilforschung. Bericht Nr. 1 des Ausschusses für Drahtseilforschung des Vereins Deutscher Eisenhüttenleute. Stahl u. Eisen Heft 39 vom 30. September 1943, S. 712—20.
15. Püngel, W., E. Gerold und A. Beidermühle: Einfluß der Dicke auf die Eigenschaften von Stahlseilen. Z. VDI 87 (1943) S. 493—97.
16. Meebold, R.: Die Drahtseile in der Praxis. Berlin: Julius Springer 1938.
17. Bernhard, J. M.: Die neue Berechnung der Drahtseile. Fördertechn. 32 (1939).
18. Isaachsen: Die Beanspruchung von Drahtseilen. Z. VDI 51 (1907) S. 652—57.

Abschnitt 7: Zahnräder.

L. 7. *Lehrbücher:*
1. Schiebel, A.: Zahnräder, Bd. I u. II. 3. Aufl. Einzelkonstruktionen aus dem Maschinenbau Heft 3 und 5. Berlin: Julius Springer 1930—34.
2. Buckingham-Olah: Stirnräder mit geraden Zähnen. Berlin: Julius Springer 1932.
3. Perignon, J.: Theorie et Technologie des Engrenages. Paris: Dunod 1932—36. 3 Bde.

L. 711. *Das allgemeine Verzahnungsgesetz:*
1. Schneckenberg, E.: Schnellverfahren zur Ermittlung von Eingriffslinie und Gegenprofil bei gegebenem Zahnprofil oder des Fräsereinschnittes beim Abwälzverfahren. Z. angew. Math. Mech. 11 (1931) S. 157—59.
2. Altmann, F. G.: Zeichnerische Ermittlung von Zahnflanken zu einer gegebenen Eingriffslinie Z. VDI 82 (1938) S. 165—68.

L. 712. *Evolventen-Verzahnung:*
1. Krüger, P.: Die Satzrädersysteme der Evolventenverzahnung. Berlin: Julius Springer 1926.
2. Friedrich, H.: Evolventenverzahnung. Berlin: Julius Springer 1928.
3. Herrmann, R.: Evolventen-Stirnradgetriebe. Berlin: Julius Springer 1929.
4. Buckingham, E.: Manual of gear design. Teil I, II und III. New York: Publihed by Machinery, 148 Lafayettestreet.

L. 713. *Berechnung der Zähne auf Festigkeit:*
1. Baud, R. V.: Gear teeth stresses. Presented at the Tenth Annual Convention of the American Gear Mfrs Assn. 1926.
   Baud, R. V. und R. E. Peterson: Load and stress cycles in gear teeth. Mech. Engng. 51 (1929) S. 653—62.

2. **Hartmann, W.**: Genauigkeitsgrad und Geschwindigkeitsverhältnis bei Verzahnungen. Z. VDI 49 (1905) S. 163 u. 500.
3. **Berndt, G.**: Grundlagen für die Messung von Stirnrädern. Berlin: Julius Springer 1938.
4. Dynamic Loads on gear teeth. A.S.M.E. Research Publication 1931.
5. **Walker, H.**: Gear teeth deflection and profile modification. Engineer London 166 (1938) S. 409 bis 36 und 170 (1940) S. 102—04.
6. **Karas, F.**: Elastische Formänderung und Lastverteilung beim Doppeleingriff gerader Stirnräder. VDI-Forsch.-Heft Nr. 406 (1941).
7. **Urich, M.**: Steigerung der Dauerschwingungsfestigkeit von Zahnrädern durch besondere Gestaltung, Härtung und Bearbeitung des Zahngrundes. Luftwissen 9 (1942) S. 311—13.
8. **Engström, A.**: Precision gears for vertical drives, with particular reference to water turbine driven generators. ASEA. J. 13 (1936) S. 118—26.
9. **Schmitthenner, C.**: Wasserturbinen mit neuzeitlichen Zahnradvorgelegen. Z. VDI 81 (1937) S. 147—48.
10. **Lewis, F. M.**: Load distribution of reduction gears. J. appl. Mech. Juni 1945, A 87—90.

L. 714. *Berechnung der Zähne auf Abnutzung:*

1. **Kutzbach, K.**: Reibung und Abnutzung von Zahnrädern. Bericht über Versuche der Zahnräderfabrik Friedrichshafen. Z. VDI 70 (1926) S. 999—1003.
2. **Bondi, W.**: Beiträge zum Abnutzungsproblem unter spezieller Berücksichtigung von Abnutzung der Zahnräder. Berlin: VDI-Verlag 1927.
3. **Ulrich, M.**: Verschleißversuche mit Zahnrädern für Kraftwagen. Mitt. MPA, T. H. Stuttgart 1932. Herausgegeben vom Reichsverband der Automobilindustrie.
4. **Way, Stewart**: Pitting due to rolling contact. Trans. Am. Soc. mech. Engr. 57 (1935), J. appl. Mech. A 49—58, Discussion A 110—14.
5. **Meldahl, A.**: Prüfung von Zahnradmaterial. BBC-Mitt. 26 (1939) S. 235—40.
6. **Karas, F.**: Dauerfestigkeit von Laufflächen gegenüber Grübchenbildung. Z. VDI 85 (1941) S. 341 bis 44.
7. **Niemann, G.**: Walzenfestigkeit und Grübchenbildung von Zahnrad- und Wälzlager-Werkstoffen. Z. VDI 87 (1943) S. 521—23.
8. **Glaubitz, H.**: Einfach- oder Doppelhärtung bei Kraftfahrzeug-Getrieberädern aus Einsatzstahl. ATZ. 46 (1943) S. 9—12.
9. **Gatcombe, E. K.**: Lubrication characteristics of involute spur gears. Trans. Amer. Soc. mech. Engr. April (1945) S. 177—88.

L. 715. *Wirkungsgrad, Reibzahl, Erwärmung, Schmierung:*

1. **Rikli**: Methode zur Bestimmung des Wirkungsgrades von Zahnrädern. Z. VDI 1911, S. 1436.
2. **Tobler, H.**: Verfahren zur experimentellen Bestimmung der Gesamtverluste eines Zahnradgetriebes. Schweiz. Bauztg. 121 (1943) S. 313—14.
3. **Block, H.**: Measurement of temperature flashes on gear teeth under extreme pressure conditions. General Discussion on lubrication. Inst. mech. Engs., Lond. 2 (1937) S. 14—20.

L. 716. *Zahnradgeräusche:*

1. **Wien, W. und F. Harms**: Handbuch der Experimentalphysik. Bd. 17. Teil I: Schwingungs- und Wellenlehre. Teil II und III: Technische Akustik. Leipzig: Akad. Verlagsges. 1934.
2. **Hofer, H.**: Dynamischer Ausgleich von Zahnrädergetriebe. Z. VDI 70 (1926) S. 1460—62.
3. **Hofer, H.**: Laufruhe von Zahnrädern und ihre Abhängigkeit von Genauigkeit und Art der Verzahnung. Werkst.-Techn. 29 (1935) S. 92—95.
4. **Wommelsdorf, F.**: Das Läppen von Zahnrädern. Werkst.-Techn. 31 (1937) S. 25.
5. **Graf von Soden, A.**: Das Zahnrad als Lärmquelle. Z. VDI 77 (1933) S. 231—38.
6. **Petersen, R. E.**: Natural frequency of gears. Trans. Amer. Soc. mecn. Engr. 52 (1930), Paper APM 52.1.
7. **Sykes, W. E.**: Gear noise causes and corrections. Mecn. Engng. 58 (1936) S. 423—26. Übersetzt in Werkzeugmasch. 41 (1937) S. 267—79.
8. **Abbott, E. J.**: Noise specifications for large reduction gears in terms of physical units. J. acoust. Soc. Amer. 3 (1932) S. 445—82.
9. **Dietrich, G.**: Reibungskräfte, Laufunruhe und Geräuschbildung an Zahnrädern. Dtsch. Kraftfahrtforsch. Heft 25. Berlin: VDI-Verlag 1939.
10. **Glaubitz, H. und K. Gösele**: Entstehung und Frequenzzusammensetzung der Geräusche von Kraftwagengetrieben. Dtsch. Kraftfahrtforsch. Heft 64. Berlin: VDI-Verlag 1942.

L. 717. *Herstellung der Normverzahnung:*

Kutzbach, K.: Zahnraderzeugung. Berlin: VDI-Verlag 1925.

L. 718. *Korrigierte Normverzahnung:*

1. **Lasche, O.**: Elektrischer Antrieb mittels Zahnräderübertragung. Z. VDI 43 (1899) S. 1417ff.
2. **Barth, G.**: Die Bearbeitung von Stirnrädern nach dem Wälzverfahren. Werkst.-Techn. 2 (1908) S. 295.
3. **Fölmer, M.**: Ein neues Rechenverfahren für Evolventen-Stirnrädergetriebe. Betrieb 1 (1919) S. 107 u. 265.

L. 72. *Kegelräder:*
1. Hofmann, F.: Gleason-Spiralkegelräder. Berlin: Julius Springer 1939.

L. 73. *Formgebung und Anordnung der Räder:*
1. Wolf, O.: Konstruktive Entwicklung der Getriebetechnik unter besonderer Berücksichtigung der Anwendung hochwertiger Werkstoffe. Z. VDI 80 (1936) S. 1003—08. und Masch.-El-Tagung Aachen, S. 50—61.
2. Altmann, F.: Die Bauformen gleichachsiger Stirnradumformer. Masch.-Bau (1927) S. 1083—87.
3. Graf von Soden: Wechselgetriebe für Kraftwagen (Zahl der Übersetzungen, Abstufungen). Masch.-Bau 3 (1923/24) S. 200—03.
4. Wagner, L.: Der deutsche Fahrzeug-Getriebebau. Dtsch. Mot.-Z. 14 (1937) S. 122—32.
5. Wallichs, A. und H. Schöpke: Die Getrieberechnung unter besonderer Berücksichtigung der Drehzahlnormung. Berlin: VDI-Verlag 1936.
6. Schöpke, H.: Kleinste Zähnezahlsumme von Zahnradwechselgetrieben mit geometrischer Abstufung. Masch.-Bau 17 (1938) S. 645—47.
7. Schöpke, H.: Doppelt gebundene Zahnradwechselgetriebe kleiner Abmessungen. Masch.-Bau 18 (1939) S. 145—47.
8. Schulz, G.: Eindeutige Berechnung von Wechselrädern innerhalb gegebener Übersetzungstoleranzen, mit der Rechenmaschine. Werkst.-Techn. 33 (1939) S. 38—39.
9. Finkelnburg, H. H.: Wechselrädergetriebe. Masch.-Bau 18 (1939) S. 313—14.
10. Jungkunz, E.: Grundsätzliches über den Aufbau von Wendegetrieben. Demag-Nachr. 11 (1937) S. 27—33.
11. Germar, R.: Die Getriebe für Normaldrehzahlen. Berlin: Julius Springer 1932.

L. 74. *Umlaufgetriebe:*
1. Zajonz, R.: Die zeichnerische und rechnerische Untersuchung von Stirnrad-Umlaufgetrieben. Diss. T. H. Dresden 1938, mit Schrifttumsverzeichnis. (Als Beiheft IV der Automob.-techn. Z. März 1939 im Verlag Francksche Verlagsbuchhandlung Stuttgart erschienen.)
2. Pöschl, Th.: Dynamik des Differentialgetriebes. Z. VDI 78 (1934) S. 799—800.

L. 75. *Schneckentrieb:*
1. Stribeck: Versuche mit Schneckengetrieben. Z. VDI 41 (1897) S. 936 u. 42 (1898) S. 1156.
2. Westberg: Schneckengetriebe mit hohem Wirkungsgrad. Z. VDI 46 (1902) S. 915.
3. Buckingham, E.: Worm-Whel contact. Preliminary report of Trans. Amer. Soc. mech. Engr. special research Com. of Worm gears Trans. Amer. Soc. mech. Engr. 48 (1926) S. 501—31.
4. Gruson, R.: Untersuchung von Schneckengetrieben. Versuchsfeld für Maschinenelemente der T. H. Berlin, Heft 7. Verlag Oldenburg 1927.
5. Duhnsen, W.: Berührungsverhältnisse der Globoidschnecken, Versuchsfeld für Maschinenelemente der T. H. Berlin, Heft 10. Verlag Oldenburg 1930.
6. Altmann, F. G.: Schraubgetriebe, ihre mögliche und ihre zweckmäßigste Ausbildung. Berlin: VDI-Verlag 1932.
7. Vogel, W.: Eingriffsgesetze und analytische Berechnungsgrundlagen des zylindrischen Schneckentriebes. Berlin: VDI-Verlag 1933.
8. Merritt, H. E.: Worm gear performance. Proc. Inst. mech. Engr. 129 (1935) S. 127—94.
9. Abbott, W.: Worm gear contact. Proc. Inst. mech. Engr. 135 (1936) S. 249—412.
10. Altmann, F. G.: Bestimmung des Zahnflankeneingriffs bei allgemeinen Schraubgetrieben. Forschg. 8 (1937) S. 209—25.
11. Altmann, F. G.: Fortschritte auf dem Gebiete der Schneckengetriebe. Z. VDI 83 (1939) S. 1245 bis 49 und 1271—73.
12. Niemann: Schneckengetriebe mit flüssiger Reibung. VDI-Forsch.-Heft Nr. 412 (1942).
13. Walker, H.: The thermal rating of worm gearboxes. Proc. Inst. mech. Engr. 151 (1944) S. 326 bis 335.

L. 76. *Kettentrieb:*
1. Preger, E.: Stufenlos regelbare Kettengetriebe an Werkzeugmaschinen. Werkst.-Techn. 30 (1936) S. 68—72.

Abschnitt 8: Maschinengetriebe.

L. 81. *Getriebelehre:*
1. Grübler, M.: Getriebelehre. Berlin: Julius Springer 1917.
2. Wittenbauer, F.: Graphische Dynamik. Berlin: Julius Springer 1923.
3. Beyer, R.: Technische Kinematik. Leipzig: J. A. Barth 1931 mit ausführlichem Schrifttumverzeichnis.
4. Jahr, W. und P. Knechtel: Grundzüge der Getriebelehre. 2 Bde. Leipzig: M. Jänecke 1930 u. 1938.
5. Rauh, K.: Praktische Getriebelehre. 2 Bde. Berlin: Julius Springer 1931 u. 1939.
6. Franke, R.: Vom Aufbau der Getriebe. Bd. 1: Entwicklungslehre. Berlin: VDI-Verlag 1943.
7. Reuleaux, F.: Theoretische Kinematik 1875.

Abschnitt 9: Rohrleitungen.

L. 91. *Rohrnormen:*
1. Beyer, K.: Über Werkstoff-Fragen im Rohrleitungsbau. Arch. Wärmewirtsch. 18 (1937) S. 185 bis 188.

2. Nehlep, H.: Betriebseignung verschiedener Rohrarten. Arch. Wärmewirtsch. 18 (1937) S. 13—17.
3. Jordan, Gg.: Rohre aus Hartporzellan. Heizg. u. Lüftg. 12 (1938) S. 40—42.
4. Lutz, H.: Verarbeitung polymerer Kunststoffe im Rohrleitungsbau. Z. VDI 81 (1937) S. 47—51.

L. 92. *Theoretische Grundlagen:*
1. Prandtl-Tietjens: Hydro- und Ärodynamik. Bd. 1 (1929), Bd. 2 (1931). Berlin: Julius Springer.
2. Lorenz: Technische Hydrodynamik, S. 295.
3. Poiseuille: Recherches expérimentells sur le mouvement des liquides dans les tubes de très petits diamètres. C. R. Acad. Sci., Paris 11 (1840) S. 961 u. 1041.
4. von Karman: Über laminare und turbulente Reibung. Z. angew. Math. Mech. 1 (1921) S. 233.
5. Schiller, L.: Untersuchungen über laminarer und turbulenter Strömung. Z. angew. Math. Mech. 1 (1921) S. 436; Mitt. Forsch.-Arb. 1922, Heft 248.
6. Banki, D.: Energieumwandlungen in Flüssigkeiten. Bd. 1. S. 61—70 und S. 94—100. Berlin: Julius Springer.
7. Ruckes: Untersuchungen über den Ausfluß komprimierter Luft aus Kapillaren und die dabei auftretenden Turbulenzerscheinungen. Z. VDI 52 (1908) S. 2065—68.

L. 93. *Versuchswerte:*
1. Schneider, A.: Ausflußkoeffizienten von Poncelet-Öffnungen. VDI-Forsch.-Heft Nr. 213 (1919).
2. Müller, A. O.: Messungen von Gasmengen mit der Drosselscheibe. VDI-Forsch.-Heft Nr. 49 (1908).
3. Blasius, H.: Das Ähnlichkeitsgesetz bei Reibungsvorgängen in Flüssigkeiten. VDI-Forsch.-Heft Nr. 131 (1913).
4. Nikuradse, J.: Gesetzmäßigkeiten der turbulenten Strömung in glatten Rohren. VDI-Forsch. Heft Nr. 356 (1932).
5. Nikuradse, J.: Untersuchungen über die Geschwindigkeitsverteilung in turbulenten Strömungen. VDI-Forsch.-Heft Nr. 281 (1926).
6. Schiller, L.: Rohrwiderstand bei hohen Reynoldsschen Zahlen. Vorträge auf dem Gebiete der Ärodynamik, Aachen 1929. Berlin: Julius Springer 1930.
7. Prandtl, L.: Über den Reibungswiderstand strömender Luft. Ergebnisse der Ärodynamischen Versuchsanstalt Göttingen. III. Lieferung. 1927.
8. Kàrmàn, Th. v.: Über laminare und turbulente Reibung. Z. angew. Math. Mech. 1 (1921) S. 233.
9. Stanton, T. E. und J. R. Pannel: Similarity of motion in relation to the surface friction of fluids. Proc. Roy. Soc. Lond. (A) 214 (1914) S. 199.
10. Prandl, L.: Über Flüssigkeitsbewegung bei sehr kleiner Reibung. Verhandl. des III. Intern. Math. Kongreß 1904. Leipzig 1905.
11. Nikuradse, J.: Strömungsgesetze in rauhen Rohren. VDI-Forsch.-Heft Nr. 361 (1933).
12. Zimmermann, E.: Arch. Wärmewirtsch. 17 (1936) S. 101 u. 19; (1938) S. 243—47.
13. Andres, K.: Versuch über die Umsetzung von Wassergeschwindigkeit in Druck. VDI-Forsch.-Heft Nr. 76 (1909).
14. Riffart, A.: Versuche mit Verdichtungsdüsen (Diffusoren). VDI-Forsch.-Heft Nr. 257 (1922).
15. Dönch, Fr.: Untersuchungen über divergente und konvergente turbulente Strömungen mit kleinen Öffnungswinkeln. VDI-Forsch.-Heft Nr. 282 (1926).
16. Nikuradse, J.: Untersuchungen über die Strömungen des Wassers in konvergenten und divergenten Kanälen. VDI-Forsch.-Heft Nr. 289 (1929).
17. Hottinger, M.: Gesundh.-Ing. (1928) S. 727.
18. Nippert, H.: Über den Strömungsverlust in gekrümmten Kanälen. VDI-Forsch.-Heft Nr. 320 (1929).
19. Hofmann, A.: Der Verlust in 90°-Rohrkrümmern mit gleichbleibendem Kreisquerschnitt. Mitt. des Hydraul. Inst. der T. H. München, Heft 3. Oldenburg 1929.
20. Rambach, R.: Plötzliche Umlenkung (Stoß) von Wasser in geschlossenen unter Druck durchströmten Kanälen. VDI-Forsch.-Heft Nr. 338 (1930).
21. Richter, H.: Der Druckabfall in gekrümmten Rohren. VDI-Forsch.-Heft Nr. 338 (1930).
22. Zimmermann, E.: Der Druckabfall in 90°-Stahlrohrbogen. Beitrag zur praktischen Rohrleitungsberechnung. Arch. Wärmewirtsch. 19 (1938) S. 265—69.
23. Brabbée: Mitt. 15 der Prüfstelle für Heizungs- und Lüftungseinrichtungen der T. H. Berlin. Oldenburg-Verlag 1913.
24. Hottinger, M.: Gesundh.-Ing. (1929).
25. Schrenk, E.: Versuche über Strömungsarten, Ventilwiderstand und Ventilbelastung. VDI-Forsch.-Heft Nr. 272 (1925).
26. Kirchbach, H.: Der Energieverlust in Kniestücken. Mitt. des Hydraul. Inst. der T. H. München. Heft 3. S. 68—97. Oldenburg 1929.
27. Schubart, W.: Der Verlust in Kniestücken bei glatter und rauher Wandung. Mitt. des Hydraul. Inst. der T. H. München. Heft 3. S. 121—144. Oldenburg 1929.
28. Wiese, F. F.: Betriebseignung von Absperrorganen. Arch. Wärmewirtsch. 17 (1936) S. 120—23.
29. Schaumann, A.: Druckregelventile für Dampf und Wasser. Z. VDI 82 (1938) S. 251—57.
30. Ebersohl, H.: Absperrorgane für Hochdruck-Dampfleitungen. Beispiele neuerer Bauarten. Arch. Wärmewirtsch. 19 (1938) S. 203—05.

L. 94. *Berechnung der Rohrleitungen:*
1. Poebing, O. und J. Spangler: Der Reibungsverlust in Rohrleitungen, die aus überlappten Schüssen hergestellt sind. Mitt. des Hydraul. Inst. der T. H. München. Heft 3. S. 118—20. Oldenburg 1929.

2. Biel, R.: Die wirtschaftlich günstigsten Rohrweiten. Oldenburg 1930.
3. Blaeß, V.: Die Strömungen in Rohren. Oldenburg 1911.
4. Vogel, G.: Untersuchungen über den Verlust in rechtwinkligen Rohrverzweigungen. Mitt. des Hydraul. Inst. der T. H. München. Heft 2. S. 61—64. Oldenburg 1928.
5. Petermann, F.: Der Verlust in schiefwinkeligen Rohrverzweigungen. Mitt. des Hydraul. Inst. der T. H. München. Heft 3. S. 98—117. Oldenburg 1929.
6. Blech, K.: Betriebseignung von Dehnungsgleichern. Arch. Wärmewirtsch. 18 (1937) S. 211—15.
7. Strien, H.: Betriebseignung von Dampfleitungs-Entwässerungen (Mitt. des Rohrleitungsausschusses der A. D. K. Berlin). Arch. Wärmewirtsch. 19 (1938) S. 13—19.
8. Schwenk, E.: Rohrunterstützungen von Dampfleitungen (Mitt. des Rohrleitungsausschusses der A. D. K. Berlin). Arch. Wärmewirtsch. 19 (1938) S. 183—86.
9. Schwedler-v. Jürgensonn: Handbuch der Rohrleitungen. Berlin: Julius Springer 1939.

L. 95. *Berechnung der Flanschverbindungen:*
1. Gough, H. J.: Pipe flanges research. First report of the Pipe flanges Res. Comm. Engeneering 141 (1936) S. 243—45 und 271—73.
2. Tapsell, H. J.: Second report of the pipe research comm. J. Proc. Instn. mech. Engr. 141 (1939) S. 433—58. Discussion S. 459—71.
3. Bailey, R. W.: Flanged pipe joints for high pressures and temperatures. Engineering 144 (1937) S. 364—65, 419—21, 490—92, 538—39, 615—17 und 674—76.
4. Waters, E. O., D. B. Wesstrom, D. B. Rossheim und F. S. G. Williams: Formulas of stresses in bolted flanged connections. Trans. Amer. Soc. mech. Engr. 59 (1937) S. 161—69.
5. Kopf, E.: Das Verhalten von losen Ringflanschen und festen Flanschen bei einer Beanspruchung durch Scherkräfte und biegende Momente. Diss. T. H. Stuttgart 1937.
6. Wiederkehr, R.: Die Berechnung der Flanschen nach der Elastizitätstheorie. Schweiz. Techn. Z. 12 (1937) S. 569—73 und 581—85.
6a. Wiederkehr, R.: Die Berechnung der losen Flansche. Technik u. Betrieb 1924 Nr. 6.
7. Schilhansl, M.: Beitrag zur Berechnung von Flanschverbindungen. Wasserkr. u. Wasserwirtsch. 36 (1941) S. 161—74.
8. Schilhansl, M.: Gelenkwirkung von Flanschverbindungen. Wasserkr. u. Wasserwirtsch. 36 (1941) S. 281—90.
9. Schnyder, O.: Sind Flanschen hoch beansprucht? Schweiz. Bauztg. 119 (1942) S. 298—99.
10. Baud, R. V.: Die Berechnung fester Flanschverbindungen von Autoklaven, Rohrleitungen und dergleichen. Schweiz. Arch. angew. Wiss. Techn. 8 (1942) S. 67—76, 122—29, 274—88 und 315—22.
11. Schwenk, E.: Festigkeitsberechnung von Flanschverbindungen. Arch. Wärmewirtsch. 24 (1943) S. 85—89.
12. Thum, A.: Feindehnungsmessungen und Dauerprüfungen an Flanschen als Grundlage für eine Flanschberechnung. Masch.-El.-Tagung Düsseldorf 1938. Berlin: VDI-Verlag 1940.
13. ten Bosch, M.: Die Berechnung von Flanschverbindungen. Schweiz. Bauztg. 116 (1940) Nr. 12.
14. Tache, J.: Le calcul des anneaux et plaques circulaires par la méthode des moments fléchissants. Bull. techn. des Ateliers de constructions mécaniques de Vevey 1942—43.
15. Blaser, H.: Kennziffern zur Berechnung kreiszylindrischer fester Flanschen. V. Roll-Mitt. Nr. 3. 4. Jahrg. 1945.
16. Jürgensonn, H. von: Elastizität und Festigkeit im Rohrleitungsbau. Berlin: Julius Springer 1940.
17. Westphal: Berechnung der Festigkeit loser und fester Flansche. Z. VDI 41 (1897) Nr. 36.
18. Brecht, W. A. und A. M. Wahl: The radially tappered Disk Spring. Trans. A. S. M. E. 52 I (1930) S. 45—55. Paper APM 52.4.
19. Almen, J. O. und A. Laszlo: The uniform-section Disk Spring. Trans. A. S. M. E. 58 (1936) S. 305—14.
20. Groß, S. und E. Lehr: Die Federn. Berlin: VDI-Verlag 1938. S. 69.
21. Waters, E. O. and J. H. Taylor: The strength of Pipe Flanges. Mech. Engng. 49 (1927) S. 531—42 und die Diskussion darüber S. 1340—47.

L. 96. *Dichtungen:*
961. **Die zu verbindenden Teile sind relativ in Ruhe.**
1. Siebel, E., W. G. Hering und A. Raible: Versuche über das Verhalten von Dichtungen. Forschg. 5 (1934) S. 298—305.
2. Diegmann, H.: Flachdichtungen gegen Wasser, Gase, Luft, Öl und Benzin. Arch. Wärmewirtsch. (1934) S. 210.
3. Diegmann, H.: Versuche über das Verhalten verschiedener Dichtungsmitteln unter Flüssigkeitsdruck. Werkst.-Techn. 31 (1937) S. 133—36.
4. Becker, E.: Strömungsvorgänge in ringförmigen Spalten und ihre Beziehungen zum Poiseuillischen Gesetz. VDI-Forsch.-Heft Nr. 46 (1907).
5. Salzmann, F. und P. Fravi: Über Leckverluste an Ventilspindeln. Escher Wyss Mitt. Zürich 10 (1937) Nr. 3.

962. **Schleifende, geschmierte Dichtungen.**
1. Gronau, H.: Untersuchung von Stopfbüchsen-Packungen und Manschettendichtungen für hohen hydraulischen Druck. Versuchsfeld für Maschinenelemente der T. H. Berlin Heft 11 (1935). Verlag Oldenburg.
2. Krisam, F.: Stopfbüchsen für Kreiselpumpen mit hohen Drücken und Temperaturen. Z. VDI 82 (1938) S. 1382—83.
3. Trutnovsky, K.: Aufbau und Wirkungsweise von Stopfbüchsen. Z. VDI 85 (1941) S. 383—87.

963. Der Glatte Spalt.
1. Eweiß, M.: Reibungs- und Undichtigkeitsverluste an Kolbenringen. Diss. T. H. Zürich (1935).
2. Williams, C. G. und H. A. Young: Piston-ring blow-by on high speed petrol-engines. Engng. 147 (1939) S. 693—94.
3. Castleman, R. A.: A hydrodynamical theory of piston ring lubrication. Physics 7 (1936) S. 364—67.
4. Illmer, L.: Piston-ring friction in high-speed engines. Trans. A. S. M. E. 59 (1937) S. 1—6.
5. Bouman, C. A.: Lubrication of piston rings. Gen. Discuss. Lubrication and Lubricants, Okt. 1937 Groupe 2 S. 29—34. Proc. Inst. mech. Engr. London.
6. Young, H. J.: Wear of cylinders and piston rings. Gen. Discussion Lubrication and Lubricants Oct. 1937, Group 2 S. 209—16. Proc. Inst. mech. Engr. London.
7. Horgen, H.: Versuche über Kolbenringreibung und Undichtigkeitsverluste. Diss. T. H. Zürich 1941. Verlag A. G. Gebr. Leemann & Co.

964. Labyrinthe.
1. Just, K.: Labyrinthdichtungen für Wasser. Diss. T. H. Berlin 1910.
2. Gercke, M. J.: Labyrinthdichtungen. Wärme 57 (1934) S. 513—17. (Berechnung der Ausflußmenge unter Entspannung.)
3. Keller, C.: Strömungsversuche Labyrinthdichtungen für Dampfturbinen. Escher Wyss Mitt. 7 (1934) S. 9.
4. Egli, A.: The leakage of steam trough labyrinth seals. Trans. A. S. M. E. 57 (1935) S. 115—122 (Paper FSP 57.5 und 57 (1935) S. 445—46 (Discussion).
5. The leakage of gases through narrow channels. J. appl. Mech. 4 (1937) S. A. 63—67. (Berechnung der Ausflußmenge unter Entspannung.)
6. Trutnovsky, K.: Labyrinthspalte und ihre Anwendung im Kolbenmaschinenbau. Forschg. 8 (1937) S. 131—143. (Versuche mit Druckluft.)
7. Trutnovsky, K.: Spaltdichtungen. Z. VDI 83 (1939) S. 857—58.
8. Grünagel, E.: Kantenwiderstand von Schaufelreihen. Forschg. 9 (1938) S. 187—96.
9. Hartmann, W.: Messung von Stopfbuchsverlusten. Forschg. 13 (1942) S. 165—68.

MIX
Papier aus verantwortungsvollen Quellen
Paper from responsible sources
FSC® C105338

If you have any concerns about our products,
you can contact us on
ProductSafety@springernature.com

In case Publisher is established outside the EU,
the EU authorized representative is:
**Springer Nature Customer Service Center GmbH
Europaplatz 3, 69115 Heidelberg, Germany**

Printed by Libri Plureos GmbH
in Hamburg, Germany